Mathematische Weltbilder weiter denken

Benedikt Weygandt

Mathematische Weltbilder weiter denken

Empirische Untersuchung des Mathematikbildes von Lehramtsstudierenden am Übergang Schule–Hochschule sowie dessen Veränderungen durch eine hochschuldidaktische Mathematikvorlesung

Benedikt Weygandt
Freie Universität Berlin
Berlin, Deutschland

Zugleich Dissertation, Universität Augsburg, 2020

ISBN 978-3-658-34661-4 ISBN 978-3-658-34662-1 (eBook)
https://doi.org/10.1007/978-3-658-34662-1

Die Deutsche Nationalbibliothek verzeichnet diese Publikation in der Deutschen Nationalbibliografie; detaillierte bibliografische Daten sind im Internet über http://dnb.d-nb.de abrufbar.

Planung/Lektorate: Marija Kojic
Springer Spektrum ist ein Imprint der eingetragenen Gesellschaft Springer Fachmedien Wiesbaden GmbH und ist ein Teil von Springer Nature.
Die Anschrift der Gesellschaft ist: Abraham-Lincoln-Str. 46, 65189 Wiesbaden, Germany

Für Lena

Geleitwort

Mathematik zu studieren macht anfangs viel Mühe und wird erst so richtig spannend und lohnend, wenn man selbst anfängt zu forschen, etwa im Rahmen einer Masterarbeit. Dann nämlich steigen Studierende in den Prozess des Mathematiktreibens ein und erleben etwa die Bedeutung der Kreativität dabei. Lehramtsstudierende können diese Erfahrung in der Regel nicht machen und so besteht die Gefahr, dass sie mathematische Weltbilder entwickeln und festigen, die allzu sehr durch die Vorstellung geprägt sind, Mathematik sei eine kalkülhaft anzuwendende Sammlung von menschenunabhängigen Fakten, die in der Lehre zu verbreiten seien.

An diesem Problem setzt die vorliegende Dissertation *Mathematische Weltbilder weiter denken* von Benedikt Weygandt an. Er hat Vorlesungsmaterialien und insbesondere Übungsthemen und -formen entwickelt, die den Studierenden bereits im ersten Semester eine authentische Begegnung mit Mathematik ermöglichen und so zu einer Weiterentwicklung ihrer mathematischen Weltbilder beitragen sollen. Die dabei entstandenen Materialien stellen einen guten Fundus dar, der im Anschluss veröffentlicht wird. In der Dissertation selbst wird die didaktische Begleitforschung dargestellt.

Ausgehend vom eingehend analysierten gesellschaftlichen Bild von Mathematik und dem Beitrag des Fachs zur Allgemeinbildung wird das zugrunde liegende Lehrprojekt dargestellt. Es ordnet sich in die mittlerweile recht große Zahl von Projekten ein, die auf eine sinnstiftende Verbindung von fachlichen und didaktischen Anteilen in der Lehramtsausbildung zielen.

Der besondere Fokus dieser Arbeit liegt auf der Weiterentwicklung der Beliefsforschung. Dementsprechend wird die explorative Entwicklung eines Fragebogens ausführlich beschrieben, mit dessen Hilfe mathematische Beliefs detaillierter und differenzierter erfasst werden können, als das bis dahin üblich war. Dabei gilt das

Interesse vor allem jenen Aspekten, die für die Genese von Mathematik wichtig sind, die also etwa Fragen der Kreativität und der Freiheit beim Definieren behandeln. Durch den Einsatz des Fragebogens in verschiedenen Lerngruppen konnte so schließlich ein valides Instrument entwickelt werden, das die Messung neuer Dimensionen mathematischer Beliefs ermöglicht.

Ausgestattet mit diesem Instrument konnten erste Ergebnisse zur systematischen Veränderung der Beliefs durch die konzipierte Lehrveranstaltung nachgewiesen werden und zudem auch Charakteristika der Sichtweisen von Fach- und Lehramtsstudierenden zu Studienbeginn werden eingehender beschrieben werden. Ohne der Präsentation der Ergebnisse vorgreifen zu wollen, kann gesagt werden, dass die Ergebnisse für die Konzeption von Brückenveranstaltungen relevant sind, um Studierende beim Aufbau eines tragfähigen und facettenreichen Mathematikbildes zu unterstützen. Insgesamt erweitert diese Arbeit das mathematikdidaktische Wissen um ein detailreiches Bild der Aspekte mathematischer Weltbilder, die die Entstehungsprozesse von Mathematik betreffen.

Prof. Dr. Reinhard Oldenburg

Dank

To err is human. To err repeatedly is to research.

Wissenserwerb geschieht selten linear, und lokal wirken Forschungsprozesse gelegentlich wie Irrgärten, obwohl es sich im Nachhinein nur um Labyrinthe gehandelt haben mag. Und so stellt auch diese Arbeit das Ende eines manchmal verschlungenen Weges dar: Die Grundlagen für das Forschungsprojekt wurden in Frankfurt gelegt, die dort erhobenen Daten in Berlin ausgewertet und der Prozess von Augsburg aus betreut. Auf den Abschnitten dieses Weges haben mich Menschen begleitet und dabei auf ganz unterschiedliche Weise zum Gelingen dieser Arbeit beigetragen.

Den ersten Kontakt mit Fragestellungen aus dem Bereich der Hochschulmathematikdidaktik verdanke ich meiner Lerngruppe, mit der ich seit dem ersten Semester über Themen diskutiert habe, welche dann später – bewusst oder unbewusst – Einfluss auf meine Tätigkeit hatten. In den Mathematikkursen der Hessischen Schülerakademien erlebte ich wiederholt, wie sich mathematische Ideen in einem kreativen Umfeld entwickeln können. Diese Erfahrungen haben meinen persönlichen wie beruflichen Werdegang und mein Verständnis guter mathematischer Lehre gleichermaßen geprägt. Aus vielen dieser Begegnungen sind gute Freundschaften geworden, die mich in den letzten Jahren begleitet und unterstützt haben: Herzlichen Dank euch allen!

Gegen Ende meines Studiums sprach ich – eher zufällig – mit meinem späteren Betreuer, Reinhard Oldenburg, wobei er mir von einem geplanten Projekt in der Hochschulmathematikdidaktik erzählte. Wie unschwer zu erraten ist, brauchte es nicht viel Überzeugungsarbeit! Für das in mich gesetzte Vertrauen und die stets angenehme und unkomplizierte Zusammenarbeit gilt ihm mein

Dank. Über die Jahre hinweg haben wir immer wieder fruchtbare Diskussionen über Mathematik und ihre Vermittlung geführt, aus denen viele Ideen für das EnProMa-Projekt hervorgingen und die letztlich auch zu einer Erweiterung meines eigenen mathematischen Weltbildes beigetragen haben. Ebenfalls danken möchte ich an dieser Stelle Reinhard Hochmuth, welcher sich bereit erklärte, die vorliegende Arbeit als Zweitgutachter zu betreuen und mit dem sich bei den Treffen des WiGeMath-Transfer-Projekts mehrfach die Möglichkeit zu bereicherndem Austausch ergab.

Bei den unterschiedlichen Stationen meines Weges dürfen auch die Arbeitsgruppen in Frankfurt und Berlin nicht unerwähnt bleiben. Hier war ich stets umgeben von Menschen, die mir mit großer Wertschätzung und einem offenen Ohr begegneten, die meine Lehre und meine Forschungsprojekte bereicherten und mir so ein produktives wie freundschaftliches Umfeld boten. Ich möchte die gemeinsame (Arbeits-)Zeit mit euch nicht missen! Im Laufe der vergangenen Jahre hatte ich das Vergnügen, an unzähligen größeren und kleineren Tagungen der mathematikdidaktischen Community teilzunehmen. Dabei habe ich inspirierende Forscher*innen kennengelernt, die sich meine Vorträge angehört und mich an ihrem Wissen und ihrer Expertise haben teilhaben lassen. Neben dem anregenden inhaltlichen Austausch bin ich auch für all die Momente dankbar, in denen die fachlichen Teile der Tagungen um zwischenmenschliche Aspekte ergänzt wurden. In der Mischung hat dies zu unvergesslichen Konferenzen geführt, von denen ich jedes Mal wieder mit dem Kopf voller neuer Ideen nach Hause fuhr. Ich bin dankbar, ein Teil dieses Netzwerkes zu sein.

Bei alledem habe ich das Glück, auf eine große Familie und viele langjährige Freundschaften zurückgreifen zu können. Euch danke ich für die vielfältige Unterstützung im Laufe der Jahre, für die unendlich wertvolle statistische und methodische Beratung, für Carepakete voller Kaffee und für Kaffeepausen, für Halt und Antrieb, für das mir entgegengebrachte Verständnis bei dem einen oder anderen verschobenen Treffen sowie auch für das wiederholte Korrekturlesen einzelner Teile oder der ganzen Arbeit und eure Rückmeldungen im Zuge der Endredaktion. Von Herzen auch Danke dafür, dass ihr mir gleichermaßen Unterstützung wie Quelle für Inspiration seid, Frust und Freude mit mir teilt und oftmals als selbstverständlich betrachtet, was für mich stets besonders ist.

Ein letztes Dankeschön geht an die an diesem Projekt beteiligten Student*innen: Ihr habt mir spannende Einblicke in euer (mathematisches) Weltbild ermöglicht und wart bereit, euch ›neu‹ auf die Hochschulmathematik einzulassen – obwohl ihr diese aufgrund der zu Studienbeginn erlebten Diskontinuität teilweise schon als ›für die Schule irrelevant‹ abgeschrieben hattet.

Diese Bereitschaft, euer Mathematikbild im Rahmen dieses hochschuldidaktischen Experiments infrage stellen zu lassen, ist nicht selbstverständlich und für das entgegengebrachte Vertrauen danke ich euch.

Benedikt Weygandt

Kurzzusammenfassung

Aufbauend auf den Impulsen aus Beutelspacher et al. (2012) wurde im Jahr 2012 begonnen, die gymnasiale Lehramtsausbildung im Fach Mathematik an der Johann Wolfgang Goethe-Universität Frankfurt am Main neu zu gestalten. Angehende Sekundarstufenlehrkräfte sollten stärker als zuvor die Gelegenheit bekommen, im Rahmen einer für sie bedarfsgerechten Fachausbildung ein facettenreiches mathematisches Weltbild aufzubauen. Aufgrund des gesellschaftlichen Bildes der Mathematik besteht Bedarf an mathematisch enkulturierten Lehrkräften, die als Botschafter*innen in einem modernen, lebendigen und kompetenzorientierten Unterricht die Relevanz der Mathematik und ihre Bedeutung als Kulturgut und Schlüsseltechnologie vermitteln.

Ein Baustein der Studiengangsreform war das Projekt ›Entstehungsprozesse von Mathematik‹ (EnProMa), welches in den Jahren 2012–2015 entwickelt und durchgeführt wurde, um das Mathematik-Lehramtsstudium bedarfsgerecht zu gestalten. Die innerhalb dieses Projekts entwickelte hochschuldidaktische Mathematikvorlesung setzte auf einen enaktiven, genetischen Zugang zu Inhalten der Analysis, um der verbreiteten Präsentation ›fertiger‹ Mathematik entgegenzuwirken und Mathematik als ein menschliches Produkt kennenzulernen. Die für die Studierenden ›neue‹ Hochschulmathematik wurde eigentätig und in kooperativer Kleingruppenarbeit erkundet, wobei genuin mathematische Arbeitsweisen als eigener Lerngegenstand in den Mittelpunkt rückten. Auf diesem Wege sollten die Studierenden beim Aufbau eines tragfähigen und gültigen Bildes von Mathematik unterstützt werden.

In der vorliegenden Arbeit wird die Begleitforschung des Projekts vorgestellt, welche die Wirksamkeit der hochschulmathematikdidaktischen Interventionsmaßnahme auf die Sichtweisen der Lehramtsstudierenden im Längsschnittdesign untersucht. Ergänzend dazu wurden auch Studienanfänger*innen des Fach- und

Lehramtsstudiums befragt, sodass die Sichtweisen zwischen diesen Gruppen und den fortgeschrittenen Studierenden im Querschnittdesign verglichen werden können. Insgesamt liegen 345 ausgefüllte Fragebögen von $n = 256$ Mathematikstudierenden vor. Dabei ermöglicht das verwendete Forschungsdesign auch die Untersuchung weiterer Prozesse am Übergang Schule–Hochschule, beispielsweise mit welchem schulisch geprägten Mathematikbild die Studierenden an die Universität kommen und wie sich dieses durch die Begegnung mit der universitären Mathematik verändert.

Zur Konzeptualisierung und Erfassung mathematischer Weltbilder wird auf die psychologische Theorie der Einstellungsmessung zurückgegriffen. Als Grundlage dient hierbei das von Grigutsch et al. (1998) vorgestellte Vier-Faktor-Modell, welches in dieser Untersuchung mittels konfirmatorischer Faktorenanalyse bestätigt wird. Aus zwei explorativen Hauptachsen-Faktorenanalysen werden zudem sieben Skalen extrahiert, die sich inhaltlich interpretieren lassen, statistisch bedeutsam sind und zufriedenstellende Reliabilitäts- und Homogenitätsmaße aufweisen. Die extrahierte Faktorlösung weist keine nennenswerten oder inhaltlich inkohärenten Nebenladungen auf und ist zudem methodeninvariant, sodass die einzelnen Faktoren in diesem Modell als orthogonal angesehen und unabhängig voneinander interpretiert werden können. Mit diesen Faktoren lassen sich weitere Facetten mathematischer Weltbilder beschreiben, insbesondere können Sichtweisen auf Mathematik als kreative Tätigkeit und menschliche Einflüsse beim mathematischen Arbeiten nun differenzierter betrachtet werden.

Zur weiteren Auswertung werden die Ausprägungen der Faktorwerte betrachtet, deren Korrelationen untersucht und Mittelwertvergleiche im Quer- und Längsschnitt durchgeführt. Aus Sicht der Studierenden ist Mathematik formal, vernetzt, kreativ und besitzt vielfältige Anwendungen, während der Prozess des Mathematiktreibens originelle Einfälle benötigt, menschlichen Einflüssen unterliegt und gelegentlich in Sackgassen mündet. Die Analyse der signifikanten Faktorkorrelationen ermöglicht einen Einblick in den durch die Faktoren erklärten Teil des mathematischen Weltbildes der Studierenden: Dabei ordnen sich die Faktoren in zwei Clustern (dynamisch-kreativ und statisch-kalkülhaft) an, welche jeweils aus untereinander positiv korrelierten Faktoren bestehen und miteinander durch negative Korrelationen verbunden sind.

Bei den Mittelwertvergleichen werden zunächst mittels univariater Varianzanalyse unterschiedliche Gruppen von Studierenden verglichen, um das aus der Schule geprägte mathematische Weltbild und die Effekte des Mathematikstudiums zu untersuchen. Darüber hinaus werden bei den Teilnehmer*innen der Interventionsmaßnahme die Faktorwerte zu Beginn und am Ende des Semesters verglichen, um so Rückschlüsse auf die Wirksamkeit ziehen zu können. Die

Querschnittuntersuchungen ergeben, dass sich die Unterschiede in den Faktormittelwerten sowohl durch die Wahl des Studiengangs als auch durch den Einfluss des Mathematikstudiums erklären lassen. Zugleich leistet auch die durchgeführte Interventionsmaßnahme einen wichtigen Beitrag zur Enkulturation angehender Mathematiklehrkräfte: Über zwei Vorlesungsdurchgänge hinweg lassen sich Veränderungen bei all jenen Faktoren ausmachen, die Mathematik in irgendeiner Weise mit der eigenen Person verbinden und menschliches Verhalten als Teil der Mathematik berücksichtigen. Die Ausprägungen mathematischer Weltbilder sind dabei keineswegs fest, eine Einflussnahme auf die Beliefs ist auch bei fortgeschrittenen Studierenden durchaus noch möglich.

Mathematische Weltbilder weiter zu denken stellt in mehrerlei Hinsicht den Rahmen dieser Arbeit dar und soll gleichermaßen Anspruch wie Aufforderung sein: Mithilfe der entwickelten Skalen ist eine breitere Erfassung von Einstellungen gegenüber Mathematik möglich, sodass mathematische Weltbilder nun *weiter gedacht* werden können als zuvor. Zugleich wird gezeigt, dass sich Einstellungen zur Mathematik durch entsprechend gestaltete, fachmathematische Lehrveranstaltungen gezielt adressieren lassen. Dies ermöglicht nun, die universitäre (Lehramts-) Ausbildung mit Blick auf die Zukunft *weiterzudenken:* Durch entsprechende Impulse seitens der Fachmathematik können Mathematikstudierende beim Aufbau eines tragfähigen, gültigen und facettenreichen mathematischen Weltbildes unterstützt werden.

Abstract

Building on impulses from Beutelspacher et al. (2012), the secondary school teacher training in mathematics at the Johann Wolfgang Goethe-University in Frankfurt am Main was redesigned in 2012. Future secondary school teachers should be given more opportunities than before to develop a multi-faceted mathematical world view within the framework of a specialist training tailored to their needs. Given the public image of mathematics, we need mathematically enculturated teachers who, as ambassadors, convey the relevance of mathematics and its significance as a cultural asset and key technology through modern, lively and competence-oriented lessons.

The project ›Entstehungsprozesse von Mathematik‹ served as one component of the course reform. It was developed and deployed in the years 2012–2015 in order to attune mathematics teacher training to students' needs. A best-practice mathematics lecture developed within this project relied on an enactive, genetic access to the contents of analysis in order to counteract the widespread presentation of ›finished‹ mathematics and to get to know mathematics as a human product. Students were encouraged to explore these ›new‹ university mathematics independently and through cooperative work in small groups, whereby genuine mathematical working methods became the focus of attention as a distinct object of learning. Through this approach, students were provided support for building a sustainable and valid image of mathematics.

This thesis presents the research accompanying the project, which examines the effectiveness of the intervention measure in the didactic of university mathematics on the perspective of teacher students in a longitudinal design. In addition, first-year students in both professional studies courses and teacher training programs were interviewed, in order to compare the views of these groups with those of advanced students in a cross-sectional design. A total of 345 questionnaires from $n = 256$ mathematics students were completed. The chosen research design also allows for the investigation of other processes at the passage from school to university, for example questions pertaining to the image of mathematics as shaped by school education and how this image changes when students encounter university mathematics.

For the conceptualization and recording of mathematical world views, this work draws on the psychological theory of attitude measurement. The four-factor model presented by Grigutsch et al. (1998), which, in this study, is confirmed by means of confirmatory factor analysis, serves as a basis. In addition, seven scales are extracted from two explorative main-axis factor analyses, which can be interpreted in terms of content, are statistically significant and have satisfactory measures of reliability and homogeneity. The extracted factor solution has no significant or incoherent secondary charges and is furthermore method-invariant, so that the individual factors in this model can be regarded as orthogonal and interpreted independently of one another. These factors can be used to describe further facets of mathematical world views. In particular, views on mathematics as a creative activity and human influences on mathematical work can now be examined in a more differentiated way.

For further evaluation, the characteristics of these factor values are considered, their correlations examined and mean value comparisons carried out in cross and longitudinal sections. From the students' point of view, mathematics appears formal, interconnected, creative and has a wide range of applications, while the process of doing mathematics requires original ideas, is subject to human influences and sometimes leads to dead ends. The analysis of significant factor correlations provides an insight into that component of the students' mathematical worldview that can be explained by these factors: To that end the factors are grouped into two clusters (dynamic-creative and static-calculative), each of which consists of positively correlated factors and the two of which are connected to each other through negative correlations.

For mean value comparisons, different groups of students are initially compared by means of univariate analysis of variance in order to examine the mathematical world view shaped through school experiences, and the effects of studying mathematics. In addition, the participants' factor values at the beginning and end of a semester are compared for the intervention measure in order to be able to draw conclusions about its effectiveness. The cross-sectional studies show that the differences in the factor mean values can be explained both by the choice of the course of study and by the influence of the study of mathematics itself. At the same time, the intervention measure carried out makes an important contribution to the enculturation of prospective mathematics teachers: over the course of two lectures, changes in all those factors that, in one way or another, connect mathematics with the individual and take human behavior into account as part of mathematics, can be identified. The characteristics of mathematical worldviews are by no means fixed, but it is still possible to influence the popularity of mathematics even among advanced students.

Thinking mathematical worldviews further constitutes the framework of this thesis in more ways than one, and should be considered both a demand and a challenge: The developed scales allow for a broader survey of attitudes towards mathematics, so that mathematical world views can now be thought further than before. At the same time, it is shown that attitudes towards mathematics can be specifically addressed through appropriately designed mathematical courses. This enables thinking university (teacher training) education further through looking ahead to the future: Appropriate impulses from mathematics can encourage and support students of the subject to establish a sustainable, valid and multi-faceted mathematical worldview.

Inhaltsverzeichnis

Abkürzungsverzeichnis

A	Skala Anwendungs-Charakter
ADF	asymptotically distribution free
aES	absolute Effektstärke
AMS	American Mathematical Society
ANOVA	analysis of variance
AV	abhängige Variable
BY	FDR-Korrektur nach Benjamini-Yekutieli
CFA	confirmatory factor analysis
CFI	comparative-fit-index
CK	content knowledge
CI	confidence interval
CLES	common language effect size
cosh	Cooperation Schule Hochschule
CP	Credit Points (Leistungspunkte des ECTS)
df	degrees of freedom
DMV	Deutsche Mathematiker-Vereinigung
DWLS	diagonally weighted least squares
ECTS	European Credit Transfer and Accumulation System
EE	Skala Ergebniseffizienz
EFA	exploratory factor analysis
EnProMa	Entstehungsprozesse von Mathematik
ES	Skala Ermessensspielraum bei der Formulierung von Mathematik
F	Skala Formalismus-Aspekt
FDR	false-discovery-rate
FITS	factors influencing teaching choice-Scale
FWER	family-wise error rate

GDM	Gesellschaft für Didaktik der Mathematik
GFI	goodness-of-fit-Index
GKL	Gemeinsame Kommission Lehrerbildung der GDM, DMV und MNU
GPK	general pedagogical knowledge
ICMI	International Commission on Mathematical Instruction
IQR	interquartile range
K	Skala Kreativität
khdm	Kompetenzzentrum Hochschuldidaktik Mathematik
KMK	Ständige Konferenz der Kultusminister der Länder in der Bundesrepublik Deutschland
KMO	Kaiser-Mayer-Olkin-Koeffizient
KP	Skala Mathematik als Produkt von Kreativität
KT	Skala Mathematik als kreative Tätigkeit
M	mean
MaLeMINT	Studie zu Mathematischen Lernvoraussetzungen für MINT-Studiengänge
MANOVA	multivariate analysis of variance
MAP-Test	minimum-average-partial-test
MAR/MCAR	missing (completely) at random
MIC	mittlere Inter-Item-Korrelation
MINT	zusammenfassende Bezeichnung für (Studien-)Fächer aus den Bereichen Mathematik, Informatik, Naturwissenschaft oder Technik
ML/MLA	maximum likelihood (analysis)
MLR	robuste Maximum-Likelihood-Methode
MNU	Deutscher Verein zur Förderung des mathematisch-naturwissenschaftlichen Unterrichts e. V.
MSA	measure of sample adequacy
MSC	mathematical subject classification
MT21	Mathematics Teaching for the twenty-first century-Studie
NCTM	National Council of Teachers of Mathematics
OECD	Organisation for Economic Co-operation and Development
P	Skala Prozess-Charakter
PAF	principal axis factor analysis
PCA	principal component analysis
PCK	pedagogical content knowledge
PCER	per comparison error rate
PISA	Programme for International Student Assessment

P-TEDS	Teacher Education and Development Study: Learning to Teach Mathematics
PU	Skala Platonismus/Universalität mathematischer Erkenntnisse
RMSEA	root mean square error of approximation
S	Skala Schema-Orientierung
SD	standard deviation
SE	standard error
SEM	structural equation modeling
SMC	squared multiple correlation
SoTL	Scholarship of Teaching and Learning
SRCK	school related context knowledge
SRMR	standardized root mean residual
TIMSS	Trends in International Mathematics and Science Study
UV	unabhängige Variable
ULS	unweighted least squares
VL	Skala Vielfalt an Lösungswegen in der Mathematik
VS	Skala Vernetzung/Struktur mathematischen Wissens
WiGeMath	khdm-Projekt zu Wirkung und Gelingensbedingungen von Unterstützungsmaßnahmen für mathematikbezogenes Lernen in der Studieneingangsphase
WLS	weighted least squares
WLSM(V)	weighted least squares-mean(-and-variance)-adjusted
WS	Wintersemester

Abbildungsverzeichnis

Tabellenverzeichnis

Teil I
Einleitung

»Es entspricht der allgemeinen Wahrnehmung, dass in der Gesellschaft ein unscharfes, oft reduziertes und einseitiges Bild von Mathematik vorherrschend ist. Mathematik gilt als schwierig, oft auch als unnatürlich, ist vielen Menschen unsympathisch und insgesamt unpopulär. Zugleich aber wird sie als unabdingbar für wirtschaftlichen und beruflichen Erfolg eingeschätzt, was der Mathematik als Schulfach einen gesellschaftlich gestützten Respekt einträgt« (Hefendehl-Hebeker 2018, S. 173).

Die Mathematik gehört zu denjenigen Gebieten, denen ihr gesellschaftliches Bild nicht gerecht wird. Unscharf, reduziert und einseitig ist dieses Bild, weil Mathematik mit Rechenaufgaben assoziiert und gleichgesetzt wird, entsprechend ist Mathematik außerhalb des Schulunterrichts in der Vorstellung vieler Menschen Rechnen – »nur mit mehr und mit größeren Zahlen und viel schwieriger« (Beutelspacher 2018, S. 73). Ein unnatürliches, unsympathisches und unpopuläres Bild wird zudem durch mediale Darstellungen verstärkt: »The image of the mathematician as isolated, obsessed, possibly autistic but certainly socially inept, is widespread in popular media.« (Epstein et al. 2010, S. 52).

Die gesellschaftliche Relevanz der Mathematik begründet sich indes in der Dualität als Kulturgut und Schlüsseltechnologie sowie ihren vielfältigen Anwendungen (Loos und Ziegler 2015). Zugleich wird dieses Bild dadurch kontrastiert, dass Mathematiker*innen mit ihrer Disziplin nicht selten ästhetische Aspekte assoziieren (vgl. etwa Henderson 1981; Hardy und Snow 2009; Howson 1988; Morgan 1866; Erdős und Csicsery 1993; Schreiber 2010). Bemerkenswert ist, dass in Frankreich eine landesweite Reform zur Steigerung des gesellschaftlichen Ansehens der Mathematik in die Wege geleitet wurde, welche auch zu einer ›Wiederversöhnung‹ mit dem Fach führen soll (Agricola 2018a, 2018b; vgl. auch Villani und Torossian 2018). Hierzulande fand im Jahr 2008 das ›Jahr der Mathematik‹ statt (Vaillant 2008, Skutella 2008), welches als Imagekampagne mit Slogans wie ›Mathematik. Alles, was zählt.‹ oder ›Du kannst mehr Mathe, als du denkst.‹ ganz ähnliche Motive verfolgte. Da die charakteristischen Wesenszüge als

Schlüsseltechnologie und Kulturgut von der Öffentlichkeit jedoch kaum beachtet werden, sehen Beutelspacher et al. (2010) hier die fachliche Lehramtsausbildung als einen zentralen Ansatzpunkt zur Verbesserung des gesellschaftlichen Bildes der Mathematik:

»Hieraus entsteht eine doppelte Bildungsnotwendigkeit: Zum einen brauchen wir eine ausreichende Zahl mathematisch qualifizierter Fachkräfte, zum anderen den mündigen Bürger, der sich über die Rolle der Mathematik in unserer Gesellschaft ein Urteil bilden kann. Wenn man sich nun klarmacht, dass mathematische Bildung [...] fast ausschließlich über schulischen Unterricht vermittelt wird, haben Mathematiklehrerinnen und -lehrer eine entscheidende Aufgabe« (Beutelspacher et al. 2010, S. 6).

Die Hochschullehre steht dabei in der Verantwortung, neben dem häufig geäußerten Wunsch nach Praxisnähe (Makrinus 2013) auch einem wissenschaftlichen Anspruch gerecht zu werden und ein solides Fundament an Wissenschaftswissen (Hedtke 2020) bereitzustellen. Im viel beachteten Projekt *Mathematik Neu Denken* (Beutelspacher et al. 2012) wurde daher der Blick auf die Lehramtsausbildung gerichtet. Damit die fachmathematische Ausbildung von Lehramtsstudierenden als ›bedarfsgerecht‹ bezeichnet werden kann, müssen die Studierenden demnach die Gelegenheit erhalten, ein umfangreiches, tragfähiges und ›gültiges‹ Bild der Wissenschaft Mathematik aufzubauen:

»Auch der Aufbau eines tragfähigen mathematischen Weltbildes bei den Studierenden erfordert ein Erleben: das Erleben der Mathematik als Prozess. Die methodische Gestaltung des Fachstudiums muss deshalb sowohl den Produkt- als auch den Prozesscharakter der Mathematik aufnehmen. Insbesondere ist es Aufgabe, die Lernumgebungen auch an der Universität so zu gestalten, dass ein individueller Verstehensprozess bei den Studierenden angestoßen und unterstützt wird« (Beutelspacher et al. 2012, S. 17).

An dieser Stelle setzt das hochschulmathematikdidaktische Projekt ENTSTEHUNGSPROZESSE VON MATHEMATIK (ENPROMA) an – mit dem Ziel, angehenden Sekundarstufenlehrkräften mit Fach Mathematik im Rahmen einer bedarfsgerechten Fachausbildung den Erwerb eines facettenreichen mathematischen Weltbildes und die damit verbundene Enkulturation in die mathematische Community zu ermöglichen. Das ENPROMA-Projekt wurde in den Jahren 2012–2015 am Fachbereich Informatik und Mathematik der Johann Wolfgang Goethe-Universität Frankfurt am Main entwickelt und durchgeführt. Die vorliegende Arbeit stellt die zugehörige Begleitforschung und die daraus gewonnenen Erkenntnisse vor, wobei insbesondere die Fragen nach der Wirksamkeit und den Auswirkungen der Interventionsmaßnahme im Fokus stehen. Um die mathematischen Weltbilder der Studierenden erfassen zu können, wird auf die psychologische Theorie der Einstellungsmessung zurückgegriffen. Neben den Auswirkungen der Interventionsmaßnahme auf die Einstellungen der Lehramtsstudierenden gegenüber der Mathematik ermöglicht das verwendete Forschungsdesign auch die Untersuchung weiterer Prozesse am Übergang Schule–Hochschule, beispielsweise mit welchem schulisch geprägten Mathematikbild die Studierenden an die Universität kommen und wie sich dieses durch die Begegnung mit der universitären Mathematik verändert.

Mathematische Weltbilder weiter zu denken stellt in mehrerlei Hinsicht den Rahmen dieser Arbeit dar und soll gleichermaßen Anspruch wie Aufforderung sein: Die in diesem Rahmen entwickelten Skalen ermöglichen eine breitere Erfassung von Einstellungen gegenüber der Mathematik, in der Folge können mathematische Weltbilder *weiter gedacht* werden als zuvor. Das beforschte Projekt baut dabei auf den sprichwörtlichen ›Schultern von Riesen‹ auf, etwa indem Impulse aus Beutelspacher et al. (2012) aufgegriffen werden. Dementsprechend findet hier ein hochschulmathematikdidaktisches *Weiterdenken* der fachlichen Lehramtsausbildung statt, wobei die vorliegende Arbeit nur als ein Baustein in diesem Prozess angesehen werden kann.

Aufbau der Arbeit

In Teil I wird zunächst das gesellschaftliche Bild der Mathematik näher betrachtet. Da dieses für die meisten Menschen maßgeblich durch den erlebten Mathematikunterricht geprägt wird, bedarf es dabei auch eines differenzierten Blickes auf die fachmathematische Lehre in der Lehramtsausbildung. Dieser Blick auf den Status quo umfasst die Betrachtung spezifischer Eigenarten der Mathematik einerseits sowie von außen herangetragene gesellschaftliche Anforderungen andererseits, da beide einen Einfluss auf Anforderungen und Ausgestaltung mathematischer Hochschullehre haben.

Da das in der Lehramtsausbildung vermittelte Bild Bedeutung für die gesellschaftliche Wahrnehmung der Mathematik hat, werden in Teil II Anregungen zur Veränderung mathematischer Lehrveranstaltungen diskutiert und das in diesem Kontext angesiedelte Projekt ENTSTEHUNGSPROZESSE VON MATHEMATIK vorgestellt, welches die fachmathematische Lehramtsausbildung um hochschulmathematikdidaktische Anteile ergänzt. Die Begleitforschung dieses Projekts stellt den Hauptteil der vorliegenden Arbeit dar, neben einer explorativen Untersuchung der mathematischen Weltbilder wird hierbei die Wirksamkeit der Interventionsmaßnahme auf die Einstellungen gegenüber Mathematik untersucht.

Teil III widmet sich dementsprechend der psychologischen Theorie der Einstellungsmessung, welche zur Konzeptualisierung mathematischer Weltbilder benötigt wird. Dabei findet zunächst eine Einordnung und fachliche Diskussion der in diesem Kontext relevanten Begriffe Belief, Einstellung, Haltung und mathematisches Weltbild statt. Anschließend werden zur Rahmung der vorliegenden Untersuchung ausgewählte Erkenntnisse der Beliefsforschung zusammengefasst.

Teil IV beschreibt das forschungsmethodische Vorgehen und die Forschungsfragen dieser Arbeit. In diesem Teil sind weiterhin die statistischen Grundlagen enthalten, die benötigt werden, um Einstellungen gegenüber Mathematik und mathematische Weltbilder zu erheben und die erhobenen Daten qualitativ auszuwerten. Dabei werden auch die bei der Durchführung der Datenerhebung getroffenen methodischen Entscheidungen offengelegt sowie ein Überblick über Erhebungszeitpunkte und resultierenden Stichproben gegeben.

Die Forschungsergebnisse werden in Teil V aufbereitet und diskutiert. Beginnend mit einer Analyse der verwendeten Items enthält dieser Teil die Resultate der konfirmatorischen und explorativen Faktorenanalysen und eine Diskussion der extrahierten Skalen. Die letzten drei Kapitel des Ergebnisteils widmen sich den deskriptiven Statistiken, der Analyse der Faktorkorrelationen sowie den Mittelwertvergleichen der im Längs- und Querschnittdesign erhobenen Daten. Die Betrachtung der Faktorkorrelationen ermöglicht dabei einen Einblick in den durch die Faktoren erklärten Teil des mathematischen Weltbildes der Studierenden. Bei den Mittelwertvergleichen werden zunächst mittels Varianzanalyse unterschiedliche Gruppen von Studierenden verglichen, um das aus der Schule geprägte mathematische Weltbild und die Effekte des Mathematikstudiums zu untersuchen. Darüber hinaus werden bei den Teilnehmer*innen der EnProMa-Vorlesung die Faktorwerte zu Beginn und am Ende des Semesters verglichen, um so Rückschlüsse auf die Wirksamkeit der durchgeführten Interventionsmaßnahme ziehen zu können.

Schließlich enthält Teil VI eine Zusammenfassung der Ergebnisse und verortet diese auch vor dem Hintergrund der Theorie in Teil III. Die Erkenntnisse werden dabei einmal anhand der Genese des Forschungsprozesses gegliedert, daran anschließend findet sich eine Sammlung aller relevanten Erkenntnisse zu den elf verwendeten Skalen. Zuletzt wird auch das verwendete Forschungsdesign reflektiert und ein Ausblick auf weiterführende Fragestellungen gegeben.

1 Das gesellschaftliche Bild der Mathematik

Dem einleitenden Zitat folgend leidet die Mathematik unter einem unscharfen, reduzierten und einseitigen gesellschaftlichen Bild (vgl. Hefendehl-Hebeker 2018, S. 173). Daher soll einerseits der Frage nachgegangen werden, wie ein scharfes, unreduziertes respektive vielschichtigeres Bild aussehen könnte; andererseits soll auch betrachtet werden, wie das öffentliche Bild der Wissenschaft derzeit aussieht. Zunächst einmal wird mathematische Bildung als essenzieller Teil von Allgemeinbildung angesehen (Heymann 2013; Wittenberg 1963; Winter 1995; Nickel et al. 2018). Hier sind einerseits fachdidaktische Überlegungen wie die Winter'schen Grunderfahrungen (vgl. Winter 1996) oder die von Hefendehl-Hebeker (2013b) benannten Bildungsziele des Mathematikunterrichts zu nennen, andererseits auch allgemeinere Aspekte wie »Lebensvorbereitung, Stiftung kultureller Kohärenz, Weltorientierung, Anleitung zum kritischen Vernunftgebrauch« (Heymann 1995a, S. 24), in denen der allgemeinbildende Charakter des Mathematikunterrichts jeweils auf spezifische Weise seine Wirkung entfalten kann. Die Mathematik weist zudem Spezifika auf, welche von unterschiedlichen Standpunkten betrachtet die Wahrnehmung dieser allgemeinbildenden Wissenschaft prägen, dabei lassen sich unter anderem die folgenden Eigenschaften ausmachen: Mathematik spielt in der einen oder anderen Form in nahezu allen Wissenschaften eine Rolle als ›unentbehrliche Hilfswissenschaft‹ (vgl. Volkmann 1966, S. 242), stellt eine über Rechenfertigkeiten hinausgehende ›Art des Denkens‹ dar (vgl. Winter 1996, S. 35) und verfügt dabei epistemologisch und strukturell über einen spezifischen Zugang hinsichtlich ihrer Methoden und Objekte, was zu einer ›Sonderrolle unter den Wissenschaften‹ führt (vgl. Müller-Hill 2018, S. 129). Die erste Eigenschaft führt unter anderem dazu, dass es neben der Innensicht der Mathematiker*innen auf ihre Disziplin auch vielfältige Außenansichten gibt, welche wiederum zu einer Bandbreite an Erwartungen an die mathematische Lehre in

B. Weygandt, *Mathematische Weltbilder weiter denken*,
https://doi.org/10.1007/978-3-658-34662-1_1

Schule und Hochschule führen (siehe Kapitel 2). Beutelspacher (2018) nimmt die Diskrepanz zwischen Innen- und Außenansichten zum Anlass, diese von unterschiedlichen Standpunkten zu betrachten, und geht dabei den Fragen nach, wie Mathematiker*innen die Welt sehen, wie sie glauben, dass die Mathematik von außen gesehen werde und welches Bild von Mathematik sie sich wünschten. Bezogen auf die zweite Eigenschaft lässt sich Mathematik als eine »deduktiv geordnete Welt eigener Art« (Winter 1996, S. 35) sehen, bei Luk (2005, S. 163) ist sie »not only a subject but a way of thinking«. Wittmann (1974, S. 21) bezeichnet die mathematische Denkweise gar als »eines der mächtigsten, leistungsfähigsten und elegantesten Instrumente« und räumt der Mathematik damit eine einzigartige kulturelle Stellung zwischen Geistes- und Naturwissenschaften ein, woraus sich schließlich auch die beschriebene Sonderrolle ergibt (vgl. auch Volkmann 1966, S. 250). Loos und Ziegler (2015, S. 3) führen weiterhin aus:

> Die Beziehung zwischen Mathematik und Gesellschaft geht weit über die Anwendungen der Mathematik als Hilfsmittel im Alltag oder als Werkzeug zur Beschreibung, Prognose und Optimierung in Naturwissenschaften, Technik und Wirtschaft hinaus. Mathematische Bildung ist essentiell für die Ausbildung mündiger Bürger, fähiger Fachkräfte und eine Grundlage von Studierfähigkeit über alle Fächer hinweg. Obendrein ist die Entwicklung der Mathematik eine über Jahrtausende gewachsene Kulturleistung, die von Wissenschaftlerinnen und Wissenschaftlern geleistet wird, die ihrerseits in der Gesellschaft verwurzelt sind. Weil diese Wissenschaftlerinnen und Wissenschaftler die Entwicklung und Ausgestaltung der Mathematik prägen, wird in manchen philosophischen Beiträgen die Mathematik sogar als ›soziokulturelles Konstrukt‹ dargestellt.

Ungeachtet dessen gibt es eine Diskrepanz »zwischen gesellschaftlicher und subjektiv empfundener Bedeutsamkeit« (Heymann 1995a, S. 24). Im Alltag ist die Mathematik häufig unsichtbar, ihre Bedeutung für beispielsweise den technischen Fortschritt wird zwar auf einer Metaebene wahrgenommen, gleichwohl findet entsprechende bedeutungshaltige Reflexion auf einer konkreten, individuellen Ebene nicht statt – was auch als Relevanzparadoxon bezeichnet wird:

> This discrepancy between the objective social significance of mathematics and its subjective invisibility constitutes one form of [...] the *relevance paradox* [...] formed by the simultaneous objective relevance and subjective irrelevance of mathematics. (Niss 1994, S. 371, Hervorhebung im Original)

Das Relevanzparadoxon macht dabei im Übrigen nicht vor dem Schulfach Halt: Einerseits ist Mathematik bedeutsam genug, um unabhängig von der Schulform in jeder Klassenstufe unterrichtet zu werden, andererseits ist aufgrund individueller Unsichtbarkeit und vielfältiger Erwartungen das Schulfach immer wieder Thema gesellschaftlicher Diskussionen (vgl. etwa Heymann 1995b, S. 34; Ringel 1995; sowie Unterkapitel 2.4). Die Unsichtbarkeit der Mathematik begründet sich also nicht per se in einer Irrelevanz oder Abwesenheit, sondern überwiegend darin, dass diese versteckt ist (vgl. Niss 1994, S. 372; Heymann 1995a, S. 25) und höchstens von Eingeweihten erkannt wird: »Indeed, mathematics in the workplace is often so well hidden as to be invisible to everyone except a discerning observer« (Steen 2001, S. 306). Dennoch ist nicht ganz klar, aus welchen Gründen Mathematik derart versteckt ist. Es gibt diverse Versuche, Mathematik gesellschaftlich sichtbarer werden zu lassen (siehe Ziegler 2010; Rousseau 2010; Beutelspacher 2018), und in der Regel wird dabei geraten, Mathematik dabei nicht nur formaltechnisch wirken zu lassen, sondern die zugrunde liegenden Ideen zu vermitteln. Zugleich ermöglicht die Unsichtbarkeit wiederum auch neue Zugänge zur Mathematik, wenn sie als Anlass genommen wird, Mathematik in der Welt und im eigenen Alltag zu entdecken und selbst forschend tätig zu werden (siehe etwa Stein 2015; Boaler 2015):

> At the same time as emphasising mathematics because it is useful, schooling needs to give students a taste of the intellectual adventure that mathematics can be. [...] It would be wonderful if many students could have just a small taste of the spirit of discovery of mathematics. (Stacey 2007, S. 40)

Bei Betrachtung des in der Gesellschaft vorhandenen Bildes lässt sich also zunächst zusammenfassen, dass die Mathematik ein hochgradig ambivalentes Ansehen genießt: Aufgrund ihrer allgemeinen Relevanz und wahrgenommenen Schwierigkeit ist dieses Bild von Ehrfurcht geprägt, während jedoch zugleich eine öffentlich akzeptierte Abneigung auf individueller Ebene existiert (vgl. Bishop 1991, xi). »Wir leben in einer Welt, wo keiner sagen würde in der Öffentlichkeit oder sich damit brüsten würde, dass er in der Schule schlecht in Deutsch war. Aber, es gibt Erwachsene, die sagen mit Stolz, dass sie schlecht in Mathematik waren, und bekommen dafür Applaus« (Gigerenzer 2019, 04:40; vgl. auch Paul 2003, S. 42; Beutelspacher et al. 2010, S. 6). Dies ist indes kein nationales Problem, ähnliche Klagen sind auch aus anderen europäischen Ländern zu hören (Williams 2008, S. 3; Rossi 2015, S. 984; Sam und Ernest 2000). Wie Henderson (1981, S. 12) ausführt, folgen aus gesellschaftlicher Relevanz alleine jedoch nicht per se auch breite Befähigung und gesellschaftliche Teilhabe:

> Mathematics has a major and beneficial role in our society. It has enabled us, as human beings, to participate in and understand more and more of our universe. [...] And this role is more widespread and more powerful today than ever before in the history of human kind. But much is wrong. The majority of people today are scared of mathematics (and mathematicians) and feel powerless in the presence of mathematical ideas. Many people learn and view mathematics in rigid, rote ways that lock those persons into conditioned responses that limit their creativity. This situation has been systematically reinforced by our culture which views mathematics as only accessible to a talented few. These views and attitudes, besides affecting individuals, have become part of what separates and holds down many oppressed groups, including women, working class, and racial minorities.

Auch Loos und Ziegler (2015, S. 13) sehen Mathematik als *das* Mittel zur bürgerlichen Emanzipation: Nur durch eine gesellschaftlich entsprechend verankerte mathematische Grundbildung lässt sich der Gefahr des ›glücklichen Sklaven‹ – also des mathematisch Unmündigen, der auch noch stolz darauf ist, dass er unmündig ist (vgl. Gigerenzer 2019, 05:14) – begegnen. Dafür ist es notwendig, dass sich die Mathematik aus ihrem – selbstverschuldeten? – »PR-Dilemma« (Loos und Ziegler 2015, S. 14) befreit und sowohl der Oberflächlichkeit des öffentlichen Bildes (vgl. Ziegler 2011, S. 176) als auch den stark affektiv geprägten Reaktionen (vgl. Sam und Ernest 2000, S. 200) begegnet wird. Dementsprechend finden sich auch in den Überarbeitungen von Schulcurricula zunehmend Aspekte wie die Bedeutung und Notwendigkeit grundlegender Bildung im Bereich der Mathematik zusammen mit einer Betonung der zugehörigen gesellschaftlichen Akzeptanz und Wertschätzung von Mathematik. Etwa wird ›learning to value mathematics‹ in den Standards des National Council of Teachers of Mathematics als ein ausdrückliches Ziel aufgeführt:

> It is the intent of this goal [...] to focus attention on the need for student awareness of the interaction between mathematics and the historical situations from which it has developed and the impact that interaction has on our culture and our lives. [...] To some extent, everybody is a mathematician and does mathematics consciously. [...] School mathematics must endow all students with a realization that doing mathematics is a common human activity. (National Council of Teachers of Mathematics (NCTM) 1997, S. 6)

In den NCTM-Standards finden sich weiterhin auch Aspekte wie mathematische Begriffsbildung (vgl. National Council of Teachers of Mathematics (NCTM) 1997, S. 223) oder die individuelle Einstellung gegenüber der Mathematik (als ›mathematical disposition‹ bezeichnet, vgl. National Council of Teachers of

Mathematics (NCTM) 1997, S. 233). Infolge der TIMS-Studie[1] und den breit angelegten PISA-Erhebungen[2] gelangte die Bedeutung mathematischer Fertigkeiten stärker in den Fokus öffentlichen Interesses, wodurch auch eine gesellschaftliche Diskussion über mathematische Grundbildung angeregt wurde (Mullis et al. 2003; siehe auch Herget und Flade 2000; Baumert et al. 2000b; Benner 2002; Knoche et al. 2002; Messner 2003; Neubrand 2004; Törner 2001b). Der Begriff der mathematischen Grundbildung hat sich dabei im deutschsprachigen Raum als Äquivalent für den englischsprachigen Ausdruck der ›mathematical literacy‹ etabliert (vgl. Niss und Jablonka 2014, S. 394), die Definition geschieht in Anlehnung an die sprachliche Grundbildung (›literacy‹):

> Die Definition mathematischer Grundbildung im Rahmen von OECD/PISA lautet: *»Mathematische Grundbildung ist die Fähigkeit einer Person, die Rolle zu erkennen und zu verstehen, die Mathematik in der Welt spielt, fundierte mathematische Urteile abzugeben und sich auf eine Weise mit der Mathematik zu befassen, die den Anforderungen des gegenwärtigen und künftigen Lebens dieser Person als konstruktivem, engagiertem und reflektierendem Bürger entspricht.«* (Baumert 2000a, S. 47, Hervorhebung im Original)
>
> Es sei noch einmal ausdrücklich darauf hingewiesen, dass es bei dieser Definition nicht nur um ein bestimmtes Minimum an mathematischem Grundwissen geht, sondern auch um die Verwendung von Mathematik in einem breiten Spektrum von unterschiedlichen Situationen. Einstellungen und Gefühle wie zum Beispiel Selbstvertrauen, Neugier, Interesse und Wertschätzung für die Mathematik sowie der Wunsch, bestimmte Dinge zu tun oder zu verstehen, sind zwar nicht Bestandteil der OECD/PISA-Definition mathematischer Grundbildung, aber doch wichtige Voraussetzungen. (Baumert 2000a, S. 48)

Ein Unterricht, der Schüler*innen zu einer entsprechenden Grundbildung befähigt, kann einen Beitrag dazu leisten, das gesellschaftliche Bild von Mathematik positiv zu beeinflussen. Dies gelingt – wie eingangs erwähnt – nur mit entsprechend ausgebildeten Lehrkräften: »Our first lines of defense against such illiteracy are the teachers in our schools« (The Committee on the Undergraduate Program in Mathematics (CUPM) 2001, S. 2). Sie spielen in unserer Gesellschaft eine herausragende und nicht zu unterschätzende Rolle als Botschafter*innen für die Wissenschaft Mathematik[3]: Für viele Menschen dürfte der Mathematikunterricht in der Schulzeit den primären Ort darstellen, an dem das

[1] Trends in International Mathematics and Science Study

[2] Programme for International Student Assessment

[3] Diese repräsentative Funktion (vgl. Bauer und Hefendehl-Hebeker 2019, S. 14) mag aktuell bedeutungsvoller erscheinen denn je, gleichwohl finden sich entsprechende Forderungen

Bild der Mathematik geprägt wird; entsprechend sind die Mathematiklehrkräfte Ansprechpartner*innen mit einer beispiellosen und gleichermaßen repräsentativen wie prägenden Vorbildfunktion für Generationen von Schüler*innen. Um dieser Vorbildfunktion gerecht werden zu können, müssen angehende Lehrkräfte im Studium ihrerseits selbst die Gelegenheit erhalten, ein umfangreiches, tragfähiges und ›gültiges‹ Bild der Wissenschaft Mathematik aufzubauen. Die von Hefendehl-Hebeker (2013b, S. 433) für den Mathematikunterricht benannten Bildungsziele (epistemologisches Bewusstsein, Alltagstauglichkeit, Wissenschaftsorientierung und wissenschaftstheoretische Reflexion) sind dabei für die Hochschullehre gleichermaßen relevant. Daher wird im folgenden Kapitel zunächst der Status quo der mathematischen Lehre im tertiären Bereich untersucht, bevor daran anschließend in Teil II Konsequenzen für die Lehramtsausbildung diskutiert werden.

schon früher: So spricht etwa Behnke (1939, S. 9) davon, dass Mathematiklehrkräfte »eine wissenschaftliche Verpflichtung haben als Mittler zwischen der nur dem Fachmann zugänglichen Forschung und dem gesamten kulturellen Leben«.

2 Mathematische Lehre an der Hochschule – der Status quo

> The main problem still remains: how do we teach mathematics? How can we teach abstract concepts and the relations among them, how can we teach intuition, recognition, understanding? How can we teach these things so that when we are done our ex-student can not only pass an examination by naming the concepts and listing the relations, but he can also get pleasure from his insight, share it with others, apply it to the ›real world‹, and, if he is talented and lucky, be vouchsafed the discovery of a new one? The answer is that we cannot. The only way I know of for an individual to share in humanity's slowly acquired understanding is to retrace the steps. Some old ideas were in error, of course, and some might have become irrelevant to the world of today, and therefore no longer fashionable, but on balance every student must repeat all the steps. (Halmos 1985, S. 270)

Das Verständnis eines mathematischen Begriffes – von Halmos (1985) erstrebenswert als ›insight‹ bezeichnet – umfasst »weit mehr als die Kenntnis einer Definition« (Weigand 2014, S. 99), sondern auch Vorstellungen zum Begriffsinhalt, dessen Umfang und den Beziehungen zu anderen Begriffen. Als eine Ursache für unzureichend erworbenes Begriffsverständnis nennt Wagner (2016) die Art der Vermittlung mathematischer Fachinhalte an der Hochschule:

> In den Lehrveranstaltungen Mathematik an einer Hochschule sowie in der Fachliteratur dieser Disziplin ist es üblich, deduktiv vorzugehen und die zu einer Definition hinführenden Überlegungen und Absichten meist nicht zu erwähnen. Für einen Studierenden scheint es so, als ob die Definitionen ›vom Himmel fallen‹ und es bleibt ihr bzw. ihm nichts weiter übrig, als die eingeführte Begrifflichkeit zunächst zur Kenntnis zu nehmen und darauf zu hoffen, dass aus den danach erarbeiteten Sätzen, Bemerkungen und Anwendungen rückwirkend der Sinn der Begriffsbildung erschlossen werden kann. (Wagner 2016, VII)

B. Weygandt, *Mathematische Weltbilder weiter denken*,
https://doi.org/10.1007/978-3-658-34662-1_2

Eine Frage, die sich an dieser Stelle zwangsläufig stellt, ist jene der Verantwortlichkeit für ein nachhaltiges Begriffsverständnis. Bezogen auf den Schulunterricht ist es die Aufgabe der Lehrkraft, den Begriffsbildungsprozess der Schüler*innen zu planen und entsprechend zu steuern (vgl. Weigand 2014, S. 99). Für das Lehrselbstverständnis an Hochschulen ist es in gewisser Hinsicht bezeichnend, dass diese Verantwortung mehr oder weniger implizit den Studierenden übertragen wird. Diese Sichtweise ist für Lehrende insofern komfortabel, da infolgedessen auch Aspekte wie mathematische Arbeitsweisen keine Lehrinhalte sui generis darstellen, diese also auch nicht eigens vermittelt werden müssen – der Kompetenzerwerb geschieht durch die eigenverantwortliche Auseinandersetzung der Lernenden mit dem vermittelten Stoff. Dem entgegengesetzt bezieht Daniel Grieser im Interview mit Kristina Vaillant Stellung und weist darauf hin, dass Problemlösestrategien in der Mathematik dermaßen essenziell und somit auch selbstverständlich seien, dass man diese nicht mehr explizit formuliere. Dabei nimmt Grieser auch die Lehrenden stärker in die Pflicht, denn die Schüler*innen »kommen nicht mit dieser Kompetenz an die Uni. Jetzt kann man natürlich sagen, die Studierenden bekommen das schon irgendwann mit und wer nicht, der ist im Mathematikstudium fehl am Platz. Das ist aber genau die Haltung, die uns mehr Studienabbrecher als nötig beschert« (Vaillant 2014, S. 200). Bezogen auf die Schulmathematik wurden mathematische Problemlösestrategien als Teil der prozessbezogenen Kompetenzen expliziert und in den Bildungsstandards curricular verankert. In der mathematischen Hochschullehre ist die Situation ambivalenter. Auf Ebene der Studienordnungen werden die Ziele gemeinhin als zu erreichende Kompetenzen formuliert, während diese auf Ebene der Lehre seltener expliziert oder kommuniziert werden. Dabei ist es nicht so, dass in der Hochschulmathematik keine prozessbezogenen mathematischen Kompetenzen existierten, diese werden lediglich nicht als eigenständiger Lehrplaninhalt erachtet. Hinsichtlich der Vermittlung prozessbezogener Kompetenzen in der Hochschullehre stellte der ehemalige DMV-Vorsitzende Volker Bach pointiert heraus, dass viele Mathematiker*innen keine Notwendigkeit in einer entsprechend expliziten Trennung von inhalts- und prozessbezogenen Kompetenzen sehen:

> Niemand kann ernsthaft bestreiten, dass die […] prozessbezogenen Kompetenzen essenziell zur Mathematik dazugehören. Es gab und gibt jedoch unter den Hochschullehrenden ein stillschweigendes Einverständnis, dass mit den aufgezählten Inhalten selbstverständlich nicht nur das bloße Wissen ihrer Definition gemeint sei, sondern auch ihre Durchdringung in jeder Hinsicht: ihre Interpretation, ihre Bedeutung, die mit den Begriffen formulierbaren Sätze und ihre Beweise, ihr Zusammenhang mit anderen Begriffen, ihre Grenzen, ihre Verallgemeinerungen und ihre praktische Anwendung.

> Die [...] prozessorientierten Kompetenzen [...] erwürben die Lernenden automatisch als Teil dieses Durchdringungsprozesses. (Bach 2016, S. 30–31)

Aus dieser Sichtweise heraus wird die zuvor angesprochene Verantwortung für den Erwerb der Kompetenzen auf eine Stufe mit der Vermittlung und Bearbeitung von Inhalten gesetzt, die Kompetenzen befinden sich also nicht auf einer Meta-Ebene. Bei den Studierenden wird entsprechend eine gewisse Eigenaktivität beim Durchdringen von Fachinhalten vorausgesetzt. Dabei liegt jedoch die Vermutung nahe, dass sich inhaltlich-strategisches Wissen »vermutlich allenfalls bei wenigen und äußerst begabten Studierenden von selbst ausbilde« (Reiss und Ufer 2009, S. 169; vgl. Weber 2001, S. 115–116). Ferner ist an dieser Sichtweise problematisch, dass den Studierenden die Kompetenzen, die sie gemeinsam mit den Fachinhalten (›automatisch‹) erwerben, nicht kommuniziert werden. Sie wissen also nicht, dass sie Kompetenzen erwerben (sollen) und haben entsprechend keine Möglichkeiten, ihren bisherigen Kompetenzerwerb eigenständig zu überprüfen.

Möchte man beim Erwerb von Problemlösefähigkeiten und mathematischer Enkulturation im Studium demnach nicht auf das Prinzip ›survival of the fittest‹ setzen, so sind in der Folge hochschuldidaktische Interventionen in der mathematischen Lehre nötig, welche mathematische Arbeitsweisen direkt zum Lehrinhalt sui generis machen oder mathematisches Denken vorleben und dieses zumindest implizit kommunizieren (vgl. Reiss und Ufer 2009, S. 173; Beutelspacher et al. 2012, S. 14). Dies ist konsistent mit der Schlussfolgerung von Arnold Kirsch zum Erwerb mathematischer Qualifikationen: »Keinesfalls erreicht man das Gewünschte [...] automatisch dadurch, daß man irgendwelche anspruchsvolle Mathematik treibt und sich auf einen Transfereffekt verläßt« (Kirsch 1980, S. 246).[1] Die Ausprägung elaborierter mathematischer Denkweisen stellt dabei für Stacey (2007, S. 39) eines der grundlegendsten und zugleich am schwierigsten zu erreichenden Ziele mathematischer Lehre dar. Hingegen stellt das ›mathematische Denken‹ im Kontext der Schule keine prozessbezogene Kompetenz im engeren Sinne dar, sondern wird eher als übergreifendes Thema begriffen:

> *Mathematisches Denken als Klammer über die Kompetenzen*
> Bildungsstandards sollen [...] fachspezifisch sein. Sie sollen das Spezielle an der Mathematik erkennen lassen. Da sie aber nah an unterrichtlichen Aktivitäten formuliert sind, vergisst man leicht, dass übergreifende mathematische Denkweisen in die einzelnen Kompetenzen einzubetten sind. [...] Mathematik arbeitet immer allgemeine

[1] Das von Kirsch (1980) Gewünschte umfasst dabei neben fachlichem und stofflichem Überblick gleichermaßen auch die Fähigkeit zur Analyse und Reflexion sowie ein aktives, positives Verhältnis zur Mathematik (siehe auch Abschnitt 3.2.1).

> Zusammenhänge heraus, sowohl innerhalb der Mathematik als auch beim Erschließen der Wirklichkeit durch Mathematik. Mathematik ist die Disziplin, die gedankliche und begriffliche Ordnung in die Welt der Phänomene zu bringen versucht. [...] Nachhaltiger Kompetenzaufbau erfordert es also, dass, wo immer möglich, Aktivitäten des Präzisierens, Ordnens, Klassifizierens, Definierens, Strukturierens, Verallgemeinerns usw. vorkommen. Das ist wiederum in allen Kompetenzbereichen möglich. (Blum 2012, S. 34–35, Hervorhebung im Original)

Strukturelle Merkmale und Herausforderungen traditioneller Mathematiklehrveranstaltungen

Wie im vorigen Kapitel ausgeführt, nimmt die Mathematik »im Kanon der Wissenschaften eine Sonderrolle ein, die wesentlich durch die rein geistige Natur ihrer Objekte bedingt ist« (Beutelspacher et al. 2012, S. 185; vgl. auch Müller-Hill 2018, S. 129). Ihre zugehörige Lehre ist dementsprechend üblicherweise hochgradig systematisiert und effizient (vgl. Vaillant 2014, S. 200). Das Format der Vorlesung mit begleitenden Übungen stellt das zentrale Element mathematischer Hochschullehre dar und verfügt dabei über unbestreitbare Vor- und Nachteile: Dafür sprechen unter anderem die Effizienz der Wissensvermittlung zwischen Expert*innen und Noviz*innen, die Portionierung und Strukturierung der Inhalte sowie die Tatsache, dass es keine grundsätzlich gegen diese Methode sprechenden Forschungsergebnisse gibt. Gleichwohl findet in Vorlesungen zumeist keine Sinnkonstruktion statt, deren Qualität hängt stark von den Lehrpersonen ab und das eigene Erarbeiten und Entdecken von Mathematik kommt aufgrund des frontalen Charakters in der Regel zu kurz (vgl. Kortenkamp et al. 2010, S. 62). So charakterisiert auch Wittmann (1974) die in der Mathematik übliche deduktive Darstellungsform:

> Streben nach möglichst eleganter und systematischer Darstellung fertiger Resultate, explizite und präzise Begriffserklärung, passende Wahl von Definitionen und Axiomen, sorgfältige Bereitstellung von später benötigten Mitteln (Hilfssatze, Korollare usw.), Beseitigung unnötiger Voraussetzungen, Streben nach möglichst großer Allgemeinheit, knappe innermathematische Motivation (wenn überhaupt), Beschränkung auf mathematische Aspekte, [...] Gebrauch idiosynkratischer Wendungen. (Wittmann 1974, S. 109)

Dieser rein systematische Aufbau hat jedoch auch didaktische Nachteile, zu kurz kommen dabei beispielsweise Aspekte wie Begriffsgenese und mathematische Kreativität (vgl. Vaillant 2014, S. 200). Auf diese Weise entgehen nicht nur Gelegenheiten der Schaffung intrinsischer Motivation für Inhalte und des authentischen Erlernens mathematischer Arbeitsweisen, obendrein wird auch die Sichtweise der Studierenden auf Mathematik eingeschränkt:

> Students are so often given the impression that, in mathematics, all is logical, certain, accurate, provable, amenable to clear explanation. Yet mathematical creativity is none of these things. It offers a major difference between the actual working practices of research mathematicians and the facets of the mathematician's art that are selected to teach to the next generation. (Ervynck 1994, S. 52)

Entsprechend konstatiert Simons (1988, S. 40), dass in der Mathematik die Lehrenden deutlich besser darin seien, ihren Studierenden spezielle Beweistricks beizubringen als sie im mathematischen Denken zu schulen – oder, wie es Howson (1988, S. 9) auf den Punkt bringt: »Mathematical thinking is a good servant, but a bad master.« Weiterhin beanstanden Bauer und Kuennen (2017, S. 361), dass traditionelle Mathematikvorlesungen die aktive Vermittlung mathematischer Arbeitsweisen zu kurz kommen lassen und sich dabei zu sehr produktorientiert auf Sätze, Definitionen und Beweise konzentrierten, anstatt die Prozesse mathematische Arbeitens zu beleuchten. »Die universitäre Mathematikausbildung ist in noch stärkerem Maße als die Schule geprägt von einem Übergewicht der Instruktion« (Beutelspacher et al. 2012, S. 149–150). Durch diese Lehrkultur besteht insbesondere in Vorlesungen die Gefahr einer ›Illusion des Verstehens‹, denn »Studierende glauben, den präsentierten Lösungsweg verstanden zu haben, durchdringen aber nicht die kritischen Stellen und erwerben nur ein oberflächliches Verständnis« (Kortenkamp et al. 2010, S. 63). Neben dem Format der Massenvorlesung werden Rach et al. (2016, S. 602) zufolge auch die »mangelhafte Anpassung der Inhalte an das Vorwissen der Studierenden [...] beanstandet«. Ein weiteres Problemfeld der derzeitigen Lehrsituation ist eine – auch auf Universitätsniveau – teilweise rein kalkülhafte Bearbeitung von Inhalten (vgl. Ableitinger et al. 2013b, S. 219) und die damit zusammenhängende Verzerrung in der Wahrnehmung von Übungsaufgaben. Studierende erfassen die Relevanz dieser Aufgaben für das mathematische Denken und Arbeiten nicht adäquat und konzentrieren sich dementsprechend eher auf den Abschlusstest (und dessen Inhalte) anstatt auf die eigene Kompetenzentwicklung. Infolgedessen verkommen Tutorien zu ›Vorlesungen im Kleinen‹, ohne dass eine dort die gewünschte Aktivierung der Studierenden gelinge (vgl. Winsløw 2017, S. 398–399; Beutelspacher et al. 2012, S. 150). Es gibt jedoch auch Ansätze zur Differenzierung mathematischer Tutorien nach konzeptionellen Gesichtspunkten (siehe Kolb et al. 2017; Döring 2018), wobei sich insgesamt das traditionelle Lehrmodell auch gegenüber »innovativ eingeführten Lehrformen langfristig zu reproduzieren« scheint (Liebendörfer 2018, S. 356).

Für den schulischen Mathematikunterricht gibt es die nahezu selbstverständliche Forderung, dass dieser verstehensorientiert gestaltet werden solle. Dafür muss dieser die Lernenden zu Aktivitäten anregen, »die anschauliche Vorstellungen zu den mathematischen Inhalten entstehen lassen, auf deren Basis eine tragfähige Begriffsbildung stattfinden kann« (Büchter und Henn 2013, S. 133). Zwar beziehen sie sich hierbei auf den schulischen Kontext, jedoch lässt sich die Aussage ex aequo auf die Hochschulmathematik übertragen: Soll diese verstehensorientiert gelehrt werden, so müssen die Studierenden im Rahmen der Lehrveranstaltung ebenfalls zu lernförderlichen Aktivitäten angeregt werden, die ihnen eine entsprechend tragfähige Begriffsbildung ermöglichen. Dies gilt noch einmal in besonderem Maße für angehende Lehrkräfte, welche später selbst verstehensorientiert unterrichten sollen. Büchter und Henn (2013, S. 133) ergänzen noch, dass diese geforderten Anregungen »im schulischen Kontext keineswegs selbstverständlich« seien. Bezogen auf den universitären Kontext wirft dies zwangsläufig die Frage auf, inwiefern Hochschullehrende in der Lage sind, ihre Studierenden zu lernförderlichen Aktivitäten anzuregen, wenn gleichzeitig die Mathematikdidaktik mitsamt ihrer Forschungsergebnisse intuitiv dem Bereich ›Schule‹ zugeordnet und in der Folge als nicht relevant für die tertiäre Lehre angesehen wird. Auf einige der angerissenen Problemfelder wird nachfolgend detaillierter eingegangen: die Bedeutung mathematischer Grundbildung für die Gesellschaft, die Erwartungen an gute universitäre Lehre und die teils fehlende Ausbildung der Hochschullehrenden, die Übergangsproblematik an der Schnittstelle zwischen Schule und Hochschule und die damit verbundenen Anforderungen unterschiedlicher Studiengänge an mathematische Schulcurricula und mathematische Grundbildung.

2.1 Erwartungen an mathematische Hochschullehre

Wenn es eine Aufgabe des Mathematikunterrichts ist, seine zugehörige Disziplin ›Mathematik‹ repräsentativ darzustellen (vgl. Schupp 2016, S. 76), so muss dieser Anspruch auch für die universitären Lehrveranstaltungen gelten dürfen. Ebenso wie der Mathematikunterricht muss die Lehre im tertiären Bereich ein aktiv-entdeckendes Lernen ermöglichen und dabei ein authentisches, stimmiges Bild von Mathematik vermitteln, welches auch die sozialen und kommunikativen Prozesse des Mathematiktreibens umfasst (vgl. Büchter und Leuders 2014, S. 13). Dazu gehört, Eigenaktivität zu begünstigen (vgl. Kortenkamp et al. 2010, S. 63) und Neugier zu wecken (vgl. Vaillant 2014, S. 201) – denn es sind schließlich »nicht die schlechtesten Naturen unter unseren Anfängern, die auch wissen wollen, *warum* die Dinge geschehen« (Toeplitz 1927, S. 91, Hervorhebung im Original) und denen das Erlernen neuer Inhalte Freude bereitet (vgl. Beutelspacher und Törner 2015, S. 56):

> Teaching mathematics at university level should be an enjoyable human experience in which professors share with students the discovery of a new mathematical world as well as their development as person. (Alsina 2001, S. 11)

Entsprechend wünscht sich auch Johanna Wanka, die ehemalige Bundesministerin für Bildung und Forschung, »junge Menschen würden mit mehr Spaß und weniger Angst an die Mathematik herangehen« (Joswig und Wessling 2014, S. 78). Diese Erwartungen stehen jedoch nicht zwangsläufig im Einklang mit den übrigen Anforderungen und Zielen. Beispielsweise werden Naturwissenschaften häufig eher mit dem Aspekt der ihnen innewohnenden Nützlichkeit in Verbindung gebracht als mit Spaß (vgl. Paul 2003, S. 43). Es ist daher unerwünscht, dass Studierende massenhaft durchfallen oder Mathematik gar nicht erst studieren möchten (vgl. Bass 1997, S. 19).

Ein Problem nicht lösen zu können, führt jedoch eher zu Frustration als zu Spaß, doch zugleich lernt man Problemlösen nur durch die Bearbeitung und Lösung echter Probleme: »Students want formulae and simplicity, a ›royal road‹. Our task is to inspire them to want to work [...] on mathematics« (Mason 2001, S. 84). Ein Lernen jenseits der ›simple road‹ bringt nicht unmittelbar Freude, diese kommt erst mit eigenen Kompetenzerleben hinzu. Hinderlich ist nur, wenn Studierende »zu der Ansicht gelangen, dass zwar der Dozent fähig ist, solche Lösungen zu produzieren, dass sie selbst dies aber niemals könnten« (Kortenkamp et al. 2010, S. 63). Wie Liebendörfer (2018) herausgearbeitet hat, spielt für die Motivationsentwicklung zu Studienbeginn das Erleben von Kompetenz – neben dem Erleben von Autonomie und der sozialen Eingebundenheit – eine tragende Rolle. Ähnlich verhält es sich mit der mathematischen Enkulturation: Diese kann (auf einer Meta-Ebene) sicherlich als eines der erstrebenswertesten Ziele des Studiums angesehen werden, gleichwohl stellt sie nicht zwangsläufig auch einen intrinsischen Wunsch von Studierenden dar. In Analogie zum Kompetenzerleben macht sich auch eine gelungene Enkulturation insbesondere nicht direkt bemerkbar, sondern kann häufig erst retrospektiv durch das Individuum festgestellt und wertgeschätzt werden. Der gesellschaftliche Wert der Mathematik begründet sich nicht zuletzt auch darin, dass diese – wenn sie erfolgreich erlernt wird – Studierenden ganz unterschiedlicher Fächer sowohl Wissen und Verständnis als auch unterschiedliche Fertigkeiten zur Verfügung stellt. Die mathematische Hochschullehre steht damit vor der Herausforderung, den Studierenden Kompetenzerwerb zu ermöglichen und dabei auch Gelegenheiten zum Kompetenzerleben zu schaffen. Dies wiederum setzt ein entsprechendes Bewusstsein auf Seite der Lehrenden voraus.

2.2 Die Rolle der Lehrenden und das ›scholarship of teaching and learning‹

> There is a remarkable difference in attitude between university staff as teachers and as researchers. As researchers we critically read the newest literature, we think of new approaches and theories, look for empirical verification and submit our work to the critique of others through rigorous peer review. The scientific attitude lies at the heart of scholarship and is accepted by everyone in the field. We also have clear rules about becoming a researcher. Good researchers are carefully selected and trained before they are allowed to contribute independently to the research. We require degrees, expertise in methodology, a demonstration of scientific ability through output assessment, and so on. […]
>
> The situation seems quite different in education. As teachers we seem to have a different attitude. We do the things we do, because that is the way we have been raised ourselves and that is the way it has been done for many years, even centuries. We hardly read the literature on education, or, more appropriately, are not even aware that such literature exists. It is difficult to change things in education, because as teachers we are highly convinced that what we do is appropriate and any challenge to one's convictions is an actual challenge to one's professional integrity. Becoming a teacher requires us to be licensed in a professional area, […] and that is it. We are assumed to be good teachers, because we are qualified in a professional area. The better we are in that area, the better we are as teachers. Specific didactic training or other educational programmes are not required or, in many cases, even offered. Once we are teachers we have quite some autonomy in deciding what and how to teach. Peer review, quality control, follow-up training – quite common in research activities – hardly exist in education. (Vleuten et al. 2000, S. 246)

Die Beschreibung bei Vleuten et al. (2000) bezieht sich ursprünglich auf medizinische Fakultäten, gleichwohl stellt die beschriebene Diskrepanz zwischen Forschung und Lehre eine Herausforderung für die Hochschullehre insgesamt und damit auch der Mathematik dar. An Hochschulen beschäftigte Mathematiker*innen sind in der Regel innerhalb ihrer Fachwissenschaft aufgewachsen, wurden also zweifelsohne auch durch diese sozialisiert und entsprechend primär dazu ausgebildet, mathematisch zu forschen. Als unverzichtbares zweites Standbein der Tätigkeit kommt – erst nachträglich! – die Aufgabe der wissenschaftlichen Lehre hinzu (Bass 1997, S. 18; vgl. auch Schüler-Meyer und Rach 2019, S. 6). Als problematisch kann sich dabei herausstellen, dass die hierdurch in der Lehre tätigen Fachwissenschaftler*innen nie wirklich auf die Anforderungen guter Lehre vorbereitet wurden – diesbezüglich sind sie Laien und »verfügen […] weder über umfangreiche wissenschaftliche Wissensbestände noch reflektieren sie ihre Lehr- und Lernerfahrungen auf dem Hintergrund des aktuellen hochschuldidaktischen Diskurses« (Wyss 2018, S. 304). In diesem sich selbst replizierenden

System wird die Erinnerung an die Lernerfahrung des eigenen Studiums zu einem zentralen Anker für die eigene Lehrtätigkeit und die früheren Dozent*innen üben rückwirkend eine Vorbildfunktion aus. Man stelle sich nur einmal ein auf das Schulsystem bezogene Äquivalent vor, also ein Szenario, in welchem die besten fünf Prozent eines Abiturjahrgangs ohne weitere Vorbereitung als Lehrkräfte angestellt würden. Ein Paradigmenwechsel in der Sichtweise auf mathematische Lehre ist daher überfällig:

> The time has come for mathematical scientists to reconsider their role as educators. We constitute a profession that prides itself on professionalism, on an ethos of quality performance and rigorous accountability. Yet academic mathematical scientists, who typically spend at least half of their professional lives teaching, receive virtually no professional preparation or development as educators, apart from the role models of their mentors. Imagine learning to sing arias simply by attending operas, learning to cook by eating, learning to write by reading. Much of the art of teaching—the thinking, the dynamic observations and judgments of an accomplished teacher—is invisible to the outside observer. And, in any case, most academic mathematical scientists rarely have occasion to observe really good undergraduate teaching. While one does not learn good cooking by eating, neither does one learn it just by reading cookbooks or listening to lectures. Cooking is best learned by cooking, with the mentorship of an accomplished cook, that is, by an apprenticeship model. In fact, teacher education also is designed with a mixture of didactic and apprenticeship instruction. (Bass 1997, S. 19)

Die autobiografische Lernerfahrung im Werdegang als Wissenschaftler*in kann dabei nicht als tragfähig genug angesehen werden, um als Modell für das Lernen von Hochschulmathematik im Allgemeinen zu dienen. Um eine wissenschaftliche Erkenntnis einem renommierten Fachpublikum zu präsentieren, bedarf es beispielsweise anderer Anforderungen als für die Vermittlung derselben Erkenntnis an studierende Wissenschaftsnoviz*innen (Bass 1997, S. 19). Die Art der (Wissens-)Kommunikation hängt mitunter auch von der empfangenden Person ab (vgl. Schulz von Thun 2015), und diese wiederum unterscheidet sich noch zwischen Lehrkontexten wie Nebenfachveranstaltungen mit eher exemplarischem Dienstleistungscharakter über technische Studiengänge mit einem Fokus auf der Anwendung von Mathematik bis hin zu klassischen Mathematikstudiengängen. Und zuletzt entbindet die Tatsache, dass in jedem Fachgebiet auch stets inspirierende Dozent*innen lehren, noch nicht von der Verantwortung, die eigene Lehre, das Lehrselbstverständnis und die Lehrkultur am Institut qualitativ zu prüfen und professionell weiterzuentwickeln. Solch eine Sichtweise auf die eigene Lehre begründet das Konzept des *Scholarship of Teaching and Learning* (SoTL):

> *Scholarship of Teaching and Learning* [...] ist die wissenschaftliche Befassung von Hochschullehrenden in den Fachwissenschaften mit der eigenen Lehre und/oder dem Lernen der Studierenden im eigenen institutionellen Umfeld durch Untersuchungen und systematische Reflexionen mit der Absicht, die Erkenntnisse und Ergebnisse der interessierten Öffentlichkeit bekannt und damit dem Erfahrungsaustausch und der Diskussion zugänglich zu machen. (Huber 2014, S. 21, Hervorhebung im Original)

Im deutschsprachigen Raum wird SoTL meist als ›Forschen über eigenes Lehren‹ oder ›Forschen zum Lehren‹ übersetzt. Eine Besonderheit stellt die Tatsache dar, dass »SoTL von Fachwissenschaftler*innen selbst und nicht von Lehr-Lern-Forscher*innen betrieben wird« (Enders 2019, S. 33) und zugleich durch die Veröffentlichung über den kollegialen Austausch hinaus zur wissenschaftlichen Professionalisierung der Hochschullehre in dem jeweiligen Fachgebiet beigetragen wird. Dies geschieht etwa, wenn sich Lehrende in communities of practice zusammenschließen, in denen sie angemessene Lehrkonzepte entwickeln, erproben und diskutieren (vgl. Szczyrba und Kreber 2019, S. 5). SoTL stellt damit neben dem forschungsgeleiteten, dem forschungsorientierten und dem forschungsbasierten Lehren einen vierten Ansatz dar, um Forschung und Lehre gemäß dem Humboldt'schen Ideal als Einheit sich gegenseitig anregender Bereiche zu sehen (vgl. Enders 2019, S. 31). In Analogie zur Forschung über Kunst, Forschung für Kunst und Forschung durch Kunst (vgl. Klein 2010; Dombois 2013) lässt sich auch das Forschen *in der* Mathematik (Fachinhalte) vom Forschen *durch respektive mittels* Mathematik (außermathematische Anwendungen) und dem Forschen *über die* Mathematik (Epistemologie, Mathematikgeschichte und Mathematikdidaktik) unterscheiden; und insbesondere sind folglich auch das genuine Erklären der Mathematik selbst und das Erklären mittels Mathematik unterschiedliche Dinge (vgl. Müller-Hill 2018, S. 131).

Bass (1997, S. 20–21) hebt ferner noch die Notwendigkeit eines respektvollen Umgangs und einer fruchtbaren Zusammenarbeit zwischen Fachwissenschaft, Fachdidaktik und Pädagogik hervor. Dabei kann speziell die Hochschulmathematikdidaktik als eine interdisziplinär verortete Wissenschaft mit eigenen Methoden und Forschungsansätzen hilfreich sein; vom Besuch mathematischer Fachvorlesungen mit hochschuldidaktischen Elementen profitieren letztlich zukünftige Mathematiker*innen und angehende Lehrkräfte in gleichem Maße. Ebenso wie das Verstehen von Mathematik erlernbar ist, kann auch das Lehren von Mathematik von Hochschullehrenden gelernt werden (vgl. Michener 1978, S. 381). Zudem sollten Lehrende realistische Erwartungen hinsichtlich der von ihnen »vorausgesetzten und unkommentiert verwendeten« Schulmathematik entwickeln (Schichl und Steinbauer 2009, S. 1), denn gerade am Übergang zwischen

Schule und Hochschule stellt die Passfähigkeit von Studienanfänger*innen und Einstiegsvorlesungen eine der zentralen Herausforderungen dar.

2.3 Problematik des Übergangs an der Schnittstelle Schule–Hochschule

Ziegler (2011, S. 174–176) identifiziert zu Beginn des Mathematikstudiums unterschiedliche Probleme: Den Studierenden fehle es nicht nur am Wissen an sich, sondern auch an einer entsprechenden Einschätzung des eigenen Wissensstandes. Insbesondere fehle eine klare Vorstellung davon, ›was die Mathematik ist‹, ebenso wie Kenntnis von der Aktivität ›Mathematik-Machen‹. Doch auch von den übrigen Akteur*innen sind Klagen zu hören, wie Barzel (2019, S. 9) ausführt:

> Im Benennen des Missstandes stimmen viele überein, egal ob aus der Perspektive der Schule oder der Hochschule. [...] Weniger Übereinstimmung herrscht beim Benennen der Ursachen, die sich im Dreieck entfalten von ›Schule bereitet nur unangemessen vor‹, ›Politik schafft nur unzureichende Strukturen‹ und ›Hochschule berücksichtigt die Voraussetzungen der Studienanfänger*innen nicht ausreichend‹. Monokausalität ist zu vereinfachend, die Wahrheit liegt eher in der Mitte und ist als Geflecht komplexer Gründe zu beschreiben.

Die wahrgenommene Diskrepanz in der mathematischen Lehre zwischen Schule und Hochschule wird dabei durch unterschiedliche Zieldimensionen geprägt: Während im Unterricht der allgemeinbildende Aspekt vorherrscht, steht zu Studienbeginn die Heranführung an wissenschaftliche Arbeitsweisen im Fokus (Rach et al. 2016, S. 603). Der Wechsel in der Art der Vermittlung sowie auf Ebene der benötigten Denk- und Arbeitsweisen (Schüler-Meyer und Rach 2019, S. 4) führt dabei häufig zum sogenannten ›Abstraktionsschock‹ (vgl. Schichl und Steinbauer 2012, S. 7), wobei dies weniger an den konkreten Inhalten liegt denn an der (abstrakteren) Art ihrer Behandlung. Genau genommen finden sich »am Übergang vom schulischen Mathematikunterricht in ein universitäres Studium verschiedene ›Formen‹ von Mathematik. [...] Es ist deshalb eigentlich nicht legitim, von *der* ›Schulmathematik‹ bzw. *der* ›Hochschulmathematik‹ zu sprechen« (Schüler-Meyer und Rach 2019, S. 3, Hervorhebungen im Original). Von Seiten der Lehrenden wird zudem beklagt, dass die Studierenden an der Hochschule zunächst weiterhin wie von der Schule gewohnt lernten, ungeachtet dessen, dass diese Lernstrategien zu oberflächlich und damit für das an der Hochschule nötige Begriffsverständnis ungeeignet seien (vgl. Selden 2005, S. 134). Der Prozess der Assimilation in der Schule erworbener Lernstrategien an das Begriffsverständnis der Hochschulmathematik gelingt dabei – aus Sicht der Lehrenden – nicht in ausreichendem Maße. Dies mag auch daran liegen, dass sich im Gegensatz zur Schule der curriculare Aufbau im Studium nicht primär an den Lernenden orientiert und der Lernprozess ohne fachdidaktisch angeleitete Unterstützung stattfindet (vgl. Rach et al. 2016, S. 604). Neben dem Erwerb adäquater Lernstrategien stellen zudem die fachlichen Inhalte und der Aufbau intrinsischer Motivation eine Herausforderung für die Studienanfänger*innen dar (vgl. Bruder et al. 2018, S. 44). Dabei steuern sowohl die Schul- als auch die Hochschulmathematik jeweils spezifische Anteile an der Schnittstelle bei: Einerseits wäre die Begriffsgenese zu Studienbeginn ohne die aus der Schule mitgebrachten anschaulichen Grundlagen nur schwierig möglich, andererseits liefert erst die Hochschulmathematik die Möglichkeiten, das schulische Wissen zu strukturieren oder ein entsprechendes Beweisbedürfnis zu erzeugen (vgl. Ableitinger et al. 2013b, S. 218).

›Doppelte Diskontinuität‹ in der Lehramtsausbildung

Es ist kein neues Phänomen, dass der Übergang von der Schule zur Hochschule als unstetig angesehen wird: Bereits zu Beginn des 20. Jahrhunderts findet sich in den Schriften des Göttinger Mathematikers Felix Klein eine Beschreibung der mit dem Übergang verbundenen Herausforderungen:

> Der junge Student sieht sich am Beginn seines Studiums vor Probleme gestellt, die ihn in keinem Punkte mehr an die Dinge erinnern, mit denen er sich auf der Schule beschäftigt hat; natürlich vergißt er daher alle diese Sachen rasch und gründlich. Tritt er aber nach Absolvierung des Studiums ins Lehramt über, so soll er plötzlich eben diese herkömmliche Elementarmathematik schulmäßig unterrichten; da er diese Aufgabe kaum selbständig mit seiner Hochschulmathematik in Zusammenhang bringen kann, so wird er in den meisten Fällen recht bald die althergebrachte Unterrichtstradition aufnehmen, und das Hochschulstudium bleibt ihm nur eine mehr oder minder angenehme Erinnerung, die auf seinen Unterricht keinen Einfluß hat. Diese *doppelte Diskontinuität*, die gewiß weder der Schule noch der Universität jemals Nutzen gebracht hat, bemüht man sich neuerdings endlich aus der Welt zu schaffen, einmal indem man den Unterrichtsstoff der Schulen mit neuen, der modernen Entwicklung der Wissenschaft und der allgemeinen Kultur angepaßten Ideen zu durchtränken sucht […], andererseits aber durch geeignete Berücksichtigung der Bedürfnisse der Lehrer im Universitätsunterricht. (Klein 1908, S. 1–2, Hervorhebung im Original)

Diese über hundert Jahre alte Feststellung scheint ein nach wie vor ungelöstes Problem zu beschreiben (vgl. auch Bauer und Hefendehl-Hebeker 2019, S. 2), was sich unter anderem in der Popularität des Begriffs der ›doppelten Diskontinuität‹ in hochschuldidaktischen Veröffentlichungen zeigt. Dies gilt auch über Deutschland hinaus, beispielsweise im amerikanischen Raum (vgl. American Mathematical

Society (AMS) 2012, S. 53). Obwohl der Fokus des Interesses tendenziell auf der ersten der beiden Diskontinuitäten liegt, gibt es auch Veröffentlichungen, die sich speziell mit der zweiten Schnittstelle Hochschule–Schule des Lehramtsstudiums beschäftigen (siehe Bauer und Hefendehl-Hebeker 2019, S. 25; Ableitinger et al. 2013b). Beim Glätten speziell der zweiten Klein'schen Diskontinuität geht es nicht darum, die Vermittlung beruflichen Handelns von den Studienseminaren an die Universitäten zu verlegen, wichtiger ist hier die Kooperation zwischen den Institutionen mit dem Ziel einer kohärenten Erfahrung für die angehenden Lehrkräfte (vgl. Vogel 2002, S. 65).

Durch die gewachsene Popularität des Begriffs findet inzwischen eine breitere Diskussion über einen adäquaten Umgang mit insbesondere der ersten Diskontinuität statt. Dabei geht es auch darum, ob die Diskontinuität grundsätzlich erwünscht ist oder nicht und welche Konsequenzen sich daraus ergeben, aber auch darum, wo die Verantwortlichkeit liegt. Jansen und Meer (2012, S. 11) sprechen sich für eine Reform des ersten Studienjahres aus, während Cramer und Walcher (2010, S. 114) die Schulen in der Pflicht sehen. Da zu Beginn des 20. Jahrhunderts nur ein geringer Anteil eines Jahrgangs ein Studium aufnahm, lag es nahe, dass Felix Klein die aus den Diskontinuitäten resultierenden Aufgaben bei den Universitäten sah. Entsprechend sieht er *zusammenfassende Vorlesungen zur Elementarmathematik vom höheren Standpunkt* als Mittel der Wahl zur Überbrückung der beschriebenen Diskontinuitäten. Das von Klein vorgestellte Vorlesungskonzept wird von Allmendinger (2014) aus fachlicher, didaktischer und mathematikhistorischer Perspektive analysiert. Dabei stellt sie heraus, dass der höhere Standpunkt zur Elementarmathematik bei Felix Klein ex aequo auch einen »elementaren Standpunkt zur höheren Mathematik« umfasst (vgl. Allmendinger 2014, S. 135). Auch vergleicht sie Kleins Herangehensweise mit anderen Ansätzen wie beispielsweise dem Lehrerbildungskonzept bei Toeplitz (1932), welcher einen »starken Fokus auf selbstständige mathematische Erfahrung sowie eine stärkere methodische Orientierung« (Allmendinger 2014, S. 169) gleichermaßen in allen Vorlesungen des Studiums setzt.

Inzwischen etablieren sich zunehmend sogenannte Brückenvorlesungen als glättendes Element am Übergang zwischen Schule und Hochschule (vgl. Bruder et al. 2018, S. 44–45), wobei solche Vorlesungen unterschiedliche Zielgruppen ansprechen und eine große Spanne an damit verbundenen Intentionen aufweisen.[2] Grieser

[2] Zu beachten ist ferner, dass die Wortwahl ›Brücke‹ auch einen gegenteiligen Effekt haben kann, etwa wenn dadurch die Unterschiedlichkeit von Schul- und Hochschulmathematik hervorgehoben und manifestiert wird (vgl. Makrinus 2013, S. 256).

et al. (2018, S. 48) weisen ferner explizit darauf hin, dass die Diskontinuität zu Studienbeginn kein lehramtsspezifisches Problem darstellt:

> Zwar waren Kleins Ausführungen auf das Lehramtsstudium bezogen, es gibt jedoch keinen Grund, warum diese Übergangsproblematik (erste Diskontinuität) nicht auch in anderen mathematikhaltigen Studiengängen auftreten soll. Klein beschreibt das Phänomen als Problem des Lernenden, dahinter verbirgt sich aber die Kritik, dass die Schule nicht alles vorbereitet, was die Hochschule erwartet bzw. die Hochschule Dinge voraussetzt, die die Schule nicht liefert. Welche der beiden Sichtweisen man wählt, ist eine Frage des Standpunktes. Das Problem des Lernenden – der an selbigem keine Schuld trägt – wird zu einem strukturellen Problem zweier etablierter Bildungseinrichtungen, die es optimalerweise gemeinsam zu lösen versuchen. Fakt ist jedoch, dass in den Anfängervorlesungen mit dem Problem umgegangen werden muss. Zu diesem Zeitpunkt ist es zu spät, die Schulzeit zu verändern.

Insbesondere nehmen Grieser et al.(2018) die Institutionen Schule und Hochschule in die gemeinsame Verantwortung für den Umgang mit der Diskontinuität. Anstelle gegenseitiger Schuldzuweisungen braucht es den beidseitigen Willen zur Überbrückung, um den Übergang zwischen sekundärer und tertiärer Bildung zu harmonisieren. Zu berücksichtigen ist hierbei auch die Vielfalt sowohl der Institutionen als auch der Studiengänge, welche zeigt, »dass es *den* Übergang nicht gibt und geben kann« (Klinger et al. 2019, S. 5, Hervorhebung im Original). Ebenso muss der Frage nachgegangen werden, inwiefern eine solche Harmonisierung von allen Beteiligten gewünscht ist und welche Hoffnungen mit einer Änderung des derzeitigen Zustands verbunden sind. So spricht sich etwa Hedtke (2020) aus einer allgemeinen hochschuldidaktischen Position heraus für eine bewusste Diskontinuität speziell zu Beginn des Lehramtsstudiums aus, so »kommt es im Lehramtsstudium darauf an, die besondere biografische Kontinuität zu irritieren, deutlich zu unterbrechen, ihre eingelebten Annahmen grundlegend infrage zu stellen und einen radikalen Perspektivenwechsel auf Wissenschaftlichkeit [...] umzusetzen« (Hedtke 2020, S. 96). Zur – durchaus berechtigten – Frage, ob eine vollkommene Abschaffung der Diskontinuitäten denn aus Sicht des Faches möglich oder gewollt sei, schreibt Weigand (2010, S. 8):

> Diese Diskontinuitäten können und sollen nicht völlig aufgelöst oder ›verstetigt‹ werden. Jeder Mathematiklehrer muss Mathematik als Wissenschaft authentisch kennengelernt haben, und schließlich lebt ja auch jegliches Lernen von der dosierten Überforderung.

Weigand (2010) benennt hierbei zwei Argumente für eine Diskontinuität. Beim ersten Argument, der Notwendigkeit eines authentischen Kennenlernens der Mathematik im Studium, besteht die Gefahr, dass die Eigenschaft authentisch dabei mit einem Fortbestand des bisherigen Zustandes gleichgesetzt wird – nur, weil etwas ›schon immer‹ so war, heißt dies schließlich nicht, dass sich daraus automatisch eine Rechtfertigung für die Zukunft ableite. Insbesondere speist sich die Authentizität des Mathematikstudiums nicht aus der erlebten Diskrepanz zu Studienbeginn (sonst bräucht man die darauf folgenden Semester nicht zwangsläufig), sondern aus dem Wesen der Wissenschaft Mathematik und den für sie spezifischen Denk- und Arbeitsweisen. Es sollte daher möglich sein, im Laufe des (Lehramts-)Studiums ein authentisches Bild der Wissenschaft zu bekommen, welches ohne die im ersten Semester wahrgenommene Diskontinuität auskommt. Das zweite Argument bezieht sich auf den lernförderlichen Aspekt einer dosierten Überforderung. Lernen kann in der Tat durch eine entsprechende intrinsische Motivation begünstigt werden, wie beispielsweise wenn der Ehrgeiz geweckt wird, einen zunächst nicht zugänglichen Inhalt verstehen zu wollen. Jedoch macht an dieser Stelle die Dosis das Gift (vgl. auch Paracelsus 1965, S. 510); und es gilt dabei die Balance zwischen einem Motivationsverlust durch Überforderung und durch Unterforderung induzierter Langeweile[3] zu wahren.

2.4 Veränderung der Rahmenbedingungen universitärer Lehre

Die Ergebnisse der ICMI[4]-Arbeitsgruppe *trends in curriculum* zeigen, welchen Veränderungen die mathematische Lehre im tertiären Bereich unterliegt und inwiefern diese die Rahmenbedingungen universitärer Lehrveranstaltung beeinflussen (vgl. Hillel 2001). So finden einerseits innerhalb der Mathematik Entwicklungen statt, wie die zunehmende Rolle von Technologie, veränderte Berufsanforderungen, aber auch neu erschlossene mathematische Gebiete; andererseits wirken auch gesellschaftliche Veränderungen von ›außen‹ auf die Mathematik wie auf die Universitäten; bei letzteren sind beispielsweise Weiterentwicklungen des

[3] So sprach sich Toeplitz (1927, S. 92) einst gegen eine Behandlung der Infinitesimalrechnung an Schulen aus, da die Studienanfänger*innen sonst in der Vorlesung den Eindruck gewännen, bereits alles zu können und nichts Neues zu lernen.

[4] International Commission on Mathematical Instruction

Systems Schule sowie eine veränderte Anforderung an mathematische Grundbildung in der Gesellschaft zu nennen. Hinzu kommen eine Vielfalt an Vorstellungen über Mathematik und Erwartungen daran, wie sie sei oder zu sein habe (vgl. Niss 1994, S. 374) sowie nicht zuletzt auch eine zunehmende Öffnung des tertiären Bildungssektors: »Most countries have wisely abandoned the elitist view of university education in favour of a more open policy that makes university education accessible to a larger segment of the population« (Hillel 2001, S. 62; siehe auch Buß et al. 2018; Dittler und Kreidl 2018). Die Heterogenität der Studierenden, ihre mitgebrachten Voraussetzungen und auch ihre Erwartungen an das Studium stehen dabei teils in Gegensatz zu den über Jahrzehnte oder Jahrhunderte gewachsenen Traditionen universitärer mathematischer Lehre (vgl. Hillel 2001, S. 63), wobei auch die Fachkultur der Lehrenden Einfluss auf die Einstellungen zur Öffnung des Hochschulwesens hat (vgl. Rheinländer und Fischer 2018, S. 99). »Die Hochschulen stehen dabei vor der Herausforderung, Antworten auf die entsprechenden gesellschaftlichen Erwartungen zu finden und sie mit ihren Bildungszielen in Einklang zu bringen« (Wissenschaftsrat 2015, S. 38). Doch teilweise finden sich auch Klagen von Lehrenden über ein sinkendes Eingangsniveau bei Studienbeginn und ein zunehmend heterogenes Leistungsspektrum (vgl. Hawkes und Savage 2000, S. 3), welche Bauer und Hefendehl-Hebeker (2019, S. 5) zufolge unter anderem aus dem »Bestreben der Bildungspolitik nach verstärkter Bildungsbeteiligung bei gleichzeitiger Tendenz zur Verkürzung der Schulzeit« resultieren.

Neben den durch Heterogenität sichtbar werdenden Herausforderungen findet sich bei genauerer Betrachtung der gewachsenen Lehrtradition in der Mathematik noch eine grundlegendere Frage. Gewissermaßen stehen sich in der Mathematik zwei Lehrphilosophien gegenüber, die jedoch in der Regel nicht offen kommuniziert werden: Einerseits existiert die Auffassung, dass (ausschließlich) diejenigen als Absolvent*innen erwünscht sind, die eine entsprechend ›harte Schule‹ überstanden haben und sich danach zu Recht als *Mathematiker*in* bezeichnen dürfen. Damit einhergehend wird zugleich die Verantwortung für den Kompetenzerwerb den Studierenden übertragen, während sich Lehrende ›nur‹ auf die zu vermittelnden Inhalte fokussieren müssen. Demgegenüber konträr sind Bestrebungen, die bestmöglichen Voraussetzungen für den Lernerfolg auf individueller Ebene zu schaffen, damit niemandem aufgrund schlechter Rahmenbedingungen unnötigerweise das Studium erschwert wird – und nicht nur diejenigen bestehen, die es ohne auch von alleine geschafft hätten. Nicht jene Studierenden, die dem Studium kognitiv unter Umständen nicht gewachsen sind, sondern diejenigen, die bei einer schlechteren Lehrkultur aus motivationalen Gründen einen Fachwechsel oder Studienabbruch erwägen, sollen hierdurch als zukünftige Mathematiker*innen gewonnen werden. Je nach Deutung lassen sich Lehrveranstaltungen vor diesem Hintergrund somit als Selektionsinstrument oder als Unterstützungsangebot zum Kompetenzerwerb betrachten. Die – teils konstruierte – Exklusivität, die dem Hochschulstudium in vergangenen Zeiten innewohnte, hat spätestens mit der Bildungsexpansion der vergangenen Jahrzehnte abgenommen (vgl. Hadjar und Becker 2006), schließlich stellt der Zugang zu Bildung ein Menschenrecht dar (Artikel 26, AEMR, vom 10.12.1948). Während hohe Studienabbruchsquoten einst vielleicht gar als Qualitätskriterium eines Studiengangs angesehen wurden oder keiner Rechtfertigung bedurften, hängen heutzutage immer häufiger Mittelzuweisungen an der Anzahl Studierender respektive Absolvent*innen (vgl. Wood 2001, S. 94). Zugleich enthält ein Großteil der Ausbildungs- und Studiengänge in irgendeiner Form Mathematik, häufig auch in einer studiengangsspezifischen Serviceveranstaltung (›Mathematik für …‹). Dadurch betrifft die im vorherigen Unterkapitel diskutierte Übergangsproblematik auch zunehmend andere Studiengänge, da hier einerseits die Voraussetzungen der Studierenden heterogener sind und andererseits die Mathematikveranstaltungen implizit auch eine Filterfunktion erfüllen sollen (vgl. Böhme 1988, S. 34). Der Mathematikunterricht steht daher nach wie vor in dem Spannungsfeld, in der Breite ein allgemeinbildendes, von Schulabschlüssen unabhängiges mathematisches Fundament im Sinne der Winter'schen Grunderfahrungen aufzubauen (vgl. Winter 1996, S. 35), dabei aber zugleich eine verbindliche Grundlage für eine Vielzahl an Studiengängen mit heterogenen mathematischen Anforderungen zu bieten. Dem Anschein nach scheint dies in den letzten Jahren nicht mehr in zufriedenstellender Weise zu gelingen. So vertreten etwa Cramer und Walcher (2010, S. 113) die Meinung, dass der Mathematikunterricht heutzutage das Ziel der Vorbereitung auf ein natur- oder ingenieurwissenschaftliches Studium[5] verfehle. Entsprechende Hinweise auf unzulängliche mathematische Vorbildung von Studienanfänger*innen gab es schon früher, beispielsweise diese: »Immer mehr jungen Menschen droht die Gefahr, in Ausbildung oder Beruf wegen zu schmaler mathematischer Vorbildung zu scheitern« (Deutsche Mathematiker-Vereinigung (DMV) 1976, S. 1). Die damaligen Kritikpunkte beanstandeten eine zu starke Kalkülorientierung und mit einem zu hohen Maß an ›inhaltsleeren Formalismen‹ statt mathematischer Inhalte – und damit verbunden ein fehlender Anwendungsbezug: »Unterricht braucht nicht unexakt zu sein, wenn er Beweislücken läßt, und er ist nicht notwendig

[5] Dabei ist die Vorbereitung zukünftiger Ingenieur*innen auf ihr Studium ohne Frage eine bedeutsame Funktion, aber weder ist dies die Einzige noch die Wichtigste. Gesellschaftlich besteht schließlich wenig Interesse an einer Situation, in der jede Abiturient*in ohne Schwierigkeiten ein technisches Studium aufnehmen *könnte*, dies aber aufgrund der Erfahrungen in der Schule kaum jemand tun *möchte*.

unwissenschaftlich, wenn er zeigt, daß Mathematik nützlich und interessant ist« (Deutsche Mathematiker-Vereinigung (DMV) 1976, S. 13). So ist auch die Prognose von Simons (1988, S. 43) zu verstehen, nach der es zukünftig mehr auf das Konzeptverständnis denn auf kalkülhaftes, prozedurales Wissen ankommen werde – eine Entwicklung, die durchaus so stattgefunden hat. Heutzutage mehren sich – gewissermaßen ambivalent – Beschwerden darüber, dass Rechentechniken nicht mehr wie zu früheren Zeiten beherrscht würden. Zu hören sind weiterhin wahlweise Klagen, dass die Abiturient*innen ›nichts‹ mehr könnten (Cramer und Walcher 2010; vgl. auch Wood 2001, S. 87; Hawkes und Savage 2000, S. 3) oder dass sie (im Vergleich zu früher) nichts mehr selbst rechnen können müssten (Jahnke et al. 2014, S. 116). Dabei wird die Verantwortlichkeit für die Herstellung der Studierfähigkeit einseitig bei den Schulen gesehen (vgl. Cramer und Walcher 2010, S. 114), wobei der Begriff der Studierfähigkeit an dieser Stelle gleichermaßen charakteristisch wie unangebracht ist, da dieser »die Institution Hochschule als statische Einheit definiert, an die sich Studierende anzupassen haben. Das Konzept der ›Passfähigkeit‹ hingegen beschreibt einen wechselseitigen Anpassungsprozess von Studierenden und Hochschule« (Wendt et al. 2016, S. 223; siehe auch Lischka 2004). Eine Herausforderung besteht darin, sich nicht nur auf eine Erhöhung der Studierendenanzahl zu fokussieren, sondern die qualitative »Passung zwischen Mathematikstudium und Studentin bzw. Student zu verbessern, um so die zukünftigen Studierenden zu einem erfolgreichen Studium zu führen« (Rach und Engelmann 2019, S. 41).

Die *Mathematik-Kommission Übergang Schule–Hochschule* der Fachverbände DMV, GDM und MNU[6] identifiziert vier zentrale Entwicklungen, die in Kombination zu dem wahrgenommenen Rückgang mathematischer Grundkenntnisse und dem Fehlen konzeptuellen Verständnisses führen. Dazu gehört die Reduktion der Unterrichtsstunden in Mathematik, der Wegfall der Möglichkeit der Schwerpunktsetzung, ein erhöhter Anteil an Abiturienten pro Jahrgang sowie die damit verbundene breitere mathematische Grundbildung, welche eine Abwägung zwischen Breite und Tiefe in der Vermittlung mathematischer Inhalte notwendig macht (vgl. Mathematik-Kommission Übergang Schule-Hochschule 2017). Mediale Aufmerksamkeit bekam die Thematik ursprünglich durch den sogenannten ›Brandbrief‹ (siehe Mathematikunterricht und Kompetenzorientierung – ein offener Brief 2017), dessen Verfasser*innen den Bildungsstandards und der Kompetenzorientierung die Schuld an der Entwicklung zuwiesen (vgl.

[6] Deutsche Mathematiker-Vereinigung (DMV), Gesellschaft für Didaktik der Mathematik (GDM), Deutscher Verein zur Förderung des mathematisch-naturwissenschaftlichen Unterrichts e. V. (MNU)

Mathematik-Kommission Übergang Schule-Hochschule 2017). Unbeachtet bleibt dabei, dass diese curriculare Entwicklung bereits als Reaktion auf die Ergebnisse der TIMS-Studie und ersten PISA-Erhebung stattfand und damit den ersten Schritt zur Behebung der problematischen Entwicklung darstellen sollten. Die Gegner*innen der Kompetenzorientierung fürchten dabei eine sukzessive Abschaffung der Inhalte durch eine stärkere Fokussierung auf inhalts- und prozessorientierte Kompetenzen (vgl. Bach 2016, S. 31). Walcher (2018, S. 25) kritisiert etwa, dass die Bildungsstandards »weitgehend ohne Berücksichtigung der Anforderungen an mathematischem Wissen und Können bei Studienbeginn implementiert wurden«. Indes stellt der ›Mindestanforderungskatalog Mathematik‹[7] eine gute Grundlage der an der Schnittstelle von Schule und Hochschule benötigten Kenntnisse, Fertigkeiten und Kompetenzen dar. Jedoch können auch Mindestanfoderungskataloge nur dann wirksam werden, wenn ein gemeinsamer Austausch darüber stattfindet. Bach et al. (2018, S. 19) klassifizieren die Aufgaben des cosh-Katalogs danach, ob die jeweiligen Kenntnisse, Fähigkeiten und Fertigkeiten einerseits in der Schule erworben werden oder nicht und ob diese andererseits auf Seite der Hochschulen erwartet werden oder nicht. Und bereits im Maßnahmenkatalog zum Übergang Schule–Hochschule (Bruder et al. 2010, S. 81–82) finden sich neben der Forderung nach bundesländerübergreifenden Inhalts- und Kompetenzkatalogen mit unverzichtbaren Fertigkeiten und Fähigkeiten ebenfalls der Ruf nach einer geeigneten Kommunikationskultur zwischen den Akteur*innen sowie nach mehr Bewusstsein über die Fähigkeiten, Inhalte und Wünsche der jeweils anderen Seite. Dass im Bereich der Kommunikation und dem wechselseitigen Bewusstsein in mancher Hinsicht noch Aufholbedarf besteht, zeigt sich exemplarisch daran, dass die prozessbezogenen Kompetenzen bei den Hochschullehrenden unbekannt sind, nicht wahrgenommen oder infrage gestellt werden und in der Konsequenz auch im Studium nicht gezielt weiterentwickelt werden: »Wenn sich jedoch solche neuen und anderen Kenntnisse zielführend in ein MINT-Studium einbringen ließen, wäre das vielleicht dem einen oder anderen Hochschuldozenten schon aufgefallen« (Walcher 2018, S. 26). Daher sei dieser Stelle auf den konstruktiven Appell von Grieser et al. (2018) verwiesen:

> Es ist einfach zu sagen ›Früher war alles besser‹ und mathematikbezogene Probleme im Studium auf gesellschaftliche Veränderungen im Allgemeinen und Veränderungen im Bildungswesen im Speziellen zurückzuführen und sich die ›bessere‹ Vergangenheit zurückzuwünschen. [...] Produktiver ist es, die existierenden Probleme zu analysieren und realistische Lösungen zu erarbeiten. (Grieser et al. 2018, S. 48)

[7] siehe Cooperation Schule Hochschule (COSH) (2014)

Dieser Appell geht in eine ähnliche Richtung wie das Schlusswort eines Vortrags von Otto Toeplitz, welcher neun Jahrzehnte früher zu den ›Spannungen zwischen den Aufgaben und Zielen der Mathematik an der Hochschule und an der höheren Schule‹ referierte und darauf hinwies, »daß mehr, als man heute sich bewußt ist, eine stetige Linie vom Unterricht der Schule bis zu dem der Hochschule führt, und daß es eine große Gemeinsamkeit beider Institutionen gibt, die fähig ist, alle Spannungen zu überwinden: das ist die Freude am Lehren« (Toeplitz 1928, S. 16). Im Sinne solch einer stetigen Linie zwischen Schulunterricht und Hochschullehre bedarf es neben der Mathematikdidaktik auch einer passenden Hochschul-Mathematikdidaktik. Daher werden im folgenden Teil II zunächst entsprechende Anregungen für die mathematische Lehre im tertiären Bereich gesammelt und anschließend das eingangs beschriebene Projekt ENTSTEHUNGSPROZESSE VON MATHEMATIK (ENPROMA) als Baustein einer bedarfsgerechten fachmathematischen Lehramtsausbildung näher vorgestellt.

Teil II
Das Projekt ›Entstehungsprozesse von Mathematik‹

In Teil I wurde die gesellschaftliche Relevanz der Mathematik dargelegt und zugleich ein Blick auf die mathematische Lehre im Rahmen der fachlichen Lehramtsausbildung geworfen. Darauf aufbauend wird in diesem Teil das an der Johann Wolfgang Goethe-Universität Frankfurt am Main durchgeführte Projekt ENTSTEHUNGSPROZESSE VON MATHEMATIK (ENPROMA) vorgestellt, welches die fachmathematische Lehramtsausbildung um hochschulmathematikdidaktische Anteile ergänzte. Dabei werden in Kapitel 3 zunächst mögliche Ansatzpunkte für eine zeitgemäße und bedarfsgerechte fachmathematische Lehramtsausbildung diskutiert. In Kapitel 4 werden die Konzeption und Rahmenbedingungen des ENPROMA-Projekts näher beschrieben. Die Begleitforschung dieses Projekts bildet den Kern der vorliegenden Arbeit (siehe Unterkapitel 4.4). Dabei wird neben einer explorativen Untersuchung der mathematischen Weltbilder die Wirksamkeit der Interventionsmaßnahme auf die Einstellungen gegenüber Mathematik untersucht. Teil IV enthält dann das forschungsmethodische Vorgehen und die statistischen Grundlagen, die für die Begleitforschung benötigt werden. Daran anschließend werden in den Kapiteln in Teil V die Ergebnisse der Durchführung aufbereitet und diskutiert; schließlich enthält Teil VI die Zusammenfassung und Diskussion der Ergebnisse.

3 Mathematiklehre weiter denken – Konsequenzen aus dem Status quo

Als Folgerungen der in Kapitel 2 dargestellten Bestandsaufnahme ergeben sich unterschiedliche Ansatzpunkte für Veränderungen der fachmathematischen Lehre an Hochschulen, von denen einige bei der Konzeption der EnProMa-Vorlesung aufgegriffen wurden. Zunächst werden in diesem Kapitel ausgewählte hochschulmathematikdidaktische Impulse vorgestellt (siehe Unterkapitel 3.1) und Konsequenzen für die fachliche Lehramtsausbildung gezogen (siehe Unterkapitel 3.2). Schließlich werden in Unterkapitel 3.3 einige Projekte anderer Hochschulen vorgestellt. Diese haben – ähnlich wie das EnProMa-Projekt – ein Weiterdenken der fachmathematischen (Lehramts-)Ausbildung zum Ziel.

Zu den in diesem Kapitel vorgestellten Themenfeldern gehören das gesellschaftliche Ansehen der Mathematik, der Übergang zwischen Schul- und Hochschulmathematik sowohl in der Breite aller Studiengänge als auch für das Fach- respektive Lehramtsstudium im Speziellen, eine im Fach verortete Hochschulmathematikdidaktik mit Impulsen für die mathematische Hochschullehre und nicht zuletzt eine Diskussion um eine zeitgemäße und bedarfsgerechte fachmathematische Lehramtsausbildung, da über den Unterricht wiederum das Bild der Mathematik geprägt wird. Schließlich wirkt die universitäre Lehre nicht ohne Zutun, »teacher trainers must not forget the age-old pedagogical dictum that ›teachers teach as they were taught, not as they were taught to teach‹« (Altman 1983, S. 24). Speziell für den Übergang von der Schul- zur Hochschulmathematik (vgl. Unterkapitel 2.3) hat die *Gemeinsame Mathematik-Kommission Übergang Schule–Hochschule* der Fachgesellschaften GDM, DMV und MNU einen Maßnahmenkatalog erarbeitet, um den Übergang von der Schule in ein mathematikhaltiges Studium insofern konstruktiv zu gestalten, dass dieser weder die Studierenden noch die Lehrenden der beiden Seiten durch Diskontinuität frustriert (siehe Mathematik-Kommission Übergang Schule-Hochschule 2019).

B. Weygandt, *Mathematische Weltbilder weiter denken*,
https://doi.org/10.1007/978-3-658-34662-1_3

Die empfohlenen Maßnahmen bestehen dabei zum Teil aus altbekannten, aber dadurch keinesfalls weniger sinnvollen Forderungen – wie beispielsweise eine Mindeststundenanzahl Mathematikunterricht, welche von professionell ausgebildeten und regelmäßig fortgebildeten Lehrkräften gehalten wird. Entsprechende Angebote zu hochschuldidaktischen Themen existieren auch für Hochschullehrende, insofern sollten auch hier regelmäßige Fort- und Weiterbildungen angestrebt werden. Darüber hinaus finden sich in dem Maßnahmenkatalog ferner auch Ansätze für innovative Reformen, etwa für die Möglichkeit individuell differenzierter Studieneingangsphasen ohne Nachteile bei der Studienfinanzierung. Andere Forderungen beziehen sich explizit auf eine neu zu schaffende ›Kultur des Austauschs‹ zwischen Lehrenden beider Phasen sowie auf überarbeitete Studiengangscurricula, die auch hinsichtlich gesellschaftlicher Entwicklungen und Anforderungen der Studiengänge abgestimmt werden. Nicht zuletzt wird auch die zentrale Bedeutung der Lehramtsausbildung für die Überwindung der Übergangsproblematik hervorgehoben.

3.1 Impulse aus der Hochschulmathematikdidaktik

> Ich halte es somit keineswegs für ausreichend, wenn wir Lehrenden lediglich über die Notwendigkeit aktiv-entdeckenden Mathematiklernens in der Schule *sprechen* [...], sondern wir sollten die Studierenden darüber hinaus dazu anregen, *selbst* entsprechende *Lernerfahrungen* zu sammeln. (Selter 1995, S. 121, Hervorhebungen im Original)

Aktivierung von Studierenden

Damit Studierende zu einem Verständnis zugrunde liegender Konzepte gelangen, genügt es nicht, wenn sie sich auf das schematische ›Lernen von Rezepten‹ beschränken (vgl. Mazur 2017, S. 21) oder die Anwendung syntaktischer Strategien verlassen (vgl. Weber 2001, S. 114). Insbesondere müssen Studierende dazu angeregt werden, sich aktiv mit mathematischen Inhalten auseinanderzusetzen, anstatt diese nur zu rezipieren (vgl. Kortenkamp et al. 2010, S. 63). Dafür muss jedoch – namentlich in Vorlesungen – eine entsprechende lernförderliche Atmosphäre für ein prozesshaftes Mathematiklernen mit Anlässen für »mathematisches Handeln und das Sprechen über ›Mathematik‹ geschaffen werden« (Winter 1999, S. 604). Das alleinige Training im Verständnis formallogischer Inhalte führt dabei in der Regel nicht zu den erhofften Ergebnissen in der Argumentationskompetenz, wie Reiss und Ufer (2009, S. 166) berichten. Hingegen ist »jede Minute des Selbernachdenkens viel wert« (Vaillant 2014, S. 200), auch wenn Abweichungen vom klassischen Lehrformat sich zunächst für beide Seiten als ungewohnt erweisen oder gar als zu ambitioniert angesehen werden (vgl. Wagner 2016, S. 10). Eine Aktivierung der Studierenden ist auch deswegen bedeutsam, weil es ohne diese zu unerwünschten Nebenwirkungen auf das Mathematikbild kommen kann:

> Years of being trained to use mathematics that the students do not understand, and years of passively reproducing mathematical arguments handed to them by other, take their toll. Many students come to think of mathematical results as intact, preexisting truths that are passed ›from above.‹ They come to think of mathematics as being beyond the scope of ordinary mortals like themselves. They learn to accept what they are taught at face value without attempting to understand it since such understanding would necessarily be beyond their ability. Moreover, the students come to believe that whatever they forget must be given up as lost forever; not being geniuses, they have no hope of (re-)discovering it on their own. Save for the lucky few who learn (or are taught) that things can be different, these students become the passive consumers of ›black box‹ procedures [...] Even when they get the right answers, there is some question as how much of the mathematics they really understand. (Schoenfeld 1985, S. 373)

Einsatz kollaborativer Lehrformen

Als sinnvoll kann sich hierbei die gemeinsame Planung von Lehrveranstaltungen und der Einsatz kollaborativer Lehrformen in der Hochschullehre erweisen, wie etwa das Format der *Lesson Studies* (siehe etwa Mewald und Rauscher 2019). Weber et al. (2020, S. 9) beschreiben dies wie folgt:

> Gruppen von drei bis sechs Lehrpersonen wählen ein Thema und bereiten gemeinsam eine Stunde vor. Eine Lehrperson unterrichtet sie, die anderen beobachten und sammeln Daten. Nach einer gemeinsamen Analyse der Daten wird das Unterrichtsdesign verbessert, und eine andere Lehrperson der Gruppe unterrichtet die verbesserte Version in einer anderen Klasse.

Diesem Format wird großes Potenzial im Bereich der Professionalisierung von Lehrkräften zugeschrieben, weswegen die Verbreitung und Popularität von Lesson Studies zunehme (vgl. Weber et al. 2020, S. 8). Bislang wird diese Variante der Aktionsforschung hauptsächlich im schulischen Bereich eingesetzt, wobei sich das Konzept durchaus auch auf die in der Mathematik klassischen Übungsgruppen erweitern ließe. Als Vorteil hebt Ni Shuilleabhain (2015, S. 389) hervor, dass dabei ein Umfeld geschaffen wird, welches kreative Ideen in der Lehre fördert; zugleich wird den Lehrenden sowohl ermöglicht, aus dem Verhalten von Studierenden in ihren Lehrveranstaltungen zu lernen als auch ihre eigenen Lehrüberzeugungen reflektieren zu können. Gerade bei der Ausgestaltung prozessorientierter Lehre spielen jedoch die Überzeugungen der Lehrenden eine grundlegende Rolle. So befragten Prosser et al. (1994) und Trigwell et al. (1994) Universitätsdozent*innen zu ihrem Lehrselbstverständnis und ihrer Auffassungen von Lernprozessen. Darauf aufbauend konnten Trigwell et al. (2005, S. 352) zwei grundlegende Lehrstile ableiten: Der ›conceptual change/student-focused (CCSF) approach‹ basiert auf einer konstruktivistischen, prozessorientierten Sicht, während beim ›information transmission/teacher-focused (ITTF) approach‹ die Handlungen der Lehrperson im Vordergrund stehen. Dabei hängt die Popularität der Ansätze zudem von der jeweiligen Fachkultur ab (Lübeck 2010).

Begründung einer akademischen Mathematikdidaktik

> Initially I thought – as many other people do – that what is taught is learned, but over time I realized that nothing could be further from the truth. (Mazur 2017, IX)

Entsprechend der Erkenntnis, dass Lehre mehr ist als das, was gelehrt wurde oder in einem Lehrbuch steht (vgl. Senechal 1998, S. 24), wächst auch in der mathematischen Community ein Bewusstsein, »dass durch eine irgendwie geartete ›optimierte‹ Vermittlung von Mathematik, in bester Absicht der jeweiligen Mathematiker, die notwendige Qualitätsentwicklung und Qualitätssicherung im Mathematikunterricht nicht vorangebracht werden können« (Törner 2001b, S. 43). Dies gilt in gleichem Maße für die mathematische Lehre im tertiären Bereich, woraus sich die Notwendigkeit einer entsprechenden Hochschuldidaktik ergibt. »Eine reflektierte und professionelle Gestaltung von Hochschullehre [...] ist nur möglich, wenn sich Lehrende die Hochschuldidaktik als Wissenschaft ebenso wie ihre Fachwissenschaft erschließen« (Enders 2019, S. 30). Da aber zugleich die Mathematik als Wissenschaft ganz eigene Wesenszüge aufweist, muss eine solche Didaktik zwangsläufig eine im Fach selbst verankerte Hochschulmathematikdidaktik sein (vgl. Beutelspacher et al. 2012, S. 208), denn letztlich gehe, so Schubring (2016, S. 49–50), jede ernsthaft betriebene Didaktik vom Fach aus. Dieser Bezug zum Fach ist nicht zuletzt auch deswegen essenziell, damit die Hochschulmathematikdidaktik von der mathematischen Community ernst genommen wird (vgl. Nardi und Iannone 2004, S. 404). In der Folge muss die Hochschulmathematikdidaktik mehr sein als nur eine »Übertragung der Schuldidaktik auf Universitätsstufe« (Tremp 2009, S. 214): Sie muss von den mathematischen Inhalten der Hochschullehre ausgehen und aus diesen heraus entwickelt werden, ihrem Wesen nach im Großen und Ganzen also eine Hochschul-Stoffdidaktik sein (vgl. Wittmann 2015, S. 26; Weigand 2016, S. 46).

Toeplitz (1934, S. 34) bezweifelte jedoch einst, dass sich die Hochschullehrenden einer über die Schule hinausgehenden Didaktik ihrer Disziplin bewusst seien. Und auch heutzutage stellen spezifische Hochschulfachdidaktiken in der Kultur und Entwicklung der Hochschullehre ein eher seltenes Phänomen dar. Bauer und Hefendehl-Hebeker (2019, S. 41) bezeichnen diese als ein ›Emerging Field‹ und Hedtke (2020) führt dazu passend aus:

> Eine akademische *Fach*didaktik existiert in den allermeisten Fällen nicht. Was es gibt, sind Traditionen und Konventionen, etwa Kataloge von Inhalten und Kompetenzen für Studiengänge, die oft die wissenschaftlichen Fachgesellschaften verabschiedet haben. Während die Hochschuldidaktik als eine universelle Lehrmethoden- und Lehrevaluationslehre floriert, ist die *fachliche* wissenschaftliche Ausbildung (Lehre) für viele Disziplinen und Studienfächer kein wissenschaftliches Thema und damit auch kein Forschungsgegenstand, sie verzichten auf eine Didaktik des eigenen Faches. Die wissenschaftliche Lehre ist deshalb unwissenschaftlich, weil ihrer Gestalt eine wissenschaftliche Begründung fehlt. Eine unter Wissenschaftlerinnen einer Fakultät oder einer Fachgesellschaft vereinbarte Konvention über das, was man wann und wie lehren soll, ist ein soziales Phänomen und kein wissenschaftliches Produkt. (Hedtke 2020, S. 102, Hervorhebungen im Original)

Gemessen an dieser Beschreibung ist die Hochschulmathematikdidaktik einerseits relativ weit entwickelt, zugleich aber noch längst nicht flächendeckend in der wissenschaftlichen Mathematikausbildung verankert. Dabei ist eine enge Verzahnung von Fachdidaktik und Fachwissenschaft in der Hochschule ebenso unabdingbar wie in der Schule. Kirsch (1980) argumentiert nachdrücklich, dass die Mathematikdidaktik keinesfalls von der Fachwissenschaft getrennt werden dürfe, da etwa die Vermittlung grundlegender mathematischer Denk- und Arbeitsweisen nicht in die (schulische) Fachdidaktik gehöre, sondern »eine genuine Aufgabe des Mathematikers, als des ›Verantwortlichen für die Pflege der Mathematik … und auch ihres Image in unserer Gesellschaft‹« darstelle (Kirsch 1980, S. 247). Daher muss die Hochschulmathematikdidaktik wesentlich eher in der Fachmathematik als in der Mathematikdidaktik oder der allgemeinen Hochschuldidaktik verortet werden: Zwar bedient sie sich der Erkenntnisse zur guten Vermittlung mathematischer Inhalte im Unterricht sowie entsprechender Methoden der Hochschullehre und kann diesen Disziplinen im Gegenzug auch zu neuen Einsichten verhelfen; dessen ungeachtet stellt die universitäre fachmathematische Lehre den natürlichen und primären Tätigkeitsbereich der Hochschulmathematikdidaktik dar, denn dort entfalten hochschulmathematikdidaktische Maßnahmen ihre intendierte Wirkung. Entsprechend sollten sich die Hochschulmathematikdidaktik und mathematische Hochschullehre nicht zu weit voneinander entfernen. Als mögliche Anknüpfungspunkte zwischen Fachwissenschaft und Hochschulmathematikdidaktik nennt Weigand (2010, S. 7) etwa »Darstellungsformen von Beweisen, Entwickeln von Begriffsvorstellungen, verschiedene Arten produktiven Übens, ein konstruktiver Umgang mit Fehlern«. Zu beachten ist jedoch, dass »universitäre Lerngelegenheiten im Fach Mathematik spezifische Besonderheiten aufweisen [...] und sich somit nicht alle Erkenntnisse aus der Unterrichtsforschung [...] eins zu eins auf universitäre Lehrsituationen im Fach Mathematik übertragen lassen« (Rach et al. 2016, S. 602). Dadurch wird erneut der Stellenwert der Fachmathematik für die Hochschulmathematikdidaktik ersichtlich. Als weitere Gründe für die Notwendigkeit einer Hochschulmathematikdidaktik führen Kortenkamp et al. (2010) ferner noch »das Fehlen einer lernförderlichen didaktisch-methodischen Gestaltung der Vorlesung und der Übungen« sowie die »Nicht-Passung von Schulmathematik und Hochschulmathematik [...] bezüglich der vermittelten Inhalte als auch der eingesetzten Lehr-Lernmethoden und Prüfungsformen« (Kortenkamp et al. 2010, S. 61) an. Insgesamt kann und wird sich der hochschulmathematikdidaktische Austausch als »erkenntniserweiternd für die Didaktik und gewinnbringend für die Fachwissenschaft« (Weigand 2010, S. 7) erweisen. Zugleich gibt es inzwischen eine beachtliche Anzahl an hochschulmathematikdidaktischen Akteur*innen, die an einer weiteren Professionalisierung der Hochschulmathematikdidaktik arbeiten und auch den Kontakt zur Fachwissenschaft und der fachwissenschaftlichen Lehre halten (vgl. Unterkapitel 3.3 für einen Überblick über einige Projekte aus diesem Umfeld).

Auf unterschiedliche Aspekte der Hochschulmathematikdidaktik wird in den nachfolgenden Abschnitten eingegangen. Neben der Aufgabe der curricularen Entwicklung entsprechender Hochschul-Bildungsstandards in Mathematik und der damit einhergehenden Diskussion um hochschulmathematikdidaktische Kompetenzentwicklung werden auch Aspekte wie entdeckendes Lernen, die Aufgabenkultur in der mathematischen Hochschullehre und die Beziehung zwischen Mathematik und Kreativität betrachtet.

3.1.1 Hochschulmathematisch denken lernen – Ansätze für eine neue Lehrkultur

> Einer der wichtigsten Gründe für das Scheitern vieler Studierender an mathematischen Vorlesungen liegt darin, dass Studierende auch nach dem ersten Studienjahr nicht wissen, wie man Mathematik richtig lernt. Vielen unter ihnen gelingt es nicht, sich typische mathematische Denk- und Arbeitsweisen anzueignen, die sie benötigen, um mathematische Begriffe, Definitionen, Sätze oder Beweise zu erarbeiten und systematisch anzuwenden. (Hoffkamp et al. 2016, S. 295)

Zu den identifizierten Kompetenzbereichen, die am Übergang zur Hochschule besonderer Beachtung bedürfen, zählen unter anderem das *Definieren von Begriffen*, das *mathematische Argumentieren* und den *Umgang mit mathematischen Aussagen* (vgl. Hoffkamp et al. 2016, S. 297), auf die nachfolgend eingegangen werden soll. Auch Bauer und Kuennen (2017, S. 361–362) fordern mehr Lehrveranstaltungen, die nicht nur mathematische Arbeitsweisen thematisieren, sondern Studierenden auch eine authentische Anwendung derselben ermöglichen und diese von ihnen einfordern. Entsprechende authentische Prozesse mathematischer Wissensbildung sind etwa »experimentieren, beobachten, darstellen, deuten, systematisieren, sichern, begründen, verallgemeinern« (Hefendehl-Hebeker 2015, S. 181) sowie ferner auch charakterisieren, abstrahieren, axiomatisieren, formalisieren, definieren und reifizieren (vgl. Mason 2000, S. 102). Von zentraler Bedeutung ist dabei, dass diese mathematischen Arbeitsweisen nicht nur vorgeführt werden, sondern auch selbst angewendet werden. Auf einige dieser Tätigkeiten wird nachfolgend näher eingegangen.

Begriffsbildung und Definieren

Definitionen aufstellen ist dabei eine der schwierigsten und gewöhnungsbedürftigsten Tätigkeiten der Mathematik (vgl. Vinner 1994, S. 65) – auch, weil sich Definitionen in der Mathematik von solchen in Wörterbüchern unterscheiden (vgl. Selden 2005, S. 139). In den Bereich des Definieren Lernens gehören Aktivitäten wie »untersuchen, inwieweit die charakterisierenden Eigenschaften eindeutig sind; untersuchen, auf Unter- und Überbestimmtheit; untersuchen, ob zwei konkurrierende Formulierungen dasselbe sagen; weitere äquivalente Formulierungen finden; eine Definition abwandeln und die Auswirkungen davon beobachten, usw.« (Winter 1983, S. 193). Insbesondere der letzte Aspekt, das Abwandeln, stellt zudem eine gute Übung im Sinne des operativen Prinzips dar (vgl. Aebli 1985) und regt Studierende zu tiefer gehenden Reflexionen an:

> You cannot be said to appreciate and understand a concept if you are not aware of dimensions of possible variation, or, put another way, whenever you become aware of a further dimension of possible change, your appreciation of the concept deepens. When some attribute or feature can be changed, it is important to consider the *range of permissible change*. (Mason et al. 2010, S. 233, Hervorhebung im Original)

Die resultierenden mathematischen Grundprinzipien (›doing and undoing‹, ›invariance in the midst of change‹ und ›freedom and constraint‹, vgl. Mason et al. 2010, S. 236) stellen eine dabei Anwendung von Aeblis operativen Prinzips auf die Hochschulmathematik dar, während sich in den drei ›mathematical worlds‹ (Mason et al.

2010, S. 238) die Repräsentationsebenen des EIS-Prinzips (Bruner 1966; Reiss und Hammer 2013, S. 31) wiederfinden.

Argumentieren und Beweisen

Den zweiten von Hoffkamp et al. (2016) genannten Kompetenzbereich, das Argumentieren respektive Beweisen, beschreiben Reiss und Ufer (2009, S. 155) als »die Tätigkeit, durch die sich mathematisches Arbeiten von der Vorgehensweise in allen anderen Wissenschaften unterscheidet«, zugleich ist die Fähigkeit des Beweisens ein zentrale im Mathematikstudium zu erwerbende Kompetenz und stellt in Klausuren die primäre Methode zur Leistungsmessung dar (vgl. Weber 2001, S. 101). Und gerade zu Studienbeginn muss man zunächst »davon überzeugt werden, daß sich das Lernen von Beweisen lohnt, daß sie einen Zweck haben, daß sie interessant sind« (Pólya 1967, S. 195), also auch die Notwendigkeit eines vertieften Begründungsbedürfnisses erst einmal *sehen lernen* (vgl. Ableitinger et al. 2013b, S. 218). Dabei gibt es, wie auch im vorherigen Abschnitt festgestellt, durchaus Bezüge und Anknüpfungspunkte zur prozessbezogenen Kompetenz des mathematischen Argumentierens im Mathematikunterricht (vgl. Reiss und Ufer 2009, S. 156).

Umgang mit mathematischen Aussagen

Zum Verstehen einer mathematischen Theorie gehört mehr als das Wissen um die zugehörigen Sätze und Beweise (vgl. Michener 1978, S. 361), sondern auch der kompetente Umgang mit mathematischen Aussagen, beispielsweise werden Voraussetzungen mathematischer Aussagen häufig übersehen oder nicht genügend beachtet (vgl. Mason und Watson 2001, S. 9). Daher sind das nachhaltige Verinnerlichen der Aussage eines Satzes, der Aufbau zugehöriger Vorstellungen und die Anwendung des Satzes in passenden Situationen wichtig. In Analogie zum Begriffslernen und der Unterscheidung nach Begriffsinhalt, Begriffsumfang und Begriffsnetz (vgl. Weigand 2014, S. 99) ließe sich entsprechend auch nach der Aussage des Satzes, seinem Gültigkeitsbereich und den ihm vorhergehenden respektive darauf aufbauenden Sätzen unterscheiden. Während bei Begriffen die Vorstellungen als concept image bezeichnet werden (Tall und Vinner 1981; siehe Unterkapitel 5.3), lässt sich entsprechend die zum Satz gehörige, individuelle gedankliche Struktur als ›theorem image‹ fassen (Bauer 2018, S. 10) und gemeinsam mit dem concept image unter dem Oberbegriff des von Selden und Selden (1995, S. 133) benannten ›statement image‹ fassen. Bauer (2018) erläutert das theorem image am Beispiel des Zwischenwertsatzes stetiger Funktionen:

> Von ›Verstehen‹ des Satzes wird man erst sprechen, wenn zur Angabe einer Satzformulierung weitere Wissenselemente hinzukommen, die *Sinn und Bedeutung* des Satzes

> betreffen: Was besagt der Satz inhaltlich? Wie kann man die Aussage (z. B. mit Hilfe einer Zeichnung) erläutern? Wird die Aussage falsch, wenn der Definitionsbereich kein kompaktes Intervall ist oder die Funktion nicht stetig ist? Welche Beispiele zeigen dies? Wie gehen diese Voraussetzungen in den Beweis ein? Welche typischen Verwendungen hat der Satz (im systematischen Aufbau der Analysis, in Anwendungen)? (Bauer 2018, S. 10, Hervorhebung im Original)

Mathematische Denk- und Arbeitsweisen

Speziell zum Lehren mathematischer Arbeitsweisen finden sich mehrere Werke von John Mason (siehe etwa Mason et al. 2010, 2012; Mason 2011). Üblicherweise lernen Studierende mathematische Arbeitsweisen dadurch, dass ihnen ›relative Expert*innen‹ ihre Gedankengänge offenlegen (vgl. Mason 2000, S. 97). Darüber hinaus ist es jedoch ebenso notwendig, das mathematische Arbeiten an sich einzuüben:

> An obvious conclusion [...] is that before dropping learners into unfamiliar ›problems‹ it is vital to give them carefully designed tasks which invoke mathematical actions that are going to be useful in the future. For example, imagining and expressing; specialising (trying examples) & generalising; conjecturing & convincing; being systematic and being adventurous; working forwards and working backwards, and so on. (Mason 2015, S. 117)

Dabei stellt das ›being stuck‹ für Mason et al. (2010, viii) einen essenziellen Teil der Mathematik und sogar einen erstrebenswerten Zustand dar. Beim Lösen eines Problems nicht voranzukommen oder in einer Sackgasse festzustecken, ist zwar frustrierend, aber erst in dieser Erfahrung bietet sich die Chance auf tiefer gehende Einsichten (vgl. Mason 2015, S. 101). Zugleich offenbart sich dabei noch eine soziale, prozesshafte Komponente mathematischen Arbeitens:

> Certainly when you are stuck it can be very helpful to seek out a colleague and to try to articulate your current thinking: where you are stuck and perhaps even why. [...] *Stuck on a problem I go down the corridor and ask a colleague if I can explain my problem. The colleague sits there, doing nothing beyond appearing to give me some attention. At the end, I thank them and return to my office with renewed vigour and a fresh view of my problem.* (Mason 2015, S. 116, Hervorhebung im Original)

Um diesen Zustand wertschätzen zu lernen, schlägt Daniel Grieser vor, beim exemplarischen Erarbeiten neuen mathematischen Wissens auch einmal vorsätzlich in Sackgassen zu gehen:

> Und manchmal greife ich gerade den Vorschlag auf, der nicht zum Ziel führt. So lernen meine Studierenden, wie ein erfahrener Mathematiker vorgeht. Was mache ich, wenn ich stecken bleibe? Später, wenn sie bei ihren Hausaufgaben in diese Situation geraten, werden sie sich daran erinnern. (Vaillant 2014, S. 200–201)

Bei Michener (1978, S. 374–375) finden sich entsprechende Leitfragen, mittels derer Studierende zur Reflexion ihrer Arbeitsweisen angeregt werden können. Diese beziehen sich beispielsweise auf Visualisierungen und zugehörige Vorstellungen zum Begriffsumfang wie das Finden von Beispielen und Nichtbeispielen, auf notwendige Voraussetzungen bei Definitionen oder Aussagen und die Auswirkungen entsprechender Modifikationen, auf die Relevanz und Bedeutung mathematischer Aussagen und deren theoretische Einordnung oder die Rekonstruktion der Kernidee eines Beweises.

3.1.2 Offene Aufgaben in der Hochschullehre

Bei Bruder (2000) findet sich ein Klassifikationsschema zur *Offenheit von Aufgaben:* Dieses charakterisiert Aufgaben danach, ob den Lernenden jeweils der Start, der Weg und das Ziel bekannt (×) oder unbekannt (–) sind. Die sich ergebenden acht möglichen Typen von Aufgaben sind als *Beispielaufgabe, geschlossene Aufgabe, Begründungsaufgabe, Umkehraufgabe, Problemaufgabe, Problemumkehr, Anwendungssuche* und *offene Situation* bekannt (vgl. auch Büchter und Leuders 2014, S. 93). Zugleich sind insbesondere alle acht Aufgabenformen in der mathematischen Hochschullehre üblich (vgl. Weygandt und Oldenburg 2018): *Beispielaufgaben (× × ×)* finden sich bei der Demonstration mathematischen Wissens, beispielsweise wenn der Beweis eines Satzes in einer Vorlesung vorgeführt wird, aber gleichermaßen in Lehrbüchern und mathematischen Publikationen. *Geschlossene Aufgaben (× × –)* finden sich etwa beim Überprüfen, ob eine Aussage zutrifft oder nicht oder bei der Anwendung eines bekannten Verfahrens. Sämtliche zu beweisenden Implikationen, bei denen bereits eine Vermutung vorliegt, stellen *Begründungsaufgaben (× – ×)* dar. Klassische *Umkehraufgaben (– × ×)* sind die Suche nach Beispielen mit bestimmten vorgegebenen Eigenschaften. Zur Klasse der *Problemaufgaben (× – –)* gehören Existenzfragen (bei denen nicht klar ist, ob ein Objekt überhaupt existiert) sowie auch Aussagen, zu denen noch keine Vermutung vorhanden ist. Bei der Suche nach Beispielen, deren Existenz ungewiss ist (›Finde, wenn möglich, …‹) handelt es sich entsprechend um *Problemumkehraufgaben (– – ×)*. Die *Anwendungssuche (– × –)* ist eine typische mathematische Arbeitsweise: Wenn man ein neues Verfahren gefunden/kennengelernt hat, möchte man weitere Anwendungsgebiete finden oder dessen Grenzen ausloten. Die Aufgabe ›Finde weitere Aussagen, die sich mit vollständiger Induktion beweisen lassen.‹ stellt eine entsprechende Aufgabenstellung dieses Typs dar. Zuletzt ist auch die *offene Situationen (− − −)* ebenfalls typisch für das mathematische Arbeiten – beispielsweise bei der Definition eines neuen mathematischen Begriffs. Sämtliche dieser Aufgaben sind auf ihre Art und Weise charakteristisch für die Mathematik, wenngleich manche Aufgabentypen in der fachmathematischen Lehre üblicher sein werden als andere. Anzumerken ist auch, dass die erläuterte Klassifikation – wie auch bei den Aufgaben aus dem Mathematikunterricht – im Einzelfall nicht ganz eindeutig ausfällt. Zudem hängt die Offenheit einer konkreten Aufgabe auch vom Vorwissen ab, etwa wenn aufgrund der tatsächlich vorhandenen Kenntnisse nur einer von mehreren theoretisch vorhandenen Beweiswegen zur Lösung infrage kommt. Ebenso kann es passieren, dass offene Aufgaben nicht als solche erkannt werden, etwa wenn die Studierenden nicht daran gewöhnt sind, bei offenen Aufgabenteilen eigene Entscheidungen treffen zu müssen.

Funktionen und Phasen von Aufgaben in der Hochschullehre

Aufgaben werden dabei in unterschiedlichen Unterrichtsphasen sowohl zum Lernen als auch zur Leistungsüberprüfung eingesetzt und erfüllen dabei jeweils entsprechende Funktionen (vgl. Büchter und Leuders 2014): Beim Lernen dienen Aufgaben dem Erkunden, dem Sichern und Systematisieren sowie dem Üben; hingegen werden Aufgaben in Leistungssituationen zum Diagnostizieren und zum Bewerten eingesetzt. Dabei lassen sich die einzelnen Funktionen auch in der Hochschullehre identifizieren.

Zum Erkunden, Entdecken oder (Nach-)Erfinden von Mathematik bietet sich auch in der Hochschulmathematik das genetische Prinzip (vgl. Wittmann 1974, S. 97) an. Beispielsweise ließe sich bei einem ε–δ-Stetigkeitsbeweis nicht wie üblich ein ›fertiges δ‹ aus dem Hut zaubern – dank dessen der Beweis dann (überraschenderweise?) auf Anhieb funktioniert –, sondern es würde ausprobiert und sich in authentischen Iterationen bis zur ›schönsten‹ Fassung des Beweises vorgearbeitet werden. Das Sammeln, Sichern und Systematisieren von Erkenntnissen findet an der Hochschule klassischerweise in und durch die Vorlesung statt. Dennoch können auch diese Funktionen exemplarisch für Studierende erlebbar gemacht werden. Beispiele hierfür sind Situationen, in denen mehrere Definitionen eines Begriffs vorhanden sind, etwa drei mathematisch äquivalente Differenzierbarkeitsdefinitionen mit unterschiedlichen Vor- und Nachteilen (vgl. Bauer 2013a, S. 160) oder nichtäquivalente Definitionen des Wendepunktbegriffs (vgl. Oldenburg und Weygandt 2015).

Ein anderes Beispiel sind Situationen, in denen eine mathematische Konvention getroffen wurde oder getroffen werden muss, etwa ob die Null Teil der natürlichen Zahlen sein soll oder ob bei Graphen Mehrfachkanten erlaubt sein sollen. In beiden Situationen geschehen die Tätigkeiten des Vergleichens und Systematisierens aktiv und authentisch, methodisch können Studierende beispielsweise aufgefordert werden, sich in Form von Gutachten zu den Vor- und Nachteilen der zur Wahl stehenden Definitionen zu äußern. Ferner kann auch das Sammeln und Strukturieren der bisher behandelten Inhalte einer Vorlesung durch Studierende erfolgen, ein Beispiel findet sich bei Wille (2005) in der Form eines ›Berglandes der Analysis‹ methodisch umgesetzt. Die dritte Funktion, das Üben, ist durch Tutorien, Haus-, Präsenz- oder Gruppenübungen auf vielfältige Weise in der Hochschule etabliert, wöchentliche Übungsaufgaben sind charakteristisch für das Mathematikstudium. Geeignete Aufgaben zum Üben sind Aufgaben, die exemplarisch für mathematische Arbeitsweisen sind und deren Sinn sich (zumindest im Anschluss) erschließt. So lassen sich zum reflektierenden Üben Aufgaben verwenden, bei denen eigene Produkte erzeugt oder eigene Argumente formuliert werden. Ferner bieten sich Aufgaben mit Variationen (›Was wäre, wenn …?‹) zum operativen Durchdringen von Inhalten an, etwa bei klassischen Existenzproblemen (›Gibt es … mit der Eigenschaft …?‹), eigenständig erzeugten Begriffsdefinitionen oder beim Prüfen der Voraussetzungen eines Satzes (›Gilt der Satz auch noch, wenn …?‹). Und gerade zu Studienbeginn kann auch die Aneignung entsprechenden methodischen Wissens über das Üben an sich sinnvoll sein. Dafür ließe sich diskutieren, wie das eigene Üben und Wiederholen sinnvoll strukturiert werden kann: Was soll eigentlich geübt werden? Was kann geübt werden? Was wird tatsächlich geübt? Und was bedeutet es, wenn in der Vorlesung ›Beweis: Übung!‹ an der Tafel steht?

Im Bereich der Leistungsaufgaben stellt die Diagnose mathematischer Kompetenzen einen essenziellen Aspekt dar. Im Mathematikstudium findet die Diagnose dabei nicht nur in Modulprüfungen statt, sondern gleichermaßen auch schon in den semesterbegleitend schriftlich zu bearbeitenden Übungsaufgaben. Im Idealfall lässt sich daraus auf Seite der Lehrenden ableiten, wie gut zuvor vermittelte Inhalte verinnerlicht wurden und angewandt werden können; für die Studierenden stellt die schriftliche Rückmeldung dabei ein Instrument zur Selbsteinschätzung dar. Strukturell können dabei mit der verfahrensorientierten und der verstehensorientierten Diagnose zwei Ansätze unterschieden werden: Die sichere Anwendung von Routinen (Lösung eines Gleichungssystems, Anwenden eines Algorithmus) oder Beweisverfahren wie Induktion lassen sich verfahrensorientiert diagnostizieren. Geht es hingegen um das Verständnis eines Begriffs oder Satzes, lassen sich im Rahmen einer verstehensorientierten Diagnoseaufgabe etwa Beispiele generieren oder nach der Bedeutung notwendiger Bedingungen eines Satzes fragen. Eine verstehensorientierte Diagnoseaufgabe erhält man ferner auch, wenn die Generierung von Gegenbeispielen umgekehrt wird: Anstatt zu einer falschen Aussage ein Standardbeispiel zu suchen (siehe Bauer 2013a, S. 191), ist nun das Beispiel gegeben, und die Aufgabe der Studierenden ist dann, eine falsche Aussage erfinden, welche sich mithilfe dieses Gegenbeispiels widerlegen lässt: So ist die Folge $\left((-1)^{\mathrm{n}}\right)_{\mathrm{n}\in\mathrm{N}}$ beschränkt, aber nicht konvergent; demnach wäre ›Jede beschränkte Folge ist konvergent.‹ eine mögliche falsche Aussage. Neben der Diagnose ist das Prüfen und Beurteilen der zweite Anforderungsbereich des Leistens. Gewöhnlich stellt dabei die Beurteilung der wöchentlich eingereichten Übungsaufgaben de facto schon eine wiederholte Prüfung dar. Auf das individuelle Kompetenzempfinden im Studium haben dabei nicht nur diese Rückmeldungen Einfluss, methodisch können dabei auch Elemente wie Selbsttests oder Peer-Feedback von Kommiliton*innen eingesetzt werden. Gute Prüfungsaufgaben müssen zudem Validität, Verständlichkeit und Erwartungstransparenz als weitere Kriterien erfüllen. Offene Situationen (wie das eigenständige Definieren eines Begriffs) sind zwar authentisch, jedoch für Prüfungen ungeeignet: Den Studierenden fehlt es unter Umständen an Kriterien, um einzuschätzen, ob sie die Aufgabe hinreichend gut erfüllt haben.

Neben der Klassifikation offener Aufgaben lassen sich auch die Aufgabenstellungen und Formulierungen betrachten, die sich mit dem Übergang von der Schul- zur Hochschulmathematik ändern. Im nächsten Abschnitt wird exemplarisch betrachtet, inwiefern sich aus den Unterschieden in Aufgabenstellungen und durch den Einsatz mathematischer Operatoren in der Hochschullehre Chancen für Brückenschläge ergeben.

3.1.3 Operatoren und Aufgabenkultur in der Hochschulmathematik

Mit dem Übergang zur Hochschulmathematik wandeln sich typische Formulierungen mathematischer Arbeitsaufträge, welche an der Hochschule eine neue Bedeutungsdimension erhalten:

> The newness of this way of thinking is apparent in the fact that it is obvious to a mathematician that ›prove that (x_n) is convergent‹ is merely a shorthand for ›show that (x_n) satisfies the definition of convergence‹, but that this is often not so to a student. (Alcock und Simpson 2001, S. 107)

In der gymnasialen Oberstufe sind Aufgabenstellungen inzwischen stets mittels entsprechender fachspezifischer Operatoren formuliert.[1] In der mathematischen Hochschullehre werden diese Operatoren hingegen nicht bewusst eingesetzt, verfügen teilweise implizit über zusätzliche Bedeutungen oder werden grundsätzlich anders interpretiert. Als Beispiel soll die Aufgabe »Geben Sie die Eigenvektoren der Matrix A an.« dienen. Dozent*innen ohne Wissen über Operatoren und deren Anforderungen formulieren durchaus Aufgabenstellungen dieser Art. Jedoch sind die Studienanfänger*innen nun einmal darauf trainiert, den Umfang einer Aufgabe anhand der Operatoren abschätzen zu können. Sie werden also – entsprechend der Definition des Operators *angeben*[2] – zunächst nichts ahnend davon ausgehen, dass zur Bearbeitung der Aufgabe lediglich das bloße Hinschreiben der Eigenvektoren gefordert ist und zur vollen Punktzahl führt. Dessen ungeachtet wird dabei jedoch nicht eine von jeglicher Herleitung und Begründung befreite Antwort erwartet, sondern vielmehr die Berechnung der Eigenwerte und möglicherweise auch noch die Ermittlung des von ihnen aufgespannten Eigenraumes. Nachdem die Studierenden jahrelang auf die korrekte Identifikation der Operatoren trainiert wurden, ist es ihnen unmöglich, die Aufgabe im angedachten Sinne zu bearbeiten. Gleichwohl droht bei zu oberflächlicher und formalistischer Prüfungsvorbereitung die Gefahr einer Konditionierung auf Schlagworte: »So sinnvoll eine grundsätzliche Transparenz für Schüler*innen über die geforderten Tätigkeiten ist, so gefährlich ist jedoch auch die Engführung, wenn der Gehalt der Tätigkeiten aus dem Blick gerät« (Barzel 2019, S. 17).

Auf Seite der Lehrenden hat das Nichtwissen über Operatoren in solchen Fällen gleich mehrere nachteilige Effekte: So wissen Lehrende nicht, dass sie mit der unbedachten Verwendung von Operatoren für Irritationen sorgen, ebenso wenig wie dass gegebenenfalls geeignetere Operatoren existieren für das, was sie in der Aufgabe erwarten. Weiterhin ist ihnen unbekannt, dass sie ihre Studierenden davon in Kenntnis setzen könnten, dass die jahrelang verwendeten Operatoren mit dem Übergang an die Hochschule ihre Gültigkeit verlieren und nun eher wahllos und mit dehnbarer Bedeutung eingesetzt werden. Dies führt neben der beidseitigen Unzufriedenheit aufgrund verfehlter Erwartungshorizonte auch zu einem vergebenen Potenzial für die Aufgabenvielfalt in der Hochschullehre. Dieses offenbart sich bei Betrachtung der möglichen Differenzierungen im Kontext der Aufgabe (vgl. Kultusministerkonferenz (KMK) 2012): Zunächst ließen sich zu

[1] Für die Definitionen der Operatoren im Fach Mathematik siehe Hessisches Kultusministerium (HKM) (2018) oder auch Kultusministerkonferenz (KMK) (2012).

[2] *angeben*: »Objekte, Sachverhalte, Begriffe oder Daten ohne nähere Erläuterungen, Begründungen und ohne Darstellung von Lösungsansätzen oder Lösungswegen aufzählen« (Kultusministerkonferenz (KMK) 2012).

gegebener Matrix die Eigenvektoren *berechnen*[3] und der von ihnen aufgespannte Eigenraum *bestimmen*[4]. Die Studierenden könnten weiterhin *erläutern*[5], welche Eigenschaften die durch die Matrix gegebene lineare Abbildung aufweist und diese *deuten*[6]; sie könnten *prüfen*[7], ob alle möglichen Eigenvektoren gefunden wurden; dabei die Dimension des Eigenraumes *untersuchen*[8] und *nachweisen*[9], inwiefern diese Dimension von Eigenschaften abhängt. Schließlich ließen sich die Erkenntnisse auf ähnliche Matrizen *verallgemeinern*[10].

Dabei ist es keineswegs so, dass in der Hochschulmathematik Arbeitsaufträge nicht auch passend verwendet und variiert werden. Bei einer Analyse der Übungszettel von drei Analysis I-Vorlesungen[11] waren – wenig überraschend – die Operatoren ›zeigen‹ und ›beweisen‹ bei einem Großteil der betrachteten Aufgabenstellungen (110 von 150) vertreten, teilweise auch mit dem Zusatz ›... oder widerlege‹. Hinzu kommen mit Häufigkeiten von 15 %–5 % die Operatoren ›bestimmen‹[12], ›untersuchen‹[13], ›berechnen‹[14] und ›angeben‹[15]. Eine eigene Klasse von Operatoren bilden zudem gelegentlich aufzufindende ›Hinweise zur Lösung

---

[3] *berechnen*: »Ergebnisse von einem Ansatz ausgehend durch Rechenoperationen gewinnen; gelernte Algorithmen ausführen« (Kultusministerkonferenz (KMK) 2012).

[4] *bestimmen/ermitteln*: »Zusammenhänge oder Lösungswege aufzeigen und unter Angabe von Zwischenschritten die Ergebnisse formulieren« (Kultusministerkonferenz (KMK) 2012).

[5] *erläutern*: »einen Sachverhalt durch zusätzliche Informationen veranschaulichen« (Kultusministerkonferenz (KMK) 2012).

[6] *interpretieren/deuten*: »Phänomene, Strukturen oder Ergebnisse auf Erklärungsmöglichkeiten untersuchen und diese unter Bezug auf eine gegebene Fragestellung abwägen« (Kultusministerkonferenz (KMK) 2012).

[7] *prüfen*: »Fragestellungen, Sachverhalte, Probleme nach bestimmten fachlich üblichen bzw. sinnvollen Kriterien bearbeiten« (Kultusministerkonferenz (KMK) 2012).

[8] *untersuchen*: »Eigenschaften von Objekten oder Beziehungen zwischen Objekten anhand fachlicher Kriterien nachweisen« (Kultusministerkonferenz (KMK) 2012).

[9] *zeigen/nachweisen*: »Aussagen unter Nutzung von gültigen Schlussregeln, Berechnungen, Herleitungen oder logischen Begründungen bestätigen« (Kultusministerkonferenz (KMK) 2012).

[10] *verallgemeinern*: »aus einem beispielhaft erkannten Sachverhalt eine erweiterte Aussage formulieren« (Kultusministerkonferenz (KMK) 2012).

[11] Johann Wolfgang Goethe-Universität Frankfurt am Main im Wintersemester 2013/2014 sowie Freie Universität Berlin in den Sommersemestern 2018 und 2019.

[12] beispielsweise Grenzwerte, Extrema oder Ableitungen

[13] unter anderem auf Konvergenz, Stetigkeit, Differenzierbarkeit, Extrema

[14] etwa von Grenzwerten, Ableitungen, bestimmten Integralen

[15] auch ›konstruieren‹ (nicht geometrisch) oder ›erzeugen‹, in der Regel Beispiele oder Gegenbeispiele mit bestimmten Eigenschaften

einer Aufgabe‹, mit Vertretern wie finden, bilden, konstruieren, benutzen, verwenden, arbeiten mit, wählen, schlussfolgern oder zurückführen. Unter den 150 betrachteten Aufgaben fanden sich auch immer wieder Fragen ohne Operator (etwa ›Gilt die Umkehrung?‹, ›Ist die Voraussetzung notwendig?‹, ›Für welche Werte gilt …?‹) und vereinzelt auch Aufträge wie ›lösen‹, ›erzeugen/erstellen‹, ›überprüfen‹ oder ›(eigene Fragen) formulieren‹. Im Übrigen kann es sich als sinnvoll erweisen, die in der die Hochschulmathematik üblichen Operatoren auch mit Studierenden zu besprechen und zu diskutieren, etwa anhand dieser Fragen: Ist in der Hochschulmathematik eine Neuzuordnung der Operatoren zu den Anforderungsbereichen notwendig? Erübrigen sich einige der Operatoren in der Hochschulmathematik? Wo liegt beispielsweise der Unterschied zwischen *nach*- und *be*weisen? Gibt es an der Hochschule neue Operatoren, die nur dort Sinn ergeben und dadurch charakteristisch für die Hochschulmathematik – oder einzelne mathematische Bereiche – sind?

3.1.4 Entdecken mathematischer Begriffe und deren Genese

> Ich wende mich an alle, die sich für die Mathematik interessieren, ganz gleich auf welcher Stufe, und ich sage: *Gewiß, laßt uns beweisen lernen, laßt uns aber auch erraten lernen.* Dies klingt etwas paradox, und ich muß einige Punkte erwähnen, um etwaigen Mißverständnissen vorzubeugen. Die Mathematik wird als demonstrative Wissenschaft angesehen. Doch ist das nur einer ihrer Aspekte. Die fertige Mathematik, in fertiger Form dargestellt, erscheint als rein demonstrativ. Sie besteht nur aus Beweisen. Aber die im Entstehen begriffene Mathematik gleicht jeder anderen Art menschlichen Wissens, das im Entstehen ist. Man muß einen mathematischen Satz erraten, ehe man ihn beweist; man muß die Idee eines Beweises erraten, ehe man die Details ausführt. Man muß Beobachtungen kombinieren und Analogien verfolgen; man muß immer und immer wieder probieren. Das Resultat der schöpferischen Tätigkeit des Mathematikers ist demonstratives Schließen, ist ein Beweis; aber entdeckt wird der Beweis durch plausibles Schließen, durch Erraten. Wenn das Erlernen der Mathematik einigermaßen ihre Erfindung widerspiegeln soll, so muß es einen Platz für Erraten, für plausibles Schließen haben. (Pólya 1988, S. 10, Hervorhebung im Original)

Neben der zentralen Bedeutung mathematischer Begriffe auch die Feinheiten ihrer Bildung und den Prozess der Begriffsgenese in den Blick zu nehmen, sollte ein explizit formuliertes Ziel der Hochschullehre sein. Wittmann (1974) legt in seinem Werk *Grundfragen des Mathematikunterrichts* dar, in welcher Tradition sich das genetische Prinzip einreiht. Dabei ist es erneut Felix Klein, der für eine ›anschauliche und genetische Vermittlung‹ des Wissens plädiert (vgl. Wittmann

1974, S. 98); er vergleicht die Entwicklung der Mathematik mit einem verzweigten Baum, der beim Wachsen sowohl neue Zweige und Blätter ausbildet und im gleichen Maße auch neue und tiefere Wurzeln treibt. Wittmann (1974) hebt ferner die Mathematik als *soziale Errungenschaft der Menschheit* hervor und stellt fest, dass das kritische Nachvollziehen anderer Beiträge bedeutenden Stellenwert habe. Daher sollten auch Schüler*innen lernen, das »Wissen anderer zu würdigen, zu übernehmen [...] und weiterzuführen« (Wittmann 1974, S. 115). Auf die Student*innen lässt sich diese Forderung direkt übertragen, zumal wenn es sich um angehende Lehrer*innen handelt, die einen authentischen Einblick in die Wissenschaft erhalten sollen. Hierfür müsste ein solcher Einblick auch die Wahl eigener Probleme beinhalten. Verglichen damit, Vermutungen aufzustellen und Aussagen zu beweisen, ist das Finden eigener Probleme allerdings eine der anspruchsvollsten Tätigkeiten in der Mathematik (vgl. Neunzert und Rosenberger 1997, S. 111–112; vgl. auch Toeplitz 1932, S. 14) – und zwar unabhängig von der Stufe, auf der man sich befindet: »It's not easy to find, to discover, to invent(?) good new problems« (Halmos 1986, S. 27).

Selden und Selden (1995, S. 134) weisen darauf hin, dass in der mathematischen Forschung selten neue Begriffe ohne zugehörige Sätze publiziert werden, wohingegen ein bewiesener Satz auch ohne eine neue Begriffsschöpfung publiziert werden kann. Dennoch bieten sich Begriffsbildungen für das eigene (Nach-) Erleben von Mathematik in stärkerem Maße an als die Genese mathematischer Probleme: Bei Begriffsbildungen kann – und muss – experimentiert, geraten, revidiert und verfeinert werden (vgl. Lakatos 1979), wodurch ein authentischeres Bild von Mathematik vermittelt wird (vgl. Büchter und Henn 2015, S. 19). Begriffsbildungen sind per se offene Aufgaben, die Kreativität erfordern, da sich neue Begriffe auf unterschiedlichen Wegen aus bisher bekannten erschaffen lassen (vgl. Vollrath und Roth 2012, S. 26). Außerdem, so Schupp (2016, S. 75), bleibe ein Begriff hohl, »wenn nicht auch seine Genese, seine Geschichte, seine Umkehrung, seine inner- und außermathematische Anwendung erörtert und verstanden wird«. Solch eine genetische Herangehensweise an die Mathematik wird von Mason (2011, S. 56) gar als *being human* umschrieben: Wenn Studierende nur das Produkt – die perfekt ausformulierten Ergebnisse – an der Tafel zu sehen bekommen, verpassen sie dadurch den Prozess dahinter, der aus vielen erfolglosen Ansätzen und unfertigen Entwürfen besteht, und damit entgeht ihnen ein bedeutsamer Teil der Mathematik:

> A straightforward characterization misses the fact that formulating a definition, negotiating what one wants a definition to be (and why), and refining or revising a

> definition can occur as students are proving a statement, generating conjectures, creating examples, and trying out or ›proving‹ a definition. (Zandieh und Rasmussen 2010, S. 59)

Entsprechend plädiert Winter (1983, S. 177) für einen Zugang, der »der sowohl maximale Eigeninitiative begünstigt als auch die Bedeutungshaltigkeit des zu erwerbenden Begriffs von vornherein erkennen läßt« und Definitionen im Kontext von Problemstellungen erarbeitet:

> Wichtige Aktivitäten sind dabei: untersuchen, inwieweit die charakterisierenden Eigenschaften eindeutig sind; untersuchen, auf Unter- und Überbestimmtheit; untersuchen, ob zwei konkurrierende Formulierungen dasselbe sagen; weitere äquivalente Formulierungen finden; eine Definition abwandeln und die Auswirkungen davon beobachten, usw. (Winter 1983, S. 193–194)

Die Hochschullehre hat jedoch den großen Vorteil, dass man dort an entsprechend anspruchsvollen Problemen arbeiten und so Mathematik in statu nascendi erleben kann (vgl. Schupp 2016, S. 73). Weth (1999) berichtet dabei jedoch auch von möglichen Hürden im Begriffsbildungsprozess, beispielsweise trauen sich Schüler*innen »zunächst nicht zu, etwas ›mathematisch Neues‹ erzeugen zu können. Diese Bedenken können aber im allgemeinen zerstreut werden« (Weth 1999, S. 112). Ähnliche Erfahrungen lassen sich Weth (1999, S. 159) zufolge auch bei Studierenden machen, denen eine Modifikation bestehender Mathematik überhaupt nicht in den Sinn käme. Um diese Hemmungen zu überwinden, ist es sinnvoll, mathematische Objekte zielgerichtet zu erschaffen und das Augenmerk darauf zu legen, dass in der historischen Genese eben solche Begriffsbildungen dazu dienten, »Bestehendes zu erschüttern, Neues zu provozieren und Fortschritt zu erzwingen« (Weth 1999, S. 61). Vorsicht ist indes geboten, wenn in Prüfungen nur prozedurales Wissen und kein Begriffsverständnis erforderlich ist, dann kann ein genetischer Zugang unter Umständen nicht entsprechend wertgeschätzt werden: »Students couldn't care less about what worried Fourier or what prompted the development of Hilbert spaces – that will not help them to pass the examination« (Howson 1988, S. 12; siehe auch Steen 2001, S. 309).

Begriffsbildung ist für Törner und Grigutsch (1994, S. 218) ein »Akt des Denkens«; und passend dazu schlägt Pólya (1988, S. 27) beim genetischen Entdecken folgende Arbeitshaltung vor: »Erstens sollten wir bereit sein, jede unserer Ansichten zu revidieren. Zweitens sollten wir eine Ansicht ändern, wenn ein zwingender Grund dazu vorliegt. Drittens sollten wir eine Ansicht nicht mutwillig, ohne guten Grund ändern.« Es gibt entsprechend auch Vorschläge, Lehramtsstudierende als

Forscher*innen agieren zu lassen (vgl. Selter 1995, S. 123), wofür sich ein genetisches Vorgehen beim Schaffen eines neuen Begriffs geradezu anbietet. Weth (1999) beschreibt diesen Prozess folgendermaßen:

> Bei der Erstellung einer Definition gilt es, diese nach bestimmten Kriterien hinsichtlich ihrer mathematischen Korrektheit zu überprüfen. Man erwartet von einer Definition (wie von einem Axiomensystem): die Unabhängigkeit der definierenden Eigenschaften untereinander, die Vollständigkeit der definierenden Eigenschaften, damit alle anschaulich zu erfassenden Objekte auch wirklich von Definition erfasst werden, die Widerspruchsfreiheit der definierenden Eigenschaften untereinander. Im allgemeinen Fall von Begriffsbildungen ist mit der Formulierung einer Definition, einer Konstruktionsvorschrift oder der Angabe eines Algorithmus die erste Grobphase der Begriffsbildungen, nämlich die Schaffung des Begriffs, abgeschlossen. Der gesamte Begriffsbildungsprozess deswegen im allgemeinen noch nicht am Ende. Man wird von seinem Konstrukt wissen wollen, ob es auch das leistet, was man von ihm erwartet. (Weth 1999, S. 58)

Um den Fokus auf die Reichweite und Tauglichkeit eines Begriffs zu lenken, expliziert Winter (1983) entsprechende Fragen, die Lernenden dabei helfen können, die Sinnhaftigkeit eines soeben formulierten Begriffs herauszufinden:

> Wie fruchtbar hat sich der Begriff erwiesen? Welche Definition ist die mit der größten erschließenden Kraft? Können wir allgemeinere Heurismen für die Bildung von Begriffen ableiten? Läßt sich der Begriff oder die Art seiner Bestimmung auf ganz andere Gebiete der Mathematik übertragen? ... vor allem (in der Schule!): Was wissen wir nun mehr über unsere Welt? (Winter 1983, S. 185)

Nickel (2013, S. 257–258) führt ferner aus, inwiefern zum umfassenden Verständnis eines Begriffs neben Beispielen und Gegenbeispielen auch die verworfenen Alternativen und intendierten Anwendungen gehören. Daher folgt nach dieser ersten, etwas kreativeren und divergenteren Phase der Begriffsbildung anschließend eine zweite, konvergentere und logischere Phase, welche dann abschließend im lokalen Ordnen der bisherigen Theorie mündet:

> Dieses Übergreifen von der Grobphase des ›Erarbeiten eines Begriffs‹ zurück in die Grobphase des ›Schaffens‹ zeigt, daß zwischen den beiden ein enger Zusammenhang besteht und weder das ›Schaffen‹ noch das ›Erarbeiten‹ für sich, sondern nur der *gesamte Prozeß* als Begriffsbildung verstanden werden kann. Dieses Wechselspiel, zwischen konstruktiven, schöpferischen Phasen und reflektierenden, analysierenden Phasen sollte dem Schüler unbedingt bewusst gemacht werden. Denn hier kann er erleben, dass Mathematik eine Wissen*schaft* ist, die von Menschen ge*schaffen* wird und nicht statische Ruhe dahindämmert. (Weth 1999, S. 59, Hervorhebungen im Original)

> Im Allgemeinen wird man [...] bei der Schaffung eines Begriffsnetzes also in zwei Richtungen arbeiten: Die eine verknüpfte den Begriff mit bereits bekannten, bewährten Begriffen. Die andere Richtung kann zu einer eigenen, neuen mathematischen Theorie werden, in der dann selbst wieder Anlaß zu neuen Begriffsbildungen besteht. Bei allen beschriebenen Begriffsbildungsphasen ist es wichtig, [...] deren Bedeutung im gesamten Prozeß bewusst zu machen. Das hier abstrahierte Schema soll [...] als Leitfaden und Richtschnur bei allen Begriffsbildungen [...] bewußt und verfügbar gemacht werden. Wichtig ist die Einsicht, daß Irrwege, Fehlschläge und Frustrationen nicht auszuschließender Bestandteil mathematischen Forschens und Arbeitens sind. Im Gegenteil: derartige Erlebnisse fördern und schulen einen kritischen, aufmerksamen Blick. Zum anderen erzeugt man durch das Bewußtmachen mathematischer Prozesse Verständnis für [...] den Sinn von Begriffsbildungen. (Weth 1999, S. 60)

Für die Vermittlung der mathematischen Arbeitsweise an den Universitäten ist der vorletzte Satz essenziell, da er zwei Dinge hervorhebt: Die Irrwege, Fehlschläge und Frustrationen treten als Begleiterscheinungen des (eigenen) Studiums auf, werden aber nur selten mit der Arbeit von Mathematiker*innen in Verbindung gebracht.[16] Insofern ist diese Einsicht wichtig, da erst sie die Verknüpfung der eigenen Erfahrungen mit dem nicht auszuschließenden, charakteristischen Bestandteil der Disziplin an sich ermöglicht (vgl. Weth 1999, S. 60). Dass dies häufig nicht explizit kommuniziert wird, zeigt sich in den wissenschaftssoziologischen Untersuchungen über die Methoden innerhalb der Mathematik:

> Die Grossen [sic] [...] sind auch deshalb so gross [sic], weil sie so viel wissen. Sie kennen viele Beispiele und haben viel mit ihnen experimentiert. Darüber spricht man nicht. Man schreibt auch nicht in seinem Paper, wie man zu einer Vermutung gekommen ist. (Heintz 2000, S. 150)

Bei dem Prozess der Veröffentlichung von Erkenntnissen kommt teilweise sogar ein gewisser Darwinismus zum Tragen: »The mathematical result, may or may not be picked up by other mathematicians. If the mathematical community picks it up as a viable result, then it is likely to undergo mutations and lead to new mathematics« (Sriraman 2009, S. 25). Wenngleich sich die Mathematik insbesondere durch das formale Beweisen von anderen Wissenschaften unterscheidet, ist selbst diese sonst als höchst formalisiert wahrgenommene Tätigkeit nicht von sozialen Aspekten losgelöst (vgl. Reiss und Ufer 2009, S. 158; Manin 1977, S. 48). Aus der Sicht von Nickel (2013, S. 254) stellt die Mathematikgeschichte hierbei eine Art

[16] Bei Seelig (1986, S. 72) finden sich die treffenden Worte: »Wenn wir an etwas arbeiten, dann steigen wir vom hohen logischen Roß herunter und schnüffeln am Boden mit der Nase herum. Danach verwischen wir unsere Spuren wieder, um die Gottähnlichkeit zu erhöhen.«

»hochschuldidaktisches Hilfsmittel mit lebensdienlicher Funktion« dar: Ein kritischer Umgang mit der historischen Genese kann hilfreich sein, etwa wenn durch die »Unterscheidung von Genese und resultierender Gestalt die enorme Leistung der axiomatisch-deduktiven Kondensation überhaupt erst erkennbar« wird (Nickel 2013, S. 263), schließlich bleiben beim Niederschreiben eines Beweises alle vorherigen Fehlversuche unerwähnt, um Stringenz zu wahren und sich auf das wesentliche – den erfolgreich bewiesenen Satz – zu konzentrieren.

Geht es um die Reflexion mathematischer Arbeitsweisen, so ist eine geübte mathematische Intuition[17] im Vorfeld des Beweisens ebenso wichtig wie das Ausprobieren einer Vermutung an Beispielen, erst nachdem »man sich vergewissert hat, daß der Lehrsatz wahr ist, beginne man, ihn zu beweisen« (Pólya 1988, S. 123). Dies passt zur Sichtweise von Halmos (1986, S. 29), für den Mathematik keineswegs eine deduktive Wissenschaft ist: »When you try to prove a theorem, you don't just list the hypotheses, and then start to reason. What you do is trial and error, experimentation, guesswork.« Reiss und Ufer (2009, S. 171) stellen die These auf, dass Noviz*innen beim Beweisen nicht über die hierfür nötigen Monitoringstrategien verfügen, um ihren Lösungsprozess sinnvoll strukturieren zu können. In einer Eyetracking-Studie sind Alcock et al. (2015) der Frage nachgegangen, auf welche Textstellen und Bereiche sich Mathematiker*innen beim Lesen eines Beweises konzentrieren, wobei deutliche Unterschiede zwischen Expert*innen und Noviz*innen nachgewiesen werden konnten. Dies zeigt, dass bereits das Nachvollziehen mathematischer Beweise zunächst einmal erlernt werden muss. Winter (1983, S. 186) weist jedoch darauf hin, dass die mathematische Lehre dabei stets nur »Hilfen zum entdeckenden Selbsterwerb« anbieten könne. Zugleich sei diese Hilfe aber auch zuvörderst die Pflicht der Lehre, denn »(wissenschaftliche) Begriffe laufen nicht auf der Straße herum, sie ergeben sieh nicht als spontane Reifungsprozesse« (Winter 1983, S. 186). Dies bedeutet, Lernende »nicht vom ›Herumprobieren‹ ab[zu]halten« (Pólya 1979, S. 52), damit Begriffe entdeckt und Definitionen nacherfunden werden können (vgl. Winter 1983, S. 181). Das genetische Prinzip geht dabei Hand in Hand mit dem Prinzip des entdeckenden Lernens: Zum einen zielt das genetische Prinzip darauf, beim (Kennen-)Lernen, der Entdeckung oder Schaffung eines neuen Begriffs auch dessen Genese zu berücksichtigen, wodurch sich Möglichkeiten eröffnen, mathematische Begriffe für Lernende authentisch und nachhaltig

[17] In Pólyas Worten das ›Erraten lernen‹.

zu entdecken oder nachzuentdecken[18]. Andererseits hat Linke (2020) durch die Analyse von Expert*inneninterviews charakteristische Merkmale entdeckenden Lernens herausarbeitet, welche ebenfalls zu einer authentischen genetischen Vermittlung mathematischen Wissens passen. Als Common Sense beschreibt sie dabei das Sichtbarmachen mathematischer Prozesse und das selbstständige Erarbeiten mathematischer Inhalte als zentrale Aspekte entdeckenden Lernens. Da das Entdecken von Mathematik ebenso wie das mathematische Arbeiten nicht ohne eine gewisse Kreativität auskommen, widmet sich der nächste Abschnitt noch der Kreativität innerhalb der Mathematik sowie deren tragender Rolle beim mathematischen Erkenntnisgewinn, bevor zum Abschluss dieses Unterkapitels noch ein Blick auf den Bereich prozessbezogener mathematischer Kompetenzen geworfen wird.

3.1.5 Kreativität mathematischer Erkenntnisse und Arbeitsweisen

Die Beziehung zwischen Kreativität und Mathematik weist eine gewisse Diskrepanz auf, da diese auf der einen Seite nicht zum gesellschaftlichen Bild der Wissenschaft gehört (vgl. Teil I), wohingegen Mathematiker*innen ihre Tätigkeit durchaus als kreativ beschreiben (siehe etwa Byers 2010; Cook 2013; Fitzgerald und James 2010). So beschreibt auch Winter (1983, S. 186) den mathematischen Begriffserwerb als einen aktiven, schöpferischen Prozess, für den es eines gewissen Maßes an Kreativität bedarf (vgl. auch Weth 1999). Passend dazu werden auch die Ergebnisse dieser Schöpfungen – ähnlich zu Kunstwerken – wiederum als kreativ und ästhetisch wahrgenommen. So ist bei Hardy und Snow (2009, S. 18) immer wieder von der ›Schönheit der Mathematik‹ die Rede, William Rowan Hamilton sah sich selbst mehr als Dichter »I *live* by mathematics, but I *am* a poet.« (Morgan 1866, S. 132, Hervorhebungen im Original) und auch im Rahmen der Erläuterungen zur mathematischen Grundbildung wird auf die ästhetischen Elemente der Mathematik verwiesen (vgl. Baumert 2000a, S. 47). Den Forschungsarbeiten zur ›mathematischen Kreativität‹ – also der für die Mathematik benötigten Kreativität – ist dabei gemein, dass eine konsistente, einheitliche Definition des psychologischen Konstruktes und seiner Facetten auch

[18] Ob der zu entdeckende Begriff dabei nun vorher bereits irgendwem bekannt war oder nicht, ist nicht das entscheidende Kriterium – beides ist möglich. Die Stärke des entdeckenden Lernens liegt in der Erfahrung, die dem Individuum ermöglicht wird.

hier schwierig zu sein scheint (vgl. Pehkonen 1997, S. 63). Einige charakterisierende Eigenschaften listet Torrance (1965, S. 663–664) im Zuge seiner Definition auf:

> I defined creativity as the process of becoming sensitive to problems, deficiencies, gaps in knowledge, missing elements, disharmonies, and so on; identifying the difficulty; searching for solutions, making guesses, or formulating hypotheses about the deficiencies; testing and retesting these hypotheses and possibly modifying and retesting them; and finally communicating the results.

Häufig findet sich zudem die Eigenschaft einer kreativen mathematischen Errungenschaft, dass diese ungewohnt und unüblich zu sein habe (vgl. Torrance 1965) oder das bisherige Wissen erweitern solle (vgl. Liljedahl und Sriraman 2006). Dazu äußert sich auch Ervynck (1994, S. 50), welcher vier Eigenschaften ›guter Mathematik‹ herausstellt: *illuminating, deep, responsive or fruitful, original.* Erkki Pehkonen bezieht sich indes auf die Definition des finnischen Neurophysiologen Matti Bergström: »performance where the individual is producing something new and unpredictable« (Bergström 1984, S. 159; zitiert nach: Pehkonen 1997, S. 63) und betont damit das Unvorhersehbare einer neuen Erkenntnis. Dieser Aspekt wird in der von Bergström (1984) benannten ›Sunday creativity‹ von Pehkonen noch einmal hervorgehoben: (real) Sunday creativity »requires special circumstances and can neither be achieved through intention nor by mechanical methods« (Pehkonen 1997, S. 63). Und auch die Eigenschaft, zu einem mathematischen Problem viele unterschiedliche, aber passende Fragen zu stellen, charakterisiert Jensen (1973) zufolge mathematische Kreativität. Bei der Rückführung mathematischer Kreativität auf ihre psychologischen Eigenschaften werden unter anderem Schlagwörter wie Originalität, Verarbeitungsflüssigkeit, Flexibilität, Problemsensitivität oder Redefinition genannt (vgl. Heller 2000). Dazu führt Levenson (2013) aus, dass sich gemäß Leikin (2009) die Originalität einer Lösung stets an dem bisherigen Lernstand des Individuums und nicht an einer objektiven Skala zu orientieren habe:

> A solution based on a concept learned in a different context would be considered original but maybe not as original as a solution which was unconventional and totally based on insight. (Levenson 2013, S. 271)

Dazu gehört als Hauptmerkmal auch die Fähigkeit, alte Ideen zugunsten neuerer zu verwerfen (vgl. Munakata und Vaidya 2013, S. 769) und auch Stereotypen zu durchbrechen (vgl. Levenson 2013, S. 272). Die Bereitschaft dazu, »jede unserer Ansichten zu revidieren« erfordere, so Pólya (1988, S. 27–28), »intellektuellen

Mut« und »intellektuelle Aufrichtigkeit.« Eine gut lesbare Abhandlung zur angesprochenen Definitionsproblematik (und -vielfalt) der mathematischen Kreativität gibt ferner Sriraman (2009), welcher insbesondere betont, dass die teilweise geforderte Eigenschaft der Nützlichkeit sich nicht auf Anwendungen beziehen muss. So sei Wiles Beweis von Fermats letzten Satz kreativ und unerwartet, beinhalte aber keine konkrete Anwendbarkeit außerhalb dieses Beweises (vgl. Sriraman 2009, S. 14–15). Leikin et al. (2013) geben ferner einen gut lesbaren Überblick über die bisherige Forschung. Nicht zuletzt finden sich etwa bei Tall (2013) auch Bezüge zwischen Kreativität und der gleichermaßen benötigten Routine bei der Beherrschung mathematischer Werkzeuge:

> Complex ideas are then expressed in ways that are both sophisticated and simple. Christopher Zeeman expressed this succinctly, saying: *»Technical skill is mastery of complexity while creativity is mastery of simplicity.«* Mathematical thinking requires technical skill to make calculations and manipulate symbols. It can enable the individual to solve routine problems and perform well on standardized examinations. Creative mathematical thinking requires more. It requires knowledge structures connected together in compressed ways that make complex ideas essentially simple. (Tall 2013, S. 21, Hervorhebung B.W.)

3.1.5.1 Kreativität beim mathematischen Arbeiten

Einige der Facetten kreativen Arbeitens sind im Kontext der Vermittlung mathematischer Arbeitsweisen besonders interessant. Hierzu zählen unter anderem auch die Entspannungsphasen, welche sich mit Phasen konzentrierten Nachdenkens abwechseln:

> After the mathematician works hard to gain insight into a problem, there is usually a transition period (conscious work on the problem ceases and unconscious work begins), where the problem is put aside before the breakthrough occurs. (Sriraman 2009, S. 23)

Sriraman (2009) bezieht sich dabei auf das Gestaltmodell von Hadamard (1945), welches vier Phasen im mathematische Erkenntnisprozess identifiziert: *Präparation, Inkubation, Illumination* und *Verifikation.* Dieses Modell ergänzt Sriraman (2009, S. 25), indem er die Bedeutung von sozialer Interaktion, Bildsprache, Problemlösestrategien, Intuition und Beweisen beim kreativen Arbeiten herausstellt. Obwohl ihnen diese Phasen und Erfahrungen in der Regel bekannt sind, scheinen Mathematiker*innen Ervynck (1994, S. 42) zufolge häufig nicht an der (wissenschaftssoziologischen) Analyse ihrer Denkprozesse interessiert, sodass eine Beschreibung der entsprechenden epistemologischen Prozesse schwerfällt. Beim

Erschaffen und weiteren Erforschen der Mathematik werden von den Mathematiktreibenden immer wieder Entscheidungen getroffen (vgl. Ervynck 1994, S. 43), das Wechselspiel zwischen logischem, konvergenten und kreativem, divergenten Denken beschreibt Pehkonen (1997) in prägnanten Worten:

> Creative thinking might be defined as a combination of logical thinking and divergent thinking which is based on intuition but has a conscious aim. When one is applying creative thinking in a practical problem solving situation, divergent thinking produces many ideas. Some of these seem to be useful for finding solutions. Of these, a summary will be made by a process of logical thinking. (Pehkonen 1997, S. 65)

An der Schnittstelle zwischen Intelligenz und Kreativität weist Weth (1999, S. 10) noch darauf hin, dass »die umgekehrte Vermutung, Hochintelligente (konvergent denkende) müssten notwendig Schwächen in kreativem, divergenten Denken aufweisen, ebenfalls nicht aufrecht erhalten werden kann«. Weiterhin konnten Leikin et al. (2013, S. 322–323) bei Lehrkräften unterschiedlicher Länder einen Zusammenhang zwischen Kreativität der Lehrkräfte und der Tiefe ihres mathematischem Wissens sowie ihrer Fähigkeit zur Problemlösung finden. Im Kontext des Problemlösens ist es dabei naheliegend, auf die Arbeiten von György Pólya zurückzugreifen: So resümiert Pólya (1988, S. 11) beispielsweise, dass es beim plausiblen Schließen (also dem schaffenden, mathematischen Forschen) hauptsächlich darum gehe, »Vermutung von Vermutung, eine vernünftigere von einer weniger vernünftigen zu unterscheiden« und fordert seine Leser mit den Worten »laßt uns aber auch erraten lernen« (Pólya 1988, S. 10; siehe auch Pólya 1966) dazu auf, auch den mathematischen Erkenntnisprozess zu reflektieren. Die nähere Betrachtung der Frage, welche Rolle das Wesen der Mathematik für die Kreativität und die mit ihr verknüpften menschlichen Entscheidungen spielt, mündet in der mathematikphilosophischen ›discovered or invented‹-Diskussion zur Epistemologie mathematischen Wissens (siehe Sriraman 2009, S. 15; Charalampous 2015; sowie auch Abschnitt 7.1): Wie entsteht mathematisches Wissen und welche Rolle spielt der Mensch in diesem Prozess? Eine mögliche Antwort findet sich bei Büchter und Henn (2015, S. 20): »Erkenntnistheoretisch ist klar, dass Mathematik nicht einfach in der Welt vorhanden ist, sondern dass sie von uns Menschen in die Welt hineingesehen wird, wenn wir Fragestellungen mithilfe der Mathematik bearbeiten.«

3.1.5.2 Produkt-Prozess-Dualität

Ein besonderes Augenmerk verdient die Dualität zwischen kreativem Produkt und kreativem Prozess, welche bei Torrance (1965) zu finden ist: »Some definitions are formulated in terms of a product (invention and discovery, for example); others, in terms of a process, a kind of person, or a set of conditions.« (Torrance 1965, S. 663); wobei er in seinem Definitionsversuch die Prozess-Sicht explizit benennt: »I defined creativity as the process of [...]« (Torrance 1965, S. 663–664). Haylock (1987, S. 61–62) führt weiter aus, dass prozessbezogene Definitionen die Qualität des zugrunde liegenden Denkprozesses betrachten, während produktorientierte Definitionsversuche dadurch bestechen, dass das Resultat beispielsweise von Lehrer*innen beobachtet werden kann. Weitere solcher beobachtbaren kreativen Produkte sind »das Bilden eines besonders fruchtbaren Begriffs, das Finden eines tiefgehenden Satzes, das Entdecken einer überraschenden Beweisidee« (vgl. Weth 1999, S. 6). In dieser Dualität spiegelt sich die zuvor aufgeworfene Frage nach dem epistemologischen Ursprung der Mathematik wider: Das prozesshafte, schöpferische Erfinden steht dem (zufälligen) Entdecken mathematischer Produkte antagonistisch gegenüber. Collier (1972) beschrieb diese beiden Enden als *formal* und *informal pole* (siehe auch Thompson 1992, S. 139), und auch bei Freudenthal (1963, S. 12) finden sich Hinweise darauf: »Worte wie [...] ›Mathematik‹ haben eine Doppelbedeutung. Sie können eine Tätigkeit bezeichnen oder auch das Resultat dieser Tätigkeit. Nach diesen zwei Gesichtspunkten kann man sie auch unterrichten, als ein Fertigprodukt oder als etwas neu zu Entdeckendes, zu Erfindendes.« Den Kontrast zwischen diesen beiden Sichtweisen bezeichnen Törner und Grigutsch (1994) als ›Janus-Köpfigkeit der Mathematik‹:

> Mathematik hat somit einen Prozeßcharakter, wobei sich mathematische Theorien in einem (mitunter dialektischen) Prozeß aus Vermutungen, Beweisen und Widerlegungen, also gerade unter dem Einfluß menschlicher Individuen, entwickeln. Logisches, deduktives Schließen in einer systematisch-statisch verstandenen Wissenschaft ist zwar zur Überprüfung von Hypothesen unerläßlich, trägt jedoch nicht vorrangig zur Gewinnung von Hypothesen bei. Mathematik ist in kognitiver Hinsicht nicht zuletzt eine experimentelle, induktive Wissenschaft, die sich wesentlich des Vermutens sowie plausiblen und analogen Schließens bedient. (Törner und Grigutsch 1994, S. 216–217)

Sind Lehrkräfte nicht hinreichend in der Mathematik enkulturiert, so ergibt sich zwischen diesen beiden Polen eine Diskrepanz, welche schlussendlich die wahrgenommene Diskontinuität am Übergang von der Hochschule zurück zur Schule noch verstärkt. Wenn die Studierenden den beschriebenen induktiven Prozess aus Vermutungen, Beweisen und Widerlegungen nie selbst ›erleben‹ konnten, dann wird es ihnen im Unterricht umso schwerer fallen, einen kreativen, prozesshaften und spielerischen Zugang zur Mathematik zu gestalten. Dies wiederum kann sich negativ auf die Problemlöseprozesse und Transferfähigkeiten ihrer Schüler*innen auswirken (vgl. Mann 2006, S. 248). Denkbar ist auch, dass Lehrkräfte ein ambivalentes Verhältnis zur Kreativität in der Mathematik entwickeln, indem sie etwa mathematische Erkenntnisse durchaus als kreative (Fertig-)Produkte wahrnehmen und würdigen können – ähnlich zu Kunstwerken, denen man eine gewisse Kreativität attribuiert –, sich jedoch außer Stande sehen, *selbst* solche kreativen mathematischen Produkte erzeugen zu können. Dies zeigt, wie sehr die Wahrnehmung von Mathematik als kreativer Wissenschaft vom Bezugsrahmen abhängt: So berichten etwa Ward et al. (2010, S. 187), dass Studierende zwischen *mathematischer Kreativität im Allgemeinen* und *ihrer eigenen mathematischen Kreativität* unterscheiden. Ein entdeckender Zugang zur Mathematik und die Selbstwirksamkeitserfahrung beim mathematischen Arbeiten sind daher für angehende Lehrkräfte umso relevanter. Schließlich lassen sich durch entsprechende kreativitätsfördernde Aufgaben auch die Sichtweisen auf Mathematik beeinflussen (vgl. Levenson 2013, S. 270). Dafür müssen die Studierenden weder zwangsläufig selbst neue mathematische Erkenntnisse erschaffen haben, noch müssen sie als Lehrkräfte fortlaufend mathematisch-kreativ arbeiten: »As mathematics teachers, we can also contribute insights on the psychology of mathematical thinking. [...] We may not be creative mathematicians ourselves. [...] But we are working with many aspiring students« (Luk 2005, S. 163). Diese Facetten der Mathematik lassen sich indes nur vermitteln, wenn sie selbst im Studium *erlebt* werden konnten und dort auch wertgeschätzt wurden. Mathematik nur als nachzubetendes Fertigfabrikat kennenzulernen ist für die Studierenden unbefriedigend (Freudenthal 1973, S. 113). Mathematik authentisch selbst Nach-Erfinden oder selbst Nach-Entdecken zu können ist dabei folglich eine unabdingbare Erfahrung des Mathematikstudiums:

> Heute fordern wir, daß es ein echtes Entstehen, nicht ein stilisiertes sei, der Schüler soll die Mathematik von neuem erfinden. Daß der erwachsene Mathematiker, soweit er Schüler ist, so verfährt, ist sein gutes Recht. Sollte, was ihm recht ist, dem Schüler nicht billig sein? (Freudenthal 1973, S. 113–114)

Die Forderung nach der authentischen Tätigkeit Mathematik führt auf der Ebene der Kompetenzentwicklung unmittelbar zur Frage nach den damit verbundenen prozessbezogenen Kompetenzen.

3.1.6 Prozessbezogene mathematische Kompetenzen (auch) in der Hochschullehre

Die Erfassung dessen, was die Mathematik über ihre Inhalte hinaus ausmacht, also die Charakterisierung mathematischen Arbeitens und der inhärenten Denkweisen, ist keineswegs trivial. Für den Mathematikunterricht ist mit der Formulierung inhaltsbezogener und prozessbezogener Kompetenzen ein entsprechender Schritt gemacht worden. Durch die explizite Unterscheidung prozessbezogener Kompetenzen wird dabei das Ziel verfolgt, aus der Fachwissenschaft kommende Denk- und Arbeitsweisen im Schulunterricht sichtbar zu machen und zu verwirklichen. Interessant ist indes, dass ein entsprechender Versuch bislang nur für den Unterricht unternommen wurde, nicht aber für die Hochschullehre. Dabei stellt sich zunächst die Frage nach der Notwendigkeit der expliziten Formulierung entsprechender prozessbezogener Kompetenzen an der Hochschule. Dagegen kann argumentiert werden, dass die authentische Vermittlung mathematischer Arbeitsweisen speziell im Mathematikunterricht vonnöten ist, da dort auf inhaltlicher Ebene nur ein exemplarischer Einblick in die Wissenschaft vermittelt werden kann. Demgemäß erübrige sich aufgrund der Breite und Tiefe der Inhalte eines Mathematikstudiums die Notwendigkeit einer expliziten Benennung der zur Wissenschaft gehörigen Tätigkeiten, schließlich biete das Studium genügend Gelegenheiten zum Erwerb der benötigten Kompetenzen. Diese Auffassung ist unter Hochschullehrenden durchaus vertreten (vgl. etwa Bach 2016, S. 30–31). Auf der anderen Seite existieren auch gute Argumente für eine Konkretisierung entsprechender hochschulmathematikdidaktischer Kompetenzen. Wenn diese so essenziell zur Wissenschaft Mathematik dazugehören, so kann es auch keinen nachteiligen Effekt haben, diese auch entsprechend zu charakterisieren. Dies schafft einerseits Transparenz bezüglich der Erwartungen im Studium, was auch die Möglichkeiten zur (Selbst-)Diagnose erweitert. Zugleich wird damit die prozessbezogene Sicht auf die Wissenschaft gestärkt und Studierende von Beginn des Studiums an mit einem reichhaltigen Repertoire an Denkstrategien und Arbeitsweisen ausgestattet, was sich wiederum positiv auf Aspekte wie die mathematische Selbstwirksamkeitserwartung auswirken kann und nicht zuletzt auch die Studienabbruchneigung beeinflusst (vgl. Geisler et al. 2019, S. 88). Bei Winter (1972a, 1972b) und Wittmann (1974) finden sich allgemeine Lernziele des Mathematikunterrichts, die durchaus als eine frühe Version der prozessbezogenen Kompetenzen gesehen werden können. Diese Lernziele sind einerseits spezifisch für die Mathematik und ihre Arbeitsweisen, dabei aber unabhängig vom konkreten mathematischen Inhalt: *argumentieren*, *mathematisch kreatives Verhalten* und das

Mathematisieren (realer) Situationen als kognitive Strategien sowie weiter *klassifizieren, ordnen, spezialisieren, analogisieren* und *formalisieren* als intellektuelle Techniken (vgl. Wittmann 1974, S. 39–40). Fünf der sechs prozessbezogenen mathematischen Kompetenzen (siehe Blum 2012) lassen sich hier bereits identifizieren[19] – lediglich das mathematische Kommunizieren kam im Zuge der Einführung kompetenzorientierter Bildungsstandards hinzu. Die beschriebenen Strategien und Techniken beziehen sich zwar auf den Unterricht, gleichwohl sind sie nicht einzig und allein für die Inhalte der Schulmathematik charakteristisch, sondern eher allgemein mathematisch und mit dem Wissen um hochschulmathematische Arbeitsweisen formuliert. So ist Mathematik treiben mehr als die routinierte Beherrschung elaborierter Rechentechniken (vgl. Schoenfeld 1988, S. 164), und Wissen über Mathematik alleine macht noch kein mathematisches Verständnis aus:

> When a mathematician says he understands a mathematical theory, he possesses much more knowledge than that which concerns the deductive aspects of theorems and proofs. He knows about examples and heuristics and how they are related. He has a sense of what to use and when to use it, and what is worth remembering. He has an intuitive feeling for the subject, how it hangs together, and how it relates to other theories. He knows how not to be swamped by details, but also to reference them when he needs them. (Michener 1978, S. 361)

Die Bedeutung mathematischer Arbeitsweisen[20] wird nicht zuletzt in vielen Publikationen über Mathematik sichtbar, in denen diese entweder implizit eine Rolle spielen (siehe etwa Halmos 1986, S. 29; Henderson 1981, S. 13; Hersh 1979, S. 40; Bass 1997, S. 19; Jones 1977; Fischer 1978, S. 215) oder auch direkt behandelt werden (siehe etwa Lakatos 1979; Pólya 1988, 1979; Schoenfeld 1988; Mason et al. 2012; Tall 1994; Winter 1983). Die Frage nach mathematischen Kompetenzen ist also streng genommen keine neue Erscheinung, sondern lässt sich ganz allgemein auf die Frage nach einer fruchtbaren Verzahnung von Inhalten und Methoden zurückführen. Dadurch ergeben sich unterschiedliche Ansätze, um entsprechende hochschulspezifische Varianten prozessbezogener Kompetenzen zu finden: Ein erster Ansatz wäre, diese ausgehend von den sechs prozessbezogenen Kompetenzen des Mathematikunterrichts zu erzeugen, als zweiter Ansatz

---

[19] Dabei findet sich das Verwenden von Darstellungen nur implizit und über mehrere Lernziele verteilt, das Modellieren wird als ›Mathematisieren der Umwelt‹ bezeichnet und mathematisches Problemlösen als ›kreatives Verhalten‹ gefasst.

[20] Im englischsprachigen Raum auch als *(advanced) mathematical thinking* bezeichnet.

könnten die Anforderungen unterschiedlicher Studiengänge analysiert und daraus Kompetenzen extrahiert werden oder als dritter Ansatz auch die Lehrenden unterschiedlicher mathematikhaltiger Studiengänge befragt werden, welche Tätigkeiten und Kompetenzen die Hochschulmathematik ausmachen. Dieser dritte Weg wurde im Rahmen der MaLeMINT-Studie[21] eingeschlagen, wo mittels einer Delphi-Studie deutschlandweit knapp eintausend Mathematiklehrende im Bereich der Studieneingangsphase von MINT-Studiengängen befragt wurden (vgl. Neumann et al. 2017, S. 7). Ziel war es, ein Stimmungsbild unter Berücksichtigung unterschiedlicher Hochschularten, Bundesländer und Studiengänge zu erhalten. Bei einem Großteil der 179 genannten mathematischen Eingangsvoraussetzungen ergab sich in weiteren Befragungsrunden ein »über Fachgrenzen und Hochschultypen hinweg [...] weitreichender Konsens über die erwarteten mathematischen Lernvoraussetzungen« (Neumann et al. 2017, S. 4). Die aus Sicht der Hochschullehrenden wünschenswerten Lernvoraussetzungen wurden dabei den vier übergeordneten Bereichen *mathematische Inhalte, mathematische Arbeitstätigkeiten, Vorstellungen zum Wesen der Mathematik* und *persönliche Merkmale* zugeordnet, wobei mit 106 von 179 Lernvoraussetzungen der überwiegende Teil inhaltlicher Natur ist (vgl. Neumann et al. 2017, S. 15). Weitere 42 der genannten Lernvoraussetzungen lassen sich dem Bereich mathematischer Arbeitstätigkeiten zuordnen:

> Typische Prozesse für das Arbeiten in Mathematik wurden von den Hochschullehrenden ebenfalls als notwendige Lernvoraussetzungen genannt. Diese [...] erstreckten sich von grundlegenden Tätigkeiten (wie z. B. dem Rechnen oder Umgang mit Darstellungen), über das mathematische Argumentieren und Beweisen, Kommunizieren, Definieren, Problemlösen bis hin zum Modellieren und Recherchetätigkeiten. (Pigge et al. 2019, S. 34)

Offenbar wurden also von dieser breiten Basis an MINT-Hochschullehrenden ein nicht unwesentlicher Anteil an Lernvoraussetzungen aus dem Bereich prozessbezogener Kompetenzen genannt – ein durchaus interessantes Ergebnis. Ambivalent ist dies insbesondere vor dem Hintergrund, dass Kritiker*innen der Kompetenzorientierung durchaus anzweifeln, dass sich die »neuen und anderen Kenntnisse« der heutigen Abiturient*innen »zielführend in ein MINT-Studium einbringen ließen« (Walcher 2018, S. 26), aber zugleich keine der prozessbezogenen Lernvoraussetzungen in der MaLeMINT-Studie als ›nicht notwendig‹ eingeschätzt wird.

[21] MaLeMINT: Mathematische Lernvoraussetzungen für MINT-Studiengänge (vgl. Pigge et al. 2017).

Zugleich enthalten die »Lernvoraussetzungen zu mathematischen Arbeitstätigkeiten wesentliche Aspekte der nationalen Bildungsstandards für Mathematik« (Neumann et al. 2017, S. 23). Diese Bezüge zwischen den prozessbezogenen mathematischen Kompetenzen und den von Hochschullehrenden als notwendig erachteten Lernvoraussetzungen im Bereich mathematischer Arbeitstätigkeiten führt Biehler (2018a, S. 7) noch weiter aus:

> Es gibt aber einige bemerkenswerte Unterschiede in den grundsätzlichen Akzentuierungen. Während es in den Bildungsstandards nur ›Mathematisches Argumentieren‹ heißt wird hier von ›Mathematischem Argumentieren und Beweisen‹ gesprochen und werden in der inhaltlichen Auffächerung dieser Tätigkeiten sehr differenziert Aspekte des (hochschulmathematisch relevanten) formalen Beweisens thematisiert. Auch wird dem mathematischen Definieren eine eigene Kategorie zugeschrieben, die in den Bildungsstandards gar nicht auftaucht. [...] Bemerkenswert ist aber, dass die Befragten allen mathematischen Tätigkeiten eine wichtige Rolle zuschreiben, so auch dem mathematischen Kommunizieren, Problemlösen und Modellieren. Dies könnte man möglicherweise als eine Zustimmung zu den entsprechenden Kompetenzen der Bildungsstandards werten. MINT-Hochschullehrende fordern eben nicht nur die Beherrschung von Rechentechniken für ihre Studierenden.

Es ist Aufgabe der mathematischen Community, die Diskussion über die zur Wissenschaft Mathematik gehörenden prozessbezogenen Kompetenzen weiterzuführen und zu klären, ob diese Kompetenzen auch als erstrebenswert genug angesehen werden, um sie in Studiengängen und Curricula zu verankern. Die Ergebnisse der MaLeMINT-Studie stellen hierfür eine gute Diskussionsgrundlage dar, gemeinsam mit den bisher erarbeiteten Mindestanforderungskatalogen (siehe Cooperation Schule Hochschule (COSH) 2014). Dabei muss auch geklärt werden, inwiefern prozessbezogene mathematische Kompetenzen vom Studiengang abhängen, ob also beispielsweise in anwendungsorientierteren Studiengängen oder in Nebenfach-Servicevorlesungen andere mathematische Tätigkeiten im Vordergrund stehen als in einem reinen Mathematikstudium oder in der Lehramtsausbildung. Lersch (2010, S. 11) weist ferner darauf hin, dass Kompetenzerwerb in der Regel nicht passiv geschieht:

> Kompetenzen können nicht im klassischen Sinne gelehrt werden – sie müssen von den Schülerinnen und Schülern aktiv erworben werden. Lehrerinnen und Lehrer können zwar die nötigen Wissenselemente zur Verfügung stellen, aber sie dürfen es dabei nicht belassen, sondern müssen zeitnah auch Situationen bereitstellen, in denen diese Kenntnisse zur möglichst selbstständigen Anwendung gebracht werden.

Dies lässt sich eins zu eins auf die Hochschule übertragen: Hier müssen Kompetenzen in derselben Weise aktiv erworben werden; und im Sinne des constructive alignments (Biggs 1996, 2014) sollten zudem Gelegenheiten vorhanden sein, um den eigenen Kompetenzerwerb schon im Laufe des Studiums – und auch hier nicht ausschließlich in Modulklausuren – feststellen zu können (vgl. auch Arnold et al. 1997, S. 815). Neben einer Diskussion über Lehrplaninhalte und Lehrmaterialien muss daher auch über geeignete Prüfungsformen nachgedacht werden (Schoenfeld 1988, S. 164). Eine curriculare Einführung prozessbezogener Kompetenzen kann keine Wirkung zeigen, wenn sich diese nicht auch in Übungsaufgaben und Prüfungen widerspiegeln:

> As long as assessment questions are identical to training exercises, students will survive. But if you want students to appreciate mathematics, to think mathematically and to cope with unusual or varied problems, then their awareness needs to be educated as well. They need to be drawn into working-on mathematics, not just working-through routine exercises. (Mason 2001, S. 79)

Die Vermittlung prozessbezogener Kompetenzen in der Hochschullehre ist ein Thema, welches ähnlich wie die Diskontinuität zwischen Schul- und Hochschulmathematik bereits früher diskutiert wurde. Von Felix Klein inspiriert, richtete Otto Toeplitz sein Augenmerk ebenfalls auf die mathematische Hochschullehre (vgl. Hartmann 2008). Da zu dieser Zeit kein spezifisches Lehramtsstudium existierte und »die Verwendungsmöglichkeit von Vollmathematikern in anderen Berufen als dem der Lehrer« (Behnke 1939, S. 11) eher gering war, setzten sich die Kohorten eines reinen Mathematikstudiums zum überwiegenden Teil aus späteren Lehrkräften zusammen (vgl. Toeplitz 1928, S. 1). Vor diesem Hintergrund verwundert es nicht, dass Klein und Toeplitz bei ihren Bemühungen zur Verbesserung der universitären mathematischen Lehre auch zwangsläufig und selbstverständlich die Lehramtsausbildung im Blick hatten. In den Aufsätzen Toeplitz' finden sich mehrfach Ausführungen zum Erwerb mathematischer Denk- und Arbeitsweisen, etwa in seinem Vortrag auf dem Kongress zu ›Spannungen zwischen den Aufgaben und Zielen der Mathematik an der Hochschule und an der höheren Schule‹. Dort charakterisiert er die »Wirklichkeit der mathematischen Forschung« als ein »Wechselspiel zwischen Stoff und Methode« (Toeplitz 1928, S. 4). Das Mathematikstudium sollte sich dabei nicht auf rein stoffliches Wissen beschränken, sondern auch das Verständnis für die dahinterliegende Mathematik und die typischen mathematischen Denkweisen behandeln, die Toeplitz prägnant als *Getriebe der Mathematik* charakterisiert:

> Der mathematische Hochschulunterricht entbehrt seines eigentlichen Sinnes, wenn er jenseits der Materien, die er lehrt, nicht noch eine allgemeine *Einstellung*, ein *Niveau* gäbe, das er vermitteln will. Aber was ist dieses geheimnisvolle ›Niveau‹, das wir alle empfinden, ohne es je definiert zu haben? (Toeplitz 1932, S. 2, Hervorhebungen im Original)

> Mit Niveau ist natürlich nicht gemeint, daß an Stelle des Stoffes festumgrenzte Fertigkeiten, eingedrillte Kunstgriffe im Lösen von Klausuraufgaben treten; das ist noch keine Methodik, nicht der Gegenpart des Stofflichen, der hier gemeint ist. [...] Mit Niveau eines Kandidaten ist seine Fähigkeit gemeint, das Getriebe einer mathematischen Theorie zu durchschauen, die Definitionen ihrer Grundbegriffe nicht zu memorieren, sondern in ihren Freiheitsgraden, in ihrer Austauschbarkeit zu beherrschen, die Tatsachen von ihnen klar abzuheben und untereinander und nach ihrem Wert zu staffeln, Analogien zwischen getrennten Gebieten wahrzunehmen oder, wenn sie ihm vorgelegt werden, sie durchzuführen, Gelerntes auf andere Fälle anzuwenden und anderes mehr. (Toeplitz 1928, S. 6)

Ferner kritisiert Toeplitz (1928, S. 6) auch Prüfungen, die sich nur auf Inhalte beschränken und dabei den mathematischen Kompetenzerwerb außer Acht lassen. In Analogie zu den prozessbezogenen Kompetenzen findet sich bei Toeplitz (1932) bereits die Idee, dass die einzelnen mathematischen Inhalte in gewisser Weise austauschbar sind: Die Methoden und die Einstellung zur Mathematik werden nicht als Wissen in einer Vorlesung vermittelt, »sondern nur dadurch, dass man irgendeine mathematische Disziplin – es ist Nebensache welche – in ihrem Gefüge zu beherrschen lernt« (Toeplitz 1932, S. 12). Entsprechend sind die Themen der von Felix Klein vorgeschlagenen Vorlesungen zur *Elementarmathematik vom höheren Standpunkt*[22] aus der Sicht Toeplitz' keine zwangsläufig notwendigen Inhalte (›Stoffe‹), sondern verfügen vielmehr über einen methodischen Wert (vgl. Toeplitz 1932, S. 8–9). Bezogen auf die Diskontinuität zwischen Schule und Universität konstatiert Toeplitz (1934), dass sich die Mathematik dort nicht in ihrer Methode unterscheiden, sondern einzig in den Inhalten, an denen ihre Denkweisen erlernt werden:

> Man hat dabei übersehen, dass es auf beiden Seiten, wenn auch an der Hand verschiedener Stoffe, gleicherweise gilt, gewisse geistige Funktionen im Lernenden zu erzeugen, dort im Schüler, hier im Studenten, die der gleichen Stufenleiter angehören, nur verschiedenen Stufen. (Toeplitz 1934, S. 35)

[22] Die Vorlesungsreihe umfasste drei Vorlesungen: Arithmetik, Algebra, Analysis (Klein 1924), Geometrie (Klein 1925) sowie Präzisions- und Approximationsmathematik (Klein 1928).

Das von Toeplitz beschriebene *Niveau* charakterisiert Hefendehl-Hebeker (2015) noch einmal aus einer fachlich-epistemologischen Sicht und vor dem Hintergrund der Frage, welche Art von Fachausbildung Lehramtsstudierende heutzutage im Speziellen benötigen:

> Das Niveau in diesem Sinne ist also Ausdruck der Professionalität im Umgang mit dem Fach und seiner spezifischen Art der Wissensbildung. In ihm vereinen sich Fachkenntnis und epistemologisches Bewusstsein. Es verbindet Faktenwissen und Wissen darüber, wie das innere Getriebe der Mathematik als Wissenschaft funktioniert, und hierzu ließe sich die Auflistung [...] noch verlängern. Es geht um das Bewusstsein, wie die Mathematik ihre Gegenstände gedanklich in den Griff nimmt, welche Fragen sie angesichts von Beobachtungen stellt, welche Phänomene sie des Nachdenkens wert hält, wie sie ihre Begriffe definiert und warum, wie sie Systeme und Theorien bildet und wozu, wie sie argumentativ Gewissheit erzeugt, welche Darstellungsmittel sie zu diesem Zweck verwendet, ... (Hefendehl-Hebeker 2015, S. 182–183)

Dieses epistemologische Wissen über die Mathematik und ihre Arbeitsweisen lässt sich nur anhand mathematischer Inhalte erwerben: Wie auch bei Toeplitz geht es dabei »nicht um die ›Vermittlung von mehr Inhalten‹ [...] Es sollte vielmehr bei der Auseinandersetzung mit Mathematik die Reflexion des mathematischen Handelns mit im Vordergrund stehen« (Winter 1999, S. 604) und eine »Sensibilisierung hinsichtlich des Wissenschaftsverständnisses« (Möller und Collignon 2013, S. 666) erreicht werden. Bei all diesen Zielen muss jedoch stets zwischen Reichweite und Eindringtiefe sowohl der Inhalte als auch der Kompetenzen und des ›Wissens über Mathematik‹ abgewogen (vgl. Hefendehl-Hebeker 2015, S. 183) und entsprechende Balance gehalten werden. Inhaltsleere Kompetenzen sind hier ebenso eine Gefahr wie Inhalte, bei denen der Erwerb zugehöriger prozessbezogener Kompetenzen nur implizit geschieht oder optional ist (vgl. Bach 2016, S. 31). Daher sollte die Hochschullehre Lehramtsstudierenden nicht den Erwerb von Kompetenzen verwehren, welche diese später im Schulunterricht ihren Schüler*innen ermöglichen sollen:

> Wenn also Curricula und Standards fordern, dass Lernende nicht nur mathematische Konzepte und Ideen nach vorgegebenen Schemata anwenden, sondern auch kreativ damit umgehen können, muss dies wohl auch für die universitäre (Lehramts-) Ausbildung gelten. (Reiss und Ufer 2009, S. 174)

Und wenn Howson (1988, S. 9–10) eine spezifische ›mathematische Kultur‹ und Grundbildung für unterschiedliche Studiengänge fordert, dann muss dies in gleichem Maße für die Lehramtsausbildung gelten. Dabei fällt unter die mathematische Kultur im Lehramtsstudium auch eine gewisse Praxis- und Handlungsorientierung, die durch die Fachwissenschaft vermittelt werden kann und durch die diese wiederum eine identitätsstiftende Bedeutung erhält:

> Dann muss Wissenschaft – auch im Lehramtsstudium – so früh und so intensiv wie möglich *als Praxis* der Wissenschaft vermittelt, erlebt, erfahren und reflektiert werden. Im Zentrum stehen dann überschaubare und handhabbare Forschungsvorhaben, an denen die Studierenden teilhaben oder die sie in eigener Regie durchführen. Handlungsorientierung heißt dann Ausrichtung auf wissenschaftliches Handeln, Praxisorientierung meint dann vor allem die Gewährleistung systematischer Erfahrungen mit eigener fachwissenschaftlicher Praxis. Hinzu kommen methodologische und epistemologische Fragen und eine sorgfältige Auseinandersetzung mit den Merkmalen von Wissenschaft, ihren Möglichkeiten und Grenzen. Damit geht Wissenschaft als Praxis weit über die Vermittlung wissenschaftlichen Wissens und Könnens hinaus, sie stellt auch wichtige Grundfragen, die für Wissenschaftlichkeit, den Umgang mit Wissenschaft, das Verhältnis von Wissenschaft und Gesellschaft relevant sowie ferner auch für das jeweilige Fach identitätsstiftend sind. (Hedtke 2020, S. 97, Hervorhebung im Original)

Insbesondere in Lehramtsstudiengängen mit einem geringeren fachwissenschaftlichen Umfang stellt solch eine spezifische Kultur eine ernst zu nehmende Herausforderung dar, die eng verbunden ist mit der Frage, was Mathematiklehrkräfte »in der Ausbildung gelernt haben sollten, um Mathematik lebendig und gehaltvoll zu unterrichten und dabei [...] inhaltliche Kenntnisse und prozessbezogenen Fähigkeiten im fruchtbaren Miteinander zu entwickeln« (Hefendehl-Hebeker 2015, S. 183). Gleichwohl ist es auch nicht überraschend, dass es für diese Herausforderung keine einfache Antwort geben kann:

> Wie schwer die Aufgabe ist, hat sich wohl deutlich gezeigt. Auch generell gilt das Problem der Lehrerausbildung an Universitäten als nahezu unlösbar. [...] Bitte erwarten Sie also von mir nicht ›die Lösung‹. Ich weiß nicht einmal, ob ich auch nur etwas wesentlich Neues sagen kann. Alles was man sich überlegt, steht schon irgendwo: Bei Felix Klein oder bei Freudenthal, in Aufsätzen von Wagenschein [...] (Kirsch 1980, S. 245)

3.2 Folgerungen für die Lehramtsausbildung

Eine zentrale Rolle für eine erfolgreiche Überwindung der Übergangsproblematik spielen die Lehrerinnen und Lehrer. Dementsprechend muss die Ausbildung angehender Mathematiklehrkräfte an den Universitäten und Hochschulen an die aktuellen Rahmenbedingungen angepasst werden. Die Ausbildung berücksichtigt in allen Studiengängen

> die Erfordernisse der späteren beruflichen Praxis, insbesondere auch in der fachwissenschaftlichen Ausbildung. (Mathematik-Kommission Übergang Schule-Hochschule 2019, Maßnahme 18)

Ein »weitgehendes Interesse an einer zweckmäßigen, allen Bedürfnissen gerecht werdenden Ausbildung« angehender Lehrkräfte benennt bereits Klein (1908, S. 1). Doch auch heutzutage ist die Frage, was unter solch einer ›bedarfsgerechten‹ Lehramtsausbildung verstanden werden kann und soll, nicht einfacher zu beantworten als vor hundert Jahren – was neben der Komplexität und Interdisziplinarität der Aufgabe an der Schnittstelle von Mathematik, Mathematikdidaktik, Pädagogik und Erziehungswissenschaft (vgl. American Mathematical Society (AMS) 2012, xi) nicht zuletzt auch noch an der Vielfalt an beteiligten Akteur*innen aus Schule, Hochschule, Fachverbänden, Gesellschaft und Bildungspolitik liegt. Wie Bauer und Hefendehl-Hebeker (2019, VII) darlegen, liegt diese Vielfalt nicht nur an den unterschiedlichen Bereichen, sondern offenbart sich bereits innerhalb der Mathematik:

> Das gymnasiale Lehramtsstudium im Fach Mathematik unterliegt vielfältigen, zum Teil gegensätzlichen Anforderungen: Die Studierenden sollen Anschluss an die aktuellen Standards des Faches finden und zugleich Sensibilität für die Genese mathematischen Denkens entwickeln, sie sollen sich in systematisch aufgebauten formalisierten Theorien zurechtfinden und zugleich elementare Ansatzpunkte für die Vermittlung grundlegender Ideen kennen, sie sollen fachliches Selbstbewusstsein und zugleich Einfühlungsvermögen für Lernende erwerben.

Ferner lässt sich aus einer ›bedarfsgerechten‹ Ausbildung auch die Forderung einer gewissen Praxisnähe ableiten (siehe auch Makrinus 2013), zugleich muss diese auch einem entsprechenden wissenschaftlichen Anspruch gerecht werden – die fachliche Ausbildung ist dabei zugleich natürliches Recht und zuvörderst obliegende Pflicht der Universitäten. Dies gilt umso mehr in der ersten Phase der Lehramtsausbildung, in der ein solides Fundament an Wissenschaftswissen gelegt werden muss:

> Lehrkräfte, die weniger Wissenschaft gelernt haben, können auch weniger Wissenschaft weitergeben und werden weniger wissenschaftlich lehren. Das beeinträchtigt die nachwachsende Generation bei der Aneignung von wissenschaftlichen Weltzugängen und schrumpft damit eine wesentliche Dimension ihrer Bildung. Es schwächt Gesellschaften, für deren Praktiken, Selbstverständnis und Selbststeuerung Wissenschaft und Technik eine wesentliche Rolle spielen. Es erschwert eine angemessene Orientierung der jungen Menschen in diesen Gesellschaften und ihre Möglichkeiten, diese zu beurteilen und zu gestalten. Schließlich behindert es die Weiterentwicklung

> der Wirtschaftszweige, deren ökonomischer Erfolg vor allem von Erfindung, Herstellung und Verkauf wissenschaftsbasierter Güter und Dienstleistungen abhängt. (Hedtke 2020, S. 92)

Zudem müssen dabei eigens auch der Mehrwert und die Notwendigkeit der fachmathematischen Ausbildung für die Fachdidaktik herausgestellt werden. Ohne ein solides fachliches Fundament sind fachdidaktische Überlegungen und Reflexionen in ihrem Umfang stark beschränkt, das Fachwissen stellt eine notwendige Bedingung für die volle Entfaltung fachdidaktischen Potenzials dar. Diese Erfahrung müssen angehende Lehrkräfte bereits im Studium machen, und nicht erst rückblickend, denn außerhalb der Universität wird kaum noch Fachwissen erworben (Kleickmann et al. 2013, S. 100). Die Fachdidaktik darf sich dabei nicht von ihrem Bezugsfach distanzieren (Beutelspacher und Törner 2015, S. 54), andernfalls bliebe der Kritik Thomas Jahnkes zur schwindenden mathematischen Expertise innerhalb der Mathematikdidaktik nichts entgegenzusetzen (vgl. Jahnke 2010, S. 23).

3.2.1 Fachliche Anforderungen an Lehrkräfte

> Es ist unbestritten, dass Lehrkräfte ›fachlich gut ausgebildet‹ sein sollten. Jedoch ist das Prädikat ›fachlich gut‹ in seiner Auswirkung auf Unterrichtsqualität nicht selbsterklärend. Deshalb sollte man umgekehrt fragen, welche Art fachlicher Expertise für einen kognitiv aktivierenden Unterricht unabdingbar ist. (Hefendehl-Hebeker 2015, S. 183)

Bei Kirsch (1980) findet sich ein Katalog mit Anforderungen an Mathematiklehrkräfte: Diese sollen in erster Linie über fachlichen Durchblick und stofflichen Überblick verfügen, also Fachkenntnisse sowohl in der Breite als auch in der Tiefe besitzen; hinzu kommen die Fähigkeit zur Analyse und Reflexion von Unterrichtsinhalten, fachdidaktische Kenntnis und nicht zuletzt auch ein von Neugier und Kreativität geprägtes, aktives und positives Verhältnis zur Mathematik (vgl. Kirsch 1980, S. 237–245). Aus diesen Eigenschaften und Anforderungen an Lehrkräfte folgt ein entsprechender Anspruch an die universitäre Lehramtsausbildung – schließlich müssen diese im Studium erworben oder dort zumindest eine entsprechende Grundlage geschaffen werden. Kirsch (1980) hebt noch hervor, dass die von ihm beschriebenen Qualifikationen überwiegend mathematische, nicht didaktische seien, dabei aber »eine unerläßliche Voraussetzung für qualifizierte Beschäftigung mit Fachdidaktik im engeren Sinn« bilden (Kirsch 1980, S. 247). Lehrkräfte müssen also zunächst fachwissenschaftliche Expert*innen sein, damit

»im Unterricht das Fach zur Geltung kommen« (Selter 1995, S. 124) kann: »Being a good teacher requires more than being a content expert« (Vleuten et al. 2000, S. 249). Zudem genügt es dabei nicht, die Inhalte des Studiums nur über unterrichtliche Ausnahmesituationen wie fachliche Rückfragen von Schüler*innen zu motivieren (Bauer 2017). Mathematisch denken zu können ist essenziell für sowohl Planung als auch Durchführung guten Unterrichts, »it makes a difference to every minute of the lesson« (Stacey 2007, S. 44). Es braucht also »mehr, bessere und anspruchsvollere wissenschaftliche Lerngelegenheiten im Lehramtsstudium, die das domänenspezifische Fachwissen der zukünftigen Lehrkräfte stärken« (Hedtke 2020, S. 93). Die Bedeutung des Fachwissens für den Unterricht soll noch präzisiert werden:

> Effective teachers of mathematics should understand mathematical definitions, representations, examples and notations, and recognize those which are most powerful in supporting children's understanding; they should hear the mathematical thinking of children and guide and extend that thinking; they should recognize the nature of children's errors and alternate conceptions, and help them to create counterexamples and arguments. (Seaman und Szydlik 2007, S. 169)

> Gerade im schulischen Kontext sind Lehrkräfte immer wieder gefordert, Lösungen, Vermutungen und Vorschläge von Schülerinnen und Schülern nicht nur schnell zu evaluieren, sondern diese auch in einer Weise aufzugreifen, die zu fruchtbaren Lernprozessen führen kann. (Reiss und Ufer 2009, S. 172)

> Ein fachlich souveräner Umgang mit den Themen des Mathematikunterrichts bahnt sich nicht von selbst an. Hierzu bedarf es eigener Lehrveranstaltungen, die die Schulmathematik in geeigneter Weise vom ›höheren‹ Standpunkt behandeln. Dies ist ein eigener Anspruch und erfordert eine spezifische Anstrengung, die nicht in der Begegnung mit kanonisierter Hochschulmathematik aufgeht. (Beutelspacher et al. 2012, S. 14)

> Häufig kennt ein Lehramtskandidat einen mathematischen Begriff aus seiner eigenen Schulzeit [...], wird mit demselben Begriff während seines Mathematikstudiums auf hohem abstrakten Niveau erneut konfrontiert [...], erkennt keinen inneren Zusammenhang und vergibt die Chance einer fachdidaktischen Analyse. (Danckwerts 1979, S. 201)

Allerdings stellt das Fachwissen nur eine Komponente des Professionswissens von Lehrkräften dar. So unterscheidet Shulman (1986) als Wissensdomänen das Fachwissen (content knowledge, CK) vom fachdidaktischen Wissen (pedagogical content knowledge, PCK), wobei das Fachwissen notwendig, aber nicht alleine hinreichend ist und erst durch eine Verzahnung mit adäquatem fachdidaktischem Wissen wirksam wird (vgl. Deiser et al. 2012, S. 250). Diese beiden

Komponenten lassen sich ferner noch um das Konzept des ›Fachwissens im schulischen Kontext‹ (school related content knowledge, SRCK) ergänzen, welches Heinze et al. (2016, S. 332) als »berufsspezifisches konzeptuelles Fachwissen über Zusammenhänge zwischen schulischer und akademischer Mathematik« charakterisieren. Zum SRCK gehört einerseits das curriculare Wissen über die Struktur der Schulmathematik sowie andererseits auch Wissen über die Wirkrichtungen zwischen Schul- und Hochschulmathematik, wie etwa Wissen über die akademische Mathematik hinter Begriffen der Schulmathematik oder über Möglichkeiten zur Reduktion hochschulmathematischer Inhalte für die Schule (vgl. Heinze et al. 2016, S. 333). Die von Danckwerts (1979) beschriebene Situation der ›vergebenen Chance‹ ist dabei ein Beispiel für unzureichend ausgebautes SRCK.

Insgesamt zeigt sich, dass die Anforderungen an ein Lehramtsstudium keineswegs aus einem ›weniger an Fachwissen‹, sondern eher aus ›mehr als nur Fachwissen‹ bestehen. Zu diesen weiteren Wissensebenen gehört, dass Lehramtsstudierende »über die rein fachliche Sicht hinaus auch über epistemologische Aspekte und über adäquate Vorstellungen zu den grundlegenden Ideen [...] Bescheid wissen« (Bruder et al. 2010, S. 81–82) sowie später im Unterricht mathematische Wissensbildung erlebbar aufbereiten und ihr Wissen um die Reichweite und Tragfähigkeit der verwendeten mathematischen Begriffe nutzen können, dabei auch die Erkenntnisweisen des Faches wissenschaftstheoretisch reflektieren und ihren Schüler*innen intellektuelle Selbstentfaltung ermöglichen können (vgl. Hefendehl-Hebeker 2013b, S. 433). Da Lehramtsstudiengänge im Vergleich zu reinen Fachstudiengängen zwangsläufig über einen reduzierten Anteil fachwissenschaftlicher Lehrveranstaltungen verfügen, stellt dieses ›mehr als‹ eine besondere Herausforderung dar – wie beispielsweise Bauer und Hefendehl-Hebeker (2019, S. 6) für das Lehramtsstudium Mathematik darlegen. Bei Scheid und Wenzl (2020) finden sich darüber hinaus noch allgemeinere und fachunabhängige Analysen des Stellenwerts und Umfangs der Wissenschaftlichkeit in der Lehrkräftebildung.

3.2.2 Lehramtsfachausbildung sui generis

Für die Konzeption von Lehramtsstudiengängen stellt sich dabei nicht nur die Frage nach dem Verhältnis zwischen Fachwissenschaft, Fachdidaktik und Praxisphasen, sondern auch jene nach eigenständigen fachwissenschaftlichen Mathematikvorlesungen für Lehramtsstudiengänge. In Abhängigkeit von Schulform, Bildungssystem des Bundeslandes, Art und Standort der Hochschule sowie der Kapazität des zuständigen Fachbereichs wird die fachwissenschaftliche Lehre standortspezifisch individuell anders umgesetzt, sodass diese Frage schon länger diskutiert wird und bislang keinen Konsens allgemeine Antwort findet (vgl. Bruder et al. 2010, S. 80). In Mathematikveranstaltungen für andere Studiengänge finden sich häufig spezielle Lehrveranstaltungen (›Mathematik für …‹), hingegen finden sich gerade im Bereich des gymnasialen Lehramts keine eigenständigen Fachvorlesungen. Ob eine Lehramtsfachmathematik sui generis sinnvoll und erstrebenswert ist, lässt sich auch nicht ohne Weiteres beurteilen, dies hängt wie so häufig von der konkreten Konzeption ab. Wichtig ist dabei die zuvor bereits erwähnte Forderung aus dem Maßnahmenkatalog zum Übergang Schule-Hochschule, der zufolge bei der Ausbildung angehender Mathematiklehrkräfte insbesondere auch in der fachwissenschaftlichen Ausbildung die Erfordernisse der späteren beruflichen Praxis berücksichtigt werden sollen (vgl. Mathematik-Kommission Übergang Schule-Hochschule 2019).

Ein gewichtiges Argument für eine gemeinsame fachliche Ausbildung von Lehramts- und Fachstudierenden ist, dass die zu lernende Mathematik der Einstiegsvorlesungen an sich keine andere ist, die Lehramtsstudienanfänger*innen keine kognitiv anderen Eingangsvoraussetzungen mitbringen (vgl. Blömeke 2009a, S. 92; vgl. auch Roloff Henoch et al. 2015) und sie auf diesem Wege gemeinsam mit den übrigen Mathematikstudierenden sozialisiert werden. Durch eine »Trennung der Studiengänge gibt es jedoch […] weniger Möglichkeiten für die Enkulturation der Lehramtsstudierenden im Bereich Mathematik als Wissenschaft« (Grieser et al. 2018, S. 52), zudem benötigen auch Sozialisationsprozesse eine gewisse Zeit, um ihre Wirksamkeit zu entfalten: »Teaching takes place in time, learning takes place over time« (Griffin 1989, S. 12).

Auf der anderen Seite erfordert der Lehrberuf wie zuvor diskutiert eben mehr als nur Fachwissen, sodass sich die Frage nach der Verortung dieser Inhalte im Studium stellt. Wohlgemerkt stellt das benötigte Meta-Wissen eine eigene Domäne dar, die nicht automatisch der Fachdidaktik zugeordnet werden kann, sondern Teil der fachwissenschaftlichen Ausbildung ist und entsprechend auch in Mathematikvorlesungen vermittelt werden muss (vgl. Jansen und Meer 2012, S. 12). Da dieses Wissen über den Kanon klassischer Fachvorlesungen hinaus geht, muss also bei der Konzeption des Lehramtsstudienganges entschieden werden, ob es eigene Lehramtsfachvorlesungen geben soll, die dieses Wissen integrieren. Alternativ können Lehramtsstudierende auch die regulären Fachvorlesungen besuchen und das zusätzliche Wissen über die Mathematik gebündelt in einer eigenen Veranstaltung vermittelt bekommen. Insbesondere im ersten Fall muss zudem auf Seite der Hochschullehrenden das Bewusstsein vorhanden sein, dass eine Mathematikvorlesung mit dem Zusatz ›… für Lehramt‹ keinesfalls bedeuten darf, dass dort weniger Inhalte behandelt werden (vgl. auch Bauer und

Hefendehl-Hebeker 2019, S. 16). Insofern kommt hier auch die Wertschätzung der Lehramtsstudierenden durch die Lehrenden und mathematischen Fachbereiche zum Tragen: Werden diese als Studierende zweiter Klasse behandelt oder bekommen sie implizit vermittelt, keine ›richtigen‹ Mathematiker*innen zu sein, so führt dies zwangsläufig zu einer geringeren Identifikation mit dem Fach (vgl. Hefendehl-Hebeker 2013a, S. 6); das dadurch verursachte Wissenschaftsdefizit im Lehramtsstudium ist folglich ein hausgemachtes Problem der Universitäten (vgl. Hedtke 2020, S. 95). Auch für Kirsch (1980) sind Lehramtsstudierende keineswegs Mathematiker*innen zweiter Klasse – ganz im Gegenteil sollten diese während ihres Studiums ein entsprechendes fach- und professionsspezifisches Selbstbewusstsein aufbauen: »Der Mathematiklehrer sollte nicht den Universitätsmathematiker kopieren wollen und womöglich darunter leiden, daß er keine ›richtige Mathematik‹ machen kann. […] Er sollte seine Aufgaben als Lehrer nicht geringschätzen« (Kirsch 1980, S. 244); Lehrkräfte sollten »Wissenschaftlichkeit als einen Teil des professionellen Selbstbildes« (Hedtke 2020, S. 97) ansehen (lernen). Diese Forderungen sind mithin umso zentraler, da Mathematiklehrkräfte heutzutage – im Gegensatz zu früheren Generationen – »kaum den herausfordernden (fachlichen) Wissenschaftsbereich, z. B. der Mathematik, betreten« (Törner 2015, S. 206–207).

3.2.3 Notwendigkeit mathematischer Enkulturation bei Lehrkräften

Mangelt es Lehrkräften an mathematischer Selbstwirksamkeitserwartung oder fehlt der persönliche Bezug zur Wissenschaft ihres Faches gänzlich, so wirkt dies über ihren Unterricht auch auf die Gesellschaft (Hedtke 2020, S. 92), ihre Ausbildung spielt demnach eine zentrale Rolle[23] – insbesondere wenn es darum geht, ein authentischeres und breiteres Bild von Mathematik zu vermitteln (Loos und Ziegler 2016, S. 163). Warnungen vor dem Schaden, den Lehrkräfte ohne »inneres Verhältnis zur Mathematik« anrichten können, finden sich bereits bei Toeplitz (1928, S. 4):

> Außer didaktischen Gaben muß der mathematische Lehrer ein inneres Verhältnis zu seinem Gegenstande haben. […] Wehe den vielen Generationen von Schülern, denen von einem einzigen ungeeigneten Lehrer während mehrerer Jahrzehnte die Mathematik

[23] Siehe auch die Forderung aus dem Maßnahmenkatalog der Mathematik-Kommission Übergang Schule-Hochschule (2019).

> verekelt wird, wehe endlich der Mathematik, deren Ansehen in der Öffentlichkeit von solchen Lehrern aufs schwerste geschädigt wird!

Wie in Abschnitt 3.1.6 ausgeführt, geht es bei der Kompetenzentwicklung im Studium nicht um das spezifische Wissen einzelner Begriffe oder Sätze, sondern eher um die die Befähigung zum eigenständigen Wissenserwerb. Eine entsprechende *mathematical sophistication* sollte daher im Laufe des Studiums erworben werden:

> We stress that mathematical sophistication does not imply an understanding of any specific definition, mathematical object, or procedure. Rather, having mathematical sophistication means possessing the *avenues of knowing* of the mathematical community that allow one to construct mathematics for oneself. (Seaman und Szydlik 2007, S. 172, Hervorhebung im Original)

Es besteht Bedarf an einerseits mehr, zugleich aber auch besser enkulturierten Mathematiklehrkräften, die Mathematik als Kulturleistung auffassen und im Studium einen »Einblick in die Bedeutung der Mathematik für die moderne Welt« (Standards für die Lehrerbildung im Fach Mathematik 2008, S. 149) gewinnen. Bauer und Hefendehl-Hebeker (2019, S. 9) adaptieren hierzu ein vierstufiges Literacy-Modell auf die Lehramtsausbildung im Fach Mathematik, bestehend aus *everyday literacy*, *applied literacy*, *theoretical literacy* und *reflexive literacy*. Angehende Lehrkräfte sind erst dann fachlich hinreichend enkulturiert, wenn sie die höchste Stufe – bei Toeplitz: das Durchschauen des Getriebes der Mathematik – erreichen, erst dann können sie als Repräsentant*innen der Fachgemeinschaft auftreten und die Denkweisen des Fachs im Unterricht adressat*innenengerecht zur Geltung zu bringen (Bauer und Hefendehl-Hebeker 2019, S. 14). Zu dieser vierten Stufe gehört auch das Wissen darüber, wie in der Mathematik Probleme angegangen werden (vgl. Deiser et al. 2012, S. 262), die Fähigkeit, Mathematik selbst machen zu können und diese nicht lediglich zu reproduzieren (vgl. Kirsch 1980, S. 243) sowie die Internalisierung entsprechender ›sociomathematical norms‹ (vgl. Gueudet 2008, S. 243). Die wissenschaftliche Sozialisation im Fach ist auch deshalb von zentraler Bedeutung für die Lehrkräftebildung, da der Lehrberuf »klar auf einem wissenschaftlichen Fundament aufruht: Denn wie außer ihm eigentlich nur noch der Beruf des Wissenschaftlers ist der Lehrerberuf einer, der der ›Erkenntnispflege‹ in einem Fach dient« (Wenzl 2020, S. 209). Zugleich weisen Bauer und Hefendehl-Hebeker (2019, S. 16) darauf hin, dass das Erreichen der reflexiven Stufe eine keineswegs triviale Aufgabe darstellt:

> Hieraus ergibt sich eine Herausforderung für die Lehramtsausbildung: Kann man Lehramtsstudierende trotz der Beschränkungen eines schmalen Ausbildungsvolumens zur reflexiven Stufe führen, obwohl man sie in der wenigen Zeit nicht zu forschenden Mathematikern wird ausbilden können? Versucht man dies gar nicht, so besteht die Gefahr, die Lehramtsausbildung schlicht als verkürzte Fachausbildung zu betrachten – wobei es nahe liegt, das Verkürzen zugleich als ›Erleichtern‹ zu interpretieren.

Eine weitere Herausforderung besteht darin, die Studierenden dazu zu bringen, über Mathematik nachdenken zu wollen und eine mathematische Enkulturation überhaupt als ein für sie erstrebenswertes Ziel wertschätzen zu lernen (vgl. Bauer und Kuennen 2017, S. 361). Wenngleich das authentische Kennenlernen von Mathematik und ihrer Arbeitsweisen eine zunächst ungewohnte Erfahrung darstellen kann (vgl. American Mathematical Society (AMS) 2012, S. 11), müssen Lehramtsstudierende Lerngelegenheiten erhalten, die ihnen ermöglichen, »überhaupt mathematische Qualität kennenzulernen« (Vollrath 1988, S. 208). Bei Seaman und Szydlik (2007, S. 170) findet sich eine kommentierte Liste mit charakterisierenden Wesenszügen mathematischer Tätigkeiten. Diese umfasst Aspekte, die Mathematiker*innen zu erreichen suchen, die Art und Weise, wie sie mit mathematischen Objekten hantieren und Gewissheit verschaffen (vgl. Bauer 2017, S. 44). Zweifelsohne gehört dazu auch ein Einblick in die mathematischen Tätigkeiten forschender Mathematiker*innen (vgl. Bauer 2013c, S. 251) oder etwa die Erfahrung, dass in der Mathematik der Papierkorb mit zum Arbeitszeug gehöre (vgl. Beutelspacher und Törner 2015, S. 56).

Alles in allem ist die mathematische Enkulturation von Lehramtsstudierenden also insofern notwendig, als dass keine Enkulturation keine Option darstellen darf. Eine gelungene Enkulturation am Ende eines Lehramtsstudiums ist keineswegs selbstverständlich, sie erfordert entsprechende Rahmenbedingungen und nicht zuletzt auch einen gewissen Einsatz von Lehrenden.

> Bei der Kunst ist es ganz klar; es gibt die fertige Kunst, die der Kunsthistoriker studiert, und es gibt die Kunst, die der Künstler betreibt. […] Daß es neben der fertigen Mathematik noch Mathematik als Tätigkeit gibt, weiß jeder Mathematiker unbewußt, aber nur wenigen scheint es bewußt zu sein, und da es nur selten betont wird, wissen Nichtmathematiker es garnicht. (Freudenthal 1973, S. 110)

Ganz im Sinne Freudenthals muss die fachmathematische Lehramtsausbildung nun also dafür sorgen, dass sich die zukünftigen Mathematiklehrer*innen trennscharf von Nichtmathematiker*innen unterscheiden, sie also bezogen auf Fachwissen und Selbstbild im Laufe des Studiums zu einem Teil der mathematischen

Gemeinschaft werden, diese gegenüber der Gesellschaft repräsentieren und das Bild der Mathematik beeinflussen.

3.2.4 Beeinflussung des gesellschaftlichen Bildes der Mathematik durch Lehrkräfte

Zuletzt sind auch die Wahrnehmung und Darstellung von Mathematiker*innen für das gesellschaftliche Bild der Mathematik prägend – sei es in Form von Vorbildrollen, Stereotypen oder medial erzeugter Bilder. Für die Sichtbarkeit von Mathematik in Medien und Popkultur unterscheidet Nardi (2017, S. 74) die Abstufungen zunächst der *Unsichtbarkeit*, dann drei Arten *exotischen Auftretens* (*behelfsmäßig*, *herabwürdigend* und *bewundernd*), der *politisch korrekten Darstellung* und – als höchste Sichtbarkeitsstufe – der *Akzeptanz und natürlichen Darstellung* von Mathematik. Wenn überhaupt sichtbar, so werden Mathematiker*innen in Filmen oder Serien dabei überwiegend in einer der drei exotischen Varianten repräsentiert:

> The image of the mathematician as isolated, obsessed, possibly autistic but certainly socially inept, is widespread in popular media. The image of mathematics is that it is difficult, precise (there is always a right answer), sometimes beautiful, but always obscure. (Epstein et al. 2010, S. 52)

Entsprechend sehen auch in der Erhebung von Mendick et al. (2008) viele Studierende Mathematik als eine überwiegend von weißen Männern der Mittelschicht geprägte Wissenschaft an. Selbst die Fachstudierenden waren dabei trotz des Bewusstseins um die Klischees nicht in der Lage, alternative Bilder von Mathematik und Mathematiker*innen zu benennen (vgl. auch Ziegler 2011, S. 175). Die Gefahr besteht darin, dass sich Assoziationen von Mathematik auf Aspekte wie Langeweile, unlösbare Aufgaben, stupide und fantasielose Rechnungen beschränken (vgl. Nardi 2017, S. 73) und dabei ein Prozess der Disidentifikation stattfindet, in dessen Folge noch weniger Studienanfänger*innen ein Mathematikstudium oder ein Studium mit Mathematikanteilen in Betracht ziehen (Mendick et al. 2008, S. 8). Die curriculare Entwicklung seit der Einführung der Bildungsstandards stellt dabei eine Grundlage dar, um die Vielfalt der Mathematik und ihrer Arbeitsweisen auch im Unterricht zur Geltung kommen zu lassen und so einen Wandel des gesellschaftlichen Bildes zu erreichen. In Richtung solch eines modernen Bildes geht auch das folgende Gedankenexperiment mit der Aufteilung des

Schulfaches Mathematik in drei separate Schulfächer, verbunden jeweils mit der Schwerpunktsetzung auf einen anderen Wesenszug der Mathematik:

> Mathematik I: Eine Sammlung von grundlegenden Werkzeugen, ein Teil der Überlebensausrüstung für den modernen Alltag – dazu gehört eigentlich alles, im Detail aber kaum mehr als als das, was Adam Ries in seinem ›Rechenbüchlein‹ 1522 erstmals veröffentlicht hat, vor nahezu 500 Jahren.
>
> Mathematik II: Ein Feld des Wissens mit einer langen Geschichte, Teil unserer Kultur und eine Kunst, aber auch eine sehr produktive Grundlage (sogar ein Produktionsfaktor) für alle modernen Schlüsseltechnologien. Das ist ein Bereich, über den sich Geschichten erzählen lassen.
>
> Mathematik III: Eine Einführung in Mathematik als Wissenschaft – ein wichtiges, hochentwickeltes, aktives, riesiges Forschungsfeld. (Loos und Ziegler 2016, S. 167)

Unter den vorherrschenden Rahmenbedingungen des Unterrichts ist dieser Vorschlag gewiss rein hypothetischer Natur. Dennoch wirft ein solcher Vorschlag durchaus interessante Fragen auf, etwa ob und in welchem Umfang der Mathematikunterricht diese Aspekte gegenwärtig nicht bereits vermittelt und ob dies auch schon in der Sekundarstufe I geschieht oder gegebenenfalls nur Leistungskursen vorbehalten bleibt. Nicht zuletzt lassen sich in den Aspekten Mathematik II und III auch die drei Winter'schen Grunderfahrungen eines allgemeinbildenden Mathematikunterrichts identifizieren (vgl. Winter 1996).

Einige der diskutierten Folgerungen wurden bereits in hochschuldidaktischen Projekten umgesetzt und flossen in Studiengangsreformen mathematikhaltiger Studiengänge ein. Zum Abschluss des Kapitels wird eine Auswahl entsprechender hochschuldidaktischer Projekte vorgestellt, bevor in Kapitel 4 die resultierenden Interventionsmaßnahme ENTSTEHUNGSPROZESSE VON MATHEMATIK beschrieben und die zugehörige Begleitforschung vorgestellt wird.

3.3 Hochschuldidaktische Projekte zur Veränderung der mathematischen Lehrkultur an Hochschulen und in der Lehramtsausbildung

Gerade der Bereich der Studieneingangsphase in mathematischen (Lehramts-) Studiengängen profitierte in den letzten Jahren von einer gestiegenen Beachtung, und zwar »nicht nur an der Schnittstelle Schule–Hochschule, sondern auch grundsätzlicher bezogen auf hochschulmathematikdidaktische Forschung und Entwicklung« (Klinger et al. 2019, S. 6). So finden sich einerseits auf der Ebene einzelner Standorte viele individuelle Maßnahmen, beispielsweise zur Verbesserung von Rahmenbedingungen, zur Weiterentwicklung mathematischer Lehrveranstaltungen oder zur Schaffung entsprechender Lerngelegenheiten im Studium. Auf der anderen Seite zeigt sich dies auch durch Projekte, die universitätsübergreifende hochschuldidaktische Reformen initiieren oder evaluieren. Als ein solches richtungsweisendes Projekt lässt sich hier zunächst das Projekt *Mathematik Neu Denken* der Universitäten Siegen und Gießen bezeichnen (vgl. Beutelspacher et al. 2012), welches als eines der ersten Impulse für eine Neuorientierung der deutschsprachigen Gymnasiallehramtsausbildung gab. Auch an anderen Standorten entwickelten sich – teilweise davon inspiriert, teilweise auch unabhängig – weitere Projekte dieser Art, exemplarisch genannt seien hier die Projekte *Mathematik besser verstehen* der Universität Duisburg-Essen (vgl. Ableitinger 2013a; Ableitinger et al. 2010) und *Mathematiklehramtsausbildung nachhaltig verbessern* der Universität Hamburg (vgl. Schwarz und Herrmann 2015). Reiss et al. (2010) geben einen charakterisierenden Überblick über diese und weitere Projekte ähnlicher Bauart. Das *Kompetenzzentrum Hochschuldidaktik Mathematik (khdm)* ist ein Verbundprojekt der Universitäten Kassel, Paderborn und Hannover (vgl. Kompetenzzentrum Hochschuldidaktik Mathematik (khdm)) und hat in den letzten Jahren eine zentrale Rolle bei der Vernetzung hochschuldidaktischer Akteur*innen eingenommen. Eines der daraus entstandenen Projekte ist eine universitäts- und maßnahmenübergreifende Evaluation des mathematischen Studieneinstiegs im *WiGeMath-Projekt*[24] (vgl. Biehler et al. 2018b). Weiterhin existieren eine Reihe an Best Practice-Maßnahmen in einzelnen mathematischen Lehrveranstaltungen, die durch Publikation ihrer verwendeten Materialien und Vorstellung zugrunde liegender Lehrkonzepte einen bedeutsamen Beitrag leisten. So finden sich in den von Thomas Bauer veröffentlichten Materialien viele Aufgaben, welche die Schnittstelle zwischen Schul- und Hochschulanalysis auf inhaltlicher Ebene (vgl. Bauer 2013a, 2013b) und methodischer Ebene (vgl. Bauer 2018) adressieren, während sich im Bereich der Linearen Algebra entsprechende Aufgaben bei Ableitinger und Herrmann (2014) oder Schwarz und Herrmann (2015) finden. Um zu Beginn des Studiums mathematische Arbeitsweisen im Allgemeinen kennenzulernen, entwickelte Daniel Grieser die Vorlesung *Mathematisches Problemlösen und Beweisen* (vgl. Grieser 2013, 2012), wohingegen Hermann Schichl und Roland Steinbauer ihre *Einführung in das mathematische Arbeiten* inhaltlich an der Analysis orientieren (vgl. Schichl und Steinbauer 2012, 2009) und Christian Haase sich in der Vorlesung *Mathematik entdecken* den mathematischen Arbeitsweisen auf dem Gebiet der Elementargeometrie nähert

---

[24] Wirkung und Gelingensbedingungen von Unterstützungsmaßnahmen für mathematikbezogenes Lernen in der Studieneingangsphase

(vgl. Haase 2017; Haase et al. in Vorb.). Dabei lassen sich ganz unterschiedliche Ansatzpunkte für Entwicklungen rund um den Studieneinstieg ausmachen, etwa neue Lehrveranstaltungsformen mit einem problemorientierten Zugang zur Mathematik und mehr Zeit zur Erarbeitung von Grundkonzepten (vgl. Grieser et al. 2018, S. 51). Zugleich weist Biehler (2018a, S. 14) jedoch darauf hin, dass es zwar viele hochschuldidaktische Innovationen gebe, darunter aber tendenziell nur wenige Ansätze, um die klassischen mathematischen Einstiegsvorlesungen (Analysis I, Lineare Algebra I, ...) unter dem Gesichtspunkt einer Übergangsdidaktik umzugestalten.

Die Vielzahl an Maßnahmen der Universitäten und Forschungseinrichtungen spiegelt sich auch in der (hochschul-)didaktischen Forschungsgemeinschaft wider. Neben dem khdm sind das Hanse-Kolloquium zur Hochschuldidaktik Mathematik und der Arbeitskreis Hochschulmathematikdidaktik der Gesellschaft für Didaktik der Mathematik als Akteur*innen zu nennen. Die drei großen Fachverbände DMV, GDM und MNU haben zudem in diesem Bereich zwei Kommissionen gegründet, um auf (hochschul-)politischer Ebene zusammenzuarbeiten: Die *Gemeinsame Mathematik-Kommission Übergang Schule–Hochschule* widmet sich der Schnittstelle zwischen der Mathematik im Abitur und den mathematischen Anforderungen in der Vielfalt mathematikhaltiger Studiengänge. Und die *Gemeinsame Kommission Lehrerbildung (GKL)* fokussiert sich speziell auf die Anforderungen an die Mathematikausbildung angehender Lehrkräfte und deren Weiterentwicklung. Die Ergebnisse beider Kommissionen zeigen sich einerseits auf spezifischen Tagungen – beispielsweise zur bedarfsgerechten fachmathematischen Lehramtsausbildung – und andererseits auch in entsprechenden Veröffentlichungen wie den erarbeiteten Thesen zum konstruktiven Übergang Schule – Hochschule (vgl. Mathematik-Kommission Übergang Schule-Hochschule 2019). Das derzeitige Interesse an hochschuldidaktischen Fragestellungen zeigt sich zuletzt auch darin, dass bei der gemeinsam veranstalteten Jahrestagung von GDM und DMV im Jahr 2018 die Schnittstelle zwischen Fachwissenschaft und Fachdidaktik einen der Tagungsschwerpunkte darstellte (vgl. Bender und Wassong 2018). Einen Einblick in die facettenreichen Fragestellungen der Hochschuldidaktik Mathematik gewähren darüber hinaus auch die Bände der Schriftenreihe *Konzepte und Studien zur Hochschuldidaktik und Lehrerbildung Mathematik* (vgl. Biehler et al. 2013–2018).

Zur Klassifikation der vielfältigen Forschungsstränge unterscheiden Göller et al. (2017, S. 2–4) die folgenden neun Themenfelder hochschulmathematikdidaktischer Forschung:

1. Mathematics as a subject in pre-service teacher education
2. Mathematics for math majors
3. Mathematics as a service subject (in engineering and economics)
4. Tertiary level teaching (analyses, support and innovations)
5. Motivation, beliefs and learning strategies of students
6. Learning and teaching of specific mathematical concepts and methods
7. Curriculum design including assessment
8. Theories and research methods
9. Transition: research and innovative practice

Die im nachfolgenden Kapitel 4 vorgestellte hochschulmathematikdidaktische Interventionsmaßnahme vereint dabei mehrere dieser Bereiche: Den Schwerpunkt des Projekts stellte die Vorlesung ENTSTEHUNGSPROZESSE VON MATHEMATIK (ENPROMA) dar, welche in der gymnasialen Lehramtsausbildung (1) eine Symbiose aus hochschuldidaktischen Methoden (4) und fachmathematischer Ausbildung (2) in der Hochschulanalysis (6) bildete. Ziel war die Entwicklung mathematischer Kompetenzen und fachliche Enkulturation der Studierenden (7), wobei speziell die mathematischen Weltbilder und Einstellungen zur Mathematik (5) beim Übergang Schule–Hochschule (9) untersucht wurden.

4 Die EnProMa-Vorlesung als resultierende hochschuldidaktische Intervention

Vor dem Hintergrund der im vorhergehenden Kapitel beschriebenen Anforderungen an eine bedarfsgerechte Lehramtsausbildung im Fach Mathematik wurden auch an der Johann Wolfgang Goethe-Universität Frankfurt am Main entsprechende Maßnahmen initiiert. In einem Modellprojekt wurde sich diesen Herausforderungen angenommen und die Mathematikausbildung der angehenden Gymnasiallehrkräfte um hochschuldidaktische Aspekte ergänzt. Eine Feststellung vor Beginn der Studiengangsreform war, dass während des Fachstudiums in vielen Fällen nur das Minimum an benötigtem Wissen erworben wurde und dieses eher prozedural, nicht verständnisorientiert war. Angemessenes Konzeptwissen und ein gültiges, umfassendes Bild von Mathematik wurden häufig nicht in gewünschtem Maße erworben, die nötige Enkulturation fand nicht statt. Im Zuge der Neukonzeption des Studienganges zum Wintersemester 2014/2015 wurde dabei die Vorlesung ENTSTEHUNGSPROZESSE VON MATHEMATIK (ENPROMA) eingeführt, welche das Studienangebot um hochschulmathematikdidaktische Elemente ergänzt, zugleich jedoch die Struktur und Inhalte der üblichen Fachvorlesungen unangetastet lässt (siehe Goethe-Universität Frankfurt am Main (JWGU) 2019, S. 8). Bei der Umsetzung der Veranstaltung wurde auf einen enaktiven, genetischen Zugang gesetzt, um der verbreiteten Präsentation ›fertiger‹ Mathematik entgegenzuwirken: Mathematik lernen soll nicht (nur) daraus bestehen, anderen Menschen beim Mathematikmachen zuzusehen, die eigene Aktivierung ist maßgeblich für das Verständnis (vgl. auch Otto et al. 1999, S. 191–192). Den Studierenden wurde dementsprechend die Möglichkeit gegeben, Mathematik als ein menschliches Produkt kennenzulernen, ein tiefer gehendes Konzeptverständnis zu erlangen und ihre mathematischen Arbeitsweisen zu reflektieren. Die für die Studierenden ›neue‹ Hochschulmathematik wurde eigentätig und in

B. Weygandt, *Mathematische Weltbilder weiter denken*,
https://doi.org/10.1007/978-3-658-34662-1_4

kooperativer Kleingruppenarbeit erkundet, genuine mathematische Arbeitsweisen rückten als eigener Lerngegenstand in den Mittelpunkt. Dabei wurden auch die häufig geforderten Bezüge zwischen universitärer Mathematik und vertrauter Schulmathematik hergestellt, um einer eventuell wahrgenommenen Trennwand entgegenzuwirken (vgl. Bauer und Partheil 2009, S. 89). All dies geschah nicht zuletzt auch mit dem Ziel der mathematischen Enkulturation angehender Lehrkräfte, welche das Wesen der Mathematik trotz des im Lehramtsstudium üblicherweise reduzierten fachmathematischen Studienumfangs erfahren sollten.

Inhaltlich knüpft die Veranstaltung an die Vorlesung Analysis I an, wobei die Studierenden exemplarisch erleben, wie Mathematik ›im Prinzip‹ funktioniert, spezifische prozessbezogene mathematische Kompetenzen erwerben und dabei – ganz im Sinne Toeplitz' – das ›Getriebe der Mathematik‹ kennenlernen. Durch diese Ansätze hin zu einer gelingenden Enkulturation sollte sowohl der Einstieg in die fachliche Ausbildung erleichtert als auch die Wahrnehmung und Wirksamkeit der sich daran anschließenden Fachvorlesungen nachhaltig positiv beeinflusst werden. Hinsichtlich der Ziele und Hoffnungen besteht somit Kongruenz zu dem einleitend erwähnten, richtungsweisenden Projekt *Mathematik Neu Denken*, bei welchem die folgenden Aspekte maßgeblich waren:

> Gelingendes Mathematiklernen bedarf der fruchtbaren Balance zwischen Instruktion [...] und individueller Konstruktion des Wissens [...]. Angehende Mathematiklehrerinnen und -lehrer müssen diese Balance selbst erfahren; sie müssen in ihrem eigenen Lernprozess erleben, wie mathematische Wissensbildung geschieht. [...] Mit einer [...] methodischen Neuorientierung der Mathematiklehrerbildung sind berechtigte Hoffnungen auf verschiedenen Ebenen verbunden: Das Methodenrepertoire der angehenden Lehrerinnen und Lehrer erweitert sich, der Aufbau eines gültigen mathematischen Weltbildes wird unterstützt, und es wird der Boden für einen erfolgreichen Umgang der Studierenden mit der Hochschulmathematik bereitet. (Beutelspacher et al. 2012, S. 17)

Liebendörfer et al. (2017) haben ein Rahmenmodell zur Evaluation hochschuldidaktischer Unterstützungsmaßnahmen entwickelt und unterscheiden diesbezüglich zwischen Lernzielen und systembezogenen Zielen. Während erstere wissens-, handlungs- und einstellungsbezogene Ziele umfassen und sich an den Studierenden orientieren, sind systembezogene Ziele wie die Verbesserung von Lehrqualität, Studienerfolg und Feedbackqualität aus der Sicht der Universität formuliert. Die Ziele des Projekts ENTSTEHUNGSPROZESSE VON MATHEMATIK lassen sich entsprechend der Taxonomie aus Liebendörfer et al. (2017) innerhalb dieser Zieldimensionen verorten. Da diese Zuordnung erst a posteriori erfolgt, dient diese weniger der Evaluation des Projekts an sich als der Vergleichbarkeit mit anderen in diesem Bereich angesiedelten Projekten (vgl. auch Unterkapitel 3.3).

Auf Ebene der Lernziele ist das primäre Lernziel, die für die Mathematik charakteristischen Denk- und Arbeitsweisen zu fördern. Neben diesem handlungsbezogenen Lernziel liegt der Fokus der einstellungsbezogenen Lernziele auf der mathematischen Enkulturation und dem Beeinflussen von Beliefs zum Ausbau eines tragfähigen mathematischen Weltbildes. Als untergeordnete – und auch nur implizit vermittelte – einstellungsbezogene Lernziele sind noch die Explizierung von Studien- und Berufsrelevanz zu nennen. Die Lernziele des Rahmenmodells decken somit einen Großteil dessen ab, was in Kapitel 3 an Konsequenzen für die Mathematikausbildung an Hochschulen diskutiert wurde. Ferner werden mit dem Projekt auch systembezogene Ziele angestrebt, etwa wenn es um die transparente Kommunikation von Studienanforderungen und benötigten Arbeitsweisen oder die Förderung kooperativer Lerngruppenarbeit geht. Nicht zuletzt geht es auch darum, den formalen Studienerfolg insofern zu verbessern, dass mehr und besser qualifizierte Lehrkräfte ausgebildet werden – wenngleich dieses Ziel im vorhandenen Rahmen nicht messbar war, hierzu wäre ein entsprechendes Experimentaldesign mit Vergleichsgruppen und kontrollierten Hintergrundvariablen vonnöten.

4.1 Rahmenbedingungen, Entwicklung und curriculare Eingliederung

An der Johann Wolfgang Goethe-Universität Frankfurt am Main absolvieren Student*innen des gymnasialen Lehramts Mathematik gut ein Drittel ihrer ECTS-Leistungspunkte im Fachbereich Mathematik,[1] wobei die fachwissenschaftlichen Module insgesamt 63 CP umfassen. Folglich haben angehende Gymnasiallehrkräfte am Ende ihres Studiums im Vergleich zum Masterstudium (mit 300 CP) deutlich weniger Mathematik ›kennengelernt‹. Für mehr Mathematik ist aufgrund der Anforderungen und der Struktur der Lehramtsausbildung – zwei Fächer samt Fachdidaktiken und bildungswissenschaftlichen Studienanteilen – kein Platz respektive keine Zeit. Die Herausforderung liegt also darin, die fachlichen Studienanteile innerhalb des gegebenen Rahmens bestmöglich und nachhaltig wirksam werden zu lassen. Im Studienverlaufsplan wurde die Vorlesung ENTSTEHUNGSPROZESSE VON MATHEMATIK zeitgleich zur Einstiegsvorlesung

[1] 88 von 240 CP (vgl. Goethe-Universität Frankfurt am Main (JWGU) 2019)

ANALYSIS I eingeplant, um die dortigen Konzepte und Arbeitsweisen exemplarisch tiefer gehend und nachhaltiger verinnerlichen zu können. Zur Wahrung der Flexibilität von Studienverläufen war es auch möglich, das Modul im Anschluss an Analysis I zu absolvieren. Demnach bestand die Zielgruppe der Vorlesung primär aus Studierenden des ersten oder dritten Fachsemesters. Ferner war eine Randbedingung, dabei die üblichen Einstiegsvorlesungen nicht neu konzipieren zu müssen. Um die fachmathematische Lehre unabhängig von den jeweiligen Lehrpersonen und verwendeten Skripten um die gewünschten hochschulmathematikdidaktischen Elemente erweitern zu können, wurde das ENPROMA-Modul im Umfang von drei ECTS-Leistungspunkten dem fachdidaktischen Studienanteil zugeordnet. Der zeitliche Umfang der Veranstaltung lag bei zwei Semesterwochenstunden, wobei jeweils eine Stunde auf die Vorlesung und die zugehörige Präsenzübung entfiel. Als Prüfungsleistung wurde zu den Themen der Vorlesung eine einstündige Modulabschlussklausur geschrieben.

Im Vorfeld der Konzeption des ENPROMA-Projekts wurden Studienanfänger*innen des gymnasialen Lehramts zu ihrer Wahrnehmung des Übergangs zwischen Schul- und Hochschulmathematik befragt. Dabei kam heraus, dass die Analysisvorlesung im Vergleich zur Linearen Algebra als subjektiv schwieriger wahrgenommen wird, insbesondere die Beweise und das Erlernen der formalen Schreibweise. Die Studierenden sahen keinen oder kaum einen Bezug zwischen den Veranstaltungsinhalten und ihrer späteren Lehrtätigkeit, beklagt wurde auch das Fehlen von Anwendungen und visuellen Repräsentationen in den Fachvorlesungen. Zudem zeigte sich in dieser Erhebung – aber auch in den Staatsexamensprüfungen –, dass ein vonseiten der Fachmathematik und Fachdidaktik wünschenswertes Begriffsverständnis häufig nicht erreicht wurde. Nach dem Ende des ersten Vorlesungszyklus wurden auch die Übungsgruppen und die dort verwendeten Aufgaben evaluiert. Dabei hoben die Studierenden unter anderem hervor, dass ein ›neuer Blick auf Mathematik‹ ermöglicht und ein ›kreativer Umgang mit Mathematik‹ gefördert wurde sowie dass die Aufgaben zu angeregten ›Gesprächen über Analysis‹ führten. Ferner gab die überwiegende Mehrheit der Studierenden an, dass ihnen der hohe Anteil eigenständiger Tätigkeiten gut gefallen habe, sie sich im Bereich der Analysis sicherer fühlten und ihre Sichtweise auf Mathematik positiv beeinflusst worden sei (vgl. Weygandt im Druck).

4.2 Konzeption der Vorlesung

Wie in den vorigen Abschnitten beschrieben, war das genetische Prinzip (vgl. Abschnitt 3.1.4) für die Vorlesungskonzeption leitend. Dabei stellt der Ansatz exemplarischen genetischen Lehrens auch in der Hochschullehre kein Allheilmittel dar, gleichwohl lassen sich hierdurch Inhalte in einer sinnstiftenden Form darbieten (vgl. Schupp 2016, S. 79–80). Entsprechend spiegelt sich das genetische Prinzip in der Beschreibung der Vorlesung wider:

> Inhalt: Die Entstehung mathematischer Begriffe und Theorien wird beispielhaft an den Inhalten der Analysis untersucht. Dabei wird die historische Genese zentraler Begriffe beleuchtet und eine Rekonstruktion auch mit Hilfe mathematischer Werkzeuge angestrebt. Themen u. a.: Definitionen von Funktionen, verschiedene Stetigkeitsbegriffe; alternative Differenzierbarkeitsbegriffe; Grenzwertberechnung mit und ohne Computerwerkzeugen. (Goethe-Universität Frankfurt am Main (JWGU) 2013, S. 8)

Die anhand dieser Inhalte zu erwerbenden mathematischen Kompetenzen erstreckten sich neben dem mathematischen Problemlösen und Beweisen (Grieser 2013) schwerpunktmäßig auf die mathematische Begriffsbildung; wobei unter diesem Aspekt auch der Aufbau tragfähiger Vorstellungen zu Begriffen und Sätzen, das Generieren von Beispielen sowie das lokale Ordnen von Begriffen gefasst wurde. Nachdem die handlungsleitenden Prinzipien in Kapitel 3 vorgestellt wurden, werden nun ausgewählte Facetten der Vorlesungskonzeption und der methodischen Umsetzung vorgestellt. Ganz im Sinne des in Unterkapitel 2.2 vorgestellten Scholarship of Teaching and Learning wurden die verwendeten Prinzipien und Methoden dabei kontinuierlich reflektiert und adaptiert (vgl. Szczyrba und Kreber 2019, S. 12–13). Für die exemplarisch-genetische Begriffsbildung wurde zunächst auf das Buch *Beweise und Widerlegungen* zurückgegriffen (Lakatos 1979), dessen Zugang Ouvrier-Buffet (2006, S. 265) auch als »heuristic approach to definitions« beschreibt:

> What Lakatos really shows us is the part played by the peer debate in the generation of examples and counter-examples. He is keen to remind us that scientific research starts and ends with problems. (Ouvrier-Buffet 2006, S. 266–267)

Die hierdurch angeregten Erkenntnisprozesse und Inhalte wurden methodisch mittels der *scientific debate* (siehe Legrand 2001, S. 130) umgesetzt. Wert gelegt wurde dabei auf den Aufbau tragfähiger Vorstellungen zu Begriffen (*concept image* bei Tall und Vinner 1981, siehe Unterkapitel 5.3), wozu einerseits entsprechende (Gegen-)Beispiele verwendet (Mason und Klymchuk 2009), andererseits aber auch Methoden zur Beispielgenerierung erlernt wurden (siehe Michener 1978; Bauer 2013a; Furinghetti et al. 2011). Zur Klassifikation von Beispielen kam die Methode des *generic example checking* zum Einsatz:

> Ask your students (and yourself) what is generic and what is particular about a particular example. Spend time explicitly describing what it is about the example that makes it exemplary. This is good practice for axiom or definition checking, and checking that the conditions of a theorem are satisfied. (Mason 2011, S. 78)

Das von Mason (2011) erwähnte Überprüfen von Voraussetzungen bei Definitionen und Sätzen wurde ebenfalls entsprechend thematisiert und expliziert. Methodisch lässt sich dies etwa durch die Umkehrung und Öffnung entsprechender Aufgaben umsetzen (siehe Abschnitt 3.1.2 sowie Weygandt und Oldenburg 2018, S. 1977), oder auch in Form des von Vollrath (1988, S. 208) angeregten Vergleichs eines Satzes in den Formulierungen unterschiedlicher Lehrbücher.[2] Wie in Abschnitt 3.1.1 beschrieben, lässt sich das Überprüfen von Voraussetzungen weiterhin in die Theorie eines auszubildenden *theorem image* einbetten (siehe Bauer 2018; 2019). Im Bereich der Begriffsbildung wurde schließlich auch die Tätigkeit des Definierens methodisch aus mehreren Blickwinkeln betrachtet, beispielsweise die Genese von Begriffen beim eigenständigen Formulieren einer Definition (siehe Kronfellner 2010) oder die Analyse der von mathematisch äquivalenten Definitionen erzeugten Vorstellungen (siehe Bauer 2013a, S. 160). Ferner wurden auch bei mathematisch nichtäquivalenten Definitionen die jeweils benötigten Voraussetzungen und der zugehörige Begriffsumfang verglichen und Unterschiede herausgearbeitet (vgl. dazu etwa Winter 1983, S. 193–194). Zum Aufbau des Begriffsnetzes wurden die Begriffe der Analysis stets zueinander in Beziehung gesetzt und miteinander verknüpft, wobei das lokale Ordnen als eine Art »deduktives Vorgehen im Kleinen« (Hoffkamp et al. 2016, S. 298; siehe auch Freudenthal 1963, S. 7) zusätzlich durch Bereitstellung einer dynamischen elektronischen Mindmap unterstützt wurde. Weitere konzeptuelle Anregungen, welche in die Vorlesungsgestaltung einflossen, finden sich allgemein bei Beutelspacher et al. (2012) und Mason et al. (2012, 2010) sowie auch speziell zu einzelnen

[2] Zur Definition der Folgenkonvergenz finden sich bei Blum und Törner (1983, S. 75–76) entsprechende Definitionen aus Schulbüchern – die sich fachlich jedoch gleichermaßen in einer Analysisvorlesung diskutieren lassen.

Inhalten der Analysis – zu nennen sind hier exemplarisch Przenioslo (2005) und Ostsieker (2019) zu Fehlvorstellungen beim Konvergenzbegriff, Roh (2010) für einen enaktiven Zugang zu dessen Definition, sowie weiterhin die vielfältigen Aufgaben und Methoden in den Werken von Bauer (2013a), Schichl und Steinbauer (2012) und Blum und Törner (1983). Die hochschuldidaktischen Elemente der Veranstaltung wurden aus dem Fach heraus entwickelt und waren an den Inhalten und Arbeitsweisen der Disziplin orientiert, was zum hochschulstoffdidaktischen Charakter der Veranstaltung beitrug. Entsprechend wurde die Vorlesung von den Studierenden eher als Fach- denn als Didaktikvorlesung wahrgenommen. Um Transparenz hinsichtlich der Lernziele zu wahren und damit die Studierenden im Nebeneinander von mathematischen Arbeitsweisen und ausgewählten Analysisinhalten Überblick behalten konnten, wurde im Laufe der Durchführung regelmäßig mittels eines *advance organizers* (Ausubel 1960) ein Überblick über die Vorlesungsthemen gegeben.

Begleitende E-Learning-Komponenten

Durch die Unterstützung des E-Learning-Teams des Fachbereichs konnte die Vorlesung um entsprechende Komponenten ergänzt werden. So konnten einerseits die Folien während der Vorlesung um interaktive Elemente wie Abstimmungsergebnisse, Skizzen, von Studierenden gefundene Beispiele oder Rückfragen ergänzt werden; andererseits wurden die Vorlesungsfolien anschließend mitsamt der aufgenommenen Audiospur als Videostream online zur Verfügung gestellt. Ergänzt wurden diese Vorlesungsvideos um eine online verfügbare dynamische Mindmap, welche sowohl die Inhalte der Vorlesung ANALYSIS I als auch jene der Vorlesung ENTSTEHUNGSPROZESSE VON MATHEMATIK enthielt. Für die Vernetzung der einzelnen Begriffe mit den Metathemen (mathematische Arbeitsweisen und Kompetenzen) war insbesondere der dynamische Aspekt der Mindmap hilfreich: Beim Auswählen eines fachlichen Begriffs wurden, wie in Begriffsnetzen üblich, die zugehörigen Oberbegriffe und Spezialfälle angezeigt, die eine Einordnung in die lokale Begriffsstruktur ermöglichten. Die benachbarten Mindmap-Knoten verwiesen jedoch zusätzlich auf die zum jeweiligen Begriff vorhandenen Materialien (Skript, Vorlesungsvideos, Übungsaufgaben) und auf die Metathemen, die anhand dieses Begriffs behandelt wurden (beispielsweise die Genese des Begriffs, zugehörige Visualisierungen, Vorstellungen und prototypische Beispiele oder Sätze, die auf diesem Begriff aufbauen). Dadurch konnte die Mindmap gleichermaßen zum inhaltlichen Begriffslernen wie zur Orientierung genutzt werden.

4.3 Konzeption der Übungen

Das Bearbeiten der Übungsaufgaben stellt im Mathematikstudium die »wesentliche Form von Eigenaktivität« dar (Bauer 2018, S. 2). Im Sinne eines nachhaltigen Kompetenzerwerbs erweisen sich dabei kooperative Lerngelegenheiten als sinnvoll, insbesondere wenn Studierende dort dazu angeregt werden, gemeinsam die Bedeutung von Konzepten zu diskutieren und Lösungsansätze aktiv zu konstruieren (vgl. Westermann und Rummel 2010, S. 240). Entsprechend wurde bei der Konzeption des Moduls eine der zwei Semesterwochenstunden für wöchentlich stattfindende Tutorien reserviert, in denen die Studierenden in Kleingruppen Präsenzaufgaben bearbeiteten. Bei der Wahl der Methoden wurde dabei auf Elemente aus Beutelspacher et al. (2012) und Fischer (2013) zurückgegriffen.

Ziele der Präsenzübungen waren die Eigenaktivität der Studierenden sowohl bei der Konstruktion von als auch bei der Auseinandersetzung mit mathematischen Inhalten, also die Studierenden an den für die Mathematik typischen Prozessen der Entwicklung neuer mathematischer Begriffe zu beteiligen (vgl. Fischer 2013, S. 96) und dabei gleichermaßen die Reflexion von Inhalten und Arbeitsweisen anzuregen, ihnen also Gelegenheiten zum »Sprechen über Mathematik« (Beutelspacher et al. 2012, S. 153) zu geben. Dies erfordert auch, bei der Auswahl der Inhalte die bisherigen Erfahrungen der Studierenden einzubeziehen und hinreichend viel Zeit einzuplanen, »um Ideen, Umwege und mathematische Konzepte zu diskutieren und zu reflektieren« (Fischer 2013, S. 110). Der Kern der Übungsaufgaben lag in der Vermittlung mathematischer Arbeitsweisen sowie der authentischen Entdeckung der Fachmathematik; einige der verwendeten Aufgaben finden sich in Weygandt und Oldenburg (2018) sowie Weygandt (im Druck). In der Umsetzung wurde der Präsenzcharakter der Übungsgruppen nicht zuletzt auch dadurch hervorgehoben, dass hierfür keine Vor- und Nachbereitung notwendig waren und keine Musterlösungen zur Verfügung gestellt wurden. Während der Arbeitsphasen wurde kooperativ in Kleingruppen gearbeitet, in denen die Student*innen »als ernstgenommene Gegenüber im Ringen um mathematische Erkenntnisse« (Fischer 2013, S. 111) behandelt wurden. Bei allen Übungsterminen war der Dozent anwesend, sodass neben Rückfragen, Anregungen und Diskussion der Ergebnisse auch für eine entsprechende Anbindung an die Vorlesung gesorgt war. Auf wöchentlich abzugebende Hausübungen wurde indes verzichtet, da hierdurch nur vergleichsweise hoher Korrekturaufwand bei geringem Zusatznutzen entsteht. Die beiden Funktionen des strukturierten Aufschreibens mathematischer Gedankengänge und der wöchentlichen Rückmeldung durch Tutor*innen werden in der Regel durch die Übungszettel anderer Fachvorlesungen erfüllt, sodass der Fokus der EnProMa-Präsenzübungen auf dem Erwerb und der Reflexion mathematischer Arbeitsweisen liegen konnte.

Für die Student*innen bedeutete die methodische Konzeption der Übungen jedoch in Teilen einen Bruch mit der bekannten Übungsgruppentradition: Bedingt durch die Offenheit der Aufgabenstellungen wurden in unterschiedlichen Kleingruppen jeweils individuelle Ansätze erarbeitet, individuelle Schwerpunkte bei der Bearbeitung gewählt und unterschiedlich intensiv diskutiert. Dabei konnten auch Fragen, die normalerweise nicht ins Bewusstsein gelangten, beachtet und beantwortet werden (vgl. Fischer 2013, S. 110). In Folge dieser inneren Differenzierung trat eine Varianz sowohl zwischen den einzelnen Übungsgruppen als auch zwischen den Kleingruppen eines Übungstermins auf. Diese inhaltliche Varianz war jedoch insofern vertretbar, als dass die in den Übungen zu erwerbenden Kompetenzen unabhängig von den konkreten Inhalten waren. Dass manche Inhalte also in gewisser Weise austauschbar waren, erwies sich für die Studierenden zunächst als ungewohnt und erzeugte teilweise auch Skepsis (vgl. auch Westermann und Rummel 2010, S. 242). Daher gab es neben einer abschließenden Ergebnissicherung zu Beginn der Übungsgruppen zunächst eine kurze Einführung, um die einzelnen Aufgaben vorzustellen und hinsichtlich ihrer Priorität und der daran zu erlernenden Aspekte einzuordnen. Im Kontrast zu dem von Fischer (2013) beschriebenen Konzept war eine bidirektional wirkende und Kohärenz stiftende Vernetzung zwischen Vorlesung und Übungsgruppen möglich. Neben der üblicherweise vorhandenen Top-down-Richtung (Vorlesungsinhalte determinieren zu vertiefende Übungsinhalte) beeinflussten die Erkenntnisse und Ergebnisse der Übungsgruppen auch in Bottom-up-Richtung die nachfolgende Vorlesung. Die Vorlesung diente dabei als zentraler Ort, an dem beispielsweise aufgekommene Fragen diskutiert oder kreative Begriffsdefinitionen aus den unterschiedlichen Übungen aufgegriffen und verglichen werden konnten. Diese Verzahnung ermöglichte es auch, in den Übungen Aufgaben zu bearbeiten, die mit den bisherigen Kenntnissen und Werkzeugen nicht oder nicht direkt lösbar waren. Durch diesen *productive failure*-Ansatz (Kapur 2010, 2008) findet auf Seite der Studierenden eine aktive Wissenskonstruktion statt, welche den Kompetenzerwerb der darauffolgenden Vorlesung unterstützt (vgl. Westermann und Rummel 2010, S. 240). Neben der inneren Anschlussfähigkeit zwischen Vorlesung und Übungen gab es ferner vielfältige Querverbindungen zur Analysisvorlesung, die in der EnProMa-Vorlesung kontinuierlich ausgebaut und diskutiert wurden – etwa bei der Einführung neuer Begriffe, die Abwandlung, Ergänzung oder Diskussion von Analysis-Übungsaufgaben. Die Bezüge zwischen den beiden Veranstaltungen waren dabei strukturell zwangsläufig nur unidirektional, da die Analysisvorlesung von einem größeren Kreis an Hörer*innen belegt wurde und die ENPROMA-Vorlesung ein spezifisches Zusatzangebot für Lehramtsstudierende darstellte. Die Verknüpfung zwischen den Inhalten beider Vorlesungen wurde zusätzlich auch durch den Einsatz der zuvor vorgestellten dynamischen Mindmap unterstützt.

4.4 Motivation der Begleitforschung des Projekts

Eines der Ziele des hochschulmathematikdidaktischen Projekts ENTSTEHUNGSPROZESSE VON MATHEMATIK (ENPROMA) war die Unterstützung der Studierenden beim Erwerb eines ›gültigen‹ und umfassenden Bildes auf die Mathematik (vgl. auch Kapitel 1). Bei der Frage nach der Wirksamkeit dieser Maßnahme muss geklärt werden, was unter einem tragfähigen mathematischen Weltbild verstanden werden soll. Bekannt ist dabei, dass leistungsstärkere Student*innen eher ein umfassendes, prozessorientiertes mathematisches Weltbild erwerben (vgl. Thompson 1992, S. 139) und dass solch ein Weltbild wiederum dazu beitragen kann, die Frustrationstoleranz von Studierenden zu erhöhen (vgl. Törner und Grigutsch 1994, S. 237). Bei der Konzeptualisierung mathematischer Weltbilder gelangt man in den psychologischen Bereich der Einstellungsmessung. Als latente Variablen sind Einstellungen dabei jedoch nur indirekt wirksam und lassen sich demnach auch nicht direkt, sondern nur mithilfe manifester Variablen erfassen. Die Einstellungen gegenüber der Mathematik wurden in den letzten Jahrzehnten aus unterschiedlichen Blickwinkeln der Psychologie und Mathematikdidaktik erforscht, beispielsweise die Bedeutung mathematischer Weltbilder für den Lehr-Lern-Prozess oder die Zusammenhänge zwischen den Einstellungen einer Lehrkraft sowie ihrer Unterrichtsgestaltung. In der Folge kann für die vorliegende Forschung auf die zugehörigen methodischen Grundlagen zurückgegriffen werden (siehe Teil III).

Bevor diskutiert werden kann, ab wann ein mathematisches Weltbild als tragfähig oder gültig anzusehen ist, soll im Rahmen der Begleitforschung zunächst exploriert werden, wie die mathematischen Weltbilder der Lehramtsstudierenden aussehen. Aufbauend auf den bisherigen Erkenntnissen werden Items im Bereich der Genese mathematischen Wissens und der Kreativität mathematischen Arbeitens entworfen und mittels entsprechender qualitativer Methoden analysiert. Dies ermöglicht zunächst einen Blick auf die vorhandenen Strukturen mathematischer Weltbilder. Ferner kann mithilfe entsprechender Skalen auch untersucht werden, ob sich bei den befragten Studierenden im Laufe der Interventionsmaßnahme Veränderungen in ausgewählten Facetten der mathematischen Weltbilder ergeben. Neben den Auswirkungen der Interventionsmaßnahme auf die Einstellungen der

Lehramtsstudierenden gegenüber der Mathematik lassen sich auch weitere Prozesse am Übergang Schule–Hochschule untersuchen, beispielsweise ob und wie sich das aus dem Schulunterricht geprägte Mathematikbild bei der Begegnung mit der universitären Mathematik verändert.

Nachdem in den Kapiteln dieses Teils das Konzept der hochschulmathematikdidaktischen Interventionsmaßnahme in Grundzügen vorgestellt und vor dem Hintergrund einer bedarfsgerechten fachmathematischen Lehramtsausbildung verortet wurde, widmen sich die Kapitel des folgenden Teils der zugrunde liegenden psychologischen Theorie zur Einstellungsmessung und mathematischen Weltbildern, welche für die Evaluation der Wirksamkeit des Projektes Verwendung finden. Daran anschließend werden in Teil IV das forschungsmethodische Vorgehen und die benötigten statistischen Grundlagen der Einstellungsmessung beschrieben. In Teil V finden sich die Ergebnisse der Erhebung und in Teil VI abschließend deren Interpretation und ein Ausblick.

Teil III
Theoretische Grundlagen zu mathematischen Weltbildern

Die drei Kapitel dieses Teils befassen sich mit den psychologischen Grundlagen der Einstellungsmessung sowie deren Auswirkungen auf das Lehren und Lernen (auch) von Mathematik, den Charakteristika der Wissenschaft Mathematik und zuletzt den mathematischen Weltbildern, die unterschiedliche Personengruppen auf Mathematik erwerben. Im Detail finden sich in Kapitel 5 unterschiedliche Fassungen des Begriffs ›Belief‹ – zunächst nach allgemein-psychologischer Definition, dann im Speziellen auf den Bereich der Mathematikdidaktik bezogen. Dabei wird auch die Beziehung des Belief-Begriffs zu anderen Begriffen und verwandten Konzepten aufgegriffen. Ergänzt wird dieser Teil um eine Betrachtung der (mathematischen) Objekte, zu denen Einstellungen aufgebaut werden sowie um einige funktionale Charakterisierungen des Beliefbegriffs und eine Vernetzung von Beliefs in Einstellungssystemen. Kapitel 6 liefert einen Überblick über die Resultate der mathematikdidaktischen Einstellungsforschung und daraus resultierenden Erkenntnissen für die mathematische Lehre. Dabei ergänzt Unterkapitel 6.3 die Erkenntnisse zum Aufbau von Vorstellungen noch um die Möglichkeiten der Änderung erworbener Einstellungen. Schließlich widmet sich Kapitel 7 den bereits erforschten Sichtweisen auf die Mathematik. Dabei werden Sichtweisen auf die Fachwissenschaft und das Unterrichtsfach vorgestellt, auf die Erkenntnisse hinsichtlich zugrunde liegender Strukturen eingegangen und Forschungen zu mathematischen Weltbildern unterschiedlicher Zielgruppen diskutiert.

5 Beliefs – Definitionsversuche eines ›messy construct‹

In der Einstellungsforschung finden sich diverse Begriffe in teilweise abgrenzender, teilweise austauschbarer Verwendung. Darunter fallen beispielsweise *Belief, Sichtweise* oder auch das *(mathematische) Weltbild*. Gemeinsam ist diesen Begriffen zunächst das Fehlen einer einheitlichen Definition. Wie schwierig solch eine Festlegung auf eine allgemein akzeptierte, umfassende und zugleich trennscharfe Definition allein beim Begriff Beliefs ist, zeigt sich unter anderem daran, dass der Mathematikdidaktiker Günter Törner auch nach 20 Jahren Expertise in der mathematikdidaktischen Beliefsforschung keine explizite Definition angibt und zudem auch »auf weitere Referenzen in einer fast kaum [...] überschaubaren Literaturlandschaft« verzichtet (Törner 2015, S. 215). Pajares (1992) bezeichnete den Beliefsbegriff einst als ›messy construct‹, dennoch soll an dieser Stelle der Versuch gewagt und ein Blick in die Literaturlandschaft der Einstellungsmessung, Beliefsforschung und (mathematischen) Weltbilder geworfen werden. Hierzu werden zunächst drei unterschiedliche Definitionen vorgestellt, um einen Einblick in die Facetten des Beliefbegriffs zu erhalten, bevor diese dann vor dem Hintergrund der Mathematikdidaktik weiter charakterisiert werden. Eine erste Definition führt Schoenfeld (1998) an:

> Beliefs are mental constructs that represent the codifications of people's experiences and understandings. [...] Beliefs have a strong shaping effect on behavior. (Schoenfeld 1998, S. 19–20; vgl. auch Törner 2015, S. 216)

Indes legt Abelson (1986) seine Sichtweise[1] wie folgt dar:

[1] Notabene: In einer Fußnote!

B. Weygandt, *Mathematische Weltbilder weiter denken*,
https://doi.org/10.1007/978-3-658-34662-1_5

> By ›belief‹ I mean a conjectural proposition about some object in the world. If held by an individual, a belief has psychological consequences when recalled and especially when socially expressed. Belief differs from knowledge in several ways. (Abelson 1986, S. 244)

Als eine dritte Definition findet sich bei Richardson (1996) diese recht weit gefasste Aussage:

> Anthropologists, social psychologists, and philosophers have contributed to an understanding of the nature of beliefs and their effects on actions. There is considerable congruence of definition among these three disciplines in that beliefs are thought of as psychologically-held understandings, premises or propositions about the world that are felt to be true. (Richardson 1996, S. 103)

Diese Definitionen umreißen den Begriff bereits grob und lassen erahnen, was in der Beliefsforschung alles darunter verstanden werden kann – und dass dieses Verständnis keineswegs einheitlich sein muss. Eine detaillierte Analyse der vorhandenen Definitionen geben Furinghetti und Pehkonen (2002). Einerseits führen sie exemplarisch und eindrucksvoll aus, wie sich unterschiedliche Beliefsdefinitionen über Jahre und Autor*innen hinweg weiterentwickelt und dabei auch verändert haben (vgl. Furinghetti und Pehkonen 2002, S. 40); andererseits geben sie dabei einen guten Überblick über die Beliefsdefinitionen in der gängigen Literatur.[2] Aus dieser exzerpieren sie unter anderem die folgenden Bestandteile:

- belief systems are one's mathematical world view
- [beliefs are] an individual's understandings and feelings that shape the ways that the individual conceptualizes and engages in mathematical behavior
- to reflect certain types of judgments about a set of objects
- beliefs constitute the individual's subjective knowledge about self, mathematics, problem solving, and the topics dealt with in problem statements
- mathematical world view [...] this concept is elaborated further, and anchored into the theory of attitudes
- beliefs are some kind of attitudes
- attitudes and beliefs [can be seen] on the opposite extremes of a bipolar dimension (Furinghetti und Pehkonen 2002, S. 40)

[2] Sie verweisen dabei auf die Definitionen von Bassarear (1989), Grigutsch et al. (1998), Hart (1989), Lester et al. (1989), Olson und Zanna (1993), Schoenfeld (1985), Schoenfeld (1992), Törner und Grigutsch (1994) und Underhill (1988).

Aufbauend auf diesen Bestandteilen untersuchten Furinghetti und Pehkonen (2002) die Definitionen auf Gemeinsamkeiten und Unterschiede. Hierzu befragten sie Expert*innen nach ihren Präferenzen und baten um eine Bewertung der unterschiedlichen Definitionen. Dies brachte ein Stück Klarheit in das ›messy construct‹ – zumindest insofern, als dass Formulierungen und Attribuierungen herausgearbeitet werden konnten, bei denen unter den Forscher*innen Uneinigkeit bestand. Darunter waren beispielsweise »the adjective *incontrovertible* and the *relation between beliefs and knowledge.* Another point of disagreement originated from the use of the term *conception*« (Furinghetti und Pehkonen 2002, S. 50, Hervorhebungen im Original). Die Tatsache, dass Beliefs als unumstößlich und unveränderliche Dispositionen beschrieben wurden, war ebenso ein Stein des Anstoßes wie die Frage, ob Beliefs als ein Teil des Wissens gesehen werden können oder nicht.[3] Ergänzend wurden ebenso die allgemein akzeptierten Gemeinsamkeiten der Definitionen herausgestellt; Furinghetti und Pehkonen (2002, S. 52) nennen als weiter auszuschärfende Bereiche einer Definition »the origin of beliefs, the affective component of beliefs, and the effect of beliefs on an individual's behavior«.

Das Fehlen einer (ein-)gängigen, akzeptierten Definition wird vielerorts beklagt, birgt zugleich aber ein Potenzial, welches zur Popularität des Beliefsbegriffs beigetragen hat. Ein in diesem Kontext durch Pajares (1992, S. 308) berühmt gewordenes Zitat geht auf den niederländischen Physiker Kramers zurück: »In the world of human thought [...] the most important and most fruitful concepts are those to which it is impossible to attach a well-defined meaning« (Dresden 1987, S. 539). Furinghetti und Pehkonen (2002, S. 40) ergänzen, dass die Forscher*innen als Konsequenz der nur vagen Beliefcharakterisierungen stets eine eigene Beliefdefinition aufstellen konnten – oder mussten. Ein Teil der Schwierigkeit begründet sich auch darin, dass die Definitionen häufig nicht breit genug formuliert sind, um alle Situationen abzudecken – und wenn eine Definition umfassend genug formuliert ist, wird sie wiederum schnell zu allgemein, um nützlich zu sein (vgl. Kulm 1980, S. 358; Zan und Di Martino 2007, S. 158; Meinefeld 1994, S. 123). Speziell innerhalb der Mathematikdidaktik gibt es eine gewisse Motivation, eine Klärung des Begriffs anzustreben. Schließlich ist es in der Mathematik unüblich, dasselbe Objekt mit unterschiedlichen Begriffen zu versehen: »Our choice originated from a difficulty in dealing with studies in which it may happen that authors use different terms to express the same objects or the same terms to express different matters« (Furinghetti und Pehkonen 2002, S. 46). Dies ist ein Charakteristikum der Mathematik an sich, das schon Henri

[3] vgl. Unterkapitel 5.2

Poincaré beschrieb: »Je ne sais si je n'ai pas déjà dit quelque part que la mathématique est l'art de donner le même nom à des choses différentes« (Poincaré 1908, S. 16; vgl. auch Poincaré und Sugden 1910, S. 83). Damit grenzte Poincaré die Mathematik im Speziellen von der Poesie ab, wie Ben-Menahem (2009, S. 2510) weiter ausführt: »Mathematics is the art of giving the same name to different things. [As opposed to the quotation: Poetry is the art of giving different names to the same thing].« Im Gegensatz zur Psychologie und Erziehungswissenschaft gab es in der Mathematikdidaktik durchaus auch Bestrebungen, den Beliefsbegriff stärker axiomatisiert zu formalisieren (vgl. Törner 2002a; siehe auch Leder et al. 2002); gleichwohl haben auch diese zu keiner einheitlichen Begriffsfassung geführt. Törner (2002b, S. 77) sieht die verwendeten Begrifflichkeiten in Koexistenz und spricht von einem »open-ended process in the defining of what should be understood as beliefs«. Teil dieses Prozesses ist die gängige Praxis, dass Beliefs in der Regel zunächst nur schwach implizit definiert werden – ihre Bedeutung dann aber a posteriori durch die Wahl der Instrumente und die Ergebnisse der jeweiligen Forschung zugewiesen bekommen (vgl. Zan und Di Martino 2007, S. 158).

5.1 Eingliederung des Beliefbegriffs in die Theorie der Haltungen

Dieser erste Eindruck des Beliefsbegriffs soll nun durch die Gemeinsamkeiten und Abgrenzungen zu weiteren Begriffen weiter ausgeschärft werden, beginnend mit dem eines *Beliefsystems.* Furinghetti und Pehkonen (2002) beschreiben die Entstehung eines Beliefsystems aus einzelnen Beliefs derart:

> Individuals continuously receive signals from the world around them. According to their perceptions and experiences based on these messages, they draw conclusions about different phenomena and their nature. Individuals' subjective knowledge, i.e., their beliefs (including affective factors), is a compound of these conclusions. Furthermore, they compare these beliefs with new experiences and with the beliefs of other individuals, and thus their beliefs are under continuous evaluation and may change. When a new belief is adopted, this will automatically form a part of the larger structure of their subjective knowledge, i.e., of their belief system, since beliefs never appear fully independently. Thus, an individual's belief system is a compound of her conscious or unconscious beliefs, hypotheses or expectations and their combinations. (Furinghetti und Pehkonen 2002, S. 39–40; vgl. Green 1971)

Grigutsch et al. (1998, S. 5) verwenden ferner den Begriff der *Einstellung* und führen diesen als Persönlichkeitsdisposition ein. Sie heben hervor, dass dieser Begriff meist eine »Bereitschaft zur Reaktion auf eine Situation« enthalte und zudem durch Konsistenz dieser Reaktionen gekennzeichnet sei. Für den Einstellungsbegriff lässt sich indes ebenso wenig eine einheitliche Definition oder ein umfassender und allgemein anerkannter theoretischer Entwurf ausmachen: »Trotz jahrzehntelanger Forschung ist man bisher nicht zu einer einheitlichen Definition gekommen, was unter E. gefaßt werden soll« (Meinefeld 1994, S. 123). So kann beispielsweise begründet werden, dass Einstellungen wiederum von *Meinungen* unterschieden werden sollten. Diese Unterscheidung ist unter anderem sinnvoll, da Meinungen »durch einen kognitiven Faktor [...] sowie durch das Bewußtsein der Subjektivität« (Süllwold 1975, S. 476) bestimmt seien, die Entscheidung des Individuums also im Wissen um andere mögliche Sichtweisen für eine bestimmte Meinung getroffen wird. Im Gegensatz dazu liegt der Einstellung keine solche kognitive Reflexion zugrunde.

Holt man noch etwas weiter aus, so lässt sich der Beliefsbegriff gemeinsam mit *Weltbildern, Einstellungen* und *beobachtbaren Handlungsmustern* unter dem weiter gefassten Begriff der *Haltung* subsumieren: Die erneute Beschäftigung mit einem Objekt führt zur Ausbildung von zunehmend konsistenter werdenden Haltungen, die Beziehungen des Subjekts zur Umwelt definieren (vgl. Seiffge-Krenke 1974, S. 103). Haltungen bestehen Seiffge-Krenke (1974) zufolge aus einer kognitiven, einer affektiven und einer Verhaltenskomponente sowie aus Valenz und Mannigfaltigkeit.[4] Die Brücke zwischen den Haltungskomponenten und Beliefs schlagen Törner und Grigutsch (1994) schließlich folgendermaßen:

> Vorstellungen bzw. ›Weltbilder‹ erzeugen eine Einstellung, beide zusammen eine Verhaltenskomponente; das beobachtbare Verhalten läßt die in Haltungen integrierten Vorstellungen und Einstellungen sichtbar werden. (Törner und Grigutsch 1994, S. 213; vgl. auch Seiffge-Krenke 1974)

Während hier also Beliefs und Einstellungen gemeinsam als ein Teil einer Haltung gefasst werden, trennt Törner (2002a) diese beiden Begriffe einige Jahre später und attribuiert die affektive und konative Komponente dem Haltungsbegriff zu. Er beschreibt die Unterscheidung zwischen Beliefs, Erwartungen und Haltungen mit diesen Worten:

[4] Diese Haltungsdefinition findet indes häufiger Zustimmung, etwa auch bei Furinghetti und Pehkonen (2002, S. 41).

> Insofern verstehen Forscher der Sozialpsychologie Beliefs als Aussagen, von denen man meint, dass sie wahr sind [sic], unabhängig von einer objektiven Beurteilung. Erwartungen sind hingegen explizite oder implizite Vorhersagen hinsichtlich des zukünftigen Verhaltens von Personen, während Haltungen emotionale Reaktionen auf entsprechende Objekte sind. (Törner 2002a, S. 105; vgl. Brophy et al. 1981, S. 8)

Ein Teil dieser Unterscheidung besteht darin, dass von Belief-Objekten – im Gegensatz zu *attitude objects* – nicht notwendigerweise reaktionsauslösende Reize ausgehen müssten (vgl. Törner 2002a, S. 108). Auch im englischsprachigen Raum gibt es unterschiedliche Standpunkte hinsichtlich der Relation zwischen den Begriffen ›belief‹ und ›attitude‹. Erschwert wird das Verständnis dieser Relation hierzulande noch, da der Begriff ›attitude‹ sowohl mit dem Wort ›Haltung‹ als auch mit dem Wort ›Einstellung‹ übersetzt werden kann. Ähnlich wie bei Furinghetti und Pehkonen (2002) listen Leder und Forgasz (2002, S. 96–97) Schlüsselmerkmale unterschiedlicher englischsprachiger Definitionen auf. Aus diesen lässt sich insbesondere einiges über das Wechselspiel der Begriffe ›belief‹ und ›attitude‹ erfahren: Bem (1970) formuliert einen allgemeinen, unspezifischen Zusammenhang und spricht davon, dass Beliefs und Haltungen wohl in irgendeiner Form verknüpft seien. Für eine Subsumierung des Haltungsbegriffs in den Beliefsbegriff lässt sich argumentieren, dass ein Belief mehr Informationen über ein Objekt enthalte, während eine Haltung nur eine grundlegende, wohlwollende beziehungsweise kritische Einschätzung gegenüber dem Objekt darstelle (vgl. Fishbein und Ajzen 1975, S. 12). Dazu konträr sehen Cooper und McGaugh (1966) Beliefs als eine spezielle Art der Haltung an und argumentieren, dass ein Belief eine Haltung impliziere. Die Unterscheidung untermauern sie weiterhin mit der im englischsprachigen Raum gängigen Sprechweise: »one has an attitude *toward* and a belief *in* or *about* a stimulus object« (Cooper und McGaugh 1966, S. 26). Diese Sichtweise stützt auch Aiken (1980, S. 2), welcher – wie Törner und Grigutsch (1994) – Beliefs als eine Komponente einer Haltung ansieht. Gelegentlich wird eine Haltung auch als eine (strukturierte) ›Sammlung von Beliefs‹ angesehen, wie bei Sloman (1987) oder Rokeach (1972, S. 116), wobei hier der Begriff der *Einstellungsstruktur* (vgl. Unterkapitel 5.5) geeigneter zu sein scheint.

In ihrer Analyse unterschiedlicher Definitionen des Haltungsbegriffs identifizierten Zan und Di Martino (2007, S. 158) weiterhin drei grundsätzliche Definitionstypen: (1) Einfacher gestrickte Definitionen, die größtenteils auf die Valenz der Haltung zielen (beispielsweise positive Gefühle gegenüber Mathematik, oder Angst vor derselben), (2) Mehrkomponenten-Definitionen, die affektive Reaktionen, Einstellungen gegenüber dem Gegenstand und resultierendes Verhalten berücksichtigen sowie (3) zweidimensionale Definitionen, die sich nur auf die affektive und kognitive Komponente beschränken und konative Aspekte außen vor lassen. Die zuvor bei Törner und Grigutsch (1994, S. 213) gefundene Definition passt dabei in die zweite Kategorie – Furinghetti und Pehkonen (2002) bezeichnen diese auch als »commonly accepted three-component definition of attitudes« (Furinghetti und Pehkonen 2002, S. 50). Ein letzter in diesem Zusammenhang zu erwähnender Begriff ist jener der ›orientation‹ (vgl. Schoenfeld 2010), welcher eine gewisse Nähe zur Haltung aufweist. Törner (2015, S. 216) zufolge weise der Begriff insbesondere den Vorteil auf, in der englischsprachigen Literatur noch weitestgehend ›unverbraucht‹ zu sein.

5.2 Beliefs und Wissen

> That beliefs are studied in diverse fields has resulted in a variety of meanings, and the educational research community has been unable to adopt a specific working definition. [...] the chosen and perhaps artificial distinction between belief and knowledge is common to most definitions. (Pajares 1992, S. 313)

Einer dieser – doch nicht so künstlichen – Unterscheidungen von Beliefs und Wissen liegt die Argumentation zugrunde, dass Beliefs aus Gefühlen, Erinnerungen und Erfahrungen bestehen und häufig nicht direkt zugänglich sind (vgl. Nespor 1987, S. 321).[5] Neben der bereits beschriebenen affektiven Komponente finden sich bei Abelson (1979) zwei weitere Unterscheidungsmerkmale: Beliefs sind nie ›vollkommen sicher‹, ihre Gewissheit kann in unterschiedlichen Abstufungen vorkommen (vgl. Abelson 1979, S. 360); und Beliefs umfassen gelegentlich nicht nur Vorstellungen darüber, wie ein Objekt tatsächlich beschaffen ist, sondern auch, wie es idealerweise zu sein habe (vgl. Abelson 1979, S. 357). Über die Gültigkeit von Beliefs muss innerhalb einer Gruppe von Menschen keineswegs Einvernehmen bestehen; beim Wissen ist ein solcher Konsens eher erforderlich – insbesondere, wenn es sich um das von einer Gemeinschaft geteilte, kollektive Wissen handelt. Insofern müssen individuelle Beliefs weniger hinterfragt werden, weswegen sie von Natur aus strittiger sind als erlerntes Wissen – sie können sich sogar teilweise widersprechen: »belief systems are by their very nature disputable, more inflexible, and less dynamic than knowledge systems« (Pajares 1992, S. 311; Nespor 1987; vgl. auch Törner 2002b, S. 79). Ein Unterscheidungsmerkmal ist

[5] Die Auflistung von Nespor (1987, S. 321) liest sich dabei wie eine aufs wesentliche reduzierte Zusammenfassung der sieben Kriterien aus Abelson (1979, S. 356–360); wobei eine Eins-zu-eins-Umsetzung der sieben Punkte auf die Mathematikdidaktik nicht unmittelbar möglich zu sein scheint.

ferner noch, dass sich Wissen bewusster vermitteln und dadurch auch direkter reflektieren lässt (vgl. Pajares 1992, S. 311; Nespor 1987, S. 321). Im Vergleich dazu bauen sich Beliefs über längere Zeiträume hinweg auf (dies geschieht – im Gegensatz zum Wissenserwerb – eher unbewusst), sie haben einen größeren Einfluss auf die Handlungen und dienen daher zuletzt auch als bessere Prädiktoren für das Verhalten (vgl. Pajares 1992, S. 311). Die folgende Ausführung von Pehkonen (1994) vereint viele der zuvor genannten Eigenschaften und hebt dazu den Aspekt der stetig wiederholten subjektiven Bewertung hervor:

> We understand *beliefs* as one's stable subjective knowledge of a certain object or concern to which tenable ground may not always be found in objective considerations. The reasons why a belief is adopted are defined by the individual self – usually unconsciously. The adoption of a belief may be based on some generally known facts (and beliefs) and on logical conclusions made from them. But each time, the individual makes his own choice of the facts (and beliefs) to be used as reasons and his own evaluation on the acceptability of the belief in question. Thus, a belief, in addition to knowledge, also always contains an affective dimension. This dimension influences the role and meaning of each belief in the individual's belief structure. (Pehkonen 1994, S. 180, Hervorhebung im Original)

Diese Charakterisierung ergänzt die Definition aus Maaß (2006, S. 119) um bedeutsame Aspekte. Als Gemeinsamkeiten der beiden Definitionen fallen das ›relativ überdauernde subjektive Wissen von Objekten oder Angelegenheiten‹ auf, ebenso die erwähnten affektiven und unbewussten Komponenten. Während Maaß (2006) die Kumulation mathematischer Beliefs zu einem Weltbild fokussiert, geht Pehkonen (1994) gezielt auf die subjektive Aneignung von Beliefs ein. Diese Sichtweise soll dabei jedoch nicht derart verstanden werden, dass Wissen (als Gegenstück zu Beliefs) jeder Affektion entbehre. Hierzu führt Pajares (1992, S. 310) einige Gedanken aus und billigt dabei dem kognitiven Wissen eine eigene affektive, wertende Komponente zu. Dennoch unterscheiden sich die dem Wissenserwerb zugrunde liegenden Prozesse von jenen bei der Entwicklung von Beliefs (vgl. Pajares 1992, S. 313). Diese Argumentation wird noch ausgebaut: »Knowledge of a domain differs from feelings about a domain, a distinction similar to that between self-concept and self-esteem, between knowledge of self and feelings of self-worth« (Pajares 1992, S. 309). Für eine weiterführende Auseinandersetzung mit dieser Unterscheidung wird neben dem zentralen Aufsatz von Pajares (1992, S. 309–313) auch auf Nespor (1987) und Abelson (1979) verwiesen. Törner (2002b, S. 74) unternimmt den Versuch einer begrifflichen Strukturierung und ordnet dabei Beliefs als eine Art ›äußeren Rand‹ des Wissens ein (vgl. auch Ryan

1984); während andere den Ursprung allen Wissens in Beliefs verwurzelt sehen (vgl. Pajares 1992, S. 313; Lewis 1990).

Einen grundsätzlich anderen Ansatz zur Klärung der Beziehung zwischen Kognition und Affektion verfolgt Pehkonen (1999), indem er die Begriffe *conception, expectation, image, preconception, stereotype* und *view* zweidimensional anordnet und dabei jeweils den affektiven und kognitiven Anteil unterscheidet. Pehkonen (1999, S. 390, Hervorhebung im Original) erläutert dies wie folgt:

> *Conceptions* will be explained as conscious beliefs [...] In some cases, individuals may not be able to describe their view of mathematics or some parts of it. But they might have some preconceptions or images of the topic under discussion. [...] ›conception‹ is a strongly cognitive concept, whereas ›view‹ is laden more with the affective.

In Abbildung 5.1 werden in Anlehnung an die Zuordnung bei Pehkonen (1999) entsprechende deutschsprachige Begriffe hinsichtlich ihres affektiven und kognitiven Anteils zugeordnet.

Abbildung 5.1
Zuordnung deutschsprachiger Beliefsbegriffe auf kognitiver und affektiver Skala

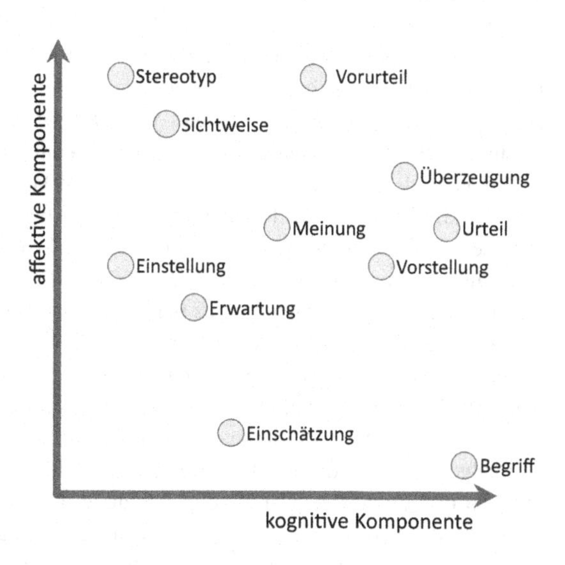

Diese grafische Einordnung der deutschsprachigen Begriffe soll nachfolgend noch ausgeführt werden – nicht zuletzt auch, um das diesen Begriffen zugrunde liegende Verständnis zu kommunizieren.

Erläuterung der affektiven/kognitiven Anteile deutschsprachiger Begriffe
Der Begriff der *Sichtweise* legt bereits eine gewisse Subjektivität nahe, da ein Blickrespektive Standpunkt der Betrachter*in enthalten ist. Unter Umständen steckt hinter einer Sichtweise nur eine oberflächliche Sicht ohne tiefer gehende Beurteilung. Mit einer *Erwartung* ist das mögliche Eintreten eines Zustandes verbunden, wobei dabei das affektive Spektrum sich von einer mit Gleichgültigkeit verbundenen Annahme bis hin zu einer Hoffnung strecken kann. Dabei müssen erhoffte Erwartungen nicht mehr vollkommen im Rahmen des Möglichen liegen, der kognitive Anteil kann also auch geringer sein. Analog gibt es auch bei der *Einschätzung* zwei enthaltene Verständnisse: Werden Situationen oder Dinge eingeschätzt, so ist der affektive Anteil vermutlich geringer als bei der Einschätzung von Mitmenschen. Der Wert der kognitiven Komponente ist höher als bei der Erwartung, bleibt aber aufgrund des a priori-Charakters einer Einschätzung etwas geringer als bei einer gebildeten Meinung oder einem gefällten Urteil – diesen beiden liegt ein (unterschiedlich stark ausgeprägter) kognitiver Prozess zugrunde. Bei einer *Meinung* liegen kognitiver wie affektiver Anteil im mittleren Bereich, da die bei der Meinungsbildung getroffenen Entscheidungen auf Argumenten beruhen und wohlüberlegt sind, aber zugleich durch subjektive Erfahrungen beeinflusst werden. Im direkten Vergleich mit der Meinung lässt sich ferner dem *Urteil* ein höherer kognitiver Wert zuweisen. Ein Argument hierfür findet sich im juristischen Urteil, von diesem wird im Allgemeinen eine höhere Reliabilität und Validität erwartet als von einer geäußerten Meinung. *Vorstellungen* enthalten in der Regel ikonische Elemente und können in Teilen auch idealtypischer Natur sein. Dabei sind Vorstellungen bereits in Ansätzen reflektiert und mit der Realität abgeglichen, kognitiv jedoch noch von einem Urteil entfernt. Vorstellungen, wie etwas zu sein habe (›der perfekte Strandurlaub‹) sind häufig positiv besetzt und haben in diesem Fall auch einen gewissen affektiven Anteil, welcher aber geringer ist als bei einer Überzeugung. Hingewiesen werden soll auch auf die mehrdeutige Verwendung insbesondere im Bereich der Mathematikdidaktik, wo ›Vorstellungen (zu mathematischen Begriffen)‹ teils mit höherer und teils mit geringerer affektiver Komponente gebraucht werden, kognitiv aber unterhalb des (mathematisch idealisierten) *Begriffs* stehen. Bei einer *Überzeugung* ist maßgeblich, dass diese aufgrund logischer Schlüsse und plausiblen Argumentationen meist gefestigter ist als eine Meinung, Überzeugungen stehen am Ende eines Urteilsprozesses. Zugleich dienen schlüssige Argumentationen dazu, andere Menschen von etwas zu überzeugen, also Einfluss auf eine andere Meinung zu nehmen – im Vergleich zur Meinung hat die Überzeugung demnach einen stärker ausgeprägten affektiven Anteil. Zuletzt dienen *Stereotypen* meist der Einordnung von Mitmenschen und beherbergen eine gewisse Erwartungshaltung, sind dabei eher

unreflektiert und allgemein verbreitet (im Sinn von personenübergreifend kohärent), was sie von den *Vorurteilen* abgrenzt. Diese sind durchdachter, haben einen persönlichen Anteil, welcher unter anderem durch eigene Erfahrungen ergänzt aber auch widerlegt werden kann, sind aber aufgrund dieses durchdachten, kognitiven Anteils anfälliger gegenüber Änderungen als Stereotype.[6]

Abschließend sei noch erwähnt, dass Törner (2002b, S. 82) die behandelte Unterscheidung zwischen Wissen und Beliefs als durchaus interessant, aber zugleich auch rein akademischer Natur bezeichnet. Dies gilt umso stärker, wenn man berücksichtigt, dass für viele Personen keine scharfe Grenze zwischen Wissen und Beliefs existiert. Eine Beziehung, die aus mathematikdidaktischer Sicht jedoch gleichermaßen interessant wie notwendig scheint, ist diejenige zwischen den Begriffen Beliefs und *Vorstellungen.*

5.3 Beliefs und Begriffsvorstellungen

Neben den zuvor diskutierten affektiven und kognitiven Anteilen ist zu berücksichtigen, dass mathematisches Wissen im Speziellen häufig von mentalen Repräsentationen begleitet wird und dass diese nicht gänzlich frei von affektiven Anteilen sein können. Bei der Beschäftigung mit einem mathematischen Begriff entstehen – unabhängig vom Grad der Abstraktheit und Formalisierung – zwangsläufig Vorstellungen im Kopf. Im Zuge mathematischer Enkulturation entwickelt sich dabei auch ein Gespür für den Begriffsumfang, also diejenigen Objekte, die unter einen Begriff fallen (oder eben nicht). Selbiges gilt auch für den – sinnvollen – Gültigkeitsbereich einer Definition respektive eines Satzes; Toeplitz (1928, S. 6) spricht etwa davon, eine Definition »in ihren Freiheitsgraden, in ihrer Austauschbarkeit zu beherrschen«. Bezogen auf das Begriffsverständnis bezeichnen Tall und Vinner (1981) die formal gefasste Variante eines mathematischen Begriffs als *concept definition* und ergänzen diese um das *concept image*, welches die zugehörigen Vorstellungen oder mentalen Abbilder des Begriffs umfasst:

> The concept image is something non-verbal associated in our mind with the concept name. It can be a visual representation of the concept in case the concept has visual

---

[6] Als Beispiel: So enthalten gängige Stereotype über ein Land an sich und dessen Bürger*innen nur wenig persönlichen Anteil; sie sind meist nicht tiefer gehend durchdacht, gleichwohl aber affektiv beladen. Dessen ungeachtet lassen sie sich – bezogen auf eine einzelne Person – nicht so einfach ändern wie ein Vorurteil.

> representations; it also can be a collection of impressions or experiences. (Vinner 1994, S. 68)

> We shall regard the *concept definition* to be a form of words used to specify that concept. It may be learnt by an individual in a rote fashion or more meaningfully learnt and related to a greater or lesser degree to the concept as a whole. It may also be a personal reconstruction by the student of a definition. (Tall und Vinner 1981, S. 152, Hervorhebung im Original)

Die zu Begriffen entwickelten Vorstellungen sind höchst subjektiv und müssen dabei dem formalen Begriff nicht vollständig gerecht werden, sie können sogar inkonsistent sein (vgl. Tall und Vinner 1981, S. 153). Wenn Definitionen beim Begriffserwerb die Rolle eines Gerüsts übernehmen, welches anschließend wieder entfernt wird (›scaffolding metaphor‹, vgl. Vinner 1994, S. 69), dann kann ein und dieselbe Definition auch individuell unterschiedliche Konstrukte erzeugen. Zudem kann selbst bei der concept definition eine Diskrepanz zwischen einem subjektiv-affektiven und einem formalen Anteil auftreten:

> In this way a *personal* concept definition can differ from a *formal* concept definition, the latter being a concept definition which is accepted by the mathematical community at large. (Tall und Vinner 1981, S. 152, Hervorhebungen im Original)

Dieser subjektiv-prägende Aspekt passt dabei gut zum Beliefsbegriff. Beliefs müssen – im Gegensatz zum Wissen – nicht hinterfragt oder gerechtfertigt werden (vgl. Pajares 1992, S. 311); und als weitere Parallele werden sie auch nicht notwendigerweise vollständig reflektiert: »Various ›conflicting‹ elements […] can be held simultaneously« (Törner 2002b, S. 79). Im Übrigen unterscheidet auch Sfard (1991) in ganz ähnlicher Weise zwischen der mathematischen Idee in ihrer offiziellen Form (concept) und ihrem begrifflichen Gegenstück, der mathematischen Idee als hoch subjektiv geprägtem mentalen Repräsentanten (conception). Ebenso wie Tall und Vinner (1981) vermeidet Sfard (1991) dabei den Beliefsbegriff gänzlich und bezieht sich stattdessen auf das Begriffspaar *concept/conception* (vgl. Furinghetti und Pehkonen 2002, S. 43):

> The word ›concept‹ (sometimes replaced by ›notion‹) will be mentioned whenever a mathematical idea is concerned in its ›official‹ form – as a theoretical construct within ›the formal universe of ideal knowledge‹; the whole cluster of internal representations and associations evoked by the concept – the concept's counterpart in the internal, subjective ›universe of human knowing‹ – will be referred to as a ›conception‹. (Sfard 1991, S. 3)

Das Wort ›conception‹ findet auch bei Thompson (1992) Verwendung. Dabei wird der Begriff jedoch in einer leicht unterschiedlichen Bedeutung genutzt und dient dazu, Beliefs und Wissen unter einem Dach zu vereinen und soll nicht in Sfards Sinne zwischen Begriffen und deren Vorstellungen unterscheiden:

> It seems more helpful for researchers to focus their studies on teachers' conceptions – mental structures, encompassing both belief and any aspect of the teachers' knowledge that bears on their experience, such as meanings, concepts, propositions, rules, mental images, and the like – instead of simply teachers' beliefs. (Thompson 1992, S. 141)

Wenn Thompson von *meanings* und *mental images* spricht, liegt es nahe, im Kontext der Begriffsvorstellungen zuletzt auch über Grundvorstellungen nachzudenken, da dieser Begriff insbesondere im deutschsprachigen Raum über eine lange Tradition verfügt (vgl. Hofe 1992; Greefrath et al. 2016).

Beliefs und Grundvorstellungen

Zum Verhältnis von Beliefs und Grundvorstellungen finden sich Argumentationen, welche Grundvorstellungen vom Beliefsbegriff trennen. So versteht Wittmann (2006a) Grundvorstellungen als »Beziehungen zwischen *mathematischen Inhalten* und dem Phänomen der *individuellen Begriffsbildung*« (Hofe 1992, S. 347, Hervorhebungen im Original) und bezeichnet diese als genuin fachliche Vorstellungen – wohingegen er Beliefs einer fachlichen Metaebene zuordnet (vgl. Wittmann 2006a, S. 54).[7] Die unterschiedliche Nutzung der beiden Begriffe konstatiert auch Vohns (2005):

> Der Begriff ›Schülervorstellungen‹ taucht vor allem im Rahmen der ›beliefs‹-Forschung auf. Hier geht es aber eher um Vorstellungen über Mathematik, das Lernen von Mathematik und sich selbst als Mathematiklerner, weniger um konkrete Vorstellungen zu einzelnen Inhalten. Die Grundvorstellungsdebatte spart Pehkonen aus. (Vohns 2005, S. 61)

Dennoch beschäftigen sich viele Forschungen nur mit dem einen oder dem anderen Begriff, zu deren Synthese gibt es bislang nur vereinzelte Arbeiten. Eine fundierte begriffliche Unterscheidung zwischen Beliefs und Grundvorstellungen wird

[7] Wittmann (2006b) zufolge sind Grundvorstellungen indes durchaus »*mit den Beliefs verknüpft:* Durch die Fähigkeit, selbstständig Probleme lösen zu können, gewinnen die Schüler *Vertrauen in ihre eigenen Fertigkeiten und Fähigkeiten*« (Wittmann 2006b, S. 21–22, Hervorhebungen im Original).

auch dadurch verstärkt, dass Grundvorstellungen in der deutschsprachigen Mathematikdidaktik ein weitestgehend wohldefiniertes, etabliertes Konzept darstellen, wohingegen Beliefs seit Jahrzehnten eine anerkannte Definition vermissen lassen. Vohns (2005, S. 61) merkt diesbezüglich an, dass bei vielen Arbeiten Vorstellungen von Schüler*innen »eine wesentliche Rolle spielen, wobei nicht unbedingt explizit auf diesen Begriff, insbesondere in Kontrastierung zum Grundvorstellungsbegriff, zurückgegriffen« werde.

5.4 Strukturierung und funktionale Charakterisierungen von Beliefs

Die unterschiedlichen Definitionen lassen in der Regel offen, gegenüber welchen Objekten sich Beliefs entwickeln (können) und welche Rolle Beliefs für das Handeln haben. Etwa schreiben Cooper und McGaugh (1966, S. 26) hierzu:

> The stimulus object of a belief is relatively complex even though this may mean that the subject has differentiated the object into smaller and smaller sub-regions. [...] The individual uses his belief as a basis for predicting what will happen in the future.

Bei Törner (2002b, S. 78) können nahezu alle Objekte, die eine direkte oder indirekte Verbindung zur Mathematik aufweisen, entsprechende mathematikbezogene Beliefs erzeugen. Zugleich findet sich in Törner (2002a) auch eine Unterteilung nach denjenigen Personengruppen, die Beliefs über Mathematik innehaben und sich hinsichtlich dieser unterscheiden. Schließlich ist auch eine Unterscheidung nach bestimmten Beliefsfeldern (wie beispielsweise der Mathematik selbst, dem Lernen oder Lehren von Mathematik) möglich.[8] Nachfolgend sollen zunächst die Trägerobjekte mathematischer Beliefs näher charakterisiert werden und anschließend eine funktionale Klassifizierung erfolgen.

Klassifikation nach Trägerobjekten

Im Speziellen unterscheidet Törner (2002a, S. 119) dabei *globale Beliefs*, *bereichsspezifische Beliefs* und *gegenstandsspezifische Beliefs:*

[8] Diesbezügliche Beliefs werden in Unterkapitel 5.5 ausführlicher diskutiert.

- Erstere enthalten allgemeine Einstellungen gegenüber der Mathematik und sind zumeist auch Überzeugungen epistemologischer Natur. Teilweise fallen darunter auch philosophische oder ideologische Überzeugungen (vgl. Törner 2002b, S. 86). Zu den globalen Beliefs zählen ebenso die zuvor grob unterschiedenen, mit der Disziplin Mathematik verbundenen Beliefs zum Lehren oder auch dem Lernen derselben, zu ihrer Genese etc.[9] Einige dieser globalen Beliefs sind Teil der vorliegenden Untersuchung und werden in Kapitel 7 ausführlicher vorgestellt.
- Die *bereichsspezifischen* Beliefs beziehen sich auf die Teilgebiete der Mathematik: Allgemein lässt sich zunächst die angewandte von der reinen Mathematik unterscheiden, die Klassifizierung mathematischer Bereiche[10] ist dabei deutlich feiner. Bereichsspezifische Beliefs bestehen dabei in gleicher Weise zu den Umsetzungen der Teilgebiete innerhalb der Schulcurricula (beispielsweise ›Geometrieunterricht ist...‹, ›In der Stochastik kann man...‹, ›Am liebsten mochte ich Analysisunterricht, da dort...‹ usw.). Zu beachten ist, dass diesbezügliche Beliefs bereichs*spezifisch* sind und daher nicht notwendigerweise für die Mathematik als Ganzes stehen (vgl. Bräunling und Eichler 2013, S. 192). Dies gilt insbesondere, da sich die einzelnen mathematischen Disziplinen beispielsweise im Grad ihres Formalismus oder auch ihren Anwendungen unterscheiden und zudem jeweils eigene Arbeitsweisen kultiviert werden. In der Literatur wird inzwischen eine Vielzahl an bereichsspezifischen Beliefs untersucht, sowohl auf Seite der Lehrenden als auch auf Seite der Lernenden (siehe Törner 1999; Girnat und Eichler 2011; Eichler und Erens 2014, 2015).
- In dritter Ebene werden die sogenannten *subjektspezifischen* respektive *gegenstandsspezifischen* Beliefs klassifiziert. Die Namensgebung findet bei Törner (2002b, S. 86) in Anlehnung an Even (1993) statt. Diese Beliefs umfassen »Vorstellungen zu detaillierten Sachfragen, etwa Beliefs zu Funktionen oder den Zahlbereichen« (Törner 2002a, S. 119). Solche subjektspezifischen Beliefs können bei jeglicher mathematischen Tätigkeit entstehen und existieren entsprechend zu nahezu allen mathematischen Objekten. Hinsichtlich der Bezeichnung mag es verwundern, dass diesbezügliche Beliefs nicht konsequent als *gegenstands-* oder *objekt*spezifisch bezeichnet werden, obwohl sie jeweils zu Objekten gehören. Gleichzeitig sind diese Beliefs vom Individuum abhängig, sodass die Bezeichnung als *subjekt*spezifisch durchaus nachvollziehbar ist: Beispielsweise

[9] Beispiele für globale Beliefs finden sich etwa bei Köller et al. (2000, S. 239) in den Beschreibungen von Mathematik als ›kommunikativem Wissenschaftsprozess‹, ›gesellschaftlich nützlichem Instrument‹ oder ›kreativer Sprache‹ (siehe auch Törner 2002a, S. 119).

[10] Auch als *MSC* bekannt (siehe Mathematical Reviews und Zentralblatt für Mathematik 2010).

gibt es vermutlich keinen allgemeinen, von allen Personen erworbenen (objektspezifischen) Belief zur Polynomdivision (oder zum Gleichheitszeichen, zur Addition von Brüchen, zum Beweisen usw.); hingegen macht jede Person mit der Polynomdivision eine ganz persönliche Erfahrung und entwickelt in der Folge einen zugehörigen (subjektspezifischen) Belief. Diese Beliefs sind also davon abhängig, ob einer Person ein entsprechendes mathematisches Objekt begegnet ist und von dieser wiederholt verwendet wurde – beziehungsweise ob und wie eine entsprechende mathematische Aktivität von der Person kennengelernt und eigenständig durchgeführt wurde. Auch hierzu gibt es einige Beiträge empirischer und theoretischer Natur, die sich speziell mit diesen subjektspezifischen Beliefs befassen (siehe Henning und Hoffkamp 2013; Tall und Vinner 1981; Tall 1987, 1992).

Zudem wird diskutiert, welcher Art die Implikation ist. Die Frage ist, ob die globalen Beliefs die einzelnen gegenstandsspezifischen Beliefs beeinflussen (top-down) oder ob nicht eher das globalere mathematische Weltbild durch die Bausteine der gegenstandsspezifischen Beliefs festgelegt wird (bottom-up) (vgl. Törner 2002a, S. 119). Vermutlich wechseln sich diese beiden im individuellen Lernprozess während der Schulzeit ab: Solange die Schüler*innen wenig Erfahrungen mit Mathematik haben, formen sich die globalen Beliefs erst aus den Beliefs der prototypisch kennengelernten Mathematik. Je ausgereifter das mathematische Weltbild ist, desto eher beeinflusst die gefestigte Sicht auf Mathematik das Licht, in dem neu kennengelernte Mathematik gesehen wird; die Beliefs wirken hierbei wie eine Brille.[11] Aus didaktischer Sicht kann sich bei der Änderung von Beliefs (vgl. Unterkapitel 6.3) beider Richtungen bedient werden: Wird die Mathematik als Ganzes mit anderen Augen gesehen, so kann auch ein neu kennengelerntes Thema mehr Spaß machen. Zugleich kann gehofft und argumentiert werden, dass die stetiger wirkende Bottom-up-Richtung einen gewissen Einfluss behält: Da Beliefs nicht direkt kommuniziert und vermittelt werden (vgl. Pajares 1992, S. 311), wirkt eine ›Belehrung von oben‹ nicht im selben Maße wie eine allmähliche, schrittweise Änderung kleinerer Belief-Cluster.

Klassifikation nach Funktionen

Neben den beschriebenen Trägerobjekten und den damit verbundenen Implikationen wirken Beliefs auf zentrale Weise durch ihre unterschiedlichen Funktionen.

[11] Zur Funktion als Filter beziehungsweise Brille siehe Unterkapitel 6.3 sowie auch Törner (2015, S. 217), Pajares (1992, S. 325) oder Kaiser und Schwarz (2007, S. 571).

> Beliefs are instrumental in defining tasks and selecting the cognitive tools with which to interpret, plan, and make decisions regarding such tasks; hence, they play a critical role in defining behavior and organizing knowledge and information. (Pajares 1992, S. 325)

Als namentlich benannte Funktionen finden sich in der Literatur üblicherweise die *Ordnungsfunktion* und *Anpassungsfunktion*: Die Anpassungsfunktion ermöglicht Handlungsschemata, »die sich aufgrund früherer Erfahrungen als optimal herausgestellt haben« (Törner 2002a, S. 115), hingegen filtern Beliefs durch ihre Ordnungsfunktion »die Reizvielfalt der Umwelt [und helfen] dem Individuum beim Verständnis der Welt« (Törner 2002a, S. 114). Als eine Folge der Ordnungsfunktion beeinflussen Beliefs unsere Wahrnehmung, und zwar durchaus so stark, dass Pajares (1992, S. 326) sie als »unreliable guide to the nature of reality« bezeichnet. Zudem setzt er die Ordnungs- und Anpassungsfunktion hierarchisch in Beziehung: »The belief system has an adaptive function in helping individuals define and understand the world and themselves« (Pajares 1992, S. 325), und auch Törner (2002a) subsumiert die Eigenschaften der beiden als *Orientierungsfunktion*. Weiterhin wird in der Literatur auch auf eine *Selbstbehauptungsfunktion* sowie eine *Selbstdarstellungsfunktion* Bezug genommen. Mit Ersterer geht ein Schutz des Selbstwertgefühls einher, während Letztere eher wertexpressiv wirkt, also individuelle Grundüberzeugungen auszudrücken hilft (vgl. Törner 2002a, S. 115).

In ähnlicher Weise werden diese Funktionen bei Smith et al. (2015, S. 234–235) beschrieben:

- knowledge function: »organizing, summarizing, and simplifying our experience [...] and providing a summary of its pluses and minuses.«
- instrumental function: »steering us toward things that will help us achieve our goals and keeping us away from things that will hurt us [...] So attitudes are a quick and handy guide to whether to approach or avoid attitude objects.«
- social identity function (sometimes called the value expressive function): attitudes are »helping us define ourselves. [...] At the same time, expressing the ›right‹ views can smooth interactions and allow us to make a good impression.«
- impression management function: »people try to adopt and support the attitude that they think their audience also endorses [...] Both the social identity function and the impression management function of attitudes help us stay connected to others.«

Die *Eindruckssteuerungsfunktion* ist an dieser Stelle hervorzuheben, da diese in vorherigen Aufzählungen nicht benannt wird. Sie hilft dem Individuum dabei, sich in Gruppen zurechtzufinden und aufgrund angepasster Beliefs von diesen akzeptiert zu werden. Sowohl bei unserem (unbewussten und bewussten) Verhalten als auch bei unseren sozialen Kontakten übernehmen Beliefs folglich eine entscheidende Aufgabe. Im Wechselspiel dieser beiden Bereiche zeigen sich die affektiven und kognitiven Dimensionen des Beliefsbegriffs und es wird verständlich, warum Beliefs Änderungen gegenüber nicht direkt zugänglich sind (vgl. auch Unterkapitel 6.3 sowie Pajares 1992, S. 318).

5.5 Beliefsysteme, mathematische Weltbilder und Einstellungsstrukturen

Auf den Begriff des *mathematischen Weltbildes* soll an dieser Stelle noch etwas detaillierter eingegangen werden. Dabei wird dieser nachfolgend in der Bedeutung und Konzeptualisierung von Törner und Grigutsch (1994) verwendet, welche ihn als begriffliche Übersetzung des englischsprachigen Terminus des *mathematical belief* vorschlagen:

> Mit *›mathematical beliefs‹* werden in der amerikanischen Literatur Vorstellungen über Mathematik bezeichnet, die zwangsläufig Einstellungen und auch Haltungen bedingen. Das deutsche Wort *Vorstellung* trifft unseres Erachtens nicht vollständig den in der amerikanischen Bezeichnung intendierten Begriffsinhalt; wir halten die begriffserweiternde Formulierung *›mathematisches Weltbild‹* in der deutschen Sprache für besser geeignet – auch Schoenfeld benutzt den Terminus ›world view‹ stellenweise. (Törner und Grigutsch 1994, S. 212, Hervorhebungen im Original)

Ferner sei noch erwähnt, dass sich das mathematische Weltbild wesentlich durch »die Art der jeweiligen metakognitiven Organisation des Wissens unter dem Einfluß von Erfahrungen beim Erwerb dieses Wissens oder beim Umgang mit diesem Wissen« konstituiere (Törner und Grigutsch 1994, S. 212). Mathematische Weltbilder zeichnen sich dadurch aus, dass sie die einzelnen Einstellungen und deren Ausprägungen zusammenfassen und dabei zusätzlich die Beziehungen zwischen verschiedenen Einstellungen beinhalten (vgl. Grigutsch et al. 1998, S. 10). In ihren Forschungen fokussierten sich Grigutsch et al. (1998, S. 10) auf sogenannte *Einstellungsstrukturen*, da diese bedeutsamer als einzelne Einstellungen sind und eine höhere Handlungsrelevanz besitzen. Zur Messung dieser Einstellungsstrukturen verweisen sie auf konsistente, messbare Reaktionen als manifeste Auswirkungen:

> Einstellungen […] können nicht direkt beobachtet werden, sondern nur über Indikatoren bzw. die Effekte von Einstellungen, d. h. über ein konsistentes Verhalten in ähnlichen Situationen. Diese Definition unterstellt einen engen Zusammenhang zwischen Einstellungen und einem einstellungsinduzierten Verhalten, und diese Unterstellung ist notwendig für die Einstellungsmessung. (Grigutsch et al. 1998, S. 6)

Zudem unterteilen Grigutsch et al. (1998, S. 9–10) diese Einstellungsstrukturen noch in feinere Einheiten. Demzufolge besteht das subjektive Wissen über Mathematik (unter anderem) aus folgenden Kategorien:

- (1) Einstellungen über Mathematik
- (2) Einstellungen über das Lernen von Mathematik
- (3) Einstellungen über das Lehren von Mathematik
- (4) Einstellungen über sich selbst (und andere) als Betreiber von Mathematik

Die erste Kategorie umfasse dabei mindestens folgende Komponenten:

- (1a) die Vorstellungen über das Wesen der Mathematik als solche wie auch
- (1b) über das (Schul- bzw. Hochschul-)Fach Mathematik im besonderen, weiterhin auch
- (1c) Einstellungen über die Natur mathematischer Aufgaben bzw. Probleme,
- (1d) Einstellungen über den Ursprung mathematischen Wissens und
- (1e) Einstellungen über das Verhältnis zwischen Mathematik und Empirie (insbesondere über die Anwendbarkeit und den Nutzen der Mathematik).

Ähnliche Klassifikationen finden sich schon bei Pehkonen (1994, S. 183), welcher »beliefs about the nature of mathematics, beliefs about teaching mathematics, beliefs about learning mathematics, and beliefs about oneself in a social context« anführt (vgl. auch Underhill 1988) und ebenso auch in späteren Publikationen wie beispielsweise Törner (2002b, S. 84). Ferner gibt die von Grigutsch et al. (1998) dargestellte Kategorisierung einen Teil der von Schoenfeld (1998) genannten Aspekte wieder:

> Teachers have beliefs about themselves (e.g., they might believe they are good or bad at mathematics), the nature of intellectual ability (some people believe it to be innate, others that it is malleable), about the nature of the discipline they teach, about learning, about individual students, about groups of students, about the environment in which they work, and more. (Schoenfeld 1998, S. 19)

Die genannten Kategorien wurden in Pehkonen (1995, S. 29) etwas feiner unterschieden: Beliefs über Mathematik (1) unterteilten sich in das Schulfach, den Ursprung (›birth‹) der Mathematik und die Hochschulmathematik; die Beliefs über das Lernen von Mathematik (2) enthielten unter anderem Beliefs über die bevorzugte Art des Lehrens, die Rolle der Schüler*innen und Beliefs über sinnvolle Kriterien zum Überprüfen der von ihnen erzeugten Lösungen; die Beliefs über das Lehren von Mathematik (3) gliederten sich unter anderem in Lehrorganisation, die Rolle der Lehrkraft und den bereitgestellten Grad an Autonomie auf; und zuletzt umfassten die Beliefs über die eigene Person (4) Dinge wie Selbstsicherheit und das Vertrauen in den eigenen Erfolg beim Problemlösen. Dass diese Kategorien nicht nur theoretisch fundiert sind, zeigt sich unter anderem in der Erhebung von Sam und Ernest (2000) zum gesellschaftlichen Bild der Mathematik. Aus den Antworten ließen sich qualitativ fünf Kategorien extrahieren: »(a) attitudes towards mathematics and its learning, (b) beliefs about the respondent's own mathematical ability, (c) descriptions of the process of learning mathematics, (d) views of the nature of mathematics, and (e) values and goals in mathematics or education« (Sam und Ernest 2000, S. 201).

5.6 Resümee der Begriffsbildung zum Beliefsbegriff

> Defining beliefs is at best a game of player's choice. They travel in disguise and often under alias – attitudes, values, judgments, axioms, opinions, ideology, perceptions, conceptions, conceptual systems, preconceptions, dispositions, implicit theories, explicit theories, personal theories, internal mental processes, action strategies, rules of practice, practical principles, perspectives, repertories of understanding, and social strategy, to name but a few that can be found in the literature. (Pajares 1992, S. 309)

Diese vielfältigen Begriffsschöpfungen zeigen auf, dass die Schwierigkeit, zwischen den genannten Begriffen klare, abgrenzende Linien zu ziehen, nicht nur im deutschsprachigen Raum besteht.[12] Die jahrzehntelang fortgesetzte Verwendung des unscharfen Beliefsbegriffs hat dessen Popularität indes nicht geschadet, wohl aber sämtlichen Bestrebungen, in naher Zukunft eine allgemeine und scharfe Definition zu erhalten:

[12] Für den deutschsprachigen Raum beachte man diese Auflistung aus Pehkonen (1994, S. 180): »For the concept ›belief‹, one may find several different translations into German. For example […]: Einschätzung, Einstellung, Meinung, Sichtweise, Überzeugung, Vorstellung (in alphabetical order)«. Einen guten Überblick über unterschiedliche Beliefsdefinitionen englischsprachiger Autor*innen gibt Pajares (1992, S. 313).

> This continued use of related but not necessarily well-defined terms has contributed to the lack of consistency in definitions of beliefs. (Törner 2002b, S. 75)

Darauf weist bereits der Titel von Pajares (1992) hin: *Teachers' Beliefs and Educational Research: Cleaning Up a Messy Construct*, auf den heutzutage nach wie vor verwiesen wird. Es finden sich beispielsweise die Aussagen »Pajares hat noch immer Recht, wenn er von einem ›messy construct‹ spricht.« (Törner 2015, S. 216) oder »Yet beliefs are not a well-defined construct, as clear-cut differentiations from terms like attitudes, perceptions or conceptions are lacking« (Felbrich et al. 2008a, S. 763; vgl. auch Blömeke et al. 2014, S. 131). Weiterhin lassen sich die Differenzen zwischen und innerhalb der einzelnen Definitionsversuche und die Schwierigkeiten bei der Begriffsbildung aus einer anderen Perspektive betrachten: »Wichtiger als irgendeine ab- oder eingrenzende Arbeitsdefinition erscheinen [...] *funktionale Charakterisierungen von Beliefs* zu sein« (Törner 2015, S. 216, Hervorhebung im Original).

Resultierendes Verständnis des Beliefsbegriffs
Solche funktionalen Charakterisierungen sind in der Tat wichtig, gleichwohl soll an dieser Stelle nicht auf eine Definition verzichtet werden. Als Kompromiss und für die nachfolgende Verwendung der Begriffe ›Belief‹ und ›mathematisches Weltbild‹ soll daher die Definition von Maaß (2006) herangezogen werden. Diese Definition verzichtet auf implizite Charakterisierungen ebenso wie auf die Bezugnahme zu anderen, vage formulierten Konstrukten der Sozialpsychologie. In der Folge ist sie einerseits umgänglich genug, um von der Forschungsgemeinschaft akzeptiert werden zu können, zugleich ist sie auch nicht zu unpräzise, um mit ihr arbeiten zu können. Die Definition beinhaltet dabei sowohl den subjektiven Charakter als auch die affektive Komponente von Beliefs, berücksichtigt deren Stabilität und schränkt die Trägerobjekte von Beliefs nicht ein:

> Beliefs setzen sich aus relativ überdauerndem subjektivem Wissen von bestimmten Objekten oder Angelegenheiten sowie damit verbundenen Emotionen und Haltungen zusammen. Alle Beliefs über Mathematik, den Mathematikunterricht und das Lernen von Mathematik bilden zusammen das mathematische Weltbild. Beliefs können bewusst oder unbewusst sein. (Maaß 2006, S. 119)

6 Resultate aus der Beliefsforschung

> *Beliefs* ist eine schillernde Begrifflichkeit, die ganz unterschiedlich gefasst wird und eine große Bandbreite an Forschungsaktivitäten unter sich vereint. (Schuler 2008, S. 23, Hervorhebung im Original)

6.1 Forschungsschwerpunkte der Beliefsforschung

Die Forschungsergebnisse zum Beliefsbegriff, und im Speziellen auch zu den Beliefs von Lehrer*innen, sind vielfältig (siehe Schoenfeld 1998, S. 19). So stellten Furinghetti und Pehkonen (2002) in der Befragung von renommierten Wissenschaftler*innen der mathematikdidaktischen Beliefsforschung drei Forschungsschwerpunkte von besonderem Interesse heraus: »the origin of beliefs, the affective component of beliefs, and the effect of beliefs on an individual's behavior, reaction, etc.« (Furinghetti und Pehkonen 2002, S. 52). Ähnlich klassifiziert auch Törner (2002a, S. 107) die Forschungsrichtungen und benennt die folgenden Schwerpunkte der Beliefsforschung:

> (1) Identifizierung und phänomenologisches Beschreiben von Beliefs in individuellen wie auch gruppenspezifischen Beliefssystemen. […]
> (2) Mechanismen der Auswirkungen von Beliefs und Beliefssystemen
> (3) Entstehung und Entwicklung von Beliefs/Beliefssystemen
> (4) Bedingungen für das Verändern von Beliefs
> Um allerdings Beliefs verstärkt quantitativ zu verstehen, bedarf es der
> (5) Entwicklung von Skalen für Beliefssysteme

B. Weygandt, *Mathematische Weltbilder weiter denken*,
https://doi.org/10.1007/978-3-658-34662-1_6

Die vorliegende Arbeit versteht sich vor diesem Hintergrund als integrierend-vernetzender Beitrag, indem durch die (Weiter-)Entwicklung vorhandener Skalen (5) einerseits zielgruppenspezifische Beliefs von Mathematikstudierenden (1) zu unterschiedlichen Zeitpunkten im Studium untersucht und Bedingungen zur Änderung von Beliefs (4) im Rahmen der Hochschullehre erkundet werden. Die Schwerpunkte der Forschung liegen dabei zum einen auf der Erkundung der Sichtweisen auf Mathematik am Übergang von sekundärer zu tertiärer mathematischer Bildung und zum anderen in der Evaluation der beschriebenen hochschulmathematikdidaktischen Intervention auf die mathematischen Weltbilder von Lehramtsstudierenden.

In Bezug auf die Forschungsrichtungen merkt Törner (2002a) an, dass sich der Schwerpunkt der Forschung vom ersten Punkt (Identifizierung und phänomenologische Beschreibung) wegbewege; indes formulieren Blömeke et al. (2009b, S. 27) die These, dass es speziell zu den Beliefs (angehender) Lehrer*innen über das *Wesen der Mathematik* weniger empirische Forschung gebe, da sich ein Teil der Literatur auf die Beliefs von Schüler*innen fokussiere (siehe auch Schuler 2008, S. 20–21).

6.1.1 Einflüsse auf das Mathematikbild

Die Bedeutung der Rollenverständnisse von Lehrenden und Lernenden – ebenso wie die Erwartung der Rollenverständnisse der jeweils anderen – zeigt sich bei Otto et al. (1999), deren befragte Schüler*innen eine klare Sicht auf die Rollenverteilung beim Lernen zeigen:

> Students perceive that the role of the teacher is to show, tell, explain, and answer questions. Their perceived role of a mathematics student is to listen or to pay attention, ask questions, and some even state ›to take notes.‹ (Otto et al. 1999, S. 193)

Ähnlichen Einfluss auf die Rollenverteilungen finden auch Törner und Grigutsch (1994) in einer Erhebung der mathematischen Weltbilder bei Studienanfänger*innen der Mathematik und Chemie. Sie fanden heraus, dass sich die Student*innen der Mathematik eher als *»Erzeuger und Betreiber von Mathematik«* klassifizieren ließen, indes zeigten die Chemiker*innen (welche eine Nebenfachvorlesung Mathematik besuchten) »eher ein für *Mathematik-Nachfrager* typisches ›Weltbild‹« (Törner und Grigutsch 1994, S. 242, Hervorhebungen im Original). Da diese Einstellungsunterschiede bereits zu Studienbeginn vorhanden sind, stellt sich zunächst erneut die Frage nach Entwicklung oder Selektion respektive nach

Ursache und Wirkung: Trägt das Interesse an (beispielsweise der) Chemie und die damit verknüpfte Sozialisation (Chemielehrer*innen, Chemie-Leistungskurs…) dazu bei, Mathematik als ›Hilfswissenschaft‹ zu sehen? Oder beeinflusst umgekehrt eine durch den Mathematikunterricht eingeschränkte Sicht ein stärkeres Interesse an ›spannenden Anwendungsfächern‹ wie der Chemie? In beiden Fällen trägt die Wahrnehmung der schulischen Mathematik zu der Entscheidung für oder gegen ein Studium derselben bei. Bei den Studienanfänger*innen sind die mathematischen Weltbilder stärker von den Erfahrungen der bisherigen Schulzeit sowie den dort kennengelernten Lehrkräften geprägt (vgl. Törner und Grigutsch 1994, S. 214). Mit den pädagogischen Überzeugungen angehender Lehrkräfte und ihrer Motivation hinsichtlich ihrer Studienwahl dürfte es sich dabei ganz ähnlich verhalten. Und auch bei Erzieher*innen in Kindergärten zeigt sich der Einfluss der in der Schule gemachten Erfahrungen; laut Benz (2012, S. 217–218) nahmen ein Drittel der Befragten Mathematik als verwirrend wahr – andere genannte Adjektive waren: nützlich, wichtig, interessant, herausfordernd, langweilig. Beschrieben haben sie dabei vermutlich die aus ihrer Schulzeit in Erinnerung gebliebene Mathematik.

Die sich hierbei eröffnende Bedeutung, die dem Mathematikunterricht hinsichtlich der Ausbildung von Beliefs zukommt, resultiert in teilweise merkwürdig anmutenden Ergebnissen, wie die folgende, von Schoenfeld (1989, S. 338) gemachte Beobachtung zeigt: Die befragten Studierenden gaben an, dass Mathematik größtenteils aus Erinnern und Rekapitulieren bestehe, zugleich aber auch eine kreative und nützliche Disziplin sei. Dieser scheinbare Widerspruch lässt sich auflösen, wenn sich diese beiden Aussagen einmal auf ihren (bisher erlebten) Unterricht und einmal auf die Mathematik außerhalb des Klassenzimmers bezögen (vgl. Schoenfeld 1989, S. 346). Eine analoge Feststellung machten Ward et al. (2010) insofern, als dass dort die Einstellungswerte zur *mathematischen Kreativität* und zur *Nützlichkeit von Mathematik in der Welt* in Abhängigkeit vom jeweiligen Bezugsrahmen anstiegen: Nach einer speziell für den Studieneinstieg konzipierten Vorlesung konnten sie eine stärkere Zustimmung in beiden Dimensionen nachweisen; hingegen verschwand dieser Anstieg wieder, sobald sich auf die *eigene mathematische Kreativität* und die *Relevanz der Mathematik für die eigene Person* bezogen wurde (vgl. Ward et al. 2010, S. 187, S. 195–196).

6.1.2 Auswirkungen von Forschungsmethoden auf die Ergebnisse der Beliefsforschung

Die vier von Grigutsch et al. (1998) als FORMALISMUS-ASPEKT, SCHEMA-ORIENTIERUNG, ANWENDUNGS-CHARAKTER und PROZESS-CHARAKTER bezeichneten Aspekte[1] werden als zentrale, wesentliche und globale Elemente im mathematischen Weltbild gesehen. Die sich ergebende Struktur ist dabei von der befragten Zielgruppe abhängig – mindestens durch die gewählte Methode der explorativen Faktorenanalyse, aber auch durch die zugrunde liegenden Beliefs der Forscher*innen, die sich auf die Auswahl der Methoden und die Konstruktion der Items auswirken. So fand beispielsweise Grigutsch (1996) bei Schüler*innen eine weitere Dimension RIGIDE SCHEMA-ORIENTIERUNG, während Grigutsch und Törner (1998) bei Fachmathematiker*innen an Universitäten noch einen Faktor PLATONISMUS extrahieren konnten. In ihrer ganzen Prägnanz zeigt sich diese Zielgruppenabhängigkeit, wenn davon gesprochen wird, dass eine Dimension ›Anwendung‹ gefunden wurde, *»obwohl sie nicht ›geplant‹ war,* während sich eine Dimension ›Formalismus‹ nicht nachweisen ließ« (Grigutsch et al. 1998, S. 14, Hervorhebung B.W.). Für die Forschungsmethodik ist neben der Berücksichtigung der befragten Zielgruppe noch ein zweiter Aspekt relevant: Wie bei jeder Forschung haben auch Beliefsforscher*innen eigene Vorstellungen über ihren Forschungsgegenstand. Bei der Konstruktion der Fragebögen fließen diese bereits durch die Konstruktion und Auswahl der Items ein. Grigutsch et al. sprechen in dem Kontext von einer »Ausrichtung des Fragebogens auf bestimmte Aspekte« (Grigutsch et al. 1998, S. 14); und Benz (2012, S. 207) ergänzt, dass es an und für sich nicht möglich sei, alle vorherrschenden Beliefs zur Mathematik zu erfassen. Von der Soziologie bis hin zur Elementarteilchenphysik ist in der Wissenschaft allgemein bekannt, dass schon die Beobachtung an sich einen Einfluss auf das Ergebnis hat. Beim Erforschen von Beliefs muss man sich daher die eigenen zugrunde liegenden Leitvorstellungen bewusst machen, sei es beim Erstellen eines Interviewleitfadens oder beim Zusammenstellen der Items eines Fragebogens (vgl. Grigutsch et al. 1998, S. 11; siehe auch Chapman 1999, S. 186). Im Zusammenhang der Validität der Messung muss noch auf einen dritten Umstand hingewiesen werden: Zielgruppen aus unterschiedlichen Kontexten werden einen Faktor unterschiedlich deuten.[2] Indizien dafür finden sich bei den unterschiedlichen Interpretationen der Korrelationen zwischen

[1] Eine detailliertere Beschreibung dieser Aspekte findet sich in Unterkapitel 7.2.

[2] Vergleiche hierzu auch die Eigenarten der Sichtweisen Hochschullehrender in Abschnitt 7.5.4.

den Faktoren ANWENDUNGS-CHARAKTER und FORMALISMUS-ASPEKT: Diese sind bei Mathematiker*innen an Universitäten positiv korreliert (vgl. Grigutsch und Törner 1998, S. 26–27), weisen indes bei der Erhebung unter Lehrkräften eine negative Korrelation auf (vgl. Grigutsch et al. 1998, S. 31) oder sind nicht nachweislich korreliert (vgl. Törner 2001c, S. 130). Effekte wie diese können Dunekacke et al. (2016, S. 126) zufolge an unterschiedlichen Bezugsrahmen liegen: Die möglichen ›Anwendungen der Mathematik‹ werden an der Schule und an der Universität unterschiedlich interpretiert. Solche Verständnisunterschiede können auch zwischen den Fragenden und den Befragten auftreten – insbesondere bei geschlossenen Fragebögen. Grigutsch und Törner (1998, S. 8) sprechen davon, dass die Befragten die Aussagen des Fragebogens ›verstehen‹ müssten.[3] Der Forschungsansatz der explorativen Faktorenanalyse und das Testen der Items auf Verständlichkeit im Rahmen von Vorstudien helfen, gravierende Verständnisunterschiede zu vermeiden.

Im Weiteren soll noch darauf eingegangen werden, inwiefern einige dieser systematischen Ergebnisse berufsgruppenspezifisch kennzeichnend sind: So stellt sich heraus, dass die von Benz (2012, S. 225) befragten Erzieher*innen im Vorschulbereich eine eher schematische Sichtweise bevorzugten und dabei dem PROZESS-CHARAKTER nur schwerlich zustimmten – während die Sekundarstufenlehrer*innen von Grigutsch et al. (1998) diesen PROZESS-CHARAKTER am stärksten mit der Mathematik verbanden. Auch hier ist das Verständnis dieser Sichtweisen zu beachten: Die Erzieher*innen bezogen die Aussagen auf die (von ihnen selbst zuletzt erlebte) Schulmathematik, die Lehrer*innen interpretierten sie vor dem Hintergrund des eigenen täglichen Unterrichtens (vgl. Benz 2012, S. 218). Es verwundert also im Weiteren nicht, dass bei der bereits erwähnten Befragung von Fachmathematiker*innen an der Universität beispielsweise eine durchweg ablehnende Haltung gegenüber der SCHEMA-ORIENTIERUNG vorzufinden war (vgl. Grigutsch und Törner 1998, S. 20–21) und einige der von Grigutsch (1996) untersuchten Schüler*innen den Items zur rigiden SCHEMA-ORIENTIERUNG zustimmten. Dabei charakterisiert sich die rigide SCHEMA-ORIENTIERUNG durch das bloße Ausführen von Rechnungen und das schiere Anwenden von Regeln, beispielsweise in Klausuren (vgl. Felbrich et al. 2008a, S. 765; siehe auch Grigutsch 1997, S. 253).

[3] *Verstehen* in dem Sinne, der beim Formulieren angedacht war.

6.1.3 Bewertung von Weltbildern

Bei den Schlussfolgerungen muss ebenso wie bei der Suche nach den Ursachen dieser Ergebnisse darauf geachtet werden,[4] dass keine unachtsame normative Setzung oder implizite Bewertung von Beliefs stattfindet: »But the tendency is still to judge the teacher by highlighting what are considered by researchers to be *inappropriate* and inconsistent beliefs« (Chapman 1999, S. 186, Hervorhebung B.W.). Beliefs können aufgrund ihrer Natur nicht als unbillig oder falsch bezeichnet werden (vgl. Nespor 1987, S. 326), dennoch finden sich gelegentlich Bewertungen wie diese:

> Es gibt ein negatives mathematische Weltbild, das sich aus einem negativen Mathematikbild und einem negativen Selbstbild zusammensetzt, und ein positives mathematisches Weltbild, das sich aus einem positiven Mathematikbild und einem positiven Selbstbild zusammensetzt. (Grigutsch 1996, S. 186–187; zitiert nach: Törner 2002a, S. 122)

Geklärt werden muss hierbei, woran sich das Vorzeichen bei der Bewertung eines Mathematikbildes misst. Zan und Di Martino (2007) erarbeiteten drei Bedeutungsdimensionen für das Wort ›positiv‹: Sie unterscheiden dabei nach positiv konnotierten Emotionen, positiv bewerteten Beliefs und positiver Bewertung von Verhalten. Dabei werden auf affektiver Ebene Dinge positiv bezeichnet, die als angenehm wahrgenommen werden; hingegen sind positiv bewertete Beliefs diejenigen Einstellungen, die auch von Expert*innen geteilt werden. Was die Beurteilung von Verhalten angeht, wird *positiv* in der Regel im Sinne von *erfolgreich* gebraucht (vgl. Zan und Di Martino 2007, S. 159). Die Bezeichnung des positiven mathematischen Weltbildes passt dabei im Sinne der zweiten Kategorie – positive Weltbilder sind jene, die von Mathematikdidaktiker*innen[5] als wünschenswert gesehen werden, da sie beispielsweise den erhofften Einfluss auf das Verhalten oder den designierten Wissenserwerb haben. Bei der Wortwahl ist zu beachten, »dass ein Belief nicht richtig oder falsch sein muss, seine Sachgemäßheit oder Adäquatheit ist das zentrale Merkmal« (Törner 2015, S. 219).

---

[4] Grigutsch (1997, S. 253) schreibt beispielsweise von sowohl »Entwicklung als auch [...] Selektion«.

[5] Je nach Kontext wahlweise auch Lehrkräfte oder Hochschullehrende.

6.2 Auswirkungen von Beliefs auf das Lehren und Lernen

> In recent years, there has been significant recognition of the teacher as the ultimate key to educational change. Teachers are not inert conduits through which the curriculum is delivered. Instead, it is what teachers think and do in the classroom that ultimately determines the kind of learning that students acquire. (Chapman 1999, S. 185)

Im konstruktivistischen Verständnis ist Lernen kein passiver Prozess, sondern benötigt die Auseinandersetzung mit einem Lerngegenstand und individuelle Repräsentation desselben. Damit dies gut gelingen kann, bedarf es auch der Gestaltung einer anregenden Lernumgebung, wodurch die von Chapman (1999) erwähnten Handlungen und Überzeugungen der Lehrkräfte in den Fokus des Interesses gelangen; die »Haltungen der Lehrperson sind für die Qualität des Unterrichts entscheidend« (vgl. Zierer 2014, S. 6). Der Erwerb von Wissen lässt sich dabei weder von den Beliefs über das Lernen respektive Lehren selbst noch von den Beliefs über die Natur des Wissens selbst trennen. Denn gerade beim Zusammenspiel von Beliefs und Wissen können Erstere als »Lückenfüller in Wissensnetzen« fungieren, wo sie dann »als ›Knoten‹ gleichberechtigt respektive undifferenziert neben ›harten‹ Informationen« stehen (vgl. Törner 2015, S. 215, 2001a). Das vielfältige Forschungsinteresse an Beliefs und deren Auswirkungen begründet sich daher unter anderem in diesen zwei Motiven:

> Einerseits sind *die individuellen Einstellungen gegenüber Mathematik und Mathematikunterricht ein wesentlicher Einflußfaktor* für mathematische Lehr- und Lernprozesse. Sie beschreiben, selbst wenn sie unbewußt sind, den Kontext, in dem Schüler Mathematik sehen und betreiben. Sie haben einen Einfluß darauf, wie Schüler an mathematische Aufgaben und Probleme herangehen und Mathematik lernen. Andererseits ist das in den Einstellungen der Schüler ausgedrückte Bild von Mathematik und Mathematikunterricht eine *sehr präzise Reflexion des realen Mathematikunterrichts, weil Einstellungen in Lernprozessen erworben werden.* (Grigutsch et al. 1998, S. 3–4, Hervorhebungen B.W.)

Das zweite Motiv impliziert dabei wiederum das *Interesse an den Beliefs der (zukünftigen) Lehrpersonen*, da diese direkte und indirekte Auswirkungen auf den Unterricht und das Lernen haben (vgl. Ward et al. 2010; Törner und Grigutsch 1994; Blömeke et al. 2014; Felbrich et al. 2008a). Die Auswirkungen beschränken sich dabei nicht nur auf die Schule:

> Subjective attitudes towards mathematics influence, how people use mathematics, how pupils and students learn mathematics, how teachers teach and learn mathematics, how

university teachers teach mathematics and do research. (Grigutsch und Törner 1998, S. 2)

Dieses, aber auch das erste Motiv, findet sich – mit leichten Variationen – in anderen Forschungen bestätigt, wie nachfolgend umrissen wird. An dieser Stelle lässt sich bereits resümieren, dass die Beliefs der Lehrkraft zunächst das Wissen der Schüler*innen beeinflussen und dass diese Beliefs aber ebenso auf das Unterrichtsgeschehen wirken – und dadurch die Ausprägung von Beliefs bei Schüler*innen formen.

Motiv 1: Beliefs als Einflussfaktor für mathematische Lehr-/Lernprozesse
Leistungen und Erfolge der Schüler*innen hängen mit den Beliefs der Lehrkraft zusammen, die Beliefs der Lehrkraft sind für das ›outcome‹ relevant (vgl. Felbrich et al. 2008a, S. 764).[6] Auch auf die Frustrationstoleranz können Beliefs wirken; so arbeiteten Törner und Grigutsch (1994, S. 237) heraus, dass stärker prozessorientierte Weltbilder (beispielsweise Herleitung einer Formel anstelle des reinen Lernens und Erinnerns von Fakten) gemeinsam mit Lust am Mathematikunterricht und positiver Selbsteinschätzung bei Studienanfänger*innen die Frustrationstoleranz erhöhen. Dabei legen die Beliefs zum Lehren von Mathematik auch fest, welche Bedeutung dem didaktischen Fachwissen zuteilwird, und dieses wiederum beeinflusst maßgeblich die Lernerfolge der Schüler*innen (vgl. Blömeke et al. 2014, S. 131; Baumert et al. 2010). Außerdem erweisen sich konstruktivistische Beliefs als geeigneter, um die Problemlösefähigkeiten von Schüler*innen – aber vermutlich auch diejenigen von Student*innen – zu verbessern (vgl. Blömeke et al. 2014, S. 131; Staub und Stern 2002). Das fachdidaktische Wissen und die fachdidaktischen Beliefs hängen dabei direkt mit dem Verhalten der Lehrkraft im Unterricht und mit dem Lernerfolg der Schüler*innen zusammen (vgl. Peterson et al. 1989, S. 36–38). Ergänzend dazu argumentiert Nespor (1987, S. 324), dass die Beliefs der Lehrkraft sowohl bei der Auswahl von Unterrichtsmethoden als auch beim stoffdidaktischen Strukturieren eine tragende Rolle spielen. Zum Zusammenhang von Beliefs und Lehrerverhalten im Unterricht exzerpierte Thompson (1992, S. 137) gegensätzliche Zusammenhänge unterschiedlicher Studien: »Some researchers have reported a high degree of agreement […] between teachers' professed views of mathematics teaching and their instructional practice, whereas others have reported sharp contrasts.« Dass sich die mathematischen Weltbilder mit zunehmender

[6] Hierfür sei auch auf den dritten Teil ›Influences on Student Outcomes‹ aus Lester (2007) verwiesen.

Beschulung stärker ausprägen, zeigt sich nicht zuletzt auch daran, dass bei Sechstklässler*innen positive Korrelationen zwischen den Aspekten *Schema-Orientierung* und *Anwendung-Charakter* gefunden wurden, nicht aber bei den Schüler*innen höherer Klassenstufen (vgl. Grigutsch 1996, 1997). Felbrich et al. (2008a, S. 765) führen diese undifferenziert erscheinende Sichtweise auf das noch in Entwicklung befindliche Weltbild zurück.

Motiv 2: Reflexion des Mathematikunterrichts/Weltbilder prägen Weltbilder
Es sind dabei nicht nur die Unterrichtsmethoden der Lehrer*innen, sondern insbesondere auch ihre zugrunde liegenden Beliefs, welche die Sichtweisen der Schüler*innen auf Mathematik beeinflussen (vgl. Ward et al. 2010, S. 187; vgl. auch Carter und Norwood 1997). Lehrkräfte üben diesen Einfluss auf das mathematische Weltbild dabei sowohl durch ihr Verhalten im Unterricht als auch über die Gesamtheit ihrer Person aus (vgl. Grigutsch 1997, S. 254), oder anders formuliert: »Beliefs have a strong shaping effect on behavior« (Schoenfeld 1998, S. 20).

Törner und Grigutsch (1994, S. 212) legen dar, dass der von ihnen geprägte Begriff des mathematischen Weltbilds mehr enthalte als nur das reine Wissen. Wie in Unterkapitel 5.5 ausgeführt, wird das mathematische Weltbild durch die metakognitive Organisation des eigenen Wissens und die eigenen Erfahrungen sowohl beim Wissenserwerb als auch beim Umgang mit diesem Wissen geprägt. Unterschiedliche Zugänge haben dabei erheblichen Einfluss darauf, wie Mathematik wahrgenommen wird und wie sich demnach das mathematische Weltbild ausprägt (vgl. Felbrich et al. 2008a, S. 764). Dies bestätigen auch die Ergebnisse von Hartinger et al. (2006):

> In den Klassen der Lehrer/-innen mit überwiegend konstruktivistischen Vorstellungen von Lernen und Lehren gibt es mehr Freiräume, ohne dass der Unterricht weniger strukturiert abläuft. Zudem empfinden sich die Schüler/-innen als selbstbestimmter und schätzen den Unterricht als interessanter ein. (Hartinger et al. 2006, S. 110)

Entsprechend berichtet auch Maaß (2006, S. 121), dass die Erinnerungen von Lehramtsstudierenden an den eigenen Unterricht die Vorstellungen über den zukünftigen Unterricht prägen und nennt dabei »die Vermeidung von Angst, die Vermittlung von Spaß und die methodische Abwechslung« als entsprechend bedeutsame Komponenten des zukünftigen eigenen Unterrichts der Studierenden.

6.2.1 Implikationen für die Hochschullehre

Bereits vorhandene Vorstellungen zu Begriffen sorgen dafür, dass beim Lernen darauf aufbauender mathematischer Inhalte in der Regel eine Neustrukturierung der Beliefs stattfinden muss (vgl. Bromme 2005, S. 37). Verstärkt gilt dies im Umfeld der Hochschule, wo viele bekannte Begriffe streng deduktiv (also ›neu‹) eingeführt werden, obwohl diese durch den Schulunterricht bereits mit unterschiedlichen Vorstellungen belegt sind (vgl. Tall 1987; Danckwerts 1979, S. 201). Insbesondere zu Beginn des Studiums lässt sich hier einmal mehr die zuvor diskutierte ›Doppelte Diskontinuität‹ (vgl. Unterkapitel 2.3) identifizieren – wenngleich sich Pajares (1992) nicht auf Unterschiede in den fachlichen Inhalten, sondern auf eine Diskontinuität der Beliefs und Verhaltensweise beim Übergang zwischen Schule und Hochschule bezieht:

> They need not redefine their situation. The classrooms of colleges of education, and the people and practices in them, differ little from classrooms and people they have known for years. Thus, the reality of their everyday lives may continue largely unaffected by higher education, as may their beliefs. (Pajares 1992, S. 323)

Eine ähnliche Auffassung findet sich auch bei Selter (1995, S. 126), welcher betont, die Lehramtsstudierenden verfügten bereits »über langjährige Erfahrungen in ihrem späteren Berufsfeld – wenn auch aus einer anderen Perspektive«. Doch obwohl sich Beliefs grundsätzlich über längere Zeiträume hinweg festigen (vgl. Törner und Grigutsch 1994, S. 214), geben Ward et al. (2010, S. 188) Hinweise darauf, dass sich Beliefs im Laufe der Zeit an der Universität noch ändern. Ähnliche Folgerungen finden sich auch bei Maaß (2006, S. 115), die in diesem Kontext noch auf die Ergebnisse von Kaasila et al. (2006) und Rolka et al. (2006b) verweist. Eine Bedingung hierfür ist, dass die Studierenden in der Lage sind, ihre Überzeugungen zu reflektieren:

> In order to foster a democracy that is reflective and deliberative, [...] a democracy that genuinely takes thought for the common good, we must produce citizens who have the Socratic capacity to reason about their beliefs. (Nussbaum 1997, S. 19)

Wenngleich sich die Beliefs nicht während einer Vorlesung wie durch ›Umlegen eines Schalters‹ ändern lassen, so wird dennoch die Wahrnehmung der Fachdisziplin an der Universität entscheidend durch die erste Mathematikvorlesung geprägt (vgl. Ward et al. 2010, S. 187). Wenn also hier zu Beginn ein sinnvoller Grundstein gelegt wird, dann könnte sich die Wirksamkeit der nachfolgend belegten

Veranstaltungen erhöhen und ›erwünschte Einstellungen‹ unter Umständen besser ›gedeihen‹. »A future teacher's entering qualifications may predetermine what can be achieved in mathematics teacher education« (Blömeke et al. 2014, S. 136–137). Felbrich et al. (2008a) adaptieren entsprechende Erkenntnisse aus der Schule für die Hochschullehre:

> Beliefs of educators have an effect not only on their students' achievement but also on the formation of beliefs as they provide learning activities and serve as role models for their students [...] future teachers enter teacher education with a belief structure very similar to the structure of practicing teachers [...]. Furthermore, one can argue, that in the course of teacher education, which largely entails mathematical activities very different from school mathematics, a change in beliefs and the belief structure is expected. (Felbrich et al. 2008a, S. 766)

Sie schließen damit, dass sich die Beliefs der angehenden Lehrer*innen im Zuge des Studiums an die Beliefs sowohl ihrer fachmathematischen als auch fachdidaktischen Vorbilder der Universität anpassen sollten. Entsprechend rücken also auch die Beliefs der Lehrenden an der Hochschule in den Fokus der Aufmerksamkeit (vgl. Grigutsch und Törner 1998, S. 2) – schließlich prägen diese über ihren Einfluss auf Lehre und Forschung das im Studium aufgebaute Bild der Wissenschaft Mathematik (vgl. Kapitel 1).

6.3 Beliefs ändern

> Abelson [...] describes beliefs like possessions. They are like old clothes; once acquired and worn for awhile, they become comfortable. It does not make any difference if the clothes are out of style or ragged. Letting go is painful and new clothes require adjustment. And so it may be with epistemological beliefs, especially once they are established in adulthood. (Schommer-Aikins 2004, S. 22; vgl. auch Abelson 1986)

Neben dieser Allegorie zum ›Auswechseln‹ von Beliefs gibt es in der Literatur viele Hinweise, dass das vorsätzliche Beeinflussen und zielgerichtete Ändern von Beliefs eine schwierige Aufgabe sei. So findet sich beispielsweise bei Törner (2015, S. 219) die Metapher eines Rucksacks, den die Lernenden mit sich herumschleppen.[7] Diesbezügliche Erwartungen dämpft auch Collier (1972, S. 159),

[7] Besonders passend an dem Bild des Rucksacks ist, dass dieser beim Tragen in der Regel außerhalb des Sichtfeldes ist – ebenso wie Beliefs, Glaubenssätze oder Ansichten im Alltag implizit ›herumgetragen‹ werden, ohne dabei dauerhaft sichtbar zu sein.

indem er anmerkt, dass eine radikale Veränderung von ›mitgebrachten Beliefs‹ nicht erwartet werden sollte. Richardson (2004, S. 11) zufolge kann eine Beeinflussung von Beliefs zwar gelingen, wirke sich aber womöglich nicht auf alle Student*innen gleichermaßen aus. Je persistenter Einstellungen bereits verankert sind, desto langsamer scheinen Änderungen abzulaufen; schließlich haben sich die Beliefs zur Mathematik teilweise über ein Jahrzehnt oder mehr aufgebaut (vgl. Richardson 2004, S. 12). Neben Persönlichkeitsunterschieden spielt dabei insbesondere der Effekt der *belief perseverance* eine Rolle: Argumente, die zur Begründung oder Überzeugung eines Weltbildes genannt werden, dienten häufiger der Rechtfertigung, als dass diese einen tatsächlichen Grund darstellten (vgl. Abelson 1986, S. 225; siehe auch Ellsworth und Ross 1983). Törner (2015, S. 219) betont im Kontext seiner Rucksack-Metapher, dass sich das Beeinflussen von Weltbildern eben auch als ein »Lernen gegen Beliefs« umschreiben ließe. Rott und Leuders (2016) konnten zudem zeigen, dass Fragebögen unter Umständen nicht ausreichen, um »epistemologische Überzeugungen in ihrer Tiefe zu erfassen; darüber hinaus bedarf es einer stärker ausdifferenzierten Theorie, die (stabile) *Beliefs* von (situationsbezogenen) *Judgments* unterscheidet« (Rott et al. 2014, S. 1014, Hervorhebungen im Original). Da Beliefs in Clustern auftreten (vgl. Pehkonen 1994, S. 183), lassen sie sich durch ihre vielfältigen Verknüpfungen nicht einzeln auswechseln (vgl. Törner 2002a, S. 115–116). Gleichwohl müssen andere Beliefs verfügbar sein, um die bisherigen zu ersetzen (vgl. Nespor 1987, S. 326); und die Struktur der Sache muss berücksichtigt werden: »beliefs about single objects (e. g., mathematics) can not be discussed successfully when one ignores the relation to other objects (e. g., mathematics teaching)« (Törner 2002b, S. 84; vgl. auch Furinghetti und Pehkonen 2002, S. 40). Um auf die Beliefs der zukünftigen Lehrer*innen zu wirken, kann man die pädagogische und didaktische Ausbildung verändern – ein Feld, in dem in den letzten Jahrzehnten bereits einiges getan wurde –, oder aber versuchen, inhaltlich-curricular auf Seite der Fachwissenschaft anzusetzen (vgl. Pehkonen 1999, S. 389). Dies ist jedoch kein Entweder-oder, Erfolg versprechend scheint vielmehr, Synergien zu nutzen und die beiden Ansätze im Sinne einer ›Hochschul-Stoffdidaktik vom höheren Standpunkt‹ zu kombinieren.

Änderungen am Übergang Schule–Hochschule und in der Universität

Insgesamt ist davon auszugehen, dass gerade bei Studienanfänger*innen die mathematischen Weltbilder wesentlich stärker von der bisherigen Schulzeit (und deren Lehrkräften) geprägt wurden als von der kurzen Zeit an der Universität: »Studierende kommen nicht als ›tabulae rasae‹ zur Hochschule: Ihr Lernen ist immer ein

Weiterlernen, und ihre vorhandenen Wissensnetze strukturieren nicht nur den Ausbau des Wissens, sondern bereits die Wahrnehmung der Außenwelt« (Selter 1995, S. 126). Törner und Grigutsch (1994, S. 214) ziehen ein vergleichbares Resümee:

> Da wir davon ausgehen [...], daß sich Haltungen langfristig aufbauen, liegt es auf der Hand, daß man kaum unterscheiden kann, ob die Antwort [...] von den Erfahrungen aus der (i. a. seit 2 Monaten) laufenden Ausbildung in Mathematik an der Hochschule [...] geprägt ist. Wir unterstellen, daß der momentane Einfluß geringer als der langristige [sic] Einfluß einzuschätzen ist.

Richardson (2004, S. 13) gibt noch zu bedenken, dass der Schein bei geringfügigen, oberflächlichen Änderungen von Beliefs trügen könne; es bestehe weiterhin das Risiko eines Rückfalls in gewohnte Beliefs (und Verhaltensmuster). Auch Thompson (1992, S. 139) teilt diese Sichtweise und schreibt, dass sich Veränderungen nur schrittweise erreichen ließen und Beliefs sich nicht schon beim Besuch der ersten universitären Veranstaltung grundlegend wandelten – wobei indes ein speziell darauf ausgerichteter Kurs durchaus einen entsprechenden Effekt erzielen könne. Dies bestärkt ferner eine Vermutung Colliers, der zufolge ein Kurs, der die Beliefs direkt adressiert und thematisiert, eine Veränderung bewirken könne: »Most of the students tested had not been exposed to courses which had formation of beliefs as specific course objectives« (Collier 1972, S. 159). Indes legen einige Studien nahe, dass sich die Einstellungen zur Mathematik zu Studienbeginn noch ändern – also auch: beeinflussen – lassen (vgl. Ward et al. 2010, S. 188; oder auch Otto et al. 1999; Al-Hasan und Jaberg 2006). Zur Änderung der Beliefs zum Lernen wie Lehren von Mathematik schlägt Richardson (2004) vor, Studierende der Lehramtsstudiengänge selbst unterrichten zu lassen, um prozedurales Wissen mit praktischen Erfahrungen zu verknüpfen. Zielt man auf die Änderung der Beliefs zur Fachmathematik, so stellt beispielsweise die Eigentätigkeit beim Erkunden mathematischer Begriffe und das damit verbundene authentische mathematische Arbeiten[8] ein wirksames Äquivalent zum ›selbst Unterrichten‹ dar (vgl. Richardson 2004, S. 12). Im Zuge ihres *Mathematical Inquiry Course*[9] evaluierten Ward et al. (2010, S. 186–187) unter anderem, ob sich bei den Student*innen im Laufe der Vorlesung (1) ihre persönliche Einstellung gegenüber Mathematik änderte, (2) ihre allgemeinen Vorstellungen über Mathematik nun auch auf die mathematische Kreativität erstreckten und ob sich (3) die Beliefs zum Beweisen und zur Nützlichkeit der Mathematik veränderten. Für

[8] sozusagen ein ›Forschen im Kleinen‹ (vgl. dazu auch Abschnitt 3.1.4)

[9] Einer Mathematikvorlesung, die sich dem Kennenlernen von Mathematik zu Studienbeginn widmet.

die Auswahl der Themen einer solchen Vorlesung raten Ward et al. (2010, S. 193) weiterhin dazu, ›einzigartige‹ (das heißt, für die Student*innen neue, nicht aus der Schule bekannte), herausfordernde und kreative[10] Themen auszuwählen. Entsprechende Aufgabenstellungen sollten aber zunächst einfach zu bewältigen sein, damit die Herangehensweise im Kurs nicht aufgrund einer erforderlichen, aber noch nicht erworbenen Frustrationstoleranz scheitere.

Im Zuge einer Vorlesungsreihe zur Begriffsgenese und zum Problemlösen zeigten Schram et al. (1988), dass durch die Auswahl und Behandlung entsprechender Themen eine Veränderung in der Wahrnehmung des Wesens der Mathematik, ihres strukturellen Aufbaus und ihrer Lernprozesse stattfinden kann (siehe auch Thompson 1992, S. 139). Dazu sei angemerkt, dass eine Veränderung der Beliefs durch eine nach einer Praxisphase gelegene Reflexion begünstigt wird (vgl. Richardson 2004, S. 14; Tillema 2000).[11] Darüber hinaus sollten angehende Lehrer*innen Gelegenheit erhalten, nicht nur die eigene Ausbildung, sondern auch ihre Beliefs zu reflektieren (Thompson 1992, S. 142–143). Die Ergebnisse von Tobin (1990), Lerman (2002) sowie Zehetmeier und Krainer (2011) diskutiert Törner (2015, S. 219) und resümiert, dass eine wirkungsvolle Veränderung von Beliefs zunächst vor allem entsprechender sozialer Kontexte bedarf, in denen ›problematic beliefs‹[12] diskutiert werden können: »Mit Blick auf das Verändern von Beliefs und Einstellungen kommt den professionellen Lerngemeinschaften die zentrale Rolle zu, weil die Bedingungen einer lehrerspezifischen Lernumgebung diese Ziele am besten garantieren« (Törner 2015, S. 219–220).

Es finden sich indes auch Eigenschaften von Beliefs, die Veränderungen erschweren. Dabei gilt es aber zu beachten, dass ein Großteil der Erkenntnisse zur Beeinflussung von Beliefs im Rahmen der Lehramtsausbildung aus englischsprachigen Ländern kommt (vgl. Felbrich et al. 2008a, S. 766). Da die Lehramtsausbildung dort in der Regel kürzer ist als in Deutschland, scheint eine unreflektierte Übertragung dieser Erkenntnisse nicht per se sinnvoll. Gleichwohl sollen hier auch diejenigen Eigenschaften von Beliefs angeführt werden, welche die Veränderung von Beliefs erschweren können. Törner (2015, S. 216–218) fasst diese als kommentierte Liste zusammen:

---

[10] Gemeint sind vermutlich eher *Kreativität bedürfende* Themen und Aufgaben.

[11] Bei der Konzeption der Gruppenübungen (siehe Unterkapitel 4.3) wurde dieser Aspekt entsprechend berücksichtigt.

[12] Notabene: Törner (2015, S. 219) zitiert hier aus Timperley et al. (2007, S. 203), verweist aber versehentlich auf Zehetmeier und Krainer (2011).

Beliefs sind *subjektive umfassende Welterklärungen:*

> Es leuchtet ein, dass Welterklärungen nicht ohne Weiteres abgelegt werden; insofern müssen wir solche umfassenden Beliefs eher als resistent und starr ansehen. (Törner 2015, S. 217)

Beliefs sind *reduktionistische Sichtweisen:*

> Man denke an Stammtischweisheiten. [...] Insofern fungieren sie als *Ausschnitt begrenzende Brillen* und *selektierende Filter,* die eine komplexe Umwelt bewusst vereinfachen, an manchen Stellen zutreffend, an anderen Stellen grob vernachlässigend. Sie enthalten wahre Kerne, ohne allerdings der vollen Realität gerecht zu werden. Es ist naheliegend, dass man nicht ohne Weiteres vereinfachende Sichten gegen komplexe Wahrnehmungen zu tauschen bereit ist. (Törner 2015, S. 217, Hervorhebungen im Original; vgl. auch Kaiser und Schwarz 2007, S. 571).

Beliefs sind *wie ›Spaghettibündel‹:* Sie können interpretiert werden als

> Inhalte, die mit benachbarten Einschätzungen ›verklebt‹ sind und sich kaum lösen lassen. Beliefs treten selten einzeln oder isoliert auf, was das Austauschen ›einzelner‹ Beliefs erschwert. (Törner 2015, S. 217)

Beliefs sind mit *Besitztümern vergleichbar:* Sie wurden

> eventuell langwierig erworben oder auch erkämpft [...]. Insofern trennt man sich von ihnen nur ungern. (Törner 2015, S. 217; vgl. Abelson 1986)

Beliefs sind *akzeptierte Informationen:*

> Vielfach akzeptiert man Aussagen [...], die man für wahr hält, vielleicht weil man keine bessere Einsicht erlangen konnte, auch wenn die Aussage nie einer echten Verifizierung unterworfen wurde bzw. einer Überprüfung in der derzeitigen Formulierung kaum standhalten würde. Man muss wohl davon ausgehen [...], dass wohl bewiesene mathematische Aussagen in Koexistenz neben letztlich fraglichen Wissenselementen (Beliefs) existieren können. (Törner 2015, S. 217; vgl. auch Abelson 1979; Törner 2001a)

Beliefs wirken *selbstverstärkend* und *selbstbestätigend:*

> Ein Individuum wird sich kaum auf Dauer mit einer selbstgeschaffenen unsicheren Weltsicht abfinden; insofern wird man sich auf solche Beliefs beziehen und berufen, wenn diese den eigenen Standpunkt bestärken. (Törner 2015, S. 217–218)

Für einige dieser Metaphern sei ferner auch auf Rolka (2006a, S. 12–22) verwiesen, wo eine ähnliche Sammlung von Eigenschaften angeführt wird. Die bisherigen Abschnitte dieses Kapitels widmeten sich der Definition und Charakterisierung des Beliefbegriffs, gefolgt von einer Zusammenfassung einiger Resultate der Beliefsforschung. Dabei lag der Fokus zunächst auf den Auswirkungen von Beliefs auf das Lehren und Lernen und der Frage, wodurch sich Beliefs ausprägen, wie dieser Prozess beeinflusst werden kann und welche Konsequenzen dies für die (universitäre) Lehre hat. Erst dabei offenbart sich die Bedeutung von Beliefs, wobei die vorgestellten Charakterisierungen und deren Implikationen die Beliefsdefinitionen des vorherigen Kapitels um sinnstiftende Aspekte ergänzen.

Ein Teil der Beliefs zum Lehren und Lernen ist zunächst noch unabhängig vom Lerngegenstand, gleichwohl spielen aber auch Beliefs zur Mathematik eine Rolle bei deren Vermittlung. Daher widmet sich das nun folgende Kapitel 7 den spezifischen Beliefs zur Mathematik (als Wissenschaft, als Unterrichtsfach), Standpunkten zum Ursprung der Mathematik, speziellen Aspekten der mathematischen Begriffsbildung und der Kreativität innerhalb der Mathematik und zuletzt auch mathematikdidaktischen Forschungsergebnissen zu mathematischen Weltbildern.

Sichtweisen auf Mathematik 7

> What would be the most straightforward, natural answer to the question, what is mathematics? (Hersh 1979, S. 44)

Auch Bernd Sturmfels ging dieser Frage nach, als er in Frankfurt am Main einen Vortrag mit dem Titel ›What is mathematics?‹ hielt. Er beantwortete die Frage mit sieben Aspekten, die für ihn die Mathematik ausmachen: »not poetry[1], truth, beauty, numbers, useful, open-minded, community« (Sturmfels 2015). Das Bild von Mathematik sollte sinnvollerweise ein Vielfältiges sein (vgl. Kapitel 1), und so finden sich auf diese Frage in der Regel Antworten, die mehr als nur einen Bereich abdecken; etwa werden von Köller et al. (2000, S. 239) die Bereiche »Mathematik als kreative Sprache, als durch Fantasie des Menschen erdachtes System hoher Verlässlichkeit, als kommunikativer Wissenschaftsprozess, als Anwendung von Schemata und Routinen, als individueller Konstruktions- und Denkprozess, als gesellschaftlich nützliches Instrument sowie als nützliches Instrument in Schule und Alltag« unterschieden. Die nachfolgenden Unterkapitel nähern sich möglichen Bildern von Mathematik zunächst aus theoretischen und philosophischen Blickwinkeln, bevor entsprechende, teils empirische Sichtweisen aus der mathematikdidaktischen und Beliefsforschung das Bild abrunden.

[1] Siehe dazu auch das Zitat von Poincaré (1908, S. 16) in Kapitel 5.

B. Weygandt, *Mathematische Weltbilder weiter denken*,
https://doi.org/10.1007/978-3-658-34662-1_7

7.1 Epistemologische Antworten auf die Frage ›Was ist Mathematik?‹

Reuben Hersh stellt in seinem Aufsatz *Some proposals for reviving the philosophy of mathematics* die Frage, ›was Mathematik wirklich sei‹ und beantwortet sie anschließend auf die – wie er sagt – natürlichste und unkomplizierteste Weise:

> It would be that mathematics deals with ideas. Not pencil marks or chalk marks, not physical triangles or physical sets, but ideas (which may be represented or suggested by physical objects). What are the main properties of mathematical activity or mathematical knowledge, as known to all of us from daily experience?
>
> (1) Mathematical objects are invented or created by humans.
> (2) They are created, not arbitrarily, but arise from activity with already existing mathematical objects, and from the needs of science and daily life.
> (3) Once created, mathematical objects have properties which are well-determined, which we may have great difficulty in discovering, but which are possessedindependently of our knowledge of them. [...]
>
> These three points are not philosophical theses which have to be established. They are facts of experience which have to be understood. What has to be done is to analyze their paradoxes, and to examine their philosophical consequences. To say that mathematical objects are invented or created by humans is to distinguish them from natural objects such as rocks, X-rays, or dinosaurs. (Hersh 1979, S. 44–45)

Mit dieser Antwort gelingt Hersh (1979) ein Spagat in dem philosophischen Spannungsfeld zwischen platonistischen und konstruktivistischen Standpunkten, indem der erste, stark konstruktivistische Punkt mit zwei einschränkenden Aspekten versehen wird: Die Objekte sind einerseits nicht beliebig, aber insbesondere sind deren Eigenschaften bereits im Moment der Definition festgelegt und nicht nachträglich erschaffbar. Aus Hershs Sicht wird Mathematik also sowohl erfunden als auch entdeckt: Zunächst wird ein Begriff durch den Akt des Definierens erfunden, während dessen nichtdefinierende Eigenschaften anschließend entdeckt werden. »*Definitions are arbitrary.* Definitions are ›man made‹. Defining in mathematics is giving a name« (Vinner 1994, S. 66, Hervorhebung im Original). Durch das Schaffen des Begriffs – also durch die Formulierung einer (idealerweise sinnvollen und widerspruchsfreien) Definition – wird bereits festgelegt, über welche weiteren Eigenschaften Repräsentanten des Begriffs verfügen und wie sich der Begriff in die bisherige Struktur aus Begriffen und Eigenschaften einfügt. Dabei kann es sein, dass der Begriff über Eigenschaften verfügt, die selbst wiederum noch nicht erfunden respektive definiert wurden (wie man am Beispiel der Stetigkeit sehen kann, die erst nach dem Funktionsbegriff formal gefasst wurde), schließlich hat die Mathematik Volkmann (1966, S. 241) zufolge »ihre eigene, komplizierte Geschichte mit vielerlei historischen Zufallen«. Doch zugleich ist es interessant, dass »so oft die gleichen mathematischen Begriffe von verschiedenen Mathematikern gefunden worden sind, die ganz unabhängig voneinander waren« (Volkmann 1966, S. 242).

Sriraman (2009, S. 15) gibt einen Überblick der vier »popular viewpoints on the nature of mathematics«, die nachfolgend kurz wiedergegeben werden: Aus der Sicht der *Platonist*innen* existieren die mathematischen Objekte unabhängig von Zeit und Raum, und sind damit insbesondere unabhängig von ihrer (zufälligen) Entdeckung durch die Menschheit. Ihnen zufolge wird Mathematik also entdeckt und nicht erschaffen, geschweige denn erfunden. Hingegen zeichnet sich die Sichtweise der *Logiker*innen* dadurch aus, dass sich jeglicher mathematische Begriff auf einen logischen zurückführen lässt und daher mathematische Wahrheiten stets auf Axiomen gründen sowie aus darauf aufbauenden, strengen Schlussfolgerungen bestehen. Etwas prozesshafter ist die *formalistische Sichtweise*, die Mathematik auf ein von Menschen geschaffenes Spiel reduziert, welches aus bedeutungslosen Zeichenketten besteht.[2] Zuletzt hebt sich die *konstruktivistische Sicht* auf Mathematik dadurch ab, dass sowohl die mathematischen Begriffe als auch die resultierenden Schlussfolgerungen (mathematische Wahrheiten) durch Menschen erschaffen werden (siehe auch Brown 2009; Heintz 2000; Knorr-Cetina 2011). Der zweite von Hersh (1979) genannte Punkt schränkt somit die konstruktivistische Sichtweise seines ersten Punktes etwas ein, distanziert sich aber indes durch die ›Nichtwahllosigkeit‹ mathematischer Objekte vom rein formalistischen Standpunkt und stellt über die Einbeziehung zugrunde liegender realer Objekte zudem eine schwach ausgeprägte Verbindung zum Platonismus dar. Ähnlich zu den von Sriraman (2009) beschriebenen Sichtweisen kategorisiert auch Ernest (1988):

> First of all, there is a dynamic, problem-driven view of mathematics as a continually expanding field of human creation and invention, in which patterns are generated and then distilled into knowledge. Thus mathematics is a process of enquiry and coming to know, adding to the sum of knowledge. Mathematics is not a finished product, for its results remain open to revision (the problem-solving view). Secondly, there is the view of mathematics as a static but unified body of knowledge, a crystalline realm

[2] So argumentieren etwa Loos und Ziegler (2015, S. 11), dass Mathematik in der Antike teilweise auch als eine ›zweckfreie Wissenschaft‹ betrieben wurde, ohne direkte Anwendungen im Alltag zu haben.

> of interconnecting structures and truths, bound together by filaments of logic and meaning. Thus mathematics is a monolith, a static immutable product. Mathematics is discovered, not created (the Platonist view). Thirdly, there is the view that mathematics, like a bag of tools, is made up of an accumulation of facts, rules and skills to be used by the trained artisan skillfully in the pursuance of some external end. Thus mathematics is a set of unrelated but utilitarian rules and facts (the instrumentalist view). (Ernest 1988, S. 10; zitiert nach: Thompson 1992, S. 132)

In dieser Aufzählung lassen sich in Ansätzen bereits jene Faktoren identifizieren, die Grigutsch et al. (1998) als FORMALISMUS-ASPEKT und als PROZESS-CHARAKTER sowie Grigutsch und Törner (1998) als PLATONISMUS bezeichneten und die auch in der vorliegenden Erhebungen bestätigt werden konnten.[3] An anderen Stellen der Literatur werden die zuvor diskutierten Sichtweisen weiter reduziert und als zwei (konträre) Pole dargestellt: Dabei stehen sich die formale und die prozesshafte Sichtweise auf einer Achse (›formal-informal‹) gegenüber (vgl. Thompson 1992, S. 139; Collier 1972). Etwas differenzierter charakterisieren Grigutsch et al. (1998, S. 11) die Mathematik sowohl über deren statische als auch über eine dynamische Sicht. Nicht zuletzt finden sich diese beiden Aspekte auch in der sogenannten ›Dualität von Produkt und Prozess‹ wieder, welche nahelegt, dass es sich nicht um ein strenges Entweder-oder handelt, sondern beide Aspekte der Mathematik gerecht werden. Da die (philosophischen) Überzeugungen zum Ursprung der Mathematik (indirekt) auch die Art und Weise beeinflussen, in der an Probleme herangegangen wird (vgl. Törner und Grigutsch 1994, S. 213), kommt der Antwort auf die Frage ›Was ist Mathematik?‹ durchaus eine weiter reichende Bedeutung zu. Bei Steiner (1987) findet sich eine weiterführende Diskussion und einige Fallbeispiele, welche den Einfluss epistemologischer Überzeugungen zur Mathematik auf das Lehren und Lernen illustrieren. Eine der daraus resultierenden Forderungen lautet: »Such philosophies of mathematics should become an ingredient of a form of reflective mathematics teaching and learning, and contribute to the development of an adequate meta-knowledge not only for teachers but also for students« (Steiner 1987, S. 11).

Mathematische Ideen

Im Kern mathematischen Arbeitens geht es um *Ideen:* ihre Entdeckung respektive Erfindung, die sich aus ihnen ergebenden Implikationen, aber eben auch um die formalisierte Formulierung, die nicht zuletzt der Kommunikation einer Idee (sowie der mit ihr verbundenen Vorstellungen) innerhalb der mathematischen Gemeinschaft

[3] Vgl. Unterkapitel 7.2 sowie ferner Kapitel 15 für die resultierenden Faktoren dieser Erhebung.

dient: »The moving power of mathematical *invention* is not reasoning, but imagination.« (Morgan 1866, S. 132, Hervorhebung im Original). Henderson (1981, S. 13) sieht die Mathematik näher an Disziplinen wie Kunst, Musik und Poesie als an Naturwissenschaften oder Technologie. Zur Beziehung zwischen einer zugrunde liegenden mathematischen Idee und ihrer formallogischen, symbolischen Kommunikation findet sich bei Hersh (1979) eine treffende Allegorie, welche die mathematische Notation mit den Noten der Musik verbindet:

> Anyone who has ever been in the least interested in mathematics, or has even observed other people who were interested in it, is aware that mathematical work is work with ideas. Symbols are used as aids to thinking just as musical scores are used as aids to, music. The music comes first, the score comes later. Moreover, the score can never be a full embodiment of the musical thoughts of the composer. Just so, we know that a set of axioms and definitions is an attempt to describe the main properties of a mathematical idea. But there may always remain an aspect of the idea which we use implicitly, which we have not formalized because we have not yet seen the counterexample that would make us aware of the possibility of doubting it. (Hersh 1979, S. 40; vgl. auch Thompson 1992, S. 128)

Freudenthal (1973, S. 112–113) bezeichnete das in der Schule gelehrte Fertigfabrikat einst als Scheinmathematik, der die Tätigkeit und die Ideen fehlten. Ergänzend zu Hershs Allegorie formuliert Thompson (1992) eine ähnlich dystopische Einschätzung der Schulmathematik:

> The converse of Hersh's statement can be used to characterize school mathematics – *first comes the score, but the music never follows.* (Thompson 1992, S. 128, Hervorhebung B.W.)

Möchte man auch die *Entwicklung* mathematischer Ideen in den Worten Hershs und Thompsons beschreiben, so geht dies über den reinen Notensatz hinaus: Das Schaffen von Mathematik entspräche dann am ehesten dem *Komponieren* von Musikstücken; hinzu kommt noch das Einspielen und Proben, um sich mit der Idee vertraut zu werden und um die zugehörigen Vorstellungen zu entwickeln und auszubauen. Die Variation, die Interpretation und die freie Improvisation des Stücks können weiterhin als Äquivalente zum lokalen Ordnen dienen, wobei die Eigenschaften der mathematischen Idee, ihre Auswirkungen und ihre Querverbindungen zu anderen Ideen untersucht werden. Zuletzt spielen dabei auch Tätigkeiten wie das Dirigieren (als Anleiten mathematischen Lernens) oder das Vorspielen (etwa beim Vermitteln eines Beweises) eine Rolle. Wenn, wie beschrieben, eine Melodie für die Komponist*in mehr darstellt als die Vereinigung und Anordnung der

Noten, wenn dort also stets noch nicht formalisierbare Überreste der ursprünglichen Idee mitschwingen, die unerfasst von Axiomen und Definitionen in den Köpfen verbleiben, dann gliedert sich die Allegorie hervorragend in die Theorie von Tall und Vinner (1981) und ihren vorgeschlagenen Begriff des *concept image* ein (vgl. Unterkapitel 5.3).

Nach der Betrachtung von einem epistemologisch-theoretischen Standpunkt widmen sich die folgenden Unterkapitel nun der Frage ›Was ist Mathematik?‹ mittels ausgewählter empirischer Erkenntnisse zu mathematischen Weltbildern und bauen damit eine Brücke zur Forschungsmethodik in Teil IV.

7.2 Vier grundlegende Aspekte von Mathematik: Formalismus-Aspekt, Schema-Orientierung, Anwendungs-Charakter und Prozess-Charakter

In mehreren ihrer Erhebungen haben Grigutsch et al. (1998) die Faktoren FORMALISMUS-ASPEKT, SCHEMA-ORIENTIERUNG, ANWENDUNGS-CHARAKTER und PROZESS-CHARAKTER als vier zentrale Aspekte mathematischer Weltbilder identifiziert; diese Aspekte wurden in unterschiedlichen Erhebungen aufgegriffen und konnten weitestgehend bestätigt werden (Benz 2012; Thiel 2010; Dunekacke et al. 2016; Felbrich et al. 2008a; Blömeke et al. 2009b). Nachfolgend sollen diese vier Faktoren detailliert charakterisiert und auch auf die ihnen zugrunde liegenden Strukturen eingegangen werden. Die Betrachtung der Faktoren orientiert sich an Grigutsch et al. (1998, S. 17–19) und basiert auf der Befragung von 310 Mathematiklehrkräften. Die einzelnen Aussagen sind nach der Stärke ihrer Hauptladung auf diesen Faktor sortiert und haben das Vorzeichen ihrer Hauptladung vorangestellt.

Faktor FORMALISMUS-ASPEKT

Die nachfolgenden Aussagen stehen Grigutsch et al. (1998, S. 17) zufolge für den formal-deduktiven, streng logischen und damit objektiven Teil der Mathematik.

- Ganz wesentlich für die Mathematik sind ihre logische Strenge und Präzision, d. h. das ›objektive‹ Denken.
- Mathematik ist gekennzeichnet durch Strenge, nämlich eine definitorische Strenge und eine formale Strenge der mathematischen Argumentation.
- Kennzeichen von Mathematik sind Klarheit, Exaktheit und Eindeutigkeit.

- Unabdingbar für die Mathematik ist ihre begriffliche Strenge, d. h. eine exakte und präzise mathematische Fachsprache.
- Mathematisches Denken wird durch Abstraktion und Logik bestimmt.
- Mathematik ist ein logisch widerspruchsfreies Denkgebäude mit klaren, exakt definierten Begriffen und eindeutig beweisbaren Aussagen.
- Die entscheidenden Basiselemente der Mathematik sind ihre Axiomatik und die strenge deduktive Methode.
- Für die Mathematik benötigt man insbesondere formallogisches Herleiten sowie das Abstraktions- und Formalisierungsvermögen.
- Im Vordergrund der Mathematik stehen ein fehlerloser Formalismus und die formale Logik.
- Im Mathematikunterricht müssen die Schüler*innen streng logisch und präzise denken.
- Im Mathematikunterricht müssen die Schüler*innen die Fachbegriffe, und zwar korrekt, verwenden.
- Mathematik entsteht durch das Setzen von Axiomen oder Definitionen und eine anschließende formallogische Deduktion von Sätzen.

Faktor SCHEMA-ORIENTIERUNG

Dieser Faktor charakterisiert sich über das eingeübte Abarbeiten von Rechenschemata und Algorithmen, welcher sämtliches mathematisches Problemlösen auf das »Erinnern und Anwenden von Routinen« (Grigutsch et al. 1998, S. 19) reduziert. Dies beinhaltet auch den Einsatz der Mathematik als »Werkzeugkasten und Formelpaket« (Grigutsch et al. 1998, S. 19).

- Mathematik besteht aus Lernen, Erinnern und Anwenden.
- Mathematik ist eine Sammlung von Verfahren und Regeln, die genau angeben, wie man Aufgaben löst.
- Es ist schon viel gewonnen, wenn der Mathematikunterricht das Wissen, das man in den Anwendungen, im Beruf oder im Leben braucht, zügig vermittelt – alles andere darüber hinaus ist Zeitverschwendung.
- Wenn man eine Mathematikaufgabe lösen soll, muss man das einzig richtige Verfahren kennen, sonst ist man verloren.
- Mathematik ist Behalten und Anwenden von Definitionen und Formeln, von mathematischen Fakten und Verfahren.
- Mathematik-Betreiben verlangt viel Übung im Befolgen und Anwenden von Rechenroutinen und -schemata.
- Mathematik-Betreiben verlangt viel Übung im korrekten Befolgen von Regeln und Gesetzen.

- Um im Mathematikunterricht erfolgreich zu sein, muss man viele Regeln, Begriffe und Verfahren auswendiglernen.
- Fast alle mathematischen Probleme können durch direkte Anwendung von bekannten Regeln, Formeln und Verfahren gelöst werden.

Passend zur Schema-Orientierung berichten Ward et al. (2010) über die Studierenden von Otto et al. (1999), welche das Problemlösen schematisch geprägt wahrnahmen[4]: »Responses [...] revealed that students thought that mathematics involves problem solving using numbers, and there is only one correct solution.« (Ward et al. 2010, S. 188; vgl. weiterhin auch Frank 1988, S. 33)

Faktor ANWENDUNGS-CHARAKTER

Alltagsbezug, gesellschaftliche Relevanz und mathematische Anwendungen in Berufsfeldern außerhalb der Mathematik stehen im Zentrum dieses Aspektes. Dies wird durch die ablehnende Haltung der formalistischen Sichtweise (vgl. Sriraman 2009, S. 15) verstärkt.

- Kenntnisse in Mathematik sind für das spätere Leben von Schüler*innen wichtig.
- Mathematik hilft, alltägliche Aufgaben und Probleme zu lösen.
- Nur einige wenige Dinge, die man im Mathematikunterricht lernt, kann man später verwenden. [neg. Ladung]
- Viele Teile der Mathematik haben einen praktischen Nutzen oder einen direkten Anwendungsbezug.
- Im Mathematikunterricht kann man – unabhängig davon, was unterrichtet werden wird – kaum etwas lernen, was in der Wirklichkeit von Nutzen ist. [neg. Ladung]
- Mathematik hat einen allgemeinen, grundsätzlichen Nutzen für die Gesellschaft.
- Mathematik ist nützlich in jedem Beruf.
- Im Mathematikunterricht beschäftigt man sich mit Aufgaben, die einen praktischen Nutzen haben.
- Mathematik ist ein zweckfreies Spiel, eine Beschäftigung mit Objekten ohne konkreten Bezug zur Wirklichkeit. [neg. Ladung]
- Mit ihrer Anwendbarkeit und Problemlösekapazität besitzt die Mathematik eine hohe gesellschaftliche Relevanz.

[4] Man denke hierbei auch an die Eigenschaften von Beliefs als *Ausschnitt begrenzende Brillen* und *selektierende Filter* aus Unterkapitel 6.3.

Faktor PROZESS-CHARAKTER
Dies Items dieses Faktors vereinen eine dynamische, konstruktivistische Sichtweise auf Mathematik. Schlagworte sind »das Erschaffen, Erfinden [...] von Mathematik«, der zugehörige »Erkenntnisprozeß« sowie ein »inhaltsbezogenes Denken« (Grigutsch et al. 1998, S. 18–19).

- In der Mathematik kann man viele Dinge selber finden und ausprobieren.
- Mathematik lebt von Einfällen und neuen Ideen.
- Mathematische Aufgaben und Probleme können auf verschiedenen Wegen richtig gelöst werden.
- Wenn man sich mit mathematischen Problemen auseinandersetzt, kann man oft Neues (Zusammenhänge, Regeln, Begriffe) entdecken.
- Jeder Mensch kann Mathematik erfinden oder nach-erfinden.
- Es gibt gewöhnlich mehr als einen Weg, Aufgaben und Probleme zu lösen.
- Für die Mathematik benötigt man vor allem Intuition sowie inhaltsbezogenes Denken und Argumentieren.
- Um eine Mathematikaufgabe zu lösen, gibt es zumeist nur einen einzigen Lösungsweg, den man finden muss. [neg. Ladung]
- Mathematik betreiben heißt: Sachverhalte verstehen, Zusammenhänge sehen, Ideen haben.
- Mathematische Tätigkeit besteht im Erfinden bzw. Nach-Erfinden (Wiederentdecken) von Mathematik.
- Mathematik ist eine Tätigkeit, über Probleme nachzudenken und Erkenntnisse zu gewinnen.
- Im Vordergrund der Mathematik stehen Inhalte, Ideen und Denkprozesse.
- Mathematik verstehen wollen heißt Mathematik erschaffen wollen.

7.3 Weitere Facetten mathematischer Weltbilder

Wie bereits im vorherigen Kapitel angedeutet, konnten Grigutsch und Törner (1998) bei an der Hochschule tätigen Mathematiker*innen noch einen Faktor PLATONISMUS extrahieren (siehe auch Blömeke et al. 2009b, S. 29). Dieser wird über die folgenden vier Items aus Grigutsch und Törner (1998, S. 17) charakterisiert:

- The mathematicians, who are only mathematicians, are correct in their thinking, but only in the sense that all things can be explained to them using definitions and principles; otherwise their ability is limited and intolerable,

because their thinking is only correct when it concerns only extremely clear principles.
- It cannot be denied that a large part of elemantal mathematics is of considerable, practical use. However, these parts of mathematics appear rather boring when observed as a whole. These are those parts which possess the least asthetic [sic] value. ›Real‹ mathematics from ›real‹ mathematicians such as Fermat, Gauß, Abel and Riemann is almost totally ›useless‹.
- God is a child, and he did mathematics as he began to play. It is the godliest of games among mankind.
- When the laws of mathematics are related to reality they are not secure, and when they are secure, they are not related to reality.

Dabei stand die Mehrheit der befragten Mathematiker*innen diesem Faktor ablehnend oder neutral gegenüber – nur etwa 16 % stimmten der platonistischen Sichtweise zu – und dieser Faktor wies auch die höchste Streuung auf (vgl. Grigutsch und Törner 1998, S. 23–24). Die stärkere Varianz könnte in zwei inhaltlichen Subskalen begründet liegen, wobei die eine Subskala aus dem ersten und vierten Item besteht und die andere aus den mittleren beiden Aussagen. Die erste Subskala verbindet die platonistische Sichtweise mit der Perfektion und den entdeckten Anwendungen der realen Welt. Hingegen bezieht sich die zweite Subskala mehr auf das ›göttliche Spiel‹, wobei Grigutsch und Törner (1998, S. 17) noch ergänzen, dass das *Spiel* irgendwo zwischen Realitätsferne und Unnützem einzuordnen sei und das Wort *göttlich* auch einen ästhetischen Anteil enthalte.

Selbst wenn Fragen nach dem Ursprung der Mathematik weder in der Schule noch in der Universität Teil der Curricula sind, finden sich entsprechende Ansatzpunkte gelegentlich auch in den Argumentationen von Studierenden und Schüler*innen, bei Weth (1999, 112; 189) finden sich Hinweise darauf. Etwas expliziter stellt Brunner (2015, S. 205) die Frage »Woher weiß der Funktionsgraph, was die Funktionsgleichung, und umgekehrt, die Funktionsgleichung, was der Funktionsgraph tut?« und erhält darauf Antworten, denen platonistische Überzeugungen zugrunde liegen:

> Es gibt das Objekt ›Funktion‹, welches eigentlich wirksam ist. […] Nach meiner subjektiven Sicht scheint der angesprochene Platonismus die mathematische Sozialisation der angesprochenen Studenten/innen weitgehend geprägt zu haben. Der ›Glaube‹ an existente implizit wirksame abstrakte Objekte scheint in ihnen fest verankert zu sein. Mit der Möglichkeit der bewussten konstruktiven Herstellung von Bedeutung im Zusammenhang mit mathematischen Darstellungen hatten sich die angehenden Lehrer/innen nach eigenen Angaben noch nicht befasst. (Brunner 2015, S. 205–206)

Ein weiterer Faktor, der von Grigutsch (1996) adressatenspezifisch nachgewiesen werden konnte, ist die sogenannte RIGIDE SCHEMA-ORIENTIERUNG. Diese stellte sich bei der Befragung von Schüler*innen heraus und war insbesondere bei denen des Grundkurses Mathematik ausgeprägter (vgl. Grigutsch 1996, 1997). Zudem ist diese strengere Form des Schema-Aspekts insbesondere durch ihre kurzfristig angelegte und auf Prüfungsinhalte fokussierte Sicht gekennzeichnet:

> In contrast to the scheme aspect neither an understanding nor the performance of mathematical rules is central to this belief aspect, but the sole application of mathematical rules and procedures in assessment tests. (Blömeke et al. 2009b, S. 29)

Allerdings kommt es bei explorativen Forschungsansätzen durchaus vor, dass sich ein Faktor in einer Stichprobe nicht extrahieren lässt: Beim FORMALISMUS-ASPEKT ist dies in einer Befragung von Studienanfänger*innen geschehen, dort konnte dieser Faktor – obwohl er von Törner und Grigutsch (1994) erwartet wurde – nicht extrahiert werden (vgl. Felbrich et al. 2008a, S. 765; siehe auch Abschnitt 6.1.2).

Als eine Ergänzung des Faktors ANWENDUNGS-CHARAKTER werden lassen sich im Speziellen auch die Nützlichkeit und damit verbunden die wahrgenommene Relevanz mathematischen Wissens betrachten (vgl. auch Kapitel 1). Bei Gaspard et al. (2017) finden sich Untersuchungen zur von Schüler*innen wahrgenommenen Nützlichkeit der Mathematik und weiteren Schulfächern. Der Nutzen wird dabei in Domänen wie Alltag, spätere Karriere oder Schulerfolg unterschieden und in Abhängigkeit vom Schulfach und der Klassenstufe betrachtet. Zu nützlichkeitsbezogenen Beliefs sei in diesem Kontext auch auf Maaß (2006) verwiesen, welche auf theoretischer Ebene drei Bedeutungsdimensionen unterscheidet. Die erste Dimension der pragmatischen Bedeutung umfasst die direkte Anwendbarkeit von Mathematik im Alltag und Beruf, während sich die methodologische Bedeutung auf den indirekten individuellen Nutzen durch Kompetenzerwerb beispielsweise beim Problemlösen bezieht. Zuletzt umfasst die kulturbezogene Bedeutung auch den allgemeinen Nutzen der Wissenschaft Mathematik für die gesellschaftliche Entwicklung (vgl. Maaß 2006, S. 121–122).

7.4 Einordnung der Faktoren

Die vier in Unterkapitel 7.2 vorgestellten Aspekte FORMALISMUS-ASPEKT, ANWENDUNGS-CHARAKTER, SCHEMA-ORIENTIERUNG und PROZESS-CHARAKTER sind in der englischsprachigen Literatur auch schon in unterschiedlichen Formulierungen aufgetaucht (unter anderem bei Ernest 1988), und auch Thompson (1992) beschrieb in ihrer Einleitung die folgenden Sichtweisen auf Mathematik:

- For many educated persons, mathematics is a discipline characterized by accurate results and infallible procedures, whose basic elements are arithmetic operations, algebraic procedures, and geometric terms and theorems., Hervorhebungen im Original
- An alternative account of the meaning and nature of mathematics emerges from a sociological analysis of mathematical knowledge based on the ongoing practice of mathematicians. [...]
- Mathematicians and philosophers of mathematics depict mathematics as a kind of mental activity, a social construction involving conjectures, proofs, and refutations, whose results are subject to revolutionary change and whose validity, therefore, must be judged in relation to a social and cultural setting. (Thompson 1992, S. 127)

Ergänzend ergab die finnisch-estnische Studie[5] von Pehkonen und Lepmann (1994) mit FORMALISMUS, BERECHNUNGEN, VERSTÄNDNIS und ANWENDUNG ganz ähnliche Faktoren (vgl. Blömeke et al. 2009b, S. 29; Pehkonen und Lepmann 1994); und auch die drei von Schoenfeld (1985) beschriebenen, bei Schüler*innen vorkommenden Beliefs über Mathematik spiegeln sich darin wider:

1. Formal mathematics has little or nothing to do with real thinking or problem solving.
2. Mathematics problems are always solved in less than 10 minutes, if they are solved at all.
3. Only geniuses are capable of discovering or creating mathematics. (Schoenfeld 1985, S. 43)

Grigutsch et al. (1998, S. 14) erörtern des Weiteren, ob vier Faktoren für die grundsätzliche Beschreibung eines mathematischen Weltbildes genug seien. Dabei diskutieren sie auch Faktorlösungen mit mehr Faktoren (vgl. Grigutsch et al. 1998, S. 22) und kommen zu dem Schluss, dass diese vier Aspekte einerseits zentral sind, aber gewiss keine Obergrenze darstellen.[6] Ferner weist Benz (2012, S. 207) darauf hin, dass – mit diesen vier Faktoren, aber auch generell – stets nur ein Ausschnitt der komplexen Struktur mathematischer Weltbilder erfasst werden

[5] Für den weiteren Kontext dieser Untersuchung und die Vergleiche mit weiteren Ländern siehe auch Pehkonen (1995).

[6] Für die explorativen Faktorenanalysen dieser Studie (siehe Kapitel 14) findet sich in den Abschnitten 14.2.2 und 14.3.2 ein Vergleich mehrerer Faktorlösungen mit unterschiedlicher Faktorenanzahl.

könne. Dass diese vier Faktoren jedoch einen guten Ausgangspunkt bilden, heben Felbrich et al. (2008a, S. 765) hervor:

> In sum, the results of several studies show that beliefs concerning the nature of mathematics can be differentiated into different orientations: namely application, process, scheme and formalism. This conceptualization of beliefs also seems to hold for different age groups as well as for different populations of persons, dealing with mathematics in their professional lives, with only minor adjustments from population to population.

Während Grigutsch et al. (1998) ihre Skalen ursprünglich an Mathematiklehrkräften validierten, wurden die vier dort extrahierten Faktoren später noch an anderen Zielgruppen validiert: Grigutsch und Törner (1998) befragten Hochschulmathematiker*innen zu ihren Sichtweisen auf Mathematik, Grigutsch (1996) analysierte die mathematischen Weltbilder von Schüler*innen. Bei der Pilotierung der *Teacher Education and Development Study: Learning to Teach Mathematics* (P-TEDS) wurden Lehramtsstudierende befragt, Blömeke et al. (2009b) werten die gewonnen Daten mit dem Fokus auf der Modellierung der diesen Faktoren zugrunde liegenden Struktur aus. Felbrich et al. (2008a) analysieren die Unterschiede zwischen Studierenden zu Beginn und am Ende der Lehramtsausbildung, welche im Rahmen der MT21-Studie[7] erhoben wurden. Das folgende Unterkapitel gibt einen qualitativen Überblick über die Faktorkorrelationen der jeweiligen Untersuchungen, die wiederum Aussagen über die zugrunde liegende Struktur des mathematischen Weltbildes in den untersuchten Stichproben ermöglichen. Die Faktorkorrelationen der vorliegenden Untersuchung finden sich später in Kapitel 17, und während hier zunächst nur ein grober, struktureller Blick auf die Zusammenhänge der Faktoren geworfen wird, erfolgt eine vergleichende Analyse der Faktorkorrelationen abschließend in Unterkapitel 19.3.

[7] Mathematics Teaching for the twenty-first century

7.5 Faktorkorrelationen zur Analyse des mathematischen Weltbildes

> In many contexts it is not sufficient to study beliefs; the analysis of belief systems must take priority. (Törner 2002b, S. 84)

Indem die Korrelationen der Faktorwerte in einer Stichprobe betrachtet werden, lässt sich von den gemessenen Einstellungen auf die dahinterliegenden Einstellungssysteme schließen und so ein Blick auf die dem mathematischen Weltbild inhärente Struktur werfen. Dementsprechend finden sich in diversen Untersuchungen entsprechende Korrelationsbetrachtungen der vier Faktoren FORMALISMUS-ASPEKT, ANWENDUNGS-CHARAKTER, SCHEMA-ORIENTIERUNG und PROZESS-CHARAKTER. Die Erkenntnisse aus Grigutsch et al. (1998), Blömeke et al. (2009b), Felbrich et al. (2008a) sowie Grigutsch und Törner (1998), werden nachfolgend kurz zusammengefasst und interpretiert.

7.5.1 Beziehungen zwischen den Faktoren bei Lehrkräften

Abbildung 7.1 stellt die qualitative Struktur der Faktorkorrelationen bei den von Grigutsch et al. (1998) befragten Mathematiklehrkräften dar. Dabei sind FORMALISMUS-ASPEKT und SCHEMA-ORIENTIERUNG untereinander positiv korreliert, überdies weisen beide Faktoren eine negative Korrelation zum PROZESS-CHARAKTER auf. Der ANWENDUNGS-CHARAKTER hingegen hängt mit dem PROZESS-CHARAKTER positiv zusammen. Aufgrund dieser Faktorkorrelationen gehen Grigutsch et al. (1998, S. 32) davon aus, dass die vier Faktoren ein eindimensionales Modell bilden, bei dem eine statische Sicht auf Mathematik (bestehend aus den Faktoren FORMALISMUS-ASPEKT und SCHEMA-ORIENTIERUNG) einem dynamischen Verständnis von Mathematik (PROZESS- und ANWENDUNGS-CHARAKTER) antagonistisch entgegengesetzt ist.

7.5.2 Faktorbeziehungen bei Lehramtsstudierenden in der P-TED-Studie

Die von Blömeke et al. (2009b) gefundenen Zusammenhänge bei Lehramtsstudierenden (siehe Abbildung 7.2) entsprechen überwiegend den Ergebnissen von Grigutsch et al. (1998). Dabei wurden zum einen die vorhandenen Korrelationen

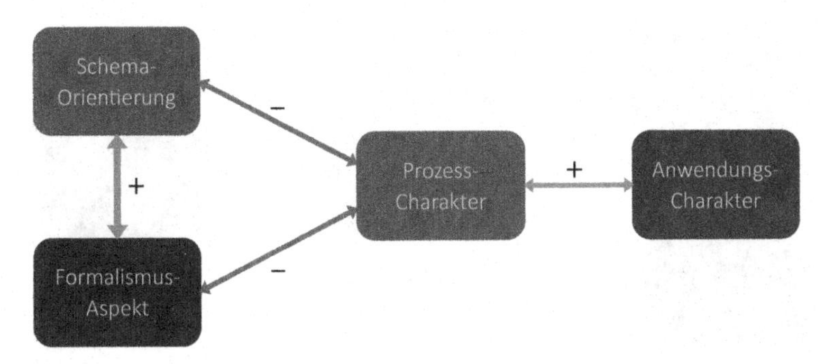

Abbildung 7.1 Struktur der Faktorkorrelationen von Mathematiklehrkräften bei Grigutsch et al. (1998)

betrachtet, aber auch die zu replizierenden Ergebnisse als Strukturgleichungsmodell einer konfirmatorischen Faktorenanalyse[8] unterzogen. Blömeke et al. (2009b, S. 36) zeigen jedoch, dass in ihrer Stichprobe – entgegen den Resultaten von Grigutsch et al. (1998, S. 31) – keine negative systematische Beziehung zwischen PROZESS-CHARAKTER und FORMALISMUS-ASPEKT nachweisbar ist. Die bei den Lehrer*innen gefundene negative Korrelation zwischen diesen beiden Faktoren konnte trotz des großen Stichprobenumfangs und der damit einhergehenden Teststärke nicht bestätigt werden. Im Gegensatz dazu wurde eine leicht positive Korrelation zwischen den Faktoren FORMALISMUS-ASPEKT und ANWENDUNGS-CHARAKTER nachgewiesen. Diese begründen Blömeke et al. (2009b, S. 39) damit, dass die im Lernen von Mathematik begriffenen Student*innen den FORMALISMUS-ASPEKT als Voraussetzung für die Anwendung der (Hochschul-) Mathematik in der Welt wahrnähmen.

Weiterhin wurden bei den Studierenden auch eine positive Korrelation zwischen der SCHEMA-ORIENTIERUNG und dem ANWENDUNGS-CHARAKTER gefunden, welche Grigutsch (1996) etwa auch bei Sechstklässler*innen nachweisen konnte. Hingegen sahen die Lehrkräfte bei Grigutsch et al. (1998) zwischen diesen beiden Faktoren keinen signifikant nachweisbaren Zusammenhang. Gleichwohl ist eine stimmige Interpretation dieses schwachen positiven Zusammenhangs möglich, da die im Schulunterricht kennengelernten Anwendungen wohl auch eingekleidete Aufgaben enthalten, deren Lösung die Anwendung eines zuvor gelernten Schemas erfordert.

[8] Siehe auch Unterkapitel 9.3 für Details zur Methodik konfirmatorischer Faktorenanalysen.

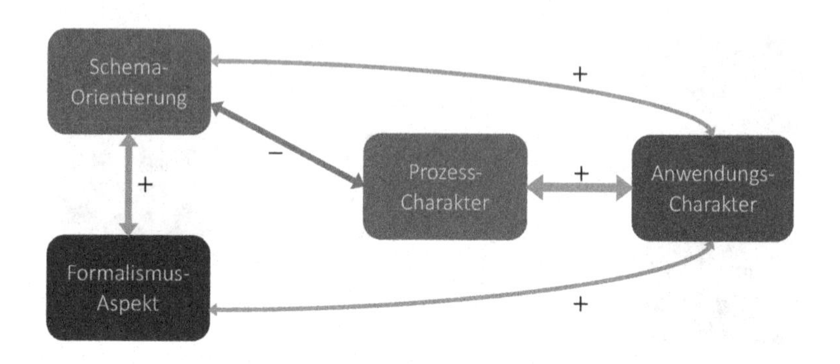

Abbildung 7.2 Struktur der Faktorkorrelationen bei P-TEDS

7.5.3 Faktorbeziehungen bei Lehramtsstudierenden in der MT21-Studie

In der MT21-Studie werden die Faktorzusammenhänge bei den Lehramtsstudierenden zu Beginn des Studiums (siehe Abbildung 7.3) und bei jenen am Ende der Ausbildung (siehe Abbildung 7.4) betrachtet.

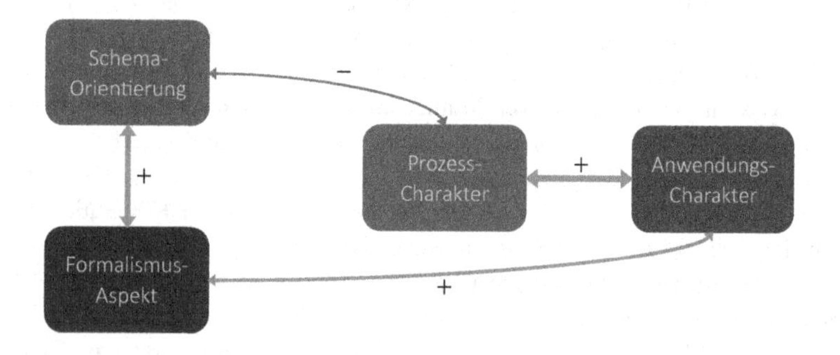

Abbildung 7.3 Struktur der Faktorkorrelationen bei MT21 zu Beginn der Lehramtsausbildung

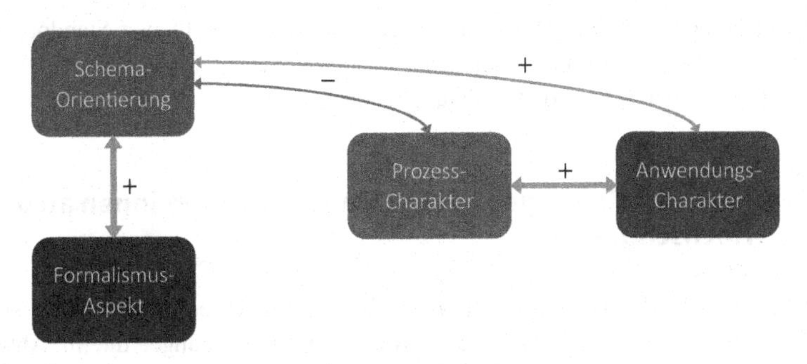

Abbildung 7.4 Struktur der Faktorkorrelationen bei MT21 zum Ende der Lehramtsausbildung

Wie bei Grigutsch et al. (1998) und Blömeke et al. (2009b) sind in beiden Gruppen der MT21-Studie von Felbrich et al. (2008a, S. 769) die Faktoren FORMALISMUS-ASPEKT und SCHEMA-ORIENTIERUNG untereinander positiv korreliert, gleiches gilt für die Faktoren PROZESS- und ANWENDUNGS-CHARAKTER. Zudem sind FORMALISMUS-ASPEKT und PROZESS-CHARAKTER nicht korreliert[9] – und damit im Gegensatz zu den Ergebnissen bei Grigutsch et al. (1998) insbesondere nicht (mehr) negativ korreliert. Bei den Student*innen, welche sich am Beginn ihrer Lehramtsausbildung befinden, besteht weiterhin eine (gering ausgeprägte) negative Korrelation zwischen PROZESS-CHARAKTER und SCHEMA-ORIENTIERUNG. Hinzu kommt eine positive Korrelation zwischen FORMALISMUS-ASPEKT und ANWENDUNGS-CHARAKTER, welche indes am Ende des Vorbereitungsdienstes nicht nachweisbar gewesen ist. Vice versa hängen zu Studienbeginn die SCHEMA-ORIENTIERUNG und der ANWENDUNGS-CHARAKTER nicht nachweislich zusammen, dafür findet sich bei den Lehrer*innen im Vorbereitungsdienst hierzwischen eine leicht positive Korrelation (vgl. Felbrich et al. 2008a, S. 769).

Beides kann verständlich interpretiert werden: Im schulischen Kontext (in welchem sich die Lehrkräfte während ihres Vorbereitungsdienstes zweifelsohne befinden) könnte der Formalismus derart in den Hintergrund getreten sein, dass er für die schulischen Anwendungen nur marginale Bedeutung besitzt, während die mathematischen Anwendungen im universitären Kontext vom dortigen Formalismus profitieren, diesen geradezu bedingen. Für den zweiten Effekt betrachte man, dass ein Großteil der Anwendungen im Unterricht auf der Anwendung (bekannter) Schemata beruht, während die ›Anwendungen‹ im ersten Semester weniger

[9] wie auch in Blömeke et al. (2009b, S. 36)

Routinen erkennen lassen. Dazu tragen auch die unterschiedlichen Standpunkte bei: Als Lehrkraft überblickt man dabei benötigte Schemata, während man zu Studienbeginn eben keine solche Meta-Übersicht besitzt.

7.5.4 Faktorbeziehungen bei Fachmathematiker*innen an der Hochschule

Auch bei den in der Hochschule tätigen Fachmathematiker*innen fanden sich inhaltlich interpretierbare und beachtenswerte Zusammenhänge, die in Abbildung 7.5 entsprechend visualisiert sind. Wie in Unterkapitel 7.3 beschrieben werden die vier zuvor betrachteten Faktoren bei Grigutsch und Törner (1998) noch um einen Faktor PLATONISMUS ergänzt. Dieser korreliert zum einen leicht positiv mit der SCHEMA-ORIENTIERUNG, zugleich aber ebenso leicht negativ mit dem Faktor FORMALISMUS-ASPEKT – zwei Zusammenhänge, die laut Grigutsch und Törner (1998, S. 28) schwierig zu interpretieren sind.

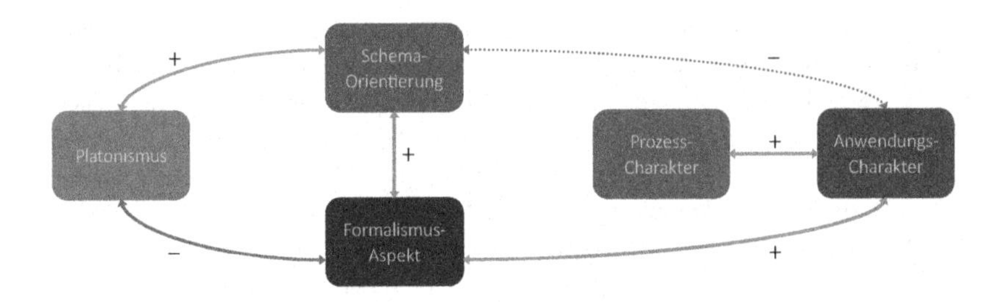

Abbildung 7.5 Struktur der Faktorkorrelationen von Hochschullehrenden bei Grigutsch und Törner (1998)

Es soll an dieser Stelle trotzdem ein Versuch unternommen werden, diese Faktorzusammenhänge mit Bedeutung zu versehen. Die positive Beziehung zwischen SCHEMA-ORIENTIERUNG und PLATONISMUS lässt sich beispielsweise folgendermaßen deuten: Existiert die Mathematik unabhängig von Zeit und Raum und wird sie vom Menschen also nur entdeckt – und nicht erfunden –, so kann diese Entdeckung dennoch nur gemäß vorherbestimmten Muster erfolgen. Diese Argumentation stützend kann ein Blick auf die Itemformulierungen des Faktors SCHEMA-ORIENTIERUNG bei Grigutsch und Törner (1998) geworfen werden, in denen sich drei Anhaltspunkte ausmachen lassen:

- Es ist vorherbestimmt, was überhaupt entdeckt werden kann. (»procedures and rules, which precisely *determine* how a task is solved.« (Grigutsch und Törner 1998, S. 15, Hervorhebung B.W.))
- Es gibt Verfahren, welche bei der Entdeckung dieses unbekannten Wissens hilfreich sind. (»any mathematical problem[10] can be solved through the direct application of [...] *procedures.*« (Grigutsch und Törner 1998, S. 15, Hervorhebung B.W.))
- Als Vereinigung der beiden vorherigen Punkte besteht eine Ähnlichkeit zwischen Mathematik und einem Kreuzworträtsel (»Mathematics [...] resembles [...] very much a *crossword puzzle*« (Grigutsch und Törner 1998, S. 15, Hervorhebung B.W.)), dessen vollständige, eindeutige Lösung bereits existiert und durch schematische Anwendung von Wissen gefunden werden kann.

Es sei noch angemerkt, dass das Kreuzworträtsel-Item (M2) Teil des Fragebogen-Abschnitts *Mathematicians on mathematics* (vgl. Grigutsch und Törner 1998, S. 37–38) war und es dort gemeinsam mit zwei (späteren) PLATONISMUS-Items (M1 und M3) stand. Es liegt daher die Vermutung nahe, dass Grigutsch und Törner (1998) dieses Item nicht für den Faktor SCHEMA-ORIENTIERUNG ›angedacht‹ hatten. Die Hauptladung in diesem Faktor könnte dabei zu der positiven Korrelation beigetragen haben. Zur Aufklärung der Fragen, welche der negative Zusammenhang zwischen PLATONISMUS und FORMALISMUS-ASPEKT aufwirft, verweisen Grigutsch und Törner (1998) auf den Unterschied zwischen der platonistischen und der formalistischen Sichtweise auf Mathematik, die in ähnlicher Weise bereits in Unterkapitel 7.1 ausgeführt wurde:

> Is knowledge from the viewpoint of formalism man-made and can be randomly set in definitions and axioms, so is knowledge from the Platonic viewpoint inalterable and preexistent and cannot be made by man but only be ›recalled‹. (Grigutsch und Törner 1998, S. 28)

Eine weitere der bei den Fachwissenschaftler*innen nachgewiesenen Korrelationen passt Grigutsch und Törner (1998) zufolge nicht zu ihren ursprünglichen Hypothesen: Die Faktoren FORMALISMUS-ASPEKT und ANWENDUNGS-CHARAKTER hängen dort moderat positiv zusammen (siehe Abbildung 7.5). Als Begründung vermuten Grigutsch und Törner (1998, S. 28), dass die Mathematik – zumindest aus Sicht der Hochschullehrenden – aufgrund ihrer formalen Darstellung bereits eine Anwendung enthielte und ihr somit auch eine gewisse

[10] In diesem Sinne also auch das Entdecken einer bis dato unbekannten Lösung.

(wenngleich nicht näher definierte) Praktikabilität innewohne; indes muss dies aber keine Nützlichkeit im Sinne alltäglicher Anwendungen sein. Ein weiteres Argument zugunsten dieser Korrelation sehen Grigutsch und Törner (1998, S. 27–28) in der positiven Nebenladungen[11] zweier Anwendungs-Items auf den Faktor FORMALISMUS-ASPEKT: »With regard to application and its capacity to solve problems mathematics is of considerable relevance to society.« und »Mathematics is of general, fundamental use to society« (Grigutsch und Törner 1998, S. 37). Dieser Erklärungsansatz soll noch etwas ausgeführt werden: Die befragten Mathematiker*innen sind – im Gegensatz zu vielen mathematisch weniger ausgebildeten Menschen – in der Lage, zu sehen, welche (technisch raffinierten, hochkomplexen) Anwendungsmöglichkeiten sich erst aus der formal weit entwickelten Mathematik heraus ergeben. Sie erblicken durch ihre ›formale Brille‹ einen gänzlich anderen Nutzen mathematischer Anwendungen, welcher vielen anderen verschlossen bleibt. Diese Anwendungen befinden sich dabei gewiss auf einem anderen Level als jene konstruierten Kontexte eingekleideter Aufgaben, wie sie beispielsweise Schüler*innen als ›Anwendung‹ vor Augen haben mögen.

7.6 Weitere Ergebnisse aus P-TEDS und MT21

Die P-TED-Studie untersuchte das Professionswissen von Lehramtsstudierenden, wobei darüber hinaus auch epistemologische Beliefs und Überzeugungen zum Lehren und Lernen von Mathematik erhoben wurden (vgl. Felbrich und Müller 2007; Kaiser und Schwarz 2007). Die Itemsammlung aus Grigutsch et al. (1998) wurde hierzu reduziert, sodass jeder Faktor durch jene fünf Items mit der höchsten Hauptladung repräsentiert wurde (vgl. Blömeke et al. 2009b, S. 31). Dabei gelang es, alle vier Faktoren per konfirmatorischer Faktoranalyse zu bestätigen. Für die MT21-Studie reduzierten Felbrich et al. (2008a, S. 767) die Itemzahl bis auf 13 Items; auch hier wurden die Items mit den höchsten Faktorladungen übernommen und es konnten alle vier Faktoren reproduziert werden. Nebenladungen zu anderen Faktoren traten nur vereinzelt auf, ferner wurde jeweils auch eine im Großen und Ganzen akzeptable Reliabilität dieser Faktoren erreicht (vgl. Blömeke et al. 2009b, S. 32–33; Felbrich et al. 2008a, S. 767–768).

In der von Felbrich et al. (2008a) ausgewerteten MT21-Studie wurden zukünftige Mathematiklehrkräfte aus unterschiedlichen Ländern unter anderem hinsichtlich ihrer Beliefs untersucht. Die Studienteilnehmer*innen der deutschen

[11] Die Nebenladungen der beiden Items liegen bei .34 und .43 – während die Hauptladungen mit .49 und .47 nicht allzu stark ausfielen (siehe Grigutsch und Törner 1998, S. 40).

Stichprobe waren entweder am Ende des Vorbereitungsdienstes oder befanden sich am Beginn respektive am Ende ihres Studiums. Es handelte sich dabei um drei getrennte Kohorten in einem Quasi-Längsschnittdesign. Die Erhebung war an jene von Grigutsch et al. (1998) angelehnt, wobei der Fragebogen adaptiert und auf 13 Items[12] reduziert wurde. Zusätzlich zu den angehenden Beliefs der Lehrkräfte wurden mit demselben Instrument auch die Beliefs der Ausbilder*innen an den Studienseminaren sowie jene der Dozent*innen an den Universitäten erhoben. Ausgewählte Erkenntnisse dieser beiden Studien werden nachfolgend zusammengefasst.

Analyse des Faktormodells

Die in Abschnitt 7.5.1 dargelegte Faktorstruktur beschrieben Grigutsch et al. (1998, S. 32) als Modell, bei dem eine statische Sicht auf Mathematik (bestehend aus den Faktoren FORMALISMUS-ASPEKT und SCHEMA-ORIENTIERUNG) einer dynamischen Sichtweise (PROZESS- und ANWENDUNGS-CHARAKTER) antagonistisch entgegengesetzt ist. Bei Blömeke et al. (2009b) wird die Passung des von Grigutsch et al. (1998) vorgeschlagenen Modells zu den bei P-TEDS erhobenen Daten überprüft, wobei sich jedoch kein zufriedenstellender Modellfit ergibt: »[...] whereas a one-dimensional construct with two antagonistic poles seems not to be supported by data« (Blömeke et al. 2009b, S. 35). Anschließend wird auch ein zweidimensionales Modell getestet, in welchem die statische und die dynamische Sichtweise unabhängig voneinander existieren. Nach weitergehender Analyse wird jedoch auch dieses Modell abgelehnt:

> Further analyses showed that a two-dimensional model does not fit the data very well. Thus, the idea that beliefs on the nature of mathematics center around a dynamic (process- and application-orientated) and a static (formalism and scheme) perspective, which are not mutually exclusive to each other, cannot be supported. (Blömeke et al. 2009b, S. 39)

Darüber hinaus passt auch der von Grigutsch und Törner (1998) beschriebene Faktor PLATONISMUS weder in das eindimensionale noch in das zweidimensionale Modell:

[12] Für die Faktoren FORMALISMUS-ASPEKT, SCHEMA-ORIENTIERUNG und ANWENDUNGS-CHARAKTER wurden je drei Items übernommen, der Faktor PROZESS-CHARAKTER enthielt vier Items (vgl. Felbrich et al. 2008a, S. 767).

> The beliefs of mathematicians concerning their academic discipline can be described by both the dynamic and static aspect, coexisting at the same time. Thus, both orientations seem to be part of a complex understanding of mathematics. Also for these mathematics experts, an additional orientation has been identified, which the authors termed ›Platonism‹ or ›platonistic philosophy‹. (Felbrich et al. 2008a, S. 765)

Zustimmung zu den Faktoren und Reihenfolge der Faktormittelwerte

Die Reihenfolge der Faktormittelwerte war zu Beginn und am Ende der Ausbildung gleich, mit anderen Worten war also die relative Zustimmung zu den Faktoren bei Studierenden, angehenden Lehrkräfte und deren Ausbilder*innen an Universitäten und Studienseminaren ähnlich. Dabei wurde dem Faktor PROZESS-CHARAKTER jeweils am meisten zugestimmt, hingegen lag der Faktor SCHEMA-ORIENTIERUNG stets auf dem vierten Platz. Die mittleren beiden Plätze belegen der ANWENDUNGS-CHARAKTER gefolgt vom Faktor FORMALISMUS-ASPEKT. Felbrich et al. (2008a, S. 772–773) führen diese Gruppen übergreifende Ähnlichkeit beim Zustimmungsranking auf ein gemeinsames kulturelles Verständnis des Wesens der Mathematik zurück. Betrachtet man die Reihung der Faktormittelwerte in anderen Ländern, so zeigen sich teilweise Unterschiede: In Taiwan ist etwa die Zustimmung zum FORMALISMUS-ASPEKT am stärksten, während in Bulgarien der PROZESS-CHARAKTER die geringsten Zustimmungswerte aufweist (vgl. Schmidt et al. 2007, S. 34).

Beliefs von Mathematik-Lehrenden unterschiedlicher Ausbildungsphasen

Zudem wurden auch die Beliefs von Dozent*innen der Mathematik, der Mathematikdidaktik und der Pädagogik an Universitäten sowie jene von Ausbilder*innen in Fachdidaktik und Pädagogik am Studienseminar erhoben. Die Analyse der Faktormittelwerte der Mathematikdidaktiker*innen ergab, dass sich diese zwischen ihren Arbeitsstätten Universität und Studienseminar nicht unterscheiden (Felbrich et al. 2008a, S. 771–772). Dabei weisen sie im Vergleich die geringsten Mittelwerte beim Faktor FORMALISMUS-ASPEKT auf, wobei sich dieser Wert sogar noch unterhalb des Mittelwertes der befragten Student*innen befindet (Felbrich et al. 2008a, S. 771). Zuletzt unterscheiden sie sich hinsichtlich ihrer Mittelwerte bei den Faktoren PROZESS-CHARAKTER und SCHEMA-ORIENTIERUNG nicht nennenswert von ihren Fachkolleg*innen aus der Mathematik. Bei diesen beiden Faktoren verfügen die Lehrkräfte am Ende der Ausbildung ähnlichere Sichtweisen auf als jene zu Beginn des Studiums, was Felbrich et al. (2008a, S. 770–771) zufolge als ein Indiz für den Einfluss der Ausbilder*innen auf die Beliefs der angehenden Lehrkräfte angesehen werden kann. Weiterhin bewerten die Ausbilder*innen in den Studienseminaren den ANWENDUNGS-CHARAKTER der Mathematik höher. Die befragten Fachmathematiker*innen, die für die erste Phase der Lehrerausbildung zuständig sind, zeigten erwartungsgemäß einen vergleichsweise hohen Mittelwert beim Faktor FORMALISMUS-ASPEKT und eine ablehnende Haltung gegenüber der SCHEMA-ORIENTIERUNG (vgl. Felbrich et al. 2008a, S. 770). Am undifferenziertesten waren die Faktormittelwerte bei Ausbilder*innen für allgemeine Pädagogik/Erziehungswissenschaften, da diese allen vier Aspekten gleichermaßen zustimmten. Felbrich et al. (2008a, S. 774) sprechen diesbezüglich sogar von einer »conceptual distance to mathematics and mathematical activities«.

Beliefs von Lehramtsstudierenden bei Studienbeginn und Ausbildungsende

Die Mittelwertunterschiede zwischen den Studierenden und den beinahe fertig ausgebildeten Lehrer*innen lassen sich als Veränderung[13] der Beliefs während der Ausbildung interpretieren. Bei den Veränderungen der Faktorwerte ergibt sich zusammengefasst folgendes Bild: Die Zustimmung zum Faktor FORMALISMUS-ASPEKT ändert sich zum Ende der Ausbildung nicht, hingegen gibt es einen Anstieg bei den Faktoren PROZESS- und ANWENDUNGS-CHARAKTER. Diese können dem Umstand geschuldet sein, dass die Befragten bereits eine Zeit lang im Vorbereitungsdienst tätig waren. Bei der SCHEMA-ORIENTIERUNG ergeben sich am Anfang der Lehramtsausbildung höhere Werte, was auf die prägende Wirkung des Schulunterrichts zurückzuführen sein wird (vgl. Felbrich et al. 2008a, S. 769). Es gibt Hinweise darauf, dass sich die Überzeugungen denjenigen der Lehrenden in der Universität respektive im Studienseminar ›annähern‹: »Students of the second phase of education seem to have views, which are more similar to views of their educators compared to students at the beginning of teacher education« (Felbrich et al. 2008a, S. 772). Jedoch erscheint es speziell im Vergleich mit den Fachdidaktikausbilder*innen so, als erreichten die Student*innen bei den beiden dynamischen Faktoren nicht ganz der Grad an Zustimmung, der sich bei ihren *mathematikdidaktischen* Dozent*innen finden lässt (vgl. Felbrich et al. 2008a, S. 774) – vielleicht ist dieser Maßstab aber auch ein zu hoch gestecktes Ziel.

Aus diesen Erkenntnissen schließen Felbrich et al. (2008a, S. 774) auf die Wirksamkeit der Ausbildung:

> For future teacher students at the end of education smaller differences in beliefs compared to educator beliefs have been found than for beginning students. Again, this might be interpreted as an indication toward the effectiveness of teacher education, as the beliefs of future teacher students at the end of education seem more similar to

[13] Aufgrund des Quasi-Längsschnittdesigns handelt es sich hier nicht um intraindividuelle Veränderungen.

> educators' views than views of beginning students. More interestingly, there seems to be more congruity with educators of the first phase than with educators of the second phase even for students of the second phase. This seems plausible, as the period of education for the first phase is about three times longer than for the second phase.

Diese Aussagen zur Effektivität der Lehramtsausbildung münden daraufhin in der Fragestellung, ob die Studierenden mit weniger erstrebenswerten Überzeugungen im Laufe des Studiums ihre Überzeugungen änderten oder ob sie stattdessen den Studiengang verließen. Dies führt zurück zu der – immer noch offenen – Frage, welche Beliefs denn bei (angehenden) Lehrkräften erwünscht und erstrebenswert sind, da sie das Lehramtsstudium oder den späteren Unterricht günstig beeinflussen (siehe auch Yusof und Tall 1995; Pehkonen 1999). Offen bleibt dabei, ob die beschriebenen Effekte tatsächlich auf Einflüsse der Lehramtsausbildung zurückzuführen sind oder ob andere Faktoren – wie beispielsweise Selektion oder Klumpenbildung – Einfluss haben (vgl. Felbrich et al. 2008a, S. 774).

7.7 Zusammenfassung

Die bisherigen Forschungsergebnisse zeigen zunächst, dass der Begriff ›Belief‹ ein weit gefasstes Konstrukt ist, unter dem von unterschiedlichen Forscher*innen und in unterschiedlichen Disziplinen jeweils andere Aspekte verstanden und subsumiert werden. Gleichwohl ergeben sich aus der Unschärfe des Begriffs auch viele mögliche Definitionen und damit ein breites Forschungsfeld. Die Sichtweisen auf die Mathematik – als die Wissenschaft und als Schulfach – sind breit gefächert. Hierunter fallen unter anderem epistemologische Fragen, aber ebenso die Spezifika mathematischer Begriffe und mathematische Arbeitsweisen, die Kreativität beim Lösen mathematischer Probleme und die Rolle des Beweises als Kommunikationsmedium. Ergänzend zu diesen Aspekten brachte die mathematikdidaktische Beliefsforschung mit den Faktoren FORMALISMUS-ASPEKT, ANWENDUNGS-CHARAKTER, SCHEMA-ORIENTIERUNG und PROZESS-CHARAKTER vier zentrale Aspekte mathematischer Weltbilder hervor, die in mehreren Erhebungen validiert und deren Zusammenhang bei unterschiedlichen Zielgruppen erforscht wurden.

In diesem Teil wurde die psychologische Theorie zur Einstellungsmessung vorgestellt, auf welche im Rahmen der Begleitforschung des in Teil II vorgestellten Projekts zurückgegriffen wird. Der nun folgende Teil IV beschreibt das forschungsmethodische Vorgehen und die statistischen Grundlagen, die benötigt werden, um Einstellungen gegenüber Mathematik und mathematische Weltbilder zu erheben sowie die erhobenen Daten qualitativ auszuwerten. Dabei werden auch die bei der Durchführung der Datenerhebung getroffenen methodischen Entscheidungen offengelegt. Daran anschließend werden in den Kapiteln in Teil V die Ergebnisse der Durchführung aufbereitet und diskutiert; schließlich enthält Teil VI eine Zusammenfassung der Ergebnisse und deren Einordnung vor dem Hintergrund der Theorie aus Teil III sowie den daraus resultierenden Implikationen und offenen Fragen als über den Rahmen des Projektes hinausgehenden Ausblick.

Teil IV
Forschungsdesign, Methodik und Datenerhebung

Die zuvor in Teil III vorgestellte Theorie der Beliefs und mathematischen Weltbilder lässt sich in den Bereich der Einstellungsmessung einordnen. Die dem mathematischen Weltbild zugrunde liegenden latenten Variablen sind dabei zunächst hypothetische Größen, »deren Existenz wir annehmen, um beobachtete psychologische Sachverhalte zu erklären, wobei die beobachteten Sachverhalte meist nicht vollständig durch die Konstrukte erklärt werden können« (Eid et al. 2013, S. 54). Um diese beispielsweise in Fragebögen erfassen zu können, müssen beobachtbare Größen in Form manifester Variablen gefunden werden, aus denen sich auf eine entsprechende Einstellung schließen lässt. Dabei sind die mathematischen Weltbilder bereits seit Jahrzehnten Gegenstand sowohl mathematikdidaktischer als auch psychologischer Forschung, sodass basierend auf diesem theoretischen Fundament Testitems erzeugt werden können.

Die nun folgenden Kapitel des vierten Teils widmen sich der Methodik der vorliegenden Arbeit. Zunächst werden in Kapitel 8 das Forschungsdesign und die Fragestellungen der Studie vorgestellt. Davon ausgehend findet sich in Kapitel 9 eine Zusammenfassung der aus dem Forschungsdesign resultierenden Methoden und zur Erhebung eingesetzten Instrumente. Kapitel 10 gibt einen Überblick über die Erhebungszeitpunkte, an denen die jeweiligen Instrumente eingesetzt wurden sowie die daraus resultierenden Datensätze und Teilstichproben. In Kapitel 11 werden schließlich die Auswertungsmethoden vorgestellt, die für die Analyse der erhobenen Daten nötig sind. Dabei wird versucht, den Erkenntnisprozess transparent darzustellen, die getroffenen methodischen Entscheidungen zu reflektieren und so auch die Genese des Wissens abzubilden. Entsprechend wird im Folgenden berichtet, wie die Stichprobe ausgewählt wurde, welche Daten ausgelassen wurden sowie welche Manipulationen und Messgrößen Anwendung fanden (vgl. Simmons et al. 2012; Nuzzo 2014b). Für den strukturellen Aufbau ergibt sich als Konsequenz dieser genetischen Gliederung, dass nicht sämtliche getroffenen Entscheidungen bei den Ergebnissen stehen; teilweise werden diese bereits direkt in Teil IV – also im Anschluss an die Vorstellung der Theorie – diskutiert.

Dies betrifft insbesondere Entscheidungen auf Ebene der gesamten Untersuchung, also beispielsweise die Wahl einer Methode, die sich aus dem Forschungsdesign oder den erhobenen Variablen ergibt und die anschließend für die restliche Auswertung konstant bleibt. Die aus der so erfolgten Durchführung resultierenden Ergebnisse finden sich anschließend in Teil V, bevor diese schließlich in Teil VI zusammengefasst und mitsamt den sich daraus ergebenden Fragen diskutiert werden.

8 Forschungsdesign und Forschungsfragen

Wie in Kapitel 6 beschrieben, versteht sich die vorliegende Arbeit vor dem Hintergrund der von Törner (2002a, S. 107) genannten Schwerpunkte der Beliefsforschung als integrierend-vernetzender Beitrag, da hier die zielgruppenspezifischen Beliefs von Studierenden der Studiengänge gymnasiales Lehramt und Bachelor Mathematik untersucht und durch die (Weiter-)Entwicklung vorhandener Skalen mögliche Bedingungen zur Änderung von Beliefs am Übergang von sekundärer zu tertiärer mathematischer Bildung beleuchtet werden. Dies ermöglicht einerseits, die durch den Studienbeginn stattfindenden Veränderungen sichtbar zu machen, andererseits aber auch, mögliche Effekte der Hochschullehre auf die fachbezogenen Beliefs zu beobachten.

Die durchgeführte Studie ist qualitativer Natur und setzt sich aus unterschiedlichen Erhebungsteilen mit jeweils eigenen Forschungsdesigns zusammen, wobei sie im Großen und Ganzen als explorative Feldstudie im quasi-experimentellen Untersuchungsdesign ohne Kontrollgruppe angelegt ist. Die befragten Personen stellen eine Gelegenheitsstichprobe aus den Vorlesungsteilnehmer*innen dreier Vorlesungen dar, die teils einer Längsschnittuntersuchung und teils einer Querschnittuntersuchung im Ex-post-facto-Design unterzogen wurden. Entsprechend beziehen sich einige der Fragestellungen auf alle Studierenden der Stichprobe, während sich andere Fragestellungen speziell der Struktur des mathematischen Weltbildes zu Studienbeginn oder den Veränderungen im Verlaufe der Interventionsmaßnahme widmen. Das Vorgehen stellt dabei ein Wechselspiel aus hypothesengenerierendem Vorgehen zur Exploration des mathematischen Weltbildes zu Studienbeginn und theorieüberprüfendem Vorgehen zur Validierung früherer Erkenntnisse und weiteren Untersuchung der aus explorativen Ansätzen gewonnenen Erkenntnisse dar.

B. Weygandt, *Mathematische Weltbilder weiter denken*, https://doi.org/10.1007/978-3-658-34662-1_8

8.1 Konzeptualisierung und Operationalisierung des mathematischen Weltbildes

Zur Konzeptualisierung des mathematischen Weltbildes der Studierenden wird auf die Definition von Maaß (2006) in Unterkapitel 5.6 und die in Kapitel 7 dargelegten Forschungsergebnisse aufgebaut: Alle Beliefs über das Schulfach und die Wissenschaft Mathematik, den Mathematikunterricht, das Lehren und das Lernen von Mathematik sowohl in der Schule wie auch an der Universität bilden das mathematische Weltbild. Als latente Variablen lassen sich die im mathematischen Weltbild verorteten Einstellungen nicht direkt messen, weswegen in dieser Erhebung über manifeste Variablen in Form von Fragebogenitems auf die zugrunde liegende Einstellung geschlossen wird. Ein Ausschnitt des mathematischen Weltbildes lässt sich dabei über die in Unterkapitel 7.2 dargelegten Faktoren aus Grigutsch et al. (1998) operationalisieren, indem auf einer fünfstufigen Skala die Zustimmung zu den Items der jeweiligen Faktoren erhoben wird (siehe Unterkapitel 9.1 für die Durchführung der Fragebogenerhebung). Ein hoher Faktorwert repräsentiert dabei die Tendenz zur Zustimmung zum jeweiligen Faktor, während ein niedriger Faktorwert entsprechend als Ablehnung gefasst wird (siehe Unterkapitel 11.1). Weiterhin wird der betrachtete Ausschnitt des mathematischen Weltbildes durch die hypothesengenerierende Methode der explorativen Faktorenanalyse noch um weitere Aspekte der Genese und Kreativität ergänzt. Über eine Betrachtung der Korrelationen zwischen Faktorwerten kann zudem auf strukturelle Eigenschaften des mathematischen Weltbildes der Stichprobe geschlossen werden (vgl. Unterkapitel 7.5). Ferner lassen sich über Mittelwertvergleiche und Varianzanalysen Stichproben auf Unterschiede in der Zustimmung zu den Faktoren erfassen. Auf diesem Wege können aufgrund der Kombination von Längs- und Querschnittdesign sowohl Unterschiede zwischen Gruppen als auch Veränderungen in entsprechenden Aspekten des mathematischen Weltbildes zwischen Messzeitpunkten abgebildet werden.

8.2 Forschungsfragen

Die Forschungsfragen adressieren zunächst die latenten Variablen mathematischer Weltbilder und dienen der Absicherung respektive Exploration entsprechender Faktoren. Ziel ist, mittels der in Unterkapitel 9.2 näher beschriebenen datenreduzierenden Verfahren auf die den Daten zugrunde liegende Struktur zu schließen. Dabei soll einerseits untersucht werden, inwiefern das aus Grigutsch et al. (1998) bekannte Faktormodell zu den erhobenen Daten der Stichprobe passt, andererseits sollen die übrigen Items explorativ auf zugrunde liegende Faktoren hin untersucht werden. Aufbauend auf den Ergebnissen der Faktorenanalysen schließen sich Fragen zur Verwendbarkeit und Verteilung der Faktorwerte an.

F1. Passt das Faktormodell aus Grigutsch et al. (1998) zu den vorliegenden Daten oder weist es Modellmissspezifikationen auf?
F2. Inwiefern eignen sich die verwendeten Items sowie die erhobenen Datensätze zur Durchführung explorativer Faktorenanalysen?
F3. Welche Faktoren lassen sich extrahieren, um das Faktormodell aus Grigutsch et al. (1998) zu ergänzen?
F4. Inwiefern sind die explorativ extrahierten Faktoren inhaltlich interpretierbar und hinsichtlich interner Konsistenz, Reliabilität und aufgeklärter Varianz aussagekräftig?
F5. Kann bei den Faktorwerten in der Stichprobe von einer annähernden Normalverteilung ausgegangen werden?
F6. Sind aus den Lageparametern der Verteilungen Tendenzen erkennbar?

In Analogie zu den in Unterkapitel 7.5 vorgestellten Faktorkorrelationen bei Grigutsch und Törner (1998) und Blömeke et al. (2009b) wird der durch die Faktoren abbildbare Teil des mathematischen Weltbildes über die Zusammenhangsstruktur der Faktormittelwerte operationalisiert. Diesbezüglich sollen die folgenden Forschungsfragen für die Erkundung der Zusammenhangsstrukturen leitend sein:

F7. Welche signifikant von Null verschiedenen Korrelationen weisen die Faktorwerte auf?
F8. Inwiefern lassen sich die gefundenen Korrelationen auch jeweils inhaltlich interpretieren?
F9. Lassen die Faktorkorrelationen – sofern sie inhaltlich stimmig interpretierbar sind – darüber hinaus auch die Abstraktion charakteristischer Strukturen zu, die einen Einblick in das mathematische Weltbild der Studierenden ermöglichen?
F10. Lassen sich gefundene Korrelationen ebenfalls bei der Betrachtung von Teilstichproben nachweisen, etwa zu Studienbeginn, bei angehenden Lehrkräften oder vor und nach der EnProMa-Vorlesung?

Neben den deskriptiven Statistiken und der Betrachtung der korrelativen Struktur der Faktorwerte lassen sich zudem auch deren Ausprägungen in ausgewählten Gruppen vergleichen. Hierbei können einerseits die Faktormittelwerte der im Längsschnittdesign erhobenen Daten zu unterschiedlichen Messzeitpunkte betrachtet werden, andererseits lassen sich auch die Faktormittelwerte von im Querschnittdesign erhobenen, unabhängigen Gruppen miteinander vergleichen. Für letztere Gruppenvergleiche lassen sich in der vorliegenden Erhebung etwa der Einfluss des Studiengangs und die Semesterzahl als moderierende Variablen betrachten.

F11. Lassen sich Mittelwertunterschiede zwischen Lehramts- und Fachstudierenden nachweisen und in welcher Stärke liegen die Effekte jeweils vor?

F12. Lassen sich bei Lehramtsstudierenden Mittelwertunterschiede zwischen Studienanfänger*innen und fortgeschrittenen Studierenden nachweisen? Und wenn ja, in welcher Stärke liegen diese Effekte jeweils vor?

F13. Lassen sich bei den Teilnehmer*innen der EnProMa-Vorlesung Unterschiede in den Faktorwerten vor und nach der Intervention nachweisen? Und wenn ja, in welcher Stärke liegen diese Effekte jeweils vor?

Im folgenden Kapitel 9 wird die Methodik rund um die Fragebogenentwicklung und Faktorenanalyse behandelt und damit die Grundlagen zur Beantwortung der Forschungsfragen F1 bis F4 gelegt. Kapitel 10 gibt einen Überblick über die unterschiedlichen Erhebungszeitpunkte des Forschungsdesigns und die daraus gewonnenen Datensätze. Anschließend werden in Kapitel 11 zu den erhobenen Daten passende Auswertungsmethoden vorgestellt, mit denen dann den Forschungsfragen F5 bis F13 nachgegangen werden kann. Zu einigen der Forschungsfragen wurden ferner entsprechende Arbeitshypothesen aufgestellt. Da die ersten Teile der vorliegenden Untersuchung größtenteils explorativer Natur sind, lassen sich einige Hypothesen erst nach Beantwortung der Forschungsfragen F1 bis F4 formulieren. Dementsprechend finden sich manche der Arbeitshypothesen erst in Teil V bei der Behandlung der jeweiligen Forschungsfragen.

Erhebungsmethoden und Umsetzung 9

9.1 Fragebogenentwicklung

9.1.1 Entwicklung von Items und Zusammenstellung von Skalen

Zur Erfassung der Einstellungen (vgl. Kapitel 6) wurden geschlossene Fragebögen verwendet, welche die Zustimmung zu Items mittels diskret gestufter Likert-Skalen operationalisieren. Die Verwendung von Likert-Skalen ist in diesem Kontext üblich (vgl. Eid et al. 2013, S. 31), wobei jedoch die Erfassung der Antworten als intervallskalierte Variable gelegentlich hinterfragt wird (vgl. Moosbrugger und Kelava 2012, S. 53). Bei Rohrmann (1978) findet sich ein Ansatz, als äquidistant empfundene Formulierungen auf empirischem Weg herauszuarbeiten. Auch dies kann jedoch etwaige Einwände bezüglich nicht-äquidistanter Antwortkategorien nicht vollständig widerlegen. Die Skalen von Rohrmann (1978) sieht Bühner (2006, S. 55) dennoch als »Anhaltspunkte für die Benennung der Antwortstufen«. Bei den verwendeten Belief-Fragebögen wurde eine verbale Ratingskala eingesetzt, bei der sämtliche Antwortkategorien benannt sind. Moosbrugger und Kelava (2012) plädieren für solch eine vollständig benannte Skala und begründen dies mit größerer Zufriedenheit bei den Proband*innen und zudem reliableren Antworten, da das Verständnis der Antwortskala intersubjektiv einheitlicher ist (vgl. Moosbrugger und Kelava 2012, S. 52; sowie Dickinson und Zellinger 1980). Eine Frage, die in diesem Zusammenhang noch bedacht werden muss, ist jene nach der Anzahl der Antwortkategorien. Zu wenige Antwortkategorien erschweren die Identifikation von Ausreißerwerten, was sich wiederum auf die Berechnung von Korrelationen und Trennschärfen auswirkt (vgl. Bühner 2006,

B. Weygandt, *Mathematische Weltbilder weiter denken*,
https://doi.org/10.1007/978-3-658-34662-1_9

S. 97). Mit steigender Anzahl an Antwortkategorien nimmt hingegen die Tendenz zu extremen Antworten ab (vgl. Moosbrugger und Kelava 2012, S. 51) sowie Reliabilität und Validität zu. Bei sieben Antwortstufen scheint eine natürliche obere Schranke für den Erkenntnisgewinn zu liegen (vgl. Moosbrugger und Kelava 2012, S. 51) und zudem besteht bei zu vielen Optionen das Risiko, die gewonnene Reliabilität und Validität durch überforderte Proband*innen wieder einzubüßen (vgl. Bühner 2006, S. 54). Auch wenn die Antwortskalen bei Blömeke et al. (2009b) leicht modifiziert wurden (Ausschluss der Mittelkategorie), so wurde bei dieser Erhebung aus Gründen der Vergleichbarkeit darauf geachtet die fünf Antwortkategorien aus Grigutsch et al. (1998) beizubehalten. Auf die Verwendung einer sogenannten ›Weiß nicht‹-Kategorie (siehe Moosbrugger und Kelava 2012, S. 54) wurde verzichtet, da sich der Fragebogen an eine Zielgruppe mit Erfahrung in den entsprechenden Gebieten richtete. Auch wurde bei den verwendeten Kategorien auf Exhaustivität geachtet und die beiliegende Instruktion um einen entsprechenden ›forced choice‹-Hinweis ergänzt (vgl. Moosbrugger und Kelava 2012, S. 46).

Bei der Entwicklung der Fragebogenitems sind sowohl sprachliche als auch inhaltliche Aspekte zu beachten. Zu diesen zählen unter anderem klare und eindeutige Satzkonstruktionen oder auch die Verständlichkeit der Items unabhängig vom Vorwissen der befragten Person. Ein Überblick mit entsprechenden Beispielen findet sich bei Moosbrugger und Kelava (2012, S. 64–66) ebenso wie bei Bühner (2006, S. 68–71). Die Formulierung der Items findet weiterhin im Spannungsfeld zwischen den Effekten der Akquieszenz und der Itempolung statt. Der erste Effekt bezeichnet die Tendenz, einem Item unabhängig von dessen Aussage zuzustimmen – hier hilft das sprachliche Negieren von Itemaussagen, das sogenannte Umpolen. Allerdings birgt die Verwendung solch umgepolter Items auch das Risiko, dass»eine artifizielle Faktorenstruktur entstehen, weil trotz des Vorhandenseins eines homogenen, eindimensionalen Merkmals positiv und negativ gepolte Items dazu tendieren, zwei verschiedene Faktoren zu bilden« (Moosbrugger und Kelava 2012, S. 61). Bei der Erstellung und Systematisierung des Fragebogens hilft dabei das von Angleitner et al. (1986) entwickelte Kategoriensystem, welches für Items zu Einstellungen und Überzeugungen eine eigene Kategorie vorsieht (vgl. Bühner 2006, S. 68). Moosbrugger und Kelava (2012) sehen diese Kategorisierung nach den abgefragten *Aufgabeninhalten* als »wesentlich, da das Vermischen von Items aus unterschiedlichen [...] Kategorien innerhalb eines Tests zu methodischen Artefakten führen kann« (Moosbrugger und Kelava 2012, S. 63–64). Bei der Formulierung der Items und der Zusammenstellung des Fragebogens wurde entsprechend darauf geachtet, in jeder Sektion des Fragebogens nur Items derselben Kategorie zu verwenden.

Da es sich bei der vorliegenden Studie um die Erhebung von Einstellungen dreht, lassen sich Verzerrungen aufgrund sozialer Erwünschtheit nicht gänzlich ausschließen. Dieser Effekt tritt in zwei Facetten auf, die als Selbst- und Fremdtäuschung bezeichnet werden (vgl. Moosbrugger und Kelava 2012, S. 59). Da weder die Teilnahme an der Erhebung noch die Ergebnisse der Befragung eine Auswirkung auf den Studienverlauf haben, wirkt der Effekt der Fremdtäuschung an dieser Stelle vermutlich weniger stark. Im Gegensatz zu Leistungstests und aufgrund des explorativen Ansatzes ist es zudem nicht möglich, besonders hohe oder niedrige Testwerte zu (dis)simulieren (vgl. Bühner 2006, S. 60). Gleichwohl kann auch im vorliegenden Setting nicht gänzlich ausgeschlossen werden, dass von Bühner (2006) genannte Gründe wie Selbstschutz und Wunschdenken einen Einfluss auf die Ergebnisse der befragten Personen haben.

Wahl der Konstruktionsstrategie und Zusammenstellung des Fragebogens

Moosbrugger und Kelava (2012) beschreiben mehrere Vorgehensweisen, um Fragebogenitems zu erzeugen: Mittels *rationaler Konstruktion* können Items zu einem bereits definierten Konstrukt entwickelt werden. Dabei wird insofern nah am Konstrukt vorgegangen, als dass vor der Itemkonstruktion bestimmt wird, welche Unterkonstrukte vorhanden sind, durch welche Indikatoren diese erfasst werden können und inwiefern sich eine hohe respektive niedrige Merkmalsausprägung äußert. Hingegen wird die *internale* respektive *faktorenanalytische Konstruktion* verwendet, um zu hypothetischen Dimensionen passende Items zu finden. Dabei sollen die Items jeweils nur einer Dimension zugehörig sein (vgl. Noack 2007, S. 48). Diese Einfachstruktur wird daher im Anschluss mittels faktorenanalytischer Verfahren überprüft und dadurch diejenigen Items identifiziert, über die sich die hypothetischen Dimensionen charakterisieren lassen. Weiterhin zu nennen ist noch die *externale* respektive *kriteriumsorientierte Konstruktion:* Bei diesem eher operational charakterisierendem Vorgehen sollen solche Items gefunden werden, die hinsichtlich der Menge an beforschten Eigenschaften möglichst gut differenzieren. Zuletzt lässt sich bei bisher nicht oder nicht präzise definierten Konstrukten auch die *intuitive Konstruktion* als Vorgehensweise wählen, bei welcher die Itementwicklung vorrangig auf der Erfahrung der Testkonstrukteur*in basiert (vgl. Moosbrugger und Kelava 2012, S. 36–38).

Das für die vorliegende Untersuchung gewählte Vorgehen entsprach dabei einer Mischform aus der faktorenanalytischen und der rationalen Konstruktion. So konnten einerseits einige der verwendeten Items aus früheren Untersuchungen in diesem Bereich übernommen werden. Andererseits war ein Ziel des Forschungsvorhabens die Theoriegewinnung im Bereich der genetischen Entstehung von Mathematik, weswegen in den a priori angenommenen Dimensionen Items formuliert wurden.[1] Diese Items wurden anschließend einer explorativen Faktorenanalyse unterzogen, um zu überprüfen, welche der angedachten Faktoren sich als Aspekte des mathematischen Weltbilds bestätigen. Bei der Zusammenstellung des Fragebogens wurde darauf geachtet, möglicherweise auftretenden Aktualisierungs- oder Konsistenzeffekten entgegenzuwirken. Dazu wurden die Items zunächst subtestübergreifend randomisiert und weiterhin berücksichtigt, dass jeweils benachbarte Items nach Möglichkeit keinen Einfluss aufeinander haben (vgl. Moosbrugger und Kelava 2012, S. 68).

9.1.2 Gütekriterien

Objektivität

Unter Objektivität eines Tests wird allgemein die Unabhängigkeit von den beteiligten Personen bei der Durchführung und Auswertung verstanden (vgl. Moosbrugger und Kelava 2012, S. 8). Diesbezüglich bieten sich Fragebögen als Untersuchungsmethode an, da diese sowohl eine hohe Durchführungs- als auch Auswertungsobjektivität aufweisen (vgl. Eid et al. 2013, S. 29). Als weitere Vorteile benennen Eid et al. (2013) neben ökonomischen Aspekten bei der Durchführung insbesondere noch die Vergleichbarkeit über befragte Personen und Messzeitpunkte hinweg (vgl. Eid et al. 2013, S. 29). Betrachtet man die Objektivität der Interpretation der gewonnen Daten, so hängt diese bei der vorliegenden Untersuchung von der Art der statistischen Auswertung und damit nicht zuletzt von der zugrunde liegenden Fragestellung ab. Als kontrastierendes Beispiel finden sich hier die Faktorenanalyse in konfirmatorischer und explorativer Form: Einerseits ist bei der Bestätigung bereits bestehender Konstrukte im Rahmen der konfirmatorischen Faktorenanalyse interpretationsobjektiv, da hier die Passung der gewonnenen Daten auf ein bereits existierendes Modell untersucht wird und die Güte eines resultierenden Modellfits durch unterschiedliche Indices mit entsprechenden Grenzwerten festgelegt ist. Hingegen ist bei der Auswertung mittels explorativer Faktorenanalyse an einigen Stellen Interpretation unabdingbar: Bei der Reduktion der Daten auf ein niedrigdimensionaleres Modell gibt man die Anzahl der gewünschten Dimensionen (Faktoren) vor, und in der Regel

[1] Bei der Formulierung der Items der vermuteten Subskalen wurde teilweise auch intuitiv-konstruierend vorgegangen, wenngleich bei der faktorenanalytischen Konstruktion die Erfahrung keinen vorrangigen Einfluss auf die Skalenzusammensetzung hat.

findet sich eine entsprechende Faktorenlösung. Dabei sagt die Konvergenz respektive Existenz einer solchen Faktorenlösung jedoch noch nichts über die inhaltliche Interpretierbarkeit der Lösung aus (vgl. Bühner 2006, S. 202), weswegen die Frage der sinnvollen inhaltlichen Interpretation nur durch die Forscher*in beantwortet werden kann (vgl. auch Noack 2007, S. 63). Gleichwohl erfolgt aber auch die Auswahl und Interpretation einer Faktorenlösung nicht nach rein subjektiven Kriterien, da beispielsweise eine Einfachstruktur der Faktorladungen gewünscht ist, die enthaltenen Items statistisch und praktisch bedeutsam sein sollen (vgl. Bühner 2006, S. 208) und ferner durch die Faktoren zugleich ein hinreichender Anteil der Varianz erklärt werden soll (vgl. Rolka 2006a, S. 93; Überla 1977, S. 124).

Dieses Beispiel der beiden grundverschiedenen Faktorenanalysen zeigt, dass im Bereich der Erkenntnisgewinnung und Theoriebildung die Interpretation von Daten nicht gänzlich unabhängig von den beteiligten Forscher*innen ist. Eine Sicherung der Interpretationsobjektivität ist dennoch möglich, indem die strukturellen Erkenntnisse aus einer explorativen Faktorenanalyse anschließend mittels konfirmatorischer Faktorenanalyse an anderen Stichproben validiert werden (vgl. Moosbrugger und Kelava 2012, S. 338). Für die Gewährleistung der Durchführungsobjektivität im Rahmen der vorliegenden Untersuchung wurden die Untersuchungsbedingungen, soweit realisierbar, konstant gehalten. Der für den Pre-Post-Vergleich eingesetzte Fragebogen war bei allen Erhebungszeitpunkten identisch. Die Befragung fand jedes Mal im Rahmen einer Lehrveranstaltung statt, folglich auch in einem Setting ohne Zeitdruck und weitestgehend frei von externen Ablenkungsfaktoren. Für die Auswertung der quantitativen Fragebogenitems existierte ein einheitlicher Kodierleitfaden, wobei uneindeutige oder mehrdeutig angekreuzte Items entsprechend als fehlende Angaben gewertet wurden.

Reliabilität

Reliabilität der Untersuchung bedeutet, dass der Test das zu messende Merkmal »exakt, d. h. ohne Messfehler, misst« (vgl. Moosbrugger und Kelava 2012, S. 11). Bezogen auf Fragebögen lässt sich diese Zuverlässigkeit der Messungen sowohl für einzelne Items als auch für Skalen betrachten. Ohne wiederholte Messungen ist die Reliabilität einzelner Items allerdings nur schwierig zu bestimmen (vgl. Bühner 2006, S. 192). Für Skalen ist dies einfacher, hier wird die interne Konsistenz der Skala zur Reliabilitätsschätzung verwendet (vgl. Moosbrugger und Kelava 2012, S. 130), wobei diese Schätzung bei homogenen Items mit hoher Trennschärfe und mittlerer Itemschwierigkeit präziser ist (vgl. Bühner 2006, S. 99). Für die Homogenität einer Skala ist die *mittlere Inter-Item-Korrelation (MIC)* ein Indikator. Erfassen die Items einer Skala nicht dasselbe Merkmal – was im Bereich der Einstellungsmessung passieren kann –, wird »die tatsächliche Reliabilität unter Umständen deutlich unterschätzt« (Moosbrugger und Kelava 2012, S. 132). Neben der *kongenerischen Reliabilität* ρ_C wird häufig auch *Cronbachs* α zur Reliabilitätsschätzung verwendet – wenngleich Cronbachs α zunächst nur ein Maß für die *interne Konsistenz* der Skala darstellt. Mit einer konfirmatorischen Faktorenanalyse (siehe Unterkapitel 9.3) kann eine Skala ferner auf Eindimensionalität geprüft werden – ist dies der Fall, so stellt Cronbachs α ein Mindestmaß für die Reliabilität dar (vgl. Bühner 2006, S. 263). Hohe Reliabilitätswerte sind erstrebenswert, wobei sich die praktisch erreichbaren Reliabilitätswerte dabei je nach Variablentyp unterscheiden: »Leistungsvariablen lassen sich oftmals präziser messen als Variablen im Temperamentsbereich oder Einstellungen. [...] Gängige Persönlichkeitstests enthalten dagegen zum Teil auch einzelne Skalen, deren Reliabilität nur im Bereich um .70 liegt« (Moosbrugger und Kelava 2012, S. 135; vgl. auch Peterson 1994, S. 386). Zu beachten ist dabei aber auch, dass in der Kollektivdiagnostik eine etwaige geringere Faktorreliabilität nicht zu schlechteren Schätzwerten von Gruppenmittelwerten führt (vgl. Moosbrugger und Kelava 2012, S. 136).

Validität

Der Validitätsbegriff dient in der Forschung als eine Oberkategorie, unter der sich unterschiedliche Aspekte subsumieren lassen.[2] Moosbrugger und Kelava (2012) plädieren dafür, anstatt einer unscharf definierten »Validität eines Tests« lieber die Validität »verschiedener *möglicher Interpretationen* von Testergebnissen zu betrachten« (Moosbrugger und Kelava 2012, S. 144, Hervorhebung im Original). Auf Ebene der Items ist zunächst sicherzustellen, dass die Inhalte und das zu erfassende Merkmal übereinstimmen (Inhaltsvalidität), was sich teilweise auch in der Akzeptanz des Tests durch die Versuchspersonen (›Augenscheinvalidität‹) widerspiegelt. Darüber hinaus weist ein Test Konstruktvalidität auf, »wenn der Rückschluss vom Verhalten der Testperson innerhalb der Testsituation auf zugrunde liegende psychologische Persönlichkeitsmerkmale (›Konstrukte‹, ›latente Variablen‹, ›Traits‹) wie Fähigkeiten, Dispositionen, Charakterzüge, Einstellungen wissenschaftlich fundiert ist« (Moosbrugger und Kelava 2012, S. 16). Diese beiden Aspekte sind gewährleistet, da die verwendeten Items entweder bereits in früheren Erhebungen zu mathematischen Weltbildern verwendet wurden oder in diesem Kontext entwickelt und inhaltlich validiert wurden. Dabei wurden die Items derart ausgewählt, dass die zugrunde liegende Einstellung Einfluss auf das Antwortverhalten hat (vgl. Unterkapitel 9.5). A posteriori wurden schließlich die

[2] Moosbrugger und Kelava (2012, S. 145–146) geben einen kurzen Überblick, wie sich die Verwendung von Kriteriumsvalidität, der Inhaltsvalidität und der Konstruktvalidität in den letzten Jahrzehnten entwickelt haben.

Skalen des Tests mittels konfirmatorischer Faktorenanalysen auf Eindimensionalität geprüft. Diese Prüfung auf faktorielle Validität dient dabei nicht nur der erwähnten Reliabilitätsschätzung, sondern ist auch eine notwendige Voraussetzung für die Konstruktvalidität (vgl. Moosbrugger und Kelava 2012, S. 162). Insgesamt stellt das Vorgehen der vorliegenden Arbeit damit eine Mischung aus strukturprüfendem und struktursuchendem Vorgehen dar (vgl. Moosbrugger und Kelava 2012, S. 16–17).

Die beiden genannten Aspekte der Inhalts- und Konstruktvalidität sind zwei Kriterien, die dem Bereich der internen Validität zugeordnet werden. Nach Eid et al. (2013) sind Untersuchungen dann intern valide, wenn sie frei von relevanten systematischen Störeinflüssen sind (vgl. Eid et al. 2013, S. 55). Darüber hinaus ist für die externe Validität indes noch relevant, ob sich die Erkenntnisse der Untersuchung verallgemeinern lassen (vgl. Eid et al. 2013, S. 61), einen maßgeblichen Aspekt stellt dabei die Kriteriumsvalidität dar. Diese charakterisiert sich dadurch, »dass von einem Testergebnis auf ein *für diagnostische Entscheidungen praktisch relevantes Kriterium* außerhalb der Testsituation geschlossen werden kann. Kriteriumsvalidität kann durch empirische Zusammenhänge zwischen dem Testwert und möglichen Außenkriterien belegt werden« (Moosbrugger und Kelava 2012, S. 164, Hervorhebung im Original). Insbesondere lässt sich die Kriteriumsvalidität erst im Nachgang der Untersuchung bestätigen. Durch die stärker struktursuchend-explorativ geprägte Ausrichtung der vorliegenden Erhebung soll die für die psychometrische Diagnostik relevante Kriteriumsvalidität hier nicht als wichtigster Validitätsaspekt im Mittelpunkt stehen.

Diskussion systematischer Risiken

Während *nicht-systematische* Varianz in einer Untersuchung gegebenenfalls dazu führt, dass zur signifikanten Absicherung von Effekten mehr Personen benötigt werden, stellt die Varianz durch *systematische* Störgrößen ein Risiko für die interne Validität dar (vgl. Eid et al. 2013, S. 58). Moosbrugger und Kelava (2012) schreiben diesbezüglich über »systematische Fehler, die konstruktirrelevante Varianz vor allem in Ratingdaten erzeugen und auf diese Weise die Validität der Items mindern. Prominente Beispiele systematischer Fehlerquellen sind die *Soziale Erwünschtheit* und die *Akquieszenz*« (Moosbrugger und Kelava 2012, S. 57, Hervorhebungen im Original). Jedoch ist zu beachten, dass sich soziale Erwünschtheit »nicht zwangsläufig negativ auf die Reliabilität [...] und Validität eines Tests auswirken« muss (Bühner 2006, S. 62; vgl. Ones und Viswesvaran 1998). Bei der Fragebogenkonstruktion ist auch zu berücksichtigen, dass die Anzahl der Antwortkategorien einen Einfluss auf die Reliabilität und Validität haben kann (vgl. Bühner 2006, S. 54).

Zur Vermeidung weiterer Fehlerquellen wurden im Umgang mit fehlenden Werten in den Fragebögen auch keine Imputationsverfahren verwendet, da dies nur zulässig ist, wenn die Antworten tatsächlich ›zufällig‹ fehlen.[3] Ein entsprechender Nachweis, dass fehlende Werte statistisch rein zufällig zustande kamen, muss sorgfältig begründet werden und kann durchaus kritisch hinterfragt werden (vgl. Bühner 2006, S. 143). Daher wurde bei der Verarbeitung und Auswertung der Daten ein listen- oder paarweiser Ausschluss vorgenommen (vgl. Bühner 2006, S. 214). Dort wo eine Elimination von Störfaktoren nicht vollständig möglich war, wurden die Untersuchungsbedingungen zur Kontrolle konstant gehalten und äußere Einflüsse nach Möglichkeit ausgeschlossen: Dazu wurden die Fragebögen auf freiwilliger Basis, pseudonymisiert und ohne Zeitdruck im Rahmen einer Lehrveranstaltung ausgefüllt, als Ort diente ein Hörsaal ohne akustische oder visuelle Ablenkungen. Da Persönlichkeitsfragebögen reaktiv und transparent sind (vgl. Eid et al. 2013, S. 22), wurde bei der Instruktion entsprechend darauf geachtet, die befragten Personen über den Grund der Datenerhebung und die Ziele der Untersuchung zu informieren, ohne dabei die Forschungshypothesen zu offenbaren.[4] Zur ethischen Vertretbarkeit wurde sich auf eine theorieexplorierende Erhebung fokussiert, in der alle Teilnehmer*innen dasselbe Treatment erhielten. Da die Veranstaltung in der Studienordnung als Pflichtangebot vorkam und alle angebotenen Übungstermine von derselben Person gehalten wurden, entstanden auch keine Kontrollgruppen ohne Treatment. Beobachtete Unterschiede in den erhobenen Daten wurden daher nicht mit Faktoren wie der besuchten Übungsgruppe oder der Analysis I-Vorlesung korreliert, sondern mit Variablen wie Studiengang, Fachsemester oder Zweitfach.

Nebengütekriterien

Neben den betrachteten Hauptgütekriterien lassen sich bei Untersuchungen auch Aspekte wie Normierung, Vergleichbarkeit, Ökonomie und Nützlichkeit anstreben (vgl. Bühner 2006, S. 43–44). Von diesen Kriterien ist in der vorliegenden Untersuchung die Nützlichkeit von praktischer Relevanz. Aufgrund des vielschichtigen Charakters mathematischer Weltbilder und dem erkenntnisgewinnenden Ansatz lässt sich die Nützlichkeit begründet erhoffen, wohl aber erst a posteriori tatsächlich beurteilen. Die übrigen von Bühner (2006) genannten Nebengütekriterien sind in der vorliegenden Untersuchung nicht vornehmlich von Bedeutung: So liegt der zur Theoriegewinnung eingesetzte Fragebogen in seiner ersten Fassung noch nicht in einer ökonomisch gekürzten Form vor, da bei der Erhebung der Normstichprobe

[3] Auch bezeichnet als MAR/MCAR: »missing (completely) at random«.

[4] Zum weiteren Umgang mit Versuchspersonen in der Rolle als Gastgeber*in siehe Huber (2005, S. 127).

genügend Zeit zur Verfügung stand. In zukünftigen Erhebungen können die gefundenen Skalen dann – eventuell auch verkürzt – an anderen Stichproben validiert werden.

9.2 Dimensionsreduktion mittels Faktorenanalysen

Die vorliegende Untersuchung fußt in maßgeblichen Teilen auf der Analysemethode der Faktorenanalyse. Aus diesem Grund soll in den nächsten beiden Unterkapiteln auf deren Varianten, Voraussetzungen und Charakteristika eingegangen werden, die benötigt werden, um den Forschungsfragen F1 bis F4 nachzugehen. Begrifflich ist zunächst anzumerken, dass sich hinter dem Titel Faktorenanalyse nicht nur eine Art von Analyse, sondern gleich »eine Gruppe von multivariaten Analyseverfahren« (Moosbrugger und Kelava 2012, S. 326) verbirgt. Der gemeinsame Nenner dieser Methoden liegt dabei in der Dimensionsreduktion (vgl. Noack 2007, S. 3), worunter sich eine Verdichtung der Informationen ohne allzu großen Informationsverlust verstehen lässt (vgl. Bühner 2006, S. 180).

Bei der Unterscheidung dieser Verfahren lässt sich zunächst grundlegend zwischen der explorativen und der konfirmatorischen Faktorenanalyse unterscheiden. Geht es darum, neue Hypothesen zu generieren und ein bislang nicht expliziter definiertes Konstrukt zu erkunden, so ist die *explorative Faktorenanalyse* die Analysemethode der Wahl. Eines der Ziele dieser Methode ist, »Zusammenhänge zwischen Items auf latente Variablen zurückzuführen« (Bühner 2006, S. 180). Als ein struktursuchender Ansatz ist die explorative Faktorenanalyse insbesondere dann sinnvoll, wenn für das beforschte Konstrukt keine Vermutungen über die Anzahl an zugrunde liegenden Faktoren oder über die Beziehung dieser Faktoren untereinander existieren (vgl. Moosbrugger und Kelava 2012, S. 326–327). Indes lässt sich die *konfirmatorische Faktorenanalyse* dazu verwenden, einen theoretisch postulierten oder explorativ gefundenen Faktor auf Eindimensionalität zu testen oder um die Konstruktvalidität von Fragebögen zu überprüfen (vgl. Moosbrugger und Kelava 2012, S. 326). Eine tabellarische Übersicht über die wesentlichen Merkmale der explorativen und konfirmatorischen Faktorenanalyse findet sich bei Moosbrugger und Kelava (2012, S. 341).

Zur Replikation explorativ generierter Hypothesen lässt sich eine forschungsmethodische Synthese aus explorativer und konfirmatorischer Faktorenanalyse verwenden. Die Notwendigkeit dieser Synthese begründet sich auch darin, dass die Ergebnisse einer explorativen Faktorenanalyse nicht durch explorative Faktorenanalyse repliziert werden können. Werden auf diesem Wege dieselben Faktoren gefunden, so dient dies keineswegs als Bestätigung der Richtigkeit des Modells. Dies liegt einerseits daran, dass die Methoden der explorativen Faktorenanalyse nicht zur Bestätigung von Hypothesen genutzt werden können und andererseits daran, dass Modelle aus wissenschaftstheoretischer Sicht nur falsifiziert werden können (vgl. Bühner 2006, S. 203). Daher wird bei der Synthese der beiden Verfahren das explorativ gefundene Modell zur Absicherung anschließend einer konfirmatorischen Faktorenanalyse unterzogen. Dies darf jedoch nicht mit derselben Stichprobe geschehen, an der die explorative Faktorenanalyse durchgeführt wurde, da sonst die Gefahr systematischer Verzerrungen besteht (vgl. Moosbrugger und Kelava 2012, S. 338). Die Validierung des Modells mittels konfirmatorischer Faktorenanalyse kann dabei entweder in einer neuen Erhebung stattfinden, oder – bei hinreichend großen Stichproben – auch über das sogenannte Split-Half-Verfahren (vgl. Bühner 2006, S. 260). Um methodische Artefakte zu vermeiden und eine Vergleichbarkeit zu sichern, ist dabei zu beachten, die Parameter der explorativen Faktorenanalyse (unter anderem Art der Faktorenanalyse, Art der Rotation und Anzahl der Faktoren) bei Replikationsversuchen unverändert zu lassen (vgl. Bühner 2006, S. 203).

Varianten der explorativen Faktorenanalyse

Betrachtet man die explorativen Analyseverfahren zur Dimensionsreduktion genauer, so kann weiterhin nach der mathematischen Art des Vorgehens unterschieden werden, hier sind die *Maximum-Likelihood-Faktorenanalyse* (engl. maximum likelihood analysis, MLA), die *Hauptkomponentenanalyse* (engl. principal component analysis, PCA) und die *Hauptachsenanalyse* (engl. principal axis factor analysis, PAF) bekannte Beispiele, auf die nachfolgend kurz eingegangen werden soll.

Bei der MLA wird die Korrelationsmatrix der untersuchten Stichprobe als Grundlage für eine Maximum-Likelihood-Schätzung der Korrelationen in der Population genommen. Einerseits bietet sich diese Art der Faktorenanalyse dadurch insbesondere an, wenn die Aussagen über die Grenzen der Stichprobe hinaus verallgemeinert werden sollen. Andererseits werden dadurch auch stärkere Anforderungen an die Stichprobe gestellt; insbesondere sind hierfür größere Stichproben mit multivariat normalverteilten Variablen nötig (vgl. Bühner 2006, S. 197). Die insgesamt erklärte Varianz wird dabei durch die schrittweise Extraktion weiterer Faktoren erhöht. Ein großer Vorteil dieser Vorgehensweise ist die Überprüfbarkeit des resultierenden Modells: »Es kann die Hypothese überprüft werden, dass in der Population die vom

Modell implizierte Kovarianzmatrix der Stichprobenkovarianzmatrix der beobachteten Variablen entspricht. Darüber hinaus können Standardfehler der geschätzten Parameter bestimmt werden« (Eid et al. 2013, S. 895). Diese Eigenschaft ermöglicht bei unterschiedlichen explorativ gewonnenen Modellen weiterhin einen Vergleich der Güte der Modellanpassung; insbesondere lassen sich also auch im Fall mehrerer inhaltlich sinnvoll interpretierbarer Modelle quantitative Entscheidungskriterien angeben (vgl. Eid et al. 2013, S. 898). Im Gegensatz zu den Annahmen bei einer ML-Faktorenanalyse ist die Methode der Hauptkomponentenanalyse voraussetzungsfrei durchführbar und eine »rein datenanalytisch orientierte Methode« (Eid et al. 2013, S. 911). Noack (2007) zufolge ist das Ziel der Hauptkomponentenmethode nicht, »die *Korrelation* bzw. die *Kovarianz* der Variablen zu erklären [...], sondern vielmehr über so viel *Varianz* wie möglich Rechenschaft abzulegen« (Noack 2007, S. 25, Hervorhebungen im Original). Weiterhin führen Eid et al. (2013) aus, dass für die Transformationen der Hauptachsenanalyse auch keine hypothetischen Faktoren oder latenten Variablen angenommen werden müssen – im Gegensatz zum Vorgehen bei einer MLA oder eine PAF. Daher ist die PCA streng genommen auch keine Faktorenanalyse im engeren Sinne, das ihr zugrunde liegende mathematische Vorgehen lässt sich aber entsprechend weiterentwickeln, um auch die Korrelationen latenter Variablen erklären zu können:

> Um die Hauptkomponentenanalyse eher in Einklang mit faktorenanalytischen Ideen zu bringen, wurde mit der Hauptachsenanalyse ein Verfahren entwickelt, das zwar auf der Hauptkomponentenanalyse aufbaut, der Grundidee der Faktorenanalyse aber eher gerecht wird. (Eid et al. 2013, S. 912)

Zur Unterscheidung der Methoden schreiben Moosbrugger und Kelava (2012):

> Sie unterscheiden sich im Wesentlichen darin, dass die Hauptkomponentenanalyse versucht, möglichst viel Varianz der beobachteten Variablen zu erklären [...]. Die Hauptachsenanalyse hat dagegen die Aufdeckung von latenten Faktoren zum Ziel, mit denen das Beziehungsmuster zwischen den manifesten Variablen erklärt werden kann. (Moosbrugger und Kelava 2012, S. 327)

Da sich die vorliegende Untersuchung auf die Erhebung von Einstellungssystemen – und damit auf die Zusammenhänge zwischen latenten Variablen – fokussiert, wurde die Hauptachsenanalyse als Methode gewählt (vgl. auch Bühner 2006, S. 197). Konkret unterscheidet sich das Vorgehen zwischen der Hauptachsenanalyse und der Hauptkomponentenanalyse im Umgang mit der Korrelationsmatrix. Um diesen Unterschied zu verstehen, muss zunächst als kurzer Exkurs die Zerlegung der

Varianz eines (beliebigen, standardisieren) Items betrachtet werden. Wie bei Bühner (2006, S. 188) ausgeführt lässt sich die Itemvarianz in unterschiedliche Anteile zerlegen. Zunächst ist R^2 der »gemeinsame Varianzanteil aller Items [...], d. h. der Anteil an der Varianz des Items, der durch die Varianz der anderen Items vorhergesagt werden kann« (Bühner 2006, S. 188). Weiterhin ist die *Kommunalität* h^2 die »durch alle extrahierten Faktoren aufgeklärte Varianz [...] eines Items. [...] Sie gibt an, wie gut ein Item durch alle Faktoren repräsentiert wird« (Bühner 2006, S. 186). Die restliche, nicht durch die extrahierten Faktoren erklärte Varianz des Items wird als *Einzigartigkeit* $u^2 = 1 - h^2$ bezeichnet. Diese steht für die »Varianz eines Items [...], die dieses Item [...] mit keinem anderen Item [...] teilt« (Bühner 2006, S. 188). Zugleich lässt sich die Varianz auch in ihren systematischen Anteil (Reliabilität) und unsystematischen Anteil (Messfehler) zerlegen. Die *Spezifizität* $S = r_{tt} - h^2$ ist die Differenz aus Reliabilität und Kommunalität, also die »systematische Varianz eines Items [...], die nicht durch die extrahierten Faktoren erklärt wird« (Bühner 2006, S. 187).

Bei der Hauptkomponentenanalyse (PCA) wird davon ausgegangen, dass sich die Varianz der Items vollständig durch die Komponenten erklären ließe, dementsprechend sind alle Werte der Hauptdiagonalen in der Korrelationsmatrix gleich Eins gesetzt (vgl. Bühner 2006, S. 196). Im Gegensatz dazu werden bei der Hauptachsenanalyse (PAF) »die quadrierten multiplen Korrelationen in die Diagonale der Korrelationsmatrix eingesetzt. Es wird also nur die Varianz eines Items analysiert, die es mit den restlichen Items teilt« (Bühner 2006, S. 197), dies entspricht gerade dem Anteil R^2.

Das Kommunalitätenproblem der Hauptachsenanalyse

Das Ziel der Hauptachsen-Faktorenanalyse, einen Teil der Itemvarianz auf latente Variablen zurückzuführen, ist mit dem sogenannten *Kommunalitätenproblem* verbunden. Eben dieser Anteil, die Kommunalität h^2, lässt sich aber erst im Nachhinein bestimmen. Noack (2007) erläutert das Problem wie folgt:

> In der Faktorenanalyse wird nicht versucht, die Varianzen der manifesten Variablen zu erklären, sondern deren Korrelationen. Da sich die Varianz einer Variablen durch die Kommunalität $\left(h_j^2\right)$ und die Uniqueness $\left(u_j^2\right)$ zusammensetzen [sic], die Uniqueness [...] aber nur in der Variable selbst begründet liegt, interessiert [...] nur die Kommunalität. Deshalb wird die Uniqueness von der normalen Korrelationsmatrix subtrahiert, und es bleibt die reduzierte Korrelationsmatrix mit Kommunalitäten in der Hauptdiagonale übrig. (Noack 2007, S. 44)

Daher muss die Hauptdiagonale der Korrelationsmatrix a priori mit geschätzten Kommunalitäten $\hat{h}_i^2$ besetzt werden. Hierfür existieren unterschiedliche mathematische Schätzer, wobei die quadrierte multiple Korrelation (SMC) der Variablen mit den übrigen Variablen als beste Schätzung angesehen wird (vgl. Noack 2007, S. 45). Auf Basis dieser reduzierten Korrelationsmatrix werden nun iterativ von Hauptkomponentenanalysen durchgeführt, »wodurch abermals neue Kommunalitätsschätzungen resultieren, welche die alten Kommunalitätsschätzungen ersetzen« (Eid et al. 2013, S. 916). Kann eine Maximum-Likelihood-Faktorenanalyse aufgrund der Verteilungsannahmen nicht durchgeführt werden, sind aber dennoch Schätzungen von Populationsparametern gewünscht, so scheint hierfür die Hauptachsenmethode besser geeignet zu sein als die Hauptkomponentenmethode (vgl. Bühner 2006, S. 197). Insgesamt fasst Bühner (2006, S. 199) die Erkenntnisse aus dem Vergleich der Faktorenanalysemethoden MLA, PCA und PAF noch einmal zusammen:

> Wenn also die Kommunalitäten und die Reliabilitäten der Items hoch sind und/oder die Anzahl der Variablen hoch ist, führen alle Analysen zu einem sehr ähnlichen Ergebnis. Generell führt eine Hauptkomponentenanalyse immer zu einem Ergebnis, während aus der Hauptachsen- und ML-Analyse nicht zwangsweise eine Lösung resultiert. Ist die Datenqualität gut (Normalverteilung) und soll auf Populationsverhältnisse geschlossen werden, ist die ML-Analyse die Methode der Wahl. Steht die Datenreduktion in der Stichprobe im Vordergrund, ist die Hauptkomponentenanalyse die Methode der Wahl. Will man in, der Stichprobe Zusammenhänge zwischen Items auf latente Variablen zurückführen, sollte man die Hauptachsenanalyse wählen.

Abschließend ist an dieser Stelle anzumerken, dass die Wahl der Methode dabei bereits im Vorfeld der Erhebung entsprechend reflektiert und entsprechend dem gewünschten Einsatzzweck ausgewählt werden sollte. Faktorenanalyse bedeutet nicht, »einfach ›eine handvoll Variablen in die Faktorenanalyse zu werfen‹ und zu hoffen, dass die Faktoren ›schon interpretierbar‹ sein werden« (Noack 2007, S. 11; vgl. auch Überla 1977, S. 4). Desgleichen ist bei den Ergebnissen der explorativen Faktorenanalyse zu beachten, dass man diese nicht vollständig innermathematisch mittels statistischer Methoden interpretieren kann. Wie auch schon im Kontext der Auswertungsobjektivität diskutiert, stellen sich sowohl bei der Wahl der Faktorenanalyse als auch bei der Interpretation der Ergebnisse Fragen, die nur im Licht der jeweiligen Disziplin sinnvoll beantwortet werden können (vgl. Noack 2007, S. 10).

9.3 Vorgehen bei der Durchführung konfirmatorischer Faktorenanalysen

Bevor eine konfirmatorische Faktorenanalyse (CFA) durchgeführt werden kann, muss zunächst ein theoretisches Modell spezifiziert werden, welches den Faktoren die manifesten Variablen zuordnet (vgl. Eid et al. 2013, S. 858). Modellparameter sind dabei auch die Beziehungen der latenten Variablen miteinander. Die für Faktorenanalysen charakteristische Datenreduktion findet hier demnach theoriegeleitet und im Vorfeld statt. Die konfirmatorische Faktorenanalyse prüft anschließend mithilfe eines χ^2-Anpassungstests, wie gut das Modell dazu geeignet ist, die vorliegenden Daten zu erklären – beziehungsweise ob das Modell »anhand der Daten verworfen werden muss oder nicht« (Bühner 2006, S. 252). Ferner ist es dabei ebenso möglich, zwei unterschiedliche Modelle hinsichtlich ihrer Passung miteinander zu vergleichen (vgl. Moosbrugger und Kelava 2012, S. 341). Als vier Grundfragen der konfirmatorischen Faktorenanalyse nennen Eid et al. (2013, S. 860): »Ist das Modell korrekt spezifiziert? Ist das Modell identifiziert? Wie können die Modellparameter geschätzt werden? Ist das Modell gültig?«

Anhand dieser Fragen zeigt sich auch die zentrale Bedeutung des Modells bei dieser Art der Faktorenanalyse. Die Existenz des theoretischen Modells ist hierbei sowohl hinreichend als auch notwendig. Einerseits plädiert Bühner (2006, S. 260) dafür, sich insbesondere bei vorhandenem theoretischen Vorwissen für die Durchführung einer konfirmatorische Faktorenanalyse zu entscheiden – gleichwohl muss dieses Modell auch gut begründet sein, da die konfirmatorische Faktorenanalyse sonst »meist zum Scheitern verurteilt« sei (Eid et al. 2013, S. 860). Eine Zusammenfassung des allgemeinen Vorgehens bei der Durchführung einer konfirmatorischen Faktorenanalyse findet sich bei Bühner (2006, S. 272–273). Ferner wird darauf hingewiesen, dass die Stichprobengröße bei der Durchführung einer konfirmatorischen Faktorenanalyse in der Regel größer sein sollte als bei einer explorativen Faktorenanalyse (vgl. Bühner 2006, S. 262). Auf die für diese Untersuchung relevanten Aspekte der konfirmatorischen Faktorenanalyse wird nachfolgend eingegangen.

Um die grundsätzliche Identifizierbarkeit des Modells zu gewährleisten, muss bei der Modellspezifikation darauf geachtet werden, nicht mehr Parameter zu schätzen als Informationen erhoben wurden (vgl. Eid et al. 2013, S. 862). Bei dem in dieser Untersuchung verwendeten Modell der Faktorenstruktur aus Grigutsch et al. (1998) sind die von Eid et al. (2013) angegebenen groben Identifikationsregeln erfüllt (vgl. Eid et al. 2013, S. 867). Da die Varianz der latenten Variablen nicht berechenbar sind, müssen diese im Rahmen der Modellspezifikation festgelegt werden. Bei den durchgeführten konfirmatorischen Faktorenanalysen wurden dabei jeweils die latenten Variablen standardisiert (vgl. Moosbrugger und Kelava 2012, S. 336–337). Ist die Modellspezifikation abgeschlossen, wird die Anpassungsgüte des Modells bestimmt. Dies geschieht entweder inferentiell »mit Hilfe einer Likelihood-Ratio-Statistik, die bei hinreichend großer Stichprobe einer χ^2-Verteilung folgt [...] oder deskriptiv über verschiedene weitere Fit-Maße« (Moosbrugger und Kelava 2012, S. 337). Bei der Durchführung des χ^2-Tests ist zu beachten, dass dieser – anders als sonst üblich – eigentlich nicht signifikant werden soll. Der χ^2-Anpassungstest überprüft die Hypothese, dass eine signifikante Abweichung zwischen Modell und Daten vorliege. Bei der konfirmatorischen Faktorenanalyse wird aber gerade nach einer hinreichenden Passung zwischen Modell und Daten gesucht. Ein signifikanter Test ($p < .05$) ist daher – im Sinne der Forschungsfrage – genau genommen nicht das erwünschte Ergebnis. Bühner (2006, S. 253) führt die Lage aus forschungsmethodischer Sicht wie folgt aus:

> Die Lage wird komplizierter, wenn man berücksichtigt, dass hier die Geltung der Nullhypothese getestet wird. Das heißt, eigentlich sollte der Beta-Fehler betrachtet werden, und nicht der Alpha-Fehler. Dies ist schwierig, da man ein Effektstärkemaß benötigt, um den Beta-Fehler zu bestimmen. Bislang ist dies jedoch nicht üblich. Der Beta-Fehler kann unter anderem dadurch reduziert werden, dass das Alpha-Niveau größer gewählt wird. Das heißt, dass ein Alpha-Fehler-Niveau von .20 bei kleinen Stichproben durchaus angemessen sein kann, um fehlspezifizierte Modelle schneller zu erkennen. Leider sind dies ebenfalls nur sehr grobe Daumenregeln, die keine wirkliche Sicherheit bieten, ›schlechte‹ Modelle zu entdecken. Darüber hinaus ist an dieser Stelle kritisch anzumerken, dass die Annahme der Nullhypothese nicht dafür spricht, dass das Modell das richtige oder gar ›wahre‹ Modell ist.

Diese Betrachtungsweise scheint durchaus relevant zu sein, wenngleich in der praktischen Umsetzung der konfirmatorischen Faktorenanalyse – wie von Bühner (2006) beschrieben – die Betrachtung des Fehlers 2. Art keine Rolle zu spielen scheint. Eine weitere zu beachtende Eigenschaft des χ^2-Anpassungstests ist dessen Abhängigkeit von der Stichprobengröße bei Maximum-Likelihood-Schätzungen. Mit zunehmender Größe der Stichprobe werden die Ergebnisse genauer, simultan nimmt dabei aber auch die Teststärke zu:

> Das heißt, kleine Abweichungen von einem perfekten Modell führen bereits zur Ablehnung der Nullhypothese. Im Gegensatz dazu zieht die Verwendung von kleinen

Stichproben eine geringe Sensitivität des χ^2-Tests nach sich, und große Abweichungen von einem perfekten Modell können zur Annahme des Modells führen. (Bühner 2006, S. 253)

Dies führt – in Kombination mit dem Umstand, dass die Maximum-Likelihood-Schätzung erneut multivariat normalverteilte Daten voraussetzt – dazu, dass bei der konfirmatorischen Faktorenanalyse alternativ zur ML-Schätzung weitere Schätzmethoden Anwendung finden und neben der Signifikanz des χ^2-Tests noch weitere Indikatoren zur Beurteilung des Modellfits betrachtet werden. Dennoch sollte, so Bühner (2006, S. 253), stets der χ^2-Wert samt zugehörigem p-Wert angegeben werden. In den nächsten Abschnitten werden die Spezifika ausgewählter Schätzmethoden sowie relevante Kriterien zur Beurteilung des Modellfits vorgestellt.

9.3.1 Schätzmethoden der konfirmatorischen Faktorenanalyse

Um die Diskrepanz zwischen der aus den Daten ermittelten empirischen Kovarianzmatrix und der vom Modell deduzierten theoretischen Kovarianzmatrix zu minimieren, müssen die unbekannten Modellparameter geschätzt werden (vgl. Eid et al. 2013, S. 872). Mit anderen Worten ist das Ziel dieser Parameterschätzung, dass »die empirischen Varianzen und Kovarianzen möglichst gut reproduziert werden können« (vgl. Moosbrugger und Kelava 2012, S. 337). Eid et al. (2013) ergänzen weiterhin, dass bei gültigen Modellen alle Schätzmethoden – sofern anwendbar – zu konsistenten Parameterschätzwerten führen (Eid et al. 2013, S. 872). Geht es um einen Modellvergleich, so sollte ferner die verwendete Schätzmethode konstant gehalten werden. Werden an unterschiedlichen Modellen unterschiedliche Methoden verwendet, so sind die erhaltenen deskriptiven Fit-Maße nur bedingt vergleichbar (vgl. Bühner 2006, S. 269). Die Wahl der Schätzmethode hat dabei Koğar und Yilmaz Koğar (2015, S. 352) zufolge direkten Einfluss auf die Ergebnisse einer Studie. Dies ist jedoch mitnichten so zu verstehen, dass die Resultate wahlloser Natur seien. Der Kern dieser Aussage ist eher, dass die Möglichkeiten, ein korrektes Modell auch als solches zu erkennen, durch die Wahl einer unpassenden Schätzmethode eingeschränkt werden können.

Bei der Analyse von Strukturgleichungsmodellen[5] ist die ML-Schätzung eine häufig verwendete Methode – Koğar und Yilmaz Koğar (2015) zufolge auch deswegen, da diese in gängigen Statistikprogrammen als Standard eingestellt ist. Unter der Voraussetzung eines wohldefinierten Modells und einer großen Stichprobe mit multivariat normalverteilten, kontinuierlichen Variablen liefert die ML-Schätzung auch gute Ergebnisse. Dennoch ergeben sich bei ordinalskalierten Daten mit wenigen Antwortkategorien oder bei (stärkeren) Verletzungen der Normalverteilungsannahme verzerrte Ergebnisse für Faktorladungen, Standardfehler und Modellfitparameter (vgl. Koğar und Yilmaz Koğar 2015, S. 352). Zur Verbesserung dieser Verzerrungen lassen sich beispielsweise robuste Alternativen verwenden (vgl. Li 2016b, S. 370), Korrekturverfahren wie die Satorra-Bentler-Korrektur auf die Standardfehler anwenden oder es kann versucht werden, die Standardfehler über Bootstrapping zu bestimmen (vgl. Eid et al. 2013, S. 876). Die robuste MLR-Variante findet Li (2016b) zufolge auch bei ordinalen Variablen häufig Verwendung, sofern diese nicht zu wenige Antwortkategorien haben (vgl. Li 2016b, S. 372).

Neben den Maximum-Likelihood-Schätzern wurden unterschiedliche weitere Methoden entwickelt. Die sogenannten *ADF-Schätzmethoden*[6] bilden dabei eine eigene Klasse von Verfahren und haben die Besonderheit, ohne Verteilungsannahmen auszukommen. Dementsprechend werden sie als asymptotisch verteilungsfreie Schätzverfahren bezeichnet (vgl. Eid et al. 2013, S. 873). Ein genereller Nachteil vieler ADF-Verfahren ist dabei die benötigte Stichprobengröße. Für die *WLS-Schätzmethode*[7] werden beispielsweise $n > 5.000$ Fälle (vgl. Eid et al. 2013, S. 874) benötigt, ansonsten neigt das WLS-Verfahren zu Konvergenzproblemen (vgl. Koğar und Yilmaz Koğar 2015, S. 353; vgl. Li 2016b, S. 371) oder dazu, korrekte Modelle fälschlicherweise abzulehnen (vgl. Nye und Drasgow 2010, S. 552). Bei einem kleineren Stichprobenumfang und nicht zu schiefen Verteilungen können die robusteren, adjustierten Varianten des WLS-Verfahrens – WLSM respektive WLSMV[8] – verwendet werden (vgl. Eid et al. 2013, S. 874). Diese können darüber hinaus auch bei ordinalskalierten Variablen verwendet werden (vgl. Li 2016a, S. 937) – im Gegensatz zum ursprünglichen WLS-Schätzer, welcher die Kontinuität der zugrunde liegenden

[5] Auch unter der Abkürzung SEM bekannt (engl. für structural equation modeling); ein Überbegriff für die Methoden, zu denen die konfirmatorische Faktorenanalyse gehört (vgl. Schreiber et al. 2006).

[6] asymptotically distribution free

[7] weighted least squares

[8] Diese werden als WLSM und WLSMV bezeichnet (mean-adjusted beziehungsweise mean-and-variance-adjusted).

Variablen annimmt (vgl. Li 2016b, S. 370). Die aus dem WLS-Verfahren entwickelten Schätzer *ULS* und *DWLS*[9] unterscheiden sich von diesem insbesondere in der verwendeten Kovarianzmatrix (vgl. Yang-Wallentin et al. 2010), wobei die DWLS-Methode dem robusten WLS-Schätzer dahingehend ähnelt, dass beide für den Modellfit lediglich die Diagonalelemente der asymptotischen Kovarianzmatrix benutzen, was den Rechenaufwand deutlich verringert (vgl. Yang-Wallentin et al. 2010, S. 393; vgl. Li 2016b, S. 371; vgl. Nye und Drasgow 2010, S. 551). Einen Überblick über die Entstehung dieser beiden Verfahren findet sich bei Forero et al. (2009, S. 626). Zum ULS-Verfahren wenden Eid et al. (2013, S. 874) noch ein, dass dieses gegenüber dem ML-Verfahren nur bedingt einen Mehrwert biete, da eine interferenzstatistische Beurteilung der Ergebnisse weiterhin multivariate Normalverteilung voraussetze.

Schätzmethoden für ordinalskalierte Daten

Bei ordinalskalierten Variablen – wie sie beispielsweise durch Likert-Skalen gewonnen werden – wird in der konfirmatorischen Faktorenanalyse Koh und Zumbo (2008, S. 472) häufig das ML-Verfahren verwendet, sobald die Anzahl der Kategorien nicht zu gering ist (vgl. Hirschfeld und Brachel 2014, S. 3). Die geschieht ungeachtet dessen, dass für solche Daten von der Verwendung des unkorrigierten ML-Schätzverfahrens abgeraten wird (vgl. Li 2016b, S. 384) und es zudem speziell für diese Daten entwickelte und empfohlene Schätzverfahren gibt (vgl. Nye und Drasgow 2010, S. 549). Forero et al. (2009, S. 626) schreiben, dass das DWLS-Verfahren an Beliebtheit gewonnen habe und inzwischen häufiger für Faktorenanalysen ordinaler Daten eingesetzt werde. Ebenso berichten Koh und Zumbo (2008) zwar einerseits, dass die Verwendung des ML-Schätzers bei Ordinaldaten nicht automatisch zu erhöhten χ^2-Teststatistiken führen muss, sprechen sich aber dennoch zugleich dafür aus, ordinale Daten auch als solche zu behandeln und die entsprechenden Schätzmethoden zu verwenden:

> The findings of the current study suggest that the practice of using multi-group confirmatory maximum likelihood factor analysis of a Pearson covariance matrix to test measurement invariance hypotheses with mixed item format data does not lead to inflated chi-square difference test statistics. [...] However, although these are positive findings, we encourage researchers to use methods that treat the data as ordinal. (Koh und Zumbo 2008, S. 475)

[9] unweighted least squares respektive diagonally weighted least squares

Zum Vergleich der Leistung unterschiedlicher Schätzmethoden werden üblicherweise Monte-Carlo-Simulationsstudien genutzt, die von bestimmten Startparametern ausgehend die Ergebnisse der unterschiedlichen Varianten gegenüberstellen. Dabei werden beispielsweise eine Verletzung der multivariaten Normalverteilung, die Skalierung der Variablen, die Anzahl an Antwortkategorien, unterschiedlich stark missspezifizierte Modelle und die Größe der Stichprobe variiert. Betrachtet wird dabei, inwiefern diese Modifikationen Einfluss auf die χ^2-Teststatistik, die Schätzungen von Faktorladungen und Faktorkorrelationen, deren jeweilige Standardfehler sowie die Modellfit-Indices haben. Daraus lassen sich entsprechende sinnvolle Grenzen für die Einsatzbereiche einzelner Schätzmethoden finden, wenngleich berücksichtigt werden muss, dass solche Simulationsstudien bezogen auf die Generalisierbarkeit ihrer Aussagen beschränkt sind. Dennoch können sie hilfreich sein, um die Wahl einer geeigneten Methode zu vereinfachen. Simulationen, die sich speziell auf ordinalskalierte Daten beziehen und die ML-, DWLS- und ULS-Methode miteinander vergleichen, finden sich bei Li (2016b) sowie auch bei Koğar und Yilmaz Koğar (2015). Weiterhin untersuchen DiStefano und Morgan (2014) die Unterschiede zwischen den Schätzern WLSMV und DWLS, während Forero et al. (2009) die unterschiedliche Performance von ULS und DWLS über 324 verschiedene Parameterkonstellationen hinweg vergleichen. Über diese unterschiedlichen Simulationsstudien hinweg schneidet die DWLS-Methode bei ordinalen Daten gut ab, solange die Stichproben nicht zu klein sind und keine zu gravierenden Verletzungen der Normalverteilung auftreten. Sollten bei der Verwendung der DWLS-Schätzung Konvergenzprobleme auftreten, empfehlen DiStefano und Morgan (2014, S. 436) die robusten Varianten des WLS-Schätzers. Auch Li (2016b, S. 375) berichtet, dass ULS- und DWLS-Schätzer bei kleinen Stichproben ($n \approx 200$) gelegentlich unzulässige Lösungen generierten, dies aber schon bei $n =$ 300 Fällen nicht mehr vorkomme. In diesen Fällen ist der ML-Schätzer robuster, gefolgt vom DWLS- und zuletzt ULS-Verfahren. Dies passt zu den Erkenntnissen von Forero et al. (2009, S. 638), welche Bedingungen auflisten, die bei Verwendung sowohl der DWLS- als auch der ULS-Methode vermieden werden sollte. Dazu gehören wenige Items pro Faktor, binäre Items, niedrige Faktorladungen, schiefe Items sowie ein zu kleiner Stichprobenumfang. Im weiteren Vergleich der ULS- und DWLS-Methoden wird unter anderem berichtet, dass sich die Modellfit-Parameter nicht unterscheiden (vgl. Koğar und Yilmaz Koğar 2015, S. 359), die Parameterschätzungen bei ULS aber etwas präziser sind (vgl. Forero et al. 2009, S. 639). Und Li (2016b, S. 384) empfiehlt bei Ordinaldaten grundsätzlich die Verwendung von DWLS oder ULS, da diese in der Lage seien, auch kleinere strukturelle Zusammenhänge in Modellen zu bestätigen. Weiterhin ist die Kennzahl für eine etwaige Modellmissspezifikation bei DWLS immer ein Stückchen besser als bei ULS (und das wiederum besser als MLR), was Li (2016b, S. 376) zufolge nahelegt, dass die Verwendung der Diagonalgewichte zu einer kleinen Verbesserung der Qualität der Faktorladungsschätzungen beiträgt. Im Vergleich zur WLSM- und WLSMV-Methode zeigt sich weiterhin, dass die DWLS-Schätzmethode über nahezu alle simulierten Vergleichsbedingungen hinweg einen besseren Modellfit (vgl. DiStefano und Morgan 2014, S. 433) und niedrigere χ^2-Werte (vgl. DiStefano und Morgan 2014, S. 436) aufweist als die robusten Varianten des WLS-Schätzverfahrens.

9.3.2 Evaluation des Modellfits in der konfirmatorischen Faktorenanalyse

Neben der Signifikanz des χ^2-Anpassungstest gibt es noch weitere, deskriptiv gewonnene Fit-Indices, die im Rahmen der Modellevaluation betrachtet werden.

> Im Gegensatz zum χ^2-Test, bei dem die exakte Gültigkeit eines Modells getestet wird, wird bei den Closeness-of-Fit-Statistiken überprüft, ob der Approximationsfehler in einem bestimmten Bereich liegt. [...] Closeness-of-Fit-Koeffizienten geben daher an, wie nahe das postulierte Modell dem wahren Modell kommt. (Eid et al. 2013, S. 882)

Bühner (2006) unterscheidet noch weitere Arten von Indices: Mit dem *goodness-of-fit-Index (GFI)* lässt sich beispielsweise angeben, welcher Anteil an der Gesamtvarianz durch das Modell aufgeklärt wird; demgegenüber lassen sich mit sogenannten badness-of-fit-Indices – wie beispielsweise der *Root Mean Square Error of Approximation (RMSEA)* – angeben, wie schlecht das Modell die gegebenen Daten erklärt (vgl. Bühner 2006, S. 255). Überdies existieren noch incremental-fit-Indices, diese »vergleichen das untersuchte Modell mit einem meist schlecht passenden Unabhängigkeitsmodell, in welchem alle manifesten Variablen als unkorreliert angenommen werden. Beurteilt wird, wie viel besser das untersuchte Modell als dieses sehr restriktive Modell zu den Daten passt« (Moosbrugger und Kelava 2012, S. 337). Ein Beispiel für einen solchen Index ist der *comparative-fit-Index (CFI)*. Zuletzt ist das *standardized root mean residual (SRMR)* ein Maß für die mittlere Abweichung der beobachteten von der implizierten Varianz-Kovarianzmatrix (vgl. Bühner 2006, S. 256).

Bei Anwendung konfirmatorischer Faktorenanalysen im Bereich der Persönlichkeitsforschung empfiehlt Raykov (1998, S. 292) die Verwendung des RMSEA. Weiterhin haben Beauducel und Wittmann (2005) in einer Simulationsstudie mit einer Hauptkomponentenanalyse untersucht, wie sich unterschiedliche Fit-Indices jeweils verhalten; so laden dort beispielsweise der GFI und der SRMR in derselben Hauptkomponente, da beide Indices im Zusammenhang stehen zum Anteil der vom Modell erklärten Varianz. In der Konsequenz sprechen sich Beauducel und Wittmann (2005, S. 71) dafür aus, im Rahmen der Persönlichkeitsforschung die Kombination aus CFI, RMSEA, SRMR und χ^2-Wert anzugeben. Zu beachten ist auch, dass die Indices jeweils eigene Anforderungen an das Modell stellen und unterschiedlich sensitiv auf Modellmissspezifikationen reagieren (vgl. Nye und Drasgow 2010, S. 552). Ferner sollte jeder Faktor durch mindestens drei Items charakterisiert werden, dies führt zu insgesamt besseren Lösungen mit stabileren Parameterschätzungen (vgl. Marsh et al. 1998, S. 213; Russell 2002, S. 1642), wenngleich dadurch das Risiko der Ablehnung eines korrekten Modells durch den χ^2-Test ansteigt (vgl. Bühner 2006, S. 262). Eine tabellarische Zusammenfassung der Randbedingungen gängiger Indices findet sich bei Bühner (2006, S. 257–258). Dort, aber auch bei Moosbrugger und Kelava (2012, S. 338) finden sich entsprechende cut-off-Werte, die für einen guten oder akzeptablen Modellfit sprechen und sich als Daumenregeln etabliert haben. Für einen guten Modellfit sollte beispielsweise der χ^2-Wert »kleiner als zweimal die Anzahl der Freiheitsgrade sein« (Moosbrugger und Kelava 2012, S. 337); der CFI sollte oberhalb von .97 liegen und der RMSEA-Wert nicht größer als .05 sein. Bezogen auf den RMSEA ergänzt Bühner (2006, S. 258) noch, dass durch diese Daumenregel bei kleineren Stichproben ($n < 250$) richtige Modelle zu häufig abgelehnt würden und empfiehlt in diesen Fällen auch Modelle mit einem RMSEA kleiner als .08 zu akzeptieren. Bei MacCallum et al. (1996) findet sich ferner .10 als RMSEA-Grenzwert für einen akzeptablen Modellfit und sie kommentieren dies noch mit den Worten: »Clearly these guidelines are intended as aids for interpretation of a value that lies on a continuous scale and not as absolute thresholds« (MacCallum et al. 1996, S. 134). Eine Diskussion und Reflexion der von Hu und Bentler (1999) aufgestellten cut-off-Werte findet sich bei Marsh et al. (2004, S. 321), die davon abraten, Daumenregeln unhinterfragt als ›goldene Regeln‹ zu betrachten. Schließlich ist ebenfalls zu berücksichtigen, dass der Modellfit zudem nicht von der verwendeten Schätzmethode unabhängig ist: Nye und Drasgow (2010, S. 566) konnten beispielsweise für die DWLS-Schätzmethode zeigen, dass diese bei dichotomen manifesten Variablen zu erhöhten CFI-Werten neigt und empfehlen daher gegebenenfalls höhere cut-off-Werte. Bühner (2006, S. 258–259) zufolge haben die Arbeiten von Hu und Bentler (1999) und Marsh et al. (2004) zu einer regen Diskussion geführt, mit dem Ergebnis, dass es Forscher*innen gibt, die nur dann von einem exakten Modell-Fit sprechen, wenn nicht nur das Konfidenzintervall um den RMSEA den Wert Null enthält, sondern darüber hinaus auch Nichtsignifikanz des χ^2-Anpassungstests vorliegt.

9.4 Vorgehen bei der Durchführung explorativer Faktorenanalysen

Insgesamt sind bei der Durchführung einer explorativen Faktorenanalyse diverse Entscheidungen notwendig, die hier kurz skizziert und im Anschluss ausgeführt werden. Bereits festgelegt ist dabei die grundlegende forschungsmethodische Herangehensweise (konfirmatorisch versus explorativ) sowie die Art der Faktorenanalyse (Hauptkomponenten-, Hauptachsen- oder Maximum-Likelihood-Methode). Diese Entscheidungen hängen wie gesehen von der Fragestellung und dem zu beforschenden Konstrukt ab; bei den hier untersuchten latenten Variablen ist die Hauptachsenanalyse das Mittel der Wahl. Während die konfirmatorische Faktorenanalyse die Güte der Passung zwischen einem vorhandenen Modell und den vorliegenden Daten betrachtet, stellt sich bei der explorativen Faktorenanalyse vor der Durchführung zunächst die Frage nach der Eignung der Datensätze. Dabei werden die Items hinsichtlich ihrer Verteilungen und ihres Inhalts untersucht, wodurch es gegebenenfalls noch zum Ausschluss einzelner Items aus der Analyse kommen kann. Ist der Datensatz zur Durchführung einer explorativen Faktorenanalyse geeignet, so muss die Anzahl zu extrahierender Faktoren festgelegt werden – aufgrund des explorativen Charakters steht die Anzahl latenter Variablen eben nicht fest, sondern ist Teil der Erkundung. Zuletzt muss noch eine zur Zielsetzung der Faktorenanalyse passende Rotationsmethode gewählt werden, meist mit dem Ziel einer Einfachstruktur, welche die Interpretation der Ergebnisse vereinfacht. Erst im Anschluss an diese Entscheidungen kann die resultierende Faktorenstruktur interpretiert und weiterführend analysiert werden. Da die im Zuge der Durchführung zu treffenden methodischen Entscheidungen zugleich aber durchaus Einfluss auf das Ergebnis der Faktorenanalyse haben, plädieren Fabrigar et al. (1999) dafür, diese Entscheidungen nicht unreflektiert der Standardeinstellung des Statistikprogramms zu überlassen, sondern im Rahmen von Veröffentlichungen die getroffenen methodischen Entscheidungen auch entsprechend zu benennen und zu reflektieren:

> At the very least, researchers should be required to report what procedures they used when conducting an EFA. Researchers should also be expected to offer a brief rationale for their design decisions and choices of EFA procedures. (Fabrigar et al. 1999, S. 295)

Die einzelnen Schritte dieses Vorgehens sollen nun ausführlicher beschrieben werden. Ein Leitfaden, der bei einer Durchführung als kompakte Übersicht dienen kann, findet sich in Bühner (2006, S. 210).

Itemanalyse: Betrachtung der Schwierigkeit, Trennschärfe, Streuung und Reliabilität von Items

Im Vorfeld der explorativen Faktorenanalyse lassen sich die Histogramme der Itemverteilungen auf stärkere Abweichungen der Normalverteilung prüfen. Dies dient unter anderem dazu, Items mit Boden- oder Deckeneffekten in der Verteilung zu identifizieren, also diejenigen Items mit extremer Schwierigkeit (vgl. Bühner 2006, S. 98). Zur Berechnung der Schwierigkeit eines Items wird dessen »arithmetischer Mittelwert der Itemantworten [...] auf der *k*-stufigen Antwortskala« bestimmt (Moosbrugger und Kelava 2012, S. 81), wobei für ordinalskalierte Daten der Median passender ist (vgl. Bühner 2006, S. 83). Als extrem werden dabei üblicherweise Schwierigkeiten unterhalb von .20 und oberhalb von .80 bezeichnet (vgl. Bühner 2006, S. 140). Auch das Format der Items spielt dabei eine Rolle; so ist das Auffinden von Ausreißern bei Items mit wenigen Antwortkategorien schwieriger (vgl. Bühner 2006, S. 97). Zu beachten ist weiterhin, dass extreme Schwierigkeiten »meist zu *reduzierter Homogenität* (Interkorrelation der Items) und zu *reduzierten Trennschärfen* (Korrelation eines Items mit dem Skalenwert)« führen (Bühner 2006, S. 86, Hervorhebungen im Original). Die Trennschärfe lässt sich auch verstehen als ein Maß dafür, wie sehr »die Differenzierung zwischen den Probanden auf Basis des jeweiligen Items mit der Differenzierung zwischen den Probanden auf Basis des mit allen Items gebildeten Testwertes übereinstimmt« (Moosbrugger und Kelava 2012, S. 84). Die Trennschärfe leidet dabei unter einer geringen Reliabilität, da eine verlässliche Messung Voraussetzung für die Differenzierung ist (vgl. Bühner 2006, S. 96). Zusätzlich beschränkt die Schwierigkeit auch die mögliche Varianz eines Items (vgl. Moosbrugger und Kelava 2012, S. 81). Bühner (2006) fasst den Zusammenhang zwischen der Schwierigkeit, Streuung, Homogenität und Trennschärfe zusammen:

> *Mittlere* Schwierigkeitsindizes [...] erhöhen die Wahrscheinlichkeit für *hohe Streuungen* der Items und gewährleisten damit eine maximale Differenzierung zwischen den Probanden. Eine *ausreichende Merkmalsstreuung* ist eine notwendige (nicht hinreichende) Voraussetzung für hohe Korrelationen. Mittlere Schwierigkeiten begünstigen daher die *Itemhomogenität*, garantieren diese aber nicht. Eine breite Streuung der Schwierigkeitskoeffizienten wird angestrebt, weil extreme Schwierigkeiten eine Differenzierung in Randbereichen der Eigenschafts- oder Fähigkeitsbereiche ermöglichen. (Bühner 2006, S. 86, Hervorhebungen im Original)

In diesem Zusammenspiel hat ein Test mit homogenen Items mittlerer Schwierigkeit eine höhere Wahrscheinlichkeit, auch höhere Trennschärfen und eine höhere Reliabilität aufzuweisen (vgl. Bühner 2006, S. 99). Je nach Ziel des Tests ist es möglich, ein Item aufgrund seiner statistischen Eigenschaften von der Faktorenanalyse auszunehmen. Bühner (2006, S. 100) weist jedoch noch darauf hin, sowohl die Merkmale der untersuchten Stichprobe als auch die Ziele der Untersuchung zu berücksichtigen, bevor Items ausgeschlossen werden. Triebe man die Itemselektion zu weit, so riskiere man unter Umständen Einbußen bei der Reliabilität und der Breite des Konstrukts (vgl. Bühner 2006, S. 52). Neben den statistischen Kriterien können gemäß Bühner (2006, S. 148) zudem auch inhaltliche Gesichtspunkte für die Entfernung oder Revision eines Items sprechen, beispielsweise bei unstimmigen oder missverständlichen Formulierungen. Ein Indikator hierfür kann – sofern vorhanden – eine häufig gewählte ›Weiß nicht‹-Kategorie sein (vgl. auch Moosbrugger und Kelava 2012, S. 54).

9.4.1 Eignung der Datensätze

Eine Voraussetzung für die Durchführung einer Faktorenanalyse sind substanzielle Korrelationen zwischen den einzelnen Items der Stichprobe (vgl. Bühner 2006, S. 192). Diese lassen sich mithilfe des Kaiser-Mayer-Olkin-Koeffizienten bestimmen, welcher als Maß für die Eignung der Stichprobe für eine explorative Faktorenanalyse dient. Der Wert des KMO-Koeffizienten wird dabei durch Items mit hohen spezifischen Varianzanteilen reduziert. Neben der Einschätzung des Datensatzes als Ganzes lässt sich ein ähnliches Maß auch auf Ebene der einzelnen Items berechnen. Dieser Wert wird als measure of sample adequacy (MSA) bezeichnet. Zur Berechnung »werden nur Korrelationen bzw. Partialkorrelationen zwischen jeweils einem Item und den noch verbleibenden Items betrachtet und nicht die der ganzen Korrelationsmatrix« (Bühner 2006, S. 207). Anhaltspunkte für die Beurteilung des KMO-Koeffizienten und der MSA-Werte sind:

- < .50 Datensatz ungeeignet für eine explorative Faktorenanalyse
- .50 – .59 schlechte Eignung
- .60 – .69 mäßige Eignung
- .70 – .79 mittlere Eignung
- .80 – .89 gute Eignung
- > .90 Datensatz sehr gut geeignet (Bühner 2006, S. 207)

Haben einzelne Items einen MSA-Wert unter .60, so kann dies daran liegen, dass diese Items als einzige schief verteilt sind. Dabei sollten Items nicht einzig aufgrund eines niedrigen MSA-Wertes aus einem Test entfernt werden – insbesondere nicht, wenn diese für das zu messende Konstrukt relevant erscheinen (vgl. Bühner 2006, S. 210). Neben der Überprüfung des KMO-Koeffizienten und der itemspezifischen MSA-Werte lässt sich weiterhin noch mit *Bartletts Sphärizitätstest* feststellen, ob sich die Korrelationen in der untersuchten Korrelationsmatrix signifikant von Null unterscheiden. Bühner (2006, S. 207) weist darauf hin, dass dieser Test bei größeren Stichproben über eine höhere Teststärke verfügt. Ist der Testwert bei einer großen Stichprobe nicht signifikant, so ist die Korrelationsmatrix folglich nicht für eine Faktorenanalyse geeignet.

Spricht aus Sicht der Datensätze nichts gegen die Durchführung einer Faktorenanalyse, so bleiben noch zwei weitere methodische Entscheidungen zu treffen: Zunächst muss die Anzahl der zu extrahierenden Faktoren bestimmt werden, anschließend stellt sich die Frage nach der in der Faktorenlösung verwendeten Rotationsmethode. Für die Bestimmung der möglichen Anzahl an Faktoren gibt es unterschiedliche Extraktionskriterien, die jeweils noch von der spezifischen Formen der Faktorenanalyse (PAF, PCA, ML) abhängen.[10] Allerdings gibt es keine allgemein anerkannte Methode, die zur Bestimmung der Anzahl zu extrahierender Faktoren herangezogen werden kann (vgl. Überla 1977, S. 123). Ferner ist auch festzuhalten, dass die Reliabilität der Items die Anzahl zu extrahierender Faktoren beeinflussen kann: Je reliabler die Items sind, desto weniger verhalten sie sich wie Zufallsvariablen; sie enthalten mehr systematische Varianz, sodass auch mehr Faktoren extrahiert werden können (vgl. Bühner 2006, S. 202).

9.4.2 Methoden zur Bestimmung der Faktorenanzahl in der explorativen Faktorenanalyse

Da es bei der explorativen Faktorenanalyse um die hypothesengenerierende Varianzaufklärung durch latente Variablen geht, lässt sich die aufgeklärte Varianz nicht nur a posteriori als Wert feststellen, sondern auch im Vorfeld zur Begründung zur Extraktion einer bestimmten Faktorenanzahl heranziehen. Nach Überla (1977, S. 124) kann a priori ein willkürlicher Schwellenwert an zu erklärender Varianz festgelegt werden, ebenso lassen sich als Extraktionskriterium auch all diejenigen Faktoren extrahieren, die alleine bereits mehr als 5% der Gesamtvarianz erklären.

---

[10] Ein Beispiel für ein Kriterium, welches sich nur bei der Hauptkomponentenanalyse sinnvoll verwenden lässt, ist das sogenannte ›Eigenwerte-größer-Eins‹-Kriterium (vgl. Eid et al. 2013, S. 917).

> Man kann willkürlich festlegen, daß man 90 oder 95% der Gesamtvarianz extrahieren will [...]. Dies ist eine eindeutige Regel, die aber nicht weiter begründbar ist als durch das Argument, daß 90% der Gesamtvarianz eben ausreichen. (Überla 1977, S. 124)

Sofern hinsichtlich des zu untersuchenden Konstrukts bereits ein hypothetisches Modell existiert, lässt sich auch eine aus theoretischen Überlegungen gewonnene Faktorenanzahl extrahieren (vgl. Bühner 2006, S. 200). Neben diesen beiden Ansätzen existieren diverse weitere Extraktionskriterien. Überla (1977, S. 123) unterscheidet dabei drei mögliche Ansätze solcher Extraktionskriterien (algebraisch, statistisch und psychometrisch), die – ausgehend von den jeweils erhobenen Daten – Empfehlungen für die Anzahl sinnvollerweise zu extrahierender Faktoren angeben. Auf drei Methoden, den Scree-Test, die Parallelanalyse und den *minimum-average-partial-Test,* wird nachfolgend näher eingegangen. Bei der Parallelanalyse wird der vorliegende Eigenwertverlauf mit dem Verlauf der Eigenwerte eines zufälligen Datensatzes gleicher Verteilung verglichen.[11] Die inhaltliche Begründung und Umsetzung wird bei Moosbrugger und Kelava (2012) ausführlicher beschrieben:

> Die *Parallelanalyse* basiert auf dem Sachverhalt, dass einige aus Stichprobendaten gewonnenen Eigenwerte eine inhaltliche Relevanz nur vortäuschen, indem sie auch dann größer als eins werden können, wenn die Variablen in der Population in Wahrheit unkorreliert (orthogonal) sind. In diesem Fall dürften sie wegen des Fehlens gemeinsamer Varianz eigentlich keinen gemeinsamen Faktor aufweisen. Dennoch treten in der Stichprobe häufig Zufallskorrelationen ungleich null auf, die zu Scheinfaktoren mit Eigenwerten größer als eins führen. Um diesem Umstand ausdrücklich Rechnung zu tragen, wird der empirisch gewonnene Eigenwerteverlauf einem Eigenwerteverlauf gegenübergestellt, der aus einer *Parallelanalyse* mit Variablen resultiert, die in der Population in Wahrheit unkorreliert (orthogonal) sind, aber in der Stichprobe Zufallskorrelationen ungleich null aufweisen. Für die Parallelanalyse werden mindestens 100 Datensätze [...] generiert, wobei Variablenanzahl und Stichprobenumfang dem untersuchten empirischen Datensatz entsprechen müssen. In jedem der Zufallsdatensätze werden die Variablen, die rein zufällig in unterschiedlicher Höhe miteinander korrelieren, einer Faktorenanalyse unterzogen und die aus jeder der Analysen gewonnenen Eigenwerte werden pro Faktor gemittelt. Durch Vergleich des empirisch gewonnenen Eigenwerteverlaufs mit jenem aus der Parallelanalyse werden als relevante Faktoren im Sinne der inhaltlichen Fragestellung alle diejenigen Faktoren interpretiert, deren Eigenwerte größer sind als die (gemittelten) Eigenwerte aus der Parallelanalyse. (Moosbrugger und Kelava 2012, S. 331–332, Hervorhebungen im Original)

Zu ergänzen ist, dass die Parallelanalyse bei einer Hauptachsenanalyse jedoch teilweise zu einer Überschätzung der Faktorenanzahl neigt (vgl. Bühner 2006,

[11] Dieses Vorgehen hat eine Ähnlichkeit zur Bootstrap-Methode (vgl. Abschnitt 9.3.1).

S. 201), wenngleich die Extraktion zu vieler Faktoren als weniger schlimm angesehen wird als die Extraktion zu weniger Faktoren (vgl. Überla 1977, S. 129). Als ein weiteres Kriterium wird der MAP-Test empfohlen. Dieser basiert auf der iterativen Anwendung einer Faktorenanalyse auf die Residualmatrix und extrahiert diejenige Faktorenanzahl mit dem größten Anteil systematischer Varianz:

> Um den MAP-Test durchzuführen, wird eine Faktorenanalyse durchgeführt. Im ersten Schritt werden nach der Durchführung dieser Faktorenanalyse Faktorwerte für den ersten Faktor bestimmt und dann aus den Korrelationen zwischen den Items in der beobachteten Korrelationsmatrix auspartialisiert. [...] Die Partialkorrelationen oberhalb (oder unterhalb) der Diagonalen der Residualmatrix werden quadriert und anschließend wird der Durchschnitt gebildet. Dieser wird als mittlere quadrierte Partialkorrelation bezeichnet. Im zweiten Schritt wird aus dieser Residualmatrix der zweite Faktor auspartialisiert. [...] Es wird die Anzahl der Faktoren extrahiert, bei der sich die niedrigste mittlere quadrierte Partialkorrelation ergibt, weil damit die systematischen Varianzanteile zwischen den Items vollständig ausgeschöpft sind. (Bühner 2006, S. 202)

Der *Scree-Test nach Cattell* ist eine grafische Auswertungsmethode, wobei der aus dem Eigenwertverlauf entstehende Scree-Plot Ähnlichkeit zur Parallelanalyse hat. Die Durchführung des Scree-Tests läuft folgendermaßen ab:

> Hierbei wird der Eigenwerteverlauf anhand einer Graphik (›Screeplot‹) dargestellt, in welcher die Faktoren zunächst nach ihrer Größe geordnet werden. [...] Die nach ihrer Größe geordneten Eigenwerte werden durch eine Linie miteinander verbunden. In der Regel zeigt der Screeplot im Eigenwerteverlauf einen deutlichen Knick, ab dem sich der Graph asymptotisch der Abszisse annähert. [...] Als inhaltlich relevant werden alle Faktoren erachtet, die vor diesem ›Knick‹ liegen. (Moosbrugger und Kelava 2012, S. 330)

Hinsichtlich der Anzahl zu extrahierender Faktoren wird der Scree-Test jedoch unterschiedlich interpretiert; wobei die Deutung bei Bühner (2006) identisch ist mit der von Moosbrugger und Kelava (2012). Hingegen liest Überla (1977, S. 127) die Anzahl der zu extrahierenden Faktoren direkt am Knick ab und nicht links davon. Klopp (2010, S. 5) weist noch darauf hin, dass der Eigenwertverlauf auch über mehr als einen Knick verfügen könne. Die Verwendung des Scree-Tests als Kriteriums ist daher nicht gänzlich objektiv und erfordert ein entsprechendes Bewusstsein um die Spezifika dieser Methode.

Da insgesamt keine absoluten Richtlinien existieren, wann welche der vorhandenen Extraktionskriterien nachweislich besser sind als andere, finden sich für mehrere Verfahren Empfehlungen. Fabrigar et al. (1999, S. 283) halten es für sinnvoll, stets mehrere Extraktionskriterien vergleichend zurate zu ziehen. Legen dabei mehrere Prozeduren dieselbe Menge zu extrahierender Faktoren nahe, so bestätigt dies die entsprechende Faktorenzahl (Fabrigar et al. 1999, S. 281) – und tun sie das nicht, so lassen sich zumindest unterschiedliche Faktorenlösungen errechnen und bezogen auf ihre inhaltliche Interpretierbarkeit vergleichen. Auch Bühner (2006) empfiehlt den Einsatz mehrerer Methoden und schreibt zum Scree-Test abschließend:

> Diese Methode hat sich zwar bewährt, ist jedoch wegen ihrer Subjektivität kritisiert worden. Objektivere Methoden, wie die Parallelanalyse nach Horn oder der MAP-Test, sind dem Scree-Test vorzuziehen. (Bühner 2006, S. 201)

Die Verwendung der Parallelanalyse wird auch von Moosbrugger und Kelava (2012, S. 332) nahegelegt, insbesondere im Falle uneindeutiger Eigenwertverläufe. Eid et al. (2013, S. 917) merken an, dass Scree-Test und Parallelanalyse bei der Hauptachsenanalyse zu valideren Ergebnissen führen als bei der Hauptkomponentenanalyse; und auch Fabrigar et al. (1999, S. 281) bestätigen, dass sich Scree-Test und Parallelanalyse für eine Vielzahl an Bedingungen gut eignen. Bühner (2006, S. 202) betont abschließend, dass es sinnlos sei, »eine Anzahl von Faktoren zu extrahieren, die inhaltlich nicht plausibel interpretierbar ist« – eine Sichtweise, die sich auch bei Überla (1977, S. 129) findet:

> Die Frage, wieviele Faktoren es sich lohnt zu extrahieren, kann erst nach dem Abschluß der gesamten Faktorenanalyse beantwortet werden. Die Schwierigkeit besteht darin, relativ früh im Verlauf der Faktorenanalyse zu entscheiden, wieviele [...] Faktoren beizubehalten sind.

9.4.3 Rotation der Faktorlösung

Das Verfahren der Faktorenextraktion arbeitet, wie in Unterkapitel 9.2 beschrieben, mit einer schrittweisen Extraktion von Faktoren mit maximalen Eigenwerten, wobei jeder weitere extrahierte Faktor erneut rechtwinklig auf den zuvor extrahierten Faktoren steht. Durch dieses Vorgehen entsteht in der Regel ein starker erster Faktor, welcher in dieser Form teilweise als g-Faktor beziehungsweise generelle Komponente bezeichnet wird (vgl. Bühner 2006, S. 182). Die so entstandene Faktorenstruktur bezeichnen Eid et al. (2013, S. 901) als arbiträr:

> Es gibt eine Vielzahl anderer möglicher faktorieller Repräsentationen, die die Datenstruktur mit gleicher Anpassungsgüte beschreiben. Aus diesem Grund hat es sich eingebürgert, die Faktoren und die Ladungen der Anfangslösung derart zu transformieren, dass sie gewisse Optimalitätskriterien erfüllen. (Eid et al. 2013, S. 901)

Auch Moosbrugger und Kelava (2012, S. 332) weisen darauf hin, dass eine sinnvolle Interpretierbarkeit keinesfalls gesichert sei, weswegen die ursprüngliche Faktorenstruktur einer Rotation unterzogen wird. Mit einer solchen Rotation wird das Ziel einer sogenannten Einfachstruktur der Ladungsmuster verfolgt. Dabei »soll jede Variable nur auf einem einzigen Faktor eine hohe Ladung (Primärladung) aufweisen und auf allen anderen Faktoren keine oder nur geringe Ladungen (Sekundärladungen)« (Moosbrugger und Kelava 2012, S. 332). Dabei verändert die Rotation das Ergebnis der Faktorenanalyse nicht,[12] da die insgesamt erklärten Varianzanteile der manifesten Variablen konstant bleiben und sich lediglich die Verteilung der Varianzanteile auf die Faktoren wandelt (vgl. Noack 2007, S. 49). Was sich also verändert, ist die »Art und Weise, wie die Items durch die Faktoren beschrieben werden« (Bühner 2006, S. 203–204). Nach der Rotation liegen die »Faktoren möglichst zentral in ihren Variablenclustern« (Noack 2007, S. 48) und ermöglichen so eine einfachere und eindeutigere Interpretation.

Einige Rotationsverfahren behalten die Orthogonalität der Anfangslösung bei, andere – sogenannte oblique Rotationsverfahren – verzichten darauf, was zu korrelierten Faktoren führt. Die schiefwinklige Rotation kann einerseits zu Faktoren führen, die deutlich besser an die Daten angepasst sind und sich als Grundlage für Strukturgleichungsmodelle anbieten (vgl. Noack 2007, S. 55). Andererseits geht mit der Verwendung einer obliquen Rotation auch einher, dass die Faktoren nur noch als Bündel und nicht mehr einzeln interpretierbar sind (vgl. Moosbrugger und Kelava 2012, S. 332). Welche Art von Rotationsverfahren Verwendung findet, hängt dabei nicht zuletzt von theoretischen Vorüberlegungen ab:

> Erfolgt eine Faktorenanalyse primär mit dem Ziel der Datenreduktion und ohne theoretisch fundierte Annahmen über die Dimensionalität der untersuchten Variablen, ist immer ein *orthogonales* Rotationsverfahren empfehlenswert. Liegen dagegen theoretische Anhaltspunkte vor, die auf korrelierte Faktoren hinweisen, so ist der Einsatz eines *obliquen* Rotationsverfahrens zweckmäßig. (Moosbrugger und Kelava 2012, S. 332, Hervorhebungen im Original)

Da im Vorfeld in der Regel kein Vorwissen darüber besteht, ob die Faktoren tatsächlich unabhängig voneinander sind, empfiehlt Bühner (2006, S. 182) zunächst

[12] Die Lage der Datenpunkte im Raum bleibt unverändert, nur deren beschreibende Koordinaten ändern sich aufgrund der Rotation der Achsen.

eine schiefwinklige Rotation. Dies ist auch vor dem Hintergrund sinnvoll, dass die Annahme unkorrelierter Faktoren Eid et al. (2013, S. 904) zufolge »in vielen psychologischen Anwendungsfällen verletzt oder zumindest fraglich sein« dürfe. Ergeben sich bei obliquer Rotation nur geringe oder keine Korrelationen, so kann vergleichend eine orthogonale Rotation durchgeführt werden, deren Ergebnisse dann einfacher zu interpretieren sind. Hierdurch lässt sich ferner feststellen, ob ein gefundenes Ergebnis methodeninvariant ist, was für die Stabilität einer Faktorenstruktur spricht (vgl. Bühner 2006, S. 206). Neben der Frage der Unabhängigkeit der Faktoren unterscheiden sich die orthogonalen und obliquen Rotationsarten noch in der Art der zu interpretierenden Matrizen:

> Die Mustermatrix (Ladungsmatrix; engl. factor pattern matrix) enthält die Ladungen im rotierten Faktorenmodell. […] Neben der Mustermatrix mit den Faktorladungen kann bei einer obliquen Rotation auch die Strukturmatrix (engl. factor structure matrix) betrachtet werden, die die Korrelationen der Faktoren mit den manifesten Variablen enthält. (Eid et al. 2013, S. 905)

Bühner (2006, S. 185) ergänzt, dass sich die angestrebte Einfachstruktur auf die partiellen standardisierten Regressionsgewichte in der Mustermatrix beziehe. Da meist diese und nicht die Strukturmatrix interpretiert werde, muss bei der Interpretation der Item-Faktor-Korrelationen jedoch entsprechend berücksichtigt werden, dass Items trotz nicht vorhandener oder geringer Nebenladungen auch substanziell mit anderen Faktoren korrelieren können (vgl. Bühner 2006, S. 206).

Sowohl für die orthogonale als auch für die oblique Rotation existieren mathematisch unterschiedliche Wege, um hinsichtlich der Anpassungsgüte eine Einfachstruktur zu erhalten. Bühner (2006, S. 205–206) gibt einen Überblick über einige Rotationsmethoden und empfiehlt die *Varimax-Rotation* im Falle orthogonaler Faktoren und die *Promax-Rotation* bei obliquen Faktoren, weiterhin wird die *direkte Quartimin-Rotation* von Fabrigar et al. (1999, S. 293) als häufig verwendete Methode erwähnt. Der Hintergrund dieser drei Rotationen wird nachfolgend kurz umrissen: Bei der Varimax-Rotation werden »die Faktoren so rotiert, dass sie mit einigen manifesten Variablen hoch, mit anderen jedoch niedrig zusammenhängen. Dies bedeutet, dass die quadrierten Ladungen entweder sehr hohe oder sehr niedrige Werte aufweisen sollten und mittlere Werte vermieden werden. Um diese Situation herzustellen, wird bei der Varimax-Methode die *Varianz* der quadrierten Ladungen *max*imiert« (Eid et al. 2013, S. 902, Hervorhebungen im Original). Aufbauend auf dem Ergebnis einer Varimax-Rotation werden bei der Promax-Rotation die orthogonalen Faktoren durch Potenzieren der Ladungen im Winkel verändert. Der Vorteil dieser Methode besteht darin, dass »moderate oder kleine Ladungen fast null werden, hohe Ladungen aber nur geringfügig reduziert werden« (Bühner 2006, S. 205–206). Sind die von einer Varimax-Rotation erzeugten Faktoren nicht oder nur gering korreliert, so kann dies mithilfe der Promax-Rotation aufgedeckt werden (vgl. Russell 2002, S. 1638). Sind indes höher korrelierte Faktoren explizit erwünscht, so lassen sich diese über die direkte Quartimin-Methode finden. Dabei erfolgt die Vereinfachung der unrotierten Lösung durch »Minimierung der Kreuzprodukte der quadrierten Ladungen« (Bühner 2006, S. 205). Während das Varimax-Kriterium die Varianz der Mustermatrix spaltenweise maximiert, lässt sich die Varianz auch alternativ auch pro Zeile – also die Kommunalität – maximieren. Dies führt zum *Quartimax-Kriterium*, welches die Interpretation der einzelnen manifesten Variablen erleichtern soll (vgl. Noack 2007, S. 52), wobei dieser Unterschied zwischen zeilen- und spaltenweiser Maximierung auch zu Unterschieden bei der Faktorenstruktur und ihrer Interpretation führt:

> Das Varimax-Kriterium führt dazu, dass ein genereller Faktor, auf dem alle beobachteten Variablen laden, eher vermieden wird. Ein genereller Faktor wird eher vom Quartimax-Kriterium zugelassen. (Eid et al. 2013, S. 903)

Insgesamt wird deutlich, dass die einzelnen Rotationen als Hilfsmittel dienen können, um die Interpretation der ursprünglichen, unrotierten Lösung zu vereinfachen. In der Einstellungsmessung, speziell im hier betrachteten Fall mathematischer Weltbilder, ist ein Modell mit einem allgemeinen g-Faktor und ergänzenden spezifischen Faktoren wenig plausibel – im Gegensatz beispielsweise zur Intelligenzdiagnostik. Für die vorliegende Untersuchung wurde daher zunächst eine Promax-Rotation gewählt und deren Ergebnisse mit den orthogonalen Faktoren einer Varimax-Rotation verglichen.

9.4.4 Zusammenstellung von Skalen

Nach Durchführung der Promax- oder Varimax-Rotation entstehen Faktoren mit hohen Primärladungen und vergleichsweise geringen Sekundärladungen. Nun stellt sich die Frage, welche Items zur Interpretation eines Faktors genutzt werden sollten. Die Einfachstruktur erleichtert diese Zuteilung dabei insofern, als dass Items nach Möglichkeit auf maximal einen Faktor hoch laden. Hierbei gibt es eine Daumenregel, nach der Items mit einer betragsmäßigen Ladung von .30 oder mehr zur Interpretation eines Faktors herangezogen werden können (vgl. Eid et al.

2013, S. 907). Über diese Daumenregel hinaus gibt es Möglichkeiten, die statistische Signifikanz und Bedeutsamkeit einer Faktorladung abzuschätzen, wobei aus statistischer Bedeutsamkeit nicht automatisch eine praktische Bedeutsamkeit folgt (vgl. Bühner 2006, S. 207–208). Bortz (1999, S. 534) spricht sich dafür aus, die Kriterien für die Bedeutsamkeit dabei nicht zu streng auszulegen, und verweist ebenso wie Bühner (2006) auf die von Guadagnoli und Velicer (1988, S. 274) entwickelten Richtlinien:

> Faktoren mit vier oder mehr Ladungen über $a = .60$ sind interpretierbar, unabhängig von der Stichprobengröße. Faktoren mit zehn oder mehr Variablen, deren Ladungen ungefähr $a = .40$ betragen, sind interpretierbar bei einer Stichprobe $N > 150$. Faktoren mit geringen Ladungen $a < .40$ sollten bei einer Stichprobengröße unter $N = 300$ nicht interpretiert werden. (Bühner 2006, S. 208)

Dennoch wird teilweise auch für andere oder strengere Kriterien bei der Faktorzusammenstellung plädiert. Bühner (2006, S. 208) nennt hier beispielsweise das Fürntratt-Kriterium, nach dem »die quadrierte Ladung (a^2) des Items auf diesem Faktor mindestens 50 Prozent der Itemkommunalität« ausmachen solle. Nur dann, so Fürntratt (1969, S. 66), könne dieses Item als für »einen Faktor charakterisierend angesehen werden und seine Interpretation bestimmen«, andernfalls repräsentiere es keinen oder eben mehrere der Faktoren. Darüber hinaus diskutieren etwa Homburg und Giering (1996, S. 11) noch weiterführende Kriterien rund um die Indikatorreliabilität der Items sowie die Konvergenz- und Diskriminanzvalidität der Faktoren, auf die an dieser Stelle nicht näher eingegangen wird.

Homogenität, Konsistenz und Reliabilität der Faktoren

Wie in Abschnitt 9.1.2 beschrieben wird zur Betrachtung der Faktorreliabilitäten deren interne Konsistenz betrachtet. Zur Absicherung der Eindimensionalität der Faktoren hilft eine konfirmatorische Faktorenanalyse, welche die Güte der Anpassung zwischen den vorliegenden Daten und einem entsprechenden eindimensionalen Modell misst. Ist dies der Fall, stellt Cronbachs α als Maß für die interne Konsistenz der Skala eine Mindestschätzung für die Reliabilität des Faktors dar (vgl. Bühner 2006, S. 263). Cho (2016) hat ferner die Verwendung von Cronbachs α untersucht und plädiert aufgrund des häufig unreflektierten Gebrauchs für eine systematischere Bezeichnung unterschiedlicher Reliabilitätskoeffizienten. Dieser Systematik folgend kann Cronbachs α als *tau-äquivalente Reliabilität* ρ_T bezeichnet werden. Die *kongenerische Reliabilität* ρ_C berücksichtigt hingegen auch, dass die Items eines Faktors über unterschiedliche Trennschärfen verfügen oder unterschiedlich stark auf den Faktor laden. Als Ergänzung zur Betrachtung der internen Konsistenz verweist Bühner (2006, S. 133) noch auf die Möglichkeit, die Eindimensionalität über die *mittlere Inter-Item-Korrelation (MIC)* oder über die *Präzision von α* zu erfassen. Der MIC-Wert dient dabei als Kennzahl für die Homogenität eines Faktors und sollte zwischen .20 und .40 liegen (vgl. Briggs und Cheek 1986, S. 115). Bei der Zusammenstellung der Skala können im Rahmen Reliabilitätsbetrachtung einzelne Items aus der Skala entfernt werden, wenn sich dadurch die Faktorreliabilität erhöhen lässt. Dies ist beispielsweise bei Items mit geringeren Trennschärfen der Fall, oder wenn Items über extreme Schwierigkeitswerte verfügen. Die Trennschärfen werden als ausreichend betrachtet, wenn sie oberhalb von .30 liegen, während die Schwierigkeitswerte zwischen .20 bis .80 angestrebt werden sollten. Beim Entfernen von Items aus einem Faktor sollte jedoch nicht rein algorithmisch vorgegangen werden, also insbesondere nicht ohne Berücksichtigung inhaltlicher Überlegungen (vgl. Bühner 2006, S. 138).

9.5 Verwendete Instrumente und erhobene Daten

Die in der vorliegende Erhebung verwendeten Instrumente wurden einerseits aus anderen Studien übernommen, um bereits bekannte Faktorenstrukturen replizieren und bestätigen zu können; andererseits wurden auch neue Instrumente entwickelt, um die mathematischen Weltbilder speziell in Bezug auf die Genese mathematischen Wissens zu Studienbeginn explorativ untersuchen zu können. Die Forschungsfrage F1 bezieht sich dabei auf die Replikation des Faktormodells aus Grigutsch et al. (1998), während sich die Fragen F2 bis F4 mit der Exploration neuer Faktoren beschäftigen.

Konzeptionelle Replikation der Erhebung von Grigutsch et al. (1998)
Der von Grigutsch et al. (1998) entwickelte Fragebogen wurde als Ausgangspunkt genommen, da dessen Items seither wiederholt eingesetzt wurden und die gefundenen Faktoren in unterschiedlichen Studien und an unterschiedlichsten Stichproben bestätigt werden konnten (vgl. Blömeke et al. 2009b; Felbrich et al. 2008b; Benz 2012; Dunekacke et al. 2016; Grigutsch 1996; Törner und Grigutsch 1994; Grigutsch und Törner 1998; Rolka 2006a; Köller et al. 2000). Einige der dort verwendeten Items gehen dabei wiederum zurück auf Pehkonen (1995), Schoenfeld (1985), Schoenfeld (1989) oder auch Frank (1988). Aus dem Itempool von

Grigutsch et al. (1998) wurden insgesamt 37 Items zur Replikation der dortigen Faktorstruktur übernommen: je zehn Items zum FORMALISMUS-ASPEKT und ANWENDUNGS-CHARAKTER, neun Items zum PROZESS-CHARAKTER und acht Items zur SCHEMA-ORIENTIERUNG (siehe Tabelle 9.1). Diese Items bilden nachfolgend den Fragebogenteil der GRT-Items. Sie wurden inhaltlich unverändert gelassen und lediglich hinsichtlich ihrer Rechtschreibung angepasst.

Entwicklung neuer Items zur Genese mathematischen Wissens und zur mathematischen Kreativität im Kontext der ENPROMA-Vorlesung

Für den Pool an Items wurden zunächst einzelne Items aus der Untersuchung von Grigutsch et al. (1998) ausgewählt, die im ursprünglichen Bogen verwendet wurden, aber kein Teil der resultierenden 4-Faktoren-Lösung waren. Weiterhin wurde auf Items aus vorangegangenen Untersuchungen von Schoenfeld (1989, S. 351), Ward et al. (2010, S. 200–201), Rolka (2006a), Pehkonen (1994, S. 184) beziehungsweise Thompson (1988) zurückgegriffen und gemäß der internalen Konstruktionsstrategie neue Items zu den hypothetischen Dimensionen entwickelt (vgl. Moosbrugger und Kelava 2012, S. 38). Die Auswahl der Themengebiete der neuen Items war dabei nicht nur in der zugrunde liegenden Literatur, sondern zugleich auch in den Themenfeldern der ENPROMA-Vorlesung verankert (siehe auch Unterkapitel 12.5). Dass im Rahmen solcher Erhebungen grundsätzlich nur Erkenntnisse in den Bereichen gefunden werden können, die ein geschlossener Fragebogen enthält und behandelt, ist eine grundlegende Randbedingung.[13] Dennoch ist es möglich, auf diesem Wege weitere Ausschnitte in der Theorie mathematischer Weltbilder zu beleuchten. Für eine weiterführende Theorieentwicklung besteht die Möglichkeit – und auch Notwendigkeit – entsprechender qualitativer Forschung. Bei der Konstruktion wurde darauf geachtet, diese a priori angedachten Dimensionen durch ungefähr gleich viele Items zu charakterisieren (vgl. Bühner 2006, S. 192). Tabelle 9.2 gibt eine Übersicht über die in diesem Kontext eingesetzten Items, die nachfolgend auch als EPM-Items bezeichnet werden. Ferner wurde der Fragebogen beim zweiten Durchgang der ENPROMA-Vorlesung (Wintersemester 2014/2015) noch um eine Sektion mit weiteren 21 Items ergänzt, welche die Kreativität innerhalb der Mathematik in den Fokus nehmen, diese sind in Tabelle 9.3 aufgelistet. Diese KRE-Items wurden separat einer explorativen Faktorenanalyse unterzogen (vgl. Unterkapitel 14.3). Neben den Items zum mathematischen Weltbild wurden die Studierenden nach weiteren Angaben rund um ihr Studium und ihre bisherige Mathematikausbildung

[13] Etwa schreiben Blömeke et al. (2009b, S. 39), dass in ihrer Erhebung ein Faktor nicht gefunden wurde – was allerdings insofern nicht verwundert, da entsprechende Items nicht im Fragebogen enthalten waren.

Tabelle 9.1 GRT-Items zu Formalismus-Aspekt, Anwendungs-Charakter, Schema-Orientierung und Prozess-Charakter

Item	Wortlaut des Items
GRT01	Kennzeichen von Mathematik sind Klarheit, Exaktheit und Eindeutigkeit.
GRT02	Mathematik ist eine Sammlung von Verfahren und Regeln, die genau angeben, wie man Aufgaben löst.
GRT03	Mathematik ist nützlich in jedem Beruf.
GRT04	Mathematik hat einen allgemeinen, grundsätzlichen Nutzen für die Gesellschaft.
GRT05	Mathematik ist ein logisch widerspruchsfreies Denkgebäude mit klaren, exakt definierten Begriffen und eindeutig beweisbaren Aussagen.
GRT06	Mathematik besteht aus Lernen, Erinnern und Anwenden.
GRT07	Mathematik ist ein zweckfreies Spiel, eine Beschäftigung mit Objekten ohne konkreten Bezug zur Wirklichkeit.
GRT08	Jeder Mensch kann Mathematik erfinden oder nacherfinden.
GRT09	Fast alle mathematischen Probleme können durch direkte Anwendung von bekannten Regeln, Formeln und Verfahren gelöst werden.
GRT10	Mathematik hilft, alltägliche Aufgaben und Probleme zu lösen.
GRT11	Ganz wesentlich für die Mathematik sind ihre logische Strenge und Präzision, d. h. das »objektive« Denken.
GRT12	Mathematische Tätigkeit besteht im Erfinden bzw. Nach-Erfinden (Wiederentdecken) von Mathematik.
GRT13	Viele Teile der Mathematik haben einen praktischen Nutzen oder einen direkten Anwendungsbezug.
GRT14	Mathematik ist eine Tätigkeit, über Probleme nachzudenken und Erkenntnisse zu gewinnen.
GRT15	Mathematik lebt von Einfällen und neuen Ideen.
GRT16	Mathematik-Betreiben verlangt viel Übung im Befolgen und Anwenden von Rechenroutinen und -schemata.
GRT17	In der Mathematik kann man viele Dinge selber finden und ausprobieren.
GRT18	Um im Mathematikunterricht erfolgreich zu sein, muss man viele Regeln, Begriffe und Verfahren auswendiglernen.
GRT19	Wenn man eine Mathematikaufgabe lösen soll, muss man das einzig richtige Verfahren kennen, sonst ist man verloren.
GRT20	Kenntnisse in Mathematik sind für das spätere Leben von Schüler*innen wichtig.
GRT21	Im Vordergrund der Mathematik stehen ein fehlerloser Formalismus und die formale Logik.

(Fortsetzung)

Tabelle 9.1 (Fortsetzung)

Item	Wortlaut des Items
GRT22	Mit ihrer Anwendbarkeit und Problemlösekapazität besitzt die Mathematik eine hohe gesellschaftliche Relevanz.
GRT23	Mathematik entsteht durch das Setzen von Axiomen oder Definitionen und eine anschließende formallogische Deduktion von Sätzen.
GRT24	Für die Mathematik benötigt man vor allem Intuition sowie inhaltsbezogenes Denken und Argumentieren.
GRT25	Mathematik ist gekennzeichnet durch Strenge, nämlich eine definitorische Strenge und eine formale Strenge der mathematischen Argumentation.
GRT26	Mathematik-Betreiben verlangt viel Übung im korrekten Befolgen von Regeln und Gesetzen.
GRT27	Mathematisches Denken wird durch Abstraktion und Logik bestimmt.
GRT28	Mathematik verstehen wollen heißt Mathematik erschaffen wollen.
GRT29	Mathematik ist Behalten und Anwenden von Definitionen und Formeln, von mathematischen Fakten und Verfahren.
GRT30	Im Vordergrund der Mathematik stehen Inhalte, Ideen und Denkprozesse.
GRT31	Im Mathematikunterricht beschäftigt man sich mit Aufgaben, die einen praktischen Nutzen haben.
GRT32	Für die Mathematik benötigt man insbesondere formallogisches Herleiten sowie das Abstraktions- und Formalisierungsvermögen.
GRT33	Mathematik-Betreiben heißt: Sachverhalte verstehen, Zusammenhänge sehen, Ideen haben.
GRT34	Die entscheidenden Basiselemente der Mathematik sind ihre Axiomatik und die strenge deduktive Methode.
GRT35	Nur einige wenige Dinge, die man im Mathematikunterricht lernt, kann man später verwenden.
GRT36	Unabdingbar für die Mathematik ist ihre begriffliche Strenge, d. h. eine exakte und präzise mathematische Fachsprache.
GRT37	Im Mathematikunterricht kann man – unabhängig davon, was unterrichtet werden wird – kaum etwas lernen, was in der Wirklichkeit von Nutzen ist.

gefragt. Dies umfasste neben Angaben zum Geschlecht und Alter auch Informationen über den derzeitigen Studiengang, das Fachsemester, im Lehramtsstudium dem zweiten Unterrichtsfach, der Mathematiknote im Abitur, dem Besuch eines Grund- respektive Leistungskurses in Mathematik, dem derzeitigen Fachsemester und ihrem mathematischen Vorwissen. Zudem beantworteten die Studierenden

Tabelle 9.2 EPM-Items zur Genese mathematischen Wissens

Item	Wortlaut des Items
EPM01	Die Aussagen der Mathematik verhalten sich wie Naturgesetze, d. h. sie können von Menschen entdeckt werden, sind aber nicht veränderbar.
EPM02	Es ist stets von Vorteil, bei mathematischen Definitionen auf Anschaulichkeit zu achten.
EPM03	Beim Lernen von Mathematik sind nicht-zielführende Wege hinderlich.
EPM04	Durch neue Herangehensweisen und Annahmen können sich bekannte Resultate ändern.
EPM05	Zu vielen Definitionen gibt es Alternativen, die ebenso verwendet werden könnten.
EPM06	Das Lernen von systematisiertem und strukturiertem mathematischen Wissen hat Vorrang vor einer tätigen Entwicklung solchen Wissens.
EPM07	Die Definitionen der Mathematik verhalten sich wie Naturgesetze, d. h. sie können von Menschen entdeckt werden, sind aber nicht veränderbar.
EPM08	In der Mathematik ist alles miteinander vernetzt.
EPM09	Wenn man in der Mathematik einen neuen Begriff definiert, so hat man dabei einen willkürlichen Spielraum.
EPM10	Es ist unnötig, eine bereits bewiesene Aussage auf anderem Wege erneut zu beweisen.
EPM11	Der durchschnittliche Mensch ist meistens nur Konsument*in und Reproduzent*in der Mathematik, die andere Menschen erschaffen haben.
EPM12	Mathematisch zu arbeiten ist ein kreativer Prozess.
EPM13	Entscheidend im Mathematikunterricht ist es, ein richtiges Ergebnis zu erhalten.
EPM14	Die Aussagen und Definitionen der Mathematik sind universell gültig.
EPM15	Mathematische Fachsprache bietet sich dafür an, mathematische Eigenschaften präzise zu beschreiben.
EPM16	Die Herleitung oder der Beweis einer Formel ist für Schüler*innen unwichtig; entscheidend ist, dass sie diese anwenden können.
EPM17	Zwei unterschiedliche Definitionen können nicht dieselbe mathematische Eigenschaft beschreiben.
EPM18	Bei der Formulierung von Mathematik kann man nach eigenem Ermessen vorgehen.
EPM19	Es ist hilfreich, wenn man zu einer Definition vielfältige Vorstellungen im Kopf hat.
EPM20	Was einmal mathematisch definiert wurde, kann nicht geändert werden.

(Fortsetzung)

Tabelle 9.2 (Fortsetzung)

Item	Wortlaut des Items
EPM21	Fehlerlosigkeit wird erst bei der logischen Absicherung von mathematischen Aussagen verlangt, nicht bereits bei deren Entwicklung.
EPM22	Die mathematische Lehre kann von der Betrachtung nicht-zielführender Wege (Sackgassen, Methoden) profitieren.
EPM23	Falls es Marsbewohner*innen gäbe, so hätten sie auf jeden Fall dieselbe Mathematik mit denselben Erkenntnissen.
EPM24	Mathematisches Wissen baut aufeinander auf.
EPM25	Das Erfinden bzw. Nach-Erfinden von Mathematik hat Vorrang vor einem Lehren bzw. Lernen von »fertiger Mathematik«.
EPM26	Mathematische Definitionen sind ein Produkt von Kreativität.
EPM27	Mathematische Erkenntnisse werden meist in derselben Form formuliert, in der sie entdeckt wurden.
EPM28	Neues mathematisches Wissen baut in der Regel auf vielen alten Erkenntnissen auf.
EPM29	Wenn einem die Konsequenzen einer Definition nicht gefallen, so darf man diese Definition entsprechend abändern.
EPM30	Wenn einem die Konsequenzen einer Definition nicht gefallen, so kann man eine alternative Definition formulieren.
EPM31	Sind sich zwei Mathematiker*innen bei der Art, wie ein Begriff definiert werden sollte, nicht einig, dann ist nur eine von beiden im Recht.
EPM32	Mathematisches Wissen ist ein System von vielfältig miteinander verknüpften Begriffen.
EPM33	Mathematische Aussagen sind ein Produkt von Kreativität.
EPM34	Die historische Entwicklung der Mathematik beeinflusst unsere heutige Arbeitsweise in Forschung und Lehre.
EPM35	Gelangt man in der mathematischen Forschung auf einen Irrweg oder in eine Sackgasse, so kann man daraus nur wenig lernen.
EPM36	Die Präsentationsform von Mathematik (in Lehrbüchern und Vorlesungen) entspricht in der Regel der Form, in der diese Mathematik entstanden ist.
EPM37	Mathematik wurde vom Menschen entdeckt, aber nicht erfunden.
EPM38	Neue mathematische Erkenntnisse ändern nicht viel an der Struktur der bisherigen Mathematik.
EPM39	Die Herleitung oder der Beweis einer Formel ist nicht so wichtig wie diese anwenden zu können.

(Fortsetzung)

Tabelle 9.2 (Fortsetzung)

Item	Wortlaut des Items
EPM40	Konventionen spielen in der Mathematik eine große Rolle.
EPM41	Stehen in einer Vorlesung zwei unterschiedliche Definitionen desselben Begriffs zur Auswahl, so sollte stets nur die anschaulichere gewählt werden.
EPM42	Es wäre denkbar, dass die aktuell bekannte Mathematik auch durch andere Begriffe, Sätze und Definitionen beschrieben werden könnte.
EPM43	Mathematik wird fast immer nur von besonders kreativen Menschen erfunden, deren Wissen sich andere dann aneignen müssen.
EPM44	Mathematische Aussagen sind stark miteinander vernetzt.
EPM45	Zu vielen Definitionen gibt es nichtäquivalente Alternativen, die auch zu sinnvoller Mathematik führen würden.
EPM46	Eine gute Denkfähigkeit und Einfallsreichtum sind im Mathematikunterricht oft wichtiger als eine gute Lern- und Merkfähigkeit.
EPM47	Mathematik wurde vom Menschen erfunden.
EPM48	Beim Beschäftigen mit einer Definition entsteht eine Vorstellung im Kopf, wovon diese handelt.
EPM49	Mathematik ist durch ein hohes Maß an Ordnung gekennzeichnet.
EPM50	Es ist wichtig und interessant, wenn Mathematik Querverbindungen und Zusammenhänge zwischen einzelnen Inhalten der Mathematik aufzeigt.
EPM51	Bei der Definition eines Begriffs richtet man sich danach, was für einen selbst praktisch ist.
EPM52	Die einzelnen Teilgebiete der Mathematik stehen weitgehend unverzahnt nebeneinander.
EPM53	Neue mathematische Erkenntnisse verändern das Gebäude der Mathematik nicht wesentlich.
EPM54	Mathematik ist wie Kunst ein Ergebnis von Kreativität.
EPM55	Wenn sich rückwirkend herausstellt, dass ein Satz fehlerhaft bewiesen wurde und nicht gilt, dann hat das oft Auswirkungen auf sehr viele weitere Sätze.
EPM56	Neue mathematische Theorie entsteht erst dann, wenn zu einer Menge von Aussagen der Beweis (fehlerlos) vorliegt.
EPM57	Bei der Festlegung einer Definition lassen sich häufig unterschiedliche Ansätze verfolgen, von denen dann einer willkürlich ausgewählt wird.
EPM58	Mathematik ist wie ein Gebäude, bei dem jedem Satz und jedem Begriff eine unentbehrliche Rolle als Baustein zukommt.

(Fortsetzung)

Tabelle 9.2 (Fortsetzung)

Item	Wortlaut des Items
EPM59	Entstehung und logische Absicherung von mathematischer Theorie sind unterschiedliche, voneinander trennbare Prozesse.
EPM60	In der Mathematik existieren die einzelnen Themen weitgehend unabhängig voneinander.

einen Fragebogen mit Fragen zur qualitativen Reflexion ihres mathematischen Weltbildes und ihrer bisherigen mathematischen Lernbiografie. Diese Fragen basierten auf den Erhebungen von Schoenfeld (1989, S. 355), Ward et al. (2010, S. 191), Otto et al. (1999, S. 192) und Hoffkamp und Warmuth (2015). Zur Selbstreflexion ihrer Studienwahl hatten die Studierenden in diesem Durchgang ferner die Möglichkeit, den FIT-Choice-Scale-Test auszufüllen (vgl. König et al. 2013; Watt et al. 2012; Watt und Richardson 2007; Schreiber et al. 2012). Zuletzt wurden auch die Ergebnisse der Modulabschlussklausur zur ENPROMA-Vorlesung im Wintersemester 2014/2015 in pseudonymisierter Form erfasst.

Rahmenbedingungen bei der Durchführung

Ein Vortest der verwendeten Fragebogenitems fand im Laufe des Sommersemesters 2013 statt. Mittels der Methode des lauten Denkens wurden die Items dabei von Lehramtsstudierenden auf Verständlichkeit getestet, um entsprechende Konstruktvalidität auf Itemebene sicherzustellen (vgl. Moosbrugger und Kelava 2012, S. 161). Die Anzahl und das Format der Antwortskalen wurden dabei – auch aus Gründen der Vergleichbarkeit – aus Grigutsch et al. (1998) übernommen. Die Zustimmung zu den Items wurde auf einer fünfstufigen Likert-Skala abgefragt. Bezeichnet waren die Antwortkategorien mit den Labels *stimmt gar nicht – stimmt nur teilweise – unentschieden – stimmt größtenteils – stimmt genau,* anschließend wurde diesen die numerischen Werte 1 bis 5 zugeordnet. Zudem wurde auch darauf geachtet, Fragen unterschiedlicher Kategorien von Aufgabeninhalten nicht zu vermischen. Die Erhebung beschränkte sich auf ›Fragen zu Einstellungen und Meinungen‹, sodass das Risiko methodischer Artefakte durch eine Vermischung von Aufgabeninhalten als kontrolliert angesehen werden kann (vgl. Moosbrugger und Kelava 2012, S. 63–64). Die Instrumente wurden zu allen Messzeitpunkten in Form eines Paper-and-Pencil-Fragebogens eingesetzt. Die Durchführung war im Format einer Gruppenerhebung. Den Teilnehmer*innen stand ausreichend Zeit zum Ausfüllen der Bögen zur Verfügung, da die Erhebung im Rahmen von Lehrveranstaltungen in Hörsälen oder Seminarräumen stattfand. Die Teilnahme an der Befragung war freiwillig und deren Zweck transparent kommuniziert, aus einer Nichtteilnahme entstanden keinerlei

Tabelle 9.3 KRE-Items zur Kreativität in der Mathematik

Item	Wortlaut des Items
KRE01	Es gibt bei den meisten mathematischen Problemen viele verschiedene Lösungswege.
KRE02	Beim Lösen mathematischer Probleme gibt es nur wenig Raum für Originalität.
KRE03	In der Mathematik werden ständig neue Dinge entdeckt.
KRE04	Wenn man in der Schule oder im Studium einen Beweis anfertigt, dann kann man dadurch nur Dinge zeigen, die bereits bekannt und nachgewiesen sind.
KRE05	Beim Problemlösen genügt es nicht, bloß bereits Bekanntes nachzuahmen oder anzuwenden.
KRE06	Je seltener eine Beweisidee genannt wird, desto origineller ist dieser Ansatz.
KRE07	Auf der Suche nach einem Beweis muss man meist vollkommen neues Terrain betreten.
KRE08	Ein spontaner Einfall hat mir schon häufiger geholfen, ein mathematisches Problem zu lösen.
KRE09	Es ist beim Mathematiktreiben gelegentlich notwendig, von altbekannten Wegen abzuweichen.
KRE10	Entdeckungen der Mathematik entstehen aus geistreichen Schöpfungen.
KRE11	Wenn ein Mensch vor Ideen nur so sprudelt, sollte er oder sie ein Mathematikstudium in Betracht ziehen.
KRE12	Beim Beweisen kann man Dinge entdecken, die einem vorher selbst nicht bewusst waren.
KRE13	Ich kann die Trial-and-Error-Methode (Versuch und Irrtum, d. h. »Ausprobieren, bis es klappt«) üblicherweise beim Lösen mathematischer Probleme anwenden.
KRE14	In der Mathematik sind ungewöhnliche Lösungswege mit großer Wahrscheinlichkeit falsch.
KRE15	Originelle Einfälle sind in der Mathematik üblich.
KRE16	Guten Mathematiker*innen fällt beim Problemlösen eine Vielzahl an (unterschiedlichen) Wegen ein.
KRE17	Beim Mathematiktreiben kann man sich frei entfalten.
KRE18	Bereits existierende Beweise sollten nicht durch neuere, originellere ersetzt werden.
KRE19	Eine zu ungewöhnliche Lösung wird sich in der mathematischen Gemeinschaft nur schwierig durchsetzen.
KRE20	Mathematik ist ein Gebiet für kreative Köpfe.
KRE21	In der Mathematik kann ich ein Problem erfolgreich lösen, indem ich bekannte Vorgehensweisen über den Haufen werfe.

Nachteile. Ferner gab es keine Vergütung für die Teilnahme, beworben wurde diese lediglich mit der Möglichkeit, an der Begleitforschung des neu initiierten hochschuldidaktischen Lehrprojekts teilzunehmen. Sämtliche erhobenen Daten wurden dabei unter Verwendung eines individuellen Versuchspersonencodes in pseudonymisierter Form gespeichert.

9.6 Technische Umsetzung und verwendete Software

Aus wissenschaftssoziologischer Sicht hat die Wahl der Instrumente stets einen Einfluss auf den Untersuchungsgegenstand (siehe Knorr-Cetina und Harré 2016), und darunter fällt nicht zuletzt auch die (Aus-)Wahl der verwendeten Statistiksoftware. Die vorliegenden Analysen wurden mit R (R Core Team 2017) durchgeführt, unter Verwendung der grafischen Benutzeroberfläche RSTUDIO (RStudio Inc. 2016). Zur Datenerfassung und –aufbereitung kam zudem die Tabellenkalkulationssoftware Excel aus dem Programmpaket Microsoft Office zum Einsatz, ferner wurde ein Teil der Abbildungen mit Powerpoint erzeugt. Zu berücksichtigen ist dabei, dass R primär über Befehlszeilen gesteuert wird und auch die Ausgabe entsprechend formatiert ist und je nach Befehl auch umfangreicher ausfallen kann. Daher werden bei der Auswertung der Ergebnisse in Teil V nur die relevanten Kennzahlen übernommen, während die vollständigen R-Ausgaben im Anhang (siehe Teil VII) oder im elektronischen Zusatzmaterial zu finden sind. Bei Bühner und Ziegler (2012, S. 2) findet sich die folgende Anekdote zum Wesen des R-Programmpaketes:

> Auf einer Konferenz stellte William Revelle [...] eine Charakterisierung von R anhand der Big Five auf. Diese treffende Charakterisierung wollen wir hier kurz sinngemäß wiedergeben: R erzielt einen sehr hohen Wert auf der Domäne Emotionale Stabilität. R ist sehr robust und durch so gut wie nichts aus der Ruhe zu bringen. Allerdings ist der Extraversionswert sehr niedrig. R ist so schüchtern und introvertiert, dass es ohne explizite Aufforderung keine Äußerung macht. Der Wert im Bereich Offenheit für Erfahrung ist ebenfalls enorm hoch. R erweitert gern seinen Horizont und probiert neue Sachen aus. Die Vielzahl an neuen R-Funktionen, die scheinbar ständig erscheinen, verdeutlicht dies. Was die Verträglichkeit anbelangt, ist R jedoch sehr im unteren Bereich angesiedelt. Wenn man als Nutzer in der Interaktion etwas falsch macht, gibt R sehr störrische, oft wenig informative Rückmeldungen und bietet wenig direkte Hilfe an. Abhilfe schaffen jedoch gute Dokumentationen der Pakete und Hilfe im Netz [...]. Schließlich ist R sehr gewissenhaft, hält sich streng an Regeln und Richtlinien.

Die Entscheidung für R ermöglichte die spezifische Erweiterung des Funktionsumfanges durch Programmpakete. Viele Standard-Berechnungen lassen sich dabei sowohl mit SPSS als auch mit R durchführen, wenngleich es im Detail durchaus Unterschiede gibt. Bühner und Ziegler (2012) geben einen guten Überblick über die Feinheiten der Umsetzung diverser Berechnungen in beiden Programmen. Eine Einschränkung bei der Verwendung von R besteht darin, dass sich die Präzision von α (vgl. Abschnitt 9.4.4) dort nicht auf einfachem Wege bestimmen lässt, da die dazu benötigten Standardabweichungen der mittleren Inter-Item-Korrelationen kein Teil des regulären Outputs sind. Im Gegenzug verfügt R über Pakete, um Strukturgleichungsmodelle zu analysieren und konfirmatorische Faktorenanalysen durchzuführen – was in SPSS standardmäßig nicht möglich ist. Daher kann auf die (nur über Umwege realisierbare) Berechnung der Präzision von α verzichtet werden und die Eindimensionalität der Skalen in R durch konfirmatorische Faktorenanalysen überprüft werden. Ein weiterer Vorteil besteht in der Implementierung von innovativen – und teilweise noch experimentellen – Funktionen, durch die ergänzende Berechnungen abseits der üblichen Standardverfahren ermöglicht werden. Im Rahmen dieser Untersuchung ergänzten solche Funktionen beispielsweise die Bestimmung der Item-Trennschärfen sowie die Bestimmung der Eindimensionalität der Faktoren (vgl. Unterkapitel 15.1). Als weiterführende Literatur kann an dieser Stelle noch Revelle (in Vorb.) und Werner (2014) empfohlen werden; ebenso wie die Gemeinschaft der R-Nutzer*innen, welche in entsprechenden Foren Tutorials, Best Practice-Umsetzungen und Lösungen für diverse Probleme anbieten.[14]

9.6.1 Übersicht über die verwendeten R-Pakete

Neben den Basispaketen kamen diverse Pakete zum Einsatz, die von jeweils anderen Autor*innen erstellt wurden und die nachfolgend aufgelistet werden. Verwendet wurden die R-Pakete FOREIGN (R Core Team 2018), KNITR (Xie 2018), MAGRITTR (Bache und Wickham 2014), MOMENTS (Komsta und Novomestky 2015), MVA (Everitt und Hothorn 2015), MVN (Korkmaz et al. 2018), MVOUTLIER (Filzmoser und Gschwandtner 2018), PSY (Falissard 2012), PSYCH (Revelle 2019), PSYCHOMETRIC (Fletcher 2010), READXL (Wickham und Bryan 2019), ROBCOMPOSITIONS (Templ et al. 2018), ROBUST (Wang et al. 2017), STRINGR (Wickham 2019) und SUPPDISTS (Wheeler 2016). Speziell zur Durchführunge

[14] Ein Beispiel hierfür ist die ›R graph gallery‹ mit zahlreichen Anregungen zur Visualisierung von Daten (vgl. Holtz).

der Faktorenanalyse kamen zudem die R-Pakete AFEX (Singmann et al. 2019), CAR (Fox et al. 2018), CTT (Willse 2018), COCRON (Diedenhofen und Musch 2016), GPAROTATION (Bernaards und Jennrich 2014), LAVAAN (Rosseel 2018), MULTILEVEL (Bliese 2016), NFACTORS (Raiche und Magis 2011), SEM (Fox et al. 2017) und SJSTATS (Lüdecke 2019) zum Einsatz. Zur Korrelationsberechnung wurden ferner noch die R-Pakete BOOT (Canty und Ripley 2017), CORRR (Jackson 2018), KENDALL (McLeod 2011) und PWR (Champely 2018) eingebunden. Die Mittelwertvergleiche und Varianzanalysen wurden unter Verwendung der R-Pakete AGRICOLAE (Mendiburu 2019), COIN (Hothorn et al. 2017), COMPUTE.ES (Del Re 2014), EFFSIZE (Torchiano 2018), EMMEANS (Lenth 2019), LAWSTAT (Gastwirth et al. 2017), LSR (Navarro 2015), MULTCOMP (Hothorn et al. 2008), MULTCOMPVIEW (Graves et al. 2015) und MOTE (Buchanan et al. 2019) durchgeführt. Zuletzt erwiesen sich bei der Erzeugung diverser Grafiken die R-Pakete EXTRAFONT (Chang 2014), GGALLY (Schloerke et al. 2018), GGCORRPLOT (Kassambara 2018), GGEXTRA (Attali und Baker 2018), GGPLOT2 (Wickham et al. 2018b; Wickham 2016), GGPUBR (Kassambara 2019), GGSIGNIF (Ahlmann-Eltze 2019), GRIDEXTRA (Auguie 2017), RCOLORBREWER (Neuwirth 2014), RESHAPE (Wickham 2018a), RESHAPE2 (Wickham 2017) und VIRIDIS (Garnier 2018) als nützlich.

10 Erhebungszeitpunkte und resultierende Datensätze

Die Begleitforschung des Projektes mit den Instrumenten des vorherigen Kapitels begann im Wintersemester 2013/2014. Ziel dieser Erhebung waren die Teilnehmer*innen der Vorlesung ENTSTEHUNGSPROZESSE VON MATHEMATIK (ENPROMA), deren mathematische Weltbilder in zwei Vorlesungszyklen zu jeweils mehreren Befragungszeitpunkten zwischen Oktober 2013 und Februar 2015 als Längsschnittdaten erhoben wurden. Darüber hinaus wurden auch die mathematischen Weltbilder aller Studienanfänger*innen in den Studiengängen Bachelor Mathematik und gymnasiales Lehramt Mathematik an der Johann Wolfgang Goethe-Universität Frankfurt am Main erhoben; dies geschah im Rahmen der Vorlesung LINEARE ALGEBRA I zu Beginn des Wintersemesters 2013/2014. Abbildung 10.1 gibt einen zeitlichen Überblick über die entsprechenden Erhebungszeitpunkte.

Durch die Befragung einer solchen ›Gelegenheitsstichprobe‹ (Erstsemesterstudierende einer Universität in einem Zeitraum) liegt hier – bezogen auf die Grundgesamtheit aller Erstsemesterstudierenden – eine Form von Klumpenbildung vor:

> Unter einem Klumpen […] versteht man eine Gruppe von Personen, die fest vorgegeben ist. Häufig ist man vor die Situation gestellt, dass die Population aus verschiedenen Klumpen besteht und man nicht per Zufall aus der Gesamtpopulation ziehen kann. (Eid et al. 2013, S. 261)

Dies schränkt die Generalisierbarkeit zwar insofern ein, als dass zunächst nur Aussagen über die befragten Kohorten des Fachbereichs an dieser Universität getroffen werden können. Gleichwohl heißt dies keineswegs, dass hieraus keine

B. Weygandt, *Mathematische Weltbilder weiter denken*,
https://doi.org/10.1007/978-3-658-34662-1_10

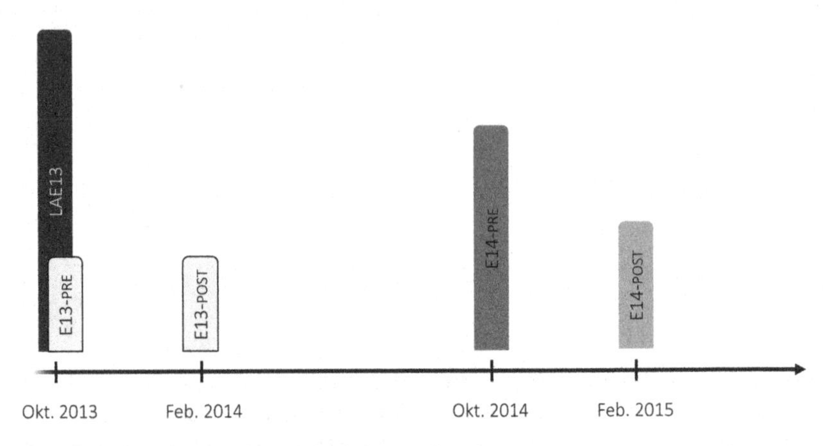

Abbildung 10.1 Darstellung der Erhebungszeitpunkte

Erkenntnisse gewonnen werden können: Trotz der vorhandenen Klumpenstruktur der Stichprobe lassen sich die dort erhobenen mathematischen Weltbilder deskriptiv beschreiben und Korrelationen betrachten, und die hierbei explorativ gewonnenen Skalen können ferner auch an anderen Stichproben eingesetzt werden. Die im Längsschnitt erhobenen Daten bieten darüber hinaus die Möglichkeit, mit Blick auf die Interventionsmaßnahme zu betrachten, inwiefern sich zwischen den Messzeitpunkten Unterschiede in den Faktormittelwerten ergeben.

Auswahl und Beschreibung der Stichproben

Am ersten Durchgang der Vorlesung ENTSTEHUNGSPROZESSE VON MATHEMATIK im Wintersemester 2013/2014 nahmen tendenziell Studierende höherer Semester teil ($M = 3.00$, $SD = 2.22$). Dies begründet sich darin, dass die Vorlesung laut Studienverlaufsplan regulär im dritten Fachsemester vorgesehen ist und die entsprechende Studienordnung erst im Wintersemester 2013/2014 in Kraft trat. Die Teilnehmer*innen dieser Vorlesung wurden dabei zu Semesterbeginn und zum Ende des Semesters befragt. Zu Beginn des Wintersemesters wurden zeitgleich auch die Studierenden der Vorlesung LINEARE ALGEBRA I befragt. Dabei sprachen mehrere Gründe für eine Erhebung in dieser Vorlesung: Zunächst saßen in dieser Veranstaltung (nach Studienverlaufsplan) die Erstsemesterstudierenden der Studiengänge Bachelor Mathematik und gymnasiales Lehramt Mathematik ($M = 1.48$, $SD = 1.04$), die zu diesem Zeitpunkt über vergleichbare mathematische Vorkenntnisse verfügten und so dahingehend zur Untersuchung des vom Schulunterricht geprägten mathematischen Weltbildes eigneten. Zweitens war die Hauptuntersuchung des

Begleitforschungsprojektes für den zweiten Durchgang der EnProMa-Vorlesung (im Wintersemester 2014/2015) angedacht. Zur Validierung der dort einzusetzenden Instrumente wurde eine Stichprobe von Studienanfänger*innen in Mathematik benötigt, die von ihrem Umfang her sowohl für explorative als auch für konfirmatorische Faktorenanalysen taugt. Ein dritter Aspekt, der bei der Auswahl dieser Vorlesung eine Rolle spielte, war die sich daraus ergebende Möglichkeit einer Längsschnittuntersuchung von Lehramtsstudierenden, die gemäß ihrem Studienverlaufsplan im ersten Semester Lineare Algebra I und im dritten Semester die EnProMa-Vorlesung belegen sollten. Entsprechend nahmen am zweiten Durchlauf der EnProMa-Vorlesung (Wintersemester 2014/2015) größtenteils die regulär eingeschriebenen Studierenden im dritten Semester teil ($M = 4.11$, $SD = 1.77$). Die Teilnehmer*innen der EnProMa- Vorlesungen wurden zu zwei Messzeitpunkten befragt, einmal zu Beginn und einmal am Ende des jeweiligen Semesters.

10.1 Übersicht über die Stichprobengrößen und Auswertungsmethoden

Insgesamt nahmen $n = 256$ Personen an mindestens einem Zeitpunkt der Befragung teil, wobei eine Gesamtanzahl von $n = 345$ ausgefüllten Fragebögen zustande kam. Hierbei wurden Fragebögen mit bis zu drei fehlenden Items berücksichtigt. Einzelne Fragebögen wiesen auch höhere Anzahl an fehlenden Antworten auf (etwa wenn die Bearbeitung vorzeitig abgebrochen wurde oder mehrere Seiten des Fragebogens ausgelassen wurden); diese Bögen wurden vollständig von weiteren Analysen ausgeschlossen. In Tabelle 10.1 sind die Datensätze aufgeführt, die zu den vier Erhebungszeitpunkten erhoben wurden, zusammen mit den daraus erzeugten Stichproben. Weiterhin gibt Tabelle 10.2 eine Übersicht über die aus den Datensätzen erzeugten Stichproben, die im Laufe der weiteren Auswertung betrachtet werden.

Zur Beantwortung der Forschungsfragen (vgl. Kapitel 8) wird auf unterschiedliche Auswertungsmethoden zurückgegriffen, die in Kapitel 11 ausführlicher vorgestellt werden. In Abbildung 10.2 ist eine entsprechende grafische Darstellung der aus den unterschiedlichen Datensätzen erzeugten Stichproben sowie der dabei jeweils verwendeten Auswertungsmethoden zu sehen. In Tabelle 10.3 sind für jede der verwendeten Methoden die damit adressierten Forschungsfragen und zugehörigen Kapitel mit den Ergebnissen (siehe Teil V) aufgeführt. Ergänzt werden diese Informationen jeweils noch um die dabei betrachteten Items oder Faktoren sowie die Stichproben, die bei der Auswertung untersucht werden.

Tabelle 10.1 Übersicht der Datensätze und der zu den Erhebungszeitpunkten ausgefüllten Fragebögen

Datensatz	befragte Personen	Erhebungszeitpunkt	erzeugte Stichproben	n	n_F
LA13	Studierende zu Beginn der Vorlesung LINEARE ALGEBRA I im Wintersemester 2013/2014	10/2013	LAE, LAE13	183	162
E13-PRE	Lehramtsstudierende zu Beginn der ENPROMA-Vorlesung im Wintersemester 2013/2014	10/2013	LAE, LAE13, E13PP	25	23
E13-POST	Lehramtsstudierende am Ende der ENPROMA-Vorlesung im Wintersemester 2013/2014	02/2014	E13PP	21	16
E14-PRE	Lehramtsstudierende zu Beginn der ENPROMA-Vorlesung im Wintersemester 2014/2015	10/2014	LAE, E14PP	74	67
E14-POST	Lehramtsstudierende am Ende der ENPROMA-Vorlesung im Wintersemester 2014/2015	02/2015	E14PP	42	38

n: Stichprobenumfang. n_F: Stichprobenumfang bei Betrachtung der Faktorwerte (vollständig hinsichtlich der Items aller betrachteten Faktoren).

Vor Beginn aller Analysen wurden zunächst die Fragebögen auf weitestgehend vollständige Beantwortung und hin untersucht, ebenso wie die Verteilungen aller erhobenen Items überprüft wurden (siehe Kapitel 12), um die Verwendbarkeit der Items für die darauffolgenden Auswertungsmethoden sicherzustellen. Die GRT-Items wurden anschließend dazu verwendet, um mittels einer konfirmatorischen Faktorenanalyse (vgl. Unterkapitel 9.3) der Frage nachzugehen, ob und wie gut die erhobenen Daten der Faktoren FORMALISMUS-ASPEKT, ANWENDUNGS-CHARAKTER, SCHEMA-ORIENTIERUNG und PROZESS-CHARAKTER zu dem Modell aus Grigutsch et al. (1998) passen (Forschungsfrage F1). Dabei werden unabhängige Daten benötigt (vgl. Eid et al. 2013, S. 922), womit keine im

Tabelle 10.2 Übersicht der betrachteten Stichproben und der ihnen zugrunde liegenden Datensätze

Stichproben-Datensatz	Beschreibung der Stichprobe	zugrunde liegende Datensätze	Datentyp	n
LAE13	alle Personen des Erhebungszeitpunkts im Oktober 2013	LA13 ∪ E13-PRE		185
LAE13-1	…davon Erstsemesterstudierende	LAE13		136
LAE13-2	…davon Studierende ab 2. Semester	LAE13		49
LAE	alle befragten Personen mit vollständigen Faktorwerten	LA13 ∪ E13-PRE ∪ E14-PRE	ohne Bindungen	223
LAE-B1	…davon Erstsemesterstudierende Bachelor Sc. Mathematik	LAE		76
LAE-L1	…davon Erstsemesterstudierende gymn. Lehramt Mathematik	LAE		60
LAE-L2+	…davon Lehramtsstudierende ab 2. Semester	LAE		77
E14PP	Längsschnitt Lehramtsstudierende der ENPROMA-Vorlesung im WS 2014/2015	E14-PRE ∩ E14-POST	gebunden	30
E13PP	Längsschnitt Lehramtsstudierende ENPROMA-Vorlesung im WS 2013/2014	E13-PRE ∩ E13-POST	gebunden	15

n: Stichprobenumfang. WS: Wintersemester. Bindungen: abhängige Daten einer Person von mehreren Erhebungszeitpunkten.

Längsschnittdesign erhobenen Daten späterer Messzeitpunkte verwendet werden können. Die Stichprobe besteht daher nur aus den Erstbefragungen aller Personen, was in einem Stichprobenumfang von $n = 224$ unabhängigen Fällen resultiert. Dies ist ungefähr die Größenordnung, ab der konfirmatorische Faktorenanalysen

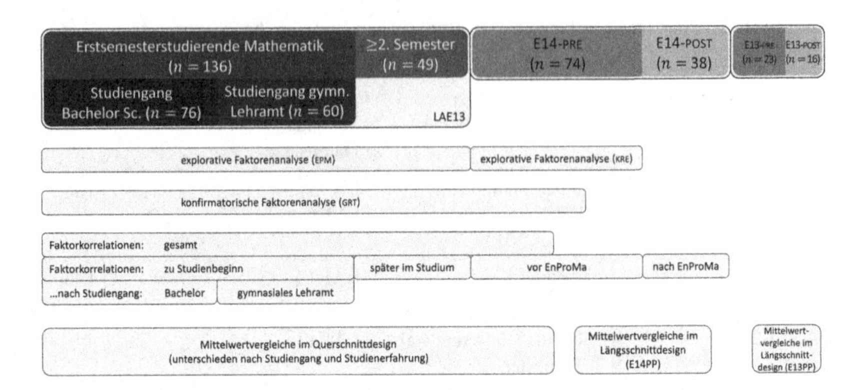

Abbildung 10.2 Übersicht der Auswertungsmethoden in den Stichproben der erhobenen Datensätze

mit komplexeren Modellen sinnvoll durchgeführt werden können (vgl. Bühner 2006, S. 262). Kapitel 13 enthält die entsprechenden Ergebnisse der konfirmatorischen Faktorenanalyse auf. Die EPM-Items aller im Oktober 2013 befragten Personen (Datensatz LAE13, $n = 190$) wurden weiterhin einer explorativen Faktorenanalyse unterzogen (vgl. Unterkapitel 9.4). In den Erhebungszeitpunkten ab Oktober 2014 wurden die verwendeten Instrumente noch um einen entsprechenden Fragebogen zur Kreativität in der Mathematik ergänzt, sodass die explorative Faktorenanalyse der KRE-Items dann entsprechend an den $n = 72$ vollständigen Datensätzen aus E14-PRE durchgeführt wurde. Zur Beantwortung der Forschungsfragen F2 und F3 werden in Kapitel 14 die Ergebnisse der Durchführung beider explorativen Faktorenanalysen beschrieben. Kapitel 15 analysiert die resultierenden Faktoren schließlich hinsichtlich der darauf ladenden Items und widmet sich somit der Forschungsfrage F4. Da nicht alle in den Fragebögen verwendeten Items Teil der resultierenden Faktorlösung sind, können manche der zuvor unvollständigen Fragebogendaten in den sich nun anschließenden Auswertungen berücksichtigt werden. Aus den Itemantworten der Personen lassen sich jeweils normierte Faktormittelwerte bestimmen (siehe Unterkapitel 11.1), für deren deskriptive Statistiken (Forschungsfragen F5 und F6, siehe Kapitel 16) die Datensätze LAE und E14-PRE mit einem Umfang von $n = 223$ respektive $n = 67$ Personen verwendet werden. Die sich ergebenden Faktormittelwerte wurden anschließend mit den in Kapitel 11 vorgestellten Methoden auf Korrelationen und Mittelwertunterschiede hin analysiert. Für die Korrelationen zwischen Faktorwerten wird zunächst die Gesamtheit der befragten Studierenden betrachtet

Tabelle 10.3 Übersicht der pro Auswertungsmethode verwendeten Datensätze und betreffenden Forschungsfragen

Methode	Items/Faktoren	Datenart	Kapitel	Stichprobe	*n*
Deskriptive Item-Statistiken und Itemanalyse (F2)	GRT- und EPM-Items	Itemwerte	12	LAE13	190 – 195
	KRE-Items	Itemwerte	12	E14-PRE	71
konfirmatorische Faktorenanalyse (F1)	GRT-Items	Itemwerte	13	LAE	224
explorative Faktorenanalyse (F3, F4)	EPM-Items	Itemwerte	14.2	LAE13	190
	KRE-Items	Itemwerte	14.3	E14-PRE	72
Analyse und Optimierung der Faktoren (F4)	EPM-Items	Faktorwerte	15.1	LAE13	190
	KRE-Items	Faktorwerte	15.1	E14-PRE	74
	GRT-Items	Faktorwerte	15.3	LAE	237
deskriptive Statistiken der Faktorwerte (F5, F6)	Faktoren F, A, S, P, VS, EE, PU, ES und K	Faktorwerte	16.1	LAE	223
	Faktoren KP, KT und VL	Faktorwerte	16.2	E14-PRE	67
Korrelationen der Faktorwerte (F7, F8, F9, F10)	Faktoren F, A, S, P, VS, EE, PU, ES und K	Faktorwerte	17.1	LAE	223
		Faktorwerte	17.2	LAE13-1	136
		Faktorwerte	17.3	LAE-B1	76
		Faktorwerte	17.4	LAE-L1	60
		Faktorwerte	17.5	LAE13-2	49
	Faktoren F, A, S, P, VS, EE, PU, ES, KP, KT und VL	Faktorwerte	17.6	E14-PRE	67
		Faktorwerte	17.7	E14-POST	38

(Fortsetzung)

Tabelle 10.3 (Fortsetzung)

Methode	Items/Faktoren	Datenart	Kapitel	Stichprobe	*n*
Mittelwertvergleiche der Faktorwerte (F11, F12, F13)	Faktoren F, A, S, P, VS, EE, PU, ES und K	Faktorwerte	18.1	LAE-B1, LAE-L1, LAE-L2^{+}(Querschnittvergleich)	213
	Faktoren F, A, S, P, VS, EE, PU, ES, KP, KT und VL	Faktorwerte	18.2	E14PP (gebunden)	30
	Faktoren F, A, S, P, VS, EE, PU, ES und K	Faktorwerte	18.3	E13PP (gebunden)	15

n: Stichprobenumfang. gebunden: abhängige Daten einer Person von mehreren Erhebungszeitpunkten. Hinweise: Die Faktor-Abkürzungen (F, A, S, P, VS, EE, PU, ES, KP, KT, VL) bezeichnen die Faktoren (siehe die Ergebnisse der Faktorenanalyse in Kapitel 15). Bei den Faktorwerten handelt es sich um die normierten Summenwerte der Items eines Faktors (siehe Unterkapitel 11.1).

(Datensatz LAE, $n = 223$) und die resultierende Struktur der Faktorkorrelationen analysiert (Forschungsfragen F7 bis F9); daran anschließend folgen die Faktorkorrelationen unterschiedlicher Teilstichproben (Forschungsfrage F10). Die Ergebnisse der Korrelationsbetrachtungen finden sich in Kapitel 17. Abschließend werden in Kapitel 18 die $n = 213$ Personen der Stichproben LAE-B1, LAE-L1 und LAE-L2^{+} in einem Querschnittvergleich auf Unterschiede in ihren Faktormittelwerten hin untersucht (Forschungsfragen F11 und F12) sowie abschließend in zwei Längsschnittdesigns die Veränderungen der Faktorwerte im Laufe der Zeit betrachtet (Stichproben E14PP und E13PP), um so Rückschlüsse auf die Wirksamkeit der durchgeführten hochschuldidaktischen Intervention ziehen zu können (Forschungsfrage F13).

Auswertungsmethoden 11

Dieses Kapitel widmet sich den Auswertungsmethoden, die zur Beantwortung der Forschungsfragen F5 bis F13 an den vorliegenden Datensätzen Verwendung finden (vgl. auch Kapitel 10). In Unterkapitel 11.1 werden dabei zunächst deskriptive Statistiken auf Item- und Faktorebene behandelt, gefolgt von den Möglichkeiten der Korrelationsberechnung in Unterkapitel 11.2. Schließlich wird in Unterkapitel 11.3 dargelegt, inwiefern sich Mittelwertunterschiede zwischen Teilstichproben untersuchen und deren Varianzen analysieren lassen.

11.1 Deskriptive Statistiken auf Item- und Faktorebene

Im Bereich der deskriptiven Statistik lassen sich für jedes Item zentrale Lage- und Streuungsmaße identifizieren sowie die Verteilung der Itemantworten als Histogramm und Boxplot visualisieren. Ein Boxplot enthält dabei »Informationen über die zentrale Tendenz, Variabilität und Schiefe der Verteilung« (Bühner und Ziegler 2012, S. 66), wenngleich diese Art der Darstellung es nicht ermöglicht, die Symmetrie der Verteilung zu beurteilen. In der Kombination aus Boxplot und Histogramm lassen sich entsprechend Ausreißerwerte finden, links- oder rechtsschiefe Verteilungen mit einem Boden- oder Deckeneffekt identifizieren und grobe Abweichungen von der Normalverteilung feststellen. Die Schiefe und Wölbung der Verteilung können dabei nicht nur nach Augenmaß, sondern auch arithmetisch überprüft werden (vgl. Baltes-Götz 2015, S. 29). Ferner lässt

Elektronisches Zusatzmaterial Die elektronische Version dieses Kapitels enthält Zusatzmaterial, das berechtigten Benutzern zur Verfügung steht https://doi.org/10.1007/978-3-658-34662-1_11.

B. Weygandt, *Mathematische Weltbilder weiter denken*,
https://doi.org/10.1007/978-3-658-34662-1_11

sich über die quadrierte multiple Korrelation feststellen, wie repräsentativ ein Item jeweils für die anderen Items ist (vgl. Bühner 2006, S. 145), während der MSA-Wert die Eignung des Items hinsichtlich seiner Verwendung in einer Faktorenanalyse angibt (vgl. Bühner 2006, S. 207).

Faktor- und Summenwertbildung

Um die Verteilung der jeweiligen Faktorwerte betrachten zu können, müssen zunächst Faktorwerte bestimmt werden. Das Vorgehen hierbei unterscheidet sich – je nach Art der Faktorenanalyse – etwas, wobei eine korrekte Faktorwertberechnung streng genommen nur im Rahmen von Hauptkomponentenanalysen möglich ist (vgl. Bühner 2006, S. 182). Bei der Hauptachsenmethode und bei Maximum-Likelihood-Faktorenanalysen gibt es »theoretisch für jede Person unendlich viele Faktorwerte, die dem Faktormodell genügen und zur Ladungsmatrix passen. Dies wird als ›Factor Indeterminacy‹-Problem bezeichnet« (Bühner 2006, S. 187).

Zudem gibt es einen Unterschied in der Berechnung, die Itemwerte lassen sich gewichtet oder ungewichtet addieren, was zu sogenannten *Faktorwerten* respektive *Summenwerten* führt. Zur Berechnung eines Faktorwertes werden die Itemausprägungen entsprechend ihrer Ladung auf dem jeweiligen Faktor berücksichtigt, alternativ wird lediglich die Summe der im Faktor enthaltenen Itemwerte gebildet (vgl. Bühner 2006, S. 187). Bei Faktorwerten gehen, streng genommen, alle Items der Faktorenanalyse ungeachtet ihrer Faktorzuordnung ein – also ungeachtet ihrer statistischen oder psychologischen Bedeutsamkeit. Indes werden bei der Summenwertbildung nur diejenigen Items berücksichtigt, die letztendlich Teil des Faktors sind (vgl. Bühner 2010, S. 340). An der Verwendung von Faktorwerten kritisiert Russell (2002, S. 1637), dass deren Ladungsgewichte jeweils stark von der konkreten Stichprobe abhängig seien. Zu beachten ist auch, dass Faktorwerte weniger robust sind gegenüber einer Verzerrung durch ähnlich klingende Items: Da solche Items aufgrund ihrer Ähnlichkeit über stärkere Ladungen innerhalb des Faktors verfügen, gefährdet die Verwendung von Faktorwerten in derartigen Fällen die Inhaltsvalidität der Skala (vgl. Bühner 2010, S. 340). Ein Nachteil der ungewichteten Summation ist hingegen, dass dort alle Items eines Faktors in gleichem Maße berücksichtigt werden. Folglich werden die Unterschiede in der Beantwortung der stärker ladenden, für den Faktor charakteristischeren Items durch Summenwerte schlechter vorhergesagt (vgl. Bühner 2010, S. 340). Wiederum für Summenwerte spricht, dass diese bei Nachfolgestudien oder der Interpretation einzelner (orthogonal rotierter) Faktoren einfacher berechnet werden können. Für die nachfolgenden Auswertungen werden (normierte) Summenwerte genutzt, ebenso wie bei der zugrunde liegenden Forschung von Grigutsch et al. (1998).

Deskriptive Statistiken der Summenwerte
Die Summenwerte einer Stichprobe können auf unterschiedliche Art und Weise zur Auswertung herangezogen werden, bezogen auf die einzelne Person oder die Stichprobe als Ganzes. Deren Verteilung kann jeweils hinsichtlich Lagemaßen, Streuung und Zusammenhangsmaßen ausgewertet werden. Für jeden der gefundenen Faktoren könnten beispielsweise die Ausprägungen der Summenwerte und somit das mathematische Weltbild einzelner Personen betrachtet werden. Hierfür wäre jedoch notwendig, dass die gefundenen Skalen auch extern valide sind, sie also mit Außenkriterien korrelieren oder die Testwerte zur Diagnostik verwendet werden können. Wie in Abschnitt 9.1.2 angedeutet, liegt der Fokus dieser Untersuchung jedoch nicht auf der Individualdiagnostik, sondern bei der kollektivdiagnostischen Exploration mathematischer Weltbilder. Aber auch ohne die Möglichkeit externer Vorhersagen können die Summenwerte einer Person im Rahmen der *normorientierten Testwertinterpretation* in Bezug gesetzt werden zur Verteilung aller Summenwerte innerhalb der betrachteten Stichprobe (vgl. Moosbrugger und Kelava 2012, S. 175). Darüber ließe sich beispielsweise eine Einteilung vornehmen, ob eine Person über eine – auf das Stichprobenergebnis bezogene – extreme Ausprägung in einem Faktor verfügt. Für die in Kapitel 10 vorgestellten Datensätze LAE, LAE13-1, LAE13-2, LAE-B1, LAE-L1, LAE-L2^{+}, E14-PRE, E14-POST, E14PP, E13-PRE, E13-POST sowie E13PP sind in Anhang B jeweils die deskriptiven Statistiken der Faktorwerte sowie die Boxplots und Histogramme der Faktorwertverteilungen zusammengefasst.

Im Rahmen einer Kollektivdiagnostik lässt sich die Verteilung der Summenwerte eines Faktors in der Stichprobe betrachten (Forschungsfrage F6); aber ebenso die Korrelationen der Summenwerte unterschiedlicher Faktoren (Forschungsfrage F7). Solch eine Korrelationsbetrachtung gibt einen Einblick in die Struktur des mathematischen Weltbildes innerhalb einer Gruppe. Weiterhin können auch die Unterschiede in den Faktormittelwerten unterschiedlicher Gruppen oder Messzeitpunkte untersucht werden. Auf diese unterschiedlichen Möglichkeiten der Auswertung von Faktorkorrelationen und Gruppenmittelwerten wird in den nächsten beiden Unterkapiteln eingegangen.

11.2 Korrelationen zwischen den Faktoren

Als ein weiterer Aspekt der Auswertung der vorliegenden Daten lassen sich in einer Stichprobe die Korrelationen zwischen den Summenwerten der einzelnen Faktoren untersuchen, um so ein Teil der dem mathematischen Weltbild zugrunde liegenden Struktur zu beleuchten und Forschungsfrage F7 zu beantworten. Die Berechnung der Korrelation hängt dabei jedoch – wie so oft – von der Art der Variablen ab. Für die *Produkt-Moment-Korrelation r nach Pearson* sollten die betrachteten Daten bivariat normalverteilt und linear sein sowie auf kontinuierlichen Variablen basieren (vgl. Bühner und Ziegler 2012, S. 640). Da die Summenwerte eines Faktors betrachtet werden und nicht die Verteilungen einzelner Items, kann von der Kontinuität der zugrunde liegenden Variablen ausgegangen werden. Für diskret verteilte Variablen gibt es ferner noch die Korrelationsmaße *Kendalls* τ oder die *Rangkorrelation* ρ *nach Spearman* – wobei letztere gleiche Abstände zwischen den Rängen als Voraussetzung hat (vgl. Bühner und Ziegler 2012, S. 651). Ebenso gibt es entsprechende Varianten für ordinale oder dichotome Variablen. Eid et al. (2013, S. 539) bieten eine Übersicht über die entsprechenden bivariaten Assoziationsmaße bei der Kombination unterschiedlicher Skalenniveaus.

Voraussetzungen

Für die Voraussetzung der bivariaten Normalverteilung ist es notwendig, aber nicht hinreichend, dass die einzelnen Variablen normalverteilt sind. Dementsprechend müssen die zu untersuchenden Datensätze zunächst noch auf bivariate Normalverteilung getestet werden. Hierzu eignen sich beispielsweise der *Henze-Zirkler multivariate Normalverteilungstest* oder *Roystons multivariater Normalverteilungstest*. Bühner und Ziegler (2012, S. 642) raten dazu, gleich beide Tests einzusetzen und bei Signifikanz bereits eines Tests die Konfidenzintervalle mithilfe einer Bootstrap-Prozedur zu bestimmen. Zudem können auch die Streudiagramme der Daten aufschlussreich sein, um die Linearität zu untersuchen und eventuelle Ausreißerwerte zu identifizieren. Sogenannte ›robuste‹ Korrelationen schließen dabei Ausreißerwerte von der Berechnung aus und sind damit weniger anfällig für Verzerrungen durch einzelne Ausreißerwerte, wie beispielsweise die *robuste Stahel-Donoho-Schätzung* (siehe Maronna und Yohai 1995).

Signifikanz und Interpretation von Korrelationen

Die signifikanten Ergebnisse einzelner Stichproben können betrachtet und eingeordnet werden. Hierzu findet sich bei Cohen (1988) eine Interpretationshilfe zur Einordnung von Populationskorrelationen. Demnach entspricht eine betragsmäßige Korrelation von $|r| \approx .10$ einem schwachen Zusammenhang, $|r| \approx .30$ einem mittleren Zusammenhang und $|r| \approx .50$ einem starken Zusammenhang (vgl. Eid et al. 2013, S. 508). Speziell für die Schätzung von Korrelationen in der zugrunde liegenden Population werden allerdings von Bühner und Ziegler (2012,

S. 640) Stichprobengrößen von $n = 250$ Personen oder mehr empfohlen, um eine entsprechende Teststärke zu erhalten.

In Anlehnung an die Effektstärken von Mittelwertunterschieden (siehe Unterkapitel 11.3) lassen sich weiterhin auch die signifikanten Korrelationen unterschiedlicher Stichproben vergleichen. Da jedoch die Reliabilität eines Tests stichprobenabhängig ist, legt Bühner (2006, S. 135) beim Vergleich von Korrelationen die Berücksichtigung sogenannter Minderungskorrekturen nahe. Dadurch kann sichergestellt werden, dass die Korrelationsunterschiede nicht nur aufgrund unterschiedlicher Reliabilitäten zustandekommen. Ferner kann im Zuge der Analyse von Korrelationen auch der Frage nachgegangen werden, ob die Differenz zweier Korrelationen statistisch bedeutsam ist. Dies ist sowohl im Fall unabhängiger als auch abhängiger Stichproben möglich; beispielsweise ließe sich so eine Veränderung der Faktorenstruktur untersuchen oder die Korrelationen in zwei unterschiedlichen Stichproben vergleichen. Indes sind hierbei – wie schon bei der Populationsschätzung von Korrelationen – größere Stichproben ($n > 250$) vonnöten, um einen vorhandenen Korrelationsunterschied mit der notwendigen Teststärke nachweisen zu können (vgl. Bühner und Ziegler 2012, S. 645–651). Aufgrund der teilweise kleineren Stichprobengröße in dieser Studie muss daher sowohl auf Schätzungen der Korrelation in der Population als auch auf Korrelationsvergleiche unterschiedlicher Stichproben verzichtet werden.

Kontrollprozeduren zur Vermeidung einer α-Fehler-Kumulierung bei paarweisen Vergleichen

Da bei der paarweisen Untersuchung auf signifikante Zusammenhänge unterschiedliche Hypothesen an denselben Daten getestet werden, steigt mit der Anzahl paarweiser Vergleiche auch das Risiko einer α-Fehler-Kumulierung. α-Fehler können bei wiederholten paarweisen Tests auf zweierlei Art zustande kommen: Einerseits gibt es das Risiko, in einem spezifischen Vergleich zweier Werte die Nullhypothese fälschlicherweise abzulehnen, andererseits besteht das Risiko, aus der Menge aller Paarvergleiche mindestens eine Nullhypothese fälschlicherweise abzulehnen (vgl. Eid et al. 2013, S. 399).

Bei wiederholten Tests muss dementsprechend notwendigerweise darauf geachtet werden, neben der *per comparison error rate (PCER)* auch diese sogenannte *family-wise error rate (FWER)* zu kontrollieren, um eine Kumulierung der α-Fehler einzelner Tests zu vermeiden. Zur FWER-Kontrolle gibt es unterschiedliche Ansätze wie die Adjustierung der spezifischen Irrtumswahrscheinlichkeit oder der kritischen Werte: Bei der Adjustierung der spezifischen Irrtumswahrscheinlichkeit wird das Signifikanzniveau, auf dem die einzelne Nullhypothese verworfen wird, in Abhängigkeit von der Gesamtzahl durchgeführter Tests reduziert. Als Beispiele für dieses Vorgehen nennen Eid et al. (2013, S. 400–401) die *Šidák-Adjustierung*, die *Bonferroni-Adjustierung* und die *Bonferroni-Holm-Methode*. Mit diesen Korrekturen geht jeweils eine Reduktion der Teststärke einher. Bei den im Zuge von Varianzanalysen üblicherweise verwendeten *Post-hoc-Tests*»wird nicht das spezifische Signifikanzniveau eines Paarvergleichs (α_r), sondern vielmehr der kritische Wert adjustiert, den eine beliebige Mittelwertsdifferenz P_r [...] überschreiten muss, damit die Nullhypothese abgelehnt werden kann« (Eid et al. 2013, S. 402).

Ein grundlegend anderer Ansatz besteht darin, anstelle der FWER die *false-discovery-rate (FDR)* kontrollieren: Dabei wird versucht, den erwarteten Anteil an fälschlicherweise abgelehnten Nullhypothesen gemessen an allen abgelehnten Nullhypothesen zu kontrollieren (vgl. Benjamini und Yekutieli 2001, S. 1167). Dies ist insofern eine grundsätzlich andere Herangehensweise als ›klassische‹ (FWER-) Prozeduren: Man akzeptiert, dass auf globaler Ebene einige der angenommenen Hypothesen fälschlicherweise akzeptiert werden, weiß aber zugleich lokal nicht, auf welche dies im Speziellen zutrifft. Die FDR-Prozeduren verfügen im Vergleich zu FWER-kontrollierenden Prozeduren über eine erhöhte Teststärke, nehmen aber zugleich mehr falschpositive Aussagen in Kauf. Victor et al. (2010, S. 55) zufolge bieten diese Verfahren die Chance, »möglichst wenige potenzielle Ansatzpunkte zu verpassen«, sollten aber indes »nicht in klinischen Studien, sondern nur in eher explorativ angelegten Untersuchungen verwendet werden«.

11.3 Mittelwertunterschiede zwischen Gruppen

Welches Testverfahren beim Vergleich der Mittelwerte zweier Gruppen zum Einsatz kommt, hängt von der Art der zugrunde liegenden Variablen ab, aber auch von der Frage, ob es sich um sogenannte abhängige Stichproben handelt. Als abhängig gelten zwei Stichproben, wenn die Messwerte paarweise zugeordnet werden können, sie beispielsweise »(1) von der gleichen Person unter verschiedenen Bedingungen bzw. aus unterschiedlichen Zeitpunkten (Messwiederholungen), (2) von verschiedenen Personen, die zusammengehören (natürliche Paare), oder (3) von verschiedenen Personen, die einander zugeordnet wurden (z. B. aufgrund einer Parallelisierung der Stichproben)« stammen (Eid et al. 2013, 369). Für den Vergleich von genau zwei Stichproben wird üblicherweise der *t-Test nach Student* verwendet. Diesen gibt es sowohl in einer Variante für unabhängige als auch für abhängige Stichproben. Bei Bühner und Ziegler (2012, S. 263) findet sich ein Schema zur Auswahl einer zu den Daten passenden Testvariante. Liegen keine intervallskalierten und normalverteilten Daten vor, so gibt es für den t-Test entsprechende parameterfreie Alternativen: den *U-Test nach Mann und Whitney* für unabhängige Stichproben und den *Wilcoxon-Vorzeichen-Rang-Test* für abhängige Stichproben. Deren Effizienz liegt bei 95 % des jeweiligen parametrischen Tests, weswegen Zöfel (2011, S. 125) diese unabhängig von der Verteilung empfiehlt. Hingegen sprechen sich Bühner und Ziegler (2012, S. 303) explizit dafür aus, den t-Test auch bei einer Verletzung der Normalverteilung anzuwenden und auf den U-Test nur in Ausnahmefällen zurückzugreifen.

11.3.1 Voraussetzungen für den t-Test nach Student

Um mit einem t-Test die Gruppenmittelwerte unabhängiger Stichproben auf signifikante Unterschiede zu messen, müssen intervallskalierte Daten vorliegen und die Daten in beiden Gruppen normalverteilt sein, zudem müssen die beiden Gruppen über homogene Varianzen verfügen (*Homoskedastizität*). Überprüfen lässt sich die Varianzhomogenität mit unterschiedlichen Tests, wobei der *Levene-Test* relativ robust ist gegenüber schlecht normalverteilten Werten (vgl. Zöfel 2011, S. 134). Liegt keine Varianzhomogenität vor, so hängen die Auswirkungen von den Größen und Varianzen der beiden Stichproben ab. Eid et al. (2013, S. 310) listen die möglichen Konstellationen und deren Folgen auf. Ist der Levene-Test signifikant, wird zur Korrektur die sogenannte Welch-Prozedur empfohlen:

> Für heterogene Varianzen müssen die Freiheitsgrade für den t-Wert korrigiert werden. Dadurch wird zur Ermittlung des kritischen Werts eine andere t-Verteilung mit einer geringeren Anzahl von Freiheitsgraden herangezogen (Welch-Test). Dies gleicht die Verzerrung wieder aus. (Bühner und Ziegler 2012, S. 303)

Beim Vergleich abhängiger Stichproben (auch als *paired t-test* bezeichnet) ist die Varianzhomogenität nicht notwendig. Dafür müssen die paarweise gebildeten Differenzen normalverteilt sein. Dies ist erfüllt, sobald die beiden Gruppen jeweils über normalverteilte Daten verfügen (vgl. Bühner und Ziegler 2012, S. 278). Forschungsfragen F11 und F12 richten ihren Fokus auf Mittelwertunterschiede zwischen unabhängigen Gruppen, während bei Forschungsfrage F13 abhängige Daten der Längsschnittuntersuchungen miteinander verglichen werden.

11.3.2 Relative und absolute Effektstärken von Mittelwertunterschieden

Der t-Test prüft – ebenso wie dessen nichtparametrische Alternativen – zunächst nur, ob sich der vorhandene Mittelwertunterschied zwischen den beiden Gruppen signifikant von Null unterscheidet. Ist solch ein Unterschied statistisch signifikant, so sagt dies zunächst noch nichts über dessen praktische Bedeutsamkeit (vgl. Nuzzo 2014a) oder die relative Stärke des Unterschieds aus. Um auch die entsprechende *Effektstärke* beurteilen zu können, wird beim t-Test die Differenz der Mittelwerte in Bezug zur (gemeinsamen) Standardabweichung der Stichproben gesetzt (vgl. Bühner 2006, S. 120); die derart berechnete relative Effektstärke zwischen zwei Stichproben wird als *Cohens d* respektive d_S angegeben.

$$d_S = \frac{\bar{X}_1 - \bar{X}_2}{\sqrt{\frac{(n_1-1)\sigma_1^2+(n_2-1)\sigma_2^2}{n_1+n_2-2}}}$$

Soll die Effektstärke in der Population geschätzt werden, so weist Cohens d eine systematische Verzerrung auf, welche mittels Multiplikation mit einem Korrekturfaktor behoben werden kann (vgl. Lakens 2013, S. 3):

$$g_S = d_S \cdot 1 - \frac{3}{4(n_1 + n_2) - 9}$$

Die so berechnete korrigierte Effektstärke geht auf Hedges (1981) zurück und wird meist als *Hedges' g* bezeichnet.

11.3.2.1 Berechnung der relativen Effektstärke Cohens d bei abhängigen Stichproben

Bei abhängigen Stichproben ändert sich hingegen die Berechnung von Cohens d, da hierbei die zum Standardisieren verwendete Standardabweichung vom Untersuchungsdesign abhängt. Beispielsweise lässt sich beim Pre-Post-Vergleich von Längsschnittdaten die Veränderung relativ zur Standardabweichung der Differenz (als *Cohens* d_Z bezeichnet) oder der Standardabweichung des ersten Messzeitpunktes betrachten. Alternativ lässt sich die Mittelwertdifferenz auch durch die gepoolte Standardabweichung der Messzeitpunkte dividieren, was gerade dem Vorgehen bei unabhängigen Stichproben entspräche (vgl. Bühner und Ziegler 2012, S. 281). Einen gut lesbaren Überblick über die unterschiedlichen

Berechnungsmöglichkeiten findet sich bei Lakens (2013), zusammen mit einer Diskussion der jeweiligen und deren Vorteile. Bühner und Ziegler (2012, S. 282) empfehlen, die Standardabweichung der Differenzen zum Standardisieren zu verwenden; jedoch finden sich etwa bei Morris und DeShon (2002) auch eine speziell für wiederholte Messzeitpunkte angepasste und mit d_{rm} bezeichnete Variante der relativen Effektstärke Cohens d, welche noch die Korrelation der beiden Daten berücksichtigt (siehe auch Morris 2008). Die hierbei zur Normierung verwendete Standardabweichung ist dabei noch um den Faktor $\sqrt{2(1-r)}$ größer. Zuletzt finden sich auch Argumente zur Verwendung der durchschnittlichen Standardabweichung der beiden Messzeitpunkte (vgl. Lakens 2013, S. 4), in diesem Fall wird die Effektstärke entsprechend als *Cohens* d_{av} bezeichnet. Auf die Varianten von Cohens d lässt sich ferner auch jeweils die Hedges-Korrektur anwenden, die resultierenden Effektstärken werden als Hedges'g_Z, Hedges' g_{rm} und Hedges' g_{av} bezeichnet. Zur Standardisierung werden dabei analog die folgenden Standardabweichungen verwendet:

$$\sigma_{gz} = \sqrt{\sigma_1^2 + \sigma_2^2 - 2 \cdot r \cdot \sigma_1 \cdot \sigma_2}$$

$$\sigma_{g_{rm}} = \sqrt{\frac{\sigma_1^2 + \sigma_2^2 - 2 \cdot r \cdot \sigma_1 \cdot \sigma_2}{2 \cdot (1-r)}}$$

$$\sigma_{g_{av}} = \frac{\sigma_2 + \sigma_1}{2}$$

Im Rahmen der vorliegenden Arbeit werden die Effektstärken mittels des Befehls mes2() aus dem R-Paket compute.es bestimmt, da sich hier die zur Standardisierung verwendete Standardabweichung als Parameter angeben lässt. Bei den Berechnungen des mes2()-Befehls ist zu berücksichtigen, dass die ermittelten Konfidenzintervalle auf der Varianz von Cohens d basieren, welche Del Re (2015, S. 62) zufolge mittels der Formel

$$v_d = \frac{n_1 + n_2}{n_1 n_2} + \frac{d^2}{2(n_1 + n_2)}$$

bestimmt wird. Allerdings lassen sich die Konfidenzintervalle bei abhängigen Stichproben nicht aus der Standardabweichung bestimmen, sondern müssen näherungsweise über den Standardfehler der Effektstärke Hedges' g ermittelt werden (vgl. Bühner und Ziegler 2012, S. 282). In die Schätzung des Standardfehlers

In $\widehat{SE}_g$ geht bei abhängigen Stichproben neben der Anzahl n an Paaren auch die Korrelation r der Messwerte zu den beiden Messzeitpunkten ein:

$$\widehat{SE}_g = \sqrt{\frac{g^2}{2 \cdot (n-1)} + \frac{2 \cdot (1-r)}{n}}$$

Das Konfidenzintervall von Hedges' g bei abhängigen Stichproben bestimmt sich dann aus dem z-Wert des entsprechenden Quantil der Standardnormalverteilung – also bei einem zweiseitigen Test auf 5 %-Niveau als$g \pm 1.959960 \cdot \widehat{SE}_g$. Die Berechnung der 95 %-Konfidenzintervalle wird neben der berichteten Effektstärke g_{av} auch für die Varianten g_{rm} und g_Z durchgeführt und ist in den entsprechenden Abschnitten F.2.3.2 respektive F.3.3.2 des elektronischen Zusatzmaterials zu finden.

11.3.2.2 Beurteilung der Stärke von Effekten

Zur Klassifikation relativer Effektstärken hat sich die auf Cohen (1988) zurückgehende Einteilung eingebürgert, welche nach schwachen Effekten ($|d| \approx .20$), mittelgroßen Effekten ($|d| \approx .50$) und großen Effekten ($|d| \approx .80$) kategorisiert. Jedoch können diese Grenzen Bühner und Ziegler (2012, S. 210) zufolge »höchstens als grobe Anhaltspunkte zur Bewertung der Effektschätzung dienen«. Eid et al. (2013, S. 313) plädieren zudem dafür, dass bei der Kommunikation von Effektstärken stets auch deren Konfidenzintervalle angegeben werden. Ungefähre Grenzen des Konfidenzintervalls lassen sich aus dem geschätzten Standardfehler von Hedges' g ableiten, aber auch über eine t-Verteilung mit Nichtzentralitätsparametern approximativ berechnen (vgl. Bühner und Ziegler 2012, S. 212; Eid et al. 2013, S. 313). Zur Beurteilung der Stärke eines Effektes lässt sich ferner auch die *common language effect size (CLES)* verwenden, welche auf McGraw und Wong (1992) zurückgeht. Diese gibt die Stärke eines Effekts als die Wahrscheinlichkeit an, dass eine zufällig gezogene Person aus der einen Gruppe in der abhängigen Variable einen höheren Wert aufweist als eine zufällig gezogene Person der anderen Gruppe (vgl. Lakens 2013, S. 5). Die CLES hat dabei einen Vorteil bei der Kommunikation relativer Effektstärken, da sie intuitiver verständlich zu sein scheint (Brooks et al. 2014). Zur Umrechnung finden sich bei McGraw und Wong (1992, S. 363) sowie bei Wuensch (2015) entsprechende Vergleiche. So entspricht eine CLES von 50 % gerade keinem Effekt, und Effektstärken d von .20, .50 oder .80 entsprechen einer CLES von 56 %, 64 % respektive 72 %.

Die bisher beschriebenen relativen Effektstärkemaße berücksichtigen neben der absoluten Differenz auch die Stichprobenvarianz, womit sie jedoch auch von der Verteilung der unabhängigen Variablen abhängen (vgl. Lind 2016, S. 13). Daneben finden sich bei Lind (2016) auch Argumente für absolute Effektstärken, wie etwa die absolute Differenz zwischen zwei Mittelwerten. Um absolute Effektstärken beurteilen zu können, kann die ermittelte Differenz in Bezug zur theoretischen Skalenbereite gesetzt werden. Die so entstehende Effektstärke wird in Prozent der Skalenbreite angegeben, ist dabei jedoch weiterhin eine absolute Effektstärke, da sie nicht in Relation zur erhobenen Stichprobe stehen (vgl. Lind 2016, S. 17). Um auch die absoluten Effektstärken klassifizieren zu können, schlägt (Lind 2016, S. 18) aufbauend auf einer Metaanalyse die folgende Klassifikation für Wertedifferenzen auf Einstellungsskalen vor: Effekte, die mehr als 10 % der Skalenbreite ausmachen, können als sehr bedeutend bezeichnet werden; und entsprechend können absolute Effekte von 5 % der Skalenbreite als bedeutend angesehen werden. Zu beachten ist dabei jedoch auch, dass aus einer Differenz von praktisch bedeutsamer Größe nicht auf eine systematische Ursache geschlossen werden kann. Für eine weiterführende Diskussion rund um die Beziehung zwischen statistischer und praktischer Bedeutsamkeit sei auf Lüpsen (2019) und Nuzzo (2014a, 2014b) verwiesen.

Bei der Auswertung der Mittelwertunterschiede in Kapitel 18 werden die Effektstärken Cohens d respektive Hedges' g jeweils mitsamt dem zugehörigen 95 %-Konfidenzintervall angegeben, wobei bei den Vergleichen mit zwei Messzeitpunkten die Effektstärke Hedges' g_{av} berichtet wird. Neben der relativen Effektstärke werden die Gruppen jeweils auch auf praktisch bedeutsame Unterschiede hin untersucht, wozu die absolute Effektstärke im Vergleich zur Skalenbreite betrachtet wird. Aufgrund des explorativen Charakters werden dabei Mittelwertunterschiede bereits ab einer absoluten Effektstärke von 4 % der Skalenbreite hinsichtlich ihrer praktischen Bedeutsamkeit diskutiert. Ferner werden die Punktschätzungen von Cohens d respektive Hedges' g jeweils auch in der Prozentangabe der CLES berichtet.

11.3.3 Varianzanalyse zum Vergleich der Mittelwerte von drei oder mehr Gruppen

Sollen hingegen die Mittelwerte von mehr als zwei Gruppen hinsichtlich signifikanter Unterschiede verglichen werden, steigt entsprechend die Anzahl paarweiser Vergleiche – und damit das Risiko einer α-Fehler-Kumulierung. Durch die notwendigen Korrekturen nimmt mit steigender Anzahl an durchgeführten t-Tests die Teststärke ab. Daher ist es in diesen Fällen sinnvoll, auf die *Varianzanalyse* als sogenannten Omnibustest zurückzugreifen und erst im Anschluss an signifikante Ergebnisse der Varianzanalyse die signifikant unterschiedlichen Mittelwerte herauszufinden (vgl. Bühner und Ziegler 2012, S. 573–574). Die Grundidee der Varianzanalyse und deren mögliche Varianten werden der Vollständigkeit halber nachfolgend kurz umrissen.

11.3.3.1 Grundidee und Terminologie der Varianzanalyse

> Die *univariate Varianzanalyse*, auch *ANOVA* (*An*alysis *o*f *Va*riance) genannt, ist die Methode der Wahl für Versuchspläne, die mehr als eine unabhängige Variable haben oder bei denen die unabhängige oder abhängige Variable mehr als zwei Stufen aufweist. (Bühner und Ziegler 2012, S. 373, Hervorhebungen im Original)

Dementsprechend stellt eine ANOVA eine Verallgemeinerung des t-Tests auf mehr als zwei Gruppen dar. In Äquivalenz zum t-Test abhängiger Stichproben lassen sich im Rahmen einer Varianzanalyse mit Messwiederholung auch mehr als zwei Zeitpunkte vergleichen (vgl. Bühner und Ziegler 2012, S. 482). Das namensgebende Grundprinzip der Varianzanalyse besteht dabei Bühner und Ziegler (2012, S. 390) zufolge aus einer Varianzzerlegung: Die Gesamtvarianz wird in ihren systematischen Anteil (Treatmentvarianz) und ihren unsystematischen Anteil (Fehlervarianz) aufgeteilt. Als systematischer Anteil kann beispielsweise die Varianz zwischen den betrachteten Gruppen angesehen werden; und entsprechend kann die Varianz innerhalb der Gruppen ein Beispiel einer unsystematischen Varianzquelle darstellen.

Zur Einordnung in die Terminologie gibt es mehrere relevante Unterscheidungen: Varianzanalysen können zunächst *univariat* oder *multivariat* und dabei jeweils *einfaktoriell* oder *mehrfaktoriell* sein. Weiterhin gibt es wie zuvor beschrieben die *Varianzanalyse mit Messwiederholung* und die *Varianzanalyse ohne Messwiederholung*. Der Zusatz *einfaktoriell* bedeutet in diesem Kontext, dass der Einfluss von genau einer unabhängigen Variablen (UV) auf die abhängige Variable (AV) untersucht wird. Wird die Varianz auch nach dem Einfluss von zwei – oder auch mehr – unabhängigen Variablen zerlegt, so bezeichnet man die entsprechende ANOVA dann als *zweifaktorielle Varianzanalyse*. Die Unterscheidung *univariat/multivariat* bezieht sich hingegen auf die Anzahl der abhängigen Variablen, wobei die multivariate Varianzanalyse auch MANOVA abgekürzt wird. Der Zusatz *mit* respektive *ohne Messwiederholung* dient zuletzt der Unterscheidung, ob die untersuchten Gruppen abhängig sind – beispielsweise, wenn der Zeitpunkt der Messung als unabhängige Variable betrachtet wird. Diese Unterscheidung wird begrifflich auch als *between-subject* und *within-subject* gefasst:

> Bei den Verfahren ohne Messwiederholung sollen Mittelwertsunterschiede untersucht werden, die zwischen den einzelnen untersuchten Gruppen auftreten, daher spricht man auch von *Between-subject-Designs*. Es gebt also um die Unterschiede zwischen den Personen. Im Falle der Messwiederholung sind jedoch die Unterschiede relevant, die zwischen den verschiedenen Messungen einer Person über die Zeit auftreten. Daher wird auch von einem *Within-subject-Design* gesprochen. (Bühner und Ziegler 2012, S. 393–394, Hervorhebungen im Original)

Werden diese beiden Designarten bei einer zweifaktoriellen ANOVA gemischt, also ein Gruppenfaktor und ein Messwiederholungsfaktor als unabhängige Variablen betrachtet, so spricht man auch von einer *ANOVA mit gemischtem Design* oder auch einem *Split-plot-Design*. Solche Mehrgruppen-Messwiederholungs-Designs besitzen Eid et al. (2013, S. 481) entsprechend insbesondere eine Relevanz für die Bereiche der Veränderungsmessung und der Evaluationsforschung. Dabei identifizieren Bühner und Ziegler (2012, S. 488–489) drei theoretische Einflussgrößen, die in solchen Designs einen Einfluss auf die Schwankungen der Messwerte haben: »(1) systematische Effekte der Messzeitpunktbedingungen, (2) unsystematische Einflüsse bzw. Fehler und (3) eine Interaktion zwischen Versuchsperson und Messzeitpunktbedingungen.« Während man sich für die dritte Varianzquelle interessiert, lässt sich die erste bei Within-subject-Designs nicht gänzlich kontrollieren, es treten sogenannte *Sequenzeffekte* auf: Je nach Untersuchungsgegenstand können Veränderungen in der Motivation auftreten, Lösungsstrategien memoriert oder Hypothesen erraten werden (vgl. Eid et al. 2013, S. 447).

11.3.3.2 Voraussetzungen zur Durchführung von Varianzanalysen

Die Varianzanalyse stellt einige Anforderungen an die vorliegenden Daten. Dazu gehört – wie auch beim t-Test – Normalverteilung und Intervallskalenniveau der abhängigen Variablen[1], sowie zwischen den Gruppen Unabhängigkeit der Messwerte und Homogenität der Varianzen (vgl. Bühner und Ziegler 2012, S. 380). Weiterhin kommen bei der Durchführung einer ANOVA mit Messwiederholung noch zwei weitere Voraussetzungen hinzu. Da Veränderungen von Personen über Zeitpunkte hinweg betrachtet werden, ist ein *balanciertes Design* notwendig, es muss also wie beim t-Test für abhängige Stichproben von jeder Person zu jedem Zeitpunkt ein Messwert vorliegen. Außerdem reicht es bei Messwiederholungsdesigns nicht aus, wenn die Varianzen homogen sind; es kommt noch die Voraussetzung der Homogenität der Kovarianzen hinzu (vgl. Bühner und

[1] Die unabhängigen Variablen dienen bei der Varianzanalyse der Gruppeneinteilung und sind daher häufig nominalskaliert.

Ziegler 2012, S. 505). Diese letzte Annahme wird auch als *compound symmetry* der zugrunde liegenden Kovarianzmatrix bezeichnet. Sie stellt Eid et al. (2013, S. 461) zufolge einen Spezialfall der Sphärizität der Kovarianzmatrix dar (vgl. auch Huynh und Feldt 1976), sodass anstelle einer Überprüfung der Kovarianzhomogenität auch ein Test auf Gleichheit der Varianzen aller möglichen Differenzvariablen durchgeführt werden kann. Die Varianzanalyse führt dabei auch mit dieser schwächeren Annahme zu robusten Ergebnissen (vgl. Bühner und Ziegler 2012, S. 506). Ein entsprechend einzusetzender Test auf Sphärizität ist der *Mauchly-Test*, wenngleich dieser bei Verletzungen der Normalverteilung zu streng wird (vgl. Eid et al. 2013, 461) und insbesondere auch selbst-unrobust in dem Sinne ist, dass er »anfällig ist für eine Verletzung der Voraussetzung, die er eigentlich testen soll« (Bühner und Ziegler 2012, S. 508). Um dem entgegenzuwirken, wird bei Verwendung des Mauchly-Tests – unabhängig von dessen Signifikanz – eine Korrektur der Freiheitsgrade empfohlen.

11.3.3.3 Interpretation der Ergebnisse und Post-hoc-Tests

Ergibt sich bei der Varianzanalyse ein signifikantes Ergebnis, so weiß man zwar, dass »sich die Mittelwerte von mindestens zwei Gruppen signifikant unterscheiden, jedoch ist noch kein Rückschluss darauf möglich, zwischen welchen Gruppen der Unterschied besteht« (Bühner und Ziegler 2012, S. 373).[2] Liegen bereits im Vorfeld begründete Hypothesen vor, so lassen sich diese ausgewählten Gruppenmittelwerte per Kontrastanalyse direkt vergleichen (vgl. Bühner und Ziegler 2012, S. 574). Sollen die Daten hingegen untersucht und aus diesen Hypothesen für Folgestudien gewonnen werden, so müssen die Gruppen paarweise verglichen werden (vgl. Bühner und Ziegler 2012, S. 598). Da eine Inflation des Fehlers erster Art vermieden werden muss, bieten sich im Anschluss an die Varianzanalyse sogenannte *Post-hoc-Testprozeduren* an. Dabei wählen die bereits erwähnte *Bonferroni-* und *Bonferroni-Holm-Korrektur* den Weg der Adjustierung der spezifischen Irrtumswahrscheinlichkeit; hingegen wird bei dem *Tukey-Test* eine Adjustierung der kritischen Werte vorgenommen. Die Ergebnisse des Tukey-Tests lassen sich darstellen, indem alle Gruppen mit einer Kombination aus Kleinbuchstaben gekennzeichnet werden. Ist der Schnitt zweier Gruppenlabel leer, unterscheiden sich diese beiden Gruppen signifikant. Da der Tukey-Test ursprünglich nur für gleich große Gruppen entwickelt wurde, muss zudem bei unterschiedlich großen Gruppen stattdessen der *Tukey-Kramer-Test* verwendet

[2] Notabene: Lediglich bei einer einfaktoriellen Varianzanalyse mit genau zwei Faktorstufen erübrigt sich diese Frage offensichtlich; in solch einem Fall stellt der (un)gepaarte t-Test die Methode der Wahl dar.

werden. Außerdem sollte berücksichtigt werden, dass der Tukey-Test sensibel für die Verletzung der Varianzhomogenität ist (vgl. Lüpsen 2019, S. 62). Sollen nicht sämtliche paarweisen Unterschiede geprüft werden, sondern nur unterschiedliche Gruppen in Bezug zu einer Kontrollbedingung gesetzt werden, so legen Eid et al. (2013, S. 402) stattdessen die Verwendung des *Dunnet-Tests* nahe. Durch die Wahl des Signifikanzniveaus wird ferner auch festgelegt, ob zunächst explorativ Ausgangspunkte für später zu validierende Hypothesen gefunden werden sollen oder ob nur statistisch signifikante Mittelwertunterschiede als gesichert extrahiert werden sollen. Lüpsen (2019, S. 66) weist zudem darauf hin, dass gerade bei explorativ ausgerichteten Untersuchungen im Anschluss an eine signifikante Varianzanalyse durchaus ein Signifikanzniveau von $\alpha = .1$ gewählt werden könne, insbesondere, da den Post-hoc-Tests bereits eine ANOVA mit statistisch signifikantem Ergebnis vorausgegangen sei (vgl. auch Day und Quinn 1989).

11.3.3.4 Effektstärken bei der Varianzanalyse

Als Maß für die Stärke eines statistisch signifikanten Effektes wird bei der ANOVA betrachtet, »wie groß der Anteil an der Gesamtvariabilität der abhängigen Variablen ist, der durch das Wirken der unabhängigen Variablen erklärt werden kann« (Bühner und Ziegler 2012, S. 409). Dieser Anteil der systematischen Varianz an der Gesamtvarianz wird dabei als η^2 bezeichnet. Bei mehrfaktoriellen Varianzanalysen wird dabei noch das partielle η^2 unterschieden, welches sich auf die systematische Variation einer unabhängigen Variablen beschränkt. Entsprechend der Klassifikation bei Cohen (1988) wird auch hier zwischen kleinen Effekten ($\eta^2 \approx 0.01$), mittleren Effekten ($\eta^2 \approx 0.06$) und großen Effekten ($\eta^2 \approx 0.14$) unterschieden (vgl. Eid et al. 2013, S. 392). Da die Interpretation von η^2 jedoch grundsätzlich auf die Stichprobe beschränkt ist, lässt sich hieraus nicht direkt auf die Effektstärke in der Population schließen (vgl. Bühner und Ziegler 2012, S. 412). Hierzu kann der Effektstärkeschätzer $\hat{\omega}^2$ verwendet werden, welcher im Gegensatz zu $\hat{\eta}^2$ die Effektstärke nicht systematisch überschätzt (vgl. Eid et al. 2013, S. 392).

Mit dem Ende dieses Kapitels schließt sich zugleich der Teil zur Methodik und Durchführung der vorliegenden Arbeit, welcher neben den leitenden Forschungsfragen auch eine Vorstellung der Erhebungs- und Auswertungsmethoden sowie der resultierenden Stichproben umfasst. Die aus der Durchführung resultierenden Ergebnisse finden sich im nun folgenden Teil V, die Diskussion derselben dann abschließend in Teil VI.

Teil V
Ergebnisse aus der Durchführung

In den nächsten sieben Kapiteln werden die Ergebnisse der in Teil IV dargelegten Durchführung berichtet und dabei die Forschungsfragen aus Kapitel 8 beantwortet – beginnend mit Kapitel 12, welches die zu verwendenden Items analysiert, bevor diese Items anschließend zur Durchführung der Faktorenanalysen verwendet werden (Kapitel 13 und 14). Die aus den Faktorenanalysen resultierenden Faktoren werden in Kapitel 15 ausführlicher betrachtet und optimiert. In Kapitel 16 folgen die deskriptiven Statistiken der Faktorwertverteilungen, bevor darauf aufbauend in Kapitel 17 Zusammenhänge und in Kapitel 18 Unterschiede zwischen den Faktorwerten betrachtet werden. Daran anschließend enthält Teil VI eine Diskussion der in diesem Teil vorgestellten Ergebnisse.

Auswertung der Itemanalyse und Itemverteilungen

12

12.1 Deskriptive Statistiken der Itemverteilungen

Vor einer inhaltlichen Analyse der Items werden zunächst deren Lagemaße betrachtet, zur Berechnung wird dabei auf die Datensätze LAE13 und E14-PRE (siehe Unterkapitel 10.1) zurückgegriffen. Die vollständigen deskriptiven Statistiken aller Items finden sich in Anhang A.1. Die Mittelwerte der Items befinden sich alle im Intervall $[1.75, 4.31]$, insgesamt finden sich in der Stichprobe demnach auch Items mit stärkerer Zustimmung respektive Ablehnung. Dabei erstrecken sich die Antworten jedoch größtenteils auf die maximal mögliche Spannweite von 4, lediglich elf der 118 Items weisen eine Spannweite von 3 auf. Insgesamt sind die Verteilungen der Itemwerte hinsichtlich Schiefe und Wölbung nicht auffällig. Die Werte liegen in allen drei Datensätzen innerhalb der Grenzwerte für eine Normalverteilungsannahme: Die Schiefe der Items bewegt sich im Bereich $[-1.35, 1.37]$ und der Exzess im Bereich $[-1.21, 3.41]$.[1] Weiterhin fällt eines der Items durch eine artifizielle Verteilungsstruktur auf: Bei Item EPM40[2] waren mit 57 % der überwiegende Teil der Antworten in der mittleren Kategorie (›unentschieden‹). Es liegt der Verdacht nahe, dass sich die befragten Studierenden bisher keine tiefer gehende Meinung zur Bedeutung von Konventionen in der Mathematik gemacht haben. An dieser Stelle hätte der Einsatz einer ›weiß nicht‹-Kategorie aufschlussreich sein können. Die Analyse der Itemverteilungen ergibt weiterhin, dass keine Decken- und Bodeneffekte auftraten.

[1] Hinsichtlich der Verteilungsmaße kann von einer Normalverteilung der Daten ausgegangen werden, wenn die Schiefe betragsmäßig kleiner als 3 und der Exzess betragsmäßig kleiner als 7 ist (vgl. Unterkapitel 11.1).

[2] Wortlaut Item EPM40: Konventionen spielen in der Mathematik eine große Rolle.

B. Weygandt, *Mathematische Weltbilder weiter denken*,
https://doi.org/10.1007/978-3-658-34662-1_12

12.2 Inhaltliche Itemanalyse

Um die Inhaltsvalidität der Faktoren nicht zu gefährden, sollten nicht zu viele Items gleichen oder nahezu ähnlichen Inhalts in die Faktorenanalyse gegeben werden (vgl. Unterkapitel 11.1). Daher wurden die Items im Vorfeld der Faktorenanalyse hinsichtlich ihrer inhaltlichen Nähe betrachtet. Von den folgenden acht Itempaaren, deren Items sich nur in feinen Aspekten unterscheiden, wurde jeweils eine Variante weiter verwendet. Tabelle 12.1 enthält eine Gegenüberstellung der jeweiligen Items sowie eine Beurteilung der Unterschiede.

Tabelle 12.1 Auflistung von Items mit inhaltlicher Übereinstimmung

Item	Wortlaut des Items	
EPM38	Neue mathematische Erkenntnisse ändern nicht viel an der Struktur der bisherigen Mathematik.	Die Verteilungen der beiden Items unterscheiden sich kaum. Entscheidung für Item EPM38, da die Assoziation des Wortes Gebäude bereits über Item EPM58[3]abgedeckt ist.
~~EPM53~~	Neue mathematische Erkenntnisse verändern das Gebäude der Mathematik nicht wesentlich.	
~~EPM08~~	In der Mathematik ist alles miteinander vernetzt.	Item EPM08 hat einen geringen MSA-Wert und ist zudem von der Aussage her recht unspezifisch; daher Entscheidung für Item EPM44.
EPM44	Mathematische Aussagen sind stark miteinander vernetzt.	
EPM24	Mathematisches Wissen baut aufeinander auf.	Die beiden Items sind von der Verteilung und ihrer Schwierigkeit vergleichbar. Vom MSA-Wert her scheint Item EPM24 geeigneter, zudem ist Item EPM28 eine Negation von Item EPM38, und die Facette des ›neuen mathematischen Wissens‹ ist bereits durch dieses abgedeckt.
~~EPM28~~	Neues mathematisches Wissen baut in der Regel auf vielen alten Erkenntnissen auf.	

(Fortsetzung)

[3] Wortlaut Item EPM58: Mathematik ist wie ein Gebäude, bei dem jedem Satz und jedem Begriff eine unentbehrliche Rolle als Baustein zukommt.

Tabelle 12.1 (Fortsetzung)

Item	Wortlaut des Items	
EPM52	Die einzelnen Teilgebiete der Mathematik stehen weitgehend unverzahnt nebeneinander.	Die beiden Items sind hinsichtlich ihrer Aussage und aller Kriterien nahezu identisch. Für die weitere Analyse wurde Item EPM52 ohne die Formulierung der Unabhängigkeit gewählt.
~~EPM60~~	In der Mathematik existieren die einzelnen Themen weitgehend unabhängig voneinander.	
EPM01	Die Aussagen der Mathematik verhalten sich wie Naturgesetze, d. h. sie können von Menschen entdeckt werden, sind aber nicht veränderbar.	Gerade im Bereich des Studienbeginns existiert vermutlich noch kein Bewusstsein für die Feinheit des Unterschieds zwischen Definitionen und Aussagen, sodass diese Items bei der Beantwortung nahezu identisch behandelt wurden. Für Erhebungen unter fortgeschrittenen Studierenden oder Fachmathematiker*innen wäre die Verwendung und der Vergleich beider Items eventuell erkenntnisreich. Für die Analyse wird folgend Item EPM01 genutzt.
~~EPM07~~	Die Definitionen der Mathematik verhalten sich wie Naturgesetze, d. h. sie können von Menschen entdeckt werden, sind aber nicht veränderbar.	
EPM26	Mathematische Definitionen sind ein Produkt von Kreativität.	Wie zuvor weisen beide Items nahezu dieselben Werte beim MSA-Koeffizienten, der Schwierigkeit und der Häufigkeitsverteilung auf. Item EPM33 wird aus der Analyse entfernt.
~~EPM33~~	Mathematische Aussagen sind ein Produkt von Kreativität.	
EPM29	Wenn einem die Konsequenzen einer Definition nicht gefallen, so darf man diese Definition entsprechend abändern.	Und auch diese beiden Items sind von der Formulierung nahezu ähnlich, verbunden mit einer fachlichen Nuance – die aber ebenfalls gerade in den Vorstellungen von Studienanfänger*innen noch nicht voll zum Tragen kommt. Da das aktive Ändern bislang in keinem anderen Item repräsentiert ist, wird Item EPM30 aus dem Pool entfernt.
~~EPM30~~	Wenn einem die Konsequenzen einer Definition nicht gefallen, so kann man eine alternative Definition formulieren.	

(Fortsetzung)

Tabelle 12.1 (Fortsetzung)

Item	Wortlaut des Items	
EPM39	Die Herleitung oder der Beweis einer Formel ist nicht so wichtig wie diese anwenden zu können.	Da der Fokus der Befragung nicht speziell auf dem Schulunterricht lag und Item EPM39 bereits eine sehr ähnliche Aussage abdeckt, wurde im weiteren Verlauf diesem Item der Vorzug gegeben.
~~EPM16~~	Die Herleitung oder der Beweis einer Formel ist für Schüler*innen unwichtig; entscheidend ist, dass sie diese anwenden können.	

12.3 Schwierigkeit der Items

In Tabelle 12.2 sind die Items mit den höchsten respektive niedrigsten Schwierigkeitswerten aufgelistet.

Tabelle 12.2 Übersicht der Items mit extremen Schwierigkeitswerten

Item	P	Wortlaut des Items
GRT04	.82	Mathematik hat einen allgemeinen, grundsätzlichen Nutzen für die Gesellschaft.
GRT19	.21	Wenn man eine Mathematikaufgabe lösen soll, muss man das einzig richtige Verfahren kennen, sonst ist man verloren.
GRT37	.21	Im Mathematikunterricht kann man – unabhängig davon, was unterrichtet werden wird – kaum etwas lernen, was in der Wirklichkeit von Nutzen ist.
EPM15	.81	Mathematische Fachsprache bietet sich dafür an, mathematische Eigenschaften präzise zu beschreiben.
EPM24	.81	Mathematisches Wissen baut aufeinander auf.
EPM29	.21	Wenn einem die Konsequenzen einer Definition nicht gefallen, so darf man diese Definition entsprechend abändern.
EPM35	.18	Gelangt man in der mathematischen Forschung auf einen Irrweg oder in eine Sackgasse, so kann man daraus nur wenig lernen.
EPM50	.80	Es ist wichtig und interessant, wenn Mathematik Querverbindungen und Zusammenhänge zwischen einzelnen Inhalten der Mathematik aufzeigt.
KRE01	.81	Es gibt bei den meisten mathematischen Problemen viele verschiedene Lösungswege.

P: Schwierigkeitswert des Items

Die stärkste Schiefe in den Itemverteilungen zeigt sich bei Item EPM35[4], welches mit einer Item-Schwierigkeit von .18 am Rande des erwünschten Schwierigkeitsbereiches liegt und tendenziell eher abgelehnt wird. Extremere Schwierigkeitswerte werden nicht angenommen, insgesamt decken die Item-Schwierigkeiten der EPM-Items den Bereich von .18 bis .81 ab. Auch die Schwierigkeitswerte der GRT-Items (.22 bis .83) sowie der KRE-Items (.22 bis .81) befinden sich damit weitestgehend in dem angestrebten Bereich zwischen .20 und .80. Eine genauere Analyse der in den Faktoren verwendeten Items findet sich weiterhin in Kapitel 15.

12.4 Eignung der Items für explorative Faktorenanalysen

Zur Beantwortung der Forschungsfrage F2 (Inwiefern eignen sich die verwendeten Items sowie die erhobenen Datensätze zur Durchführung explorativer Faktorenanalysen?) werden wie in Abschnitt 9.4.1 beschrieben die MSA-Koeffizienten der Items betrachtet und daraus deren Eignung für explorative Faktorenanalysen geschlossen. Da die GRT-Items einer konfirmatorischen Faktorenanalyse unterzogen werden, bezieht sich die nachfolgende Analyse der MSA-Koeffizienten lediglich auf die Datensätze mit EPM-Items und KRE-Items. In Tabelle 12.3 sind diejenigen Items aus dem Datensatz LAE13 aufgeführt, die einen MSA-Koeffizienten kleiner als .6 aufweisen und daher nicht oder nur bedingt für eine Faktorenanalyse geeignet sind. Daran anschließend werden auch die MSA-Werte der KRE-Items im Datensatz E14-PRE untersucht; in Tabelle 12.4 sind die Items mit einem MSA-Wert kleiner .6 aufgeführt. Eine vollständige Liste der MSA-Werte aller Items findet sich ferner in Anhang A.2.

Die Items EPM02, EPM25 und EPM59 haben in diesem Datensatz die geringsten MSA-Werte. Bei Item EPM59 kommt hinzu, dass dieses relativ komplex formuliert ist und sich auf für die befragte Zielgruppe unbekannte Prozesse bezieht. Daher wird dieses Item aus dem Itempool entfernt. Die anderen beiden Items verbleiben im Datensatz, da der MSA-Koeffizient nicht als alleiniges Ausschlusskriterium dienen soll.[5] Zu Item EPM25 ist anzumerken, dass dieses ursprünglich aus dem Pool der Erhebung Grigutsch et al. (1998) stammt, dort aber auf keinem Faktor

[4] Wortlaut Item EPM35: Gelangt man in der mathematischen Forschung auf einen Irrweg oder in eine Sackgasse, so kann man daraus nur wenig lernen.

[5] Ein etwas vorsichtigeres Vorgehen an dieser Stelle ist unproblematisch, da die Items aufgrund ihrer mangelnden Eignung innerhalb des Datensatzes im schlimmsten Fall auf keinem der extrahierten Faktoren laden (vgl. Abschnitt 9.4.1).

Tabelle 12.3 Auflistung der Items mit einem MSA-Wert < .6 im Datensatz LAE13

Item	MSA	Wortlaut des Items
EPM02	0.46	Es ist stets von Vorteil, bei mathematischen Definitionen auf Anschaulichkeit zu achten.
EPM04	0.50	Durch neue Herangehensweisen und Annahmen können sich bekannte Resultate ändern.
EPM05	0.54	Zu vielen Definitionen gibt es Alternativen, die ebenso verwendet werden könnten.
EPM17	0.56	Zwei unterschiedliche Definitionen können nicht dieselbe mathematische Eigenschaft beschreiben.
EPM23	0.55	Falls es Marsbewohner*innen gäbe, so hätten sie auf jeden Fall dieselbe Mathematik mit denselben Erkenntnissen.
EPM25	0.44	Das Erfinden bzw. Nach-Erfinden von Mathematik hat Vorrang vor einem Lehren bzw. Lernen von »fertiger Mathematik«.
EPM37	0.51	Mathematik wurde vom Menschen entdeckt, aber nicht erfunden.
EPM38	0.54	Neue mathematische Erkenntnisse ändern nicht viel an der Struktur der bisherigen Mathematik.
EPM43	0.59	Mathematik wird fast immer nur von besonders kreativen Menschen erfunden, deren Wissen sich andere dann aneignen müssen.
EPM45	0.51	Zu vielen Definitionen gibt es nichtäquivalente Alternativen, die auch zu sinnvoller Mathematik führen würden.
EPM47	0.53	Mathematik wurde vom Menschen erfunden.
~~EPM59~~	0.44	Entstehung und logische Absicherung von mathematischer Theorie sind unterschiedliche, voneinander trennbare Prozesse.

MSA: measure of sample adequacy

lädt. Von Interesse ist dieses Item zudem, da dessen Formulierung auf den Kern der Genese mathematischen Wissens zielt.

Aus dem Itempool des Datensatzes E14-PRE wurden im Vorfeld der Analyse zunächst Item KRE19 sowie Item KRE06 ausgeschlossen. Neben den jeweils niedrigen MSA-Werten ist die Aussage bei Ersterem von der befragten Zielgruppe nur schwierig zu beantworten, während bei Letzterem eine artifizielle Antwortstruktur mit über 50 % Antworten in der mittleren Kategorie vorlag. Ein Item, welches – unabhängig von der Eignung des MSA-Wertes – aus dem Pool entfernt

Tabelle 12.4 Auflistung der Items mit einem MSA-Wert<.6 im Datensatz E14-PRE

Item	MSA	Wortlaut des Items
KRE01	0.42	Es gibt bei den meisten mathematischen Problemen viele verschiedene Lösungswege.
KRE04	0.51	Wenn man in der Schule oder im Studium einen Beweis anfertigt, dann kann man dadurch nur Dinge zeigen, die bereits bekannt und nachgewiesen sind.
~~KRE06~~	0.47	Je seltener eine Beweisidee genannt wird, desto origineller ist dieser Ansatz.
KRE13	0.55	Ich kann die Trial-and-Error-Methode (Versuch und Irrtum, d. h. »Ausprobieren, bis es klappt«) üblicherweise beim Lösen mathematischer Probleme anwenden.
KRE14	0.58	In der Mathematik sind ungewöhnliche Lösungswege mit großer Wahrscheinlichkeit falsch.
KRE18	0.55	Bereits existierende Beweise sollten nicht durch neuere, originellere ersetzt werden.
~~KRE19~~	0.33	Eine zu ungewöhnliche Lösung wird sich in der mathematischen Gemeinschaft nur schwierig durchsetzen.

MSA: measure of sample adequacy

werden musste, war Item KRE05[6]. Hier fiel im Zuge der inhaltlichen Itemanalyse nach der ersten Erhebung auf, dass es auf mehrere Arten interpretiert wurde – einmal mit Bezug zum mathematischen Problemlösen und einmal allgemeiner ausgelegt. Um an dieser Stelle die Inhaltsvalidität nicht zu gefährden, wurde das Item sicherheitshalber aus der Analyse ausgeschlossen.

12.5 Resultierende Itemsammlungen

Ausgeschlossens Items

In Tabelle 12.5 sind zunächst all diejenigen Items aufgelistet, die vor Durchführung der Faktorenanalyse aus dem Itempool ausgeschlossen wurden.

Damit umfasst der Item-Pool der EPM-Items nach der inhaltlichen Itemanalyse noch insgesamt 50 Items, welche die Grundlage zur Durchführung einer explorativen Faktorenanalyse darstellen. Wie in Unterkapitel 9.5 berichtet, wurden diese

[6] Wortlaut Item KRE05: Beim Problemlösen genügt es nicht, bloß bereits Bekanntes nachzuahmen oder anzuwenden.

Tabelle 12.5 Übersicht aller im Vorfeld der explorativen Faktorenanalyse ausgeschlossenen Items

Item	Wortlaut des Items	Grund für Ausschluss
EPM07	Die Definitionen der Mathematik verhalten sich wie Naturgesetze, d. h. sie können von Menschen entdeckt werden, sind aber nicht veränderbar.	inhaltliche Itemanalyse
EPM08	In der Mathematik ist alles miteinander vernetzt.	inhaltliche Itemanalyse
EPM16	Die Herleitung oder der Beweis einer Formel ist für Schüler*innen unwichtig; entscheidend ist, dass sie diese anwenden können.	inhaltliche Itemanalyse
EPM28	Neues mathematisches Wissen baut in der Regel auf vielen alten Erkenntnissen auf.	inhaltliche Itemanalyse
EPM33	Mathematische Aussagen sind ein Produkt von Kreativität.	inhaltliche Itemanalyse
EPM40	Konventionen spielen in der Mathematik eine große Rolle.	artifizielle Antwortstruktur
EPM53	Neue mathematische Erkenntnisse verändern das Gebäude der Mathematik nicht wesentlich.	inhaltliche Itemanalyse
EPM59	Entstehung und logische Absicherung von mathematischer Theorie sind unterschiedliche, voneinander trennbare Prozesse.	MSA-Koeffizient, Formulierung
EPM60	In der Mathematik existieren die einzelnen Themen weitgehend unabhängig voneinander.	inhaltliche Itemanalyse
KRE05	Beim Problemlösen genügt es nicht, bloß bereits Bekanntes nachzuahmen oder anzuwenden.	inhaltliche Itemanalyse
KRE06	Je seltener eine Beweisidee genannt wird, desto origineller ist dieser Ansatz.	MSA-Koeffizient, artifizielle Antwortstruktur
KRE19	Eine zu ungewöhnliche Lösung wird sich in der mathematischen Gemeinschaft nur schwierig durchsetzen.	MSA-Koeffizient, Zielgruppen-Verständnis

MSA: measure of sample adequacy

Items gewählt, um die unterschiedlichen Themenbereiche rund um die EnProMa-Vorlesung abzudecken. Diese neun Bereiche werden nun durch je vier bis sieben Items charakterisiert:

- Kreativität in der Mathematik[7] [6 Items]
- Mathematischer Erkenntnisprozess: ›being stuck is an honourable state‹[8] [6 Items]
- Vorstellungen entwickeln beim Lernen von Mathematik [7 Items]
- Vielfalt und Bedeutung mathematischer Definitionen [5 Items]
- Genese mathematischen Wissens [4 Items]
- Struktureller Aufbau der Mathematik [7 Items]
- Konventionen und Geschichte in der Mathematik [5 Items]
- Mathematik als menschliches Produkt (Einfluss auf die Entstehung der Mathematik) [5 Items]
- Mathematik als menschlicher Prozess (Einfluss auf bestehende Mathematik) [5 Items]

Nachfolgend findet sich eine nach diesen Bereichen geordnete Auflistung der verwendeten Items.

Kreativität in der Mathematik [6 Items]

EPM11	Der durchschnittliche Mensch ist meistens nur Konsument*in und Reproduzent*in der Mathematik, die andere Menschen erschaffen haben.
EPM12	Mathematisch zu arbeiten ist ein kreativer Prozess.
EPM26	Mathematische Definitionen sind ein Produkt von Kreativität.
EPM43	Mathematik wird fast immer nur von besonders kreativen Menschen erfunden, deren Wissen sich andere dann aneignen müssen.
EPM46	Eine gute Denkfähigkeit und Einfallsreichtum sind im Mathematikunterricht oft wichtiger als eine gute Lern- und Merkfähigkeit.
EPM54	Mathematik ist wie Kunst ein Ergebnis von Kreativität.

[7] Dieser Bereich wurde in einer der späteren Erhebungen noch einer Überarbeitung unterzogen und durch weitere Items ergänzt (vgl. hierzu die explorative Faktorenanalyse der KRE-Items in Unterkapitel 14.3).

[8] vgl. Mason et al. (2010, S. 45)

Mathematischer Erkenntnisprozess: ›being stuck is an honourable state‹ [6 Items]

EPM03	Beim Lernen von Mathematik sind nicht-zielführende Wege hinderlich.
EPM10	Es ist unnötig, eine bereits bewiesene Aussage auf anderem Wege erneut zu beweisen.
EPM13	Entscheidend im Mathematikunterricht ist es, ein richtiges Ergebnis zu erhalten.
EPM22	Die mathematische Lehre kann von der Betrachtung nicht-zielführender Wege (Sackgassen, Methoden) profitieren.
EPM35	Gelangt man in der mathematischen Forschung auf einen Irrweg oder in eine Sackgasse, so kann man daraus nur wenig lernen.
EPM39	Die Herleitung oder der Beweis einer Formel ist nicht so wichtig wie diese anwenden zu können.

Vorstellungen entwickeln beim Lernen von Mathematik [7 Items]

EPM02	Es ist stets von Vorteil, bei mathematischen Definitionen auf Anschaulichkeit zu achten.
EPM06	Das Lernen von systematisiertem und strukturiertem mathematischen Wissen hat Vorrang vor einer tätigen Entwicklung solchen Wissens.
EPM15	Mathematische Fachsprache bietet sich dafür an, mathematische Eigenschaften präzise zu beschreiben.
EPM19	Es ist hilfreich, wenn man zu einer Definition vielfältige Vorstellungen im Kopf hat.
EPM25	Das Erfinden bzw. Nach-Erfinden von Mathematik hat Vorrang vor einem Lehren bzw. Lernen von»fertiger Mathematik«.
EPM48	Beim Beschäftigen mit einer Definition entsteht eine Vorstellung im Kopf, wovon diese handelt.
EPM50	Es ist wichtig und interessant, wenn Mathematik Querverbindungen und Zusammenhänge zwischen einzelnen Inhalten der Mathematik aufzeigt.

Vielfalt und Bedeutung mathematischer Definitionen [5 Items]

EPM05	Zu vielen Definitionen gibt es Alternativen, die ebenso verwendet werden könnten.
EPM17	Zwei unterschiedliche Definitionen können nicht dieselbe mathematische Eigenschaft beschreiben.
EPM31	Sind sich zwei Mathematiker*innen bei der Art, wie ein Begriff definiert werden sollte, nicht einig, dann ist nur eine von beiden im Recht.
EPM41	Stehen in einer Vorlesung zwei unterschiedliche Definitionen desselben Begriffs zur Auswahl, so sollte stets nur die anschaulichere gewählt werden.
EPM45	Zu vielen Definitionen gibt es nichtäquivalente Alternativen, die auch zu sinnvoller Mathematik führen würden.

Genese mathematischen Wissens [4 Items]

EPM21	Fehlerlosigkeit wird erst bei der logischen Absicherung von mathematischen Aussagen verlangt, nicht bereits bei deren Entwicklung.
EPM27	Mathematische Erkenntnisse werden meist in derselben Form formuliert, in der sie entdeckt wurden.
EPM36	Die Präsentationsform von Mathematik (in Lehrbüchern und Vorlesungen) entspricht in der Regel der Form, in der diese Mathematik entstanden ist.
EPM56	Neue mathematische Theorie entsteht erst dann, wenn zu einer Menge von Aussagen der Beweis (fehlerlos) vorliegt.

Struktureller Aufbau der Mathematik [7 Items]

EPM24	Mathematisches Wissen baut aufeinander auf.
EPM32	Mathematisches Wissen ist ein System von vielfältig miteinander verknüpften Begriffen.
EPM38	Neue mathematische Erkenntnisse ändern nicht viel an der Struktur der bisherigen Mathematik.
EPM44	Mathematische Aussagen sind stark miteinander vernetzt.
EPM49	Mathematik ist durch ein hohes Maß an Ordnung gekennzeichnet.

EPM52	Die einzelnen Teilgebiete der Mathematik stehen weitgehend unverzahnt nebeneinander.
EPM58	Mathematik ist wie ein Gebäude, bei dem jedem Satz und jedem Begriff eine unentbehrliche Rolle als Baustein zukommt.

Konventionen und Geschichte in der Mathematik [5 Items]

EPM04	Durch neue Herangehensweisen und Annahmen können sich bekannte Resultate ändern.
EPM20	Was einmal mathematisch definiert wurde, kann nicht geändert werden.
EPM29	Wenn einem die Konsequenzen einer Definition nicht gefallen, so darf man diese Definition entsprechend abändern.
EPM34	Die historische Entwicklung der Mathematik beeinflusst unsere heutige Arbeitsweise in Forschung und Lehre.
EPM55	Wenn sich rückwirkend herausstellt, dass ein Satz fehlerhaft bewiesen wurde und nicht gilt, dann hat das oft Auswirkungen auf sehr viele weitere Sätze.

Mathematik als menschliches Produkt (Einfluss auf die Entstehung der Mathematik) [5 Items]

EPM01	Die Aussagen der Mathematik verhalten sich wie Naturgesetze, d. h. sie können von Menschen entdeckt werden, sind aber nicht veränderbar.
EPM14	Die Aussagen und Definitionen der Mathematik sind universell gültig.
EPM23	Falls es Marsbewohner*innen gäbe, so hätten sie auf jeden Fall dieselbe Mathematik mit denselben Erkenntnissen.
EPM37	Mathematik wurde vom Menschen entdeckt, aber nicht erfunden.
EPM47	Mathematik wurde vom Menschen erfunden.

Mathematik als menschlicher Prozess (Einfluss auf bestehende Mathematik) [5 Items]

EPM09	Wenn man in der Mathematik einen neuen Begriff definiert, so hat man dabei einen willkürlichen Spielraum.
EPM18	Bei der Formulierung von Mathematik kann man nach eigenem Ermessen vorgehen.
EPM42	Es wäre denkbar, dass die aktuell bekannte Mathematik auch durch andere Begriffe, Sätze und Definitionen beschrieben werden könnte.
EPM51	Bei der Definition eines Begriffs richtet man sich danach, was für einen selbst praktisch ist.
EPM57	Bei der Festlegung einer Definition lassen sich häufig unterschiedliche Ansätze verfolgen, von denen dann einer willkürlich ausgewählt wird.

Aufbauend auf dieser Itemsammlung wird explorative Faktorenanalyse dar, deren Durchführung und Ergebnisse in Kapitel 14 zu finden sind. Das folgende Kapitel 13 enthält zunächst noch die Ergebnisse der konfirmatorischen Faktorenanalyse der GRT-Items zur Bestätigung des 4-Faktoren-Modells aus Grigutsch et al. (1998).

Ergebnisse der konfirmatorischen Faktorenanalyse 13

Die Antworten zu den 37 aus Grigutsch et al. (1998) übernommenen Items wurden einer konfirmatorischen Faktorenanalyse unterzogen, um die Passung zwischen dem dort postulierten Modell und den erhobenen Daten dieser Stichprobe zu untersuchen (vgl. Forschungsfrage F1: Passt das Faktormodell aus Grigutsch et al. (1998) zu den vorliegenden Daten oder weist es Modellmissspezifikationen auf?). Die Arbeitshypothese ist dabei, dass das vorliegende Modell aufgrund der Validierung in unterschiedlichen Stichproben nicht wahllos ist und auch im vorliegenden Datensatz validiert werden kann. Der zugrunde liegende Datensatz LAE besteht dabei aus allen Personen der Datensätze LAE13 und E14-PRE (vgl. Unterkapitel 10.1), wobei von jeder Person nur die Daten der jeweils ersten Befragung verwendet werden. Weiterhin werden alle hinsichtlich der betrachteten GRT-Items unvollständigen Datensätze aussortiert. Die Stichprobe umfasst $n = 224$ Personen und liegt damit in einem Bereich, in dem konfirmatorische Faktorenanalysen mit komplexeren Modellen möglich sind (vgl. Bühner 2006, S. 262). Durchgeführt wurde eine konfirmatorische Faktorenanalyse mit DWLS-Schätzmethode für ordinale Daten mit der Annahme kontinuierlich verteilter latenter Variablen. Die Varianz der latenten Variablen wurde dabei auf Eins normiert. Die Modellspezifikation und Zuordnung der Variablen zu den Faktoren basiert auf den Erkenntnissen von Grigutsch et al. (1998, S. 43), wobei negativ ladende Items vorher entsprechend invertiert wurden. Der χ^2-Test wurde dabei signifikant ($\chi^2[623] = 846.930$, $p < .001$), was auf eine Modellmissspezifikation hinweist. Dies ist aufgrund der hohen Anzahl der Items im Test und des für

---

Elektronisches Zusatzmaterial Die elektronische Version dieses Kapitels enthält Zusatzmaterial, das berechtigten Benutzern zur Verfügung steht https://doi.org/10.1007/978-3-658-34662-1_13.

B. Weygandt, *Mathematische Weltbilder weiter denken*,
https://doi.org/10.1007/978-3-658-34662-1_13

konfirmatorische Faktorenanalysen eher geringen Stichprobenumfangs nicht verwunderlich. Da die restlichen Modellfit-Indices aber im Rahmen der erwünschten Grenzwerte liegen (CFI .902, RMSEA .040, SRMR .078) scheinen die Missspezifikationen nicht gravierend zu sein, sodass das Modell nicht verworfen werden muss. Ein exakter Modell-Fit liegt hier nicht vor, da der χ^2-Test signifikant ausgefallen ist und da das 90 %-Konfidenzintervall für den RMSEA [.033, .047] nicht den Wert Null enthält. Ein näherungsweiser Modell-Fit ist aber dennoch gegeben, da die Wahrscheinlichkeit dafür, dass der RMSEA kleiner als .05 ist, bei $P(\text{RMSEA} < .05) = .994$ liegt. Das vollständige R-Output zur konfirmatorischen Faktorenanalyse ist im Abschnitt C.1 des elektronischen Zusatzmaterials einsehbar. Insgesamt weisen die Ergebnisse der konfirmatorischen Faktorenanalyse darauf hin, dass das 4-Faktoren-Modell der Faktoren FORMALISMUS-ASPEKT, ANWENDUNGS-CHARAKTER, SCHEMA-ORIENTIERUNG und PROZESS-CHARAKTER zwar leichte Modellmissspezifikationen aufzuweisen scheint, insgesamt aber beibehalten werden kann.

Durchführung und Ergebnisse der explorativen Faktorenanalyse 14

Vor der Durchführung der explorativen Faktorenanalyse werden zunächst die verwendeten Datensätze auf ihre Eignung hin untersucht (Unterkapitel 14.1) und anschließend für jeden Itemsatz die Anzahl zu extrahierender Faktoren bestimmt und die Faktorlösungen in Abhängigkeit von Faktorenanzahl und Rotationsmethode verglichen (siehe Unterkapitel 14.2 für die EPM-Items und Unterkapitel 14.3 für die KRE-Items). Die Analyse der extrahierten Faktoren findet sich daran anschließend in Kapitel 15.

14.1 Eignung der Datensätze für eine explorative Faktorenanalyse

Bartletts Sphärizitätstest und Kaiser-Mayer-Olkin-Koeffizienten

Mit dem Sphärizitätstest von Bartlett lässt sich überprüfen, ob die Korrelationsmatrix für eine Faktorenanalyse geeignet ist. Einer Daumenregel folgend sollte das Verhältnis aus Personen und Variablen kleiner als 5 sein, da der Test mit steigender Fallanzahl dazu neigt, statistisch signifikant zu werden. Bei den beiden betrachteten Datensätzen LAE13 und E14-PRE ist diese Daumenregel erfüllt (EPM-Items: 50 Variablen, $n = 190$/KRE-Items: 18 Variablen, $n = 72$). Der Test ist in beiden Datensätzen höchstsignifikant (siehe Tabelle 14.1), sodass aus dieser Sicht nichts gegen die Durchführung einer explorativen Faktorenanalyse spricht. Ferner sind auch die KMO-Koeffizienten der Datensätze im akzeptablen Bereich (vgl. Abschnitt 9.4.1).

Elektronisches Zusatzmaterial Die elektronische Version dieses Kapitels enthält Zusatzmaterial, das berechtigten Benutzern zur Verfügung steht https://doi.org/10.1007/978-3-658-34662-1_14.

B. Weygandt, *Mathematische Weltbilder weiter denken*,
https://doi.org/10.1007/978-3-658-34662-1_14

Tabelle 14.1 Bartletts Sphärizitätstest und KMO-Koeffizienten in den Datensätzen LAE13 und E14-PRE

Itemsatz	Anzahl Items	Fälle	χ^2	df	p	KMO-Koeffizient
EPM	50	190	2688.206	1225	<.001	0.67
KRE	18	72	348.4638	153	<.001	0.70

χ^2: Wert des χ^2-Tests. df: Anzahl der Freiheitsgrade beim χ^2-Tests. p: Wahrscheinlichkeit des χ^2-Testergebnisses. KMO: Kaiser-Mayer-Olkin

Schätzen der Kommunalitäten

Weiterhin können Bühner (2006, S. 193) zufolge noch die vor der Extraktion geschätzten Kommunalitäten h^2 betrachtet werden. Diese geben zusammen mit der Stichprobengröße an, inwiefern die Daten zur Faktorenanalyse geeignet sind. Schätzen lassen sich die Kommunalitäten über die quadrierten multiplen Korrelationen des Items mit den übrigen Items. Idealerweise sollten a priori gleich viele und auch mindestens drei Items pro angedachtem Faktor vorhanden sein und die Kommunalitäten h^2 über .60 liegen. Kommunalitäten dieser Höhe kommen jedoch nicht immer vor (vgl. Grigutsch et al. 1998, S. 45). Die Simulationsstudie von Mundfrom et al. (2005) liefert weiterhin Empfehlungen für die Stichprobengröße in Abhängigkeit von der Anzahl Items pro Faktor und den Kommunalitäten. In den vorliegenden Daten befinden sich die geschätzten Kommunalitäten der EPM-Items im Bereich [0.24, 0.65]. Den Anhaltspunkten bei Mundfrom et al. (2005, S. 167) folgend lässt sich mit diesen Kommunalitäten eine Faktorenanalyse durchführen, wenn die Stichprobe 140 Fälle umfasst und jeder Faktor durch fünf Items charakterisiert wird. Somit lässt sich die Forschungsfrage F2 positiv beantworten, hinsichtlich der verwendeten Items und beiden damit erhobenen Datensätze spricht nichts gegen die Durchführung einer explorativen Faktorenanalyse. Die beiden nun folgenden Unterkapitel widmen sich den aus den beiden Itempools extrahierbaren Faktoren im Kontext der Forschungsfrage F3.

14.2 Items zur Genese der Mathematik im Datensatz LAE13

Zur Erfassung der latenten Variablen des mathematischen Weltbildes wurde, wie in Unterkapitel 9.4 beschrieben, eine Hauptachsenanalyse durchgeführt. Dabei wurde zur Bestimmung der Anzahl zu extrahierender Faktoren neben dem Scree-Plot auch auf die Parallelanalyse und das Velicer-MAP-Kriterium zurückgegriffen. Die extrahierten Faktorlösungen wurden zunächst oblique rotiert und inhaltlich zu interpretieren versucht; anschließend wurde eine der Faktorlösungen zur weiteren Analyse mit einer orthogonal rotierten Lösung derselben Faktorzahl verglichen, um die Stabilität der Lösung beurteilen zu können. Die hieraus resultierenden Faktoren wurden anschließend mittels konfirmatorischer Faktorenanalysen auf Eindimensionalität überprüft. Als Kennzahlen wurden die innere Konsistenz als Schätzung für die Faktorreliabilität, die mittlere Inter-Item-Korrelation als Homogenitätsmaß sowie die durch den Faktor aufgeklärte Varianz ermittelt. Für die Items der Skalen wurden jeweils die Varianz, die Schwierigkeit und die Trennschärfe ermittelt.

14.2.1 Bestimmung der Faktorenanzahl

Der Scree-Plot des Eigenwertverlaufs der EPM-Items ist in Abbildung 14.1 zu sehen, ergänzt um den simulierten Eigenwertverlauf der Parallelanalyse in Abbildung 14.2. Der Knick liegt am ehesten beim Wert 5, was auf die Extraktion von 4 oder 5 Faktoren hindeutet. Das Velicer-MAP-Kriterium erlangt sein Minimum von 0.0089 bei 4 Faktoren, hat jedoch im Bereich von 3 bis 6 Faktoren ähnlich niedrige Werte, wie man dem zugehörigen R-Output entnehmen kann. Die Modellfit-Parameter (RMSEA $< .08$, SRMR $< .11$) geben keine weiteren Hinweise auf die Anzahl zu extrahierender Faktoren.

```
6 Eigenvalues >1

Parallel analysis suggests that the number of factors =  9  and the number of components =  NA

Very Simple Structure
Call: vss(x = LAE13.FA, n = 12, rotate = "promax", diagonal = !T, fm = "pa", plot = !T)
VSS complexity 1 achieves a maximimum of 0.4  with  4  factors
VSS complexity 2 achieves a maximimum of 0.54  with  4  factors

The Velicer MAP achieves a minimum of 0.01  with  4  factors

BIC achieves a minimum of  -4156.08  with  3  factors
Sample Size adjusted BIC achieves a minimum of  -849.78  with  5  factors

Statistics by number of factors
   vss1 vss2    map  dof chisq     prob sqresid  fit RMSEA   BIC SABIC complex eChisq  SRMR eCRMS  eBIC
1  0.30 0.00 0.0137 1175  2137 1.1e-58      68 0.30 0.073 -4029  -307     1.0   4958 0.103 0.105 -1207
2  0.35 0.44 0.0112 1126  1798 8.6e-34      54 0.44 0.064 -4110  -543     1.3   3314 0.084 0.088 -2594
3  0.37 0.52 0.0093 1078  1500 2.1e-16      43 0.55 0.054 -4156  -741     1.5   2035 0.066 0.070 -3621
4  0.40 0.54 0.0089 1031  1308 8.2e-09      39 0.59 0.047 -4101  -836     1.7   1548 0.058 0.063 -3861
5  0.38 0.53 0.0090  985  1198 3.2e-06      37 0.61 0.044 -3970  -850     1.9   1329 0.053 0.060 -3839
6  0.39 0.53 0.0092  940  1106 1.3e-04      35 0.64 0.042 -3826  -848     2.0   1146 0.050 0.057 -3787
7  0.37 0.51 0.0096  896  1021 2.3e-03      36 0.63 0.039 -3680  -842     2.1   1008 0.047 0.054 -3694
8  0.36 0.48 0.0101  853   951 1.1e-02      35 0.63 0.038 -3525  -823     2.3    888 0.044 0.052 -3588
9  0.36 0.48 0.0105  811   878 5.1e-02      35 0.64 0.035 -3378  -809     2.5    781 0.041 0.050 -3474
10 0.37 0.48 0.0110  770   818 1.1e-01      34 0.64 0.034 -3222  -783     2.5    694 0.039 0.049 -3347
11 0.36 0.46 0.0116  730   766 1.7e-01      34 0.65 0.033 -3064  -752     2.8    614 0.036 0.047 -3217
12 0.36 0.46 0.0123  691   708 3.2e-01      33 0.66 0.031 -2918  -729     2.8    543 0.034 0.045 -3083
```

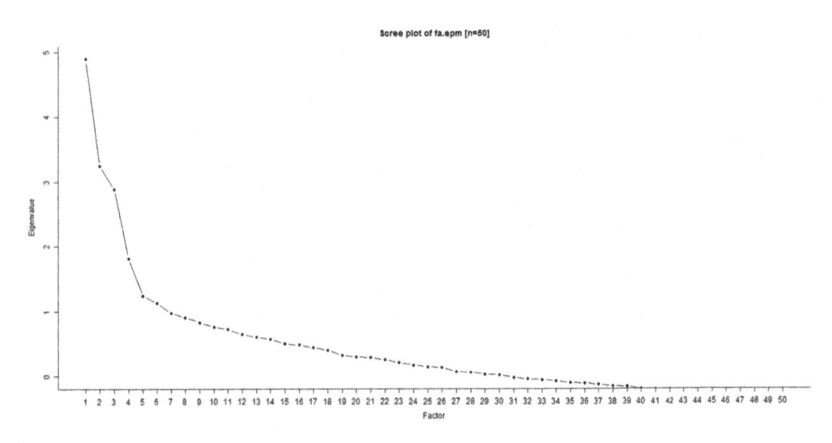

Abbildung 14.1 Scree-Plot des Eigenwertverlaufs der EPM-Items im Datensatz LAE13

Einzig die Parallelanalyse weicht etwas ab und legt eine Extraktion von neun Faktoren nahe, was a priori zu der Anzahl an Themenbereichen passt, zu denen die Items konstruiert wurden (vgl. Unterkapitel 12.5). Dabei ist jedoch auch zu berücksichtigen, dass die Parallelanalyse bei der Hauptachsen-Faktorenanalyse teilweise zu einer Überschätzung der Faktorenanzahl neigt (vgl. Abschnitt 9.4.2).

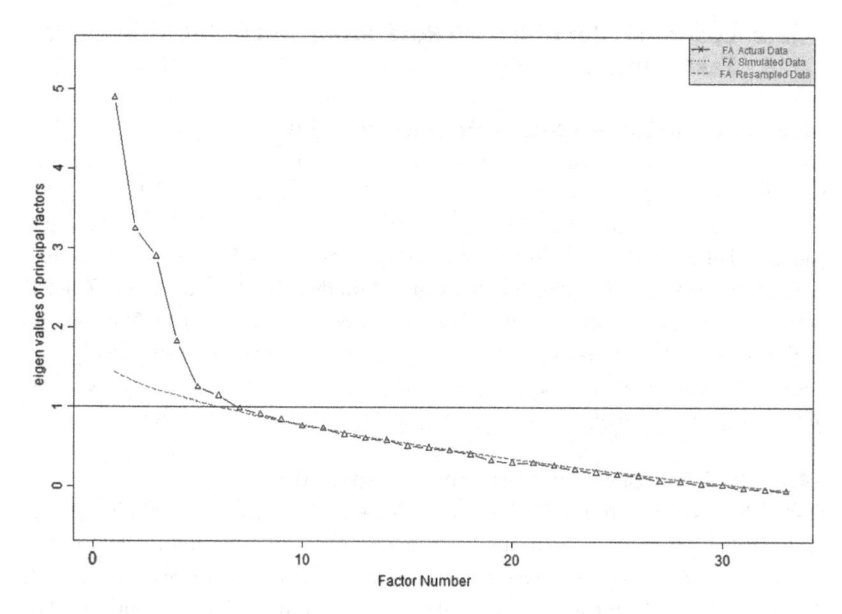

Abbildung 14.2 Simulierter Eigenwertverlauf der Parallelanalyse der EPM-Items im Datensatz LAE13

Aus Abbildung 14.2 wird ersichtlich, dass der Eigenwertverlauf im vorliegenden Fall ab einer Faktorenanzahl von sieben Faktoren nur minimal oberhalb der simulierten Eigenwerte verläuft.

Nach Einbeziehung der unterschiedlichen Kriterien zur Bestimmung der Faktorenanzahl werden nachfolgend die promax-rotierten Lösungen mit vier, fünf, sechs sowie mit neun Faktoren analysiert und in Abschnitt 14.2.3 gegenübergestellt. Zu den Faktorlösungen gibt es jeweils eine kurze Beschreibung der extrahierten Faktoren, gefolgt von einer faktorweisen Auflistung der Items (siehe Tabelle 14.2 bis Tabelle 14.25). Die Items werden dabei absteigend nach dem Betrag ihrer bedeutsamen Hauptladung sortiert, wobei zusätzlich auch die betragsgrößte Nebenladung *nl.max* eines Items zur Beurteilung der Einfachstruktur der Faktorlösung angegeben ist. Bei den Ergebnissen der schiefwinkligen Promax-Rotation muss bei der Interpretation von Nebenladungen ferner bedacht werden, dass die Faktoren untereinander korrelieren können und zur detaillierteren Analyse der Nebenladungen daher auch die jeweilige Strukturmatrix (siehe Abschnitt C.2 des elektronischen Zusatzmaterials) berücksichtigt werden muss.

14.2.2 Lösungen der obliquen Rotationen mit unterschiedlicher Faktorenanzahl

14.2.2.1 4-Faktoren-Lösung, Promax-Rotation

Faktor 1 beinhaltet überwiegend Items, die sich auf die *Vernetzung mathematischen Wissens* respektive auf dessen *Struktur* beziehen (siehe Tabelle 14.2). Faktor 3 umfasst eine *statisch-platonistische Sichtweise* auf die Mathematik (siehe Tabelle 14.4). Im vierten Faktor (siehe Tabelle 14.5) finden sich einige Items, die die *Kreativität* des Arbeitens in der Mathematik thematisieren. Zuletzt subsumiert Faktor 2 *menschliches Verhalten beim Erarbeiten von Mathematik* (siehe Tabelle 14.3). Jedoch fällt die Interpretation eines – besonders hohen respektive besonders niedrigen – Faktorwertes in Faktor 2 schwierig, da der inhaltlichen Schnittmenge eine gemeinsame Aussage mit Tendenz fehlt.

14.2.2.2 5-Faktoren-Lösung, Promax-Rotation

Faktor 1 dieser 5-Faktoren-Lösung (siehe Tabelle 14.6) entspricht – bis auf die Reihenfolge der Items – dem aus der 4-Faktoren-Lösung bekannten Faktor zur *Vernetzung und Struktur mathematischen Wissens*. Ebenso ergeben sich hier erneut die beiden Faktoren zur *Kreativität* (Faktor 5, siehe Tabelle 14.10) sowie zur *platonistischen Sichtweise und Universalität mathematischer Erkenntnisse* (Faktor 3, siehe Tabelle 14.8). Der Unterschied zur soeben betrachteten 4-Faktoren-Lösung besteht darin, dass der zuvor als *menschliches Verhalten beim Erarbeiten von Mathematik* charakterisierte Faktor (siehe Tabelle 14.3) nun in die beiden Faktoren 2 und 4 zerfällt. Faktor 2 (siehe Tabelle 14.7) lässt sich nun konkreter als *Ergebniseffizienz* fassen, während sich die Items von Faktor 4 (siehe Tabelle 14.9) eher auf den *Ermessensspielraum bei der Formulierung von Mathematik* beziehen. Item EPM18[1], welches zuvor im Faktor Kreativität eine gerade noch signifikante Hauptladung hatte, ist für den nun neu hinzugekommenen Faktor 4 prägend.

14.2.2.3 6-Faktoren-Lösung, Promax-Rotation

Bei Betrachtung der Faktoren der 6-Faktoren-Lösung werden erneut und in nahezu unveränderter Zusammensetzung die Faktoren zur *Vernetzung und Struktur mathematischen Wissens* (Faktor 1, siehe Tabelle 14.11), zur *Ergebniseffizienz* (Faktor 2, siehe Tabelle 14.12), zum *Ermessensspielraum* (Faktor 4, siehe Tabelle 14.14) und zur *Kreativität* (Faktor 5, siehe Tabelle 14.15) extrahiert. Neu hinzu kommt Faktor 6 (siehe Tabelle 14.16), welcher jedoch nur aus einem Item

[1] Wortlaut Item EPM18: Bei der Formulierung von Mathematik kann man nach eigenem Ermessen vorgehen.

Tabelle 14.2 Bedeutsame Ladungen auf Faktor 1 (PA1 der promax-rotierten 4-Faktoren-Lösung im Datensatz LAE13)

Item	Wortlaut	Ladung	nl.max
EPM32	Mathematisches Wissen ist ein System von vielfältig miteinander verknüpften Begriffen.	.579	−.130
EPM44	Mathematische Aussagen sind stark miteinander vernetzt.	.572	.048
EPM15	Mathematische Fachsprache bietet sich dafür an, mathematische Eigenschaften präzise zu beschreiben.	.563	−.100
EPM58	Mathematik ist wie ein Gebäude, bei dem jedem Satz und jedem Begriff eine unentbehrliche Rolle als Baustein zukommt.	.553	.051
EPM24	Mathematisches Wissen baut aufeinander auf.	.543	.042
EPM55	Wenn sich rückwirkend herausstellt, dass ein Satz fehlerhaft bewiesen wurde und nicht gilt, dann hat das oft Auswirkungen auf sehr viele weitere Sätze.	.531	−.215
EPM48	Beim Beschäftigen mit einer Definition entsteht eine Vorstellung im Kopf, wovon diese handelt.	.457	.060
EPM50	Es ist wichtig und interessant, wenn Mathematik Querverbindungen und Zusammenhänge zwischen einzelnen Inhalten der Mathematik aufzeigt.	.447	−.293
EPM49	Mathematik ist durch ein hohes Maß an Ordnung gekennzeichnet.	.424	.212
EPM34	Die historische Entwicklung der Mathematik beeinflusst unsere heutige Arbeitsweise in Forschung und Lehre.	.381	−.130
EPM29	Wenn einem die Konsequenzen einer Definition nicht gefallen, so darf man diese Definition entsprechend abändern.	−.346	.229
EPM11	Der durchschnittliche Mensch ist meistens nur Konsument*in und Reproduzent*in der Mathematik, die andere Menschen erschaffen haben.	.335	.153
EPM46	Eine gute Denkfähigkeit und Einfallsreichtum sind im Mathematikunterricht oft wichtiger als eine gute Lern- und Merkfähigkeit.	.323	−.159

nl.max: betragsmäßig größte Ladung auf einem der anderen Faktoren.

Tabelle 14.3 Bedeutsame Ladungen auf Faktor 2 (PA2 der promax-rotierten 4-Faktoren-Lösung im Datensatz LAE13)

Item	Wortlaut	Ladung	nl.max
EPM35	Gelangt man in der mathematischen Forschung auf einen Irrweg oder in eine Sackgasse, so kann man daraus nur wenig lernen.	.514	−.170
EPM03	Beim Lernen von Mathematik sind nicht-zielführende Wege hinderlich.	.511	.253
EPM36	Die Präsentationsform von Mathematik (in Lehrbüchern und Vorlesungen) entspricht in der Regel der Form, in der diese Mathematik entstanden ist.	.486	−.160
EPM41	Stehen in einer Vorlesung zwei unterschiedliche Definitionen desselben Begriffs zur Auswahl, so sollte stets nur die anschaulichere gewählt werden.	.481	−.057
EPM13	Entscheidend im Mathematikunterricht ist es, ein richtiges Ergebnis zu erhalten.	.474	.154
EPM57	Bei der Festlegung einer Definition lassen sich häufig unterschiedliche Ansätze verfolgen, von denen dann einer willkürlich ausgewählt wird.	.470	.214
EPM52	Die einzelnen Teilgebiete der Mathematik stehen weitgehend unverzahnt nebeneinander.	.467	−.183
EPM10	Es ist unnötig, eine bereits bewiesene Aussage auf anderem Wege erneut zu beweisen.	.417	−.084
EPM39	Die Herleitung oder der Beweis einer Formel ist nicht so wichtig wie diese anwenden zu können.	.393	−.193
EPM06	Das Lernen von systematisiertem und strukturiertem mathematischen Wissen hat Vorrang vor einer tätigen Entwicklung solchen Wissens.	.378	−.139
EPM09	Wenn man in der Mathematik einen neuen Begriff definiert, so hat man dabei einen willkürlichen Spielraum.	.372	.203
EPM27	Mathematische Erkenntnisse werden meist in derselben Form formuliert, in der sie entdeckt wurden.	.353	.167
EPM22	Die mathematische Lehre kann von der Betrachtung nicht-zielführender Wege (Sackgassen, Methoden) profitieren.	−.340	.227

nl.max: betragsmäßig größte Ladung auf einem der anderen Faktoren.

Tabelle 14.4 Bedeutsame Ladungen auf Faktor 3 (PA4 der promax-rotierten 4-Faktoren-Lösung im Datensatz LAE13)

Item	Wortlaut	Ladung	nl.max
EPM01	Die Aussagen der Mathematik verhalten sich wie Naturgesetze, d. h. sie können von Menschen entdeckt werden, sind aber nicht veränderbar.	.561	.256
EPM37	Mathematik wurde vom Menschen entdeckt, aber nicht erfunden.	.524	.207
EPM47	Mathematik wurde vom Menschen erfunden.	−.493	.052
EPM23	Falls es Marsbewohner*innen gäbe, so hätten sie auf jeden Fall dieselbe Mathematik mit denselben Erkenntnissen.	.430	.246
EPM42	Es wäre denkbar, dass die aktuell bekannte Mathematik auch durch andere Begriffe, Sätze und Definitionen beschrieben werden könnte.	−.426	.226
EPM20	Was einmal mathematisch definiert wurde, kann nicht geändert werden.	.416	.343
EPM04	Durch neue Herangehensweisen und Annahmen können sich bekannte Resultate ändern.	−.391	−.098
EPM45	Zu vielen Definitionen gibt es nichtäquivalente Alternativen, die auch zu sinnvoller Mathematik führen würden.	−.325	.214
EPM17	Zwei unterschiedliche Definitionen können nicht dieselbe mathematische Eigenschaft beschreiben.	.310	.193
EPM05	Zu vielen Definitionen gibt es Alternativen, die ebenso verwendet werden könnten.	−.307	.146

nl.max: betragsmäßig größte Ladung auf einem der anderen Faktoren.

besteht (EPM14: »Die Aussagen und Definitionen der Mathematik sind universell gültig.«). Dieses Item ›fehlt‹ entsprechend bei der *platonistischen Sichtweise* (Faktor 3, siehe Tabelle 14.13), obwohl zu diesem Faktor eine inhaltliche Nähe besteht. Dafür enthält Faktor 3 nun die Items EPM23 und EPM01, die sich auf Mathematik auf dem Mars respektive den Vergleich zu Naturgesetzen beziehen und dadurch den Aspekt der *Universalität* beinhalten, während die restlichen Items des dritten Faktors diesen über den Antagonismus aus platonistischer Entdeckung und menschlicher Konstruktion charakterisieren.

14.2.2.4 9-Faktoren-Lösung, Promax-Rotation

Im Vergleich zu vorherigen Faktorlösungen finden sich hier weiterhin die Faktoren zur *Struktur mathematischen Wissens* (Faktor 1, siehe Tabelle 14.17) und

Tabelle 14.5 Bedeutsame Ladungen auf Faktor 4 (PA3 der promax-rotierten 4-Faktoren-Lösung im Datensatz LAE13)

Item	Wortlaut	Ladung	nl.max
EPM54	Mathematik ist wie Kunst ein Ergebnis von Kreativität.	.673	−.242
EPM26	Mathematische Definitionen sind ein Produkt von Kreativität.	.670	−.212
EPM12	Mathematisch zu arbeiten ist ein kreativer Prozess.	.640	−.341
EPM43	Mathematik wird fast immer nur von besonders kreativen Menschen erfunden, deren Wissen sich andere dann aneignen müssen.	.401	.161
EPM18	Bei der Formulierung von Mathematik kann man nach eigenem Ermessen vorgehen.	.393	.236

nl.max: betragsmäßig größte Ladung auf einem der anderen Faktoren.

zur *Kreativität* (Faktor 2, siehe Tabelle 14.18), jedoch lädt bei beiden Faktoren jeweils ein Item signifikant auf einen weiteren Faktor. Diese Nebenladungen sind zwar in sich schlüssig, jedoch liegt dadurch keine Einfachstruktur vor. Der Aspekt des *Ermessensspielraums beim Betreiben von Mathematik* findet sich – gemischt mit einem Stück *Pragmatismus* – in Faktor 7 (siehe Tabelle 14.23) vertreten.

Inhaltlich neu zusammengesetzt sind die Faktoren 3 und 4. Der dritte Faktor umfasst die Sichtweise, dass die *Vermittlung mathematischen Wissens effizient geschehen solle* (siehe Tabelle 14.19); der vierte Faktor bezieht sich darauf, dass das *mathematische Wissen wohldefiniert und eindeutig* ist respektive sein solle (siehe Tabelle 14.20). Faktor 8 (siehe Tabelle 14.24) ist schwieriger zu benennen, der gemeinsame Nenner der enthaltenen Items besteht aus *anschaulichen Anwendungen von Mathematik* – wobei eine Interpretation eines niedrigen respektive hohen Faktorwertes hier keine klare Lesart enthält.

Zuletzt findet sich in dieser Lösung noch eine Differenzierung zwischen einer *platonistischen Sichtweise* in Faktor 5 (siehe Tabelle 14.21) und der *Universalität mathematischer Erkenntnisse* in Faktor 6 (siehe Tabelle 14.22); wobei sich jedoch beide Faktoren aus jeweils nur zwei Items zusammensetzen. Entgegen der Erwartung enthält Faktor 6 dabei aber nicht Item EPM14[2] (welches die Universalität konkret adressiert). Die Sonderstellung dieses Items, die bereits bei der 6-Faktoren-Lösung aufgetreten ist, bleibt auch hier bestehen: Es bildet weiterhin

[2] Wortlaut Item EPM14: Die Aussagen und Definitionen der Mathematik sind universell gültig.

Tabelle 14.6 Bedeutsame Ladungen auf Faktor 1 (PA1 der promax-rotierten 5-Faktoren-Lösung im Datensatz LAE13)

Item	Wortlaut	Ladung	nl.max
EPM32	Mathematisches Wissen ist ein System von vielfältig miteinander verknüpften Begriffen.	.584	−.092
EPM15	Mathematische Fachsprache bietet sich dafür an, mathematische Eigenschaften präzise zu beschreiben.	.569	−.117
EPM24	Mathematisches Wissen baut aufeinander auf.	.551	.064
EPM44	Mathematische Aussagen sind stark miteinander vernetzt.	.550	.194
EPM55	Wenn sich rückwirkend herausstellt, dass ein Satz fehlerhaft bewiesen wurde und nicht gilt, dann hat das oft Auswirkungen auf sehr viele weitere Sätze.	.544	−.152
EPM58	Mathematik ist wie ein Gebäude, bei dem jedem Satz und jedem Begriff eine unentbehrliche Rolle als Baustein zukommt.	.541	.084
EPM48	Beim Beschäftigen mit einer Definition entsteht eine Vorstellung im Kopf, wovon diese handelt.	.470	.162
EPM50	Es ist wichtig und interessant, wenn Mathematik Querverbindungen und Zusammenhänge zwischen einzelnen Inhalten der Mathematik aufzeigt.	.456	−.216
EPM49	Mathematik ist durch ein hohes Maß an Ordnung gekennzeichnet.	.399	.198
EPM34	Die historische Entwicklung der Mathematik beeinflusst unsere heutige Arbeitsweise in Forschung und Lehre.	.393	.151
EPM46	Eine gute Denkfähigkeit und Einfallsreichtum sind im Mathematikunterricht oft wichtiger als eine gute Lern- und Merkfähigkeit.	.338	−.100
EPM11	Der durchschnittliche Mensch ist meistens nur Konsument*in und Reproduzent*in der Mathematik, die andere Menschen erschaffen haben.	.332	.176

nl.max: betragsmäßig größte Ladung auf einem der anderen Faktoren.

einen eigenen Faktor (Faktor 9, siehe Tabelle 14.25), dort nun allerdings kombiniert mit Item EPM25[3] sowie der positiven Nebenladung von EPM12[4]. Aufgrund

[3] Wortlaut Item EPM25: Das Erfinden bzw. Nach-Erfinden von Mathematik hat Vorrang vor einem Lehren bzw. Lernen von »fertiger Mathematik«.

[4] Wortlaut Item EPM12: Mathematisch zu arbeiten ist ein kreativer Prozess.

Tabelle 14.7 Bedeutsame Ladungen auf Faktor 2 (PA2 der promax-rotierten 5-Faktoren-Lösung im Datensatz LAE13)

Item	Wortlaut	Ladung	nl.max
EPM03	Beim Lernen von Mathematik sind nicht-zielführende Wege hinderlich.	.541	.232
EPM39	Die Herleitung oder der Beweis einer Formel ist nicht so wichtig wie diese anwenden zu können.	.478	−.079
EPM13	Entscheidend im Mathematikunterricht ist es, ein richtiges Ergebnis zu erhalten.	.475	.142
EPM41	Stehen in einer Vorlesung zwei unterschiedliche Definitionen desselben Begriffs zur Auswahl, so sollte stets nur die anschaulichere gewählt werden.	.465	.125
EPM35	Gelangt man in der mathematischen Forschung auf einen Irrweg oder in eine Sackgasse, so kann man daraus nur wenig lernen.	.460	.191
EPM10	Es ist unnötig, eine bereits bewiesene Aussage auf anderem Wege erneut zu beweisen.	.437	.049
EPM20	Was einmal mathematisch definiert wurde, kann nicht geändert werden.	.388	.341
EPM31	Sind sich zwei Mathematiker*innen bei der Art, wie ein Begriff definiert werden sollte, nicht einig, dann ist nur eine von beiden im Recht.	.384	−.221
EPM06	Das Lernen von systematisiertem und strukturiertem mathematischen Wissen hat Vorrang vor einer tätigen Entwicklung solchen Wissens.	.381	−.123
EPM17	Zwei unterschiedliche Definitionen können nicht dieselbe mathematische Eigenschaft beschreiben.	.349	−.187

nl.max: betragsmäßig größte Ladung auf einem der anderen Faktoren.

der fehlenden Schnittmenge erweist sich die inhaltliche Interpretation dieses Faktors allerdings als eher schwierig, es könnte sich hierbei auch um ein statistisches Artefakt handeln.

14.2.3 Diskussion der oblique rotierten Faktorlösungen

Im direkten Vergleich der vier betrachteten Lösungen erscheint die 5-Faktoren-Lösung als sinnvollste Variante für weitere Analysen. Zunächst schneiden hinsichtlich einer möglichst großen Varianzaufklärung die beiden Lösungen mit

Tabelle 14.8 Bedeutsame Ladungen auf Faktor 3 (PA4 der promax-rotierten 5-Faktoren-Lösung im Datensatz LAE13)

Item	Wortlaut	Ladung	nl.max
EPM23	Falls es Marsbewohner*innen gäbe, so hätten sie auf jeden Fall dieselbe Mathematik mit denselben Erkenntnissen.	.596	.315
EPM01	Die Aussagen der Mathematik verhalten sich wie Naturgesetze, d. h. sie können von Menschen entdeckt werden, sind aber nicht veränderbar.	.526	.208
EPM37	Mathematik wurde vom Menschen entdeckt, aber nicht erfunden.	.525	.175
EPM47	Mathematik wurde vom Menschen erfunden.	−.451	.116
EPM14	Die Aussagen und Definitionen der Mathematik sind universell gültig.	.442	.308
EPM04	Durch neue Herangehensweisen und Annahmen können sich bekannte Resultate ändern.	−.416	.087

nl.max: betragsmäßig größte Ladung auf einem der anderen Faktoren.

weniger Faktoren besser ab (vgl. Forschungsfrage F4). Denn obwohl bei der 6-Faktoren- und 9-Faktoren-Lösung mehr Faktoren extrahiert werden, fällt der erklärte Varianzanteil der hinzugekommenen Faktoren dadurch nicht in entsprechendem Maße höher aus: Die 4-Faktoren-Lösung erklärt insgesamt 24 Prozent der Varianz, bei fünf Faktoren sind es 27 Prozent. Die Hinzunahme eines sechsten Faktors bringt nur noch zwei Prozentpunkte mehr und die neun Faktoren der letzten Lösung klären dann zusammen 35 Prozent der Varianz auf. Die Lösung mit neun Faktoren enthält einige interessante Ansatzpunkte und die Faktorenanzahl entspricht – zumindest von der Anzahl der Faktoren – der Anzahl an ursprünglich angedachten Themenfeldern (vgl. Unterkapitel 12.5). Gegen die 9-Faktoren-Lösung spricht indessen, dass die extrahierten Faktoren dabei meist nur durch wenige Items charakterisiert werden. Bei zwei Items liegen Nebenladungen über .4 vor, zudem lassen sich nicht alle Faktoren sinnvoll interpretieren und benennen. Diese Schwierigkeiten treten in Teilen auch bei der 6-Faktoren-Lösung auf, wo ebenfalls ein methodisches Artefakt in Form eines Faktors mit nur einem Item entsteht. Im direkten Vergleich der beiden verbliebenen Lösungen hat die 4-Faktoren-Lösung einen kleinen Makel bei der inhaltlichen Interpretierbarkeit ihrer Faktorwerte. Das Konstrukt des ›menschlichen Verhaltens beim Erarbeiten von Mathematik‹ bietet sich nicht für eine eindimensionale Zuordnung an, ein hoher oder niedriger Faktorwert ließe sich nur als ein vorhandenes Wissen um mögliches menschliches Verhalten erfassen. Hingegen löst sich dieses Problem

Tabelle 14.9 Bedeutsame Ladungen auf Faktor 4 (PA3 der promax-rotierten 5-Faktoren-Lösung im Datensatz LAE13)

Item	Wortlaut	Ladung	nl.max
EPM18	Bei der Formulierung von Mathematik kann man nach eigenem Ermessen vorgehen.	.586	.178
EPM36	Die Präsentationsform von Mathematik (in Lehrbüchern und Vorlesungen) entspricht in der Regel der Form, in der diese Mathematik entstanden ist.	.479	.272
EPM51	Bei der Definition eines Begriffs richtet man sich danach, was für einen selbst praktisch ist.	.468	−.138
EPM52	Die einzelnen Teilgebiete der Mathematik stehen weitgehend unverzahnt nebeneinander.	.386	.302
EPM09	Wenn man in der Mathematik einen neuen Begriff definiert, so hat man dabei einen willkürlichen Spielraum.	.372	.223
EPM57	Bei der Festlegung einer Definition lassen sich häufig unterschiedliche Ansätze verfolgen, von denen dann einer willkürlich ausgewählt wird.	.364	.340
EPM29	Wenn einem die Konsequenzen einer Definition nicht gefallen, so darf man diese Definition entsprechend abändern.	.361	−.327

nl.max: betragsmäßig größte Ladung auf einem der anderen Faktoren.

Tabelle 14.10 Bedeutsame Ladungen auf Faktor 5 (PA5 der promax-rotierten 5-Faktoren-Lösung im Datensatz LAE13)

Item	Wortlaut	Ladung	nl.max
EPM26	Mathematische Definitionen sind ein Produkt von Kreativität.	.742	−.184
EPM54	Mathematik ist wie Kunst ein Ergebnis von Kreativität.	.713	−.235
EPM12	Mathematisch zu arbeiten ist ein kreativer Prozess.	.524	−.382
EPM43	Mathematik wird fast immer nur von besonders kreativen Menschen erfunden, deren Wissen sich andere dann aneignen müssen.	.464	.182

nl.max: betragsmäßig größte Ladung auf einem der anderen Faktoren.

der Interpretierbarkeit bei der Extraktion eines fünften Faktors: Dem Aspekt der Ergebniseffizienz kann man zustimmend oder ablehnend eingestellt sein; ebenso lässt sich der wahrgenommene Ermessensspielraum bei der Formulierung von Mathematik gut durch eine hohe oder niedrige Zustimmung interpretieren. Aus

Tabelle 14.11 Bedeutsame Ladungen auf Faktor 1 (PA1 der promax-rotierten 6-Faktoren-Lösung im Datensatz LAE13)

Item	Wortlaut	Ladung	nl.max
EPM32	Mathematisches Wissen ist ein System von vielfältig miteinander verknüpften Begriffen.	.578	−.135
EPM44	Mathematische Aussagen sind stark miteinander vernetzt.	.572	.151
EPM15	Mathematische Fachsprache bietet sich dafür an, mathematische Eigenschaften präzise zu beschreiben.	.567	−.095
EPM24	Mathematisches Wissen baut aufeinander auf.	.556	.121
EPM55	Wenn sich rückwirkend herausstellt, dass ein Satz fehlerhaft bewiesen wurde und nicht gilt, dann hat das oft Auswirkungen auf sehr viele weitere Sätze.	.552	−.114
EPM58	Mathematik ist wie ein Gebäude, bei dem jedem Satz und jedem Begriff eine unentbehrliche Rolle als Baustein zukommt.	.535	.150
EPM48	Beim Beschäftigen mit einer Definition entsteht eine Vorstellung im Kopf, wovon diese handelt.	.459	.165
EPM50	Es ist wichtig und interessant, wenn Mathematik Querverbindungen und Zusammenhänge zwischen einzelnen Inhalten der Mathematik aufzeigt.	.445	−.221
EPM49	Mathematik ist durch ein hohes Maß an Ordnung gekennzeichnet.	.407	.244
EPM34	Die historische Entwicklung der Mathematik beeinflusst unsere heutige Arbeitsweise in Forschung und Lehre.	.365	.303
EPM11	Der durchschnittliche Mensch ist meistens nur Konsument*in und Reproduzent*in der Mathematik, die andere Menschen erschaffen haben.	.346	.138
EPM46	Eine gute Denkfähigkeit und Einfallsreichtum sind im Mathematikunterricht oft wichtiger als eine gute Lern- und Merkfähigkeit.	.342	.087

nl.max: betragsmäßig größte Ladung auf einem der anderen Faktoren.

diesem Grund scheint die Extraktion von fünf Faktoren an dieser Stelle inhaltlich sinnvoll.

Die zuvor angedachten Themenfelder werden dabei von der 5-Faktoren-Lösung wie folgt abgedeckt: Im Themenfeld *Kreativität in der Mathematik* landen nur vier der sechs Items in einem entsprechenden Faktor KREATIVITÄT. Fünf der sechs Items aus dem Themenbereich *Mathematischer Erkenntnisprozess: ›being stuck is an honourable state‹* finden sich im Faktor ERGEBNISEFFIZIENZ wieder und

Tabelle 14.12 Bedeutsame Ladungen auf Faktor 2 (PA2 der promax-rotierten 6-Faktoren-Lösung im Datensatz LAE13)

Item	Wortlaut	Ladung	nl.max
EPM03	Beim Lernen von Mathematik sind nicht-zielführende Wege hinderlich.	.597	.239
EPM35	Gelangt man in der mathematischen Forschung auf einen Irrweg oder in eine Sackgasse, so kann man daraus nur wenig lernen.	.470	−.183
EPM41	Stehen in einer Vorlesung zwei unterschiedliche Definitionen desselben Begriffs zur Auswahl, so sollte stets nur die anschaulichere gewählt werden.	.459	.118
EPM39	Die Herleitung oder der Beweis einer Formel ist nicht so wichtig wie diese anwenden zu können.	.439	−.172
EPM17	Zwei unterschiedliche Definitionen können nicht dieselbe mathematische Eigenschaft beschreiben.	.435	−.308
EPM20	Was einmal mathematisch definiert wurde, kann nicht geändert werden.	.421	.288
EPM13	Entscheidend im Mathematikunterricht ist es, ein richtiges Ergebnis zu erhalten.	.408	.198
EPM10	Es ist unnötig, eine bereits bewiesene Aussage auf anderem Wege erneut zu beweisen.	.403	−.115
EPM06	Das Lernen von systematisiertem und strukturiertem mathematischen Wissen hat Vorrang vor einer tätigen Entwicklung solchen Wissens.	.395	−.119
EPM31	Sind sich zwei Mathematiker*innen bei der Art, wie ein Begriff definiert werden sollte, nicht einig, dann ist nur eine von beiden im Recht.	.394	−.194
EPM52	Die einzelnen Teilgebiete der Mathematik stehen weitgehend unverzahnt nebeneinander.	.384	.239
EPM22	Die mathematische Lehre kann von der Betrachtung nicht-zielführender Wege (Sackgassen, Methoden) profitieren.	−.310	.230
EPM38	Neue mathematische Erkenntnisse ändern nicht viel an der Struktur der bisherigen Mathematik.	.308	.255

nl.max: betragsmäßig größte Ladung auf einem der anderen Faktoren.

prägen diesen damit zur Hälfte. Der Themenbereich *Vorstellungen entwickeln beim Lernen von Mathematik* ließ sich nicht im angedachten Sinne bestätigen, so laden etwa drei der Items auf keinen der Faktoren, während drei andere Items innerhalb des Faktors VERNETZUNG/STRUKTUR MATHEMATISCHEN WISSENS Aspekte

Tabelle 14.13 Bedeutsame Ladungen auf Faktor 3 (PA4 der promax-rotierten 6-Faktoren-Lösung im Datensatz LAE13)

Item	Wortlaut	Ladung	nl.max
EPM37	Mathematik wurde vom Menschen entdeckt, aber nicht erfunden.	.609	.175
EPM47	Mathematik wurde vom Menschen erfunden.	−.609	.140
EPM01	Die Aussagen der Mathematik verhalten sich wie Naturgesetze, d. h. sie können von Menschen entdeckt werden, sind aber nicht veränderbar.	.546	.210
EPM23	Falls es Marsbewohner*innen gäbe, so hätten sie auf jeden Fall dieselbe Mathematik mit denselben Erkenntnissen.	.540	.297
EPM04	Durch neue Herangehensweisen und Annahmen können sich bekannte Resultate ändern.	−.404	−.123

nl.max: betragsmäßig größte Ladung auf einem der anderen Faktoren.

Tabelle 14.14 Bedeutsame Ladungen auf Faktor 4 (PA3 der promax-rotierten 6-Faktoren-Lösung im Datensatz LAE13)

Item	Wortlaut	Ladung	nl.max
EPM09	Wenn man in der Mathematik einen neuen Begriff definiert, so hat man dabei einen willkürlichen Spielraum.	.542	−.160
EPM51	Bei der Definition eines Begriffs richtet man sich danach, was für einen selbst praktisch ist.	.537	−.129
EPM18	Bei der Formulierung von Mathematik kann man nach eigenem Ermessen vorgehen.	.505	.250
EPM29	Wenn einem die Konsequenzen einer Definition nicht gefallen, so darf man diese Definition entsprechend abändern.	.469	−.312
EPM57	Bei der Festlegung einer Definition lassen sich häufig unterschiedliche Ansätze verfolgen, von denen dann einer willkürlich ausgewählt wird.	.379	.325
EPM36	Die Präsentationsform von Mathematik (in Lehrbüchern und Vorlesungen) entspricht in der Regel der Form, in der diese Mathematik entstanden ist.	.352	.328

nl.max: betragsmäßig größte Ladung auf einem der anderen Faktoren.

Tabelle 14.15 Bedeutsame Ladungen auf Faktor 5 (PA5 der promax-rotierten 6-Faktoren-Lösung im Datensatz LAE13)

Item	Wortlaut	Ladung	nl.max
EPM54	Mathematik ist wie Kunst ein Ergebnis von Kreativität.	.769	−.185
EPM26	Mathematische Definitionen sind ein Produkt von Kreativität.	.741	−.141
EPM12	Mathematisch zu arbeiten ist ein kreativer Prozess.	.534	−.343
EPM43	Mathematik wird fast immer nur von besonders kreativen Menschen erfunden, deren Wissen sich andere dann aneignen müssen.	.423	.204

nl.max: betragsmäßig größte Ladung auf einem der anderen Faktoren.

Tabelle 14.16 Bedeutsame Ladungen auf Faktor 6 (PA6 der promax-rotierten 6-Faktoren-Lösung im Datensatz LAE13)

Item	Wortlaut	Ladung	nl.max
EPM14	Die Aussagen und Definitionen der Mathematik sind universell gültig.	.545	.266

nl.max: betragsmäßig größte Ladung auf einem der anderen Faktoren.

wie die Bedeutung der Fachsprache, die Nützlichkeit von Querverbindungen und Vorstellungen prägen. Aus dem Themenfeld *Vielfalt und Bedeutung mathematischer Definitionen* spielen zwei Items in der gewählten 5-Faktoren-Lösung keine Rolle, die anderen drei laden auf den Faktor ERGEBNISEFFIZIENZ und präzisieren diesen hinsichtlich der Vielfalt mathematischer Definitionen. Der Bereich *Genese mathematischen Wissens* scheint durch die vorliegende Faktorlösung nicht konzeptualisierbar zu sein, drei der vier Items sind in dieser nicht enthalten. Zur Erfassung einer entsprechenden Dimension in der befragten Zielgruppe bedarf es eventuell anderer Items. Fünf der sieben Items aus dem Themenfeld *Struktureller Aufbau der Mathematik* bilden in der gewählten Faktorlösung die Grundlage des Faktors VERNETZUNG/STRUKTUR MATHEMATISCHEN WISSENS. Der Bereich *Konventionen und Geschichte in der Mathematik* ließ sich nicht als eigener Faktor extrahieren, vielmehr verteilen sich dessen fünf Items in der Faktorlösung auf vier unterschiedliche Faktoren: Einerseits spielen Konventionen und Geschichte beim strukturellen Aufbau der Mathematik eine Rolle (zwei Items laden auf den Faktor VERNETZUNG/STRUKTUR MATHEMATISCHEN WISSENS), andererseits ergänzen sie auch die Faktoren ERGEBNISEFFIZIENZ, ERMESSENSSPIELRAUM BEI DER

Tabelle 14.17 Bedeutsame Ladungen auf Faktor 1 (PA1 der promax-rotierten 9-Faktoren-Lösung im Datensatz LAE13)

Item	Wortlaut	Ladung	nl.max
EPM15	Mathematische Fachsprache bietet sich dafür an, mathematische Eigenschaften präzise zu beschreiben.	.635	−.233
EPM44	Mathematische Aussagen sind stark miteinander vernetzt.	.559	.137
EPM55	Wenn sich rückwirkend herausstellt, dass ein Satz fehlerhaft bewiesen wurde und nicht gilt, dann hat das oft Auswirkungen auf sehr viele weitere Sätze.	.550	.250
EPM32	Mathematisches Wissen ist ein System von vielfältig miteinander verknüpften Begriffen.	.544	.109
EPM58	Mathematik ist wie ein Gebäude, bei dem jedem Satz und jedem Begriff eine unentbehrliche Rolle als Baustein zukommt.	.521	.108
EPM24	Mathematisches Wissen baut aufeinander auf.	.506	−.198
EPM50	Es ist wichtig und interessant, wenn Mathematik Querverbindungen und Zusammenhänge zwischen einzelnen Inhalten der Mathematik aufzeigt.	*.447*	*−.404*
EPM48	Beim Beschäftigen mit einer Definition entsteht eine Vorstellung im Kopf, wovon diese handelt.	.442	.146
EPM49	Mathematik ist durch ein hohes Maß an Ordnung gekennzeichnet.	.430	.117
EPM11	Der durchschnittliche Mensch ist meistens nur Konsument*in und Reproduzent*in der Mathematik, die andere Menschen erschaffen haben.	.355	.224
EPM46	Eine gute Denkfähigkeit und Einfallsreichtum sind im Mathematikunterricht oft wichtiger als eine gute Lern- und Merkfähigkeit.	.340	.216
EPM34	Die historische Entwicklung der Mathematik beeinflusst unsere heutige Arbeitsweise in Forschung und Lehre.	.307	−.216

nl.max: betragsmäßig größte Ladung auf einem der anderen Faktoren. Kursiv gesetzte Werte: bedeutsame Faktorladung auf mehr als einem Faktor.

FORMULIERUNG VON MATHEMATIK und PLATONISMUS/UNIVERSALITÄT MATHEMATISCHER ERKENNTNISSE um jeweils einen Teilaspekt. Der Themenbereich *Mathematik als menschliches Produkt (Einfluss auf die Entstehung der Mathematik)* konnte indes konzeptualisiert werden: Alle fünf Items laden auf den Faktor PLATONISMUS/UNIVERSALITÄT MATHEMATISCHER ERKENNTNISSE. Zuletzt landen beim Themenfeld *Mathematik als menschlicher Prozess (Einfluss auf bestehende*

Tabelle 14.18 Bedeutsame Ladungen auf Faktor 2 (PA5 der promax-rotierten 9-Faktoren-Lösung im Datensatz LAE13)

Item	Wortlaut	Ladung	nl.max
EPM54	Mathematik ist wie Kunst ein Ergebnis von Kreativität.	.868	.353
EPM26	Mathematische Definitionen sind ein Produkt von Kreativität.	.840	.132
EPM12	Mathematisch zu arbeiten ist ein kreativer Prozess.	*.617*	*.414*
EPM43	Mathematik wird fast immer nur von besonders kreativen Menschen erfunden, deren Wissen sich andere dann aneignen müssen.	.471	.178

nl.max: betragsmäßig größte Ladung auf einem der anderen Faktoren. Kursiv gesetzte Werte: bedeutsame Faktorladung auf mehr als einem Faktor.

Mathematik) vier der fünf Items einheitlich im Faktor ERMESSENSSPIELRAUM BEI DER FORMULIERUNG VON MATHEMATIK und bilden dessen Grundlage.

Um die Stabilität der gewählten Faktorlösung zu überprüfen, werden die fünf extrahierten Faktoren der schiefwinkligen Promax-Rotation im folgenden Abschnitt noch den Ergebnissen einer orthogonalen Varimax-Rotation sowie einer Maximum-Likelihood-Faktorenanalyse mit jeweils fünf extrahierten Faktoren gegenübergestellt. Sind die resultierenden Faktoren methodeninvariant, so spricht dies für eine stabile Faktorlösung (vgl. Unterkapitel 9.4).

14.2.4 Stabilität der Lösung mit fünf extrahierten Faktoren – Vergleich der Faktorenlösungen bei obliquer Rotation, orthogonaler Rotation und ML-Faktorenanalyse

Die nachfolgenden Tabellen (Tabelle 14.26 bis Tabelle 14.30) zeigen die Faktorladungen der 5-Faktoren-Lösung einer Hauptachsen-Faktorenanalyse mit Promax- respektive Varimax-Rotation und vergleichend auch einer Maximum-Likelihood-Faktorenanalyse[5]. Bei allen drei Methoden sind die Item-Faktor-Zuordnungen unverändert. Da die Ladungsgewichte von der Stichprobe, der Art der Faktorenanalyse und auch der Rotation abhängen, sind die Faktorladungen eines Items in den Spalten teilweise unterschiedlich. Dadurch wird jedoch höchstens die Reihenfolge der Items innerhalb des Faktors beeinflusst, aber keines der Items ändert dabei den Faktor der Hauptladung.

[5] Die Matrizen inklusive aller Faktorladungen finden sich in Abschnitt C.2 des elektronischen Zusatzmaterials.

Tabelle 14.19 Bedeutsame Ladungen auf Faktor 3 (PA3 der promax-rotierten 9-Faktoren-Lösung im Datensatz LAE13)

Item	Wortlaut	Ladung	nl.max
EPM09	Wenn man in der Mathematik einen neuen Begriff definiert, so hat man dabei einen willkürlichen Spielraum.	.637	−.240
EPM57	Bei der Festlegung einer Definition lassen sich häufig unterschiedliche Ansätze verfolgen, von denen dann einer willkürlich ausgewählt wird.	.546	.193
EPM13	Entscheidend im Mathematikunterricht ist es, ein richtiges Ergebnis zu erhalten.	.428	.231
EPM50	Es ist wichtig und interessant, wenn Mathematik Querverbindungen und Zusammenhänge zwischen einzelnen Inhalten der Mathematik aufzeigt.	*−.404*	*.447*
EPM06	Das Lernen von systematisiertem und strukturiertem mathematischen Wissen hat Vorrang vor einer tätigen Entwicklung solchen Wissens.	.397	−.264
EPM10	Es ist unnötig, eine bereits bewiesene Aussage auf anderem Wege erneut zu beweisen.	.363	.166
EPM18	Bei der Formulierung von Mathematik kann man nach eigenem Ermessen vorgehen.	.322	.284
EPM36	Die Präsentationsform von Mathematik (in Lehrbüchern und Vorlesungen) entspricht in der Regel der Form, in der diese Mathematik entstanden ist.	.300	.248

nl.max: betragsmäßig größte Ladung auf einem der anderen Faktoren. Kursiv gesetzte Werte: bedeutsame Faktorladung auf mehr als einem Faktor.

Insgesamt legen die vorliegenden Daten nahe, dass die hier gefundene Faktorenlösung methodeninvariant ist. Zudem können die extrahierten Faktoren als orthogonal angesehen werden, was eine Interpretation und Verwendung einzelner Faktoren aus diesem Verbund ermöglicht. Diese neuen Skalen können dazu beitragen, die mathematischen Weltbilder der befragten Studierenden differenzierter zu erheben. Für die weitere Auswertung in den kommenden Kapiteln wird aufgrund der einfacheren Interpretation ihrer Mustermatrix die orthogonale Varimax-Lösung verwendet (siehe Kapitel 15). Zuvor enthält das folgende Unterkapitel 14.3 noch die Ergebnisse der explorativen Faktorenanalyse der Items im Bereich Kreativität.

Tabelle 14.20 Bedeutsame Ladungen auf Faktor 4 (PA2 der promax-rotierten 9-Faktoren-Lösung im Datensatz LAE13)

Item	Wortlaut	Ladung	nl.max
EPM17	Zwei unterschiedliche Definitionen können nicht dieselbe mathematische Eigenschaft beschreiben.	.604	.244
EPM19	Es ist hilfreich, wenn man zu einer Definition vielfältige Vorstellungen im Kopf hat.	−.525	.148
EPM42	Es wäre denkbar, dass die aktuell bekannte Mathematik auch durch andere Begriffe, Sätze und Definitionen beschrieben werden könnte.	−.462	.198
EPM35	Gelangt man in der mathematischen Forschung auf einen Irrweg oder in eine Sackgasse, so kann man daraus nur wenig lernen.	.405	.249
EPM31	Sind sich zwei Mathematiker*innen bei der Art, wie ein Begriff definiert werden sollte, nicht einig, dann ist nur eine von beiden im Recht.	.389	.167
EPM20	Was einmal mathematisch definiert wurde, kann nicht geändert werden.	.356	.337
EPM03	Beim Lernen von Mathematik sind nicht-zielführende Wege hinderlich.	.349	.327

nl.max: betragsmäßig größte Ladung auf einem der anderen Faktoren.

Tabelle 14.21 Bedeutsame Ladungen auf Faktor 5 (PA6 der promax-rotierten 9-Faktoren-Lösung im Datensatz LAE13)

Item	Wortlaut	Ladung	nl.max
EPM47	Mathematik wurde vom Menschen erfunden.	.880	−.202
EPM37	Mathematik wurde vom Menschen entdeckt, aber nicht erfunden.	−.579	.263

nl.max: betragsmäßig größte Ladung auf einem der anderen Faktoren.

14.3 Kreativitäts-Items im Datensatz E14-PRE

Der Itempool zur Kreativität bestand ursprünglich aus 21 neuen Items (vgl. Unterkapitel 9.5 sowie auch Anhang A.2), von denen drei Items (KRE05, KRE06 und KRE19) aufgrund ihrer Verteilung, der inhaltlichen Analyse und der Betrachtung der MSA-Werte im Vorfeld ausgeschlossen wurden (vgl. Unterkapitel 12.4). Für die explorative Faktorenanalyse wurden diese 18 Items schließlich noch um die fünf bereits vorhandenen Items zur Kreativität (EPM12, EPM26, EPM43, EPM46,

Tabelle 14.22 Bedeutsame Ladungen auf Faktor 6 (PA9 der promax-rotierten 9-Faktoren-Lösung im Datensatz LAE13)

Item	Wortlaut	Ladung	nl.max
EPM23	Falls es Marsbewohner*innen gäbe, so hätten sie auf jeden Fall dieselbe Mathematik mit denselben Erkenntnissen.	.651	.146
EPM01	Die Aussagen der Mathematik verhalten sich wie Naturgesetze, d. h. sie können von Menschen entdeckt werden, sind aber nicht veränderbar.	.434	−.314
EPM04	Durch neue Herangehensweisen und Annahmen können sich bekannte Resultate ändern.	−.388	.156

nl.max: betragsmäßig größte Ladung auf einem der anderen Faktoren.

Tabelle 14.23 Bedeutsame Ladungen auf Faktor 7 (PA8 der promax-rotierten 9-Faktoren-Lösung im Datensatz LAE13)

Item	Wortlaut	Ladung	nl.max
EPM51	Bei der Definition eines Begriffs richtet man sich danach, was für einen selbst praktisch ist.	.642	−.157
EPM29	Wenn einem die Konsequenzen einer Definition nicht gefallen, so darf man diese Definition entsprechend abändern.	.362	.267
EPM05	Zu vielen Definitionen gibt es Alternativen, die ebenso verwendet werden könnten.	.358	.175

nl.max: betragsmäßig größte Ladung auf einem der anderen Faktoren.

Tabelle 14.24 Bedeutsame Ladungen auf Faktor 8 (PA7 der promax-rotierten 9-Faktoren-Lösung im Datensatz LAE13)

Item	Wortlaut	Ladung	nl.max
EPM39	Die Herleitung oder der Beweis einer Formel ist nicht so wichtig wie diese anwenden zu können.	.489	−.381
EPM45	Zu vielen Definitionen gibt es nichtäquivalente Alternativen, die auch zu sinnvoller Mathematik führen würden.	.468	.373
EPM52	Die einzelnen Teilgebiete der Mathematik stehen weitgehend unverzahnt nebeneinander.	.420	−.253
EPM02	Es ist stets von Vorteil, bei mathematischen Definitionen auf Anschaulichkeit zu achten.	.309	−.065

nl.max: betragsmäßig größte Ladung auf einem der anderen Faktoren.

Tabelle 14.25 Bedeutsame Ladungen auf Faktor 9 (PA4 der promax-rotierten 9-Faktoren-Lösung im Datensatz LAE13)

Item	Wortlaut	Ladung	nl.max
EPM14	Die Aussagen und Definitionen der Mathematik sind universell gültig.	.505	.346
EPM25	Das Erfinden bzw. Nach-Erfinden von Mathematik hat Vorrang vor einem Lehren bzw. Lernen von »fertiger Mathematik«.	.419	.249
EPM12	Mathematisch zu arbeiten ist ein kreativer Prozess.	*.414*	*.617*

nl.max: betragsmäßig größte Ladung auf einem der anderen Faktoren. Kursiv gesetzte Werte: bedeutsame Faktorladung auf mehr als einem Faktor.

EPM54) ergänzt. Da die Eignung von Items für eine Faktorenanalyse jedoch auch stets vom zugrunde liegenden Datensatz abhängt, ergibt sich an dieser Stelle die Notwendigkeit eines erneuten Blicks auf die MSA-Werte der Items (siehe Tabelle 14.31) sowie die KMO-Koeffizienten der Datensätze.

Wie aus Tabelle 14.31 ersichtlich wird, sind drei Items des betrachteten Datensatzes ungeeignet für eine Faktorenanalyse und werden daher vor Durchführung der Faktorenanalyse ausgeschlossen. Hierdurch verbessert sich zudem der KMO-Koeffizient des Datensatzes von .70 auf .75 (siehe Tabelle 14.32), sodass schließlich 20 der 23 Items Verwendung finden. Tabelle 14.32 stellt für die drei Varianten der Itemsätze mit 18, 23 und 20 Items jeweils den KMO-Koeffizienten und das Ergebnis von Bartletts Sphärizitätstest dar. Daraus lässt sich zudem entnehmen, dass die Tauglichkeit des Datensatzes für eine explorative Faktorenanalyse durch die Erweiterung um die fünf Items des zuvor extrahierten Faktors KREATIVITÄT nicht beeinträchtigt wird.

Die Ergebnisse der explorativen Faktorenanalyse werden im folgenden Abschnitt berichtet. Das Vorgehen entspricht dabei den Abläufen der EPM-Items im Datensatz LAE13 (vgl. Unterkapitel 14.2) und besteht aus der Bestimmung der Faktorenanzahl und der Durchführung einer Hauptachsenanalyse mit anschließender Interpretation der extrahierten Faktoren.

14.3.1 Bestimmung der Faktorenanzahl

Bei der Analyse des Eigenwertverlaufs legt das Velicer-MAP-Kriterium die Extraktion von zwei Faktoren nahe, ebenso wie die Parallelanalyse, deren simulierter Eigenwertverlauf in Abbildung 14.4 zu sehen ist. Ab zwei Faktoren ergibt sich zudem ein guter Modellfit des extrahierten Modells (RMSEA $< .08$,

Tabelle 14.26 Faktorladungen im Faktor 1 der 5-Faktoren-Lösung in Abhängigkeit der Rotationsart (Datensatz LAE13)

Item	Wortlaut	Varimax	Promax	ML
EPM32	Mathematisches Wissen ist ein System von vielfältig miteinander verknüpften Begriffen.	.581	.584	.580
EPM15	Mathematische Fachsprache bietet sich dafür an, mathematische Eigenschaften präzise zu beschreiben.	.558	.569	.550
EPM24	Mathematisches Wissen baut aufeinander auf.	.551	.551	.530
EPM44	Mathematische Aussagen sind stark miteinander vernetzt.	.547	.550	.570
EPM58	Mathematik ist wie ein Gebäude, bei dem jedem Satz und jedem Begriff eine unentbehrliche Rolle als Baustein zukommt.	.541	.541	.530
EPM55	Wenn sich rückwirkend herausstellt, dass ein Satz fehlerhaft bewiesen wurde und nicht gilt, dann hat das oft Auswirkungen auf sehr viele weitere Sätze.	.527	.544	.560
EPM50	Es ist wichtig und interessant, wenn Mathematik Querverbindungen und Zusammenhänge zwischen einzelnen Inhalten der Mathematik aufzeigt.	.473	.456	.430
EPM48	Beim Beschäftigen mit einer Definition entsteht eine Vorstellung im Kopf, wovon diese handelt.	.468	.470	.430
EPM34	Die historische Entwicklung der Mathematik beeinflusst unsere heutige Arbeitsweise in Forschung und Lehre.	.398	.393	.340
EPM49	Mathematik ist durch ein hohes Maß an Ordnung gekennzeichnet.	.389	.399	.360
EPM46	Eine gute Denkfähigkeit und Einfallsreichtum sind im Mathematikunterricht oft wichtiger als eine gute Lern- und Merkfähigkeit.	.347	.338	.330
EPM11	Der durchschnittliche Mensch ist meistens nur Konsument*in und Reproduzent*in der Mathematik, die andere Menschen erschaffen haben.	.318	.332	.340
EPM19	Es ist hilfreich, wenn man zu einer Definition vielfältige Vorstellungen im Kopf hat.	.306	*.291*	*−.280*
EPM56	Neue mathematische Theorie entsteht erst dann, wenn zu einer Menge von Aussagen der Beweis (fehlerlos) vorliegt.	*.275*	*.294*	*.280*

ML: Maximum-Likelihood-Faktorenanalyse. Kursiv gesetzte Werte: Hauptladung nicht bedeutsam.

Tabelle 14.27 Faktorladungen im Faktor 2 der 5-Faktoren-Lösung in Abhängigkeit der Rotationsart (Datensatz LAE13)

Item	Wortlaut	Varimax	Promax	ML
EPM03	Beim Lernen von Mathematik sind nicht-zielführende Wege hinderlich.	.510	.541	.480
EPM35	Gelangt man in der mathematischen Forschung auf einen Irrweg oder in eine Sackgasse, so kann man daraus nur wenig lernen.	.463	.460	.410
EPM41	Stehen in einer Vorlesung zwei unterschiedliche Definitionen desselben Begriffs zur Auswahl, so sollte stets nur die anschaulichere gewählt werden.	.456	.465	.380
EPM39	Die Herleitung oder der Beweis einer Formel ist nicht so wichtig wie diese anwenden zu können.	.455	.478	.390
EPM13	Entscheidend im Mathematikunterricht ist es, ein richtiges Ergebnis zu erhalten.	.450	.475	.330
EPM10	Es ist unnötig, eine bereits bewiesene Aussage auf anderem Wege erneut zu beweisen.	.435	.437	.340
EPM20	Was einmal mathematisch definiert wurde, kann nicht geändert werden.	.424	.388	.390
EPM31	Sind sich zwei Mathematiker*innen bei der Art, wie ein Begriff definiert werden sollte, nicht einig, dann ist nur eine von beiden im Recht.	.406	.384	.440
EPM06	Das Lernen von systematisiertem und strukturiertem mathematischen Wissen hat Vorrang vor einer tätigen Entwicklung solchen Wissens.	.386	.381	.330
EPM17	Zwei unterschiedliche Definitionen können nicht dieselbe mathematische Eigenschaft beschreiben.	.358	.349	.480
EPM27	Mathematische Erkenntnisse werden meist in derselben Form formuliert, in der sie entdeckt wurden.	*.299*	*.279*	*.280*
EPM22	Die mathematische Lehre kann von der Betrachtung nicht-zielführender Wege (Sackgassen, Methoden) profitieren.	*−.284*	*−.265*	*−.230*
EPM38	Neue mathematische Erkenntnisse ändern nicht viel an der Struktur der bisherigen Mathematik.	*.274*	*.286*	*.290*
EPM02	Es ist stets von Vorteil, bei mathematischen Definitionen auf Anschaulichkeit zu achten.	*.177*	*.187*	*.190*

ML: Maximum-Likelihood-Faktorenanalyse. Kursiv gesetzte Werte: Hauptladung nicht bedeutsam.

Tabelle 14.28 Faktorladungen im Faktor 3 der 5-Faktoren-Lösung in Abhängigkeit der Rotationsart (Datensatz LAE13)

Item	Wortlaut	Varimax	Promax	ML
EPM01	Die Aussagen der Mathematik verhalten sich wie Naturgesetze, d. h. sie können von Menschen entdeckt werden, sind aber nicht veränderbar.	.535	.526	.560
EPM37	Mathematik wurde vom Menschen entdeckt, aber nicht erfunden.	.525	.525	.560
EPM23	Falls es Marsbewohner*innen gäbe, so hätten sie auf jeden Fall dieselbe Mathematik mit denselben Erkenntnissen.	.524	.596	.540
EPM47	Mathematik wurde vom Menschen erfunden.	−.464	−.451	−.510
EPM04	Durch neue Herangehensweisen und Annahmen können sich bekannte Resultate ändern.	−.394	−.416	−.380
EPM14	Die Aussagen und Definitionen der Mathematik sind universell gültig.	.372	.442	.350
EPM42	Es wäre denkbar, dass die aktuell bekannte Mathematik auch durch andere Begriffe, Sätze und Definitionen beschrieben werden könnte.	−.310	*.295*	−.310
EPM45	Zu vielen Definitionen gibt es nichtäquivalente Alternativen, die auch zu sinnvoller Mathematik führen würden.	*−.266*	*−.246*	*.280*

ML: Maximum-Likelihood-Faktorenanalyse. Kursiv gesetzte Werte: Hauptladung nicht bedeutsam.

SRMR < .11). Weiterhin ist der Scree-Plot des Eigenwertverlaufs in Abbildung 14.3 dargestellt; wobei der Knick bei drei Faktoren liegt, was für eine Extraktion von zwei oder drei Faktoren spricht.

Tabelle 14.29 Faktorladungen im Faktor 4 der 5-Faktoren-Lösung in Abhängigkeit der Rotationsart (Datensatz LAE13)

Item	Wortlaut	Varimax	Promax	ML
EPM18	Bei der Formulierung von Mathematik kann man nach eigenem Ermessen vorgehen.	.551	.586	.540
EPM51	Bei der Definition eines Begriffs richtet man sich danach, was für einen selbst praktisch ist.	.469	.468	.500
EPM36	Die Präsentationsform von Mathematik (in Lehrbüchern und Vorlesungen) entspricht in der Regel der Form, in der diese Mathematik entstanden ist.	.453	.479	.460
EPM52	Die einzelnen Teilgebiete der Mathematik stehen weitgehend unverzahnt nebeneinander.	.382	.386	.380
EPM09	Wenn man in der Mathematik einen neuen Begriff definiert, so hat man dabei einen willkürlichen Spielraum.	.374	.372	.470
EPM57	Bei der Festlegung einer Definition lassen sich häufig unterschiedliche Ansätze verfolgen, von denen dann einer willkürlich ausgewählt wird.	.370	.364	.420
EPM29	Wenn einem die Konsequenzen einer Definition nicht gefallen, so darf man diese Definition entsprechend abändern.	.354	.361	.400
EPM05	Zu vielen Definitionen gibt es Alternativen, die ebenso verwendet werden könnten.	*.299*	*.288*	*.270*

ML: Maximum-Likelihood-Faktorenanalyse. Kursiv gesetzte Werte: Hauptladung nicht bedeutsam.

```
2 Eigenvalues >1

Parallel analysis suggests that the number of factors =  2  and the number of components =  NA

Very Simple Structure
Call: vss(x = E14-PRE, n = 7, rotate = "promax", diagonal = !T, fm = "pa", plot = !T)
VSS complexity 1 achieves a maximimum of 0.69  with  1  factors
VSS complexity 2 achieves a maximimum of 0.64  with  4  factors

The Velicer MAP achieves a minimum of 0.02  with  2  factors

BIC achieves a minimum of  -466.71  with  1  factors
Sample Size adjusted BIC achieves a minimum of  -23.77  with  7  factors

Statistics by number of factors
  vss1 vss2   map dof chisq    prob sqresid  fit RMSEA  BIC SABIC complex eChisq  SRMR eCRMS eBIC
1 0.69 0.00 0.028 170   260 0.00001      15 0.69 0.101 -467  68.9     1.0    308 0.106 0.112 -419
2 0.57 0.60 0.025 151   190 0.01708      20 0.60 0.079 -456  20.1     1.1    182 0.082 0.092 -463
3 0.48 0.58 0.027 133   158 0.06619      21 0.59 0.073 -410   8.6     1.3    130 0.069 0.082 -439
4 0.45 0.64 0.029 116   123 0.30382      20 0.60 0.058 -373  -7.3     1.5     88 0.057 0.073 -408
5 0.47 0.59 0.032 100    96 0.60403      19 0.62 0.043 -332 -16.9     1.7     59 0.046 0.064 -369
6 0.42 0.58 0.038  85    74 0.79045      18 0.64 0.025 -289 -21.4     1.9     43 0.040 0.059 -320
7 0.43 0.56 0.043  71    56 0.90081      20 0.60 0.000 -247 -23.8     2.2     28 0.032 0.052 -276
```

Tabelle 14.30 Faktorladungen im Faktor 5 der 5-Faktoren-Lösung in Abhängigkeit der Rotationsart (Datensatz LAE13)

Item	Wortlaut	Varimax	Promax	ML
EPM26	Mathematische Definitionen sind ein Produkt von Kreativität.	.750	.742	.730
EPM54	Mathematik ist wie Kunst ein Ergebnis von Kreativität.	.722	.713	.860
EPM12	Mathematisch zu arbeiten ist ein kreativer Prozess.	.565	.524	.650
EPM43	Mathematik wird fast immer nur von besonders kreativen Menschen erfunden, deren Wissen sich andere dann aneignen müssen.	.467	.464	.410
EPM21	Fehlerlosigkeit wird erst bei der logischen Absicherung von mathematischen Aussagen verlangt, nicht bereits bei deren Entwicklung.	*.216*	*.211*	*.150*
EPM25	Das Erfinden bzw. Nach-Erfinden von Mathematik hat Vorrang vor einem Lehren bzw. Lernen von »fertiger Mathematik«.	*.201*	*.192*	*.230*

ML: Maximum-Likelihood-Faktorenanalyse. Kursiv gesetzte Werte: Hauptladung nicht bedeutsam.

Tabelle 14.31 Items mit MSA-Koeffizienten unterhalb von .5 im Datensatz E14-PRE

Item	MSA	Wortlaut des Items
KRE01	0.38	Es gibt bei den meisten mathematischen Problemen viele verschiedene Lösungswege.
KRE04	0.45	Wenn man in der Schule oder im Studium einen Beweis anfertigt, dann kann man dadurch nur Dinge zeigen, die bereits bekannt und nachgewiesen sind.
KRE13	0.37	Ich kann die Trial-and-Error-Methode (Versuch und Irrtum, d. h. »Ausprobieren, bis es klappt«) üblicherweise beim Lösen mathematischer Probleme anwenden.

MSA: measure of sample adequacy

In den folgenden Abschnitten werden die promax-rotierten Lösungen mit zwei und drei extrahierten Faktoren dargestellt und ausgewertet. Wie bereits zuvor muss bei der Interpretation der Faktorladungen obliquer Rotationen entsprechend auch die Strukturmatrix berücksichtigt werden, diese befinden sich in Abschnitt C.3 des elektronischen Zusatzmaterials.

Tabelle 14.32 Bartletts Sphärizitätstest und KMO-Koeffizient bei Erweiterung des Datensatzes E14-PRE

Itemsatz	Anzahl Items	Fälle	χ^2	df	p	KMO-Koeffizient
KRE_{neu}	18	72	348.4638	153	<.001	0.70
KRE_{gesamt}	23	72	600.0136	253	<.001	0.70
$KRE_{verwendet}$	20	72	522.1765	190	<.001	0.75

χ^2: Wert des χ^2-Tests. df: Anzahl der Freiheitsgrade beim χ^2-Test. p: Wahrscheinlichkeit des χ^2-Testergebnisses. KMO: Kaiser-Mayer-Olkin

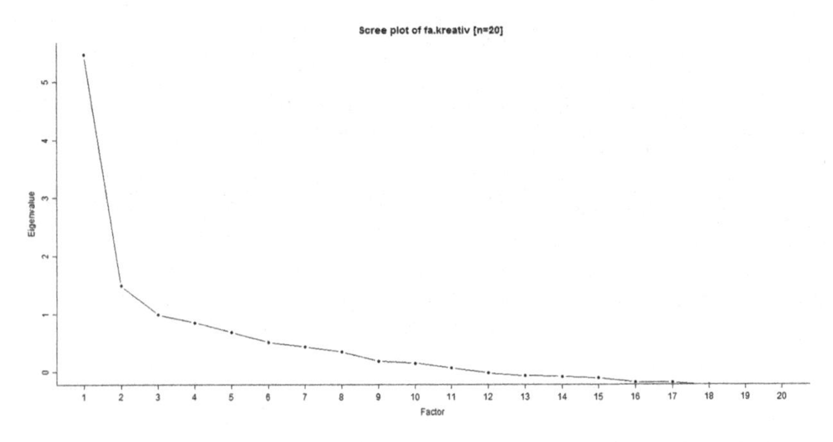

Abbildung 14.3 Scree-Plot des Eigenwertverlaufs der KRE-Items im Datensatz E14-PRE

14.3.2 Lösungen der obliquen Rotationen mit unterschiedlicher Faktorenanzahl

14.3.2.1 2-Faktoren-Lösung, Promax-Rotation

Bei der Extraktion zweier Faktoren sammeln sich in Faktor 2 diejenigen Items, die bereits bei der Faktorenanalyse der EPM-Items des Datensatzes LAE13 als ›Kreativitätsfaktor‹ zusammenkamen. Ergänzt werden sie um zwei neue Items, KRE15 und KRE20, die aber inhaltlich gut zur *Mathematik als ein kreatives Produkt* passen. Der andere Faktor beinhaltet eher Items, die *Mathematik als einen*

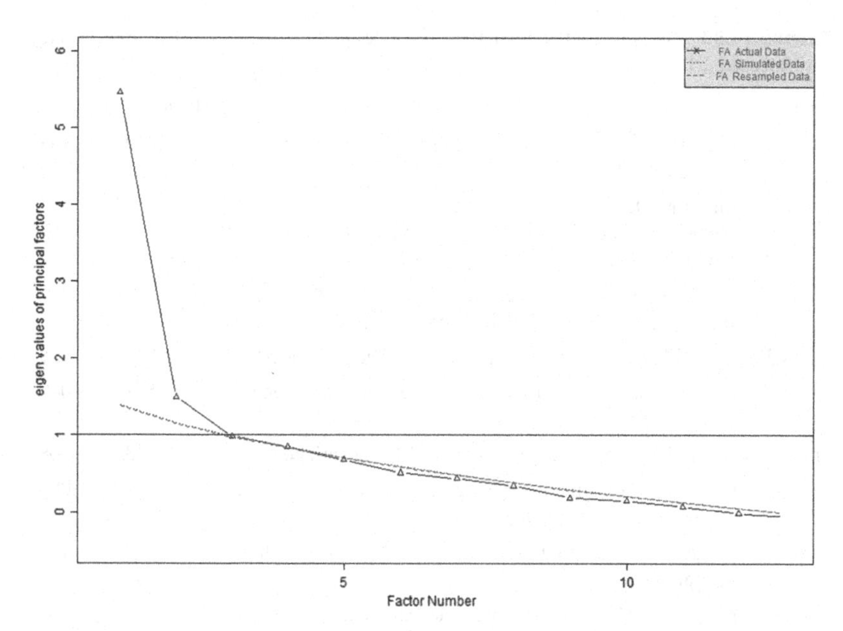

Abbildung 14.4 Simulierter Eigenwertverlauf der Parallelanalyse der KRE-Items im Datensatz E14-PRE

eigentätigen kreativen Prozess darstellen. Tabelle 14.33 und Tabelle 14.34 zeigen die Zusammensetzung der beiden Faktoren.

14.3.2.2 3-Faktoren-Lösung, Promax-Rotation

Die bei der 2-Faktoren-Lösung bereits sichtbare Unterscheidung der Kreativität in den Aspekt der *Mathematik als objektives Produkt von Kreativität* (Faktor 1) und den Aspekt der *individuellen Kreativität beim Betreiben von Mathematik* (Faktor 2) wird in der nachfolgend dargestellten 3-Faktoren-Lösung noch um einen dritten Faktor zur *Vielfalt an Lösungswegen in der Mathematik* ergänzt. Bis auf Item KRE18 laden alle Items bedeutsam auf einem der Faktoren. Tabelle 14.35 bis Tabelle 14.37 zeigen die Zusammensetzung der drei Faktoren in dieser Faktorlösung.

Tabelle 14.33 Zusammensetzung Faktor 1 (PA1 der promax-rotierten 2-Faktoren-Lösung im Datensatz E14-PRE)

Item	Wortlaut	Ladung	nl.max
KRE12	Beim Beweisen kann man Dinge entdecken, die einem vorher selbst nicht bewusst waren.	.760	−.133
EPM46	Eine gute Denkfähigkeit und Einfallsreichtum sind im Mathematikunterricht oft wichtiger als eine gute Lern- und Merkfähigkeit.	.656	−.116
KRE11	Wenn ein Mensch vor Ideen nur so sprudelt, sollte er oder sie ein Mathematikstudium in Betracht ziehen.	.627	−.267
KRE03	In der Mathematik werden ständig neue Dinge entdeckt.	.574	.155
KRE02	Beim Lösen mathematischer Probleme gibt es nur wenig Raum für Originalität.	−.571	−.049
KRE17	Beim Mathematiktreiben kann man sich frei entfalten.	.535	.108
KRE08	Ein spontaner Einfall hat mir schon häufiger geholfen, ein mathematisches Problem zu lösen.	.521	.098
KRE10	Entdeckungen der Mathematik entstehen aus geistreichen Schöpfungen.	.496	.144
KRE09	Es ist beim Mathematiktreiben gelegentlich notwendig, von altbekannten Wegen abzuweichen.	.467	.030
KRE21	In der Mathematik kann ich ein Problem erfolgreich lösen, indem ich bekannte Vorgehensweisen über den Haufen werfe.	.370	−.025
KRE07	Auf der Suche nach einem Beweis muss man meist vollkommen neues Terrain betreten.	.320	.166

nl.max: betragsmäßig größte Ladung auf einem der anderen Faktoren.

14.3.3 Vergleich orthogonal rotierter Faktorenlösungen mit unterschiedlicher Anzahl extrahierter Faktoren

Im direkten Vergleich der drei betrachteten Lösungen erscheint die 3-Faktoren-Lösung als sinnvollste Variante für weitere Analysen. Die aufgeklärte Varianz beträgt in der 2-Faktoren-Lösung 33 Prozent, bei der Extraktion von drei Faktoren werden insgesamt 39 Prozent der gesamten Varianz erklärt. Inhaltlich interpretierbar sind sowohl die Lösung mit zwei als auch mit drei Faktoren, wobei der divergente, Vielfalt produzierende Aspekt der Kreativität (Faktor 3 in der 3-Faktoren-Lösung) ein Argument zur Extraktion von drei Faktoren darstellt.

Tabelle 14.34 Zusammensetzung Faktor 2 (PA2 der promax-rotierten 2-Faktoren-Lösung im Datensatz E14-PRE)

Item	Wortlaut	Ladung	nl.max
EPM26	Mathematische Definitionen sind ein Produkt von Kreativität.	.904	−.185
EPM54	Mathematik ist wie Kunst ein Ergebnis von Kreativität.	.861	−.108
EPM12	Mathematisch zu arbeiten ist ein kreativer Prozess.	.735	−.050
KRE20	Mathematik ist ein Gebiet für kreative Köpfe.	.711	.122
EPM43	Mathematik wird fast immer nur von besonders kreativen Menschen erfunden, deren Wissen sich andere dann aneignen müssen.	.418	−.056
KRE15	Originelle Einfälle sind in der Mathematik üblich.	.394	.106

nl.max: betragsmäßig größte Ladung auf einem der anderen Faktoren.

Tabelle 14.35 Zusammensetzung Faktor 1 (PA2 der promax-rotierten 3-Faktoren-Lösung im Datensatz E14-PRE)

Item	Wortlaut	Ladung	nl.max
EPM26	Mathematische Definitionen sind ein Produkt von Kreativität.	.851	−.154
EPM54	Mathematik ist wie Kunst ein Ergebnis von Kreativität.	.814	−.091
EPM12	Mathematisch zu arbeiten ist ein kreativer Prozess.	.769	−.230
KRE20	Mathematik ist ein Gebiet für kreative Köpfe.	.663	.216
EPM43	Mathematik wird fast immer nur von besonders kreativen Menschen erfunden, deren Wissen sich andere dann aneignen müssen.	.405	−.034
KRE15	Originelle Einfälle sind in der Mathematik üblich.	.382	.120

nl.max: betragsmäßig größte Ladung auf einem der anderen Faktoren.

Zur Überprüfung der Methodeninvarianz dieser Lösung werden die drei extrahierten Faktoren der schiefwinkligen Promax-Rotation im folgenden Abschnitt noch dem Ergebnis einer orthogonalen Varimax-Rotation und dem Ergebnis einer Maximum-Likelihood-Faktorenanalyse gegenübergestellt.

Tabelle 14.36 Zusammensetzung Faktor 2 (PA1 der promax-rotierten 3-Faktoren-Lösung im Datensatz E14-PRE)

Item	Wortlaut	Ladung	nl.max
EPM46	Eine gute Denkfähigkeit und Einfallsreichtum sind im Mathematikunterricht oft wichtiger als eine gute Lern- und Merkfähigkeit.	.806	−.172
KRE12	Beim Beweisen kann man Dinge entdecken, die einem vorher selbst nicht bewusst waren.	.729	−.098
KRE10	Entdeckungen der Mathematik entstehen aus geistreichen Schöpfungen.	.698	−.236
KRE02	Beim Lösen mathematischer Probleme gibt es nur wenig Raum für Originalität.	−.557	−.073
KRE09	Es ist beim Mathematiktreiben gelegentlich notwendig, von altbekannten Wegen abzuweichen.	.513	.061
KRE08	Ein spontaner Einfall hat mir schon häufiger geholfen, ein mathematisches Problem zu lösen.	.472	.116
KRE11	Wenn ein Mensch vor Ideen nur so sprudelt, sollte er oder sie ein Mathematikstudium in Betracht ziehen.	.423	.261

nl.max: betragsmäßig größte Ladung auf einem der anderen Faktoren.

Tabelle 14.37 Zusammensetzung Faktor 3 (PA3 der promax-rotierten 3-Faktoren-Lösung im Datensatz E14-PRE)

Item	Wortlaut	Ladung	nl.max
KRE14	In der Mathematik sind ungewöhnliche Lösungswege mit großer Wahrscheinlichkeit falsch.	−.682	.167
KRE16	Guten Mathematikern*innen fällt beim Problemlösen eine Vielzahl an (unterschiedlichen) Wegen ein.	.616	−.159
KRE03	In der Mathematik werden ständig neue Dinge entdeckt.	.509	.248
KRE21	In der Mathematik kann ich ein Problem erfolgreich lösen, indem ich bekannte Vorgehensweisen über den Haufen werfe.	.460	−.080
KRE17	Beim Mathematiktreiben kann man sich frei entfalten.	.427	.251
KRE07	Auf der Suche nach einem Beweis muss man meist vollkommen neues Terrain betreten.	.312	.132

nl.max: betragsmäßig größte Ladung auf einem der anderen Faktoren.

14.3.4 Stabilität der Lösung mit drei extrahierten Faktoren – Vergleich der Faktorenlösungen bei obliquer Rotation, orthogonaler Rotation und ML-Faktorenanalyse

In Tabelle 14.38 bis Tabelle 14.40 findet sich ein Vergleich der Item-Hauptladungen bei drei extrahierten Faktoren in der Hauptachsenanalyse mit Varimax- respektive Promax-Rotation sowie in der Maximum-Likelihood-Faktorenanalyse.[6]

Tabelle 14.38 Faktorladungen im Faktor 1 der 3-Faktoren-Lösung in Abhängigkeit der Rotationsart (Datensatz E14-PRE)

Item	Wortlaut	Varimax	Promax	ML
EPM26	Mathematische Definitionen sind ein Produkt von Kreativität.	.780	.851	.801
EPM54	Mathematik ist wie Kunst ein Ergebnis von Kreativität.	.764	.814	.808
EPM12	Mathematisch zu arbeiten ist ein kreativer Prozess.	.721	.769	.756
KRE20	Mathematik ist ein Gebiet für kreative Köpfe.	.682	.663	.654
KRE15	Originelle Einfälle sind in der Mathematik üblich.	.399	.382	.366
EPM43	Mathematik wird fast immer nur von besonders kreativen Menschen erfunden, deren Wissen sich andere dann aneignen müssen.	.377	.405	.379

ML: Maximum-Likelihood-Faktorenanalyse

Auch in diesem Datensatz sprechen die Ergebnisse der explorativen Faktorenanalyse der KRE-Items für eine sehr stabile Faktorenstruktur, da jedes Item unabhängig von der Art der Faktorenanalyse im selben Faktor landet. Für die weitere Auswertung kann auch hier die orthogonale Varimax-Lösung verwendet werden, was die unabhängige Interpretation der Faktoren ermöglicht. Zusammenfassend ermöglichen die Resultate der explorativen Faktorenanalysen in den Unterkapiteln 14.2 und 14.3 daher die Ergänzung des von Grigutsch et al. (1998) vorgeschlagenen Faktormodells um weitere Faktoren (vgl. Forschungsfrage F3) und damit eine breitere Erfassung mathematischer Weltbilder. Um neben der Stabilität dieser Faktorlösungen nun auch die inhaltliche Interpretierbarkeit der extrahierten Faktoren zu klären (vgl. Forschungsfrage F4) werden diese im folgenden Kapitel einer eingehenderen Analyse unterzogen.

[6] Die vollständigen Ladungsmatrizen der zum Vergleich herangezogenen Varianten finden sich im Abschnitt C.3 des elektronischen Zusatzmaterials.

Tabelle 14.39 Faktorladungen im Faktor 2 der 3-Faktoren-Lösung in Abhängigkeit der Rotationsart (Datensatz E14-PRE)

Item	Wortlaut	Varimax	Promax	ML
EPM46	Eine gute Denkfähigkeit und Einfallsreichtum sind im Mathematikunterricht oft wichtiger als eine gute Lern- und Merkfähigkeit.	.692	.806	.744
KRE12	Beim Beweisen kann man Dinge entdecken, die einem vorher selbst nicht bewusst waren.	.670	.729	.705
KRE10	Entdeckungen der Mathematik entstehen aus geistreichen Schöpfungen.	.637	.698	.646
KRE02	Beim Lösen mathematischer Probleme gibt es nur wenig Raum für Originalität.	−.545	−.557	−.519
KRE08	Ein spontaner Einfall hat mir schon häufiger geholfen, ein mathematisches Problem zu lösen.	.487	.472	.449
KRE09	Es ist beim Mathematiktreiben gelegentlich notwendig, von altbekannten Wegen abzuweichen.	.479	.513	.447
KRE11	Wenn ein Mensch vor Ideen nur so sprudelt, sollte er oder sie ein Mathematikstudium in Betracht ziehen.	.400	.423	.399

ML: Maximum-Likelihood-Faktorenanalyse

Tabelle 14.40 Faktorladungen im Faktor 3 der 3-Faktoren-Lösung in Abhängigkeit der Rotationsart (Datensatz E14-PRE)

Item	Wortlaut	Varimax	Promax	ML
KRE14	In der Mathematik sind ungewöhnliche Lösungswege mit großer Wahrscheinlichkeit falsch.	−.599	−.682	−.641
KRE03	In der Mathematik werden ständig neue Dinge entdeckt.	.562	.509	.522
KRE16	Guten Mathematiker*innen fällt beim Problemlösen eine Vielzahl an (unterschiedlichen) Wegen ein.	.537	.616	.501
KRE17	Beim Mathematiktreiben kann man sich frei entfalten.	.481	.427	.459
KRE21	In der Mathematik kann ich ein Problem erfolgreich lösen, indem ich bekannte Vorgehensweisen über den Haufen werfe.	.435	.460	.426

(Fortsetzung)

Tabelle 14.40 (Fortsetzung)

Item	Wortlaut	Varimax	Promax	ML
KRE07	Auf der Suche nach einem Beweis muss man meist vollkommen neues Terrain betreten.	.350	.312	*.284*
KRE18	Bereits existierende Beweise sollten nicht durch neuere, originellere ersetzt werden.	*−.221*	*−.208*	*−.210*

ML: Maximum-Likelihood-Faktorenanalyse. Kursiv gesetzte Werte: Hauptladung nicht bedeutsam.

Analyse der resultierenden Faktoren 15

Um die bei den explorativen Faktorenanalysen des vorangegangenen Kapitels gewonnenen Faktoren statistisch abzusichern, werden diese im ersten Unterkapitel hinsichtlich ihrer Faktorreliabilität und Homogenität analysiert und auf Eindimensionalität überprüft, ferner werden dabei auch die Trennschärfen und Varianzen der Items untersucht (vgl. Forschungsfrage F4: Inwiefern sind die explorativ extrahierten Faktoren inhaltlich interpretierbar und hinsichtlich interner Konsistenz, Reliabilität und aufgeklärter Varianz aussagekräftig?). In Unterkapitel 15.2 werden zudem die Nebenladungen der Items auf die übrigen Faktoren betrachtet und erklärt. Zuletzt werden die entsprechenden Konsistenz- und Reliabilitätsbetrachtungen auch für die in der konfirmatorischen Faktorenanalyse überprüften Faktoren FORMALISMUS-ASPEKT, ANWENDUNGS-CHARAKTER, SCHEMA-ORIENTIERUNG und PROZESS-CHARAKTER durchgeführt (siehe Unterkapitel 15.3).

Die interne Konsistenz eines Faktors wird durch Cronbachs α berichtet, welches teilweise auch als tau-äquivalente Reliabilität ρ_T bezeichnet wird. Bei eindimensionalen Faktoren stellt die interne Konsistenz eine untere Schranke für die Faktorreliabilität dar; vergleichend wird zudem die kongenerische Reliabilität ρ_C berichtet. Weiterhin stellt die mittlere Inter-Item-Korrelation ein Maß für die Homogenität der Items eines Faktors dar und sollte sich im Bereich .20 bis .40 befinden (vgl. Abschnitt 9.4.4). Liegt der Wert darunter, decken die Items tendenziell unterschiedliche Aspekte ab, bei einem höheren Maß überschneiden sich die abgefragten Inhalte eher. Hierbei sei erneut an das Bild von Bühner (2006,

Elektronisches Zusatzmaterial Die elektronische Version dieses Kapitels enthält Zusatzmaterial, das berechtigten Benutzern zur Verfügung steht https://doi.org/10.1007/978-3-658-34662-1_15.

B. Weygandt, *Mathematische Weltbilder weiter denken*,
https://doi.org/10.1007/978-3-658-34662-1_15

S. 192) erinnert, wonach sich gute Items idealerweise wie Puzzlesteine zu einem Gesamtbild ergänzen: Bei zu homogenen Items überlappen sich die Puzzlesteine zu sehr, bei inhomogenen Items ergibt sich kein lückenloses Gesamtbild. Zunächst gibt Tabelle 15.1 eine Zusammenfassung über Reliabilität, interne Konsistenz und Homogenität der Faktoren, bevor daran anschließend die Itemanalyse und Optimierung der einzelnen Faktoren erfolgt.

Tabelle 15.1 Faktorreliabilität, interne Konsistenz, Homogenität und durch die Faktoren aufgeklärte Varianz

	Faktor	Items	n	ρ_C	ρ_T	95 %-CI(α)	MIC	Varianz
F	Formalismus-Aspekt	10	237	.75	.75	[.73, .82]	.24	–
A	Anwendungs-Charakter	10	237	.77	.77	[.72, .81]	.25	–
S	Schema-Orientierung	8	237	.70	.70	[.64, .76]	.23	–
P	Prozess-Charakter	9	237	.61	.61	[.53, .68]	.16	–
VS	Vernetzung/Struktur mathematischen Wissens	10	190	.78	.78	[.73, .82]	.26	.08
EE	Ergebniseffizienz	10	190	.69	.69	[.63, .76]	.19	.06
PU	Platonismus/Universalität mathematischer Erkenntnisse	7 *6*	190	.64	.64 *.65*	[.57, .72] *[.57, .73]*	.20 *.23*	.04
ES	Ermessensspielraum bei der Formulierung von Mathematik	7	190	.68	.68	[.60, .75]	.23	.04
K	Kreativität	4	190	.77	.75	[.70, .81]	.43	.04
KP	Mathematik als Produkt von Kreativität	6	72	.83	.82	[.75, .88]	.42	.15
KT	Mathematik als kreative Tätigkeit	7	72	.80	.79	[.71, .86]	.35	.14
VL	Vielfalt an Lösungswegen in der Mathematik	6	72	.71	.71	[.61, .81]	.29	.10

n: Stichprobenumfang. ρ_C: kongenerische Reliabilität. ρ_T: tau-äquivalente Reliabilität (entspricht der internen Konsistenz/Cronbachs α). CI(α): Konfidenzintervall für Cronbachs α. MIC: mittlere Inter-Item-Korrelation. Varianz: aufgeklärter Varianzanteil des Faktors in der entsprechenden Faktorlösung (nur bei explorativ extrahierten Faktoren). Kursiv gesetzter Text: Wert nach Optimierung durch Ausschluss von Items.

15.1 Beschreibung und Itemanalyse der explorativ extrahierten Faktoren

Bei der Itemanalyse wird zunächst für jedes einzelne Item eines Faktors die Trennschärfe als Korrelation des Itemwertes mit dem Faktor bestimmt. Diese gibt an, wie sehr das jeweilige Item inhaltlich dasselbe misst wie der restliche Faktor. Um die Korrelation nicht zu überschätzen, kann die Trennschärfe auf unterschiedliche Arten korrigiert werden. Eine Option ist die Berechnung der part-whole-korrigierten Trennschärfe, welche nur den Summenwert der restlichen Items ohne das entsprechende Item betrachtet. Diese Part-whole-Korrektur hat jedoch den Nachteil, dass sich die Vergleichsskala beim Auslassen eines einzelnen Items jedes Mal ändert. Um diesem Effekt entgegenzuwirken, kann nach Subtraktion des Itemwertes die geschätzte gemeinsame Varianz addiert werden (vgl. Revelle 2018, S. 20). In Anlehnung an die Bezeichnung im psych-Paket wird bei der nachfolgenden Itemanalyse die Part-whole-Trennschärfe als *r.drop* angegeben und deren Varianz-korrigierte Version entsprechend mit *r.cor* bezeichnet. Die Itemtrennschärfe wird als gut erachtet, wenn der Wert größer als .30 ist. Darüber hinaus werden noch die Schwierigkeit[1] und Varianz der Items angegeben, wobei hinsichtlich der Itemschwierigkeit Werte im Bereich von .20 bis .80 als gut angesehen werden. Damit ein Item für den jeweiligen Faktor als inhaltlich charakterisierend angesehen werden kann, wird neben einer statistisch bedeutsamen Hauptladung auch das sogenannte Fürntratt-Kriterium überprüft (vgl. Abschnitt 9.4.4). Dabei sollte die quadrierte Ladung mindestens die Hälfte der Kommunalität – also der durch alle extrahierten Faktoren erklärten Varianz – ausmachen (vgl. Fürntratt 1969, S. 66). Zuletzt wird jeder Faktor mittels einer konfirmatorischen Faktorenanalyse auf Eindimensionalität geprüft, wodurch sich etwaige Subskalen innerhalb der Faktoren identifizieren lassen. Wie auch in Kapitel 13 wurde zur Schätzung DWLS-Methode für ordinale Daten mit der Annahme kontinuierlich verteilter latenter Variablen verwendet. Neben der explorativen Faktorenanalyse gibt es über das psych-Paket in R eine weitere Möglichkeit zur Überprüfung auf Eindimensionalität eines Faktors (vgl. Revelle 2018, S. 22). Dabei wird überprüft, wie gut sich die Kovarianzen zwischen den Items aus der

[1] Notabene: Da es sich um Items zur Erfassung von Einstellungen handelt, stellt die Schwierigkeit hier – im Gegensatz zu Leistungstests – keine Schwierigkeit oder Lösungsquote dar. Interpretieren lässt sich der Wert eher als durchschnittliche Zustimmung zur Aussage des Items, skaliert auf den Bereich [0,1].

Faktorlösung reproduzieren lassen, was als ein Indiz für die Eindimensionalität des Faktors gewertet werden kann.[2]

Die Berechnungen der Kennzahlen im Rahmen der Itemanalyse erfolgt jeweils an den maximal verfügbaren Fallzahlen der Datensätze LAE13 respektive E14-PRE. Für die GRT-Items ergibt sich daraus ein Stichprobenumfang von $n = 237$ Personen, bei den EPM-Items $n = 190$ Personen und für die KRE-Items $n = 72$ Personen.

15.1.1 Faktor Vernetzung/Struktur mathematischen Wissens

Der Faktor fokussiert die Struktur mathematischen Wissens als ein System vielfältiger miteinander verknüpfter Begriffe.[3] Mathematik wird hierbei als präzises, strukturiertes Gebiet wahrgenommen, dessen Erkenntnisse nicht beliebig ausgetauscht werden können, ohne dass dies nicht auch Auswirkungen auf das restliche Gebäude hätte. Diese Vernetzung mathematischer Begriffe ist auch hilfreich, um Querverbindungen herzustellen und Begriffe nachhaltiger zu lernen. Nicht zuletzt umfasst diese Sichtweise auch die Bedeutung der geschichtlichen Entwicklung für die heutige Mathematik. In Tabelle 15.2 sind die Kennzahlen zur Itemanalyse der Items im Faktor VERNETZUNG/STRUKTUR MATHEMATISCHEN WISSENS aufgeführt.

Abschließende Betrachtung des Faktors

Das eindimensionale Modell der Items des Faktors VERNETZUNG/STRUKTUR MATHEMATISCHEN WISSENS verfügt über einen exakten Modellfit: $\chi^2[35] = 19.894$, $p = .981$, CFI $= 1$, RMSEA $< .001$, $P(\text{RMSEA} < .05) = 1$, SRMR $= .06$ (DWLS-Schätzung, vgl. Abschnitt D.1 des elektronischen Zusatzmaterials). Daher kann davon ausgegangen werden, dass der Faktor eindimensional ist. Die Items des Faktors sind mit einer mittleren Inter-Item-Korrelation von .24 homogen interpretierbar und der Faktor ist mit einer internen Konsistenz von $\alpha = .78$ auch angemessen reliabel, sodass im Zuge der Reliabilitätsoptimierung keine Veränderungen an der Skala vorgenommen werden. Ferner verfügen alle Items über eine hinreichende Trennschärfe; die Item-Schwierigkeiten liegen dabei im Bereich von .66 bis .81. Die Zustimmung zu den Items dieses Faktors fällt den befragten

[2] Da dies aber bislang ein experimentelles Feature darstellt, werden diese Ergebnisse nur als Ergänzung zum Modellfit der konfirmatorischen Faktorenanalyse angegeben.

[3] vgl. dazu auch:»Mathematics is much more than a collection of techniques for getting answers, and much more than a collection of definitions, theorems and proofs. It is a richly woven fabric of connections« (Mason 2011, viii).

Tabelle 15.2 Itemanalyse der Items im Faktor VERNETZUNG/STRUKTUR MATHEMATISCHEN WISSENS

		n = 190		α = .78	MIC = .26		10 Items	
Item	Wortlaut	Ladung	a^2/h^2	α.drop	P	r.drop	r.cor	sd
EPM32	Mathematisches Wissen ist ein System von vielfältig miteinander verknüpften Begriffen.	.581	.94	.75	.72	.54	.62	0.80
EPM15	Mathematische Fachsprache bietet sich dafür an, mathematische Eigenschaften präzise zu beschreiben.	.558	.95	.75	.81	.48	.55	0.78
EPM24	Mathematisches Wissen baut aufeinander auf.	.551	.97	.75	.81	.50	.58	0.78
EPM44	Mathematische Aussagen sind stark miteinander vernetzt.	.547	.80	.75	.75	.50	.59	0.76
EPM58	Mathematik ist wie ein Gebäude, bei dem jedem Satz und jedem Begriff eine unentbehrliche Rolle als Baustein zukommt.	.541	.92	.75	.68	.50	.57	0.90
EPM55	Wenn sich rückwirkend herausstellt, dass ein Satz fehlerhaft bewiesen wurde und nicht gilt, dann hat das oft Auswirkungen auf sehr viele weitere Sätze.	.527	.90	.77	.68	.37	.42	0.88
EPM50	Es ist wichtig und interessant, wenn Mathematik Querverbindungen und Zusammenhänge zwischen einzelnen Inhalten der Mathematik aufzeigt.	.473	.68	.76	.80	.43	.49	0.81
EPM48	Beim Beschäftigen mit einer Definition entsteht eine Vorstellung im Kopf, wovon diese handelt.	.468	.89	.76	.66	.44	.49	0.96
EPM34	Die historische Entwicklung der Mathematik beeinflusst unsere heutige Arbeitsweise in Forschung und Lehre.	.398	.81	.77	.79	.36	.42	0.89
EPM49	Mathematik ist durch ein hohes Maß an Ordnung gekennzeichnet.	.389	.67	.77	.74	.35	.41	0.88

n: Stichprobenumfang. MIC: mittlere Inter-Item-Korrelation des Faktors. α: Cronbachs α des Faktors. α.drop: Cronbachs α der restlichen Skala ohne das jeweilige Item. P: Schwierigkeit des Items. r.drop: Part-whole-Trennschärfe des Items. r.cor: korrigierte Part-whole-Trennschärfe des Items. sd: Standardabweichung des Items. a^2/h^2: Anteil der quadrierten Itemladung an der Kommunalität h^2.

Personen also tendenziell eher leicht. Bedingt durch die hohen Schwierigkeitswerte kommen in diesem Faktor auch geringere Itemvarianzen vor, die Aussagen der Items scheinen insgesamt wenig kontrovers zu sein.

15.1.2 Faktor Ergebniseffizienz

In diesem Faktor sind Items zu finden, die sich auf das Lehren und Lernen von Mathematik beziehen. Wer diesem Aspekt zustimmt, ist der Meinung, dass die Vermittlung von Mathematik zielgerichtet und effizient erfolgen solle. Insbesondere werden Sackgassen und Irrwege als Zeitverschwendung angesehen, dieser Faktor stellt also in gewisser Weise einen Gegenentwurf zur Aussage»being stuck is an honourable state« (Mason et al. 2010, viii) dar. Er beinhaltet insofern auch eine gewisse Erwartungshaltung, als dass vor diesem Hintergrund Zugänge mit entdeckenden oder forschenden Elementen als ineffizient angesehen werden. Konkrete Anwendungen werden gegenüber deren Herleitung bevorzugt und ferner wird ein zusätzlicher Beweis zu einer bereits bewiesenen Aussage als ebenso unnötig wahrgenommen wie die Variation eines Begriffs. In Tabelle 15.3 sind die Kennzahlen zur Itemanalyse der Items im Faktor ERGEBNISEFFIZIENZ aufgeführt.

Abschließende Betrachtung des Faktors

Das eindimensionale Modell der Items des Faktors ERGEBNISEFFIZIENZ verfügt über einen exakten Modellfit: $\chi^2[35] = 21.381$, $p = .966$, CFI = 1, RMSEA < .001, P(RMSEA < .05) = .999, SRMR = .05 (DWLS-Schätzung, vgl. Abschnitt D.2 des elektronischen Zusatzmaterials). Daher kann davon ausgegangen werden, dass der Faktor eindimensional ist. Cronbachs α liegt bei .69. Die Items des Faktors haben tendenziell geringe Schwierigkeitswerte, deren Median bei .31 liegt – die Zustimmung zu den Aussagen fällt in der betrachteten Stichprobe also eher schwieriger. Die Trennschärfen fallen dabei aufgrund der Heterogenität der Skala erwartungsgemäß nicht allzu hoch aus, liegen aber allesamt oberhalb von .30 und damit im akzeptablen Bereich. Der Aspekt der ERGEBNISEFFIZIENZ ist mit einer mittleren Inter-Item-Korrelation von .19 etwas breiter konstruiert, aber inhaltlich noch homogen genug interpretierbar.

Tabelle 15.3 Itemanalyse der Items im Faktor ERGEBNISEFFIZIENZ

		n = 190		α = .69	MIC = .19		10 Items	
Item	Wortlaut	Ladung	a^2/h^2	α.drop	P	r.drop	r.cor	sd
EPM03	Beim Lernen von Mathematik sind nicht-zielführende Wege hinderlich.	.510	.85	.66	.39	.40	.48	1.12
EPM35	Gelangt man in der mathematischen Forschung auf einen Irrweg oder in eine Sackgasse, so kann man daraus nur wenig lernen.	.463	.66	.67	.19	.37	.45	0.94
EPM41	Stehen in einer Vorlesung zwei unterschiedliche Definitionen desselben Begriffs zur Auswahl, so sollte stets nur die anschaulichere gewählt werden.	.456	.89	.66	.40	.40	.48	1.18
EPM39	Die Herleitung oder der Beweis einer Formel ist nicht so wichtig wie diese anwenden zu können.	.455	.95	.68	.32	.31	.38	1.17
EPM13	Entscheidend im Mathematikunterricht ist es, ein richtiges Ergebnis zu erhalten.	.450	.87	.67	.39	.35	.44	1.20
EPM10	Es ist unnötig, eine bereits bewiesene Aussage auf anderem Wege erneut zu beweisen.	.435	.96	.67	.30	.35	.42	1.22

(Fortsetzung)

Tabelle 15.3 (Fortsetzung)

		n = 190		α = .69	MIC = .19		10 Items	
Item	Wortlaut	Ladung	a^2/h^2	α.drop	P	r.drop	r.cor	sd
EPM20	Was einmal mathematisch definiert wurde, kann nicht geändert werden.	.424	.55	.67	.30	.36	.44	1.03
EPM31	Sind sich zwei Mathematiker*innen bei der Art, wie ein Begriff definiert werden sollte, nicht einig, dann ist nur eine von beiden im Recht.	.406	.62	.67	.23	.36	.43	0.95
EPM06	Das Lernen von systematisiertem und strukturiertem mathematischen Wissen hat Vorrang vor einer tätigen Entwicklung solchen Wissens.	.386	.81	.68	.45	.33	.39	0.88
EPM17	Zwei unterschiedliche Definitionen können nicht dieselbe mathematische Eigenschaft beschreiben.	.358	.56	.68	.30	.32	.40	1.19

n: Stichprobenumfang. MIC: mittlere Inter-Item-Korrelation des Faktors. α: Cronbachs α des Faktors. α.drop: Cronbachs α der restlichen Skala ohne das jeweilige Item. P: Schwierigkeit des Items. r.drop: Part-whole-Trennschärfe des Items. r.cor: korrigierte Part-whole-Trennschärfe des Items. sd: Standardabweichung des Items. a^2/h^2: Anteil der quadrierten Itemladung an der Kommunalität h^2.

15.1.3 Faktor Platonismus/Universalität mathematischer Erkenntnisse

Die Items dieses Faktors charakterisieren Mathematik als eine dem Universum inhärente Sammlung von Wissen, welche durch Menschen entdeckt wird. Damit werden mathematische Erkenntnisse einerseits als unveränderbar und andererseits auch als universell gültig angesehen. Der Einfluss des Menschen wird dabei als begrenzt angesehen, selbst neue Herangehensweisen tragen nicht zu einer Veränderung bekannter Resultate bei. Diese platonistische Sichtweise lässt sich als ein Gegenpol zu einer konstruktivistisch geprägten Sicht auf Mathematik auffassen. Eine ähnliche Skala (jedoch mit gänzlich unterschiedlichen Items) findet sich übrigens auch bei Grigutsch und Törner (1998) (vgl. Unterkapitel 7.3). In Tabelle 15.4 sind die Kennzahlen zur Itemanalyse der Items im Faktor PLATONISMUS/UNIVERSALITÄT MATHEMATISCHER ERKENNTNISSE aufgeführt.

Zu diesem Faktor ist noch anzumerken, dass hier zwei verwandte, aber nicht identische Fragen tangiert werden: Einerseits die Frage nach dem Ursprung der Mathematik (entdeckt versus erfunden) und andererseits die Frage nach ihrer Universalität. Der Aspekt der universellen Gültigkeit bietet Anknüpfungspunkte zu den Naturwissenschaften, die auf der Suche nach einer möglichst universellen Weltformel sind und das derzeitige Wissen um unser Universum stets als Zwischenstand ansehen, welches immer wieder Paradigmenwechseln unterworfen ist. Die Frage nach dem Ursprung findet sich hingegen auch in Mathematik diskutiert, beispielsweise in der von Paul Erdős vorgebrachten Idee des ›Buchs der Beweise‹ (vgl. Aigner et al. 2010). Demnach gebe es eine (›göttliche‹) Sammlung vollkommener, schöner Beweise, in die wir Menschen manchmal einen kurzen Einblick erhaschten.

Abschließende Betrachtung des Faktors

Das eindimensionale Modell der Items des Faktors PLATONISMUS/UNIVERSALITÄT MATHEMATISCHER ERKENNTNISSE verfügt bei der konfirmatorischen Faktorenanalyse mit DWLS-Schätzung nur über einen näherungsweisen Modellfit, da der χ^2-Test signifikant geworden ist. Die Modellfit-Parameter lassen dennoch gerade so das Modell eines eindimensionalen Faktors beibehalten: $\chi^2[9] = 33.537$, $p = .002$, CFI $= .90$, RMSEA $= .09$, $P(\text{RMSEA} < .05) = .055$, SRMR $= .08$ (DWLS-Schätzung). Ferner gibt das zuvor erwähnte Eindimensionalitätskriterium des psych-Paketes für diesen Faktor mit 0.84 einen – im Vergleich zu den anderen Faktoren – zwar etwas niedrigeren Fit-Wert an, der jedoch auch nicht gegen die Eindimensionalität spricht (vgl. Abschnitt D.3 des elektronischen Zusatzmaterials).

Item EPM42 verfügt über eine vergleichsweise geringe Trennschärfe, dieses Item korreliert also nicht so stark mit den Werten der restlichen Skala. Zudem ist dieses Item inhaltlich nicht eindeutig charakteristisch für den Faktor: Die durch diesen Faktor erklärte Varianz macht nur 30 % der durch alle fünf extrahierten Faktoren

Tabelle 15.4 Itemanalyse der Items im Faktor PLATONISMUS/UNIVERSALITÄT MATHEMATISCHER ERKENNTNISSE

		n = 190		α = .64	MIC = .20		7 Items	
Item	Wortlaut	Ladung	a^2/h^2	α.drop	P	r.drop	r.cor	sd
EPM01	Die Aussagen der Mathematik verhalten sich wie Naturgesetze, d. h. sie können von Menschen entdeckt werden, sind aber nicht veränderbar.	.535	.78	.58	.61	.44	.54	1.26
EPM37	Mathematik wurde vom Menschen entdeckt, aber nicht erfunden.	.525	.85	.57	.63	.48	.62	1.20
EPM23	Falls es Marsbewohner*innen gäbe, so hätten sie auf jeden Fall dieselbe Mathematik mit denselben Erkenntnissen.	.524	.82	.60	.36	.37	.47	1.25
EPM47	Mathematik wurde vom Menschen erfunden.	−.464	.85	.58	.42	.43	.57	1.31
EPM04	Durch neue Herangehensweisen und Annahmen können sich bekannte Resultate ändern.	−.394	.96	.62	.56	.32	.40	1.12
EPM14	Die Aussagen und Definitionen der Mathematik sind universell gültig.	.372	.50	.64	.64	.24	.30	1.05
EPM42	Es wäre denkbar, dass die aktuell bekannte Mathematik auch durch andere Begriffe, Sätze und Definitionen beschrieben werden könnte.	−.310	.30	.65	.68	.19	.25	0.96

n: Stichprobenumfang. MIC: mittlere Inter-Item-Korrelation des Faktors. α: Cronbachs α des Faktors. α.drop: Cronbachs α der restlichen Skala ohne das jeweilige Item. P: Schwierigkeit des Items (bei negativer Faktorladung: vor Invertierung). r.drop: Part-whole-Trennschärfe des Items. r.cor: korrigierte Part-whole-Trennschärfe des Items. sd: Standardabweichung des Items. a^2/h^2: Anteil der quadrierten Itemladung an der Kommunalität h^2.

erklärten Varianz aus, womit das Fürntratt-Kriterium nicht erfüllt ist.[4] Wird Item EPM42 aus der Skala entfernt, so verbessern sich die betrachteten Kennzahlen (siehe Tabelle 15.5).

Das Entfernen von Item EPM42 führt weiterhin noch zu einer minimalen Verbesserung von Cronbachs α auf .65 sowie zu einer etwas homogeneren Skala mit einer mittleren Inter-Item-Korrelation von .23. Inhaltlich ergänzt dieses Item den Faktor zwar um einen interessanten Aspekt, da hier der konstruktivistische Standpunkt direkt angesprochen wird. Aufgrund seiner geringen Ladung in Verbindung mit seinen statistischen Kennwerten wird das Item aus der Skala entfernt. Bei einer Überarbeitung dieses Faktors ließe sich das Item eventuell erneut aufnehmen und an einer anderen Stichprobe die Güte des zugehörigen Modells überprüfen. Die Modellfit-Parameter verbessern sich durch das Entfernen von Item EPM42 leicht (wenngleich weiterhin nur ein näherungsweiser Modellfit vorliegt): $\chi^2[9] = 22.048$, $p = .009$, CFI $= .92$, RMSEA $= .09$, $P(\text{RMSEA} < .05) = .083$, SRMR $= .08$ (DWLS-Schätzung). Das Eindimensionalitätskriterium des psych-Paketes ergibt mit 0.88 ebenfalls einen höheren Wert. Die Schwierigkeitswerte decken nun den Bereich von .36 bis .64 ab, wobei die meisten Items über eine mittlere Schwierigkeit verfügen, der Median liegt bei .60. Die varianzkorrigierten Part-whole-Trennschärfen der Items EPM04 und EPM14 liegen mit .34 gerade noch im erwünschten Bereich. Inhaltlich charakterisieren gerade diese beiden Items den Aspekt der Universalität, was die geringeren Trennschärfen erklären könnte. Würden diese Items nun auch noch entfernt, so ginge dies nur auf Kosten der Breite des erfassten Konstruktes. Im Vergleich zu den restlichen Faktoren ist anzumerken, dass die Items dieses Faktors im Mittel die höchste Standardabweichung aufweisen – es scheint also, als seien die zugehörigen Aussagen insgesamt kontroverser gesehen worden zu sein.

[4] Dieser geringe Varianzanteil erklärt sich bei Betrachtung der Mustermatrix in Abschnitt C.2.5 des elektronischen Zusatzmaterials: In der vorliegenden Faktorlösung lädt Item EPM42 betragsmäßig beinahe gleichermaßen stark auf vier der fünf Faktoren (positiv auf die beiden Faktoren VERNETZUNG/STRUKTUR MATHEMATISCHEN WISSENS und ERMESSENSSPIELRAUM BEI DER FORMULIERUNG VON MATHEMATIK sowie negativ auf die beiden Faktoren ERGEBNISEFFIZIENZ und PLATONISMUS/UNIVERSALITÄT MATHEMATISCHER ERKENNTNISSE).

Tabelle 15.5 Itemanalyse der Items im Faktor PLATONISMUS/UNIVERSALITÄT MATHEMATISCHER ERKENNTNISSE nach Entfernen von Item EPM42

		n = 190		α = .65	MIC = .23		6 Items	
Item	Wortlaut	Ladung	a^2/h^2	α.drop	P	r.drop	r.cor	sd
EPM01	Die Aussagen der Mathematik verhalten sich wie Naturgesetze, d. h. sie können von Menschen entdeckt werden, sind aber nicht veränderbar.	.535	.78	.59	.61	.43	.53	1.26
EPM37	Mathematik wurde vom Menschen entdeckt, aber nicht erfunden.	.525	.85	.56	.63	.51	.66	1.20
EPM23	Falls es Marsbewohner*innen gäbe, so hätten sie auf jeden Fall dieselbe Mathematik mit denselben Erkenntnissen.	.524	.82	.61	.36	.38	.48	1.25
EPM47	Mathematik wurde vom Menschen erfunden.	−.464	.85	.60	.42	.41	.56	1.31
EPM04	Durch neue Herangehensweisen und Annahmen können sich bekannte Resultate ändern.	−.394	.96	.64	.56	.28	.34	1.12
EPM14	Die Aussagen und Definitionen der Mathematik sind universell gültig.	.372	.50	.64	.64	.26	.34	1.05

n: Stichprobenumfang. MIC: mittlere Inter-Item-Korrelation des Faktors. α: Cronbachs α des Faktors. α.drop: Cronbachs α der restlichen Skala ohne das jeweilige Item. P: Schwierigkeit des Items (bei negativer Faktorladung: vor Invertierung). r.drop: Part-whole-Trennschärfe des Items. r.cor: korrigierte Part-whole-Trennschärfe des Items. sd: Standardabweichung des Items. a^2/h^2: Anteil der quadrierten Itemladung an der Kommunalität h^2.

15.1.4 Faktor Ermessensspielraum bei der Formulierung von Mathematik

Im Mittelpunkt dieses Faktors stehen Items, welche menschliche Entscheidungen sowohl bei der Formulierung mathematischer Erkenntnisse als auch bei deren Vermittlung berücksichtigen. Die sprachliche Ausgestaltung einer Begriffsdefinition kann dabei so gewählt werden, dass der Begriff praktisch handhabbar ist. Dieser willkürliche Spielraum ist dabei nicht auf die Definition neuer Begriffe beschränkt, sondern umfasst auch die Abwandlung einer Definition, wenn der dadurch entstehende Begriff besser handhabbar ist. Bezogen auf die Präsentationsform in Lehrbüchern oder Lehrveranstaltungen können sich hier ganz eigene Randbedingungen ergeben, was auch dazu beitragen kann, dass die einzelnen Gebiete der Mathematik als unverzahnt wahrgenommen werden. Zusammenfassend ist eine Zustimmung zu diesem Aspekt mit der Auffassung verbunden, dass Mathematik von Menschen für andere Menschen aufgeschrieben wird – ungeachtet dessen, wie man zur Frage ihres Ursprunges steht. In diesem Prozess der Kommunikation mathematischen Wissens werden dabei pragmatische Entscheidungen getroffen, die einen Einfluss auf die Mathematik haben. In Tabelle 15.6 sind die Kennzahlen zur Itemanalyse der Items im Faktor ERMESSENSSPIELRAUM BEI DER FORMULIERUNG VON MATHEMATIK aufgeführt.

Abschließende Betrachtung des Faktors

Das eindimensionale Modell der Items des Faktors ERMESSENSSPIELRAUM BEI DER FORMULIERUNG VON MATHEMATIK verfügt über einen exakten Modellfit: $\chi^2[14] = 12.353$, $p = .578$, CFI = 1, RMSEA < .001, $P(\text{RMSEA} < .05) = .882$, SRMR = .05 (DWLS-Schätzung, vgl. Abschnitt D.4 des elektronischen Zusatzmaterials). Daher kann davon ausgegangen werden, dass der Faktor eindimensional ist. Die Items haben überwiegend mittlere Schwierigkeitswerte mit einem Median von .39, wobei tendenziell am ehesten die beiden Items EPM52 und EPM29 abgelehnt werden. Die Trennschärfen befinden sich ebenfalls alle im mittleren Bereich, wobei auch hier durch die etwas geringere Homogenität des Faktors (MIC .23) keine hohen Trennschärfen zu erwarten sind. Drei der Items (EPM52, EPM57 und EPM29) sind zudem bei Betrachtung des Fürntratt-Kriteriums gerade an der Grenze, wobei dennoch der Großteil der erklärbaren Itemvarianz durch diesen Faktor erklärt wird. Dies alleine soll noch keinen Ausschluss aus der Skala rechtfertigen, insbesondere da genügend andere inhaltlich charakterisierende Items vorhanden sind.

Tabelle 15.6 Itemanalyse der Items im Faktor ERMESSENSSPIELRAUM BEI DER FORMULIERUNG VON MATHEMATIK

		n = 190		α = .68	MIC = .23		7 Items	
Item	Wortlaut	Ladung	a^2/h^2	α.drop	P	r.drop	r.cor	sd
EPM18	Bei der Formulierung von Mathematik kann man nach eigenem Ermessen vorgehen.	.551	.92	.64	.40	.40	.48	0.95
EPM51	Bei der Definition eines Begriffs richtet man sich danach, was für einen selbst praktisch ist.	.469	.79	.63	.44	.40	.50	1.10
EPM36	Die Präsentationsform von Mathematik (in Lehrbüchern und Vorlesungen) entspricht in der Regel der Form, in der diese Mathematik entstanden ist.	.453	.54	.65	.29	.35	.44	0.97
EPM52	Die einzelnen Teilgebiete der Mathematik stehen weitgehend unverzahnt nebeneinander.	.382	.49	.64	.25	.40	.50	0.99
EPM09	Wenn man in der Mathematik einen neuen Begriff definiert, so hat man dabei einen willkürlichen Spielraum.	.374	.66	.63	.42	.41	.50	1.12
EPM57	Bei der Festlegung einer Definition lassen sich häufig unterschiedliche Ansätze verfolgen, von denen dann einer willkürlich ausgewählt wird.	.370	.49	.64	.39	.37	.45	1.06
EPM29	Wenn einem die Konsequenzen einer Definition nicht gefallen, so darf man diese Definition entsprechend abändern.	.354	.50	.65	.22	.35	.43	1.00

n: Stichprobenumfang. MIC: mittlere Inter-Item-Korrelation des Faktors. α: Cronbachs α des Faktors. α.drop: Cronbachs α der restlichen Skala ohne das jeweilige Item. P: Schwierigkeit des Items. r.drop: Part-whole-Trennschärfe des Items. r.cor: korrigierte Part-whole-Trennschärfe des Items. sd: Standardabweichung des Items. a^2/h^2: Anteil der quadrierten Itemladung an der Kommunalität h^2.

15.1.5 Faktor Kreativität respektive Faktor Mathematik als Produkt von Kreativität

Die in diesem Faktor vereinten Items beziehen sich auf die Bezüge zwischen Mathematik und Kreativität. Die Disziplin an sich, ihre Definitionen und das mathematische Arbeiten werden als Ergebnis eines kreativen Prozesses angesehen, wobei zwischen dem Prozess des Erkundens und jenem des Aneignens bereits vorhandener Erkenntnisse unterschieden wird. In Tabelle 15.7 sind die Kennzahlen zur Itemanalyse der Items im Faktor KREATIVITÄT aufgeführt.

Abschließende Betrachtung des Faktors

Das eindimensionale Modell der Items des Faktors KREATIVITÄT verfügt über einen exakten Modellfit: $\chi^2[2] = 2.770$, $p = .250$, CFI $= .996$, RMSEA $= .05$, $P(\text{RMSEA} < .05) = .402$, SRMR $= .04$ (DWLS-Schätzung, vgl. Abschnitt D.5 des elektronischen Zusatzmaterials). Daher kann davon ausgegangen werden, dass der Faktor eindimensional ist. Die Faktorreliabilität liegt bei $\rho_C = .77$ und fällt damit leicht höher aus als Cronbachs α, welches in für diese Skala bei $\alpha = .75$ liegt. Der Faktor verfügt weiterhin mit einer mittleren Inter-Item-Korrelation von .43 bereits über sehr homogene Items und deckt inhaltlich somit einen eher schmalen Bereich ab. Item EPM 43 verfügt über eine geringere Trennschärfe als die anderen Items, was darauf hindeutet, dass dieses Item den Faktor um eine andere Facette ergänzt. Daher wird dieses Item auch nicht aus der Skala entfernt, auch wenn sich dadurch die interne Konsistenz optimieren ließe.

Faktor MATHEMATIK ALS PRODUKT VON KREATIVITÄT

Aufgrund der geringen Anzahl recht ähnlicher Items wurde der Itempool zu diesem Themengebiet überarbeitet und in im Rahmen einer Folgeuntersuchung eine explorative Faktorenanalyse mit einer weiteren Stichprobe durchgeführt. Als deren Ergebnis konnte dieser Faktor in etwas facettenreicherer Form extrahiert werden, Tabelle 15.8 zeigt die entsprechenden Kennzahlen zur Itemanalyse. Der neu extrahierte Faktor enthält neben den Items EPM26, EPM54, EPM12 und EPM43 nun noch die Items KRE20 und KRE15. Diese fügen sich inhaltlich homogen in den Faktor ein und ergänzen ihn noch um den Aspekt der Originalität.

Die Benennung dieses Faktors fällt inhaltlich leichter, wenn kontrastierend der zweite Faktor zur Kreativität betrachtet wird (siehe Tabelle 15.9 im folgenden Abschnitt 15.1.6). Da dort die Kreativität in Zusammenhang mit dem eigenständigen mathematischen Arbeiten im Fokus steht, lassen sich diese beiden Faktoren als Analogie zur Produkt-Prozess-Dualität deuten: Der Faktor MATHEMATIK ALS PRODUKT

Tabelle 15.7 Itemanalyse der Items im Faktor KREATIVITÄT

		n = 190		α = .75	MIC = .43		4 Items	
Item	Wortlaut	Ladung	a^2/h^2	α.drop	P	r.drop	r.cor	sd
EPM26	Mathematische Definitionen sind ein Produkt von Kreativität.	.750	.90	.64	.54	.65	.74	1.11
EPM54	Mathematik ist wie Kunst ein Ergebnis von Kreativität.	.722	.87	.62	.55	.68	.78	1.16
EPM12	Mathematisch zu arbeiten ist ein kreativer Prozess.	.565	.57	.70	.67	.55	.66	1.12
EPM43	Mathematik wird fast immer nur von besonders kreativen Menschen erfunden, deren Wissen sich andere dann aneignen müssen.	.467	.77	.80	.45	.35	.41	1.14

n: Stichprobenumfang. MIC: mittlere Inter-Item-Korrelation des Faktors. α: Cronbachs α des Faktors. α.drop: Cronbachs α der restlichen Skala ohne das jeweilige Item. P: Schwierigkeit des Items. r.drop: Part-whole-Trennschärfe des Items. r.cor: korrigierte Part-whole-Trennschärfe des Items. sd: Standardabweichung des Items. a^2/h^2: Anteil der quadrierten Itemladung an der Kommunalität h^2.

VON KREATIVITÄT sieht Mathematik als etwas an, das von (anderen) kreativen Menschen entwickelt wurde, wobei diese mathematischen Erkenntnisse durchaus – quasi wie Kunstwerke – als kreative Produkte wahrgenommen und gewürdigt werden können. Diese Sichtweise muss aber noch nicht beinhalten, dass man diesen kreativen Prozess empfunden und sich selbst beim mathematischen Arbeiten als schöpferisch wahrgenommen hat (vgl. Abschnitt 3.1.5, vgl. auch Luk 2005, S. 163).

Tabelle 15.8 Itemanalyse der Items im Faktor MATHEMATIK ALS PRODUKT VON KREATIVITÄT

		n = 72		α = .82	MIC = .42		6 Items	
Item	Wortlaut	Ladung	a²/h²	α.drop	P	r.drop	r.cor	sd
EPM26	Mathematische Definitionen sind ein Produkt von Kreativität.	.780	.94	.76	.56	.69	.76	1.28
EPM54	Mathematik ist wie Kunst ein Ergebnis von Kreativität.	.764	.92	.76	.55	.68	.77	1.24
EPM12	Mathematisch zu arbeiten ist ein kreativer Prozess.	.721	.89	.78	.73	.64	.71	0.98
KRE20	Mathematik ist ein Gebiet für kreative Köpfe.	.682	.74	.76	.59	.72	.79	1.02
KRE15	Originelle Einfälle sind in der Mathematik üblich.	.399	.73	.82	.54	.42	.46	1.01
EPM43	Mathematik wird fast immer nur von besonders kreativen Menschen erfunden, deren Wissen sich andere dann aneignen müssen.	.377	.94	.83	.39	.36	.42	1.10

n: Stichprobenumfang. MIC: mittlere Inter-Item-Korrelation des Faktors. α: Cronbachs α des Faktors. α.drop: Cronbachs α der restlichen Skala ohne das jeweilige Item. P: Schwierigkeit des Items. r.drop: Part-whole-Trennschärfe des Items. r.cor: korrigierte Part-whole-Trennschärfe des Items. sd: Standardabweichung des Items. a^2/h^2: Anteil der quadrierten Itemladung an der Kommunalität h^2.

Abschließende Betrachtung des Faktors

Das eindimensionale Modell der Items des Faktors MATHEMATIK ALS PRODUKT VON KREATIVITÄT verfügt über einen exakten Modellfit: $\chi^2[9] = 3.664$, $p = .932$, CFI $= 1$, RMSEA $< .001$, $P(\text{RMSEA} < .05) = .961$, SRMR $= .05$ (DWLS-Schätzung, vgl. Abschnitt D.6 des elektronischen Zusatzmaterials). Daher kann davon ausgegangen werden, dass der Faktor eindimensional ist. Die Faktorreliabilität beträgt $\rho_C = .83$ respektive $\alpha = .82$.

In der erweiterten Fassung dieses Faktors decken die Items einen breiteren Schwierigkeitsbereich von .39 bis .73 ab und verfügen zudem weiterhin über gute Trennschärfen. Die Items EPM26 und EPM54 verfügen über eine vergleichsweise hohe Varianz, sie wurden anscheinend kontroverser beantwortet. Item EPM43 verfügt ferner über den geringsten Schwierigkeitsindex dieses Faktors, hier fällt die Zustimmung anscheinend etwas geringer aus. Ohne dieses Item steigt die interne Konsistenz der restlichen Skala leicht an. Dessen ungeachtet bleibt dieses Item Teil des Faktors, da dieser bereits aus sehr homogenen Items besteht und zudem eine für Persönlichkeitsskalen relativ hohe interne Konsistenz aufweist. Die Breite des erfassten Konstrukts überwiegt an dieser Stelle die Skalenoptimierung.

15.1.6 Faktor Mathematik als kreative Tätigkeit

Die Items dieses Faktors eint zunächst das Zusammenspiel von Kreativität und Mathematik, dabei liegt der Fokus hier jedoch bei der Kreativität, die zum eigenständigen Arbeiten in der Mathematik notwendig ist oder dort bereits als hilfreich empfunden wurde. Die Items beziehen sich dabei teilweise auf das Lösen mathematischer Probleme, auf die kreative Tätigkeit des Beweisens und auf die Entdeckung neuer Begriffe. Divergentes, unkonventionelles Denken wird dabei als ebenso wichtig angesehen wie Einfallsreichtum. In Tabelle 15.9 sind für den Faktor MATHEMATIK ALS KREATIVE TÄTIGKEIT die Kennzahlen zur Itemanalyse aufgeführt.

Abschließende Betrachtung des Faktors

Das eindimensionale Modell der Items des Faktors MATHEMATIK ALS KREATIVE TÄTIGKEIT verfügt über einen exakten Modellfit: $\chi^2[14] = 6.061$, $p = .965$, CFI $=$ 1, RMSEA $< .001$, $P(\text{RMSEA} < .05) = .984$, SRMR $= .06$ (DWLS-Schätzung, vgl. Abschnitt D.7 des elektronischen Zusatzmaterials). Daher kann davon ausgegangen werden, dass der Faktor eindimensional ist. Die interne Konsistenz liegt bei $\alpha = .79$, die Faktorreliabilität beträgt $\rho_C = .80$. Im Übrigen liegen die Items

Tabelle 15.9 Itemanalyse der Items im Faktor MATHEMATIK ALS KREATIVE TÄTIGKEIT

		n = 72		α = .79	MIC = .35		7 Items	
Item	Wortlaut	Ladung	a^2/h^2	α.drop	P	r.drop	r.cor	sd
EPM46	Eine gute Denkfähigkeit und Einfallsreichtum sind im Mathematikunterricht oft wichtiger als eine gute Lern- und Merkfähigkeit.	.692	.98	.75	.68	.59	.67	0.98
KRE12	Beim Beweisen kann man Dinge entdecken, die einem vorher selbst nicht bewusst waren.	.670	.89	.74	.72	.60	.68	1.08
KRE10	Entdeckungen der Mathematik entstehen aus geistreichen Schöpfungen.	.637	.80	.75	.61	.58	.66	1.03
KRE02	Beim Lösen mathematischer Probleme gibt es nur wenig Raum für Originalität.	−.545	.78	.76	.30	.55	.62	0.89
KRE08	Ein spontaner Einfall hat mir schon häufiger geholfen, ein mathematisches Problem zu lösen.	.487	.69	.77	.70	.49	.55	1.02
KRE09	Es ist beim Mathematiktreiben gelegentlich notwendig, von altbekannten Wegen abzuweichen.	.479	.85	.77	.65	.46	.54	1.07

(Fortsetzung)

Tabelle 15.9 (Fortsetzung)

		n = 72		α = .79	MIC = .35		7 Items	
Item	Wortlaut	Ladung	a^2/h^2	α.drop	P	r.drop	r.cor	sd
KRE11	Wenn ein Mensch vor Ideen nur so sprudelt, sollte er oder sie ein Mathematikstudium in Betracht ziehen.	.400	.62	.79	.30	.35	.41	1.04

n: Stichprobenumfang. MIC: mittlere Inter-Item-Korrelation des Faktors. α: Cronbachs α des Faktors. α.drop: Cronbachs α der restlichen Skala ohne das jeweilige Item. P: Schwierigkeit des Items (bei negativer Faktorladung: vor Invertierung). r.drop: Part-whole-Trennschärfe des Items. r.cor: korrigierte Part-whole-Trennschärfe des Items. sd: Standardabweichung des Items. a^2/h^2: Anteil der quadrierten Itemladung an der Kommunalität h^2.

hinsichtlich ihrer Trennschärfe- und Schwierigkeitswerte jeweils im erwünschten Bereich. Zu beachten ist, dass Item KRE11 bei der Zustimmung etwas aus dem Rahmen fällt, hier beträgt der Schwierigkeitsindex .30, während der Median der Itemschwierigkeiten dieses Faktors bei .68 liegt. Dies mag in der etwas unkonventionelleren Aussage dieses Items begründet sein. Da die Items aber bereits mit einer mittleren Inter-Item-Korrelation von .35 recht homogen sind, bleibt Item KRE11 Teil der Skala.

15.1.7 Faktor Vielfalt an Lösungswegen in der Mathematik

Diese Items haben als gemeinsame Komponente die Offenheit und Freiheiten des mathematischen Arbeitens. Dazu zählt insbesondere die Erfahrung, dass es häufig vielfältige Lösungswege gibt, die auch jenseits konventioneller Pfade gefunden werden. Die Arbeitsweisen umfassen dabei gleichermaßen das Problemlösen, das Beweisen und das Entdecken neuer Zusammenhänge. In Tabelle 15.10 sind für den Faktor VIELFALT AN LÖSUNGSWEGEN IN DER MATHEMATIK die Kennzahlen zur Itemanalyse aufgeführt.

Abschließende Betrachtung des Faktors

Zuletzt kann auch beim Faktor VIELFALT AN LÖSUNGSWEGEN IN DER MATHEMATIK davon ausgegangen werden, dass dieser eindimensional ist. Das entsprechende Modell verfügt dabei über einen exakten Modellfit: $\chi^2[9] = 4.583$,

Tabelle 15.10 Itemanalyse der Items im Faktor VIELFALT AN LÖSUNGSWEGEN IN DER MATHEMATIK

		n = 72		α = .71	MIC = .29		6 Items	
Item	Wortlaut	Ladung	a^2/h^2	α.drop	P	r.drop	r.cor	sd
KRE14	In der Mathematik sind ungewöhnliche Lösungswege mit großer Wahrscheinlichkeit falsch.	−.599	.98	.67	.23	.46	.56	0.82
KRE03	In der Mathematik werden ständig neue Dinge entdeckt.	.562	.59	.63	.51	.56	.69	1.10
KRE16	Guten Mathematiker*innen fällt beim Problemlösen eine Vielzahl an (unterschiedlichen) Wegen ein.	.537	.98	.68	.69	.41	.49	0.93
KRE17	Beim Mathematiktreiben kann man sich frei entfalten.	.481	.56	.66	.43	.48	.58	0.97
KRE21	In der Mathematik kann ich ein Problem erfolgreich lösen, indem ich bekannte Vorgehensweisen über den Haufen werfe.	.435	.88	.70	.34	.36	.43	0.93
KRE07	Auf der Suche nach einem Beweis muss man meist vollkommen neues Terrain betreten.	.350	.56	.69	.40	.40	.47	1.15

n: Stichprobenumfang. MIC: mittlere Inter-Item-Korrelation des Faktors. α: Cronbachs α des Faktors. α.drop: Cronbachs α der restlichen Skala ohne das jeweilige Item. P: Schwierigkeit des Items (bei negativer Faktorladung: vor Invertierung). r.drop: Part-whole-Trennschärfe des Items. r.cor: korrigierte Part-whole-Trennschärfe des Items. sd: Standardabweichung des Items. a^2/h^2: Anteil der quadrierten Itemladung an der Kommunalität h^2.

$p = .869$, CFI = 1, RMSEA < .001, P(RMSEA < .05) = .920, SRMR = .06 (DWLS-Schätzung, vgl. Abschnitt D.8 des elektronischen Zusatzmaterials). Weiterhin erreicht die interne Konsistenz dieses Faktors einen Wert von $\alpha = .71$, während die mittlere Inter-Item-Korrelation bei .29 liegt.

Die Trennschärfen der Items befinden sich im akzeptierten Bereich oberhalb von .30, die Schwierigkeitswerte der Items liegen im Bereich .23 bis .77. Im Rahmen des Merkmalsbereichs differenzieren die Items damit hinreichend gut. Bemerkenswert ist an dieser Stelle noch, dass die Zustimmung zu Item KRE14, welches eine allgemeine Aussage über Lösungswege in der Mathematik macht, am einfachsten fällt (man beachte die negative Faktorladung). Hingegen bezieht sich Item KRE21 auf die persönliche Erfahrung beim Problemlösen und weist einen deutlich geringeren Schwierigkeitswert auf.

15.2 Betrachtung bedeutsamer Nebenladungen aus der explorativen Faktorenanalyse

Die fünf extrahierten, varimax-rotierten Faktoren der Hauptachsenanalyse verfügen über die gewünschte Einfachstruktur, da kein Item eine Nebenladung größer .4 aufweist. Ebenso, wie es sinnvoll sein kann, ein Item mit praktisch bedeutsamer Hauptladung unterhalb von .4 zu berücksichtigen, soll an dieser Stelle auch ein Blick auf diejenigen Items geworfen werden, die über eine Nebenladung im Bereich von .3 bis .4 verfügen. Tabelle 15.11 führt die mit entsprechenden Nebenladungen versehenen EPM-Items auf, während Tabelle 15.12 analog die KRE-Items mit Nebenladungen im Bereich $.3 < |a| < .4$ enthält. So erwünscht eine perfekte Einfachstruktur in der Theorie sein mag, liegt diese bei explorativ ermittelten Faktorlösungen nicht zwangsläufig vor. Wenngleich Nebenladungen sonst selten weiterführende Beachtung finden, lohnt sich ein Blick über den Tellerrand zur Beantwortung der Frage, ob die auftretenden Nebenladungen reflektiert und sinnvoll interpretiert werden können.

Bei Betrachtung der Nebenladungen findet sich zunächst Item EPM20, welches in gewisser Hinsicht zwischen zwei Faktoren steht und bei beiden inhaltlich sinnvoll interpretierbar ist. Im Faktor ERGEBNISEFFIZIENZ hat dieses seine Hauptladung von .42, passend zu der Sichtweise, dass alternative Definitionen und zusätzliche Beweise hinderlich sind und daher bei einer effizienten Vermittlung mathematischen Wissens nichts rückblickend geändert werden sollte. Im Faktor PLATONISMUS/UNIVERSALITÄT MATHEMATISCHER ERKENNTNISSE hat es eine nicht statistisch nicht bedeutsame Nebenladung von .38, und auch

Tabelle 15.11 Übersicht der Nebenladungen im Bereich .3–.4 in der varimax-rotierten 5-Faktoren-Lösung der EPM-Items im Datensatz LAE13

Item	Wortlaut	Hauptladung	Faktor der Hauptladung	Nebenladung	Faktor der Nebenladung
EPM14	Die Aussagen und Definitionen der Mathematik sind universell gültig.	.37	PU	.30	VS
EPM20	Was einmal mathematisch definiert wurde, kann nicht geändert werden.	.42	EE	.38	PU
EPM36	Die Präsentationsform von Mathematik (in Lehrbüchern und Vorlesungen) entspricht in der Regel der Form, in der diese Mathematik entstanden ist.	.45	ES	.33	EE
EPM52	Die einzelnen Teilgebiete der Mathematik stehen weitgehend unverzahnt nebeneinander.	.38	ES	.34	EE
EPM57	Bei der Festlegung einer Definition lassen sich häufig unterschiedliche Ansätze verfolgen, von denen dann einer willkürlich ausgewählt wird.	.37	ES	.35	EE

(Fortsetzung)

Tabelle 15.11 (Fortsetzung)

Item	Wortlaut	Hauptladung	Faktor der Hauptladung	Nebenladung	Faktor der Nebenladung
EPM29	Wenn einem die Konsequenzen einer Definition nicht gefallen, so darf man diese Definition entsprechend abändern.	.35	ES	−.32	VS
EPM12	Mathematisch zu arbeiten ist ein kreativer Prozess.	.57	K	−.37	EE

hier wäre eine Interpretation stimmig: Man kann mathematische Definitionen nicht einfach ändern, schließlich sind diese universell gültig und unabhängig vom Menschen. Item EPM14 hat eine Nebenladung von .30 auf den Faktor VERNETZUNG/STRUKTUR MATHEMATISCHEN WISSENS. Inhaltlich ist es jedoch wesentlich sinnvoller im Faktor PLATONISMUS/UNIVERSALITÄT MATHEMATISCHER ERKENNTNISSE interpretierbar, bei dem das Item seine positive Hauptladung von .37 hat.

Weiterhin sind im Faktor ERMESSENSSPIELRAUM BEI DER FORMULIERUNG VON MATHEMATIK drei Items (EPM36, EPM52, EPM57), die jeweils über eine schwache positive Nebenladung auf den Faktor ERGEBNISEFFIZIENZ verfügen. Diese drei Nebenladungen lassen sich alle drei inhaltlich hinsichtlich der ERGEBNISEFFIZIENZ interpretieren. Im zugehörigen Verständnis effizienter mathematischer Lehre sind Umwege unnötig, die Verzahnung der mathematischen Teilgebiete auch nicht zwingend notwendig (passend dazu, dass Anwendung wichtiger ist als Herleitung) und aus mehreren Varianten lässt sich der praktikabelste Ansatz entsprechend wählen. Dass bei mehreren Items solche schwachen Nebenladungen zwischen diesen beiden Faktoren vorhanden sind, ist vor dem Hintergrund der Ergebnisse aus Unterkapitel 14.2 auch nicht überraschend. Die Items der beiden beteiligten Faktoren wurden in der 4-Faktoren-Lösung im selben Faktor extrahiert[5] und teilten sich erst bei der Extraktion von fünf Faktoren in zwei inhaltlich sinnvoll interpretierbare Skalen auf.

[5] Dort vorläufig als *Einfluss menschlichen Verhaltens beim Erarbeiten von Mathematik* benannt (siehe Abschnitt 14.2.2.1).

Ebenfalls im Faktor ERMESSENSSPIELRAUM befindet sich Item EPM29, welches leicht negativ auf den Faktor VERNETZUNG/STRUKTUR MATHEMATISCHEN Wissens lädt. Dort ließe sich dieses Item inhaltlich deuten in dem Sinne, dass man nicht nachträglich am etablierten Gebäude der Mathematik Änderungen vornehmen darf. Im Datensatz LAE13 verfügt ferner noch ein Item des Faktors KREATIVITÄT über eine Nebenladung zum Faktor ERGEBNISEFFIZIENZ. Die Aussage von Item EPM12 bezieht sich auf den kreativen Prozess des mathematischen Arbeitens. Dessen negative Nebenladung von −.37 ist passend, denn beim möglichst zügigen Lernen oder Vermitteln mathematischen Wissens werden solche kreative Prozesse vielleicht als eher störend empfunden.

Als nächstes sollen auch die Nebenladungen der zweiten explorativen Hauptachsenanalyse analysiert werden, diese sind in Tabelle 15.12 dargestellt.

Tabelle 15.12 Übersicht der Nebenladungen im Bereich .3–.4 in der varimax-rotierten 3-Faktoren-Lösung der KRE-Items im Datensatz E14-PRE

Item	Wortlaut	Hauptladung	Faktor der Hauptladung	Nebenladung	Faktor der Nebenladung
KRE03	In der Mathematik werden ständig neue Dinge entdeckt.	.56	VL	.39	KT
KRE17	Beim Mathematiktreiben kann man sich frei entfalten.	.48	VL	.36	KT
KRE10	Entdeckungen der Mathematik entstehen aus geistreichen Schöpfungen.	.64	KT	.32	KP
KRE11	Wenn ein Mensch vor Ideen nur so sprudelt, sollte er oder sie ein Mathematikstudium in Betracht ziehen.	.40	KT	.30	VL
KRE20	Mathematik ist ein Gebiet für kreative Köpfe.	.68	KP	.34	VL

Im Faktor VIELFALT AN LÖSUNGSWEGEN IN DER MATHEMATIK laden die zwei Items KRE03 und KRE17 auf den Faktor MATHEMATIK ALS KREATIVE TÄTIGKEIT.

Beide Nebenladungen sind inhaltlich interpretierbar: Dass in der Mathematik ständig neue Dinge entdeckt werden passt zur dynamischen Sicht auf ein kreatives Gebiet, in dem man sich frei entfalten kann. Im Faktor MATHEMATIK ALS KREATIVE TÄTIGKEIT gibt es im Gegenzug mit Item KRE11 auch ein Item mit einer geringen Nebenladung auf den Faktor VIELFALT AN LÖSUNGSWEGEN IN DER MATHEMATIK. Da viele sprudelnde Ideen förderlich sind, wenn nach neuen und unkonventionellen Lösungswegen gesucht wird, ist diese Nebenladung nachvollziehbar. Bei Item KRE10 lässt sich die Nebenladung auf den Faktor MATHEMATIK ALS PRODUKT VON KREATIVITÄT nachvollziehen, da sich dieses nicht nur mit Blick auf die eigene Kreativität lesen lässt, sondern ebenso die geistreichen Schöpfungen anderer Personen und vergangener Zeiten gemeint sein können. Die letzte erwähnenswerte Nebenladung findet sich bei Item KRE20, welches Teil des Faktors MATHEMATIK ALS PRODUKT VON KREATIVITÄT ist und bei dem eine plausible Nebenladung auf den Faktor VIELFALT AN LÖSUNGSWEGEN IN DER MATHEMATIK vorhanden ist.

15.3 Beschreibung und Itemanalyse der Faktoren Formalismus-Aspekt, Anwendungs-Charakter, Schema-Orientierung und Prozess-Charakter

Die vier Faktoren FORMALISMUS-ASPEKT, ANWENDUNGS-CHARAKTER, SCHEMA-ORIENTIERUNG und PROZESS-CHARAKTER wurden bereits durch die konfirmatorische Faktorenanalyse bestätigt, weswegen eine Itemanalyse streng genommen nicht erforderlich ist.[6] Der Vollständigkeit halber und zum Vergleich werden die entsprechenden Kennzahlen in den nachfolgenden Abschnitten aufgeführt, jeweils verbunden mit einer kurzen Beschreibung des Faktors.

[6] Hierzu eine methodische Anmerkung: Unterzieht man die in dieser Erhebung gesammelten Antworten auf die GRT-Items einer explorativen Faktorenanalyse (Hauptachsenanalyse mit obliquer Promax-Rotation und vier zu extrahierenden Faktoren), so ergeben sich tatsächlich exakt die vier bereits bekannten Faktoren in einer Einfachstruktur. Die exakten Ladungsgewichte variieren zwar, dennoch hat jedes der Items seine Hauptladung im ›richtigen‹ (also seinem ursprünglichen) Faktor. Da explorative Faktorenanalysen jedoch nicht zur Bestätigung von Modellen dienen (können), werden die Ergebnisse dieser explorativen Faktorenanalyse hier nicht berichtet, sondern auf die Ergebnisse der konfirmatorischen Faktorenanalyse in Kapitel 13 verwiesen.

15.3.1 Faktor Formalismus-Aspekt

> Die Items sind inhaltlich homogen und lassen sich sinnvoll als Aspekt der Mathematik interpretieren, der den Formalismus besonders betont: Mathematik ist gekennzeichnet durch eine Strenge, Exaktheit und Präzision auf der Ebene der Begriffe und der Sprache, im Denken (›logischen‹, ›objektiven‹ und fehlerlosen Denken), in den Argumentationen, Begründungen und Beweisen von Aussagen sowie in der Systematik der Theorie (Axiomatik und strenge deduktive Methode). Wir nennen diesen Faktor den Formalismus-Aspekt der Mathematik. (Grigutsch et al. 1998, S. 17)

In Tabelle 15.13 sind die Kennzahlen zur Itemanalyse der Items im Faktor FORMALISMUS-ASPEKT aufgeführt. Das eindimensionale Modell der Items des Faktors FORMALISMUS-ASPEKT verfügt über einen exakten Modellfit: $\chi^2[35] = 36.200$, $p = .412$, CFI $= .998$, RMSEA $= .01$, $P(\text{RMSEA} < .05) = .957$, SRMR $= .06$ (DWLS-Schätzung, vgl. Abschnitt D.9 des elektronischen Zusatzmaterials). Daher kann davon ausgegangen werden, dass der Faktor eindimensional ist. Die die mittlere Inter-Item-Korrelation liegt ferner bei .24 und die interne Konsistenz bei $\alpha = .75$. Die Itemschwierigkeiten erstrecken sich dabei über den Bereich von .61 bis .77, dem FORMALISMUS-ASPEKT wird also tendenziell eher zugestimmt. Die Items GRT27 und GRT32 verfügen über eine vergleichsweise geringe Varianz, was aber teilweise auch an den eher hohen Itemschwierigkeiten liegen wird. Die befragten Personen scheinen diesen beiden Aussagen zur Abstraktion und Logik relativ einheitlich zuzustimmen. Als Kontrast dazu finden sich mit den Items GRT34 und GRT05 zwei Items mit vergleichbaren mittleren Schwierigkeitswerten, die jedoch deutlich unterschiedliche Itemvarianzen aufweisen. Bei Item GRT05 gehen die Meinungen eher auseinander, während Item GRT34 gleichartiger beantwortet wird. Infolgedessen verfügt Item GRT05 auch über eine niedrigere Trennschärfe. In der Untersuchung Grigutsch et al. (1998, S. 20) ergab sich bei $n = 207$ Personen ein Cronbachs α von .85. Vergleicht man dieses mit dem hier vorliegenden Wert mittels eines χ^2-Differenztests, so muss die Nullhypothese der Gleichheit der beiden Werte verworfen werden ($\chi^2[1] = 11.458$, $p < .001$).

15.3.2 Faktor Anwendungs-Charakter

> Alle Items drücken einheitlich [...] einen direkten Anwendungsbezug oder einen praktischen Nutzen der Mathematik aus. Kenntnisse in Mathematik sind für das spätere Leben der Schüler wichtig: Entweder hilft Mathematik, alltägliche Aufgaben und Probleme zu lösen, oder sie ist nützlich im Beruf. Daneben hat Mathematik noch

Tabelle 15.13 Itemanalyse der Items im Faktor FORMALISMUS-ASPEKT

			α = .75	MIC = .24		10 Items	
Item	Wortlaut	Ladung	α.drop	P	r.drop	r.cor	sd
GRT11	Ganz wesentlich für die Mathematik sind ihre logische Strenge und Präzision, d. h. das »objektive« Denken.	.396	.74	.73	.37	.43	0.86
GRT25	Mathematik ist gekennzeichnet durch Strenge, nämlich eine definitorische Strenge und eine formale Strenge der mathematischen Argumentation.	.434	.73	.65	.42	.49	0.96
GRT01	Kennzeichen von Mathematik sind Klarheit, Exaktheit und Eindeutigkeit.	.372	.74	.75	.34	.38	0.97
GRT36	Unabdingbar für die Mathematik ist ihre begriffliche Strenge, d. h. eine exakte und präzise mathematische Fachsprache.	.527	.72	.75	.52	.60	0.91
GRT27	Mathematisches Denken wird durch Abstraktion und Logik bestimmt.	.455	.73	.77	.45	.53	0.77
GRT05	Mathematik ist ein logisch widerspruchsfreies Denkgebäude mit klaren, exakt definierten Begriffen und eindeutig beweisbaren Aussagen.	.450	.76	.62	.29	.34	1.17
GRT34	Die entscheidenden Basiselemente der Mathematik sind ihre Axiomatik und die strenge deduktive Methode.	.514	.72	.61	.51	.59	0.89

(Fortsetzung)

Tabelle 15.13 (Fortsetzung)

			α = .75	MIC = .24		10 Items	
Item	Wortlaut	Ladung	α.drop	P	r.drop	r.cor	sd
GRT32	Für die Mathematik benötigt man insbesondere formallogisches Herleiten sowie das Abstraktions- und Formalisierungsvermögen.	.403	.73	.71	.45	.54	0.77
GRT21	Im Vordergrund der Mathematik stehen ein fehlerloser Formalismus und die formale Logik.	.522	.73	.63	.46	.53	0.96
GRT23	Mathematik entsteht durch das Setzen von Axiomen oder Definitionen und eine anschließende formallogische Deduktion von Sätzen.	.474	.73	.65	.43	.51	0.94

MIC: mittlere Inter-Item-Korrelation des Faktors. α: Cronbachs α des Faktors. α.drop: Cronbachs α der restlichen Skala ohne das jeweilige Item. P: Schwierigkeit des Items. r.drop: Part-whole-Trennschärfe des Items. r.cor: korrigierte Part-whole-Trennschärfe des Items. sd: Standardabweichung des Items.

> einen allgemeinen, grundsätzlichen Nutzen für die Gesellschaft. Der Faktor ist inhaltlich homogen und sinnvoll interpretierbar als Anwendungs-Aspekt der Mathematik. (Grigutsch et al. 1998, S. 18)

In Tabelle 15.14 sind die Kennzahlen zur Itemanalyse der Items im Faktor ANWENDUNGS-CHARAKTER aufgeführt. Das eindimensionale Modell der Items des Faktors ANWENDUNGS-CHARAKTER verfügt über einen exakten Modellfit: $\chi^2[35] = 39.267$, $p = .284$, CFI $= .99$, RMSEA $= .02$, $P(\text{RMSEA} < .05) = .919$, SRMR $= .06$ (DWLS-Schätzung, vgl. Abschnitt D.10 des elektronischen Zusatzmaterials). Daher kann davon ausgegangen werden, dass der Faktor eindimensional ist. Die Items dieses Faktors sind von ihrer Schwierigkeit her eher im oberen Bereich angesiedelt (.54 bis .83). Dabei haben die Items bis auf Item GRT31 akzeptable Trennschärfen, wobei sich dieses Item speziell auf die Nützlichkeit der Aufgaben im Schulunterricht bezieht. Diese leicht andere Ausrichtung könnte einen Grund für die geringere Trennschärfe darstellen. Insgesamt ist der

Faktor ANWENDUNGS-CHARAKTER inhaltlich weder zu heterogen noch zu homogen (MIC .25) und besitzt mit $\alpha = .77$ auch eine hinreichende interne Konsistenz. Diese fällt im Vergleich zur Reliabilität von $\alpha = .83$ bei Grigutsch et al. (1998, S. 20) geringer aus. Der entsprechende χ^2-Differenztest fällt dabei signifikant aus ($\chi^2[1] = 4.062$, $p = .044$), die Reliabilitäten unterscheiden sich also zwischen den Erhebungen.

15.3.3 Faktor Schema-Orientierung

> [Die Items] operationalisieren eine Sicht von Mathematik als ›Werkzeugkasten und Formelpaket‹, eine auf Algorithmen und Schemata ausgerichtete Vorstellung. Mathematik wird gekennzeichnet als Sammlung von Verfahren und Regeln, die genau angeben, wie man Aufgaben löst. Die Konsequenz für den Umgang mit Mathematik ist: Mathematik-Betreiben besteht darin, Definitionen, Regeln, Formeln, Fakten und Verfahren zu behalten und anzuwenden. Mathematik besteht aus Lernen (und Lehren!), Üben, Erinnern und Anwenden von Routinen und Schemata. Wir nennen dies den Schema-Aspekt von Mathematik. (Grigutsch et al. 1998, S. 19)

In Tabelle 15.15 sind die Kennzahlen zur Itemanalyse der Items im Faktor SCHEMA-ORIENTIERUNG aufgeführt. Das eindimensionale Modell der Items des Faktors SCHEMA-ORIENTIERUNG verfügt über einen exakten Modellfit: $\chi^2[20] = 21.521$, $p = .367$, CFI $= .996$, RMSEA $= .02$, $P(\text{RMSEA} < .05) = .873$, SRMR $= .05$ (DWLS-Schätzung, vgl. Abschnitt D.11 des elektronischen Zusatzmaterials). Daher kann davon ausgegangen werden, dass der Faktor eindimensional ist.

In Bezug auf ihre Schwierigkeitswerte vermögen die Items angemessen zu differenzieren, da die Skala sowohl Items niedriger Schwierigkeit (GRT19) als auch höherer Schwierigkeit (GRT16, GRT26) enthält. Die von diesen beiden Items vertretene Facette der benötigten Übung findet dabei deutlich breitere Zustimmung als die Ansicht, dass man ohne den einen zur Aufgabe passenden Lösungsweg verloren sei. Dabei finden sich bei GRT19 und GRT09 noch leicht geringere Trennschärfen. Insgesamt liegt beim Faktor SCHEMA-ORIENTIERUNG die mittlere Inter-Item-Korrelation bei .23 und Cronbachs α bei .70. Im Vergleich dazu wiesen diese Items bei Grigutsch et al. (1998, S. 20) ein α von .76 auf. Unter Berücksichtigung des jeweiligen Stichprobenumfangs und der Itemzahl der χ^2-Differenztest nicht signifikant aus ($\chi^2[1] = 2.112$, $p = .146$). Die Nullhypothese der Gleichheit der beiden α-Werte wird demnach beibehalten. Bemerkenswert divergente Ansichten erzeugen in diesem Faktor die Items GRT06 und GRT18, welche eine vergleichsweise hohe Itemvarianz besitzen. Diese Items bringen die Mathematik

Tabelle 15.14 Itemanalyse der Items im Faktor ANWENDUNGS-CHARAKTER

			$\alpha = .77$	MIC $= .25$		10 Items	
Item	Wortlaut	Ladung	α.drop	P	r.drop	r.cor	sd
GRT20	Kenntnisse in Mathematik sind für das spätere Leben von Schüler*innen wichtig.	.524	.74	.74	.49	.57	0.97
GRT10	Mathematik hilft, alltägliche Aufgaben und Probleme zu lösen.	.709	.73	.70	.57	.66	1.01
GRT35	Nur einige wenige Dinge, die man im Mathematikunterricht lernt, kann man später verwenden.	−.524	.74	.39	.46	.52	1.13
GRT13	Viele Teile der Mathematik haben einen praktischen Nutzen oder einen direkten Anwendungsbezug.	.558	.74	.68	.46	.52	1.05
GRT37	Im Mathematikunterricht kann man – unabhängig davon, was unterrichtet werden wird – kaum etwas lernen, was in der Wirklichkeit von Nutzen ist.	−.537	.74	.20	.50	.57	1.02
GRT04	Mathematik hat einen allgemeinen, grundsätzlichen Nutzen für die Gesellschaft.	.388	.75	.83	.42	.49	0.78
GRT03	Mathematik ist nützlich in jedem Beruf.	.589	.75	.70	.43	.49	1.10
GRT31	Im Mathematikunterricht beschäftigt man sich mit Aufgaben, die einen praktischen Nutzen haben.	.285	.77	.54	.24	.29	1.08
GRT22	Mit ihrer Anwendbarkeit und Problemlösekapazität besitzt die Mathematik eine hohe gesellschaftliche Relevanz.	.572	.75	.71	.44	.51	0.98
GRT07	Mathematik ist ein zweckfreies Spiel, eine Beschäftigung mit Objekten ohne konkreten Bezug zur Wirklichkeit.	−.392	.76	.26	.34	.40	1.06

MIC: mittlere Inter-Item-Korrelation des Faktors. α: Cronbachs α des Faktors. α.drop: Cronbachs α der restlichen Skala ohne das jeweilige Item. P: Schwierigkeit des Items (bei negativer Faktorladung: vor Invertierung). r.drop: Part-whole-Trennschärfe des Items. r.cor: korrigierte Part-whole-Trennschärfe des Items. sd: Standardabweichung des Items.

Tabelle 15.15 Itemanalyse der Items im Faktor SCHEMA-ORIENTIERUNG

			$\alpha = .70$	MIC $= .23$		8 Items	
Item	Wortlaut	Ladung	α.drop	P	r.drop	r.cor	sd
GRT06	Mathematik besteht aus Lernen, Erinnern und Anwenden.	.416	.67	.52	.40	.47	1.21
GRT02	Mathematik ist eine Sammlung von Verfahren und Regeln, die genau angeben, wie man Aufgaben löst.	.404	.67	.52	.38	.45	1.10
GRT19	Wenn man eine Mathematikaufgabe lösen soll, muss man das einzig richtige Verfahren kennen, sonst ist man verloren.	.263	.69	.21	.29	.35	1.02
GRT29	Mathematik ist Behalten und Anwenden von Definitionen und Formeln, von mathematischen Fakten und Verfahren.	.783	.64	.58	.55	.66	1.08
GRT16	Mathematik-Betreiben verlangt viel Übung im Befolgen und Anwenden von Rechenroutinen und -schemata.	.694	.64	.70	.53	.64	1.04
GRT26	Mathematik-Betreiben verlangt viel Übung im korrekten Befolgen von Regeln und Gesetzen.	.586	.67	.68	.39	.48	0.99
GRT18	Um im Mathematikunterricht erfolgreich zu sein, muss man viele Regeln, Begriffe und Verfahren auswendiglernen.	.428	.68	.50	.36	.44	1.23
GRT09	Fast alle mathematischen Probleme können durch direkte Anwendung von bekannten Regeln, Formeln und Verfahren gelöst werden.	.295	.70	.52	.25	.31	1.07

MIC: mittlere Inter-Item-Korrelation des Faktors. α: Cronbachs α des Faktors. α.drop: Cronbachs α der restlichen Skala ohne das jeweilige Item. P: Schwierigkeit des Items. r.drop: Part-whole-Trennschärfe des Items. r.cor: korrigierte Part-whole-Trennschärfe des Items. sd: Standardabweichung des Items.

und den Mathematikunterricht mit kalkülhaftem Memorieren in Verbindung, was anscheinend von den befragten Personen keineswegs einheitlich beantwortet wird.

15.3.4 Faktor Prozess-Charakter

> [Die Items] stimmen inhaltlich darin überein, Mathematik in konstruktivistischer Sicht als Prozeß zu beschreiben. [...] Mathematik wird in diesem Faktor als Prozeß charakterisiert, als Tätigkeit, über Probleme nachzudenken und Erkenntnisse zu gewinnen. Es geht dabei einerseits um das Erschaffen, Erfinden bzw. Nach-Erfinden (Wiederentdecken) von Mathematik. Andererseits bedeutet dieser Erkenntnisprozeß auch gleichzeitig das Verstehen von Sachverhalten und das Einsehen von Zusammenhängen. Zu diesem problembezogenen Erkenntnis- und Verstehensprozeß gehören maßgeblich ein inhaltsbezogenes Denken und Argumentieren sowie Einfälle, neue Ideen, Intuition und das Ausprobieren. Der Prozeß-Aspekt drückt die dynamische Sicht von Mathematik aus. (Grigutsch et al. 1998, S. 18–19)

In Tabelle 15.16 sind die Kennzahlen zur Itemanalyse der Items im Faktor PROZESS-CHARAKTER aufgeführt. Das eindimensionale Modell der Items des Faktors PROZESS-CHARAKTER verfügt über einen exakten Modellfit: $\chi^2[27] = 18.563$, $p = .885$, CFI = 1, RMSEA $< .001$, $P(\text{RMSEA} < .05) = .997$, SRMR = .05 (DWLS-Schätzung, vgl. Abschnitt D.12 des elektronischen Zusatzmaterials). Daher kann davon ausgegangen werden, dass der Faktor eindimensional ist. Die Items des Faktors decken dabei heterogenere Inhalte ab, die mittlere Inter-Item-Korrelation beträgt nur .16. Zudem sind Faktorreliabilität und interne Konsistenz mit $\alpha = .61$ geringer ausgefallen als üblicherweise erwünscht. Bei Grigutsch et al. (1998, S. 20) lag die Reliabilität des Faktors PROZESS-CHARAKTER relativ gesehen ebenfalls am niedrigsten, dort wies der Faktor eine interne Konsistenz von $\alpha = .72$ auf. Der χ^2-Differenztest erzeugt ein signifikantes Ergebnis ($\chi^2[1] = 4.632$, $p = .031$), sodass davon ausgegangen werden kann, dass die beiden Werte nicht nur zufällig voneinander abweichen. Bezogen auf die Schwierigkeiten finden sich in diesem Faktor weiterhin zwei Items (GRT33 und GRT14), die tendenziell deutliche Zustimmung finden, während sich die übrigen Itemschwierigkeiten im Bereich von .46 bis .73 bewegen.

Insgesamt zeigt sich in der Itemanalyse dieses Faktors einen klaren Optimierungsbedarf: Wäre der Faktor mit diesen Kennzahlen explorativ extrahiert worden, so würden an dieser Stelle am ehesten die beiden Items GRT08 und GRT12 aufgrund ihrer geringen Trennschärfen aus der Skala entfernt werden. Dadurch ließe sich die interne Konsistenz der Skala auf $\alpha = .66$ und die mittlere Inter-Item-Korrelation auf .22 erhöhen, was nebenbei auch in konsistenteren Trennschärfen

Tabelle 15.16 Itemanalyse der Items im Faktor PROZESS-CHARAKTER

			$\alpha = .61$	MIC = .15		9 Items	
Item	Wortlaut	Ladung	α.drop	P	r.drop	r.cor	sd
GRT17	In der Mathematik kann man viele Dinge selber finden und ausprobieren.	.489	.55	.66	.40	.52	0.94
GRT15	Mathematik lebt von Einfällen und neuen Ideen.	.534	.55	.72	.38	.48	1.00
GRT08	Jeder Mensch kann Mathematik erfinden oder nacherfinden.	.222	.62	.50	.16	.20	1.19
GRT24	Für die Mathematik benötigt man vor allem Intuition sowie inhaltsbezogenes Denken und Argumentieren.	.233	.59	.68	.23	.29	0.87
GRT33	Mathematik-Betreiben heißt: Sachverhalte verstehen, Zusammenhänge sehen, Ideen haben.	.479	.54	.79	.46	.61	0.78
GRT12	Mathematische Tätigkeit besteht im Erfinden bzw. Nach-Erfinden (Wiederentdecken) von Mathematik.	.128	.63	.61	.09	.12	0.92
GRT14	Mathematik ist eine Tätigkeit, über Probleme nachzudenken und Erkenntnisse zu gewinnen.	.408	.57	.81	.32	.43	0.77
GRT30	Im Vordergrund der Mathematik stehen Inhalte, Ideen und Denkprozesse.	.500	.54	.73	.45	.60	0.83

(Fortsetzung)

Tabelle 15.16 (Fortsetzung)

			α = .61	MIC = .15		9 Items	
Item	Wortlaut	Ladung	α.drop	P	r.drop	r.cor	sd
GRT28	Mathematik verstehen wollen heißt Mathematik erschaffen wollen.	.321	.59	.46	.26	.34	1.08

MIC: mittlere Inter-Item-Korrelation des Faktors. α: Cronbachs α des Faktors. α.drop: Cronbachs α der restlichen Skala ohne das jeweilige Item. P: Schwierigkeit des Items. r.drop: Part-whole-Trennschärfe des Items. r.cor: korrigierte Part-whole-Trennschärfe des Items. sd: Standardabweichung des Items.

resultieren würde. Im Rahmen dieser Replikation ist es jedoch zudem interessant, die beiden aus der Reihe tanzenden Items genauer zu betrachten: Item GRT08 hat unter Umständen auch deswegen eine geringe Trennschärfe, da sich die Aussage auf das mathematische Potenzial aller Menschen bezieht, was durchaus kontrovers betrachtet werden kann. Dabei verfügt dieses Item über einen mittleren Schwierigkeitswert und eine vergleichsweise hohe Streuung. Das zweite Item, GRT12, bezieht sich hingegen auf das mathematische Arbeiten als (Nach-)Erfinden und scheint inhaltlich eine andere Facette des mathematischen Weltbildes zu messen als der restliche Faktor.

Die Forschungsfragen F3 und F4 lassen sich damit abschließend beantworten: Nach der nun erfolgten Reliabilitäts- und Homogenitätsbetrachtung der extrahierten Faktoren sowie der Analyse ihrer Items ergeben sich aus den explorativen Faktorenanalysen insgesamt sieben Faktoren, welche die vier von Grigutsch et al. (1998) beschriebenen Faktoren ergänzen. Das nachfolgende Kapitel 16 untersucht die Verteilung der gewichteten Faktorsummenwerte. Anschließend werden in Kapitel 17 die Korrelationen der Faktoren betrachtet und ein Blick auf die zugrunde liegenden Strukturen geworfen. In Kapitel 18 werden zuletzt noch Differenzen in Faktormittelwerten unterschiedlicher Teilstichproben untersucht.

Deskriptive Statistiken der Faktorwertverteilungen

16

Bildung und Skalierung der Faktorwerte

Um die Ausprägungen der Personen auf den Faktoren vergleichen zu können sind die gebildeten Summenwerte aufgrund der unterschiedlichen Itemanzahl in den Faktoren ungeeignet. Bei der vorhandenen Kodierung bewegen sich die Summenwerte eines Faktors mit k Items im Bereich $[k, 5k]$. Für die nachfolgende Auswertung werden diese Summenwerte daher durch die Anzahl beteiligter Items dividiert. Die resultierenden Mittelwerte sind folglich auf das Intervall $[1, 5]$ skaliert und haben neben der Vergleichbarkeit auch den Vorteil, dass sie sich auf derselben Skala befinden wie die ursprüngliche Item-Kodierung, wobei zur Operationalisierung entsprechend niedrige Werte für die Ablehnung und höhere Werte für die Zustimmung zum jeweiligen Faktor stehen. Im Rahmen dieser Arbeit stellen diese arithmetisch gebildeten Faktormittelwerte die einzigen in Auswertungen einfließenden ›Faktorwerte‹ dar, folglich werden diese nachfolgend der Einfachheit halber mitunter als Faktorwerte bezeichnet – wenngleich dies zu einer begrifflichen Überschneidung führt (vgl. Unterkapitel 11.1).

Die deskriptiven Statistiken der Faktorwerte werden nachfolgend für jeden Faktor einmal betrachtet, wobei jeweils auf den größten zur Verfügung stehenden Datensatz ohne Bindungen zurückgegriffen wird.[1] Daher wird in der Regel die Stichprobe aller Personen (Datensatz LAE) verwendet, wobei für die drei Faktoren zur mathematischen Kreativität aus der zweiten explorativen Faktorenanalyse (vgl. Abschnitt 14.3) entsprechend auf den Datensatz E14-PRE zurückgegriffen wird. Der Datensatz LAE umfasst insgesamt $n = 223$ Personen; der Datensatz

[1] Für die anderen in Kapitel 10 beschriebenen Stichproben sei auf Anhang B verwiesen; dieser enthält deskriptive Statistiken, Boxplots und Histogramme mit Verteilungsdichten der jeweiligen Faktorwertverteilungen aller betrachteten Stichproben.

B. Weygandt, *Mathematische Weltbilder weiter denken*,
https://doi.org/10.1007/978-3-658-34662-1_16

E14-PRE hat mit $n = 67$ vollständig ausgefüllten Fragebögen einen geringeren Umfang und entsprechend auch höhere Standardfehler der Mittelwerte.

Deskriptive Statistiken der Faktorwerte im Datensatz LAE13 resp. E14-PRE

	n	mean	sd	median	trimmed	mad	min	max	range	skew	kurtosis	se	IQR
F	223	3.75	0.52	3.80	3.76	0.59	2.30	5.00	2.70	-0.19	-0.25	0.03	0.70
A	223	3.82	0.59	3.90	3.85	0.59	1.60	4.90	3.30	-0.64	0.67	0.04	0.70
S	223	3.12	0.60	3.12	3.14	0.56	1.50	4.50	3.00	-0.20	-0.38	0.04	0.75
P	223	3.64	0.46	3.67	3.64	0.33	2.33	5.00	2.67	-0.13	0.34	0.03	0.56
VS	223	4.02	0.47	4.00	4.05	0.44	1.80	4.90	3.10	-1.12	3.46	0.03	0.50
EE	223	2.25	0.54	2.20	2.22	0.44	1.10	4.10	3.00	0.60	0.50	0.04	0.70
PU	223	3.17	0.72	3.17	3.18	0.74	1.00	5.00	4.00	-0.08	-0.23	0.05	1.00
ES	223	2.33	0.59	2.29	2.32	0.64	1.00	4.00	3.00	0.15	-0.31	0.04	0.71
K	223	3.22	0.88	3.25	3.24	0.74	1.00	5.00	4.00	-0.21	-0.41	0.06	1.25
KP	67	3.25	0.82	3.33	3.28	0.74	1.17	4.67	3.50	-0.39	-0.42	0.10	1.17
KT	67	3.48	0.69	3.57	3.51	0.64	1.86	4.86	3.00	-0.48	-0.22	0.08	0.71
VL	67	3.08	0.65	3.00	3.07	0.74	1.33	4.67	3.33	-0.01	0.12	0.08	0.83

Abbildung 16.1 stellt die zugehörigen Boxplots der Verteilungen der Faktorwerte dar. Daran anschließend folgen die Betrachtungen der Faktorwertverteilungen mitsamt einer Untersuchung der jeweiligen Histogramme (siehe Abbildung 16.2 bis Abbildung 16.13).

Die Boxplots der Verteilungen ermöglichen zusammen mit den deskriptiven Statistiken einen ersten vergleichenden Blick auf die Lage der Verteilungen (vgl. Forschungsfrage F6: Sind aus den Lageparametern der Verteilungen Tendenzen erkennbar?). Zunächst fallen die großen Interquartilsabstände (engl. interquartile range, IQR) und Spannweiten der Faktoren PLATONISMUS/UNIVERSALITÄT MATHEMATISCHER ERKENNTNISSE und KREATIVITÄT respektive MATHEMATIK ALS PRODUKT VON KREATIVITÄT auf, während die Werte der Faktoren VERNETZUNG/STRUKTUR MATHEMATISCHEN WISSENS und PROZESS-CHARAKTER deutlich kompakter liegen. Bei einigen Faktoren liegen die Mediane zudem nicht mittig zwischen den Quartilen, was auf entsprechend schiefe Verteilungen hinweist. Die Boxplots geben dabei einen Hinweis auf die Zustimmung respektive Ablehnung der Faktoren insgesamt: Beispielsweise findet sich bei den Faktoren FORMALISMUS-ASPEKT, ANWENDUNGS-CHARAKTER, PROZESS-CHARAKTER und VERNETZUNG/STRUKTUR MATHEMATISCHEN WISSENS tendenzielle Zustimmung, während die Faktoren ERGEBNISEFFIZIENZ und ERMESSENSSPIELRAUM BEI DER FORMULIERUNG VON MATHEMATIK eher abgelehnt werden. Hinsichtlich Schiefe und Wölbung sind die Verteilungen der Faktorwerte nicht auffällig, die Schiefe

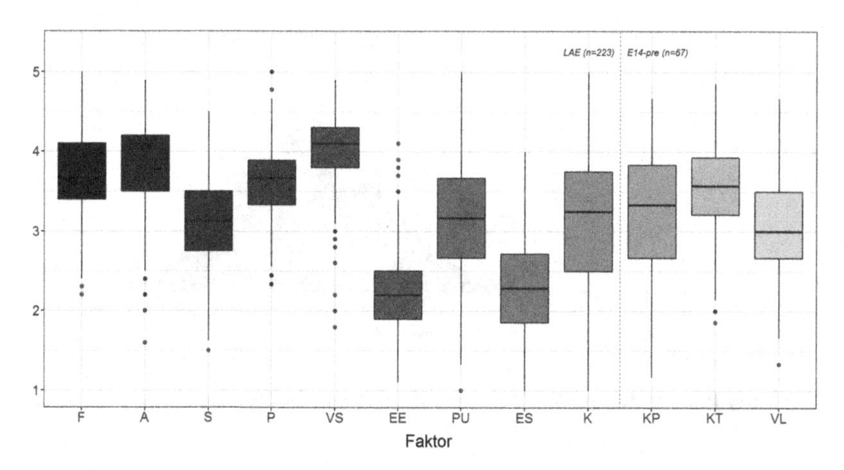

Abbildung 16.1 Boxplot der Verteilungen der Faktorwerte in den Datensätzen LAE13 respektive E14-PRE

ist betragsmäßig kleiner als 3 und der Exzess[2] kleiner als 7. Zur Beantwortung der Forschungsfrage F5 (Kann bei den Faktorwerten in der Stichprobe von einer annähernden Normalverteilung ausgegangen werden?) erfolgt die Prüfung auf annähernde Normalverteilung der jeweiligen Faktorwerte mit dem Shapiro-Wilk-Test. Dieser verfügt einerseits über eine gute Teststärke und lässt sich andererseits auch bei kleinen Stichproben durchführen. In den nun folgenden Unterkapiteln findet sich für die Faktorwerte aller Faktoren eine detailliertere Betrachtung ihrer Faktorwertverteilungen.

16.1 Verteilungen der Faktorwerte im Datensatz LAE

16.1.1 Verteilung im Faktor Formalismus-Aspekt

In Abbildung 16.2 sind das Histogramm und die Dichte der Faktorwertverteilung des Faktors FORMALISMUS-ASPEKT im Datensatz LAE abgebildet.

[2] Der von R in den deskriptiven Statistiken als ›kurtosis‹ ausgegebene Wert gibt den Exzess (die um den Wert 3 verringerte Wölbung) wieder.

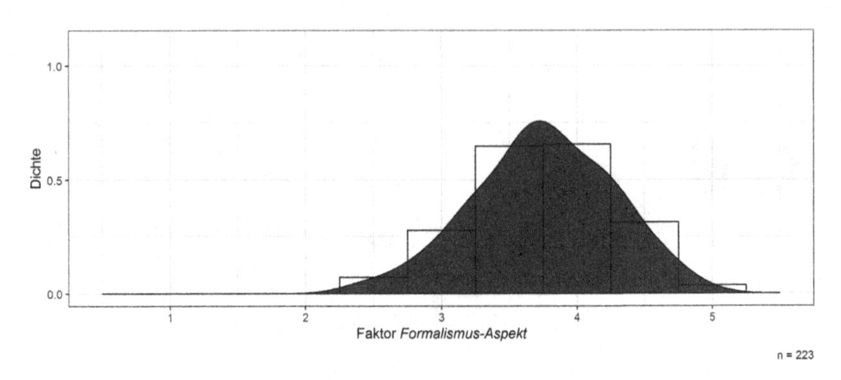

Abbildung 16.2 Verteilung der Faktorwerte des Faktors F im Datensatz LAE

Auffällig ist zunächst, dass der Faktor FORMALISMUS-ASPEKT einem Minimum von 2.3 so gut wie nie abgelehnt wird. Diese tendenzielle Zustimmung zu den Aussagen des Faktors zeigt sich auch in einem Median und Mittelwert von 3.8. Die Verteilung ist dabei leicht linksschief, kann aber als normalverteilt angesehen werden, da der Shapiro-Wilk-Test nicht signifikant wurde ($W = 0.992$, $p = 0.290$). Die Nullhypothese der Normalverteilung der Faktorwerte kann also beibehalten werden.

16.1.2 Verteilung im Faktor Anwendungs-Charakter

Abbildung 16.3 stellt das Histogramm und die Dichte der Faktorwertverteilung des Faktors ANWENDUNGS-CHARAKTER im Datensatz LAE dar.

Der Faktor verfügt über eine nach rechts verschobene, linksschiefe Verteilung, die auch leicht steilgipflig ist. Die Annahme der Normalverteilung der Faktorwerte muss dabei verworfen werden ($W = 0.971$, $p < .001$). Der Median der Faktorwerte liegt bei 3.9, diesem Faktor wird also tendenziell zugestimmt.

16.1.3 Verteilung im Faktor Schema-Orientierung

Abbildung 16.4 zeigt das Histogramm und die Dichte der Faktorwertverteilung des Faktors SCHEMA-ORIENTIERUNG im Datensatz LAE.

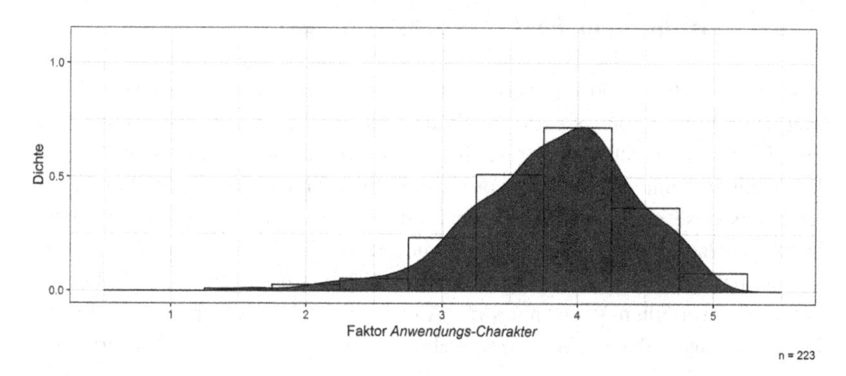

Abbildung 16.3 Verteilung der Faktorwerte des Faktors A im Datensatz LAE

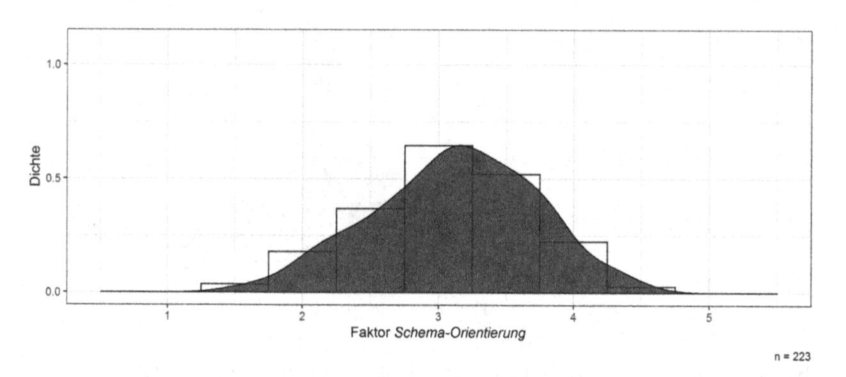

Abbildung 16.4 Verteilung der Faktorwerte des Faktors S im Datensatz LAE

Die Werte dieses Faktors liegen mittig mit einem Median von 3.1 und sind leicht linksschief verteilt. An den Rändern des Intervalls kommen dabei keine extremen Faktorwerte vor (Minimum 1.5, Maximum bei 4.5), die Aussagen des Faktors erscheinen demnach nicht allzu polarisierend zu sein. Der Shapiro-Wilk-Test ergab dabei, dass die Annahme normalverteilter Faktorwerte in der Gesamtstichprobe beibehalten werden kann ($W = 0.989$, $p = .101$).

16.1.4 Verteilung im Faktor Prozess-Charakter

In Abbildung 16.5 sind das Histogramm und die Dichte der Faktorwertverteilung des Faktors PROZESS-CHARAKTER im Datensatz LAE abgebildet. Wie schon beim Faktor FORMALISMUS-ASPEKT liegt auch beim Faktor PROZESS-CHARAKTER das Minimum mit einem Wert von 2.3 relativ weit rechts; was auch zu einer vergleichsweise geringen Spannweite führt. Der Interquartilsabstand fällt dabei ebenfalls relativ gering aus – die Daten liegen folglich kompakt um den Median und die befragten Personen stimmen diesem Faktor im Allgemeinen zu. Für die spitzgipflig verteilten Werte muss die Annahme der Normalverteilung aufgrund des signifikanten Shapiro-Wilk-Testergebnisses ($W = 0.986$, $p = .026$) verworfen werden.

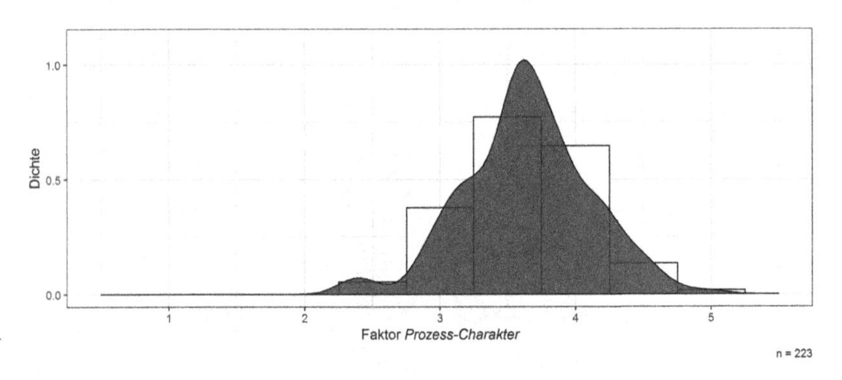

Abbildung 16.5 Verteilung der Faktorwerte des Faktors P im Datensatz LAE

16.1.5 Verteilung im Faktor Vernetzung/Struktur mathematischen Wissens

Das Histogramm und die Dichte der Faktorwertverteilung des Faktors VERNETZUNG/STRUKTUR MATHEMATISCHEN WISSENS im Datensatz LAE sind in Abbildung 16.6 abgebildet.

Die Werte des Faktors VERNETZUNG/STRUKTUR MATHEMATISCHEN WISSENS sind nicht normalverteilt (Shapiro-Wilk-Test: $W = 0.933$, $p < .001$) und weisen eine linksschiefe und aufgrund des geringen Interquartilabstandes von 0.5 zudem

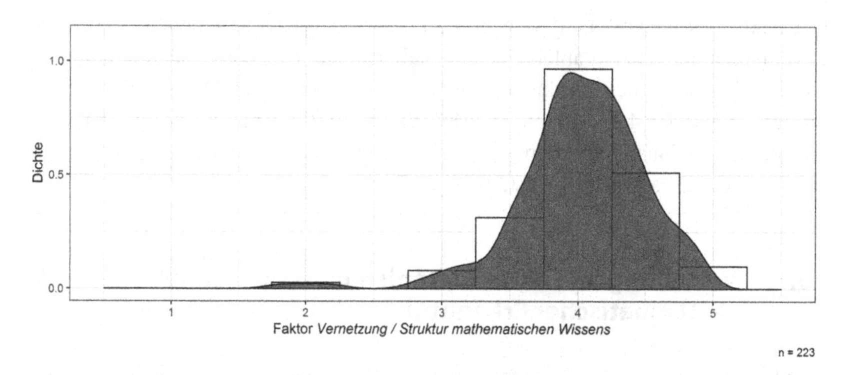

Abbildung 16.6 Verteilung der Faktorwerte des Faktors VS im Datensatz LAE

auch deutlich steilgipflige Verteilung mit einem Exzess $\gamma = 3.5$ auf. Der Median liegt bei 4, bis auf vereinzelte Ausnahmen stimmen die befragten Personen diesem Faktor tendenziell zu.

16.1.6 Verteilung im Faktor Ergebniseffizienz

Abbildung 16.7 stellt das Histogramm und die Dichte der Faktorwertverteilung des Faktors ERGEBNISEFFIZIENZ im Datensatz LAE dar.

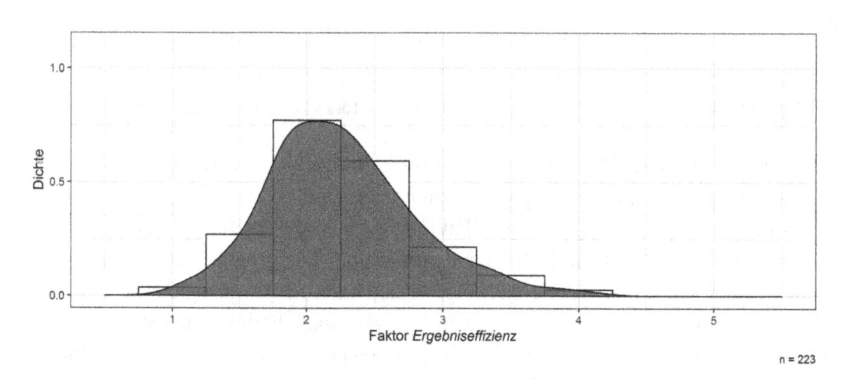

Abbildung 16.7 Verteilung der Faktorwerte des Faktors EE im Datensatz LAE

Der Faktor ERGEBNISEFFIZIENZ gehört zu den beiden Faktoren, denen die befragten Personen tendenziell ablehnend gegenüberstehen: Es findet sich keine Person, die den Aussagen dieses Faktors vollkommen zustimmt; das Maximum der Faktorwerte liegt bei 4.1. Mit einem Median von 2.2 ergibt sich insgesamt eine entsprechend rechtsschiefe Verteilung, die auch nicht als normalverteilt angesehen werden kann (Shapiro-Wilk-Test: $W = 0.974$, $p < .001$).

16.1.7 Verteilung im Faktor Platonismus/Universalität mathematischer Erkenntnisse

Abbildung 16.8 zeigt das Histogramm und die Dichte der Faktorwertverteilung des Faktors PLATONISMUS/UNIVERSALITÄT MATHEMATISCHER ERKENNTNISSE im Datensatz LAE.

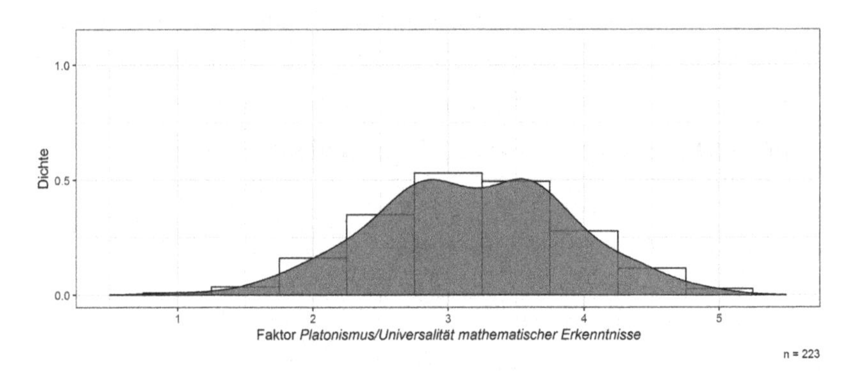

Abbildung 16.8 Verteilung der Faktorwerte des Faktors PU im Datensatz LAE

Der Faktor PLATONISMUS/UNIVERSALITÄT MATHEMATISCHER ERKENNTNISSE verfügt über die maximal mögliche Spannbreite von 4. Es gibt folglich sowohl Personen, die den Aussagen dieses Faktors vollständig ablehnend gegenüberstehen als auch welche mit unbedingter Zustimmung. Die größere Spannbreite geht dabei einher mit einem vergleichsweise hohen Interquartilsabstand von 1; daher sind nicht nur vereinzelte Ausreißerwerte für die Spannbreite verantwortlich. Der Median von 3.2 liegt mittig, und die Verteilung ist dabei weder rechts- noch linksschief. Die Faktorwerte können zudem als annähernd normalverteilt angesehen werden (Shapiro-Wilk-Test: $W = 0.992$, $p = .272$).

16.1.8 Verteilung im Faktor Ermessensspielraum bei der Formulierung von Mathematik

Für den Faktor ERMESSENSSPIELRAUM BEI DER FORMULIERUNG VON MATHEMATIK zeigt Abbildung 16.9 das Histogramm und die Dichte der Faktorwertverteilung im Datensatz LAE.

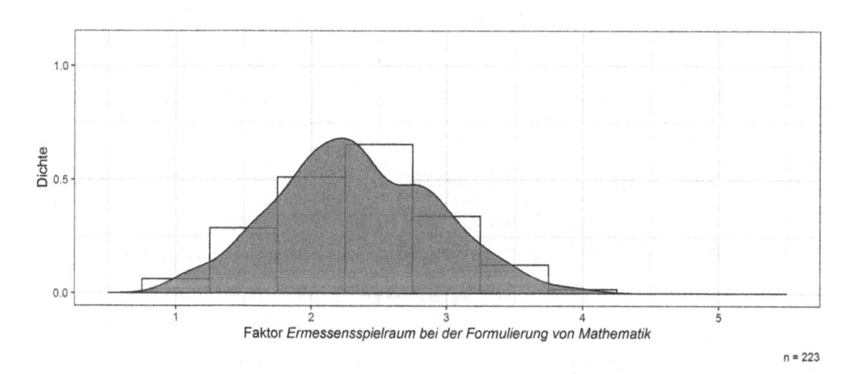

Abbildung 16.9 Verteilung der Faktorwerte des Faktors ES im Datensatz LAE

Es kann davon ausgegangen werden, dass die Werte des Faktors ERMESSENSSPIELRAUM BEI DER FORMULIERUNG VON MATHEMATIK annähernd normalverteilt sind (Shapiro-Wilk-Test: $W = 0.989$, $p = .091$). Die Verteilung ist dabei leicht flachgipflig und etwas nach links verschoben (Median 2.3). Diesem Faktor wird, ähnlich dem Faktor ERGEBNISEFFIZIENZ, also eher ablehnend gegenüber gestanden – wofür auch durch das Maximum der Faktorwerte bei 4 ein Indiz ist.

16.1.9 Verteilung im Faktor Kreativität

Das Histogramm und die Dichte der Faktorwertverteilung des Faktors KREATIVITÄT im Datensatz LAE sind in Abbildung 16.10 abgebildet. Der Faktor KREATIVITÄT besitzt im Vergleich den größten Interquartilsabstand, die Faktorwerte verteilen sich also mehr in der Breite und nutzen dabei den gesamten Bereich aus (Spannweite von 4). Die Aussagen dieses Faktors scheinen in der Stichprobe demnach stärker zu polarisieren, von vollständiger Ablehnung bis zu vollständiger Zustimmung sind alle Werte vertreten. Der Median liegt mit einem Wert von 3.25 etwas weiter rechts, insgesamt ist die Verteilung damit etwas flachgipflig und linksschief. Ferner weist der Shapiro-Wilk-Test hier ein signifikantes Ergebnis auf ($W = 0.983$, $p = .009$), die Normalverteilungsannahme der Faktorwerte muss also verworfen werden.

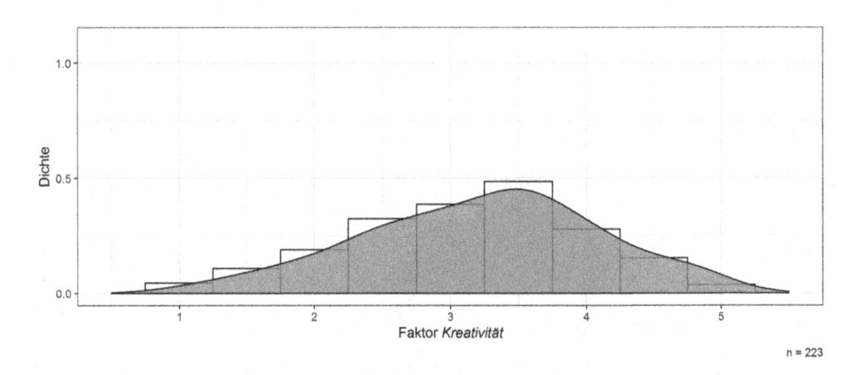

Abbildung 16.10 Verteilung der Faktorwerte des Faktors K im Datensatz LAE

16.2 Verteilungen der Faktorwerte im Datensatz E14-PRE

16.2.1 Verteilung im Faktor Mathematik als Produkt von Kreativität

Abbildung 16.11 stellt das Histogramm und die Dichte der Faktorwertverteilung des Faktors MATHEMATIK ALS PRODUKT VON KREATIVITÄT im Datensatz E14-PRE dar. Die Verteilung der Werte des Faktors MATHEMATIK ALS PRODUKT VON KREATIVITÄT ist etwas linksschief und flachgipfelig, und damit ähnlich der Verteilung beim zuvor betrachteten Faktor KREATIVITÄT.[3] Auch hier liegt der Median mittig bei 3.3 und die Werte verteilen sich über einen großen Teil des möglichen

[3] Der Faktor MATHEMATIK ALS PRODUKT VON KREATIVITÄT stellt eine Erweiterung des Faktors KREATIVITÄT dar (vgl. Abschnitt 15.1.5), insofern ist eine ähnliche Verteilung dieser Faktoren in den Datensätzen LAE und E14-PRE nachvollziehbar.

Antwortspektrums (Spannweite von 3.5, verbunden mit einem Interquartilsabstand von 1.17). Der Shapiro-Wilk-Test wird dabei jedoch nicht signifikant (W = 0.975, p = .207), die Annahme der Normalverteilung der Faktorwerte wird beibehalten.

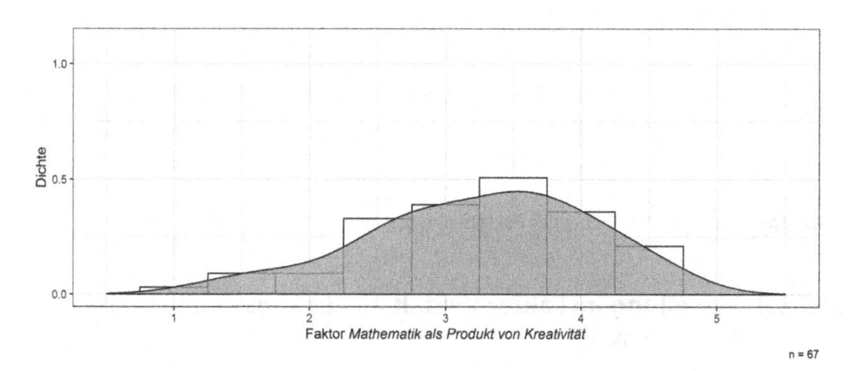

Abbildung 16.11 Verteilung der Faktorwerte des Faktors KP im Datensatz E14-PRE

16.2.2 Verteilung im Faktor Mathematik als kreative Tätigkeit

Abbildung 16.12 stellt das Histogramm und die Dichte der Faktorwertverteilung des Faktors MATHEMATIK ALS KREATIVE TÄTIGKEIT im Datensatz E14-PRE dar.

Der Faktor MATHEMATIK ALS KREATIVE TÄTIGKEIT weist eine linksschiefe Verteilung auf, die mit einem Median von 3.6 etwas nach rechts verschoben ist. Den Aussagen dieses Faktors wird also tendenziell eher zugestimmt, eine stärkere Ablehnung kommt dabei nicht vor (Minimum von 1.9). Der Shapiro-Wilk-Test ergibt ein signifikantes Ergebnis (W = 0.963, p = .044), die Normalverteilungsannahme der Faktorwerte kann also nicht beibehalten werden.

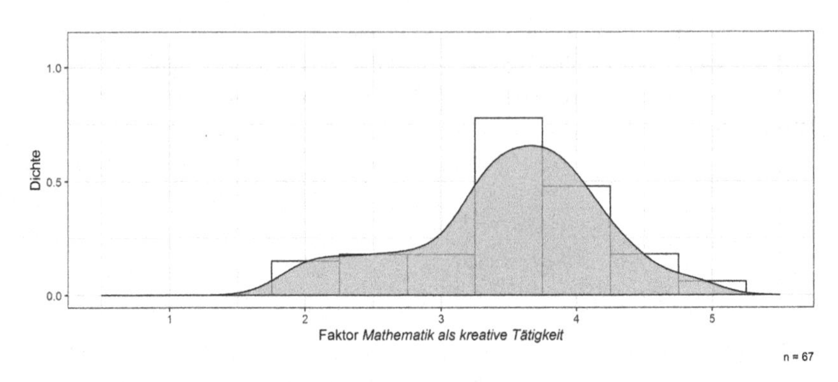

Abbildung 16.12 Verteilung der Faktorwerte des Faktors KT im Datensatz E14-PRE

16.2.3 Verteilung im Faktor Vielfalt an Lösungswegen in der Mathematik

Für den Faktor VIELFALT AN LÖSUNGSWEGEN IN DER MATHEMATIK zeigt Abbildung 16.13 das Histogramm und die Dichte der Faktorwertverteilung im Datensatz E14-PRE.

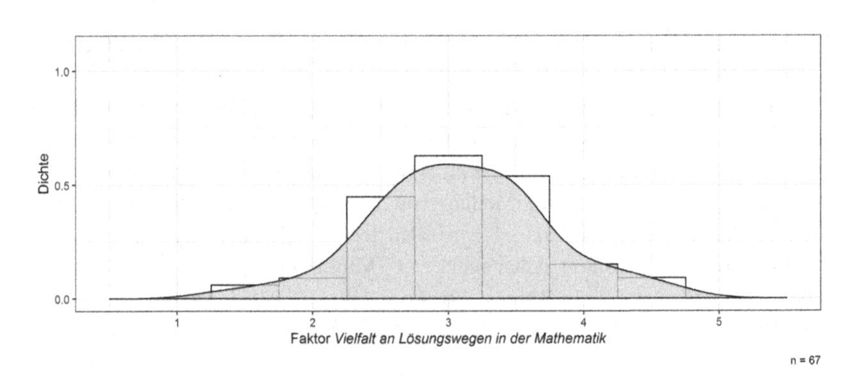

Abbildung 16.13 Verteilung der Faktorwerte des Faktors VL im Datensatz E14-PRE

Die Werte des Faktors sind symmetrisch um einen Median von 3 verteilt. Die Verteilung ist dabei weder rechts- noch linksschief und nur leicht steilgipfelig. Eine extremere Zustimmung respektive Ablehnung dieses Faktors tritt also etwas seltener auf, auch werden die beiden Ränder des Intervalls nicht erreicht. Insgesamt kann dabei davon ausgegangen werden, dass die Werte in der Stichprobe annähernd normalverteilt sind (Shapiro-Wilk-Test: $W = 0.988$, $p = .784$).

16.3 Zusammenfassung der Faktorwertverteilungen

Zur Beantwortung der Forschungsfrage F5 zur Verteilung der Faktorwerte kann im Datensatz LAE von einer Normalverteilung in den Faktoren FORMALISMUS-ASPEKT, SCHEMA-ORIENTIERUNG, PLATONISMUS/UNIVERSALITÄT MATHEMATISCHER ERKENNTNISSE, ERMESSENSSPIELRAUM BEI DER FORMULIERUNG VON MATHEMATIK ausgegangen werden, selbiges gilt im Datensatz E14-PRE für die Faktoren MATHEMATIK ALS PRODUKT VON KREATIVITÄT, MATHEMATIK ALS KREATIVE TÄTIGKEIT und VIELFALT AN LÖSUNGSWEGEN IN DER MATHEMATIK. Bei den übrigen fünf Faktoren muss im Datensatz LAE die Annahme der Normalverteilung verworfen werden. Hinsichtlich der Zustimmung respektive Ablehnung der Faktoren (vgl. Forschungsfrage F6) lässt sich festhalten, dass die befragten Personen den Faktoren VERNETZUNG/STRUKTUR MATHEMATISCHEN WISSENS, ANWENDUNGS-CHARAKTER, FORMALISMUS-ASPEKT, PROZESS-CHARAKTER sowie MATHEMATIK ALS KREATIVE TÄTIGKEIT in der Tendenz eher zustimmen, während die Faktoren ERGEBNISEFFIZIENZ und ERMESSENSSPIELRAUM BEI DER FORMULIERUNG VON MATHEMATIK tendenziell eher auf Ablehnung stoßen.

Im nun folgenden Kapitel 17 werden die Zusammenhänge zwischen den Faktoren in unterschiedlichen Teilstichproben betrachtet und ein Blick auf die zugrunde liegenden Strukturen geworfen. Abschließend werden zum Abschluss dieses Teils in Kapitel 18 die Differenzen in Faktormittelwerten untersucht, bevor sich Teil VI der Zusammenfassung und Diskussion der Ergebnisse widmet.

17 Zusammenhänge zwischen den Faktoren

In diesem Kapitel werden die Korrelationen zwischen den Faktorwerten analysiert, um der Frage nach strukturellen Eigenschaften des zugrunde liegenden mathematischen Weltbildes nachzugehen (vgl. Forschungsfrage F7: Welche signifikant von Null verschiedenen Korrelationen weisen die Faktorwerte auf?). Für die Korrelationsbetrachtung werden dabei nur diejenigen Fälle berücksichtigt, die hinsichtlich aller in den betrachteten Faktoren enthaltenen Items vollständig sind (vgl. Unterkapitel 10.1). Abbildung 17.1 gibt einen Überblick über die nachfolgend verwendeten Stichproben. Zunächst werden die Korrelationen der Gesamtstichprobe (Datensatz LAE) betrachtet, die sich aus den unabhängigen Datensätzen[1] LAE13 und E14-PRE zusammensetzt (▪). Zur Beantwortung der Forschungsfrage F8 (Inwiefern lassen sich die gefundenen Korrelationen auch jeweils inhaltlich interpretieren?) werden die signifikant von Null verschiedenen Korrelationen dabei auch jeweils inhaltlich gedeutet (siehe Abschnitte 17.1.2 und 17.6.2). Da Korrelationen stets von der betrachteten Stichprobe abhängen, lässt sich im Anschluss an die Betrachtung der Gesamtstichprobe auch der Frage nachgehen, ob die gefundenen Faktorkorrelationen gleichermaßen bei der Betrachtung spezifischer Teilgruppen – wie beispielsweise Studienanfänger*innen oder angehenden Lehrkräften – nachweisbar sind (vgl. Forschungsfrage F10). Hierbei muss indes berücksichtigt werden, dass die Post-hoc-Teststärke mit sinkender Stichprobengröße geringer ausfällt und somit schwächer ausgeprägte Zusammenhänge

[1] Notabene: Die Unabhängigkeit bedeutet insbesondere, dass von keiner der Personen Daten unterschiedlicher Erhebungszeitpunkte enthalten waren.

Elektronisches Zusatzmaterial Die elektronische Version dieses Kapitels enthält Zusatzmaterial, das berechtigten Benutzern zur Verfügung steht https://doi.org/10.1007/978-3-658-34662-1_17.

B. Weygandt, *Mathematische Weltbilder weiter denken*,
https://doi.org/10.1007/978-3-658-34662-1_17

unter Umständen nicht erkannt werden können. Um einen Einblick in das von der Schule geprägte mathematische Weltbild zu erhalten, werden in Unterkapitel 17.2 die Einstellungsstrukturen speziell zu Beginn des Studiums betrachtet (■). Anschließend wird untersucht, inwiefern die dort gefundenen Zusammenhänge spezifisch auf die Teilstichproben LAE-L1 und LAE-B1 der Lehramts- (■) respektive Bachelorstudierenden (■) zurückzuführen sind. Kontrastierend zu den Werten des Studienbeginns werden in Unterkapitel 17.5 dann die Korrelationen bei Student*innen höherer Semester analysiert (■). Ebenfalls gesondert untersucht werden die Einstellungsstrukturen der Lehramtsstudent*innen zu Beginn (■) und am Ende (■) der ENPROMA-Vorlesung (siehe Unterkapitel 17.6 und 17.7).

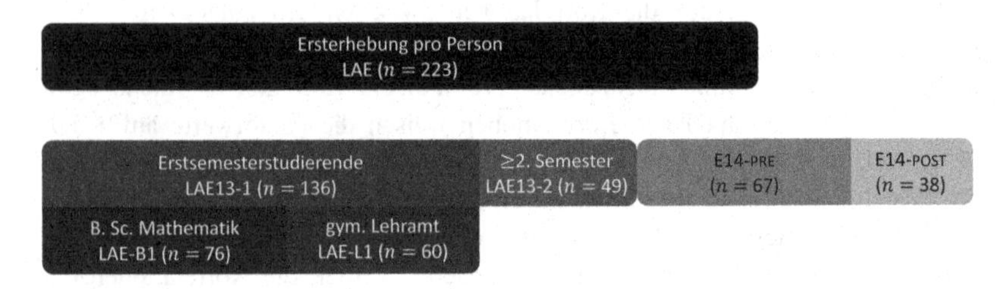

Abbildung 17.1 Übersicht über die Stichproben bei der Betrachtung der Faktorkorrelationen

Pro betrachteter Stichprobe wird dabei wie in Unterkapitel 11.2 beschrieben vorgegangen: Im Vorfeld der Korrelationsbetrachtung werden die Daten aller Faktorpaare zunächst auf bivariate Normalverteilung getestet.[2] Da bei der Korrelationsberechnung die Daten jedes Faktors in mehreren Vergleichen auf Signifikanz getestet werden, muss eine Kumulierung der α-Fehler vermieden werden. Die Kontrolle der familywise-error rate (FWER) geschieht mittels der Bonferroni-Holm-Prozedur (siehe Abschnitt 11.3.3). Darüber hinaus werden auch diejenigen Korrelationen berichtet, die vom FDR-kontrollierenden Benjamini-Yekutieli-Verfahren als signifikant ermittelt werden. Sofern nicht speziell angegeben, sind die p-Werte dabei Bonferroni-Holm-korrigiert; die FDR-adjustierten Werte werden im Einzelnen gesondert als solche bezeichnet.

Die gefundenen Korrelationen werden jeweils daraufhin untersucht, ob das 95 %-Konfidenzintervall der Korrelation den Wert Null enthält. Ist dies nicht

[2] Für jedes Faktorenpaar werden dabei wie in Unterkapitel 11.2 beschrieben zwei Tests auf multivariate Normalverteilung der Faktorwerte durchgeführt *(Henze-Zirkler-Test* und *Royston-Test).*

der Fall, kann die Korrelation als signifikant angenommen werden. Bei den nicht multivariat normalverteilten Daten können die berechneten Konfidenzintervalle abweichen, sodass die Konfidenzintervalle in diesen Fällen zusätzlich über eine Bootstrap-Prozedur abgesichert werden müssen. Diese bootstrap-korrigierten Konfidenzintervalle werden in den Fällen berichtet, in denen einer der beiden durchgeführten Tests auf multivariate Normalverteilung ein signifikantes Ergebnis berichtet. Überdeckt das korrigierte Konfidenzintervall den Wert Null, so wird die Korrelation als nicht signifikant berichtet. Im Falle nicht multivariat normalverteilter Daten werden auch robuste Korrelationsschätzungen betrachtet. Im Anschluss an die Bestimmung der Korrelationen und der entsprechenden Effektstärken werden noch die zugehörigen Post-hoc-Teststärken $(1-\beta)$ bestimmt. Damit wird überprüft, mit welcher Wahrscheinlichkeit die vorhandenen Korrelationen bei den vorliegenden Stichprobengrößen nachgewiesen werden können. Für die Faktorwertverteilungen der betrachteten Stichproben finden sich in Anhang B deskriptive Statistiken. Teil E des elektronischen Zusatzmaterials enthält weiterhin Tests auf univariate und bivariate Normalverteilung, Streudiagramme sowie eine vollständige Auflistung aller Korrelationen mitsamt ihren korrigierten und unkorrigierten p-Werten, den zugehörigen Konfidenzintervallen, robusten Korrelationsschätzungen und Post-hoc-Teststärken.

17.1 Korrelationen in der Gesamtstichprobe

In der Stichprobe LAE aller erhobenen Personen ($n = 223$ Personen, vgl. Unterkapitel 10.1) finden sich drei höchstsignifikante Korrelationen, die auf einen starken Zusammenhang zwischen den Faktoren FORMALISMUS-ASPEKT und VERNETZUNG/STRUKTUR MATHEMATISCHEN WISSENS ($r[221] = .58$, $p < .001$), PROZESS-CHARAKTER und KREATIVITÄT ($r[221] = .55$, $p < .001$) sowie SCHEMA-ORIENTIERUNG und ERGEBNISEFFIZIENZ ($r[221] = .53$, $p < .001$) hinweisen. Weiterhin ergeben sich für die drei Faktorenkonstellationen aus PROZESS-CHARAKTER und VERNETZUNG/STRUKTUR MATHEMATISCHEN WISSENS ($r[221] = .44$, $p < .001$), ERGEBNISEFFIZIENZ und ERMESSENSSPIELRAUM BEI DER FORMULIERUNG VON MATHEMATIK ($r[221] = .36$, $p < .001$) sowie FORMALISMUS-ASPEKT und PROZESS-CHARAKTER ($r[221] = .33$, $p < .001$) moderate positive Zusammenhänge. Negativ korreliert sind dabei insgesamt vier Faktorpaare, bei denen ein moderater und teilweise geringer bis moderater negativer Zusammenhang besteht: ANWENDUNGS-CHARAKTER und ERGEBNISEFFIZIENZ mit $r(221) = -.27$, $p = .001$, VERNETZUNG/STRUKTUR

MATHEMATISCHEN WISSENS und ERMESSENSSPIELRAUM BEI DER FORMULIERUNG VON MATHEMATIK mit $r(221) = -.26$, $p = .003$, ERGEBNISEFFIZIENZ und KREATIVITÄT mit $r(221) = -.25$, $p = .005$ und zuletzt PROZESS-CHARAKTER und ERGEBNISEFFIZIENZ mit $r(221) = -.22$, $p = .019$. Schließlich gibt es noch vier geringe bis moderate Faktorkorrelationen, die mit ausreichender Teststärke nachgewiesen werden können. Dies betrifft zunächst die Faktoren ANWENDUNGS-CHARAKTER und PROZESS-CHARAKTER ($r[221] = .23$, $p = .014$) sowie KREATIVITÄT undVERNETZUNG/STRUKTUR MATHEMATISCHEN WISSENS ($r[221] = .23$, $p = .014$) und weiterhin die Zusammenhänge zwischen SCHEMA-ORIENTIERUNG und ERMESSENSSPIELRAUM BEI DER FORMULIERUNG VON MATHEMATIK ($r[221] = .22$, $p = .022$) respektive zwischen FORMALISMUS-ASPEKT und PLATONISMUS/UNIVERSALITÄT MATHEMATISCHER ERKENNTNISSE ($r[221] = .21$, $p = .033$).

Die Tests auf multivariate Normalverteilung der Faktorwertpaare ergaben, dass im Datensatz LAE lediglich bei den sechs Kombinationen der vier Faktoren FORMALISMUS-ASPEKT, SCHEMA-ORIENTIERUNG, ERMESSENSSPIELRAUM BEI DER FORMULIERUNG VON MATHEMATIK und PLATONISMUS/UNIVERSALITÄT MATHEMATISCHER ERKENNTNISSE von bivariater Normalverteilung ausgegangen werden kann (siehe Abschnitt E.1.1 des elektronischen Zusatzmaterials). Bei den restlichen Faktorpaaren wurde mindestens einer der beiden durchgeführten Tests auf multivariate Normalverteilung signifikant, sodass bei diesen Korrelationen das Konfidenzintervall durch eine Bootstrap-Prozedur abgesichert wird. Bei der Korrelation zwischen den Faktoren ANWENDUNGS-CHARAKTER und VERNETZUNG/STRUKTUR MATHEMATISCHEN WISSENS führt diese Korrektur indessen zu einer relevanten Änderung des Konfidenzintervalls. In der ursprünglichen Berechnung ist diese Korrelation mit $r(221) = .23$, $p = .014$ signifikant und das auf klassische Weise berechnete Konfidenzintervall ist nach Holm-Korrektur [.03, .42]. Die angewandte Bootstrap-Korrektur der Konfidenzintervallgrenzen führt jedoch dazu, dass das Konfidenzintervall den Wert Null enthält, das bootstrap-korrigierte adjustierte Konfidenzintervall ist [−.004, .441].[3] In der Folge kann die Korrelation folglich nicht mit der benötigten Sicherheit als von Null verschieden angesehen werden kann. Daher wird bei diesen beiden Faktoren nur ein Verdacht auf einen signifikanten Zusammenhang berichtet. Bei Verwendung der FDR-Adjustierung ergibt sich ferner ein Verdacht auf einen signifikanten Zusammenhang für die Korrelation zwischen FORMALISMUS-ASPEKT und SCHEMA-ORIENTIERUNG ($r[221] = .19$, $p = .052$, BY-adjustiert),

[3] Die untere Intervallgrenze bewegt sich dabei bei 50 Wiederholungen von je 100.000 Bootstrap-Ziehungen im Intervall [−.006, −.002].

welcher aber bei der FWER-Adjustierung nach Bonferroni-Holm nicht auf dem geforderten Signifikanzniveau nachgewiesen werden kann. Dieser tendenzielle Zusammenhang hätte eventuell in einer größeren Stichprobe mit höherer Teststärke bestätigt werden können.

Abbildung 17.2 enthält Histogramme der Faktorwerte in dieser Stichprobe sowie die Streudiagramme der Faktorpaare mitsamt den zugehörigen Korrelationen. In grauer Schrift sind dabei diejenigen Korrelationen gehalten, deren zugehöriger p-Wert weder signifikant noch mit Verdacht auf Signifikanz vorliegt. Die signifikanten Korrelationen und deren zugehörige Konfidenzintervalle sind ferner noch in Tabelle 17.1 aufgelistet; dort werden auch Post-hoc-Teststärken und – im Falle nicht multivariat normalverteilter Daten – robuste Korrelationsschätzungen berichtet.

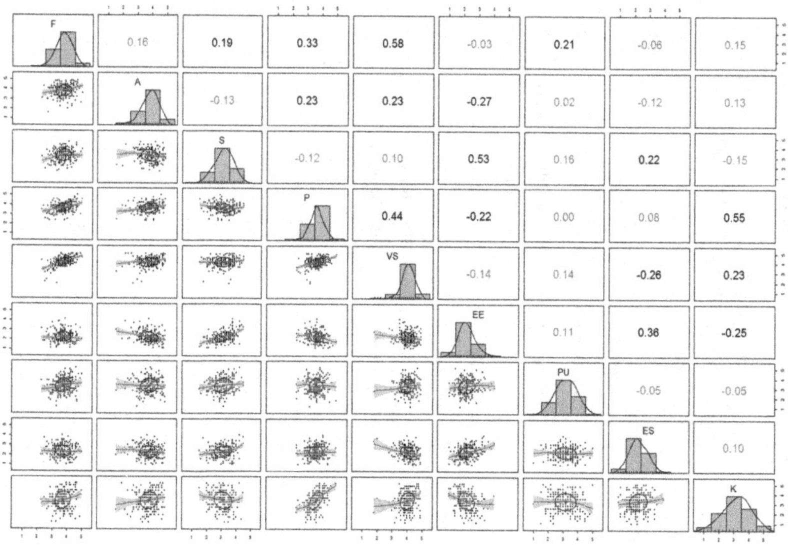

Abbildung 17.2 Streudiagramm und Korrelationen der Faktorwerte in der Gesamtstichprobe (n = 223)

Bei Betrachtung der robusten Korrelationen in Tabelle 17.1 fällt auf, dass der Zusammenhang zwischen den Faktoren VERNETZUNG/STRUKTUR MATHEMATISCHEN WISSENS und ERMESSENSSPIELRAUM BEI DER FORMULIERUNG VON MATHEMATIK durch Ausreißerwerte eventuell leicht überschätzt wird (r =

Tabelle 17.1 Übersicht signifikanter Faktorkorrelationen in der Gesamtstichprobe (n = 223)

Faktorkombination	*r*	Effektstärke des Zusammenhangs	p-adjust Methode	ci.adj lower	ci.adj upper	ci.sig	$1 - \beta$	mv.nd	rob.r
F – VS	.58 ***	stark	holm	.41	.71	×	1.00	–	.54
P – K	.55 ***	stark	holm	.38	.67	×	1.00	–	.59
S – EE	.53 ***	stark	holm	.34	.67	×	1.00	–	.60
P – VS	.44 ***	moderat bis stark	holm	.26	.60	×	1.00	–	.43
EE – ES	.36 ***	moderat bis stark	holm	.17	.53	×	1.00	–	.41
F – P	.33 ***	moderat	holm	.10	.51	×	1.00	–	.26
A – EE	−.27 **	moderat	holm	−.46	−.05	×	0.99	–	−.30
VS – ES	−.26 **	moderat	holm	−.45	−.04	×	0.97	–	−.16
EE – K	−.25 **	gering bis moderat	holm	−.42	−.05	×	0.96	–	−.20
A – P	.23 *	gering bis moderat	holm	.02	.44	×	0.94	–	.25

(Fortsetzung)

Tabelle 17.1 (Fortsetzung)

Faktorkombination	r	Effektstärke des Zusammenhangs	p-adjust Methode	ci.adj lower	ci.adj upper	ci.sig	$1-\beta$	mv.nd	rob.r
VS – K	.23 *	gering bis moderat	holm	.03	.42	×	0.94	–	.33
S – ES	.22 *	gering bis moderat	holm	.02	.41	×	0.91	×	
P – EE	−.22 *	gering bis moderat	holm	−.41	−.03	×	0.92	–	−.28
F – PU	.21 *	gering bis moderat	holm	.01	.40	×	0.89	×	
A – VS	*.23* *		*holm*	*.00*	*.44*	–	*0.94*	–	*.20*
F – S	*.19* .		*BY*	*−.02*	*.37*	–	*0.80*	×	

r: Produkt-Moment-Korrelationskoeffizient nach Pearson mit Signifikanzniveau (. $\hat{=} p < .1$, * $\hat{=} p < .05$, ** $\hat{=} p < .01$, *** $\hat{=} p < .001$). holm: FWER-Korrektur nach Bonferroni-Holm. BY: FDR-Korrektur nach Benjamini-Yekutieli. ci.adj: Grenzen des adjustierten Konfidenzintervalls für r. ci.sig: Konfidenzintervall signifikant. $1-\beta$: Teststärke (post-hoc). mv.nd: Daten multivariat normalverteilt. rob.r: robuste Korrelation (Donoho-Stahel-Schätzer). Kursiv gesetzte Einträge: Verdacht auf statistisch signifikanten Zusammenhang.

$-.26$, $\hat{r}_{\text{rob}} = -.16$); hingegen wird die Korrelation zwischen KREATIVITÄT und VERNETZUNG/STRUKTUR MATHEMATISCHEN WISSENS leicht unterschätzt ($r = .23$, $\hat{r}_{\text{rob}} = .33$). Dies scheint in beiden Fällen an den drei Ausreißerwerten des Faktors VERNETZUNG/STRUKTUR MATHEMATISCHEN WISSENS zu liegen. Die restlichen robust-geschätzten Korrelationswerte weichen weniger stark von den auf klassischem Wege berechneten Werten der Produkt-Moment-Korrelation ab.

Bei den nicht in Tabelle 17.1 aufgeführten Korrelationen liegen Post-hoc-Teststärken im Bereich $[0.05, 0.68]$, wobei die Stichprobengröße von $n = 223$ Personen erlaubt, Korrelationen mit einem betragsmäßigen Wert größer als .18 mit der geforderten Post-hoc-Teststärke nachzuweisen. Dies lässt sich wie folgt interpretieren: Im Falle eines nichtsignifikanten Zusammenhanges kann nur bei einer betragsmäßigen Korrelation von .18 oder mehr davon ausgegangen werden, dass dieser Zusammenhang in der betrachteten Stichprobe tatsächlich nicht existiert. Korrelationen mit Werten $r \in [-.18, .18]$ könnten zwar von Null verschieden sein, dabei jedoch aufgrund einer zu geringe Stichprobengröße nicht mit ausreichender Sicherheit nachgewiesen werden. Vor dem Hintergrund der Forschungsfrage F7 nach signifikant von Null verschiedenen Korrelationen in der Stichprobe kann gesagt werden, dass vierzehn Faktorpaare einen statistisch bedeutsamen Zusammenhang aufweisen.

17.1.1 Visualisierung der Zusammenhangsstruktur in der Gesamtstichprobe

Diese Zusammenhänge aus Tabelle 17.1 werden zur besseren Interpretation nachfolgend in Form eines Graphen visualisiert, wobei jeder Faktor eine Ecke des Graphen darstellt und die Korrelation zwischen zwei Faktoren durch die entsprechende Kante dargestellt wird. Ferner signalisiert die Farbe der Kanten das Vorzeichen der Korrelation (blau: positiv, rot: negativ), während die Liniendicke mit deren Betrag skaliert. Die Korrelationen, bei denen lediglich der Verdacht auf einen signifikanten Zusammenhang besteht, sind durch gepunktete Linien angedeutet. Die sich ergebende Struktur der Korrelationen in der Gesamtstichprobe ist in Abbildung 17.3 dargestellt.

Die grafische Darstellung erleichtert dabei die Interpretation der Faktorstrukturen und ermöglicht einen Einblick in den durch die Faktoren erklärten Teil des mathematischen Weltbildes in der Gruppe der Mathematikstudierenden. Bei der Interpretation muss jedoch berücksichtigt werden, dass Korrelationen zunächst nur Zusammenhänge erklären, ohne jedoch etwas über Kausalitäten auszusagen. Entsprechend können Korrelationen stets in beiden Wirkrichtungen interpretiert

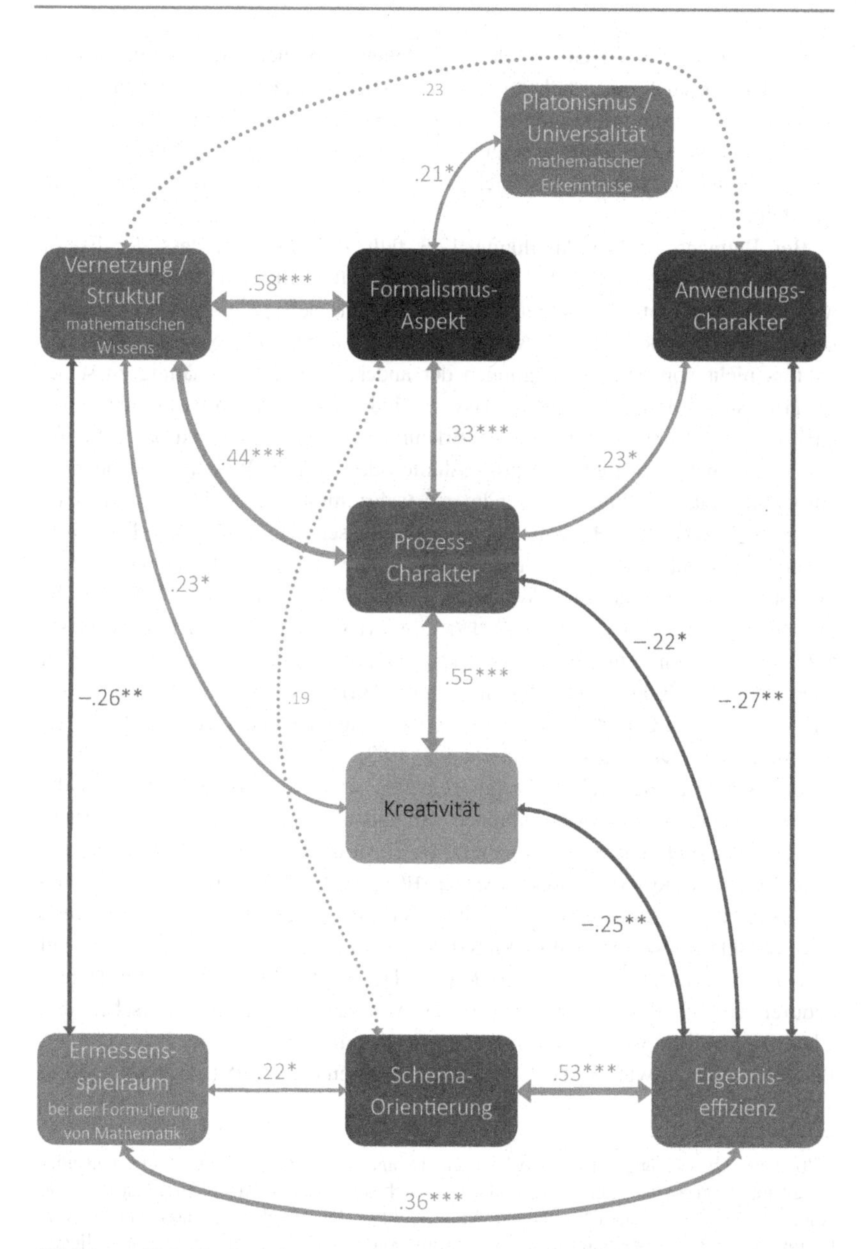

Abbildung 17.3 Struktur der Faktorkorrelationen in der Gesamtstichprobe (n = 223)

werden: Bei einer positiven Korrelation bedeutet ein höherer Wert im einen Faktor tendenziell auch einen höheren Wert im anderen Faktor – was jedoch analog für niedrigere Werte gilt. Eine umfassende Interpretation kann also nur vor dem Hintergrund der Lage und Ausprägung der einzelnen Faktoren und ihrer bivariaten Verteilung geschehen (siehe hierzu Kapitel 16 sowie die Streudiagramme in Abbildung 17.2).

Bei Betrachtung von Abbildung 17.3 fällt zunächst auf, dass der Faktor PLATONISMUS/UNIVERSALITÄT MATHEMATISCHER ERKENNTNISSE vergleichsweise unvernetzt ist. Hier findet sich lediglich eine geringe bis moderate Korrelation mit dem FORMALISMUS-ASPEKT, ansonsten scheint die Ausprägung dieses Faktors nicht von den Ausprägungen der anderen Faktoren abhängig zu sein.[4] Es lässt sich folglich vermuten, dass die individuelle Antwort auf die Frage nach dem Ursprung mathematischer Erkenntnisse nichts damit zu tun habe, ob man Mathematik etwa als eine prozesshafte oder kreative Wissenschaft oder als ein Gebiet mit vielfältigen Anwendungen wahrnimmt. Das heißt aber beispielsweise auch, dass die Mathematik von platonistisch wie von konstruktivistisch geprägte Student*innen als gleichermaßen kreatives – oder eben unkreatives – Gebiet wahrgenommen wird. Weiterhin unterscheiden sich in dieser Stichprobe die vier Faktoren FORMALISMUS-ASPEKT, ANWENDUNGS-CHARAKTER, SCHEMA-ORIENTIERUNG und PROZESS-CHARAKTER in ihren Zusammenhängen von den bei Blömeke et al. (2009b) und Felbrich et al. (2008a) gefundenen Strukturen ebenso wie von jenen bei Grigutsch et al. (1998) oder Grigutsch und Törner (1998) (siehe hierzu auch die Diskussion in Unterkapitel 19.3).

Bei den restlichen acht Faktoren zeichnen sich zwei grobe Cluster ab, die durch moderate negative Korrelationen verbunden sind. Das eine Cluster besteht aus den Faktoren KREATIVITÄT, PROZESS-CHARAKTER, FORMALISMUS-ASPEKT, VERNETZUNG/STRUKTUR MATHEMATISCHEN WISSENS und ANWENDUNGS-CHARAKTER, das andere aus den untereinander positiv korrelierten Faktoren ERGEBNISEFFIZIENZ, SCHEMA-ORIENTIERUNG und ERMESSENSSPIELRAUM BEI DER FORMULIERUNG VON MATHEMATIK. Der Faktor ERGEBNISEFFIZIENZ fällt dadurch auf, dass er bei gleich drei der vier Zusammenhänge zwischen den Clustern beteiligt ist: ERGEBNISEFFIZIENZ korreliert negativ zu KREATIVITÄT, PROZESS- und ANWENDUNGS-CHARAKTER, während der ERMESSENSSPIELRAUM

[4] Notabene: Unabhängigkeit – im stochastischen Sinne – liegt erst dann vor, wenn neben einer betragsmäßig geringen Korrelation und einem nichtsignifikanten Korrelationstest auch die Annahme der multivariaten Normalverteilung erfüllt ist. Dies liegt daran, dass bei einer Verletzung der Normalverteilungsannahme nicht-monotone Abhängigkeitsstrukturen vorliegen können, welche durch Korrelationskoeffizienten nicht erfasst werden können.

BEI DER FORMULIERUNG VON MATHEMATIK negativ mit dem Faktor VERNETZUNG/STRUKTUR MATHEMATISCHEN WISSENS zusammenhängt. In Abbildung 17.4 sind die Faktorkorrelationen aus Abbildung 17.3 mitsamt den beiden Clustern abgebildet.

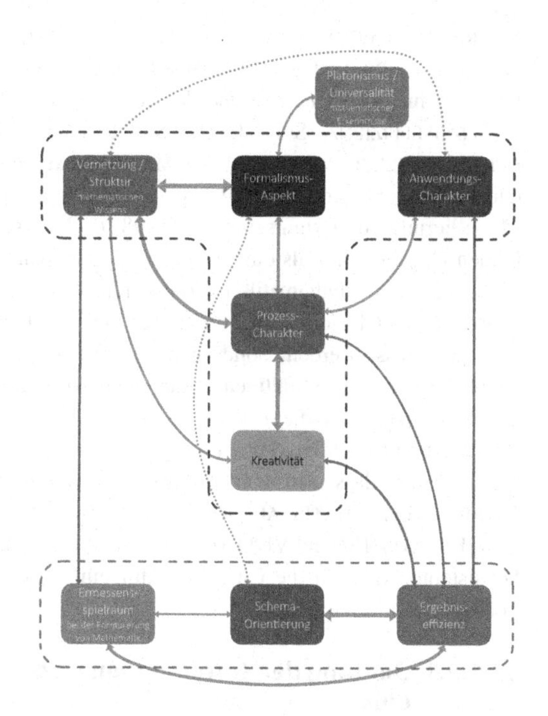

Abbildung 17.4 Struktur der Faktorkorrelationen in zwei Clustern in der Gesamtstichprobe (n = 223)

17.1.2 Inhaltliche Interpretation der Faktorstruktur

Die gefundenen Zusammenhänge aus Tabelle 17.1 sollen nun auch inhaltlich gedeutet werden (vgl. Forschungsfrage F8). Dabei wird zunächst auf das Cluster rund um die Faktoren FORMALISMUS-ASPEKT, PROZESS-CHARAKTER und KREATIVITÄT eingegangen, gefolgt von einer Beschreibung des Clusters rund um den Faktor ERGEBNISEFFIZIENZ. Nach Deutung der positiven Korrelationen innerhalb der beiden Cluster werden anschließend die clusterübergreifenden negativen

Korrelation behandelt. Die nun folgenden Beschreibungen stellen dabei mögliche Deutungen dar, welche bei der Interpretation der Korrelationsstruktur in Abbildung 17.3 helfen sollen.

Bezug nehmend auf die ursprünglichen Ideen von Grigutsch et al. (1998) soll das eine Cluster (bestehend aus den Faktoren KREATIVITÄT, PROZESS-CHARAKTER, FORMALISMUS-ASPEKT, VERNETZUNG/STRUKTUR MATHEMATISCHEN WISSENS und ANWENDUNGS-CHARAKTER) als dynamisch-kreatives Cluster bezeichnet werden; während das andere Cluster (bestehend aus den Faktoren ERGEBNISEFFIZIENZ, SCHEMA-ORIENTIERUNG und ERMESSENSSPIELRAUM BEI DER FORMULIERUNG VON MATHEMATIK) entsprechend als statisch-kalkülhaftes Cluster benannt wird. Unter Berücksichtigung der ursprünglich antagonistischen Modellierung von Grigutsch et al. (1998) (vgl. Abschnitt 7.5.1) lassen sich diese beiden Cluster somit als eine Erweiterung der dynamischen respektive statischen Sichtweise auf Mathematik interpretieren. Obgleich der negativen Korrelation zwischen den Clustern sollen diese aber nicht als konträre Pole derselben Dimension aufgefasst werden, sondern als Facetten eines multifaktoriellen Modells, welches auch die vielfältigen enthaltenen Korrelationen umfasst – auf diesem Wege werden auch die Erkenntnisse der Strukturmodelle aus Blömeke et al. (2009b) berücksichtigt. Ferner zeigen die im Wintersemester 2014/2015 erhobenen Daten, dass sich auch die aus der zweiten Faktorenanalyse extrahierten Faktoren MATHEMATIK ALS KREATIVE TÄTIGKEIT, MATHEMATIK ALS PRODUKT VON KREATIVITÄT und VIELFALT AN LÖSUNGSWEGEN IN DER MATHEMATIK auf konsistente Weise in die Clusterstruktur einfügen und den Faktor KREATIVITÄT präziser ausdifferenzieren.

17.1.2.1 Deutung der Korrelationen im dynamisch-kreativen Cluster

Zunächst korrelieren die Faktoren FORMALISMUS-ASPEKT und VERNETZUNG/STRUKTUR MATHEMATISCHEN WISSENS stark positiv miteinander. Dies ist inhaltlich stimmig interpretierbar, da der strukturierte Aufbau mathematischen Wissens gut zum formallogischen Aufbau und der Abstraktion der Mathematik passt. Auch ist im Faktor FORMALISMUS-ASPEKT ein Item, welches sich auf ein ›logisch widerspruchsfreies Denkgebäude‹ bezieht. Entsprechend passen dazu auch die Korrelationen des Faktors VERNETZUNG/STRUKTUR MATHEMATISCHEN WISSENS zu den drei Faktoren ANWENDUNGS-CHARAKTER, KREATIVITÄT und PROZESS-CHARAKTER: Auf diesem hochgradig vernetzten System aufbauend ergeben sich Anwendungen, die in vielen Berufen gebraucht werden und die hohe Relevanz der Mathematik ausmachen. Gleichzeitig wird dieses ›Gebäude‹ der Mathematik fortwährend weiterentwickelt; und als ein

Teil dieses Entwicklungsprozesses müssen neue Begriffe in das bestehende Begriffsnetz eingeordnet werden. Dabei kann das bisherige Gebäude ebenso auch als ein Ergebnis von Kreativität angesehen werden, dessen bisherige Strukturen nicht zwangsläufig auf eigenen, kreativen Begriffsbildungen beruhen, sondern von ›besonders kreativen Menschen erfunden wurden‹. Die vielen Querverbindungen und Begriffsvernetzungen benötigen dabei durchaus kreative Einfälle, sodass auch die starke positive Korrelation zwischen PROZESS-CHARAKTER und KREATIVITÄT nicht überrascht.

Weiterhin passen indes auch FORMALISMUS-ASPEKT und PROZESS-CHARAKTER zueinander, selbst wenn diese bei den früheren Untersuchungen von Lehrkräften negativ korreliert waren (vgl. Unterkapitel 7.5). Dies muss insofern keinen Widerspruch darstellen, da der Formalismus als eine Art Gerüst für eine aktive und eigentätige Entwicklung von Mathematik angesehen werden kann: Die Logik und das deduktive Vorgehen sind Hilfsmittel im Problemlöseprozess und unterstützen dabei, Begriffe zu erkunden oder Dinge selbst zu finden. An diesem enger vernetzten Cluster aus FORMALISMUS-ASPEKT, PROZESS-CHARAKTER, KREATIVITÄT und VERNETZUNG/STRUKTUR MATHEMATISCHEN WISSENS hängen noch die Faktoren PLATONISMUS/UNIVERSALITÄT MATHEMATISCHER ERKENNTNISSE sowie ANWENDUNGS-CHARAKTER mit geringen bis moderaten Korrelationen. Bei der platonistischen Sichtweise kann der Formalismus dabei als dasjenige Instrument angesehen werden, welches ermöglicht, die in der Natur entdeckte Mathematik für uns Menschen fassbar zu machen. Zuletzt sind ANWENDUNGS- und PROZESS-CHARAKTER miteinander korreliert: Die im Mathematikunterricht kennengelernten Anwendungen passen in der Regel zu einer aktiven, tätigen Auseinandersetzung mit Mathematik – bei Törner und Grigutsch (1994, S. 216) wird dies auch als ›dynamische‹ Sichtweise auf Mathematik bezeichnet. Erwähnenswert ist in diesem Kontext ferner die von Grigutsch et al. (1998) als ›statisch‹ bezeichnete Sicht auf die Mathematik, welche sich auf den positiven Zusammenhang zwischen FORMALISMUS-ASPEKT und SCHEMA-ORIENTIERUNG bezieht. Dieser Zusammenhang kann jedoch in dieser Stichprobe nicht mit ausreichender Sicherheit bestätigt werden.

17.1.2.2 Deutung der Korrelationen im statisch-kalkülhaften Cluster

Bei den positiven Korrelationen innerhalb des zweiten Clusters ergeben sich folgende Interpretationsmöglichkeiten: Der starke Zusammenhang zwischen der SCHEMA-ORIENTIERUNG und der ERGEBNISEFFIZIENZ liegt inhaltlich insofern nahe, als dass die Verwendung erlernter Kalküle auch unreflektiert erfolgen kann, mit dem Ziel, unnötige Reflexionen zu vermeiden und Ergebnisse möglichst zielstrebig zu erhalten. Diese Korrelation wird um die Korrelationen der beiden Faktoren mit dem Faktor ERMESSENSSPIELRAUM BEI DER FORMULIERUNG VON MATHEMATIK ergänzt. Dabei lassen sich folgende Aspekte innerhalb des Faktors ERMESSENSSPIELRAUM BEI DER FORMULIERUNG VON MATHEMATIK identifizieren, die diese Korrelationen mit Sinn versehen: Die SCHEMA-ORIENTIERUNG umfasst auch eine Sicht auf Mathematik als eine Sammlung von Werkzeugen, welche in unterschiedlichen Kontexten angewandt werden können, konsistent hierzu ist die Auffassung, dass beim Formulieren dieser Werkzeuge (Begriffe, Algorithmen etc.) ein gewisser Freiraum besteht, sie also derart gestaltet werden können, dass sie praktikabel nutzbar sind. Beiden Faktoren gemein ist die Ansicht, dass Herleitungen und Beweise weniger Bedeutung zukommt als der Anwendung. Auf eine ähnliche Art und Weise passt die ERGEBNISEFFIZIENZ auch zum Faktor ERMESSENSSPIELRAUM BEI DER FORMULIERUNG VON MATHEMATIK: Wenn man Begriffe oder Verfahren nach pragmatischen Gesichtspunkten formulieren oder gar abändern darf, dann kann dies gewissermaßen auch dazu genutzt werden, nicht-zielführende Wege zu vermeiden und wirksame Ergebnisse zu erhalten – der Zweck heiligt hier sozusagen die Mittel.

17.1.2.3 Deutung der Korrelationen zwischen den Clustern

Die Gegenseitigkeit der beiden Cluster manifestiert sich in vier negativen Korrelationen moderater Stärke. Strukturell fällt zunächst auf, dass der Faktor ERGEBNISEFFIZIENZ bei drei dieser vier Korrelationen beteiligt ist. Die beiden negativen Zusammenhänge zwischen ERGEBNISEFFIZIENZ und den Faktoren PROZESS-CHARAKTER respektive KREATIVITÄT sind intuitiv verständlich: Eine dynamisch entwickelnde und kreative Sicht auf Mathematik geht damit einher, auch eine gewisse Zeit in Sackgassen zu verbringen – und eben dies wird aus dem Blickwinkel des Faktors ERGEBNISEFFIZIENZ als unnötig empfunden. Aber auch die negative Korrelation der ERGEBNISEFFIZIENZ zum ANWENDUNGS-CHARAKTER lässt sich deuten: Tätigkeiten wie die Anwendung mathematischen Wissens außerhalb der Mathematik oder das eigenständige, realistische Modellieren benötigen Zeit und sind darüber hinaus nicht notwendigerweise lineare Abläufe. Bezogen auf die mathematische Lehre können solche Anwendungen einer effizienten Vermittlung folglich entgegenstehen. Schlussendlich verbleibt noch die Interpretation des negativen Zusammenhangs zwischen den Faktoren VERNETZUNG/STRUKTUR MATHEMATISCHEN WISSENS und ERMESSENSSPIELRAUM BEI DER FORMULIERUNG VON MATHEMATIK. Diese leuchtet ein, da nicht ›einfach so‹ am Gebäude der Mathematik herumgespielt werden darf, ohne dass dies Auswirkungen auf die restliche Mathematik hat. Die Freiheiten bei der Formulierung von Begriffen gelten in diesem Sinne nur bei neuen Begriffen, rückwirkende Änderungen sind nur mit entsprechenden Konsequenzen möglich.

Insgesamt lässt sich mit den bisherigen Ergebnissen die Forschungsfrage F8 beantworten. Wie in Abschnitt 17.1.2 dargelegt, lassen sich die vorliegenden Korrelationen inhaltlich sinnvoll interpretieren. Zudem liegen nicht nur einzeln auch die vorliegende Clusterstruktur kohärent interpretierbar, welche als Ansatzpunkt für die zukünftige Modellierung von Faktoren zweiter Ordnung dienen kann – etwa hinsichtlich der Forschungsfrage F9 (Lassen die Faktorkorrelationen – sofern sie inhaltlich stimmig interpretierbar sind – darüber hinaus auch die Abstraktion charakteristischer Strukturen zu, die einen Einblick in das mathematische Weltbild der Studierenden ermöglichen?). Indes bezieht sich die bis hierhin erfolgte Betrachtung der Faktorstruktur auf die Stichprobe aller erhobenen Mathematikstudierenden, ungeachtet ihres Studiengangs und Fachsemesters. Daher schließt sich an dieser Stelle die Frage an, ob einige der signifikanten Korrelationen auf bestimmte Teilgruppen zurückzuführen sind. Insbesondere erscheint es lohnenswert, einen Blick auf die Faktorkorrelationen bei Studienanfänger*innen zu werfen und zu schauen, inwiefern diese Zusammenhangsstrukturen in den Teilstichproben reproduzierbar oder auf diese zurückzuführen sind (vgl. Forschungsfrage F10: Lassen sich gefundene Korrelationen ebenfalls bei der Betrachtung von Teilstichproben nachweisen, etwa zu Studienbeginn, bei angehenden Lehrkräften oder vor und nach der EnProMa-Vorlesung?). Hierfür werden in den anschließenden Unterkapiteln die Stichproben der Mathematikstudierenden im ersten Semester (Unterkapitel 17.2) respektive in höheren Semestern (Unterkapitel 17.5) untersucht, wobei die Stichprobe der Erstsemesterstudierenden zuvor noch einmal nach Studiengängen differenziert wird (Unterkapitel 17.3 und 17.4). Schließlich widmen sich die letzten beiden Unterkapitel 17.6 und 17.7 den Faktorstrukturen zu Beginn und am Ende der EnProMa-Vorlesung im Wintersemester 2014/2015, wobei in dieser Stichprobe auch untersucht wird, inwiefern sich die drei Faktoren im Bereich der mathematischen Kreativität in die bisherige Faktorstruktur einfügen.

17.2 Korrelationen bei Erstsemesterstudierenden

Der Datensatz LAE13-1 besteht aus den Faktorwerten von $n = 136$ Studienanfänger*innen der Studiengänge gymnasiales Lehramt Mathematik oder Bachelor Mathematik (vgl. Unterkapitel 10.1). Bei Betrachtung dieser nur aus Erstsemesterstudierenden bestehenden Teilstichprobe ergibt sich ein ähnliches Bild wie im zuvor betrachteten Datensatz LAE. Einige der Zusammenhänge lassen sich demnach auch bereits zu Studienbeginn als signifikant nachweisen: So finden sich vier starke und höchstsignifikante Zusammenhänge zwischen den Faktoren Formalismus-Aspekt und Vernetzung/Struktur mathematischen Wissens ($r[134] = .57$, $p < .001$), Schema-Orientierung und Ergebniseffizienz ($r[134] = .52$, $p < .001$), Prozess-Charakter und Kreativität ($r[134] = .50$, $p < .001$) sowie zwischen Prozess-Charakter und Vernetzung/Struktur mathematischen Wissens ($r[134] = .46$, $p < .001$). Moderat positiv hängen die Faktoren Formalismus-Aspekt und Prozess-Charakter mit $r(134) = .37$, $p < .001$ sowie Ergebniseffizienz und Ermessensspielraum bei der Formulierung von Mathematik mit $r(134) = .27$, $p = .036$ zusammen. Ferner konnte für die Faktoren Anwendungs-Charakter und Ergebniseffizienz mit $r(134) = -.33$, $p = .003$ ein moderat negativer Zusammenhang nachgewiesen werden, ebenso wie bei Ergebniseffizienz und Kreativität ($r[134] = -.33$, $p = .002$). Abbildung 17.5 zeigt die Streudiagramme der Faktorwertpaare mitsamt den zugehörigen Korrelationen.

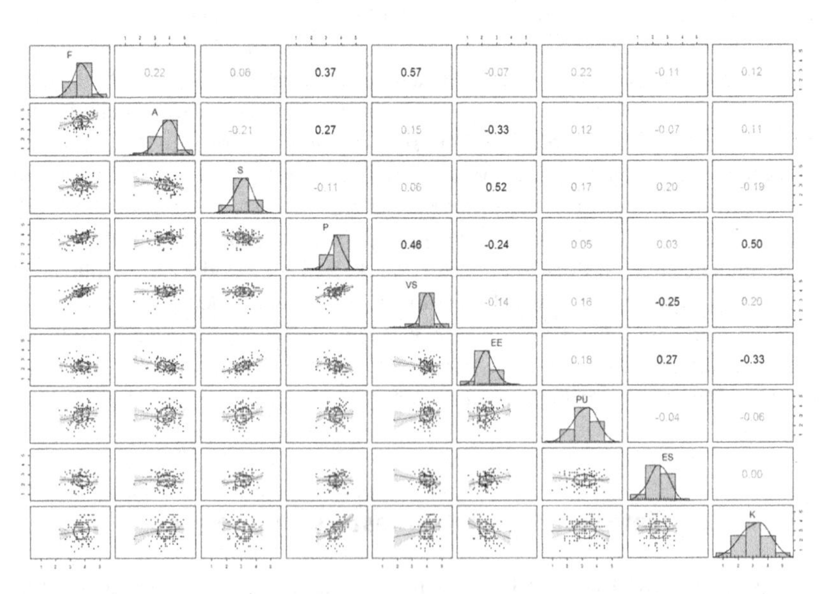

Abbildung 17.5 Streudiagramm und Korrelationen der Faktorwerte im Datensatz LAE13-1 (n = 136)

Zu beachten ist, dass bei den Daten dieser Stichprobe in der Regel keine multivariate Normalverteilung vorliegt – nur gut ein Fünftel der 36 Faktorpaare können als bivariat normalverteilt angesehen werden (siehe Abschnitt E.2.1 des elektronischen Zusatzmaterials). Bei den restlichen Paaren werden die Konfidenzintervalle der Korrelation in Tabelle 17.2 jeweils zusätzlich durch Bootstrapping abgesichert. Dies führt dazu, dass sich bei den Faktoren ANWENDUNGS-CHARAKTER und PROZESS-CHARAKTER ($r[134] = .27$, $p = .023$) das Konfidenzintervall [.01, .50] nachträglich als nicht signifikant herausstellt[5] und daher nur ein Verdacht auf eine signifikante Korrelation berichtet wird. Ebenfalls nur ein Verdacht auf einen geringen bis moderaten negativen Zusammenhang besteht bei den Faktorpaaren VERNETZUNG/STRUKTUR MATHEMATISCHEN WISSENS und ERMESSENSSPIELRAUM BEI DER FORMULIERUNG VON MATHEMATIK ($r[134] = -.25$, $p = .098$) sowie bei FDR-Adjustierung der p-Werte noch zwischen PROZESS-CHARAKTER und ERGEBNISEFFIZIENZ ($r[134] = -.24$, $p = .055$, BY-adjustiert).

Bei zwei Faktorpaaren führen Ausreißerwerte zu vergleichsweise große Abweichungen in der Korrelationsberechnung, die Stärke des Zusammenhangs zwischen den Faktoren PROZESS-CHARAKTER und ERGEBNISEFFIZIENZ scheint unterschätzt zu werden ($r = -.24$, $\hat{r}_{\text{rob}} = -.38$); indes wird die Stärke der Korrelation zwischen VERNETZUNG/STRUKTUR MATHEMATISCHEN WISSENS und ERMESSENSSPIELRAUM BEI DER FORMULIERUNG VON MATHEMATIK eher überschätzt ($r = -.25$, $\hat{r}_{\text{rob}} = -.15$).

Im Vergleich zur vorherigen Gesamtgruppe weist dabei keine der Korrelationen ein entgegengesetztes Vorzeichen auf, es wurden allerdings nicht sämtliche zuvor gefundenen Korrelationen bei den Studienanfänger*innen nachgewiesen. Bei der vorliegenden Stichprobengröße von $n = 136$ Personen weisen Korrelationen mit $|r| > .24$ eine Post-hoc-Teststärke $1 - \beta > 0.8$ auf. Bei den fünf nicht statistisch signifikanten Zusammenhängen ($r_{\text{F,S}} = .06$, $r_{\text{F,PU}} = .22$, $r_{\text{A,VS}} = .15$, $r_{\text{S,ES}} = .20$ und $r_{\text{VS,K}} = .20$) lagen jeweils geringere Teststärken vor. Davon verfügt einzig das Faktorpaar FORMALISMUS-ASPEKT und PLATONISMUS/UNIVERSALITÄT MATHEMATISCHER ERKENNTNISSE mit $1 - \beta = .74$ über eine annähernd ausreichende Teststärke; dies legt den Schluss nahe, dass diese beiden Faktoren zu Studienbeginn nicht miteinander korreliert sind. Die anderen vier Korrelationen waren betragsmäßig zu gering, um in dieser Stichprobe mit annähernd ausreichender Teststärke nachgewiesen zu werden. Die nachfolgende Abbildung 17.6 stellt

[5] adjustiertes Konfidenzintervall, bootstrap-korrigiert: [−.004, .523]. Dabei bewegt sich die untere Intervallgrenze nach 50 Wiederholungen von je 100.000 Bootstrap-Ziehungen im Intervall $r \in [-.006, -.002]$.

Tabelle 17.2 Übersicht signifikanter Faktorkorrelationen im Datensatz LAE13-1 (n = 136)

Faktorkombination	*r*	Effektstärke des Zusammenhangs	p-adjust Methode	ci.adj lower	ci.adj upper	ci.sig	$1-\beta$	mv.nd	rob.r
F – VS	.57 ***	stark	holm	.34	.74	×	1.00	–	.53
S – EE	.52 ***	stark	holm	.29	.69	×	1.00	×	
P – K	.50 ***	stark	holm	.27	.67	×	1.00	–	.58
P – VS	.46 ***	stark	holm	.19	.66	×	1.00	–	.38
F – P	.37 ***	moderat bis stark	holm	.09	.59	×	0.99	–	.30
A – EE	–.33 **	moderat	holm	–.57	–.01	×	0.97	–	–.37
EE – K	–.33 **	moderat	holm	–.55	–.08	×	0.98	–	–.29
EE – ES	.27 *	moderat	holm	.01	.50	×	0.90	×	
A – P	*.27* *		*holm*	*.00*	*.52*	–	*0.90*	–	*.26*
VS – ES	*–.25* .		*holm*	*–.47*	*.00*	–	*0.83*	–	*–.15*
P – EE	*–.24* .		*BY*	*–.48*	*.04*	–	*0.82*	–	*–.38*

r: Produkt-Moment-Korrelationskoeffizient nach Pearson mit Signifikanzniveau (. $\hat{=} p < .1$, * $\hat{=} p < .05$, ** $\hat{=} p < .01$, *** $\hat{=} p < .001$). holm: FWER-Korrektur nach Bonferroni-Holm. BY: FDR-Korrektur nach Benjamini-Yekutieli. ci.adj: Grenzen des adjustierten Konfidenzintervalls für *r*. ci.sig: Konfidenzintervall signifikant. $1-\beta$: Teststärke (post-hoc). mv.nd: Daten multivariat normalverteilt. rob.r: robuste Korrelation (Donoho-Stahel-Schätzer). Kursiv gesetzte Einträge: Verdacht auf statistisch signifikanten Zusammenhang.

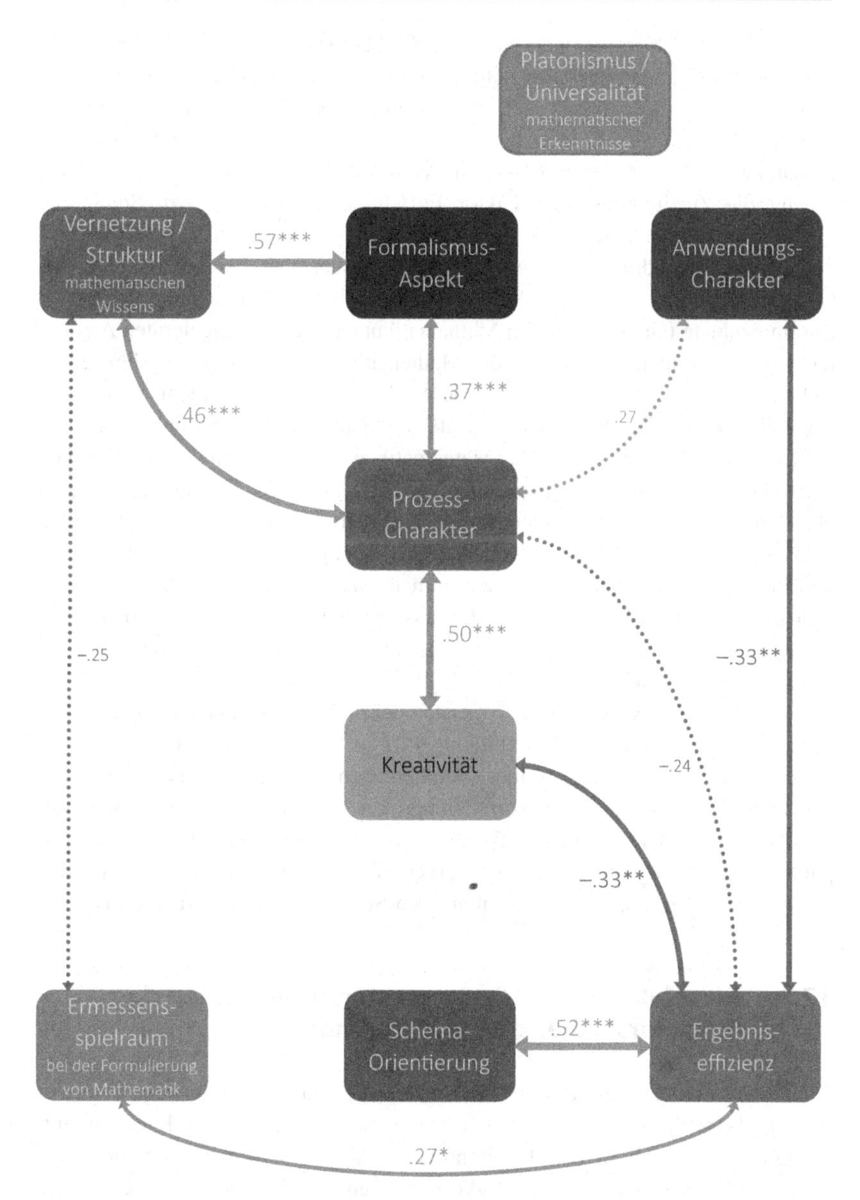

Abbildung 17.6 Struktur der Faktorkorrelationen im Datensatz LAE13-1 (n = 136)

die signifikanten Korrelationen dieser Stichprobe dar, wobei die Anordnung der Faktoren aus Gründen der Vergleichbarkeit dieselbe wie in Abbildung 17.3 ist.

In Abbildung 17.6 lassen sich die beiden Cluster als strukturelle Merkmale wiederfinden, gleichwohl liegt bei zwei der vier negativen moderaten Korrelationen zwischen den Clustern nur ein Verdacht auf Signifikanz vor. Dennoch scheint die Zustimmung zum Faktor ERGEBNISEFFIZIENZ auch zu Studienbeginn entgegengesetzt zu einer prozesshaften, kreativen Sicht auf Mathematik und deren Anwendungen zu sein. Da ERGEBNISEFFIZIENZ und ANWENDUNGS-CHARAKTER bereits im ersten Semester negativ korrelieren, scheint sich dieser Zusammenhang (auch) auf die im Mathematikunterricht kennengelernten Anwendungen zu beziehen. Wenn man die Mathematik als ein anwendungsbezogenes Gebiet ansieht, dann kommt es bei diesen Anwendungen auf mehr als nur das Ergebnis an. Im Umkehrschluss bedeutet eine stärkere Zustimmung beim Faktor ERGEBNISEFFIZIENZ, dass die Mathematik weniger als eine gesellschaftlich nützliche Wissenschaft wahrgenommen wird und sich deren Vermittlung entsprechend mehr mit der zielgerichteten und routinierten Vermittlung von Kalkülen befassen solle. Ferner hängen auch in dieser Stichprobe FORMALISMUS-ASPEKT und PROZESS-CHARAKTER positiv zusammen, was die Vermutung nahelegt, dass sich die Studierenden hierbei auf den aus der Schule bekannten Formalismus beziehen und dieser dabei auch nicht als hinderlich für prozesshaftes Arbeiten wahrgenommen wird.

Es hat sich gezeigt, dass ein die meisten der in der Gesamtstichprobe gefundenen Faktorkorrelationen (vgl. Abbildung 17.3 in Unterkapitel 17.1) auch bereits in der Teilstichprobe der Erstsemesterstudierenden nachweisbar sind. Daher werden zum Vergleich die Faktorkorrelationen bei Studierenden höherer Semester betrachtet (siehe Unterkapitel 17.5). Zuvor soll in den nächsten beiden Unterkapiteln noch der Frage nachgegangen werden, ob und welche der Zusammenhänge zu Studienbeginn sich im Speziellen auf den Studiengang zurückführen lassen.

17.3 Korrelationen bei Erstsemesterstudierenden des Bachelorstudiengangs Mathematik

Teilt man den Datensatz der Mathematikstudierenden im ersten Semester (LAE13-1) nach den Studiengängen gymnasiales Lehramt und Bachelor auf, so lassen sich auch in der Teilstichprobe LAE-B1 der Bachelorstudierenden einige der zuvor signifikanten Faktorkorrelationen (vgl. Tabelle 17.2) nachweisen. Insgesamt zeigen sich dabei vier höchstsignifikante und starke positive Zusammenhänge sowie zwei moderate bis starke, negative Zusammenhänge. Bei drei weiteren Faktorpaaren besteht ferner jeweils der Verdacht auf einen moderaten Zusammenhang.

Dabei lässt sich erneut die in der größeren Stichprobe aufgefundene Struktur mit den zwei Clustern identifizieren. Im ersten Cluster korrelieren die Faktoren FORMALISMUS-ASPEKT und VERNETZUNG/STRUKTUR MATHEMATISCHEN WISSENS mit $r(74) = .60$, $p < .001$, sowie der Faktor PROZESS-CHARAKTER mit den Faktoren KREATIVITÄT ($r[74] = .57$, $p < .001$) und VERNETZUNG/STRUKTUR MATHEMATISCHEN WISSENS ($r[74] = .46$, $p < .001$). Ergänzt wird dies um den moderaten Zusammenhang zwischen FORMALISMUS-ASPEKT und PROZESS-CHARAKTER, welcher jedoch nur im Rahmen der FDR-Kontrolle und nicht innerhalb des angestrebten Signifikanzniveaus gesichert werden kann ($r[74] = .33$, $p = .069$, BY-adjustiert). Das zweite Cluster wird durch eine höchstsignifikante und starke Korrelation zwischen den Faktoren SCHEMA-ORIENTIERUNG und ERGEBNISEFFIZIENZ erzeugt ($r[74] = .59$, $p < .001$). Ferner gibt es im Rahmen die FDR-Kontrolle auch bei diesem Cluster einen Verdacht auf einen weiteren moderaten Zusammenhang, hier zwischen den Faktoren ERGEBNISEFFIZIENZ und ERMESSENSSPIELRAUM BEI DER FORMULIERUNG VON MATHEMATIK ($r[74] = .32$, $p = .080$, BY-adjustiert).

Als negative Korrelationen findet sich zum einen die Wechselbeziehung der Faktoren KREATIVITÄT und ERGEBNISEFFIZIENZ ($r[74] = -.44$, $p = .002$) und zum anderen die der Faktoren ERGEBNISEFFIZIENZ und ANWENDUNGS-CHARAKTER ($r[74] = -.41$, $p = .006$). Darüber hinaus findet sich zwischen SCHEMA-ORIENTIERUNG und KREATIVITÄT eine moderat negative Korrelation von $r(74) = -.34$, $p = .082$, welche jedoch nicht mit ausreichender Signifikanz gesichert werden kann und daher als tendenzieller Effekt berichtet wird. Abbildung 17.7 stellt die Streudiagramme der Faktorwertpaare mitsamt den zugehörigen Korrelationen dar.

Bei Betrachtung der Streudiagramme in Abbildung 17.7 und der Testergebnisse auf multivariate Normalverteilung (siehe Abschnitt E.3.1 des elektronischen Zusatzmaterials) fällt auf, dass keines der Faktorpaare mit einem der Faktoren KREATIVITÄT oder VERNETZUNG/STRUKTUR MATHEMATISCHEN WISSENS eine bivariate Normalverteilung aufweist. Beim Faktor VERNETZUNG/STRUKTUR MATHEMATISCHEN WISSENS sind einige Ausreißerwerte zu erkennen, welche vermutlich eine multivariate Normalverteilung verhindern. Indes lassen sich beim Faktor KREATIVITÄT anhand der Streudiagramme und des Histogramms keine Verzerrungen feststellen.

Diese häufigen Verletzungen der multivariaten Normalverteilungsannahme führen dazu, dass bei sechs der in Tabelle 17.3 aufgeführten Faktorpaaren die Konfidenzintervalle der Korrelationen durch eine Bootstrap-Prozedur abgesichert

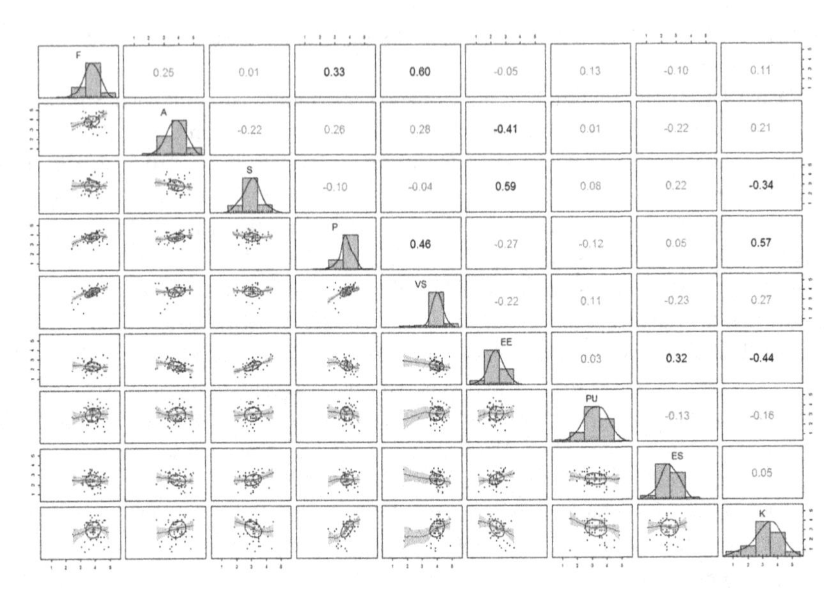

Abbildung 17.7 Streudiagramm und Korrelationen der Faktorwerte im Datensatz LAE-B1 (n = 76)

werden und zudem auch die um Ausreißerwerte berichtigten, robusten Korrelationsschätzungen zum Vergleich betrachtet werden. Bei den Faktorwerten von ERGEBNISEFFIZIENZ und KREATIVITÄT überschätzt die Produkt-Moment-Korrelation nach Pearson den Zusammenhang aufgrund von Ausreißerwerten ($r = -.44$, $\hat{r}_{\text{rob}} = -.32$); während der robuste Korrelationsschätzer der Faktoren SCHEMA-ORIENTIERUNG und KREATIVITÄT die Korrelation betragsmäßig größer schätzt ($r = -.34$, $\hat{r}_{\text{rob}} = -.43$). Im Stichprobenumfang von $n = 76$ Personen begründet sich ferner, dass in dieser Stichprobe nur Korrelationen mit einem betragsmäßigen Wert $|r| > .31$ über eine Post-hoc-Teststärke von .80 oder mehr verfügen und damit hinreichend sicher entdeckt werden könnten. Wie aus Abbildung 17.7 ersichtlich wird, verfügt somit keine der nichtsignifikanten Korrelationen über eine entsprechende Teststärke. Aus der Nichtsignifikanz der Korrelationen kann folglich nicht geschlossen werden, dass die Faktoren tatsächlich unkorreliert sind – hierfür wäre eine größere Stichprobe mit entsprechend höherer Teststärke vonnöten.

Tabelle 17.3 Übersicht signifikanter Faktorkorrelationen im Datensatz LAE-B1 (n = 76)

Faktorkombination	r	Effektstärke des Zusammenhangs	p-adjust Methode	ci.adj lower	ci.adj upper	ci.sig	$1-\beta$	mv.nd	rob.r
F – VS	.60 ***	stark	holm	.30	.81	×	1.00	–	.59
S – EE	.59 ***	stark	holm	.30	.78	×	1.00	×	
P – K	.57 ***	stark	holm	.29	.75	×	1.00	–	.62
P – VS	.46 ***	stark	holm	.04	.73	×	0.99	–	.49
EE – K	−.44 **	moderat bis stark	holm	−.68	−.12	×	0.98	–	−.32
A – EE	−.41 **	moderat bis stark	holm	−.67	−.07	×	0.97	×	
S – K	*−.34 .*		*holm*	*−.64*	*.03*	–	*0.86*	–	*−.43*
F – P	*.33 .*		*BY*	*−.08*	*.65*	–	*0.84*	–	*.33*
EE – ES	*.32 .*		*BY*	*−.04*	*.61*	–	*0.81*	×	

r: Produkt-Moment-Korrelationskoeffizient nach Pearson mit Signifikanzniveau (. $\hat{=} p < .1$, * $\hat{=} p < .05$, ** $\hat{=} p < .01$, *** $\hat{=} p < .001$). holm: FWER-Korrektur nach Bonferroni-Holm. BY: FDR-Korrektur nach Benjamini-Yekutieli. ci.adj: Grenzen des adjustierten Konfidenzintervalls für r. ci.sig: Konfidenzintervall signifikant. $1-\beta$: Teststärke (post-hoc). mv.nd: Daten multivariat normalverteilt. rob.r: robuste Korrelation (Donoho-Stahel-Schätzer). Kursiv gesetzte Einträge: Verdacht auf statistisch signifikanten Zusammenhang.

Abbildung 17.8 zeigt die sich ergebende Struktur der Faktorkorrelationen bei Erstsemesterstudierenden des Bachelorstudiengangs Mathematik. Die beiden Cluster der dynamischen und schematischen Sicht auf Mathematik sind dabei auch in der Stichprobe der Studienanfänger*innen des Bachelorstudiengangs Mathematik nachweisbar. Der hier untersuchte Teil des mathematischen Weltbildes scheint hinsichtlich dieser Clusterstruktur recht kohärent und ausgeprägt zu sein. Ergänzt werden die bisher bekannten Faktorbeziehungen dabei noch um den negativen Zusammenhang zwischen KREATIVITÄT und SCHEMA-ORIENTIERUNG. Dieser konnte zwar in den übrigen Stichproben nicht signifikant nachgewiesen werden, gleichwohl ist dieser Zusammenhang inhaltlich äußerst passend zu den übrigen Faktorbeziehungen interpretierbar. Mit Blick auf die Struktur der beiden Cluster können diese folglich auch in dieser Stichprobe als negativ korreliert betrachtet werden.

Nachdem die Korrelationen zwischen den Faktorwerten in der Teilgruppe der Erstsemesterstudierenden des Bachelorstudiengangs Mathematik betrachtet wurden, folgt Selbiges nun für jene des gymnasialen Lehramtsstudiums Mathematik.

17.4 Korrelationen bei Erstsemesterstudierenden des gymnasialen Lehramts Mathematik

In der vorliegenden Stichprobe LAE-L1 der Studienanfänger*innen des gymnasialen Lehramts Mathematik konnten – verglichen mit den Datensätzen aller Erstsemesterstudierenden oder jenen des Bachelor-Studiengangs – verhältnismäßig wenige Korrelationen als statistisch signifikant nachgewiesen werden. Dennoch sind auch hier drei starke positive Zusammenhänge zu berichten: Der FAKTOR VERNETZUNG/STRUKTUR MATHEMATISCHEN WISSENS korreliert einerseits mit dem Faktor FORMALISMUS-ASPEKT ($r[58] = .57$, $p < .001$) und andererseits mit dem Faktor PROZESS-CHARAKTER ($r[58] = .48$, $p = .004$); ferner hängen die beiden Faktoren SCHEMA-ORIENTIERUNG und ERGEBNISEFFIZIENZ mit $r(58) = .43$, $p = .023$ signifikant zusammen. Die Korrelation der Faktoren PROZESS-CHARAKTER und KREATIVITÄT beträgt $r(58) = .38$, $p = .091$ und kann dabei nicht auf entsprechendem Signifikanzniveau gesichert werden, hier könnte ein tendenzieller Effekt vorliegen. Das Streudiagramm des Faktorpaares (siehe Abbildung 17.9) offenbart jedoch, dass die Daten über diverse Ausreißerwerte verfügen – der Faktorzusammenhang zwischen PROZESS-CHARAKTER und KREATIVITÄT sollte daher in mehrfacher Hinsicht nur vorbehaltlich gedeutet werden.

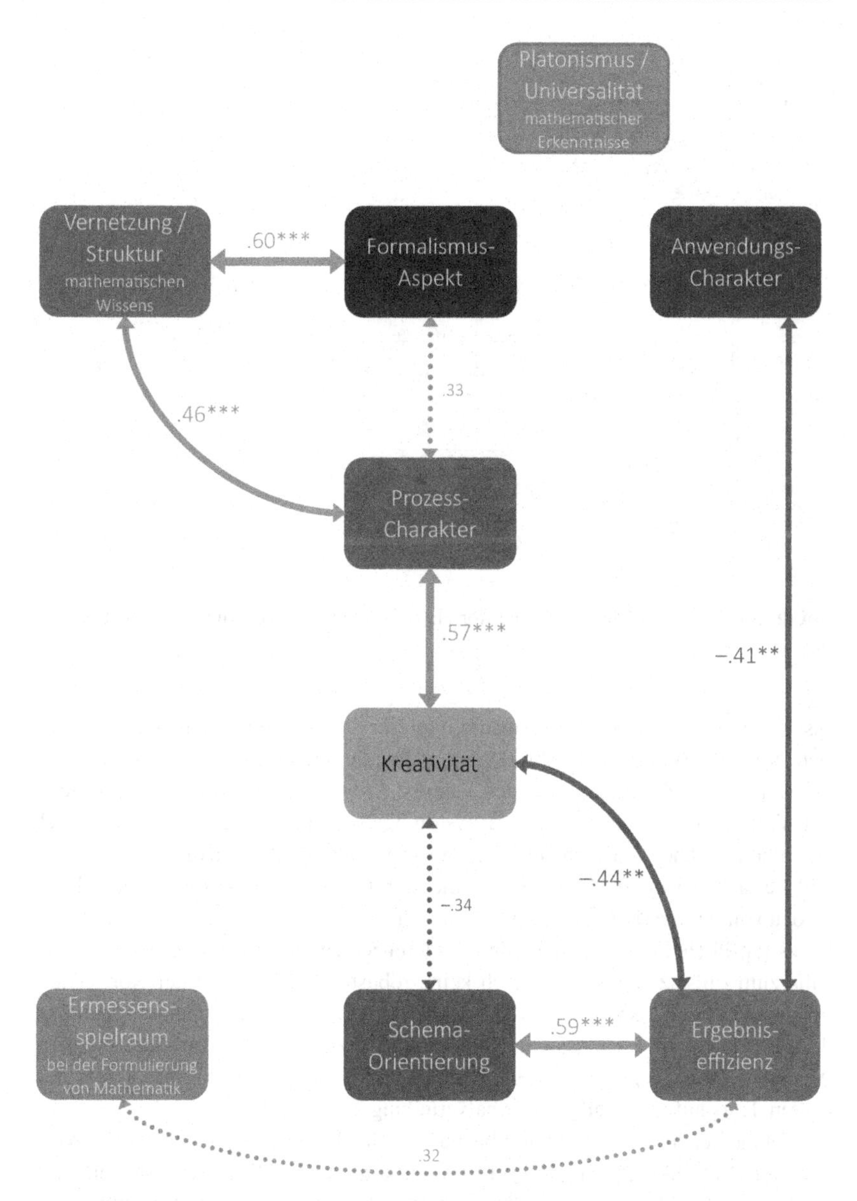

Abbildung 17.8 Struktur der Faktorkorrelationen im Datensatz LAE-B1 (n = 76)

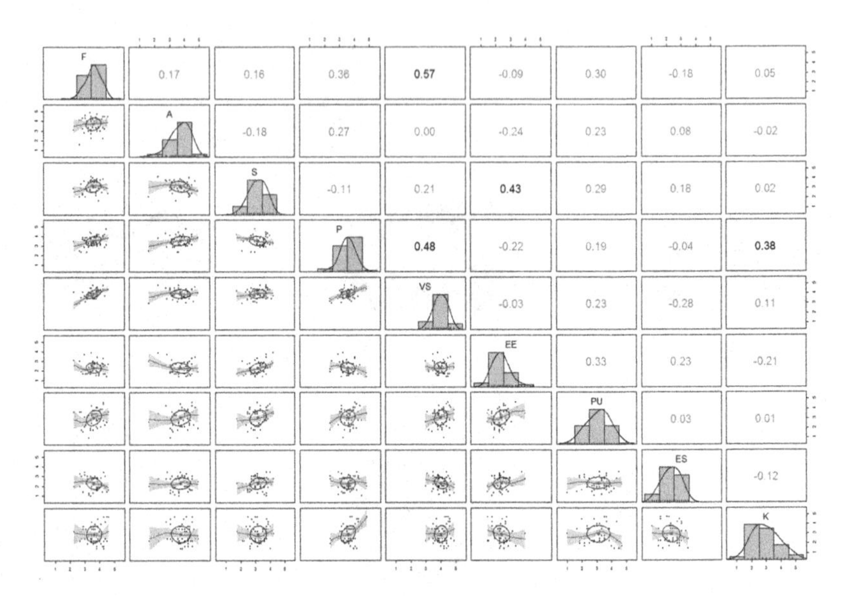

Abbildung 17.9 Streudiagramm und Korrelationen der Faktorwerte im Datensatz LAE-L1 (n = 60)

Insgesamt weisen die Faktorwertpaare in dieser Stichprobe größtenteils eine bivariate Normalverteilung auf. Abweichungen hiervon finden sich dabei insbesondere bei sämtlichen Kombinationen des Faktors ANWENDUNGS-CHARAKTER, welche ein signifikantes Ergebnis beim Royston-Test erzeugen (vgl. Abschnitt E.4.1 des elektronischen Zusatzmaterials) und somit als nicht multivariat normalverteilt betrachtet werden. Bezogen auf die signifikanten Korrelationen kann dabei jedoch von multivariater Normalverteilung ausgegangen werden, sodass hier keine Bootstrap-Prozedur zur Absicherung der Grenzen des Korrelationskonfidenzintervalls zum Einsatz kommt und auch keine robusten Schätzungen der Korrelation vergleichend herangezogen werden (siehe Tabelle 17.4). Anzumerken ist noch, dass die Faktoren PROZESS-CHARAKTER und KREATIVITÄT zwar über ein von Ausreißerwerten geprägtes Streudiagramm verfügen, gleichwohl aber keiner der beiden Tests auf multivariate Normalverteilung signifikant wurde.

Wenngleich in dieser Stichprobe nur vergleichsweise wenige Faktorkorrelationen als signifikant nachgewiesen werden können, so fällt nichtsdestotrotz auf, dass hier die beiden aus den anderen Stichproben bekannten Cluster dennoch in groben Zügen zum Vorschein kommen: Die Faktoren VERNETZUNG/STRUKTUR

Tabelle 17.4 Übersicht signifikanter Faktorkorrelationen im Datensatz LAE-L1 (n = 60)

Faktorkombination	r	Effektstärke des Zusammenhangs	p-adjust Methode	ci.adj lower	ci.adj upper	ci.sig	$1-\beta$	mv.nd	rob.r
F – VS	.57 ***	stark	holm	.22	.79	×	1.00	×	
P – VS	.48 **	stark	holm	.10	.74	×	0.98	×	
S – EE	.43 *	moderat bis stark	holm	.03	.71	×	0.93	×	
P – K	*.38 .*		*holm*	*–.02*	*.68*	–	*0.86*	×	

r: Produkt-Moment-Korrelationskoeffizient nach Pearson mit Signifikanzniveau (. $\hat{=} p < .1$, * $\hat{=} p < .05$, ** $\hat{=} p < .01$, *** $\hat{=} p < .001$). holm: FWER-Korrektur nach Bonferroni-Holm. BY: FDR-Korrektur nach Benjamini-Yekutieli. ci.adj: Grenzen des adjustierten Konfidenzintervalls für r. ci.sig: Konfidenzintervall signifikant. $1-\beta$: Teststärke (post-hoc). mv.nd: Daten multivariat normalverteilt. rob.r: robuste Korrelation (Donoho-Stahel-Schätzer). Kursiv gesetzte Einträge: Verdacht auf statistisch signifikanten Zusammenhang.

MATHEMATISCHEN WISSENS, FORMALISMUS-ASPEKT, PROZESS-CHARAKTER und KREATIVITÄT bilden dabei zumindest einen zusammenhängenden Teilgraphen, selbiges gilt für die beiden Faktoren SCHEMA-ORIENTIERUNG und ERGEBNISEFFIZIENZ des zweiten Clusters. Negative Wechselbeziehungen zwischen den Clustern konnten in dieser Stichprobe jedoch nicht nachgewiesen werden. Dies kann auch an Stichprobengröße von $n = 60$ Personen liegen, die erst Korrelationen mit einem betragsmäßigen Wert $|r| > .35$ mit hinreichender Teststärke nachweisen kann. Die bisher für die Beziehungen zwischen den Clustern relevanten fünf Faktorpaare[6] weisen hierzu eine betragsmäßig zu geringe Korrelationen auf (vgl. Abbildung 17.9). Indes konnte bei einer der anderen nichtsignifikanten Korrelationen eine Post-hoc-Teststärke von $1 - \beta = .82$ festgestellt werden, diese liegt bei den Faktoren FORMALISMUS-ASPEKT und PROZESS-CHARAKTER ($r[58] = .36$, $p = .145$) vor. Ein Zusammenhang dieser Stärke hätte also – sofern vorhanden – nachgewiesen werden können. Daher ist hier eher davon auszugehen, dass zwischen den Ausprägungen in den Faktoren FORMALISMUS-ASPEKT und PROZESS-CHARAKTER bei den Studienanfänger*innen des Lehramts Mathematik kein Zusammenhang besteht. Abbildung 17.10 stellt die sich ergebende Struktur der Faktorkorrelationen bei Erstsemesterstudierenden des Studiengangs gymnasiales Lehramt Mathematik dar.

17.5 Korrelationen bei Studierenden in höheren Semestern

Zum Vergleich mit den Faktorstrukturen bei Erstsemesterstudierenden in Unterkapitel 17.2 werden nun die Korrelationen bei Studierenden höherer Semester untersucht (Datensatz LAE13-2). Zunächst ist der Faktor ERGEBNISEFFIZIENZ stark positiv korreliert mit den beiden Faktoren SCHEMA-ORIENTIERUNG ($r[47] = .61$, $p < .001$) und ERMESSENSSPIELRAUM BEI DER FORMULIERUNG VON MATHEMATIK ($r[47] = .50$, $p = .007$). Auch die Beziehung zwischen PROZESS-CHARAKTER und KREATIVITÄT ist mit $r(47) = .63$, $p < .001$ stark ausgeprägt; selbiges gilt für die Faktoren FORMALISMUS-ASPEKT und VERNETZUNG/STRUKTUR MATHEMATISCHEN WISSENS ($r[47] = .62$, $p < .001$). Neben diesen vier höchstsignifikanten und starken Korrelationen findet sich mit einem Wert von $r(47) = .46$, $p = .032$ ein signifikanter und starker Zusammenhang zwischen FORMALISMUS-ASPEKT und SCHEMA-ORIENTIERUNG.

[6] Diese bestehen aus dem Faktor ERGEBNISEFFIZIENZ mit KREATIVITÄT, PROZESS-CHARAKTER und ANWENDUNGS-CHARAKTER; sowie den Paaren VERNETZUNG/STRUKTUR MATHEMATISCHEN WISSENS mit ERMESSENSSPIELRAUM BEI DER FORMULIERUNG VON MATHEMATIK und zuletzt KREATIVITÄT mit SCHEMA-ORIENTIERUNG.

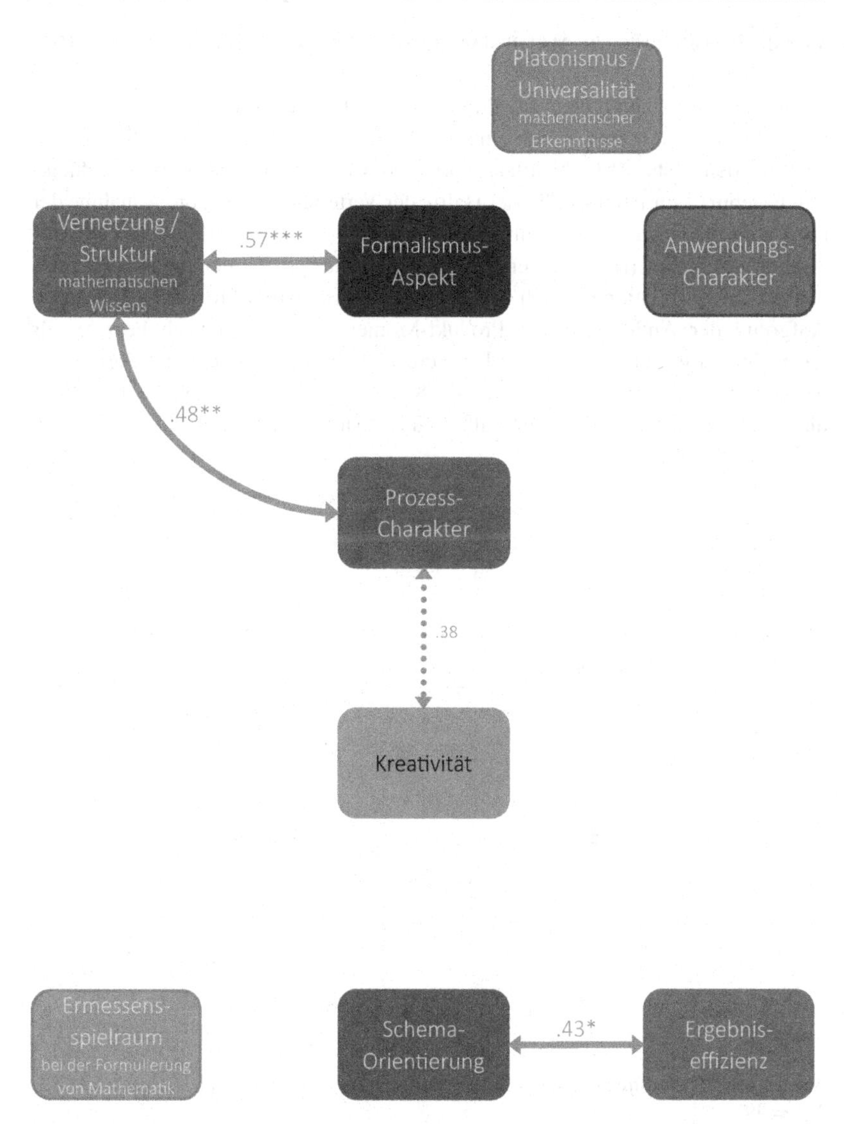

Abbildung 17.10 Struktur der Faktorkorrelationen im Datensatz LAE-L1 ($n = 60$)

Bei Adjustierung der p-Werte über eine FDR-Prozedur ergibt sich zuletzt ein Verdacht auf eine signifikante Korrelation der Faktoren PROZESS-CHARAKTER und

Vernetzung/Struktur mathematischen Wissens ($r[47] = .41$, $p = .095$, BY-adjustiert).

In den Streudiagrammen aus Abbildung 17.11 zeigen sich bei einigen Faktorpaaren durch Ausreißerwerte geprägte Verteilungen. Entsprechend finden sich auch bei den Tests auf multivariate Normalverteilung einige Paare mit signifikantem Ergebnis. Nur bei ungefähr der Hälfte der Verteilungen kann die Annahme der bivariaten Normalverteilung beibehalten werden (vgl. Abschnitt E.5.1 des elektronischen Zusatzmaterials), bei den restlichen Verteilungen werden die Konfidenzintervalle der Korrelationen durch den Einsatz einer Bootstrap-Prozedur abgesichert. Aufgrund der Anfälligkeit der Produkt-Moment-Korrelation nach Pearson für Ausreißerwerte wurden die Korrelationen im Falle nicht multivariat normalverteilter Daten um entsprechende robuste Schätzungen ergänzt. Tabelle 17.5 führt die resultierenden Konfidenzintervalle und robusten Korrelationsschätzungen auf.

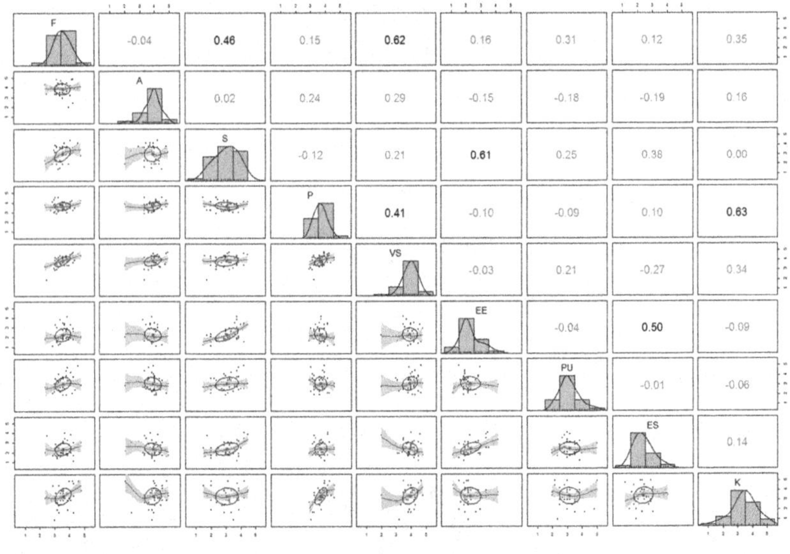

Abbildung 17.11 Streudiagramm und Korrelationen der Faktorwerte im Datensatz LAE13-2 (n = 49)

Bei der Korrelation der Faktoren Prozess-Charakter und Vernetzung/Struktur mathematischen Wissens wird die Stärke der Korrelation aufgrund von Ausreißerwerten überschätzt, der robuste Korrelationswert liegt mit $\hat{r}_{\text{rob}} = .20$ deutlich unter dem Wert der Produkt-Moment-Korrelation von $r = .41$ (siehe Tabelle 17.5). Im zugehörigen Streudiagramm lässt sich auch ein entsprechender Ausreißerwert identifizieren, der zu einer größeren Steigung der Regressionsgeraden beiträgt. Dies zusammen mit der Tatsache, dass lediglich ein Verdacht auf Signifikanz vorliegt, führt dazu, dass die Korrelation zwischen den Faktoren PROZESS-CHARAKTER und VERNETZUNG/STRUKTUR MATHEMATISCHEN WISSENS in dieser Stichprobe höchstens eingeschränkt interpretiert werden sollte.

Eine Auffälligkeit stellt in dieser Stichprobe auch der Interquartilsabstand von 1.38 im Faktor SCHEMA-ORIENTIERUNG dar, welcher sich auch im entsprechenden Histogramm aus Abbildung 17.11 zeigt. In der Stichprobe der Erstsemesterstudierenden weist die SCHEMA-ORIENTIERUNG einen IQR von 0.75 auf (vgl. Datensatz LAE13-1 in Unterkapitel 17.2), die Werte der erfahrenen Studierenden scheinen diverser ausgeprägt zu sein. Dabei können die Faktorwerte dieses Faktors in beiden Stichproben als normalverteilt angesehen werden und weisen ferner denselben Median sowie eine ähnliche Spannweite auf.[7] Insofern scheinen die Erfahrungen des Mathematikstudiums einen polarisierenden Effekt auf den Aspekt der SCHEMA-ORIENTIERUNG zu haben.

Bedingt durch die geringe Stichprobengröße von $n=49$ Personen verfügen nur Korrelationen ab $|r|>.39$ über eine Post-hoc-Teststärke von $1-\beta>.80$ oder mehr. Die vorhandene Korrelation zwischen den Faktoren SCHEMA-ORIENTIERUNG und ERMESSENSSPIELRAUM BEI DER FORMULIERUNG VON MATHEMATIK hätte in dieser Stichprobe auf entsprechendem Signifikanzniveau nachgewiesen werden können. Da sie nach Adjustierung jedoch nicht signifikant ist ($r[47] = .38$, $p = .202$, $1-\beta = .79$), kann hier davon ausgegangen werden, dass die Faktoren SCHEMA-ORIENTIERUNG und ERMESSENSSPIELRAUM BEI DER FORMULIERUNG VON MATHEMATIK in dieser Stichprobe tatsächlich unkorreliert sind.

In Abbildung 17.12 ist die Struktur der Faktorkorrelationen bei Mathematikstudierenden höherer Semester abgebildet. Im Gegensatz zu der Stichprobe der Erstsemesterstudierenden zeigt sich im mathematischen Weltbild der fortgeschrittenen Studierenden nicht die Struktur mit zwei negativ verbundenen Clustern. Die Gemeinsamkeit zu den Einstellungsstrukturen bei Studienbeginn beschränkt sich darauf, dass auch hier die beiden Cluster nur in ihren Grundzügen erkennbar sind, gleichwohl aber nicht negativ miteinander korrelieren (siehe

[7] Deskriptive Statistiken und Tests auf Normalverteilung der Faktorwerte sind im Anhang B zu finden.

Tabelle 17.5 Übersicht signifikanter Faktorkorrelationen im Datensatz LAE13-2 (n = 49)

Faktorkombination	*r*	Effektstärke des Zusammenhangs	p-adjust Methode	ci.adj lower	ci.adj upper	ci.sig	$1-\beta$	mv.nd	rob.r
P – K	.63 ***	stark	holm	.33	.79	×	1.00	×	
F – VS	.62 ***	stark	holm	.29	.81	×	1.00	–	.58
S – EE	.61 ***	stark	holm	.22	.85	×	1.00	–	.66
EE – ES	.50 **	stark	holm	.11	.78	×	0.97	–	.47
F – S	.46 *	stark	holm	.02	.64	×	0.92	×	
P – VS	*.41 .*		*BY-FDR*	*.02*	*.68*	×	*0.84*	–	*.20*

r: Produkt-Moment-Korrelationskoeffizient nach Pearson mit Signifikanzniveau (. $\hat{=} p < .1$, * $\hat{=} p < .05$, ** $\hat{=} p < .01$, *** $\hat{=} p < .001$). holm: FWER-Korrektur nach Bonferroni-Holm. BY: FDR-Korrektur nach Benjamini-Yekutieli. ci.adj: Grenzen des adjustierten Konfidenzintervalls für *r*. ci.sig: Konfidenzintervall signifikant. $1-\beta$: Teststärke (post-hoc). mv.nd: Daten multivariat normalverteilt. rob.r: robuste Korrelation (Donoho-Stahel-Schätzer). Kursiv gesetzte Einträge: Verdacht auf statistisch signifikanten Zusammenhang.

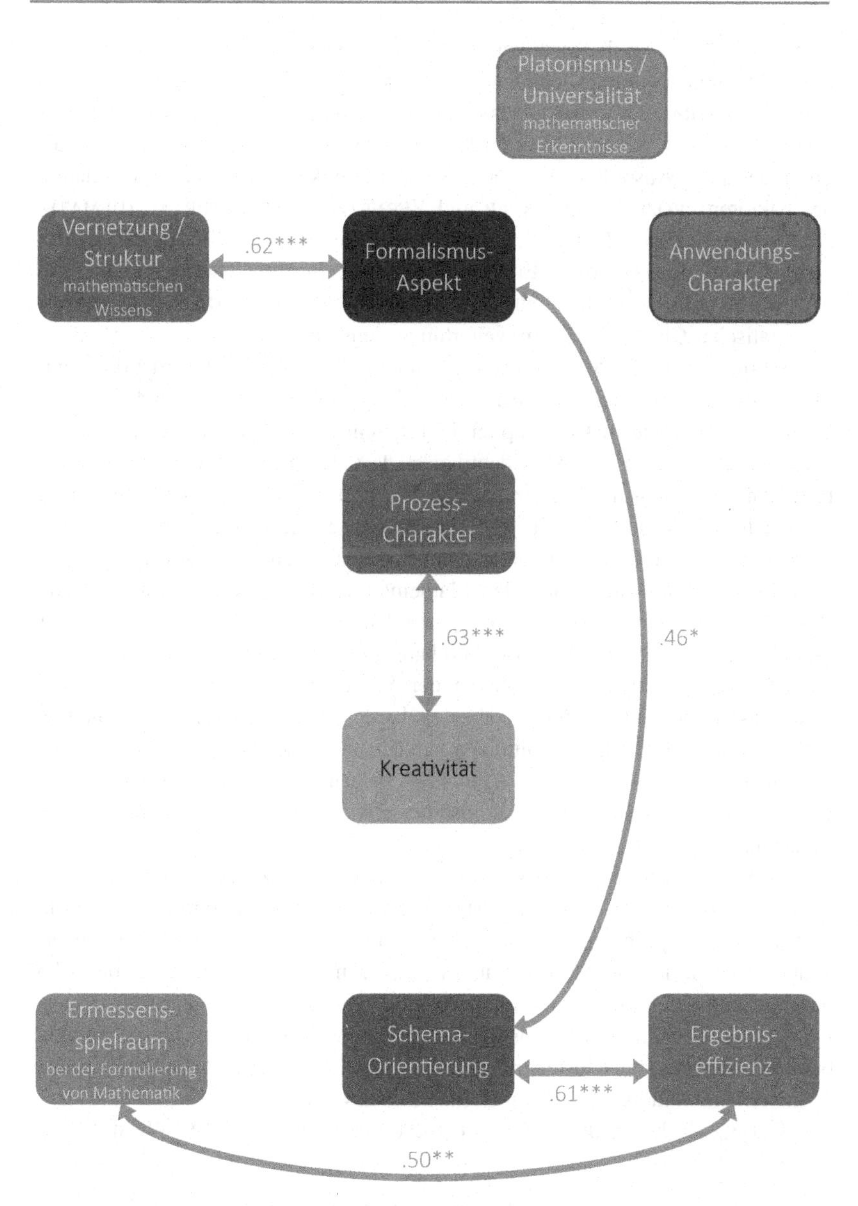

Abbildung 17.12 Struktur der Faktorkorrelationen im Datensatz LAE13-2 (n = 49)

Abbildung 17.12). Bei den zuvor als Cluster ›dynamische Sichtweise‹ zusammenhängenden Faktoren[8] sind nur die beiden starken Korrelationen zwischen PROZESS-CHARAKTER und KREATIVITÄT sowie zwischen FORMALISMUS-ASPEKT und VERNETZUNG/STRUKTUR MATHEMATISCHEN WISSENS übrig geblieben. Aufgrund der durch Ausreißerwerte und fehlende Signifikanz relativierten Korrelation der Faktoren PROZESS-CHARAKTER und VERNETZUNG/STRUKTUR MATHEMATISCHEN WISSENS kann hier jedoch nicht von einem einzelnen Cluster gesprochen werden. Die drei Faktoren ERGEBNISEFFIZIENZ, SCHEMA-ORIENTIERUNG und ERMESSENSSPIELRAUM BEI DER FORMULIERUNG VON MATHEMATIK – zuvor das ›statische‹ Cluster – hängen weiterhin zusammen.

Neu und für die Faktorstruktur dieser Stichprobe charakteristisch ist die signifikante Beziehung zwischen den Faktoren FORMALISMUS-ASPEKT und SCHEMA-ORIENTIERUNG. Wie in Unterkapitel 17.1 beschrieben konnte diese Korrelation bereits in der Gesamtstichprobe identifiziert, dort aber nicht mit ausreichender Irrtumswahrscheinlichkeit gesichert werden. Der dort nur schwache Zusammenhang lässt sich auf die nun betrachtete Teilstichprobe der fortgeschritteneren Studierenden zurückführen. Wie zuvor erwähnt konnten Grigutsch et al. (1998) einen derartigen Zusammenhang auch bei Mathematiklehrkräften nachweisen; es kann sich bei der positiven Korrelation zwischen den Faktoren FORMALISMUS-ASPEKT und SCHEMA-ORIENTIERUNG also durchaus um einen Einfluss des Mathematikstudiums handeln. Beim Vergleich der Studierenden höherer Semester mit den Erstsemesterstudierenden ist aber zu berücksichtigen, dass es sich hierbei einerseits um Quasi-Längsschnittdaten handelt und andererseits die Stichprobengrößen mit $n = 136$ respektive $n = 49$ Personen keinesfalls groß genug sind, um die Effektstärke eines Korrelationsunterschiedes in der Gesamtpopulation zu schätzen.

Bei Beantwortung der Forschungsfrage F10 muss zunächst berücksichtigt werden, dass bei den Korrelationsbetrachtungen in Teilstichproben mit dem geringeren Stichprobenumfang auch eine eingeschränkte Trennschärfe einhergeht. Dennoch lassen die Erkenntnisse aus den Unterkapiteln 17.2 bis 17.5 abschließend den Schluss zu, dass sich einige der Faktorbeziehungen aus Unterkapitel 17.1 ebenfalls in Teilstichproben nachweisen lassen: Dazu gehören einerseits die für die Clusterstruktur (vgl. Abschnitt 17.1.2) charakteristischen positiven Korrelationen zwischen SCHEMA-ORIENTIERUNG und ERGEBNISEFFIZIENZ sowie zwischen VERNETZUNG/STRUKTUR MATHEMATISCHEN WISSENS und

[8] Dies sind FORMALISMUS-ASPEKT, PROZESS-CHARAKTER, KREATIVITÄT, VERNETZUNG/STRUKTUR MATHEMATISCHEN WISSENS sowie ANWENDUNGS-CHARAKTER (vgl. Unterkapitel 17.1).

FORMALISMUS-ASPEKT respektive PROZESS-CHARAKTER; andererseits fallen darunter auch die bereits zu Studienbeginn nachweisbaren Korrelationen wie der negative Zusammenhang zwischen KREATIVITÄT und ERGEBNISEFFIZIENZ. (vgl. Unterkapitel 17.2).

17.6 Korrelationen bei Lehramtsstudierenden zu Beginn der Intervention

Zuletzt sollen auch die Faktoren MATHEMATIK ALS PRODUKT VON KREATIVITÄT, MATHEMATIK ALS KREATIVE TÄTIGKEIT und VIELFALT AN LÖSUNGSWEGEN IN DER MATHEMATIK in das mathematische Weltbild der Studierenden eingeordnet werden. Da für die Studierenden der ENPROMA-Vorlesung im Wintersemester 2014/2015 Daten zu Beginn und zum Ende des Semesters erhoben wurden, können hier zu beiden Erhebungszeitpunkten die Faktorkorrelationen betrachtet werden. Während in diesem Unterkapitel zunächst die Faktorkorrelationen im Vorfeld der Interventionsmaßnahme betrachtet und die drei hinzugekommenen Faktoren innerhalb der Clusterstruktur der vorherigen Abschnitte verortet werden, findet sich die Analyse der Faktorkorrelationen des zweiten Erhebungszeitpunkts in Unterkapitel 17.7. Der nun betrachtete Datensatz E14-PRE der Studierenden zu Beginn der ENPROMA-Vorlesung besteht aus $n = 67$ Studierenden, wobei sich der überwiegende Teil im dritten oder fünften Fachsemester befindet ($M = 4.01$, $SD = 1.74$, Median $= 3$). Bezogen auf die befragten Personen ist diese Stichprobe am ehesten mit der Stichprobe LAE13-2 der fortgeschrittenen Studierenden aus Unterkapitel 17.5 vergleichbar, welche ebenfalls überwiegend aus Mathematik-Lehramtsstudierenden des dritten Fachsemesters besteht.[9]

In der betrachteten Stichprobe zum ersten Erhebungszeitpunkt liegen höchstsignifikante und starke Korrelationen zwischen den Faktoren FORMALISMUS-ASPEKT und VERNETZUNG/STRUKTUR MATHEMATISCHEN WISSENS ($r[65] = .59$, $p < .001$), zwischen PROZESS-CHARAKTER und MATHEMATIK ALS PRODUKT VON KREATIVITÄT ($r[65] = .59$, $p < .001$) sowie zwischen PROZESS-CHARAKTER und VIELFALT AN LÖSUNGSWEGEN IN DER MATHEMATIK ($r[65] = .52$, $p < .001$) vor. Überdies ist der Faktor PROZESS-CHARAKTER noch stark mit den Faktoren MATHEMATIK ALS KREATIVE TÄTIGKEIT ($r[65] = .48$, $p = .002$)

[9] Um an dieser Stelle die gefundenen Korrelationen nicht durch die mehrfache Berücksichtigung derselben Personen systematisch zu überschätzen, wurde in Unterkapitel 17.5 der Datensatz LAE13-2 mit einem Stichprobenumfang von $n = 49$ Personen betrachtet (und nicht der aus $n = 77$ Personen bestehende Datensatz LAE-2^{+}, vgl. auch Kapitel 10).

und VERNETZUNG/STRUKTUR MATHEMATISCHEN WISSENS ($r[65] = .46$, $p = .004$) korreliert. Und auch beim Faktor VIELFALT AN LÖSUNGSWEGEN IN DER MATHEMATIK lassen sich Korrelationen zu den beiden Faktoren rund um die Kreativität nachweisen; er korreliert stark mit dem Faktor MATHEMATIK ALS KREATIVE TÄTIGKEIT ($r[65] = .49$, $p = .001$) und moderat bis stark mit dem Faktor MATHEMATIK ALS PRODUKT VON KREATIVITÄT ($r[65] = .44$, $p = .011$). Die beiden Kreativitäts-Faktoren weisen dabei selbst einen hochsignifikanten moderaten bis starken Zusammenhang von $r(65) = .45$, $p = .007$ auf. Beim Faktor MATHEMATIK ALS KREATIVE TÄTIGKEIT finden sich zudem noch zwei moderate bis starke Wechselbeziehungen: Die Werte des Faktors korrelieren negativ mit den Faktorwerten der ERGEBNISEFFIZIENZ ($r[65] = -.43$, $p = .011$) und der SCHEMA-ORIENTIERUNG ($r[65] = -.38$, $p = .036$, BY-adjustiert), indes weisen ERGEBNISEFFIZIENZ und SCHEMA-ORIENTIERUNG untereinander wiederum eine positive Korrelation von $r(65) = .39$, $p = .026$ auf. Zuletzt ergibt sich bei Verwendung einer FDR-Korrektur nicht nur der signifikante Zusammenhang zwischen den Faktoren SCHEMA-ORIENTIERUNG und MATHEMATIK ALS KREATIVE TÄTIGKEIT, darüber hinaus ergeben sich bei drei weiteren Zusammenhängen p-Werte zwischen .05 und .1. Bei den Faktorkorrelationen zwischen ANWENDUNGS-CHARAKTER und VERNETZUNG/STRUKTUR MATHEMATISCHEN WISSENS ($r[65] = .36$, $p = .051$, BY-adjustiert), SCHEMA-ORIENTIERUNG und VIELFALT AN LÖSUNGSWEGEN IN DER MATHEMATIK ($r[65] = -.36$, $p = .062$, BY-adjustiert) sowie PROZESS-CHARAKTER und ERGEBNISEFFIZIENZ ($r[65] = -.34$, $p = .096$, BY-adjustiert) liegt jeweils nur tendenziell ein Zusammenhang vor.

Abbildung 17.13 zeigt die zugehörigen Streudiagramme der Verteilungen. Beim Faktor VERNETZUNG/STRUKTUR MATHEMATISCHEN WISSENS fällt hier ein einzelner, etwas außerhalb liegender Datenpunkt auf.[10] Zudem kann keine der bivariaten Verteilungen dieses Faktors als normalverteilt angesehen werden (vgl. Abschnitt E.6.1 des elektronischen Zusatzmaterials). Analog liefert der Royston-Test auch bei sämtlichen Kombinationen des Faktors ANWENDUNGS-CHARAKTER signifikante Ergebnisse, die Verteilung dieser Faktorwerte scheint also auch jeglicher Normalverteilungsannahme im Wege zu stehen. Auch wenn die Streudiagramme des Faktors ANWENDUNGS-CHARAKTER in Abbildung 17.13 nicht auffällig aussehen, so können diese Verteilungen ebenfalls nicht als bivariat normalverteilt angesehen werden. Bei den restlichen Verteilungen dieser Stichprobe kann – bis auf drei weitere Faktorpaare – die Annahme der multivariaten Normalverteilung beibehalten werden. Um systematisch verzerrende Effekte von

[10] Dieser Ausreißerwert ist auch im Boxplot der Faktorwerte (Abbildung B.13 in Anhang B.7) erkennbar.

Ausreißerwerten auf die Korrelationen auszuschließen werden die Konfidenzintervalle im Falle einer Abweichung von der multivariaten Normalverteilung durch eine Bootstrap-Prozedur abgesichert.

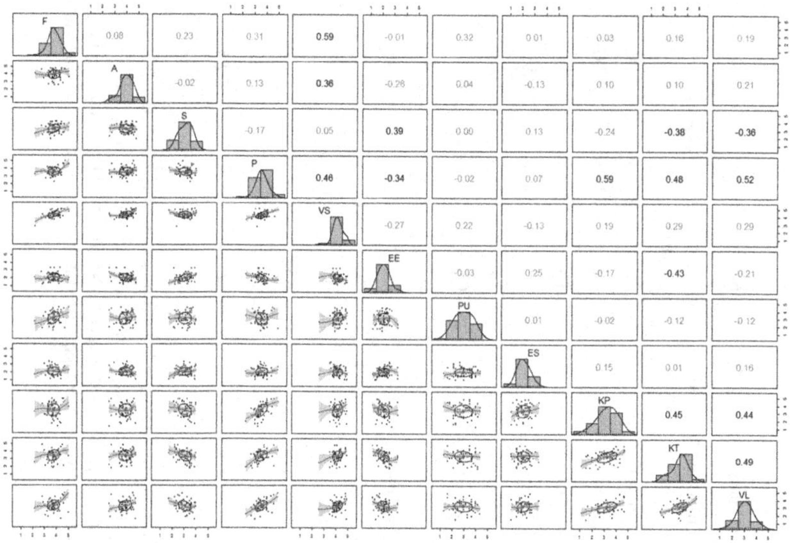

Abbildung 17.13 Streudiagramm und Korrelationen der Faktorwerte im Datensatz E14-PRE (n = 67)

Tabelle 17.6 listet die signifikanten Korrelationen samt der zugehörigen Konfidenzintervalle auf. Bei den nicht multivariat normalverteilten Verteilungen werden zusätzlich robuste Schätzwerte der Korrelationen angegeben. Ein Vergleich der klassisch berechneten mit den robusten Werten zeigt eine Diskrepanz bei der Faktorkombination Anwendungs-Charakter und Vernetzung/Struktur mathematischen Wissens. In den betrachteten Daten sind diese beiden Faktoren in keiner Konstellation multivariat normalverteilt und das zugehörige Streudiagramm zeigt entsprechend mehrere, in unterschiedlichen Richtungen liegende Ausreißerwerte. Diese führen dazu, dass die Faktoren Anwendungs-Charakter und Vernetzung/Struktur mathematischen Wissens gemäß der Produkt-Moment-Korrelation nach Pearson mit $r = .36$ korrelieren, während die um Ausreißerwerte bereinigte Korrelationsschätzung dies nach oben korrigiert und

Tabelle 17.6 Übersicht signifikanter Faktorkorrelationen im Datensatz E14-PRE (n = 67)

Faktorkombination	r	Effektstärke des Zusammenhangs	p-adjust Methode	ci.adj lower	ci.adj upper	ci.sig	$1-\beta$	mv.nd	rob.r
F – VS	.59 ***	stark	holm	.23	.84	×	1.00	–	.52
P – KP	.59 ***	stark	holm	.28	.79	×	1.00	–	.65
P – VL	.52 ***	stark	holm	.16	.76	×	1.00	×	
KT – VL	.49 **	stark	holm	.12	.74	×	0.99	×	
P – KT	.48 **	stark	holm	.11	.73	×	0.99	×	
P – VS	.46 **	stark	holm	.05	.73	×	0.98	–	.49
KP – KT	.45 **	moderat bis stark	holm	.07	.71	×	0.97	×	
KP – VL	.44 *	moderat bis stark	holm	.06	.70	×	0.96	×	
EE – KT	−.43 *	moderat bis stark	holm	−.70	−.06	×	0.96	×	
S – EE	.39 *	moderat bis stark	holm	.01	.68	×	0.92	×	
S – KT	−.38 *	moderat bis stark	BY-FDR	−.65	−.01	×	0.89	–	−.46
A – VS	*.36* .		*BY-FDR*	*−.03*	*.65*	–	*0.87*	–	.56
S – VL	*−.36* .		*BY-FDR*	*−.66*	*.04*	–	*0.85*	×	
P – EE	*−.34* .		*BY-FDR*	*−.64*	*.06*	–	*0.81*	×	

r: Produkt-Moment-Korrelationskoeffizient nach Pearson mit Signifikanzniveau (. $\hat{=} p < .1$., * $\hat{=} p < .05$, ** $\hat{=} p < .01$, *** $\hat{=} p < .001$). holm: FWER-Korrektur nach Bonferroni-Holm. BY: FDR-Korrektur nach Benjamini-Yekutieli. ci.adj: Grenzen des adjustierten Konfidenzintervalls für r. ci.sig: Konfidenzintervall signifikant. $1-\beta$: Teststärke (post-hoc). mv.nd: Daten multivariat normalverteilt. rob.r: robuste Korrelation (Donoho-Stahel-Schätzer). Kursiv gesetzte Einträge: Verdacht auf statistisch signifikanten Zusammenhang.

auf einen Wert von $\hat{r}_{\text{rob}} = .56$ kommt. Im Übrigen wird ebenfalls der negative Zusammenhang zwischen SCHEMA-ORIENTIERUNG und MATHEMATIK ALS KREATIVE TÄTIGKEIT leicht unterschätzt ($r = -.38$, $\hat{r}_{\text{rob}} = -.46$).

Unter den nichtsignifikanten Korrelationen dieser Stichprobe findet sich ferner keine, die über eine hinreichende Post-hoc-Teststärke verfügt. Durch den Stichprobenumfang von $n = 67$ liegt bei Korrelationen mit einem Betrag von $|r| > .33$ die Teststärke oberhalb von .80. Die Korrelation zwischen FORMALISMUS-ASPEKT und PLATONISMUS/UNIVERSALITÄT MATHEMATISCHER ERKENNTNISSE hätte dabei – wenn sie denn tatsächlich von Null verschieden wäre – noch am ehesten nachgewiesen werden können ($r[65] = .32$, $p = .373$, $1 - \beta = .75$).

17.6.1 Einordnung der Faktoren zur Kreativität in die Faktorstruktur

Der eingesetzte Fragebogen wurde nach Durchführung der explorativen Faktorenanalyse um einen weiteren Teil mit Items speziell zur Kreativität in der Mathetik ergänzt (siehe Unterkapitel 9.5), da die Vermutung bestand, der anfangs extrahierte Faktor KREATIVITÄT decke das Gebiet nicht umfassend genug ab. Die drei aus dem erweiterten Itempool extrahierten Faktoren MATHEMATIK ALS PRODUKT VON KREATIVITÄT, MATHEMATIK ALS KREATIVE TÄTIGKEIT und VIELFALT AN LÖSUNGSWEGEN IN DER MATHEMATIK fokussieren jeweils unterschiedliche Aspekte und vermögen den Themenbereich besser zu differenzieren. Dabei ist der Faktor MATHEMATIK ALS PRODUKT VON KREATIVITÄT die um zwei Items erweiterte Version des bisherigen Faktors KREATIVITÄT (vgl. Abschnitt 15.1.5). Wie in Abbildung 17.14 erkennbar fügen sich diese drei Faktoren konsistent in die aus den vorherigen Stichproben bekannte Faktorstruktur ein: Sie hängen dabei untereinander jeweils stark positiv zusammen, sodass sie ›von Weitem betrachtet‹ den Platz des Faktors KREATIVITÄT einnehmen; zudem weisen sie bei detaillierterer Betrachtung auch jeweils individuelle Korrelationen zu den übrigen acht Faktoren auf. Wie durch einen Blick auf Abbildung 17.14 ersichtlich wird, korreliert der Faktor PROZESS-CHARAKTER mit diesen drei Faktoren jeweils stark positiv. Ferner ergibt sich durch die Korrelationen des Faktors VERNETZUNG/STRUKTUR MATHEMATISCHEN WISSENS mit den Faktoren PROZESS-CHARAKTER, FORMALISMUS-ASPEKT und – vermutlich – ANWENDUNGS-CHARAKTER hier das aus vorherigen Stichproben extrahierte Cluster einer dynamischeren Sicht auf Mathematik. Ebenfalls vorhanden ist die Korrelation der Faktoren ERGEBNISEFFIZIENZ und SCHEMA-ORIENTIERUNG als ›statische‹ Sicht auf Mathematik. Anzumerken ist jedoch, dass der Faktor

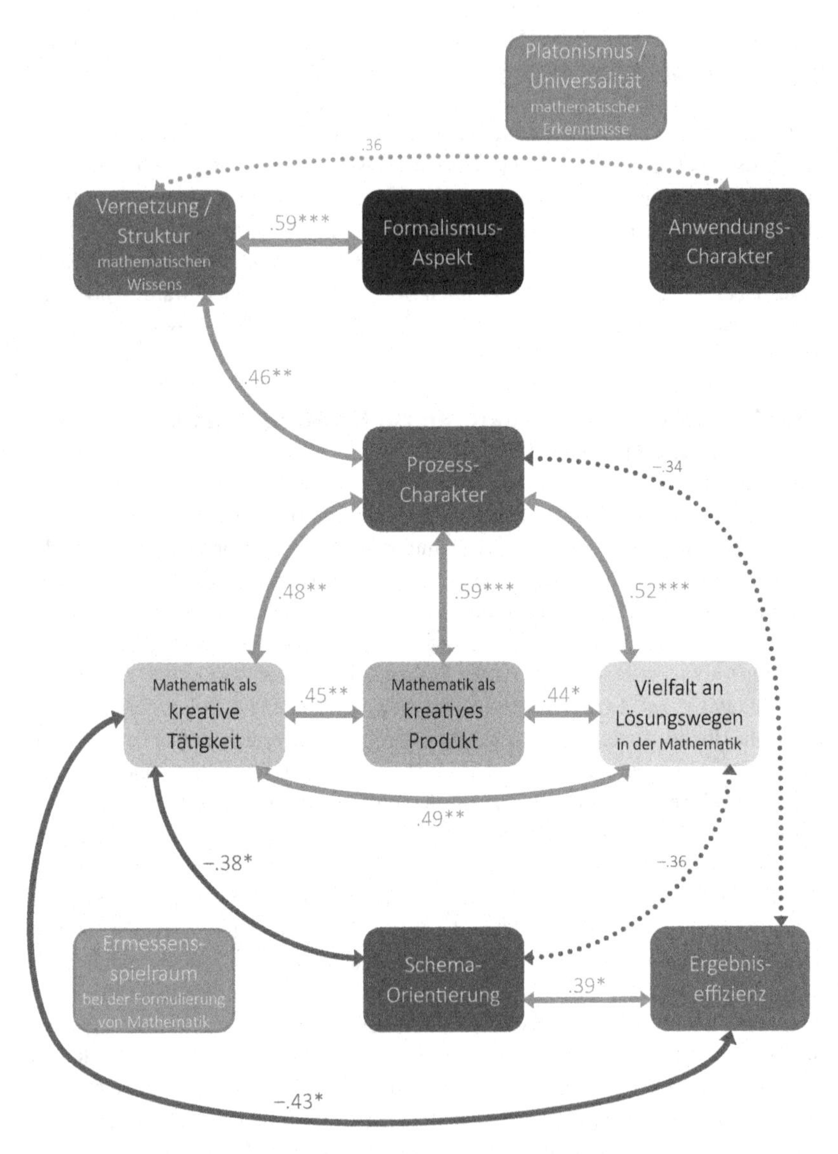

Abbildung 17.14 Struktur der Faktorkorrelationen im Datensatz E14-PRE (n = 67)

ERMESSENSSPIELRAUM BEI DER FORMULIERUNG VON MATHEMATIK in der vorliegenden Stichprobe keinerlei signifikante Korrelationen aufweist – ebenso wie der Faktor PLATONISMUS/UNIVERSALITÄT MATHEMATISCHER ERKENNTNISSE.

Schließlich finden sich zwischen diesen beiden Clustern auch erneut die negativen Korrelationen, insbesondere finden sich beim Faktor MATHEMATIK ALS KREATIVE TÄTIGKEIT starke negative Beziehungen zur SCHEMA-ORIENTIERUNG und der ERGEBNISEFFIZIENZ. Vermutet – aber statistisch nicht abgesichert – werden können zudem zwei weitere moderate negative Korrelationen, zunächst zwischen dem PROZESS-CHARAKTER und der ERGEBNISEFFIZIENZ sowie noch zwischen den Faktoren SCHEMA-ORIENTIERUNG und VIELFALT AN LÖSUNGSWEGEN IN DER MATHEMATIK.

17.6.2 Deutung der Korrelationen rund um die Kreativitäts-Faktoren

In Unterkapitel 17.1 fand eine inhaltliche Deutung der Korrelationen in der Gesamtstichprobe statt (vgl. auch Abbildung 17.3). Aber auch die Beziehungen zwischen und zu den neu hinzugekommenen Kreativitäts-Faktoren sollen nachfolgend mit Bedeutung versehen werden. Die positive Korrelation zwischen MATHEMATIK ALS PRODUKT VON KREATIVITÄT und MATHEMATIK ALS KREATIVE TÄTIGKEIT ist inhaltlich plausibel: Wer Mathematik als ein Feld für die eigene, kreative Tätigkeit wahrnimmt, sieht durchaus auch die Kreativität, die in der fertigen, von anderen Menschen formulierten Mathematik steckt. Und umgekehrt kann man ebenso der Mathematik jeglichen Bezug zur Kreativität absprechen, sie als starres Gebiet ohne Originalität sehen – wird dann aber tendenziell auch eine gute Lern- und Merkfähigkeit wichtiger finden als Einfallsreichtum. Ferner fügen sich auch die Korrelationen des Faktors VIELFALT AN LÖSUNGSWEGEN IN DER MATHEMATIK hier anschaulich ein: Das divergente Denken, um auf vielfältige Problemlösungen zu kommen, kann als Teil eines kreativen Prozesses betrachtet werden, bei dem spontane Einfälle hilfreich sind und altbekannte Wege verlassen werden müssen. Ebenso stecken im Faktor VIELFALT AN LÖSUNGSWEGEN IN DER MATHEMATIK eben auch Items, die sich weniger auf die eigene kreative Tätigkeit beziehen: Beispielsweise sind in ›der Mathematik‹ ungewöhnliche Lösungswege üblich, oder (anderen) ›guten Mathematiker*innen‹ fällt eine Vielzahl an möglichen Problemlösungen ein. Wie beschrieben korreliert der Faktor PROZESS-CHARAKTER mit allen drei Kreativitätsfaktoren. Die Verbindung zum Faktor MATHEMATIK ALS KREATIVE TÄTIGKEIT ist dabei evident;

die Beschreibung der Mathematik als ›eine Tätigkeit, über Probleme nachzudenken‹ passt im höchsten Maße zur kreativen Tätigkeit. Und die ›Einfälle und neuen Ideen, von denen die Mathematik lebt‹ stellen einen entsprechenden Bezug zur Originalität und Vielfalt an Lösungswegen her. Hierbei ist ferner anzumerken, dass Blömeke et al. (2009b, S. 36) im Faktor PROZESS-CHARAKTER zwei Sub-Dimensionen identifizierten: Zum einen die Idee des *(Wieder-)Entdeckens von Mathematik* sowie zum anderen die Ansicht, dass mathematische Probleme *vielfältige Lösungsansätze* zuließen.

Abschließend fehlt noch die Interpretation der negativen Korrelationen des Faktors SCHEMA-ORIENTIERUNG zu den beiden neuen Faktoren MATHEMATIK ALS KREATIVE TÄTIGKEIT respektive VIELFALT AN LÖSUNGSWEGEN IN DER MATHEMATIK sowie der negativen Korrelation zwischen den Faktoren ERGEBNISEFFIZIENZ und MATHEMATIK ALS KREATIVE TÄTIGKEIT. Es ist dabei durchaus einleuchtend, dass die SCHEMA-ORIENTIERUNG gegensätzlich ist zur eigenen kreativen Tätigkeit, deren erstes Item diesen Gegensatz bereits auf den Punkt bringt: ›Eine gute Denkfähigkeit und Einfallsreichtum sind im Mathematikunterricht oft wichtiger als eine gute Lern- und Merkfähigkeit.‹ Dass man beim Mathematiktreiben viele kreative Einfälle produziert passt dabei schlecht zur Vorstellung von Mathematik als einem ›Werkzeugkasten‹ aus eingeübten Kalkülen, bei der Probleme durch die direkte Anwendung von bekannten Regeln gelöst werden. Verständlich ist auch die Wechselbeziehung der Faktoren SCHEMA-ORIENTIERUNG und VIELFALT AN LÖSUNGSWEGEN IN DER MATHEMATIK: Der SCHEMA-ORIENTIERUNG innewohnend ist der Gedanke, dass es für jede Aufgabe ein ›einzig richtiges Verfahren‹ gebe, und dieser steht im Widerspruch zu vielfältigen Lösungen, welche zudem noch selbst entwickelt werden können. Und auch die Ansicht, dass unkonventionelle Lösungswege eher falsch seien[11] passt dabei gut zu schematischen Sichtweise. Zuletzt korreliert der Faktor MATHEMATIK ALS KREATIVE TÄTIGKEIT noch negativ mit der ERGEBNISEFFIZIENZ. Die Idee einer möglichst zielgerichteten Vermittlung von Mathematik ist aber konträr dazu, dass beim kreativen Mathematikbetreiben Sackgassen dazugehören und manchmal von altbekannten Wegen abgewichen werden muss – Auffassungen, die im Faktor MATHEMATIK ALS KREATIVE TÄTIGKEIT zentral sind. Wer Herleitungen und Beweise als weniger relevant betrachtet als die Anwendung einer Formel, möchte neue Erkenntnisse entsprechend effizient vermittelt bekommen und nicht eigenständig im Prozess des Beweisens gewinnen.

[11] Das entsprechend formulierte Item KRE14 lädt negativ auf den Faktor VIELFALT AN LÖSUNGSWEGEN IN DER MATHEMATIK.

Insgesamt zeigt sich, dass die Faktoren zur Kreativität sowohl inhaltlich verschiedene Aspekte abdecken, sich dabei von ihren Korrelationen kohärent in die Struktur der restlichen Faktoren einbetten und dadurch überzeugende und bedeutungshaltige Interpretationen des mathematischen Weltbildes ermöglichen. Das nächste Unterkapitel widmet sich den Korrelationen in der letzten zu betrachtenden Stichprobe aus Lehramtsstudierenden, welche im Anschluss an die Interventionsmaßnahme befragt wurden.

17.7 Korrelationen bei Lehramtsstudierenden nach Teilnahme an der Intervention

Die vorliegende Stichprobe E14-POST enthält die Daten von $n = 38$ Personen, die am Ende des Wintersemesters 2014/2015 an der Abschlussbefragung der ENPROMA-Vorlesung teilnahmen. Dabei ergaben sich bei elf der getesteten Hypothesen starke Zusammenhänge, die eine signifikant von Null verschiedene Korrelation aufweisen. Der Faktor VERNETZUNG/STRUKTUR MATHEMATISCHEN WISSENS korreliert dabei positiv mit den Faktoren FORMALISMUS-ASPEKT ($r[36] = .70$, $p < .001$), PROZESS-CHARAKTER ($r[36] = .58$, $p = .006$) und MATHEMATIK ALS KREATIVE TÄTIGKEIT ($r[36] = .54$, $p = .024$). Wie in der Erhebung zu Beginn der ENPROMA-Vorlesung sind die vier Faktoren PROZESS-CHARAKTER, MATHEMATIK ALS PRODUKT VON KREATIVITÄT, MATHEMATIK ALS KREATIVE TÄTIGKEIT und VIELFALT AN LÖSUNGSWEGEN IN DER MATHEMATIK jeweils alle miteinander positiv korreliert: Zunächst hängt der Faktor PROZESS-CHARAKTER mit den Faktoren MATHEMATIK ALS KREATIVE TÄTIGKEIT ($r[36] = .74$, $p < .001$), MATHEMATIK ALS PRODUKT VON KREATIVITÄT ($r[36] = .67$, $p < .001$) sowie VIELFALT AN LÖSUNGSWEGEN IN DER MATHEMATIK ($r[36] = .65$, $p < .001$) zusammen. Weiterhin korreliert der Faktor VIELFALT AN LÖSUNGSWEGEN IN DER MATHEMATIK noch einmal mit MATHEMATIK ALS KREATIVE TÄTIGKEIT ($r[36] = .69$, $p < .001$) und ebenso mit MATHEMATIK ALS PRODUKT VON KREATIVITÄT ($r[36] = .52$, $p = .038$); während die beiden Faktoren MATHEMATIK ALS KREATIVE TÄTIGKEIT und MATHEMATIK ALS PRODUKT VON KREATIVITÄT untereinander noch eine Korrelation von $r(36) = .64$, $p < .001$ zeigen.

Der Faktor ERGEBNISEFFIZIENZ weist zwei zu berichtende negative Korrelationskoeffizienten auf, wobei dies auch die einzigen negativ gepolten Zusammenhänge in diesem Datensatz sind. Zum einen beträgt die Korrelation der Faktoren ERGEBNISEFFIZIENZ und MATHEMATIK ALS KREATIVE TÄTIGKEIT $r(36) = -.56$,

$p = .012$, zum anderen ergibt sich bei Verwendung der FDR-Korrektur ein Verdacht auf einen signifikanten Zusammenhang zwischen ERGEBNISEFFIZIENZ und PROZESS-CHARAKTER ($r[36] = -.47$, $p = .058$, BY-adjustiert). Hinzu kommt als Letztes die hochsignifikante Korrelation von $r(36) = .58$, $p = .006$ zwischen den Faktoren VIELFALT AN LÖSUNGSWEGEN IN DER MATHEMATIK und ERMESSENSSPIELRAUM BEI DER FORMULIERUNG VON MATHEMATIK, die in der zuvor betrachteten Stichprobe nicht auftrat beziehungsweise dort nicht mit entsprechender Teststärke abgelehnt werden konnte.

Bei der Betrachtung der Post-hoc-Teststärken ergibt sich für die Korrelation zwischen FORMALISMUS-ASPEKT und PROZESS-CHARAKTER ($r[36] = .44$, $p = .238$) eine Teststärke von $1 - \beta = .81$. Läge zwischen diesen beiden Faktoren eine von Null verschiedene Korrelation dieser Höhe vor, so wäre diese vermutlich als signifikant nachgewiesen worden. Dabei ist allerdings zu beachten, dass der Stichprobenumfang dazu führt, dass erst Korrelationen ab einem betragsmäßigen Wert von $|r| > .44$ mit hinreichender Teststärke gesichert werden können.

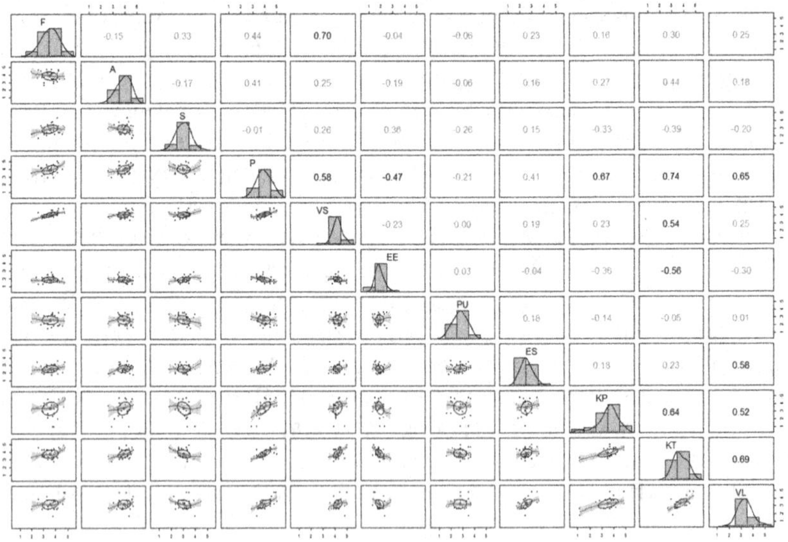

Abbildung 17.15 Streudiagramm und Korrelationen der Faktorwerte im Datensatz E14-POST (n = 38)

Die Histogramme der Verteilungen und die zugehörigen Streudiagramme der Faktorpaare sind in Abbildung 17.15 dargestellt. Der Faktor MATHEMATIK ALS PRODUKT VON KREATIVITÄT zeigt zwei stark nach unten abweichende Faktorwerte, die Verteilung weicht dabei sowohl im univariaten Fall als auch in allen bivariaten Faktorkombinationen signifikant von einer Normalverteilung ab. Folglich werden bei den entsprechenden Faktorkombinationen in Tabelle 17.7 die Konfidenzintervalle durch Einsatz einer Bootstrap-Prozedur abgesichert. Die Faktorpaare ohne den Faktor MATHEMATIK ALS PRODUKT VON KREATIVITÄT können indes als bivariat normalverteilt angesehen werden (vgl. Abschnitt E.7.1 des elektronischen Zusatzmaterials). Aufgrund der Verletzung der Normalverteilungsannahme durch die Faktorwerte des Faktors MATHEMATIK ALS PRODUKT VON KREATIVITÄT werden für dessen Korrelationen robuste Korrelationsschätzwerte angegeben. Ein Vergleich der in Tabelle 17.7 angegebenen Werte zeigt, dass die Korrelation der Faktoren MATHEMATIK ALS PRODUKT VON KREATIVITÄT und VIELFALT AN LÖSUNGSWEGEN IN DER MATHEMATIK stärker überschätzt wird. Anstatt des mit $r = .52$ starken Effekts der Produkt-Moment-Korrelation nach Pearson ergibt der Donoho-Stahel-Schätzer einen moderaten Zusammenhang von $\hat{r}_{\text{rob}} = .34$ an. Die Betrachtung des Streudiagramms legt offen, dass in diesem Fall die Werte des Faktors VIELFALT AN LÖSUNGSWEGEN IN DER MATHEMATIK Werte im oberen Bereich haben, die hier zusammen mit den Ausreißerwerten des Faktors MATHEMATIK ALS PRODUKT VON KREATIVITÄT in einer Überschätzung der Korrelation resultieren.

Abbildung 17.16 zeigt die Struktur der Faktorkorrelationen, die weitestgehend mit denen in der zuvor betrachteten Stichprobe übereinstimmen (vgl. Abbildung 17.14). Insbesondere lassen sich erneut starke positive Korrelationen zwischen den vier Faktoren PROZESS-CHARAKTER, MATHEMATIK ALS KREATIVE TÄTIGKEIT, MATHEMATIK ALS PRODUKT VON KREATIVITÄT und VIELFALT AN LÖSUNGSWEGEN IN DER MATHEMATIK nachweisen; ergänzt um die Zusammenhänge des Faktors VERNETZUNG/STRUKTUR MATHEMATISCHEN WISSENS mit den Faktoren PROZESS-CHARAKTER und FORMALISMUS-ASPEKT. Selbiges gilt für die entgegengesetzten Zusammenhänge der ERGEBNISEFFIZIENZ mit einerseits dem PROZESS-CHARAKTER und andererseits dem Faktor MATHEMATIK ALS KREATIVE TÄTIGKEIT.

Im Vergleich zu den bisherigen Strukturen finden sich in dieser Stichprobe auch zwei ›neue‹ Faktorzusammenhänge. Zunächst korreliert der Faktor VERNETZUNG/STRUKTUR MATHEMATISCHEN WISSENS positiv mit dem Faktor MATHEMATIK ALS KREATIVE TÄTIGKEIT, zudem hängt der Faktor ERMESSENSSPIELRAUM BEI DER FORMULIERUNG VON MATHEMATIK in dieser Stichprobe positiv mit dem Faktor VIELFALT AN LÖSUNGSWEGEN IN DER MATHEMATIK

Tabelle 17.7 Übersicht signifikanter Faktorkorrelationen im Datensatz E14-post (n = 38)

Faktorkombination	r	Effektstärke des Zusammenhangs	p-adjust Methode	ci.adj lower	ci.adj upper	ci.sig	$1-\beta$	mv.nd	rob.r
P – KT	.74 ***	stark	holm	.37	.91	×	1.00	×	
F – VS	.70 ***	stark	holm	.29	.89	×	1.00	×	
KT – VL	.69 ***	stark	holm	.28	.89	×	1.00	×	
P – KP	.67 ***	stark	holm	.30	.86	×	1.00	–	.75
P – VL	.65 ***	stark	holm	.22	.87	×	1.00	×	
KP – KT	.64 ***	stark	holm	.26	.86	×	1.00	–	.66
ES – VL	.58 **	stark	holm	.11	.84	×	0.98	×	
P – VS	.58 **	stark	holm	.11	.84	×	0.98	×	
EE – KT	−.56 *	stark	holm	−.83	−.08	×	0.97	×	
VS – KT	.54 *	stark	holm	.05	.82	–	0.95	×	
KP – VL	.52 *	stark	holm	.02	.83	×	0.93	–	.34
P – EE	*−.47 .*		*BY-FDR*	*−.79*	*.05*	–	*0.87*	×	

r: Produkt-Moment-Korrelationskoeffizient nach Pearson mit Signifikanzniveau (. $\hat{=} p < .1$, * $\hat{=} p < .05$, ** $\hat{=} p < .01$, *** $\hat{=} p < .001$). holm: FWER-Korrektur nach Bonferroni-Holm. BY: FDR-Korrektur nach Benjamini-Yekutieli. ci.adj: Grenzen des adjustierten Konfidenzintervalls für r. ci.sig: Konfidenzintervall signifikant. $1-\beta$: Teststärke (post-hoc). mv.nd: Daten multivariat normalverteilt. rob.r: robuste Korrelation (Donoho-Stahel-Schätzer). Kursiv gesetzte Einträge: Verdacht auf statistisch signifikanten Zusammenhang.

zusammen. Beide Korrelationen ergeben vor dem Hintergrund der Vorlesung ihren jeweiligen Sinn: Wer erlebt hat, Mathematik als eine kreative Wissenschaft selbst zu betreiben, muss dabei oder im Anschluss auch lernen, die eigenen Erkenntnisse in Bezug zum bisherigen Wissen zu setzen, diese also in das vorhandene Begriffsnetz einzuordnen. Zugleich profitiert man umgekehrt von den Strukturen und Vernetzungen mathematischer Begriffe – beispielsweise wenn es darum geht, von altbekannten Wegen abzuweichen oder neue Erkenntnisse zu gewinnen. Fehlt dieses tiefer gehende, vernetzte Wissen, so ist man umso weniger in der Lage, eigentätig aktiv Mathematik zu betreiben und originelle Seitenpfade zu betreten. Und auch bei den Faktoren VIELFALT AN LÖSUNGSWEGEN IN DER MATHEMATIK und ERMESSENSSPIELRAUM BEI DER FORMULIERUNG VON MATHEMATIK lässt sich der nach der Vorlesung auftretende Zusammenhang mit Bedeutung versehen. Mit dem Wissen, dass Begriffe verschärft oder erweitert werden dürfen und dass alternative Begriffe formuliert werden können, eröffnen sich beim Aufstellen eines Beweises oder der Lösung eines mathematischen Problems wesentlich größere Möglichkeiten – wobei auch die bei der eigenständigen Formulierung eines Begriffs wahrgenommene Freiheit mehr oder minder zur freien Wahl einer Herangehensweise an ein offenes Problem passt.

In Unterkapitel 17.1 ergab sich eine Faktorstruktur aus zwei Clustern derart, dass die Faktoren innerhalb der Cluster positiv korreliert waren und Korrelationen zwischen den beiden Clustern ein negatives Vorzeichen besaßen. Dabei ließen sich diese Cluster in Anlehnung an Grigutsch et al. (1998) als eine dynamisch-kreative und eine statisch-kalkülhaft geprägte Sichtweise interpretieren. Vor diesem Hintergrund soll nun analysiert werden, ob und in welchen Teilen sich diese strukturelle Interpretation des mathematischen Weltbildes in den beiden Stichproben vor und nach der ENPROMA-Vorlesung wiedererkennen lässt.

Durch die neu hinzugenommenen Faktoren MATHEMATIK ALS KREATIVE TÄTIGKEIT und VIELFALT AN LÖSUNGSWEGEN IN DER MATHEMATIK verschiebt sich die Gewichtung des ersten Clusters. Eine stichprobenübergreifende Betrachtung der Strukturen – beispielsweise in Abbildung 17.6 zu Studienbeginn oder in Abbildung 17.12 bei Studierenden höherer Semester – zeigt, dass sich das erste Cluster primär über zwei starke positive Korrelationen definierte: Einerseits gibt es die Verbindung zwischen den Faktoren FORMALISMUS-ASPEKT und VERNETZUNG/STRUKTUR MATHEMATISCHEN WISSENS, andererseits diejenige zwischen PROZESS-CHARAKTER und KREATIVITÄT. Dabei sind beide Komponenten des Clusters gelegentlich durch moderate bis starke Faktorkorrelationen verbunden. Die Erweiterung des Faktors KREATIVITÄT trägt nun dazu bei, dass die drei daraus erwachsenen Faktoren gemeinsam mit dem PROZESS-CHARAKTER

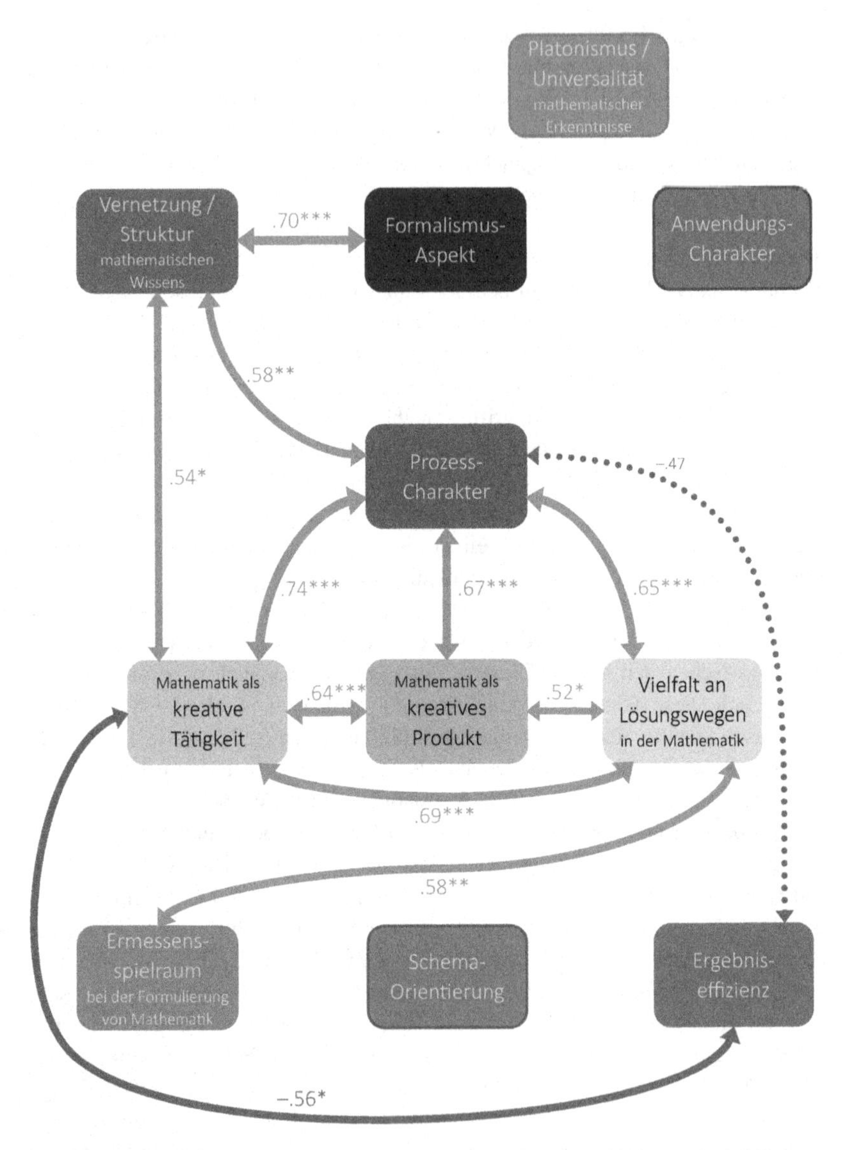

Abbildung 17.16 Struktur der Faktorkorrelationen im Datensatz E14-POST (n = 38)

stärker in den Mittelpunkt rücken, während hingegen Korrelationen zu den Faktoren ANWENDUNGS-CHARAKTER und PLATONISMUS/UNIVERSALITÄT MATHEMATISCHER ERKENNTNISSE nur in der Stichprobe aller Personen gesichert werden konnten (vgl. Unterkapitel 17.1). Beim zweiten Cluster war die Korrelation zwischen SCHEMA-ORIENTIERUNG und ERGEBNISEFFIZIENZ stets die tragende Verbindung, da diese in allen zuvor betrachteten Stichproben als signifikant berichtet werden konnte. Dessen ungeachtet ließ sich dieser Zusammenhang bei den zuletzt betrachteten, im Anschluss an die ENPROMA-Vorlesung erhobenen Daten jedoch nicht auf dem nötigen Signifikanzniveau sichern, aber aufgrund der geringen Stichprobengröße zugleich auch nicht mit hinreichender Teststärke ausschließen. Das zweite Cluster umfasste zuvor auch den Faktor ERMESSENSSPIELRAUM BEI DER FORMULIERUNG VON MATHEMATIK, wobei die entsprechenden Korrelationen nur in manchen Stichproben signifikant berichtet werden konnten (vgl. Abbildung 17.3).

Zusammenfassung

Zunächst weisen auch die drei ergänzenden Faktoren MATHEMATIK ALS PRODUKT VON KREATIVITÄT, MATHEMATIK ALS KREATIVE TÄTIGKEIT und VIELFALT AN LÖSUNGSWEGEN IN DER MATHEMATIK signifikante Korrelationen auf, die inhaltlich kohärent interpretierbar sind und sich zudem in die zuvor gefundene Clusterstruktur einfügen. Damit können die Forschungsfragen F7, F8 und F9 auch hinsichtlich der drei Faktoren aus dem Bereich der mathematischen Kreativität entsprechend beantwortet werden. So weisen die vor respektive nach der ENPROMA-Vorlesung ermittelten Korrelationen (siehe Abbildung 17.14 und Abbildung 17.16) nach wie vor eine strukturelle Ähnlichkeit zu den eingangs betrachteten Korrelationen auf. Bezogen auf die gefundene Clusterstruktur ist das statische Cluster dabei jedoch schwächer ausgeprägt, während das erste Cluster schwerpunktmäßig mehr aus Prozess- und Kreativitätsfaktoren besteht. Hinsichtlich der Forschungsfrage F9 könnte sich hieraus ein weiterer Ansatz zur Modellierung der Faktorstruktur ergeben, in welchem die Faktoren in drei statt zwei Cluster aufgeteilt werden: ein formal-strukturelles Cluster, eines zur dynamisch-kreativen Sicht und als drittes einen statisch-schematisch orientierten Teil.

Insgesamt ermöglichen die Stichproben einen interessanten ersten Einblick in Spezifika der mathematischen Weltbilder der Mathematikstudierenden. Dabei konnte der Frage nachgegangen werden, welche der Zusammenhänge durch den Schulunterricht geprägt werden und bereits zu Studienbeginn vorhanden sind, inwiefern diese von der Zugehörigkeit zu einem Studiengang abhängen und welche Strukturen sich nach einigen Semestern Mathematikstudium ergeben. Die jeweiligen Stichprobengrößen sind allerdings zu gering, um unterschiedliche Stichproben auf die Effektstärken der Korrelationsunterschiede hin zu untersuchen. Insbesondere kann daher der Frage nach Änderungen in der Faktorstruktur im Laufe des Vorlesungsbesuches also nicht abschließend nachgegangen werden. Die jeweiligen Korrelationsbetrachtungen können nur als Anhaltspunkte dienen, gewissermaßen Schnappschüsse des jeweiligen Zustandes. Allerdings kann auf Ebene der einzelnen Faktoren dennoch untersucht werden, ob sich während des Vorlesungsbesuchs Unterschiede in den Faktormittelwerten ergeben. Das nun folgende Kapitel 18 ist das letzte Kapitel in Teil V, es widmet sich einerseits Mittelwertunterschieden zwischen unterschiedlichen Studierendengruppen und andererseits den Veränderungen der Faktorwerte im Laufe der Zeit, um so Rückschlüsse auf die Wirksamkeit der durchgeführten hochschuldidaktischen Intervention ziehen zu können. Daran anschließend werden in Teil VI die Ergebnisse zusammengefasst und ausblickend interpretiert.

Unterschiede in Faktormittelwerten 18

Neben den deskriptiven Statistiken und der Betrachtung der korrelativen Struktur der Faktorwerte lassen sich zudem auch deren Ausprägungen in ausgewählten Gruppen vergleichen. Hierbei können einerseits die Faktormittelwerte der im Längsschnittdesign erhobenen Daten zu unterschiedlichen Messzeitpunkten betrachtet werden, andererseits lassen sich auch die Faktormittelwerte von im Querschnittdesign erhobenen unabhängigen Gruppen miteinander vergleichen. Die vorliegende Stichprobe umfasst $n = 213$ Personen und lässt sich disjunkt in die drei Gruppen Studienanfänger*innen der Studiengänge Bachelor Mathematik und gymnasiales Lehramt Mathematik sowie fortgeschrittenere Lehramtsstudierende unterteilen. Die Faktormittelwerte dieser Gruppen werden auf signifikante Unterschiede untersucht, um Antworten auf die Forschungsfragen F11 und F12 zu erhalten (Lassen sich Mittelwertunterschiede zwischen Lehramts- und Fachstudierenden nachweisen und in welcher Stärke liegen die Effekte jeweils vor? Lassen sich bei Lehramtsstudierenden Mittelwertunterschiede zwischen Studienanfänger*innen und fortgeschrittenen Studierenden nachweisen? Und wenn ja, in welcher Stärke liegen diese Effekte jeweils vor?).

Nach den Mittelwertvergleichen dieser drei unabhängigen Stichproben werden weiterhin auch die Faktorwerte der im Längsschnittdesign erhobenen Datensätze (E13PP und E14PP) verglichen, indem die Veränderungen der Faktormittelwerte zwischen dem Pretest in der ersten und dem Posttest in der letzten Woche der Vorlesungszeit mittels des t-Tests für abhängige Stichproben untersucht werden. Dabei werden bei den Teilnehmer*innen der beiden Durchgänge der

---

Elektronisches Zusatzmaterial Die elektronische Version dieses Kapitels enthält Zusatzmaterial, das berechtigten Benutzern zur Verfügung steht https://doi.org/10.1007/978-3-658-34662-1_18 .

B. Weygandt, *Mathematische Weltbilder weiter denken*,
https://doi.org/10.1007/978-3-658-34662-1_18

EnProMa-Vorlesung jeweils die Faktorwerte der beiden Messzeitpunkte verglichen (vgl. Forschungsfrage F13: Lassen sich bei den Teilnehmer*innen der EnProMa-Vorlesung Unterschiede in den Faktorwerten vor und nach der Intervention nachweisen? Und wenn ja, in welcher Stärke liegen diese Effekte jeweils vor?). Die beiden Vorlesungsdurchgänge werden jeweils unabhängig voneinander ausgewertet, um den Einfluss weiterer Hintergrundvariablen innerhalb des vorliegenden Untersuchungsdesigns soweit wie möglich zu kontrollieren. Im Wintersemester 2013/2014 liegen von $n = 15$ Personen Daten beider Erhebungszeitpunkte vor; während beim zweiten Durchgang im Wintersemester 2014/2015 gematchte Datensätze von $n = 30$ Personen betrachtet werden können (vgl. Unterkapitel 10.1).

Die Faktorwerte werden jeweils einzeln als abhängige Variablen betrachtet, wobei sich die unabhängige Variable bei den Längs- und Querschnittdesigns unterscheidet. Bei der Auswertung der Querschnittdaten in Unterkapitel 18.1 stellt die Gruppenzugehörigkeit (erzeugt aus den Variablen Studiengang und -erfahrung) die unabhängige Variable dar, während in den Längsschnittuntersuchungen jeweils der Einfluss der unabhängigen Variable Messzeitpunkt für die beiden Durchgänge der EnProMa-Vorlesung betrachtet wird (siehe Unterkapitel 18.2 und 18.3).

18.1 Einfaktorielle Varianzanalyse zur Aufklärung der Unterschiede in Faktormittelwerten in Abhängigkeit von Studiengang und -erfahrung

18.1.1 Betrachtung der Stichprobe und deskriptive Statistiken im Vorfeld der ANOVA

Beim überwiegenden Teil des Datensatzes LAE sind Angaben zum aktuellen Fachsemester und Studiengang ausgefüllt vorhanden. Aus der metrischen Variable Fachsemester kann durch Unterscheidung zwischen dem ersten Fachsemester und höheren Fachsemestern die dichotome Variable Studienerfahrung (mit den Ausprägungen *Studienanfänger*in*, *fortgeschrittene Student*in*) erzeugt werden. Aus dieser und der unabhängigen nominalskalierten kategorialen Variablen Studiengang (dichotom, Ausprägungen *Bachelor of Science Mathematik*, *gymnasiales Lehramt Mathematik*) lassen sich entsprechend vier Gruppen bilden. Aufgrund der Wahl der Erhebungszeitpunkte (vgl. Kapitel 10) kommen in dem vorliegenden Datensatz indes nur drei dieser vier Gruppen in statistisch nutzbarem Umfang vor: Bachelorstudierende höherer Semester finden sich hier aufgrund des Zeitpunktes der Erhebung nur in Einzelfällen – und zwar wenn diese die Vorlesung LINEARE ALGEBRA I wiederholten oder erst im höheren Semester belegten. Daher ergeben sich für die Auswertung drei zu vergleichende Gruppen: Erstsemesterstudierende des Studiengangs Bachelor Mathematik (Gruppe B1, $n = 76$), Erstsemesterstudierende des gymnasialen Lehramts Mathematik (Gruppe L1, $n = 60$) sowie Mathematik-Lehramtsstudierende höherer Semester (Gruppe L2$^+$, $n = 77$).

Deskriptive Statistiken der Faktorwerte in den Gruppen

	Faktor	grp	n	mean	sd	median	trimmed	mad	min	max	range	skew	kurtosis	se	IQR
1	F	B1	76	3.88	0.52	3.9	3.89	0.44	2.5	4.9	2.4	-0.37	-0.12	0.06	0.6
2	F	L1	60	3.64	0.51	3.6	3.65	0.44	2.3	4.6	2.3	-0.27	-0.42	0.07	0.55
3	F	L2+	77	3.72	0.53	3.7	3.71	0.59	2.4	5	2.6	0	-0.33	0.06	0.8
4															
5	A	B1	76	3.79	0.57	3.8	3.8	0.59	2.4	4.9	2.5	-0.18	-0.44	0.07	0.8
6	A	L1	60	3.71	0.66	3.8	3.76	0.67	1.6	4.9	3.3	-0.77	0.52	0.09	0.93
7	A	L2+	77	3.93	0.55	4	3.97	0.44	2	4.8	2.8	-0.84	1.26	0.06	0.7
8															
9	S	B1	76	3.13	0.56	3.12	3.13	0.56	1.88	4.5	2.62	0.01	-0.12	0.06	0.75
10	S	L1	60	3.19	0.56	3.19	3.21	0.65	1.75	4.25	2.5	-0.31	-0.57	0.07	0.88
11	S	L2+	77	3.01	0.65	3	3.04	0.74	1.5	4.25	2.75	-0.25	-0.77	0.07	1
12															
13	P	B1	76	3.7	0.42	3.67	3.72	0.33	2.44	4.56	2.11	-0.44	0.46	0.05	0.44
14	P	L1	60	3.53	0.49	3.56	3.53	0.49	2.33	4.78	2.44	-0.14	0.16	0.06	0.67
15	P	L2+	77	3.67	0.48	3.67	3.65	0.33	2.33	5	2.67	0.21	0.22	0.05	0.56
16															
17	VS	B1	76	4.01	0.5	4.05	4.05	0.37	1.8	4.9	3.1	-1.8	5.62	0.06	0.5
18	VS	L1	60	4.01	0.44	4.05	4.02	0.52	3	4.9	1.9	-0.15	-0.61	0.06	0.62
19	VS	L2+	77	4.07	0.46	4.1	4.09	0.44	2	4.9	2.9	-1.1	3.9	0.05	0.6
20															
21	EE	B1	76	2.3	0.49	2.3	2.3	0.44	1.1	3.5	2.4	0.02	-0.08	0.06	0.62
22	EE	L1	60	2.33	0.55	2.3	2.29	0.59	1.4	3.9	2.5	0.58	0.19	0.07	0.73
23	EE	L2+	77	2.06	0.46	2	2.04	0.3	1.1	3.8	2.7	0.84	1.67	0.05	0.5
24															
25	PU	B1	76	3.24	0.72	3.25	3.26	0.86	1.5	4.83	3.33	-0.21	-0.39	0.08	1.04
26	PU	L1	60	3.1	0.78	3.17	3.11	0.74	1	4.67	3.67	-0.3	-0.41	0.1	1.17
27	PU	L2+	77	3.21	0.68	3.17	3.19	0.74	1.67	5	3.33	0.28	-0.33	0.08	1
28															
29	ES	B1	76	2.44	0.58	2.43	2.45	0.64	1	3.57	2.57	-0.21	-0.34	0.07	0.71
30	ES	L1	60	2.3	0.59	2.29	2.31	0.64	1	3.43	2.43	-0.16	-0.8	0.08	0.86
31	ES	L2+	77	2.2	0.51	2.14	2.18	0.42	1.14	3.71	2.57	0.39	0	0.06	0.57
32															
33	K	B1	76	3.28	0.86	3.5	3.34	0.74	1	4.75	3.75	-0.61	0.02	0.1	1.25
34	K	L1	60	2.98	0.85	3	2.94	0.93	1.5	4.75	3.25	0.36	-0.73	0.11	1.25
35	K	L2+	77	3.35	0.89	3.25	3.36	0.74	1.25	5	3.75	-0.11	-0.51	0.1	1.25

Die in Kapitel 16 beschriebenen Charakteristika der Faktorwerte zeigen sich auch hier in den einzelnen Gruppen, wie etwa die tendenzielle Ablehnung der Faktoren ERGEBNISEFFIZIENZ und ERMESSENSSPIELRAUM BEI DER FORMULIERUNG VON MATHEMATIK, die homogene und tendenziell starke Zustimmung zum Faktor VERNETZUNG/STRUKTUR MATHEMATISCHEN WISSENS, oder auch die große Spannweite und der größere Interquartilsabstand bei den Faktoren PLATONISMUS/ UNIVERSALITÄT MATHEMATISCHER ERKENNTNISSE und KREATIVITÄT. Dabei sind die Verteilungen aller Faktorwerte hinsichtlich Schiefe und Wölbung größtenteils unauffällig. Im Faktor VERNETZUNG/STRUKTUR MATHEMATISCHEN WISSENS sind die Faktorwerte der Gruppen B1 und L2⁺ linksschief und steilgipflig verteilt, während in der Gruppe L2⁺ die Faktorwerte der Faktoren ANWENDUNGS-CHARAKTER und ERGEBNISEFFIZIENZ jeweils eine leicht rechtsschiefe steilgipflige Verteilung aufweisen. Abbildung 18.1 und 18.2 zeigen die Boxplots der nach den drei Gruppen unterschiedenen Faktorwertverteilungen. Darüber hinaus befinden sich in Anhang B (Abschnitte B.3, B.4 und B.5) neben den Boxplots der Datensätze auch entsprechende Histogramme der Faktorwertverteilungen.

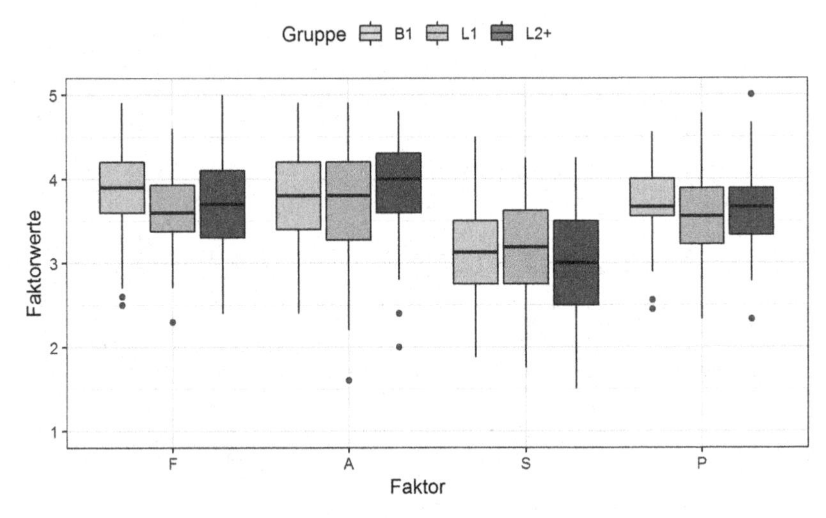

Abbildung 18.1 Gruppierte Boxplots der Faktoren F, A, S und P

Die Betrachtung der Boxplots der Faktorwertverteilungen zeigt zunächst erste Ansatzpunkte für mögliche Unterschiede zwischen den drei Gruppen – so unterscheidet sich der Boxplot der Gruppe B1 beim Faktor PROZESS-CHARAKTER oder auch jener der Gruppe L1 beim Faktor KREATIVITÄT von den Boxplots der jeweils anderen Gruppen. Daher erscheint es lohnend, die Faktormittelwerte einer Varianzanalyse zu unterziehen und statistisch abzusichern, zu welchem Maße die Schwankungen zwischen den Gruppen natürlichen, zufälligen Ursprungs sind oder ob ihnen systematische Ursachen zugrunde liegen.

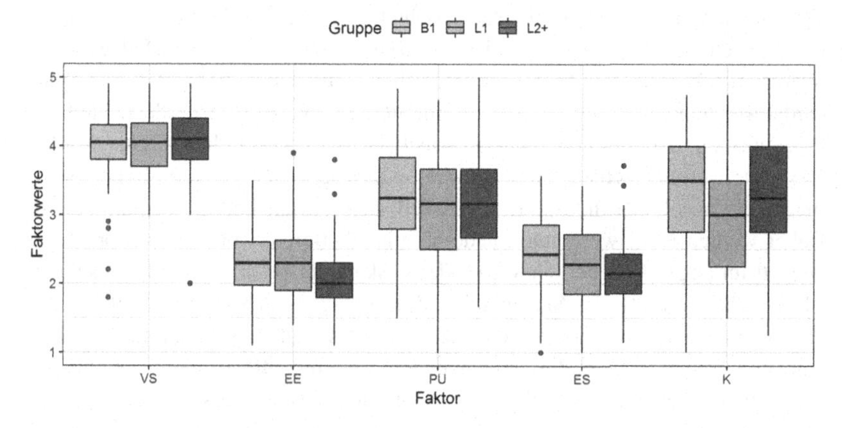

Abbildung 18.2 Gruppierte Boxplots der Faktoren VS, EE, PU, ES und K

18.1.2 Durchführung der Varianzanalyse

Zur Aufklärung der Varianz zwischen diesen Gruppen wird dabei wie in Abschnitt 11.3.3 beschrieben eine einfaktorielle ANOVA ohne Messwiederholung (Between-subject-Design) durchgeführt. Zuvor werden die jeweiligen Faktorwerte der drei Gruppen jeweils mit dem Shapiro-Wilk-Test auf Verletzungen der Normalverteilungsannahme getestet. Zudem wird mittels des Levene-Tests auf Homoskedastizität (vgl. Abschnitt 11.3.1) überprüft. Sofern nicht beide Voraussetzungen gleichzeitig verletzt sind, ist die einfaktorielle ANOVA Bühner und Ziegler (2012, S. 425) zufolge hinreichend robust. Im Fall von heterogenen Varianzen lässt sich die Welch-Prozedur zur Korrektur der Freiheitsgrade verwenden, alternativ kann auf den Kruskal-Wallis-Test als nichtparametrische Alternative zur einfaktoriellen ANOVA zurückgegriffen werden.

Im Falle eines signifikanten Ergebnis der Varianzanalyse wird daran anschließend der Tukey-Test eingesetzt, um herauszufinden, welche der drei Gruppenvergleiche als statistisch signifikant angesehen werden können. Hierbei wird die Signifikanzgrenze post-hoc mit $\alpha = .1$ weniger konservativ angesetzt, um zu berücksichtigen, dass die Varianzanalyse bereits ein statistisch signifikantes Ergebnis produziert hat und die Exploration potenzieller Zusammenhänge im Fokus steht (vgl. Lüpsen 2019, S. 64; Day und Quinn 1989). Für jeden Faktor werden dabei, wie in Abschnitt 11.3.2 beschrieben, sowohl das Effektstärkemaß der Varianzanalyse als auch jene Effektstärkemaße der im Post-hoc-Test signifikanten Mittelwertunterschiede berichtet: η^2 stellt dabei den durch die Gruppenunterschiede insgesamt aufgeklärten Varianzanteil dar, während Hedges' g als relative Effektstärke des Mittelwertunterschieds aus den Mittelwerten und Standardabweichungen zweier Gruppen bestimmt wird. Die Effekte werden zudem als Prozentsatz in der common language effect size (CLES) berichtet. Ferner werden alle Mittelwertunterschiede auch auf ihre praktische Bedeutsamkeit hin überprüft, indem die absolute Effektstärke als Anteil an der Skalenbreite bestimmt wird. Dabei werden Mittelwertunterschiede ab einer Differenz von 0.16 als praktisch bedeutsam angesehen, bei der verwendeten Skala entspricht dies einer absoluten Effektstärke von 4 % der Skalenbreite. Zuletzt finden sich in Abschnitt F.1 des elektronischen Zusatzmaterials die Ausgaben des Statistikprogramms R. Diese enthalten mitunter auch die Berechnungen weiterer Effektstärkemaße, die im Rahmen von Replikationen oder Meta-Analysen relevant sein könnten.

Überprüfung der Voraussetzungen zur Durchführung der Varianzanalyse
Es kann davon ausgegangen werden, dass die drei Gruppen in allen Faktorwerten über homogene Varianzen verfügen; der Levene-Test wurde bei keinem der Faktoren signifikant. Jedoch kann nicht bei allen Faktorwerten in den drei Gruppen von einer Normalverteilung ausgegangen werden: Bei acht der 27 Verteilungen führte der Shapiro-Wilk-Test zu einem signifikanten Ergebnis (siehe Abschnitt F.1 des elektronischen Zusatzmaterials für die statistischen Kennzahlen zur Homoskedastizität und Normalverteilung). Dies trifft bei den Faktoren ANWENDUNGS-CHARAKTER, PROZESS-CHARAKTER, VERNETZUNG/STRUKTUR MATHEMATISCHEN WISSENS, ERGEBNISEFFIZIENZ und KREATIVITÄT auf jeweils mindestens eine der drei Gruppen zu. Dennoch ist die einfaktorielle ANOVA ohne Messwiederholung Bühner und Ziegler (2012, S. 425) zufolge in diesem Fall hinreichend robust, sodass nachfolgend nicht auf den Kruskal-Wallis-Test als nichtparametrische Alternative ausgewichen wird.

18.1.3 Ergebnisse der Varianzanalyse

Die einfaktorielle Varianzanalyse ergibt, dass sich die Ausprägungen der Faktoren FORMALISMUS-ASPEKT, ERGEBNISEFFIZIENZ, ERMESSENSSPIELRAUM BEI DER FORMULIERUNG VON MATHEMATIK und KREATIVITÄT zwischen den Gruppen signifikant unterscheiden. In den übrigen Faktoren lassen sich keine statistisch signifikanten Mittelwertunterschiede ausmachen, wobei jedoch in den Faktoren ANWENDUNGS-CHARAKTER und PROZESS-CHARAKTER der Verdacht auf einen signifikanten Effekt naheliegt. Abbildung 18.3 zeigt die aus der Varianzanalyse des jeweiligen Faktors resultierende Effektstärke η^2 mitsamt den zugehörigen 90 %-Konfidenzintervallen[1] und denjenigen p-Werten, die unterhalb von .1 liegen.

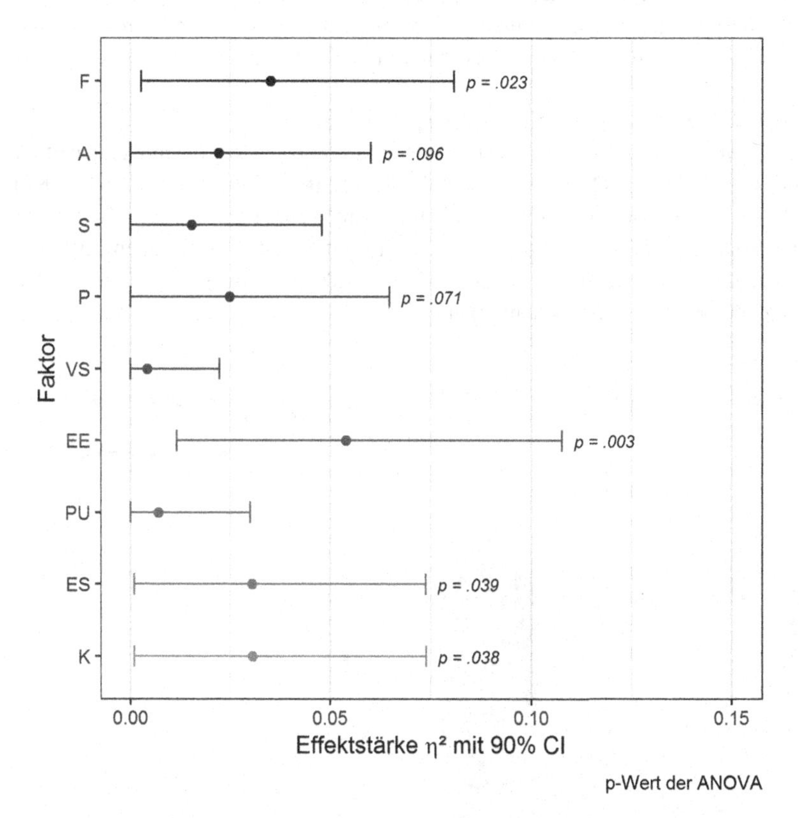

Abbildung 18.3 Effektstärken η^2 der faktorweisen Varianzanalysen mit 90 %-Konfidenzintervallen

In den folgenden Abschnitten werden die Ergebnisse der Varianzanalyse pro Faktor berichtet, wobei im Falle eines signifikanten ANOVA-Ergebnisses auch auf die post-hoc durchgeführten Tukey-Tests und die praktische Bedeutsamkeit

[1] Da der zugrunde liegende F-Test ein einseitiger Test ist, genügt an dieser Stelle das 90 %-Konfidenzintervall. Dieses enthält bei Signifikanz des F-Tests nicht die Null – wohingegen das 95 %-Konfidenzintervall auch im Falle eines signifikanten Tests die Null enthalten kann (vgl. Lakens 2013, S. 8).

der gefundenen Ergebnisse eingegangen wird. Die pro Faktor durchgeführten Berechnungen und Ausgaben des Statistikprogramms finden sich im elektronischen Zusatzmaterial in den Abschnitten F.1.1 bis F.1.9. Weiterhin findet sich in Abschnitt 19.4.1 eine abschließende Zusammenfassung und Interpretation aller signifikanten Mittelwertunterschiede und ihrer Effektstärken.

18.1.3.1 Faktor Formalismus-Aspekt

Bezogen auf die AV FORMALISMUS-ASPEKT trat ein geringer bis moderater Effekt auf ($F_{(2,210)} = 3.82$, $p = .023$, $\eta^2 = .035$, 90 %-CI(η^2) = [0.003, 0.093], $1-\beta = .70$ (post-hoc)), der mit annähernd ausreichender Teststärke gesichert werden konnte. Abbildung 18.4 zeigt die Faktormittelwerte der Gruppen im Faktor FORMALISMUS-ASPEKT sowie deren Mittelwertdifferenzen, jeweils mitsamt dem zugehörigen 95 %-Konfidenzintervall.

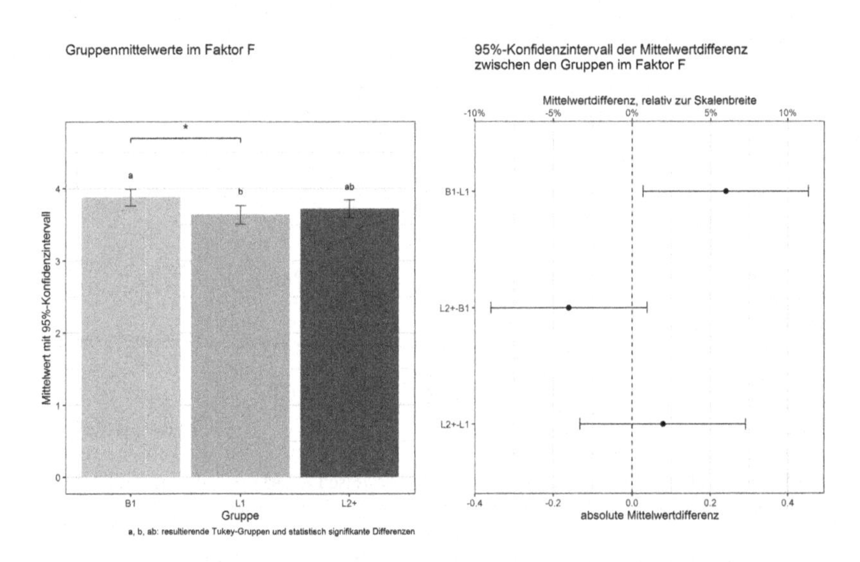

Abbildung 18.4 Gruppenmittelwerte und Mittelwertdifferenzen im Faktor F

Der anschließend durchgeführte Post-hoc-Test (Tukey) zeigte, dass der Mittelwertunterschied zwischen den Erstsemesterstudierenden der beiden Studiengänge für das signifikante ANOVA-Ergebnis verantwortlich ist, die anderen beiden Vergleiche waren indes nicht statistisch signifikant. Demnach weisen Studienanfänger*innen des Fachstudiums Mathematik im Vergleich zu Studienanfänger*innen im Lehramtsstudium Mathematik eine signifikant höhere Zustimmung zum Faktor FORMALISMUS-ASPEKT auf (B1: $M = 3.88$, $SD = 0.52$, L1: $M = 3.64$, $SD = 0.51$, $p = .023$). Der Mittelwertunterschied zwischen diesen beiden Gruppen stellt einen moderaten Effekt dar ($g_{\text{B1,L1}} = 0.46$, 95 %-CI($g_{\text{B1,L1}}$) = [0.12, 0.81], $1 - \beta = .76$ (post-hoc)), der zudem stark genug ist, um in der Stichprobe mit annähernd hinreichender Teststärke nachgewiesen werden zu können. Vergleicht man zwei zufällig ausgewählte Erstsemesterstudent*innen der beiden Gruppen miteinander, so hat die Bachelor*studentin mit einer Wahrscheinlichkeit von 63 % einen höheren Wert im Faktor FORMALISMUS-ASPEKT als die Lehramtsstudent*in. Mit einer Differenz von 0.24 entspricht die absolute Effektstärke dabei 6 % der Skalenbreite, der Effekt kann demnach als praktisch bedeutsam angesehen werden.

Die Mittelwertdifferenz von –0.16 zwischen den Studienanfänger*innen im Bachelorstudiengang Mathematik und den fortgeschrittenen Lehramtsstudierenden ($M = 3.72$, $SD = 0.53$, $p = .139$) entspricht einer absoluten Effektstärke von 4 % der Skalenbreite und liegt damit (annähernd) im Bereich praktischer Bedeutsamkeit. Allerdings ist der Tukey-Test an dieser Stelle statistisch nicht signifikant ($p = .139$), folglich kann dieser Unterschied nur als Anhaltspunkt für Folgeuntersuchungen angesehen werden.

18.1.3.2 Faktor Anwendungs-Charakter

Bezogen auf die AV ANWENDUNGS-CHARAKTER liegt lediglich der Verdacht auf einen signifikanten Effekt kleiner Größe vor ($F_{(2,210)} = 2.37$, $p = .096$, $\eta^2 = .022$, 90 %-CI(η^2) = [0, 0.06], $1 - \beta = .48$ (post-hoc)). Abbildung 18.5 zeigt für den Faktor ANWENDUNGS-CHARAKTER die Faktormittelwerte der Gruppen und deren Mittelwertdifferenzen, jeweils mitsamt dem zugehörigen 95 %-Konfidenzintervall.

Die Differenz zwischen den Lehramtsstudierenden am Anfang ($M = 3.71$, $SD = 0.66$) und in höheren Semestern ($M = 3.93$, $SD = 0.55$) beträgt 0.22 und liegt mit einer absoluten Effektstärke von 5.4 % der Skalenbreite im Bereich praktischer Bedeutsamkeit. Der Tukey-Test ergibt dabei nur einen Verdacht auf einen kleinen bis moderaten Effekt ($g_{\text{L2}^+,\text{L1}} = 0.36$, 95 %-CI($g_{\text{L2}^+,\text{L1}}$) = [0.02, 0.70], $p = .087$, $1-\beta = .55$ (post-hoc)), wobei für einen statistisch signifikanten Nachweis eine höhere Teststärke vonnöten wäre. Nimmt man an, dieser Mittelwertunterschied sei nicht zufällig zustande gekommen, so bedeutet dies, dass in 60 % der Fälle eine zufällig ausgewählte Lehramtsstudent*in des höheren Semesters auch eine höhere Zustimmung zum Faktor ANWENDUNGS-CHARAKTER aufweist. Der Mittelwert der Gruppe von Bachelor-Studienanfänger*innen ($M = 3.79$, $SD = 0.57$) liegt zwischen den anderen beiden Gruppenmittelwerten und unterscheidet sich von diesen nicht bedeutsam.

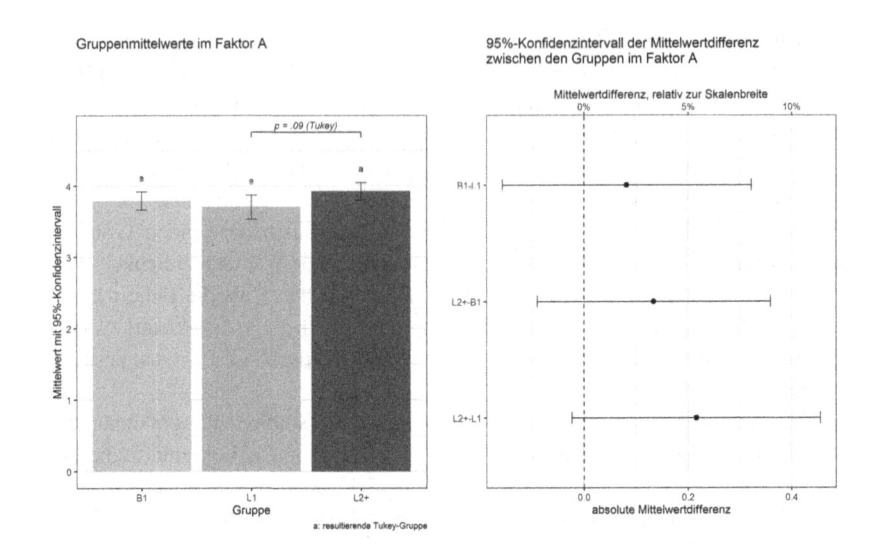

Abbildung 18.5 Gruppenmittelwerte und Mittelwertdifferenzen im Faktor A

18.1.3.3 Faktor Schema-Orientierung

Es gab weiterhin für die AV SCHEMA-ORIENTIERUNG keinen statistisch signifikanten Effekt ($F_{(2,210)} = 1.63$, $p = .199$), wobei die Post-hoc-Teststärke hierbei mit $1 - \beta = .35$ nicht ausreichend war, um Effekte dieser Größenordnung statistisch abzusichern. Abbildung 18.6 zeigt die Faktormittelwerte der Gruppen im Faktor SCHEMA-ORIENTIERUNG sowie deren Mittelwertdifferenzen, jeweils mitsamt dem zugehörigen 95 %-Konfidenzintervall.

Lediglich der Mittelwertunterschied zwischen Lehramtsstudierenden des ersten Semesters ($M = 3.19$, $SD = 0.56$) und jenen höherer Semester ($M = 3.01$, $SD = 0.65$) liegt beim Faktor SCHEMA-ORIENTIERUNG im Bereich praktischer Bedeutsamkeit, mit einer Differenz von –0.18 entspricht dies einem absoluten Effekt von 4.5 % der Skalenbreite. Unter Berücksichtigung der Varianzen in den Gruppen kann dieser Unterschied jedoch nicht auf dem erwünschten Niveau als statistisch signifikant nachgewiesen werden. Weiterhin liegt der Gruppenmittelwert der Bachelor-Studienanfänger*innen ($M = 3.13$, $SD = 0.56$) zwischen denen der anderen beiden Gruppen, ohne sich von diesen bedeutsam zu unterscheiden.

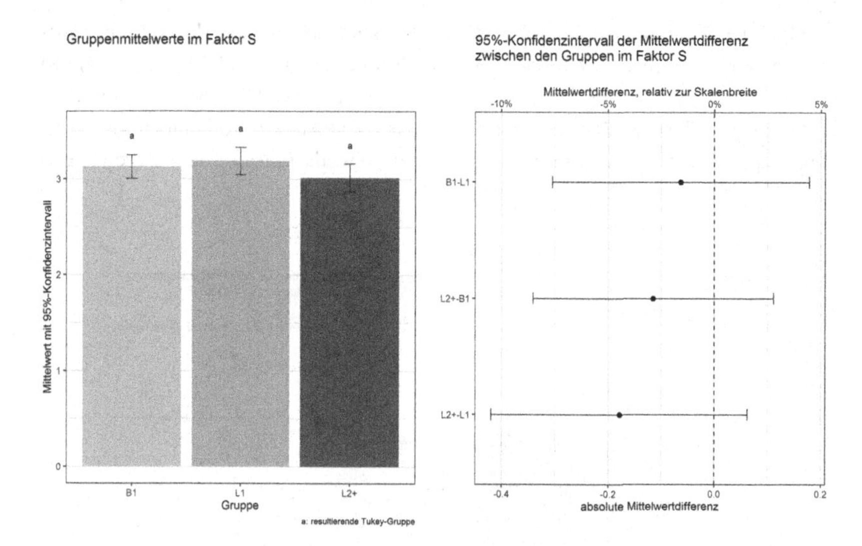

Abbildung 18.6 Gruppenmittelwerte und Mittelwertdifferenzen im Faktor S

18.1.3.4 Faktor Prozess-Charakter

Hinsichtlich der Faktorwerte der AV PROZESS-CHARAKTER liegt lediglich der Verdacht auf einen signifikanten Effekt kleiner Größe vor ($F_{(2,210)} = 2.67$, $p = .071$, $\eta^2 = .025$, $90\,\%\text{-CI}(\eta^2) = [0, 0.065]$, $1-\beta = .53$ (post-hoc)), wobei die hierbei vorliegende Teststärke zu gering ist, um einen Effekt dieser Größenordnung als nicht-existent abzuweisen.

Von den drei infrage kommenden Gruppenvergleichen ist am ehesten der Unterschied zwischen den beiden Gruppen von Studienanfänger*innen statistisch bedeutsam (B1: $M = 3.70$, $SD = 0.42$, L1: $M = 3.53$, $SD = 0.49$, Tukey-Test $p = .071$). Dieser Mittelwertunterschied von 0.18 ist mit einer absoluten Effektstärke von 4.4 % der Skalenbreite annähernd im Bereich praktischer Bedeutsamkeit. Jedoch kann dieser Effekt in der vorliegenden Untersuchung nicht auf dem gewünschten Signifikanzniveau nachgewiesen werden ($p = .071$, Tukey), es liegt nur ein Verdacht auf einen kleinen bis mittleren Effekt vor ($g_{\text{B1, L1}} = 0.39$, $95\,\%\text{-CI}(g_{\text{B1, L1}}) = [0.05, 0.73]$, $1 - \beta = .61$ (post-hoc)). Nimmt man an, dieser Mittelwertunterschied sei nicht zufällig zustande gekommen, so bedeutet dies, dass eine zufällig ausgewählte Studienanfänger*in des Bachelorstudiums der Sichtweise auf Mathematik als Prozess mit einer Wahrscheinlichkeit von 61 % stärker zustimmt als eine zufällig ausgewählte Studienanfänger*in aus der

Gruppe der Lehramtsstudierenden. Zuletzt unterscheidet sich der Gruppenmittelwert der Lehramtsstudierenden höherer Semester ($M = 3.67$, $SD = 0.48$) bei diesem Faktor nicht bedeutsam von jenen der beiden anderen Gruppen. Abbildung 18.7 zeigt für den Faktor PROZESS-CHARAKTER die Faktormittelwerte der Gruppen und deren Mittelwertdifferenzen, jeweils mitsamt dem zugehörigen 95 %-Konfidenzintervall.

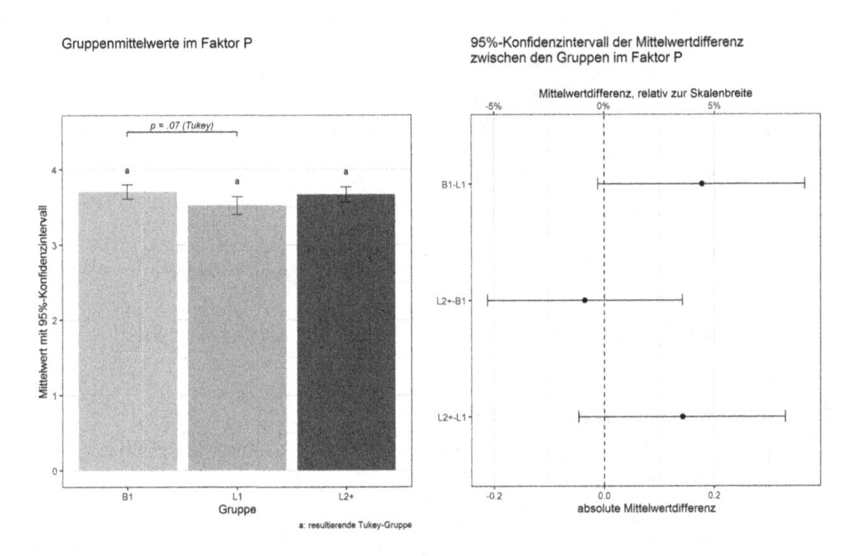

Abbildung 18.7 Gruppenmittelwerte und Mittelwertdifferenzen im Faktor P

18.1.3.5 Faktor Vernetzung/Struktur mathematischen Wissens

Im Faktor VERNETZUNG/STRUKTUR MATHEMATISCHEN WISSENS trat kein statistisch signifikanter Effekt auf ($F_{(2,210)} = 0.43$, $p = .650$), die Mittelwerte der Gruppen unterschieden sich hier kaum merklich (B1: $M = 4.01$, $SD = 0.50$, L1: $M = 4.01$, $SD = 0.44$, L2^{+}: $M = 4.07$, $SD = 0.46$). Auch die absoluten Effektstärken sind mit weniger als 2 % der Skalenbreite noch deutlich unterhalb der Grenze für praktische Bedeutsamkeit. Insgesamt lag die Teststärke in diesem Faktor nur bei $1 - \beta = ..12$ (post-hoc), für den Nachweis statistischer Signifikanz bei solch geringen Unterschieden müsste eine weitaus größere Stichprobe untersucht werden. Abbildung 18.8 zeigt die Faktormittelwerte der Gruppen im Faktor VERNETZUNG/STRUKTUR MATHEMATISCHEN WISSENS sowie deren Mittelwertdifferenzen, jeweils mitsamt dem zugehörigen 95 %-Konfidenzintervall.

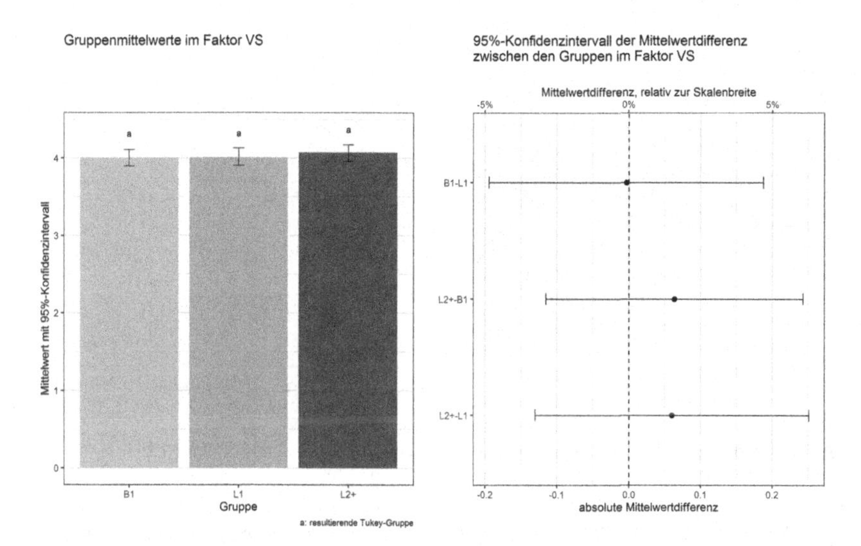

Abbildung 18.8 Gruppenmittelwerte und Mittelwertdifferenzen im Faktor VS

18.1.3.6 Faktor Ergebniseffizienz

Abbildung 18.9 zeigt für den Faktor ERGEBNISEFFIZIENZ die Faktormittelwerte der Gruppen und deren Mittelwertdifferenzen, jeweils mitsamt dem zugehörigen 95 %-Konfidenzintervall.

Bezogen auf die AV ERGEBNISEFFIZIENZ ließ sich durch die Varianzanalyse ein moderater Effekt nachweisen ($F_{(2,210)} = 5.98$, $p = .003$, $\eta^2 = .054$, 90 %-CI$(\eta^2) = [0.011, 0.108]$, $1-\beta = .88$ (post-hoc)), der mit ausreichender Teststärke gesichert werden konnte. Ein im Nachgang durchgeführter Tukey-Test offenbarte einen signifikanten sowie einen hochsignifikanten Mittelwertunterschied. Die fortgeschrittenen Lehramtsstudierenden ($M = 2.06$, $SD = 0.46$) verfügen dabei über niedrigere Faktorwerte als die Erstsemesterstudierenden der Studiengänge Bachelor Mathematik ($M = 2.30$, $SD = 0.49$) und gymnasiales Lehramt Mathematik ($M = 2.33$, $SD = 0.55$). Beide Effekte sind dabei von moderater Größe ($g_{L2^+, B1} = -.48$, 95 %-CI$(g_{L2^+, B1}) = [-0.81, -0.16]$, $p = .012$ (Tukey), $1 - \beta = .85$ (post-hoc) sowie $g_{L2^+, L1} = -.52$, 95 %-CI$(g_{L2^+, L1}) =$

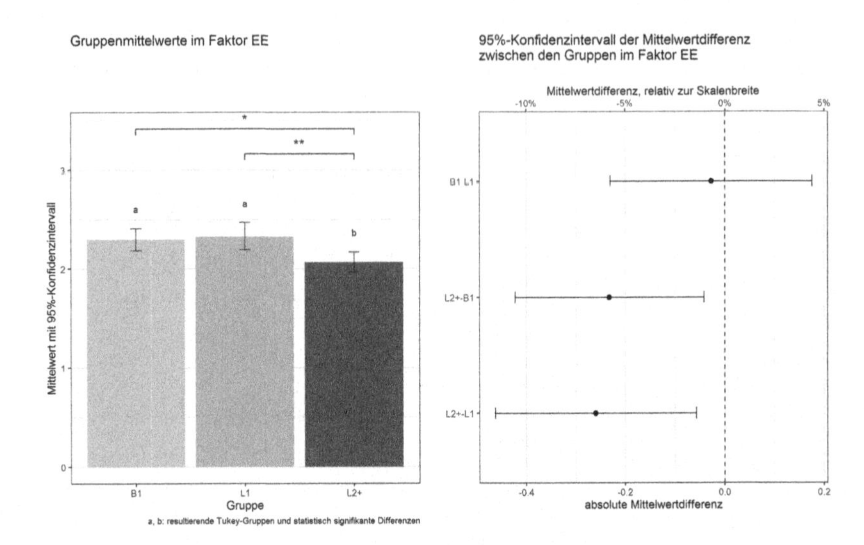

Abbildung 18.9 Gruppenmittelwerte und Mittelwertdifferenzen im Faktor EE

$[-0.86, -0.17]$, $p = .008$ (Tukey), $1 - \beta = .85$ (post-hoc)) und konnten mit der benötigten Teststärke nachgewiesen werden. Darüber hinaus sind die beiden Effekte mit absoluten Effektstärken von 5.8 % respektive 6.5 % der Skalenbreite auch praktisch bedeutsam. Die Studiendauer im Mathematikstudium scheint hier einherzugehen mit einer stärker ablehnenden Haltung gegenüber diesem Faktor. Die Wahrscheinlichkeit, dass eine zufällig ausgewählte Lehramtsstudent*in höheren Semesters einen niedrigeren Faktorwert aufweist als eine zufällig ausgewählte Studienanfänger*in, liegt gegenüber Erstsemesterstudierenden im Bachelorstudiengang Mathematik bei 63 % und gegenüber Erstsemesterstudierenden des Lehramts Mathematik bei 64 %.

18.1.3.7 Faktor Platonismus/Universalität mathematischer Erkenntnisse

Bei der AV PLATONISMUS/UNIVERSALITÄT MATHEMATISCHER ERKENNTNISSE ließ sich kein signifikanter Effekt nachweisen ($F_{(2,210)} = 0.72$, $p = .487$, $1 - \beta = .17$ (post-hoc)), sodass in diesem Fall die Nullhypothese der Gleichheit der Gruppenmittelwerte beibehalten wird. Abbildung 18.10 zeigt für den Faktor

PLATONISMUS/UNIVERSALITÄT MATHEMATISCHER ERKENNTNISSE die Faktormittelwerte der Gruppen und deren Mittelwertdifferenzen, jeweils mitsamt dem zugehörigen 95 %-Konfidenzintervall.

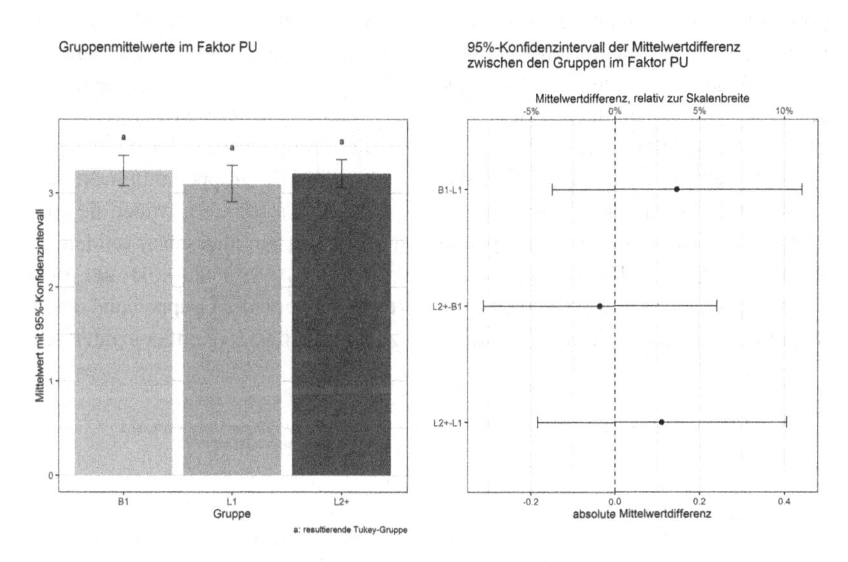

Abbildung 18.10 Gruppenmittelwerte und Mittelwertdifferenzen im Faktor PU

Die Mittelwerte der drei Gruppen liegen bei diesem Faktor recht nah beisammen (B1: $M = 3.24$, $SD = 0.72$, L1: $M = 3.10$, $SD = 0.78$, L2$^+$: $M = 3.21$, $SD = 0.68$), zudem weisen die Faktorwerte auch innerhalb der Gruppen eine vergleichsweise hohe Streuung auf. Die absoluten Effektstärken der Mittelwertdifferenzen sind dabei zu gering, um als praktisch bedeutsam angesehen werden zu können.

18.1.3.8 Faktor Ermessensspielraum bei der Formulierung von Mathematik

Die Varianzanalyse der AV ERMESSENSSPIELRAUM BEI DER FORMULIERUNG VON MATHEMATIK ergab einen signifikanten Effekt kleiner bis mittlerer Stärke ($F_{(2,210)} = 3.30$, $p = .039$, $\eta^2 = .031$, 90 %-CI$(\eta^2) = [0.001, 0.074]$, $1 - \beta = .63$ (post-hoc)), der trotz einer zu gering ausfallenden Teststärke nachgewiesen werden konnte. Die Post-hoc-Tests führten zu einem signifikanten Ergebnis. Erstsemesterstudierende im Studiengang Bachelor Mathematik lehnen diesen Faktor weniger stark ab als die fortgeschrittenen Lehramtsstudierenden (B1: $M = 2.44$,

$SD = 0.58$, L2⁺: $M = 2.20$, $SD = 0.51$, Tukey-Test $p = .030$), wobei dieser Mittelwertunterschied einem moderaten Effekt entspricht ($g_{\mathrm{L2^+,B1}} = -0.42$, 95 %-CI$(g_{\mathrm{L2^+,B1}}) = [-0.74, -0.10]$). Die Differenz von –0.23 entspricht einer absoluten Effektstärke von 5.8 % der Skalenbreite und kann folglich auch als praktisch bedeutsam angesehen werden. Vergleicht man eine zufällig ausgewählte Lehramtsstudent*in höheren Semesters mit einer Erstsemesterstudent*in des Bachelorstudiengangs Mathematik, so hat jene mit einer Wahrscheinlichkeit von 62 % einen niedrigeren Wert im Faktor ERMESSENSSPIELRAUM BEI DER FORMULIERUNG VON MATHEMATIK. Die dritte Gruppe der Studienanfänger*innen im Lehramt Mathematik liegt von ihrem Gruppenmittelwert her zwischen den beiden anderen Gruppen ($M = 2.30$, $SD = 0.59$), wobei die entsprechenden Differenzen zu gering sind, um als bedeutsam angesehen werden zu können. Abbildung 18.11 zeigt für den Faktor ERMESSENSSPIELRAUM BEI DER FORMULIERUNG VON MATHEMATIK die Faktormittelwerte der Gruppen und deren Mittelwertdifferenzen, jeweils mitsamt dem zugehörigen 95 %-Konfidenzintervall.

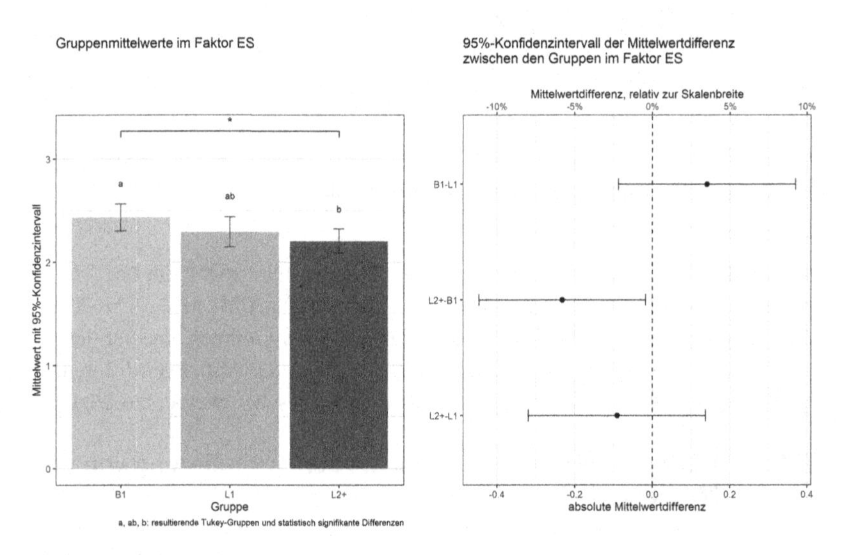

Abbildung 18.11 Gruppenmittelwerte und Mittelwertdifferenzen im Faktor ES

18.1.3.9 Faktor Kreativität

Zuletzt zeigt Abbildung 18.12 die Faktormittelwerte der Gruppen im Faktor KREATIVITÄT sowie deren Mittelwertdifferenzen, jeweils mitsamt dem zugehörigen 95 %-Konfidenzintervall.

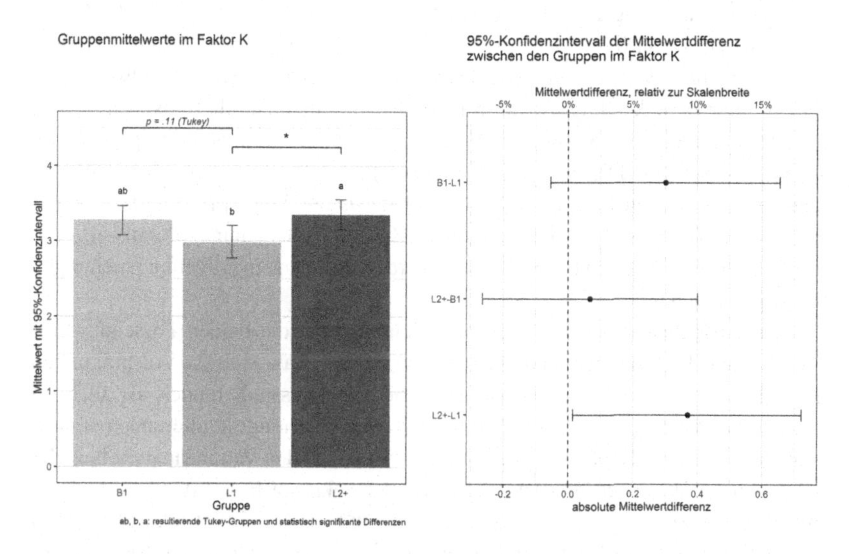

Abbildung 18.12 Gruppenmittelwerte und Mittelwertdifferenzen im Faktor K

Bezogen auf die AV KREATIVITÄT ließ sich dabei ein statistisch signifikanter Effekt kleiner bis mittlerer Stärke nachweisen ($F_{(2,210)} = 3.31$, $p = .038$, $\eta^2 = .031$, $90\,\%\text{-CI}(\eta^2) = [0.001, 0.074]$), wobei die Post-hoc-Teststärke der Varianzanalyse mit $1 - \beta = .63$ zu gering ausfällt. Das Ergebnis der Varianzanalyse begründet sich insbesondere in dem signifikanten Mittelwertunterschied zwischen Lehramtsstudierenden am Beginn des Studiums und in höheren Semestern (L1: $M = 2.98$, $SD = 0.85$, L2$^+$: $M = 3.35$, $SD = 0.89$, Tukey-Test $p = .039$). Diese Differenz von 0.37 entspricht einer absoluten Effektstärke von 9.2 % der Skalenbreite, was auf einen praktisch sehr bedeutsamen Effekt hindeutet. Mit zunehmender Studiendauer im Lehramtsstudium Mathematik scheint das Bewusstsein für Kreativität in der Mathematik zuzunehmen. Unter Berücksichtigung der – in diesem Faktor etwas höheren – Streuung der Faktorwerte entspricht dieser Mittelwertunterschied einem moderaten Effekt ($g_{\text{L2}^+,\text{L1}} = 0.42$, $95\,\%\text{-CI}(g_{\text{L2}^+,\text{L1}}) = [0.08, 0.76]$, $1 - \beta = .68$ (post-hoc)). Beim Vergleich zweier zufällig ausgewählter Personen dieser beiden Gruppen hat die Mathematik-Lehramtsstudent*in des höheren Semesters mit einer Wahrscheinlichkeit von 62 % auch einen höheren Wert im Faktor KREATIVITÄT als die Erstsemesterstudent*in des Lehramts Mathematik.

Weiterhin liegt auch der Abstand der Studienanfänger*innen im Lehramt zu jenen im Studiengang Bachelor Mathematik (B1: $M = 3.28$, $SD = 0.86$) mit einer Differenz von 0.30 und einer absoluten Effektstärke von 7.5 % der Skalenbreite im Bereich praktischer Bedeutsamkeit. Jedoch kann dieser Mittelwertunterschied unter Berücksichtigung der Stichprobenvarianz nicht als statistisch signifikant berichtet werden, da der Tukey-Test nur über einen adjustierten p-Wert von $p = .114$ verfügt. Die zugehörige relative Effektstärke läge im Bereich eines kleinen bis mittleren Effekts ($g_{\mathrm{B1,L1}} = 0.35$, 95 %-CI$(g_{\mathrm{B1,L1}}) = [0.01, 0.69]$, $1 - \beta = .52$ (post-hoc)), wobei auch dieser Zusammenhang nur explorativ als Hinweis auf einen möglichen Effekt gesehen werden sollte und in Folgeuntersuchungen bestätigt werden muss.

Zum Abschluss des Querschnittvergleichs können die beiden Forschungsfragen F11 und F12 dahingehend beantwortet werden, dass sich die Ausprägungen der Faktorwerte sowohl zwischen Fach- und Lehramtsstudierenden als auch im Quasi-Längsschnittdesign der beiden Gruppen von Lehramtsstudierenden signifikant unterscheiden. Nach Durchführung der einfaktoriellen Varianzanalyse liegt der Schluss nahe, dass sich die Ausprägungen der Faktoren FORMALISMUS-ASPEKT, ERGEBNISEFFIZIENZ, ERMESSENSSPIELRAUM BEI DER FORMULIERUNG VON MATHEMATIK und KREATIVITÄT zwischen den drei Gruppen (B1, L1, L2^{+}) signifikant unterscheiden. In den übrigen Faktoren ließen sich keine statistisch signifikanten Mittelwertunterschiede ausmachen, wobei jedoch in den Faktoren ANWENDUNGS-CHARAKTER und PROZESS-CHARAKTER der Verdacht auf einen signifikanten Effekt naheliegt. Eine Zusammenfassung der Ergebnisse aus den Varianzanalysen des Querschnittvergleichs sowie eine abschließende Interpretation der Effektstärken der Mittelwertunterschiede zwischen den drei Gruppen findet sich in Abschnitten 19.4.1 und 19.4.2. Die beiden nun folgenden Unterkapitel 18.2 und 18.3 widmen sich der Auswertung der Längsschnittdaten, indem die Faktorwerte vor und nach der ENPROMA-Vorlesung untersucht werden.

18.2 Unterschiede in Faktormittelwerten vor und nach der EnProMa-Vorlesung 2014/2015

Während es im Quasi-Längsschnittdesign des vorherigen Unterkapitels nicht möglich ist, die Varianz zwischen den Personen zu kontrollieren, können mithilfe eines Längsschnittdesigns auch speziell die Varianzanteile innerhalb der Individuen zwischen Messzeitpunkten untersucht werden. In diesem und dem folgenden Unterkapitel wird daher die Entwicklung der Faktorwerte an echten Längsschnittdaten im Within-subject-Design betrachtet. Dabei wird nicht der Effekt der Zeit alleine, sondern speziell die Zustimmung zu den Faktoren vor und nach der Vorlesung ENTSTEHUNGSPROZESSE VON MATHEMATIK (ENPROMA) untersucht. Beginnend mit dem zweiten Vorlesungsdurchgang im Wintersemester 2014/2015 (Datensatz E14PP) werden zunächst die Voraussetzungen zur Durchführung des t-Tests für abhängige Stichproben überprüft (vgl. Abschnitt 11.3.1) und anschließend die Ergebnisse pro Faktor berichtet. In Unterkapitel 18.3 erfolgt anhand des Datensatzes E13PP eine analoge Betrachtung für die abhängige Stichprobe des ersten Vorlesungsdurchgangs.

18.2.1 Betrachtung der Stichprobe und Überprüfung der Voraussetzungen für den paired t-Test

Die betrachtete Stichprobe der Studierenden im Wintersemester 2014/2015 besteht aus $n = 30$ Personen, von denen im Datensatz E14PP jeweils Längsschnittdaten von zwei Erhebungszeitpunkten vorliegen. Die Studierenden sind dabei überwiegend im dritten oder fünften Fachsemester ($M = 3.77$, $SD = 1.17$) des Lehramtsstudiengangs gymnasiales Lehramt Mathematik. Die vorliegende Stichprobengröße geht dabei auch mit einer geringeren Sensitivität für schwache Effekte einher. In diesem Fall kann der t-Test für abhängige Stichproben Effekte ab einem Betrag von $|d| > 0.53$ mit der gewünschten Teststärke von $1 - \beta = .80$ nachweisen. Bei Effekten schwacher bis moderater Stärke kann aus der Beibehaltung der Nullhypothese der Mittelwertgleichheit demnach nicht im gewünschten Maße gefolgert werden, dass tatsächlich kein Effekt vorliege.

Deskriptive Statistiken der Faktorwerte an den Messzeitpunkten des Datensatzes E14PP

	Faktor	Gruppe	n	mean	sd	median	trimmed	mad	min	max	range	skew	kurtosis	se	IQR
1	F	E14-pre	30	3.69	0.55	3.6	3.72	0.44	2.2	4.7	2.5	-0.39	0.12	0.1	0.67
2	F	E14-post	30	3.57	0.66	3.7	3.59	0.74	2	4.8	2.8	-0.27	-0.5	0.12	0.8
3															
4	A	E14-pre	30	3.93	0.65	3.95	3.98	0.67	2.6	4.8	2.2	-0.56	-0.55	0.12	0.77
5	A	E14-post	30	3.88	0.58	4	3.91	0.74	2.6	4.7	2.1	-0.38	-0.97	0.11	0.8
6															
7	S	E14-pre	30	2.95	0.56	2.94	2.94	0.56	1.75	4	2.25	-0.04	-0.71	0.1	0.72
8	S	E14-post	30	3.11	0.57	3.25	3.1	0.56	1.88	4.5	2.62	0.03	-0.28	0.1	0.81
9															
10	P	E14-pre	30	3.73	0.44	3.67	3.7	0.33	2.89	5	2.11	0.73	0.75	0.08	0.44
11	P	E14-post	30	3.92	0.57	3.83	3.92	0.66	2.89	5	2.11	0.07	-0.87	0.1	0.86
12															
13	VS	E14-pre	30	4.16	0.47	4.1	4.18	0.3	2.6	4.9	2.3	-0.8	1.94	0.09	0.48
14	VS	E14-post	30	4.2	0.36	4.2	4.19	0.3	3.5	5	1.5	0.2	-0.47	0.07	0.48
15															
16	EE	E14-pre	30	2.07	0.54	2	2.03	0.59	1.3	3.3	2	0.67	-0.42	0.1	0.78
17	EE	E14-post	30	1.9	0.36	1.85	1.88	0.37	1.3	2.8	1.5	0.46	-0.34	0.07	0.55
18															
19	PU	E14-pre	30	2.94	0.65	2.92	2.96	0.74	1.67	4	2.33	-0.2	-0.89	0.12	0.83
20	PU	E14-post	30	2.7	0.56	2.75	2.69	0.49	1.67	3.67	2	0.01	-0.97	0.1	0.79
21															
22	ES	E14-pre	30	2.06	0.54	2	2.04	0.42	1.14	3.43	2.29	0.46	-0.19	0.1	0.68
23	ES	E14-post	30	2.51	0.5	2.43	2.48	0.64	1.71	3.57	1.86	0.34	-0.72	0.09	0.68
24															
25	KP	E14-pre	30	3.43	0.83	3.5	3.51	0.74	1.17	4.67	3.5	-0.79	0.54	0.15	0.96
26	KP	E14-post	30	3.43	0.9	3.5	3.51	0.74	1.17	4.83	3.67	-0.84	0.48	0.16	0.96
27															
28	KT	E14-pre	30	3.58	0.61	3.57	3.59	0.42	2.29	4.86	2.57	-0.17	-0.39	0.11	0.68
29	KT	E14-post	30	3.73	0.53	3.64	3.73	0.53	2.71	4.57	1.86	0.12	-1.17	0.1	0.93
30															
31	VL	E14-pre	30	3.13	0.74	3.17	3.14	0.74	1.33	4.67	3.33	-0.19	0.05	0.13	0.83
32	VL	E14-post	30	3.31	0.59	3.33	3.28	0.49	1.83	4.83	3	0.15	0.57	0.11	0.75

Die deskriptiven Statistiken der Faktorwerte zeigen auch in dieser Stichprobe einige der Charakteristika, die in Kapitel 16 beschrieben wurden, was die tendenzielle Zustimmung respektive Ablehnung einzelner Faktoren angeht. So neigen die Studierenden dieser Stichprobe dazu, den Faktoren ERGEBNISEFFIZIENZ und ERMESSENSSPIELRAUM BEI DER FORMULIERUNG VON MATHEMATIK ablehnend gegenüberzustehen, während sie etwa dem Faktor VERNETZUNG/STRUKTUR MATHEMATISCHEN WISSENS recht homogen zustimmen. Weiterhin sind die Verteilungen der Faktorwerte zu beiden Messzeitpunkten hinsichtlich Schiefe und Wölbung überwiegend unauffällig.

Überprüfung der Voraussetzungen zur Durchführung des paired t-Tests

Die Differenzen der Faktorwerte werden zunächst mit dem Shapiro-Wilk-Test auf Verletzung der Normalverteilungsannahme überprüft. In zehn der elf betrachteten Faktoren wird dabei die Nullhypothese der Normalverteilung der Faktorwertdifferenzen beibehalten (siehe Abschnitt F.2.1 des elektronischen Zusatzmaterials). Lediglich im Faktor VERNETZUNG/STRUKTUR MATHEMATISCHEN WISSENS wurde der Shapiro-Wilk-Test signifikant ($W = 0.928$, $p = .043$), sodass in diesem Faktor der Wilcoxon-Vorzeichen-Rang-Test anstelle des t-Tests für abhängige Stichproben Verwendung findet. Die nachfolgende Abbildung 18.13 zeigt die Boxplots der Faktorwertverteilungen zu beiden Messzeitpunkten im Datensatz E14PP.

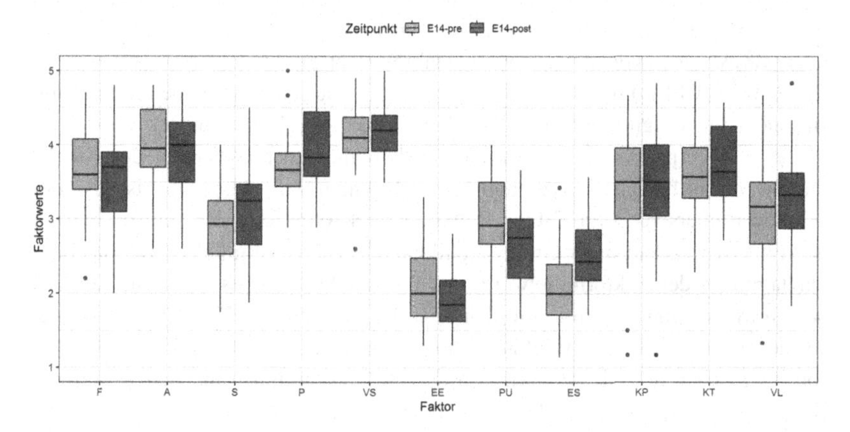

Abbildung 18.13 Gruppierte Boxplots der Faktoren im Datensatz E14PP

Der nun folgende Abschnitt enthält die Ergebnisse der faktorweise durchgeführten Tests auf Mittelwertunterschiede der Längsschnittuntersuchung im Wintersemester 2014/2015. Als Effektstärkemaß wird dabei wie in Abschnitt 11.3.2 beschrieben Hedges' g_{av} mitsamt dem zugehörigen 95 %-Konfidenzintervall verwendet, welches die Differenz mittels der durchschnittlichen Standardabweichung der beiden Messzeitpunkte standardisiert. Die Effekte werden zudem als Prozentsatz in der common language effect size (CLES) angegeben. Ferner werden alle Mittelwertunterschiede auch auf ihre praktische Bedeutsamkeit hin überprüft, indem die absolute Effektstärke als Anteil an der Skalenbreite bestimmt wird. Dabei werden Mittelwertunterschiede ab einer Differenz von 0.16 als praktisch bedeutsam diskutiert, bei der verwendeten Skala entspricht dies einer absoluten Effektstärke von 4 % der Skalenbreite. Die zugehörigen R-Ausgaben finden sich in Abschnitt F.2 des elektronischen Zusatzmaterials. Dort sind mitunter auch die Berechnungen weiterer Effektstärkemaße enthalten, die im Rahmen von Replikationen oder Meta-Analysen relevant sein könnten. Eine abschließende Zusammenfassung und Interpretation aller signifikanten Mittelwertunterschiede und ihrer Effektstärken findet sich abschließend in Abschnitt 19.4.3.

18.2.2 Ergebnisse der faktorweisen Durchführung des t-Tests für abhängige Stichproben

18.2.2.1 Faktor Formalismus-Aspekt

Im Faktor FORMALISMUS-ASPEKT beträgt der Mittelwertunterschied zwischen den beiden Erhebungszeitpunkten –0.12, was einer praktisch nicht bedeutsamen absoluten Effektstärke von 2.9 % der Skalenbreite entspricht (E14-PRE: $M = 3.69$, $SD = 0.55$, E14-POST: $M = 3.57$, $SD = 0.66$). Der entsprechende t-Test führte zu einem nicht signifikanten Ergebnis ($t(29) = -1.27$ (zweiseitig), $p = .215$, $1 - \beta = .17$ (post-hoc)), sodass die Nullhypothese der Gleichheit der Faktormittelwerte zu beiden Messzeitpunkten beibehalten wird. Insgesamt ist also der Mittelwertunterschied im Faktor FORMALISMUS-ASPEKT weder statistisch noch praktisch von bedeutsamer Größe. Abbildung 18.14 zeigt im linken Teil das Säulendiagramm der Faktormittelwerte des Faktors FORMALISMUS-ASPEKT zu den beiden Messzeitpunkten mitsamt den 95 %-Konfidenzintervallen der Mittelwerte; auf der rechten Seite der Abbildung ist die Entwicklung der Faktorwerte der Personen zwischen den Messzeitpunkten dargestellt, zusammen mit dem jeweiligen Boxplot der Faktorwerte zu den Zeitpunkten.

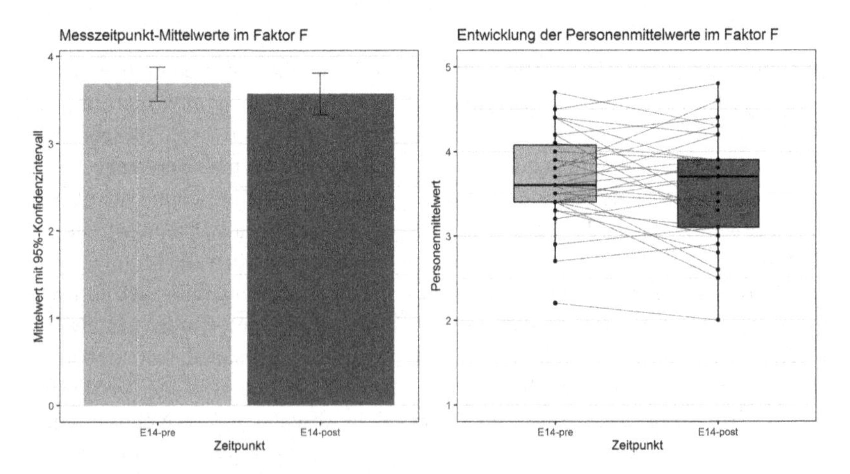

Abbildung 18.14 Messzeitpunkt-Mittelwerte und Entwicklung der Personenmittelwerte des Faktors F (Datensatz E14PP)

18.2.2.2 Faktor Anwendungs-Charakter

Abbildung 18.15 zeigt für den Faktor ANWENDUNGS-CHARAKTER das Säulendiagramm der Faktormittelwerte zu den beiden Messzeitpunkten mitsamt den 95 %-Konfidenzintervallen der Mittelwerte (links); sowie die Entwicklung der Faktorwerte der Personen zwischen den Messzeitpunkten, zusammen mit dem jeweiligen Boxplot der Faktorwerte zu den Zeitpunkten (rechts).

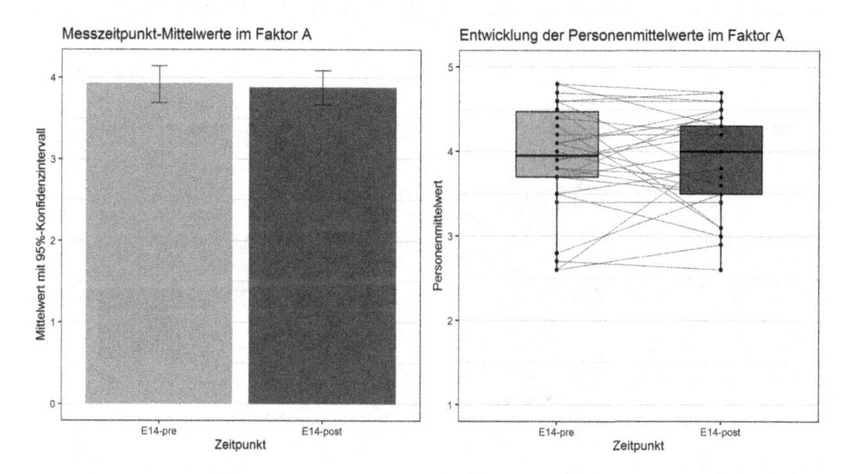

Abbildung 18.15 Messzeitpunkt-Mittelwerte und Entwicklung der Personenmittelwerte des Faktors A (Datensatz E14PP)

Bezogen auf die AV ANWENDUNGS-CHARAKTER unterscheiden sich die Faktormittelwerte zwischen den Messzeitpunkten kaum (E14-PRE: $M = 3.93$, $SD = 0.65$, E14-POST: $M = 3.88$, $SD = 0.58$). Die Differenz von –0.05 entspricht einer absoluten Effektstärke von 1.3 % der Skalenbreite und ist damit praktisch nicht bedeutsam. Der t-Test ergab ein nicht signifikantes Ergebnis ($t(29) = -.48$ (zweiseitig), $p = .637$, $1 - \beta = .07$ (post-hoc)), verfügte jedoch auch nicht über die nötige Teststärke, um einen Unterschied solch geringer Größe statistisch abzusichern.

18.2.2.3 Faktor Schema-Orientierung

Im Faktor SCHEMA-ORIENTIERUNG liegen die Faktormittelwerte der Personen beim zweiten Messzeitpunkt etwas höher (E14-PRE: $M = 2.95$, $SD = 0.56$, E14-POST: $M = 3.11$, $SD = 0.57$), wobei die Differenz von 0.16 mit einer absoluten Effektstärke von 4.1 % der Skalenbreite ansatzweise im Bereich praktischer Bedeutsamkeit liegt. Dieser Mittelwertunterschied ist jedoch statistisch nicht signifikant ($t(29) = -1.64$ (zweiseitig), $p = .112$, $1 - \beta = .32$ (post-hoc)). Abbildung 18.16 zeigt im linken Teil das Säulendiagramm der Faktormittelwerte des Faktors SCHEMA-ORIENTIERUNG zu den beiden Messzeitpunkten mitsamt den 95 %-Konfidenzintervallen der Mittelwerte; auf der rechten Seite der Abbildung ist die Entwicklung der Faktorwerte der Personen zwischen den Messzeitpunkten dargestellt, zusammen mit dem jeweiligen Boxplot der Faktorwerte zu den Zeitpunkten.

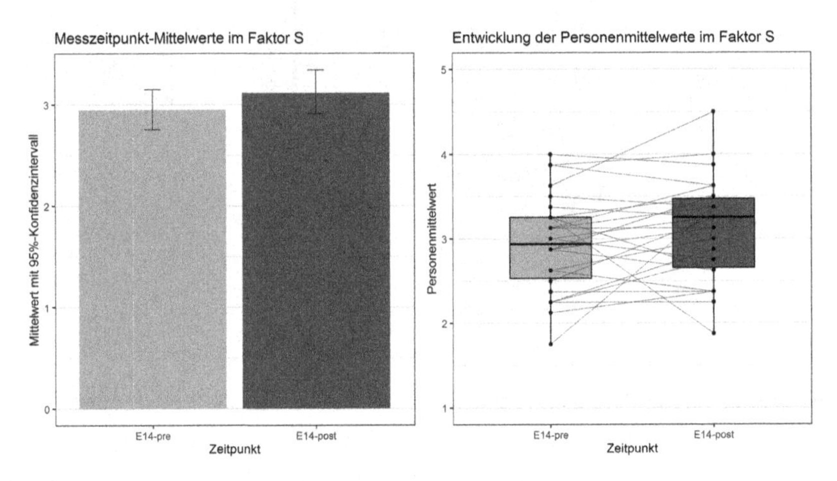

Abbildung 18.16 Messzeitpunkt-Mittelwerte und Entwicklung der Personenmittelwerte des Faktors S (Datensatz E14PP)

18.2.2.4 Faktor Prozess-Charakter

Bezogen auf die AV PROZESS-CHARAKTER ergab der t-Test eine statistisch signifikante Mittelwertdifferenz zwischen den beiden Erhebungszeitpunkten ($t(29) = 2.20$ (zweiseitig), $p = .036$, $g_{av} = 0.37$, 95 %-CI(g_{av}) $= [0.03, 0.71]$, $1 - \beta = .50$), wobei jedoch die Post-hoc-Teststärke zu gering ausfiel. Im linken Teil von Abbildung 18.17 sind die Säulendiagramme der Faktormittelwerte des Faktors PROZESS-CHARAKTER zu den beiden Messzeitpunkten mitsamt den 95 %-Konfidenzintervallen der Mittelwerte dargestellt; während im rechten Teil die

Entwicklung der Faktorwerte der Personen zwischen den Messzeitpunkten zusammen mit dem jeweiligen Boxplot der Faktorwerte zu den Zeitpunkten zu sehen ist.

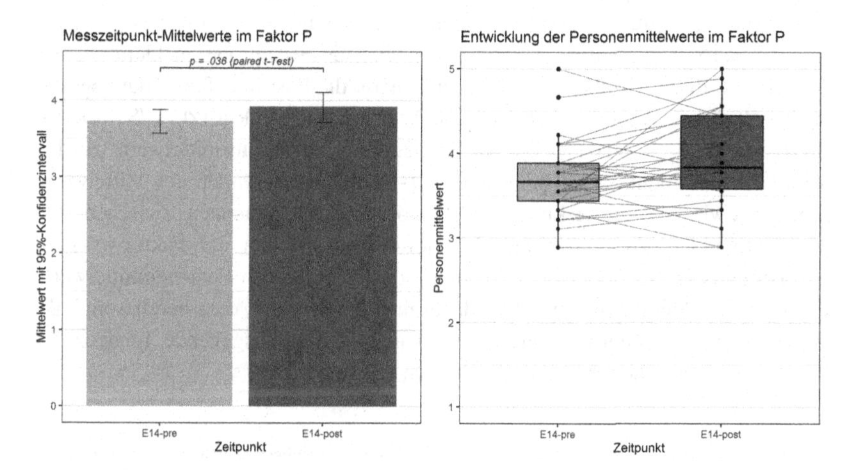

Abbildung 18.17 Messzeitpunkt-Mittelwerte und Entwicklung der Personenmittelwerte des Faktors P (Datensatz E14PP)

Die relative Effektstärke Hedges' g_{av} des Mittelwertunterschieds von 0.19 liegt dabei im Bereich eines kleinen bis moderaten Effekts, welcher zudem mit einer absoluten Effektstärke von 4.7 % der Skalenbreite auch als praktisch bedeutsam bezeichnet werden kann. Im Anschluss an die Interventionsmaßnahme stimmen die Studierenden den Aussagen des Faktors PROZESS-CHARAKTER stärker zu als zu deren Beginn (E14-PRE: $M = 3.73$, $SD = 0.44$, E14-POST: $M = 3.92$, $SD = 0.57$). Eine aus dieser Kohorte zufällig ausgewählte Person stimmt dabei mit einer Wahrscheinlichkeit von 60 % beim zweiten Messzeitpunkt dem Faktor PROZESS-CHARAKTER stärker zu als vor dem Besuch der Vorlesung.

18.2.2.5 Faktor Vernetzung/Struktur mathematischen Wissens

Bei den Faktorwertdifferenzen zwischen den beiden Messzeitpunkten im Faktor VERNETZUNG/STRUKTUR MATHEMATISCHEN WISSENS kann aufgrund des signifikanten Ergebnisses des Shapiro-Wilk-Tests nicht von einer Normalverteilung ausgegangen werden, weswegen bei diesem Faktor die Voraussetzung zur Durchführung des t-Tests für abhängige Stichproben nicht erfüllt ist. Die Mittelwerte der beiden Messzeitpunkte liegen mit einer Differenz von 0.04 vergleichsweise nah beisammen (E14-PRE: $M = 4.16$, $SD = 0.47$, Median = 4.1, E14-POST: $M = 4.20$, $SD = 0.36$, Median = 4.2). Dies entspricht einer absoluten Effektstärke von 0.9 % der Skalenbreite und stellt somit keine praktisch bedeutsame Veränderung dar. Der durchgeführte Wilcoxon-Vorzeichen-Rang-Test mit Korrektur für kontinuierlich verteilte Daten ergab weiterhin ein nicht signifikantes Ergebnis ($V(29) = 157$ (zweiseitig), $p = .573$), wobei die Stichprobe zu klein ist, um einen Effekt dieser Größe statistisch abzusichern; die Post-hoc-Teststärke liegt nur bei $1 - \beta = .07$. Abbildung 18.18 zeigt für den Faktor VERNETZUNG/STRUKTUR MATHEMATISCHEN WISSENS ein Säulendiagramm der Faktormittelwerte zu den beiden Messzeitpunkten mitsamt den 95 %-Konfidenzintervallen der Mittelwerte (links); sowie die Entwicklung der Faktorwerte der Personen zwischen den Messzeitpunkten, zusammen mit dem jeweiligen Boxplot der Faktorwerte zu den Zeitpunkten (rechts). Bei Betrachtung der verbundenen Personenmittelwerte zwischen den Messzeitpunkten fällt dabei insbesondere auf, dass bei diesem Faktor keine über die interindividuellen Schwankungen hinausgehende Tendenz der Entwicklung zwischen Pre- und Postwerten erkennbar ist.

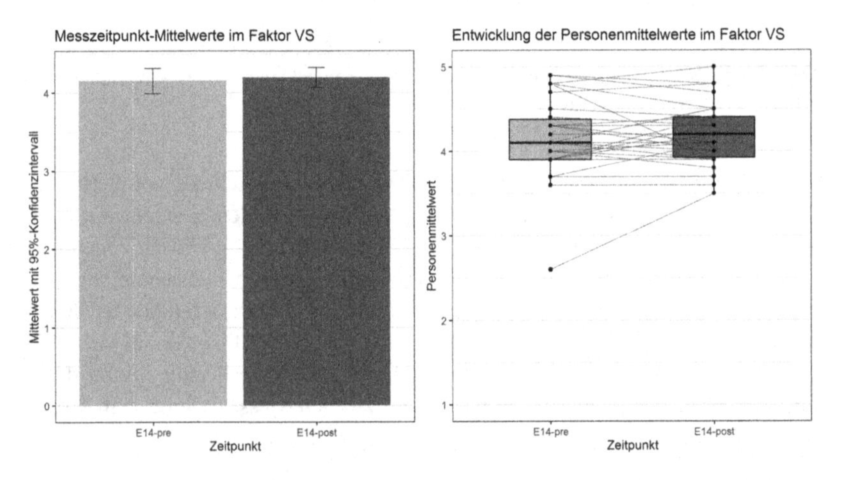

Abbildung 18.18 Messzeitpunkt-Mittelwerte und Entwicklung der Personenmittelwerte des Faktors VS (Datensatz E14PP)

18.2.2.6 Faktor Ergebniseffizienz

Für den Faktor ERGEBNISEFFIZIENZ zeigt Abbildung 18.19 im linken Teil das Säulendiagramm der Faktormittelwerte zu den beiden Messzeitpunkten mitsamt den

95 %-Konfidenzintervallen der Mittelwerte und im rechten Teil die Entwicklung der Faktorwerte der Personen zwischen den Messzeitpunkten zusammen mit dem jeweiligen Boxplot der Faktorwerte zu den Zeitpunkten.

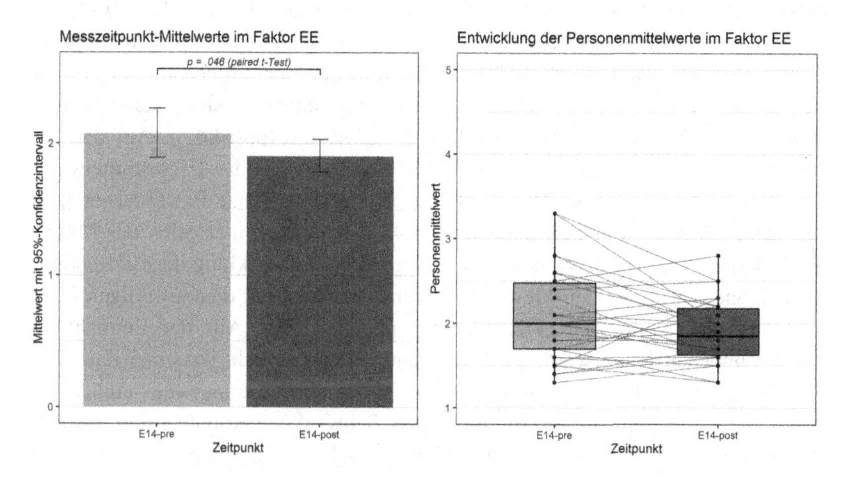

Abbildung 18.19 Messzeitpunkt-Mittelwerte und Entwicklung der Personenmittelwerte des Faktors EE (Datensatz E14PP)

Bezogen auf die AV ERGEBNISEFFIZIENZ trat ein statistisch signifikanter Effekt kleiner bis mittlerer Größe auf ($t(29) = -2.09$ (zweiseitig), $p = .046$, $g_{av} = -0.37$, 95 %-CI(g_{av}) $= [-0.72, -0.03]$, $1 - \beta = .51$ (post-hoc)), der jedoch nicht mit der erwünschten Teststärke gesichert werden konnte. Bereits beim ersten Erhebungszeitpunkt lagen die Faktorwerte tendenziell im Bereich der Ablehnung (E14-PRE: $M = 2.07$, $SD = 0.54$), dennoch lehnten die Studierenden den Faktor im Anschluss an die Vorlesung im Schnitt stärker ab als zuvor (E14-POST: $M = 1.9$, $SD = 0.36$). Zwischen dem ersten und dem zweiten Messzeitpunkt sank der Faktorwert um 0.17 ab, was einer absoluten Effektstärke von 4.3 % der Skalenbreite entspricht und annähernd im Bereich praktischer Bedeutsamkeit liegt. Mit einer Wahrscheinlichkeit von 60 % verfügt eine zufällig ausgewählte Person der Kohorte zum ersten Messzeitpunkt über einen höheren Faktorwert im Faktor ERGEBNISEFFIZIENZ als zum zweiten Messzeitpunkt.

18.2.2.7 Faktor Platonismus/Universalität mathematischer Erkenntnisse

Die Differenz der Mittelwerte zwischen den beiden Messzeitpunkten (E14-PRE: $M = 2.94$, $SD = 0.65$, E14-POST: $M = 2.7$, $SD = 0.56$) liegt im Faktor PLATONISMUS/UNIVERSALITÄT MATHEMATISCHER ERKENNTNISSE bei –0.24 und liegt mit einer absoluten Effektstärke von 6.1 % der Skalenbreite im Bereich praktischer Bedeutsamkeit. Unter Berücksichtigung der Stichprobenstreuung ergibt sich in der vorliegenden Stichprobe jedoch kein statistisch signifikanter Effekt ($t(29) = -1.55$ (zweiseitig), $p = .133$, $1 - \beta = .56$ (post-hoc)). Auf der linken Seite von Abbildung 18.20 ist das Säulendiagramm der Faktormittelwerte des Faktors PLATONISMUS/UNIVERSALITÄT MATHEMATISCHER ERKENNTNISSE zu den beiden Messzeitpunkten mitsamt den 95 %-Konfidenzintervallen der Mittelwerte dargestellt; während auf der rechten Seite die Entwicklung der Faktorwerte der Personen zwischen den Messzeitpunkten zusammen mit dem jeweiligen Boxplot der Faktorwerte zu den Zeitpunkten abgebildet ist. Aus der Betrachtung der verbundenen Faktorwerte wird insbesondere erkenntlich, dass hier durchaus Veränderungen vorliegen, diese jedoch in der Stichprobe keineswegs einheitlich ausfallen. Zusätzlich zur interindividuellen Schwankung könnten hier weitere Hintergrundvariablen moderierenden Einfluss auf die intraindividuelle Varianz haben.

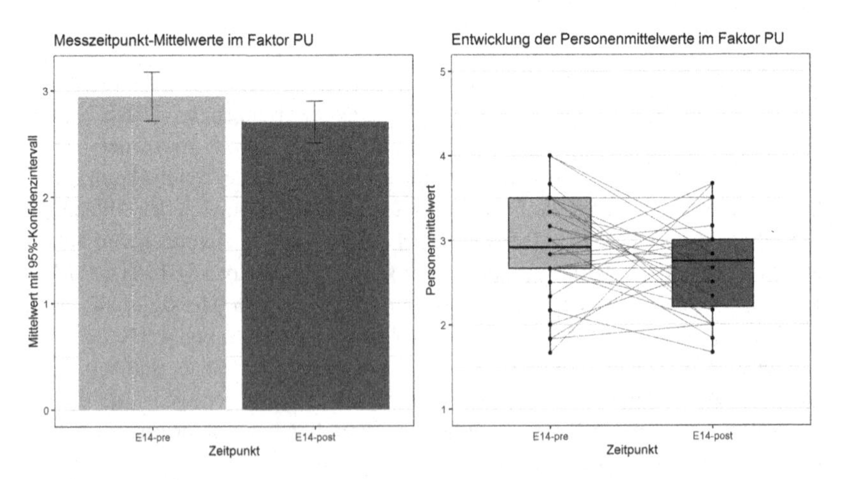

Abbildung 18.20 Messzeitpunkt-Mittelwerte und Entwicklung der Personenmittelwerte des Faktors PU (Datensatz E14PP)

18.2.2.8 Faktor Ermessensspielraum bei der Formulierung von Mathematik

Bezogen auf den Faktor ERMESSENSSPIELRAUM BEI DER FORMULIERUNG VON MATHEMATIK trat in der Stichprobe ein höchstsignifikanter und starker Effekt auf ($t(29) = 4.82$ (zweiseitig), $p < .001$, $g_{av} = 0.86$, 95 %-CI(g_{av}) = [0.44, 1.28], $1 - \beta > .99$ (post-hoc)), der zudem mit hinreichender Teststärke gesichert werden konnte. Eine zufällig ausgewählte Person der Stichprobe hat mit einer Wahrscheinlichkeit von 73 % im Faktor ERMESSENSSPIELRAUM BEI DER FORMULIERUNG VON MATHEMATIK zum zweiten Messzeitpunkt einen höheren Faktorwert. Die Differenz zwischen den Mittelwerten der beiden Erhebungszeitpunkte beträgt 0.45 und entspricht damit einer absoluten Effektstärke von 11.3 % der Skalenbreite, sodass hier von einem praktisch äußerst bedeutsamen Effekt gesprochen werden kann. Während die Studierenden den Faktor zum ersten Erhebungszeitpunkt noch stärker ablehnten ($M = 2.06$, $SD = 0.54$), fiel diese Tendenz zur Ablehnung bei der zweiten Erhebung deutlich gemäßigter aus ($M = 2.51$, $SD = 0.5$). Im linken Teil von Abbildung 18.21 sind die Säulendiagramme der Faktormittelwerte des Faktors ERMESSENSSPIELRAUM BEI DER FORMULIERUNG VON MATHEMATIK zu den beiden Messzeitpunkten mitsamt den 95 %-Konfidenzintervallen der Mittelwerte dargestellt; während im rechten Teil die Entwicklung der Faktorwerte der Personen zwischen den Messzeitpunkten zusammen mit dem jeweiligen Boxplot der Faktorwerte zu den Zeitpunkten zu sehen ist.

18.2.2.9 Faktor Mathematik als Produkt von Kreativität

Im Faktor MATHEMATIK ALS PRODUKT VON KREATIVITÄT unterscheiden sich die Mittelwerte der beiden Erhebungszeitpunkte nicht, die Summe der Faktorwerte aller Personen beträgt an beiden Zeitpunkten jeweils 103 (E14-PRE: $M = 3.43$, $SD = 0.83$, E14-POST: $M = 3.43$, $SD = 0.9$). Entsprechend liegt hier auch kein praktisch oder statistisch bedeutsamer Effekt vor; der t-Test verfügt über die Post-hoc-Teststärke in Höhe des Signifikanzniveaus und kann an dieser Stelle nur zu einem nicht signifikanten Ergebnis führen. Auf der linken Seite von Abbildung 18.22 ist das Säulendiagramm der Faktormittelwerte des Faktors MATHEMATIK ALS PRODUKT VON KREATIVITÄT zu den beiden Messzeitpunkten mitsamt den 95 %-Konfidenzintervallen der Mittelwerte dargestellt, während auf der rechten Seite die Entwicklung der Faktorwerte der Personen zwischen den Messzeitpunkten zusammen mit dem jeweiligen Boxplot der Faktorwerte zu den Zeitpunkten abgebildet ist.

Betrachtet man die Entwicklung der Faktorwerte der einzelnen Personen zwischen den Erhebungszeitpunkten, so steigt bei 13 der 30 Personen der Faktorwert

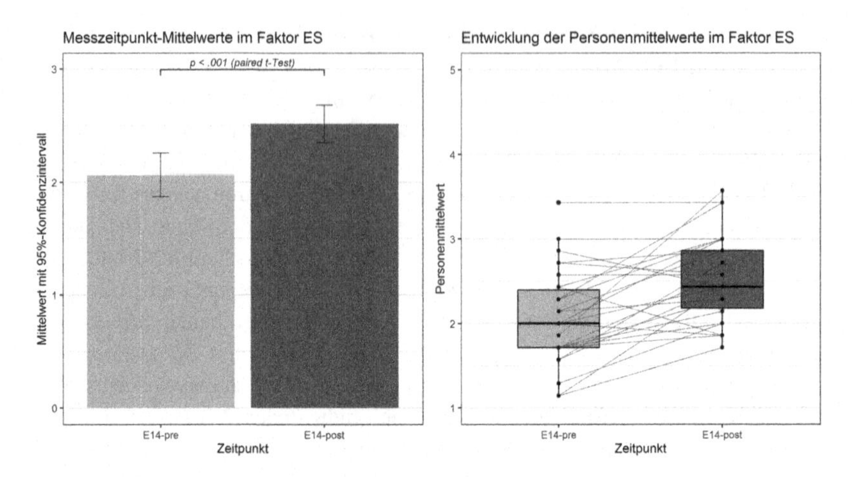

Abbildung 18.21 Messzeitpunkt-Mittelwerte und Entwicklung der Personenmittelwerte des Faktors ES (Datensatz E14PP)

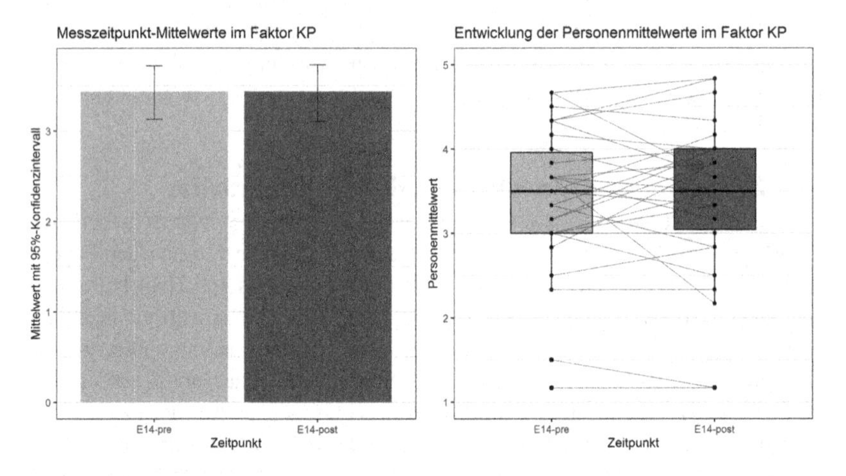

Abbildung 18.22 Messzeitpunkt-Mittelwerte und Entwicklung der Personenmittelwerte des Faktors KP (Datensatz E14PP)

an, während bei weiteren 13 Personen der Faktorwert abnimmt (vgl. Abschnitt F.2.2 des elektronischen Zusatzmaterials). Dies könnte darauf hindeuten, dass innerhalb der Stichprobe Subgruppen existieren, auf die die Intervention der Vorlesung unterschiedlich gewirkt hat, und die in Folgeuntersuchungen auf weitere Einflussfaktoren hin untersucht werden müssen.[2]

18.2.2.10 Faktor Mathematik als kreative Tätigkeit

Im Faktor MATHEMATIK ALS KREATIVE TÄTIGKEIT nimmt die Zustimmung zum Faktor zwischen den beiden Erhebungszeitpunkten zu (E14-PRE: $M = 3.58$, $SD = 0.61$, E14-POST: $M = 3.73$, $SD = 0.53$), wobei der Abstand von 0.16 einer absoluten Effektstärke von 3.9 % der Skalenbreite entspricht und damit als annähernd praktisch bedeutsam angesehen werden kann. Unter Einbeziehung der gemittelten Standardabweichung der beiden Zeitpunkte ergibt sich ein statistisch signifikanter Effekt kleiner bis moderater Stärke ($t(29) = 2.07$ (zweiseitig), $p = .048$, $g_{av} = 0.27$, $95\,\%\text{-CI}(g_{av}) = [0.01, 0.54]$), wobei der t-Test nur über eine Post-hoc-Teststärke von $1 - \beta = .30$ verfügt. Eine zufällig ausgewählte Person der Stichprobe stimmt den Aussagen des Faktors MATHEMATIK ALS KREATIVE TÄTIGKEIT mit einer Wahrscheinlichkeit von 58 % zum zweiten Erhebungszeitpunkt stärker zu als im Vorfeld der Interventionsmaßnahme. Im linken Teil von Abbildung 18.23 sind die Säulendiagramme der Faktormittelwerte des Faktors MATHEMATIK ALS KREATIVE TÄTIGKEIT zu den beiden Messzeitpunkten mitsamt den 95 %-Konfidenzintervallen der Mittelwerte dargestellt, während im rechten Teil die Entwicklung der Faktorwerte der Personen zwischen den Messzeitpunkten zusammen mit dem jeweiligen Boxplot der Faktorwerte zu den Zeitpunkten zu sehen ist.

18.2.2.11 Faktor Vielfalt an Lösungswegen in der Mathematik

Abbildung 18.24 zeigt für den Faktor VIELFALT AN LÖSUNGSWEGEN IN DER MATHEMATIK das Säulendiagramm der Faktormittelwerte zu den beiden Messzeitpunkten mitsamt den 95 %-Konfidenzintervallen der Mittelwerte (links); sowie die Entwicklung der Faktorwerte der Personen zwischen den Messzeitpunkten, zusammen mit dem jeweiligen Boxplot der Faktorwerte zu den Zeitpunkten (rechts).

Die Mittelwertdifferenz zwischen den beiden Messzeitpunkten beträgt 0.18 (E14-PRE: $M = 3.13$, $SD = 0.74$, E14-POST: $M = 3.31$, $SD = 0.59$) und befindet sich mit einer absoluten Effektstärke von 4.4 % der Skalenbreite (annähernd) im Bereich praktischer Bedeutsamkeit. Dennoch liegt im Faktor VIELFALT

---

[2] Ein nicht vorhandener Effekt sagt nichts darüber aus, »ob nicht sogenannte individuelle Effekte vorliegen und ›nicht bekannte‹ Variablen differenziell wirken« (Bühner und Ziegler 2012, S. 287).

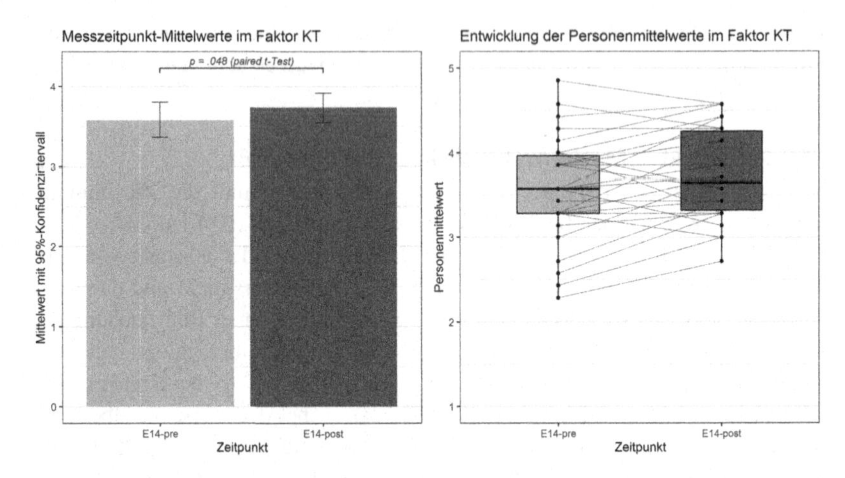

Abbildung 18.23 Messzeitpunkt-Mittelwerte und Entwicklung der Personenmittelwerte des Faktors KT (Datensatz E14PP)

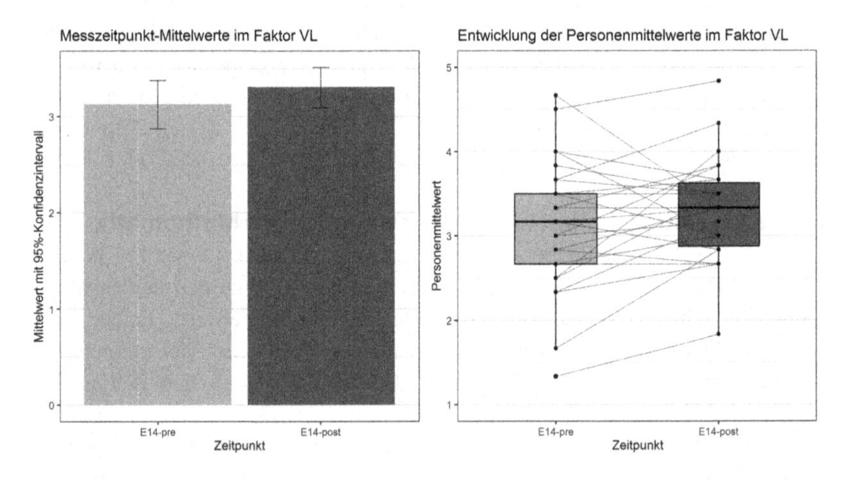

Abbildung 18.24 Messzeitpunkt-Mittelwerte und Entwicklung der Personenmittelwerte des Faktors VL (Datensatz E14PP)

AN LÖSUNGSWEGEN IN DER MATHEMATIK kein statistisch signifikanter Messwiederholungseffekt vor ($t(29) = 1.59$ (zweiseitig), $p = .123$, $1 - \beta = .29$ (post-hoc)).

18.3 Unterschiede in Faktormittelwerten vor und nach der EnProMa-Vorlesung 2013/2014

18.3.1 Betrachtung der Stichprobe und Überprüfung der Voraussetzungen für den paired t-Test

Der vorliegende Datensatz E13PP enthält die Längsschnittdaten zur EnProMa-Vorlesung im Wintersemester 2013/2014. Die Stichprobe besteht aus insgesamt $n = 15$ Lehramtsstudierenden des Studiengangs gymnasiales Lehramt, von denen jeweils Daten von zwei Erhebungszeitpunkten vorliegen. Für die Studierenden dieses Durchgangs war die Vorlesung noch nicht regulär in der Studienordnung verankert, wodurch eine heterogene Zusammensetzung der Semesterzahlen zustande kam ($M = 3.77$, $SD = 2.25$). Die im Vergleich zu den Längsschnittdaten des Folgejahres (vgl. Unterkapitel 18.2) geringere Stichprobengröße führt zu einer stärker ausfallenden Reduktion der Sensitivität für schwache und moderate Effekte. In dieser Stichprobe können erst Effekte ab einer betragsmäßigen Stärke von $|d| > 0.78$ mit der gewünschten Teststärke von $1 - \beta = .80$ nachgewiesen werden. Bei kleinen und moderaten Effektstärken kann folglich der Fall eintreten, dass der vom t-Test für abhängige Stichproben die Nullhypothese der Gleichheit der Mittelwerte fälschlicherweise beibehält.

Deskriptive Statistiken der Faktorwerte an den Messzeitpunkten des Datensatzes E13PP

	Faktor	Gruppe	n	mean	sd	median	trimmed	mad	min	max	range	skew	kurtosis	se	IQR
1	F	E13-pre	15	3.52	0.47	3.4	3.46	0.3	3	4.8	1.8	1.2	1.07	0.12	0.45
2	F	E13-post	15	3.43	0.59	3.5	3.41	0.44	2.4	4.7	2.3	0.03	-0.19	0.15	0.6
3															
4	A	E13-pre	15	4.07	0.55	4.1	4.1	0.59	3	4.8	1.8	-0.53	-1.09	0.14	0.75
5	A	E13-post	15	3.84	0.57	4.1	3.85	0.74	2.9	4.6	1.7	-0.21	-1.67	0.15	0.95
6															
7	S	E13-pre	15	2.77	0.69	2.88	2.79	0.74	1.5	3.88	2.38	-0.19	-1.08	0.18	0.81
8	S	E13-post	15	2.46	0.6	2.38	2.5	0.56	1.12	3.25	2.12	-0.39	-0.72	0.16	1
9															
10	P	E13-pre	15	3.71	0.47	3.78	3.71	0.66	2.89	4.56	1.67	0.16	-1.05	0.12	0.61
11	P	E13-post	15	3.82	0.47	3.78	3.84	0.16	2.67	4.78	2.11	-0.19	0.84	0.12	0.28
12															
13	VS	E13-pre	15	3.99	0.27	3.9	3.98	0.3	3.6	4.5	0.9	0.32	-1.26	0.07	0.4
14	VS	E13-post	15	4.04	0.28	4.1	4.02	0.15	3.5	4.8	1.3	0.76	1.49	0.07	0.2
15															
16	EE	E13-pre	15	1.88	0.3	1.9	1.89	0.3	1.2	2.4	1.2	-0.36	-0.08	0.08	0.3
17	EE	E13-post	15	1.64	0.35	1.5	1.62	0.15	1.2	2.3	1.1	0.79	-0.79	0.09	0.4
18															
19	PU	E13-pre	15	2.84	0.64	3	2.94	0.25	1	3.5	2.5	-1.55	1.97	0.17	0.42
20	PU	E13-post	15	2.44	0.83	2.83	2.49	0.74	1	3.33	2.33	-0.41	-1.57	0.21	1.33
21															
22	ES	E13-pre	15	2.08	0.56	2.29	2.08	0.64	1.14	3	1.86	0.03	-1.04	0.14	0.71
23	ES	E13-post	15	2.26	0.48	2.14	2.25	0.21	1.29	3.29	2	0.23	-0.26	0.12	0.57
24															
25	K	E13-pre	15	3.43	0.59	3.5	3.44	0.74	2.25	4.5	2.25	-0.03	-0.73	0.15	0.75
26	K	E13-post	15	3.52	0.72	3.5	3.56	0.37	1.75	4.75	3	-0.38	0.57	0.19	0.62

Wie in der zuvor betrachteten Stichprobe weist auch hier der Faktor ERGEBNISEFFIZIENZ eine geringe Zustimmung auf. Hingegen verfügen die Faktoren PROZESS-CHARAKTER und VERNETZUNG/STRUKTUR MATHEMATISCHEN WISSENS über tendenziell höhere Faktorwerte, zudem weisen diese zum zweiten Messzeitpunkt auch einen geringeren Interquartilsabstand auf. In den Faktoren ANWENDUNGS-CHARAKTER, SCHEMA-ORIENTIERUNG und PLATONISMUS/UNIVERSALITÄT MATHEMATISCHER ERKENNTNISSE liegt hingegen ein vergleichsweise hoher Interquartilsabstand vor – wenngleich hier durch den geringen Stichprobenumfang größere Schwankungen auftreten können. Insgesamt sind die Verteilungen der Faktorwerte hinsichtlich Schiefe und Wölbung zu beiden Messzeitpunkten unauffällig; lediglich im Faktor PLATONISMUS/UNIVERSALITÄT MATHEMATISCHER ERKENNTNISSE liegt eine leicht linksschiefe Verteilung vor. Abbildung 18.25 zeigt die Boxplots der Faktorwertverteilungen zu beiden Messzeitpunkten im Datensatz E13PP.

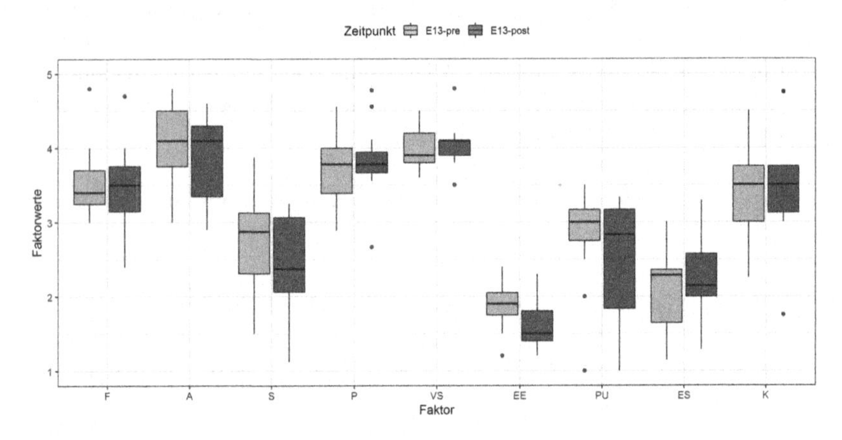

Abbildung 18.25 Gruppierte Boxplots der Faktoren im Datensatz E13PP

Überprüfung der Voraussetzungen zur Durchführung des t-Tests für abhängige Stichproben

Die Differenzen der Faktorwerte werden zunächst mit dem Shapiro-Wilk-Test auf Verletzung der Normalverteilungsannahme überprüft. Dabei kann bei acht der neun betrachteten Faktoren die Nullhypothese der Normalverteilung der

Faktorwertdifferenzen beibehalten werden (siehe Abschnitt F.3.1 des elektronischen Zusatzmaterials). Der Shapiro-Wilk-Test wurde einzig bei den Differenzen des Faktors PLATONISMUS/UNIVERSALITÄT MATHEMATISCHER ERKENNTNISSE signifikant ($W = 0.858$, $p = .023$), sodass in diesem Faktor mit dem Wilcoxon-Vorzeichen-Rang-Test auf die nichtparametrische Alternative zurückgegriffen wird. Bei den restlichen Mittelwertvergleichen findet der t-Test für abhängige Stichproben Anwendung.

Der nun folgende Abschnitt 18.3.2 enthält die Ergebnisse der faktorweise durchgeführten Tests auf Mittelwertunterschiede der Längsschnittuntersuchung im Wintersemester 2013/2014. Als Effektstärkemaß wird dabei wie in Abschnitt 11.3.2 beschrieben Hedges' g_{av} mitsamt dem zugehörigen 95 %-Konfidenzintervall verwendet, welches die Differenz mittels der durchschnittlichen Standardabweichung der beiden Messzeitpunkte standardisiert. Die Effekte werden zudem als Prozentsatz in der common language effect size (CLES) angegeben. Ferner werden alle Mittelwertunterschiede auch auf ihre praktische Bedeutsamkeit hin überprüft, indem die absolute Effektstärke als Anteil an der Skalenbreite bestimmt wird. Diese werden ab einer Differenz von 0.16 respektive 4 % der Skalenbreite als praktisch bedeutsam diskutiert. Die zugehörigen R-Ausgaben finden sich in Abschnitt F.3 des elektronischen Zusatzmaterials. Dort sind auch die Berechnungen weiterer Effektstärkemaße zu finden, die im Rahmen von Replikationen oder Meta-Analysen relevant sein könnten. Eine abschließende Zusammenfassung und Interpretation aller signifikanten Mittelwertunterschiede und ihrer Effektstärken findet sich abschließend in Abschnitt 19.4.4.

18.3.2 Ergebnisse der faktorweisen Durchführung des t-Tests für abhängige Stichproben

18.3.2.1 Faktor Formalismus-Aspekt

Der Mittelwertunterschied im Faktor FORMALISMUS-ASPEKT beträgt zwischen den beiden Erhebungszeitpunkten –0.09 und ist mit einer absoluten Effektstärke von 2.3 % der Skalenbreite nicht als praktisch bedeutsam anzusehen (E13-PRE: $M = 3.52$, $SD = 0.47$, E13-POST: $M = 3.43$, $SD = 0.59$). Neben der fehlenden praktischen Bedeutsamkeit ist der Mittelwertunterschied im Faktor FORMALISMUS-ASPEKT zudem auch statistisch nicht bedeutsam. Der entsprechende t-Test führte zu einem nicht signifikanten Ergebnis ($t(14) = -0.91$ (zweiseitig), $p = .380$, $1 - \beta = .10$ (post-hoc)), sodass die Nullhypothese der Gleichheit der Faktormittelwerte zu beiden Messzeitpunkten beibehalten wird. Abbildung 18.26 zeigt im linken Teil das Säulendiagramm der Faktormittelwerte des Faktors FORMALISMUS-ASPEKT zu den beiden Messzeitpunkten mitsamt den 95 %-Konfidenzintervallen der Mittelwerte; auf der rechten Seite der Abbildung 18.26. ist die Entwicklung der Faktorwerte der Personen zwischen den Messzeitpunkten dargestellt, zusammen mit dem jeweiligen Boxplot der Faktorwerte zu den Zeitpunkten.

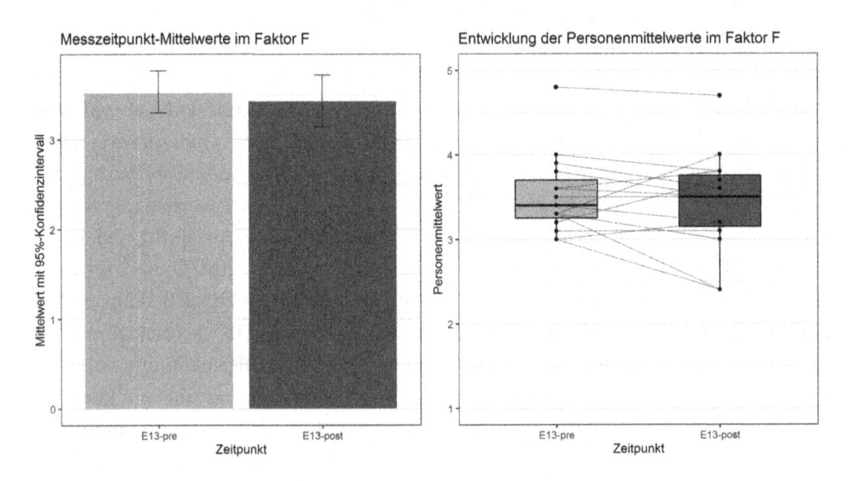

Abbildung 18.26 Messzeitpunkt-Mittelwerte und Entwicklung der Personenmittelwerte des Faktors F (Datensatz E13PP)

18.3.2.2 Faktor Anwendungs-Charakter

Zwischen den beiden Messzeitpunkten (E13-PRE: $M = 4.07$, $SD = 0.55$, E13-POST: $M = 3.84$, $SD = 0.57$) beträgt die Mittelwertdifferenz –0.23 respektive 5.8 % der Skalenbreite und liegt damit im praktisch bedeutsamen Bereich. Dennoch ergibt sich im Faktor ANWENDUNGS-CHARAKTER kein statistisch signifikanter Effekt ($t(14) = -1.68$ (zweiseitig), $p = .116$, $1-\beta = .31$ (post-hoc)). Im linken Teil von Abbildung 18.27 sind die Säulendiagramme der Faktormittelwerte des Faktors ANWENDUNGS-CHARAKTER zu den beiden Messzeitpunkten mitsamt den 95 %-Konfidenzintervallen der Mittelwerte dargestellt; während im rechten Teil die Entwicklung der Faktorwerte der Personen zwischen den Messzeitpunkten zusammen mit dem jeweiligen Boxplot der Faktorwerte zu den Zeitpunkten zu sehen ist.

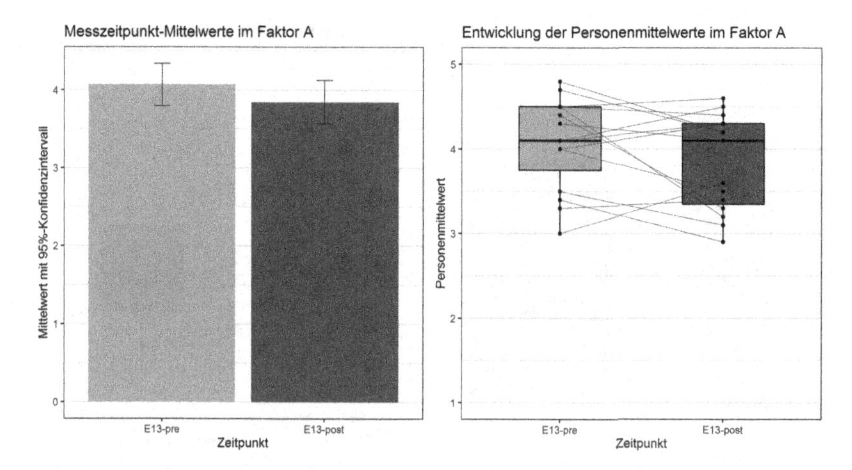

Abbildung 18.27 Messzeitpunkt-Mittelwerte und Entwicklung der Personenmittelwerte des Faktors A (Datensatz E13PP)

18.3.2.3 Faktor Schema-Orientierung

Bezogen auf die AV SCHEMA-ORIENTIERUNG nimmt die Zustimmung zum Faktor zwischen den beiden Erhebungszeitpunkten ab (E13-PRE: $M = 2.77$, $SD = 0.69$, E13-POST: $M = 2.46$, $SD = 0.6$). Abbildung 18.28 zeigt für den Faktor SCHEMA-ORIENTIERUNG das Säulendiagramm der Faktormittelwerte zu den beiden Messzeitpunkten mitsamt den 95 %-Konfidenzintervallen der Mittelwerte (links); sowie die Entwicklung der Faktorwerte der Personen zwischen den Messzeitpunkten, zusammen mit dem jeweiligen Boxplot der Faktorwerte zu den Zeitpunkten (rechts).

Der t-Test für abhängige Stichproben ergab einen statistisch signifikanten, moderaten Effekt zwischen den beiden Erhebungszeitpunkten ($t(14) = -2.69$ (zweiseitig), $p = .017$, $g_{av} = -0.48$, 95 %-CI(g_{av}) $= [-0.87, -0.08]$, $1 - \beta = .41$), welcher jedoch nicht mit der gewünschten Post-hoc-Teststärke gesichert werden konnte. Die Differenz von –0.32 entspricht einer absoluten Effektstärke von 7.9 % der Skalenbreite und ist somit auch praktisch bedeutsam. Mit einer Wahrscheinlichkeit von 63 % verfügt eine zufällig ausgewählte Person der Kohorte zum ersten Messzeitpunkt über einen höheren Faktorwert im Faktor SCHEMA-ORIENTIERUNG als zum zweiten Messzeitpunkt.

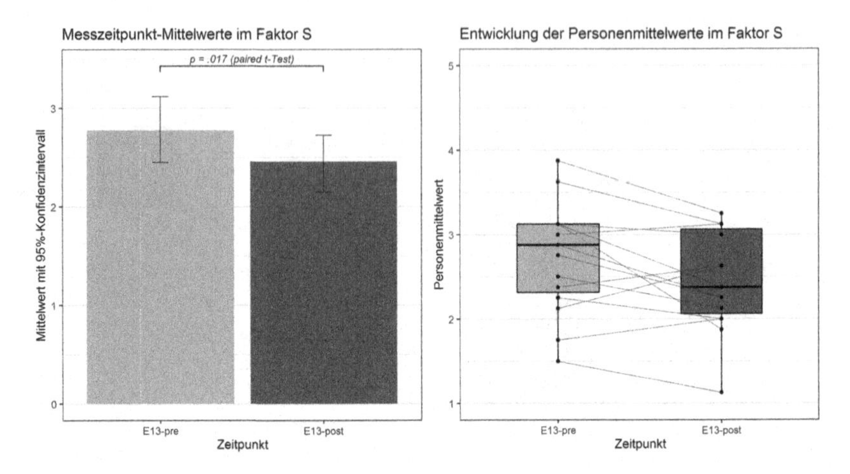

Abbildung 18.28 Messzeitpunkt-Mittelwerte und Entwicklung der Personenmittelwerte des Faktors S (Datensatz E13PP)

18.3.2.4 Faktor Prozess-Charakter

Bezogen auf die AV PROZESS-CHARAKTER ergab sich kein statistisch signifikanter Messwiederholungseffekt ($t(14) = 1.32$ (zweiseitig), $p = .207$, $1 - \beta = .13$ (post-hoc)). Zum zweiten Messzeitpunkt liegt der Mittelwert der Faktorwerte zwar geringfügig höher (E13-PRE: $M = 3.71$, $SD = 0.47$, E13-POST: $M = 3.82$, $SD = 0.47$), wobei die Differenz von 0.11 nur einer absoluten Effektstärke von 2.8 % der Skalenbreite entspricht und somit nicht als praktisch bedeutsam angesehen werden kann. Auf der linken Seite von Abbildung 18.29 ist das Säulendiagramm der Faktormittelwerte des Faktors PROZESS-CHARAKTER zu den beiden Messzeitpunkten mitsamt den 95 %-Konfidenzintervallen der Mittelwerte dargestellt; während auf der rechten Seite die Entwicklung der Faktorwerte der Personen zwischen den Messzeitpunkten zusammen mit dem jeweiligen Boxplot der Faktorwerte zu den Zeitpunkten abgebildet ist.

18.3.2.5 Faktor Vernetzung/Struktur mathematischen Wissens

Beim Faktor VERNETZUNG/STRUKTUR MATHEMATISCHEN WISSENS liegen die Mittelwerte der Messzeitpunkte mit einer Differenz von 0.05 vergleichsweise nah beisammen (E13-PRE: $M = 3.99$, $SD = 0.27$, E13-POST: $M = 4.04$, $SD = 0.28$). Dies entspricht einer absoluten Effektstärke von 1.3 % der Skalenbreite und stellt keinen praktisch bedeutsamen Unterschied dar. Der t-Test für abhängige Stichproben führte zu einem nicht signifikanten Ergebnis ($t(14) = 1.00$

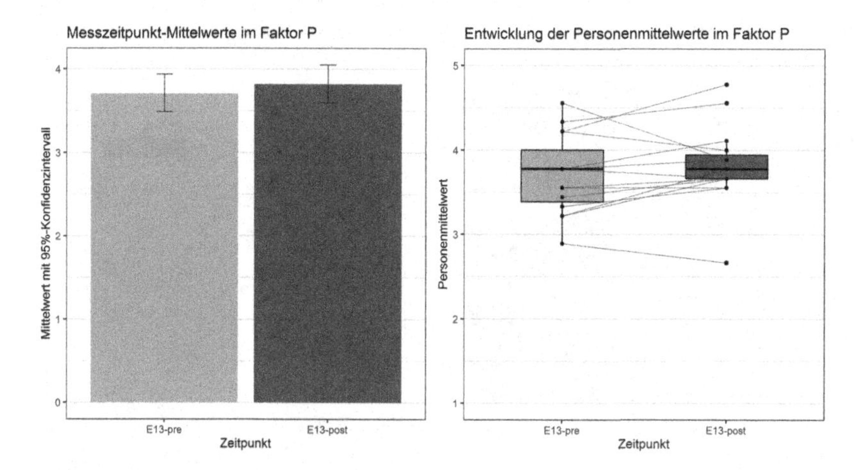

Abbildung 18.29 Messzeitpunkt-Mittelwerte und Entwicklung der Personenmittelwerte des Faktors P (Datensatz E13PP)

(zweiseitig), $p = .334$, $1 - \beta = .10$ (post-hoc)), die Nullhypothese von der Gleichheit der Mittelwerte zu beiden Messzeitpunkten wird daher beibehalten. Abbildung 18.30 zeigt im linken Teil das Säulendiagramm der Faktormittelwerte des Faktors VERNETZUNG/STRUKTUR MATHEMATISCHEN WISSENS zu den beiden Messzeitpunkten mitsamt den 95 %-Konfidenzintervallen der Mittelwerte und im rechten Teil die Entwicklung der Faktorwerte der Personen zwischen den Messzeitpunkten zusammen mit dem jeweiligen Boxplot der Faktorwerte zu den Zeitpunkten.

18.3.2.6 Faktor Ergebniseffizienz

Im Faktor ERGEBNISEFFIZIENZ verringern sich die Faktorwerte zwischen den beiden Erhebungszeitpunkten (E13-PRE: $M = 1.88$, $SD = 0.3$, E13-POST: $M = 1.64$, $SD = 0.35$), wobei die Studierenden die Aussagen dieses Faktors bei der zweiten Befragung noch stärker ablehnen als zuvor. Unter Einbeziehung der gemittelten Standardabweichung der beiden Zeitpunkte ergibt sich ein statistisch signifikanter moderater bis starker Effekt ($t(14) = -2.34$ (zweiseitig), $p = .035$, $g_{av} = -0.73$, 95 %-CI(g_{av}) $= [-1.40, -0.05]$), der mit weitestgehend ausreichender Teststärke von $1 - \beta = .74$ (post-hoc) gesichert werden konnte. Die Differenz von –0.24 entspricht einer absoluten Effektstärke von 6 % der Skalenbreite, der vorliegende Effekt kann demnach auch als praktisch bedeutsam angesehen werden.

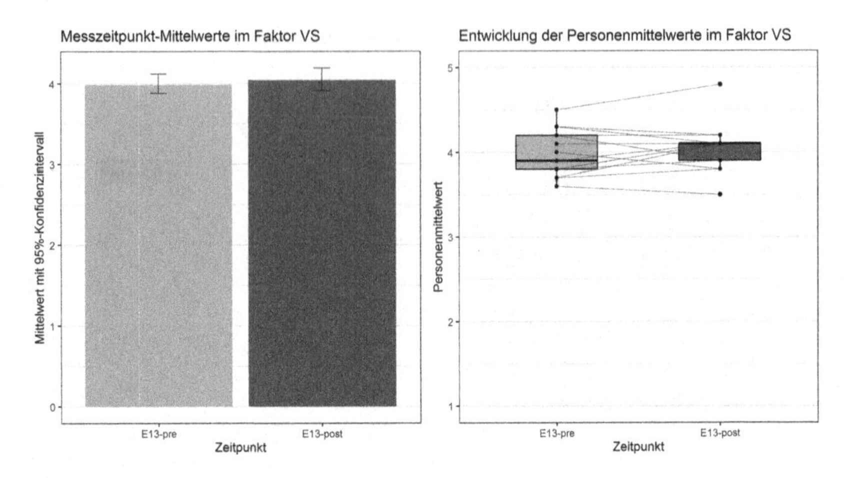

Abbildung 18.30 Messzeitpunkt-Mittelwerte und Entwicklung der Personenmittelwerte des Faktors VS (Datensatz E13PP)

Eine zufällig ausgewählte Person der Stichprobe lehnt die Aussagen des Faktors ERGEBNISEFFIZIENZ mit einer Wahrscheinlichkeit von 70 % zum zweiten Erhebungszeitpunkt stärker ab als im Vorfeld der Interventionsmaßnahme.

Abbildung 18.31 zeigt für den Faktor ERGEBNISEFFIZIENZ das Säulendiagramm der Faktormittelwerte zu den beiden Messzeitpunkten mitsamt den 95 %-Konfidenzintervallen der Mittelwerte (links); sowie die Entwicklung der Faktorwerte der Personen zwischen den Messzeitpunkten, zusammen mit dem jeweiligen Boxplot der Faktorwerte zu den Zeitpunkten (rechts).

18.3.2.7 Faktor Platonismus/Universalität mathematischer Erkenntnisse

Für den Faktor PLATONISMUS/UNIVERSALITÄT MATHEMATISCHER ERKENNTNISSE zeigt Abbildung 18.32 im linken Teil das Säulendiagramm der Faktormittelwerte zu den beiden Messzeitpunkten mitsamt den 95 %-Konfidenzintervallen der Mittelwerte und im rechten Teil die Entwicklung der Faktorwerte der Personen zwischen den Messzeitpunkten zusammen mit dem jeweiligen Boxplot der Faktorwerte zu den Zeitpunkten.

Bei den Faktorwertdifferenzen zwischen den beiden Messzeitpunkten kann aufgrund des signifikanten Ergebnisses des Shapiro-Wilk-Tests nicht von einer Normalverteilung ausgegangen werden, weswegen der Mittelwertunterschied in diesem Faktor anhand des Wilcoxon-Vorzeichen-Rang-Tests auf Signifikanz überprüft wird. Mittelwert und Median des ersten Erhebungszeitpunktes liegen im

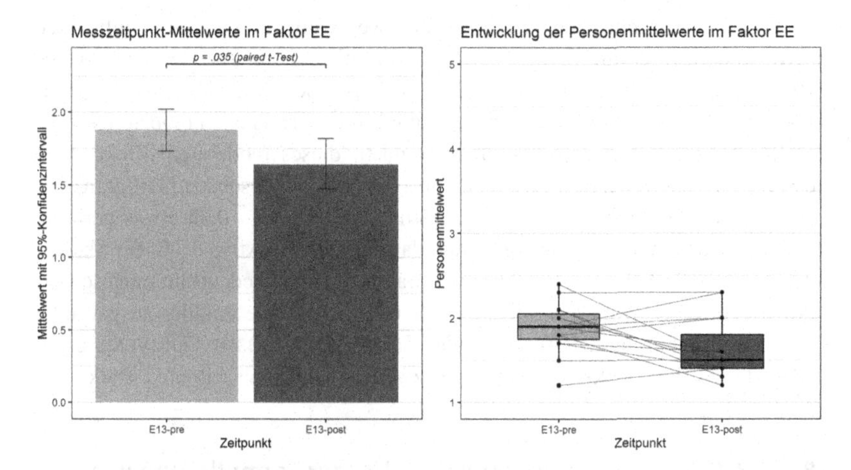

Abbildung 18.31 Messzeitpunkt-Mittelwerte und Entwicklung der Personenmittelwerte des Faktors EE (Datensatz E13PP)

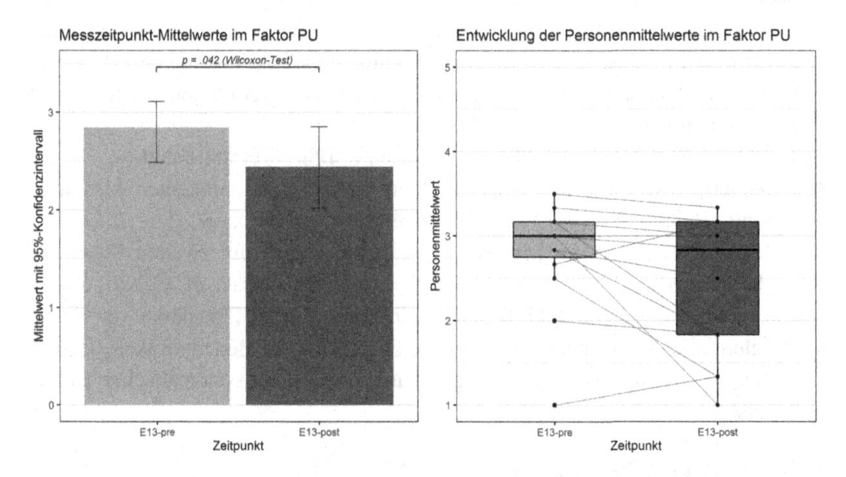

Abbildung 18.32 Messzeitpunkt-Mittelwerte und Entwicklung der Personenmittelwerte des Faktors PU (Datensatz E13PP)

Faktor PLATONISMUS/UNIVERSALITÄT MATHEMATISCHER ERKENNTNISSE über denen des zweiten Zeitpunkts (E13-PRE: $M = 2.84$, $SD = 0.64$, Median $= 3$, E13-POST: $M = 2.44$, $SD = 0.83$, Median $= 2.83$). Der Wilcoxon-Test mit

Korrektur für kontinuierlich verteilte Daten weist auf einen einen signifikanten Effekt moderater Größe hin ($V = 16$ (zweiseitig), $p = .042$, $g_{av} = -0.53$, 95 %-CI(g_{av}) $= [-1.02, -0.04]$, $1-\beta = .46$ (post-hoc)), wobei die geringe Post-hoc-Teststärke durch Einsatz des nichtparametrischen Tests noch reduziert wurde. Zur Beurteilung der praktischen Bedeutsamkeit dieses moderaten Effekts lässt sich entweder die Mittelwertdifferenz von –0.4 oder die geschätzte Differenz der Mediane aus dem Wilcoxon-Test heranziehen, welche mit –0.33 etwas geringer ausfällt. Die absolute Effektstärke beträgt damit 10 % respektive 8.3 % der Skalenbreite, der Effekt kann folglich als auch praktisch (sehr) bedeutsam eingeschätzt werden. Mit einer Wahrscheinlichkeit von 65 % lehnt eine zufällig ausgewählte Person der Stichprobe die Aussagen des Faktors PLATONISMUS/UNIVERSALITÄT MATHEMATISCHER ERKENNTNISSE zum zweiten Erhebungszeitpunkt stärker ab als zuvor.

18.3.2.8 Faktor Ermessensspielraum bei der Formulierung von Mathematik

Abbildung 18.33 zeigt im linken Teil das Säulendiagramm der Faktormittelwerte des Faktors ERMESSENSSPIELRAUM BEI DER FORMULIERUNG VON MATHEMATIK zu den beiden Messzeitpunkten mitsamt den 95 %-Konfidenzintervallen der Mittelwerte und im rechten Teil die Entwicklung der Faktorwerte der Personen zwischen den Messzeitpunkten zusammen mit dem jeweiligen Boxplot der Faktorwerte zu den Zeitpunkten.

Im Faktor ERMESSENSSPIELRAUM BEI DER FORMULIERUNG VON MATHEMATIK trat in der Stichprobe kein statistisch signifikanter Messwiederholungseffekt auf ($t(14) = 1.71$ (zweiseitig), $p = .109$, $1 - \beta = .23$ (post-hoc)). Dabei fällt der Mittelwert der Faktorwerte zum zweiten Messzeitpunkt höher aus (E13-PRE: $M = 2.08$, $SD = 0.56$, E13-POST: $M = 2.26$, $SD = 0.48$). Die Differenz von 0.18 liegt mit einer absoluten Effektstärke von 4.5 % der Skalenbreite zwar annähernd im Bereich praktischer Bedeutsamkeit, jedoch lässt sich auf dem gewünschten Signifikanzniveau kein systematischer Effekt nachweisen.

18.3.2.9 Faktor Kreativität

Abbildung 18.34 zeigt für den Faktor KREATIVITÄT das Säulendiagramm der Faktormittelwerte zu den beiden Messzeitpunkten mitsamt den 95 %-Konfidenzintervallen der Mittelwerte (links); sowie die Entwicklung der Faktorwerte der Personen zwischen den Messzeitpunkten, zusammen mit dem jeweiligen Boxplot der Faktorwerte zu den Zeitpunkten (rechts).

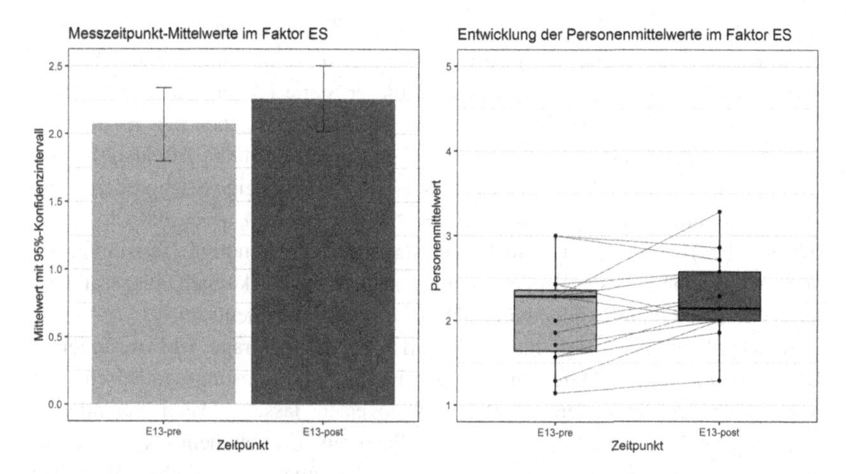

Abbildung 18.33 Messzeitpunkt-Mittelwerte und Entwicklung der Personenmittelwerte des Faktors ES (Datensatz E13PP)

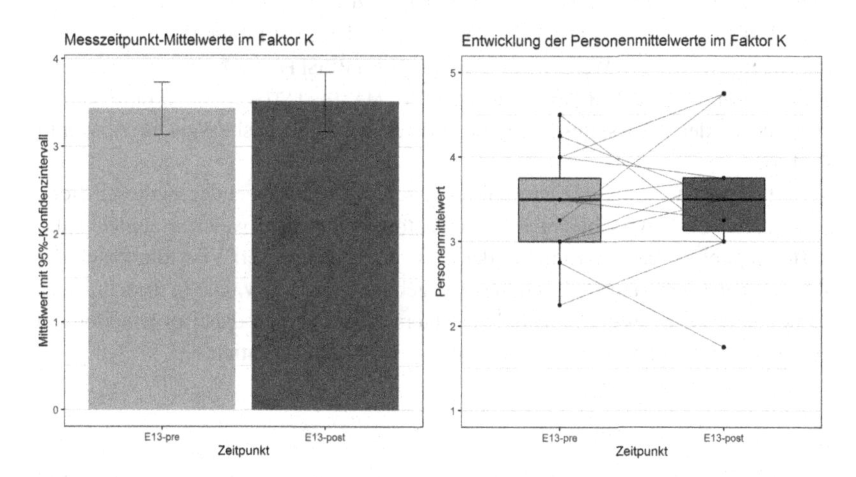

Abbildung 18.34 Messzeitpunkt-Mittelwerte und Entwicklung der Personenmittelwerte des Faktors K (Datensatz E13PP)

Bezogen auf die AV KREATIVITÄT unterscheiden sich die Faktormittelwerte zwischen den Messzeitpunkten kaum (E13-PRE: $M = 3.43$, $SD = 0.59$, E13-POST:

$M = 3.52$, $SD = 0.72$). Bei Betrachtung der Entwicklung der Personenmittelwerte zeigt sich, dass im Faktor KREATIVITÄT keine einheitliche Tendenz auszumachen ist, eventuell moderieren an dieser Stelle Hintergrundvariablen die Veränderung der Faktorwerte. Die Mittelwertdifferenz zwischen den Erhebungszeitpunkten liegt bei 0.08 und entspricht damit einer absoluten Effektstärke von 2.1 % der Skalenbreite. Der durchgeführte t-Test für abhängige Stichproben ergab ein nicht signifikantes Ergebnis ($t(14) = 0.42$ (zweiseitig), $p = .680$, $1 - \beta = .07$ (post-hoc)), verfügte aber auch keinesfalls über die benötigte Teststärke, um einen Unterschied dieser Größenordnung nachweisen zu können. Insgesamt ist der Unterschied damit weder statistisch noch praktisch bedeutsam.

Abschließend lässt sich hinsichtlich der Forschungsfrage F13 resümieren, dass sich in beiden Durchgängen der ENPROMA-Vorlesung statistisch und praktisch bedeutsame Veränderungen nachweisen lassen. Dabei veränderten sich insbesondere die Faktorwerte jener Faktoren, die Mathematik in irgendeiner Weise mit der eigenen Person verbinden und menschliches Verhalten als Teil der Mathematik berücksichtigen (PROZESS-CHARAKTER, PLATONISMUS/UNIVERSALITÄT MATHEMATISCHER ERKENNTNISSE, ERMESSENSSPIELRAUM BEI DER FORMULIERUNG VON MATHEMATIK, ERGEBNISEFFIZIENZ, MATHEMATIK ALS KREATIVE TÄTIGKEIT). Weiterhin sank die Zustimmung zu den ohnehin bereits niedrigen Werten des Faktors ERGEBNISEFFIZIENZ ebenso wie jene zum Faktor PLATONISMUS/UNIVERSALITÄT MATHEMATISCHER ERKENNTNISSE während beider Vorlesungsdurchgänge (siehe auch die Diskussion in Abschnitt 19.4.5).

Mit der Auswertung des zweiten Längsschnittvergleichs endet an dieser Stelle das Kapitel zu Unterschieden in den Faktormittelwerten, welches zugleich das letzte Kapitel des Ergebnisteils bildet. Der nun folgende Teil VI widmet sich der Zusammenfassung und Diskussion der Ergebnisse aus Teil V. Die in diesem Kapitel betrachteten Effekte der Mittelwertunterschiede werden dabei in Unterkapitel 19.4 noch einmal abschließend gegenübergestellt und diskutiert.

Teil VI
Diskussion der Ergebnisse

Dieser Teil diskutiert die Ergebnisse des vorherigen Teils und verortet diese vor dem Hintergrund der Theorie in Teil III. Dabei wird auch die verwendete Forschungsmethodik aus Teil IV reflektiert und ein Ausblick auf weiterführende Fragestellungen gegeben. Die Ergebnisse der vorliegenden Untersuchung lassen sich dabei auf unterschiedliche Weise gliedern: Zunächst erfolgt in Kapitel 19 eine Unterteilung gemäß der Genese des Forschungsprozesses, daran anschließend werden in Kapitel 20 die relevanten Erkenntnisse zu den elf verwendeten Skalen zusammengefasst. In Kapitel 21 wird im Anschluss an die Diskussion der Ergebnisse schließlich noch das Forschungsdesign reflektiert.

19 Zusammenfassung und Diskussion der Ergebnisse

Das in Teil II vorgestellte Projekt ENTSTEHUNGSPROZESSE VON MATHEMATIK (ENPROMA) bildet als hochschulmathematikdidaktische Intervention in der gymnasialen Lehramtsausbildung eine Symbiose aus hochschuldidaktischen Methoden und fachmathematischer Ausbildung in der Hochschulanalysis. Ziel war die Entwicklung mathematischer Kompetenzen und die fachliche Enkulturation der Studierenden, wobei im Rahmen der Begleitforschung speziell die mathematischen Weltbilder und Einstellungen zur Mathematik beim Übergang Schule–Hochschule untersucht wurden (vgl. Unterkapitel 3.3).

Die Ergebnisse des in dieser Arbeit vorgestellten Begleitforschungsprojekts lassen sich zunächst in vier Bereiche unterteilen: Erstens wurde in Kapitel 13 das Faktormodell aus Grigutsch et al. (1998) bestätigt und ferner in Kapitel 14 um sieben Faktoren zur Beschreibung weiterer Facetten des mathematischen Weltbildes ergänzt. Die Zusammenfassung dieser Ergebnisse wird in Unterkapitel 19.1 berichtet. Zweitens wurden die extrahierten Faktoren auf inhaltliche und praktische Bedeutsamkeit hin untersucht, hinsichtlich ihrer Reliabilität und Homogenität optimiert und die deskriptiven Statistiken ihrer Faktorwerte betrachtet. Dieser Teil der Ergebnisse findet sich in Unterkapitel 19.2 und fasst die Erkenntnisse aus den Kapiteln 15 und 16 zusammen. Drittens werden in Unterkapitel 19.3 die aus der Korrelationsstruktur der Faktorwerte gewonnenen Erkenntnisse über das mathematische Weltbild der Studierenden zusammengefasst (vgl. Kapitel 17). Viertens wird in Unterkapitel 19.4 ein Blick auf die Resultate des vorherigen Kapitels 18 geworfen; dabei werden die Gruppenvergleiche im Quer- und Längsschnittdesign zusammengefasst, welche im Rahmen der Vorlesung ENTSTEHUNGSPROZESSE VON MATHEMATIK (ENPROMA) durchgeführt wurden.

B. Weygandt, *Mathematische Weltbilder weiter denken*,
https://doi.org/10.1007/978-3-658-34662-1_19

Im Anschluss an die genetische Gliederung der Ergebnisse in diesem Kapitel finden sich in Kapitel 20 die Ergebnisse noch einmal nach den einzelnen Faktoren unterteilt aufbereitet.

19.1 Skalen zur Beschreibung des mathematischen Weltbildes

Zunächst ergab die konfirmatorische Faktorenanalyse, dass das von Grigutsch et al. (1998) ursprünglich vorgeschlagene Faktormodell auch für die vorliegende Stichprobe von Mathematikstudierenden als passend angesehen werden kann und nach wie vor eine gute Grundlage zur Beschreibung des mathematischen Weltbildes darstellt (vgl. Kapitel 13). Insgesamt weisen die Ergebnisse der konfirmatorischen Faktorenanalyse darauf hin, dass das 4-Faktoren-Modell der Faktoren FORMALISMUS-ASPEKT, ANWENDUNGS-CHARAKTER, SCHEMA-ORIENTIERUNG und PROZESS-CHARAKTER zwar leichte Modellmissspezifikationen aufzuweisen scheint, insgesamt aber beibehalten werden kann. Die Modellmissspezifikationen könnten dabei durch den Faktor PROZESS-CHARAKTER bedingt sein (vgl. Abschnitt 15.3.4); zugleich wird eben diese prozessorientierte Sicht auf Mathematik durch die im Rahmen der Untersuchung gefundenen Faktoren auch weiter ausdifferenziert als dies nur mit dem Faktor PROZESS-CHARAKTER möglich gewesen wäre.

Neben der Bestätigung dieser vier Faktoren wurden mittels explorativer Hauptachsen-Faktorenanalyse weitere Faktoren im Bereich der Genese mathematischen Wissens gefunden, die sich inhaltlich interpretieren lassen, statistisch bedeutsam sind und zufriedenstellende Reliabilitäts- und Homogenitätsmaße aufweisen. Die extrahierte Faktorlösung weist keine nennenswerten oder inhaltlich inkohärenten Nebenladungen auf und ist zudem methodeninvariant, sodass die einzelnen Faktoren in diesem Modell als orthogonal angesehen und unabhängig voneinander interpretiert werden können. Die fünf extrahierten Faktoren waren dabei nicht völlig kongruent zu den neun a priori angedachten Themenbereichen (vgl. Unterkapitel 12.5), welche mit den verwendeten Items abgedeckt wurden. Insbesondere führten Faktorlösungen mit einer höheren Zahl extrahierter Faktoren zu inhaltlich nicht sinnvoll interpretierbaren Skalen (vgl. Abschnitt 14.2.2). Drei der fünf Faktoren entsprechen dabei weitestgehend je einem der Themenbereiche, während die beiden restlichen Faktoren jeweils auf durchaus sinnvolle Weise die Aspekte unterschiedlicher Themenbereiche in sich vereinen: Zunächst stimmt der Faktor PLATONISMUS/UNIVERSALITÄT MATHEMATISCHER ERKENNTNISSE im

Großen und Ganzen mit dem Themenbereich *Mathematik als menschliches Produkt (Einfluss auf die Entstehung der Mathematik)* überein, während der Faktor ERMESSENSSPIELRAUM BEI DER FORMULIERUNG VON MATHEMATIK die Items aus dem Themenbereich *Mathematik als menschlicher Prozess (Einfluss auf bestehende Mathematik)* enthält und der Faktor KREATIVITÄT dem entsprechenden Themenbereich *Kreativität in der Mathematik* zugeordnet werden kann. Der Faktor VERNETZUNG/STRUKTUR MATHEMATISCHEN WISSENS vereint ferner die Aspekte dreier Themenbereiche (*struktureller Aufbau der Mathematik, Vorstellungen entwickeln beim Lernen von Mathematik* sowie *Konventionen und Geschichte in der Mathematik*); während sich zuletzt der Faktor ERGEBNISEFFIZIENZ aus Items der beiden Themenbereiche *mathematischer Erkenntnisprozess: ›being stuck is an honourable state‹* und *Vielfalt und Bedeutung mathematischer Definitionen* zusammensetzt.

Zur Ausdifferenzierung des Faktors KREATIVITÄT wurde der eingesetzte Fragebogen um einen weiteren Teil ergänzt (vgl. Unterkapitel 9.5 und 14.3). Eine mit diesen Items durchgeführte explorative Faktorenanalyse führte zu drei Faktoren, wovon ein Faktor (MATHEMATIK ALS PRODUKT VON KREATIVITÄT) dem bereits zuvor extrahierten Faktor KREATIVITÄT entspricht und die anderen beiden Faktoren MATHEMATIK ALS KREATIVE TÄTIGKEIT und VIELFALT AN LÖSUNGSWEGEN IN DER MATHEMATIK als weitere Facetten hinzukommen. Auch das Ergebnis der zweiten Faktorenanalyse ist invariant hinsichtlich der Rotationsmethode und weist ebenfalls keine nennenswerten oder inhaltlich inkohärenten Nebenladungen auf.

Aus den beiden explorativen Faktorenanalysen wurden demnach insgesamt sieben Faktoren extrahiert. Diese sieben Faktoren sind alle eindimensional, verfügen über Items mit statistisch bedeutsamer Hauptladung und lassen sich auch inhaltlich stimmig interpretieren (vgl. Unterkapitel 15.1). Die Kriterien von Guadagnoli und Velicer (1988, S. 274) können ferner noch als ein Anhaltspunkt für die inhaltliche Bedeutsamkeit dienen (vgl. Bortz 1999, S. 534): Demnach sind Faktoren mit vier Ladungen über .60 unabhängig von der Stichprobengröße interpretierbar, und in Stichproben mit mehr als 150 Fällen lassen sich auch Faktoren mit zehn Itemladungen über .40 interpretieren. Andernfalls werden Stichprobengrößen von mehr als 300 Personen oder eine Replikation der Ergebnisse empfohlen. Die Faktoren MATHEMATIK ALS PRODUKT VON KREATIVITÄT und MATHEMATIK ALS KREATIVE TÄTIGKEIT enthalten vier Items mit Ladungen um .60 und sind damit unabhängig von der Stichprobengröße inhaltlich interpretierbar. Weiterhin erfüllen auch die Faktoren VERNETZUNG/STRUKTUR MATHEMATISCHEN WISSENS und ERGEBNISEFFIZIENZ die Kriterien, diese haben zehn Items mit Ladungen um .40 und sind damit bei der vorliegenden Stichprobengröße von $n = 190$ inhaltlich interpretierbar. Die Faktoren ERMESSENSSPIELRAUM

BEI DER FORMULIERUNG VON MATHEMATIK, PLATONISMUS/UNIVERSALITÄT MATHEMATISCHER ERKENNTNISSE und VIELFALT AN LÖSUNGSWEGEN IN DER MATHEMATIK enthalten jeweils weniger als zehn Items und dabei zu wenige Ladungen im Bereich um .60, sodass diese nicht die Kriterien von Guadagnoli und Velicer (1988) erfüllen. Beim Faktor VIELFALT AN LÖSUNGSWEGEN IN DER MATHEMATIK kommt noch hinzu, dass der Stichprobenumfang mit $n = 72$ Personen geringer war als bei den beiden anderen Faktoren mit einem Umfang von $n = 190$ Personen. Bei einer Replikation sollten daher diese drei Faktoren an einer entsprechend größeren Stichprobe validiert werden. Zu berücksichtigen ist jedoch, dass sich die zugrunde liegende Monte-Carlo-Simulationsstudie von Guadagnoli und Velicer (1988) methodisch auf Hauptkomponentenanalysen bezieht und die dort extrahierten Kriterien nicht als einzige Merkmale bei der Interpretation explorativ extrahierter Faktoren dienen sollen.

Insgesamt kann mit den sieben extrahierten Faktoren weitergearbeitet werden: Die Faktorenlösung liegt unabhängig von der Rotationsmethode in Einfachstruktur vor, die extrahierten Faktoren enthalten inhaltlich stimmige Items und sind hinreichend reliabel und homogen. Dennoch handelt es sich bei diesem Faktormodell zunächst um ein exploratives Ergebnis, dessen Modellgüte zukünftig an anderen Daten mittels konfirmatorischer Faktorenanalyse bestätigt werden muss. Eine Replikation der gefundenen Faktoren ist dabei gleichermaßen sinnvoll wie notwendig. Die in den folgenden Unterkapiteln diskutierten Ergebnisse können dabei als Ausgangspunkte zukünftiger Untersuchungen dienen.

19.2 Faktorwerte

Bei Betrachtung der deskriptiven Statistiken der Faktorwerte ließen sich in der Stichprobe einige Spezifika der Verteilungen ausmachen und so ein erster Blick auf das mathematische Weltbild der Studierenden werfen. Die Zustimmung zu den einzelnen Faktoren fällt dabei unterschiedlich aus: Niemand lehnt die Faktoren FORMALISMUS-ASPEKT, VERNETZUNG/STRUKTUR MATHEMATISCHEN WISSENS und PROZESS-CHARAKTER ab und auch bei den Faktoren ANWENDUNGS-CHARAKTER und MATHEMATIK ALS KREATIVE TÄTIGKEIT ist dies nur vereinzelt der Fall, während die Aussagen der Faktoren ERGEBNISEFFIZIENZ und ERMESSENSSPIELRAUM BEI DER FORMULIERUNG VON MATHEMATIK kaum Zustimmung finden. In den Teilstichproben zeigt sich hier entsprechend kein anderes Bild: Bei den genannten fünf Faktoren (F, VS, P, A, KT) finden sich kaum Personen, die einen Faktorwert unterhalb von 2 aufweisen, während das Maximum der angenommen Faktorwerte bei den beiden anderen Faktoren (EE,

ES) jeweils bei 4 liegt.[1] Im Common Sense gehören ein gewisser Formalismus, aufeinander aufbauendes Wissen und vielfältige Anwendungen durchaus zum Bild der Mathematik dazu, während eine zu starke Fokussierung auf das Ergebnis unter Umständen durch den Einfluss sozialer Erwünschtheit nicht zum (Selbst-)Bild der Mathematik passt. Die niedrigen Faktorwerte beim Faktor ERMESSENSSPIELRAUM BEI DER FORMULIERUNG VON MATHEMATIK sprechen weiterhin dafür, dass Mathematik von den Studierenden zwar tendenziell durchaus als prozesshafte Tätigkeit wahrgenommen wird, sich der menschliche Einfluss jedoch nicht auf schöpferische Tätigkeiten erstreckt. Diese Faktorwerte werden außerdem schon zu Studienbeginn abgelehnt (vgl. Anhang B.2); entsprechend liegt die Vermutung nahe, dass es in dieser durch den Unterricht geprägten Sicht auf Mathematik nicht erlaubt sei, ›fertige Mathematik‹ abzuändern. Aus den Faktorwertverteilungen in Kapitel 16 wird ferner ersichtlich, dass etwa die Faktoren PLATONISMUS/UNIVERSALITÄT MATHEMATISCHER ERKENNTNISSE und KREATIVITÄT über große Spannweiten und einen vergleichsweise großen Interquartilsabstand verfügen, hier also in der Gesamtstichprobe jeweils keine einheitliche Tendenz vorliegt.

Darüber hinaus lässt sich über einen Vergleich der Faktormittelwerte auch die Reihenfolge der Zustimmung zu den Faktoren betrachten (vgl. Blömeke et al. 2009b, S. 38), wobei ein Vergleich lediglich mit den vier Faktoren FORMALISMUS-ASPEKT (F), ANWENDUNGS-CHARAKTER (A), SCHEMA-ORIENTIERUNG (S) und PROZESS-CHARAKTER (P) aus Grigutsch et al. (1998) durchgeführt werden kann. Einschränkend anzumerken ist jedoch, dass diese Form der Auswertung rein deskriptiv ist und sowohl die absolute Lage der Faktormittelwerte auf der Skala (Zustimmung respektive Ablehnung) als auch deren Standardfehler oder die Abstände zwischen den Faktormittelwerten unberücksichtigt lässt. Dennoch kann auch solch ein grober Blick erste Erkenntnisse über die untersuchte Stichprobe offenbaren, wie beispielsweise aus den Ergebnissen der MT21-Studie (siehe Schmidt et al. 2007) ersichtlich wird. Bei den von Grigutsch et al. (1998) befragten Lehrkräften ergibt die Betrachtung der vier Faktormittelwerte (von hoch zu niedrig) die Reihenfolge P-F-A-S, ebenso wie bei den von Grigutsch und Törner (1998) befragten Hochschullehrenden. Bei Lehramtsstudierenden ergab sich die leicht abweichende Reihenfolge P-A-F-S einerseits in der P-TED-Studie, andererseits ebenso in der MT21-Studie zu Beginn wie auch am Ende der Lehramtsausbildung (vgl. Unterkapitel 7.6; sowie auch Blömeke et al. 2009b, S. 33; Felbrich et al. 2008a, S. 769). Die bei MT21 befragten Hochschullehrenden

[1] Anhang B enthält deskriptive Statistiken, Boxplots und Histogramme mit Verteilungsdichten der jeweiligen Faktorwertverteilungen aller betrachteten Stichproben.

stimmen den Faktoren ebenfalls in dieser Reihenfolge P-A-F-S zu. Betrachtet man die Ergebnisse der vorliegenden Untersuchung, so ergibt sich bei den Lehramtsstudierenden sowohl zu Beginn als auch in fortgeschrittenen Semestern die Rangordnung A-F-P-S und bei den Erstsemesterstudierenden des Bachelorstudiengangs die Rangordnung F-A-P-S. Eine Gemeinsamkeit scheint, dass dem Faktor SCHEMA- ORIENTIERUNG relativ gesehen stets am wenigsten zugestimmt wird, dies war auch eine Erkenntnis aus dem internationalen Vergleich der MT21-Studie (vgl. Schmidt et al. 2007, S. 34). Zugleich ergeben sich bei den drei Gruppen dieser Erhebung auch Unterschiede im Vergleich zu den Daten früherer Erhebungen. Erwähnenswert ist etwa, dass die Bachelorstudierenden als einzige Gruppe dem Faktor FORMALISMUS-ASPEKT am stärksten zustimmen. Die Lehramtsstudierenden dieser Erhebung stimmen dem Faktor ANWENDUNGS-CHARAKTER hingegen am stärksten zu, gefolgt vom Faktor FORMALISMUS-ASPEKT. Entsprechend liegt bei allen Studierenden dieser Erhebung der Faktor PROZESS-CHARAKTER – welcher bei den anderen Studien häufig im Ranking den ersten Platz einnahm – relativ gesehen nur an dritter Stelle.

19.3 Faktorkorrelationen

Zur näheren Beschreibung des mathematischen Weltbildes der Studierenden wurden in Kapitel 17 die Faktorwerte der einzelnen Personen auf statistisch signifikante Korrelationen untersucht. In der Gesamtstichprobe von $n = 223$ Studierenden liegt dabei eine inhaltlich kohärent interpretierbare Zusammenhangsstruktur der Faktoren vor, die in Abbildung 19.1 dargestellt wird: Die Faktoren lassen sich dabei in zwei Clustern anordnen, welche jeweils aus untereinander positiv korrelierten Faktoren bestehen und miteinander durch negative Korrelationen verbunden sind.

Das eine Cluster setzt sich aus den Faktoren KREATIVITÄT, PROZESS-CHARAKTER, FORMALISMUS-ASPEKT, VERNETZUNG/STRUKTUR MATHEMATISCHEN WISSENS und ANWENDUNGS-CHARAKTER zusammen und kann als dynamisch-kreatives Cluster bezeichnet werden. Das andere Cluster besteht aus den Faktoren ERGEBNISEFFIZIENZ, SCHEMA-ORIENTIERUNG und ERMESSENSSPIELRAUM BEI DER FORMULIERUNG VON MATHEMATIK und kann entsprechend als statisch-kalkülhaftes Cluster benannt werden. Die Bezeichnung geschieht dabei Bezug nehmend auf die ursprünglich antagonistische Modellierung von Grigutsch et al. (1998) (vgl. Abschnitt 7.5.1) und stellt somit eine Erweiterung der dynamischen respektive statischen Sichtweise auf Mathematik dar. Obgleich der negativen Korrelation zwischen den Clustern sollen diese

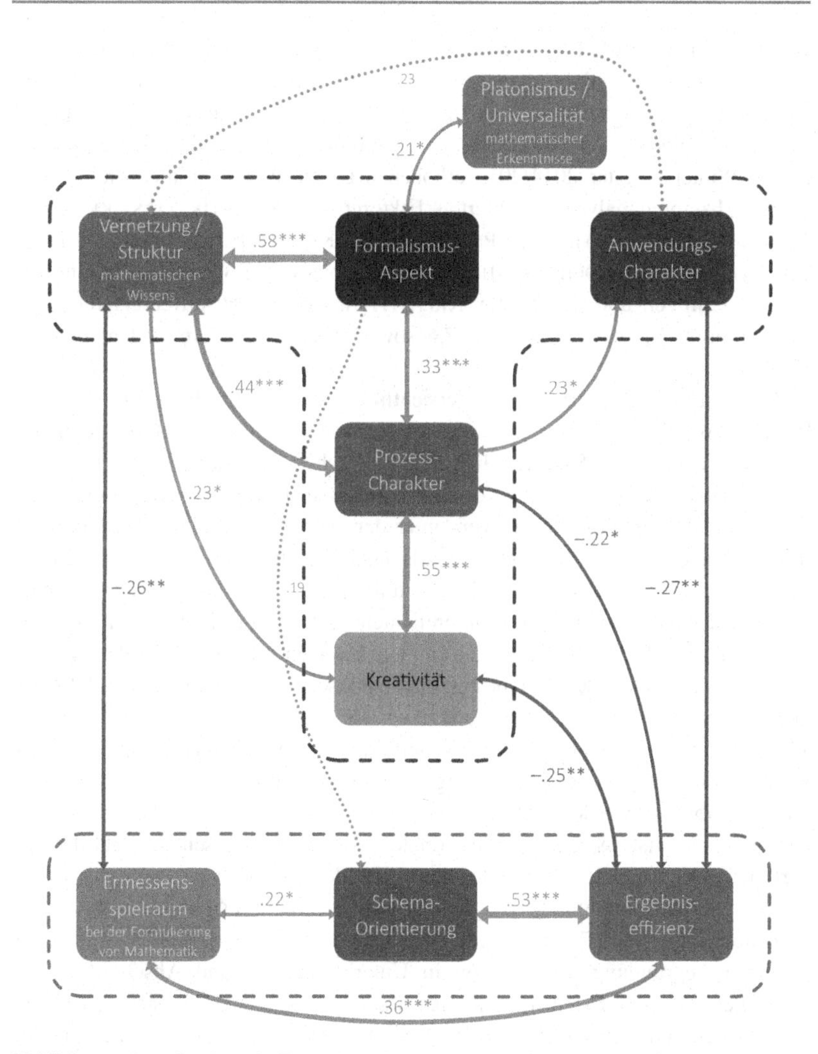

Abbildung 19.1 Struktur der Faktorkorrelationen in zwei Clustern in der Gesamtstichprobe (n = 223)

aber nicht als konträre Pole derselben Dimension aufgefasst werden, sondern als Facetten eines multifaktoriellen Modells, welches auch die vielfältigen enthaltenen Korrelationen umfasst – auf diesem Wege werden auch die Erkenntnisse der Strukturmodelle aus Blömeke et al. (2009b) berücksichtigt. Ferner zeigen die im Wintersemester 2014/2015 erhobenen Daten, dass sich auch die aus der zweiten Faktorenanalyse extrahierten Faktoren MATHEMATIK ALS KREATIVE TÄTIGKEIT, MATHEMATIK ALS PRODUKT VON KREATIVITÄT und VIELFALT AN LÖSUNGSWEGEN IN DER MATHEMATIK auf konsistente Weise in die Clusterstruktur einfügen und den Faktor KREATIVITÄT präziser ausdifferenzieren (vgl. Abbildung 17.14 in Unterkapitel 17.6 sowie Abbildung 17.16 in Unterkapitel 17.7).

Wie aus Abbildung 19.1 ersichtlich wird, korreliert der Faktor PLATONISMUS/UNIVERSALITÄT MATHEMATISCHER ERKENNTNISSE lediglich mit einem der übrigen Faktoren, hier liegt eine schwach positive Korrelation zum FORMALISMUS-ASPEKT vor. Ferner liegt bei diesem Faktor eine vergleichsweise hohe Streuung der Faktorwerte vor, unter den befragten Studierenden sind also sowohl Personen mit platonistischer als auch welche mit konstruktivistischer Einstellung. Zugleich scheinen diese – teils auch stärker ausgeprägten – philosophischen Überzeugungen strukturell nicht mit der Zustimmung zu anderen Aspekten des Mathematikbildes zusammenzuhängen: Die individuelle Antwort auf die Frage nach dem Ursprung mathematischer Erkenntnisse hat letztlich nichts damit zu tun, ob Mathematik etwa als eine prozesshafte oder kreative Wissenschaft oder als ein Gebiet mit vielfältigen Anwendungen wahrgenommen wird – oder eben nicht. Dieses Ergebnis muss indes auch vor dem Hintergrund betrachtet werden, dass Grigutsch und Törner (1998) ebenfalls einen Faktor PLATONISMUS extrahieren konnten. Im mathematischen Weltbild der dort befragten Hochschullehrenden korreliert der Faktor PLATONISMUS positiv mit der SCHEMA-ORIENTIERUNG und negativ mit dem FORMALISMUS-ASPEKT (vgl. auch Abschnitt 7.5.4), wofür Grigutsch und Törner (1998, S. 28) keine plausible Begründung fanden. Wie in Unterkapitel 7.3 und Abschnitt 15.1.3 ersichtlich wird, sind sich die Faktoren ähnlich, wenngleich sie sich aus unterschiedlichen Items zusammensetzen. Nimmt man an, dass beide Varianten des Platonismus-Faktors weitestgehend das Konstrukt einer platonistisch geprägten epistemologischen Sicht auf Mathematik fassen, lassen sich die unterschiedlichen Vorzeichen der Korrelation zwischen PLATONISMUS und FORMALISMUS-ASPEKT neben den unterschiedlichen Items möglicherweise auch auf ein unterschiedliches Verständnis des Formalismus in den beiden Stichproben (Hochschullehrende versus Studierende) zurückführen. So ist zu berücksichtigen, dass der Faktor FORMALISMUS-ASPEKT vor dem Hintergrund der in Unterkapitel 7.1 ausgeführten epistemologischen Überzeugung auf zwei Arten interpretiert werden kann: Einerseits kann Formalismus als eben jenes Werkzeug verstanden werden, mit dem wir Menschen die – schon immer existenten – mathematischen Wahrheiten für uns fassbar machen (platonistische Sichtweise); andererseits dient Formalismus dazu, die Spielregeln des – von Menschen geschaffenen, aus bedeutungslosen Zeichenketten bestehenden – Spiels ›Mathematik‹ festzulegen (formalistische Sichtweise). Damit kontrastiert die formalistische Sichtweise ein Item aus dem Faktor PLATONISMUS, bei welchem Mathematik als von Gott geschaffenes Spiel beschrieben wird (vgl. Unterkapitel 7.3); und hierdurch wird dann schließlich auch die negative Korrelation bei Grigutsch und Törner (1998) nachvollziehbar.

Korrelationen in bestimmten Stichproben

Auch bei Betrachtung der Zusammenhänge in Teilstichproben lassen sich sowohl die Clusterstrukturen identifizieren als auch Korrelationen finden, die spezifische Aussagen über die jeweilige Stichprobe ermöglichen. So sind die negativen Korrelationen des Faktors ERGEBNISEFFIZIENZ kein Effekt des Mathematikstudiums: Bereits zu Studienbeginn ist die Zustimmung zu diesem Faktor entgegengesetzt zu einer prozesshaften, kreativen Sicht auf Mathematik und deren (aus dem Schulunterricht bekannten) Anwendungen (vgl. Abbildung 17.6 in Unterkapitel 17.2). Hingegen findet sich eine positive Korrelation zwischen den Faktoren FORMALISMUS-ASPEKT und PROZESS-CHARAKTER, welche jedoch nur bei Erstsemesterstudierenden auftritt und vor dem Hintergrund der Forschungsergebnisse aus Unterkapitel 7.5 erwähnenswert ist: So waren diese beiden Faktoren bei den Mathematiklehrkräften in der Erhebung von Grigutsch et al. (1998) einst negativ korreliert, jedoch konnte weder bei den von Grigutsch und Törner (1998) befragten Hochschulmathematiker*innen noch bei den Lehramtsstudierenden der Erhebungen zu P-TEDS und MT21 eine Korrelation zwischen FORMALISMUS-ASPEKT und PROZESS-CHARAKTER nachgewiesen werden. Die positive Korrelation legt den Schluss nahe, dass sich die Studienanfänger*innen hierbei auf den aus der Schule bekannten Formalismus beziehen und dieser dabei auch nicht als hinderlich für prozesshaftes Arbeiten wahrgenommen wird, während die in den Neunzigerjahren befragten Lehrkräfte eine Diskrepanz zwischen dem prozesshaften Arbeiten im Unterricht und der im Studium kennengelernten formalisierten Mathematik empfanden. In diesem Kontext merken Blömeke et al. (2009b, S. 38) an, dass die Faktoren FORMALISMUS-ASPEKT und SCHEMA-ORIENTIERUNG von Studienanfänger*innen unter Umständen nicht hinreichend differenziert betrachtet werden, da diese bis dato kaum Erfahrung mit der äußerst formalisierten Hochschulmathematik sammeln konnten. Die in der Schule kennengelernte Mathematik ist dabei zwar nicht frei von Formalismus und die Items dieser beiden Faktoren (vgl. Unterkapitel 15.3) sollten auch bezogen auf Schulmathematik verständlich sein. Dennoch kann es sein, dass sich das Verständnis dieser beiden Faktoren im Laufe des Studiums verändert respektive ausschärft. Entsprechend scheint es sich bei der positiven Korrelation zwischen den Faktoren FORMALISMUS-ASPEKT und SCHEMA-ORIENTIERUNG um einen Einfluss des Mathematikstudiums zu handeln. Dieser Zusammenhang wurde in der vorliegenden Untersuchung ausschließlich bei den Lehramtsstudierenden höherer Semester beobachtet (vgl. Abbildung 17.12 in Unterkapitel 17.5) und trat zudem auch in anderen Untersuchungen bei angehenden Lehrkräften (vgl. Blömeke et al. 2009b; Felbrich et al. 2008a) ebenso wie Mathematiklehrkräften (vgl. Grigutsch et al. 1998) auf. Zuletzt ist noch anzumerken, dass sich in der Stichprobe der Erstsemesterstudierenden die Korrelation zwischen den Faktoren FORMALISMUS-ASPEKT und PLATONISMUS/UNIVERSALITÄT MATHEMATISCHER ERKENNTNISSE trotz einer annähernd ausreichenden Teststärke nicht als statistisch signifikant nachweisen ließ. Eine Vermutung könnte sein, dass sich diese (in der Gesamtstichprobe schwach positiv ausgeprägte) Korrelation erst durch den Kontakt mit der Hochschulmathematik ausprägt.

Korrelationen zu Beginn und am Ende der Interventionsmaßnahme

Im Vergleich zu den zuvor erhobenen Daten zeigen sich im Datensatz der im Anschluss an die ENPROMA-Vorlesung 2014/2015 befragten Studierenden einige Veränderungen hinsichtlich der Clusterstruktur: Die einst stark ausgeprägten positiven Korrelationen des statisch-kalkülhaften Clusters lassen sich hier nicht nachweisen (vgl. Abbildung 17.6 in Unterkapitel 17.7). In dieser Stichprobe ergeben sich ferner zwei weitere kohärent interpretierbare und positive Korrelationen: Im Vergleich zum Erhebungszeitpunkt vor der Interventionsmaßnahme ändert sich einerseits der Blick auf den Faktor ERMESSENSSPIELRAUM BEI DER FORMULIERUNG VON MATHEMATIK und zum anderen ergibt sich auch zwischen den Faktoren MATHEMATIK ALS KREATIVE TÄTIGKEIT und VERNETZUNG/STRUKTUR MATHEMATISCHEN WISSENS ein neuer Zusammenhang. Die Intervention durch die ENPROMA-Vorlesung scheint Auswirkungen auf die Faktorkorrelationen zu haben, wenngleich anhand der vorliegenden Daten kein Längsschnittvergleich der Faktorkorrelationen durchgeführt werden kann. Jedoch müssen die Veränderungen nicht zwangsläufig einen Effekt der Interventionsmaßnahme darstellen; andere Erklärungen könnten die mit dem geringeren Stichprobenumfang einhergehende reduzierte Teststärke oder eine Veränderung der Zusammensetzung der Stichprobe zum Ende der Vorlesung sein.

Insgesamt haben einige der betrachteten Stichproben einen zu geringen Umfang, um schwächer ausgeprägte Korrelationen einerseits und Korrelationsunterschiede zwischen Stichproben andererseits mit ausreichender Teststärke nachweisen zu können. Dementsprechend lassen sich die Ergebnisse aus Kapitel 17 nicht direkt verallgemeinern oder daraus auf die Korrelationen in der Grundgesamtheit schließen; sie stellen aber dennoch interessante Anknüpfungspunkte dar, um Faktorkorrelationen und die Clusterstruktur zukünftig weiter zu untersuchen.

19.4 Mittelwertunterschiede

Neben der Betrachtung der Faktorkorrelationen wurde in einem Querschnitt- und zwei Längsschnittdesigns nach Unterschieden in Faktormittelwerten gesucht. Im Querschnittdesign wurden die Faktormittelwerte dreier Gruppen verglichen: Erstsemesterstudierende des Studiengangs Bachelor Mathematik (Gruppe B1, $n = 76$), Erstsemesterstudierende des gymnasialen Lehramts Mathematik (Gruppe L1, $n = 60$) sowie Mathematik-Lehramtsstudierende höherer Semester (Gruppe L2$^+$, $n = 77$). Für jeden Faktor wurde dabei eine einfaktorielle ANOVA ohne Messwiederholung (Between-subject-Design) durchgeführt und diese bei signifikanten Ergebnissen post-hoc um einen Tukey-Test ergänzt (vgl. Unterkapitel 18.1). Zur Evaluation der in Kapitel 4 beschriebenen Inverventionsmaßnahme wurde für die beiden Durchgänge der EnProMa-Vorlesung die Entwicklung der Faktorwerte in Längsschnittuntersuchungen betrachtet (vgl. Unterkapitel 18.2 und 18.3). In beiden untersuchten Stichproben (Wintersemester 2013/2014: $n = 15$, Wintersemester 2014/2015: $n = 30$) wurden die einzelnen Faktorwerte mittels des t-Tests für abhängige Stichproben auf bedeutsame Unterschiede geprüft. Die Ergebnisse der Quer- und Längsschnittuntersuchungen aus Kapitel 18 werden in den nachfolgenden Abschnitten zusammengefasst und diskutiert.

19.4.1 Zusammenfassung bedeutsamer Effekte der Faktormittelwertvergleiche in Abhängigkeit von Studiengang und -erfahrung

Während die Auswertung in Unterkapitel 18.1 jeweils den Querschnittvergleich eines Faktors ins Auge fasste, soll nun ein zusammenfassender Blick auf jeden der drei paarweisen Gruppenvergleiche geworfen werden. Es folgen daher für jeweils einen Gruppenvergleich eine Zusammenfassung der relativen Effektstärken Hedges'g der neun Faktoren sowie deren 95 %-Konfidenzintervalle. Zunächst enthält Tabelle 19.1 die statistisch signifikanten Ergebnisse der faktorweisen

Tabelle 19.1 Übersicht der Effektstärken der faktorweisen Varianzanalysen und Post-hoc-Tests

Faktor		F	A	S	P	VS	EE	PU	ES	K
ANOVA	p	.023	.096	n. s.	.071	n. s.	.003	n .s.	.039	.038
	η^2	.04					.05		.03	.03
	ω^2	.03					.05		.02	.02
	M_{B1}	3.88			3.70		2.30		2.44	3.28
	M_{L1}	3.64	3.71		3.53		2.33			2.98
	M_{L2^+}		3.93				2.06		2.20	3.35
Post-hoc-Tests (Tukey)	Δ B1 – L1	0.24			*0.18*					*0.30*
	aES	6.0 %			*4.4 %*					*7.5 %*
	p	.023			*.071*					*.114*
	g	0.47			*0.39*					*0.35*
	Δ $L2^+$ – B1						−0.23		−0.23	
	aES						5.8 %		5.8 %	
	p						.012		.030	
	g						−0.49		−0.42	
	Δ $L2^+$ – L1		*0.22*				−0.26			0.37
	aES		*5.4 %*				−5.5 %			9.2 %
	p		*.087*				.008			.039
	g		*0.36*				−0.52			0.42

η^2: durch Gruppenunterschiede aufgeklärter Varianzanteil der ANOVA. ω^2: unverzerrte Schätzung der Effektstärke η^2. Δ: Differenz der Mittelwerte. *g*: Effektstärke Hedges' g. aES: absolute Effektstärke des Mittelwertunterschieds in Prozent der Skalenbreite (4). n. s.: Ergebnis nicht signifikant.

Varianzanalysen sowie die statistisch bedeutsamen Mittelwertunterschiede der Post-hoc-Tukey-Tests, jeweils noch ergänzt um die entsprechenden relativen respektive absoluten Effektstärkemaße.

19.4.1.1 Zusammenfassung der Mittelwertunterschiede zwischen den Gruppen B1 und L1

Abbildung 19.2 zeigt die relativen Effektstärken für den Vergleich der Erstsemesterstudierenden der beiden Studiengänge Bachelor Mathematik und gymnasiales Lehramt Mathematik. Zwischen den beiden Gruppen der Erstsemesterstudierenden in den Studiengängen gymnasiales Lehramt Mathematik und Bachelor Mathematik konnten im Faktor FORMALISMUS-ASPEKT ein statistisch signifikanter und praktisch bedeutsamer Mittelwertunterschied nachgewiesen werden. Weiterhin liegen in den beiden Faktoren KREATIVITÄT und PROZESS-CHARAKTER Anhaltspunkte auf eventuell signifikante Unterschiede zwischen diesen beiden Gruppen vor. Abbildung 19.3 ergänzt die relativen Effektstärken noch um deren praktische Bedeutsamkeit, indem die Konfidenzintervalle für Hedges' g aus Abbildung 19.2 in Abhängigkeit der absoluten Effektstärke abgebildet werden. Dabei werden signifikante Mittelwertunterschiede als (annähernd) praktisch bedeutsam angesehen, wenn diese ungefähr 5 % der Skalenbreite ausmachen (vgl. Abschnitt 11.3.2.2).

In allen drei Faktoren weisen die Studienanfänger*innen des Bachelorstudiengangs gegenüber jenen des Lehramtsstudienganges höhere Gruppenmittelwerte auf. Bezogen auf den Faktor FORMALISMUS-ASPEKT liegt dabei ein signifikanter moderater Effekt in praktisch bedeutsamer Größe vor (Hedges' $g = 0.46$, $p = .023$ (Tukey), absolute Effektstärke 6 % der Skalenbreite, vgl. Abschnitt 18.1.3.1). Bei den anderen beiden Faktoren kann indes nur von einem möglicherweise bedeutsamen Unterschied zwischen den Studiengängen ausgegangen werden: Zum einen wurde die Varianzanalyse beim Faktor KREATIVITÄT signifikant, wobei der tukey-korrigierte p-Wert für diesen Gruppenvergleich jedoch nur bei $p = .114$ liegt und damit nicht als statistisch signifikant berichtet werden kann (vgl. Abschnitt 18.1.3.9). Zum anderen besteht aufgrund des Ergebnisses der Varianzanalyse mit $p = .071$ der Verdacht auf einen signifikanten Mittelwertunterschied im Faktor PROZESS-CHARAKTER (vgl. Abschnitt 18.1.3.4). Wie aus Abbildung 19.2 ersichtlich wird, überdeckt das 95 %-Konfidenzintervall von g die Null in beiden Fällen nicht; die Effektstärke läge hier jeweils im Bereich eines schwachen bis moderaten Effekts in (annähernd) praktisch bedeutsamer Größenordnung.

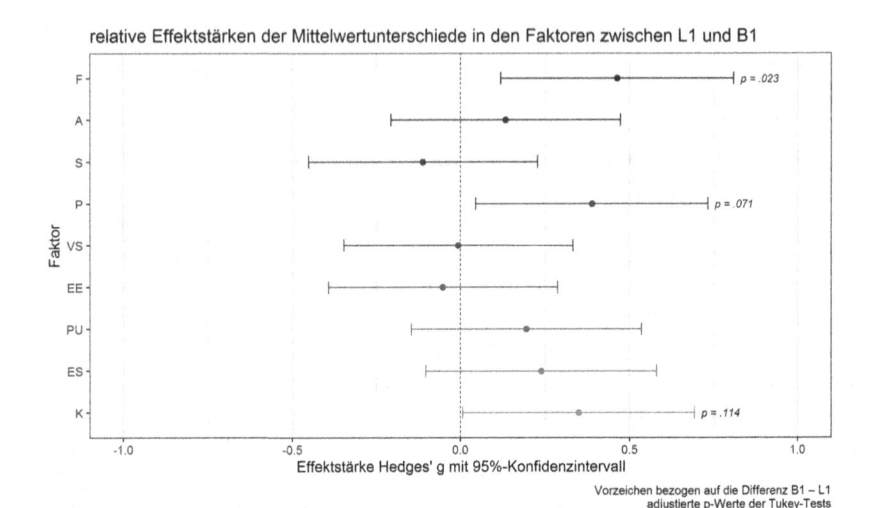

Abbildung 19.2 Relative Effektstärken der Mittelwertunterschiede in den Faktoren zwischen den Gruppen B1 und L1

19.4.1.2 Zusammenfassung der Mittelwertunterschiede zwischen den Gruppen L2$^+$ und B1

In Abbildung 19.4 sind die relativen Effektstärken des Gruppenvergleichs zwischen Erstsemesterstudierenden des Bachelorstudiengangs Mathematik und fortgeschrittenen Lehramtsstudierenden des gymnasialen Lehramts Mathematik dargestellt. Die Mittelwerte der beiden Gruppen unterscheiden sich hier in den Faktoren ERGEBNISEFFIZIENZ und ERMESSENSSPIELRAUM BEI DER FORMULIERUNG VON MATHEMATIK. In Abbildung 19.5 werden die Konfidenzintervalle für Hedges' g noch in Abhängigkeit der absoluten Effektstärke dargestellt, um die Effekte zwischen diesen Gruppen hinsichtlich statistischer und praktischer Bedeutsamkeit einordnen zu können. Statistisch signifikante Mittelwertunterschiede werden dabei als (annähernd) praktisch bedeutsam angesehen, wenn sie ungefähr 5 % der Skalenbreite ausmachen (vgl. Abschnitt 11.3.2.2).

Die Gruppe der Bachelorstudierenden des ersten Semesters hat in beiden Fällen einen höheren Faktormittelwert als die Gruppe der Lehramtsstudierenden höherer Semester. Beim Faktor ERGEBNISEFFIZIENZ liegt ein moderater Effekt vor (Hedges' $g = -0.48$, $p = .012$ (Tukey), vgl. Abschnitt 18.1.3.6), während im Faktor ERMESSENSSPIELRAUM BEI DER FORMULIERUNG VON MATHEMATIK ein schwacher bis moderater Effekt nachgewiesen werden konnte

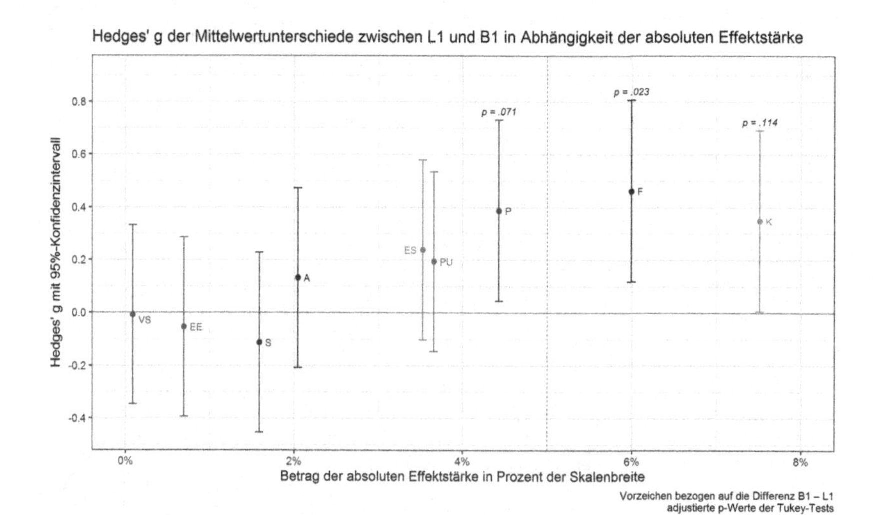

Abbildung 19.3 Relative Effektstärken der Mittelwertunterschiede in den Faktoren zwischen den Gruppen L1 und B1 in Abhängigkeit der absoluten Effektstärke

(Hedges' $g = -0.42$, $p = .030$ (Tukey), vgl. Abschnitt 18.1.3.8). Beide Effekte können zudem auch als praktisch bedeutsam angesehen werden. Wie sich Abbildung 19.5 entnehmen lässt, liegt der Mittelwertunterschied im Faktor FORMALISMUS-ASPEKT in einer praktisch annähernd bedeutsamen Größenordnung. Jedoch kennzeichnet der Tukey-Test diese Differenz mit einem adjustierten p-Wert von $p = .139$ als statistisch nicht signifikant (vgl. Abschnitt 18.1.3.1), zudem enthält das 95 %-Konfidenzintervall von g $[-0.62, 0.01]$ die Null. Somit kann der Mittelwertunterschied zwischen fortgeschrittenen Lehramtsstudierenden und Erstsemesterstudierenden im Bachelorstudiengang Mathematik im Faktor FORMALISMUS-ASPEKT nur als etwaiger Ausgangspunkt weiterer Untersuchungen angesehen werden.

19.4.1.3 Zusammenfassung der Mittelwertunterschiede zwischen den Gruppen L2$^+$ und L1

Beim dritten der drei paarweisen Gruppenvergleiche, dem Vergleich zwischen den Lehramtsstudierenden des ersten Semesters und jenen höherer Semester, können in den Faktoren ERGEBNISEFFIZIENZ und KREATIVITÄT zwei Effekte als statistisch signifikant und praktisch bedeutsam berichtet werden. Zudem liegt im

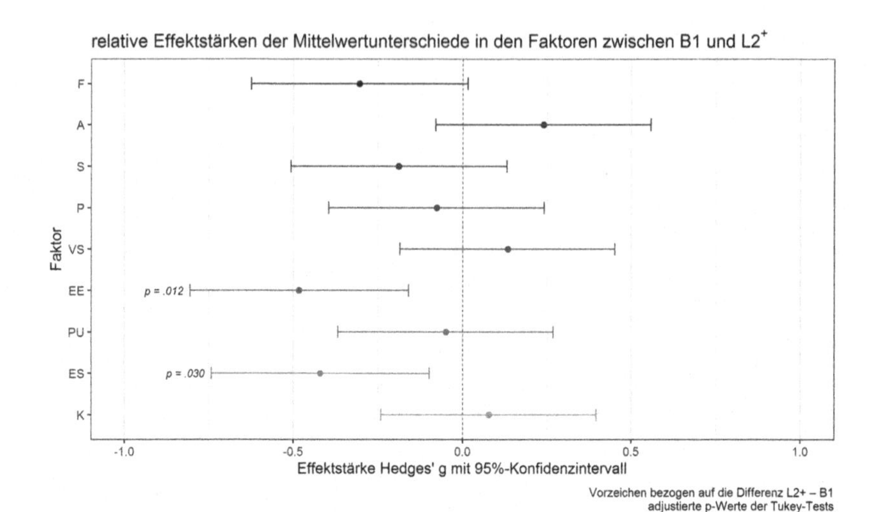

Abbildung 19.4 Relative Effektstärken der Mittelwertunterschiede in den Faktoren zwischen den Gruppen $L2^+$ und B1

Faktor ANWENDUNGS-CHARAKTER noch der Verdacht auf einen bedeutsamen Mittelwertunterschied vor. Für die beiden Gruppen von Lehramtsstudierenden des gymnasialen Lehramts Mathematik zeigt Abbildung 19.6 die relativen Effektstärken der Mittelwertunterschiede pro Faktor. Auch für diesen Gruppenvergleich werden in Abbildung 19.7 die relativen Effektstärken in Abhängigkeit der absoluten Effektstärke betrachtet. Wie zuvor werden statistisch signifikante Mittelwertunterschiede als (annähernd) praktisch bedeutsam angesehen, wenn diese ungefähr 5 % der Skalenbreite ausmachen (vgl. Abschnitt 11.3.2.2).

Wie aus Abbildung 19.7 ersichtlich wird, haben die fortgeschrittenen Lehramtsstudierenden in den Faktoren KREATIVITÄT und ANWENDUNGS-CHARAKTER jeweils einen höheren Faktorwert, während die Faktorwerte des Faktors ERGEBNISEFFIZIENZ bei den Studienanfänger*innen höher ausfallen. Im Faktor KREATIVITÄT lässt sich dabei ein praktisch sehr bedeutsamer signifikanter Effekt schwacher bis mittlerer Stärke nachweisen (Hedges' $g = 0.42$, $p = .039$ (Tukey), vgl. Abschnitt 18.1.3.9). Bezogen auf den Faktor ERGEBNISEFFIZIENZ stellt der Mittelwertunterschied einen hochsignifikanten moderaten Effekt dar (Hedges' $g = -0.52$, $p = .008$ (Tukey)), der zudem ebenfalls praktisch bedeutsam ist (vgl. Abschnitt 18.1.3.6).

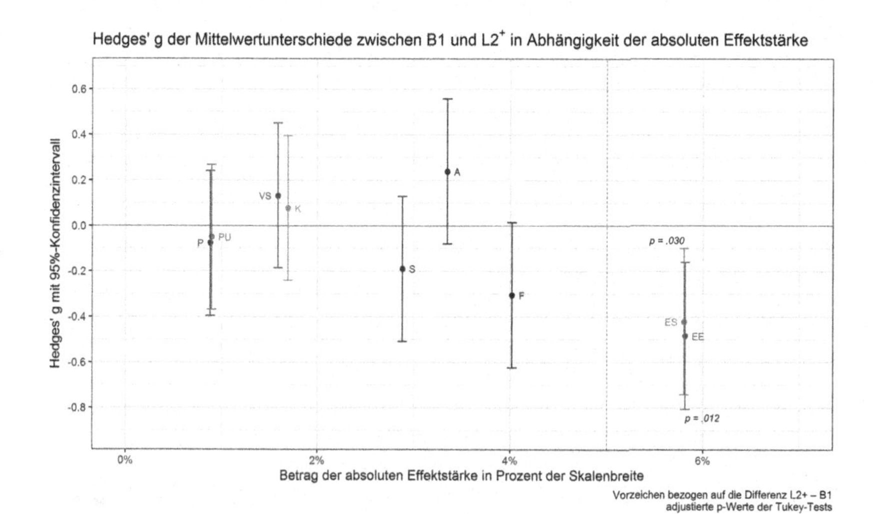

Abbildung 19.5 Relative Effektstärken der Mittelwertunterschiede in den Faktoren zwischen den Gruppen B1 und L2^{+} in Abhängigkeit der absoluten Effektstärke

Beim Faktor ANWENDUNGS-CHARAKTER liegt ferner der Verdacht auf einen signifikanten Gruppenunterschied vor: Der p-Wert des ANOVA-Ergebnisses beträgt $p = .096$ und der adjustierte p-Wert des Tukey-Tests liegt bei $p = .087$ (vgl. Abschnitt 18.1.3.2). Unter der Annahme, dass die Mittelwertdifferenz dieser beiden Gruppen nicht zufällig zustande gekommen ist, ergäbe sich hier ein kleiner bis moderater Effekt in praktisch bedeutsamer Größenordnung; wobei das 95 %-Konfidenzintervall von Hedges' g [0.02, 0.70] zudem nicht den Wert Null enthält. Zuletzt lässt sich Abbildung 19.7 entnehmen, dass auch im Faktor SCHEMA-ORIENTIERUNG eine Differenz von annähernd praktisch bedeutsamer Größe vorliegt, jedoch führte die Varianzanalyse bei diesem Faktor zu einem nicht signifikanten Ergebnis ($p = .199$, vgl. Abschnitt 18.1.3.3).

19.4.2 Diskussion der Ergebnisse der Querschnittuntersuchung

Wie im vorangehenden Abschnitt beschrieben, ergab die einfaktorielle Varianzanalyse, dass sich die Ausprägungen der vier Faktoren FORMALISMUS-ASPEKT, ERGEBNISEFFIZIENZ, ERMESSENSSPIELRAUM BEI DER FORMULIERUNG VON

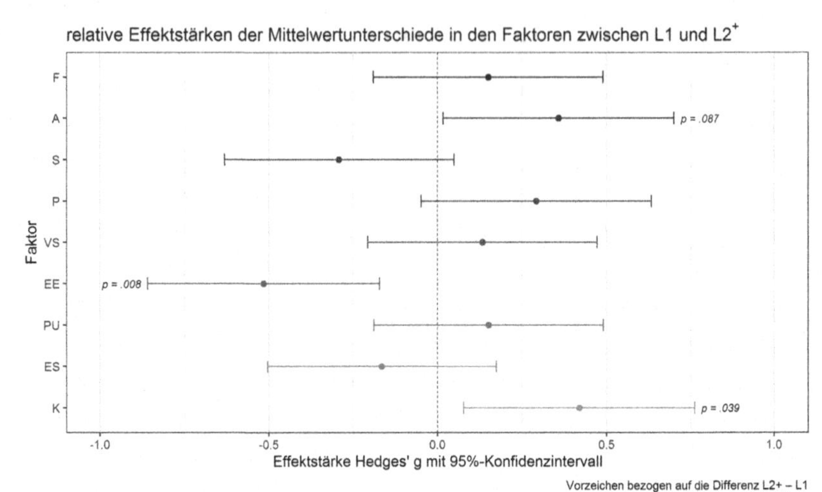

Abbildung 19.6 Relative Effektstärken der Mittelwertunterschiede in den Faktoren zwischen den Gruppen L2$^+$ und L1

MATHEMATIK und KREATIVITÄT zwischen den drei Gruppen (B1, L1, L2$^+$) signifikant unterscheiden. In den übrigen betrachteten Faktoren ließen sich keine statistisch signifikanten Mittelwertunterschiede ausmachen, wobei jedoch in den Faktoren ANWENDUNGS-CHARAKTER und PROZESS-CHARAKTER der Verdacht auf einen signifikanten Effekt naheliegt. Im direkten Vergleich der beiden Gruppen von Mathematik-Erstsemesterstudierenden (Bachelor versus gymnasiales Lehramt) weisen jene im Bachelorstudiengang eine höhere Zustimmung zu den Aussagen des Faktors FORMALISMUS-ASPEKT auf.[2] Weiterhin unterscheiden sich auch die beiden Gruppen von Lehramtsstudierenden (zu Beginn des Studiums und in höheren Semestern): In diesem Quasi-Längsschnittvergleich nimmt mit der Studiendauer die Zustimmung zum Faktor KREATIVITÄT zu, wohingegen die Faktorwerte bei der ERGEBNISEFFIZIENZ tendenziell abnehmen.[3]

[2] Unter Umständen gilt dies auch für die Faktoren PROZESS-CHARAKTER und KREATIVITÄT, hier besteht jeweils der Verdacht auf einen bedeutsam höheren Gruppenmittelwert der Bachelorstudierenden (vgl. Abschnitt 19.4.1.1).

[3] Ebenfalls ergibt der Quasi-Längsschnittvergleich den Verdacht auf eine gesteigerte Zustimmung zum Faktor ANWENDUNGS-CHARAKTER im Laufe des Lehramtsstudiums.

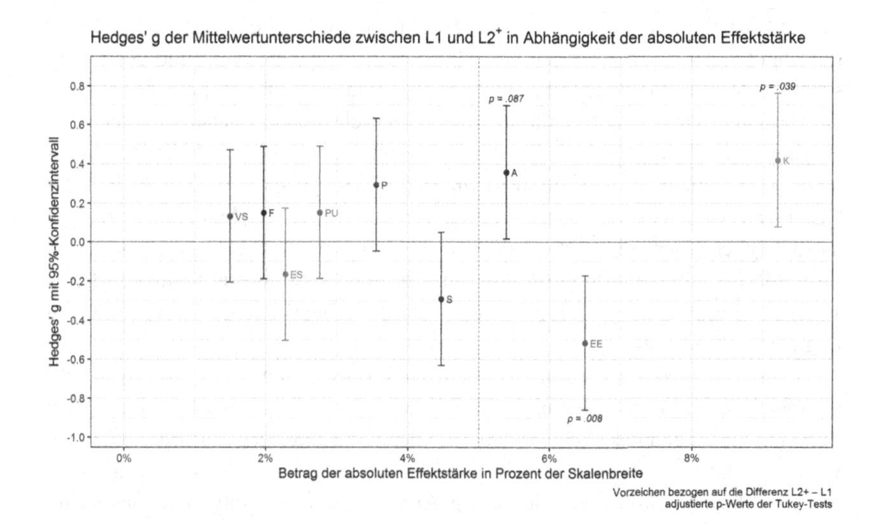

Abbildung 19.7 Relative Effektstärken der Mittelwertunterschiede in den Faktoren zwischen den Gruppen L1 und L2+ in Abhängigkeit der absoluten Effektstärke

Im Detail lassen sich die in Abschnitt 19.4.1 vorgestellten Ergebnisse des Querschnittvergleichs in drei Bereiche unterteilen und wie folgt interpretieren: Zunächst charakterisiert die Studienanfänger*innen sowohl des Bachelor- als auch des Lehramtsstudiengangs, dass diese dem Faktor ERGEBNISEFFIZIENZ stärker zustimmen als die fortgeschrittenen Lehramtsstudierenden. Die im Schulunterricht tendenziell vorherrschende kalkülhafte Vorgehensweise scheint diesen Aspekt des mathematischen Weltbildes zu Studienbeginn noch stärker zu prägen, wohingegen die Zustimmung zum Faktor ERGEBNISEFFIZIENZ als ein Effekt des (Lehramts-) Studium im Laufe der Zeit tendenziell abnimmt. Zweitens zeichnen sich die Studienanfänger*innen des Bachelorstudiengangs Mathematik im Vergleich zu den Mathematik-Lehramtsstudierenden der anderen beiden Gruppen durch einen höheren Wert im Faktor FORMALISMUS-ASPEKT aus. Im Mathematikbild der angehenden Gymnasiallehrkräfte steht ein strikter Formalismus demnach nicht so stark im Vordergrund wie bei reinen Fachstudierenden, und anscheinend ändert sich dies im Laufe des Lehramtsstudiums auch nicht. Verglichen mit den Erstsemesterstudierenden im Bachelorstudiengang Mathematik lehnen die fortgeschrittenen Lehramtsstudierenden den Faktor ERMESSENSSPIELRAUM BEI DER FORMULIERUNG VON MATHEMATIK zudem stärker ab. Die Studierenden, die ein Fachstudium Mathematik aufnehmen, scheinen also bereits zu

Beginn des Studiums ein gewisses Bewusstsein für den Einfluss menschlicher Entscheidungen beim Betreiben von Mathematik zu haben. Aufgrund des Untersuchungsdesigns ist indes unbekannt, ob und wie stark dieses Bewusstsein und die formalistisch geprägte Sicht auch bei fortgeschrittenen Bachelorstudierenden ausgeprägt ist. Und drittens fallen die Studienanfänger*innen im Lehramt Mathematik durch einen niedrigeren Wert im Faktor KREATIVITÄT auf. Indes legt der Quasi-Längsschnittvergleich die Vermutung nahe, dass das Mathematikstudium diesbezüglich Spuren hinterlässt und die Zustimmung zum Faktor KREATIVITÄT im Laufe des Lehramtsstudiums ansteigt – in höheren Semestern stimmen Lehramtsstudierende diesem Faktor ähnlich stark zu wie Bachelorstudierende zu Beginn des Studiums.

Die nun folgenden Abschnitte betrachten die Entwicklung der Faktoren an echten Längsschnittdaten, wobei nicht der Effekt der Zeit alleine, sondern speziell die Zustimmung zu den Faktoren vor und nach der Vorlesung ENTSTEHUNGSPROZESSE VON MATHEMATIK untersucht wird. Während beim Quasi-Längsschnitt die Varianz zwischen den Personen auch einen Anteil an der Gesamtvarianz ausmacht, können mithilfe echter Längsschnittuntersuchungen (auch als Within-subject-Designs bezeichnet) speziell die Varianzanteile innerhalb der Individuen zwischen Messzeitpunkten untersucht werden.

19.4.3 Zusammenfassung bedeutsamer Effektstärken in der Längsschnittuntersuchung zur EnProMa-Vorlesung im Wintersemester 2014/2015

Zur Einordnung Bedeutsamkeit der unterschiedlichen Effekte werden nachfolgend die Ergebnisse der Mittelwertvergleiche vor und nach der ENPROMA-Vorlesung im Wintersemester 2014/2015 aus Unterkapitel 18.2 zusammengefasst und gegenübergestellt. Insgesamt bewirkte die Interventionsmaßnahme im Wintersemester 2014/2015 bei vier der elf Faktoren (PROZESS-CHARAKTER, ERGEBNISEFFIZIENZ, ERMESSENSSPIELRAUM BEI DER FORMULIERUNG VON MATHEMATIK und MATHEMATIK ALS KREATIVE TÄTIGKEIT) statistisch signifikante Veränderungen, die auch jeweils von praktisch bedeutsamer Größe sind. Einige der übrigen Differenzen liegen absolut betrachtet zwar ebenfalls im Bereich praktischer Bedeutsamkeit, konnten dabei aber nicht als statistisch signifikante Effekte nachgewiesen werden. In Tabelle 19.2 sind die statistisch bedeutsamen Mittelwertunterschiede zwischen den Messzeitpunkten E14-PRE und E14-POST mit entsprechenden relativen und absoluten Effektstärkemaßen zusammengefasst. Daran anschließend zeigt

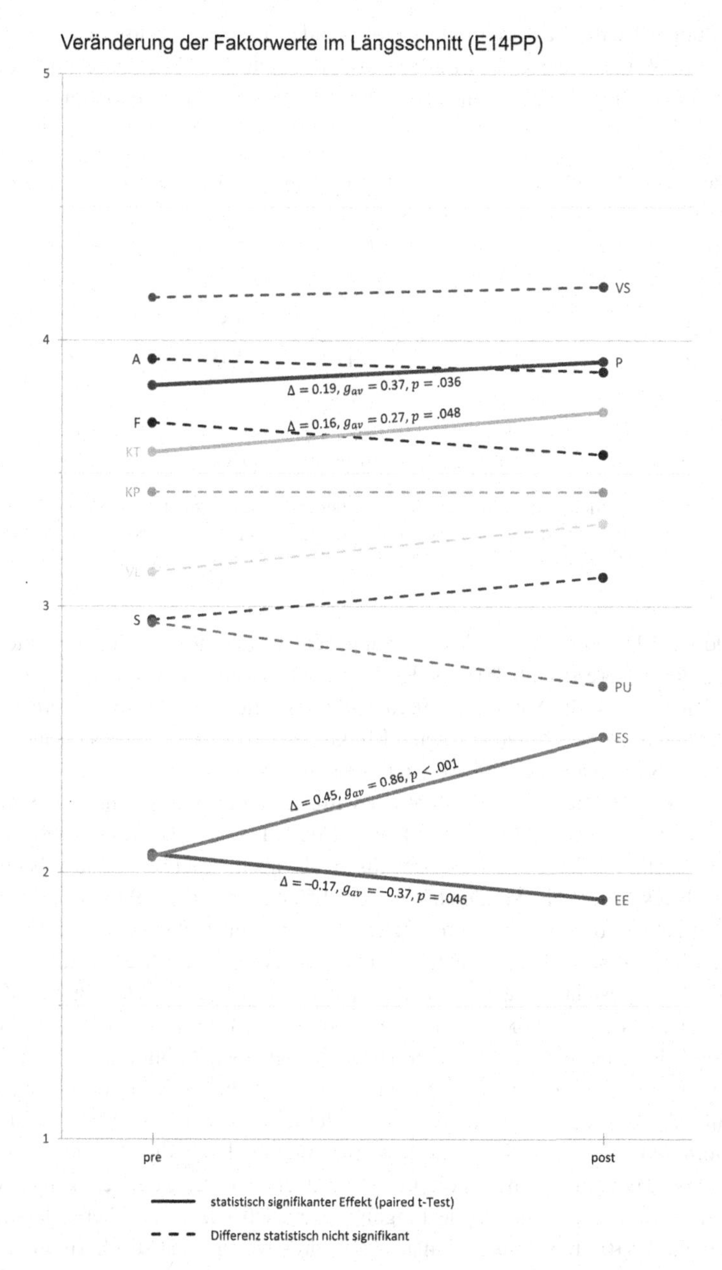

Abbildung 19.8 Veränderung der Faktorwerte im Längsschnittdatensatz E14PP

Abbildung 19.8 die Faktormittelwerte der beiden Erhebungszeitpunkte der Vorlesung im Wintersemester 2014/2015, wodurch sich die Mittelwerte und deren Veränderung im Laufe des Semesters zunächst absolut einordnen lassen.

Tabelle 19.2 Übersicht bedeutsamer Effektstärken der Mittelwertunterschiede im Längsschnittdatensatz E14PP

Faktor	F	A	S	P	VS	EE	PU	ES	KP	KT	VL
$M_{\text{E14-pre}}$				3.83		2.07		2.06		3.58	
$M_{\text{E14-post}}$				3.92		1.9		2.51		3.73	
Δ				0.19		−0.17		0.45		0.16	
aES				4.7 %		4.3 %		11.3 %		3.9 %	
p				.036		.046		<.001		.048	
g_{av}				0.37		−0.37		0.86		0.27	

Δ: Differenz zwischen den Mittelwerten der Erhebungszeitpunkte (E14-POST – E14-PRE). aES: absolute Effektstärke des Mittelwertunterschieds in Prozent der Skalenbreite (4). p: p-Wert des paired t-Tests. g_{av}: Effektstärke Hedges' g_{av} mit gemittelter Varianz.

Abbildung 19.9 zeigt für die Mittelwertunterschiede der elf betrachteten Faktoren jeweils die relative Effektstärke Hedges' g_{av} mitsamt dem entsprechenden 95 %-Konfidenzintervall. In Abbildung 19.10 sind diese Effekte weiterhin entsprechend dem Betrag der zugehörigen absoluten Effektstärke geordnet, sodass sich auch die praktische Signifikanz der Effekte eingeschätzen lässt.

Wie aus Abbildung 19.10 ersichtlich wird, handelt es sich beim Mittelwertunterschied im Faktor ERMESSENSSPIELRAUM BEI DER FORMULIERUNG VON MATHEMATIK um einen sowohl statistisch als auch praktisch höchst bedeutsamen Effekt, der im Vergleich zu den Effekten in den übrigen Faktoren heraussticht. Trotz dieses starken Effekts ist es derweil nicht so, dass die untersuchten Studierenden diesem Faktor nach der Interventionsmaßnahme zustimmen – der Effekt besteht daraus, dass die zuvor ausgeprägte Ablehnung des Faktors ERMESSENSSPIELRAUM BEI DER FORMULIERUNG VON MATHEMATIK zum zweiten Erhebungszeitpunkt deutlich nachlässt (vgl. auch Abbildung 19.8). Wenn die Studierenden zuvor in ihrem Studium ein einheitliches Bild von der Nichtbeeinflussbarkeit der Mathematik durch Menschen erworben haben, so liegt die Vermutung nahe, dass der Ermessensspielraum durch die Art der Präsentation von Mathematik im Studium gut versteckt wurde. Zugleich zeigen die Ergebnisse, dass sich eine solche Prägung aber auch wieder revidieren lässt. In Abbildung 19.10 sind darüber hinaus noch drei weitere statistisch signifikante

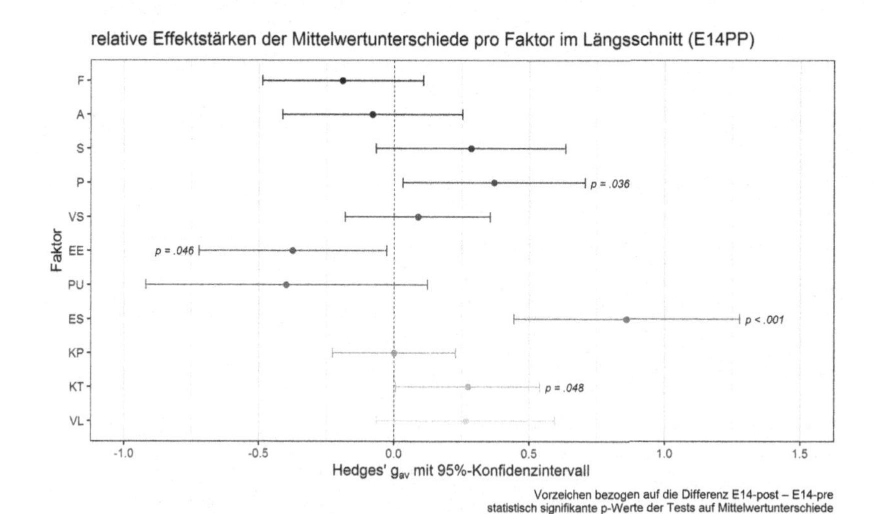

Abbildung 19.9 Relative Effektstärke Hedges' g_{av} mit 95 %-Konfidenzintervall im Datensatz E14PP

Mittelwertunterschiede erkennbar: Zum zweiten Erhebungszeitpunkt nahmen die Faktormittelwerte des Faktors PROZESS-CHARAKTER zu (Hedges' $g_{av} = 0.37$, $p = .036$, absolute Effektstärke 4.7 % der Skalenbreite), ebenso fielen dort im Faktor MATHEMATIK ALS KREATIVE TÄTIGKEIT die Mittelwerte höher aus (Hedges' $g_{av} = 0.27$, $p = .048$, absolute Effektstärke 3.9 % der Skalenbreite), während schließlich jene im Faktor ERGEBNISEFFIZIENZ zwischen den beiden Erhebungszeitpunkten abnahmen (Hedges' $g_{av} = -0.37$, $p = .046$, absolute Effektstärke 4.3 % der Skalenbreite). Bei diesen drei Faktoren liegen jeweils schwache bis moderate Effekte vor, die jeweils annähernd als praktisch bedeutsam angesehen werden können. Zuletzt weisen die Faktoren PLATONISMUS/UNIVERSALITÄT MATHEMATISCHER ERKENNTNISSE, SCHEMA-ORIENTIERUNG und VIELFALT AN LÖSUNGSWEGEN IN DER MATHEMATIK Mittelwertdifferenzen in praktisch bedeutsamer Größenordnung auf. Jedoch sind die zugehörigen t-Tests für abhängige Stichproben jeweils nicht signifikant (PU: $\Delta = -0.24$, $p = .133$, S: $\Delta = 0.16$, $p = .112$, VL: $\Delta = 0.18$, $p = .123$), sodass eine zufällige Veränderung dieser Faktormittelwerte nicht auf dem gewählten Signifikanzniveau ausgeschlossen werden kann.

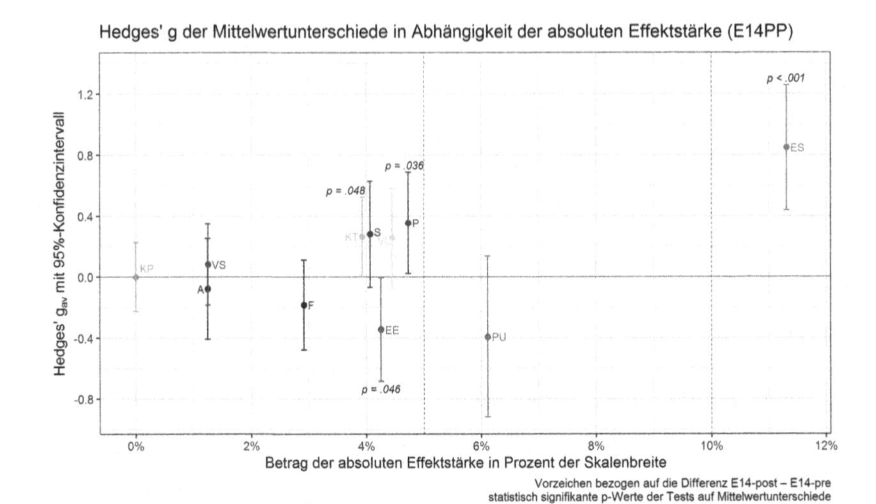

Abbildung 19.10 Relative Effektstärken g_{av} der Mittelwertunterschiede in den Faktoren zwischen den Messzeitpunkten des Datensatzes E14PP in Abhängigkeit der absoluten Effektstärke

19.4.4 Zusammenfassung bedeutsamer Effektstärken in der Längsschnittuntersuchung zur EnProMa-Vorlesung im Wintersemester 2013/2014

Die Interventionsmaßnahme im Wintersemester 2013/2014 führte bei drei der neun beobachteten Faktoren (SCHEMA-ORIENTIERUNG, ERGEBNISEFFIZIENZ und PLATONISMUS/UNIVERSALITÄT MATHEMATISCHER ERKENNTNISSE) zu statistisch signifikanten Veränderungen, welche dabei jeweils auch von praktisch bedeutsamer Größenordnung sind (vgl. Unterkapitel 18.3). In Tabelle 19.3 sind die bedeutsamen Mittelwertunterschiede zwischen den Messzeitpunkten E13-PRE und E13-POST mit entsprechenden relativen und absoluten Effektstärkemaßen zusammengefasst.

Die Faktormittelwerte der beiden Erhebungszeitpunkte der Vorlesung im Wintersemester 2013/2014 werden in Abbildung 19.11 dargestellt, sodass sich die Mittelwerte und deren Veränderung im Laufe des Semesters zunächst absolut einordnen lassen. Daran anschließend zeigt Abbildung 19.12 die relative Effektstärke Hedges' g_{av} der Mittelwertunterschiede mitsamt den entsprechenden 95 %-Konfidenzintervallen nach Faktoren geordnet, gefolgt von Abbildung 19.13,

Tabelle 19.3 Übersicht bedeutsamer Effektstärken der Mittelwertunterschiede im Längsschnittdatensatz E13PP

Faktor	F	A	S	P	VS	EE	PU	ES	K
$M_{\text{E13-pre}}$			2.77			1.88	2.84		
$M_{\text{E13-post}}$			2.46			1.64	2.44		
Δ			−0.32			−0.24	−0.40		
aES			7.9 %			6.0 %	10 %		
p			.017			.035	.042		
g_{av}			−0.48			−0.73	−0.53		

Δ: Differenz zwischen den Mittelwerten der Erhebungszeitpunkte (E13-POST – E13-PRE). aES: absolute Effektstärke des Mittelwertunterschieds in Prozent der Skalenbreite (4). p: p-Wert des paired t-Tests. g_{av}: Effektstärke Hedges' g_{av} mit gemittelter Varianz.

welche die Effekte noch einmal entsprechend dem Betrag der zugehörigen absoluten Effektstärke geordnet zeigt, um gemeinsam mit der statistischen auch die praktische Signifikanz beurteilen zu können.

Zwischen den Messzeitpunkten der Vorlesung im Wintersemester 2013/2014 zeigt sich eine statistisch signifikante Abnahme die Faktorwerte in den Faktoren ERGEBNISEFFIZIENZ, SCHEMA-ORIENTIERUNG und PLATONISMUS/UNIVERSALITÄT MATHEMATISCHER ERKENNTNISSE, wobei diese Mittelwertunterschiede dabei jeweils auch praktisch bedeutsam sind. Im Faktor ERGEBNISEFFIZIENZ liegt ein signifikanter moderater bis starker Effekt vor (Hedges' $g_{av} = -0.73, p = .035$), während es sich bei den anderen beiden Faktoren um signifikante moderate Effekte handelt (S:Hedges' $g_{av} = -0.48, p = .017$, PU: Hedges' $g_{av} = -0.53, p = .042$). Zuletzt weisen die Faktoren ANWENDUNGS-CHARAKTER und ERMESSENSSPIELRAUM BEI DER FORMULIERUNG VON MATHEMATIK Mittelwertdifferenzen in praktisch bedeutsamer Größenordnung auf. Jedoch sind die zugehörigen t-Tests für abhängige Stichproben beide nicht signifikant (A: $\Delta = -0.23$, $p = .116$, ES: $\Delta = 0.18$, $p = .109$), sodass eine zufällige Veränderung dieser Faktormittelwerte nicht auf dem gewählten Signifikanzniveau ausgeschlossen werden kann.

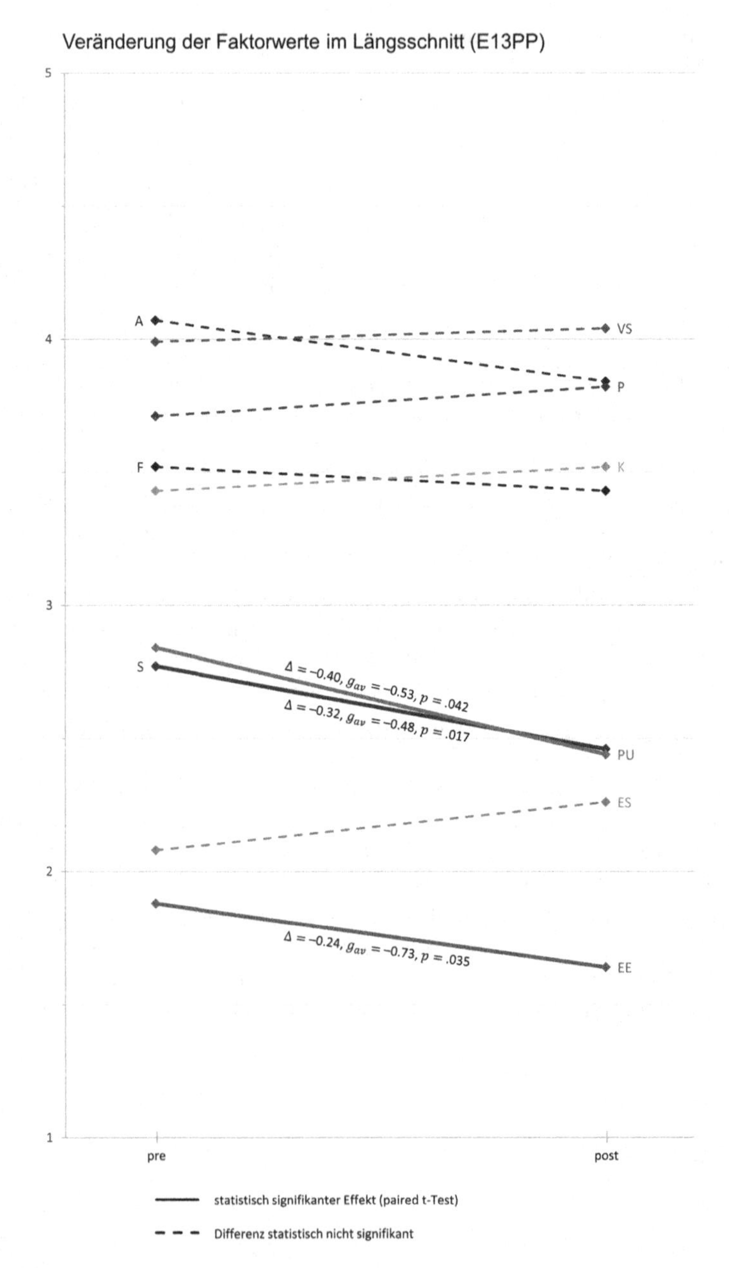

Abbildung 19.11 Veränderung der Faktorwerte im Längsschnittdatensatz E13PP

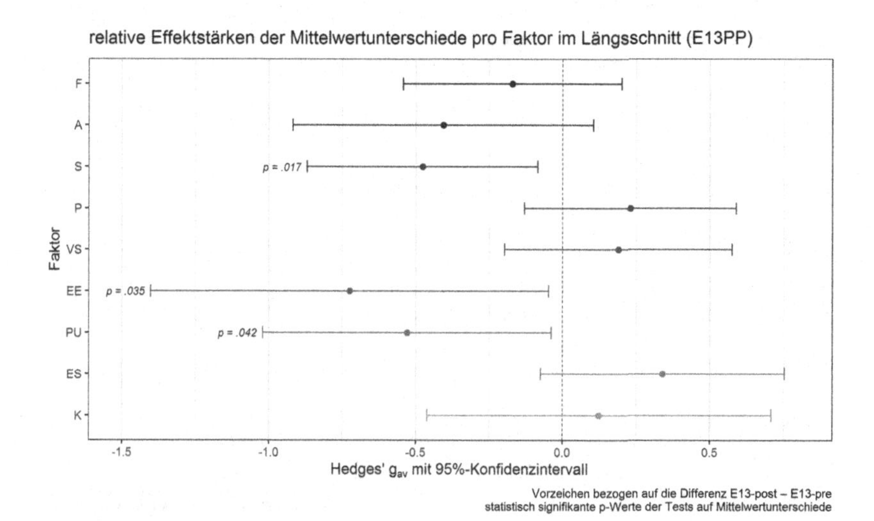

Abbildung 19.12 Relative Effektstärke Hedges' g_{av} mit 95 %-Konfidenzintervall im Datensatz E13PP

19.4.5 Diskussion der Ergebnisse beider Längsschnittuntersuchungen

Während in den vorherigen Abschnitten 19.4.3 und 19.4.4 die Ergebnisse der Längsschnittuntersuchung jeweils eines Vorlesungsdurchgangs zusammengefasst wurden, folgt nun noch eine abschließende Diskussion der Gemeinsamkeiten und Unterschiede der Effekte beider Kohorten. In Anlehnung an Abbildung 19.8 und Abbildung 19.11 werden dazu in Abbildung 19.14 die Faktormittelwerte der Erhebungszeitpunkte aus beiden Vorlesungsdurchgängen einem Diagramm dargestellt.

Diese gemeinsame Darstellung aller Faktorwerte der beiden Längsschnittdesigns ermöglicht eine detailliertere Analyse der Veränderungen. Zunächst soll ein Blick auf diejenigen Bereiche geworfen werden, in denen weder im ersten noch im zweiten Vorlesungszyklus eine systematische Veränderung nachgewiesen werden konnte. An der Sichtweise auf Mathematik als formales, strukturell vernetztes Gebäude (Faktoren FORMALISMUS-ASPEKT und VERNETZUNG/STRUKTUR MATHEMATISCHEN WISSENS) ändert sich etwa nichts, diese Aspekte des mathematischen Weltbildes der Studierenden scheinen sich im Laufe der Teilnahme an der Vorlesung also nicht strukturell bedeutsam verändert zu haben. Dies ist

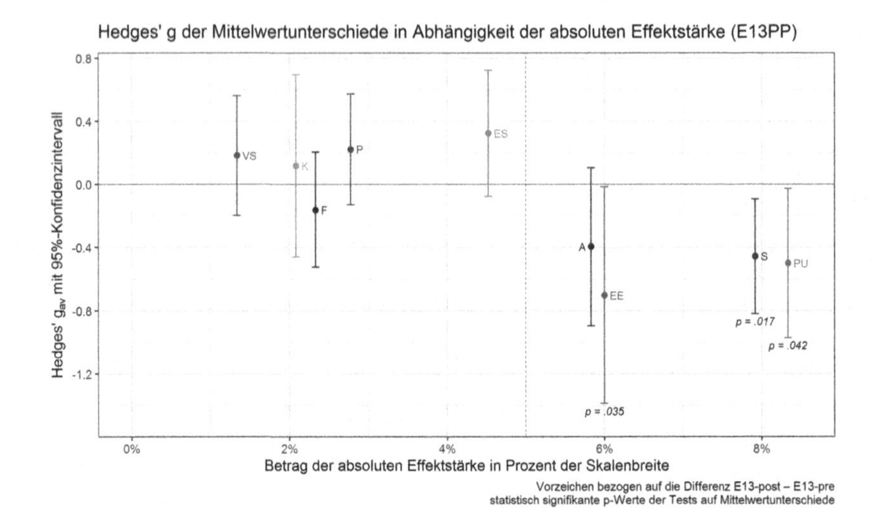

Abbildung 19.13 Relative Effektstärken g_{av} der Mittelwertunterschiede in den Faktoren zwischen den Messzeitpunkten des Datensatzes E13PP in Abhängigkeit der absoluten Effektstärke

insofern stimmig, als dass die Sicht auf Mathematik als ein formales, aufeinander aufbauendes System zwar eine Rolle spielte, hier aber auch keine größeren Veränderungen zu erwarten waren – schließlich nehmen die befragten Personen diese beiden Faktoren bereits homogen wahr und stimmen ihnen tendenziell zu (vgl. Unterkapitel 19.2). Auch bei den Faktoren ANWENDUNGS-CHARAKTER sowie KREATIVITÄT respektive MATHEMATIK ALS PRODUKT VON KREATIVITÄT finden keine nennenswerten Veränderungen statt. Zur besseren Übersicht werden diese Faktoren werden anschließend herausgefiltert: Während in Abbildung 19.14 sämtliche Faktormittelwerte der beiden Längsschnittuntersuchungen aus Unterkapitel 18.2 und 18.3 dargestellt sind, beschränkt sich die darauf folgende Abbildung 19.15 auf jene Faktoren mit einer statistisch signifikanten Veränderungen in mindestens einem der Durchgänge.

Entsprechend enthält Abbildung 19.15 von den übrigen Faktoren jeweils die Entwicklungen aus beiden Jahrgängen, welche sich grob wie folgt subsumieren lässt: Die zuvor gering ausfallende Zustimmung zum Faktor ERMESSENSSPIELRAUM BEI DER FORMULIERUNG VON MATHEMATIK nahm zu, während die ohnehin bereits hoch ausfallenden Faktorwerte der Faktoren

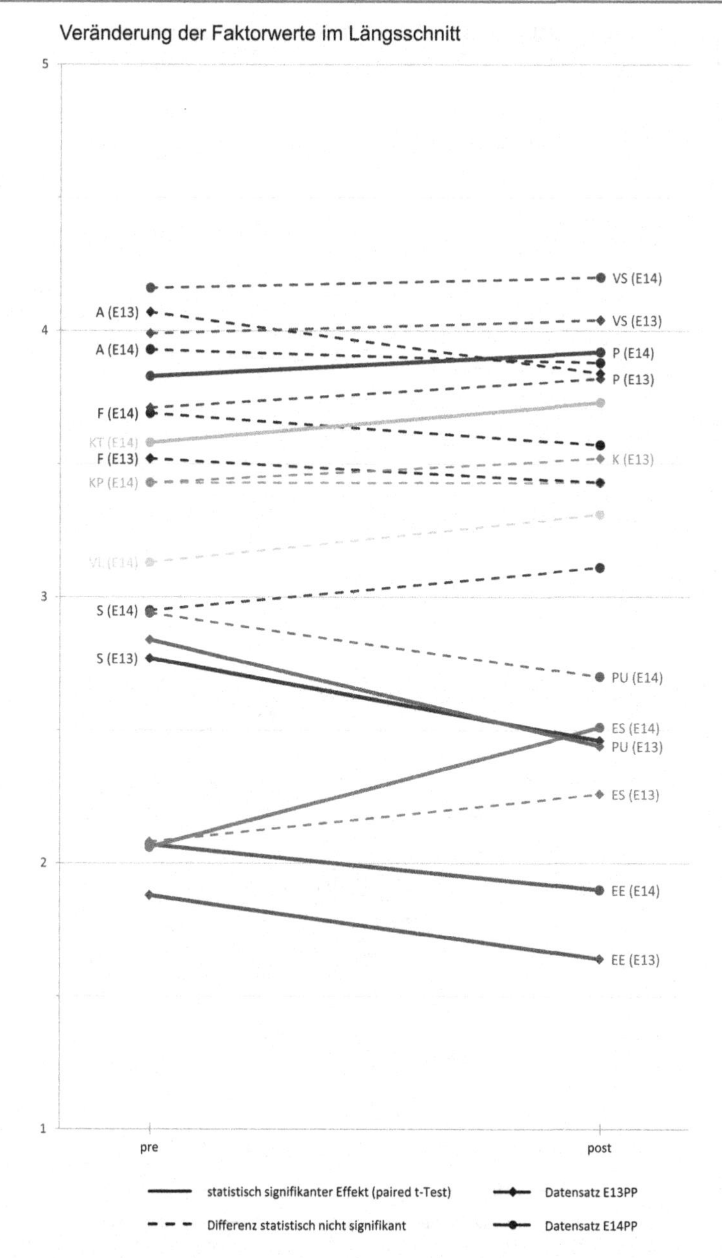

Abbildung 19.14 Veränderungen aller Faktorwerte im Längsschnitt (Datensätze E13PP und E14PP)

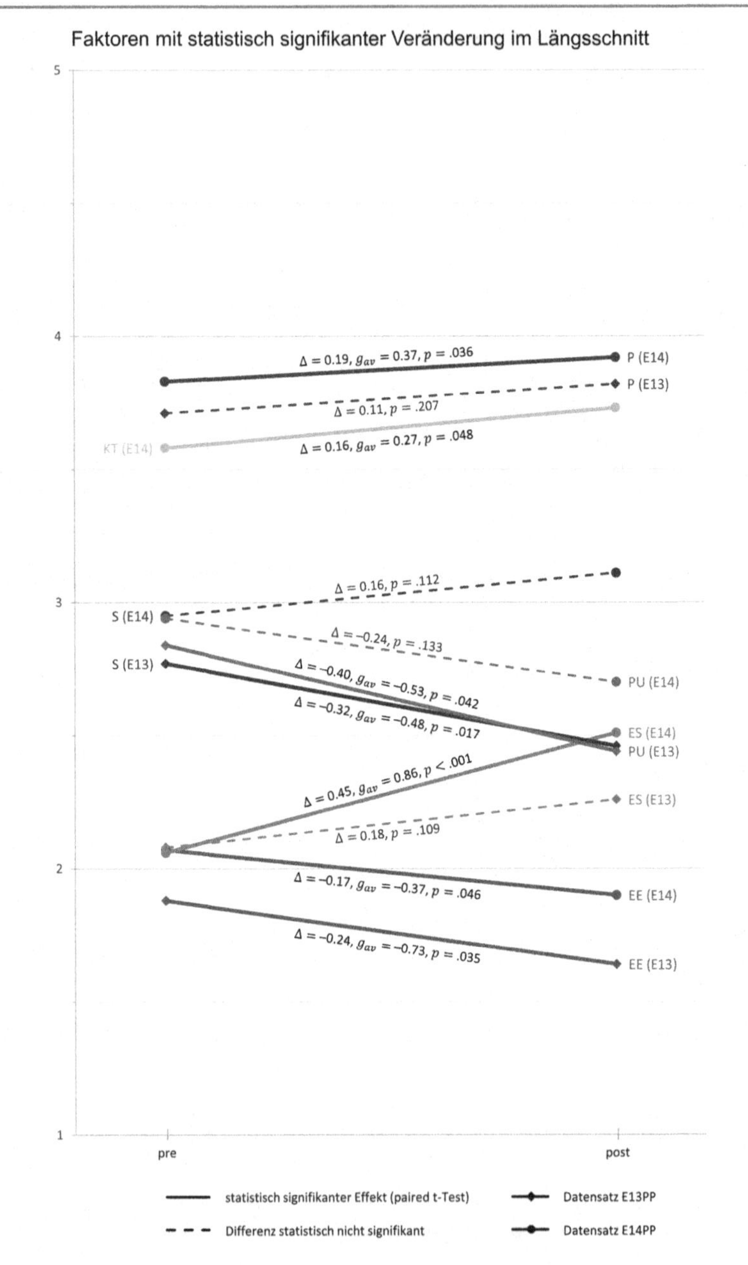

Abbildung 19.15 Bedeutsame Veränderungen der Faktorwerte im Längsschnitt (Datensätze E13PP und E14PP)

PROZESS-CHARAKTER und MATHEMATIK ALS KREATIVE TÄTIGKEIT noch weiter anstiegen. Weiterhin sank die Zustimmung zu den tendenziell eher niedrigen Werten des Faktors ERGEBNISEFFIZIENZ weiter ab, ebenso wie jene zum Faktor PLATONISMUS/UNIVERSALITÄT MATHEMATISCHER ERKENNTNISSE.

Aus Abbildung 19.15 wird zunächst ersichtlich, dass die Unterschiede in den Mittelwerten der Erhebungszeitpunkte bis auf einen Faktor[4] kohärent sind: Selbst wenn eine Veränderung in nur einem der beiden Durchgänge einen statistisch signifikanten Effekt darstellt, so stimmt die absolute Änderung des Faktormittelwerts im anderen Durchgang hinsichtlich ihres Vorzeichens und der Steigung meist überein. Dies spricht für eine tendenziell ähnliche Wirkung der Interventionsmaßnahme.

Wie zuvor beschrieben ergeben sich keine bedeutsamen Veränderungen bei den Faktoren FORMALISMUS-ASPEKT, ANWENDUNGS-CHARAKTER VERNETZUNG/STRUKTUR MATHEMATISCHEN WISSENS, sowie (MATHEMATIK ALS PRODUKT VON) KREATIVITÄT. Hingegen lässt sich bei den Faktoren PROZESS-CHARAKTER, PLATONISMUS/UNIVERSALITÄT MATHEMATISCHER ERKENNTNISSE, ERMESSENSSPIELRAUM BEI DER FORMULIERUNG VON MATHEMATIK, ERGEBNISEFFIZIENZ, MATHEMATIK ALS KREATIVE TÄTIGKEIT in mindestens einem der Durchgänge eine signifikante Veränderung nachweisen. Bei näherer Betrachtung dieser Faktoren ergibt sich das folgende, grobe Bild: Über die beiden Vorlesungsdurchgänge hinweg lassen sich Veränderungen bei all jenen Faktoren ausmachen, die Mathematik in irgendeiner Weise mit der eigenen Person verbinden und menschliches Verhalten als Teil der Mathematik berücksichtigen. Zugleich lassen sich darüber auch die übrigen vier Faktoren klassifizieren, da diese eher der Mathematik inhärente Aspekte erfassen. Diese Unterteilung ist indes nicht neu, die Linie verläuft erneut entlang der Unterscheidung zwischen Produkt und Prozess (vgl. Abschnitt 3.1.5.2) und tritt hier auf einer weiteren Ebene zutage: Mathematik ist entsprechend formal, vernetzt, kreativ und besitzt vielfältige Anwendungen, während der Prozess des Mathematiktreibens originelle Einfälle benötigt, menschlichen Einflüssen unterliegt und gelegentlich in Sackgassen mündet.

[4] Lediglich beim Faktor SCHEMA-ORIENTIERUNG passen die Vorzeichen der Mittelwertdifferenzen nicht zusammen: Während die Vorlesung im Wintersemester 2013/2014 zu einer signifikanten Abnahme führte, hat die (statistisch nicht signifikante) Differenz im Wintersemester 2014/2015 positives Vorzeichen. Dies lässt sich etwa dahingehend interpretieren, dass die Details der Vorlesung keine vollständig kontrollierbare Variable darstellen und sich die beiden Durchführungen trotz ähnlicher Inhalte gewiss in einigen Nuancen unterschieden.

Vor dem Hintergrund der Ergebnisse des Querschnittdesigns fallen zwei der beschriebenen Effekte gesondert auf, zum einen sind dies die sinkenden Faktorwerte bei der ERGEBNISEFFIZIENZ und zum anderen die steigende Zustimmung zu den Aussagen des Faktors ERMESSENSSPIELRAUM BEI DER FORMULIERUNG VON MATHEMATIK. Wie die Varianzanalyse in Unterkapitel 18.1 zeigt, nimmt diese Zustimmung zum Faktor ERGEBNISEFFIZIENZ als ein Effekt des (Lehramts-) Studiums im Laufe der Zeit tendenziell ab, wobei der Gruppenvergleich zwischen den Lehramtsstudierenden im ersten und in höheren Fachsemestern nur einen Quasi-Längsschnittvergleich darstellt. Darüber hinaus kann eine entsprechende Abnahme der Faktorwerte im Faktor ERGEBNISEFFIZIENZ jedoch auch in beiden Längsschnittstichproben nachgewiesen werden. Da dieser Effekt in beiden betrachteten Jahren moderat bis stark ausfällt, wirkt die Teilnahme an der Interventionsmaßnahme an dieser Stelle einer kalkülorientiert geprägten Sicht auf Mathematik entgegen. Zu berücksichtigen ist auch, dass die fortgeschrittenen Lehramtsstudierenden einen signifikant niedrigeren Wert im Faktor ERMESSENSSPIELRAUM BEI DER FORMULIERUNG VON MATHEMATIK aufweisen als die Erstsemesterstudierenden des Bachelorstudiengangs (vgl. Abschnitt 19.4.1.2). Zugleich führt die Teilnahme an der Vorlesung im Wintersemester 2014/2015 bei einer vergleichbaren Gruppe von Lehramtsstudierenden höheren Semesters zu einer deutlich gestiegenen Zustimmung zu den Aussagen dieses Faktors, sodass diese anschließend über einen ähnlichen Mittelwert verfügen wie Bachelorstudierende zu Beginn des Studiums. Hinsichtlich der Unterschiede im Faktor ERMESSENSSPIELRAUM BEI DER FORMULIERUNG VON MATHEMATIK kann die Interventionsmaßnahme folglich ausgleichend wirken. Durch die Vorlesung konnten folglich Impulse für das mathematische Weltbild der Lehramtsstudierenden gegeben werden; Veränderungen fanden insbesondere in denjenigen Bereichen statt, in denen Mathematik mit der eigenen Person in Verbindung gebracht und menschliches Verhalten beim Mathematiktreiben berücksichtigt wird.

Zusammenfassend zeigen die Querschnittuntersuchungen, dass sich einige Unterschiede in den Faktormittelwerten sowohl durch die Wahl des Studiengangs als auch durch den Einfluss des Mathematikstudiums selbst erklären lassen. Zugleich zeigt sich durch die Betrachtung fester Studierendengruppen in den Längsschnittuntersuchungen, dass die entsprechenden Ausprägungen mathematischer Weltbilder keineswegs fest sind, eine Einflussnahme auf die Beliefs ist auch bei fortgeschrittenen Studierenden durchaus möglich. Insgesamt kann die Intervention somit zu einem breiteren und tragfähigen mathematischen Weltbild führen und in der Folge auf sinnvolle Weise als ein Baustein zur Enkulturation angehender Mathematiklehrkräfte beitragen.

Überblick ausgewählter Ergebnisse in den einzelnen Faktoren 20

Das nun folgende Kapitel enthält eine kurze Zusammenfassung der einzelnen Faktoren. Berichtet werden dabei jeweils die enthaltenen Items (vgl. Kapitel 15), die in der untersuchten Stichprobe vorliegenden Faktorwertverteilungen (vgl. Kapitel 16) sowie die Korrelationen der Faktorwerte (vgl. Kapitel 17). Sofern zutreffend, werden zudem ausgewählte Erkenntnisse aus den Mittelwertvergleichen der Quer- und Längsschnittdesigns in Kapitel 18 ergänzt. Somit enthält dieses Kapitel im Vergleich zum vorangegangenen Kapitel keine neuen Ergebnisse oder Diskussionen, sondern bietet eine andere Strukturierung der Erkenntnisse aus Kapitel 15 bis 18. Dies geschieht prospektiv und insbesondere für Forschung, die keine vollständige Replikation der vorliegenden Untersuchung zum Ziel hat, sondern in der nur ausgewählte Skalen Verwendung finden sollen.

Vier der elf Faktoren (FORMALISMUS-ASPEKT, ANWENDUNGS-CHARAKTER, SCHEMA-ORIENTIERUNG und PROZESS-CHARAKTER) sind eins zu eins aus Grigutsch et al. (1998) entnommen, wobei die Passung des dort vorgeschlagenenen Modells zu den bei Mathematikstudierenden erhobenen Daten mittels konfirmatorischer Faktorenanalyse überprüft wurde. Dabei ergab sich ein hinreichend exakter Modellfit (vgl. Kapitel 13). Die übrigen sieben Faktoren wurden mittels explorativer Faktorenanalysen extrahiert (vgl. Kapitel 14). Der Faktor MATHEMATIK ALS PRODUKT VON KREATIVITÄT stellt dabei eine überarbeitete und um zwei Items ergänzte Fassung des Faktors KREATIVITÄT dar. Tabelle 20.1 gibt zunächst eine Übersicht über die Faktoren sowie deren Reliabilität, interne Konsistenz und Homogenität.

Alle elf Faktoren können als eindimensional angesehen werden – wenngleich in einem Fall (beim Faktor PLATONISMUS/UNIVERSALITÄT MATHEMATISCHER ERKENNTNISSE) das eindimensionale Modell nur über einen näherungsweisen

B. Weygandt, *Mathematische Weltbilder weiter denken*,
https://doi.org/10.1007/978-3-658-34662-1_20

Tabelle 20.1 Übersicht über Reliabilität, interne Konsistenz und Homogenität der Faktoren

	Faktor	Items	n	ρ_C	ρ_T	95 %-CI (α)	MIC
F	Formalismus-Aspekt	10	237	.75	.75	[.73, .82]	.24
A	Anwendungs-Charakter	10	237	.77	.77	[.72, .81]	.25
S	Schema-Orientierung	8	237	.70	.70	[.64, .76]	.23
P	Prozess-Charakter	9	237	.61	.61	[.53, .68]	.16
VS	Vernetzung/Struktur mathematischen Wissens	10	190	.78	.78	[.73, .82]	.26
EE	Ergebniseffizienz	10	190	.69	.69	[.63, .76]	.19
PU	Platonismus/Universalität mathematischer Erkenntnisse	6	190	.64	.65	[.57, .73]	.23
ES	Ermessensspielraum bei der Formulierung von Mathematik	7	190	.68	.68	[.60, .75]	.23
K	Kreativität	4	190	.77	.75	[.70, .81]	.43
KP	Mathematik als Produkt von Kreativität	6	72	.83	.82	[.75, .88]	.42
KT	Mathematik als kreative Tätigkeit	7	72	.80	.79	[.71, .86]	.35
VL	Vielfalt an Lösungswegen in der Mathematik	6	72	.71	.71	[.61, .81]	.29

n: Stichprobenumfang. ρ_C: kongenerische Reliabilität. ρ_T: tau-äquivalente Reliabilität (entspricht der internen Konsistenz/Cronbachs α). CI(α): Konfidenzintervall für Cronbachs α. MIC: mittlere Inter-Item-Korrelation.

Fit verfügt. Entsprechend ergeben sich auch keine größeren Diskrepanzen zwischen der kongenerischen Reliabilität und Cronbachs α, sodass diese als untere Schranke für die Reliabilität der Skalen angesehen werden kann. Die Reliabilitäten liegen dabei meist in einem für Einstellungsskalen üblichen Bereich. Lediglich der Faktor PROZESS-CHARAKTER weist mit $\rho_C = .61$ eine unzufriedenstellende Reliabilität auf, wird aber in der bei Grigutsch et al. (1998) verwendeten Form beibehalten, da sich im Rahmen der Kollektivdiagnostik eine etwas geringere Faktorreliabilität nicht übermäßig stark auf die Schätzwerte der Gruppenmittelwerte auswirken sollte (vgl. Moosbrugger und Kelava 2012, S. 136). Den explorativ gefundenen Faktorlösungen scheint eine stabile Struktur zugrunde zu liegen, da sich die Skalen unabhängig von der verwendeten Rotationsmethode (Promax, Varimax, Maximum-Likelihood) stets in derselben Art und Weise zusammensetzten (vgl. Abschnitte 14.2.4 und 14.3.4). Daher können die extrahierten Faktoren als orthogonal angesehen werden, was eine Interpretation und Verwendung auch einzelner Faktoren aus diesem Verbund ermöglicht. Die elf Skalen unterscheiden sich ferner hinsichtlich der Homogenität der enthaltenen Items: Während etwa der Faktor MATHEMATIK ALS PRODUKT VON KREATIVITÄT mit einer mittleren Inter-Item-Korrelation von .42 eher homogene Items enthält, decken die Items der Faktoren PROZESS-CHARAKTER oder ERGEBNISEFFIZIENZ mit Werten von .16 respektive .19 breiter gefasste Konstrukte ab.

In der Gesamtstichprobe von $n = 223$ Studierenden ergibt sich eine inhaltlich kohärent interpretierbare Zusammenhangsstruktur der Faktoren: Die Faktoren ordnen sich in zwei Clustern an, welche jeweils aus untereinander positiv korrelierten Faktoren bestehen und miteinander durch negative Korrelationen verbunden sind (siehe Abbildung 17.3 in Abschnitt 17.1.1). Das eine Cluster setzt sich aus den Faktoren KREATIVITÄT, PROZESS-CHARAKTER, FORMALISMUS-ASPEKT, VERNETZUNG/STRUKTUR MATHEMATISCHEN WISSENS und ANWENDUNGS-CHARAKTER zusammen und kann als dynamisch-kreatives Cluster bezeichnet werden. Das andere Cluster besteht aus den Faktoren ERGEBNISEFFIZIENZ, SCHEMA-ORIENTIERUNG und ERMESSENSSPIELRAUM BEI DER FORMULIERUNG VON MATHEMATIK und kann entsprechend als statisch-kalkülhaftes Cluster benannt werden. Die Bezeichnung geschieht dabei Bezug nehmend auf die ursprünglich antagonistische Modellierung von Grigutsch et al. (1998) (vgl. Abschnitt 7.5.1) und stellt somit eine Erweiterung der dynamischen respektive statischen Sichtweise auf Mathematik dar. Obgleich der negativen Korrelation zwischen den Clustern sollen diese aber nicht als konträre Pole derselben Dimension aufgefasst werden, sondern als Facetten eines multifaktoriellen Modells, welches auch die vielfältigen enthaltenen Korrelationen umfasst – auf diesem Wege werden auch die Erkenntnisse der Strukturmodelle aus Blömeke et al. (2009b) berücksichtigt. Ferner zeigen die im Wintersemester 2014/2015 erhobenen Daten, dass sich auch die aus der zweiten Faktorenanalyse extrahierten Faktoren MATHEMATIK ALS KREATIVE TÄTIGKEIT, MATHEMATIK ALS PRODUKT VON KREATIVITÄT und VIELFALT AN LÖSUNGSWEGEN IN DER MATHEMATIK auf konsistente Weise in die Clusterstruktur einfügen und den Faktor KREATIVITÄT präziser ausdifferenzieren (vgl. Abbildung 17.14 in Abschnitt 17.6.1).

Bei den Mittelwertunterschieden werden im Querschnittdesign die Faktormittelwerte dreier unabhängiger Gruppen mittels Varianzanalyse untersucht und im Längsschnittdesign die Entwicklung der Faktorwerte während der beiden Durchgänge der ENPROMA-Vorlesung mittels t-Tests für abhängige Stichproben verglichen. Hinsichtlich der Mittelwertunterschiede im Querschnittdesign ergibt die faktorweise durchgeführte einfaktorielle Varianzanalyse, dass sich die Ausprägungen der Faktoren FORMALISMUS-ASPEKT, ERGEBNISEFFIZIENZ,

ERMESSENSSPIELRAUM BEI DER FORMULIERUNG VON MATHEMATIK und KREATIVITÄT zwischen den drei Gruppen (B1, L1, L2$^+$) signifikant unterscheiden (vgl. Abschnitt 19.4.1). In den übrigen Faktoren ließen sich keine statistisch signifikanten Mittelwertunterschiede ausmachen, wobei jedoch in den Faktoren ANWENDUNGS-CHARAKTER und PROZESS-CHARAKTER der Verdacht auf einen signifikanten Effekt naheliegt (vgl. Abschnitt 18.1.3). Die post-hoc als bedeutsam herausgestellten Mittelwertunterschiede der drei Gruppen werden in den anschließenden Unterkapiteln noch einmal für jeden Faktor einzeln zusammengefasst. Wie in Abschnitt 19.4.5 ausgeführt ergibt die Betrachtung der Längsschnittvergleiche der beiden Vorlesungsdurchgänge ferner Veränderungen bei all denjenigen Faktoren, die Mathematik in irgendeiner Weise mit der eigenen Person verbinden und menschliches Verhalten als Teil der Mathematik berücksichtigen (PROZESS-CHARAKTER, PLATONISMUS/UNIVERSALITÄT MATHEMATISCHER ERKENNTNISSE, ERMESSENSSPIELRAUM BEI DER FORMULIERUNG VON MATHEMATIK, ERGEBNISEFFIZIENZ, MATHEMATIK ALS KREATIVE TÄTIGKEIT). So steigt etwa in beiden Vorlesungszyklen die zuvor gering ausfallende Zustimmung zum Faktor ERMESSENSSPIELRAUM BEI DER FORMULIERUNG VON MATHEMATIK, während die ohnehin bereits hoch ausfallenden Faktorwerte der Faktoren PROZESS-CHARAKTER und MATHEMATIK ALS KREATIVE TÄTIGKEIT noch weiter ansteigen. Zugleich ändert sich nichts an der Sichtweise auf Mathematik als formales, strukturell vernetztes Gebäude (Faktoren FORMALISMUS-ASPEKT und VERNETZUNG/STRUKTUR MATHEMATISCHEN WISSENS), diese Aspekte des mathematischen Weltbildes der Studierenden scheinen sich im Laufe der Teilnahme an der Vorlesung also nicht strukturell bedeutsam verändert zu haben.

Methodische Hinweise

Die nachfolgenden Unterkapitel 20.1 bis 20.11 enthalten jeweils eine kurze Beschreibung des jeweiligen Faktors sowie einen Überblick über die Verteilung der Faktorwerte in der gesamten Stichprobe. Die Faktorwerte entstehen dabei aus den ungewichteten Summenwerten mittels Division durch die Anzahl der Items im Faktor. Die so ermittelten Faktorwerte sind auf den Bereich [1,5] skaliert, wobei ein Wert von 1 völlige Ablehnung und ein Wert von 5 vollständige Zustimmung ausdrückt (vgl. Kapitel 16). Bei den Faktorkorrelationen werden die Daten aus drei Erhebungszeitpunkten betrachtet: Die Gesamterhebung im Oktober 2013 ($n = 223$ Personen, vgl. Unterkapitel 17.1) sowie die Pre- und Post-Erhebung der ENPROMA-Vorlesung im Wintersemester 2014/2015 mit $n_{\text{pre}} = 67$ respektive $n_{\text{post}} = 38$ Personen (vgl. Unterkapitel 17.6 und 17.7). In den Daten der ersten

Erhebung werden zudem auch die Teilstichproben auf Korrelationen hin untersucht, unterschieden wird dabei unter anderem nach Fachsemester und Studiengang (vgl. Unterkapitel 17.2 bis 17.5). Berichtet wird die Produkt-Moment-Korrelation nach Pearson, wobei bei Verletzung der bivariaten Normalverteilung stattdessen der robuste Stahel-Donoho-Schätzer $\hat{r}_{\text{rob}}$ verwendet wird (vgl. Unterkapitel 11.2). Zur Vermeidung einer Inflation der α-Fehler wird die familywise-error rate (FWER) mittels der Bonferroni-Holm-Prozedur kontrolliert. Darüber hinaus werden auch die vom FDR-kontrollierenden Benjamini-Yekutieli-Verfahren als signifikant ermittelten Korrelationen berichtet; diese Werte werden entsprechend als BY-adjustiert gekennzeichnet. Die betrachteten Teilgruppen des Querschnittdesigns sind Erstsemesterstudierende des Studiengangs Bachelor Mathematik (Gruppe B1, $n = 76$ Personen), Erstsemesterstudierende des gymnasialen Lehramts Mathematik (Gruppe L1, $n = 60$ Personen) sowie Mathematik-Lehramtsstudierende höherer Semester (Gruppe $L2^{+}$, $n = 77$ Personen). In den Längsschnittuntersuchungen wird jeweils die Stichprobe eines Durchgangs der ENPROMA-Vorlesung betrachtet, der Stichprobenumfang beträgt dabei im Wintersemester 2013/2014 $n = 15$ Personen und im Wintersemester 2014/2015 $n = 30$ Personen. Berichtet werden die Effektstärken Cohens d respektive Hedges' g jeweils mitsamt dem zugehörigen 95 %-Konfidenzintervall, wobei bei den Vergleichen mit zwei Messzeitpunkten die Effektstärke Hedges' g_{av} berichtet wird. Neben der relativen Effektstärke werden die Gruppen jeweils auch auf praktisch bedeutsame Unterschiede hin untersucht, wozu die absolute Effektstärke im Vergleich zur Skalenbreite betrachtet wird. Ferner werden die Punktschätzungen von Cohens d respektive Hedges' g jeweils auch in der Prozentangabe der CLES angegeben (vgl. Abschnitt 11.3.2).

20.1 Faktor Formalismus-Aspekt

Der Faktor FORMALISMUS-ASPEKT geht in der vorliegenden Fassung auf Grigutsch et al. (1998, S. 17) zurück, wo sich auch eine entsprechende Charakterisierung des Faktors findet:

> Die Items [...] lassen sich sinnvoll als Aspekt der Mathematik interpretieren, der den Formalismus besonders betont: Mathematik ist gekennzeichnet durch eine Strenge, Exaktheit und Präzision auf der Ebene der Begriffe und der Sprache, im Denken (›logischen‹, ›objektiven‹ und fehlerlosen Denken), in den Argumentationen, Begründungen und Beweisen von Aussagen sowie in der Systematik der Theorie (Axiomatik und strenge deduktive Methode). Wir nennen diesen Faktor den Formalismus-Aspekt der Mathematik.

Tabelle 20.2 enthält die Items des Faktors FORMALISMUS-ASPEKT sowie deren Ladungen aus der konfirmatorischen Faktorenanalyse, weitere Kennzahlen zur Itemanalyse finden sich in Abschnitt 15.3.1. Die Faktorreliabilität und interne Konsistenz liegen bei $\alpha = .75$. Weiterhin weisen die Items des Faktors eine mittlere Inter-Item-Korrelation von .24 auf, während sich die Itemschwierigkeiten über den Bereich von .61 bis .77 erstrecken – den Aussagen des Faktors wird also tendenziell eher zugestimmt. Dies zeigt sich auch in den deskriptiven Statistiken der Faktorwerte, das Minimum der Faktorwerte liegt bei 2.3 und der Median bei 3.7 (vgl. Kapitel 16).

Tabelle 20.2 Items im Faktor FORMALISMUS-ASPEKT

Item	Wortlaut	Ladung ursprünglich	Ladung aus CFA
GRT11	Ganz wesentlich für die Mathematik sind ihre logische Strenge und Präzision, d. h. das »objektive« Denken.	.699	.396
GRT25	Mathematik ist gekennzeichnet durch Strenge, nämlich eine definitorische Strenge und eine formale Strenge der mathematischen Argumentation.	.678	.434
GRT01	Kennzeichen von Mathematik sind Klarheit, Exaktheit und Eindeutigkeit.	.650	.372
GRT36	Unabdingbar für die Mathematik ist ihre begriffliche Strenge, d. h. eine exakte und präzise mathematische Fachsprache.	.614	.527
GRT27	Mathematisches Denken wird durch Abstraktion und Logik bestimmt.	.597	.455
GRT05	Mathematik ist ein logisch widerspruchsfreies Denkgebäude mit klaren, exakt definierten Begriffen und eindeutig beweisbaren Aussagen.	.583	.450
GRT34	Die entscheidenden Basiselemente der Mathematik sind ihre Axiomatik und die strenge deduktive Methode.	.543	.514

(Fortsetzung)

Tabelle 20.2 (Fortsetzung)

Item	Wortlaut	Ladung ursprünglich	Ladung aus CFA
GRT32	Für die Mathematik benötigt man insbesondere formallogisches Herleiten sowie das Abstraktions- und Formalisierungsvermögen.	.530	.403
GRT21	Im Vordergrund der Mathematik stehen ein fehlerloser Formalismus und die formale Logik.	.527	.522
GRT23	Mathematik entsteht durch das Setzen von Axiomen oder Definitionen und eine anschließende formallogische Deduktion von Sätzen.	.469	.474

Korrelationen der Faktorwerte

Für die Faktorwerte des Faktors FORMALISMUS-ASPEKT lassen sich in der untersuchten Stichprobe unterschiedliche Zusammenhänge nachweisen (vgl. Unterkapitel 17.1). Zunächst liegt eine stark positive Korrelation mit dem Faktor VERNETZUNG/STRUKTUR MATHEMATISCHEN WISSENS ($\hat{r}_{rob}[221] = .54$, $p < .001$) vor, die auch in allen betrachteten Teilstichproben als höchstsignifikant nachzuweisen ist. Ergänzt wird dieser Zusammenhang in der Gesamtstichprobe um einen geringen bis moderaten positiven Zusammenhang mit dem Faktor PLATONISMUS/UNIVERSALITÄT MATHEMATISCHER ERKENNTNISSE ($r[221] = .21$, $p = .033$) sowie eine moderate positive Korrelation mit dem Faktor PROZESS-CHARAKTER ($\hat{r}_{rob}[221] = .26$, $p < .001$). Diese Korrelationen lassen sich zudem auch inhaltlich gut interpretieren. Zunächst ist der Zusammenhang zwischen FORMALISMUS-ASPEKT und VERNETZUNG/STRUKTUR MATHEMATISCHEN WISSENS inhaltlich stimmig interpretierbar, da der strukturierte Aufbau mathematischen Wissens gut zum formallogischen Aufbau und der Abstraktion der Mathematik passt. Für die Korrelation zum Faktor PLATONISMUS/UNIVERSALITÄT MATHEMATISCHER ERKENNTNISSE sei auf die Interpretation aus Unterkapitel 19.3 verwiesen: Einerseits kann Formalismus als eben jenes Werkzeug verstanden werden, mit dem wir Menschen die – schon immer existenten – mathematischen Wahrheiten für uns fassbar machen (platonistische Sichtweise); andererseits dient Formalismus dazu, die Spielregeln des – von Menschen geschaffenen, aus bedeutungslosen Zeichenketten bestehenden – Spiels ›Mathematik‹ festzulegen (formalistische Sichtweise, vgl. dazu auch Unterkapitel 7.1). Zuletzt passen indes auch FORMALISMUS-ASPEKT und PROZESS-CHARAKTER zueinander, selbst wenn diese bei den früheren Untersuchungen von Lehrkräften negativ korreliert waren (vgl. Unterkapitel 7.5). Dies muss insofern keinen Widerspruch darstellen, da der Formalismus als eine Art Gerüst für eine aktive und eigentätige Entwicklung von Mathematik angesehen werden kann. Die Logik und das deduktive Vorgehen sind Hilfsmittel im Problemlöseprozess und unterstützen dabei, Begriffe zu erkunden oder Dinge selbst zu finden.

In der Teilstichprobe der Lehramtsstudierenden höherer Semester findet sich mit einem Wert von $r(47) = .46$, $p = .032$ ein signifikanter und starker Zusammenhang zwischen FORMALISMUS-ASPEKT und SCHEMA-ORIENTIERUNG (vgl. Unterkapitel 17.5). Bei diesem Zusammenhang scheint es sich um einen Einfluss des Mathematikstudiums zu handeln; neben den hier betrachteten Lehramtsstudierenden höherer Semester ließ sich ein Zusammenhang dieser beiden Faktoren in anderen Untersuchungen etwa bei angehenden Lehrkräften (vgl. Blömeke et al. 2009b; Felbrich et al. 2008a) oder bei Mathematiklehrkräften (vgl. Grigutsch et al. 1998) nachweisen (vgl. hierzu auch Unterkapitel 19.3).

Bezug nehmend auf die in Abschnitt 17.1.2 diskutierte Clusterstruktur der Faktoren in dieser Stichprobe können die Korrelationen des Faktors FORMALISMUS-ASPEKT zu den Faktoren PROZESS-CHARAKTER und VERNETZUNG/STRUKTUR MATHEMATISCHEN WISSENS als prägend für das dynamisch-kreative Cluster angesehen werden (vgl. auch Unterkapitel 19.3).

Unterschiede in den Faktormittelwerten

Bei der Varianzanalyse in Unterkapitel 18.1 trat bezogen auf die AV FORMALISMUS-ASPEKT ein geringer bis moderater Effekt auf ($F_{(2,210)} = 3.82$, $p = .023$, $\eta^2 = .035$, $90\%\text{-CI}(\eta^2) = [0.003, 0.093]$, $1-\beta = .70$ (post-hoc)). Dabei haben Studienanfänger*innen des Fachstudiums Mathematik im Vergleich zu Studienanfänger*innen im Lehramtsstudium Mathematik eine signifikant höhere Zustimmung zum Faktor FORMALISMUS-ASPEKT (B1: $M = 3.88$, $SD = 0.52$, L1: $M = 3.64$, $SD = 0.51$, $p = .023$). Der Mittelwertunterschied zwischen diesen beiden Gruppen stellt einen moderaten Effekt dar ($g_{\text{B1, L1}} = 0.46$, $95\%\text{-CI}(g_{\text{B1, L1}}) = [0.12, 0.81]$, $1 - \beta = .76$ (post-hoc)), der zudem stark genug ist, um in der Stichprobe mit annähernd hinreichender Teststärke nachgewiesen werden zu können. Mit einer Differenz von 0.24 entspricht dies einer absoluten Effektstärke von 6 % der Skalenbreite, sodass dieser Effekt als praktisch bedeutsam angesehen werden kann. Vergleicht man zwei zufällig ausgewählte Erstsemesterstudent*innen der beiden Gruppen miteinander, so hat die Bachelor*studentin mit einer Wahrscheinlichkeit von 63 % einen höheren Wert im Faktor FORMALISMUS-ASPEKT als die Lehramtsstudent*in. Weiterhin liegt auch die Mittelwertdifferenz zwischen den Studienanfänger*innen im Bachelorstudiengang Mathematik und den fortgeschrittenen Lehramtsstudierenden ($M = 3.72$,

$SD = 0.53$, $p = .139$) mit einer absoluten Effektstärke von 4 % der Skalenbreite (annähernd) im Bereich praktischer Bedeutsamkeit. Allerdings ist der Tukey-Test an dieser Stelle statistisch nicht signifikant ($p = .139$), folglich kann dieser Unterschied nur als Anhaltspunkt für Folgeuntersuchungen angesehen werden. In den Längsschnittuntersuchungen während der ENPROMA-Vorlesung ergaben sich im Faktor FORMALISMUS-ASPEKT in keinem der beiden Vorlesungsdurchgänge ein Mittelwertunterschied von statistisch oder praktisch bedeutsamer Größe (vgl. Abschnitte 18.2.2.1 und 18.3.2.1).

Zusammenfassend zeichnen sich die Studienanfänger*innen des Bachelorstudiengangs Mathematik im Vergleich zu den Mathematik-Lehramtsstudierenden durch einen höheren Wert im Faktor FORMALISMUS-ASPEKT aus. Im Mathematikbild der angehenden Gymnasiallehrkräfte steht ein strikter Formalismus demnach nicht so stark im Vordergrund wie bei reinen Fachstudierenden, und anscheinend ändert sich dies im Laufe des Lehramtsstudiums auch nicht. In den Längsschnittdaten der beobachteten Studierenden zeigte sich bei den Faktorwerten des Faktors FORMALISMUS-ASPEKT keine systematische Veränderung im Laufe der Interventionsmaßnahme – diesen Aspekt des mathematischen Weltbildes nehmen die befragten Studierenden bereits homogen wahr und stimmen den Aussagen des Faktors tendenziell zu (vgl. Unterkapitel 19.4).

20.2 Faktor Anwendungs-Charakter

Der Faktor ANWENDUNGS-CHARAKTER wird von Grigutsch et al. (1998, S. 18) wie folgt beschrieben:

> Alle Items drücken einheitlich [...] einen direkten Anwendungsbezug oder einen praktischen Nutzen der Mathematik aus. Kenntnisse in Mathematik sind für das spätere Leben der Schüler wichtig: Entweder hilft Mathematik, alltägliche Aufgaben und Probleme zu lösen, oder sie ist nützlich im Beruf. Daneben hat Mathematik noch einen allgemeinen, grundsätzlichen Nutzen für die Gesellschaft. Der Faktor ist inhaltlich homogen und sinnvoll interpretierbar als Anwendungs-Aspekt der Mathematik.

Tabelle 20.3 enthält die Items des Faktors ANWENDUNGS-CHARAKTER sowie deren Ladungen aus der konfirmatorischen Faktorenanalyse (vgl. Abschnitt 15.3.2). Der Faktor ANWENDUNGS-CHARAKTER ist inhaltlich weder zu heterogen noch zu homogen (MIC .25) und besitzt mit $\alpha = .77$ auch eine hinreichende interne Konsistenz und Reliabilität. Die Items dieses Faktors sind von ihrer Schwierigkeit her eher im oberen Bereich angesiedelt (.54 bis .83). Mit einem

Median von 3.9 stimmen die befragten Mathematikstudent*innen den Aussagen dieses Faktors tendenziell zu (vgl. Kapitel 16).

Tabelle 20.3 Items im Faktor ANWENDUNGS-CHARAKTER

Item	Wortlaut	Ladung ursprünglich	Ladung aus CFA
GRT20	Kenntnisse in Mathematik sind für das spätere Leben von Schüler*innen wichtig.	.695	.524
GRT10	Mathematik hilft, alltägliche Aufgaben und Probleme zu lösen.	.659	.709
GRT35	Nur einige wenige Dinge, die man im Mathematikunterricht lernt, kann man später verwenden.	−.638	−.524
GRT13	Viele Teile der Mathematik haben einen praktischen Nutzen oder einen direkten Anwendungsbezug.	.600	.558
GRT37	Im Mathematikunterricht kann man – unabhängig davon, was unterrichtet werden wird – kaum etwas lernen, was in der Wirklichkeit von Nutzen ist.	−.596	−.537
GRT04	Mathematik hat einen allgemeinen, grundsätzlichen Nutzen für die Gesellschaft.	.591	.388
GRT03	Mathematik ist nützlich in jedem Beruf.	.580	.589
GRT31	Im Mathematikunterricht beschäftigt man sich mit Aufgaben, die einen praktischen Nutzen haben.	.512	.285
GRT22	Mit ihrer Anwendbarkeit und Problemlösekapazität besitzt die Mathematik eine hohe gesellschaftliche Relevanz.	.444	.572
GRT07	Mathematik ist ein zweckfreies Spiel, eine Beschäftigung mit Objekten ohne konkreten Bezug zur Wirklichkeit.	−.438	−.392

Korrelationen der Faktorwerte

In der untersuchten Stichprobe lassen sich für die Faktorwerte des Faktors ANWENDUNGS-CHARAKTER zwei bedeutsame Zusammenhänge nachweisen (vgl. Unterkapitel 17.1). Erstens liegt eine geringe bis moderate Faktorkorrelation zwischen ANWENDUNGS-CHARAKTER und PROZESS-CHARAKTER ($\hat{r}_{\text{rob}}[221] = .25$,

$p = .014$) vor. Bei Törner und Grigutsch (1994, S. 216) wird die Kombination dieser beiden Faktoren auch als ›dynamische‹ Sichtweise auf Mathematik bezeichnet. Die im Mathematikunterricht kennengelernten Anwendungen passen in der Regel zu einer aktiven, tätigen Auseinandersetzung mit Mathematik. Zweitens besteht mit $\hat{r}_{\text{rob}}(221) = -.30$, $p = .001$ eine moderat negative Wechselbeziehung zum Faktor ERGEBNISEFFIZIENZ. Dieser Zusammenhang besteht auch bereits zu Beginn des Mathematikstudiums ($\hat{r}_{\text{rob}}[134] = -.37$, $p = .003$) und ist insbesondere bei jenen Erstsemesterstudierenden im Bachelorstudiengang Mathematik signifikant nachweisbar ($r[74] = -.41$, $p = .006$). Inhaltlich deuten lässt sich dies, da Tätigkeiten wie die Anwendung mathematischen Wissens außerhalb der Mathematik oder das eigenständige, realistische Modellieren Zeit benötigen und darüber hinaus nicht notwendigerweise lineare Abläufe darstellen. Bezogen auf die mathematische Lehre können solche Anwendungen einer effizienten Vermittlung folglich entgegenstehen.

Darüber hinaus liegt noch der Verdacht auf einen signifikanten Zusammenhang zwischen den Faktoren ANWENDUNGS-CHARAKTER und VERNETZUNG/STRUKTUR MATHEMATISCHEN WISSENS ($r[221] = .23$, $p = .014$) vor. Dies ist etwa insofern stimmig, als dass sich auf dem hochgradig vernetzten System aufbauend eine Vielzahl an Anwendungen ergibt, welche wiederum die hohe Alltagsrelevanz der Mathematik ausmachen. Aufgrund fehlender multivariater Normalverteilung dieses Faktorpaares wurde das Konfidenzintervall jedoch mittels eine Bootstrap-Korrektur adjustiert und enthält schließlich die Null, sodass dieser geringe bis moderate Zusammenhang nicht als statistisch bedeutsam angesehen werden kann.

Unterschiede in den Faktormittelwerten

Bezogen auf die AV ANWENDUNGS-CHARAKTER liegt in der Querschnittuntersuchung lediglich der Verdacht auf einen signifikanten Effekt kleiner Größe vor ($F_{(2,210)} = 2.37$, $p = .096$, $\eta^2 = .022$, $90\,\%\text{-CI}(\eta^2) = [0, 0.06]$, $1 - \beta = .48$ (post-hoc)). Die Differenz zwischen den Lehramtsstudierenden am Anfang ($M = 3.71$, $SD = 0.66$) und in höheren Semestern ($M = 3.93, SD = 0.55$) beträgt 0.22 und liegt mit einer absoluten Effektstärke von 5.4 % der Skalenbreite im Bereich praktischer Bedeutsamkeit. Der Tukey-Test ergibt dabei nur einen Verdacht auf einen kleinen bis moderaten Effekt ($g_{\text{L2}^+,\text{L1}} = 0.36$, $95\,\%\text{-CI}(g_{\text{L2}^+,\text{L1}}) = [0.02, 0.70]$, $p = .087, 1-\beta = .55$ (post-hoc)), wobei für einen statistisch signifikanten Nachweis eine höhere Teststärke vonnöten wäre. Nimmt man an, dieser Mittelwertunterschied sei nicht zufällig zustande gekommen, so bedeutet dies, dass in 60 % der Fälle eine zufällig ausgewählte Lehramtsstudent*in des höheren Semesters auch eine höhere Zustimmung zum Faktor ANWENDUNGS-CHARAKTER aufweist (vgl. Unterkapitel 18.1). In den Längsschnittuntersuchungen während der ENPROMA-Vorlesung ergaben sich beim Faktor ANWENDUNGS-CHARAKTER keine statistisch signifikanten Effekte (vgl. Abschnitte 18.2.2.2 und 18.3.2.2). Eine Betrachtung der Faktorwertentwicklung in den beiden Durchgängen zeigt, dass hierbei durchaus Veränderungen stattfinden, sich dieser Varianzanteil dabei jedoch nicht systematisch auf die Teilnahme an der Interventionsmaßnahme zurückführen lässt.

Insgesamt lassen die Ergebnisse der Mittelwertvergleiche folglich nur eingeschränkte Aussagen über den Faktor ANWENDUNGS-CHARAKTER zu. Der Quasi-Längsschnittvergleich zwischen Lehramtsstudierenden des ersten Semesters und höherer Semester legt den Verdacht nahe, dass die Zustimmung zu den Aussagen des Faktors im Laufe des Studiums zunehme. Für den kurzen Zeitraum der Interventionsmaßnahme ließ sich ein entsprechender Effekt hingegen nicht ausmachen.

20.3 Faktor Schema-Orientierung

Die Items des Faktors SCHEMA-ORIENTIERUNG

> operationalisieren eine Sicht von Mathematik als ›Werkzeugkasten und Formelpaket‹, eine auf Algorithmen und Schemata ausgerichtete Vorstellung. Mathematik wird gekennzeichnet als Sammlung von Verfahren und Regeln, die genau angeben, wie man Aufgaben löst. Die Konsequenz für den Umgang mit Mathematik ist: Mathematik-Betreiben besteht darin, Definitionen, Regeln, Formeln, Fakten und Verfahren zu behalten und anzuwenden. Mathematik besteht aus Lernen (und Lehren!), Üben, Erinnern und Anwenden von Routinen und Schemata. Wir nennen dies den Schema-Aspekt von Mathematik. (Grigutsch et al. 1998, S. 19)

Tabelle 20.4 enthält die Items des Faktors SCHEMA-ORIENTIERUNG sowie deren Ladungen aus der konfirmatorischen Faktorenanalyse (vgl. Abschnitt 15.3.3). Die Faktorreliabilität und Cronbachs α betragen .70. Weiterhin vermögen die Items in Bezug auf ihre Schwierigkeitswerte in der gesamten Breite zu differenzieren (.20 bis .70) und decken ein nicht zu schmal gefasstes Konstrukt ab (MIC .23). In der Stichprobe verteilen sich die Faktorwerte über nahezu den gesamten Bereich (1.3 bis 4.5) mit Mittelwert und Median bei jeweils 3.1 (vgl. Kapitel 16).

Eine Auffälligkeit in der Stichprobe der fortgeschrittenen Lehramtsstudierenden stellt der Interquartilsabstand von 1.38 im Faktor SCHEMA-ORIENTIERUNG dar, welcher sich auch im entsprechenden Histogramm aus Abbildung 17.11 zeigt. In der Stichprobe der Erstsemesterstudierenden weist die SCHEMA-ORIENTIERUNG einen IQR von 0.75 auf, die Faktorwerte der erfahrenen Studierenden scheinen folglich diverser ausgeprägt zu sein. Dabei können die Faktorwerte in

Tabelle 20.4 Items im Faktor SCHEMA-ORIENTIERUNG

Item	Wortlaut	Ladung ursprünglich	Ladung aus CFA
GRT06	Mathematik besteht aus Lernen, Erinnern und Anwenden.	.642	.416
GRT02	Mathematik ist eine Sammlung von Verfahren und Regeln, die genau angeben, wie man Aufgaben löst.	.600	.404
GRT19	Wenn man eine Mathematikaufgabe lösen soll, muss man das einzig richtige Verfahren kennen, sonst ist man verloren.	.513	.263
GRT29	Mathematik ist Behalten und Anwenden von Definitionen und Formeln, von mathematischen Fakten und Verfahren.	.482	.783
GRT16	Mathematik-Betreiben verlangt viel Übung im Befolgen und Anwenden von Rechenroutinen und -schemata.	.468	.694
GRT26	Mathematik-Betreiben verlangt viel Übung im korrekten Befolgen von Regeln und Gesetzen.	.417	.586
GRT18	Um im Mathematikunterricht erfolgreich zu sein, muss man viele Regeln, Begriffe und Verfahren auswendiglernen.	.399	.428
GRT09	Fast alle mathematischen Probleme können durch direkte Anwendung von bekannten Regeln, Formeln und Verfahren gelöst werden.	.376	.295

beiden Stichproben als normalverteilt angesehen werden und weisen ferner denselben Median sowie eine ähnliche Spannweite auf.[1] Die Betrachtung dieser Quasi-Längsschnittdaten legt die Vermutung nahe, dass die Erfahrungen des Mathematikstudiums einen polarisierenden Effekt auf den Aspekt der SCHEMA-ORIENTIERUNG haben.

Korrelationen der Faktorwerte

Für die Faktorwerte des Faktors SCHEMA-ORIENTIERUNG lassen sich in der untersuchten Stichprobe zunächst zwei signifikante Zusammenhänge nachweisen (vgl. Unterkapitel 17.1). Erstens besteht ein starker positiver Zusammenhang zwischen SCHEMA-ORIENTIERUNG und ERGEBNISEFFIZIENZ ($\hat{r}_{\text{rob}}[221] = .60$, $p < .001$).

[1] Deskriptive Statistiken und Tests auf Normalverteilung der Faktorwerte sind im Anhang B zu finden.

Dies ist plausibel, schließlich kann die Verwendung erlernter Kalküle auch unreflektiert und mit dem Ziel erfolgen, unnötige Reflexionen zu vermeiden und Ergebnisse möglichst zielstrebig zu erhalten. Zweitens lässt sich ein geringer bis moderater Zusammenhang mit dem Faktor ERMESSENSSPIELRAUM BEI DER FORMULIERUNG VON MATHEMATIK ($r[221] = .22$, $p = .022$) nachweisen. Der Faktor SCHEMA-ORIENTIERUNG steht für eine Sicht auf Mathematik als eine Sammlung von Werkzeugen, welche in unterschiedlichen Kontexten angewandt werden können. Beim Formulieren dieser Werkzeuge (Begriffe, Algorithmen etc.) besteht entsprechend ein gewisser Freiraum, diese können also derart gestaltet werden, dass sie in den jeweiligen Kontexten praktikabel nutzbar sind. Bezug nehmend auf die in Abschnitt 17.1.2 diskutierte Clusterstruktur der Faktoren in dieser Stichprobe können die Korrelationen des Faktors SCHEMA-ORIENTIERUNG zu den Faktoren ERGEBNISEFFIZIENZ und ERMESSENSSPIELRAUM BEI DER FORMULIERUNG VON MATHEMATIK als prägend für das statisch-kalkülhafte Cluster angesehen werden (vgl. auch Unterkapitel 19.3).

Neben diesen beiden Korrelationen ließ sich in der Stichprobe der fortgeschrittenen Lehramtsstudierenden noch ein signifikanter und starker Zusammenhang zwischen FORMALISMUS-ASPEKT und SCHEMA-ORIENTIERUNG ($r[47] = .46$, $p = .032$) nachweisen (vgl. Unterkapitel 17.5). Wie in Unterkapitel 19.3 diskutiert scheint es sich bei diesem Zusammenhang um einen Einfluss des Mathematikstudiums zu handeln; neben den hier betrachteten Lehramtsstudierenden höherer Semester korrelieren diese beiden Faktoren in anderen Untersuchungen etwa bei angehenden Lehrkräften (vgl. Blömeke et al. 2009b; Felbrich et al. 2008a) oder bei Mathematiklehrkräften (vgl. Grigutsch et al. 1998).

Korrelationen zu Beginn und am Ende der ENPROMA-Vorlesung 2014/2015

In der Erhebung zu Beginn der ENPROMA-Vorlesung im Wintersemester 2014/2015 kann ebenfalls eine moderate bis starke positive Korrelation mit dem Faktor ERGEBNISEFFIZIENZ nachgewiesen werden ($r(65) = .39$, $p = .026$), zudem liegt in dieser Stichprobe noch ein moderater bis starker negativer Zusammenhang zum Faktor MATHEMATIK ALS KREATIVE TÄTIGKEIT vor ($\hat{r}_{\text{rob}}[65] = -.46$, $p = .036$, BY-adjustiert). Dies ist insofern einleuchtend, als dass viele kreative Einfälle beim Mathematiktreiben schlecht zu einer Vorstellung von Mathematik als einem ›Werkzeugkasten‹ aus eingeübten Kalkülen passen (vgl. Unterkapitel 17.6). Alles in allem passen die Korrelationen des Faktors SCHEMA-ORIENTIERUNG auch bei den im Wintersemester 2014/2015 erhobenen Daten zu der in Abschnitt 17.1.2 diskutierten Clusterstruktur.

Unterschiede in den Faktormittelwerten

Bei der Varianzanalyse in Unterkapitel 18.1 trat bezogen auf die AV SCHEMA-ORIENTIERUNG kein statistisch signifikanter Effekt ($F_{(2,210)} = 1.63$, $p = .199$) auf. In den beiden Längsschnittvergleichen (vgl. Unterkapitel 18.2 und 18.3) liegt im ersten Durchgang der ENPROMA-Vorlesung eine Abnahme der Faktorwerte zwischen den beiden Erhebungszeitpunkten vor (E13-PRE: $M = 2.77$, $SD = 0.69$, E13-POST: $M = 2.46$, $SD = 0.6$). Der t-Test für abhängige Stichproben ergab hier einen statistisch signifikanten, moderaten Effekt ($t(14) = -2.69$ (zweiseitig), $p = .017$, $g_{av} = -0.48$, 95 %-CI(g_{av}) = $[-0.87, -0.08]$, $1 - \beta = .41$). Die Differenz von -0.32 entspricht einer absoluten Effektstärke von 7.9 % der Skalenbreite und ist somit auch praktisch bedeutsam. Mit einer Wahrscheinlichkeit von 63 % verfügt eine zufällig ausgewählte Person der Kohorte zum ersten Messzeitpunkt über einen höheren Faktorwert im Faktor SCHEMA-ORIENTIERUNG als zum zweiten Messzeitpunkt. Beim Vorlesungsdurchgang im Wintersemester 2014/2015 ist der Mittelwertunterschied statistisch nicht signifikant (E14-PRE: $M = 2.95$, $SD = 0.56$, E14-POST: $M = 3.11$, $SD = 0.57$, $t(29) = -1.64$ (zweiseitig), $p = .112$, $1 - \beta = .32$ (post-hoc)). Der Faktor SCHEMA-ORIENTIERUNG ist dabei der einzige Faktor, bei dem die Mittelwertdifferenzen in den beiden Vorlesungsdurchgängen unterschiedliche Vorzeichen aufweisen (vgl. Abschnitt 19.4.5).

20.4 Faktor Prozess-Charakter

Im Faktor PROZESS-CHARAKTER stimmen die Items darin überein,

> Mathematik in konstruktivistischer Sicht als Prozeß zu beschreiben. [...] Mathematik wird in diesem Faktor als Prozeß charakterisiert, als Tätigkeit, über Probleme nachzudenken und Erkenntnisse zu gewinnen. Es geht dabei einerseits um das Erschaffen, Erfinden bzw. Nach-Erfinden (Wiederentdecken) von Mathematik. Andererseits bedeutet dieser Erkenntnisprozeß auch gleichzeitig das Verstehen von Sachverhalten und das Einsehen von Zusammenhängen. Zu diesem problembezogenen Erkenntnis- und Verstehensprozeß gehören maßgeblich ein inhaltsbezogenes Denken und Argumentieren sowie Einfälle, neue Ideen, Intuition und das Ausprobieren. Der Prozeß-Aspekt drückt die dynamische Sicht von Mathematik aus. (Grigutsch et al. 1998, S. 18–19)

Tabelle 20.5 enthält die Items des Faktors PROZESS-CHARAKTER sowie deren Ladungen aus der konfirmatorischen Faktorenanalyse (vgl. Abschnitt 15.3.4).

Tabelle 20.5 Items im Faktor PROZESS-CHARAKTER

Item	Wortlaut	ursprüngliche Ladung	Ladung aus CFA
GRT17	In der Mathematik kann man viele Dinge selber finden und ausprobieren.	.603	.489
GRT15	Mathematik lebt von Einfällen und neuen Ideen.	.570	.534
GRT08	Jeder Mensch kann Mathematik erfinden oder nacherfinden.	.454	.222
GRT24	Für die Mathematik benötigt man vor allem Intuition sowie inhaltsbezogenes Denken und Argumentieren.	.419	.233
GRT33	Mathematik-Betreiben heißt: Sachverhalte verstehen, Zusammenhänge sehen, Ideen haben.	.414	.479
GRT12	Mathematische Tätigkeit besteht im Erfinden bzw. Nach-Erfinden (Wiederentdecken) von Mathematik.	.413	.128
GRT14	Mathematik ist eine Tätigkeit, über Probleme nachzudenken und Erkenntnisse zu gewinnen.	.407	.408
GRT30	Im Vordergrund der Mathematik stehen Inhalte, Ideen und Denkprozesse.	.404	.500
GRT28	Mathematik verstehen wollen heißt Mathematik erschaffen wollen.	.393	.321

Die Items des Faktors decken heterogenere Inhalte ab, die mittlere Inter-Item-Korrelation beträgt nur .16. Zudem fallen Faktorreliabilität und interne Konsistenz mit $\alpha = .61$ geringer aus als üblicherweise erwünscht. Da der Faktor in dieser Form aus Grigutsch et al. (1998) übernommen wurde, wird an dieser Stelle auf die sonst übliche α-Optimierung der Skala verzichtet. Weiterhin erstrecken sich die Itemschwierigkeiten von .46 bis .81, bei den Aussagen fällt den befragten Personen die Zustimmung also tendenziell einfach. Das Minimum der Faktorwerte liegt bei 2.3, zudem fallen Spannweite und Interquartilsabstand vergleichsweise gering aus. Folglich liegen die Faktorwerte recht kompakt um ihren Median von 3.7, im Allgemeinen stimmen die befragten Personen den Aussagen des Faktors zu (vgl. Kapitel 16).

Korrelationen der Faktorwerte

In der untersuchten Stichprobe korreliert der Faktor PROZESS-CHARAKTER bedeutsam mit fünf der neun Faktoren und nimmt damit in der Faktorstruktur eine zentrale Rolle ein (vgl. Unterkapitel 17.1). Zunächst besteht ein starker Zusammenhang zum Faktor KREATIVITÄT ($\hat{r}_{\text{rob}}[221] = .59$, $p < .001$), diesen Faktoren ist eine prozesshafte, dynamische Sicht auf Mathematik gemein, welche Hand in Hand geht mit kreativen Einfällen und den Prozessen des Erkundens und Aneignens mathematischer Erkenntnisse. Zweitens weist der Faktor PROZESS-CHARAKTER eine moderate bis starke positive Korrelation mit dem Faktor VERNETZUNG/STRUKTUR MATHEMATISCHEN WISSENS auf ($\hat{r}_{\text{rob}}[221] = .43$, $p < .001$). Das hochgradig vernetzte ›Gebäude‹ der Mathematik ist dabei nicht statisch, sondern wird fortwährend weiterentwickelt, etwa wenn neu entdeckte Begriffe formuliert und in das bestehende Begriffsnetz eingeordnet werden. Als dritter signifikanter Zusammenhang ist die Beziehung zum Faktor FORMALISMUS-ASPEKT zu nennen, welche im Gegensatz zu früheren Untersuchungen von Lehrkräften (vgl. Unterkapitel 7.5) nicht mehr negativ korrelieren, sondern bei den befragten Studierenden mit $\hat{r}_{\text{rob}}(221) = .26$, $p < .001$ eine moderate positive Korrelation aufweisen. Die positive Korrelation muss keinen Widerspruch darstellen, so kann der Formalismus als eine Art Gerüst für eine aktive und eigentätige Entwicklung von Mathematik angesehen werden; Logik und deduktives Vorgehen sind Hilfsmittel im Problemlöseprozess und unterstützen dabei, Begriffe zu erkunden oder Dinge selbst zu finden. Weiterhin liegt noch eine geringe bis moderate Faktorkorrelation zum Faktor ANWENDUNGS-CHARAKTER ($\hat{r}_{\text{rob}}[221] = .25$, $p = .014$) vor. Die im Mathematikunterricht kennengelernten Anwendungen passen in der Regel zu einer aktiven, tätigen Auseinandersetzung mit Mathematik; bei Törner und Grigutsch (1994, S. 216) wird die Kombination dieser beiden Faktoren auch als ›dynamische‹ Sichtweise auf Mathematik bezeichnet. Diese vier Korrelationen werden schließlich um einen moderaten negativen Zusammenhang ergänzt, welcher zwischen PROZESS-CHARAKTER und ERGEBNISEFFIZIENZ mit $\hat{r}_{\text{rob}}(221) = -.28$, $p = .019$ besteht. Dabei geht eine dynamisch entwickelnde und kreative Sicht auf Mathematik gelegentlich damit einher, Zeit in Sackgassen zu verbringen – und eben dies wird aus dem Blickwinkel des Faktors ERGEBNISEFFIZIENZ gerade als unnötig empfunden. Insgesamt sind die beschriebenen Korrelationen des Faktors PROZESS-CHARAKTER dabei kennzeichnend für die in Abschnitt 17.1.2 diskutierte Clusterstruktur der Faktoren in dieser Stichprobe (vgl. auch Unterkapitel 19.3).

Korrelationen zu Beginn und am Ende der EnProMa-Vorlesung 2014/2015

Die im Wintersemester 2014/2015 erhobenen Daten unterscheiden sich hinsichtlich der Korrelationen des Faktors Prozess-Charakter dahingehend, dass weder zu Beginn noch am Ende der Vorlesung die Korrelation zum Formalismus-Aspekt statistisch signifikant nachweisbar ist. Der zuvor moderat negative Zusammenhang zwischen Prozess-Charakter und Ergebniseffizienz kann indes zu keinem der beiden Erhebungszeitpunkte als statistisch signifikant berichtet werden, vermutlich auch aufgrund der geringeren Stichprobengröße. Lediglich bei Verwendung der FDR-Korrektur ergibt sich hier jeweils ein Verdacht auf einen signifikanten Zusammenhang (E14-pre: $r[65] = -.34, p = .096$, BY-adjustiert; E14-post: $r[36] = -.47$, $p = .058$, BY-adjustiert). Weiterhin statistisch signifikant ist die starke positive Korrelation der Faktoren Prozess-Charakter und Vernetzung/Struktur mathematischen Wissens (E14-pre: $\hat{r}_{\text{rob}}[65] = .49$, $p = .004$; E14-post: $r[36] = .58$, $p = .006$).

Zu den ab dieser Erhebung neu extrahierten Faktoren zur mathematischen Kreativität liegen ferner zu beiden Erhebungszeitpunkten jeweils starke positive Korrelationen vor: Mathematik als Produkt von Kreativität (E14-pre: $\hat{r}_{\text{rob}}[65] = .65$, $p < .001$; E14-post: $\hat{r}_{\text{rob}}[36] = .75$, $p < .001$), Vielfalt an Lösungswegen in der Mathematik (E14-pre: $r[65] = .52$, $p < .001$; E14-post: $r[36] = .65$, $p < .001$) sowie Mathematik als kreative Tätigkeit (E14-pre: $r[65] = .48$, $p = .002$; E14-post: $r[36] = .74$, $p < .001$). Die Items des Faktors Prozess-Charakter beschreiben Mathematik als ›eine Tätigkeit, über Probleme nachzudenken‹ und treffen Aussagen über ›Einfälle und neuen Ideen, von denen die Mathematik lebt‹. Zusammenhänge zu den drei Faktoren aus dem Bereich der Kreativität lassen sich hier entsprechend anschaulich herstellen und inhaltlich nachvollziehen (vgl. Abschnitt 17.6.2).

Unterschiede in den Faktormittelwerten

Im Faktor Prozess-Charakter ergibt die Varianzanalyse in der Querschnittuntersuchung lediglich den Verdacht auf einen signifikanten Effekt kleiner Größe ($F_{(2,210)} = 2.67$, $p = .071$, $\eta^2 = .025$, 90 %-CI(η^2) = [0, 0.065], $1 - \beta = .53$ (post-hoc)). Dabei ist von den drei infrage kommenden Gruppenvergleichen am ehesten der Unterschied zwischen den beiden Gruppen von Studienanfänger*innen statistisch bedeutsam (B1: $M = 3.70$, $SD = 0.42$, L1: $M = 3.53$, $SD = 0.49$), jedoch liegt der adjustierte p-Wert des Tukey-Tests dieses Mittelwertunterschieds bei $p = .071$. Die relative Effektstärke läge hier im Bereich eines kleinen bis mittleren Effekts ($g_{\text{B1, L1}} = 0.39$, 95 %-CI($g_{\text{B1, L1}}$) = [0.05, 0.73], $1-\beta = .61$ (post-hoc)) und die Differenz von -0.18 kann mit einer absoluten Effektstärke von 4.4 % der Skalenbreite auch annähernd als praktisch bedeutsam bezeichnet werden. Nimmt man an, dieser Mittelwertunterschied sei nicht zufällig zustande gekommen, so bedeutet dies, dass eine zufällig ausgewählte Studienanfänger*in des Bachelorstudiums der Sichtweise auf Mathematik als Prozess mit einer Wahrscheinlichkeit von 61 % stärker zustimmt als eine zufällig ausgewählte Studienanfänger*in aus der Gruppe der Lehramtsstudierenden (vgl. Abschnitt 18.1.3.4).

In der Längsschnittuntersuchung der ersten ENPROMA-Vorlesung (vgl. Abschnitt 18.3.2.4) ergab sich kein statistisch signifikanter Messwiederholungseffekt ($t(14) = 1.32$ (zweiseitig), $p = .207$, $1 - \beta = .13$ (post-hoc)). Hingegen lässt sich beim zweiten Vorlesungsdurchgang im Wintersemester 2014/2015 im Faktor PROZESS-CHARAKTER eine statistisch signifikante Mittelwertdifferenz zwischen den beiden Erhebungszeitpunkten nachweisen ($t(29) = 2.20$ (zweiseitig), $p = .036$, $g_{av} = 0.37$, $95\,\%\text{-CI}(g_{av}) = [0.03, 0.71]$, $1 - \beta = .50$ (post-hoc)). Die relative Effektstärke Hedges' g_{av} dieses Mittelwertunterschieds liegt im Bereich eines kleinen bis moderaten Effekts, welcher zudem mit einer absoluten Effektstärke von 4.7 % der Skalenbreite auch als praktisch bedeutsam bezeichnet werden kann. Im Anschluss an die Interventionsmaßnahme stimmen die Studierenden den Aussagen des Faktors PROZESS-CHARAKTER stärker zu als zu deren Beginn (E14-PRE: $M = 3.73$, $SD = 0.44$, E14-POST: $M = 3.92$, $SD = 0.57$). Eine aus dieser Kohorte zufällig ausgewählte Person stimmt dabei mit einer Wahrscheinlichkeit von 60 % beim zweiten Messzeitpunkt dem Faktor PROZESS-CHARAKTER stärker zu als vor Besuch der Vorlesung (vgl. Abschnitt 18.2.2.4).

Die Ergebnisse ermöglichen zusammengefasst die folgende Interpretation: Während die Mathematik-Erstsemesterstudierenden im Lehramtsstudiengang zu Beginn ihres Studiums dem Faktor PROZESS-CHARAKTER vermutlich etwas weniger stark zustimmen, kann der Besuch der Interventionsmaßnahme im Laufe des Studiums dazu führen, dass die – tendenziell bereits hoch ausfallende – Zustimmung zu den Aussagen des Faktors noch weiter ansteigt.

20.5 Faktor Vernetzung/Struktur mathematischen Wissens

Dieser Faktor fokussiert die Struktur mathematischen Wissens als ein System vielfältiger miteinander verknüpfter Begriffe. Mathematik wird hierbei als präzises, strukturiertes Gebiet wahrgenommen, dessen Erkenntnisse nicht beliebig ausgetauscht werden können, ohne dass dies nicht auch Auswirkungen auf das restliche Gebäude hätte. Diese Vernetzung mathematischer Begriffe ist auch hilfreich, um Querverbindungen herzustellen und Begriffe nachhaltiger zu lernen. Nicht zuletzt umfasst diese Sichtweise auch die Bedeutung der geschichtlichen Entwicklung für die heutige Mathematik (vgl. Abschnitt 15.1.1).

Tabelle 20.6 enthält die Items des Faktors VERNETZUNG/STRUKTUR MATHEMATISCHEN WISSENS sowie deren Ladungen aus der explorativen Faktorenanalyse. Diese sind mit einer mittleren Inter-Item-Korrelation von .24 homogen interpretierbar und weisen Schwierigkeitswerte im Bereich von .66 bis .81 auf. Mit einer internen Konsistenz von $\alpha = .78$ ist der Faktor zudem angemessen reliabel. Bedingt durch die hohen Schwierigkeitswerte kommen in diesem Faktor geringere Itemvarianzen vor, die Aussagen der Items scheinen also insgesamt wenig kontrovers zu sein und bei den befragten Personen tendenziell auf Akzeptanz zu stoßen. Dies zeigt sich auch in der Kombination aus einem Faktorwertmedian bei 4.0 und einem vergleichsweise geringen Interquartilsabstand von 0.5, die Faktorwerte weisen dementsprechend eine linksschiefe und steilgipflige Verteilung auf (vgl. Kapitel 16).

Tabelle 20.6 Items im Faktor VERNETZUNG/STRUKTUR MATHEMATISCHEN WISSENS

Item	Wortlaut	Ladung
EPM32	Mathematisches Wissen ist ein System von vielfältig miteinander verknüpften Begriffen.	.581
EPM15	Mathematische Fachsprache bietet sich dafür an, mathematische Eigenschaften präzise zu beschreiben.	.558
EPM24	Mathematisches Wissen baut aufeinander auf.	.551
EPM44	Mathematische Aussagen sind stark miteinander vernetzt.	.547
EPM58	Mathematik ist wie ein Gebäude, bei dem jedem Satz und jedem Begriff eine unentbehrliche Rolle als Baustein zukommt.	.541
EPM55	Wenn sich rückwirkend herausstellt, dass ein Satz fehlerhaft bewiesen wurde und nicht gilt, dann hat das oft Auswirkungen auf sehr viele weitere Sätze.	.527
EPM50	Es ist wichtig und interessant, wenn Mathematik Querverbindungen und Zusammenhänge zwischen einzelnen Inhalten der Mathematik aufzeigt.	.473
EPM48	Beim Beschäftigen mit einer Definition entsteht eine Vorstellung im Kopf, wovon diese handelt.	.468
EPM34	Die historische Entwicklung der Mathematik beeinflusst unsere heutige Arbeitsweise in Forschung und Lehre.	.398
EPM49	Mathematik ist durch ein hohes Maß an Ordnung gekennzeichnet.	.389

Korrelationen der Faktorwerte

Für die Faktorwerte des Faktors VERNETZUNG/STRUKTUR MATHEMATISCHEN WISSENS lassen sich in der untersuchten Stichprobe vier signifikante Zusammenhänge nachweisen (vgl. Unterkapitel 17.1). Zunächst liegt eine stark positive Korrelation mit dem Faktor FORMALISMUS-ASPEKT ($\hat{r}_{\text{rob}}[221] = .54$, $p < .001$) vor, die auch in allen betrachteten Teilstichproben als höchstsignifikant nachzuweisen ist. Der strukturierte Aufbau mathematischen Wissens passt dabei gut zu Aspekten wie Abstraktion und formallogischer Deduktion innerhalb der Mathematik. Hinzu kommt ein moderater bis starker positiver Zusammenhang mit dem Faktor PROZESS-CHARAKTER ($\hat{r}_{\text{rob}}[221] = .43$, $p < .001$). Das hochgradig vernetzte ›Gebäude‹ der Mathematik ist dabei nicht statisch, sondern wird fortwährend weiterentwickelt, etwa wenn neu entdeckte Begriffe formuliert und in das bestehende Begriffsnetz eingeordnet werden. Als dritte signifikante Beziehung des Faktors VERNETZUNG/STRUKTUR MATHEMATISCHEN WISSENS ist dessen geringe bis moderate Korrelation mit dem Faktor KREATIVITÄT ($r[221] = .23$, $p = .014$) zu nennen. Das vielfältig vernetzte ›Gebäude‹ mathematischer Begriffe kann einerseits durchaus als ein Ergebnis von Kreativität angesehen werden, und andererseits ist ein tragfähig vernetztes Wissen hilfreich für kreatives mathematisches Arbeiten und das Formulieren neuer Erkenntnisse. Viertens besteht eine negative Wechselbeziehung geringer bis moderater Ausprägung zum Faktor ERMESSENSSPIELRAUM BEI DER FORMULIERUNG VON MATHEMATIK ($\hat{r}_{\text{rob}}[221] = -.16$, $p = .003$). Auch diese ist inhaltlich nachvollziehbar, da nicht ›einfach so‹ am Gebäude der Mathematik herumgespielt werden darf, ohne dass dies Auswirkungen auf die restliche Mathematik hat. Die Freiheiten bei der Formulierung von Begriffen gelten in diesem Sinne nur bei neuen Begriffen, rückwirkende Änderungen sind nur mit entsprechenden Konsequenzen möglich. Insgesamt sind die beschriebenen Korrelationen des Faktors VERNETZUNG/STRUKTUR MATHEMATISCHEN WISSENS dabei kennzeichnend für die in Abschnitt 17.1.2 diskutierte Clusterstruktur der Faktoren in dieser Stichprobe (vgl. auch Unterkapitel 19.3). Neben diesen vier signifikanten Korrelationen liegt zuletzt noch der Verdacht auf einen Zusammenhang zwischen den Faktoren VERNETZUNG/STRUKTUR MATHEMATISCHEN WISSENS und ANWENDUNGS-CHARAKTER ($r[221] = .23$, $p = .014$) vor. Dieser wäre insofern stimmig, als dass sich auf dem hochgradig vernetzten System aufbauend eine Vielzahl an Anwendungen ergibt, welche wiederum die hohe Alltagsrelevanz der Mathematik ausmachen. Aufgrund fehlender multivariater Normalverteilung dieses Faktorpaares wurde das Konfidenzintervall jedoch mittels einer Bootstrap-Korrektur adjustiert und enthält schließlich die Null, sodass dieser geringe bis moderate Zusammenhang nicht als statistisch bedeutsam berichtet werden kann.

Korrelationen zu Beginn und am Ende der ENPROMA-Vorlesung 2014/2015

Im Post-Test der ENPROMA-Vorlesung des Wintersemesters 2014/2015 ergibt sich ferner eine starke Korrelation mit dem Faktor MATHEMATIK ALS KREATIVE TÄTIGKEIT ($r[36] = .54$, $p = .024$), die zu Beginn des Semesters nicht als signifikanter Zusammenhang nachweisbar war (vgl. Unterkapitel 17.7). Diese lässt sich wie folgt interpretieren: Wer erlebt hat, Mathematik als eine kreative Wissenschaft selbst zu betreiben, muss währenddessen oder im Anschluss auch lernen, die eigenen Erkenntnisse in Bezug zum bisherigen Wissen zu setzen, diese in das vorhandene Begriffsnetz einzuordnen. Zugleich profitiert man umgekehrt von den Strukturen und Vernetzungen mathematischer Begriffe – beispielsweise wenn es darum geht, von altbekannten Wegen abzuweichen oder neue Erkenntnisse zu gewinnen. Fehlt dieses tiefer gehende, vernetzte Wissen, so ist man entsprechend umso weniger in der Lage, eigentätig aktiv Mathematik zu betreiben und originelle Seitenpfade zu betreten.

Unterschiede in den Faktormittelwerten

Beim Faktor VERNETZUNG/STRUKTUR MATHEMATISCHEN WISSENS konnten weder in der Varianzanalyse der Querschnittuntersuchung (vgl. Unterkapitel 18.1) noch im Pre-Post-Vergleich der beiden Längsschnittuntersuchungen (vgl. Unterkapitel 18.2 und 18.3) bedeutsame Veränderungen nachgewiesen werden. Die Sichtweise auf Mathematik als formales, strukturell vernetztes Gebäude scheint allgemein akzeptiert und in den untersuchten Studierendengruppen zum Common Sense zu gehören. Die tendenziell hohen Werte scheinen sich auch im Laufe der Teilnahme an der Vorlesung nicht strukturell bedeutsam zu verändern.

20.6 Faktor Ergebniseffizienz

In diesem Faktor sind Items zu finden, die sich auf das Lehren und Lernen von Mathematik beziehen. Wer diesem Aspekt zustimmt, ist der Meinung, dass die Vermittlung von Mathematik zielgerichtet und effizient erfolgen solle. Insbesondere werden Sackgassen und Irrwege als Zeitverschwendung angesehen, dieser Faktor stellt also in gewisser Weise einen Gegenentwurf zur Aussage »being stuck is an honourable state« (Mason et al. 2010, viii) dar. Er beinhaltet insofern auch eine gewisse Erwartungshaltung, als dass vor diesem Hintergrund Zugänge mit entdeckenden oder forschenden Elementen als ineffizient angesehen werden. Konkrete Anwendungen werden gegenüber deren Herleitung bevorzugt und ferner wird ein zusätzlicher Beweis zu einer bereits bewiesenen Aussage als ebenso unnötig wahrgenommen wie die Variation eines Begriffs (vgl. Abschnitt 15.1.2). Tabelle 20.7 enthält die Items des Faktors ERGEBNISEFFIZIENZ sowie deren Ladungen aus der explorativen Faktorenanalyse.

Tabelle 20.7 Items im Faktor ERGEBNISEFFIZIENZ

Item	Wortlaut	Ladung
EPM03	Beim Lernen von Mathematik sind nicht-zielführende Wege hinderlich.	.510
EPM35	Gelangt man in der mathematischen Forschung auf einen Irrweg oder in eine Sackgasse, so kann man daraus nur wenig lernen.	.463
EPM41	Stehen in einer Vorlesung zwei unterschiedliche Definitionen desselben Begriffs zur Auswahl, so sollte stets nur die anschaulichere gewählt werden.	.456
EPM39	Die Herleitung oder der Beweis einer Formel ist nicht so wichtig wie diese anwenden zu können.	.455
EPM13	Entscheidend im Mathematikunterricht ist es, ein richtiges Ergebnis zu erhalten.	.450
EPM10	Es ist unnötig, eine bereits bewiesene Aussage auf anderem Wege erneut zu beweisen.	.435
EPM20	Was einmal mathematisch definiert wurde, kann nicht geändert werden.	.424
EPM31	Sind sich zwei Mathematiker*innen bei der Art, wie ein Begriff definiert werden sollte, nicht einig, dann ist nur eine von beiden im Recht.	.406
EPM06	Das Lernen von systematisiertem und strukturiertem mathematischen Wissen hat Vorrang vor einer tätigen Entwicklung solchen Wissens.	.386
EPM17	Zwei unterschiedliche Definitionen können nicht dieselbe mathematische Eigenschaft beschreiben.	.358

Faktorreliabilität und Cronbachs α liegen bei .69. Die Items decken mit einer mittleren Inter-Item-Korrelation von .19 ein etwas breiteres Konstrukt ab, sind aber noch hinreichend homogen, um inhaltlich interpretiert werden zu können. Insgesamt weisen die Items eher geringe Schwierigkeitswerte auf. Da alle Items positive Faktorladungen haben, fallen auch die Faktorwerte entsprechend niedriger aus. Diese haben ihr Maximum bei 4.1 und sind rechtsschief verteilt mit einem Median von 2.2, die befragten Personen stehen den Aussagen des Faktors ERGEBNISEFFIZIENZ also tendenziell ablehnend gegenüber (vgl. Kapitel 16).

Korrelationen der Faktorwerte

In der untersuchten Stichprobe korreliert der Faktor ERGEBNISEFFIZIENZ bedeutsam mit fünf der neun Faktoren und nimmt damit in der Faktorstruktur eine zentrale Rolle ein (vgl. Unterkapitel 17.1). Erstens besteht ein starker positiver Zusammenhang mit dem Faktor SCHEMA-ORIENTIERUNG ($\hat{r}_{\text{rob}}[221] = .60$, $p < .001$). Dies ist plausibel, schließlich kann die Verwendung erlernter Kalküle auch unreflektiert und mit dem Ziel erfolgen, unnötige Reflexionen zu vermeiden und Ergebnisse möglichst zielstrebig zu erhalten. Zweitens hängt der Faktor ERGEBNISEFFIZIENZ moderat bis stark positiv mit dem Faktor ERMESSENSSPIELRAUM BEI DER FORMULIERUNG VON MATHEMATIK ($\hat{r}_{\text{rob}}[221] = .41$, $p < .001$) zusammen. Dies lässt sich wie folgt interpretieren: Wenn Begriffe oder Verfahren nach pragmatischen Gesichtspunkten formuliert oder gar abgeändert werden dürfen, dann kann dies gewissermaßen auch dazu genutzt werden, nicht-zielführende Wege zu vermeiden und wirksame Ergebnisse zu erhalten – der Zweck heiligt hier sozusagen die Mittel. Bezug nehmend auf die in Abschnitt 17.1.2 diskutierte Clusterstruktur der Faktoren in dieser Stichprobe können die Korrelationen des Faktors ERGEBNISEFFIZIENZ zu den Faktoren SCHEMA-ORIENTIERUNG und ERMESSENSSPIELRAUM BEI DER FORMULIERUNG VON MATHEMATIK als prägend für das statisch-kalkülhafte Cluster angesehen werden (vgl. auch Unterkapitel 19.3).

Neben diesen beiden positiven Faktorbeziehungen weisen die übrigen drei Korrelationen ein negatives Vorzeichen auf. Die dritte signifikante Wechselbeziehung stellt der mit $\hat{r}_{\text{rob}}(221) = -.28$, $p = .019$ moderat ausgeprägte negative Zusammenhang zwischen ERGEBNISEFFIZIENZ und PROZESS-CHARAKTER dar. Dabei geht eine dynamisch entwickelnde und kreative Sicht auf Mathematik gelegentlich damit einher, Zeit in Sackgassen zu verbringen – und eben dies wird aus dem Blickwinkel des Faktors ERGEBNISEFFIZIENZ gerade als unnötig empfunden. Hinzu kommt viertens ein moderater negativer Zusammenhang zwischen den Faktoren ERGEBNISEFFIZIENZ und ANWENDUNGS-CHARAKTER mit $\hat{r}_{\text{rob}}(221) = -.30$, $p = .001$. Dieser Zusammenhang besteht zudem auch bereits zu Beginn des Mathematikstudiums ($\hat{r}_{\text{rob}}[134] = -.37$, $p = .003$) und ist insbesondere bei jenen Erstsemesterstudierenden im Bachelorstudiengang Mathematik signifikant nachweisbar ($r[74] = -.41$, $p = .006$). Inhaltlich deuten lässt sich dies, da Tätigkeiten wie die Anwendung mathematischen Wissens außerhalb der Mathematik oder das eigenständige, realistische Modellieren Zeit benötigen und darüber hinaus nicht notwendigerweise lineare Abläufe darstellen. Bezogen auf die mathematische Lehre können solche Anwendungen einer effizienten Vermittlung folglich entgegenstehen. Schließlich stellt die geringe bis moderate negative Korrelation zum Faktor KREATIVITÄT mit $\hat{r}_{\text{rob}}(221) = -.20$, $p = .005$ die fünfte signifikante Faktorbeziehung des Faktors ERGEBNISEFFIZIENZ dar. Auch dieser Zusammenhang lässt sich bereits zu Beginn des Mathematikstudiums ($\hat{r}_{\text{rob}}[134] = -.29$, $p = .002$) nachweisen und wird erneut ebenfalls bei jenen Erstsemesterstudierenden im Bachelorstudiengang Mathematik signifikant ($\hat{r}_{\text{rob}}[74] = -.32$, $p = .002$).

Die Wechselbeziehung dieser beiden Faktoren ist dahingehend konsistent, dass kreative mathematische Prozesse und das damit einhergehende divergente Denken in gewissem Maße unvereinbar sind mit zielgerichteter, effizienter Vermittlung mathematischer Inhalte.

Korrelationen zu Beginn und am Ende der ENPROMA-Vorlesung 2014/2015

Bei Betrachtung der Korrelationen des Faktors ERGEBNISEFFIZIENZ in den im Wintersemester 2014/2015 erhobenen Daten fällt zunächst auf, dass zum ersten Erhebungszeitpunkt ebenfalls eine moderate bis starke positive Korrelation zwischen ERGEBNISEFFIZIENZ und SCHEMA-ORIENTIERUNG ($r[65] = .39$, $p = .026$) vorliegt. In der Post-Erhebung zum Ende des Semesters ist dieser Zusammenhang jedoch nicht signifikant nachweisbar, wobei diese Stichprobe einen kleineren Umfang hat und hiermit auch eine geringere Teststärke einhergeht. Zu dem neu extrahierten Faktor MATHEMATIK ALS KREATIVE TÄTIGKEIT besteht weiterhin eine moderate bis starke negative Korrelation, die im Wintersemester 2014/2015 zu beiden Erhebungszeitpunkten nachgewiesen werden konnte (E14-PRE: $r[65] = -.43$, $p = .011$; E14-POST: $r[36] = -.56$, $p = .012$). Die Idee einer möglichst zielgerichteten Vermittlung von Mathematik ist aber konträr dazu, dass beim kreativen Mathematikbetreiben Sackgassen dazugehören und manchmal von altbekannten Wegen abgewichen werden muss – Auffassungen, die im Faktor MATHEMATIK ALS KREATIVE TÄTIGKEIT zentral sind. Wer Herleitungen und Beweise als weniger relevant betrachtet als die Anwendung einer Formel, möchte neue Erkenntnisse entsprechend effizient vermittelt bekommen und nicht eigenständig im Prozess des Beweisens gewinnen.

Unterschiede in den Faktormittelwerten

Beim Faktor ERGEBNISEFFIZIENZ unterscheiden sich sowohl die Gruppen der Querschnittuntersuchung als auch die Faktorwerte zwischen den Erhebungszeitpunkten der jeweiligen Längsschnittuntersuchungen signifikant voneinander. Zunächst ließ sich durch die Varianzanalyse ein moderater Effekt nachweisen ($F_{(2,210)} = 5.98$, $p = .003$, $\eta^2 = .054$, $90\,\%\text{-CI}(\eta^2) = [0.011, 0.108]$, $1 - \beta = .88$ (post-hoc)), der mit ausreichender Teststärke gesichert werden konnte. Ein im Nachgang durchgeführter Tukey-Test offenbarte einen signifikanten sowie einen hochsignifikanten Mittelwertunterschied: Die fortgeschrittenen Lehramtsstudierenden ($M = 2.06$, $SD = 0.46$) verfügen demnach über niedrigere Faktorwerte als die Erstsemesterstudierenden der Studiengänge Bachelor Mathematik ($M = 2.30$, $SD = 0.49$) und gymnasiales Lehramt Mathematik ($M = 2.33$, $SD = 0.55$). Beide Effekte sind dabei von moderater Größe ($g_{\text{L2}^+,\,\text{B1}} = -0.48$, $95\,\%\text{-CI}\big(g_{\text{L2}^+,\,\text{B1}}\big) = [-0.81, -0.16]$, $p = .012$ (Tukey), $1 - \beta = .85$ (post-hoc) sowie $g_{\mathrm{L2^+,L1}} = -0.52$, $95\,\%\text{-CI}(g_{\mathrm{L2^+,L1}}) = [-0.86, -0.17]$, $p = .008$ (Tukey), $1 - \beta = .85$ (post-hoc)). Darüber hinaus sind beide Effekte auch nicht nur als statistisch signifikant, sondern auch als praktisch bedeutsam anzusehen, die absoluten Effektstärken betragen 5.8 % respektive 6.5 % der Skalenbreite. Die Studiendauer im Mathematikstudium scheint demnach einherzugehen mit einer stärker ablehnenden Haltung gegenüber diesem Faktor. Die Wahrscheinlichkeit, dass eine zufällig ausgewählte Lehramtsstudent*in höheren Semesters einen niedrigeren Faktorwert aufweist als eine zufällig ausgewählte Studienanfänger*in, liegt gegenüber Erstsemesterstudierenden im Bachelorstudiengang Mathematik bei 63 % und gegenüber Erstsemesterstudierenden des Lehramts Mathematik bei 64 % (vgl. Abschnitt 18.1.3.6).

Ferner nahm die Zustimmung zu den Aussagen des Faktors ERGEBNISEFFIZIENZ in den Längsschnittuntersuchungen beider Vorlesungsdurchgänge jeweils signifikant ab (vgl. Abschnitte 18.2.2.6 und 18.3.2.6). Im Wintersemester 2013/2014 verringerten sich die Faktorwerte zwischen den beiden Erhebungszeitpunkten (E13-PRE: $M = 1.88$, $SD = 0.3$, E13-POST: $M = 1.64$, $SD = 0.35$), wobei die Studierenden die Aussagen dieses Faktors bei der zweiten Befragung noch stärker ablehnen als zuvor. Die Differenz von -0.24 entspricht dabei einer absoluten Effektstärke von 6 % der Skalenbreite, sodass dieser Effekt auch praktisch bedeutsam ist. Unter Einbeziehung der gemittelten Standardabweichung der beiden Zeitpunkte ergibt sich ein statistisch signifikanter moderater bis starker Effekt ($t(14) = -2.34$ (zweiseitig), $p = .035$, $g_{av} = -0.73$, $95\,\%\text{-CI}(g_{av}) = [-1.40, -0.05]$, $1 - \beta = .74$ (post-hoc)). Eine zufällig ausgewählte Person der Stichprobe lehnt die Aussagen des Faktors ERGEBNISEFFIZIENZ mit einer Wahrscheinlichkeit von 70 % zum zweiten Erhebungszeitpunkt des ersten Vorlesungsdurchgangs stärker ab als im Vorfeld der Interventionsmaßnahme. Darüber hinaus trat auch im Wintersemester 2013/2014 ein statistisch signifikanter Effekt kleiner bis mittlerer Größe auf ($t(29) = -2.09$ (zweiseitig), $p = .046$, $g_{av} = -0.37$, $95\,\%\text{-CI}(g_{av}) = [-0.72, -0.03]$, $1 - \beta = .51$ (post-hoc)), der mit einer absoluten Effektstärke von 4.3 % der Skalenbreite auch annähernd im Bereich praktischer Bedeutsamkeit liegt. Zwischen dem ersten und dem zweiten Messzeitpunkt des zweiten Vorlesungsdurchgangs sank der Faktorwert um 0.17 ab, wobei die Faktorwerte bereits beim ersten Erhebungszeitpunkt tendenziell im Bereich der Ablehnung lagen (E14-PRE: $M = 2.07$, $SD = 0.54$). Dennoch lehnen die Studierenden den Faktor im Anschluss an die Vorlesung (E14-POST: $M = 1.9$, $SD = 0.36$) im Schnitt stärker ab als zuvor. Mit einer Wahrscheinlichkeit von 60 % verfügt eine zufällig ausgewählte Person der Kohorte zum ersten Messzeitpunkt über einen höheren Faktorwert im Faktor ERGEBNISEFFIZIENZ als zum zweiten Messzeitpunkt.

Die Ergebnisse des Faktors ERGEBNISEFFIZIENZ ergeben ein kohärentes Bild und lassen sich wie folgt subsumieren (vgl. Abschnitt 19.4.5): Zunächst zeichnet die Studienanfänger*innen sowohl des Bachelor- als auch des Lehramtsstudiengangs aus, dass diese dem Faktor ERGEBNISEFFIZIENZ stärker zustimmen als die fortgeschrittenen Lehramtsstudierenden. Die im Schulunterricht tendenziell vorherrschende kalkülhafte Vorgehensweise scheint diesen Aspekt des mathematischen Weltbildes zu Studienbeginn noch stärker zu prägen – hierfür sind auch die zu Studienbeginn ausgeprägten Korrelationen dieses Faktors ein Indiz. Hingegen legt der Quasi-Längsschnittvergleich den Schluss nahe, dass sich die Faktorwerte dieses Faktors mit zunehmender Studiendauer verringern. Diese Entwicklung ließ sich dabei nicht nur allgemein im Quasi-Längsschnittvergleich von Studienanfänger*innen und fortgeschrittenen Studierenden finden, sondern ließ sich im Speziellen auch im Verlauf der Interventionsmaßnahme als intraindividuelle Veränderung nachweisen. Eine entsprechende Abnahme der Faktorwerte im Faktor ERGEBNISEFFIZIENZ konnte dabei in beiden Längsschnittstichproben als moderater bis starker Effekt nachgewiesen werden. Die Teilnahme an der Interventionsmaßnahme scheint folglich einer kalkülorientiert geprägten Sicht auf Mathematik entgegenwirken zu können.

20.7 Faktor Platonismus/Universalität mathematischer Erkenntnisse

Die Items dieses Faktors charakterisieren Mathematik als eine dem Universum inhärente Sammlung von Wissen, welche durch Menschen entdeckt wird. Damit werden mathematische Erkenntnisse einerseits als unveränderbar und andererseits auch als universell gültig angesehen. Der Einfluss des Menschen wird dabei als begrenzt angesehen, selbst neue Herangehensweisen tragen nicht zu einer Veränderung bekannter Resultate bei. Diese platonistische Sichtweise lässt sich als ein Gegenpol zu einer konstruktivistisch geprägten Sicht auf Mathematik auffassen. Anzumerken ist noch, dass dieser Faktor zwei verwandte, aber nicht identische Fragen tangiert: Einerseits die Frage nach dem Ursprung der Mathematik (entdeckt versus erfunden) und andererseits die Frage nach ihrer Universalität (vgl. Abschnitt 15.1.3). Tabelle 20.8 enthält die Items des Faktors PLATONISMUS/UNIVERSALITÄT MATHEMATISCHER ERKENNTNISSE sowie deren Ladungen aus der explorativen Faktorenanalyse.

Die Faktorreliabilität beträgt $\rho_C = .64$ und liegt damit etwas unterhalb der internen Konsistenz des Faktors mit $\alpha = .65$. An dieser Stelle ist einschränkend anzumerken, dass Cronbach's α bei diesem Faktor unter Umständen

Tabelle 20.8 Items im Faktor PLATONISMUS/UNIVERSALITÄT MATHEMATISCHER ERKENNTNISSE

Item	Wortlaut	Ladung
EPM01	Die Aussagen der Mathematik verhalten sich wie Naturgesetze, d. h. sie können von Menschen entdeckt werden, sind aber nicht veränderbar.	.535
EPM37	Mathematik wurde vom Menschen entdeckt, aber nicht erfunden.	.525
EPM23	Falls es Marsbewohner*innen gäbe, so hätten sie auf jeden Fall dieselbe Mathematik mit denselben Erkenntnissen.	.524
EPM47	Mathematik wurde vom Menschen erfunden.	–.464
EPM04	Durch neue Herangehensweisen und Annahmen können sich bekannte Resultate ändern.	–.394
EPM14	Die Aussagen und Definitionen der Mathematik sind universell gültig.	.372

keine untere Schranke für die Faktorreliabilität darstellt, da die Eindimensionalität nicht gesichert ist. Das eindimensionale Modell der Items des Faktors PLATONISMUS/UNIVERSALITÄT MATHEMATISCHER ERKENNTNISSE verfügt bei der konfirmatorischen Faktorenanalyse mit DWLS-Schätzung nur über einen näherungsweisen Modellfit, da der entsprechende χ^2-Test signifikant geworden ist. Die resultierenden Modellfit-Parameter lassen das Modell eines eindimensionalen Faktors dennoch gerade so beibehalten. Die mittlere Inter-Item-Korrelation der Items liegt bei .23, während sich die Schwierigkeitswerte über den Bereich von .36 bis .64 erstrecken. Im Vergleich zu den restlichen Faktoren ist anzumerken, dass die Items dieses Faktors im Mittel die höchste Standardabweichung aufweisen – es scheint also, als seien die zugehörigen Aussagen des Faktors PLATONISMUS/UNIVERSALITÄT MATHEMATISCHER ERKENNTNISSE insgesamt kontroverser gesehen worden zu sein. Dazu passend weisen die Faktorwerte die maximal mögliche Spannbreite auf. Folglich befinden sich in der Stichprobe sowohl Personen, die den Aussagen dieses Faktors vollständig ablehnend gegenüberstehen als auch welche mit unbedingter Zustimmung. Hinzu kommt noch ein vergleichsweise hoher Interquartilsabstand von 1, daher sind nicht nur veinzelte Ausreißerwerte für die Spannbreite verantwortlich. Mit einem Median von 3.2 ist die Verteilung der Faktorwerte weder rechts- noch linksschief (vgl. Kapitel 16). Anzumerken ist ferner, dass auch Grigutsch und Törner (1998) bei der Untersuchung des mathematischen Weltbildes von Hochschullehrenden einen entsprechenden Faktor PLATONISMUS extrahieren konnten (vgl. Unterkapitel 7.3). Dabei setzen sich die beiden Varianten aus gänzlich unterschiedlichen Items zusammen, wenngleich das dahinterstehende Konstrukt einer platonistisch geprägten epistemologischen Sicht auf Mathematik weitestgehend dasselbe sein dürfte. Skalen mit solch epistemologischen Überzeugungen scheinen dabei stärker zu polarisieren, denn auch bei Grigutsch und Törner (1998) wies dieser Faktor die höchste Varianz auf.

Korrelationen der Faktorwerte

Für den Faktor PLATONISMUS/UNIVERSALITÄT MATHEMATISCHER ERKENNTNISSE korreliert lediglich mit einem der übrigen Faktoren signifikant. In der Gesamtstichprobe lässt sich eine geringe bis moderate positive Korrelation zum Faktor FORMALISMUS-ASPEKT ($r[221] = .21$, $p = .033$) nachweisen. Für die Interpretation dieser Faktorbeziehung sei auf Unterkapitel 19.3 verwiesen: So kann Formalismus einerseits als eben jenes Werkzeug verstanden werden, mit dem wir Menschen die – schon immer existenten – mathematischen Wahrheiten für uns fassbar machen (platonistische Sichtweise); andererseits dient Formalismus dazu, die Spielregeln des – von Menschen geschaffenen, aus bedeutungslosen Zeichenketten bestehenden – Spiels ›Mathematik‹ festzulegen (formalistische Sichtweise, vgl. dazu auch Unterkapitel 7.1).

Da der Faktor PLATONISMUS/UNIVERSALITÄT MATHEMATISCHER ERKENNTNISSE vergleichsweise unvernetzt ist, scheint die Ausprägung dieses Faktors nicht von den Ausprägungen der anderen Faktoren abhängig zu sein. Es lässt sich folglich vermuten, dass die individuelle Antwort auf die Frage nach dem Ursprung mathematischer Erkenntnisse nichts damit zu tun hat, ob man Mathematik etwa als eine prozesshafte oder kreative Wissenschaft oder als ein Gebiet mit vielfältigen Anwendungen wahrnimmt. Das heißt aber beispielsweise auch, dass die Mathematik von platonistisch wie von konstruktivistisch geprägten Student*innen als gleichermaßen kreatives – oder eben unkreatives – Gebiet wahrgenommen wird (vgl. Abschnitt 17.1.1).

Unterschiede in den Faktormittelwerten

Im Faktor PLATONISMUS/UNIVERSALITÄT MATHEMATISCHER ERKENNTNISSE führte die im Rahmen der Querschnittuntersuchung durchgeführte Varianzanalyse zu einem statistisch nicht signifikanten Ergebnis ($F_{(2,210)} = 0.72$, $p = .487$, $1-\beta = .17$ (post-hoc)). Auch ungeachtet der vergleichsweise hohen Streuung der Faktorwerte dieses Faktors fallen die Mittelwertdifferenzen der drei Gruppen zu gering aus, um einen praktisch bedeutsamen Effekt darzustellen (vgl. Unterkapitel 18.1).

Indes ergibt der Mittelwertvergleich der Längsschnittuntersuchung im ersten Jahr der ENPROMA-Vorlesung eine signifikante Abnahme der Faktorwerte (vgl. Abschnitt 18.3.2.7). Mittelwert und Median des ersten Erhebungszeitpunktes liegen im Faktor PLATONISMUS/UNIVERSALITÄT MATHEMATISCHER ERKENNTNISSE über denen des zweiten Zeitpunkts (E13-PRE: $M = 2.84$, $SD = 0.64$, Median =

3, E13-POST: $M = 2.44$, $SD = 0.83$, Median $= 2.83$). Aufgrund der in dieser Stichprobe festgestellten Verletzung der Normalverteilungsannahme der Faktorwerte findet der Wilcoxon-Test mit Korrektur für kontinuierlich verteilte Daten Verwendung, dieser weist auf einen einen signifikanten Effekt moderater Größe hin ($V = 16$ (zweiseitig), $p = .042$, $g_{av} = -0.53$, 95 %-CI(g_{av}) $= [-1.02, -0.04]$, $1 - \beta = .46$ (post-hoc)). Die Differenz der Mediane entspricht einem praktisch bedeutsamen Effekt von 8.3 % der Skalenbreite. Mit einer Wahrscheinlichkeit von 65 % lehnt eine zufällig ausgewählte Person der Stichprobe die Aussagen des Faktors PLATONISMUS/UNIVERSALITÄT MATHEMATISCHER ERKENNTNISSE zum zweiten Erhebungszeitpunkt stärker ab als zuvor. In der Längsschnittuntersuchung des zweiten Vorlesungsdurchgangs im Wintersemester 2014/2015 ergab sich für die Faktorwerte im Faktor PLATONISMUS/UNIVERSALITÄT MATHEMATISCHER ERKENNTNISSE zwar eine Mittelwertdifferenz im praktisch bedeutsamen Bereich (E14-PRE: $M = 2.94$, $SD = 0.65$, E14-POST: $M = 2.7$, $SD = 0.56$, Differenz -0.24), die jedoch nicht als statistisch signifikanter Effekt berichtet werden kann ($t(29) = -1.55$ (zweiseitig), $p = .133$, $1 - \beta = .56$ (post-hoc)). Insgesamt scheint die Interventionsmaßnahme dazu beitragen zu können, die Sicht auf Mathematik als ein von Menschen geschaffenes Produkt zu verstärken – wenngleich sich hier keine allgemeineren Aussagen treffen lassen, da die Faktorwerte in allen betrachteten Stichproben eine vergleichsweise hohe Streuung aufweisen.

20.8 Faktor Ermessensspielraum bei der Formulierung von Mathematik

Im Mittelpunkt dieses Faktors stehen Items, welche menschliche Entscheidungen sowohl bei der Formulierung mathematischer Erkenntnisse als auch bei deren Vermittlung berücksichtigen. Die sprachliche Ausgestaltung einer Begriffsdefinition kann dabei so gewählt werden, dass der Begriff praktisch handhabbar ist. Dieser willkürliche Spielraum ist dabei nicht auf die Definition neuer Begriffe beschränkt, sondern umfasst auch die Abwandlung einer Definition, wenn der dadurch entstehende Begriff besser handhabbar ist. Bezogen auf die Präsentationsform in Lehrbüchern oder Lehrveranstaltungen können sich hier ganz eigene Randbedingungen ergeben, was auch dazu beitragen kann, dass die einzelnen Gebiete der Mathematik als unverzahnt wahrgenommen werden. Zusammenfassend ist eine Zustimmung zu diesem Aspekt mit der Auffassung verbunden, dass Mathematik von Menschen für andere Menschen aufgeschrieben wird – ungeachtet dessen, wie man zur Frage ihres Ursprunges steht. In diesem Prozess der

Kommunikation mathematischen Wissens werden pragmatische Entscheidungen getroffen, die einen Einfluss auf die Mathematik haben (vgl. Abschnitt 15.1.4). Tabelle 20.9 enthält die Items des Faktors ERMESSENSSPIELRAUM BEI DER FORMULIERUNG VON MATHEMATIK sowie deren Ladungen aus der explorativen Faktorenanalyse.

Tabelle 20.9 Items im Faktor ERMESSENSSPIELRAUM BEI DER FORMULIERUNG VON MATHEMATIK

Item	Wortlaut	Ladung
EPM18	Bei der Formulierung von Mathematik kann man nach eigenem Ermessen vorgehen.	.551
EPM51	Bei der Definition eines Begriffs richtet man sich danach, was für einen selbst praktisch ist.	.469
EPM36	Die Präsentationsform von Mathematik (in Lehrbüchern und Vorlesungen) entspricht in der Regel der Form, in der diese Mathematik entstanden ist.	.453
EPM52	Die einzelnen Teilgebiete der Mathematik stehen weitgehend unverzahnt nebeneinander.	.382
EPM09	Wenn man in der Mathematik einen neuen Begriff definiert, so hat man dabei einen willkürlichen Spielraum.	.374
EPM57	Bei der Festlegung einer Definition lassen sich häufig unterschiedliche Ansätze verfolgen, von denen dann einer willkürlich ausgewählt wird.	.370
EPM29	Wenn einem die Konsequenzen einer Definition nicht gefallen, so darf man diese Definition entsprechend abändern.	.354

Die Items sind eher heterogen (MIC .23), aber inhaltlich noch gut interpretierbar; ihre Schwierigkeitswerte fallen überwiegend niedrig bis mittel aus und liegen im Bereich von .22 bis .44. Den befragten Studierenden fällt eine Zustimmung zu den Aussagen der Items folglich tendenziell schwierig. Da alle Items positiv auf den Faktor laden, fallen auch die Faktorwerte entsprechend niedrig aus: Die Verteilung der Faktorwerte hat einen Median von 2.3 und ihr Maximum bei 4 (vgl. Kapitel 16). Auch zu Studienbeginn werden die Aussagen dieses Faktors abgelehnt (vgl. Anhang B.2); entsprechend liegt die Vermutung nahe, dass es in dieser durch den Unterricht geprägten Sicht auf Mathematik nicht erlaubt ist, ›fertige Mathematik‹ abzuändern.

Korrelationen der Faktorwerte

In der untersuchten Stichprobe korreliert der Faktor ERMESSENSSPIELRAUM BEI DER FORMULIERUNG VON MATHEMATIK bedeutsam mit drei Faktoren (vgl. Unterkapitel 17.1). Zunächst besteht eine moderat bis stark positive Korrelation mit dem Faktor ERGEBNISEFFIZIENZ ($\hat{r}_{\text{rob}}[221] = .41$, $p < .001$). Diese lässt sich wie folgt interpretieren: Wenn Begriffe oder Verfahren nach pragmatischen Gesichtspunkten formuliert oder gar abgeändert werden dürfen, dann kann dies gewissermaßen auch dazu genutzt werden, nicht-zielführende Wege zu vermeiden und wirksame Ergebnisse zu erhalten – der Zweck heiligt hier sozusagen die Mittel. Zweitens liegt ein geringer bis moderater positiver Zusammenhang mit dem Faktor SCHEMA-ORIENTIERUNG ($r[221] = .22$, $p = .022$) vor. Der Faktor SCHEMA-ORIENTIERUNG steht dabei für eine Sicht auf Mathematik als eine Sammlung von Werkzeugen, welche in unterschiedlichen Kontexten angewandt werden können (wie etwa Algorithmen, aber auch Begriffe). Beim Formulieren dieser Werkzeuge besteht entsprechend ein gewisser Freiraum, diese können also derart gestaltet werden, dass sie in den jeweiligen Kontexten praktikabel nutzbar sind. Drittens existiert eine geringe bis moderate negative Korrelation zwischen den Faktoren ERMESSENSSPIELRAUM BEI DER FORMULIERUNG VON MATHEMATIK und VERNETZUNG/STRUKTUR MATHEMATISCHEN WISSENS ($\hat{r}_{\text{rob}}[221] = -.16$, $p = .003$) vor. Auch diese ist nachvollziehbar, da nicht ›einfach so‹ am Gebäude der Mathematik herumgespielt werden darf, ohne dass dies Auswirkungen auf die restliche Mathematik hat. Die Freiheiten bei der Formulierung von Begriffen gelten in diesem Sinne nur bei neuen Begriffen, rückwirkende Änderungen sind nur mit entsprechenden Konsequenzen möglich. Bezug nehmend auf die in Abschnitt 17.1.2 diskutierte Clusterstruktur der Faktoren in dieser Stichprobe können die Korrelationen des Faktors ERMESSENSSPIELRAUM BEI DER FORMULIERUNG VON MATHEMATIK zu den Faktoren ERGEBNISEFFIZIENZ und SCHEMA-ORIENTIERUNG als prägend für das statisch-kalkülhafte Cluster angesehen werden (vgl. auch Unterkapitel 19.3).

Korrelationen zu Beginn und am Ende der ENPROMA-Vorlesung 2014/2015

Im Post-Test der EnProMa-Vorlesung des Wintersemesters 2014/2015 ergibt sich zudem eine hochsignifikante und starke Korrelation mit dem Faktor VIELFALT AN LÖSUNGSWEGEN IN DER MATHEMATIK ($r[36] = .58$, $p = .006$), die zu Beginn des Semesters nicht als signifikanter Zusammenhang nachweisbar war. Auch dieser Zusammenhang lässt sich bei näherer Betrachtung mit Bedeutung versehen: Mit dem Wissen, dass Begriffe verschärft oder erweitert werden dürfen und dass alternative Begriffe formuliert werden können, eröffnen sich beim Aufstellen eines Beweises oder der Lösung eines mathematischen Problems wesentlich größere Möglichkeiten

– wobei auch die bei der eigenständigen Formulierung eines Begriffs wahrgenommene Freiheit mehr oder minder zur freien Wahl einer Herangehensweise an ein offenes Problem passt.

Unterschiede in den Faktormittelwerten

Beim Faktor ERMESSENSSPIELRAUM BEI DER FORMULIERUNG VON MATHEMATIK unterscheiden sich sowohl die Gruppen der Querschnittuntersuchung als auch die Faktorwerte zwischen den Erhebungszeitpunkten in einer der Längsschnittuntersuchungen signifikant voneinander. Zunächst ergab die Varianzanalyse in Abschnitt 18.1.3.8 einen signifikanten Effekt kleiner bis mittlerer Stärke ($F_{(2,210)} = 3.30$, $p = .039$, $\eta^2 = .031$, $90\,\%\text{-CI}(\eta^2) = [0.001, 0.074]$, $1 - \beta = .63$ (post-hoc)). Die darauf folgenden Post-hoc-Tests (Tukey) führten zu einem signifikanten Ergebnis. Erstsemesterstudierende im Studiengang Bachelor Mathematik lehnen diesen Faktor weniger stark ab als die fortgeschrittenen Lehramtsstudierenden (B1: $M = 2.44$, $SD = 0.58$, L2⁺: $M = 2.20$, $SD = 0.51$, $p = .030$). Der Mittelwertunterschied von -0.23 entspricht dabei einem moderaten Effekt ($g_{\text{L2}^+,\,\text{B1}} = -0.42$, $95\,\%\text{-CI}(g_{\text{L2}^+,\,\text{B1}}) = [-0.74, -0.10]$) und ist mit einer absoluten Effektstärke von 5.8 % der Skalenbreite auch praktisch bedeutsam. Vergleicht man eine zufällig ausgewählte Lehramtsstudent*in höheren Semesters mit einer Erstsemesterstudent*in des Bachelorstudiengangs Mathematik, so hat jene mit einer Wahrscheinlichkeit von 62 % einen niedrigeren Wert im Faktor ERMESSENSSPIELRAUM BEI DER FORMULIERUNG VON MATHEMATIK.

In der Längsschnittuntersuchung des zweiten Vorlesungsdurchgangs stieg die Zustimmung zu den Aussagen des Faktors ERMESSENSSPIELRAUM BEI DER FORMULIERUNG VON MATHEMATIK signifikant an, während ein entsprechender Effekt im Vorjahr nicht als statistisch bedeutsam berichtet werden kann (vgl. Abschnitte 18.2.2.8 und 18.3.2.8). Im Laufe der zweiten Durchführung trat ein höchstsignifikanter und starker Effekt auf ($t(29) = 4.82$ (zweiseitig), $p < .001$, $g_{av} = 0.86$, $95\,\%\text{-CI}(g_{av}) = [0.44, 1.28]$, $1 - \beta > .99$ (post-hoc)), der zudem mit hinreichender Teststärke gesichert werden konnte. Während die Studierenden den Faktor zum ersten Erhebungszeitpunkt noch stärker ablehnten ($M = 2.06$, $SD = 0.54$), fiel diese Tendenz zur Ablehnung bei der zweiten Erhebung deutlich gemäßigter aus ($M = 2.51$, $SD = 0.5$). Mit einer Differenz von 0.45 und einer absoluten Effektstärke von 11.3 % der Skalenbreite kann dieser starke Effekt auch als praktisch sehr bedeutsam angesehen werden. Eine zufällig ausgewählte Person der Stichprobe hat mit einer Wahrscheinlichkeit von 73 % zum zweiten Messzeitpunkt einen höheren Faktorwert. Im Wintersemester 2013/2014 liegt die Mittelwertdifferenz zwischen den Erhebungszeitpunkten bei 0.18 (E13-PRE: $M = 2.08$, $SD = 0.56$, E13-POST: $M = 2.26$, $SD = 0.48$) und liegt mit einer absoluten Effektstärke von 4.5 % der Skalenbreite annähernd im Bereich praktischer Bedeutsamkeit. Der durchgeführte t-Test führte dabei allerdings zu einem nicht signifikanten Ergebnis ($t(14) = 1.71$ (zweiseitig), $p = .109$, $1 - \beta = .23$ (post-hoc)), sodass diese Veränderung nicht als statistisch signifikanter Messwiederholungseffekt berichtet werden kann.

Die Ergebnisse der Mittelwertvergleiche im Faktor ERMESSENSSPIELRAUM BEI DER FORMULIERUNG VON MATHEMATIK ergeben folgendes Gesamtbild: Verglichen mit den Erstsemesterstudierenden im Bachelorstudiengang Mathematik lehnen die fortgeschrittenen Lehramtsstudierenden den Faktor stärker ab. Die Studierenden, die ein Fachstudium Mathematik aufnehmen, scheinen also bereits zu Beginn des Studiums ein gewisses Bewusstsein für den Einfluss menschlicher Entscheidungen beim Betreiben von Mathematik zu haben. Zugleich führte die Teilnahme an der Vorlesung im Wintersemester 2014/2015 bei einer vergleichbaren Gruppe von Lehramtsstudierenden höheren Semesters zu einer deutlich gestiegenen Zustimmung zu den Aussagen dieses Faktors, mit dem Ergebnis, dass diese anschließend über einen ähnlichen Mittelwert verfügen wie die Bachelorstudierenden zu Beginn des Studiums. Eine Teilnahme an der Interventionsmaßnahme kann also ausgleichend wirken und der gering ausfallenden Zustimmung zu den Aussagen des Faktors ERMESSENSSPIELRAUM BEI DER FORMULIERUNG VON MATHEMATIK entgegenwirken (vgl. Unterkapitel 19.4).

20.9 Faktor Kreativität respektive Faktor Mathematik als Produkt von Kreativität

Die in diesem Faktor vereinten Items beziehen sich auf die Bezüge zwischen Mathematik und Kreativität. Die Disziplin an sich, ihre Definitionen und das mathematische Arbeiten werden als Ergebnis eines kreativen Prozesses angesehen, wobei zwischen dem Prozess des Erkundens und jenem des Aneignens bereits vorhandener Erkenntnisse unterschieden wird (vgl. Abschnitt 15.1.5). Tabelle 20.10 enthält die Items des Faktors KREATIVITÄT sowie deren Ladungen aus der explorativen Faktorenanalyse. Der Faktor verfügt über tendenziell homogene Items mit einer mittleren Inter-Item-Korrelation von .43 und deckt somit einen inhaltlich eher schmalen Bereich ab. Mit einer Faktorreliabilität von $\rho_C = .77$ und Cronbach's α bei .75 ist diese Skala auch hinreichend reliabel. Der Median der Faktorwerte liegt mit einem Wert von 3.3 leicht oberhalb der Mitte. Im Vergleich zu den übrigen Faktoren weist dieser Faktor jedoch den größten Interquartilsabstand auf, zudem verteilen sich die Faktorwerte auch über die maximal mögliche Spannbreite von 4. Ähnlich wie beim Faktor PLATONISMUS/UNIVERSALITÄT MATHEMATISCHER ERKENNTNISSE scheinen also auch die Items des Faktors KREATIVITÄT in der befragten Stichprobe zu polarisieren (vgl. Kapitel 16).

Tabelle 20.10 Items im Faktor KREATIVITÄT

Item	Wortlaut	Ladung
EPM26	Mathematische Definitionen sind ein Produkt von Kreativität.	.750
EPM54	Mathematik ist wie Kunst ein Ergebnis von Kreativität.	.722
EPM12	Mathematisch zu arbeiten ist ein kreativer Prozess.	.565
EPM43	Mathematik wird fast immer nur von besonders kreativen Menschen erfunden, deren Wissen sich andere dann aneignen müssen.	.467

Ab dem Erhebungszeitpunkt im Oktober 2014 wurde der Fragebogen um einen weiteren Abschnitt zur Kreativität ergänzt, um das Themengebiet der mathematischen Kreativität differenzierter betrachten zu können (vgl. Unterkapitel 9.5). Dabei ergaben sich in der zweiten explorativen Faktorenanalyse drei Faktoren, von denen einer eine Erweiterung des Faktors KREATIVITÄT darstellt (vgl. Unterkapitel 14.3) und zur besseren Unterscheidung als Faktor MATHEMATIK ALS PRODUKT VON KREATIVITÄT bezeichnet wird. Wie in Abschnitt 15.1.5 ausgeführt steht der Faktor MATHEMATIK ALS PRODUKT VON KREATIVITÄT für eine Sicht auf Mathematik als etwas, das von (anderen) kreativen Menschen entwickelt wurde, wobei diese mathematischen Erkenntnisse durchaus – quasi wie Kunstwerke – als kreative Produkte wahrgenommen und gewürdigt werden können. Diese Bezeichnung geschieht auch unter Berücksichtigung der Produkt-Prozess-Dualität, im Gegenzug steht beim Faktor MATHEMATIK ALS KREATIVE TÄTIGKEIT die Kreativität in Zusammenhang mit dem eigenständigen mathematischen Arbeiten im Fokus. Tabelle 20.11 enthält die Items des Faktors MATHEMATIK ALS PRODUKT VON KREATIVITÄT sowie deren Ladungen aus der explorativen Faktorenanalyse.

Im Vergleich zum Faktor KREATIVITÄT sind nun zwei weitere Items hinzugekommen. Die Items des Faktors decken dabei einen Schwierigkeitsbereich von .39 bis .73 ab und verfügen über eine mittlere Inter-Item-Korrelation von .42 – die inhaltliche Homogenität des Konstrukts ändert sich durch die beiden hinzugekommenen Items demnach nur gering. Die Faktorreliabilität fällt ebenso wie Cronbach's α etwas höher aus als zuvor ($\rho_C = .83$, $\alpha = .82$). Ferner weist

Tabelle 20.11 Items im Faktor MATHEMATIK ALS PRODUKT VON KREATIVITÄT

Item	Wortlaut	Ladung
EPM26	Mathematische Definitionen sind ein Produkt von Kreativität.	.780
EPM54	Mathematik ist wie Kunst ein Ergebnis von Kreativität.	.764
EPM12	Mathematisch zu arbeiten ist ein kreativer Prozess.	.721
KRE20	Mathematik ist ein Gebiet für kreative Köpfe.	.682
KRE15	Originelle Einfälle sind in der Mathematik üblich.	.399
EPM43	Mathematik wird fast immer nur von besonders kreativen Menschen erfunden, deren Wissen sich andere dann aneignen müssen.	.377

die Faktorwertverteilung auch in der Stichprobe vom Oktober 2014 eine große Spannweite von 3.5 und einen vergleichsweise großen Interquartilsabstand auf und ähnelt damit der zuvor beschriebenen Verteilung der Faktorwerte des Faktors KREATIVITÄT, der Median liegt weiterhin mittig bei einem Wert von 3.3 (vgl. Kapitel 16).

Korrelationen der Faktorwerte

In der untersuchten Stichprobe korreliert der Faktor KREATIVITÄT bedeutsam mit drei Faktoren (vgl. Unterkapitel 17.1). Zunächst besteht ein starker Zusammenhang zum Faktor PROZESS-CHARAKTER ($\hat{r}_{\text{rob}}[221] = .59$, $p < .001$), diesen Faktoren ist eine prozesshafte, dynamische Sicht auf Mathematik gemein, welche Hand in Hand geht mit kreativen Einfällen und den Prozessen des Erkundens und Aneignens mathematischer Erkenntnisse. Als zweite signifikante Beziehung des Faktors KREATIVITÄT ist dessen geringe bis moderate Korrelation mit dem Faktor VERNETZUNG/STRUKTUR MATHEMATISCHEN WISSENS ($r[221] = .23$, $p = .014$) zu nennen. Das vielfältig vernetzte ›Gebäude‹ mathematischer Begriffe kann einerseits als ein Ergebnis von Kreativität angesehen werden, und andererseits ist ein tragfähig vernetztes Wissen hilfreich für kreatives mathematisches Arbeiten und das Formulieren neuer Erkenntnisse. Schließlich liegt eine geringe bis moderate negative Korrelation zum Faktor ERGEBNISEFFIZIENZ ($\hat{r}_{\text{rob}}[221] = -.20$, $p = .005$) vor. Dieser Zusammenhang lässt sich dabei bereits zu Beginn des Mathematikstudiums ($\hat{r}_{\text{rob}}[134] = -.29$, $p = .002$) nachweisen und wird insbesondere bei jenen Erstsemesterstudierenden im Bachelorstudiengang Mathematik signifikant ($\hat{r}_{\text{rob}}[74] = -.32$, $p = .002$). Die Wechselbeziehung dieser beiden Faktoren ist dahingehend konsistent, dass kreative mathematische Prozesse und das damit einhergehende divergente Denken in gewissem Maße unvereinbar sind mit zielgerichteter, effizienter Vermittlung mathematischer Inhalte. Insgesamt sind die beschriebenen Korrelationen des Faktors KREATIVITÄT kennzeichnend für die in Abschnitt 17.1.2 diskutierte Clusterstruktur der Faktoren in dieser Stichprobe (vgl. auch Unterkapitel 19.3).

Korrelationen zu Beginn und am Ende der ENPROMA-Vorlesung 2014/2015

Der Faktor MATHEMATIK ALS PRODUKT VON KREATIVITÄT wurde in den beiden Erhebungen zu Beginn und am Ende der ENPROMA-Vorlesung erhoben. Dabei können die folgenden Zusammenhänge jeweils zu beiden Erhebungszeitpunkten nachgewiesen werden: Der Faktor MATHEMATIK ALS PRODUKT VON KREATIVITÄT hängt dabei positiv mit dem Faktor PROZESS-CHARAKTER (E14-PRE: $\hat{r}_{\text{rob}}[65] = .65$, $p < .001$; E14-POST: $\hat{r}_{\text{rob}}[36] = .75$, $p < .001$) zusammen. Weiterhin korrelieren die Faktorwerte positiv mit jenen des Faktors MATHEMATIK ALS KREATIVE TÄTIGKEIT (E14-PRE: $r[65] = .45$, $p = .007$; E14-POST: $\hat{r}_{\text{rob}}[36] = .66$, $p < .001$) sowie ebenfalls positiv mit jenen des Faktors VIELFALT AN LÖSUNGSWEGEN IN DER MATHEMATIK (E14-PRE: $r[65] = .44$, $p = .011$; E14-POST: $\hat{r}_{\text{rob}}[36] = .34$, $p = .038$).

Die Korrelation des Faktors MATHEMATIK ALS PRODUKT VON KREATIVITÄT zum Faktor VIELFALT AN LÖSUNGSWEGEN IN DER MATHEMATIK ist inhaltlich anschaulich interpretierbar, schließlich sind in ›der Mathematik‹ ungewöhnliche Lösungswege üblich, oder (anderen) ›guten Mathematiker*innen‹ fällt eine Vielzahl an möglichen Problemlösungen ein. Hierbei steht eher das fertige, kreative Produkt im Fokus als die eigene kreative Tätigkeit mit derselben. Und auch die positive Beziehung zum Faktor MATHEMATIK ALS KREATIVE TÄTIGKEIT lässt sich mit Bedeutung versehen: Wer Mathematik als ein Feld für die eigene, kreative Tätigkeit wahrnimmt, sieht durchaus auch die Kreativität, die in der fertigen, von anderen Menschen formulierten Mathematik steckt. Und umgekehrt kann man ebenso der Mathematik jeglichen Bezug zur Kreativität absprechen, sie als starres Gebiet ohne Originalität sehen – wird dann aber tendenziell auch eine gute Lern- und Merkfähigkeit wichtiger finden als Einfallsreichtum.

Unterschiede in den Faktormittelwerten

Beim Faktor KREATIVITÄT ergab sich im Gruppenvergleich der Querschnittuntersuchung ein signifikantes Ergebnis, wohingegen sich die in den Längsschnittuntersuchungen betrachteten Faktorwerte der Vorlesungsteilnehmer*innen nicht systematisch veränderten. So führt die Varianzanalyse zu einen statistisch bedeutsamen Effekt kleiner bis mittlerer Stärke ($F_{(2,210)} = 3.31$, $p = .038$, $\eta^2 = .031$, $90\,\%\text{-CI}(\eta^2) = [0.001, 0.074]$), dieser begründet sich insbesondere in dem signifikanten Mittelwertunterschied zwischen Lehramtsstudierenden am Beginn des Studiums und jenen in höheren Semestern (L1: $M = 2.98$, $SD = 0.85$, L2^{+}:

$M = 3.35$, $SD = 0.89$, Tukey-Test $p = .039$). Diese Differenz von 0.37 entspricht einer absoluten Effektstärke von 9.2 % der Skalenbreite, was auf einen praktisch sehr bedeutsamen Effekt hindeutet. Mit zunehmender Studiendauer im Lehramtsstudium Mathematik scheint das Bewusstsein für Kreativität in der Mathematik zuzunehmen. Unter Berücksichtigung der – in diesem Faktor vergleichsweise höheren – Streuung der Faktorwerte entspricht dieser Mittelwertunterschied in der relativen Effektstärke Hedges' g einem moderaten Effekt ($g_{L2^+,L1} = 0.42$, 95 %-CI$(g_{L2^+,L1}) = [0.08, 0.76]$, $1 - \beta = .68$ (post-hoc)). Beim Vergleich zweier zufällig ausgewählter Personen dieser beiden Gruppen hat die Mathematik-Lehramststudent*in des höheren Semesters mit einer Wahrscheinlichkeit von 62 % auch einen höheren Wert im Faktor Kreativität als die Erstsemesterstudent*in des Lehramts Mathematik (vgl. Abschnitt 18.1.3.9). Weiterhin ist auch der Abstand der Studienanfänger*innen im Lehramt zu jenen im Studiengang Bachelor Mathematik (B1: $M = 3.28$, $SD = 0.86$) mit einer Differenz von -0.30 und einer absoluten Effektstärke von 7.5 % der Skalenbreite im Bereich praktischer Bedeutsamkeit. Jedoch kann dieser Mittelwertunterschied unter Berücksichtigung der Schprobenvarianz nicht als statistisch signifikant berichtet werden, da der Tukey-Test nur über einen adjustierten p-Wert von $p = .114$ verfügt.

In den Längsschnittuntersuchungen der beiden Vorlesungsdurchgänge wurde im Wintersemester 2013/2014 der Faktor KREATIVITÄT betrachtet und im Wintersemester 2014/2015 entsprechend der Faktor MATHEMATIK ALS PRODUKT VON KREATIVITÄT. Die Faktorwerte der beiden Erhebungszeitpunkte liegen jeweils nah beisammen (E13-PRE: $M = 3.43$, $SD = 0.59$, E13-POST: $M = 3.52$, $SD = 0.72$, E14-PRE: $M = 3.43$, $SD = 0.83$, E14-POST: $M = 3.43$, $SD = 0.9$), entsprechend resultieren beide Mittelwertvergleiche in einem weder praktisch noch statistisch bedeutsamen Ergebnis (vgl. Abschnitte 18.3.2.9 und 18.2.2.9).

Im Quasi-Längsschnittvergleich der beiden Gruppen von Lehramtsstudierenden (zu Beginn des Studiums und in höheren Semestern) zeigt sich, dass mit der Studiendauer die Zustimmung zum Faktor KREATIVITÄT zunimmt. Ferner gibt es einen Verdacht, dass die Mathematik-Erstsemesterstudierenden im Bachelorstudiengang eine höhere Zustimmung zum Faktor KREATIVITÄT aufweisen als ihre Kommiliton*innen im ersten Semester des gymnasialen Lehramtsstudiengangs Mathematik. Insgesamt scheinen die Studienanfänger*innen im Lehramt Mathematik dabei im Vergleich zu den anderen beiden Gruppen einen niedrigeren Faktorwert aufzuweisen, wobei das Mathematikstudium hierbei Spuren zu hinterlassen scheint: Im Laufe des Lehramtsstudiums steigt dieser Wert an, sodass Lehramtsstudierende in höheren Semestern dem Faktor KREATIVITÄT ähnlich stark zustimmen wie Bachelorstudierende zu Beginn des Studiums. Zugleich scheint die Interventionsmaßnahme hinsichtlich des Faktors KREATIVITÄT respektive MATHEMATIK ALS PRODUKT

VON KREATIVITÄT im Längsschnitt zu keiner nennenswerten Veränderung zu führen (vgl. Unterkapitel 19.4).

20.10 Faktor Mathematik als kreative Tätigkeit

Die Items dieses Faktors eint zunächst das Zusammenspiel von Kreativität und Mathematik, dabei liegt der Fokus hier jedoch bei der Kreativität, die zum eigenständigen Arbeiten in der Mathematik notwendig ist oder dort bereits als hilfreich empfunden wurde. Die Items beziehen sich dabei teilweise auf das Lösen mathematischer Probleme, auf die kreative Tätigkeit des Beweisens und auf die Entdeckung neuer Begriffe. Divergentes, unkonventionelles Denken wird dabei als ebenso wichtig angesehen wie Einfallsreichtum (vgl. Abschnitt 15.1.6). Tabelle 20.12 enthält die Items des Faktors MATHEMATIK ALS KREATIVE TÄTIGKEIT sowie deren Ladungen aus der explorativen Faktorenanalyse.

Tabelle 20.12 Items im Faktor MATHEMATIK ALS KREATIVE TÄTIGKEIT

Item	Wortlaut	Ladung
EPM46	Eine gute Denkfähigkeit und Einfallsreichtum sind im Mathematikunterricht oft wichtiger als eine gute Lern- und Merkfähigkeit.	.692
KRE12	Beim Beweisen kann man Dinge entdecken, die einem vorher selbst nicht bewusst waren.	.670
KRE10	Entdeckungen der Mathematik entstehen aus geistreichen Schöpfungen.	.637
KRE02	Beim Lösen mathematischer Probleme gibt es nur wenig Raum für Originalität.	−.545
KRE08	Ein spontaner Einfall hat mir schon häufiger geholfen, ein mathematisches Problem zu lösen.	.487
KRE09	Es ist beim Mathematiktreiben gelegentlich notwendig, von altbekannten Wegen abzuweichen.	.479
KRE11	Wenn ein Mensch vor Ideen nur so sprudelt, sollte er oder sie ein Mathematikstudium in Betracht ziehen.	.400

Die interne Konsistenz des Faktors liegt bei $\alpha = .79$, die kongenerische Reliabilität beträgt $\rho_C = .80$ und mit einer mittleren Inter-Item-Korrelation von .35 sind die Items inhaltlich recht homogen. Die Schwierigkeitswerte der Items bewegen sich dabei im Bereich von .30 bis .72, wobei eines der beiden Items mit geringem Schwierigkeitswert negativ auf den Faktor lädt. Die Verteilung der Faktorwerte ist leicht linksschief und mit einem Median von 3.6 etwas nach rechts verschoben. Den Aussagen dieses Faktors wird also tendenziell eher zugestimmt, eine stärkere Ablehnung kommt dabei nicht vor, wie auch das Minimum bei 1.9 nahelegt (vgl. Kapitel 16).

Korrelationen der Faktorwerte

Der Faktor MATHEMATIK ALS KREATIVE TÄTIGKEIT wurde in den beiden Befragungen im Wintersemester 2014/2015 erhoben, daher können die Korrelationen nur in den entsprechenden Stichproben betrachtet werden. Dabei ergeben sich Wechselbeziehungen mit insgesamt sechs Faktoren, wobei die Korrelationen mit PROZESS-CHARAKTER, MATHEMATIK ALS PRODUKT VON KREATIVITÄT, VIELFALT AN LÖSUNGSWEGEN IN DER MATHEMATIK sowie ERGEBNISEFFIZIENZ jeweils sowohl zu Beginn als auch am Ende der ENPROMA-Vorlesung nachgewiesen werden können. Hingegen lässt sich die Korrelation mit dem Faktor SCHEMA-ORIENTIERUNG nur beim ersten und jene mit dem Faktor VERNETZUNG/STRUKTUR MATHEMATISCHEN WISSENS nur beim zweiten Erhebungszeitpunkt nachweisen. Zunächst einmal ist die Korrelation mit dem Faktor PROZESS-CHARAKTER zu beiden Erhebungszeitpunkten stark positiv ausgeprägt (E14-PRE: $r[65] = .48$, $p = .002$; E14-POST: $\hat{r}_{\text{rob}}[36] = .74$, $p < .001$). Diese beiden Faktoren eint eine dynamisch-prozesshafte, entwickelnde Sicht auf die Mathematik als ›eine Tätigkeit, über Probleme nachzudenken‹. Zweitens hängt der Faktor MATHEMATIK ALS KREATIVE TÄTIGKEIT auch positiv mit dem Faktor MATHEMATIK ALS PRODUKT VON KREATIVITÄT (E14-PRE: $r[65] = .45$, $p = .007$; E14-POST: $\hat{r}_{\text{rob}}[36] = .66$, $p < .001$) zusammen, was sich wie folgt interpretieren lässt: Wer Mathematik als ein Feld für die eigene, kreative Tätigkeit wahrnimmt, sieht durchaus auch die Kreativität, die in der fertigen, von anderen Menschen formulierten Mathematik steckt. Und umgekehrt kann man ebenso der Mathematik jeglichen Bezug zur Kreativität absprechen, sie als starres Gebiet ohne Originalität sehen – wird dann aber tendenziell auch eine gute Lern- und Merkfähigkeit wichtiger finden als Einfallsreichtum. Als dritte signifikante Korrelation findet sich jene zum Faktor VIELFALT AN LÖSUNGSWEGEN IN DER MATHEMATIK (E14-PRE: $r[65] = .49$, $p = .001$; E14-POST: $\hat{r}_{\text{rob}}[36] = .69$, $p < .001$). Dabei kann das für vielfältige Problemlösungen notwendige divergente Denken als Teil eines kreativen Prozesses betrachtet werden, bei dem spontane Einfälle hilfreich sind und altbekannte Wege verlassen werden müssen. Viertens ist die Korrelation mit dem Faktor ERGEBNISEFFIZIENZ zu beiden Erhebungszeitpunkten negativ ausgeprägt (E14-PRE: $r[65] = -.43$, $p =$

.011; E14-POST: $\hat{r}_{\text{rob}}[36] = -.56$, $p = .012$). Die Idee einer möglichst zielgerichteten Vermittlung von Mathematik ist aber konträr dazu, dass beim kreativen Mathematikbetreiben Sackgassen dazugehören und manchmal von altbekannten Wegen abgewichen werden muss – Auffassungen, die im Faktor MATHEMATIK ALS KREATIVE TÄTIGKEIT zentral sind. Wer Herleitungen und Beweise als weniger relevant betrachtet als die Anwendung einer Formel, möchte neue Erkenntnisse entsprechend effizient vermittelt bekommen und nicht eigenständig im Prozess des Beweisens gewinnen. Fünftens korreliert der Faktor SCHEMA-ORIENTIERUNG mit $\hat{r}_{\text{rob}}(65) = -.46$, $p = .036$ (BY-adjustiert) moderat bis stark negativ mit dem Faktor MATHEMATIK ALS KREATIVE TÄTIGKEIT. Dieser Zusammenhang ist insofern stimmig, als dass viele kreative Einfälle beim Mathematiktreiben schlecht zu einer Vorstellung von Mathematik als einem ›Werkzeugkasten‹ aus eingeübten Kalkülen passen (vgl. Unterkapitel 17.6). Zuletzt ergibt sich im Post-Test sechstens noch eine starke Korrelation mit dem Faktor VERNETZUNG/STRUKTUR MATHEMATISCHEN WISSENS ($r[36] = .54$, $p = .024$), die zu Beginn des Semesters nicht als signifikanter Zusammenhang nachweisbar war (vgl. Unterkapitel 17.7). Diese lässt sich wie folgt interpretieren: Wer erlebt hat, Mathematik als eine kreative Wissenschaft selbst zu betreiben, muss währenddessen oder im Anschluss auch lernen, die eigenen Erkenntnisse in Bezug zum bisherigen Wissen zu setzen, diese in das vorhandene Begriffsnetz einzuordnen. Zugleich profitiert man umgekehrt von den Strukturen und Vernetzungen mathematischer Begriffe – beispielsweise wenn es darum geht, von altbekannten Wegen abzuweichen oder neue Erkenntnisse zu gewinnen. Fehlt dieses tiefer gehende, vernetzte Wissen, so ist man entsprechend umso weniger in der Lage, eigentätig aktiv Mathematik zu betreiben und originelle Seitenpfade zu betreten.

Unterschiede in den Faktormittelwerten

Der Faktor MATHEMATIK ALS KREATIVE TÄTIGKEIT wurde erst ab den Erhebungen im Wintersemester 2014/2015 erhoben, dementsprechend wird die Veränderung der Faktorwerte nur während des zweiten Vorlesungsdurchgangs analysiert (vgl. Abschnitt 18.2.2.10). Zwischen den beiden Erhebungszeitpunkten steigen die Faktorwerte um 0.16 an (E14-PRE: $M = 3.58$, $SD = 0.61$, E14-POST: $M = 3.73$, $SD = 0.53$), es ergibt sich ein statistisch signifikanter Effekt kleiner bis moderater Stärke ($t(29) = 2.07$ (zweiseitig), $p = .048$, $g_{av} = 0.27$, 95 %-CI(g_{av}) $= [0.01, 0.54]$, $1 - \beta = .30$ (post-hoc)). Die absolute Effektstärke liegt bei 3.9 % der Skalenbreite, sodass der Effekt noch als annähernd praktisch bedeutsam angesehen werden kann. Eine zufällig ausgewählte Person der Stichprobe stimmt den Aussagen des Faktors MATHEMATIK ALS KREATIVE TÄTIGKEIT mit einer Wahrscheinlichkeit von

58 % zum zweiten Erhebungszeitpunkt stärker zu als im Vorfeld der Interventionsmaßnahme. Die Teilnahme an der Vorlesung kann demnach dazu beitragen, das Bewusstsein für die zum eigenständigen Arbeiten in der Mathematik notwendige Kreativität zu steigern.

20.11 Faktor Vielfalt an Lösungswegen in der Mathematik

Die Items dieses Faktors haben als gemeinsame Komponente die Offenheit und Freiheiten des mathematischen Arbeitens. Dazu zählt insbesondere die Erfahrung, dass es häufig vielfältige Lösungswege gibt, die auch jenseits konventioneller Pfade gefunden werden. Die Arbeitsweisen umfassen dabei gleichermaßen das Problemlösen, das Beweisen und das Entdecken neuer Zusammenhänge (vgl. Abschnitt 15.1.7). Tabelle 20.13 enthält die Items des Faktors VIELFALT AN LÖSUNGSWEGEN IN DER MATHEMATIK sowie deren Ladungen aus der explorativen Faktorenanalyse.

Tabelle 20.13 Items im Faktor VIELFALT AN LÖSUNGSWEGEN IN DER MATHEMATIK

Item	Wortlaut	Ladung
KRE14	In der Mathematik sind ungewöhnliche Lösungswege mit großer Wahrscheinlichkeit falsch.	−.599
KRE03	In der Mathematik werden ständig neue Dinge entdeckt.	.562
KRE16	Guten Mathematiker*innen fällt beim Problemlösen eine Vielzahl an (unterschiedlichen) Wegen ein.	.537
KRE17	Beim Mathematiktreiben kann man sich frei entfalten.	.481
KRE21	In der Mathematik kann ich ein Problem erfolgreich lösen, indem ich bekannte Vorgehensweisen über den Haufen werfe.	.435
KRE07	Auf der Suche nach einem Beweis muss man meist vollkommen neues Terrain betreten.	.350

Faktorreliabilität und interne Konsistenz betragen $\alpha = .71$, während die mittlere Inter-Item-Korrelation bei einem Wert von .29 liegt. Die Schwierigkeitswerte der Items erstrecken sich über den Bereich von .34 bis .77, wobei das Item mit der geringsten Schwierigkeit eine negative Faktorladung aufweist. Die Werte des Faktors VIELFALT AN LÖSUNGSWEGEN IN DER MATHEMATIK sind symmetrisch um einen Median von 3.2 verteilt. Die Verteilung fällt dabei leicht steilgipfelig aus, die stärkere Zustimmung respektive Ablehnung dieses Faktors tritt etwas seltener auf (vgl. Kapitel 16).

Korrelationen der Faktorwerte

Der Faktor VIELFALT AN LÖSUNGSWEGEN IN DER MATHEMATIK wurde in den beiden Befragungen im Wintersemester 2014/2015 erhoben, daher können die Korrelationen nur in den entsprechenden Stichproben betrachtet werden. Die Zusammenhänge zu den Faktoren PROZESS-CHARAKTER, MATHEMATIK ALS PRODUKT VON KREATIVITÄT sowie MATHEMATIK ALS KREATIVE TÄTIGKEIT können dabei jeweils sowohl zu Beginn als auch am Ende der ENPROMA-Vorlesung nachgewiesen werden. Hingegen lässt sich die Korrelation mit dem Faktor ERMESSENSSPIELRAUM BEI DER FORMULIERUNG VON MATHEMATIK nur beim zweiten Erhebungszeitpunkt nachweisen. Diese vier Faktorbeziehungen werden nachfolgend zusammengefasst: Die Faktorwerte des Faktors VIELFALT AN LÖSUNGSWEGEN IN DER MATHEMATIK korrelieren zu beiden Erhebungszeitpunkten stark positiv mit jenen des Faktors PROZESS-CHARAKTER (E14-PRE: $r[65] = .52$, $p < .001$; E14-POST: $r[36] = .65$, $p < .001$). Dabei stellen etwa Aussagen über ›Einfälle und neuen Ideen, von denen die Mathematik lebt‹ des Faktors PROZESS-CHARAKTER einen entsprechenden Bezug zur Originalität und Vielfalt an Lösungswegen her. Zweitens hängt der Faktor stark positiv mit jenen des Faktors MATHEMATIK ALS KREATIVE TÄTIGKEIT (E14-PRE: $r[65] = .49$, $p = .001$; E14-POST: $r[36] = .69$, $p < .001$) zusammen. Hier kann das für vielfältige Problemlösungen notwendige divergente Denken als Teil eines kreativen Prozesses betrachtet werden, bei dem spontane Einfälle hilfreich sind und altbekannte Wege verlassen werden müssen. Drittens findet sich noch eine moderate bis starke positive Korrelation mit dem Faktor MATHEMATIK ALS PRODUKT VON KREATIVITÄT (E14-PRE: $r[65] = .44$, $p = .011$; E14-POST: $\hat{r}_{\text{rob}}[36] = .34$, $p = .038$). Auch diese ist inhaltlich anschaulich interpretierbar, schließlich sind in ›der Mathematik‹ ungewöhnliche Lösungswege üblich, oder (anderen) ›guten Mathematiker*innen‹ fällt eine Vielzahl an möglichen Problemlösungen ein. Hierbei steht eher das fertige, kreative Produkt im Fokus als die eigene kreative Tätigkeit mit derselben. Als vierter signifikanter Zusammenhang ergibt sich zum zweiten Erhebungszeitpunkt zudem noch eine starke positive Korrelation zwischen den Faktoren VIELFALT AN LÖSUNGSWEGEN IN DER MATHEMATIK und ERMESSENSSPIELRAUM BEI DER FORMULIERUNG VON MATHEMATIK ($r[36] = .58$, $p = .006$), die zu Beginn des Semesters nicht als signifikanter Zusammenhang nachweisbar war. Auch dieser Zusammenhang lässt sich bei näherer Betrachtung mit Bedeutung versehen: Mit dem Wissen, dass Begriffe verschärft oder erweitert werden dürfen und dass alternative Begriffe formuliert werden können, eröffnen sich beim Aufstellen eines Beweises oder der Lösung eines mathematischen Problems wesentlich größere Möglichkeiten – wobei auch die bei der eigenständigen Formulierung eines Begriffs wahrgenommene Freiheit mehr oder minder zur freien Wahl einer Herangehensweise an ein offenes Problem passt.

Unterschiede in den Faktormittelwerten

Der Faktor VIELFALT AN LÖSUNGSWEGEN IN DER MATHEMATIK wurde erst ab den Erhebungen im Wintersemester 2014/2015 erhoben, dementsprechend wird die Veränderung der Faktorwerte nur während des zweiten Vorlesungsdurchgangs betrachtet. In der Längsschnittuntersuchung ergab sich dabei kein statistisch signifikanter Messwiederholungseffekt ($t(29) = 1.59$ (zweiseitig), $p = .123$, $1 - \beta = .29$ (post-hoc)). Zum zweiten Messzeitpunkt liegt der Mittelwert der Faktorwerte geringfügig höher (E14-PRE: $M = 3.13$, $SD = 0.74$, E14-POST: $M = 3.31$, $SD = 0.59$), wobei die Differenz von 0.18 mit einer absoluten Effektstärke von 4.4 % der Skalenbreite annähernd im Bereich praktischer Bedeutsamkeit liegt (vgl. Abschnitt 18.2.2.11).

Nach der auf zweierlei Art durchgeführten Zusammenfassung der Forschungsergebnisse in den Kapiteln 19 und 20 schließt das nun folgende Kapitel 21 diese Arbeit mit der Reflexion des Untersuchungsdesigns, einer abschließenden Diskussion der Ergebnisse im Kontext des Forschungsfeldes und einem Ausblick auf weiterführende Fragestellungen ab.

21 Abschließende Diskussion des Forschungsprojekts

Zum Abschluss dieser umfangreichen Arbeit soll zuletzt der Frage nach dem Erkenntnisgewinn nachgegangen werden. Dazu erfolgt zunächst in Unterkapitel 21.1 die Bewertung der Ergebnisse hinsichtlich der Beforschung der impulsgebenden hochschulmathematikdidaktischen Interventionsmaßnahme sowie die Reflexion des Untersuchungsdesigns. Unterkapitel 21.2 enthält eine Einordnung der Ergebnisse in den Kontext des Forschungsfeldes und speziell vor dem Hintergrund der vorangegangenen Forschung, welche in Teil III vorgestellt und diskutiert wurde. Den Abschluss dieses Kapitels bilden dann diejenigen Fragen, die im Rahmen der Untersuchung entweder nicht beantwortet werden konnten oder die an die Ergebnisse dieser Arbeit anknüpfen (vgl. Unterkapitel 21.3).

21.1 Bewertung der Ergebnisse bezüglich der Fragestellung der Untersuchung

Die ursprüngliche Herausforderung bestand darin, die fachmathematische Ausbildung angehender Sekundarstufenlehrkräfte vor dem Hintergrund des einleitend ausgeführten Spannungsfeldes bedarfsgerecht zu gestalten und mathematische Enkulturation zu ermöglichen. Die Lehramtsstudierenden sollten dabei trotz eines im Vergleich zum reinen Fachstudium geringeren Mathematikanteils die Möglichkeit haben, etwas über die Arbeitsweisen und das Wesen der Mathematik zu lernen und ein umfangreiches, tragfähiges und reflektiertes Bild der Wissenschaft aufzubauen. Hierzu wurde in den Jahren 2012–2015 an der Johann Wolfgang Goethe-Universität Frankfurt am Main das hochschulmathematikdidaktische Projekt ENTSTEHUNGSPROZESSE VON MATHEMATIK (ENPROMA) durchgeführt. Im Rahmen einer Begleitvorlesung zur Einstiegsvorlesung Analysis I konnten die

B. Weygandt, *Mathematische Weltbilder weiter denken*, https://doi.org/10.1007/978-3-658-34662-1_21

Studierenden die entsprechenden Fachinhalte in ihrer Genese eigentätig (nach-) entdecken, im Fokus stand das ›Erleben der Mathematik als Prozess‹ in einer Lernumgebung, die den individuellen Verstehensprozess bei den Studierenden anstößt und unterstützt (vgl. Beutelspacher et al. 2012, S. 17).

Für die in dieser Arbeit vorgestellte Begleitforschung dieses Projekts war die Wirksamkeit der zugehörigen EnProMa-Vorlesung hinsichtlich des mathematischen Weltbildes der Studierenden zentral. Zur Operationalisierung der dem mathematischen Weltbild zugrunde liegenden latenten Variablen wurde auf die vier Skalen Formalismus-Aspekt, Anwendungs-Charakter, Schema-Orientierung und Prozess-Charakter aus Grigutsch et al. (1998) zurückgegriffen, die in den vergangenen Jahrzehnten in unterschiedlichen Studien Verwendung fanden und entsprechend hinreichend validiert sind. Einerseits wurden die in dieser Erhebung gewonnenen Daten genutzt, um mittels konfirmatorischer Faktorenanalyse den Modellfit des von Grigutsch et al. (1998) vorgeschlagenen Modells zu überprüfen, andererseits wurde der Frage nachgegangen, inwiefern sich diese vier Faktoren zur Beschreibung des mathematischen Weltbildes um weitere Facetten ergänzen lassen – insbesondere hinsichtlich einer dynamischen, prozesshaften Sicht auf Mathematik und der Genese mathematischen Wissens. Für diesen Teil der Forschung wurde ein explorativer Ansatz gewählt, ebenso wie bei der Erkundung der Faktorkorrelationen in der Stichprobe. Wie die Ergebnisse der vorliegenden Arbeit zeigen, ermöglichen die neuen Faktoren eine breitere, differenzierte Erfassung mathematischer Weltbilder. Durch eine Analyse der Faktorwerte ließen sich zudem auch Unterschiede und Veränderungen im mathematischen Weltbild der Studierenden beantworten und die hochschulmathematikdidaktische Interventionsmaßnahme evaluieren.

Reflexion des Untersuchungsdesigns und Grenzen der vorliegenden Arbeit

Da es sich bei den befragten Personen um eine Gelegenheitsstichprobe mit Klumpenbildung handelt, lassen sich die gewonnenen Erkenntnisse nicht unreflektiert auf die entsprechenden Gesamtpopulationen verallgemeinern. Bei der vorliegenden Forschung handelt es sich nicht um eine Laborstudie, sondern um eine explorative Feldstudie im quasi-experimentellen Untersuchungsdesign ohne Kontrollgruppe. In der Folge ließen sich nicht alle Einflussfaktoren identifizieren oder eliminieren. Um den Einfluss von Hintergrundvariablen ebenso wie alternative Erklärungen für das Zustandekommen der Ergebnisse auszuschließen, sollten die Ergebnisse dieser explorativ orientierten Untersuchung also zukünftig entsprechend repliziert werden. Die umfangreiche Analyse des mathematischen Weltbildes der Lehramts- und Fachstudierenden stellt dabei eine Stärke des Untersuchungsdesigns dar, wohingegen der durch die Struktur der Datenerhebung beschränkte Stichprobenumfang mit entsprechenden Limitierungen einhergeht. Der Stichprobenumfang in der Gesamtstichprobe ist dabei hinreichend groß, um die Faktorenanalysen durchzuführen und die Faktorkorrelationen mit entsprechender Teststärke nachweisen zu können (vgl. Unterkapitel 17.1). Gleichwohl reicht der Umfang nicht aus, um zwischen unterschiedlichen Teilstichproben signifikante Unterschiede in der Faktorstruktur zu erkennen – dementsprechend lassen sich die Korrelationsunterschiede vor und nach der Interventionsmaßnahme nicht auf statistische Signifikanz hin untersuchen. Als vorteilhaft erwies sich ferner, dass die Studierenden der ENPROMA-Vorlesung im Rahmen der Vorlesungszeit an den Befragungen teilnahmen. Trotz einer gewissen Abnahme der Teilnehmer*innenanzahl liegt aus der ENPROMA-Vorlesung im Wintersemester 2014/2015 eine ausreichend große Zahl an gebundenen Datensätzen vor, um Längsschnittuntersuchungen durchführen zu können. Unter Umständen kann es jedoch auch hier zu einer systematischen Verzerrung gekommen sein, da von manchen Studierenden nur Daten eines Erhebungszeitpunkts berücksichtigt werden konnten (etwa aufgrund unvollständiger Fragebögen oder durch Drop-Out im Laufe des Semesters, vgl. hierzu auch Geisler et al. 2019).

21.2 Einbettung der Arbeit in bisherige Forschungsergebnisse

Für die vorliegende Arbeit sind die vier Faktoren FORMALISMUS-ASPEKT, ANWENDUNGS-CHARAKTER, SCHEMA-ORIENTIERUNG und PROZESS-CHARAKTER aus Grigutsch et al. (1998) und deren Faktorkorrelationen von zentraler Bedeutung. In Bezug auf die publizierten Erkenntnisse aus Teil III ließen sich diese vier Skalen zunächst mittels konfirmatorischer Faktorenanalyse validieren, der Modellfit des zugehörigen Modells wies nur leichte Modellmissspezifikationen auf. Zudem ist die Faktorenstruktur dieser Faktoren auch insofern robust, als dass eine an den erhobenen Daten durchgeführte explorative Hauptachsen-Faktorenanalyse mit vier extrahierten Faktoren dazu führt, dass sich die Items hinsichtlich ihrer Hauptladungen eben in diesen vier Faktoren gruppierten (vgl. Unterkapitel 15.3). Damit stehen diese Ergebnisse im Einklang mit den von Blömeke et al. (2009b) durchgeführten explorativen Faktorenanalysen und Modelltests (vgl. Unterkapitel 7.6). Eine Modifikation der zugrunde liegenden theoretischen Annahmen scheint folglich an dieser Stelle nicht angebracht. Diese vier Facetten konnten darüber hinaus um weitere spezifischere Skalen ergänzt werden, welche insbesondere die prozesshafte Sicht auf Mathematik weiter ausdifferenzieren, indem nun ergänzend auch Aspekte zur Genese mathematischen Wissens, dem menschlichen Einfluss beim Mathematiktreiben und zur Produkt-Prozess-Dualität mathematischer Kreativität als einzeln verwendbare Skalen hinzugefügt wurden (vgl. Unterkapitel 19.1).

Bei den sich ergebenden Faktorkorrelationen (vgl. Kapitel 17) gibt es teils Unterschiede zu den Ergebnissen früherer Untersuchungen (Grigutsch et al. 1998; Blömeke et al. 2009b; Felbrich et al. 2008a), die sich etwa auf das Verständnis der Faktoren in der jeweiligen Stichprobe zurückführen lassen. Als Beispiel hierfür seien die Faktoren FORMALISMUS-ASPEKT und PROZESS-CHARAKTER genannt, die vor 20 Jahren bei Lehrkräften negativ korreliert waren (vgl. Grigutsch et al. 1998, S. 31), bei den heutigen Studierenden jedoch positiv korreliert sind. Naheliegend ist, dass die Lehrkräfte dabei an den im eigenen Mathematikstudium kennengelernten Formalismus dachten, wohingegen sich Formalismus bei Studierenden wohl eher auf den im Schulunterricht geprägten Formalismus bezieht. Ansonsten finden sich auch Korrelationen, die kohärent sind zu den Ergebnissen der vorangegangenen Studien: So scheint es sich bei der positiven Korrelation zwischen den Faktoren FORMALISMUS-ASPEKT und SCHEMA-ORIENTIERUNG um einen Einfluss des Mathematikstudiums zu handeln, dieser Zusammenhang wurde in der vorliegenden Untersuchung ausschließlich bei den Lehramtsstudierenden höherer Semester beobachtet und ließ sich zuvor bei angehenden Lehrkräften (vgl. Blömeke et al. 2009b; Felbrich et al. 2008a) ebenso wie Mathematiklehrkräften (vgl. Grigutsch et al. 1998) nachweisen (vgl. Unterkapitel 19.3). Unter Berücksichtigung der Faktorkorrelationen ergeben sich zudem zwei Cluster (ein dynamisch-kreatives und ein statisch-kalkülhaftes), welche jeweils aus untereinander positiv korrelierten Faktoren bestehen und miteinander durch negative Korrelationen verbunden sind. Die Bezeichnung geschieht dabei bezugnehmend auf die ursprünglich antagonistische Modellierung von Grigutsch et al. (1998) (vgl. Abschnitt 7.5.1) und stellt somit eine Erweiterung der dynamischen respektive statischen Sichtweise auf Mathematik dar. Als Faktoren höherer Ordnung können diese Cluster zukünftig in Strukturgleichungsmodellen näher untersucht werden.

Auch die Ergebnisse des Querschnittvergleichs zwischen den Studienanfänger*innen des Fach- und Lehramtsstudiums (vgl. Unterkapitel 18.1) stellen eine interessante Ergänzung der Erkenntnisse bisheriger Forschungen dar. In einer Untersuchung zum Ausbildungs- und Berufserfolg im Lehramtsstudium vergleicht Blömeke (2009a, S. 92) Studienabsolvent*innen des Fachstudiums mit Gymnasiallehrkräften und stellt dabei fest:

> Diplom-Mathematiker und Mathematiklehrkräfte unterscheiden sich nicht hinsichtlich ihrer kognitiven Eingangsvoraussetzungen. Statistisch signifikante Unterschiede weisen dagegen die motivationalen Prädiktoren auf. Das fachliche Interesse und eine fachliche Studienmotivation sind bei Absolvierenden eines Diplom-Mathematikstudiums

stärker ausgeprägt als bei Mathematiklehrkräften. In Bezug auf die Persönlichkeitsmerkmale unterscheiden sich die beiden Stichproben nicht, soweit es um Selbstbehauptung und Zielorientierung geht. Mathematiklehrkräfte erweisen sich dagegen als stärker bindungs- und kooperationsorientiert.

Mit den vorliegenden Daten können diese beiden Gruppen nun auch zu Studienbeginn und in Bezug auf die Wahrnehmung ihres Studienfachs verglichen werden: Die Studienanfänger*innen im Bachelorstudiengang weisen dabei eine signifikant höhere Zustimmung zu den Faktoren FORMALISMUS-ASPEKT und KREATIVITÄT auf, zudem liegt im Faktor PROZESS-CHARAKTER ein Verdacht auf eine höhere Zustimmung vor (vgl. Abschnitt 19.4.2). Ferner ermöglicht die Kombination aus dem Quasi-Längsschnittvergleich und dem Längsschnittvergleich (vgl. Kapitel 18), die Einschätzung der Einflüsse des Mathematikstudiums im Allgemeinen und der ENPROMA-Vorlesung im Speziellen zu untersuchen. Schließlich leistet die vorliegende Untersuchung noch einen weiteren Beitrag zur Theorie der mathematischen Weltbilder, indem sie aufzeigt, dass mittels einer hochschulmathematikdidaktischen Intervention im Laufe eines Semesters durchaus systematische Veränderungen der Faktorwerte angeregt werden können (vgl. etwa Abschnitt 19.4.5). Gerade vor dem Hintergrund der Forschungsergebnisse aus Unterkapitel 6.3 ist festzuhalten, dass Änderungen in diesem Bereich nicht von sich aus gelingen oder für selbstverständlich erachtet werden sollten (vgl. Thompson 1992; Collier 1972; Richardson 2004; Otto et al. 1999; Ward et al. 2010; Al-Hasan und Jaberg 2006). Als sinnvolle Ansatzpunkte für eine Erweiterung der Sichtweisen auf Mathematik, die bei der Konzeption der Interventionsmaßnahme berücksichtigt wurden (vgl. Kapitel 4), sind unter anderem Praxisphasen mit Möglichkeiten für eigentätige Arbeit, Gelegenheiten zur Reflexion und die Bildung professioneller Lerngemeinschaften zu nennen.

Eine Frage, die bei der Diskussion um Beliefs und mathematische Weltbilder außen vor gelassen wurde, ist jene nach der Erwünschtheit bestimmter Beliefs. So existieren diverse Ansätze, um Beliefs oder auch mathematische Weltbilder zu beschreiben und zu erforschen (vgl. Kapitel 5 und 6) und gelegentlich wird dabei auch diskutiert, ob und wodurch sich Einfluss auf Beliefs nehmen ließe (vgl. Unterkapitel 6.3), allerdings wird dabei in der Regel offen gelassen, welche Beliefs dabei denn im Speziellen ›erwünscht‹ sind. Eine solche normative Setzung ist dabei allein schon deswegen schwierig, da hierfür zunächst ein gewisser Konsens hinsichtlich des gesellschaftlichen Bildes von Mathematik (vgl. auch Kapitel 1) nötig wäre. Hierzu bedarf es ferner auch einer Diskussion über idealerweise im Mathematikstudium auszubildende Haltungen, wie sie etwa in der MaLeMINT-Studie begonnen wurde (vgl. auch Abschnitt 3.1.6). Dabei wurden Hochschullehrende mathematikhaltiger Studiengänge auch zu notwendigen Lernvoraussetzungen im Bereich ›Wesen der Mathematik‹ befragt. Bei einigen Aspekten gibt es durchaus einen Konsens, etwa soll Mathematik »auch als Schulung des präzisen und abstrakten Denkens verstanden werden, die weit über das schablonenartige Anwenden mathematischer Methoden auf Standardprobleme hinausgeht« und zudem »als ein offenes System angesehen werden, das viel mehr und qualitativ Anderes enthält, als in der Schulmathematik thematisiert wird« (Pigge et al. 2017, S. 29). Doch schon hinsichtlich der für die Mathematik charakteristischen Begriffsbildung und der für Beweise notwendigen formalen Präzision unterscheiden sich die Lehrenden unterschiedlicher Studiengänge und Hochschularten. Vor dem Hintergrund dieser Ergebnisse ist naheliegend, dass etwa Kalkülorientierung bei der Ausbildung von Ingenieur*innen einen anderen Stellenwert hat und anders beurteilt wird als im Mathematikstudium zukünftiger Lehrkräfte.

Für die eingangs diskutierte, bedarfsgerechte Lehramtsausbildung ist in der Literatur häufig von einem ›tragfähigen‹ und ›gültigen‹ mathematischen Weltbild die Rede – ohne dass im Detail spezifiziert wird, was darunter zu verstehen ist. Diese Adjektive implizieren jedenfalls, dass sich ein zu schmal gefasstes Weltbild – insbesondere für Lehrkräfte – nicht als tragfähiges Fundament eigne. Schwarz-Weiß-Malerei ist dabei wenig hilfreich, vielmehr müssen vorhandene Sichtweisen auf Mathematik in ihrer Vielfalt und Heterogenität akzeptiert, vorgelebt und reflektiert werden. Dies kann auch auf Seite der Lehrenden einen Lernprozess bedeuten: Dazu gehört nicht zuletzt, auch aus Sicht der Hochschulmathematikdidaktik Aspekte wie etwa Ergebniseffizienz oder eine schematisch geprägte Sichtweise wertzuschätzen – oder wertschätzen zu lernen. Einzelne Sichtweisen auf Mathematik sind schließlich nicht per se unerwünscht, solange sie nicht die einzigen ausgeprägten Beliefs im mathematisch Weltbild einer Person ausmachen. Während die Breite und Tragfähigkeit mathematischer Weltbilder etwa in qualitativen Interviews durchaus erforscht werden kann, unterliegen quantitative Ansätze hier gewissen Beschränkungen: Mit den verwendeten Skalen lassen sich eben nur die Ausprägungen und Zusammenhangsstrukturen der jeweiligen Facetten abdecken. Die vorliegende Untersuchung hat dabei im Vergleich zu früheren Erhebungen den Vorteil, dass sie durch die hinzugekommenen Faktoren einen detaillierteren Einblick in die Struktur mathematischer Weltbilder ermöglicht. Dies betrifft insbesondere die Bereiche zur Genese mathematischen Wissens, menschlichem Einfluss beim Mathematiktreiben und die Produkt-Prozess-Dualität mathematischer Kreativität (vgl. Unterkapitel 19.1).

21.3 Ausblick und offene Fragen

Die nachfolgend angeregten Fragen bilden einerseits den Abschluss dieser Arbeit, stellen aber andererseits zugleich auch Anknüpfungspunkte für zukünftige Forschung dar. Dabei lassen sich bei den offenen Fragen drei Motive identifizieren: Einmal gibt es Forschungsfragen, welche die vorliegende Auswertung um zusätzliche Aspekte ergänzen und denen auf Grundlage der erhobenen Daten hätte nachgegangen werden können. Gleichwohl wäre deren Beantwortung verbunden mit einer weiteren Ausdehnung des Umfangs dieser Arbeit, sodass sie aufgrund der gewählten Schwerpunkte für zukünftige Auswertungen verbleiben. Zweitens gibt es Forschungsfragen, die im Kontext der vorliegenden Arbeit durchaus von Interesse sind, aber anhand der vorliegenden Daten nicht beantwortet werden können. Und da drittens neue Erkenntnisse auch stets eine Quelle der Inspiration darstellen, ergibt sich noch eine Kategorie mit all jenen Fragen, die erst durch die Beantwortung oder Nichtbeantwortung vorhergehender Fragen aufgeworfen werden.

Beginnend mit der dritten Kategorie lassen sich zunächst einmal all jene Fragen rund um die Replizierbarkeit der explorativen Ergebnisse dieser Untersuchung fassen. Dazu gehört etwa die Frage, ob sich die gefundenen Faktoren in vergleichbaren Stichproben per konfirmatorischer Faktorenanalyse bestätigen lassen. Darüber hinaus stellen auch die in Kapitel 17 nachgewiesenen Korrelationen sowie die sich daraus über unterschiedliche Stichproben hinweg ergebende Struktur Ausgangspunkte für weitere Forschung dar: Die dort auftretenden Cluster können als Faktoren höherer Ordnung mittels Strukturgleichungsmodellen weiter untersucht werden. Die Ergebnisse der zweiten explorativen Faktorenanalyse (vgl. Abschnitt 14.3.4) ermöglichen alternativ auch, die dort extrahierten Faktoren zur Kreativität als separates Cluster zu betrachten. Ein entsprechender Ansatz zur Modellierung der Faktorenstruktur könnte die gefundenen Faktoren in drei Cluster aufteilen: ein formal-strukturelles Cluster, eines zur dynamisch-kreativen Sicht und ein statisch-schematisch orientiertes Cluster (vgl. Unterkapitel 17.7).

In die zweite Kategorie von Fragen – jene, denen aufgrund der erhobenen Daten nicht nachgegangen werden konnte – fallen die folgenden Überlegungen: In Kapitel 18 wurden die Veränderungen der Faktorwerte im Laufe der Zeit betrachtet. Diese Analysen ließen sich noch erweitern, indem die Entwicklung der Faktorwerte in Subgruppen betrachtet wird. Hierfür muss anstelle des t-Tests für abhängige Stichproben auf eine zweifaktorielle Varianzanalyse mit Messwiederholung zurückgegriffen werden (vgl. Abschnitt 11.3.3.1). Als mögliche Variable zur Gruppierung ließe sich etwa das zweite Studienfach oder die Wahl eines Mathematikleistungskurses betrachten. Jedoch liegen nicht in allen resultierenden Teilgruppen genügend Daten vor, um eine entsprechende Varianzanalyse durchführen zu können. Da die durchgeführte Intervention primär für Lehramtsstudierende angeboten wurde, lag der Fokus der Begleitforschung ebenfalls auf dieser Gruppe, ergänzt um Daten der Kohorte von Studienanfänger*innen zweier Studiengänge. Dementsprechend liegen keine Daten von Fachstudierenden höherer Semester vor, sodass der Frage nach dem mathematischen Weltbild der fortgeschrittenen Fachstudierenden nicht nachgegangen werden konnte. Darüber hinaus hätte mit entsprechenden Daten dieser Gruppe beim Querschnittvergleich in Unterkapitel 18.1 eine zweifaktorielle Varianzanalyse ohne Messwiederholung durchgeführt werden können. In solch einem Between-subject-Design ließe sich einerseits die Frage nach Veränderungen der Faktorwerte innerhalb des Fachstudiums im Quasi-Längsschnittvergleich adressieren – auch vor dem Hintergrund der hier stattfindenden Selektion (vgl. Dieter und Törner 2012) – und andererseits noch der Frage nach Unterschieden zwischen Lehramts- und Fachstudierenden höherer Semester nachgehen. Da diese Fragen jedoch zugleich den Schwerpunkt der vorliegenden Arbeit verlagert hätten, wurde auf die Datenerhebung einer weiteren Studierendenkohorte verzichtet. Ferner können auch die Zusammenhänge zwischen dem mathematischen Weltbild und den Leistungen in den Mathematikprüfungen des Studiums einen interessanten Untersuchungsgegenstand darstellen. Ein entsprechender Ansatz wird etwa von Geisler und Rolka (2020) verfolgt. Für Auswertungen dieser Art müssen zusätzlich auch die Klausurergebnisse der Fachvorlesungen in pseudonymisierter Form vorliegen.

Zuletzt sollen auch diejenigen Fragen ihren Raum finden, welche den Raumen dieser Arbeit um weitere Aspekte ergänzen, denen aber bislang nicht nachgegangen wurde. Wie in Kapitel 10 dargestellt finden sich in den vorliegenden Daten die Längsschnittdaten unterschiedlicher Erhebungszeitpunkte. Zur Evaluation der Interventionsmaßnahme wurden dabei in Kapitel 18 die Faktorwerte zu Beginn und am Ende der Vorlesung untersucht. Einige Teilnehmer*innen der ENPROMA-Vorlesung im Wintersemester 2014/2015 waren jedoch ebenfalls Teil der Kohorte von Erstsemesterstudierenden, die im Oktober 2013 im Rahmen der Vorlesung LINEARE ALGEBRA I befragt wurden. Von $n = 18$ Personen liegen vollständige Daten der beiden Erhebungszeitpunkte zu Beginn des 1. Semesters und zu Beginn des 3. Semesters vor. Damit ließe sich untersuchen, welchen Einfluss das erste Studienjahr auf die intraindividuelle Ausprägung der Faktorwerte hat und welche systematischen Veränderungen sich innerhalb dieses Zeitraums nachweisen lassen. Bei der Betrachtung der Faktorkorrelationen in Kapitel 17 wurde ein struktursuchend-explorativer Ansatz gewählt, um die Charakteristika mathematischer Weltbilder innerhalb unterschiedlicher Stichproben zu erkunden. Auch diese Auswertung ließe sich ferner noch ergänzen, indem der Zusammenhang zwischen den Faktorwerten und manifesten Variablen – wie etwa der Abiturnote oder dem Besuch eines Mathematikleistungskurses – untersucht wird. Ein interessanter Ausgangspunkt in diesem Bereich könnte ein Zusammenhang der Faktorwerte im Faktor ERGEBNISEFFIZIENZ zu den Noten der Mathematikprüfung darstellen. Einschränkend muss jedoch angemerkt werden, dass von vielen Personen des Erhebungszeitpunkts im Oktober 2013 keine entsprechenden Daten vorliegen, eine entsprechende Auswertung ließe sich daher nur mit den Daten zu Beginn der ENPROMA-Vorlesung im Wintersemester 2014/2015 durchführen.

Im Rahmen der Präsenzübungen beantworteten die Studierenden im Wintersemester 2014/2015 auch einen Fragebogen zur Reflexion ihres mathematischen Weltbildes (vgl. Unterkapitel 9.5). Dabei verfassten die Studierenden auch Aufsätze zum Thema *Wie würdest du jemandem auf die Frage ›Was ist Mathematik?‹ antworten?,* welche sich mittels qualitativer Methoden auswerten lassen. Denkbar ist an dieser Stelle auch die Verknüpfung qualitativer und quantitativer Daten im Mixed-methods-Forschungsparadigma (Gläser-Zikuda et al. 2012; Teddlie und Tashakkori 2006; Tashakkori und Teddlie 2003; Kuckartz 2014). Dabei ließe sich untersuchen, welche durch die Faktorwerte repräsentierten Aspekte mathematischer Weltbilder in den Aufsätzen identifiziert werden können. Ein anderer denkbarer Ansatz besteht darin, in den Aufsätzen derjenigen Studierenden mit auffallend ausgeprägten Faktorwerten nach spezifischen Gemeinsamkeiten zu suchen. Mögliche Fragen in diesem Kontext wären etwa die folgenden: Wie wird die Frage ›Was ist Mathematik?‹ von Personen beantwortet, die Mathematik etwa als besonders kreative Tätigkeit ansehen? Lassen sich bei Studierenden mit einer stärker platonistischen geprägten Sicht entsprechende Hinweise in den Aufsätzen zum Thema ›Was ist Mathematik?‹ finden? Beschränken sich Studierende mit einer hohen Zustimmung zum Faktor ANWENDUNGS-CHARAKTER bei der Beantwortung der Frage ›Was ist Mathematik?‹ auf Anwendungsbeispiele und Nützlichkeitsaspekte? Dabei lässt sich die Zustimmung respektive Ablehnung eines Faktors zunächst über die absoluten Faktorwerte bestimmen, aber es sind auch andere Modellierungen denkbar. So ließen sich auch relative Ausprägungen berücksichtigen, um – gemessen an der Stichprobe – besonders ausgeprägte Überzeugungen zu erfassen (beispielsweise alle Faktorwerte außerhalb der empirischen 2σ-Umgebung der Stichprobe oder alternativ auch ein Ansatz über Perzentile). Auf diese Weise ließe sich untersuchen, ob sich bei Studierenden mit einem (relativ gesehen) hohen oder niedrigen Faktorwert – beispielsweise im Faktor MATHEMATIK ALS KREATIVE TÄTIGKEIT, PLATONISMUS/UNIVERSALITÄT MATHEMATISCHER ERKENNTNISSE oder ANWENDUNGS-CHARAKTER – der jeweilige Aspekt auch in den Aufsätzen identifizieren lässt.

21.4 Weiterdenken

Wie in den einleitenden Worten ausgeführt wurde, soll der Titel der vorliegenden Arbeit gleichermaßen als Anspruch wie als Aufforderung verstanden werden. Mithilfe der entwickelten Skalen ist eine breitere Erfassung von Einstellungen gegenüber Mathematik möglich, sodass mathematische Weltbilder nun *weiter gedacht* werden können als zuvor. Zugleich hat die vorliegende Begleitforschung gezeigt, dass sich Einstellungen zur Mathematik durch entsprechend gestaltete Lehrveranstaltungen gezielt adressieren lassen. Dies ermöglicht nun, die universitäre fachmathematische (Lehramts-)Ausbildung mit Blick auf die Zukunft *weiterzudenken:* Am Übergang von der Schule zur Hochschule findet, bezogen auf das Mathematikbild, ohnehin ein Umbruch statt; das (Kennen-)Lernen der Mathematik ist hier in gewisser Hinsicht ein Lernen gegen bisher aufgebaute Beliefs (Törner 2015, S. 219). Dies kann folglich als Gelegenheit genutzt werden, das durch die universitäre Lehre auszuprägende Bild der Wissenschaft Mathematik nicht allein dem Zufall zu überlassen. Durch entsprechende Impulse seitens der Fachmathematik können Mathematikstudierende beim Aufbau eines tragfähigen, gültigen und facettenreichen mathematischen Weltbildes unterstützt werden. Insbesondere bei Lehramtsstudierenden wird auf diesem Wege ein wichtiger Beitrag zu deren Enkulturation geleistet – schließlich haben Lehrkräfte eine Vorbildfunktion inne: In ihrer Rolle als Botschafter*innen für Mathematik wirken sie auf die Beliefs zukünftiger Generationen und prägen das gesellschaftliche Bild. Sie sind es, so die Hoffnung, die mit einem modernen, lebendigen und kompetenzorientierten Unterricht dem derzeit vorhandenen, unscharfen, reduzierten und einseitigen Bild von Mathematik (vgl. Hefendehl-Hebeker 2018, S. 173) etwas entgegensetzen können. Nun liegt es an der mathematischen Community, die Erkenntnisse dieses und der vielen anderen Projekte (vgl. Unterkapitel 3.3) zu integrieren und weiterzudenken. Daher schließt diese Arbeit mit dem Aufruf, entsprechende Impulse und Aspekte weiterzuentwickeln, diese wesentlich in die Konzeption von Mathematikstudiengängen einfließen zu lassen und dort zu verstetigen.

Anhang A. Itemverteilungen

A1. Deskriptive Statistiken der Items in den Datensätzen LAE13 und E14-PRE

A.1.1 EPM-Items im Datensatz LAE13

	n	mean	sd	median	trimmed	mad	min	max	range	skew	kurtosis	se	IQR
epm01	208	3.43	1.26	4.0	3.52	1.48	1	5	4	-0.39	-0.99	0.09	2.00
epm02	208	4.00	1.02	4.0	4.14	1.48	1	5	4	-0.94	0.35	0.07	2.00
epm03	208	2.56	1.11	2.0	2.52	1.48	1	5	4	0.32	-0.66	0.08	1.00
epm04	208	3.22	1.10	3.0	3.24	1.48	1	5	4	-0.29	-0.71	0.08	2.00
epm05	208	3.36	0.97	4.0	3.38	1.48	1	5	4	-0.42	-0.41	0.07	1.00
epm06	207	2.85	0.88	3.0	2.89	1.48	1	5	4	-0.24	-0.24	0.06	1.00
epm07	208	3.03	1.23	3.0	3.04	1.48	1	5	4	-0.11	-1.07	0.09	2.00
epm08	208	3.85	0.92	4.0	3.95	1.48	1	5	4	-0.73	0.11	0.06	1.00
epm09	207	2.67	1.10	3.0	2.64	1.48	1	5	4	0.24	-0.63	0.08	1.00
epm10	207	2.16	1.22	2.0	1.99	1.48	1	5	4	0.96	-0.11	0.08	2.00
epm11	207	3.78	1.12	4.0	3.90	1.48	1	5	4	-0.77	-0.21	0.08	2.00
epm12	207	3.68	1.13	4.0	3.80	1.48	1	5	4	-0.81	-0.07	0.08	1.00
epm13	208	2.56	1.20	2.0	2.49	1.48	1	5	4	0.48	-0.81	0.08	2.00
epm14	208	3.52	1.06	4.0	3.57	1.48	1	5	4	-0.29	-0.56	0.07	1.00
epm15	207	4.24	0.77	4.0	4.34	1.48	1	5	4	-1.14	2.16	0.05	1.00
epm16	207	2.41	1.26	2.0	2.28	1.48	1	5	4	0.64	-0.68	0.09	2.00
epm17	208	2.21	1.19	2.0	2.07	1.48	1	5	4	0.73	-0.29	0.08	2.00
epm18	207	2.56	0.97	3.0	2.55	1.48	1	5	4	0.12	-0.63	0.07	1.00
epm19	206	3.93	0.88	4.0	4.02	0.74	1	5	4	-0.85	0.80	0.06	1.00
epm20	207	2.22	1.03	2.0	2.13	1.48	1	5	4	0.59	-0.26	0.07	2.00

B. Weygandt, *Mathematische Weltbilder weiter denken*,
https://doi.org/10.1007/978-3-658-34662-1

	n	mean	sd	median	trimmed	mad	min	max	range	skew	kurtosis	se	IQR
epm21	207	3.03	1.24	3.0	3.04	1.48	1	5	4	-0.15	-0.94	0.09	2.00
epm22	208	3.83	1.01	4.0	3.95	1.48	1	5	4	-0.71	0.08	0.07	2.00
epm23	208	2.45	1.26	2.5	2.36	2.22	1	5	4	0.34	-0.96	0.09	2.00
epm24	208	4.26	0.77	4.0	4.38	1.48	2	5	3	-1.05	1.10	0.05	1.00
epm25	208	3.23	1.05	3.0	3.23	1.48	1	5	4	-0.18	-0.58	0.07	1.00
epm26	208	3.17	1.11	3.0	3.18	1.48	1	5	4	-0.14	-0.74	0.08	2.00
epm27	208	2.56	0.97	3.0	2.55	1.48	1	5	4	-0.05	-0.58	0.07	1.00
epm28	208	4.20	0.69	4.0	4.27	0.00	2	5	3	-0.71	0.84	0.05	1.00
epm29	208	1.87	0.98	2.0	1.76	1.48	1	5	4	0.87	0.02	0.07	2.00
epm30	207	2.93	1.09	3.0	2.96	1.48	1	5	4	-0.10	-0.76	0.08	2.00
epm31	208	1.92	0.97	2.0	1.80	1.48	1	5	4	0.88	0.20	0.07	2.00
epm32	206	3.89	0.78	4.0	3.95	0.00	1	5	4	-0.72	0.78	0.05	0.00
epm33	208	3.25	1.15	3.0	3.27	1.48	1	5	4	-0.16	-0.81	0.08	2.00
epm34	208	4.17	0.87	4.0	4.29	1.48	1	5	4	-1.35	2.58	0.06	1.00
epm35	208	1.75	0.94	1.0	1.60	0.00	1	5	4	1.22	0.87	0.07	1.00
epm36	208	2.18	0.99	2.0	2.10	1.48	1	5	4	0.52	-0.62	0.07	2.00
epm37	208	3.48	1.23	4.0	3.57	1.48	1	5	4	-0.41	-0.77	0.09	1.25
epm38	207	3.33	1.01	3.0	3.33	1.48	1	5	4	-0.27	-0.63	0.07	1.00
epm39	208	2.29	1.19	2.0	2.15	1.48	1	5	4	0.81	-0.19	0.08	2.00
epm40	206	3.24	0.76	3.0	3.26	0.00	1	5	4	0.02	0.79	0.05	1.00
epm41	208	2.60	1.20	2.0	2.54	1.48	1	5	4	0.28	-0.95	0.08	2.00
epm42	208	3.72	0.99	4.0	3.80	1.48	1	5	4	-0.67	0.10	0.07	1.00
epm43	208	2.78	1.13	3.0	2.77	1.48	1	5	4	0.06	-0.87	0.08	2.00
epm44	208	4.00	0.76	4.0	4.05	0.00	1	5	4	-0.92	1.85	0.05	0.00
epm45	207	3.18	0.89	3.0	3.21	1.48	1	5	4	-0.27	0.10	0.06	1.00
epm46	207	3.80	1.00	4.0	3.89	1.48	1	5	4	-0.58	-0.35	0.07	2.00
epm47	208	2.69	1.32	3.0	2.61	1.48	1	5	4	0.22	-1.08	0.09	3.00
epm48	208	3.67	0.95	4.0	3.74	0.00	1	5	4	-0.68	0.01	0.07	1.00
epm49	206	3.97	0.87	4.0	4.08	0.00	1	5	4	-1.02	1.08	0.06	0.75
epm50	208	4.20	0.83	4.0	4.30	1.48	1	5	4	-1.09	1.49	0.06	1.00
epm51	208	2.77	1.11	3.0	2.77	1.48	1	5	4	0.04	-0.79	0.08	2.00
epm52	208	1.98	0.99	2.0	1.86	1.48	1	5	4	0.78	-0.09	0.07	2.00
epm53	208	3.09	1.05	3.0	3.09	1.48	1	5	4	-0.10	-0.82	0.07	2.00
epm54	207	3.21	1.16	3.0	3.26	1.48	1	5	4	-0.30	-0.73	0.08	2.00
epm55	208	3.74	0.89	4.0	3.80	1.48	1	5	4	-0.50	-0.23	0.06	1.00
epm56	207	3.52	1.10	4.0	3.58	1.48	1	5	4	-0.44	-0.59	0.08	1.00
epm57	207	2.58	1.08	3.0	2.57	1.48	1	5	4	-0.04	-0.93	0.07	1.00
epm58	208	3.72	0.92	4.0	3.80	0.00	1	5	4	-0.78	0.39	0.06	1.00
epm59	207	2.86	0.97	3.0	2.88	1.48	1	5	4	0.00	-0.30	0.07	1.00
epm60	208	1.99	0.87	2.0	1.89	1.48	1	5	4	0.81	0.37	0.06	1.00

A.1.2 GRT-Items im Datensatz LAE13

	n	mean	sd	median	trimmed	mad	min	max	range	skew	kurtosis	se	IQR
grt01	208	3.98	0.99	4	4.10	1.48	2	5	3	-0.88	-0.22	0.07	1.00
grt02	207	3.15	1.06	3	3.16	1.48	1	5	4	-0.20	-0.92	0.07	2.00
grt03	206	3.80	1.08	4	3.93	1.48	1	5	4	-0.93	0.20	0.08	2.00
grt04	208	4.31	0.80	4	4.42	1.48	2	5	3	-0.94	0.18	0.06	1.00
grt05	208	3.47	1.16	4	3.52	1.48	1	5	4	-0.35	-0.86	0.08	1.00
grt06	208	3.08	1.22	3	3.10	1.48	1	5	4	-0.03	-1.07	0.08	2.00
grt07	207	2.03	1.03	2	1.90	1.48	1	5	4	0.81	-0.18	0.07	2.00
grt08	208	2.95	1.15	3	2.94	1.48	1	5	4	0.15	-0.65	0.08	2.00
grt09	208	3.06	1.06	3	3.07	1.48	1	5	4	-0.11	-0.90	0.07	2.00
grt10	208	3.73	1.03	4	3.81	1.48	1	5	4	-0.65	-0.36	0.07	1.00
grt11	206	3.92	0.90	4	4.01	1.48	1	5	4	-0.76	0.32	0.06	1.75
grt12	208	3.41	0.94	4	3.42	1.48	1	5	4	-0.35	-0.35	0.07	1.00
grt13	207	3.72	1.04	4	3.80	1.48	1	5	4	-0.60	-0.35	0.07	1.00
grt14	208	4.19	0.79	4	4.29	1.48	1	5	4	-1.10	1.86	0.06	1.00
grt15	208	3.88	1.00	4	3.99	1.48	1	5	4	-0.76	0.02	0.07	2.00
grt16	208	3.76	1.07	4	3.86	1.48	1	5	4	-0.78	-0.21	0.07	1.25
grt17	208	3.64	0.87	4	3.70	1.48	1	5	4	-0.51	0.16	0.06	1.00
grt18	207	3.07	1.20	3	3.08	1.48	1	5	4	-0.06	-1.11	0.08	2.00
grt19	208	1.89	1.04	2	1.72	1.48	1	5	4	1.25	1.13	0.07	1.00
grt20	208	3.87	0.99	4	3.98	1.48	1	5	4	-0.88	0.35	0.07	2.00
grt21	208	3.50	0.99	4	3.53	1.48	1	5	4	-0.43	-0.44	0.07	1.00
grt22	208	3.81	0.98	4	3.90	1.48	1	5	4	-0.63	-0.21	0.07	2.00
grt23	208	3.53	0.93	4	3.57	1.48	1	5	4	-0.43	0.12	0.06	1.00
grt24	207	3.72	0.82	4	3.77	0.00	2	5	3	-0.64	-0.04	0.06	1.00
grt25	208	3.58	0.96	4	3.61	1.48	1	5	4	-0.28	-0.49	0.07	1.00
grt26	208	3.72	0.98	4	3.78	1.48	1	5	4	-0.61	-0.39	0.07	1.00
grt27	208	4.03	0.76	4	4.08	0.00	2	5	3	-0.51	-0.03	0.05	1.00
grt28	208	2.88	1.07	3	2.90	1.48	1	5	4	-0.01	-0.78	0.07	2.00
grt29	206	3.34	1.02	4	3.34	1.48	1	5	4	-0.29	-0.86	0.07	2.00
grt30	208	3.95	0.81	4	4.00	1.48	2	5	3	-0.46	-0.26	0.06	2.00
grt31	208	3.21	1.10	3	3.19	1.48	1	5	4	-0.09	-1.05	0.08	2.00
grt32	207	3.79	0.77	4	3.80	0.00	1	5	4	-0.39	0.25	0.05	1.00
grt33	207	4.15	0.80	4	4.26	0.00	1	5	4	-1.02	1.34	0.06	1.00
grt34	207	3.35	0.89	3	3.31	1.48	2	5	3	0.21	-0.69	0.06	1.00
grt35	208	2.61	1.11	2	2.54	1.48	1	5	4	0.50	-0.42	0.08	1.00
grt36	208	3.91	0.93	4	4.01	1.48	1	5	4	-0.62	-0.24	0.06	2.00
grt37	208	1.88	1.08	2	1.70	1.48	1	5	4	1.18	0.63	0.08	1.00

A.1.3 KRE-Items im Datensatz E14-PRE

	n	mean	sd	median	trimmed	mad	min	max	range	skew	kurtosis	se	IQR
epm12	74	3.92	0.98	4.0	4.03	1.48	1	5	4	-0.71	-0.09	0.11	2
epm26	74	3.27	1.27	3.0	3.33	1.48	1	5	4	-0.19	-1.12	0.15	2
epm43	74	2.54	1.10	2.5	2.48	0.74	1	5	4	0.36	-0.52	0.13	1
epm46	74	3.73	0.98	4.0	3.78	1.48	2	5	3	-0.30	-0.95	0.11	1
epm54	74	3.20	1.27	4.0	3.25	1.48	1	5	4	-0.26	-1.18	0.15	2
kre01	74	4.24	0.82	4.0	4.38	1.48	2	5	3	-1.19	1.21	0.10	1
kre02	74	2.18	0.90	2.0	2.10	1.48	1	4	3	0.44	-0.55	0.10	1
kre03	74	3.07	1.11	3.0	3.07	1.48	1	5	4	-0.01	-0.75	0.13	2
kre04	74	3.43	1.33	4.0	3.53	1.48	1	5	4	-0.43	-1.14	0.15	2
kre05	74	3.15	1.20	3.0	3.15	1.48	1	5	4	-0.05	-1.21	0.14	2
kre06	74	2.55	1.10	3.0	2.52	1.48	1	5	4	0.02	-0.69	0.13	1
kre07	74	2.54	1.16	2.0	2.50	1.48	1	5	4	0.37	-1.00	0.13	2
kre08	74	3.82	1.01	4.0	3.95	1.48	1	5	4	-0.98	0.69	0.12	1
kre09	74	3.62	1.07	4.0	3.70	1.48	1	5	4	-0.68	-0.27	0.12	1
kre10	74	3.46	1.02	4.0	3.48	1.48	1	5	4	-0.31	-0.62	0.12	1
kre11	74	2.20	1.05	2.0	2.12	1.48	1	5	4	0.52	-0.66	0.12	2
kre12	74	3.88	1.07	4.0	4.02	1.48	1	5	4	-0.95	0.31	0.12	2
kre13	74	3.19	1.20	4.0	3.23	1.48	1	5	4	-0.31	-1.08	0.14	2
kre14	74	1.89	0.82	2.0	1.80	0.00	1	5	4	1.37	3.41	0.10	1
kre15	73	3.19	1.02	3.0	3.25	1.48	1	5	4	-0.46	-0.54	0.12	1
kre16	74	3.78	0.93	4.0	3.85	0.00	2	5	3	-0.59	-0.45	0.11	1
kre17	73	2.70	0.97	3.0	2.73	1.48	1	5	4	0.07	-0.83	0.11	1
kre18	74	2.14	1.05	2.0	2.00	1.48	1	5	4	0.92	0.39	0.12	2
kre19	74	2.88	1.06	3.0	2.88	1.48	1	5	4	0.10	-0.85	0.12	2
kre20	74	3.36	1.03	4.0	3.38	1.48	1	5	4	-0.46	-0.60	0.12	1
kre21	74	2.41	0.96	2.0	2.35	1.48	1	5	4	0.58	-0.05	0.11	1

A.1.4 Deskriptive Statistiken der Items in den Faktoren

Faktor FORMALISMUS-ASPEKT

	n	mean	sd	median	trimmed	mad	min	max	range	skew	kurtosis	se	IQR
grt11	206	3.92	0.90	4	4.01	1.48	1	5	4	-0.76	0.32	0.06	1.75
grt25	208	3.58	0.96	4	3.61	1.48	1	5	4	-0.28	-0.49	0.07	1.00
grt01	208	3.98	0.99	4	4.10	1.48	2	5	3	-0.88	-0.22	0.07	1.00
grt36	208	3.91	0.93	4	4.01	1.48	1	5	4	-0.62	-0.24	0.06	2.00
grt27	208	4.03	0.76	4	4.08	0.00	2	5	3	-0.51	-0.03	0.05	1.00
grt05	208	3.47	1.16	4	3.52	1.48	1	5	4	-0.35	-0.86	0.08	1.00
grt34	207	3.35	0.89	3	3.31	1.48	2	5	3	0.21	-0.69	0.06	1.00
grt32	207	3.79	0.77	4	3.80	0.00	1	5	4	-0.39	0.25	0.05	1.00
grt21	208	3.50	0.99	4	3.53	1.48	1	5	4	-0.43	-0.44	0.07	1.00
grt23	208	3.53	0.93	4	3.57	1.48	1	5	4	-0.43	0.12	0.06	1.00

Faktor ANWENDUNGS-CHARAKTER

	n	mean	sd	median	trimmed	mad	min	max	range	skew	kurtosis	se	IQR
grt20	208	3.87	0.99	4	3.98	1.48	1	5	4	-0.88	0.35	0.07	2
grt10	208	3.73	1.03	4	3.81	1.48	1	5	4	-0.65	-0.36	0.07	1
grt35i	208	3.39	1.11	4	3.46	1.48	1	5	4	-0.50	-0.42	0.08	1
grt13	207	3.72	1.04	4	3.80	1.48	1	5	4	-0.60	-0.35	0.07	1
grt37i	208	4.12	1.08	4	4.30	1.48	1	5	4	-1.18	0.63	0.08	1
grt04	208	4.31	0.80	4	4.42	1.48	2	5	3	-0.94	0.18	0.06	1
grt03	206	3.80	1.08	4	3.93	1.48	1	5	4	-0.93	0.20	0.08	2
grt31	208	3.21	1.10	3	3.19	1.48	1	5	4	-0.09	-1.05	0.08	2
grt07i	207	3.97	1.03	4	4.10	1.48	1	5	4	-0.81	-0.18	0.07	2
grt22	208	3.81	0.98	4	3.90	1.48	1	5	4	-0.63	-0.21	0.07	2

Faktor SCHEMA-ORIENTIERUNG

	n	mean	sd	median	trimmed	mad	min	max	range	skew	kurtosis	se	IQR
grt06	208	3.08	1.22	3	3.10	1.48	1	5	4	-0.03	-1.07	0.08	2.00
grt02	207	3.15	1.06	3	3.16	1.48	1	5	4	-0.20	-0.92	0.07	2.00
grt19	208	1.89	1.04	2	1.72	1.48	1	5	4	1.25	1.13	0.07	1.00
grt29	206	3.34	1.02	4	3.34	1.48	1	5	4	-0.29	-0.86	0.07	2.00
grt16	208	3.76	1.07	4	3.86	1.48	1	5	4	-0.78	-0.21	0.07	1.25
grt26	208	3.72	0.98	4	3.78	1.48	1	5	4	-0.61	-0.39	0.07	1.00
grt18	207	3.07	1.20	3	3.08	1.48	1	5	4	-0.06	-1.11	0.08	2.00
grt09	208	3.06	1.06	3	3.07	1.48	1	5	4	-0.11	-0.90	0.07	2.00

Faktor PROZESS-CHARAKTER

	n	mean	sd	median	trimmed	mad	min	max	range	skew	kurtosis	se	IQR
grt17	208	3.64	0.87	4	3.70	1.48	1	5	4	-0.51	0.16	0.06	1
grt15	208	3.88	1.00	4	3.99	1.48	1	5	4	-0.76	0.02	0.07	2
grt08	208	2.95	1.15	3	2.94	1.48	1	5	4	0.15	-0.65	0.08	2
grt24	207	3.72	0.82	4	3.77	0.00	2	5	3	-0.64	-0.04	0.06	1
grt33	207	4.15	0.80	4	4.26	0.00	1	5	4	-1.02	1.34	0.06	1
grt12	208	3.41	0.94	4	3.42	1.48	1	5	4	-0.35	-0.35	0.07	1
grt14	208	4.19	0.79	4	4.29	1.48	1	5	4	-1.10	1.86	0.06	1
grt30	208	3.95	0.81	4	4.00	1.48	2	5	3	-0.46	-0.26	0.06	2
grt28	208	2.88	1.07	3	2.90	1.48	1	5	4	-0.01	-0.78	0.07	2

Faktor VERNETZUNG/STRUKTUR MATHEMATISCHEN WISSENS

	n	mean	sd	median	trimmed	mad	min	max	range	skew	kurtosis	se	IQR
epm32	206	3.89	0.78	4	3.95	0.00	1	5	4	-0.72	0.78	0.05	0.00
epm15	207	4.24	0.77	4	4.34	1.48	1	5	4	-1.14	2.16	0.05	1.00
epm24	208	4.26	0.77	4	4.38	1.48	2	5	3	-1.05	1.10	0.05	1.00
epm44	208	4.00	0.76	4	4.05	0.00	1	5	4	-0.92	1.85	0.05	0.00
epm58	208	3.72	0.92	4	3.80	0.00	1	5	4	-0.78	0.39	0.06	1.00
epm55	208	3.74	0.89	4	3.80	1.48	1	5	4	-0.50	-0.23	0.06	1.00
epm50	208	4.20	0.83	4	4.30	1.48	1	5	4	-1.09	1.49	0.06	1.00
epm48	208	3.67	0.95	4	3.74	0.00	1	5	4	-0.68	0.01	0.07	1.00
epm34	208	4.17	0.87	4	4.29	1.48	1	5	4	-1.35	2.58	0.06	1.00
epm49	206	3.97	0.87	4	4.08	0.00	1	5	4	-1.02	1.08	0.06	0.75

Faktor Ergebniseffizienz

	n	mean	sd	median	trimmed	mad	min	max	range	skew	kurtosis	se	IQR
epm03	208	2.56	1.11	2	2.52	1.48	1	5	4	0.32	-0.66	0.08	1
epm35	208	1.75	0.94	1	1.60	0.00	1	5	4	1.22	0.87	0.07	1
epm41	208	2.60	1.20	2	2.54	1.48	1	5	4	0.28	-0.95	0.08	2
epm39	208	2.29	1.19	2	2.15	1.48	1	5	4	0.81	-0.19	0.08	2
epm13	208	2.56	1.20	2	2.49	1.48	1	5	4	0.48	-0.81	0.08	2
epm10	207	2.16	1.22	2	1.99	1.48	1	5	4	0.96	-0.11	0.08	2
epm20	207	2.22	1.03	2	2.13	1.48	1	5	4	0.59	-0.26	0.07	2
epm31	208	1.92	0.97	2	1.80	1.48	1	5	4	0.88	0.20	0.07	2
epm06	207	2.85	0.88	3	2.89	1.48	1	5	4	-0.24	-0.24	0.06	1
epm17	208	2.21	1.19	2	2.07	1.48	1	5	4	0.73	-0.29	0.08	2

Faktor Platonismus/Universalität mathematischer Erkenntnisse

	n	mean	sd	median	trimmed	mad	min	max	range	skew	kurtosis	se	IQR
epm01	208	3.43	1.26	4.0	3.52	1.48	1	5	4	-0.39	-0.99	0.09	2.00
epm37	208	3.48	1.23	4.0	3.57	1.48	1	5	4	-0.41	-0.77	0.09	1.25
epm23	208	2.45	1.26	2.5	2.36	2.22	1	5	4	0.34	-0.96	0.09	2.00
epm47i	208	3.31	1.32	3.0	3.39	1.48	1	5	4	-0.22	-1.08	0.09	3.00
epm04i	208	2.78	1.10	3.0	2.76	1.48	1	5	4	0.29	-0.71	0.08	2.00
epm14	208	3.52	1.06	4.0	3.57	1.48	1	5	4	-0.29	-0.56	0.07	1.00

Faktor Ermessensspielraum bei der Formulierung von Mathematik

	n	mean	sd	median	trimmed	mad	min	max	range	skew	kurtosis	se	IQR
epm18	207	2.56	0.97	3	2.55	1.48	1	5	4	0.12	-0.63	0.07	1
epm51	208	2.77	1.11	3	2.77	1.48	1	5	4	0.04	-0.79	0.08	2
epm36	208	2.18	0.99	2	2.10	1.48	1	5	4	0.52	-0.62	0.07	2
epm52	208	1.98	0.99	2	1.86	1.48	1	5	4	0.78	-0.09	0.07	2
epm09	207	2.67	1.10	3	2.64	1.48	1	5	4	0.24	-0.63	0.08	1
epm57	207	2.58	1.08	3	2.57	1.48	1	5	4	-0.04	-0.93	0.07	1
epm29	208	1.87	0.98	2	1.76	1.48	1	5	4	0.87	0.02	0.07	2

Faktor Kreativität

	n	mean	sd	median	trimmed	mad	min	max	range	skew	kurtosis	se	IQR
epm26	208	3.17	1.11	3	3.18	1.48	1	5	4	-0.14	-0.74	0.08	2
epm54	207	3.21	1.16	3	3.26	1.48	1	5	4	-0.30	-0.73	0.08	2
epm12	207	3.68	1.13	4	3.80	1.48	1	5	4	-0.81	-0.07	0.08	1
epm43	208	2.78	1.13	3	2.77	1.48	1	5	4	0.06	-0.87	0.08	2

Faktor Mathematik als Produkt von Kreativität

	n	mean	sd	median	trimmed	mad	min	max	range	skew	kurtosis	se	IQR
epm26	74	3.27	1.27	3.0	3.33	1.48	1	5	4	-0.19	-1.12	0.15	2
epm54	74	3.20	1.27	4.0	3.25	1.48	1	5	4	-0.26	-1.18	0.15	2
epm12	74	3.92	0.98	4.0	4.03	1.48	1	5	4	-0.71	-0.09	0.11	2
kre20	74	3.36	1.03	4.0	3.38	1.48	1	5	4	-0.46	-0.60	0.12	1
kre15	73	3.19	1.02	3.0	3.25	1.48	1	5	4	-0.46	-0.54	0.12	1
epm43	74	2.54	1.10	2.5	2.48	0.74	1	5	4	0.36	-0.52	0.13	1

Faktor MATHEMATIK ALS KREATIVE TÄTIGKEIT

	n	mean	sd	median	trimmed	mad	min	max	range	skew	kurtosis	se	IQR
epm46	74	3.73	0.98	4	3.78	1.48	2	5	3	-0.30	-0.95	0.11	1
kre12	74	3.88	1.07	4	4.02	1.48	1	5	4	-0.95	0.31	0.12	2
kre10	74	3.46	1.02	4	3.48	1.48	1	5	4	-0.31	-0.62	0.12	1
kre02i	74	3.82	0.90	4	3.90	1.48	2	5	3	-0.44	-0.55	0.10	1
kre08	74	3.82	1.01	4	3.95	1.48	1	5	4	-0.98	0.69	0.12	1
kre09	74	3.62	1.07	4	3.70	1.48	1	5	4	-0.68	-0.27	0.12	1
kre11	74	2.20	1.05	2	2.12	1.48	1	5	4	0.52	-0.66	0.12	2

Faktor VIELFALT AN LÖSUNGSWEGEN IN DER MATHEMATIK

	n	mean	sd	median	trimmed	mad	min	max	range	skew	kurtosis	se	IQR
kre14i	74	4.11	0.82	4	4.20	0.00	1	5	4	-1.37	3.41	0.10	1
kre03	74	3.07	1.11	3	3.07	1.48	1	5	4	-0.01	-0.75	0.13	2
kre16	74	3.78	0.93	4	3.85	0.00	2	5	3	-0.59	-0.45	0.11	1
kre17	73	2.70	0.97	3	2.73	1.48	1	5	4	0.07	-0.83	0.11	1
kre21	74	2.41	0.96	2	2.35	1.48	1	5	4	0.58	-0.05	0.11	1
kre07	74	2.54	1.16	2	2.50	1.48	1	5	4	0.37	-1.00	0.13	2

A.2 MSA-Werte

MSA-Werte der EPM-Items im Datensatz LAE13

Item	MSA	Wortlaut
epm01	0.65	Die Aussagen der Mathematik verhalten sich wie Naturgesetze, d. h. sie können von Menschen entdeckt werden, sind aber nicht veränderbar.
epm02	0.46	Es ist stets von Vorteil, bei mathematischen Definitionen auf Anschaulichkeit zu achten.
epm03	0.69	Beim Lernen von Mathematik sind nicht-zielführende Wege hinderlich.
epm04	0.50	Durch neue Herangehensweisen und Annahmen können sich bekannte Resultate ändern.
epm05	0.54	Zu vielen Definitionen gibt es Alternativen, die ebenso verwendet werden könnten.
epm06	0.75	Das Lernen von systematisiertem und strukturiertem mathematischen Wissen hat Vorrang vor einer tätigen Entwicklung solchen Wissens.
epm09	0.72	Wenn man in der Mathematik einen neuen Begriff definiert, so hat man dabei einen willkürlichen Spielraum.
epm10	0.66	Es ist unnötig, eine bereits bewiesene Aussage auf anderem Wege erneut zu beweisen.
epm11	0.63	Der durchschnittliche Mensch ist meistens nur Konsument*in und Reproduzent*in der Mathematik, die andere Menschen erschaffen haben.
epm12	0.73	Mathematisch zu arbeiten ist ein kreativer Prozess.
epm13	0.61	Entscheidend im Mathematikunterricht ist es, ein richtiges Ergebnis zu erhalten.
epm14	0.63	Die Aussagen und Definitionen der Mathematik sind universell gültig.
epm15	0.80	Mathematische Fachsprache bietet sich dafür an, mathematische Eigenschaften präzise zu beschreiben.
epm17	0.56	Zwei unterschiedliche Definitionen können nicht dieselbe mathematische Eigenschaft beschreiben.
epm18	0.66	Bei der Formulierung von Mathematik kann man nach eigenem Ermessen vorgehen.
epm19	0.64	Es ist hilfreich, wenn man zu einer Definition vielfältige Vorstellungen im Kopf hat.
epm20	0.69	Was einmal mathematisch definiert wurde, kann nicht geändert werden.
epm21	0.65	Fehlerlosigkeit wird erst bei der logischen Absicherung von mathematischen Aussagen verlangt, nicht bereits bei deren Entwicklung.
epm22	0.62	Die mathematische Lehre kann von der Betrachtung nicht-zielführender Wege (Sackgassen, Methoden) profitieren.
epm23	0.55	Falls es Marsbewohner*innen gäbe, so hätten sie auf jeden Fall dieselbe Mathematik mit denselben Erkenntnissen.
epm24	0.67	Mathematisches Wissen baut aufeinander auf.
epm25	0.44	Das Erfinden bzw. Nach-Erfinden von Mathematik hat Vorrang vor einem Lehren bzw. Lernen von »fertiger Mathematik«.
epm26	0.69	Mathematische Definitionen sind ein Produkt von Kreativität.
epm27	0.67	Mathematische Erkenntnisse werden meist in derselben Form formuliert, in der sie entdeckt wurden.

Item	MSA	Wortlaut
epm29	0.71	Wenn einem die Konsequenzen einer Definition nicht gefallen, so darf man diese Definition entsprechend abändern.
epm31	0.61	Sind sich zwei Mathematiker*innen bei der Art, wie ein Begriff definiert werden sollte, nicht einig, dann ist nur eine von beiden im Recht.
epm32	0.78	Mathematisches Wissen ist ein System von vielfältig miteinander verknüpften Begriffen.
epm34	0.70	Die historische Entwicklung der Mathematik beeinflusst unsere heutige Arbeitsweise in Forschung und Lehre.
epm35	0.71	Gelangt man in der mathematischen Forschung auf einen Irrweg oder in eine Sackgasse, so kann man daraus nur wenig lernen.
epm36	0.72	Die Präsentationsform von Mathematik (in Lehrbüchern und Vorlesungen) entspricht in der Regel der Form, in der diese Mathematik entstanden ist.
epm37	0.51	Mathematik wurde vom Menschen entdeckt, aber nicht erfunden.
epm38	0.54	Neue mathematische Erkenntnisse ändern nicht viel an der Struktur der bisherigen Mathematik.
epm39	0.69	Die Herleitung oder der Beweis einer Formel ist nicht so wichtig wie diese anwenden zu können.
epm41	0.66	Stehen in einer Vorlesung zwei unterschiedliche Definitionen desselben Begriffs zur Auswahl, so sollte stets nur die anschaulichere gewählt werden.
epm42	0.76	Es wäre denkbar, dass die aktuell bekannte Mathematik auch durch andere Begriffe, Sätze und Definitionen beschrieben werden könnte.
epm43	0.59	Mathematik wird fast immer nur von besonders kreativen Menschen erfunden, deren Wissen sich andere dann aneignen müssen.
epm44	0.67	Mathematische Aussagen sind stark miteinander vernetzt.
epm45	0.51	Zu vielen Definitionen gibt es nichtäquivalente Alternativen, die auch zu sinnvoller Mathematik führen würden.
epm46	0.67	Eine gute Denkfähigkeit und Einfallsreichtum sind im Mathematikunterricht oft wichtiger als eine gute Lern- und Merkfähigkeit.
epm47	0.53	Mathematik wurde vom Menschen erfunden.
epm48	0.79	Beim Beschäftigen mit einer Definition entsteht eine Vorstellung im Kopf, wovon diese handelt.
epm49	0.62	Mathematik ist durch ein hohes Maß an Ordnung gekennzeichnet.
epm50	0.81	Es ist wichtig und interessant, wenn Mathematik Querverbindungen und Zusammenhänge zwischen einzelnen Inhalten der Mathematik aufzeigt.
epm51	0.63	Bei der Definition eines Begriffs richtet man sich danach, was für einen selbst praktisch ist.
epm52	0.66	Die einzelnen Teilgebiete der Mathematik stehen weitgehend unverzahnt nebeneinander.
epm54	0.63	Mathematik ist wie Kunst ein Ergebnis von Kreativität.
epm55	0.73	Wenn sich rückwirkend herausstellt, dass ein Satz fehlerhaft bewiesen wurde und nicht gilt, dann hat das oft Auswirkungen auf sehr viele weitere Sätze.
epm56	0.63	Neue mathematische Theorie entsteht erst dann, wenn zu einer Menge von Aussagen der Beweis (fehlerlos) vorliegt.
epm57	0.74	Bei der Festlegung einer Definition lassen sich häufig unterschiedliche Ansätze verfolgen, von denen dann einer willkürlich ausgewählt wird.
epm58	0.80	Mathematik ist wie ein Gebäude, bei dem jedem Satz und jedem Begriff eine unentbehrliche Rolle als Baustein zukommt.
epm59	0.44	Entstehung und logische Absicherung von mathematischer Theorie sind unterschiedliche, voneinander trennbare Prozesse.

MSA-Werte der KRE-Items im Datensatz E14-PRE

Item	MSA	Wortlaut
kre01	0.42	Es gibt bei den meisten mathematischen Problemen viele verschiedene Lösungswege.
kre02	0.76	Beim Lösen mathematischer Probleme gibt es nur wenig Raum für Originalität.
kre03	0.84	In der Mathematik werden ständig neue Dinge entdeckt.
kre04	0.51	Wenn man in der Schule oder im Studium einen Beweis anfertigt, dann kann man dadurch nur Dinge zeigen, die bereits bekannt und nachgewiesen sind.
kre05	0.74	Beim Problemlösen genügt es nicht, bloß bereits Bekanntes nachzuahmen oder anzuwenden.
kre06	0.47	Je seltener eine Beweisidee genannt wird, desto origineller ist dieser Ansatz.
kre07	0.73	Auf der Suche nach einem Beweis muss man meist vollkommen neues Terrain betreten.
kre08	0.77	Ein spontaner Einfall hat mir schon häufiger geholfen, ein mathematisches Problem zu lösen.
kre09	0.73	Es ist beim Mathematiktreiben gelegentlich notwendig, von altbekannten Wegen abzuweichen.
kre10	0.61	Entdeckungen der Mathematik entstehen aus geistreichen Schöpfungen.
kre11	0.61	Wenn ein Mensch vor Ideen nur so sprudelt, sollte er oder sie ein Mathematikstudium in Betracht ziehen.
kre12	0.74	Beim Beweisen kann man Dinge entdecken, die einem vorher selbst nicht bewusst waren.
kre13	0.55	Ich kann die Trial-and-Error-Methode (Versuch und Irrtum, d. h. »Ausprobieren, bis es klappt«) üblicherweise beim Lösen mathematischer Probleme anwenden.
kre14	0.58	In der Mathematik sind ungewöhnliche Lösungswege mit großer Wahrscheinlichkeit falsch.
kre15	0.65	Originelle Einfälle sind in der Mathematik üblich.
kre16	0.65	Guten Mathematikern fällt beim Problemlösen eine Vielzahl an (unterschiedlichen) Wegen ein.
kre17	0.79	Beim Mathematiktreiben kann man sich frei entfalten.
kre18	0.55	Bereits existierende Beweise sollten nicht durch neuere, originellere ersetzt werden.
kre19	0.33	Eine zu ungewöhnliche Lösung wird sich in der mathematischen Gemeinschaft nur schwierig durchsetzen.
kre20	0.79	Mathematik ist ein Gebiet für kreative Köpfe.
kre21	0.70	In der Mathematik kann ich ein Problem erfolgreich lösen, indem ich bekannte Vorgehensweisen über den Haufen werfe.

Anhang B. Deskriptive Statistiken & Normalverteilungstests der Faktorwerte

B.1 Gesamtstichprobe (Ersterhebung aller Personen ohne Bindungen, Datensatz LAE)

Deskriptive Statistiken der Faktorwerte

```
     n mean   sd median trimmed  mad  min max range  skew kurtosis   se  IQR
F  223 3.75 0.52   3.80    3.76 0.59 2.30 5.0  2.70 -0.19    -0.25 0.03 0.70
A  223 3.82 0.59   3.90    3.85 0.59 1.60 4.9  3.30 -0.64     0.67 0.04 0.70
S  223 3.12 0.60   3.12    3.14 0.56 1.50 4.5  3.00 -0.20    -0.38 0.04 0.75
P  223 3.64 0.46   3.67    3.64 0.33 2.33 5.0  2.67 -0.13     0.34 0.03 0.56
VS 223 4.02 0.47   4.00    4.05 0.44 1.80 4.9  3.10 -1.12     3.46 0.03 0.50
EE 223 2.25 0.54   2.20    2.22 0.44 1.10 4.1  3.00  0.60     0.50 0.04 0.70
PU 223 3.17 0.72   3.17    3.18 0.74 1.00 5.0  4.00 -0.08    -0.23 0.05 1.00
ES 223 2.33 0.59   2.29    2.32 0.64 1.00 4.0  3.00  0.15    -0.31 0.04 0.71
K  223 3.22 0.88   3.25    3.24 0.74 1.00 5.0  4.00 -0.21    -0.41 0.06 1.25
```

Shapiro-Wilk-Test auf Normalverteilung der Faktorwerte

```
  Faktor   n       W p-value sign.
1      F 223 0.99226 0.28985 FALSE
2      A 223 0.97103 0.00016  TRUE ***
3      S 223 0.98941 0.10066 FALSE
4      P 223 0.98587 0.02588  TRUE *
5     VS 223 0.93303 0.00000  TRUE ***
6     EE 223 0.97377 0.00037  TRUE ***
7     PU 223 0.99208 0.27237 FALSE
8     ES 223 0.98913 0.09052 FALSE .
9      K 223 0.98312 0.00923  TRUE **
```


B. Weygandt, *Mathematische Weltbilder weiter denken*,
https://doi.org/10.1007/978-3-658-34662-1

Deskriptive Statistiken der Stichprobe

	n	mean	sd	median	trimmed	mad	min	max	range	skew	kurtosis	se	IQR
Semester	222	2.1	1.74	1	1.74	0	1	11	10	1.85	3.79	0.12	2

Verteilung nach Semester und Studiengang

Semester	1	2	3	4	5	6	7	8	9	10	11	NA	∑
Studiengang B	76	4	4	-	1	-	-	-	-	-	-	-	85
Studiengang L	60	9	36	5	15	5	5	-	1	-	1	-	137
gesamt	136	13	40	5	16	5	5	0	1	0	1	1	223

Die Verteilung der Faktorwerte im Datensatz LAE ist in Abbildung B.1 (Boxplots) und in Abbildung B.2 (Histogramme mit Verteilungsdichten) dargestellt.

B.2 Erstsemesterstudierende (Datensatz LAE13-1)

Deskriptive Statistiken der Faktorwerte

	n	mean	sd	median	trimmed	mad	min	max	range	skew	kurtosis	se	IQR
F	136	3.77	0.53	3.80	3.79	0.52	2.30	4.90	2.60	-0.30	-0.24	0.05	0.70
A	136	3.76	0.61	3.80	3.78	0.59	1.60	4.90	3.30	-0.54	0.34	0.05	0.90
S	136	3.16	0.56	3.12	3.17	0.56	1.75	4.50	2.75	-0.13	-0.31	0.05	0.75
P	136	3.62	0.46	3.67	3.64	0.33	2.33	4.78	2.44	-0.35	0.32	0.04	0.56
VS	136	4.01	0.47	4.05	4.04	0.37	1.80	4.90	3.10	-1.24	3.79	0.04	0.50
EE	136	2.31	0.51	2.30	2.29	0.52	1.10	3.90	2.80	0.32	0.18	0.04	0.70
PU	136	3.18	0.75	3.17	3.20	0.74	1.00	4.83	3.83	-0.27	-0.30	0.06	1.00
ES	136	2.37	0.59	2.36	2.39	0.53	1.00	3.57	2.57	-0.19	-0.51	0.05	0.86
K	136	3.15	0.87	3.25	3.16	1.11	1.00	4.75	3.75	-0.18	-0.58	0.07	1.25

Shapiro-Wilk-Test auf Normalverteilung der Faktorwerte

	Faktor	n	W	p-value	sign.	
1	F	136	0.98660	0.20815	FALSE	
2	A	136	0.97581	0.01596	TRUE	*
3	S	136	0.98966	0.40978	FALSE	
4	P	136	0.97823	0.02821	TRUE	*
5	VS	136	0.92358	0.00000	TRUE	***
6	EE	136	0.98742	0.25146	FALSE	
7	PU	136	0.98645	0.20089	FALSE	
8	ES	136	0.98268	0.08208	FALSE	.
9	K	136	0.97862	0.03100	TRUE	*

Die Verteilung der Faktorwerte im Datensatz LAE13-1 ist in Abbildung B.3 (Boxplots) und in Abbildung B.4 (Histogramme mit Verteilungsdichten) dargestellt.

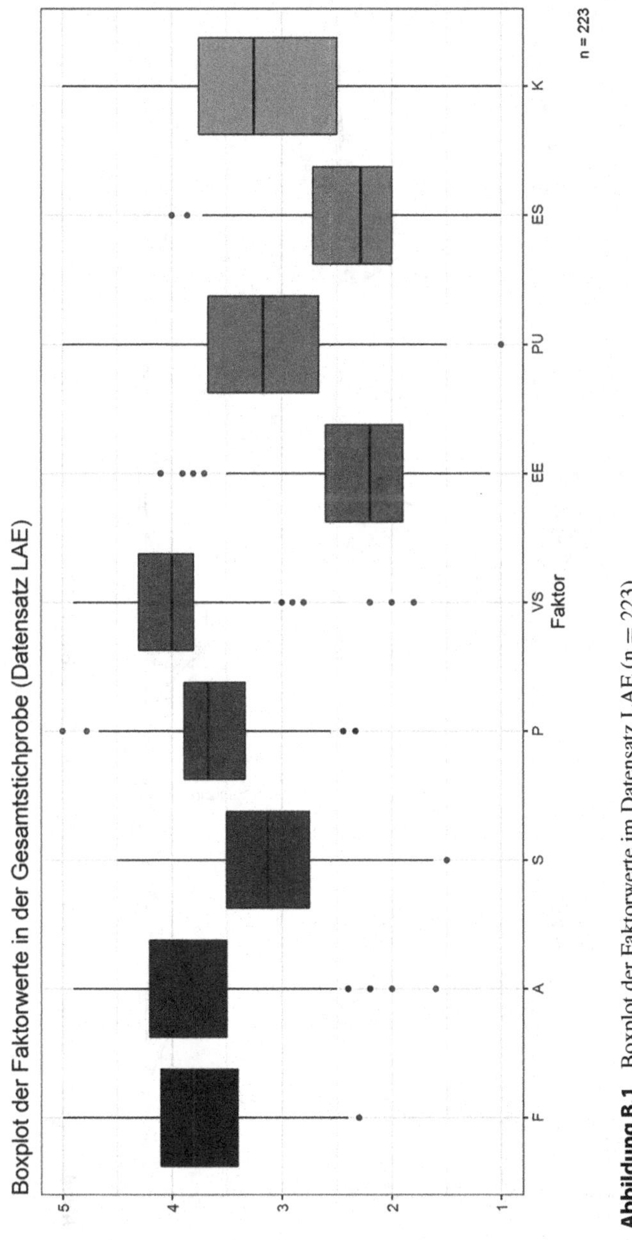

Abbildung B.1 Boxplot der Faktorwerte im Datensatz LAE (n = 223)

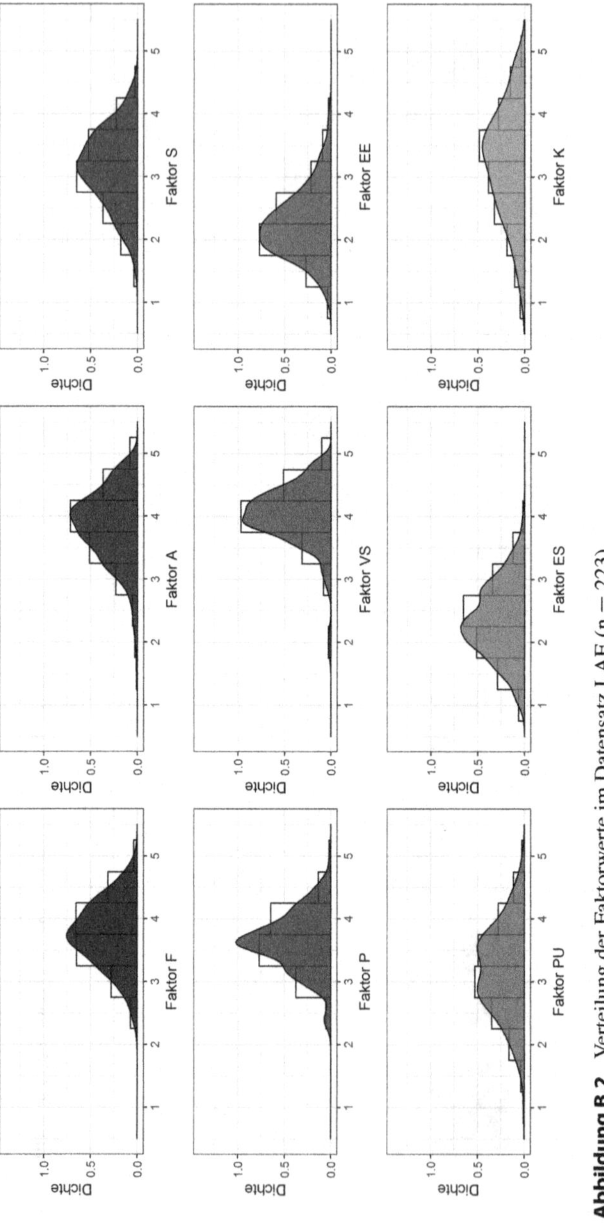

Abbildung B.2 Verteilung der Faktorwerte im Datensatz LAE (n = 223)

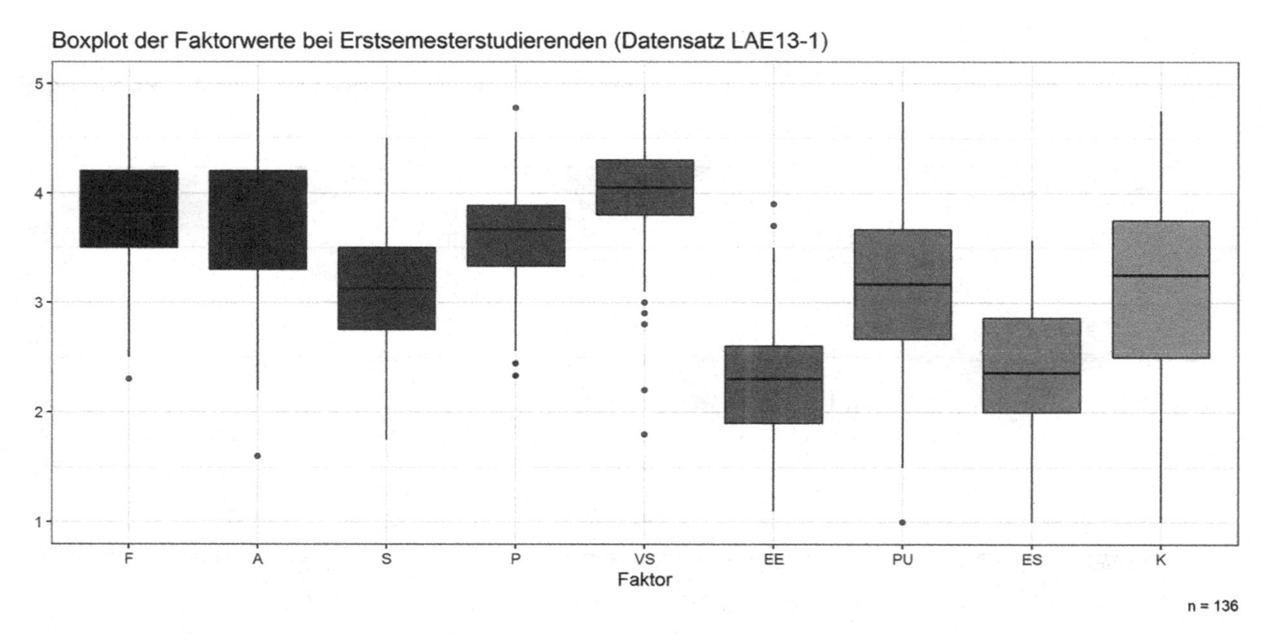

Abbildung B.3 Boxplot der Faktorwerte im Datensatz LAE13-1 (n = 136)

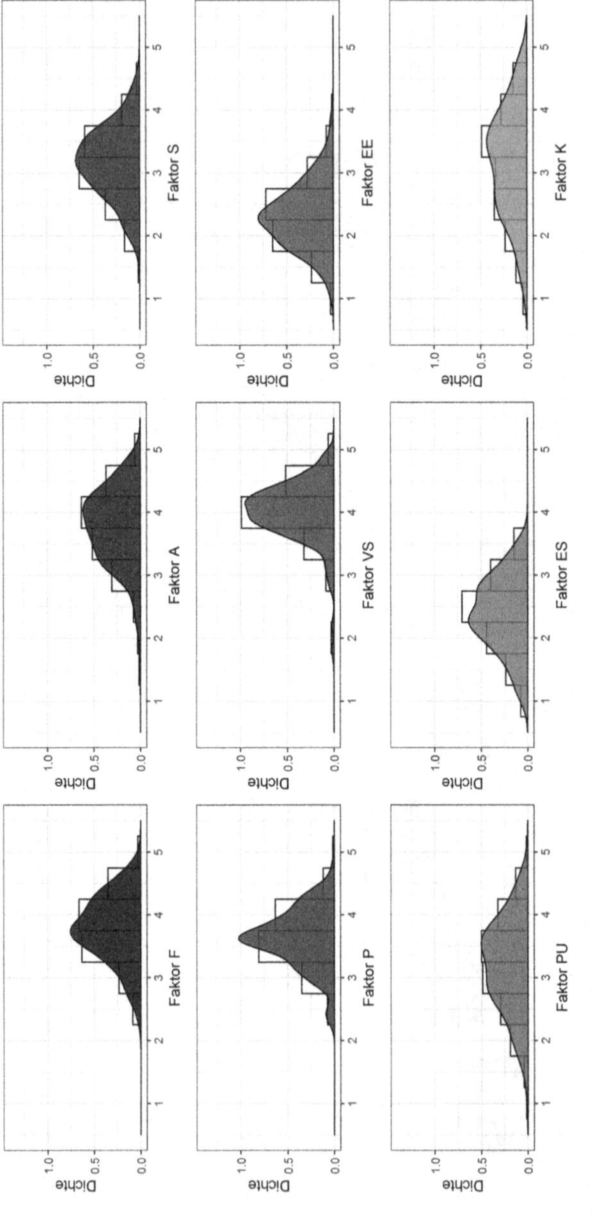

Abbildung B.4 Verteilung der Faktorwerte im Datensatz LAE13-1 (n = 136)

B.3 Erstsemesterstudierende Bachelor Mathematik (Datensatz LAE-B1)

Deskriptive Statistiken der Faktorwerte

	n	mean	sd	median	trimmed	mad	min	max	range	skew	kurtosis	se	IQR
F	76	3.88	0.52	3.90	3.89	0.44	2.50	4.90	2.40	-0.37	-0.12	0.06	0.60
A	76	3.79	0.57	3.80	3.80	0.59	2.40	4.90	2.50	-0.18	-0.44	0.07	0.80
S	76	3.13	0.56	3.12	3.13	0.56	1.88	4.50	2.62	0.01	-0.12	0.06	0.75
P	76	3.70	0.42	3.67	3.72	0.33	2.44	4.56	2.11	-0.44	0.46	0.05	0.44
VS	76	4.01	0.50	4.05	4.05	0.37	1.80	4.90	3.10	-1.80	5.62	0.06	0.50
EE	76	2.30	0.49	2.30	2.30	0.44	1.10	3.50	2.40	0.02	-0.08	0.06	0.62
PU	76	3.24	0.72	3.25	3.26	0.86	1.50	4.83	3.33	-0.21	-0.39	0.08	1.04
ES	76	2.44	0.58	2.43	2.45	0.64	1.00	3.57	2.57	-0.21	-0.34	0.07	0.71
K	76	3.28	0.86	3.50	3.34	0.74	1.00	4.75	3.75	-0.61	0.02	0.10	1.25

Shapiro-Wilk-Test auf Normalverteilung der Faktorwerte

	Faktor	n	W	p-value	sign.	
1	F	76	0.97982	0.26764	FALSE	
2	A	76	0.98416	0.46391	FALSE	
3	S	76	0.98070	0.30051	FALSE	
4	P	76	0.96417	0.03045	TRUE	*
5	VS	76	0.84640	0.00000	TRUE	***
6	EE	76	0.98828	0.71486	FALSE	
7	PU	76	0.98263	0.38488	FALSE	
8	ES	76	0.97894	0.23777	FALSE	
9	K	76	0.95486	0.00868	TRUE	**

Die Verteilung der Faktorwerte im Datensatz LAE-B1 ist in Abbildung B.5 (Boxplots) und in Abbildung B.6 (Histogramme mit Verteilungsdichten) dargestellt.

B.4 Erstsemesterstudierende gymnasiales Lehramt Mathematik (Datensatz LAE-L1)

Deskriptive Statistiken der Faktorwerte

	n	mean	sd	median	trimmed	mad	min	max	range	skew	kurtosis	se	IQR
F	60	3.64	0.51	3.60	3.65	0.44	2.30	4.60	2.30	-0.27	-0.42	0.07	0.55
A	60	3.71	0.66	3.80	3.76	0.67	1.60	4.90	3.30	-0.77	0.52	0.09	0.93
S	60	3.19	0.56	3.19	3.21	0.65	1.75	4.25	2.50	-0.31	-0.57	0.07	0.88
P	60	3.53	0.49	3.56	3.53	0.49	2.33	4.78	2.44	-0.14	0.16	0.06	0.67
VS	60	4.01	0.44	4.05	4.02	0.52	3.00	4.90	1.90	-0.15	-0.61	0.06	0.62
EE	60	2.33	0.55	2.30	2.29	0.59	1.40	3.90	2.50	0.58	0.19	0.07	0.73
PU	60	3.10	0.78	3.17	3.11	0.74	1.00	4.67	3.67	-0.30	-0.41	0.10	1.17
ES	60	2.30	0.59	2.29	2.31	0.64	1.00	3.43	2.43	-0.16	-0.80	0.08	0.86
K	60	2.98	0.85	3.00	2.94	0.93	1.50	4.75	3.25	0.36	-0.73	0.11	1.25

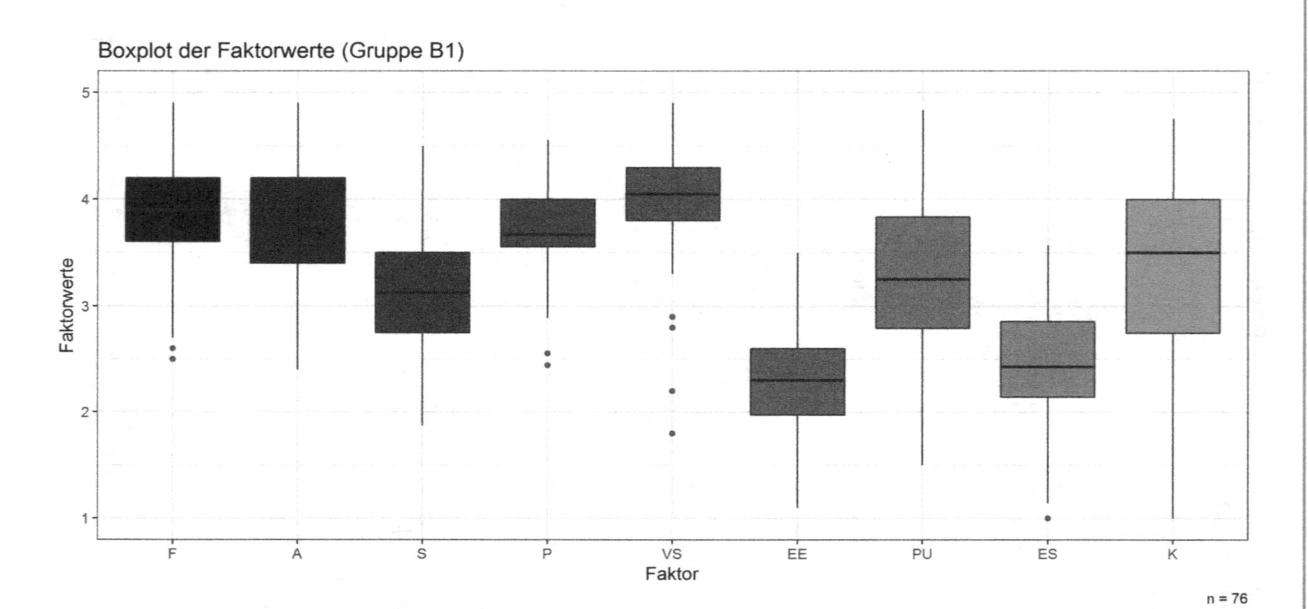

Abbildung B.5 Boxplot der Faktorwerte im Datensatz LAE-B1 (n = 76)

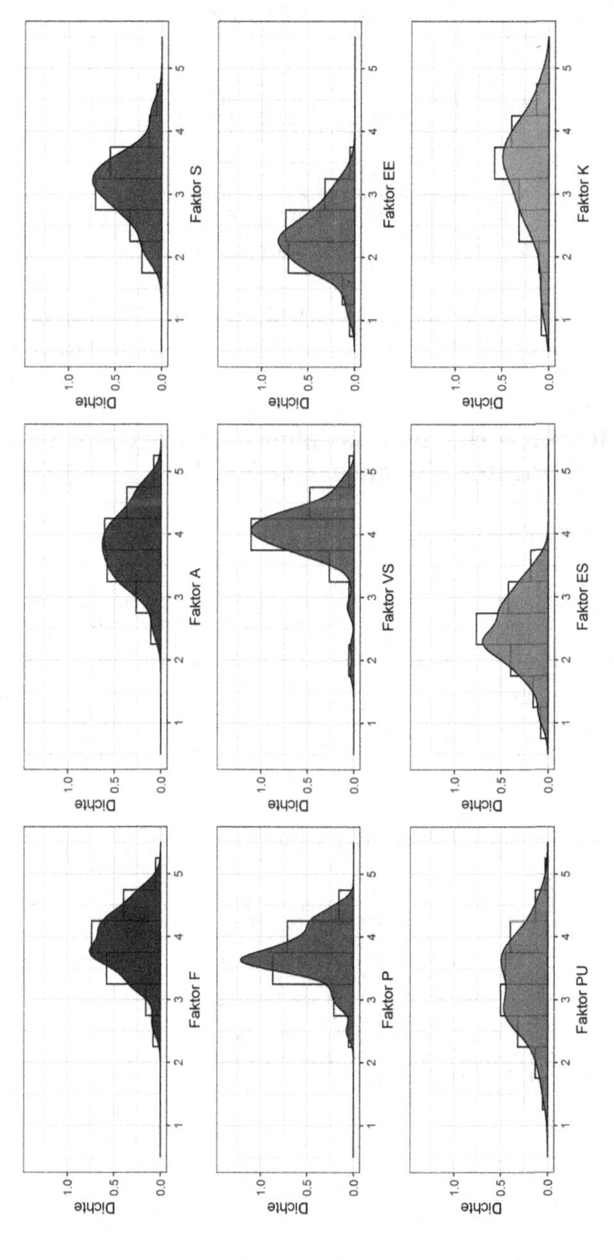

Abbildung B.6 Verteilung der Faktorwerte im Datensatz LAE-B1 (n = 76)

Shapiro-Wilk-Test auf Normalverteilung der Faktorwerte

	Faktor	n	W	p-value	sign.	
1	F	60	0.98134	0.48757	FALSE	
2	A	60	0.95253	0.02051	TRUE	*
3	S	60	0.97947	0.40664	FALSE	
4	P	60	0.98389	0.61259	FALSE	
5	VS	60	0.98281	0.55818	FALSE	
6	EE	60	0.96645	0.09763	FALSE	.
7	PU	60	0.98295	0.56515	FALSE	
8	ES	60	0.97820	0.35709	FALSE	
9	K	60	0.95976	0.04579	TRUE	*

Die Verteilung der Faktorwerte im Datensatz LAE-L1 ist in Abbildung B.7 (Boxplots) und in Abbildung B.8 (Histogramme mit Verteilungsdichten) dargestellt.

B.5 Studierende des gymnasialen Lehramts Mathematik ab 2. Semester (Datensatz LAE-L2$^+$)

Deskriptive Statistiken der Faktorwerte

	n	mean	sd	median	trimmed	mad	min	max	range	skew	kurtosis	se	IQR
F	77	3.72	0.53	3.70	3.71	0.59	2.40	5.00	2.60	0.00	-0.33	0.06	0.80
A	77	3.93	0.55	4.00	3.97	0.44	2.00	4.80	2.80	-0.84	1.26	0.06	0.70
S	77	3.01	0.65	3.00	3.04	0.74	1.50	4.25	2.75	-0.25	-0.77	0.07	1.00
P	77	3.67	0.48	3.67	3.65	0.33	2.33	5.00	2.67	0.21	0.22	0.05	0.56
VS	77	4.07	0.46	4.10	4.09	0.44	2.00	4.90	2.90	-1.10	3.90	0.05	0.60
EE	77	2.06	0.46	2.00	2.04	0.30	1.10	3.80	2.70	0.84	1.67	0.05	0.50
PU	77	3.21	0.68	3.17	3.19	0.74	1.67	5.00	3.33	0.28	-0.33	0.08	1.00
ES	77	2.20	0.51	2.14	2.18	0.42	1.14	3.71	2.57	0.39	0.00	0.06	0.57
K	77	3.35	0.89	3.25	3.36	0.74	1.25	5.00	3.75	-0.11	-0.51	0.10	1.25

Shapiro-Wilk-Test auf Normalverteilung der Faktorwerte

	Faktor	n	W	p-value	sign.	
1	F	77	0.99366	0.97037	FALSE	
2	A	77	0.94850	0.00355	TRUE	**
3	S	77	0.97401	0.11560	FALSE	
4	P	77	0.98390	0.44015	FALSE	
5	VS	77	0.92429	0.00020	TRUE	***
6	EE	77	0.95272	0.00611	TRUE	**
7	PU	77	0.98421	0.45726	FALSE	
8	ES	77	0.97630	0.15982	FALSE	
9	K	77	0.98006	0.26822	FALSE	

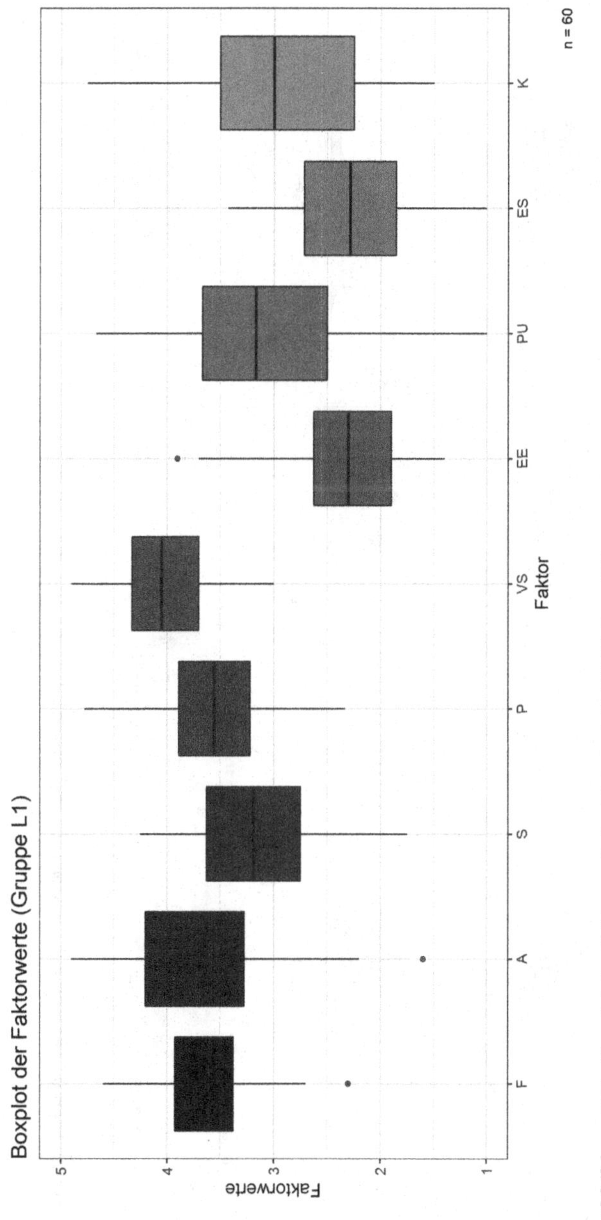

Abbildung B.7 Boxplot der Faktorwerte im Datensatz LAE-L1 (n = 60)

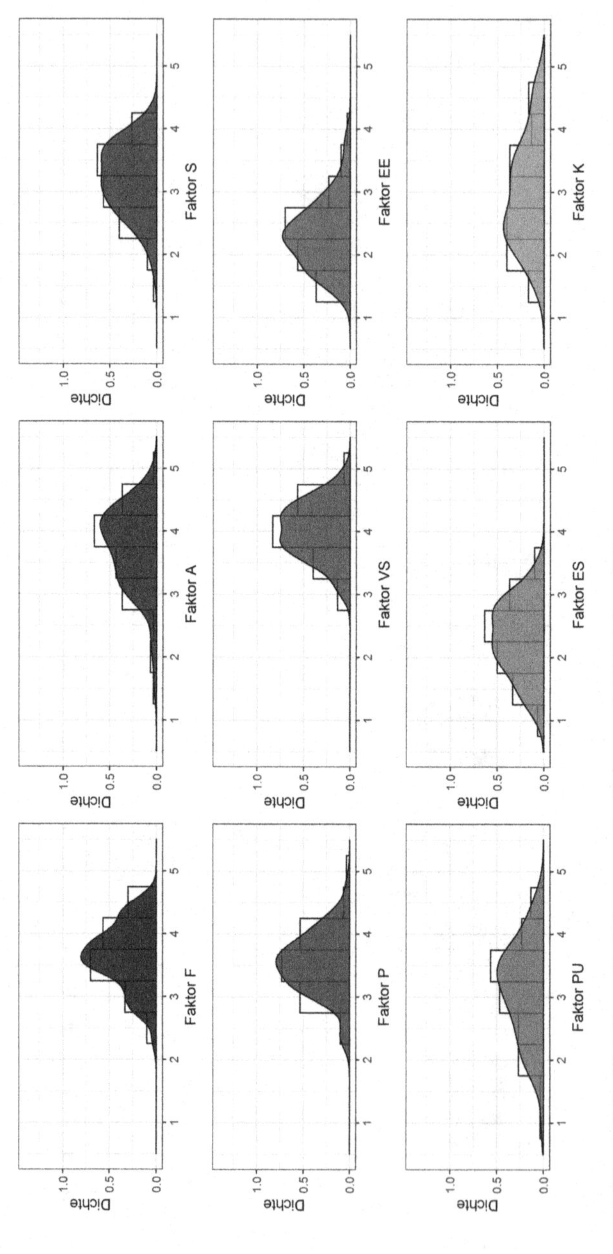

Abbildung B.8 Verteilung der Faktorwerte im Datensatz LAE-L1 (n = 60)

Die Verteilung der Faktorwerte im Datensatz LAE-L2^{+} ist in Abbildung B.9 (Boxplots) und in Abbildung B.10 (Histogramme mit Verteilungsdichten) dargestellt.

B.6 Mathematikstudierende höherer Semester (Datensatz LAE13-2)

Deskriptive Statistiken der Faktorwerte

	n	mean	sd	median	trimmed	mad	min	max	range	skew	kurtosis	se	IQR
F	49	3.58	0.52	3.60	3.58	0.59	2.40	4.80	2.40	0.08	-0.40	0.07	0.70
A	49	3.86	0.57	4.00	3.89	0.44	2.00	4.90	2.90	-0.81	1.38	0.08	0.50
S	49	3.07	0.77	3.12	3.09	0.93	1.50	4.50	3.00	-0.22	-0.94	0.11	1.38
P	49	3.64	0.40	3.67	3.63	0.33	2.89	4.56	1.67	0.26	-0.54	0.06	0.56
VS	49	3.94	0.51	4.00	3.97	0.44	2.00	4.80	2.80	-1.08	2.38	0.07	0.60
EE	49	2.26	0.67	2.10	2.21	0.44	1.10	4.10	3.00	0.84	0.11	0.10	0.70
PU	49	3.16	0.68	3.00	3.11	0.74	2.00	5.00	3.00	0.66	0.21	0.10	0.67
ES	49	2.36	0.64	2.29	2.31	0.64	1.14	4.00	2.86	0.65	-0.05	0.09	0.86
K	49	3.42	0.85	3.50	3.45	0.74	1.00	5.00	4.00	-0.44	0.38	0.12	1.00

Shapiro-Wilk-Test auf Normalverteilung der Faktorwerte

	Faktor	n	W	p-value	sign.	
1	F	49	0.99040	0.95805	FALSE	
2	A	49	0.94448	0.02218	TRUE	*
3	S	49	0.96742	0.19083	FALSE	
4	P	49	0.97580	0.40461	FALSE	
5	VS	49	0.93491	0.00940	TRUE	**
6	EE	49	0.91320	0.00153	TRUE	**
7	PU	49	0.95664	0.06893	FALSE	.
8	ES	49	0.95766	0.07589	FALSE	.
9	K	49	0.96234	0.11828	FALSE	

Die Verteilung der Faktorwerte im Datensatz LAE13-2 ist in Abbildung B.11 (Boxplots) und in Abbildung B.12 (Histogramme mit Verteilungsdichten) dargestellt.

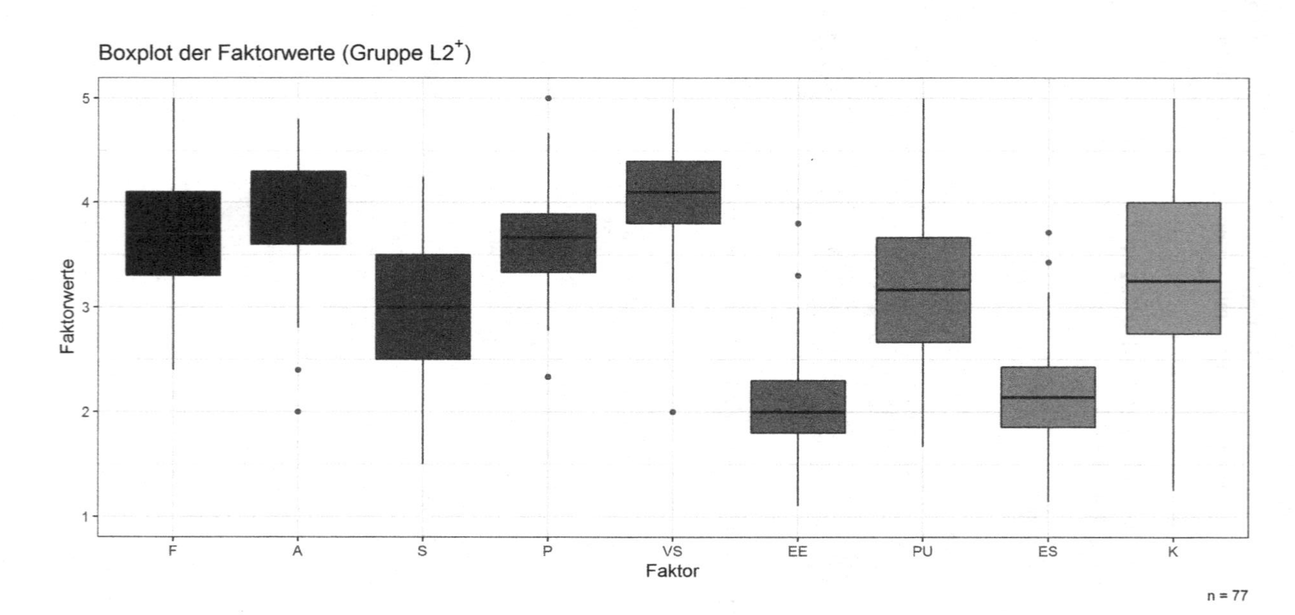

Abbildung B.9 Boxplot der Faktorwerte im Datensatz LAE-L2$^+$ (n = 77)

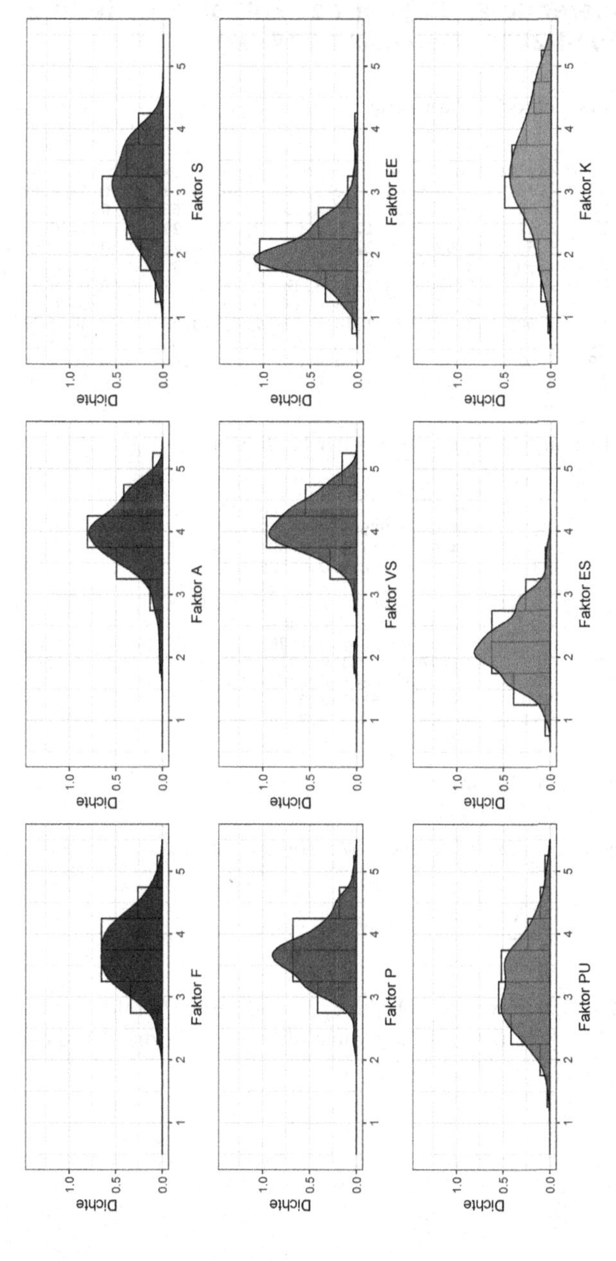

Abbildung B.10 Verteilung der Faktorwerte im Datensatz LAE-L2⁺ (n = 77)

B.7 Studierende zu Beginn der EnProMa-Vorlesung im WS2014/2015 (Datensatz E14-PRE)

Deskriptive Statistiken der Faktorwerte

	n	mean	sd	median	trimmed	mad	min	max	range	skew	kurtosis	se	IQR
F	67	3.75	0.50	3.70	3.76	0.44	2.20	5.00	2.80	-0.21	0.52	0.06	0.60
A	67	3.95	0.54	4.00	4.00	0.59	2.60	4.80	2.20	-0.65	0.03	0.07	0.70
S	67	3.07	0.53	3.12	3.08	0.56	1.75	4.00	2.25	-0.25	-0.84	0.06	0.88
P	67	3.63	0.49	3.56	3.62	0.49	2.33	5.00	2.67	0.25	0.30	0.06	0.56
VS	67	4.13	0.41	4.10	4.13	0.30	2.60	4.90	2.30	-0.37	1.47	0.05	0.45
EE	67	2.11	0.47	2.10	2.10	0.44	1.20	3.30	2.10	0.42	-0.01	0.06	0.60
PU	67	2.98	0.75	3.00	2.99	0.99	1.33	4.33	3.00	-0.10	-0.94	0.09	1.25
ES	67	2.15	0.51	2.00	2.13	0.64	1.14	3.43	2.29	0.29	-0.46	0.06	0.79
KP	67	3.25	0.82	3.33	3.28	0.74	1.17	4.67	3.50	-0.39	-0.42	0.10	1.17
KT	67	3.48	0.69	3.57	3.51	0.64	1.86	4.86	3.00	-0.48	-0.22	0.08	0.71
VL	67	3.08	0.65	3.00	3.07	0.74	1.33	4.67	3.33	-0.01	0.12	0.08	0.83

Shapiro-Wilk-Test auf Normalverteilung der Faktorwerte

	Faktor	n	W	p-value	sign.	
1	F	67	0.98606	0.65859	FALSE	
2	A	67	0.94774	0.00699	TRUE	**
3	S	67	0.96837	0.08560	FALSE	.
4	P	67	0.98381	0.53381	FALSE	
5	VS	67	0.94615	0.00583	TRUE	**
6	EE	67	0.97235	0.14092	FALSE	
7	PU	67	0.97297	0.15207	FALSE	
8	ES	67	0.97931	0.32716	FALSE	
9	KP	67	0.97546	0.20687	FALSE	
10	KT	67	0.96301	0.04383	TRUE	*
11	VL	67	0.98829	0.78449	FALSE	

Deskriptive Statistiken der Stichprobe

	n	mean	sd	median	trimmed	mad	min	max	range	skew	kurtosis	se	IQR
Semester	67	4.01	1.74	3	3.8	1.48	1	11	10	1.62	3.5	0.21	2

Verteilung nach Semester

Semester	1	2	3	4	5	6	7	8	9	10	11	∑
Anzahl	1	4	33	4	17	4	1	-	2	-	1	67

Die Verteilung der Faktorwerte im Datensatz E14-PRE ist in Abbildung B.13 (Boxplots) und in Abbildung B.14 (Histogramme mit Verteilungsdichten) dargestellt.

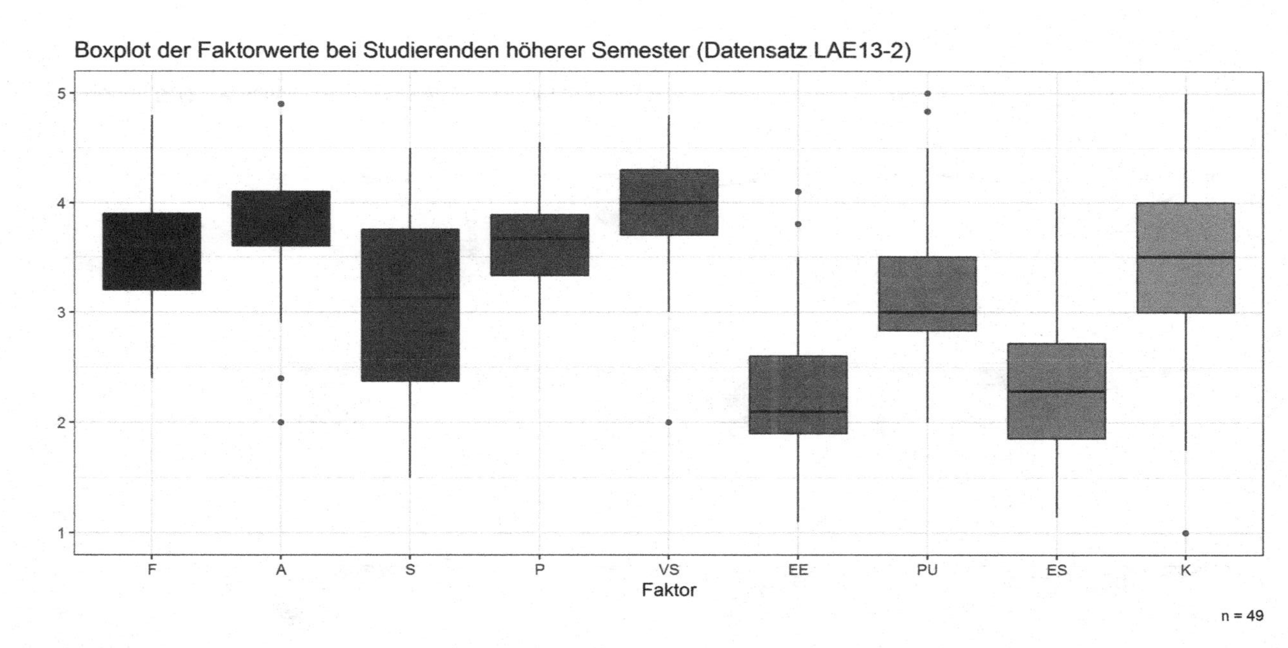

Abbildung B.11 Boxplot der Faktorwerte im Datensatz LAE13-2 (n = 49)

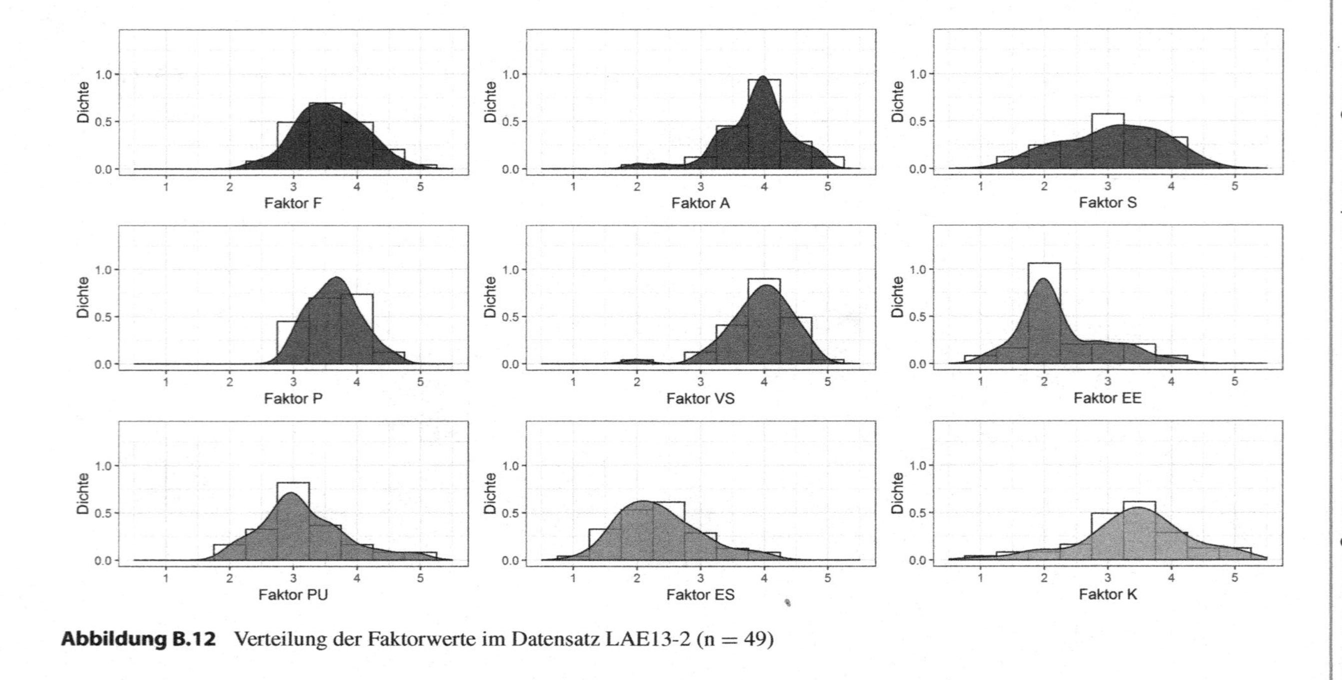

Abbildung B.12 Verteilung der Faktorwerte im Datensatz LAE13-2 (n = 49)

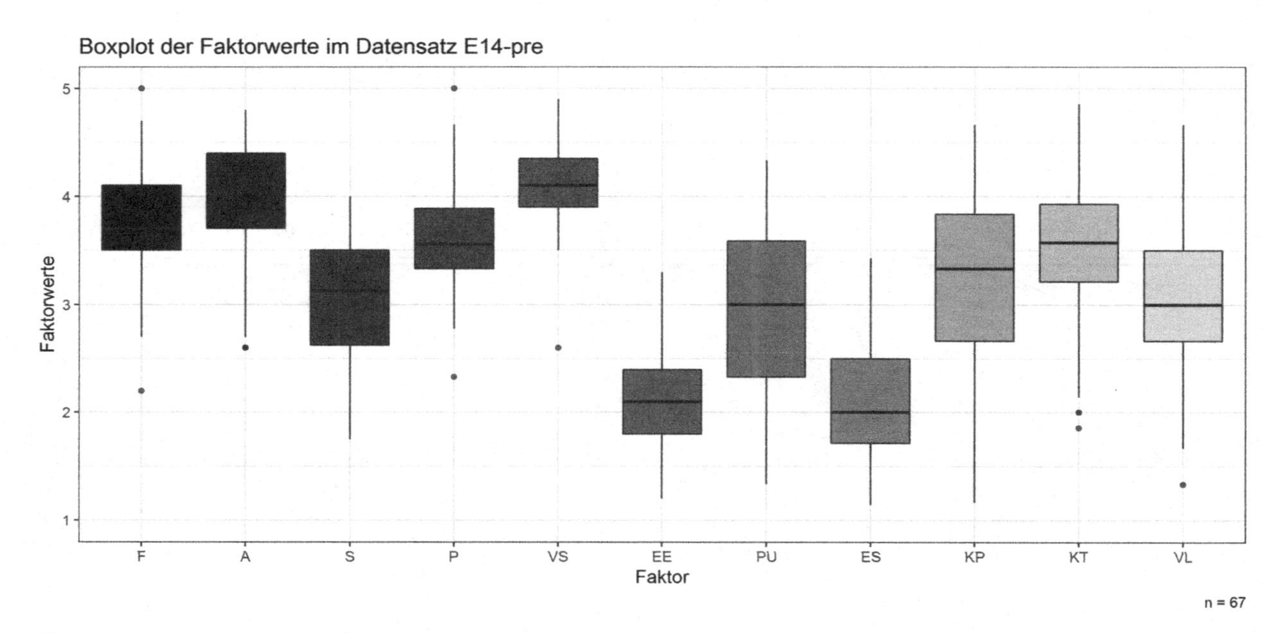

Abbildung B.13 Boxplot der Faktorwerte im Datensatz E14-PRE (n = 67)

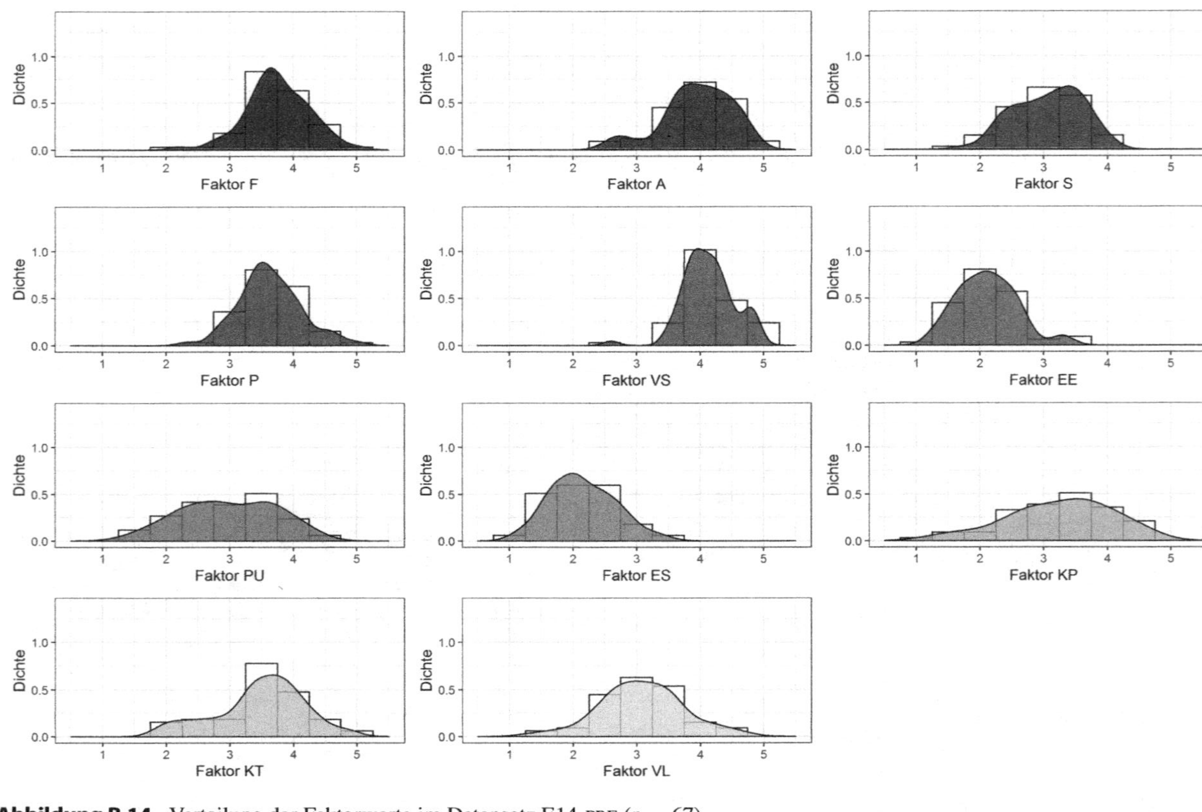

Abbildung B.14 Verteilung der Faktorwerte im Datensatz E14-PRE (n = 67)

B.8 Studierende am Ende der EnProMa-Vorlesung im WS2014/2015 (Datensatz E14-POST)

Deskriptive Statistiken der Faktorwerte

	n	mean	sd	median	trimmed	mad	min	max	range	skew	kurtosis	se	IQR
F	38	3.56	0.66	3.70	3.58	0.74	2.00	4.80	2.80	-0.21	-0.61	0.11	0.88
A	38	3.89	0.53	4.00	3.91	0.59	2.60	4.70	2.10	-0.45	-0.67	0.09	0.77
S	38	3.06	0.54	3.06	3.04	0.65	1.88	4.50	2.62	0.21	-0.13	0.09	0.75
P	38	3.94	0.54	3.89	3.94	0.58	2.89	5.00	2.11	0.05	-0.78	0.09	0.78
VS	38	4.21	0.36	4.20	4.20	0.30	3.50	5.00	1.50	0.29	-0.22	0.06	0.40
EE	38	1.88	0.34	1.80	1.86	0.30	1.30	2.80	1.50	0.59	0.02	0.05	0.38
PU	38	2.78	0.55	2.83	2.78	0.62	1.67	3.67	2.00	-0.10	-0.95	0.09	0.75
ES	38	2.54	0.47	2.43	2.52	0.42	1.71	3.57	1.86	0.27	-0.58	0.08	0.57
KP	38	3.52	0.84	3.67	3.59	0.49	1.17	4.83	3.67	-1.02	1.17	0.14	0.79
KT	38	3.77	0.53	3.64	3.77	0.53	2.71	4.86	2.14	0.19	-1.02	0.09	0.86
VL	38	3.34	0.60	3.33	3.30	0.49	1.83	4.83	3.00	0.37	0.61	0.10	0.79

Shapiro-Wilk-Test auf Normalverteilung der Faktorwerte

	Faktor	n	W	p-value	sign.	
1	F	38	0.98585	0.90342	FALSE	
2	A	38	0.96128	0.20897	FALSE	
3	S	38	0.97870	0.67117	FALSE	
4	P	38	0.97423	0.51747	FALSE	
5	VS	38	0.97200	0.44829	FALSE	
6	EE	38	0.96032	0.19438	FALSE	
7	PU	38	0.95703	0.15180	FALSE	
8	ES	38	0.96194	0.21946	FALSE	
9	KP	38	0.91068	0.00518	TRUE	**
10	KT	38	0.95851	0.16973	FALSE	
11	VL	38	0.95477	0.12792	FALSE	

Deskriptive Statistiken der Stichprobe

	n	mean	sd	median	trimmed	mad	min	max	range	skew	kurtosis	se	IQR
Semester	38	4.13	1.4	5	4.09	1.48	2	9	7	0.81	1.61	0.23	2

Verteilung nach Semester

Semester	1	2	3	4	5	6	7	8	9	∑
Anzahl	-	3	14	1	18	1	-	-	1	38

Die Verteilung der Faktorwerte im Datensatz E14-POST ist in Abbildung B.15 (Boxplots) und in Abbildung B.16 (Histogramme mit Verteilungsdichten) dargestellt.

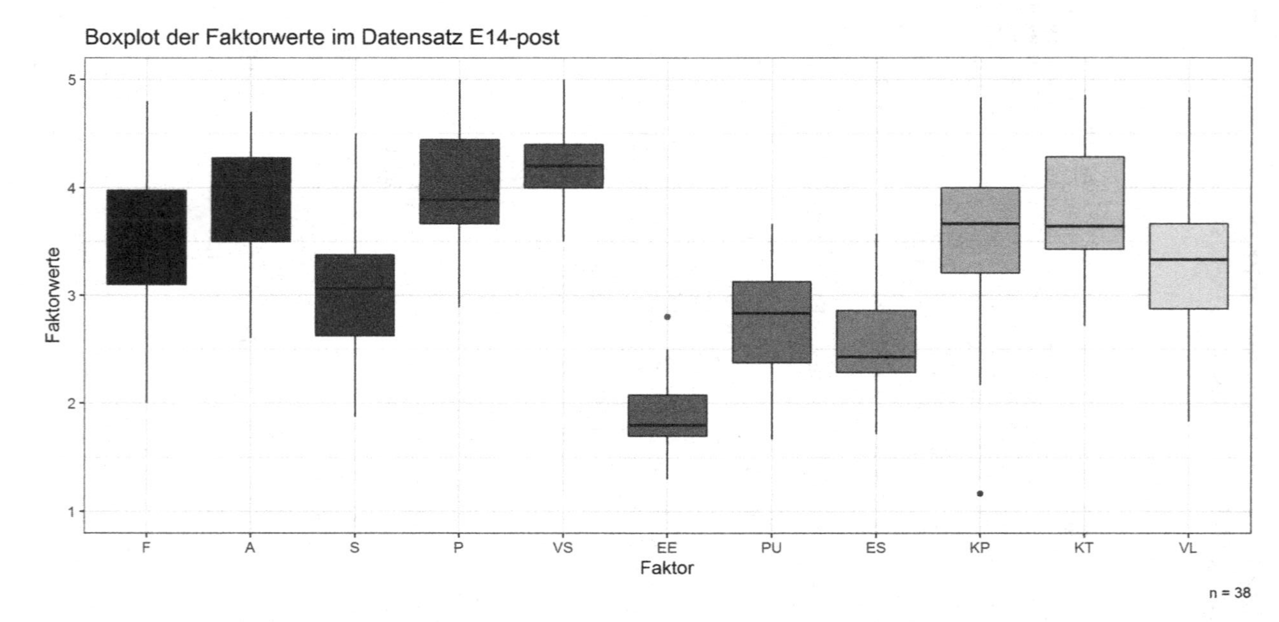

Abbildung B.15 Boxplot der Faktorwerte im Datensatz E14-POST (n = 38)

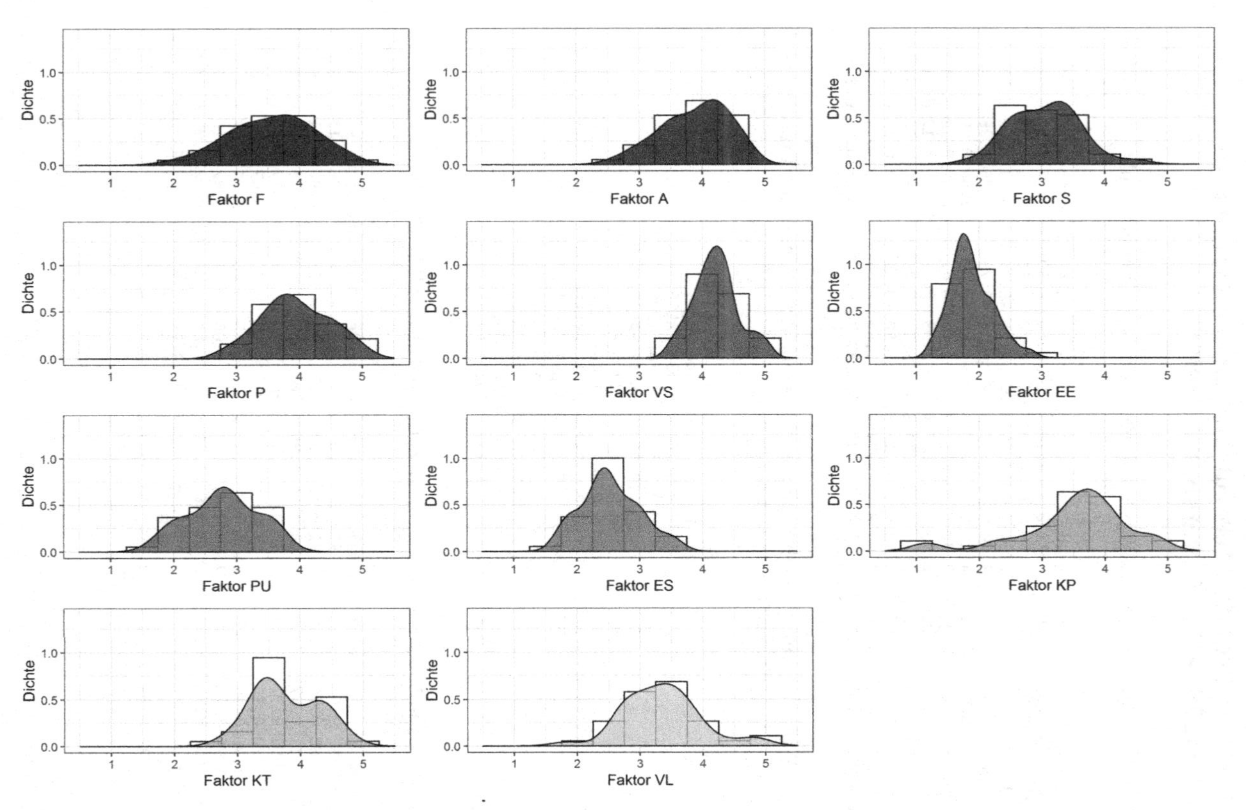

Abbildung B.16 Verteilung der Faktorwerte im Datensatz E14-POST (n = 38)

B.9 Längsschnittdaten zur EnProMa-Vorlesung im WS2014/2015 (Datensatz E14PP)

Deskriptive Statistiken der Faktorwerte zum ersten Erhebungszeitpunkt

	n	mean	sd	median	trimmed	mad	min	max	range	skew	kurtosis	se	IQR
F	30	3.69	0.55	3.60	3.72	0.44	2.20	4.70	2.50	-0.39	0.12	0.10	0.67
A	30	3.93	0.65	3.95	3.98	0.67	2.60	4.80	2.20	-0.56	-0.55	0.12	0.77
S	30	2.95	0.56	2.94	2.94	0.56	1.75	4.00	2.25	-0.04	-0.71	0.10	0.72
P	30	3.73	0.44	3.67	3.70	0.33	2.89	5.00	2.11	0.73	0.75	0.08	0.44
VS	30	4.16	0.47	4.10	4.18	0.30	2.60	4.90	2.30	-0.80	1.94	0.09	0.48
EE	30	2.07	0.54	2.00	2.03	0.59	1.30	3.30	2.00	0.67	-0.42	0.10	0.78
PU	30	2.94	0.65	2.92	2.96	0.74	1.67	4.00	2.33	-0.20	-0.89	0.12	0.83
ES	30	2.06	0.54	2.00	2.04	0.42	1.14	3.43	2.29	0.46	-0.19	0.10	0.68
KP	30	3.43	0.83	3.50	3.51	0.74	1.17	4.67	3.50	-0.79	0.54	0.15	0.96
KT	30	3.58	0.61	3.57	3.59	0.42	2.29	4.86	2.57	-0.17	-0.39	0.11	0.68
VL	30	3.13	0.74	3.17	3.14	0.74	1.33	4.67	3.33	-0.19	0.05	0.13	0.83

Shapiro-Wilk-Test auf Normalverteilung der Faktorwerte zum ersten Erhebungszeitpunkt

	Faktor	n	W	p-value	sign.	
1	F	30	0.96794	0.48435	FALSE	
2	A	30	0.92523	0.03674	TRUE	*
3	S	30	0.98148	0.86352	FALSE	
4	P	30	0.95408	0.21720	FALSE	
5	VS	30	0.90696	0.01248	TRUE	*
6	EE	30	0.93755	0.07813	FALSE	.
7	PU	30	0.96049	0.31885	FALSE	
8	ES	30	0.96461	0.40381	FALSE	
9	KP	30	0.93555	0.06907	FALSE	.
10	KT	30	0.97842	0.78209	FALSE	
11	VL	30	0.98170	0.86871	FALSE	

Deskriptive Statistiken der Faktorwerte zum zweiten Erhebungszeitpunkt

	n	mean	sd	median	trimmed	mad	min	max	range	skew	kurtosis	se	IQR
F	30	3.57	0.66	3.70	3.59	0.74	2.00	4.80	2.80	-0.27	-0.50	0.12	0.80
A	30	3.88	0.58	4.00	3.91	0.74	2.60	4.70	2.10	-0.38	-0.97	0.11	0.80
S	30	3.11	0.57	3.25	3.10	0.56	1.88	4.50	2.62	0.03	-0.28	0.10	0.81
P	30	3.92	0.57	3.83	3.92	0.66	2.89	5.00	2.11	0.07	-0.87	0.10	0.86
VS	30	4.20	0.36	4.20	4.19	0.30	3.50	5.00	1.50	0.20	-0.47	0.07	0.48
EE	30	1.90	0.36	1.85	1.88	0.37	1.30	2.80	1.50	0.46	-0.34	0.07	0.55
PU	30	2.70	0.56	2.75	2.69	0.49	1.67	3.67	2.00	0.01	-0.97	0.10	0.79
ES	30	2.51	0.50	2.43	2.48	0.64	1.71	3.57	1.86	0.34	-0.72	0.09	0.68
KP	30	3.43	0.90	3.50	3.51	0.74	1.17	4.83	3.67	-0.84	0.48	0.16	0.96
KT	30	3.73	0.53	3.64	3.73	0.53	2.71	4.57	1.86	0.12	-1.17	0.10	0.93
VL	30	3.31	0.59	3.33	3.28	0.49	1.83	4.83	3.00	0.15	0.57	0.11	0.75

Shapiro-Wilk-Test auf Normalverteilung der Faktorwerte zum zweiten Erhebungszeitpunkt

	Faktor	n	W	p-value	sign.	
1	F	30	0.98509	0.93873	FALSE	
2	A	30	0.95037	0.17299	FALSE	
3	S	30	0.97858	0.78662	FALSE	
4	P	30	0.97148	0.58054	FALSE	
5	VS	30	0.98275	0.89303	FALSE	
6	EE	30	0.96884	0.50806	FALSE	
7	PU	30	0.95661	0.25307	FALSE	
8	ES	30	0.95068	0.17630	FALSE	
9	KP	30	0.92555	0.03744	TRUE	*
10	KT	30	0.94630	0.13445	FALSE	
11	VL	30	0.96898	0.51158	FALSE	

Die Verteilung der Faktorwerte im Datensatz E14PP ist in Abbildung B.17 (Boxplots) sowie in Abbildung B.18 und Abbildung B.19 (Histogramme mit Verteilungsdichten der beiden Messzeitpunkte) dargestellt.

B.10 Studierende zu Beginn der EnProMa-Vorlesung im WS2013/2014 (Datensatz E13-PRE)

Deskriptive Statistiken der Faktorwerte

	n	mean	sd	median	trimmed	mad	min	max	range	skew	kurtosis	se	IQR
F	23	3.48	0.49	3.40	3.42	0.30	2.80	4.80	2.00	1.12	0.83	0.10	0.45
A	23	4.00	0.56	4.10	4.05	0.59	2.70	4.80	2.10	-0.70	-0.56	0.12	0.80
S	23	2.72	0.70	2.75	2.72	0.56	1.50	3.88	2.38	0.04	-1.09	0.15	0.81
P	23	3.74	0.49	3.78	3.74	0.66	2.89	4.56	1.67	0.05	-1.13	0.10	0.78
VS	23	4.09	0.31	4.20	4.09	0.44	3.60	4.60	1.00	-0.11	-1.42	0.06	0.50
EE	23	1.97	0.38	1.90	1.97	0.30	1.20	2.70	1.50	0.02	-0.45	0.08	0.35
PU	23	3.01	0.68	3.17	3.06	0.49	1.00	4.33	3.33	-0.87	1.32	0.14	0.67
ES	23	2.06	0.51	2.14	2.05	0.64	1.14	3.00	1.86	0.13	-0.93	0.11	0.71
K	23	3.51	0.62	3.50	3.51	0.74	2.25	4.75	2.50	0.00	-0.59	0.13	0.75

Shapiro-Wilk-Test auf Normalverteilung der Faktorwerte

	Faktor	n	W	p-value	sign.	
1	F	23	0.89525	0.02021	TRUE	*
2	A	23	0.92578	0.08867	FALSE	.
3	S	23	0.96598	0.59376	FALSE	
4	P	23	0.96183	0.50141	FALSE	
5	VS	23	0.93642	0.15051	FALSE	
6	EE	23	0.97298	0.75990	FALSE	
7	PU	23	0.93361	0.13090	FALSE	
8	ES	23	0.95438	0.35965	FALSE	
9	K	23	0.98442	0.96604	FALSE	

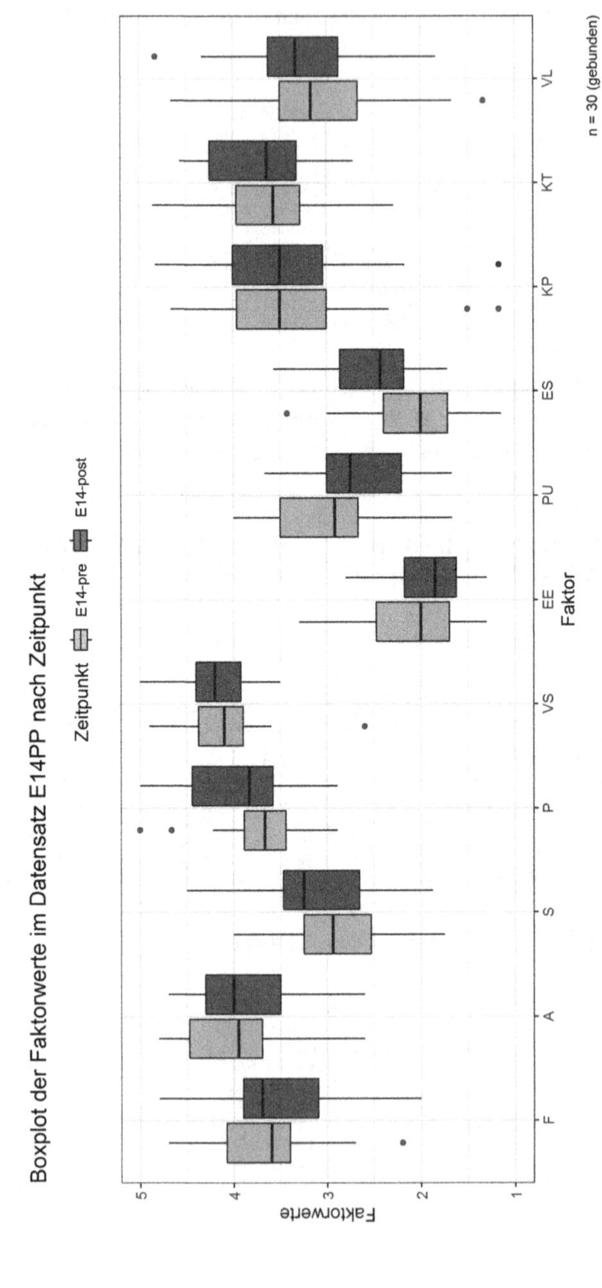

Abbildung B.17 Boxplot der Faktorwerte beider Messzeitpunkte im Datensatz E14PP (n = 30)

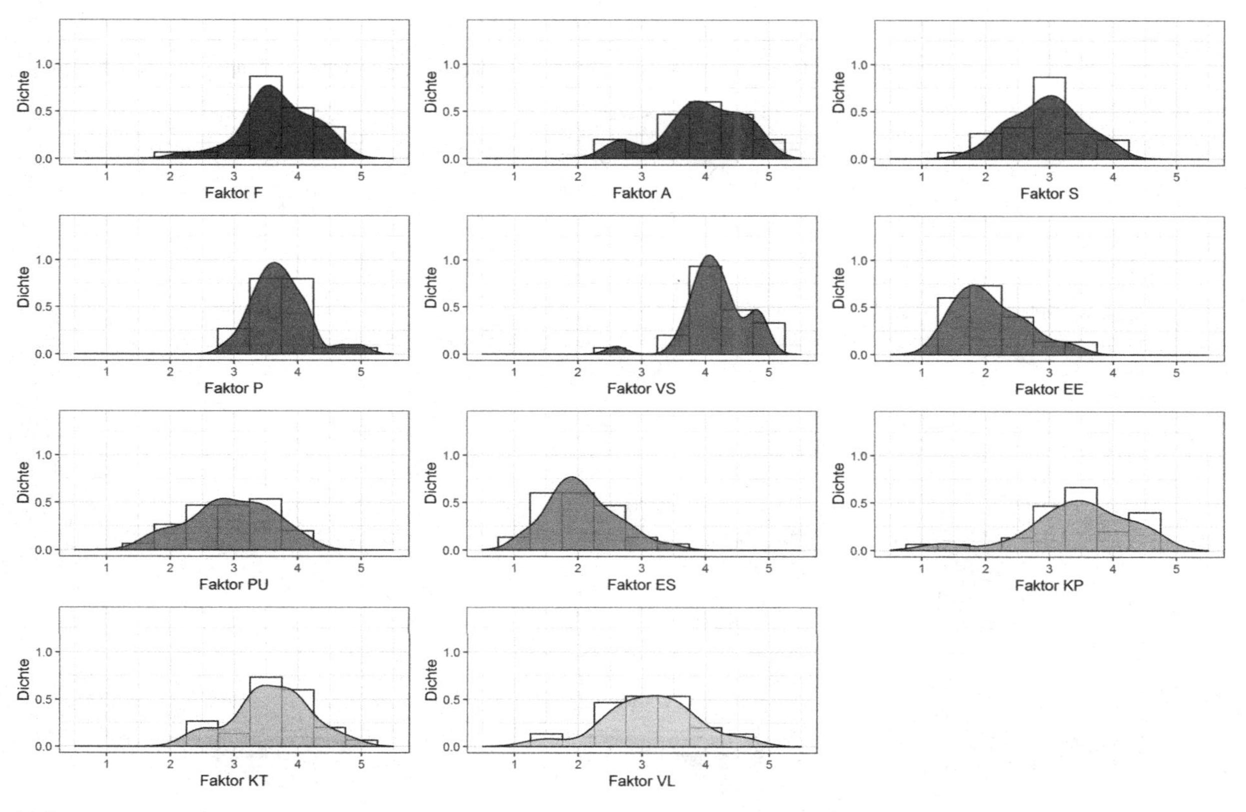

Abbildung B.18 Verteilung der Faktorwerte im Datensatz E14PP zum ersten Messzeitpunkt (n = 30)

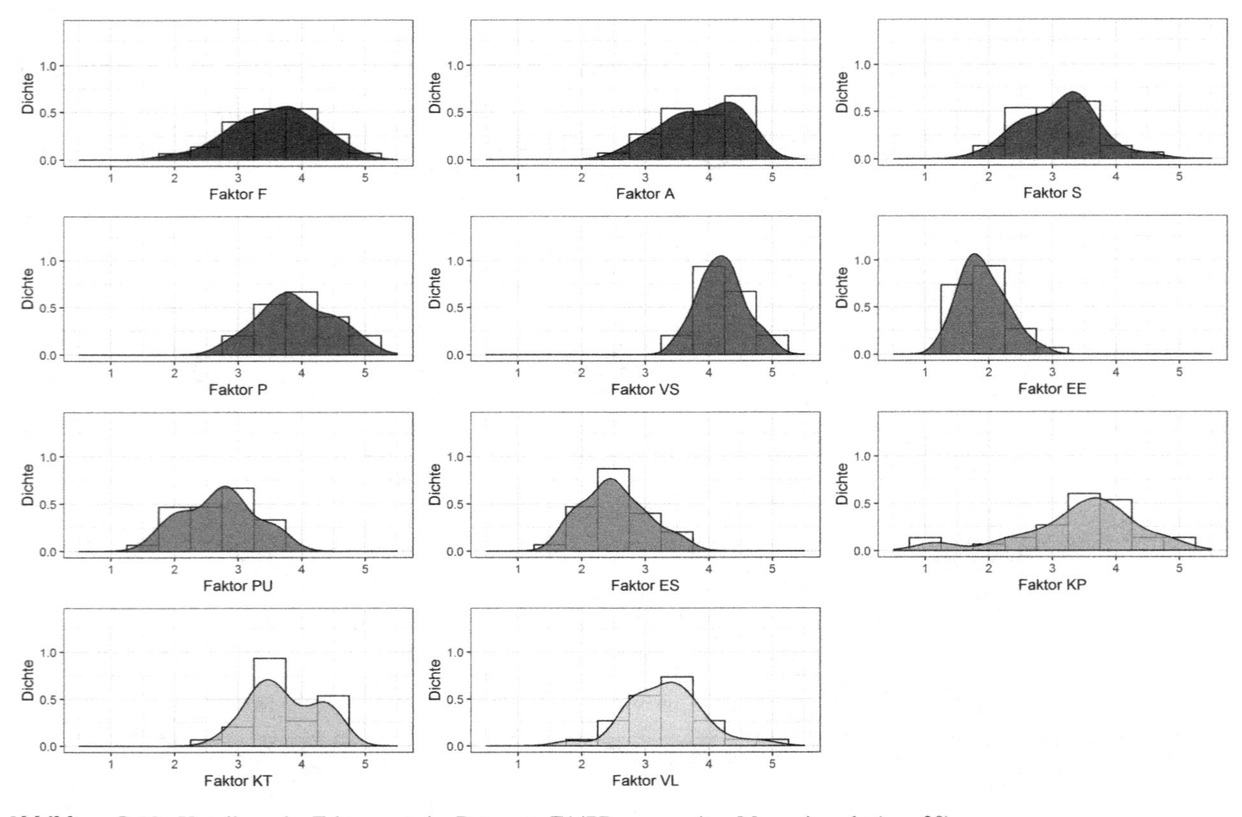

Abbildung B.19 Verteilung der Faktorwerte im Datensatz E14PP zum zweiten Messzeitpunkt (n = 30)

Deskriptive Statistiken der Stichprobe

```
          n mean   sd median trimmed  mad min max range skew kurtosis   se IQR
Semester 23 3.09 2.27      3    2.89 2.97   1   7     6 0.65    -1.13 0.47   4

Verteilung nach Semester
Semester   1  2  3  4  5  6  7  ∑
Anzahl     9  2  5  -  3  -  4 23
```

Die Verteilung der Faktorwerte im Datensatz E13-PRE ist in Abbildung B.20 (Boxplots) und in Abbildung B.21 (Histogramme mit Verteilungsdichten) dargestellt.

B.11 Studierende am Ende der EnProMa-Vorlesung im WS2013/2014 (Datensatz E13-POST)

Deskriptive Statistiken der Stichprobe

```
          n mean   sd median trimmed  mad min max range skew kurtosis   se IQR
Semester 16 3.56 2.53      3     3.5 2.97   1   7     6 0.26    -1.72 0.63 4.5

Verteilung nach Semester
Semester   1  2  3  4  5  6  7  ∑
Anzahl     6  1  2  -  3  -  4 23
```

Deskriptive Statistiken der Faktorwerte

```
    n mean   sd median trimmed  mad  min  max range  skew kurtosis   se  IQR
F  16 3.45 0.58   3.50    3.44 0.44 2.40 4.70  2.30 -0.07    -0.12 0.14 0.62
A  16 3.88 0.58   4.15    3.90 0.59 2.90 4.60  1.70 -0.30    -1.63 0.14 0.95
S  16 2.43 0.59   2.31    2.46 0.46 1.12 3.25  2.12 -0.27    -0.77 0.15 1.03
P  16 3.85 0.47   3.83    3.87 0.25 2.67 4.78  2.11 -0.29     0.85 0.12 0.36
VS 16 4.08 0.31   4.10    4.06 0.22 3.50 4.80  1.30  0.61     0.37 0.08 0.23
EE 16 1.64 0.33   1.55    1.62 0.22 1.20 2.30  1.10  0.85    -0.60 0.08 0.30
PU 16 2.44 0.80   2.67    2.48 0.86 1.00 3.33  2.33 -0.40    -1.47 0.20 1.33
ES 16 2.21 0.50   2.07    2.20 0.32 1.29 3.29  2.00  0.28    -0.43 0.12 0.57
K  16 3.52 0.70   3.50    3.55 0.37 1.75 4.75  3.00 -0.39     0.84 0.17 0.56
```

Shapiro-Wilk-Test auf Normalverteilung der Faktorwerte

```
  Faktor  n       W p-value sign.
1      F 16 0.94559 0.42318 FALSE
2      A 16 0.89269 0.06146 FALSE .
3      S 16 0.92802 0.22678 FALSE
4      P 16 0.91238 0.12710 FALSE
5     VS 16 0.90347 0.09137 FALSE .
6     EE 16 0.85803 0.01793  TRUE *
7     PU 16 0.88464 0.04587  TRUE *
8     ES 16 0.96414 0.73711 FALSE
9      K 16 0.88256 0.04254  TRUE *
```

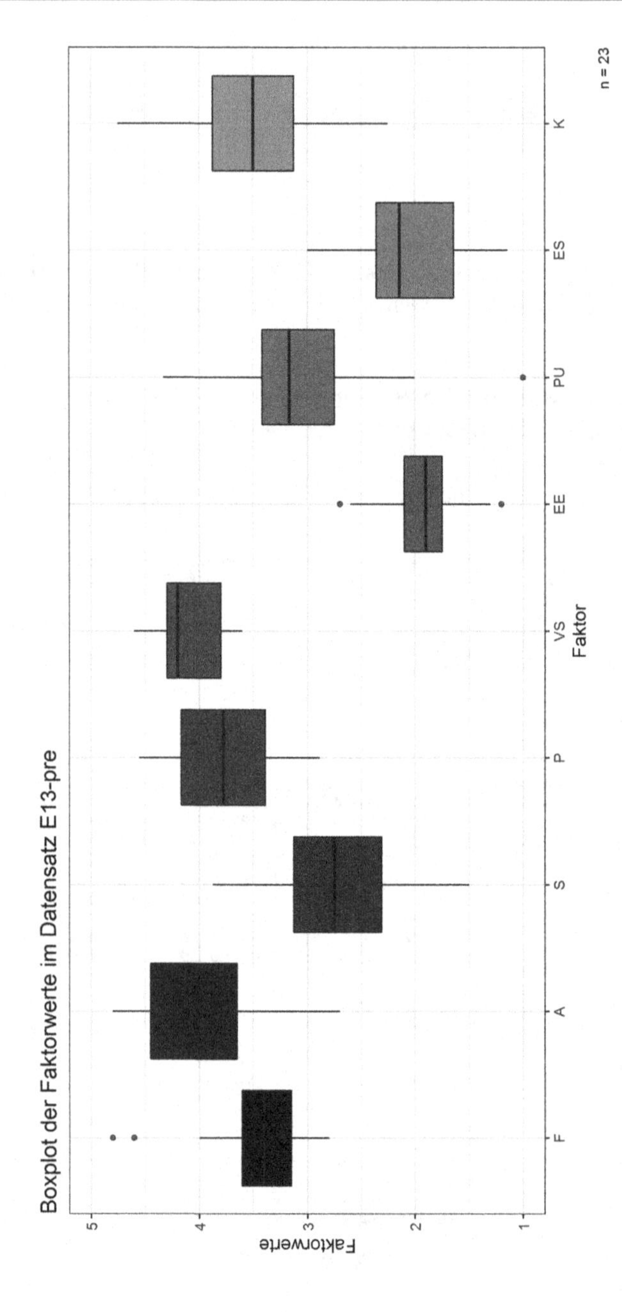

Abbildung B.20 Boxplot der Faktorwerte im Datensatz E13-PRE (n = 23)

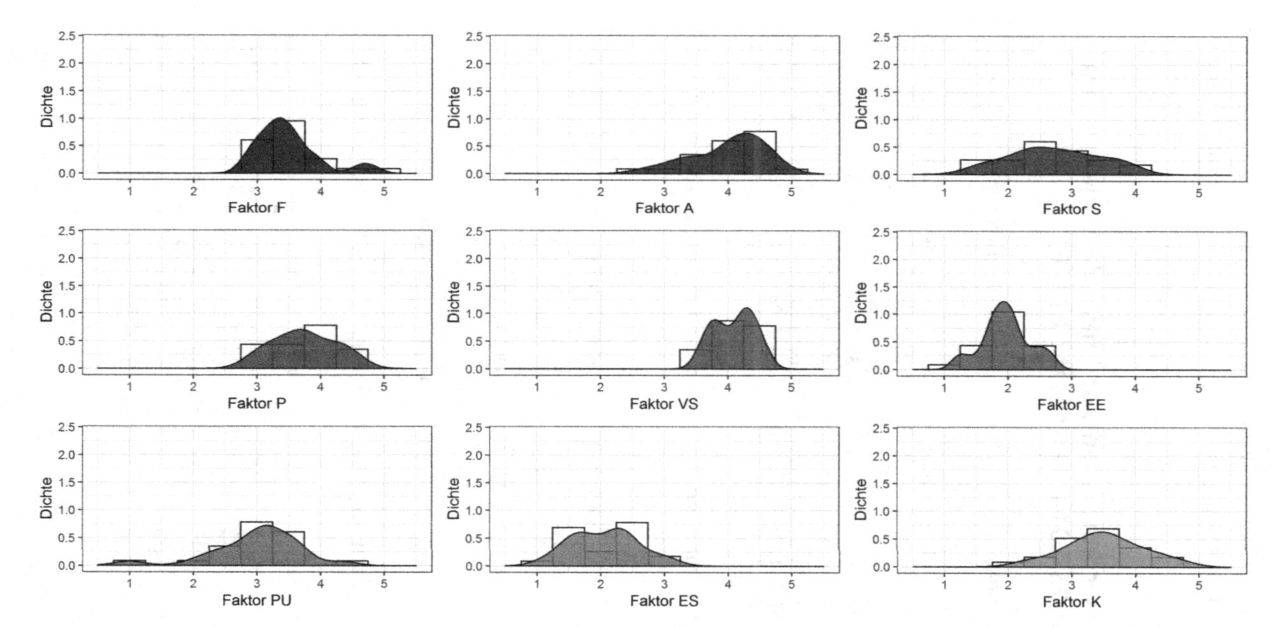

Abbildung B.21 Verteilung der Faktorwerte im Datensatz E13-PRE (n = 23)

Die Verteilung der Faktorwerte im Datensatz E13-POST ist in Abbildung B.22 (Boxplots) und in Abbildung B.23 (Histogramme mit Verteilungsdichten) dargestellt.

B.12 Längsschnittdaten zur EnProMa-Vorlesung im WS2013/2014 (Datensatz E13PP)

Deskriptive Statistiken der Faktorwerte zum ersten Erhebungszeitpunkt

	n	mean	sd	median	trimmed	mad	min	max	range	skew	kurtosis	se	IQR
F	15	3.52	0.47	3.40	3.46	0.30	3.00	4.80	1.80	1.20	1.07	0.12	0.45
A	15	4.07	0.55	4.10	4.10	0.59	3.00	4.80	1.80	-0.53	-1.09	0.14	0.75
S	15	2.77	0.69	2.88	2.79	0.74	1.50	3.88	2.38	-0.19	-1.08	0.18	0.81
P	15	3.71	0.47	3.78	3.71	0.66	2.89	4.56	1.67	0.16	-1.05	0.12	0.61
VS	15	3.99	0.27	3.90	3.98	0.30	3.60	4.50	0.90	0.32	-1.26	0.07	0.40
EE	15	1.88	0.30	1.90	1.89	0.30	1.20	2.40	1.20	-0.36	-0.08	0.08	0.30
PU	15	2.84	0.64	3.00	2.94	0.25	1.00	3.50	2.50	-1.55	1.97	0.17	0.42
ES	15	2.08	0.56	2.29	2.08	0.64	1.14	3.00	1.86	0.03	-1.04	0.14	0.71
K	15	3.43	0.59	3.50	3.44	0.74	2.25	4.50	2.25	-0.03	-0.73	0.15	0.75

Shapiro-Wilk-Test auf Normalverteilung der Faktorwerte zum ersten Erhebungszeitpunkt

	Faktor	n	W	p-value	sign.	
1	F	15	0.87801	0.04432	TRUE	*
2	A	15	0.92484	0.22819	FALSE	
3	S	15	0.97063	0.86721	FALSE	
4	P	15	0.96369	0.75617	FALSE	
5	VS	15	0.94643	0.47003	FALSE	
6	EE	15	0.96094	0.70872	FALSE	
7	PU	15	0.81149	0.00518	TRUE	**
8	ES	15	0.94966	0.51910	FALSE	
9	K	15	0.96481	0.77517	FALSE	

Deskriptive Statistiken der Faktorwerte zum zweiten Erhebungszeitpunkt

	n	mean	sd	median	trimmed	mad	min	max	range	skew	kurtosis	se	IQR
F	15	3.43	0.59	3.50	3.41	0.44	2.40	4.70	2.30	0.03	-0.19	0.15	0.60
A	15	3.84	0.57	4.10	3.85	0.74	2.90	4.60	1.70	-0.21	-1.67	0.15	0.95
S	15	2.46	0.60	2.38	2.50	0.56	1.12	3.25	2.12	-0.39	-0.72	0.16	1.00
P	15	3.82	0.47	3.78	3.84	0.16	2.67	4.78	2.11	-0.19	0.84	0.12	0.28
VS	15	4.04	0.28	4.10	4.02	0.15	3.50	4.80	1.30	0.76	1.49	0.07	0.20
EE	15	1.64	0.35	1.50	1.62	0.15	1.20	2.30	1.10	0.79	-0.79	0.09	0.40
PU	15	2.44	0.83	2.83	2.49	0.74	1.00	3.33	2.33	-0.41	-1.57	0.21	1.33
ES	15	2.26	0.48	2.14	2.25	0.21	1.29	3.29	2.00	0.23	-0.26	0.12	0.57
K	15	3.52	0.72	3.50	3.56	0.37	1.75	4.75	3.00	-0.38	0.57	0.19	0.62

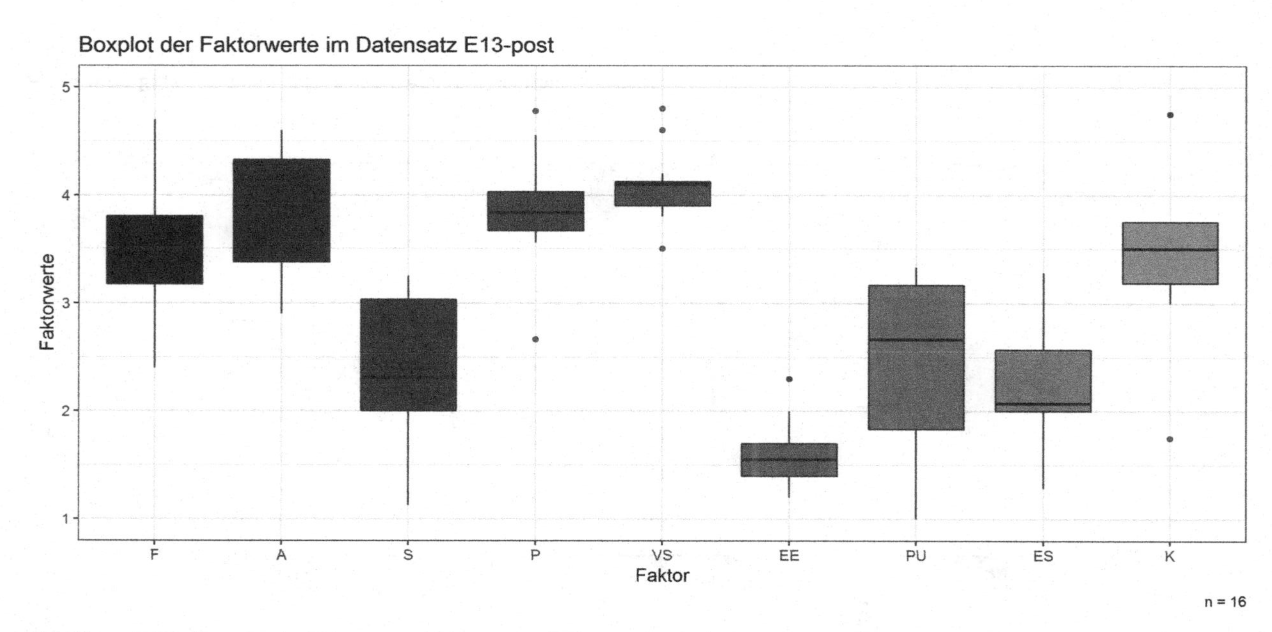

Abbildung B.22 Boxplot der Faktorwerte im Datensatz E13-POST (n = 16)

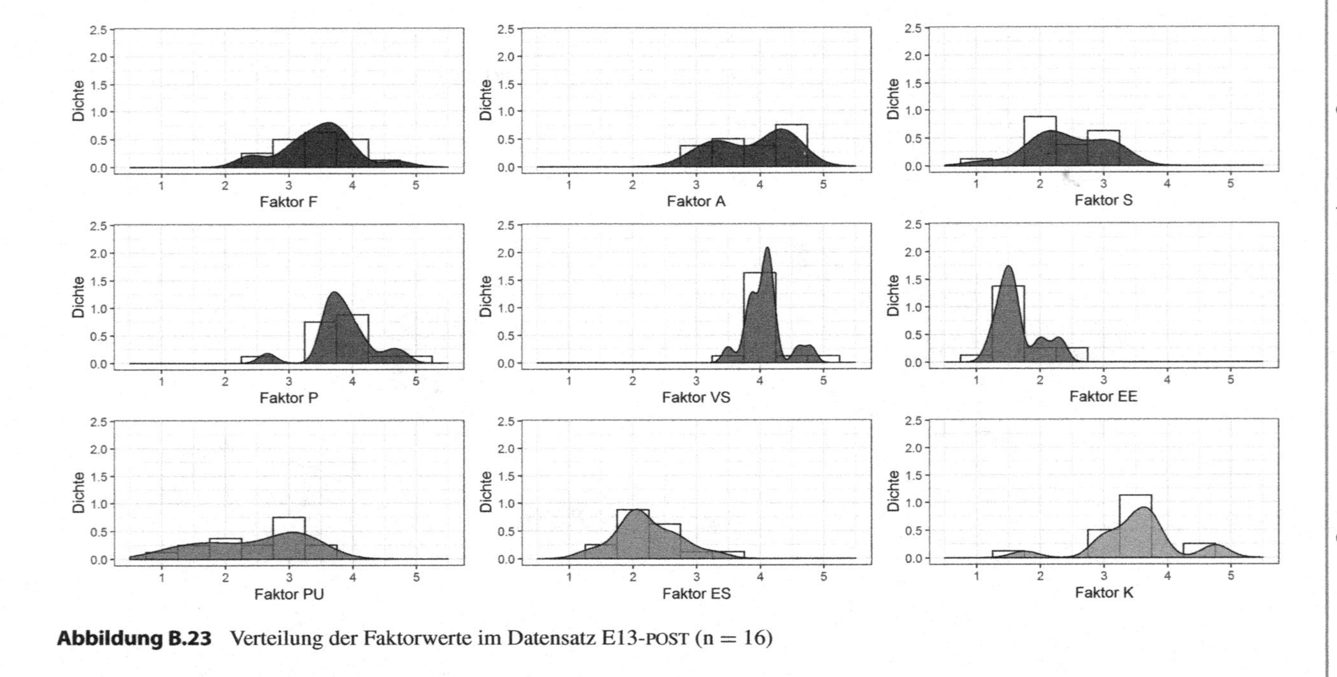

Abbildung B.23 Verteilung der Faktorwerte im Datensatz E13-POST (n = 16)

Shapiro-Wilk-Test auf Normalverteilung der Faktorwerte zum zweiten Erhebungszeitpunkt

```
  Faktor  n       W p-value sign.
1      F 15 0.95109 0.54185 FALSE
2      A 15 0.90508 0.11384 FALSE
3      S 15 0.92978 0.27077 FALSE
4      P 15 0.89269 0.07365 FALSE .
5     VS 15 0.86711 0.03061  TRUE *
6     EE 15 0.85882 0.02321  TRUE *
7     PU 15 0.86204 0.02583  TRUE *
8     ES 15 0.94744 0.48511 FALSE
9      K 15 0.89134 0.07028 FALSE .
```

Die Verteilung der Faktorwerte im Datensatz E13PP ist in Abbildung B.24 (Boxplots) sowie in Abbildung B.25 und Abbildung B.26 (Histogramme mit Verteilungsdichten der beiden Messzeitpunkte) dargestellt.

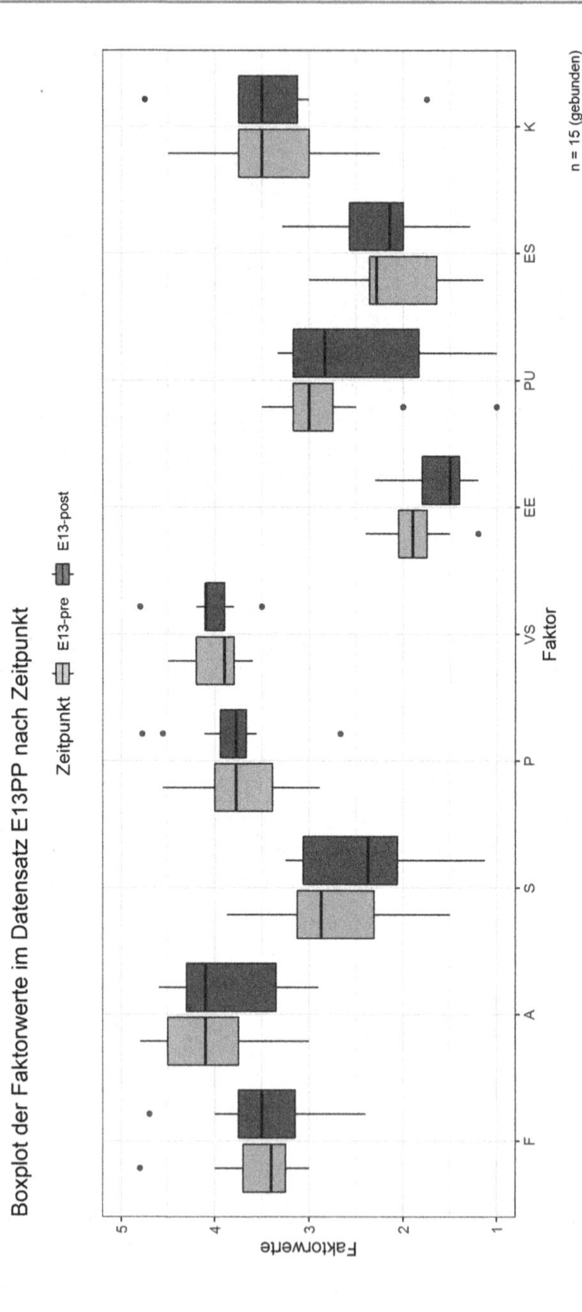

Abbildung B.24 Boxplot der Faktorwerte beider Messzeitpunkte im Datensatz E13PP (n = 15)

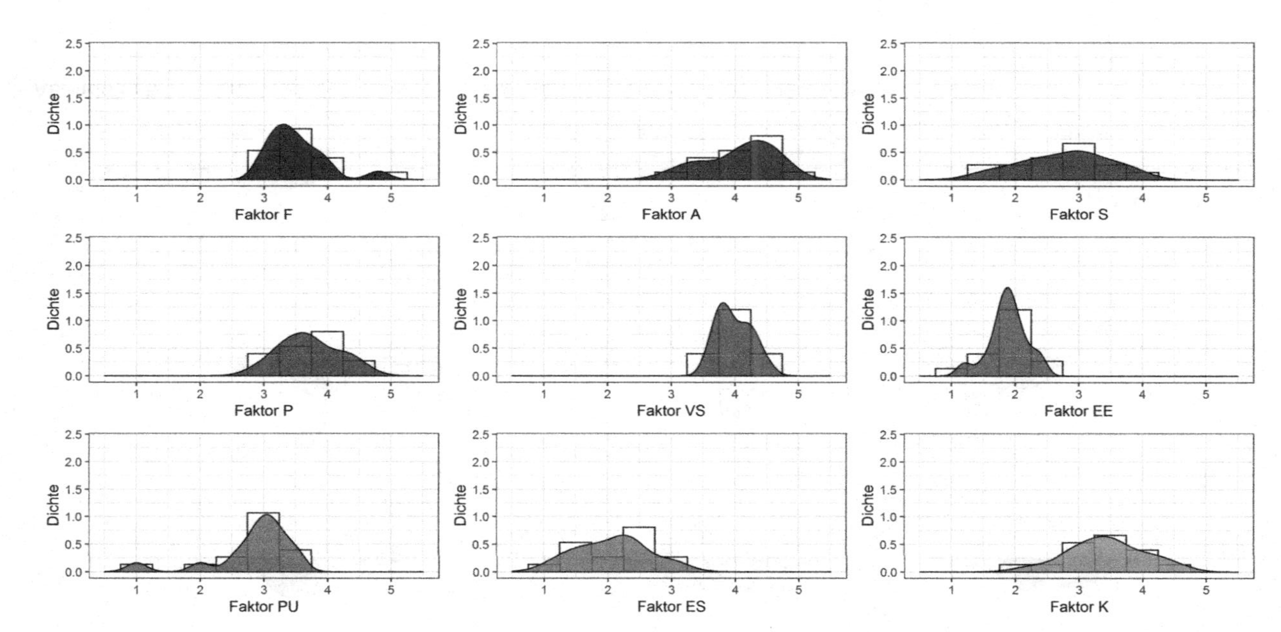

Abbildung B.25 Verteilung der Faktorwerte im Datensatz E13PP zum ersten Messzeitpunkt (n = 15)

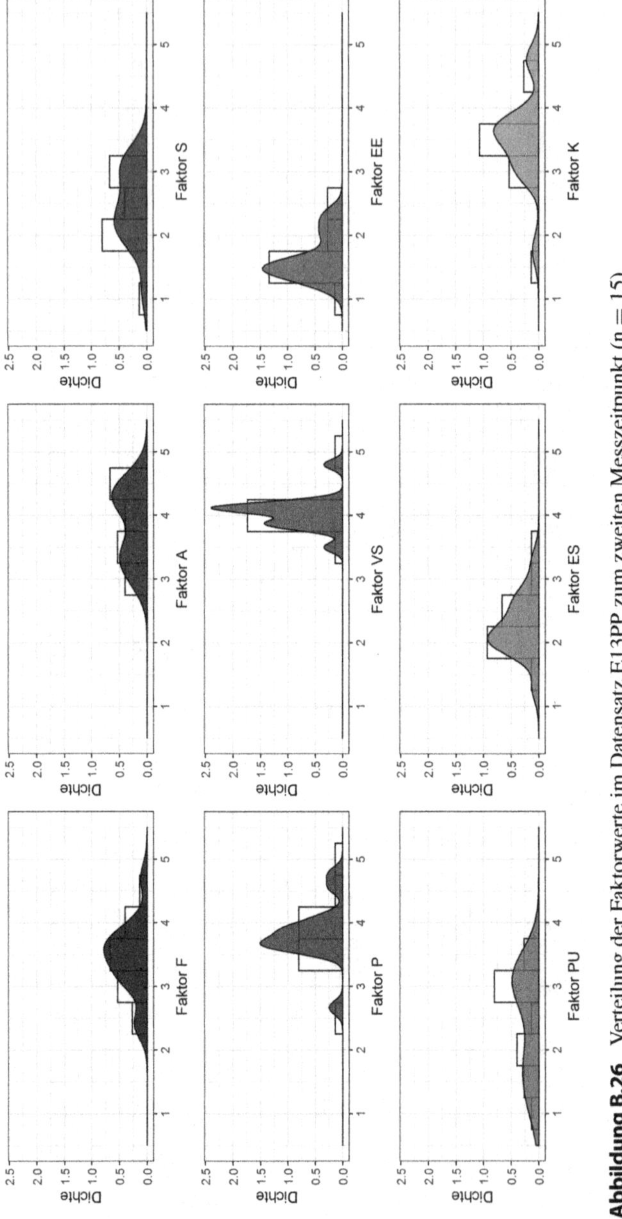

Abbildung B.26 Verteilung der Faktorwerte im Datensatz E13PP zum zweiten Messzeitpunkt (n = 15)

Literaturverzeichnis

Abelson, Robert P. (1979): Differences between belief and knowledge systems. In: *Cognitive Science* 3 (4), S. 355–366. https://doi.org/10.1016/S0364-0213(79)80013-0.

Abelson, Robert P. (1986): Beliefs Are Like Possessions. In: *Journal for the Theory of Social Behaviour* 16 (3), S. 223–250. https://doi.org/10.1111/j.1468-5914.1986.tb00078.x.

Ableitinger, Christoph (2013a): Demonstrationsaufgaben im Projekt „Mathematik besser verstehen“. In: Christoph Ableitinger, Jürg Kramer und Susanne Prediger (Hg.): Zur doppelten Diskontinuität in der Gymnasiallehrerbildung. Ansätze zu Verknüpfungen der fachinhaltlichen Ausbildung mit schulischen Vorerfahrungen und Erfordernissen. Wiesbaden: Springer Spektrum, S. 17–38. https://doi.org/10.1007/978-3-658-01360-8_2.

Ableitinger, Christoph; Hefendehl-Hebeker, Lisa; Herrmann, Angela (2010): Mathematik besser verstehen. In: Anke M. Lindmeier und Stefan Ufer (Hg.): Beiträge zum Mathematikunterricht 2010: WTM-Verlag, S. 93–94.

Ableitinger, Christoph; Hefendehl-Hebeker, Lisa; Herrmann, Angela (2013b): Aufgaben zur Vernetzung von Schul- und Hochschulmathematik. In: Henrike Allmendinger, Katja Lengnink, Andreas Vohns und Gabriele Wickel (Hg.): Mathematik verständlich unterrichten. Perspektiven für Unterricht und Lehrerbildung. Wiesbaden: Springer Spektrum, S. 217–233.

Ableitinger, Christoph; Herrmann, Angela (2014): Das Projekt „Mathematik besser verstehen“. In: Isabell Bausch, Rolf Biehler, Regina Bruder, Pascal R. Fischer, Reinhard Hochmuth, Wolfram Koepf et al. (Hg.): Mathematische Vor- und Brückenkurse. Konzepte, Probleme und Perspektiven. Wiesbaden: Springer Spektrum, S. 327–342. https://doi.org/10.1007/978-3-658-03065-0_22.

Aebli, Hans (1985): Das operative Prinzip. In: *mathematik lehren* 11, S. 4–6.

Agricola, Ilka (2018a): 21 Maßnahmen für den Mathematik-Unterricht in Frankreich Die Hauptforderungen des Rapport Villani–Torossian. In: *Mitteilungen der DMV* 26 (2–3), S. 124–127. https://doi.org/10.1515/dmvm-2018-0034.

Agricola, Ilka (2018b): 21 mesures pour l’enseignement des mathématiques. Der Villani-Torossian-Bericht zum Mathematik-Unterricht in Frankreich. In: *Mitteilungen der DMV* 26 (2-3), S. 121–124. https://doi.org/10.1515/dmvm-2018-0033.

Ahlmann-Eltze, Constantin (2019): ggsignif: Significance Brackets for ‘ggplot2’. Version 0.6.0. Online verfügbar unter https://CRAN.R-project.org/package=ggsignif, zuletzt geprüft am 20.06.2020.

B. Weygandt, *Mathematische Weltbilder weiter denken*,
https://doi.org/10.1007/978-3-658-34662-1

Aigner, Martin; Ziegler, Günter M.; Hofmann, Karl H. (2010): Das Buch der Beweise. 3. Auflage. Berlin: Springer. https://doi.org/10.1007/978-3-642-02259-3.

Aiken, Lewis R. (1980): Attitude Measurement and Research. In: David A. Payne (Hg.): Recent developments in affective measurement. San Francisco, CA: Jossey-Bass, S. 1–24.

Alcock, Lara; Hodds, Mark; Roy, Somali; Inglis, Matthew (2015): Investigating and Improving Undergraduate Proof Comprehension. In: *Notices of the AMS* 62 (7), S. 742–752. https://doi.org/10.1090/noti1263.

Alcock, Lara; Simpson, Adrian (2001): The Warwick analysis project: practice and theory. In: Derek Holton (Hg.): The teaching and learning of mathematics at university level. An ICMI study. Unter Mitarbeit von Michèle Artigue, Urs Kirchgräber, Joel Hillel, Mogens Niss und Alan H. Schoenfeld. Dordrecht: Kluwer Academic, S. 99–111.

Al-Hasan, Abdel Naser; Jaberg, Patricia (2006): Assessing the general education mathematics courses at a liberal arts college for women. In: Lynn Arthur Steen (Hg.): Supporting Assessment in Undergraduate Mathematics. Unter Mitarbeit von Bonnie Gold, Laurie Hopkins, Dick Jardine und William A. Marion. Washington, DC, S. 59–63.

AEMR, vom 10.12.1948: Allgemeine Erklärung der Menschenrechte. Fundstelle: Resolution 217 A (III) der General-versammlung der Vereinten Nationen.

Allmendinger, Henrike (2014): Felix Kleins Elementarmathematik vom höheren Standpunkte aus. Eine Analyse aus historischer und mathematikdidaktischer Sicht. Hg. v. Ralf Krömer und Gregor Nickel. Siegen (Siegener Beiträge zur Geschichte und Philosophie der Mathematik, Band 3). Online verfügbar unter https://dspace.ub.uni-siegen.de/handle/ubsi/917, zuletzt geprüft am 20.06.2020.

Alsina, Claudi (2001): Why the professor must be a stimulating teacher. In: Derek Holton (Hg.): The teaching and learning of mathematics at university level. An ICMI study. Unter Mitarbeit von Michèle Artigue, Urs Kirchgräber, Joel Hillel, Mogens Niss und Alan H. Schoenfeld. Dordrecht: Kluwer Academic, S. 3–12.

Altman, Howard B. (1983): Training foreign language teachers for learner-centered instruction: Deep structures, surface structures, and transformations. In: James E. Alatis, Hans H. Stern und Peter Strevens (Hg.): Georgetown University Round Table on Languages and Linguistics 1983. Washington, DC: Georgetown University Press, S. 19–25.

American Mathematical Society (AMS) (2012): The Mathematical Education of Teachers II. Providence, RI: AMS (CBMS Issues in Mathematics Education, Volume 17). Online verfügbar unter https://www.cbmsweb.org/archive/MET2/, zuletzt geprüft am 20.06.2020.

Angleitner, Alois; John, Oliver P.; Löhr, Franz-Josef (1986): It's What You Ask and How You Ask It: An Itemmetric Analysis of Personality Questionnaires. In: Alois Angleitner und Jerry S. Wiggins (Hg.): Personality assessment via questionnaires. Current issues in theory and measurement. Berlin: Springer, S. 61–108. https://doi.org/10.1007/978-3-642-70751-3_5.

Arnold, Eva; Bos, Wilfried; Koch, Martina; Koller, Hans-Chistoph; Leutner-Ramme, Sibylla (1997): Arbeitsgruppe „Lehren lernen – Hochschuldidaktik im Spannungsfeld zwischen Markt und Staat“. In: Heinz-Hermann Krüger und Jan H. Olbertz (Hg.): Bildung zwischen Staat und Markt, Band 51. Wiesbaden: VS Verlag für Sozialwissenschaften, S. 813–832. https://doi.org/10.1007/978-3-663-14403-8_72.

Attali, Dean; Baker, Christopher (2018): ggExtra: Add Marginal Histograms to 'ggplot2', and More 'ggplot2' Enhancements. Version 0.8. Online verfügbar unter https://CRAN.R-project.org/package=ggExtra, zuletzt geprüft am 20.06.2020.

Auguie, Baptiste (2017): gridExtra: Miscellaneous Functions for "Grid" Graphics. Version 2.3. Online verfügbar unter https://CRAN.R-project.org/package=gridExtra, zuletzt geprüft am 20.06.2020.

Ausubel, David P. (1960): The use of advance organizers in the learning and retention of meaningful verbal material. In: *Journal of Educational Psychology* 51 (5), S. 267–272. https://doi.org/10.1037/h0046669.

Bach, Volker (2016): Kompetenzorientierung und Mindestanforderungen. In: *Mitteilungen der DMV* 24 (1), S. 30–32. https://doi.org/10.1515/dmvm-2016-0015.

Bach, Volker; Knospe, Heiko; Körner, Henning; Krüger, Ulf-Hermann; Langlotz, Hubert (2018): Mindestanforderungen am Übergang Schule/Hochschule. In: *Der Mathematikunterricht* 64 (5), S. 16–23.

Bache, Stefan Milton; Wickham, Hadley (2014): magrittr: A Forward-Pipe Operator for R. Version 1.5. Online verfügbar unter https://CRAN.R-project.org/package=magrittr, zuletzt geprüft am 20.06.2020.

Baltes-Götz, Bernhard (2015): Analyse von Strukturgleichungsmodellen mit Amos 18. Hg. v. Universität Trier, Zentrum für Informations-, Medien und Kommunikationstechnologie (ZIMK). Trier. Online verfügbar unter https://www.uni-trier.de/fileadmin/urt/doku/amos/v18/amos18.pdf, zuletzt geprüft am 20.06.2020.

Barzel, Bärbel (2019): Von der Herausforderung, die Hochschuleingangsphase in Mathematik konstruktiv zu gestalten – Strukturen und Aufgaben. In: Marcel Klinger, Alexander Schüler-Meyer und Lena Wessel (Hg.): Hanse-Kolloquium zur Hochschuldidaktik der Mathematik 2018. Beiträge zum gleichnamigen Symposium am 9. & 10. November 2018 an der Universität Duisburg-Essen. Münster: WTM-Verlag, S. 9–18.

Bass, Hyman (1997): Mathematicians as Educators. In: *Notices of the AMS* 44 (1), S. 18–21.

Bassarear, Thomas J. (1989): The interactive nature of cognition and affect in the learning of mathematics: two case studies. In: Carolyn A. Maher, Gerald A. Goldin und Robert B. Davis (Hg.): Proceedings of the 11th Annual Meeting of the North American Chapter of the International Group for the Psychology of Mathematics Education (PME-NA-11, September 20–23, 1989), Volume I. New Brunswick, NJ, S. 3–10.

Bauer, Thomas (2013a): Analysis – Arbeitsbuch. Wiesbaden: Springer Vieweg. https://doi.org/10.1007/978-3-8348-2312-0.

Bauer, Thomas (2013b): Schnittstellen bearbeiten in Schnittstellenaufgaben. In: Christoph Ableitinger, Jürg Kramer und Susanne Prediger (Hg.): Zur doppelten Diskontinuität in der Gymnasiallehrerbildung. Ansätze zu Verknüpfungen der fachinhaltlichen Ausbildung mit schulischen Vorerfahrungen und Erfordernissen. Wiesbaden: Springer Spektrum, S. 39–56. https://doi.org/10.1007/978-3-658-01360-8_3.

Bauer, Thomas (2013c): Schulmathematik und universitäre Mathematik – Vernetzung durch inhaltliche Längsschnitte. In: Henrike Allmendinger, Katja Lengnink, Andreas Vohns und Gabriele Wickel (Hg.): Mathematik verständlich unterrichten. Perspektiven für Unterricht und Lehrerbildung. Wiesbaden: Springer Spektrum, S. 235–252. https://doi.org/10.1007/978-3-658-00992-2_15.

Bauer, Thomas (2017): Schulmathematik und Hochschulmathematik – Was leistet der höhere Standpunkt? In: *Der Mathematikunterricht* 63, S. 36–45.

Bauer, Thomas (2018): Peer Instruction als Instrument zur Aktivierung von Studierenden in mathematischen Übungsgruppen. In: *Mathematische Semesterberichte*. https://doi.org/10.1007/s00591-018-0225-8.

Bauer, Thomas (2019): Design von Aufgaben für Peer Instruction zum Einsatz in Übungsgruppen zur Analysis. In: Marcel Klinger, Alexander Schüler-Meyer und Lena Wessel (Hg.): Hanse-Kolloquium zur Hochschuldidaktik der Mathematik 2018. Beiträge zum gleichnamigen Symposium am 9. & 10. November 2018 an der Universität Duisburg-Essen. Münster: WTM-Verlag, S. 63–74.

Bauer, Thomas; Hefendehl-Hebeker, Lisa (2019): Mathematikstudium für das Lehramt an Gymnasien. Wiesbaden: Springer Spektrum. https://doi.org/10.1007/978-3-658-26682-0.

Bauer, Thomas; Kuennen, Eric W. (2017): Building and measuring mathematical sophistication in pre-service mathematics teachers. In: Robin Göller, Rolf Biehler, Reinhard Hochmuth und Hans-Georg Rück (Hg.): Didactics of Mathematics in Higher Education as a Scientific Discipline. Conference Proceedings. Kassel (khdm-Report, 17-05), S. 360–364.

Bauer, Thomas; Partheil, Ulrich (2009): Schnittstellenmodule in der Lehramtsausbildung im Fach Mathematik. In: *Mathematische Semesterberichte* 56 (1), S. 85–103. https://doi.org/10.1007/s00591-008-0048-0.

Baumert, Jürgen (Hg.) (2000a): Schülerleistungen im internationalen Vergleich. Eine neue Rahmenkonzeption für die Erfassung von Wissen und Fähigkeiten. Deutsches PISA-Konsortium; Organisation for Economic Co-operation and Development (OECD). Berlin: Max-Planck-Institut für Bildungsforschung.

Baumert, Jürgen; Bos, Wilfried; Lehmann, Rainer (Hg.) (2000b): TIMSS/III Dritte Internationale Mathematik- und Naturwissenschaftsstudie – Mathematische und naturwissenschaftliche Bildung am Ende der Schullaufbahn. Band 1: Mathematische und naturwissenschaftliche Grundbildung am Ende der Pflichtschulzeit. Opladen: Leske + Budrich. https://doi.org/10.1007/978-3-322-83411-9.

Baumert, Jürgen; Kunter, Mareike; Blum, Werner; Brunner, Martin; Voss, Thamar; Jordan, Alexander et al. (2010): Teachers' Mathematical Knowledge, Cognitive Activation in the Classroom, and Student Progress. In: *American Educational Research Journal* 47 (1), S. 133–180. https://doi.org/10.3102/0002831209345157.

Beauducel, Andre; Wittmann, Werner W. (2005): Simulation Study on Fit Indexes in CFA Based on Data With Slightly Distorted Simple Structure. In: *Structural Equation Modeling: A Multidisciplinary Journal* 12 (1), S. 41–75. https://doi.org/10.1207/s15328007sem1201_3.

Behnke, Heinrich (1939): Das Studium an den Universitäten zur Vorbereitung für das Lehramt an den höheren Schulen. In: *Semesterberichte zur Pflege des Zusammenhangs von Universität und Schule aus den mathematischen Seminaren* 13, S. 1–12. Online verfügbar unter https://sammlungen.ulb.uni-muenster.de/hd/periodical/titleinfo/3686623, zuletzt geprüft am 20.06.2020.

Bem, Daryl J. (1970): Beliefs, attitudes, and human affairs. Belmont, CA: Brooks/Cole.

Bender, Peter; Wassong, Thomas (Hg.) (2018): Beiträge zum Mathematikunterricht 2018. Vorträge zur Mathematikdidaktik und zur Schnittstelle Mathematik/Mathematikdidaktik auf der gemeinsamen Jahrestagung GDM und DMV vom 05. bis 09.03.2018 in Paderborn. Münster: WTM-Verlag.

Benjamini, Yoav; Yekutieli, Daniel (2001): The control of the false discovery rate in multiple testing under dependency. In: *The Annals of Statistics* 29 (4), S. 1165–1188. https://doi.org/10.1214/aos/1013699998.

Ben-Menahem, Ari (2009): Historical Encyclopedia of Natural and Mathematical Sciences. Berlin, Heidelberg: Springer. https://doi.org/10.1007/978-3-540-68832-7.

Benner, Dietrich (2002): Die Struktur der Allgemeinbildung im Kerncurriculum moderner Bildungssysteme. Ein Vorschlag zur bildungstheoretischen Rahmung von PISA. In: *Zeitschrift für Pädagogik* 48 (1), S. 68–90.

Benz, Christiane (2012): Attitudes of Kindergarten Educators about Math. In: *JMD* 33 (2), S. 203–232. https://doi.org/10.1007/s13138-012-0037-7.

Bergström, Matti (1984): Luovuus ja aivotoiminta [Kreativität und Gehirnfunktion]. In: Ritva Haavikko und Jan-Erik Ruth (Hg.): Luovuuden ulottuvuudet [Dimensionen der Kreativität]. Espoo: Weilin+Göös, S. 159–172.

Bernaards, Coen; Jennrich, Robert (2014): GPArotation: GPA Factor Rotation. Version 2014.11-1. Online verfügbar unter https://CRAN.R-project.org/package=GPArotation, zuletzt geprüft am 20.06.2020.

Beutelspacher, Albrecht (2018): Die Innensicht der Außensicht der Innensicht. In: Gregor Nickel, Markus Alexander Helmerich, Ralf Krömer, Katja Lengnink und Martin Rathgeb (Hg.): Mathematik und Gesellschaft. Historische, philosophische und didaktische Perspektiven. Wiesbaden: Springer Spektrum, S. 69–80.

Beutelspacher, Albrecht; Danckwerts, Rainer; Nickel, Gregor (2010): Mathematik Neu Denken. Empfehlungen zur Neuorientierung der universitären Lehrerbildung im Fach Mathematik für das gymnasiale Lehramt. Hg. v. Deutsche Telekom Stiftung. Online verfügbar unter https://www.uni-siegen.de/fb6/didaktik/mathematikneudenken/ressourcen/empfehlungen_mathematik_neu_denken.pdf, zuletzt geprüft am 20.06.2020.

Beutelspacher, Albrecht; Danckwerts, Rainer; Nickel, Gregor; Spies, Susanne; Wickel, Gabriele (2012): Mathematik Neu Denken. Impulse für die Gymnasiallehrerbildung an Universitäten. Wiesbaden: Vieweg+Teubner. https://doi.org/10.1007/978-3-8348-8250-9.

Beutelspacher, Albrecht; Törner, Günter (2015): Interview mit Professor Günter Pickert. In: *Mitteilungen der DMV* 23 (1), S. 48–58. https://doi.org/10.1515/dmvm-2015-0017.

Biehler, Rolf (2018a): Die Schnittstelle Schule/Hochschule – Übersicht und Fokus. In: *Der Mathematikunterricht* 64 (5), S. 3–15.

Biehler, Rolf; Beutelspacher, Albrecht; Hefendehl-Hebeker, Lisa; Hochmuth, Reinhard; Kramer, Jürg; Prediger, Susanne; Ziegler, Günter M. (2013–2018): Konzepte und Studien zur Hochschuldidaktik und Lehrerbildung Mathematik. Springer Spektrum. ISSN: 2197-8751. Online verfügbar unter https://www.springer.com/series/11632, zuletzt geprüft am 20.06.2020.

Biehler, Rolf; Hochmuth, Reinhard; Schaper, Niclas; Kuklinski, Christiane; Lankeit, Elisa; Leis, Elena et al. (2018b): Verbundprojekt WiGeMath: Wirkung und Gelingensbedingungen von Unterstützungsmaßnahmen für mathematikbezogenes Lernen in der Studieneingangsphase. In: Anke Hanft, Franziska Bischoff und Stefanie Kretschmer (Hg.): 3. Auswertungsworkshop der Begleitforschung. Dokumentation der Projektbeiträge. Carl-von-Ossietzki-Universität. Oldenburg, S. 32–41. Online verfügbar unter https://fddm.uni-paderborn.de/fileadmin/mathematik/Didaktik_der_Mathematik/BiehlerRolf/Publikationen/Biehler_2018_WiGemathKoBF.pdf, zuletzt geprüft am 20.06.2020.

Biggs, John (1996): Enhancing teaching through constructive alignment. In: *Higher Education* 32 (3), S. 347–364. https://doi.org/10.1007/BF00138871.

Biggs, John (2014): Constructive alignment in university teaching. In: *HERDSA Review of Higher Education* 1, S. 5–22. Online verfügbar unter https://www.herdsa.org.au/herdsa-review-higher-education-vol-1/5-22, zuletzt geprüft am 20.06.2020.

Bishop, Alan J. (1991): Mathematical Enculturation: A Cultural Perspective on Mathematics Education. Dordrecht: Springer. https://doi.org/10.1007/978-94-009-2657-8.

Bliese, Paul (2016): multilevel: Multilevel Functions. Version 2.6. Online verfügbar unter https://CRAN.R-project.org/package=multilevel, zuletzt geprüft am 20.06.2020.

Blömeke, Sigrid (2009a): Ausbildungs- und Berufserfolg im Lehramtsstudium im Vergleich zum Diplom-Studium – Zur prognostischen Validität kognitiver und psychomotivationaler Auswahlkriterien. In: *Zeitschrift für Erziehungswissenschaft* 12 (1), S. 82–110. https://doi.org/10.1007/s11618-008-0044-0.

Blömeke, Sigrid; Buchholtz, Nils; Suhl, Ute; Kaiser, Gabriele (2014): Resolving the chicken-or-egg causality dilemma. The longitudinal interplay of teacher knowledge and teacher beliefs. In: *Teaching and Teacher Education* 37, S. 130–139. https://doi.org/10.1016/j.tate.2013.10.007.

Blömeke, Sigrid; Felbrich, Anja; Müller, Christiane (2009b): Future Teachers' Beliefs on the Nature of Mathematics. In: Frank Achtenhagen, Fritz K. Oser und Ursula Renold (Hg.): Teachers' Professional Development. Aims, Modules, Evaluation. Rotterdam: Sense Publishers, S. 25–46.

Blum, Werner (Hg.) (2012): Bildungsstandards Mathematik: konkret. Sekundarstufe I: Aufgabenbeispiele, Unterrichtsanregungen, Fortbildungsideen. 6. Auflage. Berlin: Cornelsen.

Blum, Werner; Törner, Günter (1983): Didaktik der Analysis. Göttingen: Vandenhoeck und Ruprecht.

Boaler, Jo (2015): What's math got to do with it? How teachers and parents can transform mathematics learning and inspire success. New York, NY: Penguin Books.

Böhme, R. (1988): Teaching mathematics to engineers in West Germany. In: Richard R. Clements und Pierre Lauginie (Hg.): Selected papers on the teaching of mathematics as a service subject. Wien: Springer, S. 33–35.

Bortz, Jürgen (1999): Statistik für Sozialwissenschaftler. 5., vollständig überarbeitete und aktualisierte Auflage. Berlin, Heidelberg: Springer. https://doi.org/10.1007/978-3-662-10031-8.

Bräunling, Katinka; Eichler, Andreas (2013): Vorstellungen von Lehrkräften zum Arithmetikunterricht im Übergang von der Grundschule zur Sekundarstufe I. In: Gilbert Greefrath (Hg.): Beiträge zum Mathematikunterricht 2013. Vorträge auf der 47. Tagung für Didaktik der Mathematik vom 04.03.2013 bis 08.03.2013 in Münster. Münster: WTM-Verlag, S. 192–195.

Briggs, Stephen R.; Cheek, Jonathan M. (1986): The role of factor analysis in the development and evaluation of personality scales. In: *Journal of Personality* 54 (1), S. 106–148. https://doi.org/10.1111/j.1467-6494.1986.tb00391.x.

Bromme, Rainer (2005): The 'collective student' as a cognitive reference point in teachers' thinking about their classroom. In: Michael Kompf und Pam Denicolo (Hg.): Teacher thinking and professional action. London: Routledge, S. 31–40.

Brooks, Margaret E.; Dalal, Dev K.; Nolan, Kevin P. (2014): Are common language effect sizes easier to understand than traditional effect sizes? In: *Journal of Applied Psychology* 99 (2), S. 332–340. https://doi.org/10.1037/a0034745.

Brophy, Jere E.; Evertson, Carolyn M.; Anderson, Linda M. (1981): Student characteristics and teaching. New York, NY: Longman.

Brown, Richard C. (2009): Are science and mathematics socially constructed? A mathematician encounters postmodern interpretations of science. Hackensack, NJ: World Scientific.

Bruder, Regina (2000): Eine akzentuierte Aufgabenauswahl und Vermitteln heuristischer Erfahrung – Wege zu einem anspruchsvollen Mathematikunterricht für alle. In: Wilfried Herget und Lothar Flade (Hg.): Mathematik lehren und lernen nach TIMSS. Anregungen für die Sekundarstufen. Berlin: Volk und Wissen.

Bruder, Regina; Elschenbroich, Jürgen; Greefrath, Gilbert; Henn, Hans-Wolfgang; Kramer, Jürg; Pinkernell, Guido (2010): Schnittstelle Schule – Hochschule. In: Anke M. Lindmeier und Stefan Ufer (Hg.): Beiträge zum Mathematikunterricht 2010: WTM-Verlag, S. 75–82.

Bruder, Regina; Heitzer, Johanna; Hochmuth, Reinhard; Lippert, Matthias; Schiemann, Stephanie (2018): Unterstützungsangebote vor und zum Studienbeginn – Ziele und Chancen. In: *Der Mathematikunterricht* 64 (5), S. 40–47.

Bruner, Jérôme S. (1966): The Process of Education. Cambridge, MA: Harvard Univ. Press.

Brunner, Martin (2015): Bedeutungsherstellung als Lehr- und Lerninhalt. In: *mathematica didactica* 38, S. 205–229.

Buchanan, Erin M.; Gillenwaters, Amber; Scofield, John E.; Valentine, K. D. (2019): MOTE: Measure of the Effect: Package to assist in effect size calculations and their confidence intervals. Version 1.0.2. Online verfügbar unter https://github.com/doomlab/MOTE, zuletzt geprüft am 20.06.2020.

Büchter, Andreas; Henn, Hans-Wolfgang (2013): Kurve, Kreis und Krümmung – ein Beitrag zur Vertiefung und Reflexion des Ableitungsbegriffs. In: Henrike Allmendinger, Katja Lengnink, Andreas Vohns und Gabriele Wickel (Hg.): Mathematik verständlich unterrichten. Perspektiven für Unterricht und Lehrerbildung. Wiesbaden: Springer Spektrum, S. 133–146.

Büchter, Andreas; Henn, Hans-Wolfgang (2015): Schulmathematik und Realität – Verstehen durch Anwenden. In: Regina Bruder, Lisa Hefendehl-Hebeker, Barbara Schmidt-Thieme und Hans-Georg Weigand (Hg.): Handbuch der Mathematikdidaktik. Berlin, Heidelberg: Springer Spektrum, S. 19–49. https://doi.org/10.1007/978-3-642-35119-8_2.

Büchter, Andreas; Leuders, Timo (2014): Mathematikaufgaben selbst entwickeln. Lernen fördern – Leistung überprüfen. 6. Auflage. Berlin: Cornelsen.

Bühner, Markus (2006): Einführung in die Test- und Fragebogenkonstruktion. 2., aktualisierte und erweiterte Auflage. München: Pearson Studium.

Bühner, Markus (2010): Einführung in die Test- und Fragebogenkonstruktion. 3. Auflage. München: Pearson Studium.

Bühner, Markus; Ziegler, Matthias (2012): Statistik für Psychologen und Sozialwissenschaftler. 3. Auflage. München: Pearson Studium.

Buß, Imke; Erbsland, Manfred; Rahn, Peter; Pohlenz, Philipp (Hg.) (2018): Öffnung von Hochschulen. Impulse zur Weiterentwicklung von Studienangeboten. Wiesbaden: Springer VS. https://doi.org/10.1007/978-3-658-20415-0.

Byers, William (2010): How Mathematicians Think. Using Ambiguity, Contradiction, and Paradox to Create Mathematics. Princeton, NJ: Princeton Univ. Press.

Canty, Angelo; Ripley, Brian (2017): boot: Bootstrap Functions (Originally by Angelo Canty for S). Version 1.3–20. Online verfügbar unter https://CRAN.R-project.org/package=boot, zuletzt geprüft am 20.06.2020.

Carter, Glenda; Norwood, Karen S. (1997): The Relationship Between Teacher and Student Beliefs About Mathematics. In: *School Science and Mathematics* 97 (2), S. 62–67. https://doi.org/10.1111/j.1949-8594.1997.tb17344.x.

Champely, Stephane (2018): pwr: Basic Functions for Power Analysis. Version 1.2-2. Online verfügbar unter https://CRAN.R-project.org/package=pwr, zuletzt geprüft am 20.06.2020.

Chang, Winston (2014): extrafont: Tools for using fonts. Version 0.17. Online verfügbar unter https://CRAN.R-project.org/package=extrafont, zuletzt geprüft am 20.06.2020.

Chapman, Olive (1999): Researching mathematics teacher thinking. In: Orit Zaslavsky (Hg.): Proceedings of the 23rd International Conference on the Psychology of Mathematics Education (PME-23, July 25–30, 1999), Volume II. Haifa, Israel, S. 185–192.

Charalampous, Eleni (2015): Invented or discovered? In: Konrad Krainer und Nadia Vondrová (Hg.): Proceedings of the Ninth Conference of the European Society for Research in Mathematics Education (CERME9, February 4–8, 2015). Prag: Charles University in Prague, Faculty of Education; ERME, S. 1153–1159. Online verfügbar unter https://hal.archives-ouvertes.fr/hal-01287337, zuletzt geprüft am 20.06.2020.

Cho, Eunseong (2016): Making Reliability Reliable. In: *Organizational Research Methods* 19 (4), S. 651–682. https://doi.org/10.1177/1094428116656239.

Cohen, Jacob (1988): Statistical Power Analysis for the Behavioral Sciences. 2. Auflage. Hoboken, NJ: Taylor and Francis.

Collier, C. Patrick (1972): Prospective Elementary Teachers' Intensity and Ambivalence of Beliefs about Mathematics and Mathematics Instruction. In: *Journal for Research in Mathematics Education* 3 (3), S. 155–163. https://doi.org/10.2307/748499.

The Committee on the Undergraduate Program in Mathematics (CUPM) (Hg.) (2001): CUPM discussion papers about mathematics and the mathematical sciences in 2010. What should students know? Mathematical Association of America (MAA). Washington, DC.

Cook, Mariana (2013): Mathematicians. An Outer View of the Inner World. Princeton, NJ: Princeton Univ. Press. https://doi.org/10.1515/9781400832880.

Cooper, Joseph B.; McGaugh, James L. (1966): Attitude and related concepts. In: Marie Jahoda und Neil Warren (Hg.): Attitudes: selected readings. Harmondsworth: Penguin Books, S. 26–31.

Cooperation Schule Hochschule (COSH) (2014): Mindestanforderungskatalog Mathematik (Version 2.0) der Hochschulen Baden-Württembergs für ein Studium von WiMINT-Fächern (Wirtschaft, Mathematik, Informatik, Naturwissenschaft und Technik). Ergebnis einer Tagung vom 05.07.2012 und einer Tagung vom 24.–26.02.2014. Online verfügbar unter http://mathematik-schule-hochschule.de/images/Aktuelles/pdf/MAKatalog_2_0.pdf, zuletzt geprüft am 20.06.2020.

Cramer, Erhard; Walcher, Sebastian (2010): Schulmathematik und Studierfähigkeit. In: *Mitteilungen der DMV* 18 (2), S. 110–114.

Danckwerts, Rainer (1979): Strukturelle Grundgedanken zum Linearisierungsaspekt bei der Differentiation. In: *mathematica didactica* 2, S. 193–201.

Day, Robert W.; Quinn, Gerald P. (1989): Comparisons of Treatments After an Analysis of Variance in Ecology. In: *Ecological Monographs* 59 (4), S. 433–463. https://doi.org/10.2307/1943075.

Deiser, Oliver; Reiss, Kristina; Heinze, Aiso (2012): Elementarmathematik vom höheren Standpunkt: Warum ist 0,9‾=1? In: Werner Blum, Rita Borromeo Ferri und Katja Maaß (Hg.): Mathematikunterricht im Kontext von Realität, Kultur und Lehrerprofessionalität. Festschrift für Gabriele Kaiser. Wiesbaden: Vieweg+Teubner, S. 249–264.

Del Re, Aaron C. (2014): compute.es: Compute Effect Sizes. Version 0.2-4. Online verfügbar unter https://CRAN.R-project.org/package=compute.es, zuletzt geprüft am 20.06.2020.

Del Re, Aaron C. (2015): Package 'compute.es'. Dokumentation. Online verfügbar unter https://CRAN.R-project.org/web/packages/compute.es/compute.es.pdf, zuletzt geprüft am 20.06.2020.

Deutsche Mathematiker-Vereinigung (DMV) (1976): Denkschrift zum Mathematikunterricht an Gymnasien. Online verfügbar unter https://www.mathematik.de/images/Presse/Presse informationen/19760000_SN_DMV_Mathematikunterricht_1976.pdf, zuletzt geprüft am 20.06.2020.

Dickinson, Terry L.; Zellinger, Peter M. (1980): A comparison of the behaviorally anchored rating and mixed standard scale formats. In: *Journal of Applied Psychology* 65 (2), S. 147–154. https://doi.org/10.1037/0021-9010.65.2.147.

Diedenhofen, Birk; Musch, Jochen (2016): cocron: A Web Interface and R Package for the Statistical Comparison of Cronbach's Alpha Coefficients. In: *International Journal of Internet Science* 11 (1), S. 51–60. Online verfügbar unter http://www.ijis.net/ijis11_1/iji s11_1_diedenhofen_and_musch.pdf, zuletzt geprüft am 20.06.2020.

Dieter, Miriam; Törner, Günter (2012): Vier von fünf geben auf. Studienabbruch und Fachwechsel in der Mathematik. In: *Forschung & Lehre* 19 (10|12), S. 826–827.

DiStefano, Christine; Morgan, Grant B. (2014): A Comparison of Diagonal Weighted Least Squares Robust Estimation Techniques for Ordinal Data. In: *Structural Equation Modeling: A Multidisciplinary Journal* 21 (3), S. 425–438. https://doi.org/10.1080/10705511.2014.915373.

Dittler, Ullrich; Kreidl, Christian (Hg.) (2018): Hochschule der Zukunft. Wiesbaden: Springer VS. https://doi.org/10.1007/978-3-658-20403-7.

Dombois, Florian (2013): Kunst als Forschung. Ein Versuch, sich selbst eine Anleitung zu schreiben. In: Johannes M. Hedinger und Torsten Meyer (Hg.): What's next? Kunst nach der Krise : ein Reader. Berlin: Kulturverlag Kadmos, S. 139–143.

Döring, Leif (2018): Unterschiede von Studierenden als Herausforderung betrachten. In: *Forschung &Lehre* 25 (8). Online verfügbar unter https://www.forschung-und-lehre.de/unterschiede-von-studierenden-als-herausforderung-betrachten-887/, zuletzt geprüft am 20.06.2020.

Dresden, Max (1987): H. A. Kramers. Between tradition and revolution. Unter Mitarbeit von Hendrik Anthony Kramers. New York, NY: Springer.

Dunekacke, Simone; Jenßen, Lars; Eilerts, Katja; Blömeke, Sigrid (2016): Epistemological beliefs of prospective preschool teachers and their relation to knowledge, perception, and planning abilities in the field of mathematics. A process model. In: *ZDM Mathematics Education* 48, S. 125–137. https://doi.org/10.1007/s11858-015-0711-6.

Eichler, Andreas; Erens, Ralf (2014): Teachers' beliefs towards teaching calculus. In: *ZDM Mathematics Education* 46 (4), S. 647–659. https://doi.org/10.1007/s11858-014-0606-y.

Eichler, Andreas; Erens, Ralf (2015): Domain-Specific Belief Systems of Secondary Mathematics Teachers. In: Birgit Pepin und Bettina Rösken-Winter (Hg.): From beliefs to

dynamic affect systems in mathematics education. Cham: Springer, S. 179–200. https://doi.org/10.1007/978-3-319-06808-4_9.
Eid, Michael; Gollwitzer, Mario; Schmitt, Manfred (2013): Statistik und Forschungsmethoden. 3., korrigierte Auflage. Weinheim: Beltz.
Ellsworth, Phoebe C.; Ross, Lee (1983): Public Opinion and Capital Punishment. A Close Examination of the Views of Abolitionists and Retentionists. In: *Crime & Delinquency* 29 (1), S. 116–169. https://doi.org/10.1177/001112878302900105.
Enders, Natalie (2019): Erkenntnisgewinn und hochschuldidaktische Professionalisierung durch das Scholarship of Teaching and Learning? In: Yvonne-Beatrice Böhler, Sylvia Heuchemer und Birgit Szczyrba (Hg.): Hochschuldidaktik erforscht wissenschaftliche Perspektiven auf Lehren und Lernen. Profilbildung und Wertefragen in der Hochschulentwicklung IV. Köln: Bibliothek der Technischen Hochschule Köln, S. 29–38.
Epstein, Debbie; Mendick, Heather; Moreau, Marie-Pierre (2010): Imagining the mathematician: young people talking about popular representations of maths. In: *Discourse: Studies in the Cultural Politics of Education* 31 (1), S. 45–60. https://doi.org/10.1080/01596300903465419.
Erdős, Paul; Csicsery, George Paul (1993): N is a number. A portrait of Paul Erdős. George Paul Csicsery (Regie). DVD. Washington, DC: Mathematical Association of America.
Ernest, Paul (1988): The impact of beliefs on the teaching of mathematics. Paper vorbereitet für ICME VI, Budapest, Ungarn.
Ervynck, Gontran (1994): Mathematical Creativity. In: David Orme Tall (Hg.): Advanced mathematical thinking. Dordrecht: Kluwer Academic, S. 42–53.
Even, Ruhama (1993): Subject-Matter Knowledge and Pedagogical Content Knowledge. Prospective Secondary Teachers and the Function Concept. In: *Journal for Research in Mathematics Education* 24 (2), S. 94–116. https://doi.org/10.2307/749215.
Everitt, Brian S.; Hothorn, Torsten (2015): MVA: An Introduction to Applied Multivariate Analysis with R. Version 1.0-6. Online verfügbar unter https://CRAN.R-project.org/package=MVA, zuletzt geprüft am 20.06.2020.
Fabrigar, Leandre R.; Wegener, Duane T.; MacCallum, Robert C.; Strahan, Erin J. (1999): Evaluating the use of exploratory factor analysis in psychological research. In: *Psychological Methods* 4 (3), S. 272–299. https://doi.org/10.1037/1082-989X.4.3.272.
Falissard, Bruno (2012): psy: Various procedures used in psychometry. Version 1.1. Online verfügbar unter https://CRAN.R-project.org/package=psy, zuletzt geprüft am 20.06.2020.
Felbrich, Anja; Müller, Christiane (2007): Erste Ergbenisse aus P-TEDS: Mathematische Weltbilder und Vorstellungen zum Lehren und Lernen von Mathematik. In: Gesellschaft für Didaktik der Mathematik (GDM) (Hg.): Beiträge zum Mathematikunterricht 2007. Vorträge auf der 41. Tagung für Didaktik der Mathematik vom 26.3. bis 30.3.2007 in Berlin. Hildesheim: Franzbecker, S. 573–576.
Felbrich, Anja; Müller, Christiane; Blömeke, Sigrid (2008a): Epistemological beliefs concerning the nature of mathematics among teacher educators and teacher education students in mathematics. In: *ZDM Mathematics Education* 40 (5), S. 763–776. https://doi.org/10.1007/s11858-008-0153-5.
Felbrich, Anja; Müller, Christiane; Blömeke, Sigrid (2008b): Lehrerausbildnerinnen und Lehrerausbildner der ersten und zweiten Phase. In: Sigrid Blömeke, Gabriele Kaiser und Rainer Lehmann (Hg.): Professionelle Kompetenz angehender Lehrerinnen und Lehrer.

Wissen, Überzeugungen und Lerngelegenheiten deutscher Mathematikstudierender und -referendare. Erste Ergebnisse zur Wirksamkeit der Lehrerausbildung. Münster: Waxmann, S. 363–390.

Filzmoser, Peter; Gschwandtner, Moritz (2018): mvoutlier: Multivariate Outlier Detection Based on Robust Methods. Version 2.0.9. Online verfügbar unter https://CRAN.R-project.org/package=mvoutlier, zuletzt geprüft am 20.06.2020.

Fischer, Astrid (2013): Anregung mathematischer Erkenntnisprozesse in Übungen. In: Christoph Ableitinger, Jürg Kramer und Susanne Prediger (Hg.): Zur doppelten Diskontinuität in der Gymnasiallehrerbildung. Ansätze zu Verknüpfungen der fachinhaltlichen Ausbildung mit schulischen Vorerfahrungen und Erfordernissen. Wiesbaden: Springer Spektrum, S. 95–116. https://doi.org/10.1007/978-3-658-01360-8_6.

Fischer, Roland (1978): Die Rolle des Exaktifizierens im Analysisunterricht. In: *Didaktik der Mathematik* 6 (3), S. 212–226.

Fishbein, Martin; Ajzen, Icek (1975): Belief, attitude, intention and behavior: An introduction to theory and research. Menlo Park, CA: Addison-Wesley.

Fitzgerald, Michael; James, Ioan M. (2010): The mind of the mathematician. Baltimore, MD: Johns Hopkins Univ. Press.

Fletcher, Thomas D. (2010): psychometric: Applied Psychometric Theory. Version 2.2. Online verfügbar unter https://CRAN.R-project.org/package=psychometric, zuletzt geprüft am 20.06.2020.

Forero, Carlos G.; Maydeu-Olivares, Alberto; Gallardo-Pujol, David (2009): Factor Analysis with Ordinal Indicators: A Monte Carlo Study Comparing DWLS and ULS Estimation. In: *Structural Equation Modeling: AMultidisciplinary Journal* 16 (4), S. 625–641. https://doi.org/10.1080/10705510903203573.

Fox, John; Nie, Zhenghua; Byrnes, Jarrett (2017): sem: Structural Equation Models. Version 3.1-9. Online verfügbar unter https://CRAN.R-project.org/package=sem, zuletzt geprüft am 20.06.2020.

Fox, John; Weisberg, Sanford; Price, Brad (2018): car: Companion to Applied Regression. Version 3.0-2. Online verfügbar unter https://CRAN.R-project.org/package=car, zuletzt geprüft am 20.06.2020.

Frank, Martha L. (1988): Problem Solving and Mathematical Beliefs. In: *The Arithmetic Teacher* 35 (5), S. 32–34. Online verfügbar unter https://www.jstor.org/stable/41194313, zuletzt geprüft am 20.06.2020.

Freudenthal, Hans (1963): Was ist Axiomatik und welchen Bildungswert kann sie haben? In: *Der Mathematikunterricht* 9 (4), S. 5–29.

Freudenthal, Hans (1973): Mathematik als pädagogische Aufgabe. Stuttgart: Klett.

Furinghetti, Fulvia; Morselli, Francesca; Antonini, Samuele (2011): To exist or not to exist. Example generation in Real Analysis. In: *ZDM Mathematics Education* 43 (2), S. 219–232. https://doi.org/10.1007/s11858-011-0321-x.

Furinghetti, Fulvia; Pehkonen, Erkki (2002): Rethinking characterisations of beliefs. In: Gilah C. Leder, Erkki Pehkonen und Günter Törner (Hg.): Beliefs. A hidden variable in mathematics education? Boston, MA: Kluwer Academic, S. 39–57.

Fürntratt, Ernst (1969): Zur Bestimmung der Anzahl interpretierbarer gemeinsamer Faktoren in Faktorenanalysen psychologischer Daten. In: *Diagnostica* 15 (2), S. 62–75.

Garnier, Simon (2018): viridis: Default Color Maps from 'matplotlib'. Version 0.5.1. Online verfügbar unter https://CRAN.R-project.org/package=viridis, zuletzt geprüft am 20.06.2020.

Gaspard, Hanna; Häfner, Isabelle; Parrisius, Cora; Trautwein, Ulrich; Nagengast, Benjamin (2017): Assessing task values in five subjects during secondary school: Measurement structure and mean level differences across grade level, gender, and academic subject. In: *Contemporary Educational Psychology* 48, S. 67–84. https://doi.org/10.1016/j.cedpsych.2016.09.003.

Gastwirth, Joseph L.; Gel, Yulia R.; Hui, W. L. Wallace; Lyubchich, Vyacheslav; Miao, Weiwen; Noguchi, Kimihiro (2017): lawstat: Tools for Biostatistics, Public Policy, and Law. Version 3.2. Online verfügbar unter https://CRAN.R-project.org/package=lawstat, zuletzt geprüft am 20.06.2020.

Geisler, Sebastian; Rolka, Katrin (2020): „Das war nicht die Mathematik für die ich mich entschieden habe!". Beliefs zur Natur der Mathematik in der Studieneingangsphase. In: Andreas Frank, Stefan Krauss und Karin Binder (Hg.): Beiträge zum Mathematikunterricht 2019. 53. Jahrestagung der Gesellschaft für Didaktik der Mathematik. Münster: WTM-Verlag, S. 1043–1046. https://doi.org/10.17877/DE290R-20824.

Geisler, Sebastian; Rolka, Katrin; Dehling, Herold (2019): Bleiben oder gehen? – Eine Mixed-Methods-Studie zu frühem Studienabbruch und Verbleib von Mathematikstudierenden. In: Yvonne-Beatrice Böhler, Sylvia Heuchemer und Birgit Szczyrba (Hg.): Hochschuldidaktik erforscht wissenschaftliche Perspektiven auf Lehren und Lernen. Profilbildung und Wertefragen in der Hochschulentwicklung IV. Köln: Bibliothek der Technischen Hochschule Köln, S. 79–90.

Gigerenzer, Gerd (2019): Vom Umgang mit Risiko und Unsicherheit. Wie man die richtigen Entscheidungen trifft. Vortragsreihe exkurs – Einblick in die Welt der Wissenschaft. Deutsche Forschungsgemeinschaft (DFG). Leipzig, 12.03.2019. Online verfügbar unter https://mediathek.dfg.de/videos/exkurse/20190312_leipzig_gigerenzer.mp3, zuletzt geprüft am 20.06.2020.

Girnat, Boris; Eichler, Andreas (2011): Secondary Teachers' Beliefs on Modelling in Geometry and Stochastics. In: Gabriele Kaiser (Hg.): Trends in Teaching and Learning of Mathematical Modelling, Band 1. Dordrecht: Springer, S. 75–84. https://doi.org/10.1007/978-94-007-0910-2_9.

Gläser-Zikuda, Michaela; Seidel, Tina; Rohlfs, Carsten; Gröschner, Alexander; Ziegelbauer, Sascha (Hg.) (2012): Mixed methods in der empirischen Bildungsforschung. 74. Tagung der Arbeitsgruppe Empirische Pädagogische Forschung (AEPF) im September 2010 in Jena. Deutsche Gesellschaft für Erziehungswissenschaft. Münster: Waxmann.

Goethe-Universität Frankfurt am Main (JWGU) (2013): Fachspezifischer Anhang zur SPoL (Teil III): Studienfach im Studiengang L3 vom 19.2.2013. Genehmigt durch das Präsidium am 01.10.2013. Hg. v. Präsident der Johann Wolfgang Goethe-Universität Frankfurt am Main. Akademie für Bildungsforschung und Lehrerbildung, Goethe-Universität Frankfurt. Frankfurt am Main (UniReport Satzungen und Ordnungen). Online verfügbar unter https://www.abl.uni-frankfurt.de/58721491/L3_131001_Mathe.pdf, zuletzt geprüft am 20.06.2020.

Goethe-Universität Frankfurt am Main (JWGU) (2019): Anhang I für den Studienanteil Mathematik im Studiengang Lehramt an Gymnasien (L3) vom 3. Dezember 2018 zur

Studien- und Prüfungsordnung Lehramt der Johann Wolfgang Goethe-Universität Frankfurt am Main vom 18. Juli 2016 (SPoL). Genehmigt vom Präsidium am 5. März 2019, genehmigt durch die Hessische Lehrkräfteakademie im Auftrag des Hessischen Kultusministeriums am 18. Februar 2019. Hg. v. Präsidentin der Johann Wolfgang Goethe-Universität Frankfurt am Main. Akademie für Bildungsforschung und Lehrerbildung, Goethe-Universität Frankfurt. Frankfurt am Main (UniReport Satzungen und Ordnungen). Online verfügbar unter https://www.uni-frankfurt.de/76801048/Lehramt_Mathe_L3_2019_03_14.pdf, zuletzt geprüft am 20.06.2020.

Göller, Robin; Biehler, Rolf; Hochmuth, Reinhard; Rück, Hans-Georg (Hg.) (2017): Didactics of Mathematics in Higher Education as a Scientific Discipline. Conference Proceedings. Kassel (khdm-Report, 17-05). Online verfügbar unter https://kobra.uni-kassel.de/handle/123456789/2016041950121, zuletzt geprüft am 20.06.2020.

Graves, Spencer; Piepho, Hans-Peter; Luciano Selzer (2015): multcompView: Visualizations of Paired Comparisons. Version 0.1-7. Online verfügbar unter https://CRAN.R-project.org/package=multcompView, zuletzt geprüft am 20.06.2020.

Greefrath, Gilbert; Oldenburg, Reinhard; Siller, Hans-Stefan; Ulm, Volker; Weigand, Hans-Georg (2016): Didaktik der Analysis. Aspekte und Grundvorstellungen zentraler Begriffe. Berlin, Heidelberg: Springer Spektrum. https://doi.org/10.1007/978-3-662-48877-5.

Green, Thomas F. (1971): The activities of teaching. New York, NY: McGraw-Hill.

Grieser, Daniel (2012): Mathematisches Problemlösen und Beweisen – ein neuer Akzent in der Studieneingangsphase. Online verfügbar unter https://www.staff.uni-oldenburg.de/daniel.grieser/wwwpapers/Artikel-mpb.pdf, zuletzt geprüft am 20.06.2020.

Grieser, Daniel (2013): Mathematisches Problemlösen und Beweisen. Eine Entdeckungsreise in die Mathematik. Wiesbaden: Springer. https://doi.org/10.1007/978-3-8348-2460-8.

Grieser, Daniel; Hoffmann, Max; Koepf, Wolfram; Kramer, Jürg (2018): Anfängervorlesungen. In: *Der Mathematikunterricht* 64 (5), S. 48–54.

Griffin, Peter (1989): Teaching Takes Place in Time, Learning Takes Place Over Time. In: *Mathematics Teaching* 126, S. 12–13.

Grigutsch, Stefan (1996): Mathematische Weltbilder von Schülern. Struktur, Entwicklung, Einflußfaktoren. Dissertation. Gerhard-Mercator-Universitat Duisburg, Duisburg.

Grigutsch, Stefan (1997): Mathematische Weltbilder von Schülern. Struktur, Entwicklung, Einflußfaktoren. In: *JMD* 18 (2-3), S. 253–254. https://doi.org/10.1007/BF03338852.

Grigutsch, Stefan; Raatz, Ulrich; Törner, Günter (1998): Einstellungen gegenüber Mathematik bei Mathematiklehrern. In: *JMD* 19 (1), S. 3–45. https://doi.org/10.1007/BF03338859.

Grigutsch, Stefan; Törner, Günter (1998): World views of mathematics held by university teachers of mathematics science. Universität Duisburg (Schriftenreihe des Fachbereichs Mathematik, 415).

Guadagnoli, Edward; Velicer, Wayne F. (1988): Relation of sample size to the stability of component patterns. In: *Psychological Bulletin* 103 (2), S. 265–275. https://doi.org/10.1037/0033-2909.103.2.265.

Gueudet, Ghislaine (2008): Investigating the secondary–tertiary transition. In: *Educational Studies in Mathematics* 67 (3), S. 237–254. https://doi.org/10.1007/s10649-007-9100-6.

Haase, Christian (2017): Geometry vs Doppelte Diskontinuität? In: Robin Göller, Rolf Biehler, Reinhard Hochmuth und Hans-Georg Rück (Hg.): Didactics of Mathematics in Higher Education as a Scientific Discipline. Conference Proceedings. Kassel (khdm-Report, 17-05), S. 200–203.

Haase, Christian; Mischau, Anina; Walter, Lena; Weygandt, Benedikt (in Vorb.): Mathematik entdecken im Lehramtsstudium. In: Reinhard Hochmuth, Michael Liebendörfer und Christiane Kuklinski (Hg.): Unterstützungsmaßnahmen in Mathematikbezogenen Studiengängen. Eine anwendungsorientierte Darstellung verschiedener Konzepte, Praxisbeispiele und Untersuchungsergebnisse (zu Vorkursen, Brückenvorlesungen und Lernzentren).

Hadamard, Jacques (1945): An Essay on The Psychology of Invention in The Mathematical Field. New York, NY: Dover Publications, Inc.

Hadjar, Andreas; Becker, Rolf (2006): Bildungsexpansion — erwartete und unerwartete Folgen. In: Rolf Becker und Andreas Hadjar (Hg.): Die Bildungsexpansion. Erwartete und unerwartete Folgen. Wiesbaden: VS Verlag für Sozialwissenschaften, S. 11–24. https://doi.org/10.1007/978-3-531-90325-5_1.

Halmos, Paul R. (1985): I want to be a mathematician. An automathography. New York, NY: Springer.

Halmos, Paul R. (1986): I want to be a mathematician (excerpts). In: *The Mathematical Intelligencer* 8 (3), S. 26–33. https://doi.org/10.1007/BF03025786.

Hardy, Godfrey H.; Snow, Charles P. (2009): A mathematician's apology. Reprinted. Cambridge: Cambridge Univ. Press.

Hart, Laurie E. (1989): Describing the Affective Domain: Saying What We Mean. In: Douglas B. McLeod und Verna M. Adams (Hg.): Affect and Mathematical Problem Solving. New York, NY: Springer, S. 37–45. https://doi.org/10.1007/978-1-4612-3614-6_3.

Hartinger, Andreas; Kleickmann, Thilo; Hawelka, Birgit (2006): Der Einfluss von Lehrervorstellungen zum Lernen und Lehren auf die Gestaltung des Unterrichts und auf motivationale Schülervariablen. In: *Zeitschrift für Erziehungswissenschaft* 9 (1), S. 110–126. https://doi.org/10.1007/s11618-006-0008-1.

Hartmann, Uta (2008): Heinrich Behnke und die Entwicklung der Semesterberichte bis Anfang der 1950er Jahre. In: *Mathematische Semesterberichte* 55 (1), S. 69–86. https://doi.org/10.1007/s00591-007-0032-0.

Hawkes, Trevor; Savage, Mike (Hg.) (2000): Measuring the Mathematics Problem. Engineering Council. London. Online verfügbar unter https://www.engc.org.uk/engcdocuments/internet/Website/Measuring%20the%20Mathematic%20Problems.pdf, zuletzt geprüft am 20.06.2020.

Haylock, Derek W. (1987): A framework for assessing mathematical creativity in school children. In: *Educational Studies in Mathematics* 18, S. 59–74.

Hedges, Larry V. (1981): Distribution Theory for Glass's Estimator of Effect Size and Related Estimators. In: *Journal of Educational Statistics* 6 (2), S. 107–128. https://doi.org/10.2307/1164588.

Hedtke, Reinhold (2020): Wissenschaft und Weltoffenheit. Wider den Unsinn der praxisbornierten Lehrerausbildung. In: Claudia Scheid und Thomas Wenzl (Hg.): Wieviel Wissenschaft braucht die Lehrerbildung? Wiesbaden: Springer VS, S. 79–108.

Hefendehl-Hebeker, Lisa (2013a): Doppelte Diskontinuität oder die Chance der Brückenschläge. In: Christoph Ableitinger, Jürg Kramer und Susanne Prediger (Hg.): Zur doppelten Diskontinuität in der Gymnasiallehrerbildung. Ansätze zu Verknüpfungen der fachinhaltlichen Ausbildung mit schulischen Vorerfahrungen und Erfordernissen. Wiesbaden: Springer Spektrum, S. 1–15. https://doi.org/10.1007/978-3-658-01360-8_1.

Hefendehl-Hebeker, Lisa (2013b): Mathematisch fundiertes fachdidaktisches Wissen. In: Gilbert Greefrath (Hg.): Beiträge zum Mathematikunterricht 2013. Vorträge auf der 47.

Tagung für Didaktik der Mathematik vom 04.03.2013 bis 08.03.2013 in Münster. Münster: WTM-Verlag, S. 432–435.

Hefendehl-Hebeker, Lisa (2015): Die fachlich-epistemologische Perspektive auf Mathematik als zentraler Bestandteil der Lehramtsausbildung. In: Jürgen Roth, Thomas Bauer, Herbert Koch und Susanne Prediger (Hg.): Übergänge konstruktiv gestalten. Ansätze für eine zielgruppenspezifische Hochschuldidaktik Mathematik. Wiesbaden: Springer Spektrum, S. 179–183. https://doi.org/10.1007/978-3-658-06727-4_12.

Hefendehl-Hebeker, Lisa (2018): Einwirkungen von Mathematik(unterricht) auf Individuen und ihre Auswirkungen in der Gesellschaft. In: Gregor Nickel, Markus Alexander Helmerich, Ralf Krömer, Katja Lengnink und Martin Rathgeb (Hg.): Mathematik und Gesellschaft. Historische, philosophische und didaktische Perspektiven. Wiesbaden: Springer Spektrum, S. 173–181.

Heintz, Bettina (2000): Die Innenwelt der Mathematik. Zur Kultur und Praxis einer beweisenden Disziplin. Wien: Springer.

Heinze, Aiso; Dreher, Anika; Lindmeier, Anke M.; Niemand, Carolin (2016): Akademisches versus schulbezogenes Fachwissen – ein differenzierteres Modell des fachspezifischen Professionswissens von angehenden Mathematiklehrkräften der Sekundarstufe. In: *Zeitschrift für Erziehungswissenschaft* 19 (2), S. 329–349. https://doi.org/10.1007/s11618-016-0674-6.

Heller, Kurt A. (2000): Kreativität – Lexikon der Psychologie. Spektrum Akademischer Verlag. Heidelberg. Online verfügbar unter https://www.spektrum.de/lexikon/psychologie/kreativitaet/8300, zuletzt geprüft am 20.06.2020.

Henderson, David (1981): Three Papers. In: *Forthe Learning of Mathematics* 1 (3), S. 12–15. Online verfügbar unter https://www.jstor.org/stable/40247722, zuletzt geprüft am 20.06.2020.

Henning, André; Hoffkamp, Andrea (2013): Aufbau von Vorstellungen zum Grenzwert im Analysisunterricht. In: Gilbert Greefrath (Hg.): Beiträge zum Mathematikunterricht 2013. Vorträge auf der 47. Tagung für Didaktik der Mathematik vom 04.03.2013 bis 08.03.2013 in Münster. Münster: WTM-Verlag, S. 456–459.

Herget, Wilfried; Flade, Lothar (Hg.) (2000): Mathematik lehren und lernen nach TIMSS. Anregungen für die Sekundarstufen. Berlin: Volk und Wissen.

Hersh, Reuben (1979): Some proposals for reviving the philosophy of mathematics. In: *Advances in Mathematics* 31 (1), S. 31–50. https://doi.org/10.1016/0001-8708(79)90018-5.

Hessisches Kultusministerium (HKM) (Hg.) (2018): Operatoren in den Fächern Biologie, Chemie, Informatik, Mathematik und Physik. Landesabitur 2020. Online verfügbar unter https://kultusministerium.hessen.de/sites/default/files/media/hkm/la20-operatoren-fbiii.pdf, zuletzt geprüft am 20.06.2020.

Heymann, Hans W. (1995a): Acht Thesen zum allgemeinbildenden Mathematikunterricht. Eine komprimierte Zusammenfassung der Habilitationsschrift „Allgemeinbildung und Mathematik“. In: *Mitteilungen der GDM* (61), S. 24–25.

Heymann, Hans W. (1995b): Stellungnahme zu den Hauptsachen in den Anmerkungen des Dekans der Fakultät für Mathematik der Universität Bielefeld, Herrn Prof. Dr. C. M. Ringel, zu meiner pädagogischen Habilitationsschrift „Allgemeinbildung und Mathematik“ in Gestalt eines offenen Briefes. In: *Mitteilungen der GDM* (61), S. 32–36.

Heymann, Hans W. (2013): Allgemeinbildung und Mathematik. 2., neu ausgestattete Auflage. Weinheim, Basel: Beltz.

Hillel, Joel (2001): Trends in curriculum. A working group report. In: Derek Holton (Hg.): The teaching and learning of mathematics at university level. An ICMI study. Unter Mitarbeit von Michèle Artigue, Urs Kirchgräber, Joel Hillel, Mogens Niss und Alan H. Schoenfeld. Dordrecht: Kluwer Academic, S. 59–69.

Hirschfeld, Gerrit; Brachel, Ruth von (2014): Improving Multiple-Group confirmatory factor analysis in R – A tutorial in measurement invariance with continuous and ordinal indicators. In: *Practical Assessment, Research& Evaluation* 19. https://doi.org/10.7275/qazy-2946.

Hofe, Rudolf vom (1992): Grundvorstellungen mathematischer Inhalte als didaktisches Modell. In: *JMD* 13 (4), S. 345–364. https://doi.org/10.1007/BF03338785.

Hoffkamp, Andrea; Paravicini, Walther; Schnieder, Jörn (2016): Denk- und Arbeitsstrategien für das Lernen von Mathematik am Übergang Schule–Hochschule. In: Axel Hoppenbrock, Rolf Biehler, Reinhard Hochmuth und Hans-Georg Rück (Hg.): Lehren und Lernen von Mathematik in der Studieneingangsphase. Herausforderungen und Lösungsansätze. Wiesbaden: Springer Spektrum, S. 295–309. https://doi.org/10.1007/978-3-658-10261-6_19.

Hoffkamp, Andrea; Warmuth, Elke (2015): Dimensions of mathematics teaching and their implications for mathematics teacher education. In: Konrad Krainer und Nadia Vondrová (Hg.): Proceedings of the Ninth Conference of the European Society for Research in Mathematics Education (CERME9, February 4–8, 2015). Prag: Charles University in Prague, Faculty of Education; ERME, S. 2804–2810. Online verfügbar unter https://hal.archives-ouvertes.fr/hal-01289613, zuletzt geprüft am 20.06.2020.

Holtz, Yan: The R Graph Gallery. A website that displays hundreds of R charts. Online verfügbar unter https://github.com/holtzy/R-graph-gallery, zuletzt geprüft am 20.06.2020.

Homburg, Christian; Giering, Annette (1996): Konzeptualisierung und Operationalisierung komplexer Konstrukte: Ein Leitfaden für die Marketingforschung. In: *Marketing: ZFP – Journal of Research and Management* 18 (1), S. 5–24. Online verfügbar unter https://www.jstor.org/stable/41918481, zuletzt geprüft am 20.06.2020.

Hothorn, Torsten; Bretz, Frank; Westfall, Peter (2008): Simultaneous Inference in General Parametric Models. In: *Biometrical Journal* 50 (3), S. 346–363.

Hothorn, Torsten; Hornik, Kurt; Wiel, Mark A. van de; Winell, Henric; Zeileis, Achim (2017): coin: Conditional Inference Procedures in a Permutation Test Framework. Version 1.2-2. Online verfügbar unter https://CRAN.R-project.org/package=coin, zuletzt geprüft am 20.06.2020.

Howson, Albert Geoffrey (1988): On the teaching of mathematics as a service subject. In: Albert Geoffrey Howson, Jean-Pierre Kahane, Pierre Lauginie und Elisabeth de Turckheim (Hg.): Mathematics as a service subject. Cambridge: Cambridge Univ. Press, S. 1–19. https://doi.org/10.1017/CBO9781139013505.002.

Hu, Li-tze; Bentler, Peter M. (1999): Cutoff criteria for fit indexes in covariance structure analysis: Conventional criteria versus new alternatives. In: *Structural Equation Modeling: A Multidisciplinary Journal* 6 (1), S. 1–55. https://doi.org/10.1080/10705519909540118.

Huber, Ludwig (2014): Scholarship of Teaching and Learning: Konzept, Geschichte, Formen, Entwicklungsaufgaben. In: Ludwig Huber, Arne Pilniok, Rolf Sethe und Birgit Szczyrba

(Hg.): Forschendes Lehren im eigenen Fach. Scholarship of Teaching and Learning in Beispielen. Bielefeld: Bertelsmann, S. 19–36.

Huber, Oswald (2005): Das psychologische Experiment. Eine Einführung ; mit dreiundfünfzig Cartoons aus der Feder des Autors. 4., überarbeitete und ergänzte Auflage. Bern: Verlag Hans Huber.

Huynh, Huynh; Feldt, Leonard S. (1976): Estimation of the Box Correction for Degrees of Freedom from Sample Data in Randomized Block and Split-Plot Designs. In: *Journal of Educational Statistics* 1 (1), S. 69–82. https://doi.org/10.2307/1164736.

Jackson, Simon (2018): corrr: Correlations in R. Version 0.3.0. Online verfügbar unter https://CRAN.R-project.org/package=corrr, zuletzt geprüft am 20.06.2020.

Jahnke, Thomas (2010): Vom mählichen Verschwinden des Fachs aus der Mathematikdidaktik. In: *Mitteilungen der GDM* 89, S. 21–24.

Jahnke, Thomas; Klein, Hans Peter; Kühnel, Wolfgang; Sonar, Thomas; Spindler, Markus (2014): Die Hamburger Abituraufgaben im Fach Mathematik. Entwicklung von 2005 bis 2013. In: *Mitteilungen der DMV* 22 (2), S. 115–121. https://doi.org/10.1515/dmvm-2014-0046.

Jansen, Ellen P. W. A.; Meer, Jacques van der (2012): Ready for university? A cross-national study of students' perceived preparedness for university. In: *The Australian Educational Researcher* 39 (1), S. 1–16. https://doi.org/10.1007/s13384-011-0044-6.

Jensen, Linda Rae (1973): The Relationships among Mathematical Creativity, Numerical Aptitude and Mathematical Achievement. Dissertation. University of Texas, Austin, TX.

Jones, Floyd Burton (1977): The Moore Method. In: *The American Mathematical Monthly* 84 (4), S. 273–278. Online verfügbar unter https://www.jstor.org/stable/2318868, zuletzt geprüft am 20.06.2020.

Joswig, Michael; Wessling, Claudia (2014): „Wer heute Mathematik studiert, hat beste Chancen". Im Gespräch: Bundesbildungsministerin Johanna Wanka. In: *Mitteilungen der DMV* 22 (2), S. 77–79. https://doi.org/10.1515/dmvm-2014-0036.

Kaasila, Raimo; Hannula, Markku S.; Laine, Anu; Pehkonen, Erkki (2006): Facilitators for change of elementary teacher students' view of mathematics. In: Jarmila Novotná, Hana Moraová, Magdalena Krátká und Nad̆a Stehlíková (Hg.): Proceedings of the 30th conference of the International Group for the Psychology of Mathematics Education (PME-30, July 16–21, 2006), Volume III. Prag: Charles University in Prague, Faculty of Education, S. 385–392.

Kaiser, Gabriele; Schwarz, Björn (2007): P-TEDS – erste Ergebnisse zu mathematischem und mathematikdidaktischen Wissen. In: Gesellschaft für Didaktik der Mathematik (GDM) (Hg.): Beiträge zum Mathematikunterricht 2007. Vorträge auf der 41. Tagung für Didaktik der Mathematik vom 26.3. bis 30.3.2007 in Berlin. Hildesheim: Franzbecker, S. 569–572.

Kapur, Manu (2008): Productive Failure. In: *Cognition and Instruction* 26 (3), S. 379–424. https://doi.org/10.1080/07370000802212669.

Kapur, Manu (2010): Productive failure in mathematical problem solving. In: *Instructional Science* 38 (6), S. 523–550. https://doi.org/10.1007/s11251-009-9093-x.

Kassambara, Alboukadel (2018): ggcorrplot: Visualization of a Correlation Matrix using 'ggplot2'. Version 0.1.2. Online verfügbar unter https://CRAN.R-project.org/package=ggcorrplot, zuletzt geprüft am 20.06.2020.

Kassambara, Alboukadel (2019): ggpubr: 'ggplot2' Based Publication Ready Plots. Version 0.2.4. Online verfügbar unter https://CRAN.R-project.org/package=ggpubr, zuletzt geprüft am 20.06.2020.

Kirsch, Arnold (1980): Zur Mathematik-Ausbildung der zukünftigen Lehrer – im Hinblick auf die Praxis des Geometrieunterrichts. In: *JMD* 1 (4), S. 229–256.

Kleickmann, Thilo; Richter, Dirk; Kunter, Mareike; Elsner, Jürgen; Besser, Michael; Krauss, Stefan; Baumert, Jürgen (2013): Teachers' Content Knowledge and Pedagogical Content Knowledge. In: *Journal of Teacher Education* 64 (1), S. 90–106. https://doi.org/10.1177/0022487112460398.

Klein, Felix (1908): Arithmetik, Algebra, Analysis. Vorlesung gehalten im Wintersemester 1907–08. Ausgearbeitet von Ernst Hellinger. Leipzig: B. G. Teubner (Elementarmathematik vom Höheren Standpunkte aus, Teil 1).

Klein, Felix (1924): Elementarmathematik vom höheren Standpunkte aus. Band I. Arithmetik · Algebra · Analysis. Berlin, Heidelberg: Springer. https://doi.org/10.1007/978-3-662-38432-9.

Klein, Felix (1925): Elementarmathematik vom höheren Standpunkte aus. Band II. Geometrie. 3. Auflage. Berlin, Heidelberg: Springer. https://doi.org/10.1007/978-3-642-90852-1.

Klein, Felix (1928): Elementarmathematik vom höheren Standpunkte aus. Band III. Präzisions- und Approximationsmathematik. 3. Auflage. Berlin, Heidelberg: Springer. https://doi.org/10.1007/978-3-662-00246-9.

Klein, Julian (2010): Was ist künstlerische Forschung? In: *Gegenworte: Hefte für den Disput über Wissen* (23), S. 25–28. Online verfügbar unter https://nbn-resolving.org/urn:nbn:de:kobv:b4-opus-19511, zuletzt geprüft am 20.06.2020.

Klinger, Marcel; Schüler-Meyer, Alexander; Wessel, Lena (2019): Vielfalt, die verbindet: Der Übergang Schule–Hochschule im Rahmen des Hanse-Kolloquiums zur Hochschuldidaktik der Mathematik 2018 in Essen. In: Marcel Klinger, Alexander Schüler-Meyer und Lena Wessel (Hg.): Hanse-Kolloquium zur Hochschuldidaktik der Mathematik 2018. Beiträge zum gleichnamigen Symposium am 9. & 10. November 2018 an der Universität Duisburg-Essen. Münster: WTM-Verlag, S. 3–7.

Klopp, Eric (2010): Explorative Faktorenanalyse. Online verfügbar unter https://hdl.handle.net/20.500.11780/3369, zuletzt geprüft am 20.06.2020.

Knoche, Norbert; Lind, Detlef; Blum, Werner; Cohors-Fresenborg, Elmar; Flade, Lothar; Löding, Wolfgang et al. (Deutsche PISA-Expertengruppe Mathematik, PISA-2000) (2002): Die PISA-2000-Studie, einige Ergebnisse und Analysen. In: *JMD* 23 (3-4), S. 159–202. https://doi.org/10.1007/BF03338955.

Knorr-Cetina, Karin (2011): Wissenskulturen. Ein Vergleich naturwissenschaftlicher Wissensformen. 2. Auflage. Frankfurt am Main: Suhrkamp.

Knorr-Cetina, Karin; Harré, Rom (2016): Die Fabrikation von Erkenntnis. Zur Anthropologie der Naturwissenschaft. 4. Auflage. Frankfurt am Main: Suhrkamp.

Koğar, Hakan; Yilmaz Koğar, Esin (2015): Comparison of Different Estimation Methods for Categorical and Ordinal Data in Confirmatory Factor Analysis. In: *Journal of Measurement and Evaluation in Education and Psychology* 6 (2), S. 351–364. https://doi.org/10.21031/epod.94857.

Koh, Kim H.; Zumbo, Bruno D. (2008): Multi-Group Confirmatory Factor Analysis for Testing Measurement Invariance in Mixed Item Format Data. In: *Journal of Modern Applied Statistical Methods* 7 (2), S. 471–477. https://doi.org/10.22237/jmasm/1225512660.

Kolb, Oliver; Döring, Leif; Klinger, Melanie; Schlather, Martin; Schmidt, Martin U. (2017): Individualisierte Tutorien im Mathematikstudium. In: *Neues Handbuch Hochschullehre* 82, S. 77–88.

Köller, Olaf; Baumert, Jürgen; Neubrand, Johanna (2000): Epistemologische Überzeugungen und Fachverständnis im Mathematik- und Physikunterricht. In: Jürgen Baumert, Olaf Köller und Johanna Neubrand (Hg.): TIMSS/III: Dritte Internationale Mathematik- und Naturwissenschaftsstudie – Mathematische und naturwissenschaftliche Bildung am Ende der Schullaufbahn, Band 2. Opladen: Leske + Budrich, S. 229–269.

Kompetenzzentrum Hochschuldidaktik Mathematik (khdm): KHDM. Online verfügbar unter https://www.khdm.de/, zuletzt geprüft am 20.06.2020.

Komsta, Lukasz; Novomestky, Frederick (2015): moments: Moments, cumulants, skewness, kurtosis and related tests. Version 0.14. Online verfügbar unter https://CRAN.R-project.org/package=moments, zuletzt geprüft am 20.06.2020.

König, Johannes; Rothland, Martin; Darge, Kerstin; Lünnemann, Melanie; Tachtsoglou, Sarantis (2013): Erfassung und Struktur berufswahlrelevanter Faktoren für die Lehrerausbildung und den Lehrerberuf in Deutschland, Österreich und der Schweiz. In: *Zeitschrift für Erziehungswissenschaft* 16 (3), S. 553–577. https://doi.org/10.1007/s11618-013-0373-5.

Korkmaz, Selcuk; Goksuluk, Dincer; Zararsiz, Gokmen (2018): MVN: Multivariate Normality Tests. Version 5.5. Online verfügbar unter https://CRAN.R-project.org/package=MVN, zuletzt geprüft am 20.06.2020.

Kortenkamp, Ulrich; Bescherer, Christine; Spannagel, Christian (2010): Schnittstellenaktivität Hochschul-Mathematikdidaktik. In: Anke M. Lindmeier und Stefan Ufer (Hg.): Beiträge zum Mathematikunterricht 2010: WTM-Verlag, S. 61–68.

Kronfellner, Manfred (2010): Differential- und Integralrechnung im Schulunterricht. WS 2010/11. Wien. Vorlesungsskript.

Kuckartz, Udo (2014): Mixed Methods. Methodologie, Forschungsdesigns und Analyseverfahren. Wiesbaden: Springer VS. https://doi.org/10.1007/978-3-531-93267-5.

Kulm, G. (1980): Research on Mathematics Attitude. In: Richard J. Shumway (Hg.): Research in mathematics education. Reston, VA: NCTM, S. 356–387.

Kultusministerkonferenz (KMK) (Hg.) (2012): Operatoren für das Fach Mathematik an den Deutschen Schulen im Ausland. Ständige Konferenz der Kultusminister der Länder in der Bundesrepublik Deutschland. Online verfügbar unter https://www.kmk.org/fileadmin/Dateien/pdf/Bildung/Auslandsschulwesen/Kerncurriculum/Auslandsschulwesen-Operatoren-Mathematik-10-2012.pdf, zuletzt geprüft am 20.06.2020.

Lakatos, Imre (1979): Beweise und Widerlegungen. Die Logik mathematischer Entdeckungen. Braunschweig: Vieweg.

Lakens, Daniël (2013): Calculating and reporting effect sizes to facilitate cumulative science: a practical primer for t-tests and ANOVAs. In: *Frontiers in psychology* 4, S. 1–12. https://doi.org/10.3389/fpsyg.2013.00863.

Leder, Gilah C.; Forgasz, Helen J. (2002): Measuring mathematical beliefs and their impact on the learning of mathematics: a new approach. In: Gilah C. Leder, Erkki Pehkonen und Günter Törner (Hg.): Beliefs. A hidden variable in mathematics education? Boston, MA: Kluwer Academic, S. 95–113.

Leder, Gilah C.; Pehkonen, Erkki; Törner, Günter (Hg.) (2002): Beliefs. A hidden variable in mathematics education? Boston, MA: Kluwer Academic.

Legrand, Marc (2001): Scientific debate in mathematics courses. In: Derek Holton (Hg.): The teaching and learning of mathematics at university level. An ICMI study. Unter Mitarbeit von Michèle Artigue, Urs Kirchgräber, Joel Hillel, Mogens Niss und Alan H. Schoenfeld. Dordrecht: Kluwer Academic, S. 127–135.

Leikin, Roza (2009): Exploring mathematical creativity using multiple solution tasks. In: Roza Leikin, Abraham Berman und Boris Koichu (Hg.): Creativity in Mathematics and the Education of Gifted Students. Rotterdam: Sense Publishers, S. 129–145.

Leikin, Roza; Subotnik, Rena; Pitta-Pantazi, Demetra; Singer, Florence Mihaela; Pelczer, Ildiko (2013): Teachers' views on creativity in mathematics education: an international survey. In: *ZDM Mathematics Education* 45 (2), S. 309–324. https://doi.org/10.1007/s11858-012-0472-4.

Lenth, Russell (2019): emmeans: Estimated Marginal Means, aka Least-Squares Means. Version 1.4.3.01. Online verfügbar unter https://CRAN.R-project.org/package=emmeans, zuletzt geprüft am 20.06.2020.

Lerman, Stephen (2002): Situating research on mathematics teachers' beliefs and on change. In: Gilah C. Leder, Erkki Pehkonen und Günter Törner (Hg.): Beliefs. A hidden variable in mathematics education? Boston, MA: Kluwer Academic, S. 233–243.

Lersch, Rainer (2010): Wie unterrichtet man Kompetenzen. Didaktik und Praxis kompetenzfördernden Unterrichts. Hessisches Kultusministerium, Institut für Qualitätsentwicklung. Wiesbaden. Online verfügbar unter https://www.ganztaegig-lernen.de/sites/default/files/2010_lersch_kompetenzen.pdf, zuletzt geprüft am 20.06.2020.

Lester, Frank K. (Hg.) (2007): Second handbook of research on mathematics teaching and learning. National Council of Teachers of Mathematics (NCTM). Charlotte, NC: Information Age Publishing.

Lester, Frank K.; Garofalo, Joe; Kroll, Diana Lambdin (1989): Self-Confidence, Interest, Beliefs, and Metacognition: Key Influences on Problem-Solving Behavior. In: Douglas B. McLeod und Verna M. Adams (Hg.): Affect and Mathematical Problem Solving. New York, NY: Springer, S. 75–88. https://doi.org/10.1007/978-1-4612-3614-6_6.

Levenson, Esther (2013): Tasks that may occasion mathematical creativity: teachers' choices. In: *Journal of Mathematics Teacher Education* 16 (4), S. 269–291. https://doi.org/10.1007/s10857-012-9229-9.

Lewis, Hunter (1990): A question of values. Six ways we make the personal choices that shape our lives. Crozet, VA: Harper & Row.

Li, Cheng-Hsien (2016a): Confirmatory factor analysis with ordinal data: Comparing robust maximum likelihood and diagonally weighted least squares. In: *Behavior research methods* 48 (3), S. 936–949. https://doi.org/10.3758/s13428-015-0619-7.

Li, Cheng-Hsien (2016b): The performance of ML, DWLS, and ULS estimation with robust corrections in structural equation models with ordinal variables. In: *Psychological Methods* 21 (3), S. 369–387. https://doi.org/10.1037/met0000093.

Liebendörfer, Michael (2018): Motivationsentwicklung im Mathematikstudium. Wiesbaden: Springer Spektrum. https://doi.org/10.1007/978-3-658-22507-0.

Liebendörfer, Michael; Hochmuth, Reinhard; Biehler, Rolf; Schaper, Niclas; Kuklinski, Christiane; Khellaf, Sarah et al. (2017): A framework for goal dimensions of mathematics learning support in universities. In: Thérèse Dooley und Ghislaine Gueudet (Hg.):

Proceedings of the 10th Congress of the European Society for Research in Mathematics Education (CERME10, February 1–5, 2017). Dublin: DCU Institute of Education; ERME, S. 2177–2184. Online verfügbar unter https://hal.archives-ouvertes.fr/hal-01941332, zuletzt geprüft am 20.06.2020.

Liljedahl, Peter; Sriraman, Bharath (2006): Musings on Mathematical Creativity. In: *For the Learning of Mathematics* 26 (1), S. 17–19. Online verfügbar unter https://www.jstor.org/stable/40248517, zuletzt geprüft am 20.06.2020.

Lind, Georg (2016): Effektstärken: Statistische, praktische und theoretische Bedeutsamkeit empirischer Befunde. Online verfügbar unter https://www.uni-konstanz.de/ag-moral/pdf/Lind-2016_Effektstaerke-Vortrag.pdf, zuletzt geprüft am 20.06.2020.

Linke, Pauline (2020): Entdeckendes Lernen neu denken. Entwicklung normativer Vorstellungen eines mathematikdidaktischen Prinzips. Münster: WTM-Verlag. https://doi.org/10.37626/GA9783959871709.0

Lischka, Irene (2004): Auswahl der Studierenden durch die Hochschulen – ist nun blinder Aktionismus angesagt? In: *Das Hochschulwesen* 52 (4), S. 144–150.

Loos, Andreas; Ziegler, Günter M. (2016): „Was ist Mathematik" lernen und lehren. In: *Mathematische Semesterberichte* 63 (1), S. 155–169. https://doi.org/10.1007/s00591-016-0167-y.

Loos, Anreas; Ziegler, Günter M. (2015): Gesellschaftliche Bedeutung der Mathematik. In: Regina Bruder, Lisa Hefendehl-Hebeker, Barbara Schmidt-Thieme und Hans-Georg Weigand (Hg.): Handbuch der Mathematikdidaktik. Berlin, Heidelberg: Springer Spektrum, S. 3–17.

Lübeck, Dietrun (2010): Wird fachspezifisch unterschiedlich gelehrt? Empirische Befunde zu hochschulischen Lehransätzen in verschiedenen Fachdisziplinen. In: *Zeitschrift für Hochschulentwicklung* 5 (2), S. 7–24. Online verfügbar unter https://www.zfhe.at/index.php/zfhe/article/view/2, zuletzt geprüft am 20.06.2020.

Lüdecke, Daniel (2019): sjstats: Collection of Convenient Functions for Common Statistical Computations. Version 0.17.3. Online verfügbar unter https://CRAN.R-project.org/package=sjstats, zuletzt geprüft am 20.06.2020.

Luk, Hing Sun (2005): The gap between secondary school and university mathematics. In: *International Journal of Mathematical Education in Science and Technology* 36 (2-3), S. 161–174. https://doi.org/10.1080/00207390412331316988.

Lüpsen, Haiko (2019): Multiple Mittelwertvergleiche – parametrisch und nichtparametrisch – sowie α-Adjustierungen mit praktischen Anwendungen mit R und SPSS. Version 2.0. Regionales Rechenzentrum, Universität zu Köln. Online verfügbar unter https://www.uni-koeln.de/~a0032/statistik/texte/mult-comp.pdf, zuletzt geprüft am 20.06.2020.

Maaß, Katja (2006): Bedeutungsdimensionen nützlichkeitsorientierter Beliefs. Ein theoretisches Konzept zu Vorstellungen über die Nützlichkeit von Mathematik und eine erste empirische Annäherung bei Lehramtsstudierenden. In: *mathematica didactica* 29 (2), S. 114–138.

MacCallum, Robert C.; Browne, Michael W.; Sugawara, Hazuki M. (1996): Power Analysis and Determination of Sample Size for Covariance Structure Modeling. In: *Psychological Methods* 1 (2), S. 130–149.

Makrinus, Livia (2013): Der Wunsch nach mehr Praxis. Zur Bedeutung von Praxisphasen im Lehramtsstudium. Wiesbaden: Springer VS. https://doi.org/10.1007/978-3-658-00395-1.

Manin, Yuri I. (1977): A Course in Mathematical Logic. New York, NY: Springer. https://doi.org/10.1007/978-1-4757-4385-2.

Mann, Eric Louis (2006): Creativity: The Essence of Mathematics. In: *Journal for the Education of the Gifted* 30 (2), S. 236–260. https://doi.org/10.4219/jeg-2006-264.

Maronna, Ricardo A.; Yohai, Víctor J. (1995): The Behavior of the Stahel-Donoho Robust Multivariate Estimator. In: *Journal of the American Statistical Association* 90 (429), S. 330–341. https://doi.org/10.1080/01621459.1995.10476517.

Marsh, Herbert W.; Hau, Kit-Tai; Balla, John R.; Grayson, David (1998): Is More Ever Too Much? The Number of Indicators per Factor in Confirmatory Factor Analysis. In: *Multivariate behavioral research* 33 (2), S. 181–220. https://doi.org/10.1207/s15327906mbr3302_1.

Marsh, Herbert W.; Hau, Kit-Tai; Wen, Zhonglin (2004): In Search of Golden Rules: Comment on Hypothesis-Testing Approaches to Setting Cutoff Values for Fit Indexes and Dangers in Overgeneralizing Hu and Bentler's (1999) Findings. In: *Structural Equation Modeling: AMultidisciplinary Journal* 11 (3), S. 320–341. https://doi.org/10.1207/s15328007sem1103_2.

Mason, John; Klymchuk, Sergiy (2009): Using Counter-Examples in Calculus. London: Imperial College Press. https://doi.org/10.1142/p627.

Mason, John H. (2000): Asking mathematical questions mathematically. In: *International Journal of Mathematical Education in Science and Technology* 31 (1), S. 97–111. https://doi.org/10.1080/002073900287426.

Mason, John H. (2001): Mathematical teaching practices at tertiary level: Working group report. In: Derek Holton (Hg.): The teaching and learning of mathematics at university level. An ICMI study. Unter Mitarbeit von Michèle Artigue, Urs Kirchgräber, Joel Hillel, Mogens Niss und Alan H. Schoenfeld. Dordrecht: Kluwer Academic, S. 71–86.

Mason, John H. (2011): Mathematics teaching practice. Guide for university and college lecturers. Reprinted. Oxford: Woodhead.

Mason, John H. (2015): On being stuck on a mathematical problem: What does it mean to have something come-to-mind? In: *LUMAT* 3 (1), S. 101–121. https://doi.org/10.31129/lumat.v3i1.1054.

Mason, John H.; Burton, Leone; Stacey, Kaye (2010): Thinking mathematically. Second edition. Harlow: Prentice Hall.

Mason, John H.; Burton, Leone; Stacey, Kaye (2012): Mathematisch denken. Mathematik ist keine Hexerei. 6., aktualisierte und überarbeitete Auflage. München: Oldenbourg.

Mason, John H.; Watson, Anne (2001): Getting Students to Create Boundary Examples. In: *MSOR Connections* 1 (1), S. 9–11. Online verfügbar unter https://www.heacademy.ac.uk/system/files/msor.1.1d.pdf, zuletzt geprüft am 20.06.2020.

Mathematical Reviews; Zentralblatt für Mathematik (2010): Mathematics Subject Classification (MSC). Online verfügbar unter https://www.ams.org/msc/pdfs/classifications2010.pdf, zuletzt geprüft am 20.06.2020.

Mathematik-Kommission Übergang Schule-Hochschule (2017): Stellungnahme zur aktuellen Diskussion über die Qualität des Mathematikunterrichts. Online verfügbar unter http://www.mathematik-schule-hochschule.de/images/Stellungnahmen/pdf/Stellungnahme-DMVGDMMNU-2017.pdf, zuletzt geprüft am 20.06.2020.

Mathematik-Kommission Übergang Schule-Hochschule (2019): 19 Maßnahmen für einen konstruktiven Übergang Schule – Hochschule. Online verfügbar unter http://www.mathem

atik-schule-hochschule.de/images/Massnahmenkatalog_DMV_GDM_MNU.pdf, zuletzt geprüft am 20.06.2020.

Mathematikunterricht und Kompetenzorientierung – ein offener Brief (2017). Online verfügbar unter https://www.tagesspiegel.de/downloads/19549926/1/offener-brief.pdf, zuletzt geprüft am 20.06.2020.

Mazur, Eric (2017): Peer Instruction. Interaktive Lehre praktisch umgesetzt. Hg. v. Günther Kurz und Ulrich Harten. Berlin, Heidelberg: Springer Spektrum. https://doi.org/10.1007/978-3-662-54377-1.

McGraw, Kenneth O.; Wong, Seok P. (1992): A common language effect size statistic. In: *Psychological Bulletin* 111 (2), S. 361–365. https://doi.org/10.1037/0033-2909.111.2.361.

McLeod, A. Ian (2011): Kendall: Kendall rank correlation and Mann-Kendall trend test. Version 2.2. Online verfügbar unter https://CRAN.R-project.org/package=Kendall, zuletzt geprüft am 20.06.2020.

Meinefeld, Werner (1994): Einstellung. In: Roland Asanger und Gerd Wenninger (Hg.): Handwörterbuch Psychologie. 5. Auflage. Weinheim: Beltz, S. 120–126.

Mendiburu, Felipe de (2019): agricolae: Statistical Procedures for Agricultural Research. Version 1.3-1. Online verfügbar unter https://CRAN.R-project.org/package=agricolae, zuletzt geprüft am 20.06.2020.

Mendick, Heather; Epstein, Debbie; Moreau, Marie-Pierre (2008): End of award report: Mathematical images and identities: Education, entertainment, social justice. Economic and Social Research Council. Swindon, UK. Online verfügbar unter https://sp.ukdataservice.ac.uk/doc/6097/mrdoc/pdf/6097uguide.pdf, zuletzt geprüft am 20.06.2020.

Messner, Rudolf (2003): PISA und Allgemeinbildung. In: *Zeitschrift für Pädagogik* 49 (3), S. 400–412.

Mewald, Claudia; Rauscher, Erwin (2019): Lesson Study. Das Handbuch für kollaborative Unterrichtsentwicklung und Lernforschung. Innsbruck: StudienVerlag.

Michener, Edwina L. (1978): Understanding Understanding Mathematics. In: *Cognitive Science* 2 (4), S. 361–383. https://doi.org/10.1207/s15516709cog0204_3.

Möller, Regina D.; Collignon, Peter (2013): Analysis unter einer postmodernen Perspektive. In: Gilbert Greefrath (Hg.): Beiträge zum Mathematikunterricht 2013. Vorträge auf der 47. Tagung für Didaktik der Mathematik vom 04.03.2013 bis 08.03.2013 in Münster. Münster: WTM-Verlag, S. 664–667.

Moosbrugger, Helfried; Kelava, Augustin (2012): Testtheorie und Fragebogenkonstruktion. 2., aktualisierte und überarbeitete Auflage. Berlin, Heidelberg: Springer. https://doi.org/10.1007/978-3-642-20072-4.

Morgan, Augustus de (1866): Sir W. R. Hamilton. In: *The Gentleman's Magazine and Historical Review* 220 (1), S. 128–134. Online verfügbar unter https://archive.org/details/gentlemansmagazi220hatt/, zuletzt geprüft am 20.06.2020.

Morris, Scott B. (2008): Estimating Effect Sizes From Pretest-Posttest-Control Group Designs. In: *Organizational Research Methods* 11 (2), S. 364–386. https://doi.org/10.1177/1094428106291059.

Morris, Scott B.; DeShon, Richard P. (2002): Combining effect size estimates in meta-analysis with repeated measures and independent-groups designs. In: *Psychological Methods* 7 (1), S. 105–125. https://doi.org/10.1037/1082-989X.7.1.105.

Müller-Hill, Eva (2018): Reaktion auf Hans Niels Jahnke – Eine mathematik-philosophische Sicht. In: Gregor Nickel, Markus Alexander Helmerich, Ralf Krömer, Katja Lengnink und Martin Rathgeb (Hg.): Mathematik und Gesellschaft. Historische, philosophische und didaktische Perspektiven. Wiesbaden: Springer Spektrum, S. 129–133.

Mullis, Ina V. S.; Martin, Michael O.; Smith, Teresa A.; Garden, Robert A.; Gregory, Kelvin D.; Gonzalez, Eugenio J. et al. (2003): TIMSS Assessment Frameworks and Specifications 2003. 2. Auflage. Chestnut Hill, MA: Lynch School of Education, Boston College. Online verfügbar unter https://timss.bc.edu/timss2003i/frameworks.html, zuletzt geprüft am 20.06.2020.

Munakata, Mika; Vaidya, Ashwin (2013): Fostering Creativity Through Personalized Education. In: *PRIMUS* 23 (9), S. 764–775. https://doi.org/10.1080/10511970.2012.740770.

Mundfrom, Daniel J.; Shaw, Dale G.; Ke, Tian Lu (2005): Minimum Sample Size Recommendations for Conducting Factor Analyses. In: *International Journal of Testing* 5 (2), S. 159–168. https://doi.org/10.1207/s15327574ijt0502_4.

Nardi, Elena (2017): Exploring and overwriting mathematical stereotypes in the media, arts and popular culture: The visibility spectrum. In: Robin Göller, Rolf Biehler, Reinhard Hochmuth und Hans-Georg Rück (Hg.): Didactics of Mathematics in Higher Education as a Scientific Discipline. Conference Proceedings. Kassel (khdm-Report, 17-05), S. 73–81.

Nardi, Elena; Iannone, Paola (2004): On the fragile, yet crucial, relationship between mathematicians and researchers in mathematics education. In: Marit Johnsen Hoines und Anne Berit Fuglestad (Hg.): Proceedings of the 28th International Conference on the Psychology of Mathematics Education (PME-28, July 14–18, 2004), Volume III. Bergen, Norway, S. 401–408.

National Council of Teachers of Mathematics (NCTM) (1997): Curriculum and evaluation standards for school mathematics. 11. Auflage. Reston, VA: NCTM.

Navarro, Daniel (2015): lsr: Companion to Learning Statistics with R. Version 0.5. Online verfügbar unter https://CRAN.R-project.org/package=lsr, zuletzt geprüft am 20.06.2020.

Nespor, Jan (1987): The role of beliefs in the practice of teaching. In: *Journal of Curriculum Studies* 19 (4), S. 317–328. https://doi.org/10.1080/0022027870190403.

Neubrand, Michael (2004): „Mathematical Literacy“ und „mathematische Grundbildung“: Der mathematikdidaktische Diskurs und die Strukturierung des PISA-Tests. In: Michael Neubrand (Hg.): Mathematische Kompetenzen von Schülerinnen und Schülern in Deutschland. Vertiefende Analysen im Rahmen von PISA 2000. Wiesbaden: VS Verlag für Sozialwissenschaften, S. 15–29. https://doi.org/10.1007/978-3-322-80661-1_2.

Neumann, Irene; Pigge, Christoph; Heinze, Aiso (2017): Welche mathematischen Lernvoraussetzungen erwarten Hochschullehrende für ein MINT-Studium? Kiel. Online verfügbar unter https://www.ipn.uni-kiel.de/de/das-ipn/abteilungen/didaktik-der-mathematik/forschung-und-projekte/malemint/malemint-studie, zuletzt geprüft am 20.06.2020.

Neunzert, Helmut; Rosenberger, Bernd (1997): Oh Gott, Mathematik!? 2., überarbeitete Auflage. Wiesbaden: Vieweg+Teubner. https://doi.org/10.1007/978-3-322-81038-0.

Neuwirth, Erich (2014): RColorBrewer: ColorBrewer Palettes. Version 1.1–2. Online verfügbar unter https://CRAN.R-project.org/package=RColorBrewer, zuletzt geprüft am 20.06.2020.

Ni Shuilleabhain, Aoibhinn (2015): Developing Mathematics Teachers' Pedagogical Content Knowledge through Lesson Study: A Multiple Case Study at a Time of Curriculum Change. https://doi.org/10.13140/RG.2.1.1311.5042.

Nickel, Gregor (2013): Vom Nutzen und Nachteil der Mathematikgeschichte für das Lehramtsstudium. In: Henrike Allmendinger, Katja Lengnink, Andreas Vohns und Gabriele

Wickel (Hg.): Mathematik verständlich unterrichten. Perspektiven für Unterricht und Lehrerbildung. Wiesbaden: Springer Spektrum, S. 253–266.

Nickel, Gregor; Helmerich, Markus Alexander; Krömer, Ralf; Lengnink, Katja; Rathgeb, Martin (Hg.) (2018): Mathematik und Gesellschaft. Historische, philosophische und didaktische Perspektiven. Tagung zur Allgemeinen Mathematik: Mathematik und Gesellschaft – Philosophische, historische und didaktische Perspektiven. Wiesbaden: Springer Spektrum. https://doi.org/10.1007/978-3-658-16123-1.

Niss, Mogens (1994): Mathematics in society. In: Rolf Biehler, Roland W. Scholz, Rudolf Sträßer und Bernard Winkelmann (Hg.): Didactics of Mathematics as a Scientific Discipline. Dordrecht: Kluwer Academic, S. 367–378.

Niss, Mogens; Jablonka, Eva (2014): Mathematical Literacy. In: Stephen Lerman (Hg.): Encyclopedia of Mathematics Education. Dordrecht: Springer, S. 391–396. https://doi.org/10.1007/978-94-007-4978-8_100.

Noack, Marcel (2007): Faktorenanalyse. Online verfügbar unter https://www.uni-due.de/imperia/md/content/soziologie/stein/faktorenanalyse.pdf, zuletzt geprüft am 20.06.2020.

Nussbaum, Martha Craven (1997): Cultivating humanity. A classical defense of reform in liberal education. Cambridge, MA: Harvard Univ. Press.

Nuzzo, Regina (2014a): Scientific method: Statistical errors. P values, the 'gold standard' of statistical validity, are not as reliable as many scientists assume. In: *Nature News* 506 (7487), S. 150–152. https://doi.org/10.1038/506150a.

Nuzzo, Regina (2014b): Umstrittene Statistik: Wenn Forscher durch den Signifikanztest fallen. In: *Spektrum – Die Woche* 2014 (KW 8).

Nye, Christopher D.; Drasgow, Fritz (2010): Assessing Goodness of Fit. Simple Rules of Thumb Simply Do Not Work. In: *Organizational Research Methods* 14 (3), S. 548–570. https://doi.org/10.1177/1094428110368562.

Oldenburg, Reinhard; Weygandt, Benedikt (2015): Stille Begriffe sind tief: Ideen zur Schulung eines kritischen Begriffsverständnisses in der Analysis. In: *Der Mathematikunterricht* 61 (4), S. 39–50.

Olson, James M.; Zanna, Mark P. (1993): Attitudes and attitude change. In: *Annual Review of Psychology* 44 (1), S. 117–154. https://doi.org/10.1146/annurev.ps.44.020193.001001.

Ones, Deniz S.; Viswesvaran, Chockalingam (1998): The Effects of Social Desirability and Faking on Personality and Integrity Assessment for Personnel Selection. In: *Human Performance* 11 (2-3), S. 245–269. https://doi.org/10.1080/08959285.1998.9668033.

Ostsieker, Laura (2019): Lernumgebungen für Studierende zur Nacherfindung des Konvergenzbegriffs. Gestaltung und empirische Untersuchung. Wiesbaden: Springer Spektrum. https://doi.org/10.1007/978-3-658-27194-7.

Otto, Albert D.; Lubinski, Cheryl A.; Benson, Carol T. (1999): Creating a General Education Course: A Cognitive Approach. In: Bonnie Gold, Sandra Z. Keith und William A. Marion (Hg.): Assessment practices in undergraduate mathematics. Washington, DC: Mathematical Association of America, S. 191–194.

Ouvrier-Buffet, Cecile (2006): Exploring Mathematical Definition Construction Processes. In: *Educational Studies in Mathematics* 63 (3), S. 259–282. https://doi.org/10.1007/s10649-005-9011-3.

Pajares, M. Frank (1992): Teachers' Beliefs and Educational Research: Cleaning Up a Messy Construct. In: *Review of Educational Research* 62 (3), S. 307–332.

Paracelsus, Theophrast (1965): Die dritte Defension wegen des Schreibens der neuen Rezepte: Septem Defensiones 1538, Band 2. Hg. v. Will-Erich Peukert. Darmstadt: Wissenschaftliche Buchgesellschaft.
Paul, Dietrich (2003): Vorsicht Mathematik. In: *Mitteilungen der DMV* 11 (3), S. 40–45. https://doi.org/10.1515/dmvm-2003-0086.
Pehkonen, Erkki (1994): On Teachers' Beliefs and Changing Mathematics Teaching. In: *JMD* 15 (3-4), S. 177–209. https://doi.org/10.1007/BF03338807.
Pehkonen, Erkki (1995): Pupils' view of mathematics. Initial report for an international comparison project. Helsinki: University of Helsinki (Research report, 152).
Pehkonen, Erkki (1997): The state-of-art in mathematical creativity. In: *Zentralblatt für Didaktik der Mathematik* 29 (3), S. 63–67.
Pehkonen, Erkki (1999): Conceptions and images of mathematics professors on teaching mathematics in school. In: *International Journal of Mathematical Education in Science and Technology* 30 (3), S. 389–397. https://doi.org/10.1080/002073999287905.
Pehkonen, Erkki; Lepmann, Lea (1994): Vergleich der Lehrerauffassungen über den Mathematikunterricht in Estland und Finnland. University of Helsinki, Department of Teacher Education. Helsinki (Research report, 152).
Peterson, Penelope L.; Fennema, Elizabeth; Carpenter, Thomas P.; Loef, Megan (1989): Teacher's Pedagogical Content Beliefs in Mathematics. In: *Cognition and Instruction* 6 (1), S. 1–40. https://doi.org/10.1207/s1532690xci0601_1.
Peterson, Robert A. (1994): A Meta-analysis of Cronbach's Coefficient Alpha. In: *Journal of Consumer Research* 21 (2), S. 381–391. https://doi.org/10.1086/209405.
Pigge, Christoph; Neumann, Irene; Heinze, Aiso (2017): Mathematische Lernvoraussetzungen für MINT-Studiengänge. Eine Delphi-Studie mit Hochschullehrenden. Ergebnisüberblick. IPN Leibnitz-Institut für die Pädagogik der Naturwissenschaften und Mathematik. Online verfügbar unter https://www.ipn.uni-kiel.de/de/das-ipn/abteilungen/didaktik-der-mathematik/forschung-und-projekte/malemint/onlineveroeffentlichung, zuletzt geprüft am 20.06.2020.
Pigge, Christoph; Neumann, Irene; Heinze, Aiso (2019): Notwendige mathematische Lernvoraussetzungen für MINT-Studiengänge – die Sicht der Hochschullehrenden. In: *Der Mathematikunterricht* 65 (2), S. 29–38.
Poincaré, Henri (1908): Science et méthode. Paris: Ernst Flammarion. Online verfügbar unter http://henripoincarepapers.univ-lorraine.fr/bibliohp, zuletzt geprüft am 20.06.2020.
Poincaré, Henri; Sugden, Sherwood J. B. (1910): The Future of Mathematics. In: *Monist* 20 (1), S. 76–92. https://doi.org/10.5840/monist191020142.
Pólya, George (1966): Let Us Teach Guessing. Washington, DC: MAA Video.
Pólya, George (1967): Vom Lösen mathematischer Aufgaben. Einsicht und Entdeckung, Lernen und Lehren. Band 2. 2 Bände. Basel: Springer. https://doi.org/10.1007/978-3-0348-4105-4.
Pólya, George (1979): Vom Lösen mathematischer Aufgaben. Einsicht und Entdeckung, Lernen und Lehre. Band 1. 2. Auflage. 2 Bände. Basel: Birkhäuser. https://doi.org/10.1007/978-3-0348-5311-8.
Pólya, George (1988): Mathematik und plausibles Schliessen. Band 1: Induktion und Analogie in der Mathematik. 3. Auflage. 2 Bände. Basel: Birkhäuser. https://doi.org/10.1007/978-3-0348-9166-0.

Prosser, Michael; Trigwell, Keith; Taylor, Philip (1994): A phenomenographic study of academics' conceptions of science learning and teaching. In: *Learning and Instruction* 4 (3), S. 217–231. https://doi.org/10.1016/0959-4752(94)90024-8.

Przenioslo, Malgorzata (2005): Introducing the Concept of Convergence of a Sequence in Secondary School. In: *Educational Studies in Mathematics* 60 (1), S. 71–93. https://doi.org/10.1007/s10649-005-5325-4.

R Core Team (2017): R: A Language and Environment for Statistical Computing. Version 3.4.2. Wien. Online verfügbar unter https://www.R-project.org/, zuletzt geprüft am 20.06.2020.

R Core Team (2018): foreign: Read Data Stored by 'Minitab', 'S', 'SAS', 'SPSS', 'Stata', 'Systat', 'Weka', 'dBase', ... Version 0.8-71. Online verfügbar unter https://CRAN.R-project.org/package=foreign, zuletzt geprüft am 20.06.2020.

Rach, Stefanie; Engelmann, Laura (2019): Passung zwischen Erwartungen an und Anforderungen in einem Mathematikstudium. In: *Der Mathematikunterricht* 65 (2), S. 39–46.

Rach, Stefanie; Siebert, Ulrike; Heinze, Aiso (2016): Operationalisierung und empirische Erprobung von Qualitätskriterien für mathematische Lehrveranstaltungen in der Studieneingangsphase. In: Axel Hoppenbrock, Rolf Biehler, Reinhard Hochmuth und Hans-Georg Rück (Hg.): Lehren und Lernen von Mathematik in der Studieneingangsphase. Herausforderungen und Lösungsansätze. Wiesbaden: Springer Spektrum, S. 601–618. https://doi.org/10.1007/978-3-658-10261-6_38.

Raiche, Gilles; Magis, David (2011): nFactors: Parallel Analysis and Non Graphical Solutions to the Cattell Scree Test. Version 2.3.3. Online verfügbar unter https://CRAN.R-project.org/package=nFactors, zuletzt geprüft am 20.06.2020.

Raykov, Tenko (1998): On the use of confirmatory factor analysis in personality research. In: *Personality and Individual Differences* 24 (2), S. 291–293. https://doi.org/10.1016/S0191-8869(97)00159-1.

Reiss, Kristina; Hammer, Christoph (2013): Grundlagen der Mathematikdidaktik. Eine Einführung für den Unterricht in der Sekundarstufe. Basel: Springer. https://doi.org/10.1007/978-3-0346-0647-9.

Reiss, Kristina; Prenzel, Manfred; Rinkens, Hans-Dieter; Kramer, Jürg (2010): Konzepte der Lehrerbildung. In: Anke M. Lindmeier und Stefan Ufer (Hg.): Beiträge zum Mathematikunterricht 2010: WTM-Verlag, S. 91–98. https://doi.org/10.17877/DE290R-7766.

Reiss, Kristina; Ufer, Stefan (2009): Was macht mathematisches Arbeiten aus? Empirische Ergebnisse zum Argumentieren, Begründen und Beweisen. In: *Jahresbericht der DMV* 111 (4), S. 155–177. Online verfügbar unter https://www.mathematik.de/images/DMV/Jahresberichte/Jahresberichte_Archiv/2009.111heft4.pdf, zuletzt geprüft am 20.06.2020.

Revelle, William (in Vorb.): An introduction to psychometric theory with applications in R: Springer. Online verfügbar unter https://personality-project.org/r/book/, zuletzt geprüft am 20.06.2020.

Revelle, William (2018): Package 'psych', Version 1.8.10. Procedures for Psychological, Psychometric, and Personality Research. Dokumentation. Online verfügbar unter https://personality-project.org/r/psych-manual.pdf, zuletzt geprüft am 20.06.2020.

Revelle, William (2019): psych: Procedures for Psychological, Psychometric, and Personality Research. Version 1.8.12. Online verfügbar unter https://CRAN.R-project.org/package=psych, zuletzt geprüft am 20.06.2020.

Rheinländer, Kathrin; Fischer, Thomas (2018): Einstellungen von Hochschullehrenden zur Öffnung der Hochschule zwischen Responsivität und Skepsis. In: Imke Buß, Manfred Erbsland, Peter Rahn und Philipp Pohlenz (Hg.): Öffnung von Hochschulen. Impulse zur Weiterentwicklung von Studienangeboten. Wiesbaden: Springer VS, S. 85–104.

Richardson, Virginia (1996): The role of attitudes and beliefs in learning to teach. In: John P. Sikula, Thomas J. Buttery und Edith Guyton (Hg.): Handbook of research on teacher education. A project of the Association of Teacher Educators. 2. Auflage. New York, NY: Macmillan, S. 102–119.

Richardson, Virginia (2004): Preservice teachers' beliefs. In: James Raths und Amy Raths McAninch (Hg.): Teacher beliefs and classroom performance. The impact of teacher education. Greenwich, CT: Information Age Publishing (Advances in teacher education, 6), S. 1–22.

Ringel, Claus Michael (1995): Sind sieben Jahre Mathematik genug? Anmerkungen zur Habilitationsschrift „Allgemeinbildung und Mathematik" von H. W. Heymann. In: *Mitteilungen der GDM* (61), S. 26–31. Online verfügbar unter https://ojs.didaktik-der-mathematik.de/index.php/mgdm/article/view/125/294, zuletzt geprüft am 20.06.2020.

Roh, Kyeong Hah (2010): An empirical study of students' understanding of a logical structure in the definition of limit via the ε-strip activity. In: *Educational Studies in Mathematics* 73 (3), S. 263–279. https://doi.org/10.1007/s10649-009-9210-4.

Rohrmann, Bernd (1978): Empirische Studien zur Entwicklung von Antwortskalen für die sozialwissenschaftliche Forschung. In: *Zeitschrift für Sozialpsychologie* 9, S. 222–245.

Rokeach, Milton (1972): Beliefs, attitudes and values. San Francisco, CA: Jossey-Bass.

Rolka, Katrin (2006a): Eine empirische Studie über Beliefs von Lehrenden an der Schnittstelle Mathematikdidaktik und Kognitionspsychologie. Dissertation. Universität Duisburg-Essen.

Rolka, Katrin; Rösken, Bettina; Liljedahl, Peter (2006b): Challenging the mathematical beliefs of preservice elementary school teachers. In: Jarmila Novotná, Hana Moraová, Magdalena Krátká und Nada Stehlíková (Hg.): Proceedings of the 30th conference of the International Group for the Psychology of Mathematics Education (PME-30, July 16–21, 2006), Volume IV. Prag: Charles University in Prague, Faculty of Education, S. 441–448.

Roloff Henoch, Janina; Klusmann, Uta; Lüdtke, Oliver; Trautwein, Ulrich (2015): Who becomes a teacher? Challenging the "negative selection" hypothesis. In: *Learning and Instruction* 36, S. 46–56. https://doi.org/10.1016/j.learninstruc.2014.11.005.

Rosseel, Yves (2018): lavaan: Latent Variable Analysis. Version 0.6-2. Online verfügbar unter https://CRAN.R-project.org/package=lavaan, zuletzt geprüft am 20.06.2020.

Rossi, Maarit (2015): Mathematics can be meaningful, easy and fun. In: *LUMAT* 3 (7), S. 984–991. https://doi.org/10.31129/lumat.v3i7.981.

Rott, Benjamin; Leuders, Timo (2016): Inductive and Deductive Justification of Knowledge: Flexible Judgments Underneath Stable Beliefs in Teacher Education. In: *Mathematical Thinking and Learning* 18 (4), S. 271–286. https://doi.org/10.1080/10986065.2016.1219933.

Rott, Benjamin; Leuders, Timo; Stahl, Elmar (2014): „Wie sicher ist Mathematik?" – epistemologische Überzeugungen und Urteile und warum das nicht dasselbe ist. Unter Mitarbeit von Technische Universität Dortmund. In: Jürgen Roth und Judith Ames (Hg.): Beiträge zum Mathematikunterricht 2014. 2 Bände. Münster: WTM-Verlag, S. 1011–1014. https://doi.org/10.17877/DE290R-14617.

Rousseau, Christiane (2010): The Role of Mathematicians in Popularization of Mathematics. In: Rajendra Bhatia, Arup Pal, Govindan Rangarajan, Vasudevan Srinivas und Muthusamy Vanninathan (Hg.): Proceedings of the International Congress of Mathematicians (ICM, August 19–27, 2010). Volume I: Plenary Lectures and Ceremonies. Hyderabad, India. New Delhi: Hindustan Book Agency, S. 723–738. https://doi.org/10.1142/9789814324359_0035.

RStudio Inc. (2016): RStudio: Integrated Development for R. Version 1.1.383. Boston, MA: RStudio Team. Online verfügbar unter https://www.rstudio.com/, zuletzt geprüft am 20.06.2020.

Russell, Daniel W. (2002): In Search of Underlying Dimensions: The Use (and Abuse) of Factor Analysis in Personality and Social Psychology Bulletin. In: *Personality and Social Psychology Bulletin* 28 (12), S. 1629–1646. https://doi.org/10.1177/014616702237645.

Ryan, Michael P. (1984): Monitoring text comprehension. Individual differences in epistemological standards. In: *Journal of Educational Psychology* 76 (2), S. 248–258. https://doi.org/10.1037/0022-0663.76.2.248.

Sam, Lim Chap; Ernest, Paul (2000): A survey of public images of mathematics. In: *Research in Mathematics Education* 2 (1), S. 193–206. https://doi.org/10.1080/14794800008520076.

Scheid, Claudia; Wenzl, Thomas (Hg.) (2020): Wieviel Wissenschaft braucht die Lehrerbildung? Wiesbaden: Springer VS. https://doi.org/10.1007/978-3-658-23244-3.

Schichl, Hermann; Steinbauer, Roland (2009): Einführung in das mathematische Arbeiten. Ein Projekt zur Gestaltung der Studieneingangsphase an der Universität Wien. Online verfügbar unter https://www.mat.univie.ac.at/~stein/teaching/studienbeginn_wienDK090729_revised.pdf, zuletzt geprüft am 20.06.2020.

Schichl, Hermann; Steinbauer, Roland (2012): Einführung in das mathematische Arbeiten. 2. Auflage. Berlin, Heidelberg: Springer. https://doi.org/10.1007/978-3-642-28646-9.

Schloerke, Barret; Crowley, Jason; Cook, Di; Briatte, Francois; Marbach, Moritz; Thoen, Edwin et al. (2018): GGally: Extension to 'ggplot2'. Version 1.4.0. Online verfügbar unter https://CRAN.R-project.org/package=GGally, zuletzt geprüft am 20.06.2020.

Schmidt, William H.; Tatto, Maria Teresa; Bankov, Kiril; Blömeke, Sigrid; Cedillo, Tenoch; Cogan, Leland et al. (2007): The Preparation Gap: Teacher Education for Middle School Mathematics in Six Countries. MT21 Report. MSU Center for Research in Mathematics and Science Education. East Lansing, MI. Online verfügbar unter https://www.educ.msu.edu/content/downloads/sites/usteds/MT21Report.pdf, zuletzt geprüft am 20.06.2020.

Schoenfeld, Alan H. (1985): Mathematical problem solving. Orlando, FL: Academic Press.

Schoenfeld, Alan H. (1988): When Good Teaching Leads to Bad Results: The Disasters of "Well-Taught" Mathematics Courses. In: *Educational Psychologist* 23 (2), S. 145–166. https://doi.org/10.1207/s15326985ep2302_5.

Schoenfeld, Alan H. (1989): Explorations of Students' Mathematical Beliefs and Behavior. In: *Journal for Research in Mathematics Education* 20 (4), S. 338–355.

Schoenfeld, Alan H. (1992): Learning to think mathematically: problem solving, metacognition, and sense making in mathematics. In: Douglas A. Grouws (Hg.): Handbook of research on mathematics teaching and learning. A project of the National Council of Teachers of Mathematics. New York, NY: Macmillan, S. 334–370.

Schoenfeld, Alan H. (1998): Toward a Theory of Teaching-in-Context. In: *Issues in Education* 4 (1), S. 1–94.

Schoenfeld, Alan H. (2010): How we think. A theory of goal-oriented decision making and its educational applications. New York, NY: Routledge.

Schommer-Aikins, Marlene (2004): Explaining the Epistemological Belief System. Introducing the Embedded Systemic Model and Coordinated Research Approach. In: *Educational Psychologist* 39 (1), S. 19–29. https://doi.org/10.1207/s15326985ep3901_3.

Schram, Pamela; Wilcox, Sandra; Lanier, Perry; Lappar, Glenda (1988): Changing mathematical conceptions of preservice teachers. A content and pedagogical intervention. Washington, DC: National Center for Research on Teacher Education (Research Reports/NCRTL, 4).

Schreiber, Alfred (2010): … irgendwie ein Dichter. In: *Mitteilungen der DMV* 18 (2), S. 98–99.

Schreiber, James B.; Nora, Amaury; Stage, Frances K.; Barlow, Elizabeth A.; King, Jamie (2006): Reporting Structural Equation Modeling and Confirmatory Factor Analysis Results: A Review. In: *The Journal of Educational Research* 99 (6), S. 323–338. https://doi.org/10.3200/JOER.99.6.323-338.

Schreiber, Melanie; Darge, Kerstin; Tachtsoglou, Sarantis; König, Johannes; Rothland, Martin (2012): EMW – Entwicklung von berufsspezifischer Motivation und pädagogischem Wissen in der Lehrerausbildung. Codebook zum Fragebogen, Messzeitpunkt 1, Teil 1, DE/AT/CH. Fragen zur Person und zur berufsspezifischen Motivation. Universität zu Köln. Köln.

Schubring, Gert (2016): Einige Antworten zu Repliken zur Stoffdidaktik. In: *Mitteilungen der GDM* 100, S. 48–50.

Schuler, Stephanie (2008): Vorstellungen von Studierenden und angehenden Lehrerinnen vom Mathematiklernen und -lehren. In: *mathematica didactica* 31, S. 20–45.

Schüler-Meyer, Alexander; Rach, Stefanie (2019): Der Übergang vom Mathematikunterricht in ein MINT-Studium – Herausforderungen und Unterstützungsansätze. Einführung. In: *Der Mathematikunterricht* 65 (2), S. 2–8.

Schulz von Thun, Friedemann (2015): Störungen und Klärungen. Allgemeine Psychologie der Kommunikation. 52. Auflage, Originalausgabe. Reinbek bei Hamburg: Rowohlt Taschenbuch.

Schupp, Hans (2016): Gedanken zum „Stoff" und zur „Stoffdidaktik" sowie zu ihrer Bedeutung für die Qualität des Mathematikunterrichts. In: *Mathematische Semesterberichte* 63 (1), S. 69–92. https://doi.org/10.1007/s00591-016-0159-y.

Schwarz, Björn; Herrmann, Philip (2015): Bezüge zwischen Schulmathematik und Linearer Algebra in der hochschulischen Ausbildung angehender Mathematiklehrkräfte. – Ergebnisse einer Dokumentenanalyse. In: *Mathematische Semesterberichte* 62 (2), S. 195–217. https://doi.org/10.1007/s00591-015-0147-7.

Seaman, Carol E.; Szydlik, Jennifer Earles (2007): Mathematical sophistication among preservice elementary teachers. In: *Journal of Mathematics Teacher Education* 10 (3), S. 167–182. https://doi.org/10.1007/s10857-007-9033-0.

Seelig, Carl (1986): Helle Zeit – Dunkle Zeit. In memoriam Albert Einstein. Wiesbaden: Vieweg+Teubner. https://doi.org/10.1007/978-3-322-84225-1.

Seiffge-Krenke, Inge (1974): Probleme und Ergebnisse der Kreativitätsforschung. Bern: Verlag Hans Huber.

Selden, Annie (2005): New developments and trends in tertiary mathematics education: or, more of the same? In: *International Journal of Mathematical Education in Science and Technology* 36 (2-3), S. 131–147. https://doi.org/10.1080/00207390412331317040.

Selden, John; Selden, Annie (1995): Unpacking the logic of mathematical statements. In: *Educational Studies in Mathematics* 29, S. 123–151.

Selter, Christoph (1995): Entwicklung von Bewußtheit – eine zentrale Aufgabe der Grundschullehrerbildung. In: *JMD* 16 (1-2), S. 115–144. https://doi.org/10.1007/BF03340168.

Senechal, Marjorie (1998): The Continuing Silence of Bourbaki. An Interview with Pierre Cartier, June 18, 1997. Mathematical Communities. In: *The Mathematical Intelligencer* 20 (1), S. 22–28. https://doi.org/10.1007/BF03024395.

Sfard, Anna (1991): On the dual nature of mathematical conceptions. Reflections on processes and objects as different sides of the same coin. In: *Educational Studies in Mathematics* 22 (1), S. 1–36. https://doi.org/10.1007/BF00302715.

Shulman, Lee S. (1986): Those Who Understand: Knowledge Growth in Teaching. In: *Educational Researcher* 15 (2), S. 4–14. Online verfügbar unter https://www.jstor.org/stable/1175860, zuletzt geprüft am 20.06.2020.

Simmons, Joseph P.; Nelson, Leif D.; Simonsohn, Uri (2012): A 21 Word Solution. In: *Dialogue: The Official Newsletter of the Society for Personality and Social Psychology* 26 (2), S. 4–7. https://doi.org/10.2139/ssrn.2160588.

Simons, Fred H. (1988): Teaching first-year students. In: Albert Geoffrey Howson, Jean-Pierre Kahane, Pierre Lauginie und Elisabeth de Turckheim (Hg.): Mathematics as a service subject. Cambridge: Cambridge Univ. Press, S. 35–44. https://doi.org/10.1017/CBO9781139013505.005.

Singmann, Henrik; Bolker, Ben; Westfall, Jake; Aust, Frederik (2019): afex: Analysis of Factorial Experiments. Version 0.23-0. Online verfügbar unter https://CRAN.R-project.org/package=afex, zuletzt geprüft am 20.06.2020.

Skutella, Katharina (2008): Mathematiker können auch anders. Communicator-Preis für Günter M. Ziegler. In: *Mitteilungen der DMV* 16 (3), S. 204–205. https://doi.org/10.1515/dmvm-2008-0070.

Sloman, Aaron (1987): Motives, mechanisms and emotions. In: *Cognition and Emotion* 1 (3), S. 209–216.

Smith, Eliot R.; Mackie, Diane M.; Claypool, Heather M. (2015): Social psychology. 4. Auflage. New York, NY: Psychology Press.

Sriraman, Bharath (2009): The characteristics of mathematical creativity. In: *ZDM Mathematics Education* 41 (1-2), S. 13–27. https://doi.org/10.1007/s11858-008-0114-z.

Stacey, Kaye (2007): What is mathematical thinking and why is it important? In: Center for Research on International Cooperation in Educational Development (CRICED) (Hg.): Progress report of the APEC project: "Collaborative Studies on Innovations for Teaching and Learning Mathematics in Different Cultures (II) –Lesson Study focusing on Mathematical Thinking–". University of Tsukuba. Tsukuba, Japan, S. 39–48. Online verfügbar unter http://www.criced.tsukuba.ac.jp/math/apec/apec2007/progress_report/symposium/Kaye_Stacey.pdf, zuletzt geprüft am 20.06.2020.

Standards für die Lehrerbildung im Fach Mathematik. Empfehlungen von DMV, GDM und MNU (2008). In: *Mitteilungen der DMV* 16 (3), S. 149–159. https://doi.org/10.1515/dmvm-2008-0057.

Staub, Fritz C.; Stern, Elsbeth (2002): The nature of teachers' pedagogical content beliefs matters for students' achievement gains. Quasi-experimental evidence from elementary

mathematics. In: *Journal of Educational Psychology* 94 (2), S. 344–355. https://doi.org/10.1037/0022-0663.94.2.344.
Steen, Lynn Arthur (2001): Revolution by stealth: redefining university mathematics. In: Derek Holton (Hg.): The teaching and learning of mathematics at university level. An ICMI study. Unter Mitarbeit von Michèle Artigue, Urs Kirchgräber, Joel Hillel, Mogens Niss und Alan H. Schoenfeld. Dordrecht: Kluwer Academic, S. 303–312.
Stein, Martin (2015): Mathe.Forscher. Entdecke Mathematik in Deiner Welt. Münster: WTM-Verlag.
Steiner, Hans-Georg (1987): Philosophical and Epistemological Aspects of Mathematics and Their Interaction with Theory and Practice in Mathematics Education. In: *For the Learning of Mathematics* 7 (1), S. 7–13. Online verfügbar unter https://www.jstor.org/stable/40247880, zuletzt geprüft am 20.06.2020.
Sturmfels, Bernd (2015): What is mathematics? Kurzvortrag bei der Akademischen Feier zur Ehrenpromotion von Prof. Dr. Bernd Sturmfels Goethe-Universität Frankfurt am Main (JWGU). Frankfurt am Main, 29.06.2015.
Süllwold, Fritz (1975): Theorie und Methodik der Einstellungsmessung. In: Carl F. Graumann, Hans Anger, Lenelis Kruse-Graumann, Bernhard Kroner und Kurt Gottschaldt (Hg.): Handbuch der Psychologie. In 12 Bänden, 7. Band: Sozialpsychologie, 1. Halbband: Theorien und Methoden. 2. Auflage. Göttingen: Hogrefe, S. 475–514.
Szczyrba, Birgit; Kreber, Carolin (2019): Praktische Klugheit in der Lehre durch Scholarship of Teaching and Learning. Köln: Bibliothek der Technischen Hochschule Köln. Online verfügbar unter https://cos.bibl.th-koeln.de/frontdoor/index/index/docId/853, zuletzt geprüft am 20.06.2020.
Tall, David Orme (1987): Constructing the Concept Image of a Tangent. In: Jacques C. Bergeron, Nicolas Hersovics und Carolyn Kieran (Hg.): Proceedings of the 11th International Conference on the Psychology of Mathematics Education (PME-11, July 19–25, 1987), Volume III. Montreal: PME, S. 69–75.
Tall, David Orme (1992): The transition to advanced mathematical thinking: functions, limits, infinity, and proof. In: Douglas A. Grouws (Hg.): Handbook of research on mathematics teaching and learning. A project of the National Council of Teachers of Mathematics. New York, NY: Macmillan, S. 495–511.
Tall, David Orme (Hg.) (1994): Advanced mathematical thinking. Dordrecht: Kluwer Academic.
Tall, David Orme (2013): How Humans Learn to Think Mathematically. Exploring the Three Worlds of Mathematics. Cambridge: Cambridge Univ. Press. https://doi.org/10.1017/CBO9781139565202.
Tall, David Orme; Vinner, Shlomo (1981): Concept image and concept definition in mathematics with particular reference to limits and continuity. In: *Educational Studies in Mathematics* 12 (2), S. 151–169.
Tashakkori, Abbas; Teddlie, Charles (Hg.) (2003): Handbook of mixed methods in social & behavioral research. Thousand Oaks, CA: SAGE.
Teddlie, Charles; Tashakkori, Abbas (2006): A general typology of research designs featuring mixed methods. In: *Research in the Schools* 13 (1), S. 12–28. Online verfügbar unter http://www.msera.org/docs/rits-v13n1-complete.pdf, zuletzt geprüft am 20.06.2020.

Templ, Matthias; Hron, Karel; Filzmoser, Peter (2018): robCompositions: Robust Estimation for Compositional Data. Version 2.0.8. Online verfügbar unter https://CRAN.R-project.org/package=robCompositions, zuletzt geprüft am 20.06.2020.

Thiel, Oliver (2010): Teachers' attitudes towards mathematics in early childhood education. In: *European Early Childhood Education Research Journal* 18 (1), S. 105–115. https://doi.org/10.1080/13502930903520090.

Thompson, Alba Gonzalez (1988): Learning to Teach Mathematical Problem Solving: Changes in Teachers' Conceptions and Beliefs. In: Randall I. Charles und Edward A. Silver (Hg.): The Teaching and Assessing of Mathematical Problem Solving. Reston, VA: NCTM (Research Agenda for Mathematics Education Series, 3), S. 232–243.

Thompson, Alba Gonzalez (1992): Teachers' beliefs and conceptions: A synthesis of the research. In: Douglas A. Grouws (Hg.): Handbook of research on mathematics teaching and learning. A project of the National Council of Teachers of Mathematics. New York, NY: Macmillan, S. 127–146.

Tillema, Harm H. (2000): Belief change towards self-directed learning in student teachers. Immersion in practice or reflection on action. In: *Teaching and Teacher Education* 16 (5-6), S. 575–591. https://doi.org/10.1016/S0742-051X(00)00016-0.

Timperley, Helen; Wilson, Aaron; Barrar, Heather; Fung, Irene (2007): Teacher professional learning and development. Best evidence synthesis iteration (BES). Wellington: New Zealand Ministry of Education.

Tobin, Kenneth (1990): Changing metaphors and beliefs. A master switch for teaching? In: *Theory Into Practice* 29 (2), S. 122–127. https://doi.org/10.1080/00405849009543442.

Toeplitz, Otto (1927): Das Problem der Universitätsvorlesungen über Infinitesimalrechnung und ihrer Abgrenzung gegenüber der Infinitesimalrechnung an den höheren Schulen. In: *Jahresbericht der DMV* 36 (1), S. 88–99.

Toeplitz, Otto (1928): Die Spannungen zwischen den Aufgaben und Zielen der Mathematik an der Hochschule und an der höheren Schule. In: *Schriften des deutschen Ausschusses für den mathematischen und naturwissenschaftlichen Unterricht* 11 (10), S. 1–16.

Toeplitz, Otto (1932): Das Problem der „Elementarmathematik vom höheren Standpunkt aus". In: *Semesterberichte zur Pflege des Zusammenhangs von Universität und Schule aus den mathematischen Seminaren* 1, S. 1–15. Online verfügbar unter https://sammlungen.ulb.uni-muenster.de/hd/periodical/titleinfo/3675387, zuletzt geprüft am 20.06.2020.

Toeplitz, Otto (1934): Die Behandlung der eingekleideten Gleichungen und das allgemeine Unterrichtsprinzip, das sich daraus ableitet. In: *Semesterberichte zur Pflege des Zusammenhangs von Universität und Schule aus den mathematischen Seminaren* 4, S. 34–58.

Torchiano, Marco (2018): effsize: Efficient Effect Size Computation. Version 0.7.4. Online verfügbar unter https://CRAN.R-project.org/package=effsize, zuletzt geprüft am 20.06.2020.

Törner, Günter (1999): Domain-specific belief and calculus – Some theoretical remarks and phenomenological observations. In: Günter Törner und Erkki Pehkonen (Hg.): Mathematical beliefs and their impact on teaching and learning of mathematics. Proceedings of the Workshop in Oberwolfach, November 21–27, 1999. Duisburg: Universität Duisburg (Schriftenreihe des Fachbereichs Mathematik, 457), S. 127–137.

Törner, Günter (2001a): Mental representations – the interrelationship of subject matter knowledge and pedagogical content knowledge – the case of exponential functions. In: Robert

Speiser, Carolyn A. Maher und Charles N. Walter (Hg.): Proceedings of the 23rd Annual Meeting of the North American Chapter of the International Group for the Psychology of Mathematics Education (PME-NA-13, October 18–21, 2001), Volume I. Snowbird, UT, S. 321–330.

Törner, Günter (2001b): TIMSS – Zeit für einen Nachruf? In: *Mitteilungen der DMV* 9 (2). https://doi.org/10.1515/dmvm-2001-0050.

Törner, Günter (2001c): Views of german mathematics teachers on mathematics. In: Hans-Georg Weigand, Elmar Cohors-Fresenborg, Andrea Peter-Koop, Herrmann Maier, Kristina Reiss, Günter Törner et al. (Hg.): Developments in Mathematics Education in Germany: Selected Papers from the Annual Conference on Didactics of Mathematics, Regensburg, 1996. Hildesheim: Franzbecker, S. 121–134.

Törner, Günter (2002a): Epistemologische Grundüberzeugungen – verborgene Variablen beim Lehren und Lernen von Mathematik. In: *Der Mathematikunterricht* 48 (4/5), S. 103–128.

Törner, Günter (2002b): Mathematical beliefs – a search for a common ground. Some theoretical considerations on structuring beliefs, some research questions, and some phenomenological obeservations. In: Gilah C. Leder, Erkki Pehkonen und Günter Törner (Hg.): Beliefs. A hidden variable in mathematics education? Boston, MA: Kluwer Academic, S. 73–94.

Törner, Günter (2015): Verborgene Bedingungs- und Gelingensfaktoren bei Fortbildungsmaßnahmen in der Lehrerbildung Mathematik – subjektive Erfahrungen aus einer deutschen Perspektive. In: *JMD* 36 (2), S. 195–232. https://doi.org/10.1007/s13138-015-0078-9.

Törner, Günter; Grigutsch, Stefan (1994): „Mathematische Weltbilder“ bei Studienanfängern – eine Erhebung. In: *JMD* 15 (3-4), S. 211–251. https://doi.org/10.1007/BF03338808.

Torrance, Ellis Paul (1965): Scientific Views of Creativity and Factors Affecting Its Growth. In: *Daedalus* 94 (3), S. 663–681. Online verfügbar unter https://www.jstor.org/stable/20026936, zuletzt geprüft am 20.06.2020.

Tremp, Peter (2009): Hochschuldidaktische Forschungen – Orientierende Referenzpunkte für didaktische Professionalität und Studienreform. In: Birgit Szczyrba, Ulrich Welbers und Johannes Wildt (Hg.): Wandel der Lehr- und Lernkulturen. 40 Jahre Blickpunkt Hochschuldidaktik, S. 206–219.

Trigwell, Keith; Prosser, Michael; Ginns, Paul (2005): Phenomenographic pedagogy and a revised Approaches to teaching inventory. In: *Higher Education Research & Development* 24 (4), S. 349–360. https://doi.org/10.1080/07294360500284730.

Trigwell, Keith; Prosser, Michael; Taylor, Philip (1994): Qualitative differences in approaches to teaching first year university science. In: *Higher Education* 27 (1), S. 75–84. https://doi.org/10.1007/BF01383761.

Überla, Karl (1977): Faktorenanalyse. Eine systematische Einführung für Psychologen, Mediziner, Wirtschafts- und Sozialwissenschaftler. Nachdruck der 2. Auflage. Berlin: Springer.

Underhill, Robert (1988): Focus on Research into Practice in Diagnostic and Prescriptive Mathematics: Mathematics Learners' Beliefs: A Review. In: *Focus on Learning Problems in Mathematics* 10 (1), S. 55–69.

Vaillant, Kristina (2008): Das Jahr der Mathematik in der Schule. In: *Mitteilungen der DMV* 16 (3), S. 183–185. https://doi.org/10.1515/dmvm-2008-0063.

Vaillant, Kristina (2014): Mathe studiert – und dann? Interview mit Daniel Grieser. In: *Mitteilungen der DMV* 22 (4). https://doi.org/10.1515/dmvm-2014-0080.

Victor, Anja; Elsäßer, Amelie; Hommel, Gerhard; Blettner, Maria (2010): Wie bewertet man die p-Wert-Flut? Hinweise zum Umgang mit dem multiplen Testen. Teil 10 der Serie zur Bewertung wissenschaftlicher Publikationen. In: *Deutsches Ärzteblatt* 107 (4), S. 50–56. https://doi.org/10.3238/arztebl.2010.0050.

Villani, Cédric; Torossian, Charles (2018): 21 mesures pour l'enseignement des mathématiques. Ministère de l'education nationale. Online verfügbar unter https://cache.media.education.gouv.fr/file/Fevrier/19/0/Rapport_Villani_Torossian_21_mesures_pour_enseignement_des_mathematiques_896190.pdf, zuletzt geprüft am 20.06.2020.

Vinner, Shlomo (1994): The role of definitions in teaching and learning of mathematics. In: David Orme Tall (Hg.): Advanced mathematical thinking. Dordrecht: Kluwer Academic, S. 65–81.

Vleuten, Cornelis P. M. van der; Dolmans, Diana H. J. M.; Scherpbier, Albert J. J. A. (2000): The need for evidence in education. In: *Medical Teacher* 22 (3), S. 246–250. https://doi.org/10.1080/01421590050006205.

Vogel, Peter (2002): Die Grenzen der Berufsorientierung im Lehramtsstudium. In: Georg Breidenstein, Werner Helsper und Catrin Kötters-König (Hg.): Die Lehrerbildung der Zukunft – eine Streitschrift. Wiesbaden: VS Verlag für Sozialwissenschaften, S. 61–66. https://doi.org/10.1007/978-3-322-80881-3_6.

Vohns, Andreas (2005): Fundamentale Ideen und Grundvorstellungen: Versuch einer konstruktiven Zusammenführung am Beispiel der Addition von Brüchen. In: *JMD* 26 (1), S. 52–79. https://doi.org/10.1007/BF03339006.

Volkmann, Bodo (1966): Die Mathematik zwischen Natur- und Geisteswissenschaften. In: *Physikalische Blätter* 22 (6), S. 241–250. https://doi.org/10.1002/phbl.19660220601.

Vollrath, Hans-Joachim (1988): Mathematik bewerten lernen. In: Peter Bender (Hg.): Mathematikdidaktik: Theorie und Praxis. Festschrift für Heinrich Winter. Unter Mitarbeit von Heinrich Winter. Berlin: Cornelsen, S. 202–209.

Vollrath, Hans-Joachim; Roth, Jürgen (2012): Grundlagen des Mathematikunterrichts in der Sekundarstufe. 2. Auflage. Heidelberg: Spektrum Akademischer Verlag.

Wagner, Jürgen (2016): Einstieg in die Hochschulmathematik. Verständlich erklärt vom Abiturniveau aus. Berlin: Springer Spektrum. https://doi.org/10.1007/978-3-662-47513-3.

Walcher, Sebastian (2018): Die Mathematik-Lücke zwischen Schule und Hochschule – Versuch einer qualitativen Betrachtung. In: *Der Mathematikunterricht* 64 (5), S. 24–31.

Wang, Jiahui; Zamar, Ruben; Marazzi, Alfio; Yohai, Victor; Salibian-Barrera, Matias; Maronna, Ricardo A. et al. (2017): robust: Port of the S+ "Robust Library". Version 0.4-18. Online verfügbar unter https://CRAN.R-project.org/package=robust, zuletzt geprüft am 20.06.2020.

Ward, Barbara B.; Campbell, Stephen R.; Goodloe, Mary R.; Miller, Andrew J.; Kleja, Kacie M.; Kombe, Eninka M.; Torres, Renee E. (2010): Assessing a Mathematical Inquiry Course. Do Students Gain an Appreciation for Mathematics? In: *PRIMUS* 20 (3), S. 183–203.

Watt, Helen M. G.; Richardson, Paul W. (2007): Motivational Factors Influencing Teaching as a Career Choice: Development and Validation of the FIT-Choice Scale. In: *The Journal of Experimental Education* 75 (3), S. 167–202.

Watt, Helen M. G.; Richardson, Paul W.; Klusmann, Uta; Kunter, Mareike; Beyer, Beate; Trautwein, Ulrich; Baumert, Jürgen (2012): Motivations for choosing teaching as a

career. An international comparison using the FIT-Choice scale. In: *Teaching and Teacher Education* 28 (6), S. 791–805. https://doi.org/10.1016/j.tate.2012.03.003.
Weber, Christoph; Soukup-Altrichter, Katharina; Posch, Peter (2020): Lesson Studies in der Lehrerbildung – Ein Überblick. In: Katharina Soukup-Altrichter, Gabriele Steinmair und Christoph Weber (Hg.): Lesson Studies in der Lehrerbildung. Wiesbaden: Springer VS, S. 7–45.
Weber, Keith (2001): Student difficulty in constructing proofs: The need for strategic knowledge. In: *Educational Studies in Mathematics* 48 (1), S. 101–119. https://doi.org/10.1023/A:1015535614355.
Weigand, Hans-Georg (2010): Grußwort des 1. Vorsitzenden der GDM. In: Anke M. Lindmeier und Stefan Ufer (Hg.): Beiträge zum Mathematikunterricht 2010: WTM-Verlag, S. 5–8.
Weigand, Hans-Georg (2014): Begriffslernen und Begriffslehren. In: Hans-Georg Weigand, Andreas Filler, Reinhard Hölzl, Sebastian Kuntze, Matthias Ludwig, Jürgen Roth et al. (Hg.): Didaktik der Geometrie für die Sekundarstufe I. 2., verb. Auflage. Berlin: Springer Spektrum, S. 99–122. https://doi.org/10.1007/978-3-642-37968-0_6.
Weigand, Hans-Georg (2016): Was heißt und zu welchem Ende studiert man Didaktik der Mathematik? Versuch einer Antwort zwischen philosophisch-literarischen Assoziationen und der Gegenwartsrealität. In: *Mitteilungen der GDM* 100, S. 45–48.
Wendt, Claudia; Rathmann, Annika; Pohlenz, Philipp (2016): Erwartungshaltungen Studierender im ersten Semester: Implikationen für die Studieneingangsphase. In: Taiga Brahm, Tobias Jenert und Dieter Euler (Hg.): Pädagogische Hochschulentwicklung. Von der Programmatik zur Implementierung. Wiesbaden: Springer VS, S. 221–237.
Wenzl, Thomas (2020): Ärzte, Anwälte – Lehrer? Erkenntnisorientierung als spezifischer Berufsbezug des Lehramtsstudiums. In: Claudia Scheid und Thomas Wenzl (Hg.): Wieviel Wissenschaft braucht die Lehrerbildung? Wiesbaden: Springer VS, S. 177–214.
Werner, Christina (2014): Explorative Faktorenanalyse: Einführung und Analyse mit R. Online verfügbar unter https://www.psychologie.uzh.ch/dam/jcr:ffffffff-852f-247f-ffff-ffff99c06567/explorative_faktorenanalyse_mit_r_cswerner.pdf, zuletzt geprüft am 20.06.2020.
Westermann, Katharina; Rummel, Nikol (2010): Kooperatives Lernen in der Hochschulmathematik. Eine experimentelle Studie. In: *Mitteilungen der DMV* 18 (4). https://doi.org/10.1515/dmvm-2010-0098.
Weth, Thomas (1999): Kreativität im Mathematikunterricht. Begriffsbildung als kreatives Tun. Habilitationsschrift. Julius-Maximilians-Universität Würzburg, Würzburg.
Weygandt, Benedikt (im Druck): Mathematik entdecken lernen. Aufgabenformate zum genetischen Erkunden der Mathematik zu Studienbeginn. In: Stefan Halverscheid, Ina Kersten und Barbara Schmidt-Thieme (Hg.): Bedarfsgerechte fachmathematische Lehramtsausbildung. Analyse, Zielsetzungen und Konzepte unter heterogenen Voraussetzungen. Wiesbaden: Springer Spektrum.
Weygandt, Benedikt; Oldenburg, Reinhard (2018): Neue Aufgaben in alten Schläuchen: Wie die Fachwissenschaft zusammen mit der Hochschulmathematikdidaktik zu neuen Aufgabenformaten kommt. In: Peter Bender und Thomas Wassong (Hg.): Beiträge zum Mathematikunterricht 2018. Vorträge zur Mathematikdidaktik und zur Schnittstelle Mathematik/Mathematikdidaktik auf der gemeinsamen Jahrestagung GDM und DMV

vom 05. bis 09.03.2018 in Paderborn. Münster: WTM-Verlag, S. 1975–1978. https://doi.org/10.17877/DE290R-19776.

Wheeler, Bob (2016): SuppDists: Supplementary Distributions. Version 1.1-9.4. Online verfügbar unter https://CRAN.R-project.org/package=SuppDists, zuletzt geprüft am 20.06.2020.

Wickham, Hadley (2016): ggplot2. Elegant graphics for data analysis. Cham: Springer (Use R!). https://doi.org/10.1007/978-3-319-24277-4.

Wickham, Hadley (2017): reshape2: Flexibly Reshape Data: A Reboot of the Reshape Package. Version 1.4.3. Online verfügbar unter https://CRAN.R-project.org/package=reshape2, zuletzt geprüft am 20.06.2020.

Wickham, Hadley (2018a): reshape: Flexibly Reshape Data. Version 0.8.8. Online verfügbar unter https://CRAN.R-project.org/package=reshape, zuletzt geprüft am 20.06.2020.

Wickham, Hadley (2019): stringr: Simple, Consistent Wrappers for Common String Operations. Version 1.4.0. Online verfügbar unter https://CRAN.R-project.org/package=stringr, zuletzt geprüft am 20.06.2020.

Wickham, Hadley; Bryan, Jennifer (2019): readxl: Read Excel Files. Version 1.3.0. Online verfügbar unter https://CRAN.R-project.org/package=readxl, zuletzt geprüft am 20.06.2020.

Wickham, Hadley; Chang, Winston; Henry, Lionel; Pedersen, Thomas Lin; Takahashi, Kohske; Wilke, Claus; Woo, Kara (2018b): ggplot2: Create Elegant Data Visualisations Using the Grammar of Graphics. Version 3.0.0. Online verfügbar unter https://CRAN.R-project.org/package=ggplot2, zuletzt geprüft am 20.06.2020.

Wille, Friedrich (2005): Humor in der Mathematik. Eine unnötige Untersuchung lehrreichen Unfugs, mit scharfsinnigen Bemerkungen, durchlaufender Seitennumerierung und freundlichen Grüßen. 5. Auflage. Göttingen: Vandenhoeck und Ruprecht.

Williams, Peter (2008): Independent Review of Mathematics Teaching in Early Years Settings and Primary Schools. Final Report. Department for Children, Schools and Families. London. Online verfügbar unter https://dera.ioe.ac.uk/8365/7/Williams%20Mathematics_Redacted.pdf, zuletzt geprüft am 20.06.2020.

Willse, John T. (2018): CTT: Classical Test Theory Functions. Version 2.3.2. Online verfügbar unter https://CRAN.R-project.org/package=CTT, zuletzt geprüft am 20.06.2020.

Winsløw, Carl (2017): Oral examinations in first year analysis: between tradition and innovation. In: Robin Göller, Rolf Biehler, Reinhard Hochmuth und Hans-Georg Rück (Hg.): Didactics of Mathematics in Higher Education as a Scientific Discipline. Conference Proceedings. Kassel (khdm-Report, 17-05), S. 397–403.

Winter, Heinrich (1972a): Über den Nutzen der Mengenlehre für den Arithmetikunterricht. In: *Die Schulwarte* 25, S. 10–40.

Winter, Heinrich (1972b): Vorstellungen zur Entwicklung von Curricula für den Mathematikunterricht in der Gesamtschule. In: Beiträge zum Lernzielproblem. Ratingen: A. Henn Verlag (Strukturförderung im Bildungswesen des Landes Nordrhein-Westfalen, Heft 16).

Winter, Heinrich (1983): Über die Entfaltung begrifflichen Denkens im Mathematikunterricht. In: *JMD* 4 (3), S. 175–204. https://doi.org/10.1007/BF03339230.

Winter, Heinrich (1995): Mathematikunterricht und Allgemeinbildung. In: *Mitteilungen der GDM* 61, S. 37–46. https://doi.org/10.1515/dmvm-1996-0214.

Winter, Heinrich (1996): Mathematikunterricht und Allgemeinbildung. In: *Mitteilungen der DMV* 4 (2), S. 35–41.

Winter, Martin (1999): Am liebsten habe ich nur gerechnet… – Reflexionen zu Einstellungen von Lehramtsstudenten zur Mathematik und zum Mathematikunterricht. In: Michael Neubrand (Hg.): Beiträge zum Mathematikunterricht 1999. Vorträge auf der 33. Tagung für Didaktik der Mathematik vom 1. bis 5. März 1999 in Bern. Hildesheim: Franzbecker, S. 602–605.

Wissenschaftsrat (2015): Empfehlungen zum Verhältnis von Hochschulbildung und Arbeitsmarkt. Zweiter Teil der Empfehlung zur Qualifizierung von Fachkräften. Wissenschaftsrat. Bielefeld.

Wittenberg, Alexander I. (1963): Bildung und Mathematik: Mathematik als exemplarisches Gymnasialfach. Stuttgart: Klett.

Wittmann, Erich Christian (1974): Grundfragen des Mathematikunterrichts. Wiesbaden: Vieweg+Teubner.

Wittmann, Erich Christian (2015): Ein anderer historischer Blick auf die „Stoffdidaktik“. In: *Mitteilungen der GDM* 99, S. 26–29.

Wittmann, Gerald (2006a): Grundvorstellungen zu Bruchzahlen – auch für leistungsschwache Schüler? Eine mehrperspektivische Interviewstudie zu Lösungsprozessen, Emotionen und Beliefs in der Hauptschule. In: *mathematica didactica* 29 (2), S. 49–74.

Wittmann, Gerald (2006b): Zum Zusammenhang von Lösungswegen und Beliefs in der Bruchrechnung. In: Beiträge zum Mathematikunterricht 2006. Vorträge auf der 40. Tagung für Didaktik der Mathematik vom 6.3. bis 10.3.2006 in Osnabrück. Hildesheim: Franzbecker, S. 20–22.

Wood, Leigh (2001): The secondary-tertiary interface. In: Derek Holton (Hg.): The teaching and learning of mathematics at university level. An ICMI study. Unter Mitarbeit von Michèle Artigue, Urs Kirchgräber, Joel Hillel, Mogens Niss und Alan H. Schoenfeld. Dordrecht: Kluwer Academic, S. 87–98.

Wuensch, Karl L. (2015): CL: The Common Language Effect Size Statistic. Online verfügbar unter http://core.ecu.edu/psyc/wuenschk/docs30/CL.pdf, zuletzt geprüft am 20.06.2020.

Wyss, Monika (2018): „Scholarship of Teaching and Learning“ – Ein nächster Schritt hin zur Professionalisierung von lehrenden Expertinnen und Experten? In: *die hochschullehre* 4, S. 303–316. https://doi.org/10.3278/HSL1817W.

Xie, Yihui (2018): knitr: A General-Purpose Package for Dynamic Report Generation in R. Version 1.21. Online verfügbar unter https://CRAN.R-project.org/package=knitr, zuletzt geprüft am 20.06.2020.

Yang-Wallentin, Fan; Jöreskog, Karl G.; Luo, Hao (2010): Confirmatory Factor Analysis of Ordinal Variables With Misspecified Models. In: *Structural Equation Modeling: AMultidisciplinary Journal* 17 (3), S. 392–423. https://doi.org/10.1080/10705511.2010.489003.

Yusof, Yudariah Binte Mohammad; Tall, David Orme (1995): Professors' perceptions of students' mathematical thinking: Do they get what they prefer or what they expect? In: Luciano Meira und David Carraher (Hg.): Proceedings of the 19th International Conference on the Psychology of Mathematics Education (PME-19, July 22–27, 1995), Volume II. Recife, Brazil, S. 170–177.

Zan, Rosetta; Di Martino, Pietro (2007): Attitude towards mathematics: overcoming the positive/negative dichotomy. In: *The Mathematics Enthusiast* 3, S. 157–168.

Zandieh, Michelle; Rasmussen, Chris (2010): Defining as a mathematical activity: A framework for characterizing progress from informal to more formal ways of reasoning. In:

The Journal of Mathematical Behavior 29 (2), S. 57–75. https://doi.org/10.1016/j.jmathb.2010.01.001.

Zehetmeier, Stefan; Krainer, Konrad (2011): Ways of promoting the sustainability of mathematics teachers' professional development. In: *ZDM Mathematics Education* 43 (6-7), S. 875–887. https://doi.org/10.1007/s11858-011-0358-x.

Ziegler, Günter M. (2010): Communicating Mathematics to Society at Large. In: Rajendra Bhatia, Arup Pal, Govindan Rangarajan, Vasudevan Srinivas und Muthusamy Vanninathan (Hg.): Proceedings of the International Congress of Mathematicians (ICM, August 19–27, 2010). Volume I: Plenary Lectures and Ceremonies. Hyderabad, India. New Delhi: Hindustan Book Agency, S. 706–722. https://doi.org/10.1142/9789814324359_0034.

Ziegler, Günter M. (2011): Mathematikunterricht liefert Antworten – auf welche Fragen? In: *Mitteilungen der DMV* 18 (3), S. 174–178.

Zierer, Klaus (2014): Kernbotschaften aus John Hatties „Visible Learning". Sankt Augustin: Konrad-Adenauer-Stiftung.

Zöfel, Peter (2011): Statistik für Psychologen. Im Klartext. [Nachdruck der 1. Auflage]. München: Pearson Studium.

Printed in the United States
by Baker & Taylor Publisher Services